"十二五"国家重点图书出版规划项目

地质钻探手册

王 达 何远信 等 编著

中南大学出版社
www.csupress.com.cn

内容简介

本手册详细、系统地汇集了地质钻探技术体系的基本概念、数据、资料、常用设备和工具等。全书共19章，附录12个，内容十分丰富，是1992年刘广志院士主编的《金刚石钻探手册》出版20年后，由众多后继专家、学者编著出版的一本内容丰富、涵盖全面、体系完善、便于查阅的技术手册。主要内容包括岩石钻进特性、岩心钻探设备、钻探管材、钻头与扩孔器、金刚石与硬质合金钻进，绳索取心钻进，取心技术，液动冲击回转钻进，空气钻进等。

本手册采用了国家已颁布的或即将颁布的最新标准和规范，尽可能采纳最新研究成果，全面系统地概括钻探技术体系的知识、技术和有关资料，属于规范的延伸——细则性的实用手册，可供广大高等院校师生、工程技术人员和行业内技术工人使用。

图书在版编目(CIP)数据

地质钻探手册/王达,何远信等编著．—长沙:中南大学出版社,2014.6
ISBN 978 – 7 – 5487 – 1088 – 2

Ⅰ.地… Ⅱ.①王…②何… Ⅲ.地质勘探 – 技术手册
Ⅳ.P624 – 62

中国版本图书馆 CIP 数据核字(2014)第 106824 号

地质钻探手册

王 达 何远信 等编著

□责任编辑	胡业民　史海燕　刘石年
□责任印制	易建国
□出版发行	中南大学出版社
	社址:长沙市麓山南路　　邮编:410083
	发行科电话:0731-88876770　　传真:0731-88710482
□印　　装	长沙超峰印刷有限公司

□开　　本	720×1000 B5	□印张 61.5	□字数 1200 千字
□版　　次	2014 年 6 月第 1 版	□2014 年 6 月第 1 次印刷	
□书　　号	ISBN 978 – 7 – 5487 – 1088 – 2		
□定　　价	248.00 元		

图书出现印装问题,请与经销商调换

编写组织机构

主编单位： 中国地质调查局

承编单位： 北京探矿工程研究所

参编单位： 中国地质科学院勘探技术研究所

中南大学

中国地质大学（武汉）

中国地质大学（北京）

吉林大学

中国地质科学院探矿工艺研究所

成都理工大学

中国核工业地质局

中国冶金地质总局

中国地质装备总公司

煤炭科学研究总院西安研究院

中矿资源勘探股份有限公司

北京建材地质工程公司

顾问委员会

主　　任：刘广志　李世忠

副主任：赵国隆　屠厚泽

委　　员：刘广志　李世忠　赵国隆　屠厚泽　李常茂　左汝强
　　　　　邢新田　张祖培　汤国起　汤松然　倪家騄　朱宗培
　　　　　李振亚　曾祥熹

编写委员会

主　　任：王　达

副主任：何远信　鄢泰宁　张金昌　殷　琨　叶建良　刘宝林
　　　　　彭振斌　胡时友　陈礼仪

委　　员：王　达　何远信　鄢泰宁　张金昌　殷　琨　叶建良
　　　　　刘宝林　彭振斌　胡时友　蒋国盛　陈礼仪　石智军
　　　　　隆　威　王平卫　姜德英　张　伟　刘跃进　李　江
　　　　　李生红　朱恒银　朱文鉴

秘　　书：朱文鉴（兼）

责任编辑：胡业民　史海燕　刘石年

序

　　我国是世界钻探技术的发源地之一。钻探工程是地质工作多工种组合作战的重要方面军，它是以验证地质认识及地球物理勘探资料等直接获取地下实物资料的唯一技术方法。钻探工程在新中国成立后，得到了飞速发展，并且研发、创新和推广了一大批国际先进水平的新技术、新工艺、新设备。科技创新成果丰硕，技术水平达到了一个新的高度。形成了一支经验丰富、实力雄厚的科研、教育、生产的专业队伍。当前我国已跻身于世界钻探强国的行列。钻探工程已经从单一为找矿勘探服务，转向为地球科学发展服务及为国民经济发展、国家战略资源安全、生态环境等众多领域服务，并已做出了重要贡献。目前钻探工程已服务于固体矿产勘查、油气资源和水资源勘探、基础工程勘察与施工、矿山建设及救援以及城建、市政、交通、水利、水电、环保和地质灾害以及地下管线铺设等诸多行业，并继续为地质找矿、地学研究和国民经济建设事业等做出积极贡献。

　　在 20 世纪之中，钻探领域编辑出版了多部技术手册，因时过境迁如今已不能满足当代钻探工程生产和科研等方面的需要。针对这种现状，王达教授组织了钻探界一大批理论知识扎实、实践经验丰富的专家学者，历时两年编纂出版了《地质钻探手册》。该手册荟萃了我国钻探发展史、碎岩理论、钻探设备与工具、钻探工艺方法、钻探前沿技术、科学钻探和施工管理等成果，是汇集了长期的钻探施工实践经验和先进钻探科研成果的一部内容全面丰富、时效性强、方便实用的指南性工具书。该手册编写既追求内容完整翔实，又避免琐碎冗繁，既注重先进实用，又少有理论探索，不失为一部钻探百科工具书，将对我国钻探工程的不断发展和完善做出新的贡献。

　　《地质钻探手册》的出版是地质钻探界同仁的殷切期望。谨向钻探界广大科技人员、教育工作者、生产管理者和院校大学生推荐这部手册，愿它成为大家工作学习中的资料信息库、生产施工中的技术指南。

刘广志

李世忠

2013. 11. 12

前　言

　　新中国地质岩心钻探工作已经走过了六十余年，钻探体系经历了依靠西方、进口设备、学习苏联、仿制改造、创新发展等几个阶段。钻探工程在设备、仪器、机具、工艺、冲洗介质等各个方面均发生了革命性的演进：钻探设备从机械式主传动手动进给到油压给进式发展到全液压动力头式及电驱动顶驱式；钻探磨料从铁砂钢粒、硬质合金发展到人造金刚石和新型超硬复合材料；切削速度从低速到高速、从单纯回转到冲击回转；冲洗液从正循环到反循环；取心工艺从提钻取心发展到绳索取心。钻孔越打越深，工艺日益复杂，从简单的直孔、斜孔到定向孔、水平孔、对接孔；从陆地、海洋到极地、太空。钻探工程的发展给技术数据的采集和查询提出了越来越高的要求，工程技术手册则是工程技术人员交流的重要工具。

　　钻探技术人员常用的手册大多还是 20 世纪 70—80 年代编撰的，最近的也是 1992 年刘广志院士主编的《金刚石钻探手册》，这本手册内容十分丰富，在钻探界影响十分深远，对我国推广金刚石钻探技术起到了巨大的作用，但是至今也已经出版二十多年了。金刚石钻探技术又有了长足的进展，加之近年来我国地质工作体制发生了根本性的变革，部门分割已经不复存在，钻探技术服务领域极大拓宽，在我国钻探界无论是施工现场或工厂的工程技术人员，还是科研、教学以及管理单位的专业人员都急需一本涵盖全面、内容丰富、题材新颖、科学性与实用性兼备的技术手册。在各方的大力支持下，编委会集中了国内钻探界一批权威人士，分工编写了本手册。

　　本手册定名为《地质钻探手册》有以下含义：

　　钻探工程是一门古老而又年轻的工程技术学科，经过近几十年的发展已经形成包含众多分支的复杂系统。其中最核心的是以地质勘探取心为目的的钻探工程。鉴于广义钻探工程系统十分复杂，例如石油天然气钻井就是独立的庞大体系，近年来在工程建设领域的地基与基础工程中兴起的钻进技术也具有独特的技术体系，此外还有露天矿山采矿爆破孔钻探、大型竖井钻凿等特殊领域。这些不是本手册的关注对象，要想在一部手册中包含钻探工程技术所有的常用数据几乎是不可能的。本手册只针对固体矿产资源勘探中使用的地质钻探，将基本的概念、数据、资料、常用工具汇集起来，供行业内工程技术人员和工人查阅之用，故而起名为《地质钻探手册》。

　　即便如此，本手册的内涵也是十分丰富的。我们确定的编撰方针是：重点在固体矿产地质岩心钻探的主要方面，适当向横向拓展到地质钻探技术相关的领域，还应包含钻探发展历史进程中仍在沿用的部分数据，考虑到手册使用者的方便，也纳入了少量石油钻井方面的常用数据。编写过程中，尽量采用了国家已颁布的或即将颁布的最新标准，采纳了尽可能新的研究成果。然而工程技术发展日新月异，手册出版后肯定又会出现新的设备、工具、技术和数据；此外，错误和遗漏也在所难免，希望读者能将信息及时反馈给我们，以便再版时修订、补充和更新。

本手册分为19章，第1章概论，由王达编写；第2章岩石钻进特性，由鄢泰宁编写；第3章地质钻探设备，由刘跃进、高富丽等编写；第4章钻探管材，由孙建华编写；第5章钻头与扩孔器，由贾美玲编写；第6章金刚石与硬质合金钻进，由蔡家品、刘晓阳等编写；第7章绳索取心钻进，由孙建华、李政昭编写；第8章取心技术，由吴翔编写；第9章孔底动力钻进，由谢文卫、殷琨、翁炜等编写；第10章空气钻进，由殷琨等编写；第11章钻孔弯曲与测量，由李忠、胡时友等编写；第12章定向钻进，由胡汉月、朱恒银编写；第13章钻孔冲洗，由何远信、陈礼仪编写；第14章护孔与堵漏，由陈礼仪、何远信编写；第15章孔内事故的预防与处理，由王年友、张绍和编写；第16章坑道钻探，由石智军编写；第17章科学钻探，由张伟、鄢泰宁编写；第18章其他钻探方法与技术，由蒋国盛、刘宝林、孙友宏、张永勤等编写；第19章钻探工程管理，由王平卫、李江、刘戊辰编写；附录由朱文鉴编写。

需要说明的一点是：原计划中拟写成20章，其中"水文地质与工程地质钻探"一章考虑到已有专门的《水文地质钻探手册》，而本手册限于篇幅在一章中又无法充分容纳水文地质钻探技术的丰富内容，只能忍痛割爱。

全书由王达、何远信、赵国隆、左汝强、鄢泰宁、萧亚民等组成的审稿专家组负责审核、修改，最后由王达统稿。

参与本手册编写的还有萧亚民、刘秀美、梁健、彭莉、姜德英、彭振斌、隆威、李生红、刘国经、汤国起、周策、姜昭群、向军文、李泉新、宁伏龙、卢春华、杨春、彭枧明、王如生、博坤、陈宝义、胡远彪、王瑜、冉灵杰、王胜、吴丽、朱江龙、颜纯文、何磊、马福江、潘飞、沈怀浦、臧臣坤等。

《地质钻探手册》编委会

2014 年 6 月

2

目　　录

第 1 章　概　论

1.1　概述

　　钻探技术是一门古老而又年轻的工程技术，它是伴随人类对矿产资源和地下水资源的需求而产生的。随着工业技术的进步，钻探工程也取得了快速发展。在现代，城市建筑、铁路、公路、桥梁的地基基础工程和地下管道铺设等各类工程建设为钻探工程技术的应用拓展了巨大的空间，钻探工程已经形成了一个庞大的具有多个分支的工程系统。

　　钻探技术体系中寻找矿产资源的、唯一能直接获取地下实物信息的取心（取样）钻探仍然是其核心技术。国内外对于这类钻探技术有很多不同的称谓：岩心钻探（Core Drilling）、矿山钻探（Mining Drilling）、地质钻探（Geological Drilling 或简称 Geo‐drilling）、取样钻探（Sample Boring）等。

　　近些年来，地质钻探技术有了突飞猛进的发展，不仅能获取岩（矿）心，还能钻取岩屑样、流体样；不仅能探查固体或液体矿产资源，还能为地球科学研究获取更为丰富的地下实物样品及打开信息采集通道。

　　如今钻探、坑探和山地工程与地球物理调查、地球化学调查、遥感调查、实验测试并称地质调查五大工程技术。

　　钻探技术对于地质调查的结论具有决定性的意义。

1.2　世界钻探技术发展简史

　　人类的钻井活动已有数千年的历史，大体经历了四个阶段：①从远古到 11 世纪中叶，用原始手工工具挖掘大口径浅井；②从 11 世纪中叶到 19 世纪中叶，用竹木制作工具，以人畜为动力，冲击钻凿小口径深井；③从 19 世纪中叶到 20 世纪初，用钢铁制造设备和工具，以蒸汽机为动力，进行冲击钻井，即顿钻；④20世纪初至今，以内燃机和电动机为动力的旋转钻井阶段，此阶段又可以细分为经验阶段、科学阶段、智能化阶段。

　　中国毫无疑问是钻井技术的发明国。英国著名科学家李约瑟博士（1900. 12. 09—1995. 03. 24）本名约瑟夫·尼代姆（Joseph Needham），在其所著《中国科学技术史》(*Science and Civilization in China*)一书中写道:"今天在勘探油田时所用的这种钻探井或凿洞的技术,肯定是中国人的发明。因为我们有许多证据可以证明,这种技术早在汉代(公元前 1 世纪—公元 1 世纪)就已经在四川加以利用。不仅如此,他们长期以来所应用的方法,同美国加利福尼亚州和宾夕法尼亚州在利用蒸汽动力以前所用的方法基本相同。"李约瑟还说:"中国的卓筒井工艺革新,在 11 世纪就传入西方,直到公元 1900 年以前,世界上所有的深井,基本上都是采用中国人创造的方法打成的。"

1859 年,美国塞尼加石油公司(Seneca Oil Co.)在宾夕法尼亚州泰特斯沃尔镇(Titusvill)的油溪区(Oil Creek),使用中国的绳索钻井方法(机械顿钻)钻出一口深约 21 m、日产原油 4.8 t 的井,通常人们把这口井作为近代石油工业的起点,即德雷克井。关于世界上第一口油井尽管有争论,但是只有德雷克井迎来了人类社会石油时代的到来。随着石油的开发,钻井技术取得了快速发展,1845 年罗伯特·比尔特获得了旋转钻机的发明专利,1856 年首次将蒸汽机用于钻机的动力,从此机械旋转钻机逐步取代了冲击式钻机。

到了 20 世纪初,旋转钻进工艺新技术不断涌现。1909 年美国工程师休兹(H. R. Hughes)制造了双牙轮钻头,1933 年改进为三牙轮钻头,它是一种原理上全新的孔底碎岩工具。1914 年首次应用膨润土钻井泥浆。1923 年俄罗斯工程师卡佩柳什尼克研制和应用了结构原理全新的孔底动力机,利用冲洗液能量驱动的涡轮钻具,于是出现了涡轮钻进。20 世纪 60 年代中后期开发了螺杆钻具,由此诞生了一种全新的孔底动力驱动的钻进工艺方法,进而推动了定向钻进技术的进一步发展。

在地质钻探领域,一直以来人们使用钢制钻头,但切削磨料经历了巨大变化。1862 年法籍瑞士工程师 J·R·里舒特(Jean Rudolphe Leschot)首先将天然金刚石钻头应用于矿山钻探,采用手工方法将黑色金刚石镶嵌在钢制的环状钻头上。金刚石是世界上最硬的矿物,是钻进深孔和坚硬、强研磨性岩石最理想的磨料,但是金刚石十分罕有,价格昂贵。图 1-1 为美国 1872 年使用的手镶天然金刚石钻头,该金刚石钻头应用于纽约曼哈顿大规模港口扩展项目中的钻探爆破工程。19 世纪末美国工程师提出在硬岩,特别是在裂隙性岩石中使用钻粒钻进,当时的钻粒为铸铁砂,发明于英国,称 calyx,后来发展成用切制的钢粒,经过油浴淬火而成。由于钢粒强度大、耐磨,自有了钢粒就取代了铁砂。1923 年,德国的施勒特尔(Shileteer)发明了碳化钨和钴的新合金,硬度仅次于金刚石,这是世界上人工制成的第一种硬质合金,人们开始采用镶焊硬质合金切削具的环状取心钻头;20 世纪 40 年代,出现了采用孕镶细粒金刚石的取心钻头和全面钻头,其工作部分是烧结在钻头钢体上的金属胎体,其中包镶了可破碎最坚硬岩石的细粒金刚石晶体,自此金刚石钻进就逐步取代了钻粒钻进;1954 年美国通用电气公司用人工方法合成了单晶人造金刚石，70 年代后在人造金刚石的基础上先后开发了聚晶金刚石（PCD）、金刚石复合片（PDC）、三角聚晶巴拉赛特（Balaset），以及斯拉乌基奇（Слаутич）等很多新型超硬复合材料，为钻探工程提供了极为丰富而廉价的钻探磨料，使金刚石钻探技术获得十分广泛的应用。

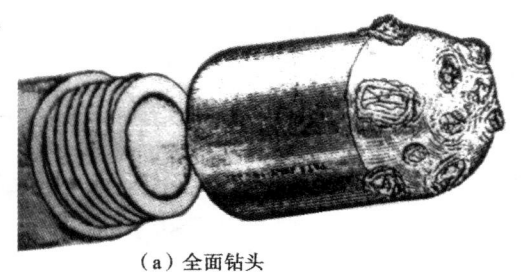
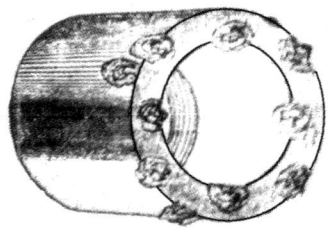

（a）全面钻头　　　　　　　　　　　（b）取心钻头

图 1 - 1　美国早期手镶金刚石钻头

　　冲击回转钻进的应用已有上百年的历史，早在 19 世纪 60 年代就有人进行了潜孔式冲击器的试制工作；早期在法国研制过低频液动冲击器，后来，在苏联和美国进行过"涡轮锤"和"涡轮振动钻"的研究工作；20 世纪 30 年代发展了风动潜孔锤，到 20 世纪五六十年代获得了较为广泛的应用；20 世纪 40 年代，苏联 H·葛莫夫（Гемов）研制了滑阀式正作用液动冲击器，美国巴辛格尔（Bassingale）也研制了活阀式正作用液动冲击器；20 世纪 50 年代美国的艾莫雷（Emory or Aymore）研制了活阀式反作用冲击器；70 年代出现了金刚石钻进用高频液动冲击器；目前，各类冲击器都取得了较大的发展。

　　绳索取心钻探技术最初用于石油、天然气钻探，1947 年美国长年公司（Longyear Co.）将这种技术用于金刚石地质岩心钻探，到 50 年代形成不同口径的系列取心钻具，目前已成为世界范围内应用最广的一种岩心钻探方法；绳索取心既用于地表岩心钻探，也用于坑道内岩心钻探，并发展为用于海底的钻探取样；绳索取心钻探世界最深钻孔为 5424 m（1988 年，南非威斯特兰）。

　　20 世纪 70 年代在俄罗斯出现了高效率的水力输送岩心钻进方法。

　　在钻探设备方面，19 世纪 60 年代出现了最早的人力驱动的回转钻机（图 1 - 2）。1858 年开工的意大利与法国之间的切尼斯山隧道，为加快工程进度在 1864 年造了一台蒸汽驱动的钻机，转速 30 r/min，在花岗岩中钻速 25 ~ 30 cm/h。图 1 - 3 为美国沙利文蒸汽驱动螺旋摩擦给进式金刚石岩心钻机，该钻机最大钻深 457 m（1500 英尺），岩心尺寸为 28.6 cm（1⅛ in）。1867 年美国人 M·C·布洛克注册了蒸汽驱动金刚石钻机的专利，转速达 250 r/min。1872 年英国人毕芒特（Beaumont）少校设计了一种金刚石钻机，于 1875 年钻了一口 697.5 m 深的钻孔。1878 年美国沙利文（Sullivan）机械公司总工程师赫尔（Albert Hall）设计了沙利文式金刚石钻机，其后的几代产品至今仍在世界上享有盛名。1886 年德国人设计一种复合式钻机，用钢绳冲击钻头施工浅部软的岩层，用金刚石钻头钻硬岩层，成功完成一口 1748 m 深的钻孔，成为当时世界上最深的岩心钻探钻孔。1880 年以后金刚石钻机迅速扩大应用到世界各地。20 世纪初，长年公司开发了立轴式给进 UG 型金刚石钻机，此钻机已具有现代钻机的雏形；40 年代出现了螺旋差动给进式（图 1－3）和液压立轴式钻机；1953 年全液压钻机开始应用。

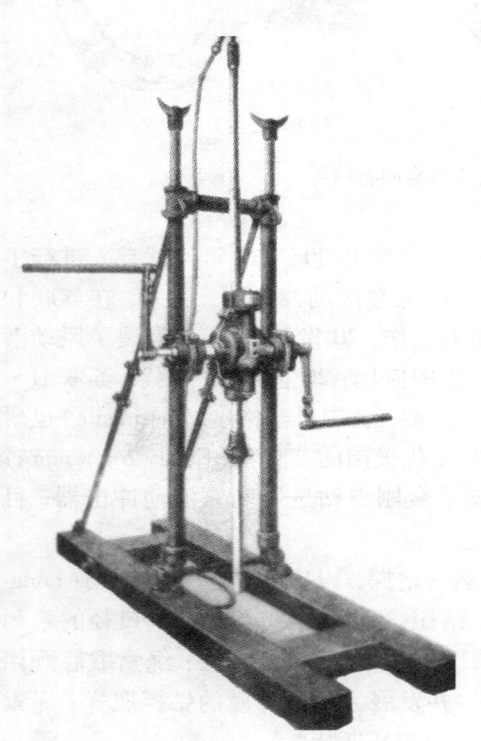

图 1－2　美国人力给进回转钻机

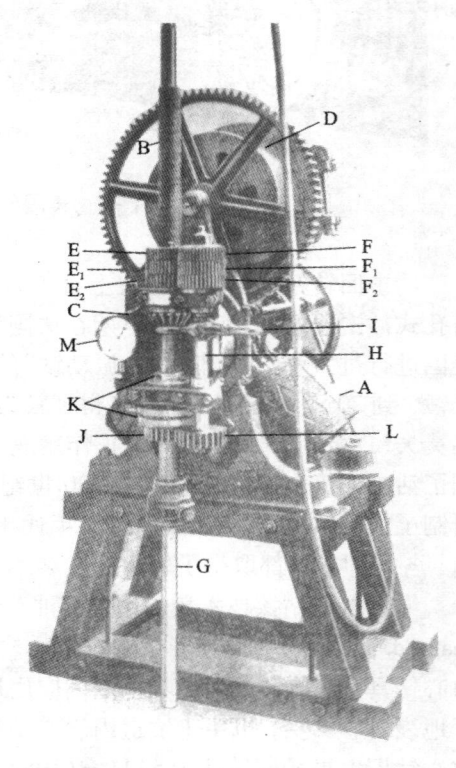

图 1－3　蒸汽驱动螺旋差动给进式钻机

A—汽缸；B—给进螺旋；C—伞齿轮；D—胶管；
E_1、E_2、E_3、F_1、F_2、F_3—差动给进齿轮；
G—立轴；H—反转轴；I—离合器；J—啮合齿轮；
K—螺母；L—与丁齿轮啮合的齿轮；M—压力指示表

20 世纪 30 年代，直升机运送吊装钻探设备的技术已运用于美国等欧美国家，至 20 世纪末已应用到许多欠发达国家和地区。

在石油天然气钻井领域，20 世纪 70 年代以后进入科学发展阶段，以地层压力预测理论为基础的钻井工程设计技术、以流变学理论为基础的优质泥浆技术、以水力学和射流理论为基础的喷射钻井技术以及固井、固控的设备和技术等一大批先进的钻井工艺方法获得了广泛应用。90 年代以后油气钻井进入了自动化、智能化的快速发展时期，代表性的技术有：最优化钻井技术、无线随钻测量与控制技术、欠平衡钻井技术、大位移水平井、膨胀套管技术、连续管钻井技术、超深井钻探技术和自动导向钻井技术等。

在水井钻凿方面，据俄罗斯梭罗维耶夫（Соловьев Н. В.）在《钻探技术》一书中介绍说：1818 年根据物理学家的建议，法国农业部创立了钻探专用基金。1830年巴黎钻探技师杰古谢在图尔地区钻成了一口 120 m 深的自喷水井。1833 年巴黎市政府开始组织地下水钻探工作，到 1839 年井深已达 492.5 m，此后实现了用套管加固孔壁，从而进一步加深了钻孔深度，到 1841 年 2 月 26 日已钻至 548 m深的含水层，从孔里涌出的喷泉高达 33 m。因此钻探技师缪洛被王室授予最高的法兰西奖励——光荣军团勋章。1855 年在巴黎曾钻成 528 m 深的孔，日产水量15000 m³。

1.3　中国钻探技术发展简史

中国古代钻探技术始于水井的穿凿，根据传说距今四五千年以前黄帝时期即已开始原始的挖井活动，舜帝时期的伯益可以说是凿井的先驱。上起商周，下至战国，前后一千年左右的先秦时期，凿井井形由方形发展到圆形，井材从自然土井到陶井、砖井，技术不断发展，为深井钻凿奠定了基础。公元前 250 年左右秦昭王任命李冰为蜀郡太守，李冰不仅建造了举世闻名的都江堰水利工程，而且在四川成都双流县东南的华阳镇开凿了我国第一口盐井，即广都盐井，解决了人民对岩盐的需求。

由汉至唐的 1113 年时间内，是大口径浅井的鼎盛时期，据史书记载，临邛火井深度已达 138.24 m，四川仁寿的高产凌井深度已达 248.8 m。到北宋庆历年间（1041—1048 年）出现了小口径卓筒井深井凿井技术，卓筒井被称为中国古代的第五大发明，使我国钻井技术从大口径浅井跨入了小口径深井的崭新阶段。它的推广和使用促进了宋代四川深井盐业生产的蓬勃发展，同时也为古代石油天然气的开发开辟了道路。

"卓筒井"即直立筒井（图 1－4），其技术特点可归纳为五点：一是采用竹篾绳索冲击钻探设备与工艺；二是发明了人类历史上第一种锻铁制造的钻头；三是首创了以竹套管保护井壁的方法；四是用小直径的竹管做成捣泥筒（今称捞砂筒）捞取岩屑、岩泥，或作汲卤筒；五是用竹木制造了可冲击和提升钻具的全套设备，并可用畜力代替部分人力。

图 1-4　中国古代钻井图

　　到明清两代(1254—1900年)深井钻凿工艺日臻成熟,从设备到凿井工艺形成一套完整的技术体系,也成为现代顿钻技术的先驱。明代钻进工艺的重要突破之一是用木套管代替了竹套管,改善了竹管口径小的局限,钻孔结构由"二径结构"发展成"三径"或"多径"结构;此外,在打捞工具与打捞技术、井斜测量与修正技术、井径测量与修整井壁技术、木套管修理技术等方面均有很大改进。在这些技术应用的基础上,道光十五年(1835年)我国钻凿了世界第一口超千米的深井——燊海井,井深达1001.42 m,这是中国古代钻井工艺成熟的标志,也是世界钻井史上的里程碑。此井直至1989年才停产,连续开采了154年,实为世界罕见。该井于1988年经国务院批准为全国重点文物保护单位,供世人考古和参观。道光三十年(1850年)还钻成了一口1100 m深的天然气井——磨子井。

　　近代中国机械岩心钻探是从河南焦作开始的,20世纪初英国人成立的福公司从英国运来蒸汽钻机,采用回转取心工艺,手镶金刚石钻头钻进,勘探煤矿,并训练了最早的一批机械岩心钻探工人,开启了中国机械岩心钻探的序幕。在1947年立轴式钻机开始引进到中国。20年代还从国外引进了冲击钻机开展盐井钻探和油气钻探,后来改进为旋转钻。这一时期我国钻探技术和装备基本上是引进西方国家的。

解放后由于工业发展迅速，迫切需求资源，促使地质工作蓬勃发展，钻探工作量急剧增加。我国钻探技术与装备受苏联的影响，在地质岩心钻探方面经历了从硬质合金钻进、钻粒钻进、再到金刚石钻进的发展历程，钻机也从手把式钻机、油压立轴钻机、转盘钻机再过渡到全液压钻机。20 世纪 70 年代末，小口径金刚石钻探配套技术逐步在全国推广应用，使我国整体岩心钻探技术接近国际水平；21 世纪初，实施的中国大陆科学钻探工程"科钻一井"推动了我国科学钻探工程普遍开展，并进入国际科学钻探界的前列；2006 年国务院发布《关于加强地质工作的决定》后，我国钻探工作量迅猛增长，全液压动力头钻机实现了更新换代，并出口到世界 28 个国家和地区。

1.4 钻探技术体系

随着钻探工程应用领域的拓宽和技术方法的进步，钻探工程的分类非常繁杂。针对不同的钻探目的，使用的碎岩工具、取心方式、冲洗介质和循环类型、工艺方法等均有很大差别。尽管钻探工程技术在不同的应用领域采用的具体技术方法不同，但其基本的技术体系都是由钻进对象、工艺方法以及钻进系统三大部分组成，如图 1 – 5 所示。

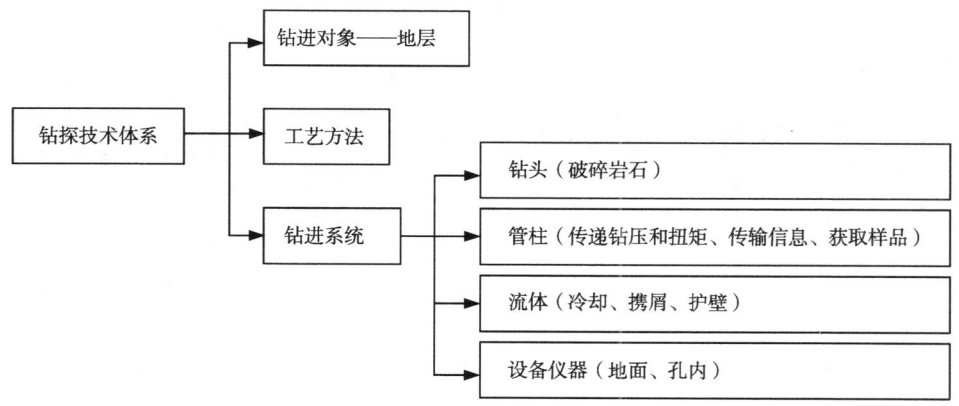

图 1 – 5 钻探技术体系的基本构成

按技术特征或应用领域不同，钻探工程可划分为十大钻探技术体系：
（1）地质岩心钻探技术体系；
（2）石油天然气钻井技术体系；
（3）科学钻探技术体系；

（4）水文水井钻探技术体系（含热水井钻探）；

（5）工程地质勘查钻探技术体系；

（6）基础工程施工钻进技术体系（含地质灾害防治工程钻进）；

（7）非开挖管道铺设钻进技术体系；

（8）建筑物管道孔钻进技术体系；

（9）矿山爆破孔钻凿技术体系；

（10）大型竖井钻凿技术体系。

不同的钻探技术体系具有不同的技术特征如表 1 - 1 所示。

表 1 - 1   各种钻探技术体系特征简表

钻探技术	钻进对象	工艺方法	钻进系统
地质岩心钻探	沉积岩、火山岩、变质岩均能遇到，但以坚硬、破碎、复杂的结晶岩为主	孔中深，直径小，以金刚石取心钻探方法为主体，可扩展到绳索取心、液动锤等方法	（1）以孕镶人造金刚石钻头为主，少量使用天然金刚石和超硬复合材料 （2）钻机小型化，高转速，小扭矩，人工辅助操作较多 （3）采用薄壁钻具 （4）冲洗液以低固相为主，技术指标要求较低
石油天然气钻井	以沉积岩为主	孔深，直径较大，以全面钻进为主，很少取心；采用强力钻进规程，高泵压、大排量	（1）以牙轮、复合片钻头为主，少量天然金刚石钻头 （2）钻机大型化，电驱动，低转速、大提升力，电液气控制程度高 （3）钻具强度大，配套齐全 （4）冲洗液及固控系统复杂，要求很高
科学钻探	沉积岩、火山岩、变质岩均能遇到，但以坚硬、破碎、复杂的结晶岩为主	孔由浅至特深，直径较大，取心取样、获取地下信息要求很高，采用地质岩心和石油钻井两者结合的工艺方法。也有浅孔的环境科学钻探	（1）以金刚石取心钻头为主，个别井段使用牙轮、复合片全面钻头 （2）钻机大型化，电驱动，高转速、大提升力，电液气控制程度高；环境科学钻探也使用中、小型钻机 （3）钻具强度大，配套齐全 （4）冲洗液及固控系统复杂
水文水井钻探	以沉积岩为主，很少在结晶岩中施工	孔中浅，直径较大，以全面钻进多见，水文钻需要取心；钻进工艺与石油钻井类似，但大为简化	（1）以牙轮钻头为主，少量使用取心钻头 （2）钻机中型，低转速，较大提升力，人工辅助操作较多 （3）钻具规格与石油钻相似，但档次低 （4）冲洗液以泥浆类为主，但要求较低
工程地质勘察钻探	以第四纪地层为主，山区隧道、工程基础也会钻遇岩石	孔浅，直径小，取心方法除回转钻进外，还可采用静压、振动、冲击方法，要求严格，有原位测试要求	（1）以硬质合金钻头为主 （2）钻机更小型化，低速，人工辅助操作较多 （3）钻具与地质钻相似，取心要求较高 （4）冲洗液以低固相、无固相为主，要求对地层污染少

续表 1 – 1

钻探技术	钻进对象	工艺方法	钻进系统
基础工程钻井	第四纪地层为主,极少量嵌岩	孔浅,直径特大,分干式与湿式方法,干式采用旋挖或抓取的取土工艺,湿式靠泥浆正、反循环携带岩土	(1)干式有螺旋、筒装、抓斗等,湿式为拼装牙轮或滚刀 (2)钻机大,低速大扭矩,移动性好 (3)干式钻机与钻具为一体;湿式钻具与水井相同 (4)干式无冲洗液,湿式以泥浆为主
非开挖管道铺设钻进	以第四纪地层为主	孔短,直径大,先钻小直径导向孔,再反拉扩孔,铺设管线;钻孔为近水平孔,不取心;夯管法、微型隧道孔等也属于此类	(1)以硬质合金斜掌式钻头为主 (2)钻机小型至大型均有,近水平方式,回拖力大,液压化程度高 (3)钻具与地质钻相似 (4)冲洗液以泥浆为主
建筑管道孔钻进	混凝土	孔极浅,直径从小到大均有,以成孔为目的;采用取心工艺方法,以减少破碎量,提高钻速	(1)以人造金刚石孕镶薄壁钻头为主 (2)钻机小型,手持,移动性好 (3)钻具很短、很简单 (4)冲洗液一般为清水
矿山爆破孔钻进	各类岩石	孔浅,钻孔直径较小,以成孔为目的,以空气潜孔锤或顶部冲击为主,钻孔主要目的是安放炸药	(1)以硬质合金球齿钻头冲击为主 (2)钻机中型,转速低,移动性好 (3)钻具多为单根钻杆 (4)空气吹孔
大型竖井钻凿	沉积岩及结晶岩,地层较完整	孔中浅,直径极大,多采用反循环工艺,有时向上钻进(天井钻机)	(1)大型组合式滚刀钻头 (2)钻机大型化,井口宽敞,井架与龙门吊分别设立,机械式或液压式传动,低速大扭矩 (3)气举反循环特殊钻具 (4)以泥浆为主

1.5　主要钻探技术体系的特征

1.5.1　地质岩心钻探技术体系

固体矿产地质岩心钻探(含坑道岩心钻探)是历史最悠久、应用最广泛的一种钻探技术体系,其主要技术特征是:

● 钻遇地层最为广泛。固体矿产有能源矿产、黑色、有色及贵金属矿产、非金属矿产,由于成因不同,沉积岩、火山岩、变质岩均能遇到,但以坚硬、破碎、复杂的结晶岩为主。

● 根据固体矿产开采技术的要求,勘探钻孔深度多数在 1000 m 以内,近年来深部矿床勘探工作需求日增,超过千米的钻孔越来越多,我国已出现一批 2000 ~ 3000 m 的深孔,正向 4000 ~ 5000 m 孔深发展。

● 钻孔口径小,一般终孔口径为 $\phi60 \sim 95$ mm,开孔口径一般在 $\phi150$ mm 以下;矿山坑道钻的孔深和口径一般比地表钻探更浅和更小。

- 取心是矿产勘探钻孔最显著、最基本的特点，根据地质勘探规范的要求，一般穿过地表覆盖层后即采取全孔取心钻探。
- 在工艺方法方面，以金刚石或硬质合金钻头取心钻进方法为主体，可扩展到绳索取心、液动锤等方法。无岩心钻探仅在上部地层或煤炭等少数矿种中使用。矿床勘探和地质填图工作中还可以采用空气反循环连续取样钻探方法和水力反循环连续取心钻探方法，以提高勘探效率，降低钻探成本。
- 钻进系统：

——碎岩工具中硬地层以金刚石孕镶钻头和扩孔器为主，软及中硬地层多使用硬质合金或金刚石复合片、聚晶等超硬复合材料制作的取心钻头；

——采用与钻孔口径相适应的满眼薄壁钻杆和取心钻具，当今已经普遍应用绳索取心钻进系统；

——钻机要求轻便，易于搬迁，需要高转速、较宽的转速范围，长给进行程、精确控制钻压；

——泥浆泵需要较小泵量和较高泵压；

——冲洗液以低固相为主，技术指标要求较低，复杂地层和深孔对冲洗液有特殊要求。

砂矿钻探由于其地层的特殊性，有时会采用以冲击方法为主的工艺，相应的钻进系统与上述方法略有不同。

空气钻进具有与地质岩心钻探相同的特征，其技术体系的构成基本相同。

1.5.2　石油钻井技术体系

石油钻井技术体系的特点如下：

- 地层——以沉积岩为主，多为陆源碎屑岩（砾岩、角砾岩、砂岩、粉砂岩）、泥质岩（泥岩、页岩）、碳酸盐岩（灰岩、白云岩），很少遇到玄武岩、硅质岩等较坚硬的岩层；其基本特点是地层层理明显，产状多数近水平，也有高陡构造；由于地层与地表连通的静液柱压力或由于构造封闭往往形成或高或低的地层压力。
- 钻井深度——从数百米至数千米。
- 钻孔口径——较大，标准的终孔口径为 ϕ216 mm，开孔口径则取决于地层的复杂程度，一般在 ϕ311～445 mm，有时达 ϕ712 mm。
- 钻进工艺方法——以不取岩心的全面钻进为主，在参数井或勘探井的重要地层中会少量采取岩心；钻头转速比较低，钻压和泵量比较大。
- 钻进系统：

——以牙轮钻头、复合片及聚晶钻头全面钻进为主，少量使用天然表镶金刚石钻头。

　　——钻机、泥浆泵、钻塔、动力系统、固控系统等大型化、自动化、智能化；钻柱强度高，大量应用高质量套管，井下各类钻具齐全；井口安装防喷器。

　　——冲洗液种类多，由于要平衡地层压力和保护井壁对泥浆的密度、黏度、失水量等性能指标要求高；固相控制要求高；现场泥浆管理很严格。

1.5.3　科学钻探技术体系

　　科学钻探技术体系的特点如下：

　　● 地层——由于科学目标十分广泛，钻遇地层复杂：沉积岩、火山岩、变质岩均能遇到，但以坚硬、破碎、复杂的结晶岩为主（与地质岩心钻探钻遇地层相近）；海洋科学钻一般在洋壳中进行，洋壳一般是较新的沉积地层，由于洋壳较薄，最有可能钻入地幔层。

　　● 钻井深度——不同科学目标的钻井深度差异很大，湖泊、环境科学钻探钻孔较浅；大陆科学钻深度较大，一般在数千米以上，甚至超过万米；海洋科学钻探上部有数百米到数千米的海水阻隔，钻入洋壳的深度在数百米到数千米甚至万米以上。

　　● 钻孔口径——很大，一般开孔时达到 $\phi500 \sim 700$ mm，终孔在 $\phi150 \sim 216$ mm；海洋科学钻口径还要大。

　　● 工艺方法——取心、取样、获取地下信息要求很高，大陆科学钻探一般采用地质岩心钻探取心技术和石油钻井工艺两者相结合的工艺方法，称为组合式钻探技术；湖泊、环境和海洋科学钻探大量应用保真取心技术；超前孔裸眼取心钻探配合扩孔钻进是科学钻探最常用的钻探方法。

　　● 钻进系统：

　　——在结晶岩地层以孕镶人造金刚石钻头为主，少量使用天然金刚石和超硬复合材料表镶钻头；在沉积岩地层少量不取心井段使用牙轮钻头，取心井段采用复合片钻头。

　　——采用超高强度钻具，有时使用大直径绳索取心钻具，也可使用铝合金钻杆，海洋科学深钻使用被称为"隔水管"的特殊钻具；万米以上超深孔钻柱的设计与制造将是对人类在材料学、冶金学等方面技术进步的极大挑战。

　　——钻机既需要高转速较小扭矩，又需要低转速大扭矩，一般采用加装高速顶驱系统和精确控制钻压的大型石油钻机，电液气控制程度高，监测系统完善；海洋科学钻探采用特殊钻探船；湖泊钻探采用专用钻探船；环境科学钻探钻机与一般工程勘察钻机相似，但取样钻具齐全。

　　——冲洗液以耐超高温、低切力、低失水的低固相泥浆为主，技术性能指标要求很高，固相控制要求高。

　　——科学钻探对获取地下信息要求很高，会采用最完善的测井仪器和最先进的随钻测量仪器，仪器需要耐受超高温超高压。

1.6 钻探主要术语

1.6.1 通用术语

1.6.1.1 基本术语

钻探、钻进（drilling）——采用机械破碎或其他方式破碎岩土体，在地下形成符合设计要求钻孔的过程称为钻进；以探明地下资源及地质情况的钻进称为钻探。

钻探工程（drilling engineering）——为探明地下资源地质情况、开采地下资源及其他目的所实施的以钻探方式为主的全部施工实践称钻探工程。

地质岩心钻探（geological core drilling）——地质勘探工作中以采集圆柱状岩石样品为目的的钻探作业。

钻探设备（drilling equipment）——钻探工程所使用的地面设备的总称。

钻探工具（drilling tools）——钻探工程使用的各种孔内钻具及地面小型机具的总称。

钻探工艺（drilling technology）——钻孔施工所采用的各种技术方法、措施以及施工工艺过程。

1.6.1.2 岩石性质

岩石强度（rock strength）——岩石在不同机械外力作用下抵抗破坏的能力，以"σ"表示。根据施加的外力特征可分为抗拉强度、抗压强度、抗剪切强度等。

岩石硬度（rock hardness）——岩石抵抗局部侵入的能力。根据施加外力的特征或方式，一般可分为压入硬度、落锤硬度、摆球硬度、研磨硬度等。

岩石弹性（elasticity of rock）——外载除去后，岩石恢复加载前状态的特性。用弹性模量"E"来度量，其物理意义是：简单应力情况下，弹性限度内应力与应变的比值。

岩石塑性（plasticity of rock）——外载除去后，岩石维持应变状态的特性。用塑性指数"K"来表征。其物理意义是：加载至岩石破碎前的总能量消耗与弹性变形能量之比。

岩石研磨性（rock abrasiveness）——岩石磨损碎岩工具的能力。

岩石可钻性（rock drillability）——碎岩工具钻碎岩石的难易程度。一般用岩石可钻性指数来度量，其含义是：在一定方法和条件下确定的岩石可钻性的相对值。为便于表征岩石可钻性，常常按可钻性指数将岩石被钻碎的难易程度划分为若干等级，即岩石可钻性分级。

岩石破碎方法(method of rock fragmentation)——施加不同种类的能使岩石破碎的方法。

1.6.1.3　钻孔与钻井

钻孔(drill hole, bore - hole, well - bore)——根据地质或工程要求在岩土中钻成的柱状圆孔。

垂直孔(vertical hole)——轴线沿铅垂方向的钻孔。

水平孔(horizontal hole)——轴线沿水平方向的钻孔。

斜孔(inclined hole, slant hole, angle hole)——轴线沿倾斜方向的钻孔。

定向孔(directional hole)——利用钻孔自然弯曲规律或采用人工造斜工具,使其轴线沿设计的空间轨迹延伸的钻孔。

钻井(well)——以开采液、气态矿藏为主要目的,在地壳内钻成的柱状圆孔。

孔径(hole diameter)——钻孔横断面的直径。

孔深(hole depth)——钻孔轴线的长度。

垂深(vertical depth)——钻孔轴线在铅垂轴上的投影长度。

钻孔结构(hole structure)——构成钻孔剖面的技术要素。包括钻孔总深度、各孔段直径和深度、套管或井管的直径、长度、下放深度和灌浆部位等。

1.6.2　设备与器具

1.6.2.1　钻探设备

钻机(drill)——驱动、控制钻具钻进,并能升降钻具的机械。

泥浆泵(mud pump, slush pump)——向钻孔内泵送冲洗液的机械。

钻塔、桅杆(derrick, mast)——升降作业和钻进时悬挂钻具、管材用的构架。单腿构架称为桅杆,桅杆需用绷绳稳定,往往可以整体起落或升降。

钻探机组(drilling rig)——钻机、泥浆泵、动力机以及钻塔等配套组合的钻探设备。

泥浆搅拌机(mud mixer)——以机械搅拌方式制备冲洗液的机械。

固相控制设备(device of solids control)——清除冲洗介质中无用固相和气相的地面设备。

水龙头(water swivel)——输送冲洗介质的高压胶管与回转钻具间连接的专用装置。其同义词为水接头。

拧管机、液压管钳(hydraulic tube clamp)——液压动力拧卸钻具、套管连接螺纹的机具。

夹持器(clamp)——将钻具和套管夹持在孔口的机具。

活动工作台(derrick man elevator)——钻塔中进行升降作业可以随意升降和定位的小型工作平台。

1.6.2.2　钻探工具

提引工具（lifting tools）——升降钻具、套管用的悬挂工具。

拧卸工具（making - up／breaking tools）——拧卸钻杆、钻具、套管等连接螺纹的工具。

打捞工具（fishing tools）——捞取或处理孔内事故的工具。

1.6.2.3　钻探管材

钻杆（drill rod, drill pipe）——用来传递破碎孔底岩石的动力并驱动孔内钻具、输送冲洗介质的金属管。

主动钻杆（drive pipe）——通过回转器，连接水龙头和孔内钻具的钻杆。

绳索取心钻杆（wire - line drill rod）——内孔能通过绳索取心内管总成的钻杆。

双壁钻杆（dual - wall drill pipe）——反循环取心（样）钻进用的由内外管组成的钻杆。

钻铤（drill collar）——位于钻杆柱下端的厚壁加重管，用作对钻头施加钻压，改善钻杆柱受力工况。

加重钻杆（heavy weight drill rod）——与钻铤作用相同，常用钻铤与钻杆之间。

套管（casing）——保护孔壁，隔离与封闭油、气、水层及漏失层的管材。

孔口管（conductor pipe）——开孔后下入钻孔中，用于导向及保护孔口的第一层套管。

岩心管（core barrel）——在岩心钻进中用于容纳及保护岩心的管件或管组。

接头（joint）——管材间的连接件，如钻杆接头、套管接头、岩心管接头、取粉管接头、转换接头。

锁接头（tool joint）——连接外丝钻杆的变丝接头副，用于立根间的连接。

接箍（coupling）——用于外丝钻杆单根间的连接件。

单根（single）——一根定尺长度的钻杆。

立根（stand）——由若干个单根组成的在升降工序中不拧卸的单元。

钻杆柱（drill string）——由若干立根组成的管柱。其同义词为钻柱。

1.6.2.4　碎岩工具

钻头（drill bit）——破碎孔底岩石的专用工具。

扩孔器（reaming shell）——与金刚石钻头配用，对孔壁进行修整以保持孔径的专用工具。

牙轮钻头（rock bit）——依靠钻头基体上可转动的牙轮进行碎岩的钻头。

钻粒钻头（shot drilling bit）——依靠拖动互不连接的碎岩材料（钻粒）破碎岩石的钻头。

刮刀钻头(drag bit)——由若干翼片状刃具组成的碎岩钻头。

冲击钻头(percussion bit)——靠冲击功破碎岩石的钻头。

扩孔钻头(reaming bit)——扩大钻孔直径使用的钻头。

套管钻头(casing bit)——连接在套管柱下面,为强制下入套管疏导通路的无内出刃钻头。

1.6.3　钻探工艺

1.6.3.1　钻进方法

回转钻进(rotary drilling)——靠回转器或孔底动力机具转动钻头破碎孔底岩石的钻进方法。

冲击钻进(percussion drilling)——周期性地冲击孔底破碎岩石的钻进方法。

振动钻进(vibro - drilling)——用振动器产生振动实现碎岩的钻进方法。

螺旋钻进(auger drilling)——利用螺旋钻具碎岩并输送岩屑、岩样的钻进方法。

钻进参数(drilling parameters)——影响钻进效果(速度、质量、成本)的钻压、转速、泵量等可调控因素。

钻压(weight on bit, bit pressure)——沿钻孔轴线方向对碎岩工具施加的压力,以"F"或"P"表示。

转速(rotary speed)——单位时间内碎岩工具绕轴线回转的转数,以"n"表示,单位为 r/min。

冲洗液量(flow rate, pump discharge)——单位时间内泵入孔内的冲洗液体积,亦称泵量,以"Q"表示。

工作泵压(pump working pressure)——冲洗液在孔内循环时克服各种阻力和驱动孔内动力钻具所需的压力,以"P"表示。

1.6.3.2　钻孔冲洗

冲洗介质(flushing medium)——钻探工程中用以冲洗钻孔的流体。

冲洗液(flushing fluid/mud fluid)——液态的冲洗介质,俗称泥浆。

造浆黏土(mud - forming clay)——配制冲洗液基浆用的黏土。

处理剂(agent)——用于调节泥浆性能的化合物。

泥浆流变学(mud rheology)——研究泥浆变形和流动的科学。

冲洗液性能(properties of fluid)——表征冲洗液物理、化学特性的参数。

密度(density)——冲洗介质单位体积中的质量,以"p"表示。

黏度(viscosity)——又称黏性系数,表征液体抵抗剪切变形特性的物理量,其测定方法有动力黏度、运动黏度和条件黏度三种。

滤失量,又称失水量(filtration loss)——在一定压差下,规定时间内冲洗液的液相渗出的数量，以"*B*"表示。

　　固相含量（solid content）——冲洗液中分散的固体颗粒含量的体积百分数，以"*c*"表示。

　　含砂量（sand content）——冲洗液中大于 74 μm 不易分散的固体颗粒含量的体积百分数，以"*s*"表示。

　　正循环（direct circulation）——冲洗介质从地表经钻杆内孔到孔底，然后由钻杆与孔壁的环状空间返回地表的循环。

　　反循环（reverse circulation）——冲洗介质从地表经钻杆与孔壁的或双壁钻杆间的环状空间流向孔底，然后经钻杆内孔返回地表的循环。

1.6.3.3　护壁堵漏

　　孔壁稳定性（hole wall stability）——钻孔孔壁岩层在钻探过程中保持其原始状态的特性。

　　岩石裂隙性（rock fissurity）——岩石中裂隙发育的程度。

　　岩石渗透性（rock permeability）——流体在压差作用下通过岩石裂隙和孔隙渗透滤失的特性（能力）。

　　岩石孔隙度（rock porosity）——岩石中孔隙所占体积的百分数，以"*m*"表示。

　　岩石水敏性（water sensitivity of rocks）——岩石遇水引起水化、膨胀、疏松、坍塌等的特性。

　　岩石水溶性（water solubility of rocks）——岩石遇水溶解的难易程度。

　　钻孔漏失（loss of circulation）——孔内液体在压差下流入孔隙性岩层的过程。

　　漏失强度（loss intensity）——衡量钻孔漏失程度的量值。

　　测漏（loss surveying）——冲洗液在孔内漏失的各种参数的测量。

　　堵漏（shot – off of loss）——处理冲洗液漏失的作业。

1.6.3.4　取心取样

　　取心（coring）——用取心钻具从钻孔内采取圆柱形岩矿样品的工作。

　　取样（sampling）——从钻孔内采取岩土样品作为地质资料的工作。

　　岩（矿）心采取率（core recovery percent）——由钻孔中采取出的岩（矿）心长度与相应实际钻探进尺的百分比。

　　取心钻具（coring tools）——取岩（矿）心的工具，亦称岩心钻具。

1.6.4　钻孔弯曲与测量

　　顶角（drift angle）——钻孔轴线上某点沿轴线延伸方向的切线与垂线之间的夹角称为该点的顶角，以"θ"表示。

　　倾角（inclination angle, dip angle）——钻孔轴线上某点沿轴线延伸方向的切线与其水平投影之间的夹角称为钻孔在该点的倾角，以"β"表示。

方位角(azimuth)——在水平面上，自正北向开始，沿顺时针方向，与钻孔轴线水平投影上某点的切线之间的夹角称为钻孔在该点的方位角，以"α"表示。

遇层角(angle to meet formation, angle of penetration)——钻孔轴线与其在岩层层面上的垂直投影之间的夹角，以"δ"表示，亦称入层角。

钻孔偏斜(hole deviation)——钻孔的实际轴线偏离设计轴线的位移。其同义词为钻孔弯曲。

弯曲强度(deviation intensity)——单位长度孔深的顶角或方位角增减量。

全弯曲角(total angle of deviation)——孔段轴线上相邻两点沿各自轴线延伸方向的切线之间的空间夹角，以"γ"表示。

全弯曲强度(total deviation intensity)——单位长度孔深的全弯曲角(以度为角计量单位)的增减量。

全曲率(total curvature)——以弧度为角计量单位的全弯曲强度。

第 2 章　　岩石钻进特性

钻探作业的对象是岩石。岩石在钻进过程中表现出来的物理－力学性质、钻进特性及其分类方法是选择钻进工艺和指导钻探生产的重要依据。

2.1　岩石基本类别

地学界通常按岩石的成因把岩石分为岩浆岩、沉积岩和变质岩三大类。其中，岩浆岩也叫火成岩，是在地壳深处或在上地幔中形成的岩浆侵入到地壳上部或者喷出到地表冷却固结并经过结晶作用而形成的岩石；沉积岩又称为水成岩，是在地表不太深的地方，将其他岩石的风化产物和一些火山喷发物，经过水流或冰川的搬运、沉积、成岩作用形成的岩石；变质岩是地壳中原有的岩石受构造运动、岩浆活动或地壳内热流变化等因素影响，使其矿物成分、结构构造发生不同程度的变化而形成的岩石。

从钻探施工的角度出发，可以按黏结状态把岩石分成四个基本类别。

2.1.1　固结性岩石

固结性岩石通常具有高硬度，无论在高压力还是在湿润条件下，当岩石破碎后其矿物质点之间的分子连接力都不会恢复。固结性岩石分成含石英和不含石英两类，前者硬度比后者高，难以钻进。通常在生产中会遇到完整的和裂隙性的两种固结性岩石。在完整的固结性岩石中施工时，孔壁稳定不必加固，而在强裂隙性岩石中施工的孔壁必须加固。

2.1.2　黏结性岩石

黏结性岩石(黏土、亚黏土、白垩、铝矾土)由黏土矿物或主要由黏土矿物黏结的碎屑岩颗粒组成，其特征是：

(1)在湿润条件下，黏结状态被破坏之前可以有大的残余变形；

(2)质点之间的内聚力，随湿润的程度不同可以在很宽的范围内变化；

(3)在黏结状态被破坏之后，可采取高压和增加湿润的办法使其内聚力得以恢复；

(4)某些黏结性岩石(黏土岩、白垩)具有膨胀性，即在湿润状态下体积膨胀，易造成孔壁缩径或坍塌。

2.1.3　松散性岩石

松散性岩石由相互之间无黏结性的不同形状与尺寸的细粒（砂、砾石、卵石、漂砾等）聚集而成。在这类岩石中钻掘的同时必须加固孔壁，以防止坍塌。

2.1.4　流动性岩石

流动性岩石（或流砂层）由含水的砂质黏土类岩石（细砂、亚砂土）组成。当砂粒之间存在着极细小的黏土颗粒时，这类岩石具有较强的流动性。如果位于上覆岩层的高水头压力之下，则流砂会沿着钻孔上涌。因此钻进这类岩石时，必须一边钻进一边加固孔壁。

2.2　岩石基本物理性质

岩石的物理性质是岩石在生成过程、构造变动和风化过程中自然形成的特性。岩石的许多性质与其自身矿物晶体的成分、颗粒形状和大小、空间排列特征和颗粒之间的连接力、岩石的形成条件及其构造密切相关。由于钻探作业所涉及的范围远大于矿物晶体的尺寸，因而更注重研究各种晶体或颗粒混合在一起的平均性质。

2.2.1　密度与容重

岩石的密度反映具有自然湿度和原状结构岩块的单位质量。由于岩石的孔隙中可能充有水或气体，所以必须分别考虑岩石的骨架密度和体积密度。体积密度指在自然状态下岩石的质量与带孔隙的岩石体积之比。

岩石的容重是单位体积岩石的重量。岩石的骨架容重是岩样重量与岩样中固相骨架体积之比。

一般情况下，岩石的密度越大，其强度也越大，从而影响钻进方法、岩石破碎工具及钻进规程的选择。计算岩体的压力时，要用到岩石的容重；计算岩石的孔隙度时，要用到岩石的容重和骨架容重。

岩石的密度、容重和骨架容重的计算见式（2-1）、（2-2）和（2-3）。

$$\rho = \frac{m}{V} = \frac{m}{V_s + V_P} \qquad (2-1)$$

式中：ρ 为岩石的密度，g/cm^3；m 为岩样在自然状态下的质量，g；V 为岩样的总体积，cm^3；V_s 为岩样中的固相骨架体积，cm^3；V_P 为岩样中的孔隙体积，cm^3。

$$\gamma = \frac{m \cdot g}{V} \times 10^{-3} = \frac{m \cdot g}{V_s + V_P} \times 10^{-3} \qquad (2-2)$$

式中：γ 为岩石的容重，N/cm^3；g 为重力加速度，$9.8\ m/s^2$。

$$\gamma_s = \frac{m \cdot g}{V_s} \times 10^{-3} \qquad (2-3)$$

岩石密度与容重的关系是：

$$\gamma = \rho \cdot g \times 10^{-3} \qquad (2-4)$$

式中：γ_s 为岩石的骨架容重，N/cm^3。

由式（2-2）和式（2-3）可以看出，岩石的容重常小于其骨架容重。在实际工作中测定岩石的骨架容重很麻烦，必须将岩石碾成粉末。而测定岩石的容重则比较方便，只要量出其体积（常用水中称量法），再称其重量，便可计算出容重；有了容重，按式（2-4）便可求得密度。部分矿物和常见岩石的密度见表2-1。

表2-1　部分矿物和常见岩石的密度值

岩石、矿物	密度/$(g \cdot cm^{-3})$	岩石、矿物	密度/$(g \cdot cm^{-3})$
金刚石	3.52	磁铁矿	5.17
石英	2.65	方铅矿	7.50~7.15
黄玉	3.40~3.55	硬石膏	2.8~3.0
刚玉	4.02	磷灰石	3.16~3.27
黄铁矿	5.02~4.91	氧化钡	4.3~4.7
锰铁钨矿	6.7~7.5	闪锌矿	3.5~4.2
石盐	2.17	滑石	2.7~2.8
石膏	2.3~2.4	萤石	3.01~3.25
海绿石	2.2~2.9	玉髓	2.59~2.64
石墨	2.09~2.25	黄铜矿	4.1~4.3
高岭石	2.58~2.60	亚氯酸盐	2.6~3.0
白云石	1.80~3.15	白钨矿	5.8~6.2
方解石	2.6~2.8	尖晶石	3.5~3.7
菱镁矿	2.9~3.1	花岗岩	2.55~2.67
菱铁矿	3.0~3.9	花岗闪长岩	2.62~2.78
锡石	6.8~7.1	正长岩	2.57~2.65
孔雀石	3.9~4.03	蛇纹岩	2.48~3.60
蒙脱石	2.04~2.52	流纹石	2.14~2.59
霞石	2.55~2.65	石英斑岩	2.54~2.66
蛇纹石化橄榄岩	2.66~3.20	安山岩	2.17~2.68
拉长石	2.63~2.69	玄武岩	2.22~2.85
辉长岩	2.75~3.10	辉绿岩	2.62~2.95

续表 2 – 1

岩石、矿物	密度/(g·cm⁻³)	岩石、矿物	密度/(g·cm⁻³)
辉长 – 苏长岩	2.90 ~ 3.09	橄榄石	2.88 ~ 3.29
苏长岩	2.94 ~ 3.05	砂	1.3 ~ 2.0
含云母页岩	2.6 ~ 2.75	粉砂岩	1.8 ~ 2.8
大理石灰岩	2.65 ~ 2.68	砂岩	2.0 ~ 2.9
石英岩	2.62 ~ 2.65	砂质页岩	2.3 ~ 3.0
大理石	2.68 ~ 2.72	角砾岩	1.6 ~ 3.0
黏土	1.2 ~ 2.4	砾岩	2.1 ~ 3.0
泥质板岩	1.7 ~ 2.9	泥灰岩	1.5 ~ 2.8
泥质页岩	2.3 ~ 3.0	石灰岩	1.8 ~ 2.9
蛋白石	1.9 ~ 2.5	白云石	1.9 ~ 3.0
磁黄铁矿	4.58 ~ 4.7	石膏	2.1 ~ 2.5
蛇纹石	2.5 ~ 2.6	硬石膏	2.4 ~ 2.9
黑云母	2.69 ~ 3.0	盐岩	2.15 ~ 2.3
白云母	2.5 ~ 3.0	蛋白石	1.0 ~ 1.6
琥珀云母	2.7 ~ 3.0	火燧石	2.52 ~ 2.6

2.2.2　孔隙度

岩石的孔隙度反映了岩石中含有孔隙和空洞的情况。岩石的孔隙度为岩石中的孔隙体积与岩石的总体积之比。

一切坚硬岩石都具有孔隙。岩石的孔隙性削弱了岩石的强度,尤其是在含水之后,从而影响钻进方法、岩石破碎工具及钻进规程的选择。岩石的孔隙性增强了岩石的透水性,从而影响冲洗液漏失和水井的出水量等指标。岩石的孔隙性使岩石更松散,从而影响岩心采取率。

岩石的孔隙度计算式如下:

$$P_o = \frac{V_P}{V} \times 100 = (1 - \frac{\gamma}{\gamma_s}) \times 100 \qquad (2-5)$$

式中:P_o 为岩石的孔隙度,%;V_P 为岩石中的孔隙体积,cm³;V 为岩石的总体积,cm³。

一般沉积岩具有高的孔隙度(砂岩 55%,灰岩 0 ~ 45%),随着埋深的增大,岩石的孔隙度降低;随着风化程度加强,岩石的孔隙度增大。

按孔隙度可把岩石分为 4 级:低孔隙度(<5%),较低孔隙度(5% ~ 10%),中孔隙度(10% ~ 15%)和高孔隙度(>20%)。部分岩石的大致平均孔隙度见表 2 – 2。

表 2 – 2　部分岩石的孔隙度大致平均值

岩石名称	孔隙度/%	岩石名称	孔隙度/%
花岗岩	1.2	砂岩	3 ~ 30
辉绿岩	1.0	泥质页岩	4.0
辉长岩	1.0	黏土	45
石英岩	0.8	白垩	40 ~ 50
碳酸盐岩	1.5 ~ 2.2	凝灰岩	40
云英闪长岩	7.0	页岩	10 ~ 30
玄武岩	0.1 ~ 1.0	石灰岩	5 ~ 20
大理岩	0.5 ~ 2.0	板岩	0.1 ~ 0.5
片麻岩	0.5 ~ 1.5	流纹岩	4 ~ 6

2.2.3　各向异性

　　岩石中矿物或碎屑彼此之间的组合形式和空间分布形态决定了岩石中可能存在节理、片理和层理，从而导致岩石出现各向异性，即岩石在平行于层理方向上与垂直于层理方向上的力学性质指标有差异。

　　由于存在着各向异性，将使钻头唇面不同方向上的碎岩难易程度不同，从而导致孔斜(产生钻孔弯曲)。用各向异性系数来表征岩石在不同方向上的力学性质差异：

$$K_a = x_\perp / x_{/\!/} \tag{2-6}$$

式中：K_a 为各向异性系数；$x_\perp$ 为垂直于岩石层理方向上的力学性质指标；$x_{/\!/}$ 为平行于岩石层理方向的力学性质指标。

　　以抗压强度为例，岩石的强度具有明显的各向异性。垂直于层理方向的抗压强度最大，平行于层理之间的抗压强度最小，与层理斜交方向上的抗压强度位于二者之间。部分岩石的各向异性系数见表 2 – 3。

表 2 – 3　部分岩石层理方向的各向异性系数

岩石名称	抗压强度 σ_c/MPa		$\sigma_c^\perp / \sigma_c^{/\!/}$
	垂直层理 $\sigma_c^\perp$	平行层理 $\sigma_c^{/\!/}$	
石灰岩	180	151	1.19
粗粒砂岩	142.3	118.5	1.20
细粒砂岩	156.8	153.7	1.02
砂质页岩	78.9	51.8	1.52
页岩	51.7	36.7	1.41
泥板岩	114.2	65	1.76
碳酸盐化泥板岩	103.2	59.7	1.73

2.3　岩石基本力学性质

岩石的力学性质是其在外部载荷作用下物理性质的延伸，通常表现为岩石抵抗变形和破坏的能力，如强度、硬度、弹性、脆性、塑性等。

2.3.1　强度

岩石强度是岩石在外载(静载或动载)作用下抵抗破坏的能力。岩石在载荷作用下变形到一定程度就会发生破坏。岩石在给定的变形方式(压、拉、弯、剪)下被破坏时的极限应力值称为岩石的(抗压、抗拉、抗弯、抗剪)强度极限。

岩石强度对钻进过程中碎岩效果和孔壁稳定性有显著影响。强度从总体上反映了破碎孔底岩石需要加在钻头上的载荷大小。目前还只能用室内试验的方法来测定岩石强度。

没有条件进行实测时，可以从自然因素和工艺因素两方面来定性分析岩石强度的大致范围。

(1)一般造岩矿物强度高其岩石的强度也高，但沉积岩的强度取决于胶结物所占的比例及其矿物成分。胶结物的比例愈大，则胶结物强度对岩石强度的影响愈大，细粒岩石的强度大于同一矿物组成的粗粒岩石。

(2)岩石的孔隙度增加，密度降低，其强度则降低，反之亦然。因此，一般岩石的强度随埋深的增大而增大。

(3)岩石的受载方式不同，岩石的强度值差异很大。不同受载方式下岩石强度相对值见表 2－4。岩石的抗压强度最大，而抗剪强度是抗压强度的 10% 左右，抗拉强度则更小。因此，在钻进过程中应尽量使钻头以剪切和拉伸的方式来破碎岩石。理论分析和实验研究都证明，切削具压入岩石时其下方存在着剪应力最大的危险极值带，在回转切削具的后方岩面会出现许多张裂纹，这就为以剪切和拉伸方式破碎岩石创造了条件。

表 2－4　不同受载方式下岩石强度相对值

岩石	岩 石 强 度 相 对 值			
	抗压	抗拉	抗弯	抗剪
花岗岩	1	0.02～0.04	0.08	0.09
砂岩	1	0.02～0.05	0.06～0.20	0.10～0.12
石灰岩	1	0.04～0.10	0.08～0.10	0.15

（4）多向应力状态下的岩石强度比简单应力状态下的强度高许多倍，但其变化趋势是一致的。在研究孔底岩石破碎过程和孔壁稳定时，都应该认为岩石处于多向应力状态下。

（5）加载速度的影响主要表现在两个方面：①外载作用速度的增加使岩石的应变速率增大，岩石的动强度永远大于静强度（达 10 倍左右）；②加载速度对塑性岩石强度的影响大于脆性岩石，但只有达到一定加载速度后才会显著影响岩石的强度。例如，一般牙轮钻头牙齿冲击岩石的速度不大于 5 m/s，这时岩石的强度并未出现本质性增大。

2.3.1.1 静强度

所谓静强度是指在静载或在液压试验机上以很慢速度加载时测得的岩石强度。岩石的单轴抗压强度极限按下式计算：

$$\sigma_c = P/F \tag{2-7}$$

式中：σ_c 为单轴抗压强度极限，MPa；P 为岩石破坏瞬时的轴向载荷，N；F 为岩石试样的截面积，cm^2。

由于岩石为非均质物质，故其抗压强度极限应取多次重复试验的算术平均值：

$$\sigma_c = \frac{\sigma_{c1} + \sigma_{c2} + \cdots + \sigma_{cn}}{n} \tag{2-8}$$

式中：σ_{c1}，σ_{c2}，$\cdots$，σ_{cn} 为岩样各次试验的抗压强度极限，MPa；n 为岩样试验的次数（对均质岩石，$n=3$；而非均质岩石，$n=6$）。

不同受载方式下常见岩石的强度极限值见表 2-5。在野外不能自行测量强度的条件下，也可以通过该表查询。

表 2-5　常见岩石的抗剪、抗压和抗拉强度极限

岩　石	抗压强度极限/MPa	抗剪强度极限/MPa	抗拉强度极限/MPa
大理石	165	9.1	—
石灰岩	103~164	9.5~19.2	9.1
安山岩	98.6	9.6	5.8
石榴石矽卡岩	101.5	9.6	—
凝灰岩	115.6	11	6.7
白云石	162	11.8	6.9
变质花岗闪长岩	141.2	13.0	—
花岗闪长岩	233.6~265.9	21.1~22.2	—
细粒花岗岩	166	19.8	12

续表 2 – 5

岩　石	抗压强度极限/MPa	抗剪强度极限/MPa	抗拉强度极限/MPa
中粒花岗岩	259.2	22	14.3
正长岩	215.2	22.1	14.3
正长斑岩	225	29.6	14.3
闪长岩	239	24	—
闪长斑岩	324	30.2	—
辉长岩	230 ~ 340.6	24.4 ~ 37.5	13.5
矽卡岩	209.8	25.5	—
绿帘石 – 石榴石矽卡岩	276.2	30.5	—
角斑岩	228.5 ~ 374	26.8 ~ 37.3	13.8
钠长斑岩	172.8	28.2	11.9
石英岩	305	31.6	14.4
玄武岩	324.5	32.2	—
辉绿岩	343	34.7	13.4

2.3.1.2　动强度

动强度是指在动载或在液压试验机上快速加载时测得的岩石强度。

考虑到钻进过程中钻头经常是以动载(如冲击、冲击回转和牙轮钻头等)或微动载(钻杆柱的震动作用于硬质合金和金刚石钻头上)方式破碎岩石,所以岩石的动强度更能反映孔底岩石破碎的难易程度。在确定岩石可钻性的时候,必须考虑岩石的动强度指标和岩石的研磨性。

岩石的动强度是通过捣碎法在俄罗斯 ПOK 强度仪上测定。首先用小锤把待测岩样打碎成直径 1.5 ~ 2.0 cm 的小块;从打碎的岩样小块中选出 5 块样品,体积 15 ~ 20 cm³。测试时,把每个岩样放进管形钢筒内[图 2 – 1(a)],并让 2.4 kg 的重锤从 0.6 m 高落下冲击它 10 次。捣碎后,把全部 5 份样品倒在孔径 0.5 mm 的筛网上过筛。把筛出的岩粉颗粒装入体积测量筒内[图 2 – 1(b)],然后往测量筒内插入刻度柱塞。由于柱塞从上至下刻有 0 ~ 140 mm 的刻度,所以可以读出测量筒内岩粉柱的高度值 l。岩石的动强度指标按下式确定:

$$F_d = 200/l \qquad (2-9)$$

式中:F_d 为岩石的动强度指标;l 为被捣碎岩粉颗粒在测量筒内的高度,mm。

对于同一种岩石用这种方法得出的动强度指标结果比较稳定。根据动强度指标可把岩石分成 6 级(表 2 – 6)。

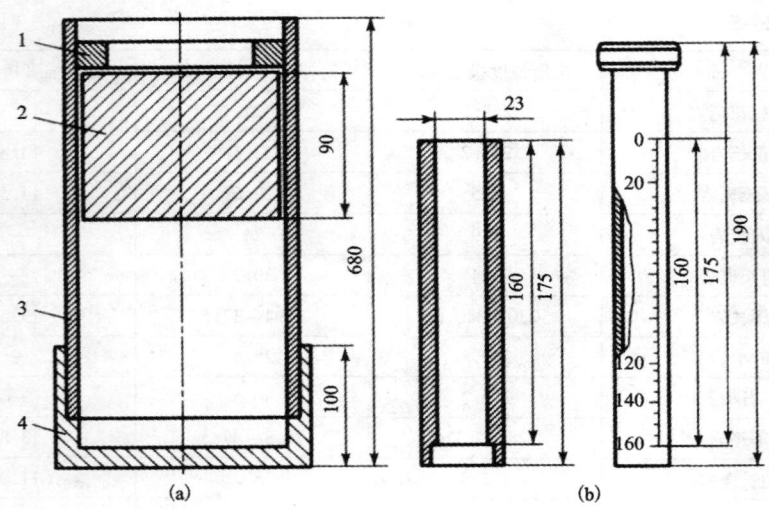

图 2－1　用于捣碎法确定岩石动强度的仪器

(a)落锤筒：1—挡圈；2—落锤；3—钢筒；4—套筒。(b)测量筒

表 2－6　岩石的动强度指标分级表

指　标	岩　石　的　动　强　度　指　标　分　级					
	Ⅰ	Ⅱ	Ⅲ	Ⅳ	Ⅴ	Ⅵ
动强度指标 F_d	≤8	8～16	16～24	24～32	32～40	≥40
动强度评价	弱	中弱	中	中强	强	极强

　　岩石的动强度指标与岩石的单轴抗压强度和压入硬度变化趋势大致相同。

2.3.2　硬度

　　岩石的硬度反映岩石抵抗外部更硬物体(切削具、压模)压入(侵入)其表面的能力。

　　硬度与抗压强度有联系，但又有很大区别。抗压强度是固体抵抗整体破坏时的阻力，而硬度则是固体表面对另一物体局部压入或侵入时的阻力。因此，硬度指标更接近于钻进过程的实际情况。

　　与岩石的强度一样，目前还只能用室内试验的方法来测量岩石硬度。而国内外钻探(井)界岩石硬度的测量方法及硬度指标的形式并未统一，其多样性来源于岩石物理力学性质的多样性，同时也是为了与钻进方法的多样性相适应。

　　没有条件进行实测时，可以从自然因素和工艺因素两方面定性分析岩石硬度的大致范围。

（1）岩石中石英及其他坚硬矿物或碎屑含量愈多，胶结物的硬度越大，岩石的颗粒越细，结构越致密，则岩石的硬度越大。而孔隙度高，密度低，裂隙发育的岩石硬度将降低。

（2）岩石的硬度具有明显的各向异性。但层理对岩石硬度的影响正好与强度相反。垂直于层理方向的硬度值最小，平行于层理的硬度最大，两者之间可相差 1.05 ~ 1.8 倍。岩石硬度的各向异性可以很好地解释钻孔弯曲的原因和规律，并可利用这一现象来实施定向钻进。

（3）在各向压缩条件下，岩石的硬度将增大。在常压下硬度越低的岩石，随围压增大其硬度增长越快。

（4）一般随着加载速度增加，将导致岩石的塑性系数降低，硬度增加。但当冲击速度小于 10 m/s 时，硬度变化不大。

单一矿物的硬度如表 2 -7 所示。其中，莫氏分级法选择 10 种矿物作为硬度标准，每个后一种矿物可以刻画前一种矿物。但莫氏分级法不是线性标度，克氏分级法则具有更好的硬度可比性。按照这种方法，金刚石硬度为刚玉硬度的 4 倍以上，硬质合金的 3 倍以上。

表 2 -7　不同矿物和材料的莫氏硬度和克氏硬度对比表

矿物（材料）名称	岩 石 硬 度	
	莫氏硬度	克氏硬度
滑石	1	12
石膏	2	32
石灰石	3	135
萤石	4	160
磷灰石	5	400
玻璃	6	500
石英	7	1250
黄玉	8	1550
刚玉	9	1900
碳化钨	9.5	2800
金刚石	10	8300

2.3.2.1　压入硬度

国际上普遍采用如图 2 -2、图 2 -3 所示的装置来测定岩石的硬度值（通常称为压入硬度）。它特别适于模拟牙轮钻头齿和硬质合金钻头切削具压入岩石的状态，反映了压头底面积增大时所需压入力的增长情况。对于研磨性不大，硬度在 2500 ~ 3000 MPa 以下的岩石用钢质圆柱形压头；研磨性大，硬度在 2500 ~ 3000 MPa 以上的岩石，应采用硬质合金圆柱形压头。如果岩石硬度大于 4000 ~ 5000

MPa，则采用截头圆锥形压头。常用的压头底面积为 $1 \sim 5 \ mm^2$，其中，$1 \sim 2 \ mm^2$ 的用于致密均质岩石；$3 \ mm^2$ 的用于颗粒大于 0.25 mm，硬度又不很高的岩石；5 mm^2 的用于低强度、多孔隙的岩石。压入硬度的数值就是作用于压模单位面积上的破碎力：

$$H_y = P_{max}/S \qquad (2-10)$$

式中：H_y 为岩石的压入硬度，MPa；P_{max} 为在压入作用下岩样产生局部脆性破碎时的轴载荷，N；S 为压头底面积，mm^2。

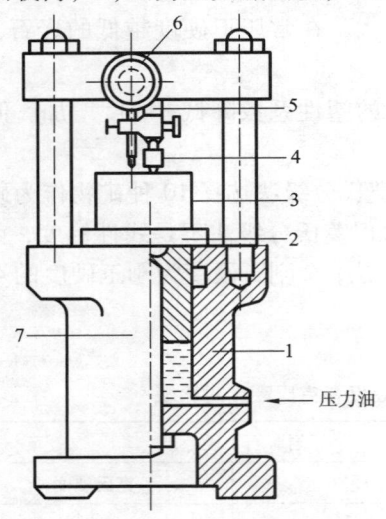

图 2-2　测试压入岩石硬度的装置

1—液压缸；2—液压柱塞；3—岩样；4—压头；
5—压力机上压板；6—千分表；7—柱塞导向杆

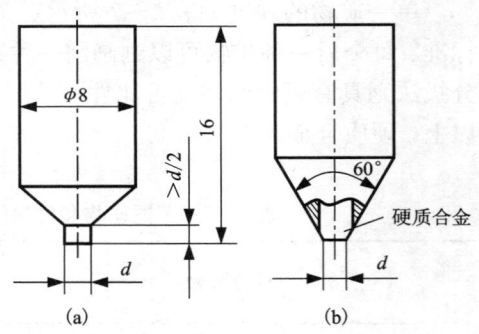

图 2-3　平底圆柱压头

（a）钢质或硬质合金圆柱形压头；
（b）截头圆锥形压头

岩石的整体硬度与其构成矿物的硬度是有差别的。岩石的整体硬度主要影响钻进速度，而钻头工作寿命则主要取决于其矿物的硬度。例如，弱胶结砂岩不是坚硬岩石，比较容易被钻头破碎，然而它的主要造岩矿物——石英颗粒却具有很高的硬度，容易使钻头很快被磨钝而失效。因此，在测量岩石硬度的过程中，应在岩样表面均布测试点，注意区分造岩矿物颗粒的硬度和岩石的组合硬度。

通常岩石的压入硬度 H_y 大于其单轴抗压强度 σ_c，这可解释为在压头作用下，岩石某一点上处于各向受压的应力状态。

如果采用自动记录式岩石硬度仪，则可在记录纸上画出应变曲线。根据曲线图既可确定硬度，又可得到岩石流动极限 δ_T，塑性系数 K_s，弹性模量 E 和破碎比功 A_s 的数值（表 2-8）。这些参数是判断岩石的弹性、塑性，确定岩石可钻性的重要依据。

表 2 – 8 某些岩石的压入硬度、流动极限、塑性系数、弹性模量和破碎比功

岩　石	压入硬度 H_y/MPa	流动极限 δ_T/MPa	塑性系数 K_s	弹性模量 E/MPa	破碎比功 $A_s \times 10^5$ /(J·m^{-2})
石膏	250 ~ 400	150 ~ 350	1.8 ~ 3.7	6000 ~ 14000	0.2 ~ 0.5
板岩和泥质页岩	200 ~ 750	150 ~ 400	1.3 ~ 3.3	5000 ~ 9000	0.3 ~ 0.4
碳酸盐胶结的粉砂岩	700 ~ 900	400 ~ 500	2.2 ~ 3.3	4000 ~ 12000	0.8 ~ 1.3
大理石	950 ~ 1300	650 ~ 700	2.2 ~ 3.0	35000	1.3
硬石膏	1050 ~ 1400	400 ~ 950	2.1 ~ 4.3	18000 ~ 54000	0.5 ~ 1.2
致密的石灰岩	1100 ~ 2000	500 ~ 1100	1.7 ~ 2.8	20000 ~ 50000	0.7 ~ 2.8
碳酸盐胶结的中粒砂岩	1700 ~ 3000	1400 ~ 2100	1.7 ~ 2.8	18000 ~ 25000	2.2 ~ 2.8
致密的白云岩	2500 ~ 3200	1500 ~ 2200	2.5 ~ 4.5	50000 ~ 80000	1.7 ~ 3.4
花岗岩	3000 ~ 3700	2200 ~ 3000	1.4 ~ 1.9	41000 ~ 50000	2
玄武岩	3900	1400	4.2	33000	16.9
石英闪长岩	4100	3400	1.4	45000	2.5
正长岩	5700	4800	2.2	88000	14.6
辉绿岩	6300	5000	1.5	10000	5.1
石英岩	5800 ~ 6300	—	1.0	69000 ~ 73000	4 ~ 6
角石	8000	5800	2.5	100000	8.5
碧玉铁质岩	8100	—	1.0	100000	3.6

2.3.2.2 摆球硬度

我国研制的摆球硬度计(图 2 – 4)观测的是通过能量转换方式实现的摆球回弹现象,以回弹次数来确定岩石的硬度(通常称为摆球硬度)。试验用岩样一般为圆柱形岩心,直径大于 40 mm,长度大于 65 mm,两端切平,端面与岩心轴线垂直,受试面还必须抛光。

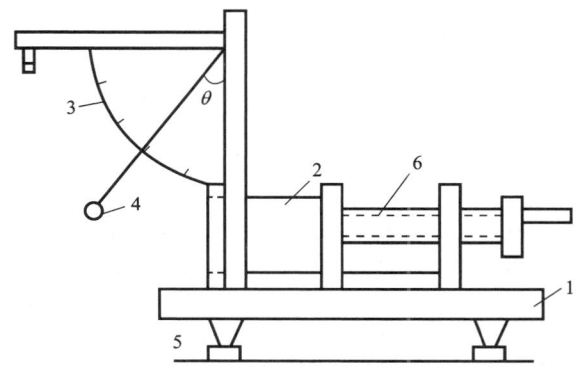

图 2 – 4 摆球硬度计

1—底盘;2—岩样;3—刻度盘;4—摆球;5—水平调节螺丝;6—岩样固定器螺杆

2.3.2.3　按岩石硬度分级法

根据压入硬度可把岩石分为 4 类 12 级（表 2 - 9）。

根据摆球回弹次数可把岩石分为 12 级（表 2 - 10），由于第 I 级岩石太软，无法测出摆球回弹次数，故表 2 - 10 从 II 级岩石开始。

表 2 - 9　岩石按压入硬度的分级表

岩石类别	软			中硬			硬			坚硬		
岩石级别	I	II	III	IV	V	VI	VII	VIII	IX	X	XI	XII
压入硬度 /MPa	≤ 100	100 ~250	250 ~500	500 ~1000	1000 ~1500	1500 ~2000	2000 ~3000	3000 ~4000	4000 ~5000	5000 ~6000	6000 ~7000	> 7000

表 2 - 10　岩石按摆球回弹次数的分级表

岩石级别	II	III	IV	V	VI	VII	VIII	IX	X	XI	XII
摆球回弹次数	≤ 14	15 ~29	30 ~44	45 ~54	55 ~64	65 ~74	75 ~84	85 ~94	95 ~104	105 ~125	> 125

2.3.3　弹性、脆性、韧性和塑性

2.3.3.1　变形特征及其分类

做压入试验时，记录下载荷 P 与侵入深度 δ 的相关曲线，按岩石在压头压入时的变形曲线和破碎特性（图 2 - 5）可把岩石分成以下三类：

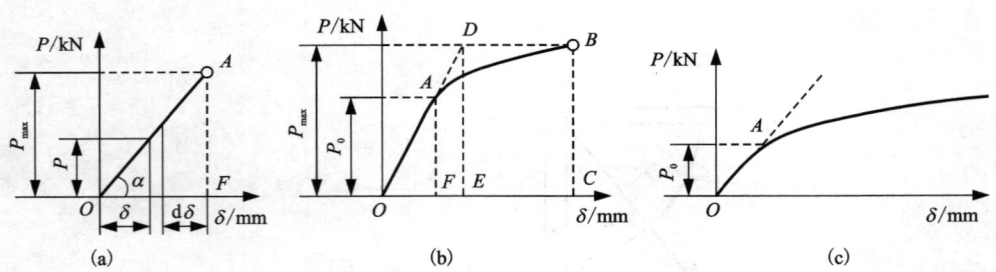

图 2 - 5　压头压入条件下的岩石变形曲线图

（a）弹—脆性岩石（石英岩）；（b）弹—塑性岩石（大理岩）；（c）高塑性岩石（盐岩）

P—压头载荷；P_0—从弹性变形过渡到塑性变形载荷；

P_{max}—岩石产生脆性破碎载荷；δ—岩石产生弹性变形的侵深；α—变形角

1. 弹—脆性岩石

弹—脆性岩石（花岗岩、石英岩、碧石铁质岩）在压头压入时仅产生弹性变形，

至 A 点最大载荷 P_{max} 处便突然完成脆性破碎,压头瞬时压入,破碎穴的深度为 h [图 2–5(a)和图 2–6(a)]。这时破碎穴的面积明显大于压头的端面面积,且 $h/\delta > 5$。

2. 弹—塑性岩石

弹—塑性岩石(大理岩、石灰岩、砂岩)在压头压入时首先产生弹性变形,然后塑性变形。至 B 点载荷达 P_{max} 时才突然发生脆性破碎[图 2–5(b)和图 2–6(b)]。这时破碎穴面积也大于压头的端面面积,而 $h/\delta = 2.5 \sim 5$,即小于第一类岩石。

3. 高塑性和高孔隙性岩石

高塑性(黏土、盐岩)和高孔隙性岩石(泡沫岩、孔隙石灰岩)区别于前两类,当压头压入时,在压头周围几乎不形成圆锥形破碎穴,也不会在压入作用下产生脆性破碎[图 2–5(c)和图 2–6(c)], $h/\delta = 1$。因此,测试该类岩石硬度时,用 P_0 代替 P_{max} 采用公式(2–10)进行计算。

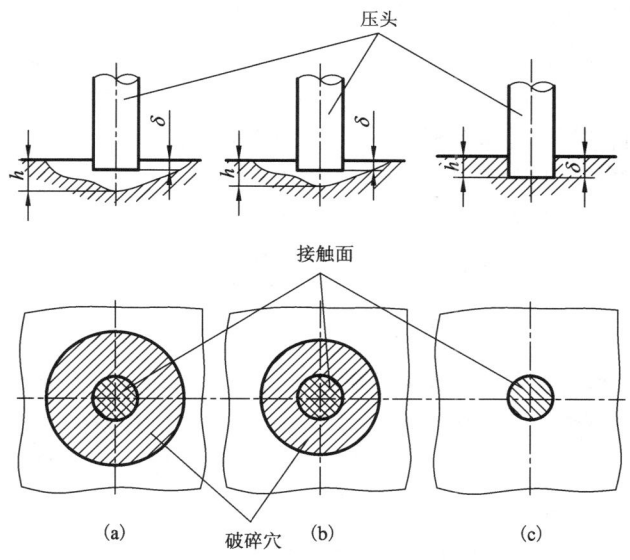

图 2–6　岩石表面的压入与破碎穴

(a)弹—脆性岩石;(b)弹—塑性岩石;(c)高塑性高孔隙度的岩石

δ—岩石中的最大变形;h—岩石破碎穴深度

2.3.3.2 弹塑性基本概念

弹性——岩石在外力作用下产生变形,撤销外力之后恢复到初始形状和体积的能力。

脆性——岩石在外力作用下,未发生明显的塑性变形就被破碎的能力。

韧性——岩石在外力作用下产生微裂纹后,抵抗裂纹扩展的能力。常用断裂韧性来表征,它是判别工程岩体断裂稳定性的主要指标,与岩石硬度、单轴抗拉强度、单轴抗压强度及弹性模量之间有着较好的相关性。

塑性——岩石在外力作用下(通常是各面压缩),在未破坏其连续性前提下不可逆地改变自身形状和体积的能力。

岩石在弹性变形阶段服从虎克定律。虽然岩石(尤其是沉积岩)并非理想的弹性体,但用压入试验测出的弹性模量 E 仍可满足工程需要。弹性模量的表达式为

$$E = \sigma / \varepsilon \qquad\qquad (2-11)$$

式中: E 为岩石的弹性模量,MPa; σ 为屈服强度极限,MPa; ε 为屈服时的应变。

影响岩石弹性和塑性的主要因素有:

(1)岩浆岩和变质岩中造岩矿物的弹性模量越高,岩石的弹性模量也高。在碎屑颗粒成分相同的条件下,沉积岩弹性模量的次序是:硅质胶结最大,钙质胶结次之,泥质胶结最小。

(2)单向压缩时岩石往往表现为弹—脆性体,但各向压缩时则表现出不同程度的塑性,破坏前都产生一定的塑性变形。这意味着在各向压缩下需要更大的载荷才能破坏岩石的连续性。

(3)温度升高岩石的弹性模量变小,塑性系数增大,岩石表现为从脆性向塑性转化。在超深钻和地热孔施工中应注意这一影响。

人们用岩石的塑性系数来定量表征岩石的塑性及脆性大小,塑性系数为岩石破碎前耗费的总功与岩石破碎前的弹性破碎功之比:

$$K_p = \frac{A_F}{A_E} = \frac{OABC \text{ 面积}}{ODE \text{ 面积}} \qquad\qquad (2-12)$$

式中: K_p 为岩石塑性系数; A_F 为岩石破碎前耗费的总功; A_E 为弹性破碎功。

在图 2-5(a)中,对于弹—脆性岩石,岩石破碎前耗费的总功 A_F 与弹性破碎功 A_E 相等, $K_p = 1$;对于高塑性岩石, $K_p \rightarrow \infty$;弹—塑性岩石[图 2-5(b)] $K_p > 1$ 。

2.3.3.3　弹塑性分级

模拟实验与野外生产实践表明,钻进高弹—塑性岩石比钻弹—脆性岩石要慢。在钻探工艺中岩石的塑性和脆性指标对于切削型和压碎型破岩工具而言,更具有针对性。

按塑性系数的大小可把岩石分为三类6级,见表 2-11。

表 2-11　岩石按塑性系数的分级

岩石类别	弹—脆性	弹—塑性 低塑性→高塑性				高塑性
级别	1	2	3	4	5	6
塑性系数 K_p	1	>1~2	2~3	3~4	4~5	>6~∞

2.4　岩石研磨性及其分级

2.4.1　研磨性

用机械方法破碎岩石的过程中，工具本身也受到岩石的磨损而逐渐变钝，直至损坏。岩石磨损工具的能力称为岩石的研磨性。

对于机械回转钻进而言，除岩石的强度、硬度和变形特征之外，岩石的研磨性指标也是不可忽略的重要因素。岩石的研磨性决定碎岩工具的效率和寿命，对钻进规程参数选择、钻头设计及使用具有重大影响。

在钻进过程中存在着两种类型的磨损：①破岩过程中的摩擦磨损，将使钻头切削具变钝，减小钻头的内外径，从而缩短钻头工作寿命。它与所钻岩石的研磨性、钻头切削具的耐磨性及钻进规程参数有关。②磨粒磨损，它与从孔底分离出来的岩屑硬度和研磨性、孔底区域内岩屑的数量有关，即取决于钻进速度、冲洗液吹洗孔底的程度。在孕镶金刚石钻进中这种磨损形式是把双刃剑，如果岩粉量合适，能起到超前磨蚀钻头胎体帮助金刚石出刃，提高机械钻速的作用；但孔底岩粉量过多又可能导致钻头的非正常磨损，甚至导致事故的产生。

岩石的研磨性不是与矿物成分对应的单值性指标，必须在具体条件下通过实测才能获得数据。没有测试条件时，可以通过分析自然因素和工艺因素的影响来定性确定岩石的研磨性。

(1)岩石颗粒的硬度越大，岩石的研磨性也越强，富含石英的岩石具有强研磨性。

(2)岩石颗粒形状越尖锐，颗粒尺寸越大，胶结物的黏结强度越低，岩石的研磨性越强。

(3)硬度相同时，单矿物岩石的研磨性较低，非均质和多矿物的岩石(如花岗岩)研磨性较强。因为这类岩石中较软的矿物(云母、长石)首先被破碎下来，使岩石表面变得粗糙，同时石英颗粒出露，而增强了研磨能力。

(4)介质会改变岩石的研磨性，湿润和含水的岩石研磨性降低。

(5)岩石的研磨性还与钻头的耐磨性、移动速度、岩屑能否完全排出等孔底过程有密切关系。如果钻压不大转速很高，或者钻压很大转速很低，都可能增大磨损量。所以，要从岩石的研磨性出发选择钻头切削具材料、确定钻进规程和冲洗规程，以保证钻头的均衡磨损。

2.4.2　研磨性测试方法及其分级

目前国际上还没有测定岩石研磨性的统一方法。通常采用模拟某种钻进过程的方法来研究岩石的研磨性。不同的测量工具及不同的测量方法所得结果具有相对的性质。常用的测定方法及其分级如下。

2.4.2.1　标准杆件磨损法及其分级

标准杆件磨损法是用标准杆件与岩石互相研磨，根据研磨杆的损失重量（mg），作为岩石研磨性指标。研磨杆分为钢杆和金刚石杆两种。

1. 标准钢杆研磨法及分级

测试设备是改装的台钻或其他的研磨试验装置。研磨杆采用含碳 0.9%，硬度 HB250 的高纯度碳钢制成，外径 $\phi8$ mm 平端圆件作为标准金属棒，其一端钻有 $\phi4$ mm、深 $10 \sim 12$ mm 的圆孔。把金属棒夹在钻床上，让金属棒在岩块上以如下测试规程回转，压力：$P = 150$ N；转速：$n = 400$ r/min；时间：$T = 10$ min。

以 10 min 内钢杆与岩石摩擦后的平均失重 a（mg）作为研磨性指标 [图 2 - 7(a)]。可采用岩心或岩块（不必磨光）作为测试样品。按钻磨法测得的研磨性数值范围相当宽，把岩石的研磨性分成 8 个级别，从极弱研磨性到极强研磨性，见表 2 - 12。该方法在采矿业中应用广泛，适用于刃具与岩石不断接触的碎岩工具（例如刮刀钻头、环状取心钻头等）。

表 2 - 12　与钻磨法对应的岩石研磨性分级

研磨性级别	岩石类别	研磨性指标 a/mg	代 表 性 岩 石 举 例
I	极弱研磨性	<5	石灰岩，大理岩，不含石英的软硫化物（方铅矿，闪锌矿，磁黄铁矿），磷灰石，石盐
II	弱研磨性	6 ~ 10	硫化物矿，重晶石—硫化物矿，泥板岩，软的页岩（碳质页岩，泥质页岩，绿泥石页岩，绿泥石—板岩页岩）
III	中下研磨性	11 ~ 18	碧玉铁质岩，角岩（矿石和非矿石），石英—硫化物矿，细粒岩浆岩岩石，细粒石英和长石砂岩，铁矾矿，硅质石灰岩
IV	中等研磨性	19 ~ 30	石英和长石砂岩，细粒辉绿岩，粗粒黄铁矿，砷黄铁矿，石英脉，石英硫化物矿，细粒岩浆岩岩石，硅质石灰岩，碧玉铁质岩
V	中上研磨性	31 ~ 45	石英和长石砂岩，中粗粒斜长岩，霞石正长岩，细粒花岗岩，细粒闪长岩，玢岩，云英岩，辉长岩，片麻岩，矽卡岩（矿石和非矿石）
VI	较强研磨性	46 ~ 65	中—粗粒花岗岩，闪长岩，花岗闪长岩，玢岩，霞石正长岩，正长岩，角斑岩，辉岩，二长岩，闪岩，石英硅化页岩，片麻岩
VII	强研磨性	66 ~ 90	玢岩，闪长岩，花岗岩，霞石正长岩
VIII	极强研磨性	>90	含刚玉的岩石

2. 标准金刚石杆切槽法及分级

测试设备是改制的车床或其他的研磨试验装置。研磨杆是直径为 8 mm 的孕镶金刚石棒,孕镶层高度 3 mm,金刚石为 70 目、JR3 级,浓度 75%,中等硬度胎体。测试规程:岩心直径为 39 ± 1 mm;回转速度为 106 ± 1 r/min;压力为 450 N;切槽进程为 400 r。

我国《地质岩心钻探规程》按标准钢杆研磨法把岩石研磨性分为 3 类 8 等;按标准金刚石杆切槽法分为 3 类 4 等。综合见表 2 - 13。

表 2 - 13　我国《地质岩心钻探规程》颁布的岩石研磨性分类

研磨性分类	按钢杆研磨法		按金刚石杆切槽法	
	研磨性等级	研磨性指标/mg	研磨性等级	研磨性指标/mg
弱研磨性	I	<5	1	≤1.0
	II	5 ~ 10		
中等研磨性	III	10 ~ 18	2	1.1 ~ 2.5
	IV	18 ~ 30		
	V	30 ~ 45	3	2.6 ~ 5.0
强研磨性	VI	45 ~ 60	4	>5.0
	VII	60 ~ 90		
	VIII	>90		

2.4.2.2　标准圆盘磨损法及其分级

该方法是用表面抛光的淬火钢或硬质合金圆盘做试样,直径为 $\phi30$ mm,厚度不小于 2 mm(在碎屑岩中测试时不小于 3.5 mm),在接近于牙轮钻头的比压和冲洗液作用下对岩石作滑动摩擦[图 2 -7(b)],以金属圆盘的磨损量表示岩石的研磨性指标。

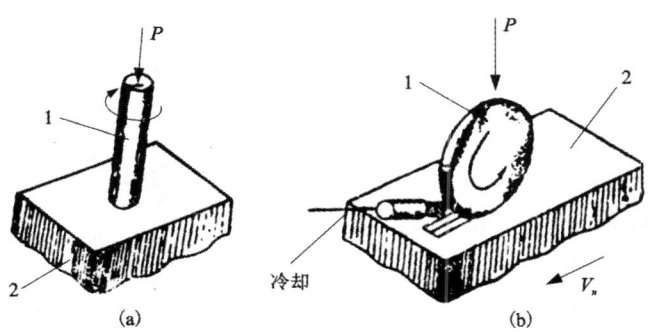

图 2 -7　测定岩石研磨性的主要方法

(a)标准杆件磨损法;(b)标准圆盘磨损法

1—金属试样;2—岩石试样;P—加在金属试样上的载荷;V_n—给进速度

　　此方法按单位摩擦路径上的相对磨损量把研磨性分成 12 个级别(表 2 - 14)。该方法近似模拟了牙轮钻头钢齿的磨损情况,可用于清水和水基泥浆冲洗条件下钢齿寿命的评价。

表 2 - 14　　与标准圆盘磨损法对应的岩石研磨性分级

研磨性级别	岩 石	对淬火钢的相对研磨性	对硬质合金的相对研磨性
1	泥岩和碳酸盐岩	1 ~ 3	1 ~ 3
2	石灰岩	6.5	6
3	白云岩	6.0	12
4	硅质结晶岩石	9	20
5	含铁—镁岩石及含 5% 石英的弱研磨性岩石	10	25
6	长石岩	12	30
7	石英含量 > 15% 长石岩石及含 10% 石英的弱研磨性岩石	13	40
8	石英晶质岩石	16	45
9	石英碎屑岩,硬度 H_y > 3500 MPa	16 ~ 25	50
10	石英碎屑岩,硬度 H_y = 2000 ~ 3500 MPa 及含 10% ~ 20% 石英的岩石	25 ~ 35	50
11	石英碎屑岩,硬度 H_y = 1000 ~ 2000 MPa 及含 30% 石英的岩石	35 ~ 60	50
12	石英碎屑岩,硬度 H_y < 1000 MPa	60 ~ 95	50

2.4.2.3　往复式球磨法及其分级

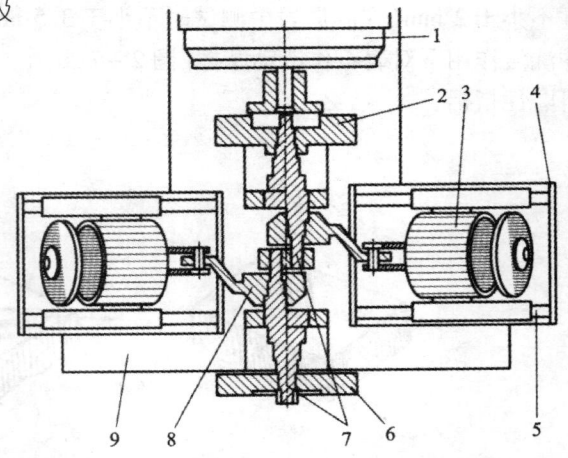

　　测定岩石研磨性系数的往复式球磨法仪器(俄罗斯地质钻探标准之一)如图 2 - 8 所示。将测量动强度指标时过筛所得的碎岩样品(粒度不大于 0.5 mm)填在装有 16 ~ 19 粒 5 号或 4 号猎枪铅弹的样品筒内。样品筒在专用试验台上以 1400 次/min 的频率往复振动 20 min,让铅丸与岩石对磨,然后测量铅弹的失重,则研磨性系数为

图 2 - 8　　测定岩石研磨性的球磨法示意图

1—电动机;2—联轴节;3—工作机构;4—卡板;
5—导向装置;6—端轮;7—轴;8—连杆;9—仪器底座

$$K_a = \Delta Q / 100 \tag{2-13}$$

式中：K_a 为岩石的研磨性系数；ΔQ 为铅弹的失重，mg。

此方法按研磨性系数 K_a 的大小把岩石的研磨性分成从极弱到极强 6 个级别，见表 2-15。另外，该方法测得的岩石研磨性系数还将作为确定岩石可钻性等级的依据之一。

表 2-15　与往复式球磨法对应的岩石研磨性分级

指　标	研　磨　性　级　别					
	I	II	III	IV	V	VI
研磨性程度	极弱	弱	中下	中上	强	极强
研磨性系数 K_a/mg	<0.5	0.5~1.0	1.0~1.5	1.5~2.0	2.0~2.5	2.5~3.0 及更大

2.5　岩石可钻性及其分级

在钻探工程设计与实践中，人们常常希望能事先知道所施工岩石的钻进难易程度，以便正确选择钻进方法、钻头结构及工艺规程参数，制定出切合实际的钻探生产定额。因此，提出了"岩石可钻性"这个概念。岩石的可钻性及坚固性指标，在实际应用中占有重要地位。

2.5.1　可钻性

岩石的可钻性反映在一定钻进方法下岩石抵抗被钻头破碎的能力。它不仅取决于岩石自身的物理力学性质，还与钻进的工艺技术措施有关，所以它是岩石在钻进过程中显示出来的综合性指标。

由于可钻性与许多因素有关，要找出它与诸影响因素之间的定量关系十分困难，目前国内外仍采用试验的方法来确定岩石可钻性。不同部门使用的钻进方法不同，其测定可钻性的试验手段，甚至可钻性指标的量纲也不尽相同。其目的都在于使每种岩石可钻性测试方法能对应一种或几种岩石破碎工具及其钻进方法。例如，在回转钻进中以单位时间的钻头进尺（机械钻速 V_m）作为衡量岩石可钻性的指标（分成 12 个级别），以方便用于制定钻探生产定额。在冲击钻进中常采用单位体积破碎功 A_s 来进行可钻性分级，更贴近冲击碎岩的机理。

国内外对岩石可钻性进行分级时，都是把越难钻进的岩石列入越高的级别。也就是说，级别越高，岩石的"可钻性"越差，岩石可钻性级别的大小与钻进速度的大小是相反的。

2.5.2　可钻性分级

2.5.2.1　力学性质指标分级

1. 按照单一的岩石力学性质分级法

按岩石的压入硬度把岩石分成 4 类 12 级(表 2 - 9),按摆球的回弹次数把岩石分成 12 级(表 2 - 10)。但是,由于单一的岩石力学性质指标难以反映孔底岩石破碎过程的实质,所以经常出现用上述两种方法确定的可钻性级别不一致的情况,这时可按回归方程式(2 - 14)来确定岩石的可钻性 K_d 值。

$$K_d = 3.198 + 8.854 \times 10^{-4} H_y + 2.578 \times 10^{-2} H_N \qquad (2-14)$$

式中:K_d 为岩石可钻性值;H_y 为岩石的压入硬度,MPa;H_N 为摆球的回弹次数。

例如,某种岩石用压入硬度计测得 $H_y = 1800$ MPa,查表 2 - 9 为可钻性Ⅵ级;而用摆球硬度计测得 $H_N = 76$ 次,查表 2 - 10 为可钻性Ⅷ级。同一种岩石相差两级,不便作为确定生产定额和选择钻进方法的依据。这时可把 $H_y = 1800$ MPa 和 $H_N = 76$ 代入式(2 - 14),算得 $K_d = 6.8$,则这种岩石的可钻性级别可定为 6.8 级。

2. 按照岩石的联合力学指标分级法

为解决按单一岩石力学指标分级准确度不高的问题,苏联提出并推广了按岩石联合力学指标进行可钻性分级的方法。岩石联合力学指标是其动强度指标 F_d (1/mm) 和研磨性系数 K_a (mg) 的函数,它反映了强度和研磨性共同对岩石破碎效果的影响。

联合指标 ρ_m 的计算公式如下:

$$\rho_m = 3 F_d^{0.8} K_a \qquad (2-15)$$

式中:ρ_m 为岩石联合力学指标,mg/mm。

根据联合指标 ρ_m 确定的岩石可钻性分级参见表 2 - 16。

表 2 - 16　按联合指标确定的回转钻进条件下岩石可钻性分级表

岩石特征	岩石可钻性等级	联合指标 ρ_m 值	岩石特征	岩石可钻性等级	联合指标 ρ_m 值
软、疏松	Ⅰ ~ Ⅱ	1.0 ~ 2.0	硬—坚硬	Ⅷ	15.2 ~ 22.7
	Ⅲ	2.0 ~ 3.0		Ⅸ	22.8 ~ 34.1
中软—中硬	Ⅳ	3.1 ~ 4.5		Ⅹ	34.2 ~ 51.2
	Ⅴ	4.6 ~ 6.7	极硬	Ⅺ	51.3 ~ 76.8
中硬—硬	Ⅵ	6.8 ~ 10.1		Ⅻ	76.9 ~ 115.2
	Ⅶ	10.2 ~ 15.1			

2.5.2.2　实际钻进速度分级

在规定的设备工具和技术规范条件下进行实际钻进,以所得的纯钻进速度 V_m 作为岩石可钻性级别,其量纲为 m/h。这种方法的缺点是,随着钻探技术与工艺水平的不断提高，必须定期校验作为分级依据的基础数据；当使用的钻头类型和钻进规程变化时，会出现机械钻速与表格中数据差别较大的现象。也就是说，机械钻速只是反映某个阶段可钻性大小的相对指标。

2010 年 11 月 11 日发布的中华人民共和国地质矿产行业标准 DZ/T 0227—2010《地质岩心钻探规程》中给出的岩石可钻性分级见表 2 – 17。俄罗斯制定的回转钻进岩石可钻性分级见表 2 – 18。两表中同一级岩石的钻进时效有差异，可解释为规定的钻进规程有差异。

表 2 – 17　我国地质矿产行业标准（DZ/T 0227—2010）岩石可钻性分级表

岩石级别	钻进时效/(m · h⁻¹)		代 表 性 岩 石 举 例
	金刚石	硬合金	
I ~ IV		>3.90	粉砂质泥岩，碳质页岩，粉砂岩，中粒砂岩，透闪岩，煌斑岩
V	2.90 ~ 3.60	2.50	硅化粉砂岩，碳质硅页岩，滑石透闪岩，橄榄大理岩，白色大理岩，石英闪长玢岩，黑色片岩，透辉石大理岩，大理岩
VI	2.30 ~ 3.10	2.00	角闪斜长片麻岩，白云斜长片麻岩，石英白云石大理岩，黑云母大理岩，白云岩，蚀变角闪闪长岩，角闪变粒岩，角闪岩，黑云母石英片岩，角岩，透辉石榴石矽卡岩，黑云白云母大理岩
VII	1.90 ~ 2.60	1.40	白云斜长片麻岩，石英白云石大理岩，透辉石化闪长玢岩，混合岩化浅粒岩，黑云角闪斜长岩，透辉石岩，白云母大理岩，蚀变石英闪长玢岩，黑云角闪石英片岩
VIII	1.50 ~ 2.10		花岗岩，矽卡岩化闪长玢岩，石榴石矽卡岩，石英闪长玢岩，石英角闪岩，黑云母斜长角闪岩，伟晶岩，黑云母花岗岩，闪长岩，斜长角闪岩，混合片麻岩，凝灰岩，混合岩化浅粒岩
IX	1.10 ~ 1.70		混合岩化浅粒岩，花岗岩，斜长角闪岩，混合闪长岩，钾长伟晶岩，橄榄岩，混合岩，闪长玢岩，石英闪长玢岩，似斑状花岗岩，斑状花岗闪长岩
X	0.80 ~ 1.20		硅化大理岩，矽卡岩，混合斜长片麻岩，钠长斑岩，钾长伟晶岩，斜长角闪岩，安山质熔岩，混合岩化角闪岩，斜长岩，花岗岩，石英岩，硅质凝灰砂砾岩，英安质角砾熔岩
XI	0.50 ~ 0.90		凝灰岩，熔凝灰岩，石英岩，英安岩
XII	<0.60		石英岩，硅质岩，熔凝灰岩

2.5.2.3　微钻法分级

采用微型孕镶金刚石钻头，按一定的规程，在大口径岩心上进行模拟钻进试验。在中国国土资源部（原地质矿产部）颁布的规范中，以微钻平均钻速作为岩石可钻性指标，其分级见表 2 – 19。

表 2 – 18　俄罗斯回转钻进岩石可钻性分级表

可钻性等级	额定机械钻速/(m·h⁻¹)	岩石的压入硬度 H_y/MPa	可钻性等级	额定机械钻速/(m·h⁻¹)	岩石的压入硬度 H_y/MPa
I	23.0	1.0	VII	1.5	20.0 ~ 30.0
II	11.0	1.0 ~ 2.5	VIII	1.28	30.0 ~ 40.0
III	5.7	2.5 ~ 3.0	IX	0.76	40.0 ~ 50.0
IV	3.35	3.0 ~ 10.0	X	0.48	50.0 ~ 60.0
V	2.25	10.0 ~ 15.0	XI	0.32	60.0 ~ 70.0
VI	1.89	15.0 ~ 20.0	XII	0.15	70.0

表 2 – 19　按微钻的平均钻速对岩石可钻性分级表

岩石级别	III	IV	V	VI	VII	VIII	IX	X	XI	XII
微钻钻速/(mm·min⁻¹)	216 ~259	135 ~215	85 ~134	53 ~84	34 ~52	21 ~33	14 ~20	9 ~ 13	6 ~ 8	≤5

2.5.2.4　破碎比功法分级

用圆柱形压头作压入试验时,可通过压力与侵深曲线图求出破碎功,然后计算出单位接触面积上的破碎比功 A_S,根据破碎比功法对岩石可钻性分级见表 2 – 20。

表 2 – 20　破碎比功法岩石可钻性分级表

岩石级别	I	II	III	IV	V	VI	VII	VIII	IX	X
破碎比功 A_S/(J·m·cm⁻²)	≤2.5	2.5 ~ 5.0	5.0 ~ 10	10 ~ 15	15 ~ 20	20 ~ 30	30 ~ 50	50 ~ 80	80 ~ 120	≥120

2.5.2.5　岩石成分和类型分级

该方法是俄罗斯针对现场缺乏测定岩石压入硬度、动强度指标和研磨性系数仪器提出来的(这种情况在中国也经常出现)。为了能预先知道岩石的可钻性,俄罗斯《钻探手册》中列出了一批按岩石成分(名称)和类型查可钻性级别的表格。钻探技术人员可以根据地质工程师和钻孔柱状图提供的岩石成分(名称)和类型,再结合将要采用的钻进方法,通过查表(回转钻进条件下的岩石可钻性分级见表 2 – 21,钢丝绳冲击钻进条件下的岩石可钻性分级见表 2 – 22,螺旋钻进条件下的岩石可钻性分级见表 2 – 23,与按岩石成分类型定级法对应的分级见表 2 – 24)来模糊确定岩石的可钻性级别,并作为制订工程定额、选择钻进方法的参考依据。该方法对我国钻探现场同样具有参考意义。

表 2-21　回转钻进条件下岩石可钻性分级表

岩石可钻性等级	代 表 性 岩 石
I	泥炭和无树根的植物生长层。疏松的黄土,砂丘(不含流砂),无砾石和碎石的亚砂土,潮湿的淤泥和含淤泥的土,黄土状砂质黏土,硅藻土,弱的白垩
II	泥炭和有树根或含少量杂质、细砾石和碎石(<3 cm)的植物生长层,含20%以下杂质、细砾石或碎石(粒度<3 cm)的亚砂土和砂质黏土,致密的砂土,致密的砂质黏土,黄土,疏松的泥灰岩,无压力水头的流砂,冰,中等密度的黏土(带状可塑的),白垩,硅藻土,炭黑,石盐,完全高岭土化的火山岩和变质岩风化产物,褐铁矿
III	含20%以上杂质、细砾石或碎石(粒度<3 cm)的亚砂土和砂质黏土,致密的黄土,砾石,承压流砂,带弱胶结性砂岩和灰岩致密夹层的(粒度<5 cm)的黏土,泥灰岩黏土,含石膏的黏土,砂质黏土,泥质弱胶结粉砂岩,泥质和钙质弱胶结砂岩,泥灰岩,石灰岩—介壳—灰岩,致密的白垩,菱镁矿,细晶风化石膏,不硬的石煤,褐煤,滑石性页岩,锰矿石,疏松的氧化铁矿石,黏土质铝土矿
IV	由沉积岩碎块组成的砾岩,冻结的含水砂地、淤泥、泥炭,致密的泥质粉砂岩,泥质砂岩,致密的泥灰岩、菱镁矿,不致密的石灰岩和白云岩,疏松的石灰岩,凝灰岩,黏土蛋白岩,晶状石膏,硬石膏,钾盐,中硬的石煤,硬褐煤,原始高岭土,泥质页岩,砂质泥质岩,可燃性页岩,煤页岩,粉砂泥岩,强风化蛇纹岩,不致密含绿泥石和角闪石—云母成分的矽卡岩,结晶磷灰石,强风化纯橄榄岩,接触风化的角砾云母橄榄岩,强风化的假象赤铁矿及其类似矿石,弱黏结性铁矿,铝土矿
V	砾岩—碎石土,带冰夹层的泥质或砂泥质冻结砾岩,冻结的粗粒砂层,致密淤泥、多砂黏土,钙质和铁质砂岩,粉砂岩,泥岩,类似于泥岩非常致密、多砂的黏土,由砂质—泥质或其他松散胶结的沉积岩砾石,石灰岩,大理岩,泥灰岩白云岩,很致密的硬石膏,羽状风化的蛋白岩,硬石煤,无烟煤,铁质磷灰岩,黏土质云母页岩、云母页岩,滑石—绿泥石页岩,绿泥石页岩,绿泥石—黏土质页岩,绢云母页岩,风化的钠长斑岩、角斑岩,蛇纹石化火山凝灰岩,接触风化的纯橄榄岩,角砾状角砾云母橄榄岩,不致密的假象赤铁矿及其类似矿石
VI	被凝灰熔岩材料污染了的硬石膏,长石砂岩,石英—钙质砂岩,含石英的粉砂岩,致密的石灰岩、白云石灰岩、矽卡石灰岩,致密的白云岩,蛋白岩,泥质页岩,石英—绢云母页岩,石英—云母页岩,石英—绿泥石页岩,石英—绿泥石绢云母页岩,板页岩;绿泥石化和层状的钠长斑岩,角斑岩,玢岩,辉长岩;弱硅化的泥板岩,未接触风化的纯橄榄岩;接触风化的橄榄石,角闪岩,粗晶体辉岩;滑石—碳酸盐岩,磷灰岩,绿帘石方解矽卡岩,松散的黄铁矿,疏松的褐铁矿,赤铁矿—假象赤铁矿,菱铁矿
VII	硅化泥板岩,硅质胶结的砾岩,石英砂岩,非常致密的白云岩,硅化长石砂岩,硅化石灰岩;冻结高岭土,硬而致密的蛋白岩,磷灰岩层;弱硅化角闪岩—磁性页岩,镁铁闪石页岩,角闪石页岩,绿泥石—角闪石页岩;弱叶片状钠长斑岩,角斑岩,斑岩,玢岩,辉绿岩凝灰岩;接触风化斑岩,玢岩;粗粒和中粒接触风化花岗岩,正长岩,闪长岩,辉长岩和其他火成岩;辉岩,辉石矿;玄武角砾云母橄榄岩,含方解石的辉石—石榴石矽卡岩;孔隙石英(含裂隙,孔隙的赭石色石英),含孔隙的褐铁矿石,硫化物矿体,赤铁—菱铁矿和赤铁矿,角闪石—磁性矿体,硅质泥板岩
VIII	钙质胶结的火成岩砾石层,硅质白云岩,硅质石灰岩,致密的层状磷灰岩;石英—绿泥石硅质页岩,石英—绢云母硅质页岩,石英—绿帘石硅质页岩,云母硅质页岩;片麻岩,中粒钠长斑岩和角斑岩,风化玄武岩,辉绿岩,斑岩和玢岩,安山岩;未风化的闪长岩,拉长石,橄榄石;弱风化细粒花岗岩,正长岩,辉长岩;弱风化花岗—片麻岩,伟晶花岗岩,石英—电气石岩;粗粒和中粒辉石—石榴石结晶矽卡岩,辉石—绿帘石结晶矽卡岩,绿帘石岩;石英—碳酸盐和石英—重晶石岩;孔隙褐铁矿,致密的氢化赤铁矿,赤铁石英岩,磁铁矿石英岩;致密的黄铁矿,铝土矿,硬水铝矿

续表 2 - 21

岩石可钻性等级	代 表 性 岩 石
IX	未风化的玄武岩,硅质胶结的火山岩砾岩,卡斯特石灰,硅质砂岩,硅质石灰岩,硅质白云岩,层状硅化磷灰岩,硅质页岩,薄条带状磁铁和赤铁矿石英岩,致密的假象赤铁矿—磁铁石英岩,角闪石—磁性角岩和绢云母化角岩,钠长斑岩和角斑岩,硅化斑岩,细晶辉绿岩,硅化角砾凝灰岩;弱风化的流纹岩,微花岗岩,粗粒和中粒花岗岩、花岗—片麻岩、花岗闪长岩,正长岩,辉长岩,伟晶花岗岩,黄铁长英岩,细晶辉石—绿帘石—石榴石矽卡岩,硅硼钙石—石榴石—镁铁辉石矽卡岩,粗粒石榴石矽卡岩,硅化闪岩,黄铁矿,未风化的石英—电气岩,致密的褐铁矿,含大量黄铁矿的石英,致密的重晶石
X	石英混合砂岩,弱风化碧玉铁质岩,磷灰硅质岩,颗粒不均匀的石英岩,硫化物浸染的角岩,石英钠长斑岩和角斑岩,流纹岩,细粒花岗岩、花岗—片麻岩、花岗闪长岩,微花岗岩,富含石英的致密伟晶花岗岩,石榴石细粒矽卡岩,硅硼钙石—石榴石细粒矽卡岩,含角岩夹层的致密磁铁矿和赤铁矿,硅质褐铁矿,石英脉,强硅化和角化的玢岩
XI	细粒角化钠长斑岩,基本未风化的碧玉铁质岩,碧玉硅化页岩,石英岩,坚硬的铁质角岩,致密的石英,刚玉,赤铁矿和磁性赤铁矿碧玉铁质岩
XII	完全未风化的致密块状岩石:碧玉铁质岩,火燧石,碧石,角石,石英岩,霞石和刚玉

表 2 - 22　钢丝绳冲击钻进条件下的岩石可钻性分级表

岩石可钻性等级	代 表 性 岩 石
I	泥炭,无树根的植物生长层;疏松的黑土,疏松潮湿的砂地;粉砂土,沼泽沉积物,疏松潮湿的黄土,板状硅藻土
II	有树根的或含细小卵砾石(含量 <10%)的泥炭,含细小卵砾石(含量 <10%)和少量杂质的砂质土,中等密度的砂地,条带状含砂的塑性黏土,硅藻土,湿润的软白垩炭黑
III	含少量小碎石、卵砾石(含量 10% ~20%)的砂质土,致密的砂土,半硬的黏土、亚黏土和亚砂土,疏松的泥灰岩,白垩,结实的黄土,开钻后 2 m 以内的流砂和水饱和砂地
IV	含 20% ~30% 碎石、卵砾石的砂质土;坚硬的黏土、亚黏土和亚砂土,致密高岭土,钻深 2 m 以下的流砂,泥质,炭质和滑石—绿泥石质页岩,泥灰岩,泥质砂岩;石灰岩—介壳灰岩,石膏,硬白垩,硬石膏,蛋白岩,石盐,不结实的泥板岩,软的(棕色)石煤,铝土矿,磷灰岩冻结黏土,砂质黏土,亚砂土,砂层,淤泥,泥炭;冰层,含碎砖块、不含钢筋的建筑垃圾
V	含漂石的小砂砾和碎石,卵砾石;含大量卵砾石(含量 >35%)的砂质—黏土质岩石;致密的泥灰岩,砂质—泥质页岩;弱胶结的砂岩和石灰岩,泥板岩;坚硬的石煤,不结实的钙质胶结沉积岩砾石,疏松的褐铁矿石;风化的花岗岩,正长岩,闪长岩,辉长岩;含砂质—黏土质充填物的卵砾石冻结层;成年的密实且含碎砖块和钢筋的建筑垃圾
VI	带漂砾的大块砾岩和碎石;坚硬的硅化页岩,石灰岩和砂岩,大理岩,白云岩;硅质胶结的砾岩,粗粒花岗岩,正长岩,闪长岩,辉长岩,片麻岩,斑岩
VII	含大量(含量 >35%)结晶岩大漂石的砾石和碎石;硅质页岩,石灰岩,砂岩;细粒花岗岩,正长岩,闪长岩,辉长岩;硅质胶结的结晶岩砾石

表 2 - 23　螺旋钻进条件下的岩石可钻性分级表

岩石可钻性等级	代 表 性 岩 石	进尺 1 m 的纯钻时间/min
I	含少量(含量 <10%)卵砾石杂质的植物生长层,淤泥地层,硅藻岩,疏松的黄土,砂、亚砂土、砂质黏土	0.8
II	含 10% 以下小卵砾石杂质的砂质黏土,塑性黏土,硅藻土,炭黑,中等密度的砂层	1.5
III	含小卵砾石和碎石杂质(含量 10% ~30%)的砂质—泥质岩石;半硬的亚黏土,黏土和砂质黏土;结实的黄土,疏松的泥灰岩,不结实的白垩,干砂层,褐煤	2.0
IV	含大量(含量 >30%)卵砾石和碎石杂质的砂质—泥质岩石,硬黏土,亚黏土和亚砂土;高岭土,石膏,硬石膏,磷灰岩,蛋白岩;石盐,石煤,致密的白垩;孔隙性石灰岩—介壳灰岩,冻结的砂层,淤泥,泥炭,砂质黏土	4.1
V	很坚硬的冻土层;泥质砂岩,含砾石的粗粒砂岩;致密的淤泥和带冰夹层的砾石,冰层	7.2
VI	含黏土质或砂质夹层的冻结砾岩,含菱铁矿和白云岩的坚硬黏土	12.7

表 2 - 24　按岩石成分、类型和力学性质的可钻性分级表

岩石类型	岩石按酸性和碱性分组	岩 石	力学性质(平均值)			可钻性级别
			F_d	K_a	ρ_m	
侵入岩	超基性	橄榄岩,辉岩	14.0	1.1	27.2	VIII ~ IX
深成岩	基性	辉长—闪长岩	13.0	1.6	37.2	IX
	中性	石英闪长岩	12.0	1.7	37.2	X
	酸性	花岗闪长岩,花岗岩	10.0	2.3	43.5	X
		正长岩	8.0	2.0	31.6	IX
	高碱性	正长—闪长岩	12.0	1.3	28.4	IX
	碱性	流霞正长岩	7.5	2.2	33.0	IX
岩浆岩	半深成岩脉岩	基性 辉长岩—辉绿岩	17.0	1.2	34.7	X
	酸性	微花岗岩	12.0	1.4	30.6	IX
		伟晶花岗岩	4.5	2.5	30.0	IX
		花岗斑岩	13.0	1.5	34.9	IX ~ X
	碱性	沸煌岩	15.0	1.4	36.6	X
		异性霞石正长岩	6.0	2.3	28.9	IX
		正长—斑岩	14.0	1.3	30.3	IX
	喷发岩	基性 玄武岩和辉绿岩	19.4	1.1	35.3	IX
		中性 安山岩	16.6	0.8	22.7	VIII ~ IX
		玢岩	17.5	0.8	23.6	VIII ~ IX
		酸性 石英安山岩	11.4	1.2	25.2	IX
		霏细岩	14.7	1.3	33.5	IX ~ X
		流纹岩	13.9	1.8	44.3	X
		石英斑岩	14.8	1.7	44.0	X
		酸性喷发凝灰岩	9.4	1.2	21.6	VIII
		高碱性 石英钠长斑岩	9.8	1.3	24.2	IX

续表 2－24

岩石类型	岩石按酸性和碱性分组	岩石	力学性质（平均值）			可钻性级别
			F_d	K_a	ρ_m	
沉积岩	碎屑岩	泥板岩	10.0	0.6	12.3	Ⅶ
		硅化泥板岩	9.7	1.4	25.8	Ⅸ
		粉砂岩	12.0	0.5	10.9	Ⅵ ~ Ⅶ
		硅化粉砂岩	3.2	1.2	19.3	Ⅷ
		泥质页岩	6.4	0.6	6.6	Ⅴ ~ Ⅵ
		砂质—泥质页岩	5.6	0.8	9.5	Ⅵ ~ Ⅶ
		砂质页岩	8.9	6.9	15.5	Ⅶ ~ Ⅷ
		弱胶结砂岩	4.3	1.1	10.5	Ⅵ ~ Ⅶ
		砂岩	12.1	1.3	28.6	Ⅸ
		石英砂岩	10.8	1.8	36.2	Ⅹ
		砾石	13.2	1.3	30.7	Ⅸ
沉积岩	黏土岩	泥质页岩	6.4	0.6	6.6	Ⅴ ~ Ⅵ
	碳酸盐岩	泥灰岩	4.6	0.1	1.2	Ⅲ
		石灰岩	8.5	0.4	6.6	Ⅴ ~ Ⅵ
	变异碳酸盐岩	白云岩	11.3	0.4	8.3	Ⅵ
		硅质石灰岩	11.6	1.1	23.5	Ⅷ ~ Ⅸ
		硅质白云岩	20.3	1.2	40.0	Ⅹ
	火成—沉积岩	层凝灰岩	23.7	1.1	41.6	Ⅹ
变质岩	接触变质岩	千枚岩	8.2	0.9	14.5	Ⅶ
		角岩	14.3	2.3	58.0	Ⅹ
		黑云母角岩	33.1	1.9	93.4	Ⅻ
		大理岩	6.5	0.4	5.4	Ⅵ
		矽卡大理岩	11.0	0.8	16.3	Ⅶ ~ Ⅷ
		花岗—辉石矽卡岩	17.2	1.5	43.8	Ⅹ
		矽卡岩矿	15.3	1.4	37.2	Ⅸ
		石英岩	11.5	2.2	46.6	Ⅹ
		派生石英岩	24.6	2.3	89.7	Ⅻ
	区域变质岩	片麻岩	8.2	1.8	29.1	Ⅷ ~ Ⅸ
		晶质页岩	7.5	1.1	16.5	Ⅶ ~ Ⅷ
		闪岩	30.0	0.9	41.0	Ⅸ ~ Ⅹ
		铁质石英岩	26.6	1.9	75.8	Ⅺ
		碧玉铁质岩	25.0	2.6	102.2	Ⅻ

注：F_d—岩石动强度；K_a—各向异性系数；ρ_m—联合力学指标。

2.5.3 坚固性系数及其分级

由俄罗斯学者提出的岩石坚固性系数（又称普氏系数）至今仍在矿山业和海洋勘探中广泛应用。岩石的坚固性反映的是岩石在几种变形方式组合作用下抵抗破坏的能力。因为在钻掘施工中往往不是采用纯压入或纯回转的方法破碎岩石，因此这种反映组合作用下岩石破碎难易程度的指标比较贴近生产实际情况。岩石坚固性系数 f 表征的是岩石抵抗破碎的相对值。因为岩石的抗压能力最强，故把被测岩石单轴抗压强度与致密黏土的抗压强度（10 MPa）之比作为该岩石的坚固性系数，即

$$f = \sigma_c/10 \qquad\qquad (2-16)$$

式中：f 为岩石的坚固性系数；σ_c 为岩石的单轴抗压强度，MPa。

f 是一个量纲值为 1 的值，f 值可用于预计岩石抵抗破碎的能力及其钻掘以后的稳定性。根据岩石的坚固性系数可把岩石分成 10 级（表 2-25），等级越高的岩石越容易破碎。为了方便使用又在第Ⅲ～Ⅶ级的中间加了半级。考虑到生产中很少遇到抗压强度大于 200 MPa 的岩石，故把凡是抗压强度大于 200 MPa 的岩石都归入Ⅰ级。

该方法的缺点在于，并未完全反映岩石破碎的难易程度，且现场难以实测岩石单轴抗压强度。

表 2-25　按坚固性系数的岩石可钻性分级表

岩石级别	坚固程度	代 表 性 岩 石	f
Ⅰ	最坚固	最坚固、致密、有韧性的石英岩、玄武岩和其他各种特别坚固的岩石	20
Ⅱ	很坚固	很坚固的花岗岩、石英斑岩、硅质片岩，较坚固的石英岩，最坚固的砂岩和石灰岩	15
Ⅲ	坚固	致密的花岗岩，很坚固的砂岩和石灰岩，石英矿脉，坚固的砾岩，很坚固的铁矿石	10
Ⅲa	坚固	坚固的砂岩、石灰岩、大理岩、白云岩、黄铁矿，不坚固的花岗岩	8
Ⅳ	比较坚固	一般的砂岩、铁矿石	6
Ⅳa	比较坚固	砂质页岩，页岩质砂岩	5
Ⅴ	中等坚固	坚固的泥质页岩，不坚固的砂岩和石灰岩，软砾石	4
Ⅴa	中等坚固	各种不坚固的页岩，致密的泥灰岩	3
Ⅵ	比较软	软弱页岩，很软的石灰岩，白垩，盐岩，石膏，无烟煤，破碎的砂岩和石质土壤	2
Ⅵa	比较软	碎石质土壤，破碎的页岩，黏结成块的砾石、碎石，坚固的煤，硬化的黏土	1.5
Ⅶ	软	致密黏土，较软的烟煤，坚固的冲击土层，黏土质土壤	1
Ⅶa	软	软砂质黏土、砾石、黄土	0.8
Ⅷ	土状	腐殖土，泥煤，软砂质土壤，湿砂	0.6
Ⅸ	松散状	砂，山砾堆积，细砾石，松土，开采下来的煤	0.5
Ⅹ	流砂状	流砂，沼泽土壤，含水黄土及其他含水土壤	0.3

2.6 岩石完整程度和裂隙性分级

2.6.1 完整程度

岩石的完整程度对钻进效果有着显著的影响。岩石的完整程度与矿区的地质构造和断裂带分布情况有关,岩体中存在各种裂纹的总体情况决定了岩石的完整程度。我国新出版的《地质岩心钻探规程》将岩石的完整程度分为五级:完整、较完整、较破碎、破碎和极破碎。但是没有给出具体的划分指标。

有些国家把岩石完整程度称为岩石的裂隙性,用来描述岩体结构的不均匀性和各向异性。裂隙的存在破坏了天然岩体的完整性,岩块被裂缝分割(例如卡斯特空洞和蜂窝状通道),使岩石的强度降低,研磨性加大,将影响岩石的稳定性、变形能力、透水性、含水性、硬度和可钻性。

岩石具有明显裂隙性(不完整性)时,对钻探生产的最直接影响是岩心采取率下降,钻孔漏失,甚至出现孔壁掉块。必须使用专用取心钻具来保证取心质量,进行护壁堵漏,或采取措施隔水、加固孔壁。

定量地评定裂隙性(不完整性),哪怕是近似地估计,都是很有意义的。通常从线、面、体三方面来描述裂隙分布的密度和单个裂纹的尺寸大小。

(1)线指标(在孔内单位长度上裂隙的个数和交叉裂隙的总长度);

(2)面积指标(在单位面积孔壁上裂隙的个数,大小和裂隙的张开程度);

(3)体积指标(在钻孔周围空间单位体积上裂纹的个数,所占孔壁的面积和裂纹的体积)。

俄罗斯全俄勘探技术研究所认为,岩石的裂隙性在某种程度上可以反映钻进过程中形成岩心的能力。岩石的裂隙性完全可以用钻进过程中岩心的破碎程度(呈块状,还是呈碎渣状)来描述。岩心的破碎程度(不完整程度)指标用 1 m 孔段或 1 m 岩心上岩心断成小块的块数 K_L 来衡量(从孔内取上来的原始块数,不允许人工敲碎岩心)。岩心采取率越高,对单位长度岩心的块数 K_L 评价越准确。这个指标受钻探工艺的影响较小,它反映了岩石本身真实的裂隙性,其相关系数在 0.71~0.96 的范围内。这种描述岩石完整程度的指标可供我国钻探界参考。

如果说用单位长度岩心的块数 K_L 来评价岩石的裂隙性还只是一种近似估计的话,为了更准确地评定岩石的裂隙性,还可以引进一个补充准则——岩石的裂隙性指标。

$$W = D_k K_L \lambda / \tan\beta \qquad (2-17)$$

式中:W 为岩石的裂隙性指标,个数/转;D_k 为岩心直径,m;K_L 为单位长度岩心的块数,块/m;λ 为考虑岩心将被二次破碎的经验系数;计算时可平均取 $\lambda =$

0.7；β 为裂纹面与钻孔轴线的夹角(可以从岩心上量取)，(°)。

岩石裂隙性指标 W 的物理实质是钻头每转一周遇到的裂纹数。综合岩石的裂隙性指标 W、单位长度岩心的块数 K_L 和岩心采取率 B_k 三个指标，可更完整地评价岩石的裂隙性。

2.6.2　裂隙性分级

在综合上述岩石裂隙性指标的基础上，可以列出一个按裂隙性程度和获取岩心难易程度的分类表(表 2 – 26)。其中，单位长度岩心的块数 K_L 是评价所钻岩石裂隙性程度的基本指标，而岩心采取率 B_k 可作为补充指标。

表 2 – 26　适用于回转岩心钻探的岩石裂隙性分级

岩石的裂隙性分组	岩石的裂隙性程度	岩 石 的 裂 隙 性 判 据		
		岩心的单位块度 $K_L/(块 \cdot m^{-1})$	裂隙性指标 $W/(个 \cdot r^{-1})$	岩心采取率 $B_k/\%$
I	完整	1 ~ 5	<0.50	100 ~ 70
II	弱裂隙性	6 ~ 10	0.51 ~ 1.00	90 ~ 60
III	裂隙性	11 ~ 30	1.01 ~ 2.00	80 ~ 50
IV	强裂隙性	31 ~ 50	2.01 ~ 3.00	70 ~ 40
V	极强裂隙性	>51	>3.01	60 ~ 30 甚至更低

为了做好岩心采取和护壁堵漏工作，对于岩石裂隙性程度在 IV ~ V 级的钻孔，应借助仪器进行孔内测量，分析裂纹组及其体系，搞清楚裂纹的张开程度(长度、宽度)，不连续程度，及其在走向和深度方面的变化，测定裂纹夹杂物质的成分和充填程度，以确定裂纹的类型，估计岩石的破碎程度和稳定性，并确定可能对岩石性质产生的局部或区域性影响。

2.7　岩石稳定性和渗透性

2.7.1　稳定性

在钻探、矿山掘进和其他岩土作业过程中，岩体被打开后长时期保持初始状态的能力称为岩石的稳定性。它反映的是在钻进过程中压力和破碎作用下岩体保持孔壁完整性的能力。

岩石的稳定性与地层条件、岩石颗粒间的连接特征、裂隙性和风化程度有关。对钻探作业而言，应力集中最严重的区域是孔壁周边的岩石。在弱稳定性岩石中钻进时,孔壁会发生破坏(崩落,坍塌,膨胀),岩心采取率下降,钻头的非正常磨损量增大,因处理孔内复杂工况损失很多时间而使钻探效率(台月效率)明显降低。

岩石的稳定性评价是选择钻进方法、取心工具、规程参数和设计钻孔结构、孔壁加固方法,以及制定事故预防措施所必需的。正确评价岩石的稳定性有利于预测钻进过程中可能出现复杂情况的区段,更好地保护孔壁岩石免受来自地压、冲洗液和钻具振动等因素的影响。

全俄勘探技术研究所提出了岩石的稳定性分级表,其依据是岩石的裂隙性、可钻性和颗粒胶结物的类型(表2-27)。其中:

第Ⅰ组岩石,不要求采取专门技术措施来加固孔壁。

第Ⅱ组岩石,在遵守规定的工艺措施条件下也能保持稳定性,这些措施包括:使用专门的冲洗液、润滑剂,限制起下钻具的速度和其他措施。

第Ⅲ组岩石,要求在钻穿该孔段后,用套管和水泥灌浆来加固孔壁。

第Ⅳ组岩石,必须采用专门的工艺手段来钻进(例如,使用超前钻探或边钻边加固的办法)。

表2-27 岩石稳定性分级

岩石的稳定性类别	稳定性程度	反映稳定性的工艺特征	岩石的裂隙性、可钻性和颗粒胶结物的特征	岩石的可钻性级别
Ⅰ	稳定	钻具振动和冲洗液冲刷不会破坏孔壁	整块的和弱裂隙性的	Ⅸ~Ⅻ
Ⅱ	较稳定	钻具振动和冲洗液冲刷会破坏孔壁	不同程度的裂隙性和硬度	Ⅳ~Ⅷ
Ⅲ	弱稳定	容易被钻具振动破坏的水溶性和永冻层岩石	强裂隙的脆性岩石和高塑性的黏结性岩石	Ⅲ~Ⅴ
Ⅳ	不稳定	容易被冲刷蚀和破坏的岩石	疏松、松散、易流动的岩石	Ⅰ~Ⅱ

2.7.2 渗透性

岩石的渗透性(或吸水性)是另一个与岩石的稳定性和裂隙性密切相关的重要性质。渗透性反映了液体(包括地下水和冲洗液)在压力差作用下从岩石中渗透的能力。吸水性是在大气压力和室温条件下,干岩石泡在水里时吸水的能力。岩石如果具有明显的吸水性将导致钻进过程复杂化,必须采取特殊的工艺方法。

岩石的渗透性(或吸水性)主要取决于岩石中是否存在着裂纹、孔隙、空洞和卡斯特溶洞。根据裂纹张口的大小(δ)可分为超毛细现象孔隙($\delta > 0.5$ mm),毛细现象孔隙($0.5 \sim 0.002$ mm)和弱毛细现象孔隙($\delta < 0.002$ mm)。岩石中的孔隙可以是封闭的,也可能是贯通的。结晶或变晶程度高的花岗岩、结晶页岩、片麻

岩一般孔隙率在 0.4% ~ 1.8% 的范围内，孔隙的发育程度主要取决于地层的埋深和变质程度。沉积岩和弱变质岩的孔隙度为 1.5% ~ 30%。如果疏松的岩石整块被裂纹分割，则岩石的渗透性极强。

岩块中裂纹长度可以从几厘米到几百厘米。裂纹的开口可能从零点几毫米到几厘米。根据裂纹张开的程度可把它分为五类：①细裂纹，$\delta < 1$ mm；②小裂纹，$\delta : 1 ~ 5$ mm；③中裂纹，$\delta : 5 ~ 20$ mm；④大裂纹，$\delta : 20 ~ 100$ mm；⑤巨型裂纹，$\delta > 100$ mm。

当石灰岩、白云岩、硬石膏、白垩、大理岩、石盐和钾盐被浸析和溶解时，液体便会沿着其中的大裂隙流动，从而产生卡斯特蜂窝和溶洞。

钻探界常用的岩石渗透性和吸水性分类如表 2 - 28 所示。

表 2 - 28 岩石的渗透性分类表

岩石的渗透性类别	漏失性特征	吸收液体数量 $Q/(\mathrm{m}^3 \cdot \mathrm{h}^{-1})$	岩石特征举例	必须采取的工艺措施
I	局部漏失	5	疏松的砂岩，细粒和中粒砂岩，弱孔隙性石灰岩	采用黏土泥浆
II	强漏失	5 ~ 10	中粒砂岩，粗粒砂岩，裂隙性石灰岩，裂隙性白云岩和火山岩	用带添加剂的黏土泥浆
III	严重漏失	10 ~ 15	粗粒砂岩，强裂隙性石灰岩和白云岩	采用速凝型混合剂
IV	灾害性漏失	> 15	蜂窝状石灰岩和白云岩，盐岩	下套管

2.8 岩石钻进特性的应用

2.8.1 钻探工艺设计依据

制定具体地质条件下的钻探工艺设计是一个综合任务，包括深入掌握勘探矿区的地质情况，岩石钻进特性，并在此基础上选择钻进方法、钻探设备和取样机具，设计合理的钻孔结构，制定钻探工艺规程并在生产实践中不断优化，实时评价钻探质量和所制定钻探工艺的效果。这几个阶段既相互独立，又相互关联。它们的共同基础是地质条件、钻孔的目的、所钻岩石的钻进特性等原始信息。

地质钻探的工艺流程总体框图如图 2 - 9 所示。

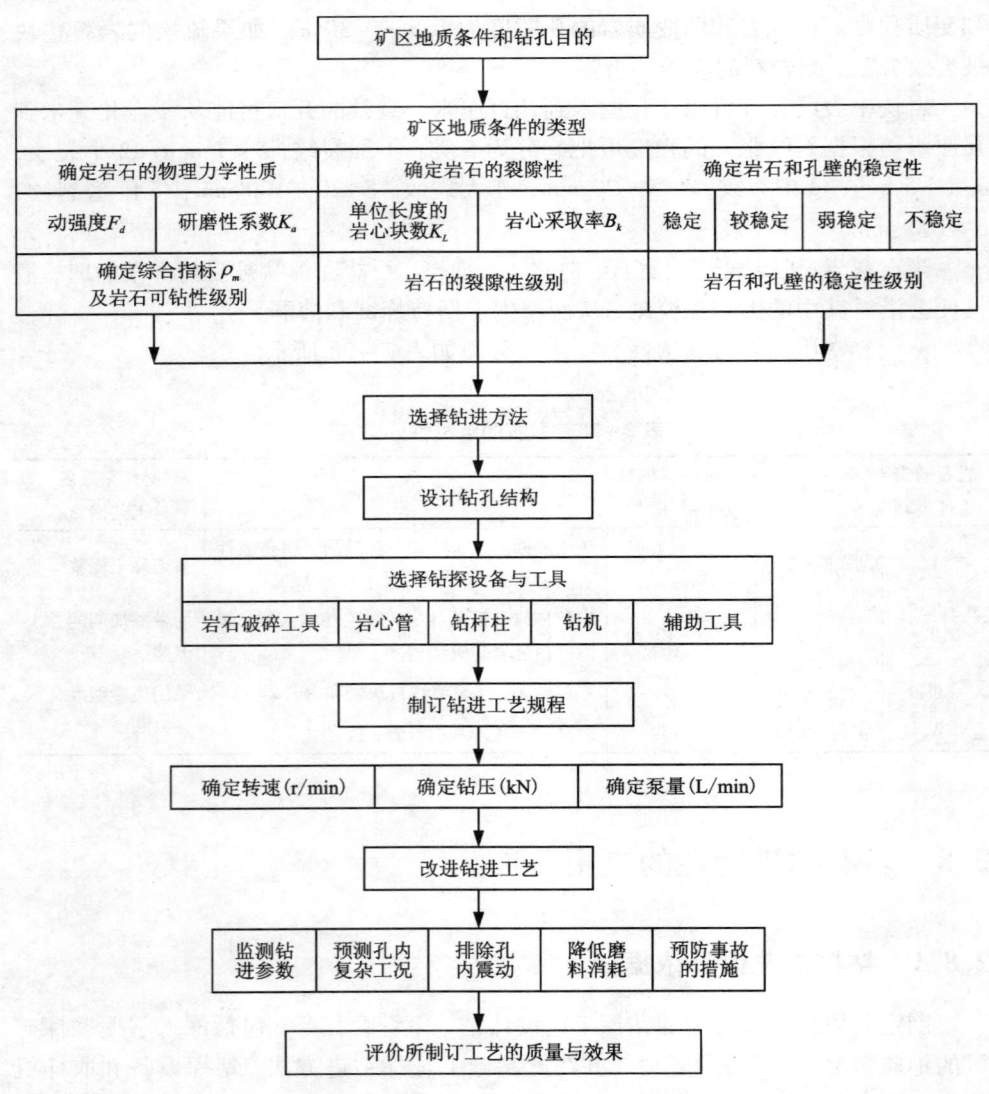

图 2-9 地质钻探工艺流程的总体框图

这时要确定：

（1）矿区岩石的物理力学性质：硬度、研磨性、联合指标，根据这些指标确定岩石的可钻性；

（2）按一种或多种指标（单位长度岩心块度 K_L、岩心采取率 B_k）来综合确定岩石的裂隙性；

（3）通过调研了解孔内岩石及孔壁的稳定性。

（4）掌握地层岩石的可钻性、裂隙性和孔壁稳定性后，结合钻孔目的、设计孔深等条件，就可以选择钻进方法、钻头和取心工具，设计钻孔结构和制定钻探工艺规程。

2.8.2　钻进方法选择

钻进方法的选择取决于一系列因素，表 2 – 29 对不同地层的岩石钻进特性推荐了可供参考的钻进方法及适用钻具。在一些特殊条件下（专门的勘探任务，极复杂的地质条件）选择钻进方法和技术手段时可能与上述推荐方案有所不同。

表 2 – 29　根据岩石钻进特性选择钻进方法和取心钻具类型一览表

岩石分组	岩石的特性			推荐的钻进方法	岩石裂隙性分级	推荐的适用钻具
	硬度 H_y	联合力学指标 ρ_m 值	可钻性			
I	极硬	51 ~ 115	XI ~ XII	金刚石	1	单管，单动双管
II	硬—坚硬	15 ~ 51	VIII ~ X	金刚石、牙轮、金刚石液动冲击	1 2 ~ 3 4 ~ 5	单管，单动双管，绳索取心专用双管，孔底局部反循环双管，空气双管钻具
III	中硬—硬	6.8 ~ 15	VI ~ VII	金刚石、PDC、液动冲击、牙轮、风动冲击	1 2 ~ 3 4 ~ 5	单管，单动双管，绳索取心专用双管，孔底局部反循环双管，空气双管钻具，部分取心的钻具（风动冲击等方法）
IV	软—中硬	3.0 ~ 6.8	IV ~ V	硬质合金、PDC、风动冲击、全面钻头	4 ~ 5	空气双管钻具，部分取心和取岩粉的钻具（风动冲击等方法），单管
V	疏松、易冲蚀、软	1 ~ 3	I ~ III	硬质合金、螺旋钻、刮刀钻头	5	空气双管钻具，部分取心的钻具（风动冲击等方法），全螺旋钻具

2.8.3　钻孔结构设计

根据所选钻进方法、终孔直径和费用条件设计钻孔结构时，必须研究具体地质条件下的岩石钻进特性和剖面的复杂程度，并把它们作为设计钻孔结构的主要依据。

1. 孔壁的稳定性程度

根据孔壁的稳定性程度，可把岩石分为四类：

（1）在钻完该层后需要马上下套管的层位——岩石稳定性差（不连续的冰川堆积物，强裂隙区段、矿山老窑破碎崩落区等）。

（2）孔壁附近的岩石处于不平衡状态，稳定性较差（稳定时间 1～20 d）。多数情况下在孔壁附近有高的塑性应力，由于钻具的多次动载作用使该应力状态加剧。

（3）中等稳定性岩石，钻孔能保持裸孔稳定 20～150 d。这类岩石构成的孔壁存在着弹塑性应力，钻具的长时间作用不会对孔壁稳定性产生明显的影响。

（4）坚固的孔壁。裸孔岩石可以在 150 d 以上保持稳定性，不破碎。

2. 孔壁岩石的漏失程度

孔壁岩石的漏失性用渗透量来评价，其范围是 0.05～6500 m^3/d，可把岩石分为灾难性漏失、严重漏失、强漏失和局部漏失四类，见表 2 – 28。

3. 岩石的水敏性和耐冲蚀性

根据岩石与水接触时的性质变化，可把岩石分为极强水敏性、部分水敏性和遇水稳定性三类。

根据岩石抵抗携带岩粉高速水射流冲蚀的能力，可把岩石分为易冲蚀和抗冲蚀两类。

第 3 章　地质钻探设备

3.1　钻探设备组成和分类

钻探设备是指钻探施工中所使用的机械设备和装置的总称，包括钻机、泥浆泵（或空压机）、钻塔、动力机、冲洗液制备与固控设备、钻进参数检测仪表和附属设备等。

钻机是钻探工作的主要设备，是驱动、控制钻具钻进，并能升降钻具的机械。

泥浆泵在钻探中的主要作用是向孔内输送冲洗液以清洗孔底、保护孔壁、冷却钻头和润滑钻具。在使用液动锤、螺杆马达和涡轮马达等孔底动力钻具时，泥浆泵还作为提供液体动力的装置。

钻塔在钻进过程中主要用于起、下钻具、套管柱和悬挂钻具，要求钻塔有足够的承载能力及足够的刚度。

动力机是钻机、泥浆泵、固控设备及绞车等设备的动力源，一般使用电动机或内燃机作为动力驱动装置。

泥浆制备与固控设备是用以制备钻井液和清除冲洗介质中无用固相的地面设备。

钻参仪是检测钻进过程相关技术参数（钻压、转速、泵量、泵压、钻速等）的仪器仪表。

附属设备是为了完成钻探工作为钻机配备的辅助设备，主要包括提引装置、水龙头、钻杆夹持器、拧卸装置、绳索取心绞车等。

岩心钻机主要用于固体矿产地质勘探，也可用于工程地质勘查、水文地质勘探、水井钻探和科学钻探等。岩心钻机一般都是回转式钻机，按回转器的形式可分为立轴式、转盘式和动力头式（移动回转器式）三种。

由于钻探目的和施工对象不同，常采用不同特点的钻探设备，钻机可按钻机的用途、钻进方法、结构形式、传动方式、装载方式等进行分类，见表 3-1。

表 3 - 1　钻机的分类

分类方法	钻 机 种 类
用途	岩心钻机、坑道钻机、水文水井钻机、浅层取样钻机、工程勘察钻机、工程施工钻机、石油和天然气钻机、特种钻机
钻进方法	回转式钻机、冲击式钻机、冲击回转式钻机、振动钻机、复合钻机
结构形式	立轴式钻机、转盘式钻机、动力头式钻机、顶驱式钻机
传动方式	机械传动钻机、液压传动钻机、电驱动钻机
装载形式	散装式、滑橇式、拖车式、自行式
施工场地	地表钻机、坑道钻机、海洋钻机等

3.2　立轴式岩心钻机

　　立轴式钻机是指回转、升降钻具等主传动为机械传动，给进、卡夹等辅助动作为液压传动，以立轴为主要结构特征的岩心钻机，简称立轴钻机。

　　立轴式钻机主要适用于使用金刚石或硬质合金钻进方法进行固体矿产勘探，也可用于工程地质勘查、浅层石油、天然气、地下水钻探，还可用于堤坝灌浆和坑道通风、排水等工程孔钻进。

　　机械传动、液压给进的立轴式岩心钻机是目前国内广泛使用的一种主要机型，已形成完整的系列(表 3 - 2)。现代立轴式钻机在兼顾硬质合金和钢粒钻进工艺要求的基础上，为适应金刚石钻进的需要，提高了立轴的转速，扩大了调速范围，增加了变速挡数。为了缩短辅助工序的时间，有的机型采用上、下双卡盘，实现"不停车倒杆"，以及加长立轴行程等。

表 3 - 2　XY 系列立轴式岩心钻机

主要参数		钻进深度 /m	钻杆直径 /mm	立轴正转级数	最高转数 /(r·min^{-1})	最低转数 /(r·min^{-1})	给进行程 /mm	驱动功率 /kW
钻机型号	XY - 1	100	43	3 ~ 6	1200	180	300 ~ 400	7.5 ~ 10
	XY - 2	300	43 ~ 53	3 ~ 8	1200	120	400 ~ 500	15 ~ 22
	XY - 3	600	43 ~ 53	4 ~ 6	1100	120	500 ~ 600	30 ~ 35
	XY - 4	1000	53 ~ 60	6 ~ 8	1100	100	500 ~ 600	35 ~ 45
	XY - 5	1500	53 ~ 60	6 ~ 8	1000	100	500 ~ 600	50 ~ 60
	XY - 6	2000	53 ~ 63.5	6 ~ 10	1000	100	500 ~ 750	55 ~ 75
	XY - 7	2500	50 ~ 114	10	960	85	700	75 ~ 85
	XY - 8	3000	71 ~ 114	8	1000	95	1000	90 ~ 130
	XY - 9	4000	71 ~ 114	10	950	80	1200	160 ~ 170

3.2.1　立轴式钻机结构特点

钻机的主要特点是：

（1）回转器有一根较长的立轴，在钻进中可起到导正和固定钻具方向的作用，回转器传动部件结构紧凑，加工、安装定位精度高，润滑及密封条件好，所以主动钻杆与回转器输出轴同心度高，钻机的导向性能较好，适合高速回转又有利于保证开孔质量。

（2）回转器可调整角度，可施工斜孔。

（3）回转器采用悬臂安装，受到立轴回转器通孔直径的限制，不能通过粗径钻具，适合完成较小口径的钻孔，开孔直径大小由钻机让开孔口的距离确定。

（4）立轴钻机调速范围较宽，机械传递动力的立轴钻机多为有级变速，且有慢速和反转挡。

（5）升降作业多用卷扬机与滑轮组配合完成，需要配备钻塔。

（6）有加减压机构，并配有可反映孔内情况的钻压表，钻压控制准确，给进均匀。

（7）钻机可按部件解体，一般能适应野外搬迁工作要求。

（8）倒杆频繁，容易造成孔底岩心堵塞，辅助工作时间长。

（9）多数钻机的卷扬机轴线与天车轴线垂直，钢丝绳纵向缠绕，易损坏钢丝绳。

（10）回转器不能兼作拧卸工具，拧卸钻杆需另配拧管机。

3.2.2　典型立轴式钻机主要结构

目前市场上的立轴钻机品种型号很多，但其结构原理及工作性能大致相同，基本上都由以下几个部分组成：动力机、离合器、变速箱、分动箱、回转器、卷扬机、液压给进系统、机座等。

XY-6B 型钻机（图 3-1）钻深能力为 2000 m。钻机采用机械传动、液压给进，具有结构合理、运转平稳、工作可靠、操作方便、解体性能好、便于修理等特点。与同类钻机相比增大了卡盘的夹持力，提高了变速箱的精度，能够更好地满足深孔钻进的要求。

图 3-1　XY-6B 型钻机

3.2.2.1　机械传动系统

该钻机的传动系统主要包括油浸式湿式离合器、变速箱、传动箱、立轴回转器、上下卡盘、卷扬机、水刹车、左右侧架、滑架、底座、油泵传动等。

XY-6B 型钻机的机械传动系统见图 3-2。钻机通过底座 11，支承整个钻机，在底座上有可滑动的滑架 10，滑架上安装了钻机其余各构件。当立轴 6 需要移开孔时，在移车油缸的作用下，滑架 10（包括安装在滑架上的所有构件）相对底座可前后移动。装在滑架上的动力机经弹性联轴器与摩擦离合器 2 连接，摩擦离合器输出轴又与变速箱 3 输入轴连接，动力机 1 启动后，结合离合器 2，其动力就传至变速箱 3，经变速后通过变速箱输出轴，将动力传至传动箱 4，传动箱通过分动机构既可将动力传至立轴回转器 5，实现钻具的回转，也可将动力传至卷扬机 7，实现钻具的提升与下降，也可将动力同时传至卷扬机 7 和立轴回转器 5。水刹车 8 的旋转是通过卷筒制动圈上的齿圈与水刹车的齿轮相互啮合实现的，用以控制下钻的速度。

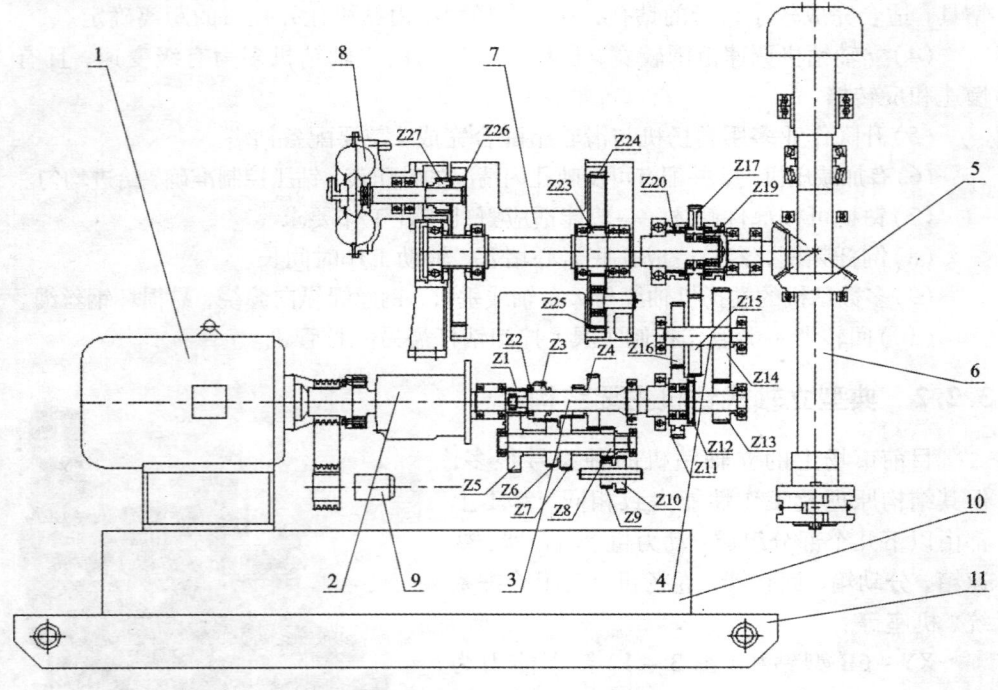

图 3 – 2　XY – 6B 型钻机传动图

1—动力机；2—离合器；3—变速箱；4—传动箱；5—回转器；6—立轴；
7—卷扬机；8—水刹车；9—液压泵；10—滑架；11—底座

3.2.2.2　主要结构部件及工作原理

1. 离合器

XY – 6B 型钻机采用湿式摩擦离合器（图 3 – 3）。离合器主轴通过两盘轴承 17 固定在壳体 20 和从动盘 18 的内孔中，主轴中部有花键槽，其上套花键套 19，花键套上安装有主动摩擦片 13、定位销轴 11、从动摩擦片 14，从动摩擦片上有矩形齿与从动盘 18 上相应切口啮合,实现从动盘的回转。操纵离合器手柄通过拨叉 9 使滑环 10 向右移动,滑环内锥面迫使压爪 15 绕销轴 16 逆时针旋转,从而使压盘与各主、从动摩擦片向左移动而压紧,动力接通。反之,拨动拨叉使滑环左移,当滑环内锥面脱开压爪左圆头时,压爪由于回转时的离心作用,将绕销轴顺时针方向摆动,其右侧钩头端离开压盘,撤除对各摩擦片的压力,使摩擦片相互离开,动力切断。离合器的离合间隙由定位销轴上的弹簧自动补偿。

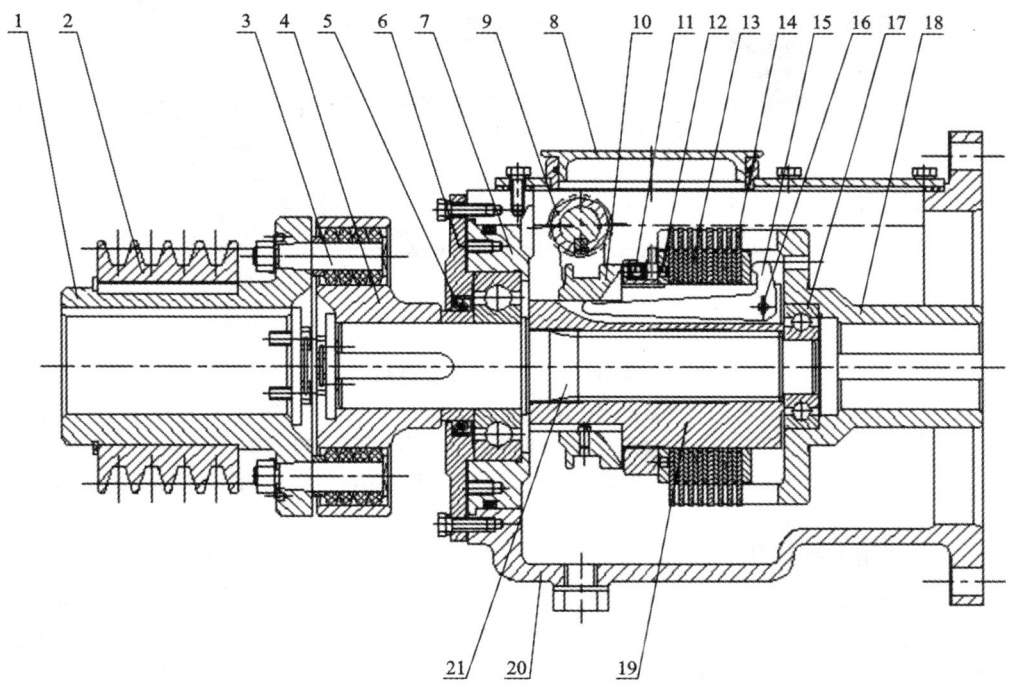

图 3-3 XY-6B 型钻机湿式摩擦离合器

1—联轴器;2—皮带轮;3—柱销;4—联轴器;5—油封;6—轴承压盖;7—衬套;8—上盖;
9—拨叉;10—滑环;11—定位销轴;12—销;13—主动摩擦盘;14—从动摩擦片;15—压爪;
16—销轴;17—轴承;18—从动盘;19—花键套;20—壳体;21—主轴

离合器中有润滑油,离合器的摩擦片局部浸在润滑油里,润滑油起冷却、润滑和减震作用,摩擦系数保持稳定,可使用较多的摩擦片数,实现在保证传递足够的摩擦力矩的前提下,减小径向尺寸,从而减小离合器体积、降低重量。

2. 变速箱

XY-6B 型钻机变速箱为三轴两级传动四速跨轮机构变速箱(图 3-4),并带反转机构,可输出四个正转速度和一个反转速度。

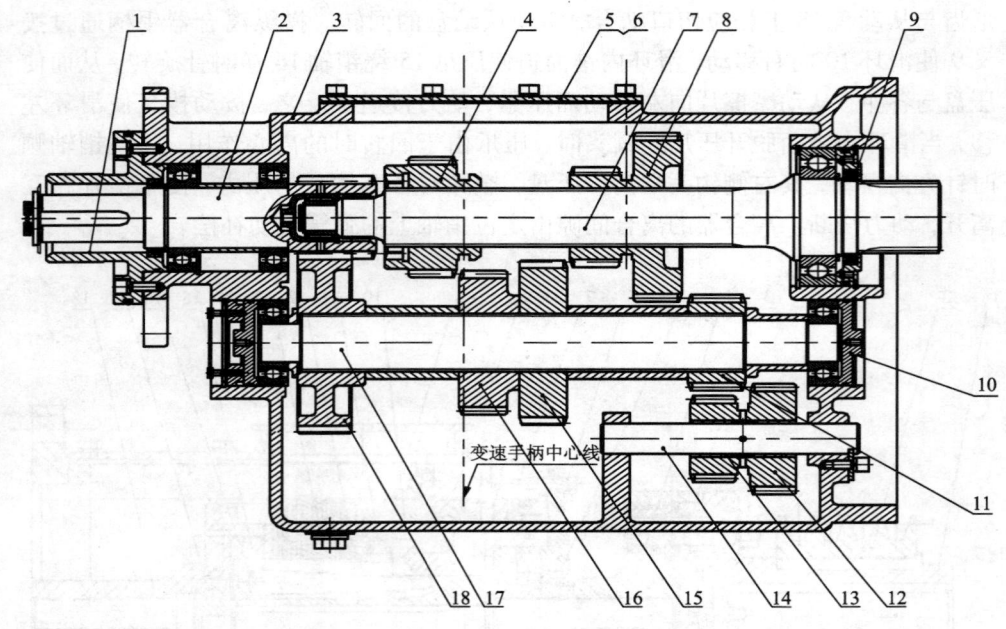

图 3 – 4　XY – 6B 变速箱

1—定位盖；2—齿轮轴；3—箱体；4—齿轮一；5—盖板；6—胶垫；7—输出轴；8—齿轮二；
9—挡盖；10—轴承盖；11—齿轮三；12—反挡齿轮；13—轴套；
14—反挡轴；15—齿轮四；16—齿轮五；17—副轴；18—齿轮六

　　变速箱上部轴孔中，为两个轴，左侧齿轮轴 2 为输入端，其左端与离合器输出端从动盘连接传入动力，齿轮轴 2 是用一对轴承安装在箱体 3 上的；上部轴孔右侧输出轴 7 通过右端的花键向传动箱输出动力，其左端用滚针轴承安装在齿轮轴 2 的内孔中，右端用轴承安装在变速箱箱体上。输出轴 7 上装有两个双联滑移齿轮，分别为齿轮一(4)和齿轮二(8)。输入动力的齿轮轴 2 左端通过单圆头平键与离合器输出端从动盘上的平键槽连接传入动力，其右端加工出齿轮，用以通过固联在副轴 17 上的齿轮六(18)向副轴 17 传递动力。副轴 17 通过两盘轴承支撑在变速箱箱体 3 上，其上安装有四个齿轮 11、15、16、18，均固定在中间轴上。安装在输出轴 7 的左侧的齿轮一(4)为双联滑移齿轮，推动齿轮一(4)左右移动使齿轮一(4)分别与齿轮轴 7 内齿啮合和齿轮五(16)外啮合，可实现两级变速。安装在输出轴 7 的右侧的齿轮二(8)也为双联滑移齿轮，推动齿轮二(8)左右移动使齿轮二(8)分别与齿轮四(15)外啮合和齿轮三(11)外啮合，可实现另外两级变速。反挡齿轮 12 为双联可滑动齿轮，通过轴套 13 安装在固定于箱体上的反挡轴 14 上，推动反挡齿轮 12 向左移动，可使反挡齿轮 12 同时与齿轮二(8)和齿轮三(11)外啮合，以实现输出轴 7 低速反转。

3.传动箱

XY - 6B 型钻机的传动箱(图 3 - 5)可以实现将变速箱输入的 4 个正挡,一个反挡变成 8 个正挡,2 个反挡。扩大了钻机的转速范围。同时还能实现卷扬机或立轴回转器的结合与分离,起到分动作用。

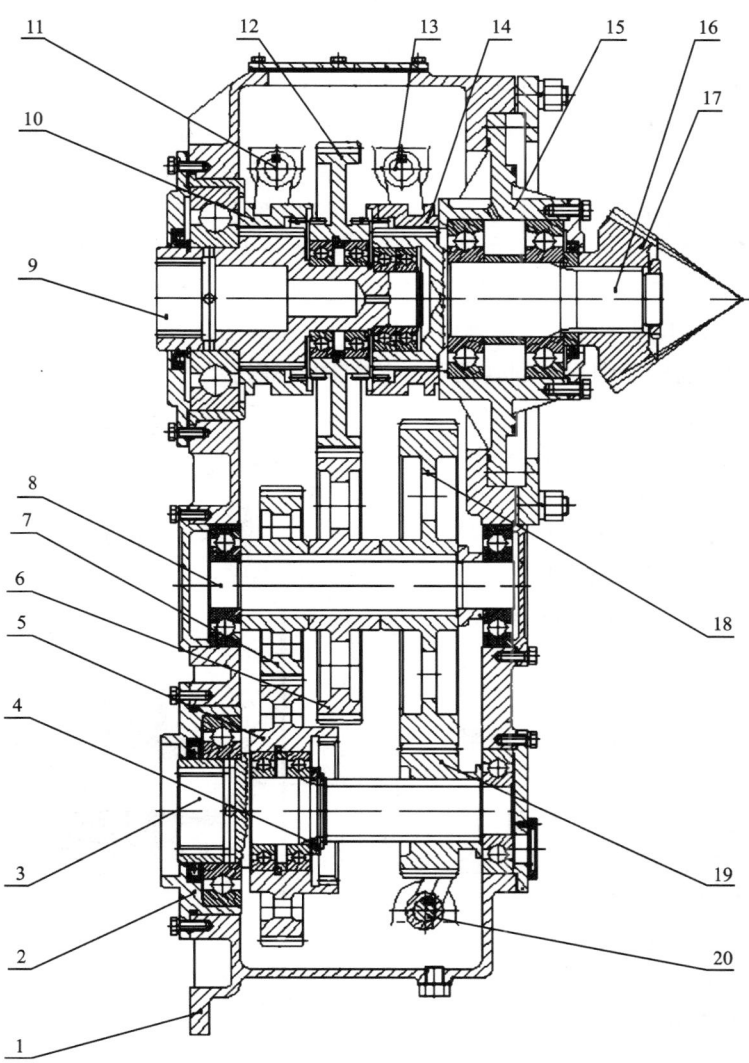

图 3 - 5　XY - 6B 型钻机传动箱结构图

1—箱体;2—轴承盖;3—输入轴;4—挡圈;5—齿轮;6—齿轮四;7—齿轮;
8—中间轴;9—输出轴Ⅰ;10—齿轮;11—拨叉一;12—齿轮;13—拨叉二;
14—齿轮;15—轴承盒;16—输出轴Ⅱ;17—锥齿轮;18—齿轮;19—齿轮;20—拨叉三

　　传动轴下方的输入轴 3 通过两盘轴承支撑在传动箱箱体 1 上，通过左端的内齿与变速箱输出轴连接传入动力。该轴上装有两个齿轮，齿轮 5 用两盘轴承安装在输入轴上，齿轮 19 为滑移齿轮。中间轴 8 上安装有三个齿轮 6、7、18，均固定在中间轴上。在传动箱的上部轴孔中，有两个输出轴，输出轴 9 向卷扬机输入动力，其左端用轴承安装在箱体上，右端用轴承安装在向立轴回转器输出动力的输出轴的内孔中。输出轴 9 为齿轮轴，左端有内齿，用以向卷扬机输入动力，上装有可滑移的内齿轮 10 和通过轴承安装的齿轮 12，该齿轮为三联齿轮。输出轴向立轴回转器输出动力，该轴用两盘轴承安装在箱体上，为悬臂结构；输出轴 16 通过轴承支撑在分动箱箱体上，轴上装有滑移的内齿轮 14 和锥齿轮 17，向回转器输出动力。拨动拨叉 20 使齿轮 19 分别与齿轮 18 和齿轮 5 内齿啮合时，可实现两级变速，将变速箱输入的 4 个正挡，一个反挡转变为 8 个正挡，两个反挡。

　　当输出轴 9 通过齿轮 10 与齿轮 12 左侧齿啮合时，卷扬机获得动力；当输出轴 16 通过齿轮 14 与齿轮 12 右侧齿啮合时，则立轴回转器获得动力；当左右两侧的齿轮同时挂合时，则立轴回转器和卷扬机同时获得动力。

4. 水刹车

　　水刹车（图 3 - 6）由定子 1、转子 2、滑动齿轮 8、传动轴 6、壳体 5 等组成，定子和转子上均有放射状叶片。当下降钻具时，从进水管 12 进水，出水口 11 出水，通过拨叉 9 使滑动齿轮 8 右移与卷筒的内齿圈啮合，带动转子旋转，与定子一同切割水流产生阻力，从而使钻具匀速地下降。转子在切割水流时才会产生阻力，水刹车并不能使钻具的下降完全停止，所以必须设有刹车装置。钻机上装有专门的离心泵向水刹车供水。在离心泵与输入动力的三角皮带轮之间装有离合器，以控制离心泵的工作。

5. 回转器

　　XY - 6B 型钻机回转器（图 3 - 7）主要由大弧齿锥齿轮 2、

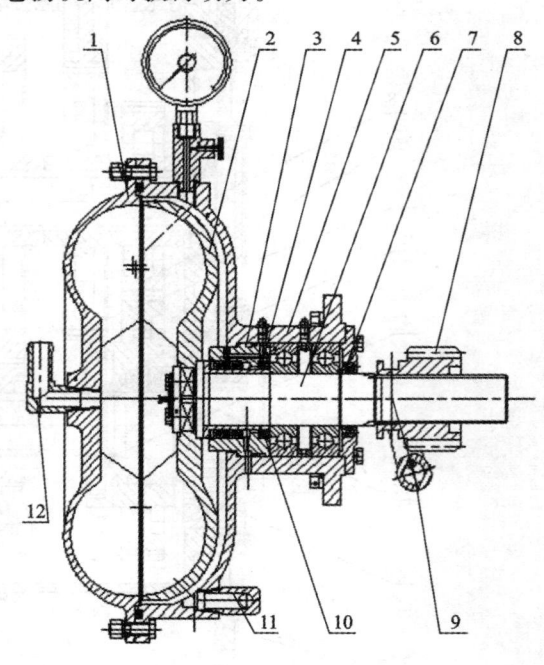

图 3 - 6　XY - 6B 型钻机水刹车

1—定子；2—转子；3—通油隔套；5—壳体；
6—传动轴；4、7—密封圈；8—滑动齿轮；
9—拨叉；10—轴套；11—出水口；12—进水管

立轴导管 3、箱体 4、油缸 7 等零件组成。回转器通过锥齿轮实现立轴导管的回转。立轴导管内孔与立轴间以六方截面做滑动配合，立轴可随导管转动，同时在导管内上下滑动。立轴通过卡盘将穿过其内孔的机上钻杆牢固夹紧，随立轴上下滑动。立轴的上下移动通过两条给进油缸 7 实现。回转器通过两个半圆压圈安装在分动箱上，可在 360°范围内任意调整回转器角度。

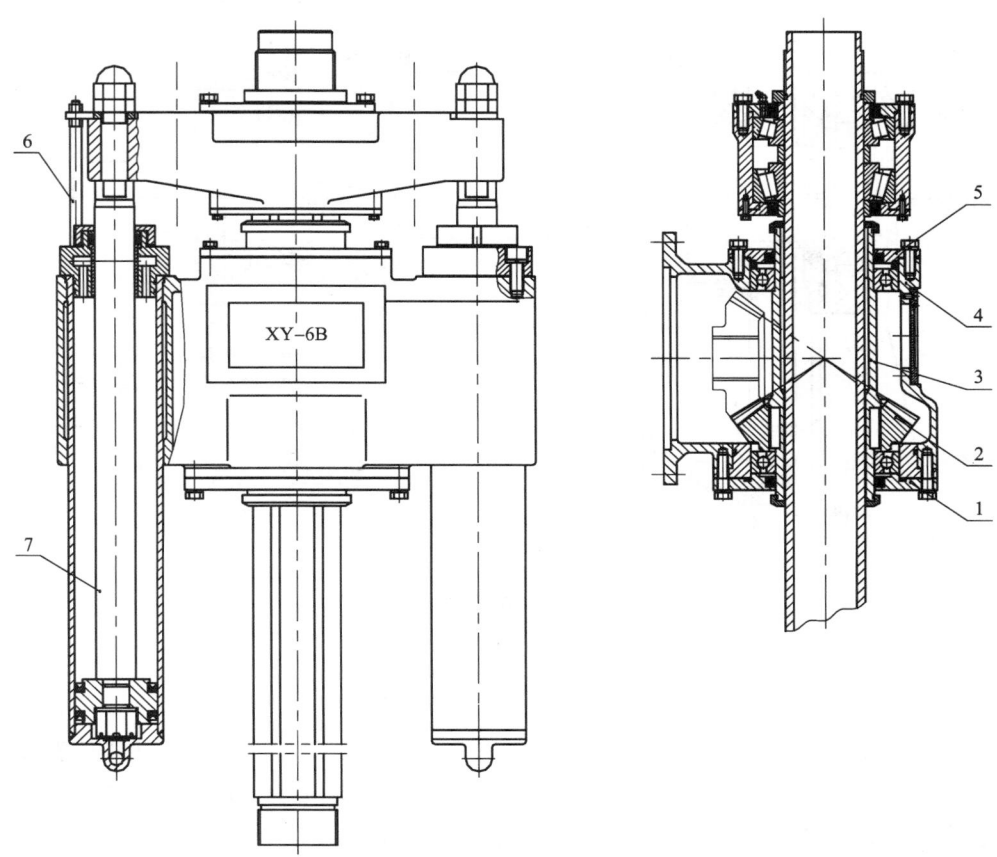

图 3-7　XY-6B 型钻机回转器
1、5—轴承盖；2—锥齿轮；3—立轴导管；4—箱体；6—标尺；7—给进油缸

6. 卷扬机

XY-6B 型钻机卷扬机(图 3-8)主要由卷筒 5、行星传动机构 9 和抱闸 6 组成。卷扬轴 4 右端花键插入传动箱的输出轴 I 的内花键中；内齿圈 2 用骑缝螺钉固定在卷筒 5 左侧，用以在需要时与水刹车上的滑动齿轮相啮合，将动力传递到水刹车中，以便减缓钻具的下降速度。行星传动机构 9 外侧装有良好的密封装置，卷扬机内的润滑脂不致因高温熔化而甩出，使机内润滑良好。

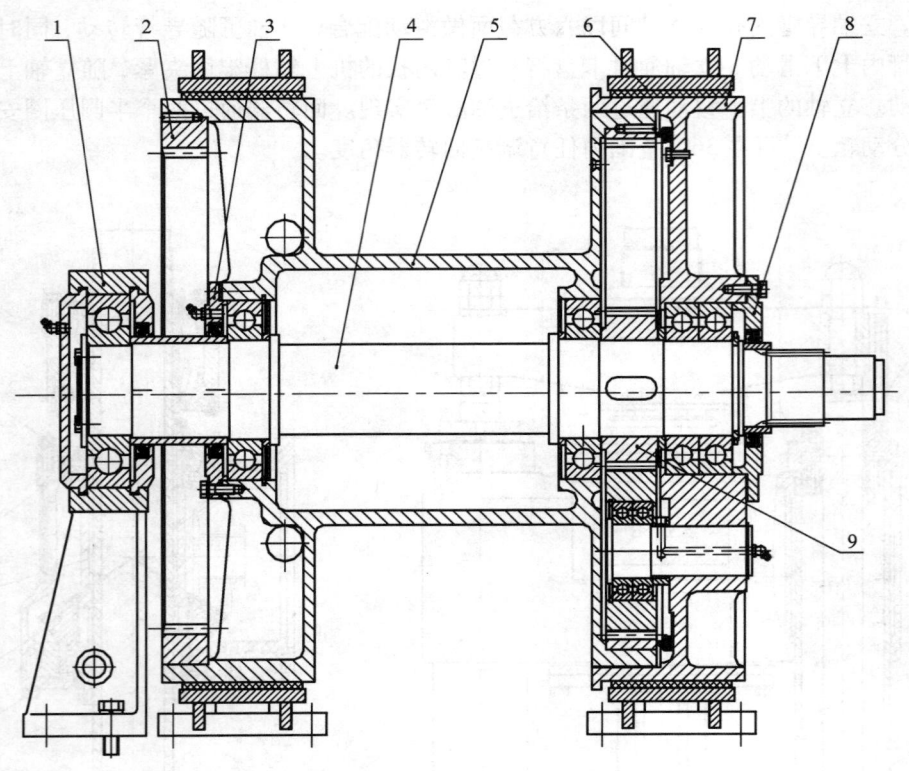

图 3 - 8　XY - 6B 型钻机卷扬机

1—后支架；2—内齿圈；3—轴承盖；4—卷扬轴；5—卷筒；
6—抱闸；7—闸筒；8—轴承盖；9—行星传动机构

　　卷扬机左右各装有一抱闸机构，使两个抱闸处于不同工作状态，就能使卷扬机实现提升、下降及制动钻具等不同工况。刹住提升制动盘、松开制动抱闸，可提升钻具；反之，制动钻具；控制两个抱闸的压紧程度以产生不同的摩擦力矩，可以实现微动操纵钻具升降。两个抱闸都松开，钻具以自重下降，不允许同时刹住两个制动盘。

　　7. 卡盘

　　XY - 6B 型钻机的卡盘（图 3 - 9）为液压夹紧和液压松开的液压卡盘。该卡盘的工作原理是将两个卡盘液压缸活塞的轴向上下运动，通过齿条、齿杆机构及齿杆上的螺旋副变成卡瓦的径向向心或向外运动，以夹紧或松开钻杆。当压力油进入液压油缸上下腔推动活塞活塞杆上下运动时，带动两个齿条 4 上下移动，齿条则带动与它啮合的齿杆 1 顺向或反向转动（左、右两齿杆的转向相反）。每根齿杆的两端均以左、右旋梯形螺纹与带齿螺帽 3、11 拧接，带齿螺帽分别坐在左右卡盘体 7 上。固定在卡盘体上的制动卡 6 的齿插入螺帽的齿内，螺帽只能移动，不能回转。带齿螺帽相向或者相背的移动，带动左右卡盘体、卡瓦座 9 和卡瓦 12 做径向的向心或向外移动，从而卡紧或松开钻杆。

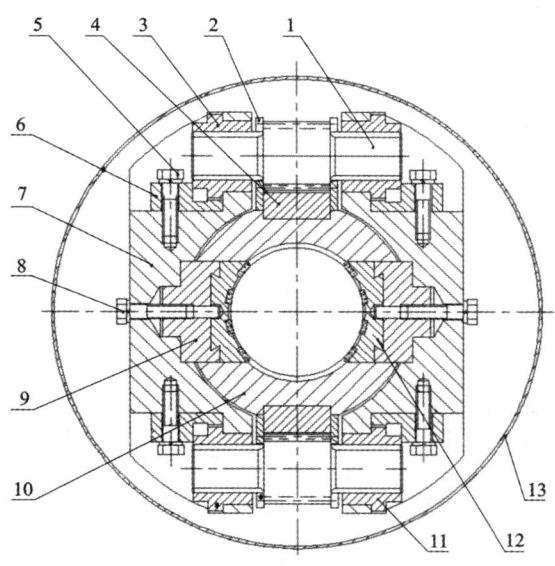

图 3 - 9　XY - 6B 型钻机上卡盘
1—齿杆；2—定位框；3、11—带齿螺帽；4—齿条；5—螺栓；6—制动卡；
7—卡盘体；8—螺栓；9—卡瓦座；10—卡盘座；12—卡瓦；13 卡盘罩

立轴下端安装有下卡盘(图 3 - 10)。该卡盘用螺纹与六方立轴连接，卡盘体 1、4 的上部制成外齿，与六方套的内齿啮合。钻进过程中，立轴旋转扭矩是通过六方套传给卡瓦 7，而螺纹部分只起连接作用。当拧紧螺母时，卡盘弧形体相互靠近，卡瓦夹紧钻杆；当松开螺母时，卡瓦松开钻杆。

3.2.2.3　液压系统

XY - 6B 液压系统(图 3 - 11)主要由油箱 13、齿轮油泵 9、手摇油泵 7、操作阀 11、给进控制阀 3、截止阀 8 及 12、孔底压力表 2 以及各类油缸组成。该系统采

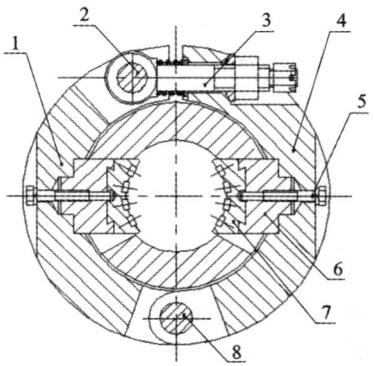

图 3 - 10　XY - 6B 型钻机下卡盘
1—卡盘弧形体；2—销轴；3—拉紧螺栓；
4—卡盘弧形体；5—螺栓；
6—卡瓦块；7—卡瓦；8—转轴

用单齿轮泵开式系统，即由一个主油泵自油箱吸油，驱动压力油通过各路换向阀并联进入各油缸实现给进、松紧卡盘、移车等动作。

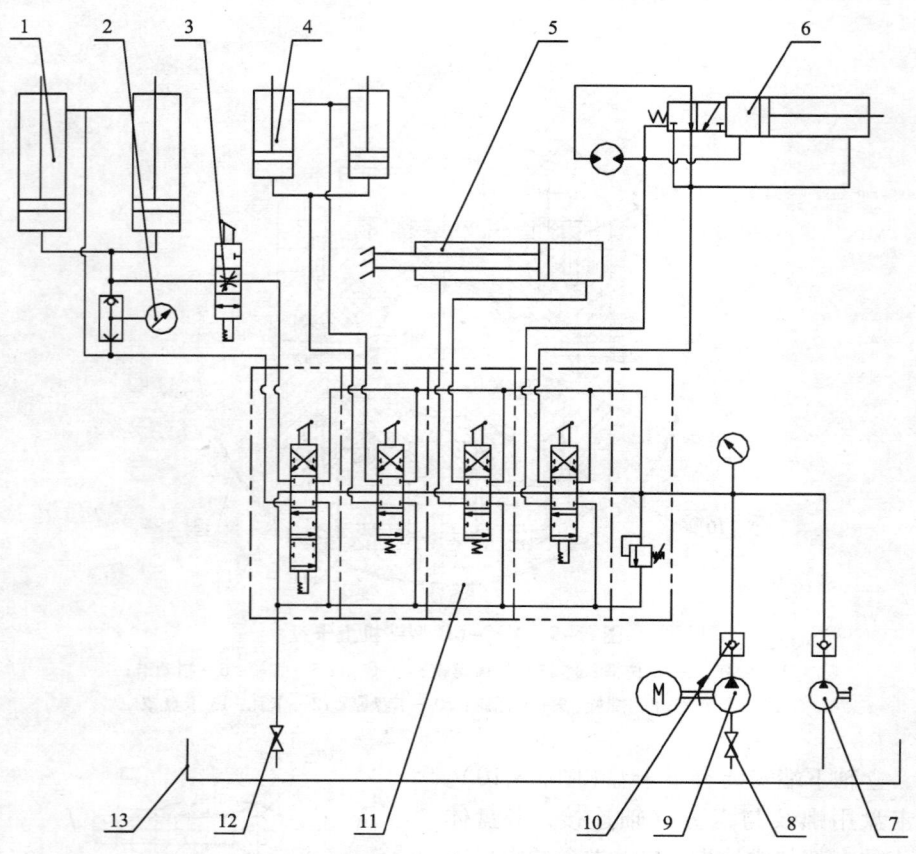

图 3 – 11　XY – 6B 型钻机液压系统原理图

1—给进油缸；2—孔底压力表；3—给进控制阀；4—卡盘油缸；5—移车油缸；6—拧管机；
7—手摇油泵；8—截止阀一；9—齿轮油泵；10—止回阀；11—操作阀；12—截止阀二；13—油箱

齿轮油泵自油箱吸油将排出的压力油经操作阀供给各油缸，根据操作阀的各换向阀不同工位和溢流阀、给进控制阀不同工况的组合，各油缸可以完成立轴向上、向下、停止、快速上下、加减压给进、称重、松紧卡盘、钻机移位等满足钻进工艺要求的动作。手摇泵并联于油路系统中，当动力机发生故障，可用它将钻具提离孔底。

1. 钻机立轴上升、停止、下降或称重

通过操纵操作阀使给进油缸上腔、下腔进油、液压油隔断，实现立轴的下降、上升、停止。卡盘松开后,将换向阀处于立轴上升位置,调节溢流阀快速增压手柄,使液压泵排出的压力油全部进入油缸下腔,实现立轴快速上升;卡盘夹紧钻杆,调整溢流阀增压,使活塞上升力大于钻具重量和卡夹阻力,将钻具提离孔底,实现强力起拔。

在钻进过程中,将换向阀处于立轴上升位置,调节溢流阀,使下腔液压大于上腔液压,实现减压钻进。

钻具称重是使钻具提离孔底一定高度后将换向阀置于钻具称重位置,下腔总压力就是钻具重量。也可取钻机刚能上升和下降时临界值的平均值为钻机钻具重量。

2.其他动作

通过操纵操作阀实现卡盘油缸、移位油缸、拧管机液压马达进出油方向的变换,可实现液压卡盘的压紧与松开、钻机移位、拧管机马达正反转等动作。

3.2.3　其他立轴式钻机结构特点

3.2.3.1　XY-3 型立轴式岩心钻机

XY-3 型岩心钻机(图 3-12)钻深能力为 600 m,除具有立轴式岩心钻机共性优点外,还具有以下突出特点:

(1)采用连杆增力式弹簧夹紧、液压松开常闭式液压卡盘,结构新颖,补偿性好,硬质合金镶焊式卡瓦结构,夹紧力大,寿命长,工作可靠。

(2)选用汽车变速箱、离合器、万向传动轴等优质通用部件,寿命长,更换方便,钻机工作可靠性程度高。

3.2.3.2　XY-4 型岩心钻机

XY-4 型钻机是一种中深孔岩心钻机(图 3-13),其突出特点是:

(1)钻机具有较高的立轴转速,最高可达到 1588 r/min。

(2)钻机重量较轻,可拆性较好。钻机可分解成 9 个整体部件,最大部件仅 218 kg,便于搬迁,宜于山区工作。

3.2.3.3　XY-8B 型立轴式岩心钻机

XY-8B 型岩心钻机(图 3-14)是新研制的深孔岩心钻机,其突出特点是:

(1)钻机既可作为传统的立轴式钻机使用,又可作为转盘式钻机使用。

(2)卷扬机横向布置且配有水刹车。

3.2.3.4　履带装载立轴式岩心钻机

为满足大角度斜孔取心钻进和搬迁方便的需要,近年来一些生产厂家研制了主机和桅杆式钻塔一体的"塔机一体式"立轴式岩心钻机,保留了原钻机结构紧凑的传统特点,配备了液压油缸起塔和平移机构,保持立轴摆角与桅杆式钻塔的同步角度调整,在一定程度上满足了中浅孔和 15°以上斜孔的取心钻探施工需要。

同时也逐步开发了拖车式、履带式、车装式立轴钻机，实现了装载方式多样化。

XY-5L型履带装载立轴式岩心钻机如图3-15所示。

图3-12　XY-3型岩心钻机

图3-13　XY-4型岩心钻机

图3-14　XY-8B型岩心钻机

图3-15　XY-5L型岩心钻机

3.2.4　立轴式岩心钻机技术参数

国内主要企业生产的浅孔和中深孔立轴式岩心钻机技术参数见表3-3，深孔立轴式岩心钻机技术参数见表3-4。不同企业生产的同型号钻机及其变型品种其技术参数会有所差异。

表 3 - 3　浅孔和中深孔立轴式岩心钻机技术参数

项　目			型 号 与 参 数							
			XY - 1	XY - 2		XY - 3	XU - 1000		XY - 4	
钻进能力	钻进深度/m		100	530	380	600	1000	800	1000	700
	钻杆直径/mm		42	42	50	50	42	50	42	50
	立轴转速 /(r·min⁻¹)	正转	142 ~ 570 三挡	65 ~ 1172 八挡		33 ~ 1002 十挡	165 ~ 1096 五挡		101 ~ 1191 八挡	
		反转	无	51，242		36，167	122		83，251	
给进能力	立轴通径/mm		44	76		76	68(96)		68	
	立轴行程/mm		450	600		600	600		600	
	立轴最大加压力/kN		15	40		55	90		60	
	立轴最大起拔力/kN		25	60		75	120		80	
卷扬机单绳最大提升力/kN			10	30		32	30		30	
配备动力/kW	柴油机		10.3	22		41	30		31	
	电动机		7.5	19.85		30	30		30	

表 3 - 4　深孔立轴式岩心钻机技术参数

项　目			型 号 与 参 数				
			XY - 5	XY - 6B	HXY - 6B	XY - 8	HXY - 9
钻进能力	钻进深度/m		1000 ~ 1500	1500 ~ 2000	1200 ~ 2400	1000 ~ 3000	2000 ~ 4000
	钻杆直径/mm		50，60 71，89	50，60 71，89	50，60 71，89，114	50，60 71，89，114	71，89，102
给进能力	立轴转速/(r·min⁻¹)	正转	85 ~ 1232 八挡	80 ~ 1000 八挡	96 ~ 1025 八挡	79 ~ 1024 八挡	82 ~ 948 八挡
		反转	65，225	62，170	78，218	51，144	29，82
	立轴通径/mm		80，96	96	118	118	118
	立轴起拔力/kN		135	200	196	300	640
	立轴加压力/kN		90	150	150	141	340
	立轴行程/mm		500	600	720	690	1200
卷扬机单绳提升力/kN			40	60	125	250	300
移车行程/mm			450	550	700	690	800
配备动力/kW	柴油机		60	75	84	134	170
	电动机		55	55	75	90	160

3.3　全液压动力头式岩心钻机

全液压动力头式钻机是指主、辅助传动均为液压传动,以动力头为主要结构特征的岩心钻机,简称动力头钻机。

全液压钻机与立轴式钻机最本质的区别是钻机的主传动(回转与升降钻具)方式不同,前者是液压,后者是机械传动,而给进、卡夹等辅助动作均为液压。

3.3.1　全液压动力头式钻机结构特点

(1)动力头可沿桅杆移动,导向性较好且实现了长行程给进,不仅大幅度增加了纯钻进时间,还由于钻进过程连续,可大幅度减少孔内事故发生的概率并提高岩心采取率。

(2)钻进角度调整及钻机移动搬迁方便,一般不需单独配置钻塔,减少了辅助作业时间。

(3)动力头与孔口夹持器配合可实现拧卸管,此种结构简化了钻机的结构及配套装置。

(4)钻机工作过程中的所有动作均由液压系统中的液压元件完成,减轻了操作者的劳动强度及操作人员数量。

(5)钻机过载保护性能好,回转及给进可实现无级调速,钻压可精确控制,可根据地层条件、机具情况优选钻进参数,较好地满足钻探工艺要求。

(6)传动系统简单,便于布局,重量相对较轻,易于安装和拆卸。

(7)与机械传动钻机相比,消耗功率较大,传动效率较低,造价高,维护保养要求较高。

3.3.2　典型动力头式岩心钻机

3.3.2.1　YDX-3型全液压动力头式岩心钻机

图 3-16 为 YDX-3 型全液压动力头式岩心钻机的外形图,该钻机 N 口径钻深能力为 1000 m,拖车式装载。

图 3-16　YDX-3 型岩心钻机

3.3.2.2 HCD-5 型全液压动力头式岩心钻机

图 3-17 为 HCD-5 型全液压动力头式岩心钻机的外形图,该钻机 N 口径钻深能力为 1200 m,履带式装载。

3.3.2.3 XD-3 型全液压动力头式岩心钻机

图 3-18 为 XD-3 型全液压动力头式岩心钻机的外形图,该钻机 N 口径钻深能力为 700 m,动力站和主机分别用拖车装载,动力机为电动机。

图 3-17 HCD-5 岩心型钻机

3.3.2.4 FYD-2200(HCD-6F)型全液压动力头式岩心钻机

图 3-19 为 FYD-2200 型全液压动力头式岩心钻机示意图,该钻机 N 口径钻深能力为 2200 m。其特点如下:

(1)分体模块设计,整套钻机分为全液压主机、动力站、钻塔、泥浆泵等四大独立部件,便于拆装搬迁运输;

(2)采用重型四角管子钻塔,可提起 18 m 立根,提高深孔起下钻效率,并为钻探施工提供良好的作业环境;

　　(3)配套绳索取心钻杆专用的 SQ89 型液压动力钳实现机械拧卸扣以降低深孔起下钻时超负荷的劳动强度;

　　(4)给进行程长达 4.8 m,适用于 4.5 m 长绳索取心钻杆和 3 m 长普通绳索钻杆;

　　(5)钻机纵向移车让开孔口距离为 500 mm,同时动力头可沿水平方向移开孔口,孔口位置开阔,方便提钻和取心操作;

　　(6)液压系统主要元器件与液压挖掘机通用,方便采购与维修;

　　(7)主要钻进参数为数字化显示;

　　(8)设计有桅杆上段,可实现有塔无塔两用,垂直孔斜孔两用。

图 3-18　XD-3 岩心型钻机

图 3-19　FYD-2200 岩心型钻机

3.3.3　动力头式岩心钻机关键部件

　　全液压动力头钻机一般由动力头、主卷扬、桅杆及给进机构、液压系统、绳索卷扬、夹持器、动力机、拖车(履带行走装置)、操纵台等部分组成。其中动力头、主卷扬、桅杆及给进机构、液压系统是其关键部件和系统。

3.3.3.1　动力头

动力头是为钻机提供回转扭矩的核心部件（图 3 - 20），主要包括液压马达、变速箱、末级减速齿轮箱以及卡盘。

动力头液压马达一般为变量马达，能实现无级变速，也可以采用定量马达，马达可以是一个或多个。马达将扭矩输出至变速箱，通过变速箱可以手动变挡，一般设计二到四个挡位，根据不同工况可以选择不同的挡位。动力传递至末级减速箱后再传给动力头主轴，主轴与液压卡盘连接。卡盘的功用是夹持机上钻杆，将回转装置的回转运动和扭矩、给进装置的轴向运动和给进力（或上顶力）传递给钻杆柱。

图 3 - 20　动力头

1—液压卡盘；2—液压马达；
3—变速箱；4—润滑油箱；5—齿轮箱

3.3.3.2　主卷扬

主卷扬是钻机用于悬挂、升降钻具和套管的主要执行机构，在某些条件下利用主卷扬悬挂钻具，进行快速扫孔等工作。

图 3 - 21 为液压动力头钻机主卷扬剖视结构图。液压马达 8 将动力通过马达输出轴传递给卷筒内藏的行星减速机构 4，经过减速驱动卷筒 3 回转，获得合适的绳速及提升力。该卷扬靠弹簧制动装置 7 压紧制动摩擦片来实现卷扬制动，通过液压油推动油缸 10 来打开制动器。

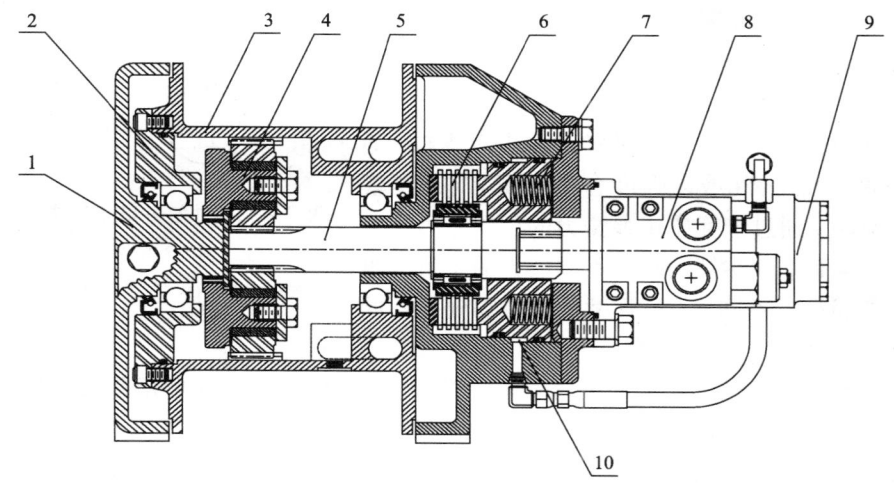

图 3 - 21　主卷扬剖视结构图

1—卷筒架；2—轴承座；3—卷筒；4—行星减速机构；5—输入轴；6—制动摩擦片；
7—弹簧制动装置；8—液压马达；9—液压平衡阀块；10—液压油推动油缸

3.3.3.3　给进机构

给进机构的功能：

（1）向钻头施加轴向压力，并随着钻孔的不断加深，而连续送进钻具，以实现加、减压钻进；

（2）处理卡、埋、烧钻事故，用于强力起拔钻具；

（3）利用给进机构可以悬挂钻具、提动钻具及实现快速倒杆；

（4）液压给进机构还可以称重钻具和间接反映孔内钻具的工作情况；

（5）某些钻机的给进机构还可以用于升降钻具。

钻机给进机构的主要形式有：油缸直推、油缸链条、油缸钢丝绳、马达链条和马达齿条等形式。一般全液压岩心钻机采用油缸直推或油缸链条的给进形式，以达到精确控制钻压的目的。

油缸—链条给进机构原理如图 3 − 22 所示，当液压油缸无杆腔进油时，油缸推力通过定滑轮 1、动滑轮 5 及链条 4 传递给链条托板及动力头 3，实现钻具提升及减小钻头压力的功能；同理，当油缸有杆腔进油时，油缸拉力通过下定滑轮 8、动滑轮 6 及链条 7 传递动力头 3，实现钻具下放及加压。

3.3.3.4　液压卡盘

液压卡盘（如图 3 − 23）主要包括液压打开油缸 2、卡紧弹簧 3、卡瓦条 6、卡瓦座 5 和主轴 1。

动力经动力头末级减速传递给卡盘主轴，通过一圈氮气弹簧（或高强度合金弹簧）向下压楔形卡盘帽，通过卡瓦座用弹簧力的径向分力夹紧钻杆，从而带动钻杆回转。不同能力的钻机卡盘主轴的通径也不同，不同尺寸的钻具需要配不同尺寸的卡瓦条。

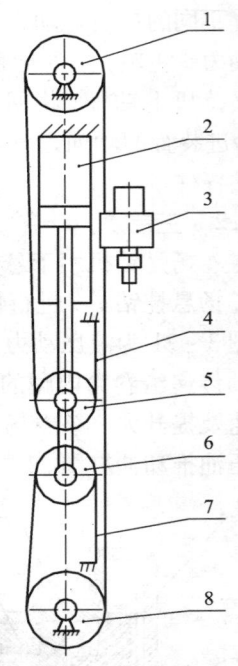

图 3 − 22　油缸—链条给进机构

1—上定滑轮；2—液压油缸；

3—动力头；4、7—链条；

5、6—动滑轮；8—下定滑轮

卡盘不仅要给钻杆径向夹紧力驱动其回转，升降钻具时还要承受整个钻具的重量及其与孔壁的摩擦力。液压卡盘靠液压油顶开油缸，压紧弹簧，而使卡瓦座松开钻杆。卡盘的夹持能力从另一方面反映了钻机的能力。

3.3.4.5　液压系统

某型号液压动力头岩心钻机的液压原理图如图 3 − 24 所示。动力机将机械能传递给液压泵，液压泵将机械能变为液压能传递给各个执行机构。主阀控制主要

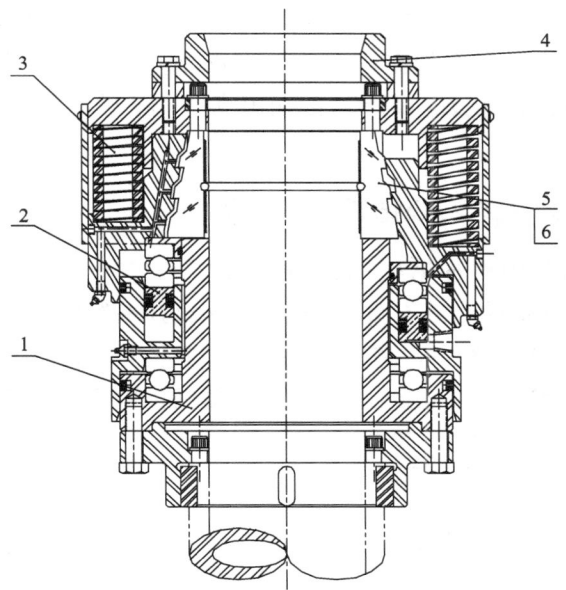

图 3 – 23　液压卡盘剖视图

1—主轴；2—液压打开油缸；3—卡紧弹簧；4—导向套；5—卡瓦座；6—卡瓦条

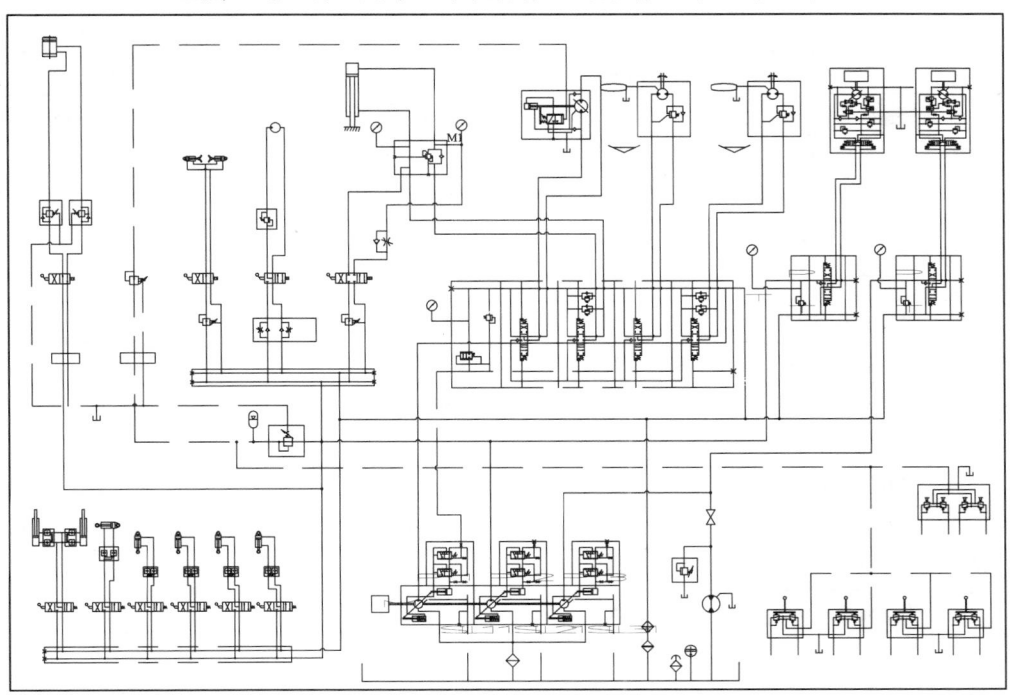

图 3 – 24　液压动力头岩心钻机液压原理图

执行机构动作的方向，可以控制动力头的正反转、给进系统的提升与给进、主卷扬的提升与下降、绳索绞车的提升与下降。负载敏感泵与负载敏感阀组成的负载敏感系统能根据负载变化自动调节泵的输出流量，避免了压力与流量的损失，提高了系统的效率。

3.3.4　液压动力头式岩心钻机技术参数

3.3.4.1　钻深小于 1000 m（ϕ71 mm 钻杆）动力头式钻机的技术参数

钻深小于 1000 m 的全液压动力头式岩心钻机技术参数见表 3 – 5。

3.3.4.2　钻深 1000 ~ 2000 m（ϕ71 mm 钻杆）动力头式岩心钻机的技术参数

钻深 1000 ~ 2000 m 全液压动力头式岩心钻机技术参数见表 3 – 6。

表 3 – 5　钻深小于 1000 m 的全液压动力头式岩心钻机技术参数

项　目		型 号 与 参 数			
		YDX – 1B	XD – 2	HYDX – 4	XD – 3(4)
钻进能力/m	ϕ55.5 mm 钻杆	600	700	1000	1000(1200)
	ϕ71 mm 钻杆	400	500	700	700(900)
	ϕ89 mm 钻杆	240	200	500	300(400)
	ϕ114 mm 钻杆			300	200(300)
动力头	扭矩范围/(N·m)	380 ~ 1120	890 ~ 1540	3700	1600
	转速范围/(r·min^{-1})	370 ~ 1100	40 ~ 800	0 ~ 1100	0 ~ 910(0 ~ 950)
	主轴通径/mm			121	94
给进机构	油缸给进行程/mm	1800	1800	3500	1800(3500)
	提升能力/kN	70	90	150	100
	给进能力/kN	35	35	125	35(40)
主卷扬	最大提升力/kN	30	49	57	54
	提升速度/(m·min^{-1})	26	4 ~ 38		6 ~ 46
	容绳量/m	30	30	50	30
	钢丝绳直径/mm	14	16	18	16
绳索取心卷扬	提升力/kN	11	12	12	12
	提升速度/(m·min^{-1})	110	25 ~ 130		25 ~ 210
	容绳量/m	600	1000	1000	1000(1500)
	钢丝绳直径/mm	5	5	6	5
桅杆	高度/m			9.6	9.5
	钻进角度/(°)			45 ~ 90	45 ~ 90
	滑动行程/mm			600	

续表 3 − 5

项　目		型 号 与 参 数			
		YDX − 1B	XD − 2	HYDX − 4	XD − 3(4)
动力系统	型号	2 台洋马柴油发动机	电动机	康明斯 6BTA5.9 − C180	电动机
	额定功率/kW	35.5	37	132	45(55)
	额定转速/(r·min⁻¹)	2800	1470	2200	1470
外形尺寸(长×宽×高)/(mm×mm×mm)		2800×1800×1600	—	5600×2100×2200	
质量/kg		解体部件不大于200	2600	6800	3600
备注		分体式		平台式	轮胎拖车式

表 3 − 6　钻深 1000 ~ 2000 m 全液压动力头岩心钻机技术参数

项　目		型 号 与 参 数				
		HCDU − 5	XD(C) − 5A	XD − 5	XD − 6	HYDX − 6
钻进能力/m	φ55.5 mm 钻杆	1800	1600	1650	2100	2200
	φ71 mm 钻杆	1500	1200	1235	1650	1600
	φ89 mm 钻杆	1000	700	850	1200	1300
	φ114 mm 钻杆		400	500	800	1000
动力头	扭矩范围/(N·m)	一挡 3600 ~ 1800 二挡 1100 ~ 550	3200	500 ~ 5175	569 ~ 6048	64000
	转速范围/(r·min⁻¹)	一挡 0 ~ 388 二挡 0 ~ 1240	0 ~ 950	四挡 0 ~ 1250	四挡 124 ~ 1300	二挡 0 ~ 1100
	主轴通径/mm	96	94	117	117	121
给进机构	油缸给进行程/mm	3300	3500	3500	3200	3200
	提升能力/kN	125	130	135	200	300
	给进能力/kN	45	45	45	70	300
主卷扬	最大提升力/kN	125	81	77	135	120
	提升速度/(m·min⁻¹)	34	8 ~ 46	72	40 ~ 60	
	容绳量/m	45	30	60	80	50
	钢丝绳直径/mm	24	19	18	26	21.5

续表 3 - 6

项　目		型 号 与 参 数				
		HCDU – 5	XD(C) – 5A	XD – 5	XD – 6	HYDX – 6
绳索取心卷扬	提升力/kN	11	12	12	15	15
	提升速度/(m·min⁻¹)	11 ~ 443	25 ~ 210	100 ~ 350	100 ~ 35	
	容绳量/m	1800	1600	1650	2200, 1600	2200
	钢丝绳直径/mm	6	5	5	5, 6	6.3
桅杆	高度/m		9.1	9.5	9.5	10
	钻进角度/(°)	45 ~ 90	45 ~ 90	45 ~ 90	45 ~ 90	45 ~ 90
	滑动行程/mm					1100
液压系统	额定压力/MPa	28	25.5	25.5	28	
动力系统	型号	康明斯6BTA5.9 – C18	电动机	康明斯6BTA5.9 – C18	康明斯6CTA8.3 – C240	玉柴YCM6240ZG
	单台额定功率/kW	132	75/132	132	179	175
	额定转速/(r·min⁻¹)	2200	1480	2200	2200	2200
外形尺寸(长×宽×高)/(mm × mm × mm)		5400 ×2200 ×2300				5900 ×2240 ×2500
质量/kg		8500	4900	9000 或 8000	9000 或 8000	9600
备注		履带自行式	轮胎拖车式	履带自行式或拖车式	履带自行式或拖车式	履带自行式

3.3.4.3　钻深大于 2000 m(ϕ71 mm 钻杆)动力头式钻机的技术参数

　　钻深大于 2000 m 全液压动力头式岩心钻机技术参数见表 3 – 7。

表 3 – 7　钻深大于 2000 m 全液压动力头岩心钻机技术参数

项　目		型 号 与 参 数				
		HCDF – 6	HCDU – 6	HCR – 8	HYDX – 8B	YDK – 3000
钻进能力/m	ϕ55.5 mm	3000	2600			3000
	ϕ71 mm	2200	2000	3000	2600	2300
	ϕ89 mm	1500	1400	2400	2000	1600
	ϕ114 mm	900	800	1700	1500	1050

续表 3 - 7

项　目		型 号 与 参 数				
		HCDF - 6	HCDU - 6	HCR - 8	HYDX - 8B	YDK - 3000
动力头	扭矩范围/(N·m)	一挡: 5960 ~ 800 二挡: 1820 ~ 1166	一挡: 6100 ~ 3500 二挡: 1800 ~ 1000	7200	6600	7600
	转速范围 /(r·min⁻¹)	一挡: 0 ~ 367 二挡: 0 ~ 1200	一挡: 0 ~ 370 二挡: 0 ~ 1200	0 ~ 1250	0 ~ 1250	120 ~ 1300
	主轴通径/mm	117	117	121	121	117
给进机构	给进行程/mm	4800	3350	5000	4800	3500
	提升能力/kN	200	220	300	300	230
	给进能力/kN	100	100	150	300	110
主卷扬	最大提升力/kN	96 ~ 148	120 ~ 200	150	135	181
	提升速度/(m·min⁻¹)	78 ~ 120	40 ~ 70			33, 70
	容绳量/m	130	35	50	50	
	钢丝绳直径/mm	24	24	21.5	21.5	26
绳索取心卷扬	提升力/kN	15.8	13	15	15	14
	提升速度/(m·min⁻¹)	550	550			200
	容绳量/m	3200	3200	3000	2800	3000
	钢丝绳直径/mm	5	5	6.3	6.3	6.6
桅杆	高度/m	钻塔: 24	13	13.5	13.5	12.6
	钻进角度/(°)		45 ~ 90	45 ~ 90	45 ~ 90	45 ~ 90
	滑动行程/mm	主机后移:500	900	1100		1200
液压系统	额定压力/MPa	32	31			
动力系统	型号	主 Y315M - 4 辅 Y132M - 4	康明斯 6CTA8.3 - C260	潍柴 WP12.370	潍柴 斯太尔系列	康明斯 6LTAA8.9 - 325
	额定功率/kW	主 132 辅 11	194	275	225	
	额定转速/(r·min⁻¹)	1500	2200	2100	2200	
外形尺寸(长×宽×高) /(mm × mm × mm)				8300 × 2350 × 2500	5900 × 2240 × 2500	
质量/kg		15000	20000	19000	15000	
备注		分体式带钻塔	履带自行式	履带自行式	履带自行式	

3.4 电驱动顶驱岩心钻机

电驱动顶驱岩心钻机是指采用电动顶驱，以电驱动实现回转、给进、升降等功能，实施取心钻进的机械设备，简称电顶驱钻机。

电驱动顶驱岩心钻机的主传动（回转与升降钻具等）为电驱动，其辅助动作多为液压、气动等传动方式。

3.4.1 电驱动顶驱岩心钻机结构特点

（1）电驱动顶驱岩心钻机，区别于转盘、立轴以及液压动力头钻机，采用电驱动顶驱系统，从钻塔空间上部直接旋转钻柱，并沿钻塔内专用导轨向下送进，完成回转钻进，循环钻井液，接立根，上卸扣和倒划眼等多种钻孔操作。

（2）电驱动顶驱岩心钻机，采用模块化电驱动装置与钻塔结构件散装集成，回转、提升、给进、打捞等主要执行模块均采用电动机（直流或交流）驱动，动力源为工业网电或柴油发电机组。

（3）电驱动顶驱系统，主要由水龙头—顶驱电机总成、顶驱托架—导向滑车总成、自动摆杆装置总成三部分组成，其中，顶驱电机实现高速回转与钻井扭矩的优化配置，滑车总成与导轨实现超长行程给进，自动摆杆装置实现了加接单根、拧卸扣、起下钻等钻井作业的机械化，大幅度降低了劳动强度，提高了钻进时井口操作的安全性，降低了辅助工作时间，提高了钻进效率。

（4）电驱动提升送钻系统，采用绞车自动送钻，高速顶驱沿导轨进行超长行程的给进模式。可采用立根钻进，减少上卸扣时间，可实现连续超长岩心管取心；在钻井过程中，可在任意位置提起钻具倒划眼并循环、清洗钻孔，有效地避免卡钻等事故发生；在起下钻过程中，遇卡或遇阻可迅速将顶驱与钻具连接，循环泥浆，同时进行倒划眼作业。

（5）电驱动顶驱岩心钻机的转速、扭矩、拉力、给进与提升速度等控制性能好，过载保护可靠性高，回转及给进可实现无级调速，钻压可精确控制，可根据地层条件、机具情况优选钻进参数，良好地满足钻探工艺要求。

（6）电驱动顶驱岩心钻机的配套装置，适应地质钻杆（含绳索取心钻杆）的孔口夹持、机械拧卸、摆管提吊等辅助作业，大幅度降低辅助作业时间和劳动强度。

（7）电驱动顶驱岩心钻机在工作过程中的所有动作均由电控元件或数字化操作完成，减轻操作者的劳动强度，减少操作人员数量。

（8）电驱动顶驱岩心钻机的钻进参数能实时存储、远程监控和传输。

（9）与液压传动钻机相比，传动效率高，能耗低，有良好的维护保养便利性。

（10）与机械传动钻机相比，传动链简化，易于安装和拆卸，便于检修。

3.4.2　典型电驱动顶驱岩心钻机

3.4.2.1　XD－35DB 型电驱动顶驱岩心钻机

图 3－25 为 XD－35DB 型电驱动顶驱岩心钻机结构示意图，该钻机 N 口径钻深能力 3500 m。其主要性能如下：

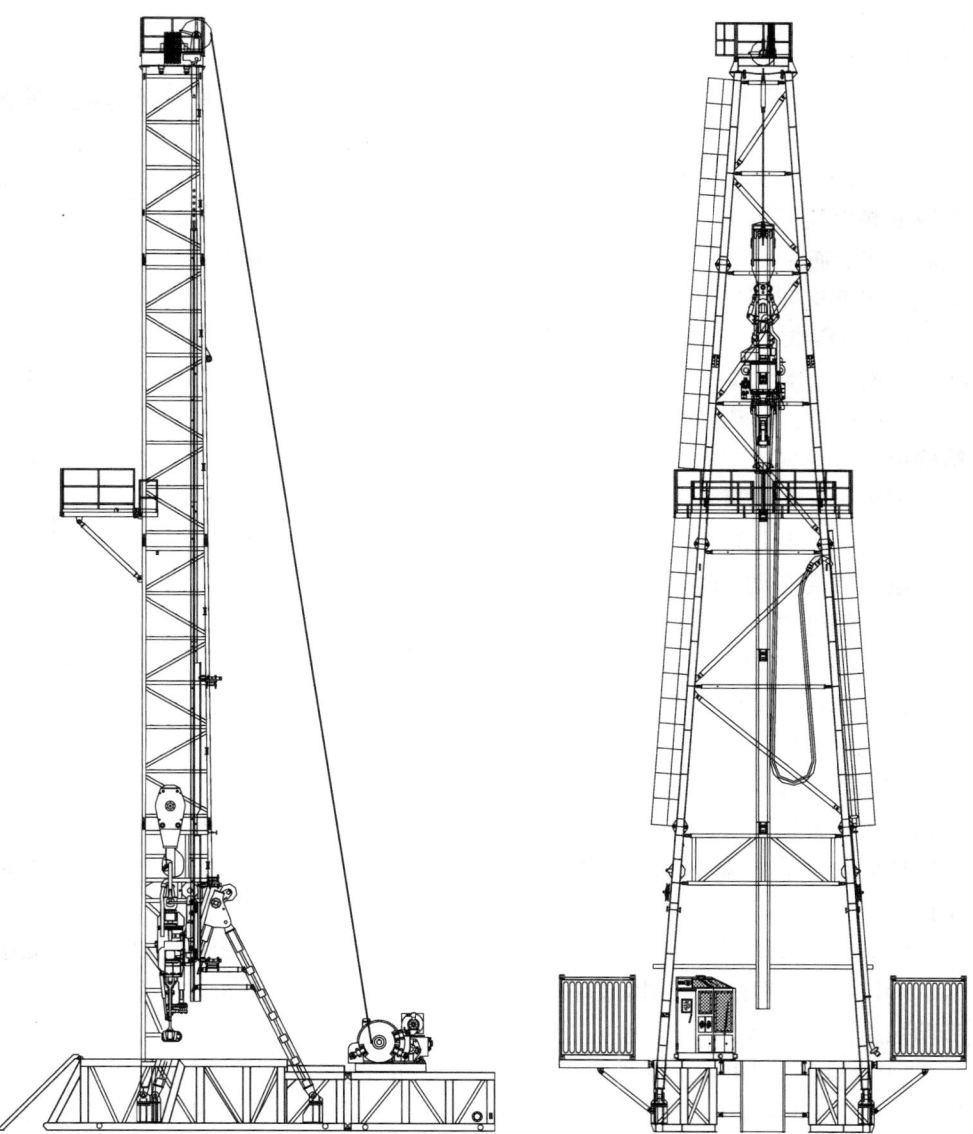

图 3－25　XD－35DB 型电驱动顶驱岩心钻机结构示意图

（1）XD – 35DB 交流变频电驱动顶驱式岩心钻机可用于 3500 m 取心钻探作业。型号含义中 X 为岩心，D 为顶驱式，35 表示 N 口径 3500 m 钻深能力，DB 表示交流变频电驱动。该钻机可用于深部取心钻探、浅层油气勘探、地热井钻探以及科学钻探等应用领域。

（2）XD – 35DB 钻机是国内首台 AC – VFD – AC 交流变频电驱动全数字控制的新型顶驱式岩心钻机，2013 年顺利完成深度为 2818.88 m（终孔口径 ϕ122 mm）的中国铀矿第一科学深钻的全孔连续取心钻探施工。

（3）XD – 35DB 钻机配备 JJ135/31 – K 型井架和 25 m 顶驱导向轨道，实现 18 m 立根起下和排放。

（4）XD – 35DB 钻机的主要执行模块（绞车、顶驱、送钻、打捞绞车）均采用交流变频电机驱动，实现全程无极调速；主要执行动作均使用全数字化交流变频控制技术，通过电传控制系统 PLC 及触摸屏和电、气、液钻井仪表一体化设计，实现钻机智能化司钻控制。

（5）XD – 35DB 钻机的顶驱采用低速大扭矩交流变频电机直接驱动模式，由托架—滑车、水龙头—直驱电机、自动摆管系统组成，可实现钻杆回转、泥浆循环、丝扣拧卸、立根提吊、加接单根等综合钻井功能；高速直驱顶驱通过 PLC 可精确控制顶驱转速和扭矩，可满足钻井、拧卸扣以及旋扣等不同工况下的转速和扭矩需求，可实现超载扭矩控制以及零速悬停扭矩。

（6）XD – 35DB 钻机的主绞车，使用液压盘式刹车作为主刹车，辅助刹车使用主电机能耗制动，通过 PLC 可控制绞车扭矩，实现绞车负载悬停；绞车配备专门自动送钻电机，可实现钻压、钻速的精确控制。

（7）XD – 35DB 钻机的钻进控制程序，有恒钻压钻进、恒钻速钻进两种给进模式；视觉界面有起下钻、钻进、打捞、综合界面等主流程控制界面；人机界面有全数字化触摸屏、电子元器件物理操控两种可选择操控模式。

（8）XD – 35DB 钻机的绳索绞车，采用交流变频驱动与控制，实现转速、拉力的无级柔性控制；具备盘刹及能耗制动，实现零速悬停及安全制动；采用电磁离合实现无动力自由释放；采用张力传感及光电传感器实现绳速及拉力的实时监控。

（9）XD – 35DB 钻机配备专用的气动孔口夹持器、绳索钻杆专用的多功能吊卡、SQ114 型绳索钻杆专用动力钳等多方位的井口机械化工具，减轻钻工及司钻劳动强度。

（10）XD – 35DB 钻机配备工程师监控房，可实现钻井参数、钻机运行参数的远程监控、实时存储，方便钻进参数和设备运行状态的全孔实时记录，并可实现网络传输。

（11）XD – 35DB 钻机是集机械、液压、电器、电子、信息、气控技术为一体服务于岩心钻探工艺技术的现代钻井装备体系，是以交流变频技术为主导的驱动与控制，以液压、气控、传感、通信技术为辅助手段，以金刚石岩心钻探技术为核心的取心钻探技术装备。

3.4.3　电驱动顶驱岩心钻机关键部件

电驱动顶驱岩心钻机由井架导轨结构、高速电驱动顶驱系统、提升送钻系统、绳索绞车、循环系统、电控房、司钻房、孔口装置等部分组成。其中顶驱系统、提升送钻系统、导轨反扭装置、绳索绞车、电控系统、司钻综合控制系统是其关键部件和子系统。

3.4.3.1　顶驱系统

顶驱系统是电驱动顶驱岩心钻机的核心部件（图 3 – 26），为取心钻探作业提供钻杆回转、泥浆循环、加接单根、起下立根、拧卸丝扣等综合功能，以直驱顶驱为例，主要包括托架—滑车总成、电机—水龙头总成、自动摆管装置三部分。

（1）托架—滑车总成，由托架与多组滚子组成，确保顶驱沿着导轨高速运动或者慢速给进过程中，顶驱与导轨之间的前后、左右、上下六个方位的运动限制，承担抗扭功能。

（2）电机—水龙头总成，由变频电机组件与水龙头组件组成，承担整个顶驱的轴向载荷。变频电机组件由交流变频电机、风冷电机、本体箱、接线盒、电缆托架组成，提供钻杆回转、电机冷却、动力电缆、控制电缆的衔接等功能；水龙头组件包含芯轴及盘根密封、泥浆通道、编码器等部件，负责外部泥浆管与顶驱回转主轴之间的衔接、顶驱转速的检测等功能。

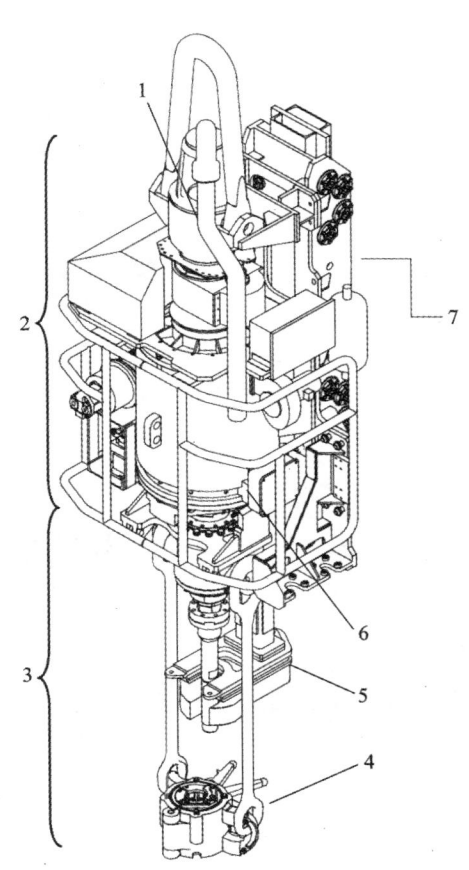

图 3 – 26　电驱动顶驱岩心钻机的顶驱系统

1—水龙头—编码器；2—水龙头—电机总成；
3—自动摆管装置；4—提吊侧摆机构；5—背钳拧卸机构；
6—变频电机；7—托架—滑车总成

（3）自动摆管装置，由提吊侧摆机构与背钳拧卸机构组成。提吊侧摆机构由吊环、吊卡组成，负责钻杆单根从平台的拾取，或立根从二层台的抓取，负责加接单根或起下钻作业；背钳拧卸机构由背钳、伸缩机构组成，负责单根钻杆或钻杆立根与顶驱主轴之间的丝扣拧卸，能够使顶驱快速驱动钻杆回转并建立泥浆循环。

自动摆管装置的吊环倾斜，一般情况下保证有四个位置（图3-27）：

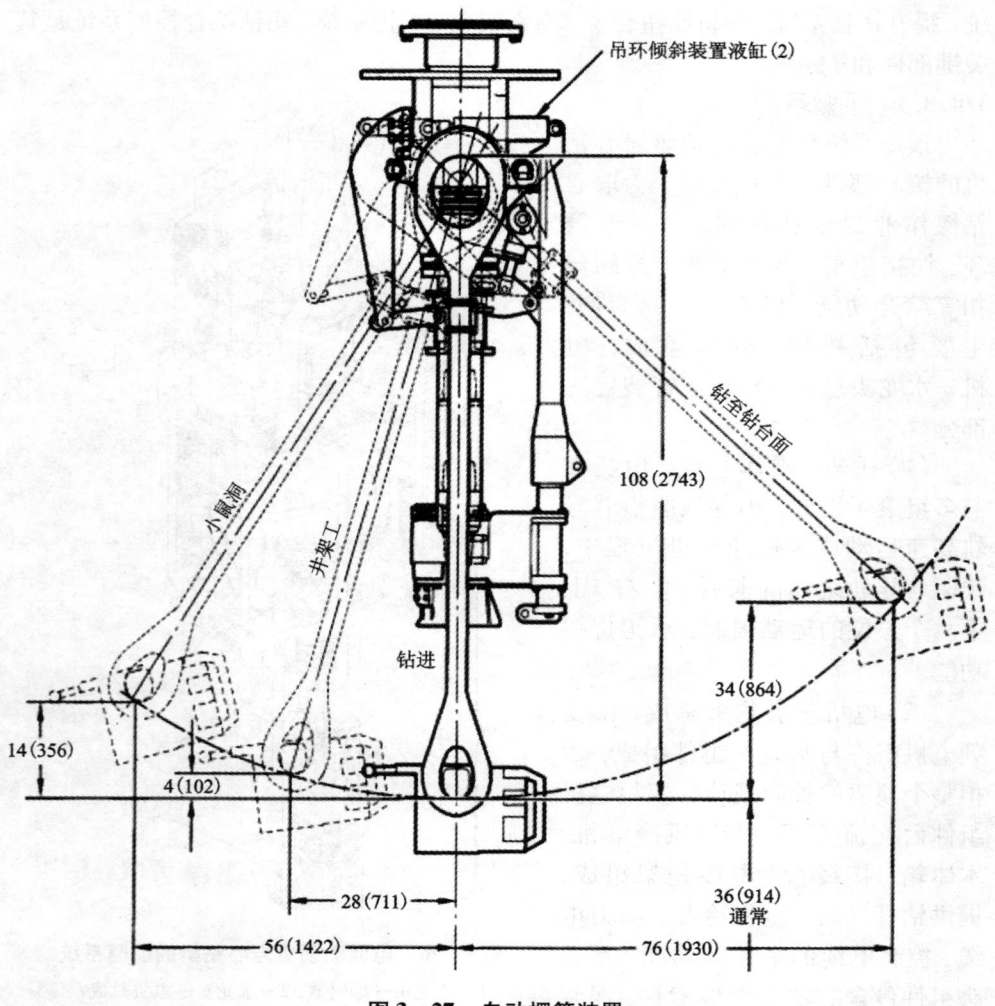

图 3-27　自动摆管装置

①小鼠洞位置，以方便前摆拾取单根；

②井架工位置，以方便前摆抓取二层台的钻杆立根；

③对钻孔位置，以方便单根或立根自垂加杆时与钻孔中心的对正；

④后摆最高位置，以确保顶驱钻进到最低位置。

顶驱自动摆杆装置的吊环倾斜，背钳松紧，背钳伸缩，吊卡开合等动作，与顶驱平衡油缸、摆臂旋转等动作，组成顶驱独立完整的液压系统，包含独立的液压动力站（油箱、液压泵、蓄能器等）、液压阀组以及各个动作的液压执行件（油缸、马达），液压系统原理图见图 3 - 28。液压动力站可以安装在顶驱上，随顶驱一起运动，也可以安装在平台上，通过运动油管提供动力油源。

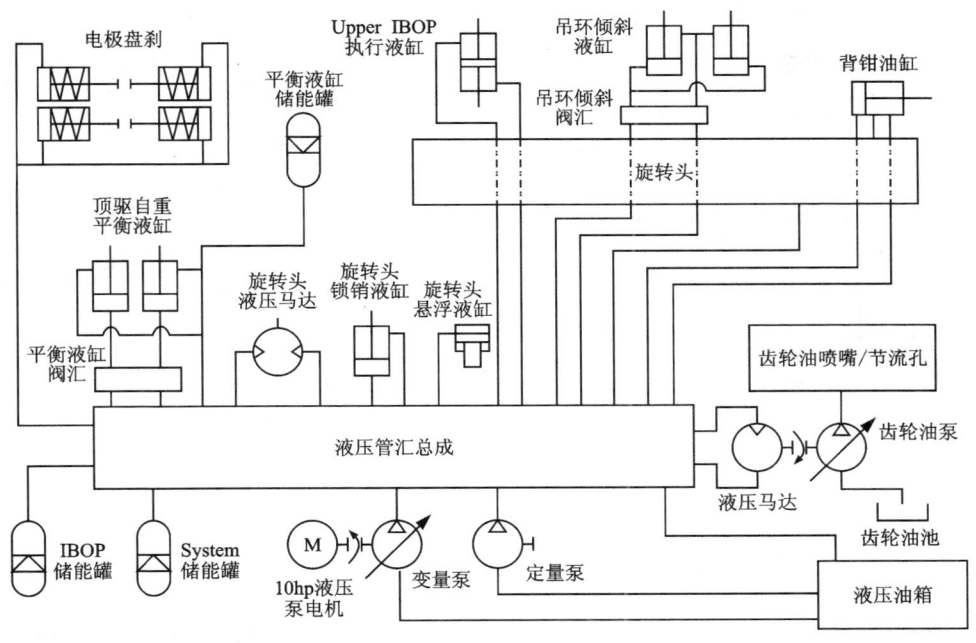

图 3 - 28　顶驱液压系统

3.4.3.2　提升送钻系统

提升送钻系统是电驱动顶驱岩心钻机的主要部件（图 3 - 29），为取心钻探作业提供起下钻的升降钻具、取心钻进的送钻给进两个基本功能。以中国地质装备总公司 XD - 35DB 型钻机的提升送钻系统为例，主要包括提升装置和送钻装置。

提升装置包含交流变频电机、减速机、卷筒离合器、卷筒、盘刹等。交流变频电机作为提升绞车的动力装置，由绞车变频器驱动与控制，通过减速机、卷筒离合器输出扭矩与速度到卷筒，再通过天车、游车实现对于顶驱的提升与下放；主卷筒通过电机编码器、制动单元实现能耗制动及零速悬停，通过液压盘刹实现安全制动；通过卷筒编码器可以精确测定顶驱系统在钻塔净空内的运行位置；通过过卷阀可在设定的钢丝绳层数与圈数对卷筒安全制动，防止顶驱提升过高；同时，独立润滑系统为主绞车多处高速运行部位提供润滑冷却液。

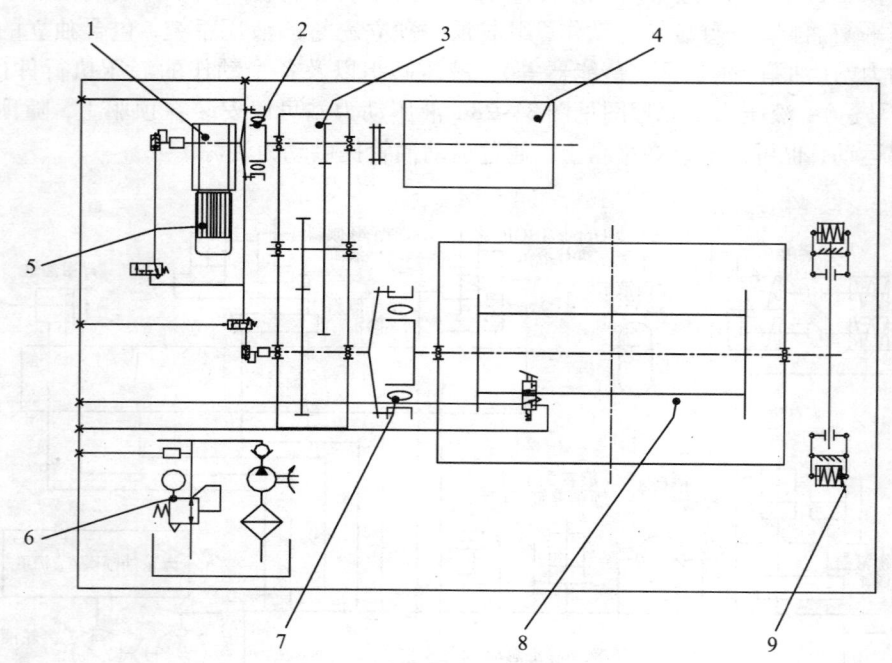

图 3 – 29　提升送钻系统

1—送钻减速机；2—送钻离合；3—减速箱；4—主电机；
5—送钻电机；6—润滑系统；7—卷筒离合器；8—卷筒；9—盘刹

送钻装置包含送钻交流变频电机、送钻减速箱、送钻离合器等。送钻变频电机作为钻进、扫孔时的提升动力装置，由送钻变频器实现变频驱动与控制，通过大速比送钻减速机、送钻离合器、减速机、卷筒离合器输出扭矩与转速给主绞车卷筒。

3.4.3.3　顶驱导轨

顶驱导轨作为电驱动顶驱岩心钻机的必要部件（图 3 – 30），为顶驱系统提供给进行程的轨道，并提供顶驱的反扭矩支撑。其主要由悬挂组件、若干段轨道板、抗扭段组成。

导轨的悬挂组件一般悬挂在钻塔天车尾部，中间衔接若干段轨道板，下部为抗扭段，通过托板机构与钻塔底部的横梁进行衔接，以抵消顶驱钻进或拧卸扣过程中产生的反扭矩。为安装方便，导轨各段之间采用双销结构，以实现单销角度悬挂，双销保证整个导轨的平整度。

3.4.3.4　电控系统

电控系统是电驱动顶驱岩心钻机的核心部件，通过电器单元来控制钻机的所有执行部件的输出特性，如顶驱、绞车、送钻、打捞、泥浆泵等等。主要包含电控房内的各部分组成，一般包含进线柜、电源柜、若干个变频柜、制动单元、控制柜等。其核心单元为变频器与可编程逻辑控制器（PLC）。

图 3 - 31 为电驱动顶驱系统的电控流程图，工业高压交流电或发电机机组提供动力，输入到电控房，变频器通过动力电缆、辅助通信电缆驱动并控制顶驱，可编程逻辑控制器通过通信电缆与司钻操作台实施通信，通过人机界面对变频装置及执行端变频电机进行操控。

其他执行单元的电控系统与顶驱电控系统的原理相同，只是采用了不同的变频器，在同一个可编程逻辑控制器平台上进行不同的参数设置。

3.4.3.5　司钻操作平台

司钻操作平台是电驱动顶驱岩心钻机的重要组成部分（图 3 - 32），作为电驱动钻机操作台，其主要组成部分为电气控制元件、数字化界面，除此之外，包含现场多点视频监控、独立检测系统、喊话装置等等。

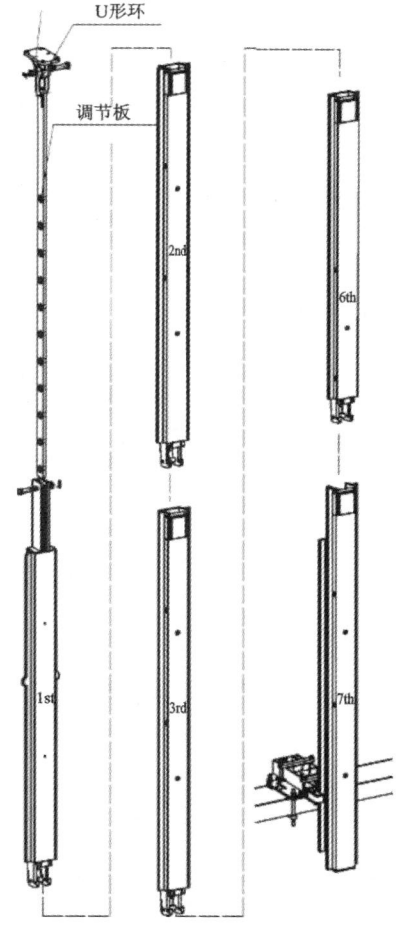

图 3 - 30　顶驱导轨示意图

电气元件主要为开关、旋钮、报警指示等等。其功能主要是调整顶驱的转速、扭矩，给定送钻速度，操控绞车离合，指挥顶驱的摆臂、卸扣、伸缩、松紧背钳等动作。

数字化界面主要是触摸屏、显示屏等等（图 3 - 33）。其功能是在钻进、起下钻、打捞等各种流程的人机界面中显示工艺参数及设备运行参数并可进行参数设定。

此外，司钻房内还包括现场多点视频监控、独立检测系统等。现场多点视频监控主要由视频画面分割器、摄像头、显示屏组成。监控位置一般有井口、二层

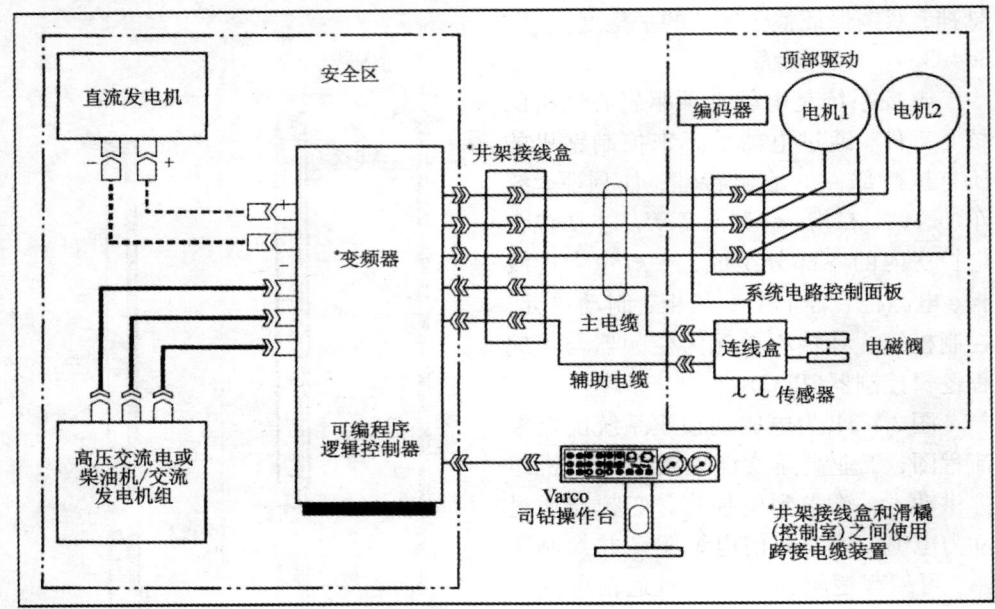

图 3 – 31 顶驱电控示意图

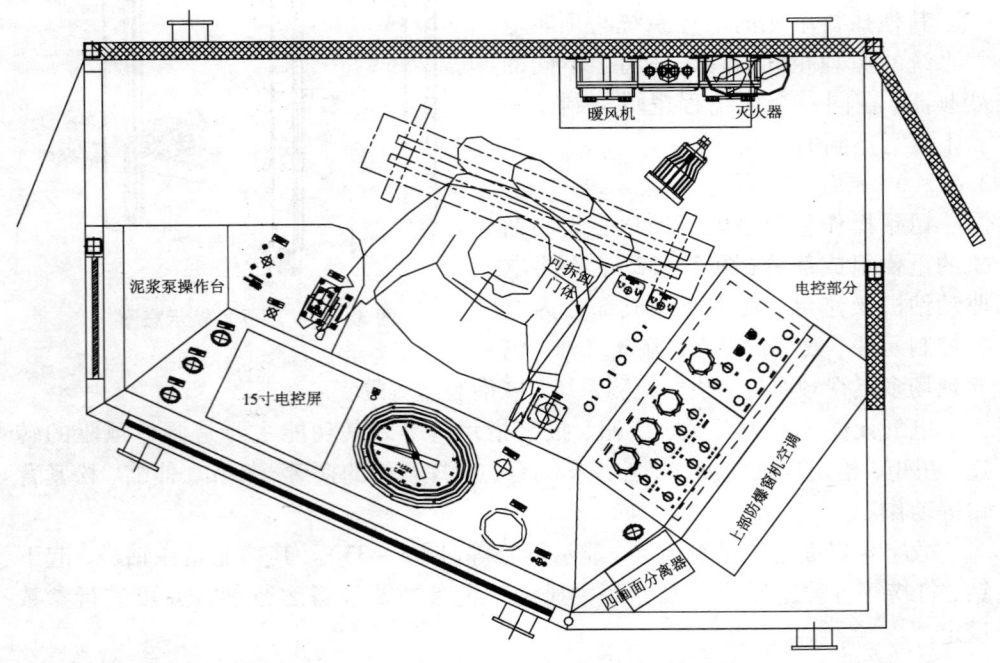

图 3 – 32 司钻操作平台

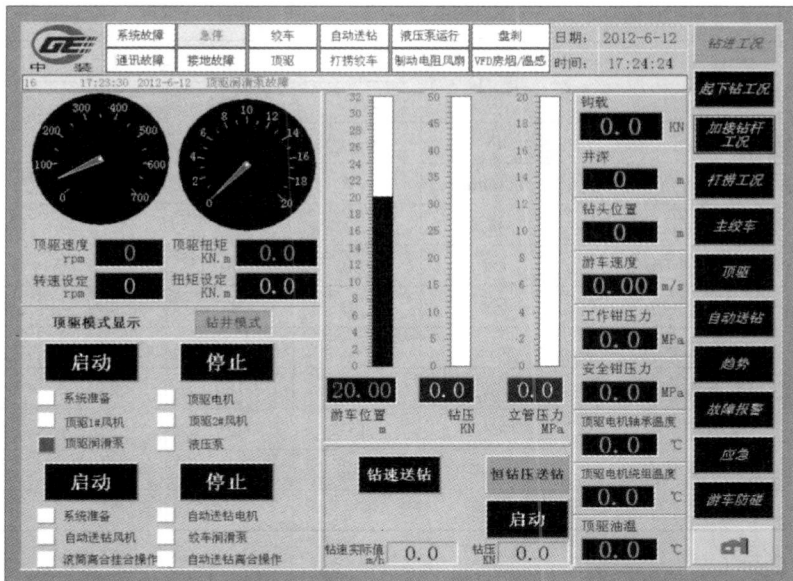

图 3-33 数字化人机界面

台、固控装置等部位,为司钻提供井口操作、高位摆放钻杆以及泥浆处理状况的实时画面;独立检测系统包含盘刹液压压力检测装置(系统压力、安全钳、工作钳)、气源压力检测、润滑压力检测、立管压力检测、游车指重检测等等。这些监控画面与检测指示,给操作者提供设备全方位全流程的运行状态和工艺参数变化趋势。

3.4.4 电驱动顶驱岩心钻机技术参数

电驱动顶驱岩心钻机在国内刚起步,尚未形成系列,建议的主参数见表 3-8。

表 3-8 电驱动顶驱岩心钻机主要技术参数

项 目		单 位	系列与参数			
			2000	3000	4000	5000
基本参数	钻孔深度	m	2000	3000	4000	5000
	终孔口径	mm	76			
顶驱参数	最高转速不小于	r/min	800	700	600	600
	最大扭矩不小于	N·m	6000	7000	8000	10000
	额定功率不小于	kW	120	140	160	200

续表 3 – 8

项 目		单 位	系列与参数			
			2000	3000	4000	5000
给进参数	送钻精度不大于	kN	3			
	送钻速度不大于	m/min	0.01			
	导轨长度不小于	m	18			
主卷扬	单绳最大拉力不小于	kN	120	90	120	100
	最大提升能力不小于	kN	240	360	480	600
	游钩额定速度不小于	m/s	1	2	2	3
	额定功率不小于	kW	120	180	240	300
绳索卷扬	提升力不小于	kN	15	20	25	30
	容绳量不少于	m	2200	3300	4500	5500
	钢丝绳直径不小于	mm	6.3	6.6	7.7	9.3

3.5 坑道钻机

坑道钻机是岩心钻机的一种,它是相对地表岩心钻机而言的具有特殊用途的钻探设备。这种钻机多用在矿山坑道内进行地质勘探钻进,以及钻排水孔、瓦斯排放孔、通风孔等。

坑道钻机按其结构类型可分为立轴式和动力头式钻机两大类型。全液压动力头坑道钻机具有地层适用性强、钻进效率高、安全可靠性好等特点,是目前坑道钻探的主要机型,且已形成系列。

坑道钻机按固定方式可分为立柱(单立柱、双立柱)式、支杆式、座架式三种。

由于地下施工的特殊性,除要求满足一般钻进工艺要求外,坑道钻机还必须具备以下特点:①外形尺寸小,便于安装,最好能在坑道中直接安装;②为了适应仰孔钻进时拉送钻具的工艺要求,钻机应该配备拉送钻杆柱的机构。

3.5.1 全液压动力头式坑道钻机

3.5.1.1 ZDY 系列全液压分体式坑道钻机

ZDY(MK)系列钻机是目前国内型号最全、用途最广、钻进能力最强的全液压坑道钻机,共有 40 余种机型,其主要技术参数见表 3 – 9。

表 3 - 9　ZDY(MK) 系列全液压坑道钻机的主要技术参数

型号与参数

项　目	ZDY10000S/8000S (MK-7)	ZDY6000S (MK-6)	ZDY4000S	ZDY3200S	ZDY1900S (MKD-5S)	ZDY1500 (MKD-5)	ZDY1900ST (MK-5S)	ZDY1500T (MK-5)	ZDY1200S (MK-4)	ZDY650 (MK-3)	ZDY540 (MK-2)	ZDY400
钻孔深度/m	1000/800	600	350/50	350/100	250/70	350	250	200/300	150/100	75	75	42
钻杆直径/mm	89	89/73	73	73	63.5/73	63.5/73	63.5	63.5	50/42	42/50	42	42
终孔直径/mm	150~200	150~200	150~200/600	150/200	94/200	200/94	94	94	75	75	75	42
钻孔倾角/(°)	0~±10	0~±10	0~±45	0~±45	0~±90	0~±90	0~±90	0~±90	0~±90	0~±30	0~±30	0~±30
转速/(r·min^{-1})	35~130/45~160	60~210	5~280	50~175	85~300	85~300	85~300	85~300	80~280	110~230	70~150	95~140
最大扭矩/(N·m)	10000/8000	6000	4000	3200	1900	1500	1900	1500	1200	650	540	400
起拔能力/kN	250	230	150	70	77	63	46	38	52	36	18	22
给进能力/kN	190	150	55	102	112	91	37	30	36	25	12	19
电机功率/kW	90	75	55	37	37	30	37	30	22	15	7.5	7.5
主机质量/kg	3950	3800	1500	1180	1120	1120	1250	1250	750	510	320	230
外形尺寸/(m×m×m)	2.66×1.40×1.92	2.78×1.43×1.90	2.30×1.30×1.52	2.30×1.10×1.65	2.30×1.10×1.56	2.30×0.80×1.56	2.50×0.80×1.62	2.50×0.80×1.62	1.85×0.71×1.46	1.85×0.62×1.40	1.35×0.61×0.85	1.70×0.60×1.20

　　ZDY(MK)系列钻机均为分体式布局,由主机、操纵台和泵站三大部分组成。各部分之间用高压胶管连接,以便井下搬迁和在不同场地上灵活摆放,其形式如图3-34和3-35所示。钻机采用液压传动、滑轨动力头结构,主轴中空带液压卡盘和夹持器,可使用不定长钻杆钻进。由于卡盘、夹持器和给进油缸具有联动功能,不仅实现了快速拧卸和起拔钻杆,而且在下钻时,卡盘和夹持器交替卡住钻杆,为定向钻进时人工定向创造了条件。

图3-34　ZDY650型钻机

图3-35　ZDY1000G型全液压坑道钻机

　　ZDY1000G型全液压坑道钻机(图3-36)是ZDY(MK)系列钻机的典型代表,它体现了ZDY(MK)系列钻机的所有特点,在运输条件较差的矿井内,主机还可以进一步解体。该钻机采用回转和给进分别供油的双泵开式循环液压系统(图3-37)。

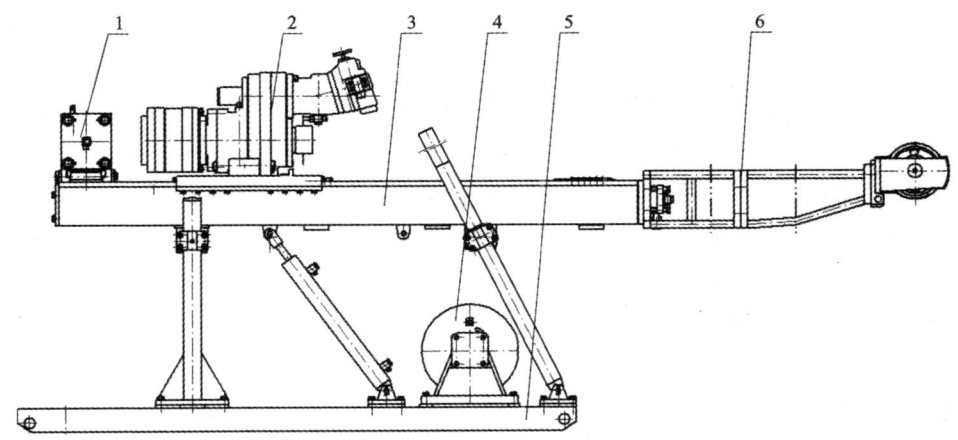

图 3 - 36　ZDY1000G 型全液压坑道钻机结构图

1—夹持器；2—回转器；3—给进装置；4—取心绞车；5—机架；6—提升架

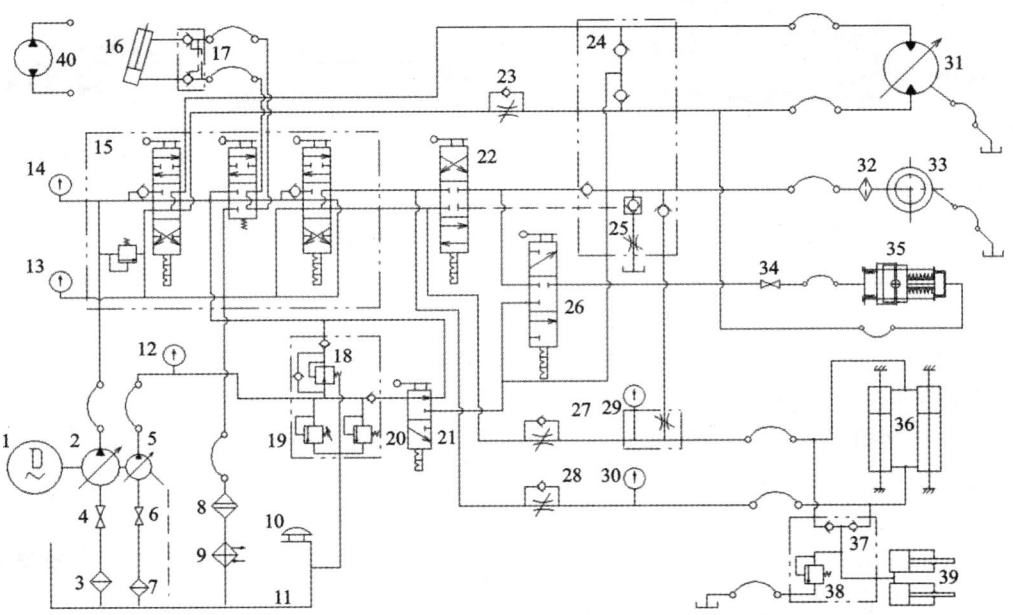

图 3 - 37　ZDY1000G 型全液压坑道钻机钻机液压系统图

1—电动机；2—主油泵；3—主吸油滤油器；4—主截止阀；5—副油泵；6—副截止阀；7—副吸油滤油器；8—回油滤油器；9—冷却器；10—空气滤清器；11—油箱；12—副泵压力表；13—主回油压力表；14—主泵系统压力表；15—主多路换向阀；16—调角油缸；17—液压锁；18—单向减压阀；19—调压溢流阀；20—安全溢流阀；21—副泵功能转换阀；22—起下钻功能转换阀；23、27、28—单向节流阀；24—单向阀组；25—卡盘回油阀；26—夹持器功能转换阀；29—起拔压力表；30—给进压力表；31—油马达；32—精滤油器；33—液压卡盘；34—截止阀；35—夹持器；36—给进起拔油缸；37—梭阀；38—安全溢流阀；39—张紧油缸；40—绞车马达

3.5.1.2　ZDY 系列全液压履带式坑道钻机

ZDY 系列全液压履带式钻机克服了 ZDY 系列分体式全液压钻机移动搬迁相对困难的缺点，在国内坑道钻机中率先采用了负载敏感传动控制 + 先导控制的液压系统，节能效果明显，实现了远程控制，具有良好的操控性。当钻机待机进行其他辅助工作时，先导控制油使泵内油缸活塞杆推动配油盘摆角变小，实现最小流量输出(仅维持系统内泄流量)，最大限度地减少了传统中位卸荷液压功率损耗和系统发热，具有显著的节能效果。该系列钻机如图 3 - 38 和图 3 - 39 所示，其主要技术参数见表 3 - 10。

图 3 - 38　ZDY4000LD 型全液压坑道钻机　　图 3 - 39　ZDY6000LD(A)型全液压坑道钻机

ZDY 系列钻机利用一个液压泵控制左右履带的行走，可实现履带直线运动、转弯及原地转动的功能，在国内履带钻机上是一重大功能创新。控制左右履带行走的两联阀设置压力补偿器，使其阀的流量不随负载的变化而变化，从而确保左右履带的同步。同时行走回路还具备停车自动自锁、过载保护等功能；钻机液压系统提供一个恒定的流量，其大小利用比例换向阀的开口量来控制。恒定的流量减少回转负载波动对钻机及钻具的冲击影响，提高钻机及钻具的寿命，在复杂多变或破碎地层中作用显著。系统提供的流量可以方便地实现比例调节，可以实时根据工况改进工艺，提高了钻机的工艺适应性和操作方便性。

ZDY6000LD(A)型全液压坑道钻机是 ZDY(MK)系列履带钻机又一典型代表，钻机液压系统(图 3 - 40)为三泵开式循环系统。

3.5.1.3　其他全液压坑道钻机

Z 系列全液压坑道钻机是专为资源贫乏的矿山进行深部和外围探矿的坑内无塔架钻机。钻机具有整机体积小、重量轻、搬迁方便等优点。Z 系列钻机的主要技术参数见表 3 - 11。

表 3 - 10 ZDY 系列全液压履带式坑道钻机的主要技术参数

项 目	型 号 与 参 数								
	ZDY6000LD (A)	ZDY6000L	ZDY6000LD (F)	ZDY6000LD	ZDY4000LD	ZDY4000L	ZDY3200L	ZDY1900L	ZDY1200L
钻孔直径/深度/(mm·m⁻¹)	200/600	200/600	200/600	200/600	200/350	153/350	350/100	300/100	94/200
回转额定转矩/(N·m)	6000~1600	6000~1600	6000~1600	6000~1600	4000~1050	4000~1050	3200~850	1900~500	1200~320
回转额定转速/(r·min⁻¹)	50~190	50~190	50~190	50~190	70~240	70~240	70~240	105~360	80~280
给进额定压力/MPa	21	21	21	21	21	21	21	22	21
最大给进/起拔力/kN	180	180	180	180	123	123 –	102	112	45
给进起拔行程/mm	1000	1000	1000	1000	780	780	600	600	1000
主轴倾角/(°)	-10~20	-10~20	-5~30	-10~20	5~25	5~25	-5~60	-5~60	-10~45
最大行走速度/(km·h⁻¹)	2.5	2.5	2.5	2.5	2	2	2	2	1.6
爬坡能力/(°)	20	20	20	20	20	20	20	20	20
行走额定压力/MPa	21	21	21	21	21	21	21	21	21
电动机额定功率/kW	90	75	75	75	55	55	45	45	22
配套钻杆直径/mm	73/89/95	73/89	73/89	73/89	73	73	73	63.5/73	50/42
钻机质量/kg	10000	7000	9430	7000	5500	5500	4500	4500	3900
整体外形尺寸/(m×m×m)	3.5×2.2×1.9	3.38×1.45×1.80	3.23×1.36×1.87	3.38×1.45×1.8	3.10×1.45×1.7	3.10×1.45×1.70	2.8×1.35×1.70	2.8×1.35×1.70	2.50×1.20×1.60

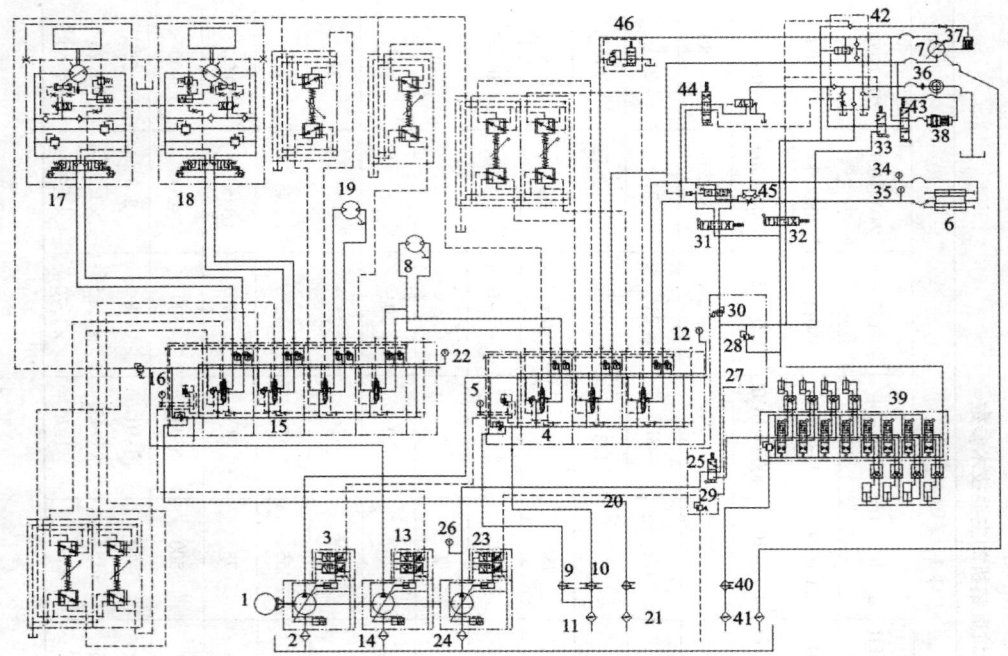

图 3 – 40　液压系统原理

1—电动机；2、14、24—吸油滤油器；3—Ⅰ泵；4—多路换向阀；5—Ⅰ泵系统压力表；6—给进油缸；
7—回转器马达；8—泥浆泵马达；9、10、20、40—冷却器；11、21、41—回油滤油器；
12—Ⅰ泵回油压力表；13—Ⅱ泵；15—多路换向阀；16—Ⅱ泵系统压力表；17—右行走马达；
18—左行走马达；19—绞车马达；22—Ⅱ泵回油压力表；23—Ⅲ泵；25—Ⅲ泵分流功能换向阀；
26—Ⅲ泵系统压力表；27—Ⅲ泵油路板；28—安全阀；29—溢流调速阀；30—减压阀；
31—钻进操作阀；32—定向钻进阀；33—单动夹持器阀夹转联动功能换向阀；34—给进压力表；
35—起拔压力表；36—卡盘；37—抱紧装置；38—夹持器；39—多路换向阀；42—回转油路板；
43—夹转联动功能换向阀；44—起下钻功能转换阀；45—液控节流阀；46—限压阀块

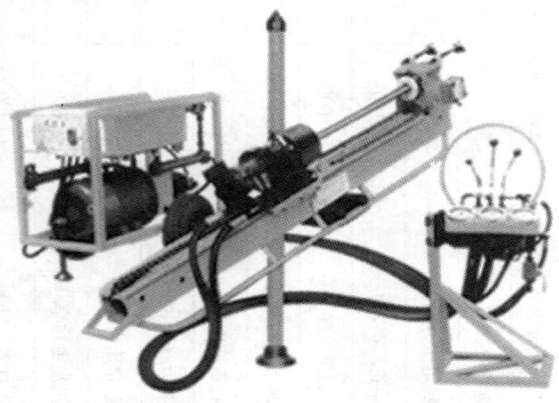

图 3 – 41　Z 系列全液压动力头式坑道钻机

表 3 - 11　Z 系列全液压坑道钻机主要技术参数

项　目	型号与参数			
	Z90 - 1	Z7559	Z46150 - 1	Z46210
钻进深度/m	350、450、550	250、350、450	180、200、250	400、350、250
钻杆直径/mm	89、71、55.5	71、55.5、43	42、43、33	42、43、33
钻孔直径/mm	59, 75, 95	75、59、46	46、46、36	46、46、36
安装方式	立柱	立柱	立柱	立柱
钻进角度/(°)	0 ~ 360	0 ~ 360	0 ~ 360	0 ~ 360
转速/(r·min^{-1})	400 ~ 1200	600 ~ 1800	600 ~ 2500	600 ~ 2500
最大扭矩/(N·m)	800	480	280	300
动力头给进行程/mm	1500	1500	850	1500
起拔力/给进力/kN	35/45	27/35	24/26	27/35
电机功率/kW	55	45	30	37
钻机质量/kg	2000	1700	1500	1700
外形尺寸/(m×m×m)	2500×600×850	2370×300×500	1630×300×500	2370×300×500

3.5.2　机械动力头式坑道钻机

DK 系列坑道钻机有机械动力头(液压操作)式和全液压动力头式两种。机械动力头式有 DK - 75、DK - 150 和 DK - 300 型三种；全液压动力头式有 DKY - 30、DKY - 75 型两种，目前生产和使用的主要是机械动力头的坑道钻机(图 3 - 42)。

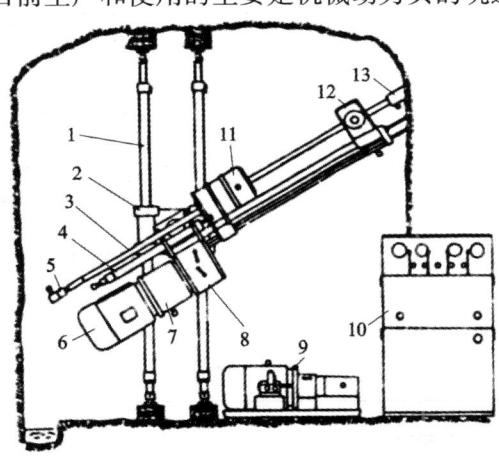

图 3 - 42　机械动力头式坑道钻机

1—支柱；2—变角机构；3—钻杆；4—油缸；5—水龙头；6—电动机；7—离合器；
8—变速箱；9—泵站；10—操纵台；11—动力头；12—夹持器；13—孔口密封

　　DK－150 坑道钻机采用机械传动、液压操作,传动效率高,耐用,便于维护和保养,价格低,投资少,主要适用于野外地质找矿及矿山生产勘探,钻进任意角度的取心钻孔,也适合于地下工程施工使用,如水坝堵漏,矿中排水及隧道超前灌固作业等。

　　DK－150 型钻机的特点有:

　　(1)采用机械动力头液压给进和拉送钻具的总体设计方案,综合了机械传动效率高、工作可靠及液压给进拉送钻具自动化程度高的优点;

　　(2)给进液压缸、液压卡盘、液压夹持器分动化,工作可靠,实现了无塔、无卷扬机拉送钻具和拧卸管机械化,提高了工作效率,减轻劳动强度;

　　(3)采用液压离合器,操作方便,离合灵活,加压均匀、准确,能自动补偿离合器片的磨损,延长了摩擦片的寿命;

　　(4)钻机结构简单,重量轻,拆、装、搬迁、维修方便。

　　DK 系列坑道钻机的主要技术参数见表 3－12。

表 3－12　DK 系列坑道钻机的主要技术参数

项　目		型　号　与　参　数		
		DK－75	DK－150	DK－300
钻进深度/m		75	150	300
钻杆直径/mm		43.5	42、55	55.5
安装方式		双立柱	滑橇	
钻进角度/(°)		0～360		
转速/(r·min⁻¹)	正转	133～1211(5 挡)	135、207488、837、1289(5 挡)	134～1108(8 挡)
	反转			165,224
最大扭矩/(N·m)		250	540	
通孔直径/mm		61	61	30
给进行程/mm		500	500	750
起拔力/给进力/kN		16/21	18/24	40/30
起拔/给进速度/(m·s⁻¹)		0.21,0.28	0.2,0.28	0.43,0.63
液压泵及马达		2CB－F32/10－C－FL	YB－132M－4－B3	C5－25－25－1－1E13S－20－R－CH
驱动功率/kW		4＋7.5	7.5＋7.5	22
钻机质量/kg		500	600	100

3.5.3　液压给进立轴式坑道钻机

　　立轴式钻机主要应用于地面地质勘探,用于坑道钻探相对于全液压钻机有很多不足之处,但因其具有价格便宜、操作简单、维修方便、整体搬运方便等特点,目前一些矿井仍在使用这种钻机,其主要技术参数见表 3－13。

表3-13　立轴式坑道钻机型号及参数表

项　目	型号与参数							
	TXU-75A	TXU-150钻机	ZL-1700	ZL-2800	ZL-4800	SGZ-100	SGZ-I	SGZX-3
钻进深度/m	75~100	150~200	200~280	300~500	1000	100	150	300
钻杆直径/mm	42、33.5	42、33.5	50、42	50、42		42	42	50、42
终孔直径/mm	50	50				75	75	91
钻孔倾斜角度/(°)	0~360							
立轴转速/(r·min⁻¹)	112~340 三挡	104~339 三挡	正转：53~841 反转：36~484 六挡	正转：40~868 反转：39、180 八挡	正转：41~1011 反转：57、164 八挡	120~812 四挡	95~1000 八挡	正转：58~1166 反转：50/296 八挡
立轴扭矩/(N·m)	400	400	1700	2800	4800	400	400	500
立轴行程/mm	400	400	500	530	600	400	400	500
立轴通径/mm	44	44	63	63	95	46	44	60
立轴最大给进力/kN	11	9	16	24	28	8.4	12.6	30
立轴最大起拔力/kN	9	11	32	36	52	13.8	17	45
绞车提升速度/(m·s⁻¹)	0.22~0.67	0.25~0.79	0.6~3.4	0.41~1.6	0.44~3.02	0.43~2.94	0.3~3.2	0.24~2.18
绞车最大提升能力/kN	7.5	11	16	24	28	10	10	20
卷筒容绳量/m	26.8	30	30					
使用钢丝绳直径/mm	ϕ8.8	ϕ11	ϕ11	ϕ12.5	ϕ15			
油泵型号	YBC-12/80	YBC-12/80				CBW-F306	CBW-Fa10C-FL	CBW-Fa18C-FL
电机型号	YB112M-4	YB132S-4	YBK$_2$180M-4	YBK$_2$180L-4	YBK$_2$225S-4	YD132M-4	YD162L-6/4 双速电动机	YD180M-4
功率/kW	4	5.5	18.5	22	37	7.5	9/11	18.5
钻机质量/kg	500	520	750	1200	1720	480	690	930
钻机外形尺寸/mm	1230×600×1185	1250×640×1265	1860×800×1400	2315×900×1700	2400×1020×1765	1380×750×1180	1426×760×1325	2070×850×1690

3.6 水井钻机

3.6.1 水井钻机分类

水井钻机的分类如表 3 – 14 所示。

表 3 – 14 水井钻机的分类

分类方法	钻机种类	举 例
按钻进功能分	回转式水井钻机	SPJ – 300
	钢丝绳冲击式水井钻机	CZ – 22
	冲击回转式水井钻机	SPC – 300H
按传动方式分	机械传动	SPJ – 300
	全液压传动	SDY – 600
按装载方式分	散装方式或称滑橇装载方式	SPJ – 300
	拖车装载方式	SPJT – 300
	卡车装载方式	SPC – 300H
按回转器的形式分	转盘式水井钻机	SPJ – 300, SPC – 300H
	动力头式水井钻机	SDY – 600

3.6.2 典型转盘式水井钻机

机械转盘式水井钻机采用机械传动方式将动力传递给升降机、转盘等执行机构，一些钻机为减轻劳动强度、节省辅助操纵时间配有液压辅助操纵功能。机械传动系统主要由离合器、变速箱、万向轴、减速箱等组成。升降机结构类型同立轴钻机相似。转盘回转器的结构形式随其用途、传动方案的不同有多种形式，但都有共同的基本组成部分，即动力输入轴、锥齿轮传动副、箱体和转台。锥齿轮传动用于将水平回转运动变为垂直的回转运动。

3.6.2.1 SPS – 2000 型水井钻机

SPS – 2000 型水井钻机(图 3 – 43)是一种机械传动式散装转盘钻机，主要适用于深层地下水的开采、浅层地热、浅层石油、天然气及盐井开发；并可适用于泥浆正、反循环钻进及多工艺空气钻进。其主要特点是：

(1)钻机卷扬单绳拉力 85 kN，使用 $\phi89$ 钻杆钻深 1600 m，使用 $\phi73$ 钻杆钻深 2000 m；

(2)转盘输出转速低速为 25 r/min，高速为 193 r/min，适应泥浆正、反循环钻进及空气钻进等多种施工工艺要求；

（3）采用机械锚头配合大钳拧卸钻具；

（4）钻机以 Y315S－4(110 kW)电动机为基本动力机型，可选配柴油机组；

（5）底架可拆卸，方便运输。

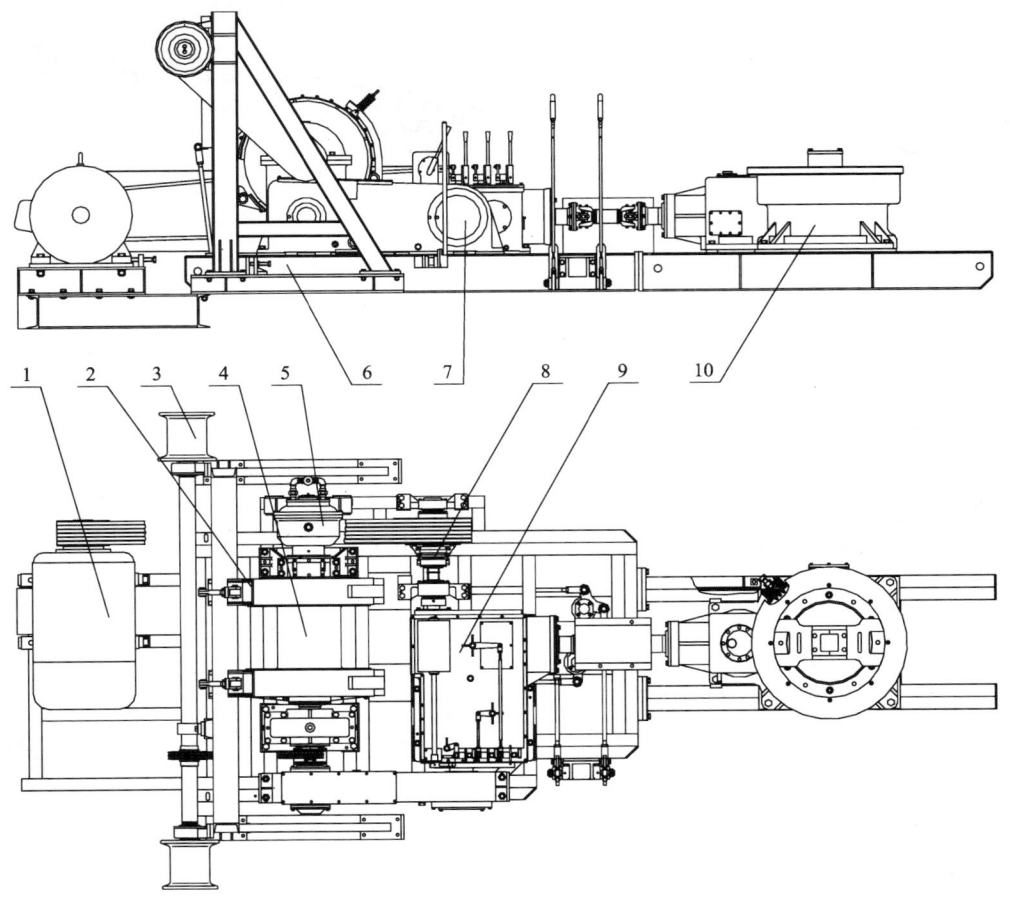

图 3－43　SPS2000 水井钻机结构图

1—动力站；2—抱闸；3—锚头；4—卷扬机；5—水刹车；

6—主机底座；7—链轮传动箱；8—离合器；9—变速箱；10—转盘

3.6.2.2　SPC－300 型车装转盘式水井钻机

SPC－300 型钻机(图 3－44)的主要部件均装在载重汽车上，钻机的主传动为机械传动，其操纵机构的一部分为液压操作，另一部分为机械操作。

钻机以转盘回转钻进为主，可在黏土、砂层、砾石层及基岩等多种地层中钻进。通过搭配不同钻具可实现泥浆正循环钻进、气举反循环钻进、潜孔锤钻进、泡沫钻进及短螺旋钻进等不同钻进工艺。回转钻进开孔初期可以辅助加压钻进，以提高成孔钻进效率，随着孔深的增加，当钻具重量超过需要加给钻具的压力时，可使用主卷扬系统实现减压钻进。

钻机配备有一个主卷扬机和两个副卷扬机，四个调平液压千斤顶。

图 3 – 44 SPC – 300 型车装转盘式水井钻机

该钻机不使用汽车动力，另配独立的柴油机（可选择 6135AN 型、F6L912 型或 BF6L913 型等柴油机）。

SPC – 300H 型钻机传动系统见图 3 – 45。其动力经离合器等传至钻机变速箱。通过变速箱将动力经两根万向轴输送至转盘，使转盘获得三个正转速度和一个反转速度；卷扬机动力输出轴获得三种转动速度。变速箱的卷扬机动力输出轴，经一对双排链条联轴器与减速箱连接，将动力传递给主卷扬轴，并借助于减速箱内的游动齿轮，通过链条传动将动力传递给冲击机构。主卷扬轴的另一端装有齿轮离合器，经过链条传动把动力传递给副卷扬机。

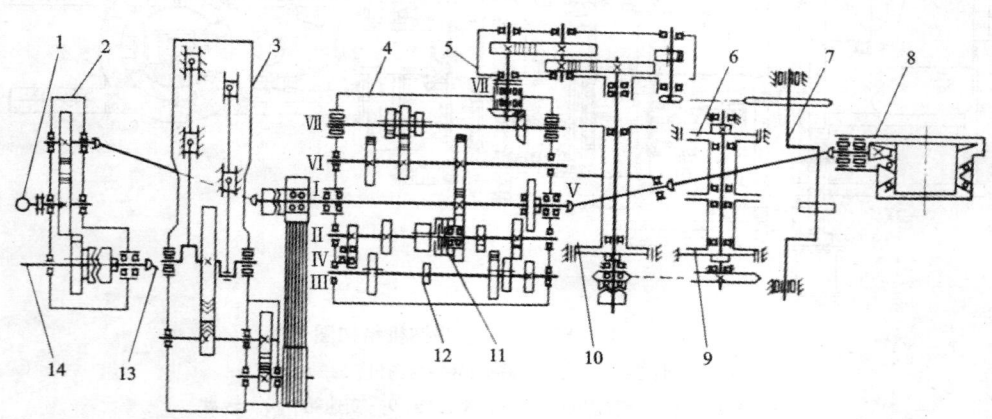

图 3 – 45 SPC – 300H 型钻机传动系统图

1—油泵；2—传动箱；3—泥浆泵；4—变速箱；5—减速箱；
6—工具卷场；7—冲击机构；8—转盘；9—抽筒卷扬；10—主卷扬；
11—转盘离合器；12—转盘制动器；13—至汽车后桥驱动轴；14—发动机动力输出轴

变速箱动力输入轴的轴端装有一个活动的三角皮带轮,经齿形离合器、皮带轮减速后动力输入泥浆泵减速箱。由传动箱中间轴端的浮动联轴器,将动力传递给 CB – 32 型齿轮油泵。

3.6.2.3　RPS3000 型转盘钻机

RPS3000 型转盘钻机是一种散装平铺式、机械传动、气控操作的水文水井钻机,主要用于地热井(热水型)的钻凿、中浅层石油、天然气的开采、深层地质钻孔等。与 SPS – 2000 型水井钻机相比,它具有以下特点:

(1)使用 $\phi89$ 钻杆钻深可达 3000 m;

(2)气控操作,机械化程度高;

(3)卷扬机采用气胎离合器提升;

(4)采用石油钻机的拧卸扣方法。

3.6.3　转盘式水井钻机主要技术参数

散装转盘式水井钻机的主要技术参数见表 3 – 15,车装转盘式水井钻机的主要技术参数见表 3 – 16。

3.7　工程勘察钻机

工程勘察钻机主要用于工程地质勘查施工,也可用于普查勘探、浅层水文地质勘查、水井钻进以及物探爆破孔施工等。

3.7.1　工程勘察钻机的特点

工程勘察钻机的主要目的是钻进取样,钻进的孔径和深度相对较小,钻机主要特点是:

(1)具有多功能,以适应不同地层钻进的需要。如具备两种或两种以上钻进方法(冲击、回转、振动、静压)的功能,可以使用多种循环方式(正循环、反循环、无循环)以及不同的冲洗介质(空气、清水、泥浆、泡沫)施工。

(2)多为整体安装,即全部设备组装在汽车或拖车底盘上或一个共同的底座上,或分组组装在若干个底座上,整机迁移,机动灵活,对工作现场的适应性强。

(3)环境污染小,钻进过程中要求频繁地取样或进行测试工作,取样要求严格,且需提取不扰动的原状土样。

表 3 – 15　散装转盘式水井钻机

项　目		型号与参数								
		SPJ – 300	SPS – 400	SPS – 600	TSJ – 1000	SPS – 1000	SP – 1200	TSJ1500/435	TS2000	TPS – 2000
钻进能力	钻进深度/m	300	400	600	1000	1000, 1300	1200	1000, 1500, 2000	1000, 1500, 2000	1350, 2000
	钻杆直径/mm	89	89	73, 89	89	127, 89		114, 89, 73	114, 89, 73	89, 73
	开孔直径/mm	450	500				500		650	
转盘	转速/(r·min⁻¹)	44, 77, 139	36, 64, 114	42, 75, 134	48 ~ 190	48 ~ 190	40 ~ 156	48 ~ 190	40 ~ 145	27.1 ~ 210
	扭矩/(kN·m)	8	9.6		3.8 ~ 15	4.5 ~ 18		18		31
	通径/mm	500	530	605	435(600)	435		435	660	437
卷扬机	提升力/kN	主30, 副20	主30, 副20	主35, 副15	15 ~ 60	80	60	90	85	
	提升速度/(m·s⁻¹)				0.84 ~ 3.3	0.84 ~ 3.3		0.84 ~ 3.3		
大钩提升能力/kN				210		800				
主动钻杆/(mm×mm×mm)		φ108×108×8000	φ108×108×7650	φ108×108×8000		φ108×108×12000	φ108×108×9500			
动力机	型号				Y315S – 4	Y315S – 4, 6135AN – 1		6135AN, Y315S – 4		Y315S – 4, 6CTA8.3 – C195
	功率/kW	37×2	37×2	37	110	110, 150	90	110	110	110, 145
外形尺寸/(mm×mm×mm)					3880×1965×1290	3880×1965×1290		4320×2300×1290		
质量/kg		8700	12700	5500	6600	7000	19000	6600		

续表 3-15

项　目		GZ-2000	SPS2000	TSJ2000	SPS2600	TSJ2600	RPS3000	TSJ3000	TSJ3700
钻进能力	钻进深度/m	1500, 2000	1600, 2000	2000	2200, 2600	2600	2000~3000	3000	3700
	钻杆直径/mm	127, 89	89, 73	89	127, 89	89	73, 89, 114, 127	89	89
转盘	转速/(r·min⁻¹)	45~178	25~193.7	37~145	43~156	45~178	33.35~131.56	45~159	正:48~202 反:57
	扭矩/(kN·m)	25	25	5.4~21	9~30	25	40	30	35
	通径/mm	660	520	660	445	445	445	445	445
卷扬机	提升力/kN	100	85	25~70	105	100	25.36~100		140
	提升速度/(m·s⁻¹)		0.84~6.49	0.84~3.3	1.1~4.1	1.0~3.9		1.1~4.1	1.5~6
大钩提升能力/kN			680		800		240~950		
主动钻杆/(mm×mm×mm)			φ121×12000 φ108×12000		φ108×12000				
动力机	型号	Y315S-4, 6135ZN	Y315S-4 WD615T1	Y315S-4, 6135AN	2×Y280M-4, 2×6135AN-2	6135ZN Y315L1-4	2×Y315-4	柴12V135-SM 电2×Y280M-4	柴W12V135AZ 电2×Y315L1-4
	功率/kW	160, 153.7	110, 120	110	2×90, 2×112	154, 160	2×110	194, 2×90	309, 2×160
外形尺寸/(mm×mm×mm)		4477×2288×1245		4320×2300×1290	电7575×2948×1760 柴7575×5370×1760	4477×2288×1245		5722×2565×1750	7600×4347×2796
质量/kg		8460	7500	7550 (6867, 7820)	9960	8460	18000	9960	23200

表3-16　车装转盘式水井钻机

项 目		型号与参数					
		SPJT-300	SPC-300HW	SPC-600	BZC-200	BZC-350C	BZC-400A
钻进能力	钻进深度/m	300	300	600	200	300	400
	钻杆直径/mm	89	89	89	89	89	89
	钻孔直径/mm	450	500	500	500	500	500
转盘	转速/$(\mathrm{r\cdot min^{-1}})$	44,77,139	52,78,123(反40)	27,49,80,131,208	6.7;10;17;43;63;108	21.2;36;63.2;100.6;155;20.2(倒)	21.2;36;63.2;100.6;155;20.2(倒)
	扭矩/(kN·m)	8			0.9~14.5	2.5~18.9	2.5~18.9
	通径/mm	500	505	505			
卷扬机	提升力/kN	主:30,副:20	主:30,副:20	主44.1,副19.6	主30,副30	主30,副40	主45,副40
	提升速度/$(\mathrm{m\cdot s^{-1}})$		0.6~1.7	1.32,3.4			
大钩提升能力/kN				210	180	250	270
主动钻杆/(mm×mm×mm)		φ108×8000	φ110×7500	φ108×10500	φ108×6000	φ108×7500	φ108×7500
桅杆高度/m			11	15	10.2	11.5	11.5
桅杆承载能力/kN			150		250	250	300
是否使用汽车动力		否	否	否	是	是	是
动力机	型号	4135	F6L912	BF6L913C			
	功率/kW	58.8	74	141			
汽车底盘	型号		ZZ2257ZM4657	ZZ2252M4651	660	TAZ5183TZJ	CA6DE3-20E3
	驱动型式		6×6		6×4	6×4	6×4
	发动机 功率/kW				132	147	147
	发动机 转速/$(\mathrm{r\cdot min^{-1}})$				2500	2300	2300
	发动机 扭矩/(N·m)				590	730	650
	最高车速/$(\mathrm{km\cdot h^{-1}})$		75	73	75	75	75
质量/kg		8700	21000	5500	17340	19340	19340
外形尺寸/(mm×mm×mm)			10880×2500×4100	12000×2500×4230	10252×2400×3726	11110×2490×13110	12160×2490×3440

3.7.2　典型工程勘察钻机

3.7.2.1　DPP100 - 4 系列钻机

DPP100 - 4 系列钻机(图 3 - 46)主要由传动箱(DPP100 - 4E 型为汽车分动箱)、减速箱、回转器、卷扬机、变速箱、泥浆泵、井架总成、油路及操纵系统等部分组成。

图 3 - 46　DPP100 - 4 型汽车钻机

DPP100 - 4 系列钻机传动系统由机械系统、油路系统、气路系统组成。其中,机械系统主要包括传动箱(或汽车分动箱)、减速箱、回转器、卷扬机、变速箱、泥浆泵等。

钻机所需动力均来自汽车发动机。机械系统动力由发动机变速器经传动箱将动力分成两路,一路传至钻机减速箱驱动卷扬机、回转器和泥浆泵工作;而另一路则传至汽车后桥驱动汽车行驶。钻机油路系统油泵动力由汽车变速箱上的取力器提供。气路系统气源则取自汽车气路。

图 3 - 47　G - 3 型汽车钻机

3.7.2.2　G - 3 型钻机

G 系列汽车钻机(图 3 - 47)的动力是自带柴油机,为机械传动、液压辅助、桅杆液压起落、开箱式机械动力头的总体结构。钻机由动力机、离合器(带油泵传动装置)、变速箱、卷扬机、传动箱、换向器、桅杆、动力头、振动器、夹持器、卸扣器、液压系统、操纵机构和水泵等几个部件组成,具有冲击功能。

3.7.3　工程勘察钻机主要技术参数

小型工程勘察钻机技术参数见表 3 - 17。

DPP 系列汽车装载工程勘察钻机技术参数见表 3-18。

动力头式汽车装载工程勘察钻机技术参数见表 3-19。

表 3-17　小型工程勘察钻机技术参数

项　目		型 号 与 参 数			
		SH30-2	XY-1	HT-150	GY-200-1A
钻进能力	钻孔深度/m	30	100~30	150~30	290~60
	钻孔直径/mm	110~142	75~150	75~150	46~300
	钻杆直径/mm	42	42	42,50	42,50
回转机构	形式	转盘	立轴	立轴	立轴
	转速范围/(r·min⁻¹)	18,44,110	142,285,570	58~598	68~900
	通孔直径/mm	150	44	48	
给进机构	给进行程/mm	—	450	450	400
	提升能力/kN	—	24.5	30	39
	给进能力/kN	—	14.7	23	29
卷扬机	最大提升力/kN	14.7	10	12.5	30
	提升速度/(m·min⁻¹)	0.24,0.57,1.48	0.42,0.81,1.68	0.31~3.23	0.27~1.64
动力系统	柴油机/kW	4.5	10.5	8.8	14.7
	电动机/kW	5.5	7.5	7.5	15
外形尺寸（长×宽×高)/(mm×mm×mm)			1640×920×1240	1310×700×1360	1820×980×1400
质量/kg		550	500	380	670

表 3-18　DPP 系列汽车装载工程勘察钻机技术参数

项　目		型 号 与 参 数								
		DPP100-3			DPP100-4			DPP100-5		
钻进能力	钻孔直径/mm	200		150	190		150	200		150
	钻进深度/m	70		100	70		100	70		100
	钻杆直径/mm	50			42、50			50		
	六方主动钻杆/(mm×mm)（对边×长度)	75×5500								
回转机构	汽车变速器排挡	一挡	二挡	三挡	一挡	二挡	三挡	一挡	二挡	三挡
	转速/(r·min⁻¹)	55	102	176	55	102	176	65	114	192

续表 3 - 18

项 目		型号与参数								
		DPP100 - 3			DPP100 - 4			DPP100 - 5		
给进机构	给进行程/mm	450			450			1200		
	提升能力/kN	50			45			70		
	给进能力/kN	30			33			48		
提升机构	汽车变速器排挡	一挡	二挡	三挡	一挡	二挡	三挡	一挡	二挡	三挡
	卷筒转速/(r·min^{-1})	23.6	44	75.3	23.6	44	75.3	28	48.8	82.3
	提升速度/(m·min^{-1})	0.264	0.49	0.84	0.264	0.49	0.84	0.31	0.54	0.98
	最大提升力(N)	12500			12500	6700	4010	12500		
泥浆泵	型号	BWT - 450			BWT - 450 改装			BWT - 450		
	工作压力/MPa	2			2			2		
汽车底盘		EQ1090HD3GJ			EQ1093FJ1 底盘或 CA6891D8A 底盘			CA1140P1K2L1PA 底盘或 CA6891D8 底盘		

表 3 - 19 动力头式汽车装载工程勘察钻机技术参数

项 目		型号与参数			
		G - 1	G - 2	G - 3	JK - 1
钻进能力	钻孔深度/m	80 ~ 30	50 ~ 30	100	400、150
	钻孔直径/mm	75 ~ 150	110 ~ 150	110 ~ 150	10、100
	钻杆直径/mm	42	42,50	50	42,50
主传动形式		机械	机械	机械	液压
回转机构	转速范围/(r·min^{-1})	24 ~ 472	21,54,131	17 ~ 395	0 ~ 110 0 ~ 250
给进机构	给进行程/mm		3450	4000	3800
	提升能力/kN	30	15	65	60
	给进能力/kN	6	10	50	40
卷扬机	最大提升力/kN	15	20	30	15
	提升速度/(m·min^{-1})	0.19 ~ 2.44	0.21、0.53、1.29	0.19 ~ 2.6	0 ~ 1.1
冲击机构	冲锤质量/kg		130,150	250	
	冲程/mm		500 ~ 1000	500 ~ 1000	250 ~ 900
	冲次/(次·min^{-1})		40,30	40	0 ~ 44

续表 3 – 19

项　目		型 号 与 参 数			
		G – 1	G – 2	G – 3	JK – 1
振动器	通孔直径/mm	134	134	154	130
	激振力/kN	12	14.7	50	16.6
	锤击力/kN			80	
泥浆泵	型号		BW – 120	BW – 200	BW – 150
	流量/(L·min^{-1})		120	200	150
	压力/MPa		1.27	4	4.9
动力系统	柴油机/Hp*	12	25	50	43(取自汽车)
	电动机/kW	7.5	18.5	37	
外形尺寸(长×宽×高)/(mm×mm×mm)					7700×2340×3400

注：* Hp—英制马力，1 Hp = 745.7 W。

3.8　浅层取样钻机

　　浅层取样钻机是指用于 300 m 以内地质取样的轻便钻探装备。取样钻机主要用于地质填图、普查找矿、以钻代替槽井探、验证物化探异常、物探爆破孔钻取，以及工程地质勘查。浅层取样钻机一般由动力系统、变速回转系统、支撑机构及给进提升机构四部分组成。使用液压动力的还要有液压控制系统，使用空气循环取样工艺的还需要有空压机。

3.8.1　浅层取样钻机分类

　　浅层取样钻机分类见表 3 – 20。

表 3 – 20　取样钻机分类一览表

分类方法	钻 机 类 型
使用环境	地表取样钻机、海底取样钻机、地外天体取样钻机等
驱动方式	发动机直驱、液压驱动等
所取样品类型	土壤取样钻机、岩石取样钻机、多功能取样钻机等
钻进工艺	回转钻进取样钻机、冲击钻进取样钻机、冲击回转取样钻机、声频振动取样钻机等

3.8.2　典型浅层取样钻机

3.8.2.1　TGQ – 5 型取样钻机

　　TGQ – 5 型取样钻机(图 3 – 48)由汽油机、动力头、给进加压机构组成。汽油机和给进加压机构是金刚石动力头和螺旋动力头共用的。金刚石钻进时，将汽油机装在金刚石动力头上，将金刚石动力头装在给进加压机构的机头座上；螺旋钻进时，将汽油机装在螺旋动力头上，再将螺旋动力头装在给进加压机构的机头座上。用一套动力机组合架，配挂两个减速箱：低速变速箱（图 3-49）、高速变速箱（图 3-50）。其目的是：适合野外地质调查工作的需要，减小整机重量和部件重量，便于搬迁和运输。

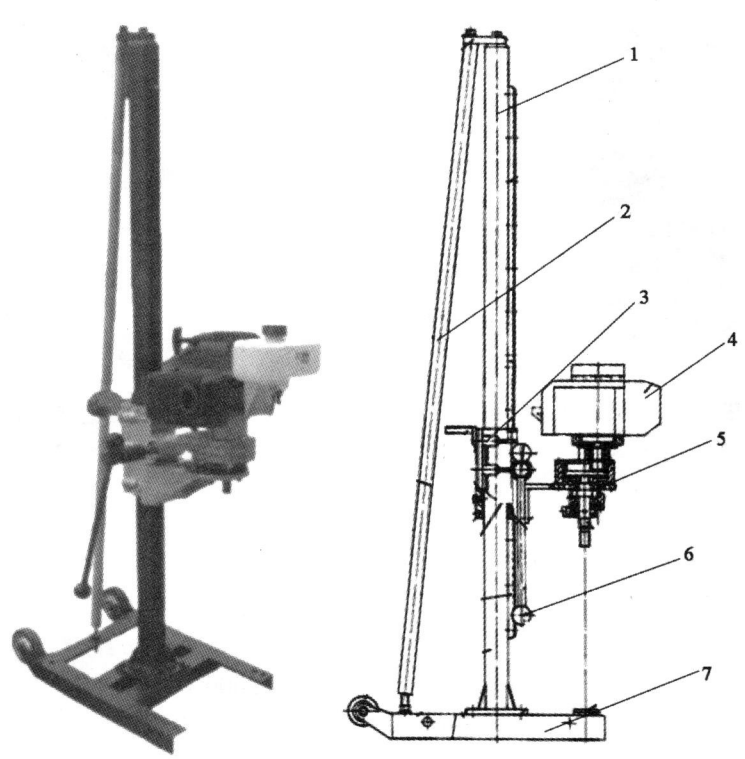

图 3-48 TGQ-5 取样钻机

1—立柱；2—斜支撑；3—滑套；4—汽油机；5—减速箱；6—给进手柄；7—底座

该取样钻机主要特点：①采用意大利 EMAK 两冲程汽油机，功率 1.3 kW，启动方便，故障率低。②汽油机与减速箱之间的动力传递，采用离心式摩擦离合器，离心式摩擦离合器拆装方便，重量轻、避免加接和拆卸钻杆时汽油机停机，同时可起到过载保护的作用，可提高孔底出现事故时的处理能力。③给进加压机构采用方钢管单立柱斜支撑钻架和手轮齿轮齿条加压给进方式，该钻架具有结构简单、重量轻、稳定性好、安装简单方便、给进平稳等特点；整机重量轻，仅 23.5

kg。④动力头采用组合式结构，既能满足金刚石高转速钻进的需要，又能满足螺旋低转速钻进的需求。⑤钻架结构简单，单立柱斜支撑，链轮链条给进。

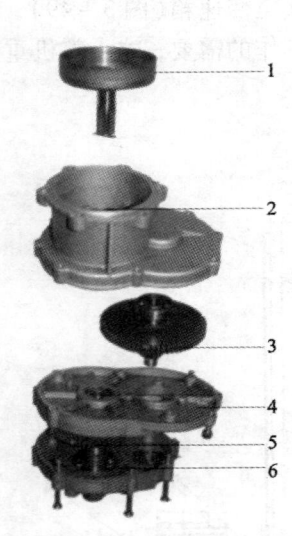

图 3 - 49　低速减速箱

1—离合碟；2—上壳体；3—齿轮；
4—中壳体；5—齿轮；6—下壳体

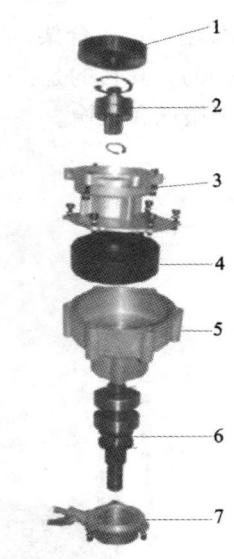

图 3 - 50　高速减速箱

1—离合碟；2—齿轮轴；3—上壳体；
4—内齿轮；5—下壳体；6—主轴；7—水套

3.8.2.2　TGQ - 15 型取样钻机

TGQ - 15 型取样钻机（图 3 - 51）为人力提升给进、单立柱支撑、自带动力的小型动力头式钻机。由动力头、桅杆、给进加压和底座四部分组成。动力头采用本田 GXV160 型四冲程汽油发动机，功率 5.5 HP，2000 ~ 3600 r/min；动力头采用可向两侧打开的机构，能够让开孔口，方便操作；钻机的给进加压采用手动链轮链条给进。

钻机的主要特点：①单立柱斜支撑结构，使用较小的结构重量实现了钻机的支撑、给进及提升功能；②特殊设计的变速箱，结构紧凑、重量轻，三级转速输出，转速范围宽，可采用螺旋钻进、金刚石钻进等多种钻进工艺，实现了多种工艺在钻机上的兼容；③重量轻、模块化设计，最大部件重量约为 40 kg；④钻机输入端装有离心摩擦离合器，用于动力机的过载保护，避免动力机在负载状况下启动及方便拧卸钻杆；⑤动力头部分与桅杆采用销轴连接，可以向两侧打开，让开孔口，方便完成除钻进以外的其他作业。

3.8.2.3　TGQ - 30 型取样钻机

TGQ - 30 型取样钻机（图 3 - 52）为分体式液压钻机，钻机由液压泵站和钻机

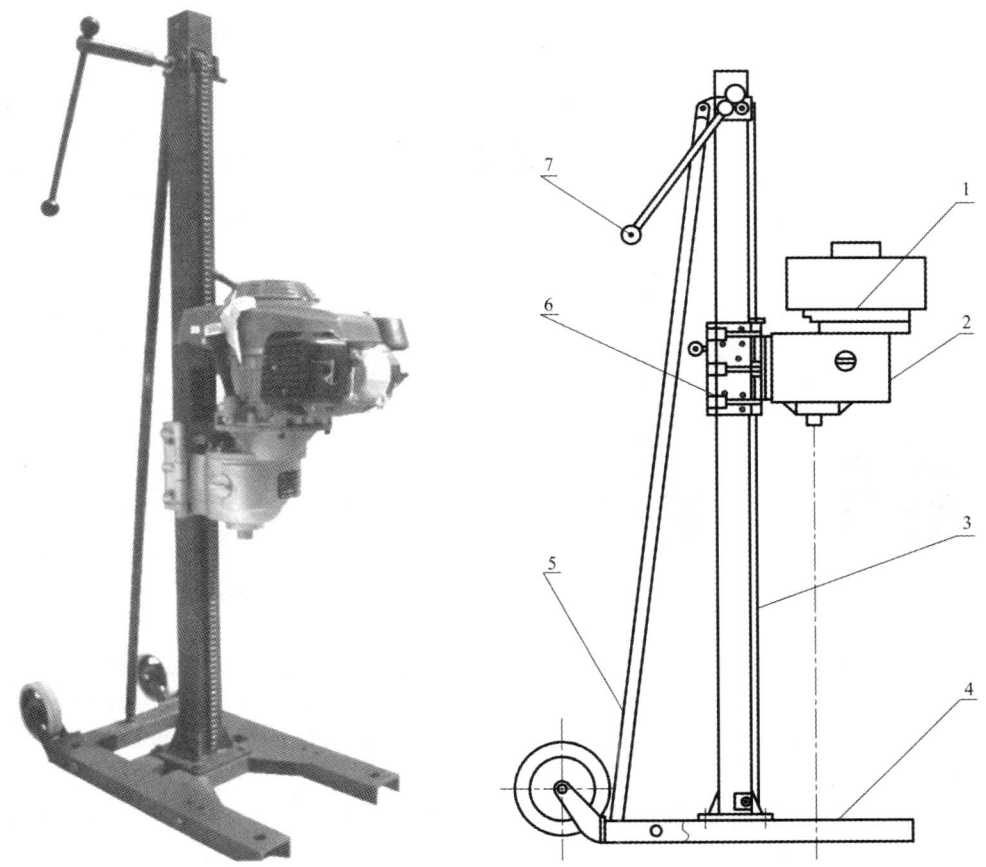

图 3 - 51　TGQ - 15 型取样钻机

1—汽油机；2—减速箱；3—立柱；4—底座；5—支撑杆；6—滑套；7—给进手柄

主体两部分组成。主机采用链条链轮给进，单立柱长桅杆，链轮提升，结构紧凑。泵站与钻机动力头采用快速接头连接，模块化设计可实现快速组装，方便搬运。钻机动力头减速箱有低速和高速两挡，既能用于金刚石钻进、硬质合金钻进又能用于螺旋钻进，可满足不同的钻探工艺方法。钻机配有副桅杆、夹持器和卷扬，可以实现绳索取心工艺。

3.8.2.4　QJD - 50 型取样钻机

QJD - 50 型取样钻机(图 3 - 53)整套设备由钻机和钻架两大部分组成。钻机用两对接手装在钻架下部的加压机架上，通过手轮链条操控加压机构。动力机采用 GJ - 85 型单缸强制风冷二冲程曲轴箱换气汽油机。额定功率为 4 HP/6000 r/min，最大功率为 5 HP/7000 r/mim。采用泵膜式化油器和可控硅磁电机点火装置。

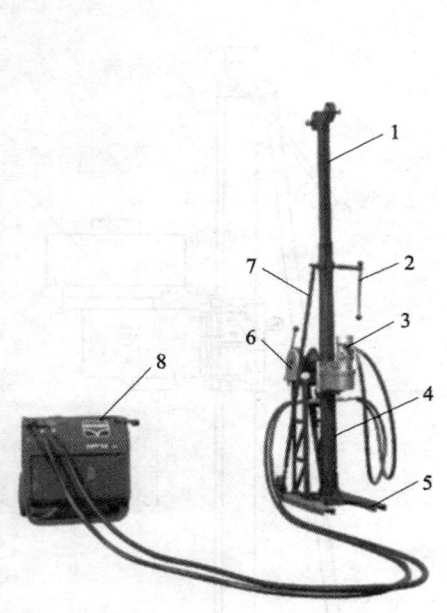

图 3 − 52　TGQ − 30 型取样钻机
1—桅杆；2—给进手柄；3—动力头；4—立柱；
5—底座；6—卷扬；7—支撑杆；8—液压泵站

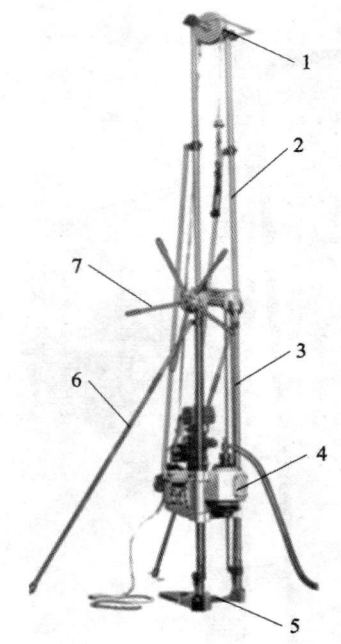

图 3 − 53　QJD − 50 型取样钻机
1—滑轮；2—桅杆；3—滑轨；4—动力头；
5—底座；6—支撑杆；7—给进手轮

钻机的主要特点：①体积小，重量轻，钻机重量仅 62 kg，连同钻架总重约 150 kg；②钻机具有高、中、低三速，适应钻进范围广；③采用机械拧卸钻杆，减轻了工人劳动强度；④具有一定处理孔内事故能力，具有起拔、吊打和反钻杆功能。

3.8.2.5　NLSD − 60 型钻机

该钻机（图 3 − 54）为全液压动力头式，油缸链条倍速给进，最大解体部件重 60 kg，主机外形尺寸（长 × 宽 × 高）：1300 mm × 600 mm × 2900 mm。该钻机应用于地质调查环境取样，同时还配有轻便卷扬系统和振动器。

钻机的主要特点：①钻架结构简单，单立柱斜支撑，钻机体积小，重量轻，便于运输；②分体式、模块化设计，钻机由液压泵站和钻机主体两部分组成，钻机与泵站可以快速连接；③振动加回转的方式进行钻进取样，钻进速度快，效率高；④操作简单，机械化程度高，提高了工作效率，减小了劳动强度。

3.8.2.6　轻便多功能山地钻机 JSWS − Ⅱ

该钻机（图 3 − 55）为全液压动力头钻机；日本 HONDA 公司生产的通用汽油机驱动；采用单液压缸直接驱动动力头给进和升降钻具，升降钻具机械化、效率高；钻机回转器由油马达和传动箱组成；为避免回转运动和给进运动互相干扰，减少控制阀的数量，提高能量利用率，避免油温过高，采用双联齿轮油泵供油，大泵用于回转，小泵用于给进；为减轻钻机质量，钻机导杆及钻杆采用标准超硬铝合金材料。钻机总质量 235 kg（包括各种油料），最大单件重 70 kg。

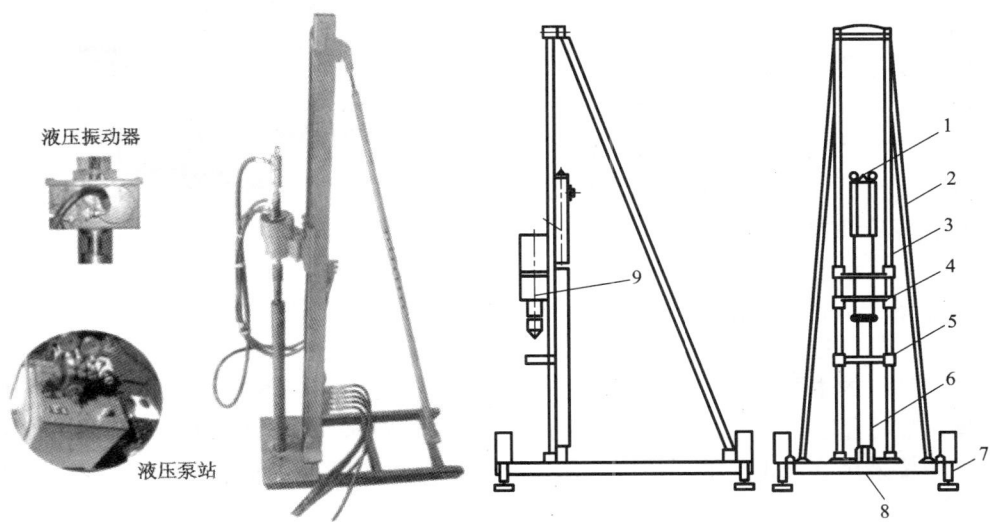

图 3 - 54　NLSD - 60 型钻机主体

图 3 - 55　JSWS - Ⅱ型钻机总体结构示意图
1—横梁；2—支撑杆；3—导杆；4—滑套；
5—垫叉座；6—油缸；7—丝杠；8—底座；9—动力头

3.8.2.7　CQK - 50 型车载钻机

CQK - 50 型车载钻机（图 3 - 56）能够适应空气泡沫钻进、空气潜孔锤钻进、多介质反循环钻进、泥浆正循环钻进、长螺旋无循环钻进、高转速金刚石钻进等多种钻探工艺方法。钻机稳定性与抗震动性好，备钻快捷，十分有利于野外单机施工作业。

钻机的主要特点：①钻机重心较低，非工作状态（钻架、桅杆落下）高度应不超过公路交通相应车型的限制高度规定；②采用油缸倍速机构，结构紧凑；③以空气钻进为主，可以满足多种钻进工艺需求；④集成化程度高，钻机及空压机等附属设备全部布置在车辆底盘上。

图 3 - 56　CQK - 50 型车载钻机

3.8.2.8　TGQ‒100L型机动取样钻机

TGQ‒100L型机动取样钻机（图3‒57）由动力机、控制台、行走底盘、桅杆、动力头、给进系统组成。小型轻便、机动性能好，能满足干旱地区、高原、半干旱草原的空气正反循环钻进，可以实现复杂地层潜孔锤、三翼刮刀和螺旋钻进等工艺。钻机采用模块化、轻便化和多功能设计，钻机实现液压驱动、液压给进、液压起拔、液压冲

图3‒57　TGQ‒100L型机动取样钻机

击等钻进功能，其结构新颖轻巧，可以满足一定转速范围的无级变速，以适应不同工况的钻进参数要求。

钻机的主要特点：①钻机采用履带自行走底盘，机动性强；②钻机的结构紧凑，布局合理；③动力头设计采用内外管双层结构，可以实现正、反循环钻进；④主要采用空气正反循环钻探工艺，兼顾螺旋钻进、合金钻进，钻进速度快、效率高。

钻机关键部件动力头（图3‒58）采用通孔式结构，主轴采用双层结构，满足双壁钻杆空气反循环钻进工艺需求。额定转矩：1500 N·m；额定转速：50 r/min。

3.8.2.9　TGQ‒300型取样钻机

TGQ‒300型取样钻机（图3‒59）采用全液压驱动，钻机由底座、桅杆、支撑机构、动力机、动力头、夹持器、控制系统、卷扬和提升机构组成。动力头转速160～1070 r/min，可实现金刚石钻进、合金钻进和螺旋钻进工艺。钻机结构紧凑、轻便。外形尺寸：2700 mm×1220 mm×3000 mm。

钻机的主要特点：①结构紧凑，操作简单，功率储备系数高；②钻机采用全液压控制，给进系统可以实现加压钻进、自重钻进、减压钻进、快慢速提升与下降等各种工作状态；③钻机为可拆解性强，模块化设计，为了适应山区和难进入地区的搬运，最大模块重量350 kg，钻机整机重量1700 kg；④钻机转速范围宽，可以实现金刚石钻进、合金钻进和螺旋钻进；⑤钻机给进行程1800 mm，有利于提高钻进效率，减少辅助时间和岩心堵塞等孔内事故；⑥钻机桅杆采用上中下三节伸缩式结构，搬迁运输方便，整体性好，伸缩桅杆轻松便捷，可钻进45°～90°的斜孔。

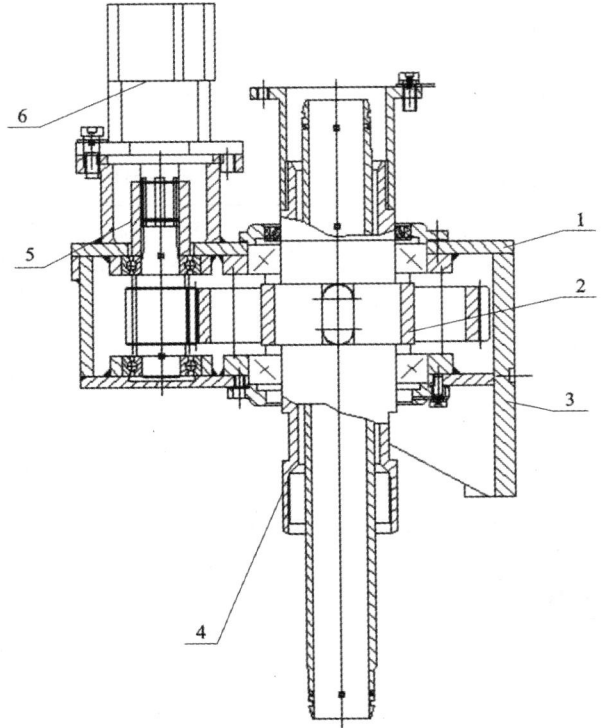

图 3 – 58　TGQ – 100L 型钻机动力头

1—壳体；2—齿轮；3—背板；4—输出主轴；5—连接套；6—马达

图 3 – 59　TGQ – 300 型取样钻机

3.8.3　国内浅层取样钻机型号与技术参数

国内主要浅层取样钻机的型号和技术参数见表 3-21。

表 3-21　国内主要浅层取样钻机的型号和技术参数

型号	钻孔深度/m	钻孔直径/mm	主轴转速/(r·min^{-1})	最大提升力/kN	给进方式	给进行程/m	发动机功率	整机质量/kg	备　注
TGQ-1	1	46	700				1.5 kW	9	北京探工所
QY-1	1	76	80				1.5 kW	16	廊坊勘探所
QY-2	1	75	600				2.5 kW	20	廊坊勘探所
QJD-2	2~5	46	230				2.5 HP	14	天津探矿厂
TGQ-5	5	40	170/1900	5	齿轮齿条	1.2	1.3 kW	23.5	北京探工所
QKJ-5	5	38~56	500~1500		手动	1.6	5.5 HP	98	廊坊勘探所
QK-10	10	38~56	500~1500		手动	1.2	9 HP	98	廊坊勘探所
QJD10-1	10	58.5	210		手动		3 HP	18.5	天津探矿厂
SJD-10	10	150	145/280		手轮	1	6.25 kW	350	北京探矿机械厂
TGQ-15	15	46/60	150/500/1200	7.5	链轮链条	1.2	5.5 HP	76	北京探工所
TGQ-30	30	46/60	150/600	7.5	链轮链条	1.2	13 HP	171	北京探工所
TPY-30	30	75	110/235/333	20	油缸	0.35	8.5 HP	240	重庆探矿机械厂
JSWS-II	30	70	30	15	油缸	1.2	13 HP	116	吉林大学
GD-30	30	110	18/44/110				6.5 HP	550	廊坊勘探所
ZX-30	30	112	0~250	25	油缸	1.74	163 HP	200	廊坊勘探所
SH-30	30	110	18/44/110	15	卷扬	6.5 钻塔	5.88 kW	550	无锡探矿机械厂
TGQ-50	50	46/60	150/500/1200	7.5	链轮链条	1.2	18 HP	86	北京探工所
MD-50	50	110	20/40/60	25	液压	1.7	18.5 kW	600	廊坊勘探所
CQK-50	50	56	0~1160	20	液压	2.3	13 HP*	450	廊坊勘探所
HQJ50	50	91	21/66/145/362/695	7	油缸	1.1	5 HP*	220	核工业 201 厂
QJD-50	50	56	105/220/600	2.5	链轮链条	1.1	5 HP	62	天津探矿厂
NLSD-60	60	75	10~100	10	油缸链条	2	6.6 kW	100	中国地质大学
WF-30	60	96	0~60	21	油缸	1.8	24 HP	400	廊坊勘探所

续表 3 – 21

型号	钻孔深度/m	钻孔直径/mm	主轴转速/(r·min⁻¹)	最大提升力/kN	给进方式	给进行程/m	发动机功率	整机质量/kg	备　注
JMD – 50	30~60	100~180	30/60/104	30	油缸	2	15 kW	1100	吉林大学
TGQ – 75	75	46	100/220/580/1200	20	油缸	0.76	11 kW	1100	北京探工所
MK – 2	75	75	10~155	21	油缸	0.5	7.5 kW	650	西安煤科院
TGQ – 100L	100	95	20~70	30	链轮链条	2.8	37 kW	2500	北京探工所
TGQ – 100Z	100	75	80~500	30	链轮链条	1.8	110 kW	6500	北京探工所
QK – 100	150	56	0~1160	20	液压	2.3	13 HP	375	廊坊勘探所
TGQ – 300	300	75	160~1070	60	油缸链条	1.8	37 kW	1700	北京探工所

3.9　往复式泥浆泵

岩心钻探多采用往复式泥浆泵。

3.9.1　往复式泥浆泵分类

按照泥浆泵的结构特点,有四种分类方法:

(1)按缸数分:有单缸泵、双缸泵、三缸泵、四缸泵等。

(2)按液力端的工作机构分:有活塞式和柱塞式两种类型。活塞式往复泵的活塞带密封件作往复运动并与固定的金属钢套形成密封副。柱塞式往复泵的密封组件固定不动并与往复运动的金属柱塞形成密封副,如图 3 – 60 所示。

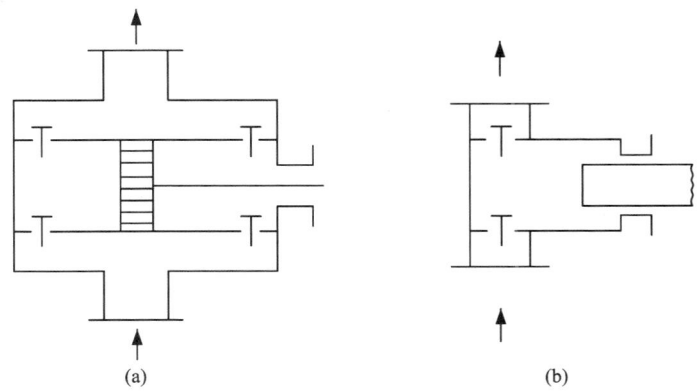

图 3 – 60　泥浆泵液力端示意图

(a)双作用活塞泵液力端示意图;(b)单作用柱塞泵液力端示意图

（3）按作用方式分：有单作用和双作用两种类型。单作用的活塞或柱塞在液缸往复一次，该液缸做一次吸入和一次排出。双作用的液缸被活塞分为两个工作室，无活塞杆的为前工作室或前腔，有活塞杆的称为后工作室或后腔，活塞在液缸往复一次，做两次吸入和两次排出。

（4）按液缸的布置方案及其相互位置分：有卧式、立式、V 型或星型泵等。

钻探施工一般采用三缸、卧式活塞或柱塞泵。

3.9.2 往复式泥浆泵工作原理

图 3 – 61 为单缸单作用往复式泵的工作示意图，主要由液缸、活塞、吸入阀、排出阀、阀室、曲柄或曲轴、连杆、十字头、活塞杆、齿轮、传动轴等组成。当动力机通过皮带、齿轮等传动件带曲轴或曲柄以角速度 ω 按如图 3 – 61 所示方向，从左边水平位置开始旋转时，活塞向右边即泵的动力端移动，液缸内形成一定的真空度，在液面压力的作用下，池内液体推开吸入阀，进入液缸，直到活塞移动到死点为止，为液缸吸入过程。曲柄继续转动，活塞开始向左即液力端移动，钢套内液体受挤压，压力升高，吸入阀关闭，排出阀被推开，液体经排出阀和排出管进入孔内，直到活塞移到左死点时为止，为液缸的排出过程，曲柄连续旋转，每周内活塞往复运动一次，单作用泵的液缸完成一次吸入和排出过程。

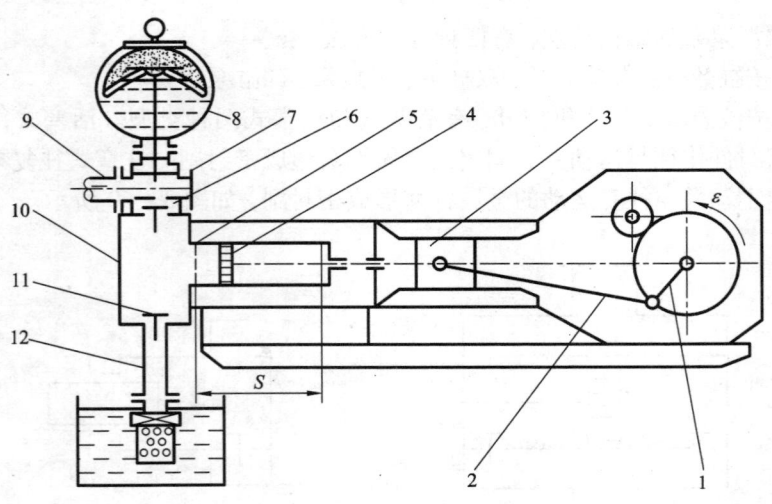

图 3 – 61　往复泵工作原理示意图

1—曲柄；2—连杆；3—十字头；4—活塞；5—缸套；6—排出阀；7—排出四通；
8—预压排出空气包；9—排出管；10—阀箱（液缸）；11—吸入阀；12—吸入管

3.9.3 　BW 系列泥浆泵

BW 系列泥浆泵在地质行业得到广泛应用。根据额定排量的大小，通常按照应用领域的不同划分成两大类：BW 系列地质岩心钻探用泥浆泵和 BW 系列水文水井与油气井钻探用泥浆泵。

3.9.3.1 　BW - 250 型泥浆泵

BW - 250 型泥浆泵为卧式三缸单作用往复式活塞泵（图 3 - 62）。该泵配有两种不同直径的缸套可供改变泵量时更换，而且该泵曲轴箱设有四挡变速机构，所以该泵可提供八级流量。

BW - 250 型往复式泥浆泵由泵头、安全阀、离合器、泵体、机架、三通、滤水器和空气室及压力表等八大部件组成。

3.9.3.2 　BW - 1200 型泥浆泵

BW - 1200 型泥浆泵（图 3 - 63）为卧式双缸双作用活塞往复泵，采用更换不同直径的缸套、活塞来改变泵的排量与压力，适用于钻进深水井、较深岩心勘探孔以及石油修井时向孔内压送冲洗液（泥浆或清水）；也可用于泥浆泵站输送泥浆。

图 3 - 62 　BW - 250 型泥浆泵

图 3 - 63 　BW - 1200 型泥浆泵

该泵有四个工作腔，活塞杆和泵头体之间设有密封圈，四个工作腔有共同的吸入管路和排出管路。

3.9.4 　BW 系列泥浆泵型号与技术参数

BW 系列往复式泥浆泵的型号与技术参数见表 3 - 22。

表 3-22 BW 系列往复式泥浆泵型号与技术参数

参数 \ 型号	BW-120	BW-150	BW-160/10	BW-160	BW-250	BW-300/12	BW-320	BW-350/15	BW-450/5	BW-450
类型	卧式单缸双作用泵	三缸单作用往复塞泵	卧式三缸单作用往复塞泵	卧式三缸单作用往复塞泵	卧式三缸单作用往复塞泵	卧式三缸单作用往复塞泵	卧式三缸单作用往复塞泵	卧式三缸单作用往复塞泵	卧式三缸单作用往复塞泵	卧式三缸单作用往复塞泵
缸径/mm	85	70	70	65	80, 65	75	80, 60	110	95	80
行程/mm	85	70	70	70	100	110	100	80	100	100
泵速/(次·min⁻¹)	150	222~47	200~55	245, 190	200~42	206~82	214~78	213~68	223~85	200~42
流量/(L·min⁻¹)	120	150~32	160~44	60, 120	250~52, 166~35	300~120	320~118, 180~66	350~110	450~172	450~95
额定压力/MPa	1.3	1.8~7	2.5~10	1.5, 2	2.5~6, 4~7	6~12	4~8, 6~10	6~15	2~5	1.2~3
额定功率/kW		7.5	电11, 柴13.24		15	45	30	45		
外形尺寸/(mm×mm×mm)			1830×800×1030	1200×550×580	1100×995×650	2020×1100×1130	1280×855×750	2000×1100×1000	1390×760×110	
质量/kg		516	540	108	500	750	1000	1000	520	

续表 3 - 22

型号 参数	BW-600 /10	TBW-850 /5A	BW900 /5	BW900 /2.5(H)	BW1200	TBW-1200 /7B	TBW-1450 /6	BW-1000 /12	BW-1500 /12
类型	卧式三缸单作用往复活塞泵	卧式双缸双作用往复活塞泵	卧式双缸双作用往复活塞泵	卧式双缸双作用往复活塞泵	卧式双缸双作用往复活塞泵	卧式双缸双作用往复活塞泵	卧式双缸双作用往复活塞泵	卧式三缸单作用往复活塞泵	卧式三缸单作用往复活塞泵
缸径/mm	100	140, 130, 95	140	150	150, 130, 110, 85	160, 150	170, 140, 120	135	150
行程/mm	110	260	260	180	250	270	270	150	150
泵速/(次·min⁻¹)	232~76	66	64	80	71			158~31	195~27
流量/(L·min⁻¹)	600~195	850, 600, 350	900	900	1200, 900, 630, 360	1200, 1000	1450, 900, 700	1000~235	1500~200
额定压力/MPa	3.5~10	5, 6, 8	5	2.5	3.2~13	7, 8	6, 10, 13	6~12	5.8~12
额定功率/kW	55	90	90	37	75/90	电 185 或柴 176	电 110×2	132	179
外形尺寸/(mm×mm×mm)	2300×1715×1230	3018×1120×2050	2600×1050×1870	2050×1030×1350	2845×1300×2100	3045×1440×2420	3045×1440×2420	3500×1760×1400	3885×1800×1700
质量/kg	1400	3100	2300	1470	4000	7200	7400	4000	4300

3.10 移动式空压机

地质钻探中空气钻进工艺常选用移动式柴油空压机。常用空压机型号和主要技术参数分别见表 3 – 23、表 3 – 24 和表 3 – 25。

表 3 – 23 柳州富达柴油移动式空压机型号和主要技术参数

型号	排气量 /(m³·min⁻¹)	额定排气压 /MPa	发动机 & 型号	发动机功率 /kW	机组质量 /kg
LUY100 – 10	10	1	CUMMINS4BT3.9 – C130	97	1690
LUY120 – 14	12	1.4	CUMMINS6BTA5.9 – C180	132	3500
LUY202 – 14	21	1.4	CUMMINS6LTAA8.3 – C230	174	3545
LUY230 – 12	23	1.2	CUMMINS6LTAA8.8 – C315	232	4600
LUY215 – 21	21.8	2.1	CUMMINS6LTAA8.8 – C315	232	5100

表 3 – 24 寿力柴油移动式空压机型号和主要技术参数

型号	排气量 /(m³·min⁻¹)	额定排气压 /(kg·cm⁻²)	发动机 & 型号	发动机功率 /kW	机组质量 /kg
375	10.6	6.9	CUMMINS 6BT5.9 – C	86	2000
425	12.0	6.9	CUMMINS 6BT5.9 – C	100	2000
425HH	12.0	12.0	CUMMINS 6BTA5.9 – C	132	2000
400XH	11.3	13.8	CUMMINS 6BTA5.9 – C	132	2000
600XH	17.0	13.8	CUMMINS 6CTA8.3 – C240	240	3200
750HH	21.2	12.0	CUMMINS M11 – C300	224	4620
750VH	21.2	24.0	CATERPILLAR C – 12	317	7200
825H	23.4	10.3	CUMMINS M11 – C300	224	4620
825XH	23.4	13.8	CUMMINS M11 – C330	246	4620
825VH	23.4	24.0	CATERPILLAR C – 12	317	7200
900HH	25.5	12.0	CUMMINS M11 – C330	246	4620
900XH	25.5	24.0	CATERPILLAR C – 12	317	7200

续表 3 - 24

型号	排气量 /(m³·min⁻¹)	额定排气压 /(kg·cm⁻²)	发动机 & 型号	发动机功率 /kW	机组质量 /kg
900XHH(A)	25.5	34.5	CATERPILLAR C - 15	403	
950H	26.9	10.3	CUMMINS M11 - C300	224	4880
980XH	27.8	24.1	CATERPILLAR 3406C	328	6670
1060RH	30.0	20.0	CATERPILLAR C - 12	317	
1070XH	30.3	24.1	CATERPILLAR 3406C	347	6670
1150XH(A)	32.6	24.0	CATERPILLAR C - 15	403	
1350XH(A)	38.2	24.0	CATERPILLAR C - 18	470	

表 3 - 25　英格索兰柴油移动式空压机型号和主要技术参数

型号	排气量 /(m³·min⁻¹)	额定排气压 /MPa	发动机 & 型号	发动机功率 /kW	机组质量 /kg
VHP400	11.3	13.8	CUMMINS 6BTA5.9 - C	129	2545
VHP600	17	7	CUMMINS 6BTA5.9 - C	129	2545
VHP750	21.2	13.8	CAT C9	224	4000
MHP825	23.3	12.0	CAT C9	224	4000
HP900	25.5	10.3	CAT C9	224	4000
XP950	27	8.6	CAT C9	224	4000
P1060	30	7.0	CAT C9	224	4000
RHP750	21.2	20.7	CAT C9	261	4400
SHP825	23.3	17.2	CAT C9	261	4400
VHP900	25.5	24.1	CAT 3406TA	295	6181
XHP1070	30.3	24.1	CAT 3406TA	331	6318

3.11　钻塔

钻塔是钻探设备的重要组成部分，可安放和悬挂天车、游动滑车、大钩、提引器等，在钻进过程中用于起下钻进设备和工具，起下和存放钻杆、起下套管柱。

3.11.1　钻塔类型和特点

通常按钻塔的结构分为四脚钻塔（图 3 − 64）、三脚钻塔、A 形钻塔（图 3 −65）、K 形钻塔和桅杆钻塔（图 3 −66）等。

图 3 −64　四脚钻塔图

四脚钻塔为封闭式桁架结构的四面锥体钻塔，内部操作空间较大、可配备塔衣，承载性和稳定性较好。

A 形钻塔用小断面桁架结构组成两脚式钻塔，减轻了钻塔重量，为整体式起升与拆移钻塔，游动系统运行空间大，司钻视野宽阔。

桅杆式钻塔与钻探机械设备集中组合，可实现自起自落，使用方便，效率高。断面形式主要有箱式和桁架式；由于钻机的升降系统、减压钻进系统等集中安装在桅杆上，所以，桅杆式钻塔的设计将根据钻机整体设计要求进行。

图 3 - 65　A 形钻塔

图 3 - 66　桅杆式钻塔

　　K 形钻塔如图 3 - 67 所示,应用于深孔勘探及深水井、石油井、地热井、天然气井的钻凿成孔工作。其断面形状为 K 形,即前开口型,截面为空间桁架结构;主体为片状桁架结构,便于拆装和运输;钻塔一般分为 4 ~ 5 段,段与段之间采用平面接触、双锥销固定的连接形式,确保井架的整体刚性和稳定性;钻塔左、右各设一个缓冲液缸,在井架起、放时分别起缓冲和顶推的作用;钻塔的前后调节通过人字架后支座处的偏心轮实现,左右调节通过增减井架支座下方的垫片实现,钻塔低位安装,整体起放;钻塔空间及高度均能满足安装相应顶驱装置的要求。

3.11.2　钻塔规格参数

　　四角钻塔的规格参数见表 3 - 26,A 形钻塔的规格参数见表 3 - 27,K 形钻塔的规格参数见表 3 - 28。

图 3 - 67　K 形钻塔

表 3 - 26　四角钻塔的规格参数

参数 型号	塔架 高度 /m	载荷 /t	钻孔倾角 /(°)	移摆立根 长度/m	塔顶面积 /m²	塔底面积 /m²	天车 轮数 /个	活动平 台载荷 /kg	钻塔 质量 /kg
SZ12 - 16	12.5	16			1.6×1.6	4×4	3		2662
SGX13 JSX13	13	10~15	75~90	9~10	1.2×1.2	4.2×5.15	2	80	4150
HCX - 13	13	16.3	75~90	9		3.8×4.7	3	80	4450
SGX17 JSX17	17	12~25	75~90	13.5~14.5	1.2×1.2	4.5×6.4	3	80	5200
HS17 - 16	17	16			1.6×1.6	5×5	3		4600
SZ17 - 16	17	16			1.6×1.6	5.5×5.5	3		6557
SG18	18	15~20	75~90	13.5~14.5	1.2×1.2	4.5×4.5	3	80	4334
HCX - 18	18	32	75~90	12~13.5		4.5×5.8	3	80	5480
HS18 - 36	18	36			1.4×1.4	5.5×5.5	3		7340
SZ18 - 36	18	36			1.4×1.4	6×6.57	3		8160
HS22 - 36	22	36			1.4×1.4	6×6	3		8830
SGZ23	23	23~30	75~90	18~19	1.2×1.2	5.5×5.5	4	80	6630
SGZ23	23	32	90	18	1.2×1.2	5.5×5.5	4	80	6980
HS24 - 50	24	50			1.4×1.4	6.5×6.5	4		13500
SZ24 - 50	24	50			1.4×1.4	6.57×6.57	4		13000
SZ27 - 70	27	70			1.5×1.5	7.36×7.36	5		15759
HS27 - 75	27	75			1.5×1.5	7×7	5		16650
HS30 - 110	30	110			2×2	7.5×7.5	6		34700
HS37 - 130	37	130			2×2	12.7×12.7	6		43500

表 3 - 27　A 形钻塔规格参数表

型号 \ 参数	塔架高度/m	大钩载荷/t	跨度/m	移摆立根长度/m	二层平台高度/m	底摆面积/m²	天车轮数/个	支架形式	钻塔质量/kg
AG13	13	20		9		4.5×5	3		5000
A13 - 20	13	20	4		8.5		3		
AG15	15	30		9		4.5×4.5	4		5000
A15 - 35	15	35	4		8.5		4		
AS16 - 20	16	20	4.2×3.1				3		5650
AS17 - 30	17	30	4.2×3.1		8		4	斜拉杆	8377
AG18	18	30		13.5		4.5×6.4	4		5800
A18 - 35	18	35	4		12.5		4		
AS24 - 50	23	50	5×3.1	17.4			4		13000
AG24	24	75		17.5		6×6	4		13000
AS27 - 50	27	50	5.5×3.5		17.5		5	斜拉杆	17855
AS27 - 70	27	70	5.5×3.5		17.5		5	斜拉杆	20340
AG27	27	90		17.5		6×6	5		19000
A27 - 90	27	90	5.5		17.5		5		
AS31 - 180	31	100	6.6×5		17.7		6		58000
AS31 - 130	31	130	6.3×4.9		17.5		6	三角支架短横梁	52292
AG31	31	135		17.5		7×12×2.2	6		41000
A31 - 150	31	150	6.6		17.5		6		
AS38 - 135	38	135	7×5	26.5, 27			6	三角支架短横梁	60970
A41 - 200	41	200	4		26.5		7		

表 3 – 28　K 形钻塔及底座规格参数表

型号 / 参数	KS31 – 1304485	K31 – 135 – 1.7	KS41 – 1704480	K41 – 200 – 2.8
主体材料	钢管		钢管	
塔架高度/m	31	31	41	41.45
大钩最大载荷/t	130	135	170	200
底部跨度/m	6.5	6.6	6.5	7
二层平台安装高度/m	17.5	17.5	26.35	25.5, 26.5
天车	六轮定滑车		六轮定滑车	
起放井架抗风能力/$(m \cdot s^{-1})$		≤8.3		≤8.3
空载\满立根抗风能力/$(m \cdot s^{-1})$		≤36		≤36
无钩载\无立根抗风能力/$(m \cdot s^{-1})$		≤47		≤47
钻塔重量　塔架自重/kg	31404	25000	40770	73000
钻塔重量　塔底自重/kg	28696		49900	
三角支架形式	三角支架短横梁		三角支架短横梁	
垂直高度/m	6.08		7.3	
工作平台高度/m	2.75/2.1		4.0/3.14	

3.12　动力设备

3.12.1　地质钻探用动力机种类和特点

目前,地质钻探设备用动力机主要是三相交流感应电动机和柴油机。

电动机具有体积小、重量轻、价格便宜、超负荷范围大、噪声小、污染小等特点,在钻探施工现场距公共电网较近的情况下,优先选用。

柴油机具有机动灵活、不受施工现场电力供应限制的特点,可供距公共电网较远或供电不稳定的地方选用,柴油机的缺点是能耗大、成本高以及现场噪声较大。

3.12.2　动力机选型及动力计算

地质钻探设备用动力机在选型计算时主要考虑钻进时主机回转、提升、泥浆泵驱动和辅助提升等功率需要，要具体分析所用设备的最大功率出现点和最大功率的出现频率，并考虑一定的储备系数。

回转功率取决于转速和回转扭矩，计算公式为：

$$P_h = T \cdot n / (9550 \times \eta_h) \qquad (3-1)$$

式中：P_h 为回转功率，kW；n 为回转转速，r/min，由设备所适用的钻探施工工艺确定；T 为回转扭矩，N·m，与钻孔直径、深度、钻具组合形式、所钻取岩石性质、冲洗液等多种因素有关，可以用类比法确定；η_h 为回转系统传动效率。

提升功率取决于提升重量和提升速度，计算公式为：

$$P_t = F \cdot V / (1000 \times \eta_t) \qquad (3-2)$$

式中：P_t 为提升功率，kW；F 为提升重量，N，主要考虑钻具重量、孔壁阻力和冲洗液浮力；V 为提升速度，m/s，要考虑钻孔直径、钻塔高度和孔壁稳定等方面的因素，在安全的前提下提高提升效率；η_t 为提升系统传动效率。

泥浆泵驱动功率计算公式为：

$$P_n = Q \cdot \Delta p / (60 \eta_n) \qquad (3-3)$$

式中：P_n 为泥浆泵驱动功率，kW；Q 为输出流量，L/min；Δp 为泥浆泵的输出压力，MPa；η_n 为泥浆泵的输出效率，$\eta_n = 0.95$。

常用电动机和柴油机的规格参数可参见有关手册。

3.13　附属设备

3.13.1　固控系统

钻井液固控技术是保证正常钻井工艺技术实施的关键之一，通常用于泥浆固相分离的设备有振动筛、旋流分离器、离心机三大类。

3.13.1.1　振动筛

作为泥浆的第一级净化，振动筛（图 3-68）的作用是将从井口返出的泥浆中大于 70 μm 的较大颗粒除去，并且不产生破碎，以便下一级净化设备对泥浆进一步净化。振动筛性能的优劣除直接影响第一级处理的质量外，对下级净化处理设备性能的发挥也有很大的影响。

3.13.1.2　旋流分离器

根据清除固相颗粒大小的不同，旋流分离器又分为除砂器、除泥器。除砂器就是用于清除泥浆中砂子颗粒的一种分离设备，而除泥器则是用于清除泥浆中黏

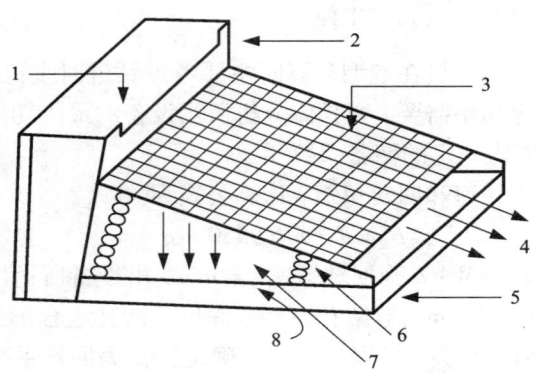

图 3 – 68　振动筛的基本结构

1—泥浆进口；2—泥浆盒；3—筛网；4—筛除固相颗粒；
5—底座；6—隔振元件；7—筛箱；8—液体和细固相颗粒

泥颗粒的一种分离设备。除砂器与除泥器的工作原理是一样的，都是由一组水力旋流器和一个处理旋流器底流并回收泥浆的小型超细网目振动筛组成。除砂器主要适用于加重的水基泥浆，其有效分离粒径为 $44 \sim 74 \ \mu m$，若用于处理油基泥浆时，有效分离粒径会减小到 $70 \ \mu m$。除泥器主要适用于固体含量较低的非加重水基泥浆，有效分离粒径为 $8 \sim 40 \ \mu m$，若用于处理油基泥浆时，有效分离粒径则增大为 $40 \sim 50 \ \mu m$。

除砂器、除泥器的结构均为平衡式水力旋流器，水力旋流器是根据旋流离心沉降分离原理设计的固液分离设备，即在钻井液中悬浮的颗粒经受到旋流离心加速的作用下，沉降在旋流器内壁上，然后在重力的作用下，沿锥面从旋流器底部分离出来，达到固液分离的目的。它分离固相的能力与本身的结构参数、注浆压力和钻井液性能有关。旋流体内径越小，能分离出的固相颗粒越细。旋流器内径大于 152 mm 时，只能分离较粗的砂粒。水力旋流器（图 3 – 69）的上部是一个圆柱蜗壳，下部是一个锥形壳，圆柱壳的侧面有一切向钻井液入口管，顶部装有溢流管。圆锥壳底部有排砂孔，分离出来的砂由此排除。

含有悬浮固相颗粒的钻井液，在注入泵泵入压力的作用下，以很高的速度经进口管以切线方向注入圆柱蜗壳。在切力的作用下，使钻井液在旋流器内绕锥筒中心高速旋转产生极大的离心力，由于钻井液与固相颗粒存在密度差，迫使岩屑沉降。旋流器的锥筒越向底部半径越小，钻井液获得的角速度越大，从而产生更大的离心力。由于细小的颗粒受到的离心力较小，在到达锥底之前，未能到达锥壁，因而被反向运动的钻井液带至锥筒中心，径溢流管返出。

旋流器在岩心钻探中主要使用在开孔和扩孔阶段，用以清除较粗的固相。用

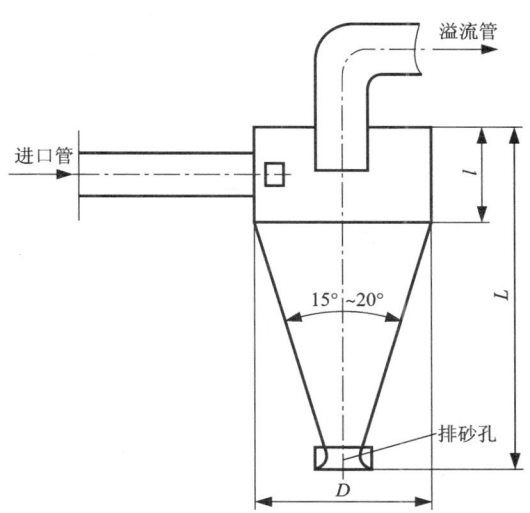

图 3 – 69　水力旋流器结构示意图

旋流器除砂存在的主要问题是底流跑浆，造成泥浆的浪费。针对跑浆的问题，采用旋流器与细目振动筛组合的结构形式，构成除砂清洁器（图 3 – 70）。

图 3 – 70　除砂清洁器外观

除砂清洁器是一组水利旋流器与一台超细目振动筛的组合，旋流器的溢流返回钻井液系统，底流落到振动筛网上，通过振动筛的钻井液返回到循环罐内，筛上物被清除，解决了跑浆的问题。除砂清洁器的固控过程如图 3 – 71 所示。

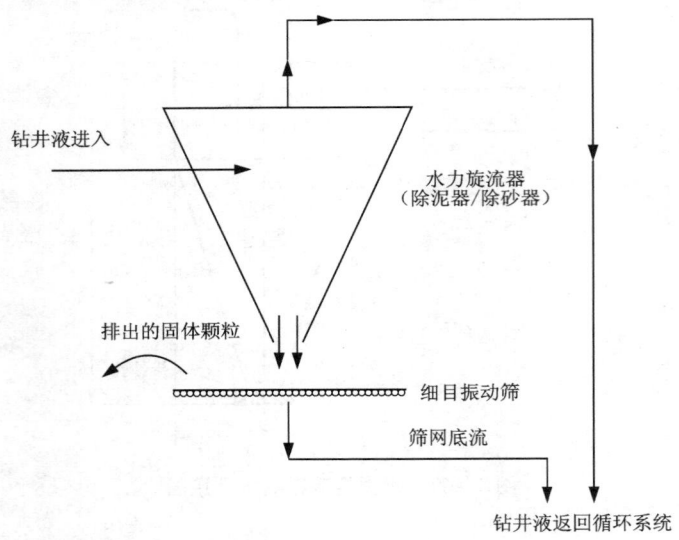

图 3 – 71　除砂清洁器流程

QJQ200 × 1/100 × 2 型除砂清洁器主要技术参数见表 3 – 29。

表 3 – 29　QJQ200 × 1/100 × 2 型除砂清洁器主要技术参数

序号	参　数	数　值
1	除砂旋流器直径	200 mm
2	除泥旋流器直径	100 mm
3	处理量	40 m³/h
4	工作压力	0.10 ~ 0.2 MPa
5	除砂旋流器分离粒度	≥47 μm
6	除泥旋流器分离粒度	≥15 μm
7	底流筛尺寸	600 mm × 1000 mm
8	筛网规格	150/20 目
9	底流筛电机功率	0.25 kW
10	整机质量	300 kg

3.13.1.3　钻井液离心机

　　钻井液离心机一般安装在固控系统的最后一级，利用离心沉降原理分离旋流器不能分离的细小颗粒。

离心机(图3－72)的转毂两端支撑在滚动轴承上,输送固相的螺旋输送器与转鼓之间留有微量间隙,并用行星差速器使两者维持一定的转差,动力机通过三角皮带轮带动转毂旋转。当含有固相的钻井液由注入泵送入转鼓中时,固体颗粒在离心力的作用下便沉降到转鼓壁上,旋转的转鼓经差速器与螺旋推进器形成转速差,在螺旋推进器的推动下,将沉降到转毂内壁上的岩屑(粉)向一端输送并排出。经离心分离的钻井液经转毂另一端开设的若干溢流口溢出,达到分离固相的目的。

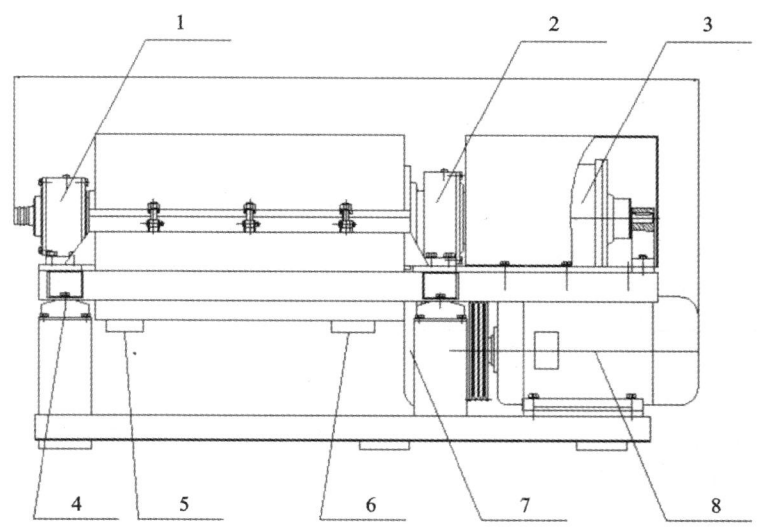

图 3－72 钻井液离心机结构图

1—左轴承座;2—右轴承座;3—差速器;4—减振垫;5—溢流口;6—出渣口;7—耦合器;8—电机

TGLW350－692T 型钻井液离心机主要技术参数见表3－30。

表 3－30 TGLW 350－692T 型钻井液离心机主要技术参数

参数	额定处理量 /(m³·h⁻¹)	最小分离点 /μm	转速 /(r·min⁻¹)	功率 /kW	整机质量 /kg
数值	6	5	1500	11	600

3.13.2 提引装置

3.13.2.1 游动滑车

游动滑车用于钢丝绳升降系统,其作用是利用较小的提升力提升较大重量的钻具。游动滑车按滑轮的数目分为单轮,双轮和三轮等多种。岩心钻探用的游动滑车多为 1~2 个滑轮, 不同滑轮数的滑车按负荷大小又有多种规格。滑车系列的技术性能见表 3-31。

表 3-31　　滑车系列的技术性能

类型			特点	用途	适用孔深
按用途分	按轮数分	负荷能力/t			
吊车滑车	单轮	1	一般无滑轮罩	与天车吊环配合作天车用	0~100
		3			0~300
游动滑车	单轮	3	有滑轮罩	与天车、钢丝绳组合为复式滑车系统供升降工作用	0~300
		6			<600
		10			<1000
	双轮	5			<500
		8			<600
		10			<1000
	三轮	18			<1000 或 <2000

3.13.2.2　提引器

提引器是在升降钻具作业中夹持钻杆锁接头, 用以起下钻具的工具。提引器分为普通摘挂式提引器和塔上无人摘挂式提引器。

1. 普通摘挂式提引器

普通摘挂式提引器主要包括手搓式和球卡式两种。

1) 切口式提引器

与锁接头切口匹配, 搓动活动圆环直接挂接钻柱, 结构简单, 操作灵活。

2) 手搓式提引器

手搓式提引器(图 3-73)结构简单, 多用于绳索取心钻杆, 其下端有与钻杆螺纹相同的接头, 采用接头螺纹连接的方法, 工作可靠, 但操作麻烦, 比较费时。

3) 球卡式提引器

球卡式提引器(图 3-74)是利用钻具自重闭锁原理提引钻具的装置。主要由卡球 6、卡球套 7、弹簧 5、拨叉 3 及扳手 1 等零件组成。提升钻杆时, 弹簧推动卡球沿着具有锥度的卡瓦向下滚动并向内突出卡住钻杆, 而钻杆的重力又带动卡球进一步向下滚动, 从而具有提引钻杆的作用。需要松开钻杆时, 扳动拨叉扳手, 使卡球套带动卡球克服弹簧的弹力向上。由于锥度作用, 卡球向外移动, 从而把卡紧的钻杆松开。

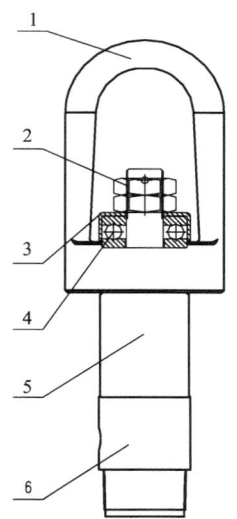

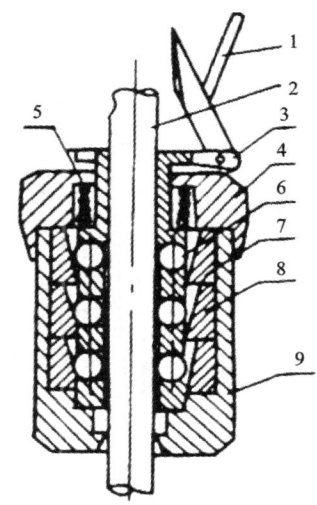

图 3 – 73　手搓式提引器结构图

1—吊环；2—锁紧螺母；3—轴承盖；
4—轴承；5—提引接头；6—短接头

图 3 – 74　球卡式提引器结构图

1—扳手；2—钻杆；3—拨叉；4—压盖；
5—弹簧；6—卡球；7—卡球套；8—卡瓦；9—外壳

2. 塔上无人摘挂式提引器

塔上无人摘挂式提引器是一种自动化程度高的提引器，其共同特点是塔上无人操作，可自动脱开或自动挂脱钻杆立根，主要包括爬杆斜脱式提引器和自动脱挂式提引器。

1）爬杆斜脱式提引器

爬杆斜脱式提引器（图 3 – 75）是由本体 1、吊环提篮 6、活门滚轮 12、斜头挡板 24、压力弹簧 7、弯把拔销 21 等主要零件组成。用于提升钻杆时，滚轮摆向一边，不关闭提引器缺口。把提引器的蘑菇挡头挂在钻杆的蘑菇头上，钻杆立根提起后，插上垫叉卸扣。钻杆立根卸扣后，利用升降机并在孔口操作者协助下将立根放在立根架上。在提引器下落的同时，利用提引器本体内设置的斜头挡板作用，提引器与钻杆脱开，继续提引下一根孔内钻杆。

下钻时，孔口作业人员先把提引器套在立根的下部，然后用活门滚轮关闭提引器缺口，并用销栓 14 锁住滚轮，上提提引器。由于提引器已套住立根，故当提引器沿立根上升到立根顶端时，提引器本体的蘑菇挡头自动挂住钻杆立根蘑菇头，并将立根拉起。

2）自动脱挂式提引器

自动脱挂式提引器（图 3 – 76）又称钟式提引器，是由提环 1、外壳 5、弹簧 6、

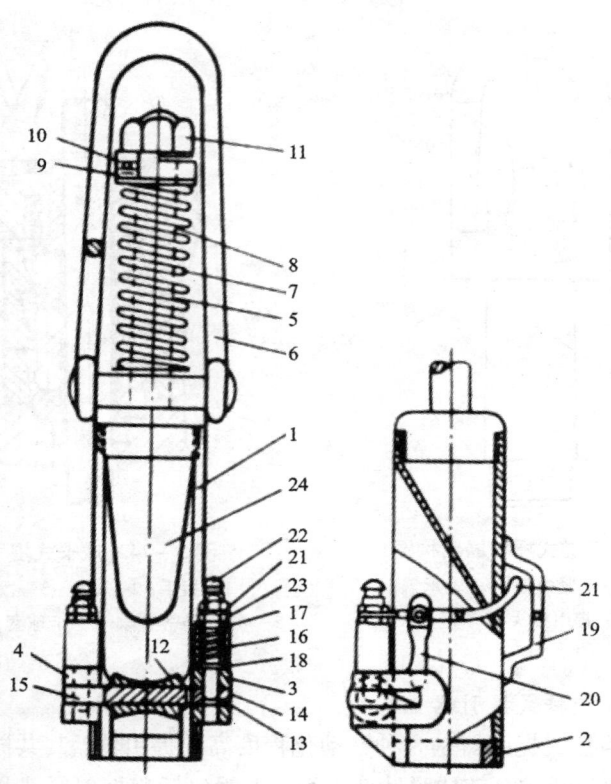

图 3-75　爬杆斜脱式提引器

1—本体；2—蘑菇挡头；3、4—卡耳；5—弹簧轴；6—提篮；7—压力弹簧；8—保护支管；
9—滚珠轴承；10—滚珠轴承；11—螺帽；12—滚轮；13—滚轮轴；14、15—销栓；
16—弹簧；17—弹簧压盖；18—弹簧压盖座；19—拉手；20—弯把拔销支柱；
21—弯把拔销；22—销栓顶螺帽；23—锁紧螺帽；24—斜头挡板

内套7、钢球12及导向套13等组成。使用该提引器时，钻杆锁接头上必须加工
有一个环形槽。

3.13.2.3　水龙头

水龙头安装在主动钻杆的上端，并用软管和水泵相连。其作用是泥浆泵排出
的冲洗液通过水龙头送入管柱，进往孔内；而且在主动钻杆转动时，使高压胶管
不转动。

水龙头有多种形式，按其适用孔深不同，分为浅孔用水龙头和深孔用水龙
头；按其回转部位不同，可分为外转式(壳体转动式)及内转式(芯管转动式)。目
前主要采用的是内转式水龙头，如图3-77所示。

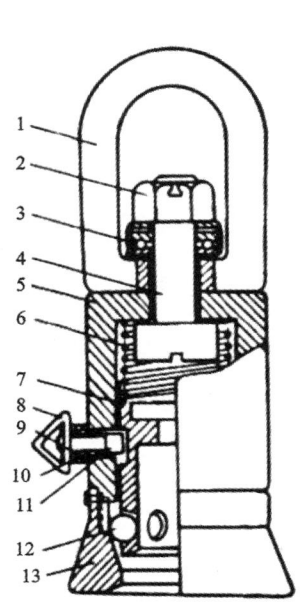

图 3 - 76　钟式自动脱挂式提引器

1—提环；2—螺帽；3—推力轴承；4—轴杆；5—外壳；

6—弹簧；7—内套；8—销子柄；9—弹簧；

10—销子套；11—销子；12—钢球；13—导向套

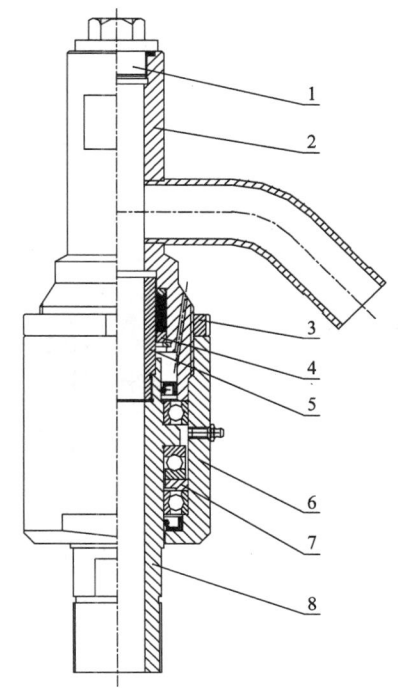

图 3 - 77　内转式水龙头

1—丝堵；2—接头；3—锁母；4—垫；

5—芯管；6—壳体；7—承压垫片；8—下接头

1. 小口径钻进用水龙头

小口径钻进用水龙头(图 3 - 78)属于芯管转动式。它是由提引环、下壳体、下接头、芯管、压缩弹簧以及密封环等组成。此种水龙头的体积小，重量轻，结构简单，加工容易，使用维修方便。

2. 轻便式水龙头

轻便式水龙头，属于外壳转动式，主要由下接头、本体、蘑菇接头、芯管、轴承、塞线、塞线压盖等组成。该水龙头采用塞线密封，更换塞线不用拆开水龙头，采用向心滚动轴承和推力轴承组合，转动灵活，轴承承载合理。缺点是芯管磨损较快；塞线密封性能较差，且易磨损。

3. 深孔用水龙头

深孔用水龙头(图 3 - 79)是由上接头、主轴管、轴承、芯管、压盖、下接头和密封圈组成。芯管与主轴管用螺纹连接，并用螺母锁紧，可调节芯管伸入下接头的长度。

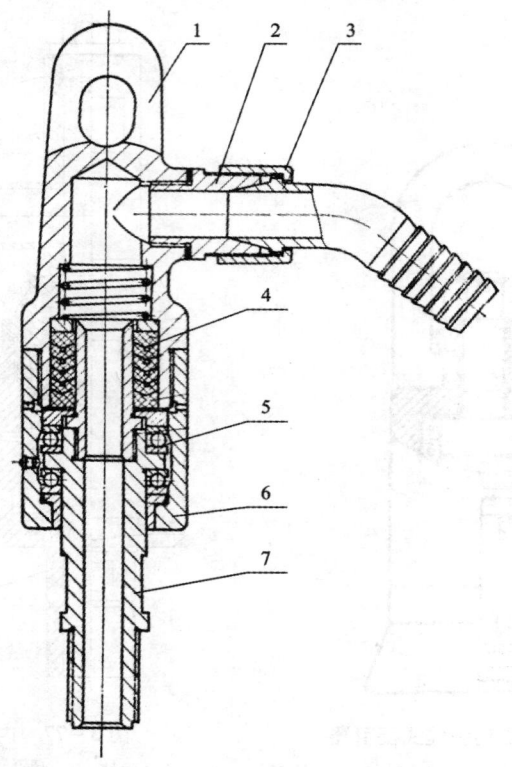

图 3 – 78　小口径水龙头

1—提引环；2—接头；3—锁母；4—芯管；5—支撑环；6—壳体；7—下接头

4. 双通道水龙头

双通道水龙头可用于多介质正反循环钻进，相对于常规水龙头，它多了一个侧入式循环介质通道，用于反循环钻进时将循环介质导入双壁钻杆内外管之间的环隙。

双通道水龙头（图 3 – 80）主要由提梁、鹅颈管、主轴、轴承、进气（水）管及芯管等组成。主轴与芯管之间是一环状通道，与双壁钻杆内外管之间形成的环状通道相连。反循环钻进时，循环介质（高压气体或水流）通过进气（水）管进入主轴与芯管之间的环状通道，并经双壁钻杆环状通道进入孔底，然后携带钻屑由钻杆内管及水龙头芯管内孔径鹅颈管返回。正循环钻进时，压缩空气或高压钻井液由鹅颈管送入，经芯管及钻杆内孔进入孔底，并携带岩屑由钻杆与井壁之间返出。

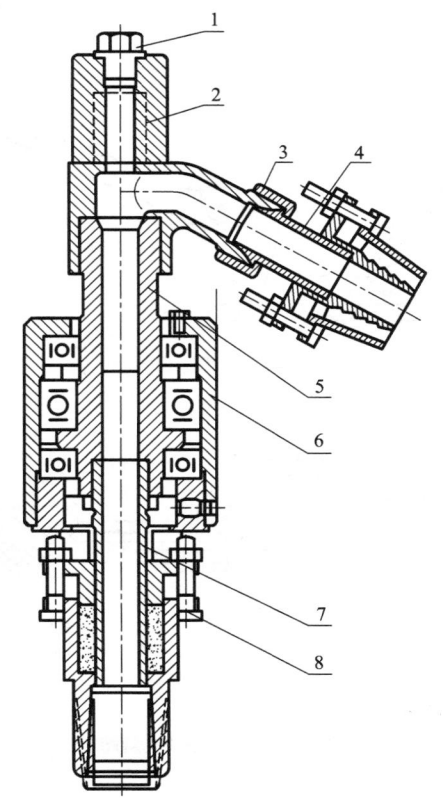

图 3 - 79　深孔用水龙头

1—丝堵；2—上接头；3—锁母；4—接管；
5—主轴管；6—壳体；7—芯管；8—压盖

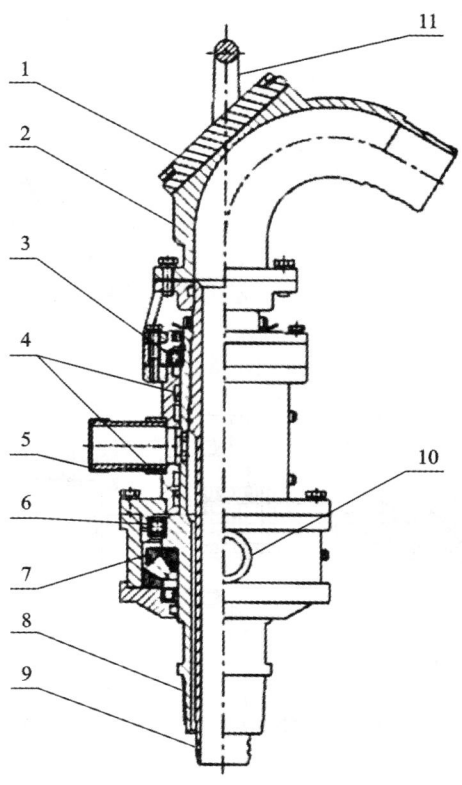

图 3 - 80　双通道水龙头

1—盖板；2—鹅颈管；3—上球轴承；4—密封圈；
5—进气（水）管；6—下球轴承；7—推力滚子轴承；
8—外管；9—内管；10—销轴；11—提梁

3.12.2.4　钻杆夹持器

夹持器用于孔口夹持钻杆。根据所夹持的钻杆类型不同，分为普通夹持器和绳索取心夹持器。普通夹持器按结构不同分为扇形、脚踏式和夹板式。它可夹持钻杆任何部位，且夹持牢靠，但使用不方便，目前已较少使用。绳索取心钻杆夹持器分为机械式和液压式，其中机械式绳索取心夹持器又分为球夹式和脚踏式。

1. 木马式夹持器

脚踏式夹持器又称为木马式夹持器（图 3 - 81），由偏心座、卡瓦以及曲轴连杆等组成。夹持钻杆时，它是利用两个偏心座 5 绕着支点向下转动，从而向前挤夹卡瓦，靠钻杆的重力实现自动夹紧。孔内钻杆的重量越大，夹持器产生的夹紧力也越大；松开钻杆时，一边提升钻杆，一边脚踩偏心座的踏板，偏心座绕支点转动，把夹紧的钻杆松开。

常用的木马式钻杆夹持器技术参数见表3 –32。

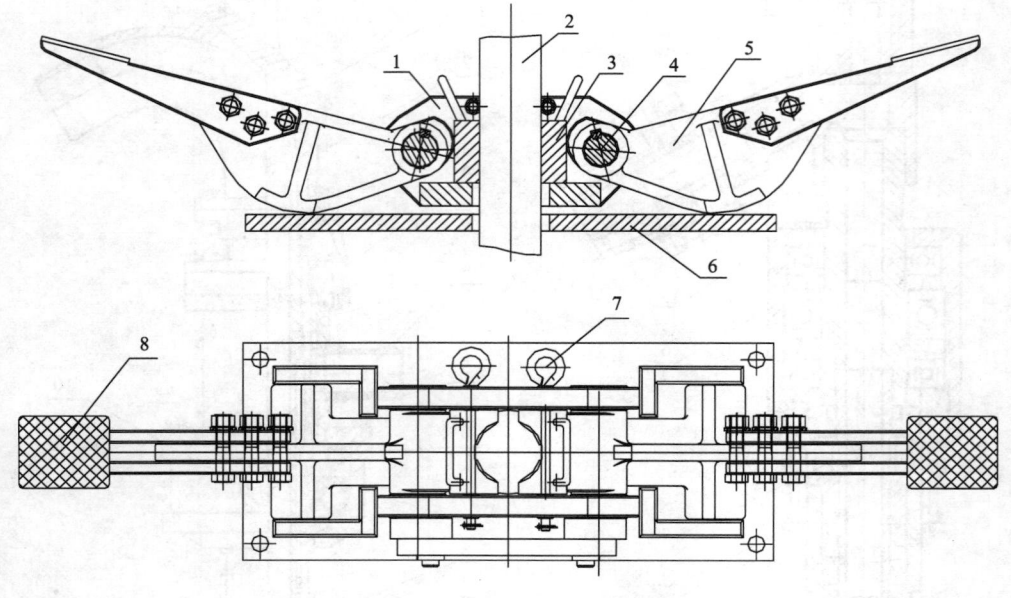

图3 –81　木马式夹持器

1—夹持器座；2—钻杆；3—卡瓦；4—轴；5—偏心座；6—底座；7—安全销；8—脚踏板

表3 –32　木马式钻杆夹持器技术参数

项　目	规　格　与　参　数			
	S46 – J	S59 – J	S75 – J	S95 – J
夹持能力/kN	50 ~60	60 ~70	80 ~90	120 ~130
夹持钻杆规格/mm	$\phi 41 \sim 45$	$\phi 51 \sim 55$	$\phi 70 \sim 73$	$\phi 88 \sim 93$
外形尺寸/（mm×mm×mm）	921 ×220 ×140	921 ×220 ×140	974 ×260 ×147	
质量/kg	33	33	54	
备注	1. S46 – J、S59 – J 壳体尺寸相同，更换卡瓦即可；2. 重量不包括底座			

2. 液压夹持器

液压夹持器起到夹持孔内钻具、辅助上卸扣的作用。在同一个卡瓦座上不同的钻杆需要更换不同钻杆对应的卡瓦片。

液压夹持器的工作原理是液压预夹紧，杠杆（转臂）卡紧，主要由油缸、箱体、卡瓦体、卡瓦、转臂、导向套等主要部件组成。常见的结构形式如图3 –82、图3 –83 所示。

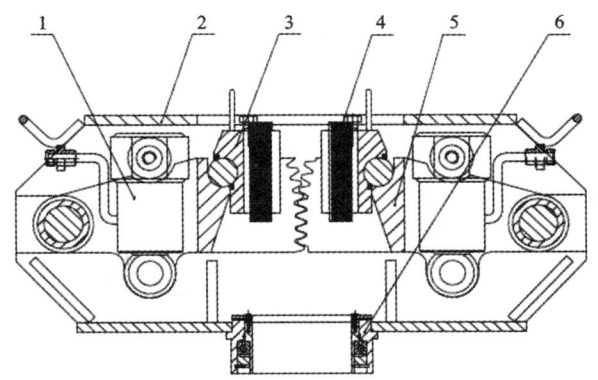

图 3－82　液压夹持器

1—油缸；2—箱体；3—卡瓦体；4—卡瓦；5—转臂；6—导向套

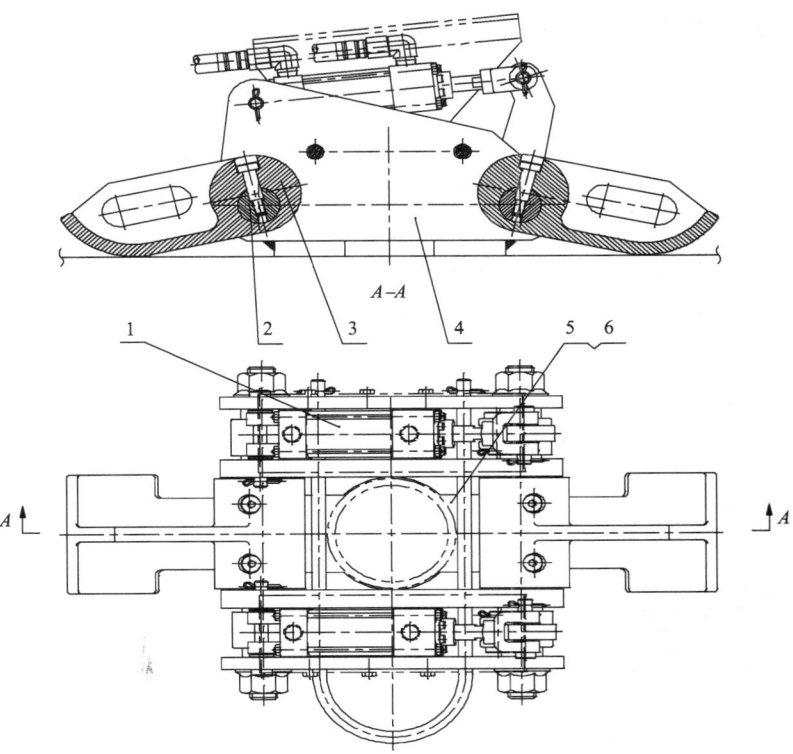

图 3－83　液压夹持器结构图

1—液压预紧油缸；2—转轴；3—转臂；4—夹持器架；5—卡瓦座；6—卡瓦

中国地质装备总公司生产的液压夹持器技术参数见表 3－33。

表 3 – 33　液压夹持器技术参数

夹持能力/kN	160(相当于长度 2000 m 的 S75 绳索取心钻杆)
夹持钻杆规格/mm	S95、S75、S59、S56 绳索取心钻杆；T108、T114 套管
最大通径/mm	ϕ160
工作原理	液压预压、卡紧
配件选择	在同一个卡瓦座上更换四种不同钻杆对应的卡瓦片

3.13.2.5　拧卸装置

拧卸装置是与钻机配套的附属机械，用于代替人力拧卸钻杆或钻具，以实现拧卸钻杆机械化。拧卸装置按钻杆的形式分普钻拧管机和绳索取心液压钳。其中普钻拧管机包括机械式、液压式和电动式三种类型。目前普钻拧管机主要采用液压式，用于拧卸带有卡槽的普通钻杆，绳索取心液压钳可用于绳索钻杆、套管和普通钻杆。

1. 液压拧管机

液压拧管机(图 3 – 84)由操纵阀、液压马达、拧管机本体等三个部分组成，具有不需另设动力、体积小、重量轻、使用简易方便、操作安全可靠、维护费用低等优点。

液压马达输出按顺时针(或反时针)运转，通过中间齿轮和大齿轮带动动盘转动以达到拧卸钻具的目的。液压马达输出轴的扭矩，亦是通过这两对齿轮的减速作扭矩放大后，传递给动盘拔柱的。液压拧管机的动力是高压油，高压油来源于钻机上的齿轮油泵。

液压拧管机技术参数见表 3 – 34。

表 3 – 34　液压拧管机技术参数

序号	参　数	数　值
1	输出最大扭矩/(kg·m)	100
2	转速/(r·min^{-1})	100
3	拧卸钻杆直径/mm	ϕ42、ϕ50
4	最大通孔直径/mm	ϕ156
5	拧一个锁接头的时间/s	4
6	卸一个锁接头的时间/s	6
7	操纵阀形式	延时缓冲换向阀
8	液压马达型	ZM7 – 14 型轴向柱塞式油马达
9	质量/kg	93

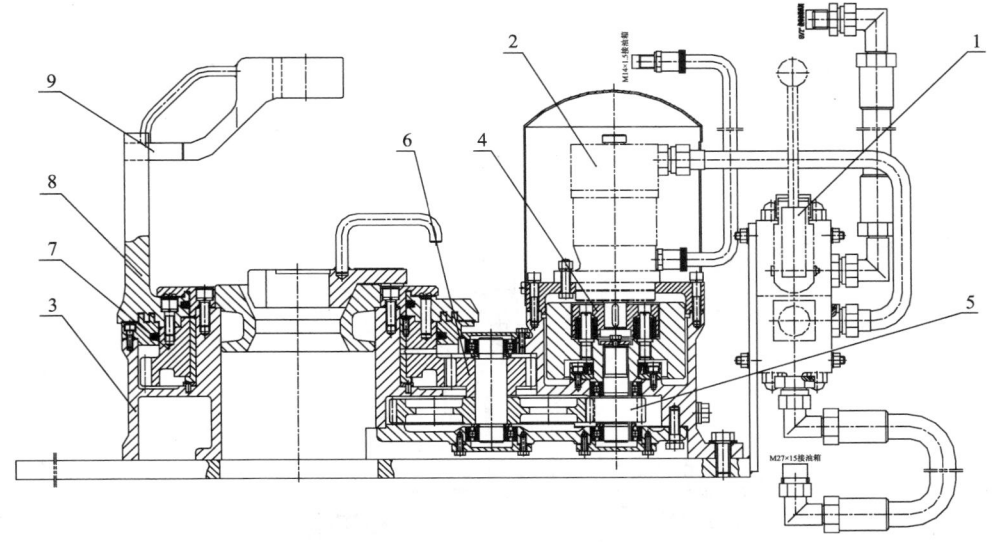

图 3 – 84　液压拧管机结构图

1—操作阀；2—液压马达；3—壳体；4—联轴节；5—齿轮轴；
6—齿轮；7—大齿轮；8—动盘；9—上垫叉

2. SQ114/8 型绳索取心液压钳

SQ114/8 型绳索取心液压钳是用于绳索取心钻杆进行快速拧卸扣的一种开口型液压钳，主要是克服在深部地质取心钻探施工中提下钻频繁、劳动量大，长期以来人工上扣预扭矩达不到预紧要求，提钻卸扣时的敲打容易损伤钻杆接头等弊端而研制的绳索钻杆拧卸扣专用设备。

图 3 – 85　SQ114/8 型绳索取心液压钳

SQ114/8 型绳索取心液压钳广泛适用于 S59、S75、S95、S114 钻杆以及对应规格的各种钻杆和套管，可以适配各种型号的深孔全液压钻机和立轴钻机。其外形见图 3 – 85，结构图见图 3 – 86。

SQ114/8 型绳索取心液压钳技术参数见表 3 – 35。

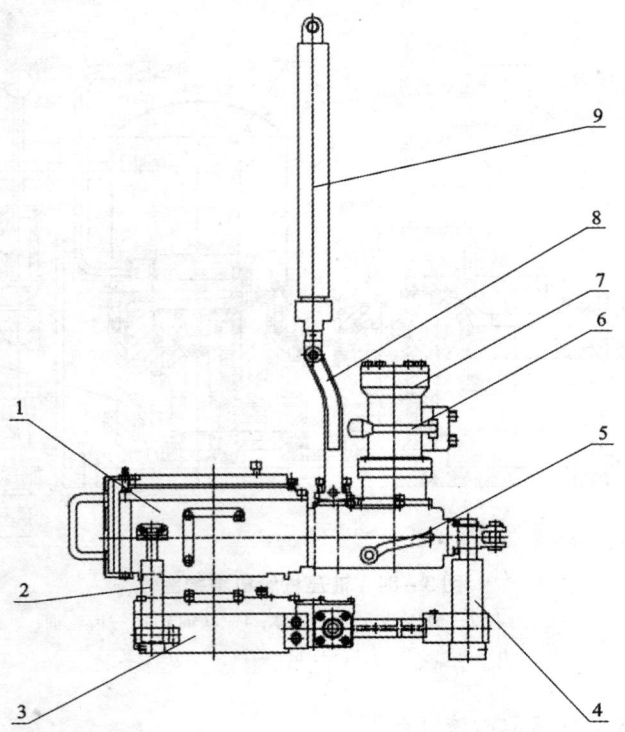

图 3 – 86 SQ114/8 型绳索取心液压钳结构图

1—主钳；2—前导杆；3—背钳；4—后导杆；5—换挡手柄；6—换向阀；7—液压马达；8—悬吊杆；9—吊筒

表 3 – 35 SQ114/8 型绳索取心液压钳技术参数

名　称	参　数
应用范围(绳索钻杆接头)/mm	57、73、92、116.5
高挡额定扭矩/(kN·m)	1.5
低挡额定扭矩/(kN·m)	6.0
高挡最大转速/(r·min^{-1})	85
低挡最大转速/(r·min^{-1})	20
额定系统压力/MPa	16
外形总体尺寸/(mm × mm × mm)	750 × 500 × 600

3.13.2.6 绳索取心绞车

绳索取心绞车专用于下放打捞器以打捞内岩心管，其基本类型有两种：一种是单驱动式(图 3 – 87)，即绞车由动力机单独驱动。这种绞车具有可在任意场所安装、噪声小、机械磨损小等优点。另一种是装在钻机上，由钻机动力驱动的，具有结构简单、安装紧凑、不需专用动力和使用方便等特点。

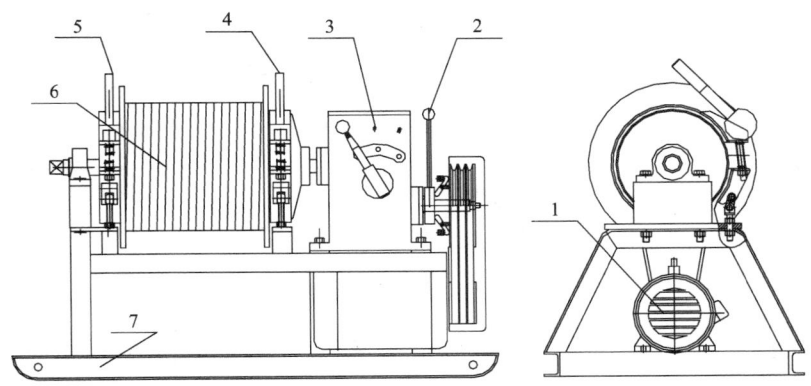

图 3 – 87　单驱动绳索取心绞车结构图

1—电动机；2—离合器手柄；3—变速器；4—调速手柄；5—刹车手柄；6—钢丝绳；7—机架

单驱动绳索绞车技术参数见表 3 – 36。

表 3 – 36　单驱动绳索绞车技术参数

参数名称	参　　数
适用钻孔直径/mm	56 ~ 114
最大钻孔深度/m	500 ~ 2700
钢丝绳直径/mm	5 ~ 6
动力	配 4 ~ 7.5 kW 电动机

　　深孔绳索取心液压驱动绞车(图 3 – 88)实现对于岩心打捞各个环节的监控，提高了岩心打捞的成功率以及金刚石绳索取心钻探工艺的综合效率。

　　该绞车主要由机架、卷筒、液压马达、减速机、排绳机构和传感系统等组成。其特点有：液压驱动，速度变化平滑缓、张弛有度；排绳装置，自动掉头、排绳整齐；深度速度，全程深度测量，定位准确；张力传感，

图 3 – 88　深孔绳索取心液压驱动绞车

提、下放界限清晰,有助于准确打捞。

3000 m 绳索取心液压驱动绞车技术参数见表 3 – 37。

表 3 – 37　3000 m 绳索取心液压驱动绞车技术参数

项　目		参　数
液压系统	工作压差/MPa	30
	最大流量/(L·min⁻¹)	110
绞车卷筒	卷筒直径/mm	600
钢丝绳	钢丝绳直径/mm	8
	钢丝绳绳长/m	3800
速度	单绳最大速度/(m·min⁻¹)	193
拉力	单绳第二层拉力/kN	40

3.13.2.7　压力表

钻探设备常用的压力表有系统压力表、钻压表和泵压表。

1. 系统压力表

系统压力表(图 3 – 89)用于指示钻机液压系统的压力值,属于耐震压力表。表外壳为气密型结构,能有效地保护内部机件免受环境影响和污秽侵入,外壳内填充阻尼液,能够抵抗工作环境振动和减少介质压力的脉动影响。

常用系统压力表型号规格见表 3 – 38。

表 3 – 38　常用系统压力表型号规格

型　号	结构形式	精确度/%	测量范围/MPa
YTN – 60	径向无边	±2.5	0 ~ 1.0
YTN – 60T	径向带后边	±2.5	0 ~ 1.6
YTN – 60Z	轴向无边	±2.5	0 ~ 2.5
YTN – 60ZT	轴向带前边	±2.5	0 ~ 4.0
YTN – 100	径向无边	±1.6	0 ~ 6.0
YTN – 100T	径向带后边	±1.6	0 ~ 10
YTN – 100Z	轴向无边	±1.6	0 ~ 16
YTN – 100ZT	轴向带前边	±1.6	0 ~ 25
YTN – 150	径向无边	±1.6	0 ~ 40
YTN – 150T	径向带后边	±1.6	0 ~ 60
YTN – 150Z	轴向无边	±1.6	0 ~ 100
YTN – 150ZT	轴向带前边	±1.6	

2. 钻压表

钻压表(图 3 – 90)又称孔底压力指示表,用于称量孔内钻具重量、反映钻进时的钻压值,以及加、减的压力值。设有静盘和动盘。静盘为压力表原表面,刻度不变,只是改变原刻度值的单位。动盘上左右刻有两个半圆刻度,分别以红、黑两色加以区别。红色刻度从零开始顺时针方向增大,用于加压;黑色刻度从零开始逆时针方向增大,用于减压。

图 3 – 89　系统压力表

图 3 – 90　钻压表

静盘和动盘的黑色刻度根据压力表相应单位压力乘以给进液压缸下腔活塞总面积刻出;动盘红色刻度根据给进油缸上腔环形面积乘以单位压力数刻出。钻压表使用方法如下:

(1)钻具称重。以封闭法称重为例,将钻具提离孔底,将给进油缸控制阀置于称重位置。此时指针在静盘指示的刻度值即为孔内钻具的重量。

(2)加压钻进。首先称重钻具,假设钻具重力是 5000 N,然后旋转动盘,将动盘红色刻度的 5000 N 对准静盘零点。再将给进油缸操纵阀移至立轴下降位置,此时指针回到零位;若孔底需要 10000 N 压力,给进油缸需给钻具再加 5000 N 的力,顺时针旋转调压溢流阀手轮,增加给进油缸上腔液压,直至表针指到动盘的红色刻度 10000 N。

(3)减压钻进。首先称出钻具重量,假设钻具重力是 15000 N,如果孔底所需钻压为 8000 N,则需给进油缸平衡 7000 N 钻具的重量。此时应将动盘上黑色刻度的零点对准静盘称重值(1.5 t),再将给进油缸操纵阀置于减压钻进(即立轴上升)位置,顺时针旋转调压溢流阀手轮,增加给进油缸下腔液压,直至指针对准黑色刻度 7000 N。

钻压表的型号与规格与钻机一一对应。

3. 泵压表

泵压力表用于指示泥浆泵在运转过程中排出压力的变化情况。泵的排出压力

（又称为泵压）是随孔内情况的变化而变化的，操作者可根据泵压的变化及时判断和了解孔内的情况。

　　泵压表也是耐振压力表，由于监测介质为泥浆，在压力表的接头处装有减震缓冲与隔离装置，常用形式有浮塞式、皮囊式、柱塞式、隔膜—阻尼式等。

　　KBY - 1A 型泵泵压表主要技术指标见表 3 - 39。

表 3 - 39　KBY - 1A 型泵泵压表主要技术参数

项　目	参　数
规格/mm	$\phi100$
压力测量范围/MPa	$0\sim1.0；0\sim1.6；0\sim2.5；0\sim4.0；0\sim6.0；0\sim10；0\sim16；0\sim25；0\sim40$
精度等级	2.5 级
安装尺寸	$M20\times1.5$
介质脉动频率/(次·min^{-1})	20 ~ 25
振动频率及振幅范围	≤25 Hz，±0.5 mm

3.14　国外钻探设备

3.14.1　国外地表岩心钻机

3.14.1.1　典型机型

　　（1）美国宝长年（Boart Longyear）公司的 LF - 90 型地表岩心钻机（图 3 - 91）。

图 3 - 91　LF - 90 型钻机

（2）瑞典阿特拉斯（Atlas Copco）公司的 CS14 型地表岩心钻机（图 3 – 92）。

图 3 – 92　CS14 型钻机

（3）澳大利亚 UDR（现属瑞典 Sandvik 集团）公司的 UDR1200 型地表岩心钻机（图 3 – 93）。

图 3 – 93　UDR1200 型履带装载钻机

（4）加拿大 Hydracore 公司的 Hydracore 4000 轻型地表岩心钻机（图 3 – 94）。

图 3 – 94　Hydracore 4000 轻型钻机

3.14.1.2　模块组成

国外典型的全液压钻机多为模块化组合设计，有利于制造、拆装及维修，适合进一步升级改造。下面介绍典型的 Boart Longyear 公司 LF90 的八大模块。

1. 底座模块（图 3 – 95）

标准底座包括底梁、轮轴、四条机械式或液压调平支腿、脚踏板、电瓶箱和燃油箱以及拖挂装置。

图 3 – 95　底座模块

2. 动力模块（图 3 – 96）

包含工程机械专用柴油机、风冷水散及油散、含柴油机监控仪表（转速表、计时表、油压表、水温表、电压表、电子油门、急停开关等）。

3. 操控模块（图 3 – 97）

包含三联液压泵、控制阀、铝制油箱以及钻机操作台、液压表、引擎仪表盘等。

图 3 – 96　动力模块

图 3 – 97　操控模块

4. 卷扬模块（图 3 – 98）

包含双油缸起塔油缸、绳索绞车、主卷扬机以及桅杆支撑架。

5. 动力头模块（图 3 – 99）

包含动力头马达、四速变速箱、润滑泵、独立散热箱、液压卡盘（弹簧卡紧、液压松开）。

图 3 – 98　卷扬模块

图 3 – 99　动力头模块

6. 循环模块（图 3 – 100）

包含液压马达、独立泵架、高压泥浆泵、泵压表、安全泄压阀、循环管线等。

7. 泥浆搅拌装置（图 3 – 101）

包含液压马达、搅拌器支架。

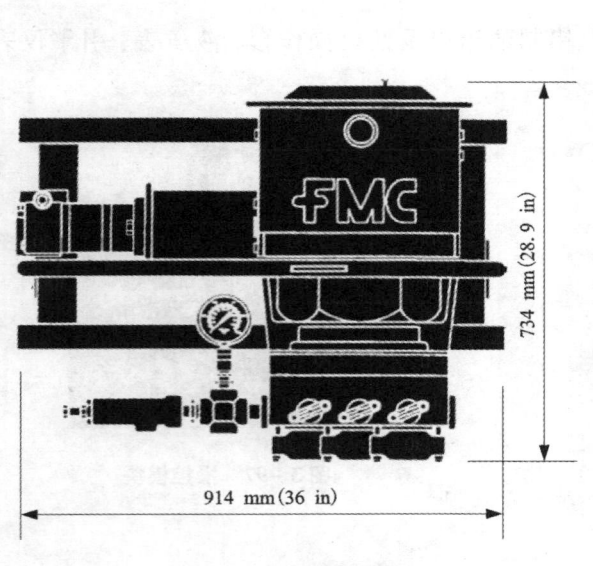

图 3 - 100　循环模块

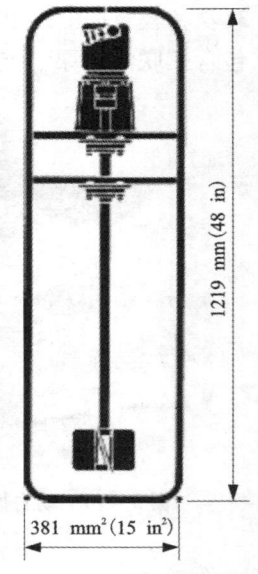

图 3 - 101　泥浆搅拌装置

8. 桅杆模块

桅杆有两段式(图 3 - 102)、三段式,含底段、上段、额头、给进油缸、孔口夹持器,以及护板等,通过转轴与绞车支架铰接。

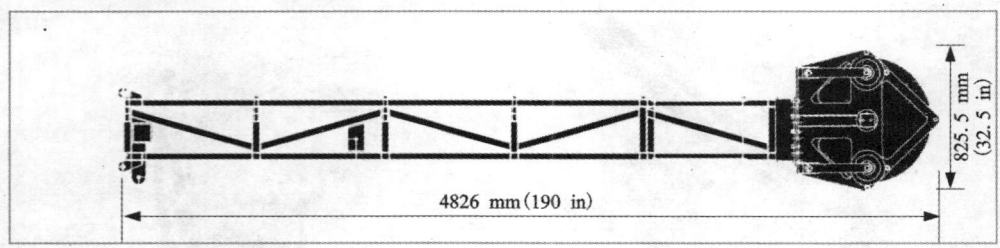

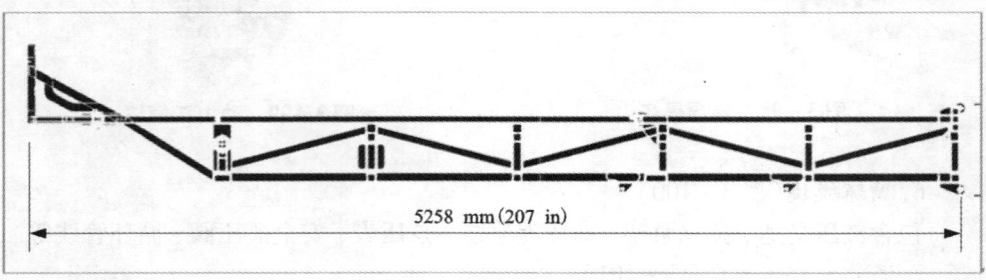

图 3 - 102　桅杆模块

3.14.1.3　性能参数

国外典型全液压岩心钻机技术参数见表 3 – 40。

表 3 – 40　国外典型全液压岩心钻机参数表

型　号		CS1000P4	CS1000P6L	LF – 70	LF – 90	* UDR650Mk2	* UDR1200
制造商		瑞典阿特拉斯		美国宝长年		澳大利亚 UDR	
钻深/m	BQ 55.6	1070	1370	760	1160	1000	2585
	NQ 69.9	610	1070	585	940	870	2035
	HQ 88.9	460	730	395	640	575	1350
	PQ 114.3	305	400		420	430	1000
主卷扬	提升力/kg	4082	5443	5450	7258	6490	15130
	提升速度/(m·min⁻¹)	45	40	59	53	120	128
	容绳量/(mm·m⁻¹)	33.5	33.5	67	23		
绳索卷扬	能力 空筒/kg	1134	1134	990	993	780	2140
	能力 满绳/kg	381	318	277	228		
	速度 空筒/(m·min⁻¹)	119	119	100	145		
	速度 满绳/(m·min⁻¹)	384	457	443	433	243	430
	容绳量/(mm·m⁻¹)	975	1830	1768	1890	1000	2400
钻塔与给进	给进行程/m	1830	3500	1830	1830		
	推进力/kg	6030	5556	5288	5585	4500	11300
	起拔力/kg	9070	9070	8017	7860	7500	22600
	钻探角度/(°)	90 ~ 45	90 ~ 45	90 ~ 30	90 ~ 30	90 ~ 45	90 ~ 45
	主桅杆长度/m	9.40	8.80	9.106	10.16		
	钻杆长度/m	6.09	6.09	6.0	6.0	6.0	9.0
发动机	型号	4BTA3.9	6BTA5.9	BF4L913	6BTA5.9		
	功率/kW	86.5	131	79	149	128	209
	转速/(r·min⁻¹)	2500	2500	2500	2200	2200	1800
液压	主泵/[MPa/(L·min⁻¹)]	24.1/162	24.1/162	24.1/163	31/165		
	副泵/[MPa/(L·min⁻¹)]	20.6/56	20.6/56	13.8/41.6	21/64		
	辅助泵/[MPa/(L·min⁻¹)]	17.2/30	17.2/30	14/38	17/42		

续表 3 – 40

型号		CS1000P4	CS1000P6L	LF – 70	LF – 90	* UDR650Mk2	* UDR1200
动力头	一挡 转速/(r·min⁻¹)	130 ~ 196	130 ~ 196	95 ~ 190	122 ~ 199	5 ~ 100	3 ~ 73
	一挡 扭矩/(N·m)	4382 ~ 3007	4382 ~ 3007	4610 ~ 2305	5322 ~ 3254	5095	14324
	二挡 转速/(r·min⁻¹)	270 ~ 410	270 ~ 410	200 ~ 400	246 ~ 400	1000 ~ 1700	1000 ~ 1500
	二挡 扭矩/(N·m)	2095 ~ 1437	2095 ~ 1437	2170 ~ 1085	2648 ~ 1620	506 ~ 298	966 ~ 644
	三挡 转速/(r·min⁻¹)	500 ~ 756	500 ~ 756	370 ~ 730	439 ~ 714		
	三挡 扭矩/(N·m)	1138 ~ 780	1138 ~ 780	950 ~ 610	1486 ~ 908		
	四挡 转速/(r·min⁻¹)	857 ~ 1300	857 ~ 1300	630 ~ 1250	769 ~ 1250		
	四挡 扭矩/(N·m)	662 ~ 454	662 ~ 454	680 ~ 340	849 ~ 519		
卡盘	类型	弹簧卡紧、液压打开					
	通孔直径/mm	117	117	95.2	127		
	夹持力/kg	18143	18143		22240		
质量	公路配置/kg	3291	4176		5656		
	Fly – in 配置/kg	3175	3904				
	主机配置/kg	2955	3683	2948			
	最大部件质量/kg	511 发动机	908 塔下部	496 发动机	917 发动机		

注：＊该系列钻机为多功能钻机，可在同一钻孔中实现金刚石绳索取心钻进、反循环钻进、潜孔锤钻进。

3.14.2 　国外车装水井钻机

3.14.2.1 　典型机型

(1)美国雪姆公司(Schramm)的 T200XD、T130XD 型车载水井钻机。

(2)德国宝峨公司(Bauer)的 RB40、RB50 型车载水井钻机。

(3)瑞典阿特拉斯科普柯(Atlascopco)的 TH60DH、RD20 型车载钻机。

3.14.2.2 　性能参数

1. 美国雪姆公司的 T200XD(图 3 – 103)、T130XD 型车载水井钻机(图 3 – 104)

雪姆公司水井钻机的技术参数见表 3 – 41。

表 3 – 41　雪姆公司水井钻机的技术参数

钻机型号		T685WS	T130XD	T200XD
能力	钻井深度	1300	1900	2000
整车装载	卡车底盘	斯德林 CCC8 ×4	斯德林 CCC10 ×4	斯德林 CCC12 ×4
	卡车发动机	760 HP/1800 r/min	760 HP/1800 r/min	760 HP/1800 r/min
	整机质量/t	30	41.7	52.3
	运输长度/m	12.04	13.1	15.2

续表 3 - 41

	钻机型号	T685WS	T130XD	T200XD
桅杆	伸展高度/m	15	21.65	23.75
	收缩高度/m		13.1	15.2
	动力头净空行程/m	11.58	15.24	15.24
	工作台高度/m	2.41	可调	可调
动力机	主发动机	康明斯 QSK - 19C, 563 kW	底特律 DDC/MTU12V - 2000TA, 600 kW	底特律 DDC/MTU12V - 2000TA, 600 kW
	车载空压机	寿力螺杆式	寿力 1350/500	寿力螺杆式
	排气压力/MPa	2.41	3.5	3.5
	排气量/(m³·min⁻¹)	35.7	38.2	38.2
动力头	动力头转速/(r·min⁻¹)	0~143	0~143	0~90, 0~180
	动力头扭矩/(N·m)	12045	12045(可增大)	24069, 10400
给进	加压能力/t	15.9	14.5	14.5
	提升能力/t	45	59.1	90
开孔通径	最大开孔/mm	711	711 可增大	768
	动力头通径/mm	76.2 可增大	76.2	104.7

图 3 - 103　T200XD 型车载水井钻机

图 3 - 104　T130XD 型车载水井钻机

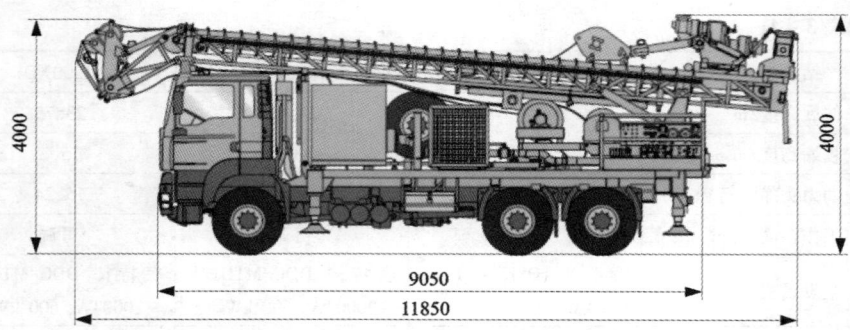

图 3 – 105　RB50 型车载水井钻机

2. 德国宝峨公司(Bauer)的 RB40、RB50 型车载水井钻机(图 3 – 105)

德国宝峨公司水井钻机的技术参数见表 3 – 42。

表 3 – 42　德国宝峨公司水井钻机的技术参数

钻机型号		RB25		RB40		RB50	
钻机能力	ϕ1200 mm	—		400		600 m	
	ϕ311 mm	300		1000 m		600 ~ 700 m	
	ϕ150 mm	600		1200 m		800 ~ 1000 m	
整车装载	卡车底盘	德国 MAN、奔驰		德国 MAN、奔驰		德国 MAN、奔驰	
	卡车发动机	德国 MAN, 235 kW		德国 MAN, 360 kW		德国 MAN, 360 kW	
	整机质量/t	30		35		36	
	运输长度/m			15.7		15.7	
桅杆	桅杆高度/m	11.6		15.7		15.7	
	动力头行程/m	7.2		9		9.5	
	工作台高度/m	1		1		1	
动力机	主发动机	道依茨		道依茨，大于 367.5 kW		道依茨，大于 367.5 kW	
	车载空压机	阿特拉斯，选配		阿特拉斯，选配		阿特拉斯，选配	
	排气压力/MPa	1.4		2.4		2.7	
	排气量/(m³·min⁻¹)	13.2		30		32	
动力头	动力头转速/(r·min⁻¹)	0 ~ 340		0 ~ 330		0 ~ 400	
	动力头扭矩/(N·m)	0 ~ 35	14301	0 ~ 43	31000	0 ~ 53	23000
		0 ~ 96	5051	0 ~ 82	16600	0 ~ 100	12100
		0 ~ 340	1499	0 ~ 330	4100	0 ~ 400	3025

续表 3 - 42

钻机型号		RB25	RB40	RB50
给进	加压能力/t	7	6	7.5
	提升能力/t	14	12	15
开孔 通径	最大开孔/mm	—	液压卡盘,900	液压卡盘,900
	动力头通径/mm	130	150	150
卷扬	大钩拉力/t	21	40	50
	单绳拉力/t	—	7	10

3. 瑞典阿特拉斯·科普柯(Atlascopco)的 TH60DH(图 3 - 106)

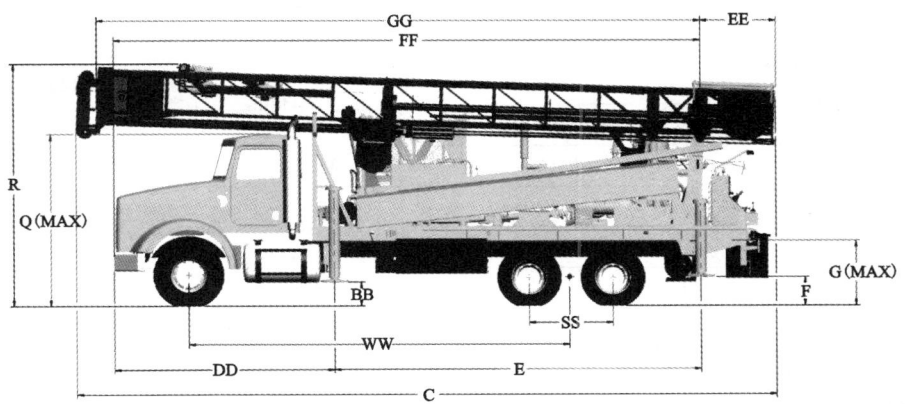

图 3 - 106　TH60DH 型车载水井钻机

阿特拉斯·科普柯公司水井钻机的技术参数见表 3 - 43。

表 3 - 43　阿特拉斯·科普柯公司水井钻机技术参数

钻机型号		TH60DH	T4W	RD20CX
整车 装载	卡车底盘	Peterbilt 6×4	6×6 标准底盘	美国 3C 公司特制
		Navistar Paystar5900i, 6×4	8×4 标准底盘	
	卡车发动机	康明斯 ISX, 447 kW	卡特彼勒 C13, 283 kW	卡特彼勒 C13, 283 kW
	整机质量/t	—	27.8	34
	运输长度/m	12.3	10.7	15.57 ~ 18.88
桅杆	桅杆高度/m	12.3	10.7	15.57 ~ 18.88
	动力头行程/m	9	9.11	11.35 ~ 12.5
	工作台高度/m	1.59	2.1	轮胎着地 1.1
				千斤顶支出 2.3

续表 3 - 43

钻机型号		TH60DH	T4W	RD20CX
动力机	主发动机	—	康明斯 QSX - 15C，447 kW/1800 r/min 康明斯 QSK - 19C，522 kW, 1800 r/min	康明斯 QSK - 19C，563 kW, 1800 r/min
	车载空压机		1070/350 1250/350	英格索兰 HR2.5 螺杆式
	排气压力/MPa	—	2.41	2.41
	排气量/(m³·min⁻¹)	—	30.3 35.4	35.4
动力头	动力头转速/(r·min⁻¹)	0 ~ 145 选配 0 ~ 134 选配 0 ~ 105	0 ~ 109 选配 0 ~ 110	0 ~ 120
	动力头扭矩/(N·m)	7456 选配 8405 选配 10845	8814 选配 10848	10848
给进	加压能力/t	13.6	13.6	13.6
	提升能力/t	31.7	22.7，可选配 31.75	50 ~ 54.5
开孔	最大开孔/mm	—	—	648
通径	动力头通径/mm	—	—	76
卷扬	单绳拉力/t	13.6	—	—

3.14.3　国外全液压坑道钻机

3.14.3.1　典型机型

（1）瑞典阿特拉斯公司 Diamec 系列（U4、U6、U8）；

（2）瑞典山特维克公司 DE100 系列（DE110、130、140、150）。

3.14.3.2　性能参数

Diamec U8 型坑道钻机和 DE110 型坑道钻机如图 3 - 107、图 3 - 108 所示。国外典型全液压岩心钻机参数见表 3 - 44。

图 3 – 107　Diamec U8 型坑道钻机

图 3 – 108　DE110 型坑道钻机

表 3 – 44　国外典型全液压岩心钻机参数表

钻机型号	DIAMEC 232	DIAMEC U4	DIAMEC U6	DIAMEC U8	DE110	DE130	DE140	DE150
钻进能力/m	120	500	960	2000	268	1280	1918	211
钻杆规格	A2	B – P	A – N	B – N	WL46	WL56	WL56	WL76
转速/(r·min^{-1})	550 ~ 2200	0 ~ 1800	0 ~ 1800	1200	0 ~ 2000	0 ~ 2000	0 ~ 2000	0 ~ 1500
最大扭矩/(N·m)	250	880	1850	2300	139	550	1249	2000
给进长度/mm	850	850/1800	850	1800	800	1700	1700	1700
起拔力/kN	15	45	89	133	10.7	61.5	92.2	147
给进力/kN	20	45	89	133	16.8	46.1	92.2	147
给进速度/(m·s^{-1})	1.0	1.0	0.9	1.8	1.1	1.1	0.6	0.63
电动机/kW	15	45	75	110	11	55/63	55/90	110/132
柴油机/kW	26	68		150	27	92	92/147	168
长度/mm	1630	3200	4150	5050	1680	3065	3018	3120
宽度/mm	600	929	950	1162	460	510	880	1695
高度/mm	550	1400	1470	1488	960	1020	1140	1385
主机质量/kg	254	900	1500	2500	271	530/610	695/847	3200

3.14.4　国外浅层取样钻机

3.14.4.1　典型钻机机型

1. 绍尔式背包钻机

绍尔便携式钻机(图 3 - 109)主要由汽油机、减速箱、手持架、供水系统等部件组成。钻机的主要的特点是携带简便、手持操作。钻机选用日本 Tanaka 262/270DH 型号的两冲程汽油机,四周配有手柄便于双手操控,设计便携背包,装入绍尔便携式钻机整套工具。整套钻机及相关配件装入背包后,一套标准配备的绍尔便携式钻机及其附件的全部重量约合 18 kg。

图 3 - 109　绍尔式背包钻机

2. 美国 Mobile Drilling 公司的轻便钻机

Mobile Drilling 公司制造的 Voyager 2000 钻机(图 3 - 110)是一款液压动力、便于人力搬迁、专门为地震勘探市场服务的轻便钻机。Voyager 2000 钻机结构紧凑而轻巧,能够被很快分解成供人力搬迁或直升机搬迁的 5 个组件。桅杆角度可调,电力启动汽油动力,具有足够强度和耐久性的钢铁框架,在偏远地区具有良好的使用效果,既可用于浅层螺旋干法钻进也可用于泥浆循环回转钻进。

图 3 - 110　Voyager 2000 钻机

图 3 - 111　Minuteman 钻机

3. Mobile Drilling 公司的 Minuteman 轻便钻机

Minuteman 轻便钻机(图 3 – 111)的应用范围包括:①为结构地基基础、道路、高速公路的测试钻孔;②浅层岩心、矿产、聚合物、黏土和化学物质的取心钻探;③在混凝土或土壤中钻孔以安设防护栏、篱笆、标志物、停车计时器、排水系统和井点;④混凝土、沥青取心钻探等。

4. 加拿大 ATM 公司的 HRM110 钻机

HRM110 钻机(图 3 – 112)为履带驱动、柴油或汽油动力的小型溜滑钻机。它可以装载在一个挖掘机、铲雪车或舵柄上。钻孔角度可调,从 45°～90°内变化,后背支架能确保稳定。能够钻 12 英寸的螺旋钻头,轻便紧凑的设计使得该钻机能够到达难以进入的地区。仪表操作平台包括时间计数器,转速表,燃料不足警告灯和液压油不足警告灯。

5. 法国 Sedidrill 公司的 Sedidrill 系列钻机

Sedidrill 系列钻机(图 3 – 113)应用于地质调查、土壤环境取样、基础工程勘察等领域。

图 3 – 112　ATM 公司 HRM110 轻便钻机　　图 3 – 113　Sedidrill40、Sedidrill80 – 1 型钻机

3.14.4.2　型号与技术参数

国外主要浅层取样钻机型号和技术参数详见表 3 – 45。

表3-45　　国外主要浅层取样钻机型号和技术参数

型　号	钻孔深度/m	钻孔直径/mm	主轴转速/(r·min⁻¹)	最大提升力/kN	给进方式	给进行程/m	发动机功率	整机质量/kg	备　注
Minuteman	9.1	76.2	105/345/1100			1.1	8 HP	102	美国 Mobile Drilling
绍尔钻机	23	25.4	1920			0.6	1.3 kW	18	美国
УКБ-12/25	12.5/25	76/59	450/600/1200	4		1.2	3.3 kW	131	俄罗斯
Sedidrill80	20	76	70	10	马达	1.9	16 HP	550	法国
小人牌	15.2		1114			1.1	7 HP	107	美国
Voyager 2000	30	90	0~130	14.5	液压	1.8	18.6 kW	317	美国 Mobile Drilling
CT100	30	90	0~170	17.8	液压	1.8	10.8 kW	109	加拿大
CT210	30	76~152	35~100		手动	2	8.25 kW	189	加拿大
JKS4M	30	32.4	1200		手动	1.5	7.5 kW		加拿大
MR153	20~30	75	600/900/1500	2	手动	2	6.5~18 HP	86	澳大利亚
Big Bearer	30.5	152	154	7.3	液压	1.5	5.3 kW	229	美国
Foremost Mobile	76	9			丝杠	1.1	6 kW	120	加拿大
4M 钻机	45	38	1200		手动	1.5	4.86 kW		加拿大
HMP-125B	38	80	148/1900	16.5			10 kW	340	美国
HPD-200	61		0~250	6.3	液压	1.5	15 kW		美国
Diamec232	120	50	2200	15	液压	0.85	26 kW	210	瑞典
Diamec250	250	36	2100	23.5	液压	0.85	25 HP	210	瑞典
CBK300	300	60	530	35	液压		75 kW	246	俄罗斯
RB37	300	75	600	29.4	液压	2	30 kW	1350	印度尼西亚
ONRAM100	100	46	800/1700	16.8	液压	0.8	13 kW	271	瑞典
Explorer JR 36	200	60	750	42	液压	1.7	72 HP	245	智力
Max-3H	260	76	1200	62	液压	1.8	90 HP	280	加拿大

注：* 1 HP(hp)=745.7 W。

第 4 章　钻探管材

4.1　地质钻探管材性能要求

地质钻探管材是钻探工程主要消耗的材料，通常包括普通钻杆、加重钻杆、绳索取心钻杆、岩心管和套管等。为保证钻具加工质量和钻探施工安全，应根据钻探施工孔深和具体情况选择不同性能的管材。

4.1.1　管材钢级和性能

目前，地质管材钢级和机械性能一般执行 GB/T 9808—2008《钻探用无缝钢管》的规定，亦可参照表 4-1。

表 4-1　钢管的机械性能

序号	钢级	抗拉强度 R_m/MPa	规定非比例延伸强度 $R_{p0.2}$/MPa	断后伸长率 A/%	20℃冲击吸收能量 * KV_2/J	硬度 HRC	交货的热处理状态
		不小于					
1	ZT380	640	380	14	—	—	正火、正火+回火等
2	ZT490	690	490	14	—	—	
3	ZT520	780	520	14	—	—	
4	ZT590	780	590	14	—	—	
5	ZT640	790	640	14	—	—	
6	ZT750	850	750	14	54	26~31	调质
7	ZT850	950	850	14	54	28~33	
8	ZT950	1050	950	13	54	30~35	

注：* 冲击试验方向为纵向，试样为全尺寸试样（宽度 10 mm × 高度 10 mm），夏比 V 形缺口。

4.1.2　管材尺寸偏差要求

普通单双管钻具、套管、岩心管和接头料用管材外径和壁厚允许偏差一般应满足表 4 - 2 的要求。目前，国内通用型绳索取心钻杆规格已经与国外发达国家产品一致，通用型绳索取心钻杆用管材的外径、内径和壁厚允许偏差亦与先进产品基本一致，详见表 4 - 3。加强型绳索取心钻杆用管材的外径、内径和壁厚允许偏差应分别符合表 4 - 4 的规定。薄壁型绳索取心钻杆用管材的尺寸偏差一般执行通用型钻杆用管材的规定。

表 4 - 2　管材的外径和壁厚允许偏差

管材种类	外径 D_0/mm	壁厚 t/mm	
		≤10	>10
热轧（挤压）管材	$^{+1.0\%D_0}_{-0.5\%D_0}$ 或 $^{+0.65}_{-0.35}$，取其中较大者	$^{+15\%t}_{-10\%}$ 或 $^{+0.45}_{-0.35}$，取其中较大者	$^{+12.5\%t}_{-10.0\%t}$
冷拔（轧）管材	$\pm0.5\%D_0$ 或 ±0.20，取其中较大者	$\pm8\%t$ 或 ±0.15，取其中较大者	

表 4 - 3　通用型绳索取心钻杆用管材尺寸及允许偏差

钻杆代号	公称尺寸	外径/mm		内径/mm		壁厚允许偏差
		最小值	最大值	最大值	最小值	
R - ACS	44	44.50	44.80	35.00	34.70	$\pm6\%t$
R - BCS	56	55.50	55.80	46.10	45.80	$\pm6\%t$
R - NCS	70	69.90	70.25	60.35	60.00	$\pm6\%t$
R - HCS	89	88.90	89.38	78.10	77.62	$\pm7\%t$
R - PCS	114	114.30	114.90	101.60	101.00	$\pm8\%t$

表 4 - 4　加强型绳索取心钻杆用管材的允许偏差

管材种类	外径允许偏差/mm		内径允许偏差/mm		壁厚允许偏差/mm	
	普通级	优质级	普通级	优质级	普通级	优质级
热轧（挤压）管材	$\pm0.75\%D_0$	$\pm0.50\%D_0$	$\pm0.75\%d_0$	$\pm0.50\%d_0$	$\pm10\%t$	$\pm8\%t$
冷拔（轧）管材	$\pm0.50\%D_0$	$\pm0.40\%D_0$	$\pm0.50\%d_0$	$\pm0.40\%d_0$	$\pm8\%t$	$\pm7\%t$

4.1.3　管材几何公差

为保证加工质量，满足钻探施工需要，同时为逐步实现钻杆、钻具的机械化、自动化制造，应对不同用途的钻探管材的几何公差提出具体要求。

1. 直线度

目前，绳索取心钻杆用管材普通级直线度偏差应不大于 1∶2000；通用型及加强型的优质级绳索取心钻杆管材直线度偏差应优于 1∶6000。除绳索取心钻杆用管材外，其他管材的直线度应符合表 4 - 5 的规定，且全长直线度偏差不大于管材总长度的 1.0‰。

2. 圆度和壁厚不均

绳索取心钻杆管材的圆度和壁厚不均应分别不超过外径和壁厚公差的 80%。

3. 通径要求

绳索取心钻杆用管材应逐根进行全长内通径检验。根据有关标准规定，通径棒直径为管材的公称内径减 1.0 mm，直径偏差为 ± 0.05 mm，有效长度为 300 mm。通径棒应能自由通过管材。

表 4 - 5　管材的直线度

管材公称壁厚/mm	直线度/(mm·m^{-1})
≤15	≤1.50
>15	≤2.00

4.1.4　管材其他技术要求

（1）ZT590 以下钢级管材中化学成分的磷含量应不大于 0.030%、硫含量应不大于 0.020%；ZT590 及以上钢级的管材中化学成分磷含量应不大于 0.020%、硫含量应不大于 0.015%。

（2）管材的内外表面不允许有目视可见的裂纹、折叠、结疤、轧折和离层。

（3）管材应采用涡流检验、漏磁检验或超声波检验中的一种方法进行无损检测。

4.1.5　管材规格

《钻探用无缝钢管》(GB/T 9808—2008)规定了钻探用无缝钢管的尺寸、外形、重量、技术要求、试验方法、检验规则、包装、标志和质量证明书等内容。该标准适用于地质岩心钻探、水文地质钻探、水井钻探、工程钻探等钻探用套管料、岩心管料及套管接箍料、普通钻杆料及钻杆接头料、绳索取心钻杆料及钻杆接头料、钻铤料及钻铤锁接头料用无缝钢管。其中，地质钻探常用钢管的公称外径和公称壁厚见表 4 - 6。

表 4 - 6　　钻探用钢管材料的公称外径和公称壁厚(摘自 GB/T 9808—2008)

类　型	公称外径/mm	公称壁厚/mm	单位长度理论质量/(kg·m⁻¹)
普通钻杆料	33.0	6.00	3.99
	42.0	5.00	4.56
		7.00	6.04
	50.0	5.60	6.13
		6.50	6.97
	60.3	7.10	9.31
		7.50	9.77
	73.0	9.00	14.20
		9.19	14.46
	89.0	9.35	18.36
		10.00	19.48
	114.0	9.19	23.75
		10.00	25.65
	127.0	9.19	26.70
		10.00	28.85
普通钻杆接头料 钢粒钻头料	75.0	9.00	14.65
	76.0	8.00	13.42
	91.0	8.00	16.37
		10.00	19.97
	110.0	8.00	20.12
		10.00	24.66
	130.0	8.00	24.07
		10.00	29.59
	150.0	8.00	28.01
		10.00	34.52
	171.0	12.00	47.05
	174.0	12.00	47.94
绳索取心钻杆料	43.5	4.75	4.54
	55.5	4.75	5.94
	70.0	5.00	8.01
	71.0	5.00	8.14
	89.0	5.50	11.33
	114.3	6.40	17.03

续表 4 - 6

类　　型	公称外径/mm	公称壁厚/mm	单位长度理论质量/(kg·m^{-1})
绳索取心钻杆接头料	45.0	6.25	5.97
	57.0	6.00	7.55
	70.0	10.00	14.80
	73.0	6.50	10.66
	76.0	8.00	13.42
	95.0	10.00	20.96
	120.0	10.00	27.13
套管料、岩心管料	35.0	2.00	1.63
	44.0	3.00	3.03
	45.0	3.50	3.58
	47.5	2.00	2.24
	54.0	3.00	3.77
	58.0	3.50	4.70
	60(60.32)	4.20	5.78
		4.80	6.53
		6.50	8.58
	62	2.75	4.02
	73(73.02)	3.00	5.18
		4.50	7.60
		5.50	9.16
		7.00	11.39
	75	5.00	8.63
	76	5.50	9.56
	89(88.90)	4.50	9.38
		5.50	11.33
		6.50	13.22
	95	5.00	11.10
	102(101.6)	5.70	13.54
		6.70	15.75
	108	4.50	11.49
	114(114.3)	5.21	13.98
		5.69	15.20

续表 4 - 6

类 型	公称外径/mm	公称壁厚/mm	单位长度理论质量/(kg·m⁻¹)
套管料、岩心管料	114(114.3)	6.35	16.86
		6.90	18.22
		8.60	22.35
	127	4.50	13.59
		5.60	16.77
		6.40	19.03
	140(139.7)	6.20	20.46
		7.00	22.96
		7.70	25.12
		9.20	29.68
	146	5.00	17.39
	168(168.28)	6.50	25.89
		7.30	17.10
		8.00	31.56
		8.90	34.92
	177.8	5.90	25.01
		6.90	29.08
		8.10	33.90
		9.20	38.25
	194(193.68)	7.00	32.28
		7.60	34.94
		8.30	38.01
		9.50	43.23
		11.00	49.64
	219(219.08)	6.70	35.08
		7.70	40.12
		8.90	46.11
		10.00	51.54
	245(244.48)	7.90	46.19
		8.90	51.82
		10.00	57.95
		11.00	63.48
		12.00	68.95

续表 4 - 6

类　型	公称外径/mm	公称壁厚/mm	单位长度理论质量/(kg·m^{-1})
套管料、岩心管料	273(273.05)	7.10	46.56
		8.90	57.97
		10.00	64.86
		11.00	71.07
	299(298.45)	8.50	60.89
		9.50	67.82
		11.00	78.13
	340(339.72)	8.40	68.69
		9.70	81.57
		11.00	89.25
		12.00	97.07
		13.00	104.84
套管接箍料	73	5.50	9.16
		6.50	10.66
	89	6.50	13.22
		8.00	15.98
	108	6.50	16.27
		8.00	19.73
	127	6.50	19.31
	146	6.50	22.36
	168	8.00	31.56
钻铤、锁接头料	68	20.00	23.67
		16.00	20.52
	76	19.00	26.71
		20.00	27.62
	83	25.00	35.76
	86	21.00	33.66
	89	25.00	39.46
	105	25.00	49.32
		25.50	49.99
	121	26.50	61.75
		28.00	64.21

4.2　地质钻杆柱

4.2.1　地质岩心钻探钻具代号

为适应地质钻探技术现代化的需要，目前有关部门已将不同类别、不同规格的地质岩心钻探钻具编制了统一代号。钻具代号一般由类别、规格、类型、产品特征等组成。钻具产品可用代号作为产品标识。代号字母可刻印于钻具总成端面或外表面上。

钻具类别分为三类：R 表示钻杆；B 表示取心钻具；C 表示套管。其后以短横线与规格、类型等要素相联。

外丝钻杆、坑道钻探用外平钻杆、加重钻杆的规格以公称外径/mm 表示，其余以钻孔规格代号表示。地质岩心钻探用钻杆、取心钻具、套管类型代号表示方法如下：

——绳索取心钻杆以 C 表示，包括：通用型以 S 表示［包括 S Ⅰ（公制系列）及 S Ⅱ（英制系列）两种类型］；加强型以 P 表示［包括 P Ⅰ（平壁）及 P Ⅱ（端部加厚）两种类型］；薄壁型以 M 表示。

——普通钻杆包括：内加厚外丝钻杆以 L 表示、外加厚外丝钻杆以 V 表示、内丝钻杆以 G 表示。

——坑道钻探用外平钻杆以 U 表示。

——加重钻杆以 H 表示。

——单层岩心管取心钻具（单管钻具）以 S 表示。

——双层岩心管取心钻具（双管钻具）包括：常规型以 T 表示；薄壁型以 M 表示；厚壁型以 P 表示。

——绳索取心钻具用 C 表示，包括：常规型以 T 表示；加强型以 P 表示。

——钻头和扩孔器设计类型代号与配用的取心钻具相同。

——套管分为接头连接式（称为 X 系列）和直连式（称为 W 系列），用设计形式作为代号。

地质岩心钻探用钻具代号汇总见表 4 -7。

表 4 - 7　地质岩心钻探用钻具代号

类别	类型		规格代号	类型与特征代号		代号组合示例
钻杆 R	绳索取心钻杆	通用型 公制		A、B、N、H、P	CS I	R - NCS I（N 规格）
		通用型 英制		A、B、N、H、P	CS II	R - NCS II（N 规格）
		加强型 平壁		A、B、N、H、P	CP I	R - NCP I（N 规格）
		加强型 端部加厚		A、B、N、H、P	CP II	R - NCP II（N 规格）
		薄壁型		A、B、N、H、P	CM	R - NCM（N 规格）
	外丝钻杆	内加厚	42、50、60、73、89		L	R - 60L（60 mm）
		外加厚	42、50、60、73、89		V	R - 60V（60 mm）
	内丝钻杆		R、E、A、B、N		G	R - NG（N 规格）
	坑道钻探用外平钻杆		42、50、63.5、73、89		U	R - 50U（50 mm）
	加重钻杆		68、83		H	R - 68H（68 mm）
钻具 B	单管钻具		R、E、A、B、N、H、P、S、U、Z		S	B - NS（N 规格）
	双管钻具	T 设计	R、E、A、B、N、H、P、S、U、Z		T	B - NT（N 规格）
		M 设计	R、E、A、B、N、H、P、S、U、Z		M	B - NM（N 规格）
		P 设计	R、E、A、B、N、H、P、S、U、Z		P	B - NP（N 规格）
	绳索取心钻具	常规	A、B、N、H、P		CT	B - NCT（N 规格）
		加强	A、B、N、H、P		CP	B - NCP（N 规格）
套管 C	接头连接式套管		E、A、B、N、H、P、S、U		X	C - NX（N 规格）
	直连式套管		E、A、B、N、H、P、S、U		W	C - NW（N 规格）

4.2.2　普通钻杆

4.2.2.1　外丝钻杆

外丝钻杆常用于深孔提钻取心或无岩心钻进。外丝钻杆由钻杆体、接箍及锁接头组配，并形成钻柱（立根）使用。

外丝钻杆可加工为左旋螺纹作为反丝钻杆，常用于钻孔事故处理。

外丝钻杆体有内加厚（L）和外加厚（V）两种形式，两端均加工为外螺纹。其公称尺寸与杆体螺纹见图 4 - 1、图 4 - 2 和表 4 - 8。

钻杆接箍结构见图 4 - 3，几何尺寸见表 4 - 9。两端螺纹相同，均为细牙螺纹。

钻杆与钻杆接箍和接头的细牙螺纹牙形见图 4 - 4 和表 4 - 10。

钻杆锁接头规格见图 4 - 5 和表 4 - 11。一端为细牙螺纹，一端为粗牙螺纹。

钻杆锁接头粗牙螺纹牙形见图 4 - 6 和表 4 - 12。

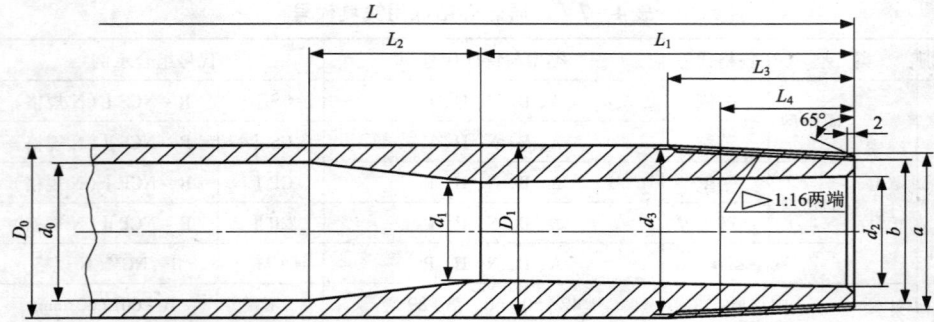

图 4 – 1　内加厚钻杆体(端部)

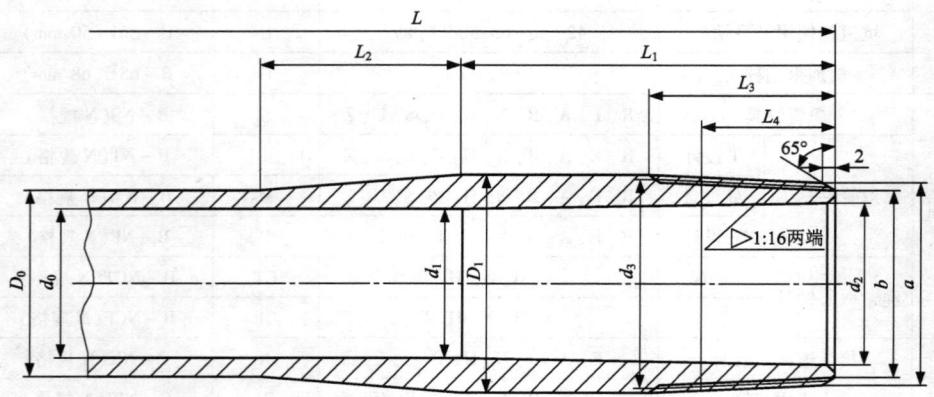

图 4 – 2　外加厚钻杆体(端部)

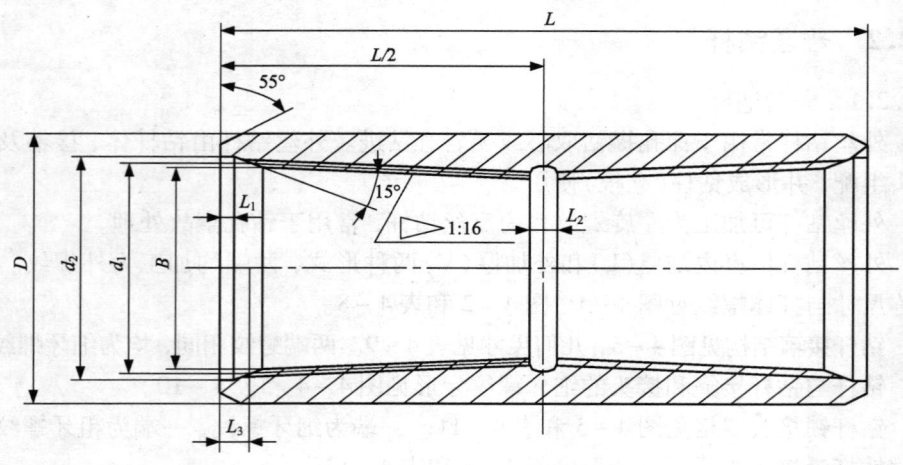

图 4 – 3　外丝钻杆接箍

表 4-8 外丝钻杆参数 （单位：mm）

名称及代号		规　格					
		内加厚			外加厚		
		R-42L	R-50L	R-60L	R-60V	R-73V	R-89V
钻杆外径 D_0		42	50	60	60	73	89
公称内径 d_0		33	39	48	48	59	69
加厚部分	外径 D_1	43	51	61	69	81.8	99
	内径 d_1	22	28	34	48	59	69
	端部内径 d_2	25	32	38	51	62	73
	加厚长度 L_1	85~110	85~120	85~120	85~120	85~120	85~130
	过渡长度 L_2	35~45	45~55	50~60	60~70	60~70	60~70
	螺纹长度 L_3	50	55	60	60	67	67
	螺纹小端大径 a	39.621	47.308	57.183	64.493	78.357	93.724
	螺纹小端小径 b	37.001	44.688	53.833	61.143	75.007	90.374
	螺纹锥度	1:16	1:16	1:16	1:16	1:16	1:16
	基面至钻杆端 L_4	38.07	43.07	45.07	45.065	52.065	52.065
	基面平均中径 D_2	40.664	48.664	58.266	65.576	79.877	95.244
	螺距 P	2.54	2.54	3.175	3.175	3.175	3.175
	每英寸牙数 n	10	10	8	8	8	8
钻杆有效长度 L		3000±200	4500±200	4500±200	4500±200	6000±200	6000±200/8000±200

注：表中数字均为公称尺寸，公差由制造者自定（下同）。

表 4-9 外丝钻杆接箍参数 （单位：mm）

名称及代号	规　格					
	内加厚			外加厚		
	R-42L	R-50L	R-60L	R-60V	R-73V	R-89V
钻杆外径	42	50	60	60	73	89
接箍外径 D	57	65	75	86	105	118
螺纹大端小径 B	39.667	47.667	56.904	64.182	78.483	93.85
基面至端面 L_3	5.430	5.430	5.930	5.435	5.435	5.435
基面平均中径 d_1	40.664	48.664	58.266	65.576	79.877	95.244
镗孔直径 d_2	44	52	62	70.6	84.9	100.3
镗孔深度 L_1	3	3	3	3	3	3
退刀槽宽 L_2	5~6	5~6	5~6	5~6	5~6	8~10
接箍长度 L	130	140	140	140	165	165

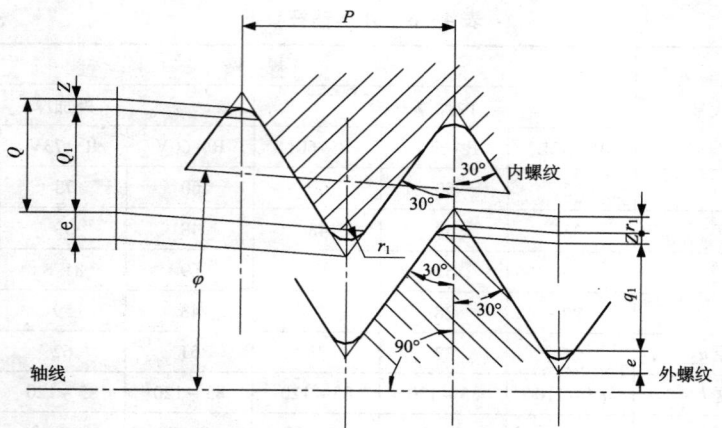

图 4-4 钻杆与钻杆接箍和接头的细牙螺纹牙形

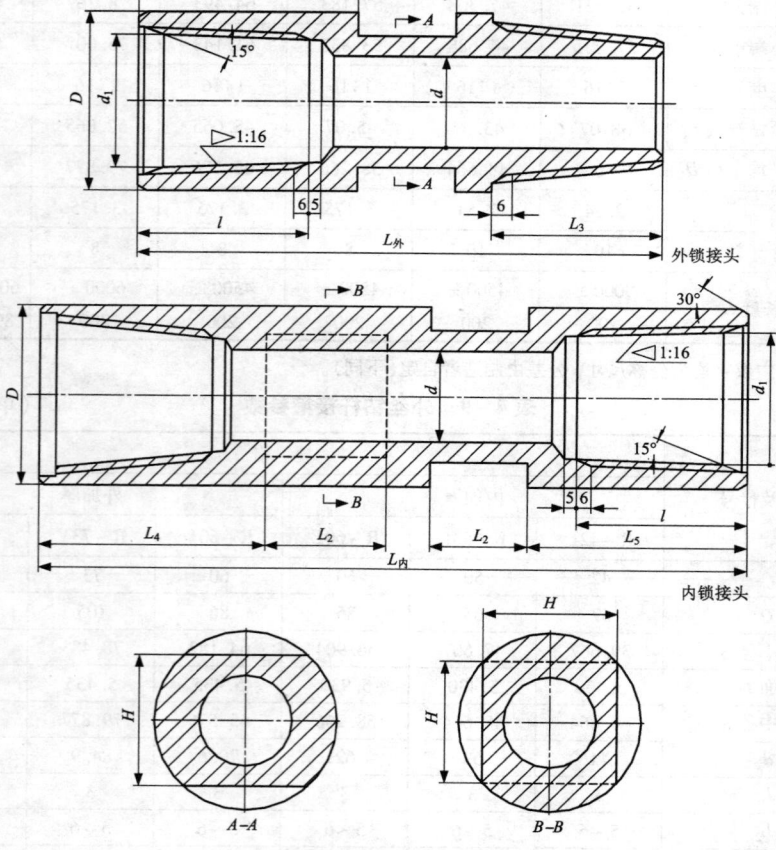

图 4-5 外丝钻杆锁接头

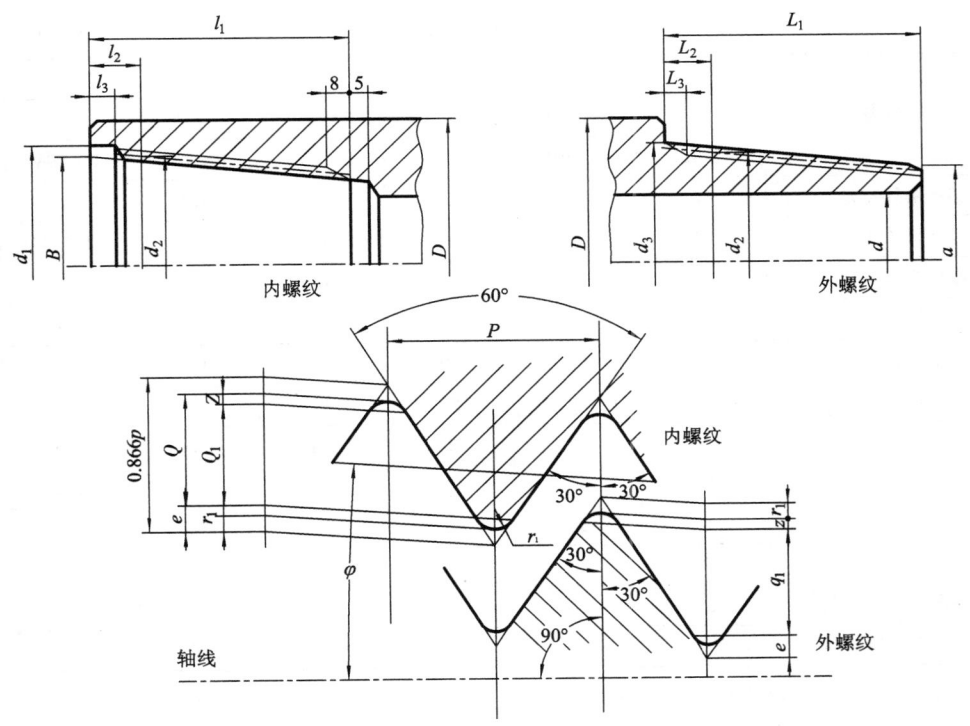

图 4 - 6　外丝钻杆锁接头粗牙螺纹牙形

表 4 - 10　钻杆与钻杆接箍细牙螺纹牙形参数　　　　（单位：mm）

每英寸牙数 n	尺寸代号								
	螺距 P	牙高 Q	工作牙高 Q_1	牙顶削平高度 e	螺纹间隙 Z	倾斜角度 ϕ	锥度	牙形半角 β	牙顶倒圆 r_1
8	3.175	1.675	1.464	0.643	0.211	1°47′24″	1:16	30°	0.432
10	2.54	1.31	1.132	0.534	0.178	1°47′24″	1:16	30°	0.356

注：1. 螺距 P 测量应平行于螺纹中心线。

2. 牙形角的角平分线垂直于螺纹中心线。

3. 每英寸牙数为 10 的螺纹用于 42、50 mm 内加厚钻杆、接箍。

4. 长度的单位为 mm。

表 4 – 11　外丝钻杆锁接头尺寸参数　　　　　（单位：mm）

名称及代号	规　格					
	内加厚			外加厚		
	R – 42L	R – 50L	R – 60L	R – 60V	R – 73V	R – 89V
锁接头外径 D	57	65	75	86	105	121
镗孔直径 d_1	44	52	62	70.6	84.9	101.8
锁接头内径 d	22	28	38	44.5	50	68
切口长 L_2	40	45	50	50	50	50
内螺纹长 l	60	65	70	70	92	95
切口宽 H	41	46	55	59	80	98
锁接头长 $L_{外}$	165	190	215	241	343	355
端面至切口长 L_1	75	80	90	95	112	112
外螺纹长 L_3	40	50	60	70	90	102
锁接头长 $L_{内}$	230	255	290	310	280	296
端面至切口长 L_4	65	75	90	100	118	134
端面至切口长 L_5	75	80	90	95	112	112

注：1. 锁接头连接钻杆的螺纹与接箍相同。

　　2. ϕ73 mm、ϕ89 mm 钻杆锁接头双切口可加工在外锁接头上，锁接头长度尺寸相应改变。

表 4 – 12　外丝钻杆锁接头螺纹牙形参数　　　　　（单位：mm）

名称及代号		规　格					
		内加厚			外加厚		
		R – 42L	R – 50L	R – 60L	R – 60V	R – 73V	R – 89V
接头外径 D		57	65	75	86	105	121
基面螺纹平均直径 $d_2(D_2)$		40.808	48.808	59.631	67.111	80.848	96.723
接头内径 d		22	28	38	44.5	56	68
外锁接头	螺纹长度 L_1	40	50	60	70	90	102
	螺纹小端大径 a	37	43	53	61.38	71.128	85
	根部直径 D_1	45	53	65	73.05	86.128	102
	螺尾长度 L_3	6	6	6	6	12	12
内锁接头	螺纹长度 l_1	50	60	70	80	98	110
	螺纹大端小径 B	40.014	48.614	60.612	67.464	80.86	96.735
	镗孔直径 d_1	46	54	66	74.612	88.7	104.6
	镗孔深度 l_3	9	9	9	9	16	16

续表 4 – 12

名称及代号	规　　格					
	内加厚			外加厚		
	$R-42L$	$R-50L$	$R-60L$	$R-60V$	$R-73V$	$R-89V$
公扣根部至基面的距离 L_2	10	10	15.875	15.875	15.875	15.875
母扣端部至基面的距离 l_2	10.99	10.99	16.875	16.875	16.875	16.875
每英寸牙数	6	6	6	4	4	4
螺距 P	4.233	4.233	4.233	6.35	6.35	6.35
牙高 Q	2.524	2.524	2.524	3.095	3.095	3.095
工作牙高 $Q_1(q_1)$	2.194	2.194	2.194	3.293	3.293	3.293
顶角削平高度 e	0.731	0.731	0.731	1.426	1.426	1.426
螺纹底半径 r_1	0.400	0.400	0.400	0.965	0.965	0.965
间隙 z	0.330	0.330	0.330	0.462	0.462	0.462
倾斜角度 ϕ	5°42′38″	5°42′38″	5°42′38″	4°45′48″	4°45′48″	4°45′48″
锥度	1:5	1:5	1:5	1:6	1:6	1:6

4.2.2.2　内丝钻杆

内丝钻杆主要用于小直径金刚石取心钻探，也可用于取样钻探、工程地质钻探等。内丝钻杆由钻杆体、上下接头组成。

钻杆体两端一般为内加厚，并加工为内螺纹。其结构参数见图 4 – 7 和表 4 – 13。

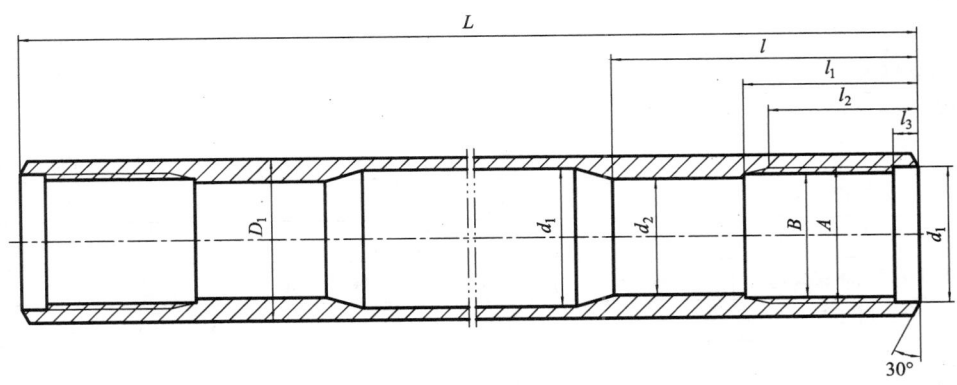

图 4 – 7　内丝钻杆体

表 4 – 13   内丝钻杆体参数   （单位：mm）

尺寸代号	规 格				
	R – RG	R – EG	R – AG	R – BG	R – NG
钻杆外径 D_0	25	33	43	54	67
钻杆内径 d_0	17	24	33.5	44.5	57.5
镗孔直径 d_1	21	27	35	44	55
加厚端内径 d_2	16	22	30	38	48
内螺纹大径 A	21	27	35	44	55
内螺纹小径 B	18	24	32	40	50
钻杆有效长 L	1500/3000	1500/3000	3000/4500	3000/4500	3000/4500
内螺纹长 l_1	45	50	60	65	70
内螺纹完整螺纹长 l_2	35	40	50	55	60
内螺纹镗孔长 l_3	6	8	8	8	10
钻杆体端部加厚长 l	100	110	130	140	150

内丝钻杆下接头见图 4 – 8 和表 4 – 14。

表 4 – 14   内丝钻杆下接头（公接头）参数   （单位：mm）

尺寸代号	规 格				
	R – RG	R – EG	R – AG	R – BG	R – NG
接头外径 D	26	34	44	55	68
接头内径 d	12	14	16	22	30
端部坡口直径 d_1	14	17	22	28	40
外螺纹大径 a	21	27	35	44	55
外螺纹小径 b	18	24	32	40	50
接头长 L	115	135	155	180	195
端面至切口长 L_1	45	50	60	70	75
外螺纹长 L_2	35	40	50	55	60
外螺纹完整螺纹长 L_3	29	34	44	49	54
外螺纹台肩长 L_4	6	8	8	8	10
切口长度 L_5	25	35	35	40	45
切口厚度 H	18	24	32	38	50

内丝钻杆上接头见图 4 – 9 和表 4 – 15。

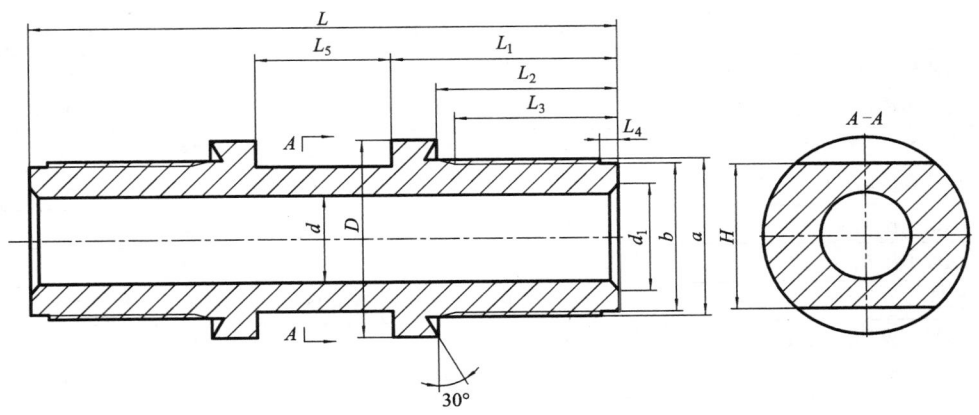

图 4 - 8 内丝钻杆下接头

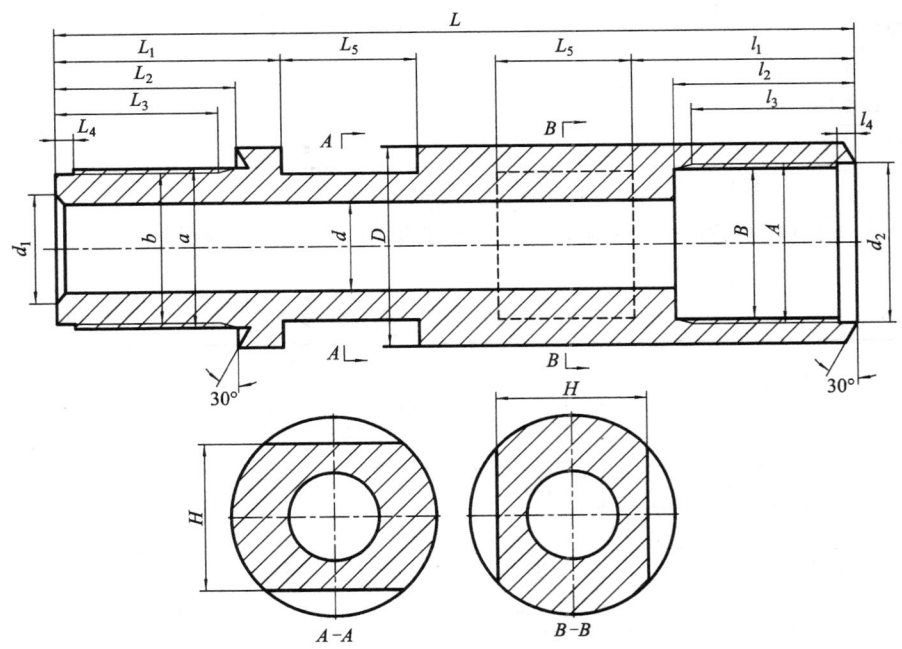

图 4 - 9 内丝钻杆上接头

表 4 – 15　内丝钻杆上接头（母接头）参数　　　　　　（单位：mm）

尺寸代号	规　　格				
	R – RG	R – EG	R – AG	R – BG	R – NG
接头外径 D	26	34	44	55	68
接头内径 d	12	14	16	22	30
端部坡口直径 d_1	14	17	22	28	40
镗孔直径 d_2	21	27	35	44	55
螺纹大径 A, a	21	27	35	44	55
螺纹小径 B, b	18	24	32	40	50
接头长 L	160	190	215	240	265
内螺纹端面至切口长 l_1	55	60	70	75	85
内螺纹长 l_2	45	50	60	65	70
内螺纹完整螺纹长 l_3	35	40	50	55	60
内螺纹镗孔长 l_4	6	8	8	8	10
外螺纹端面至切口长 L_1	45	50	60	70	75
外螺纹长 L_2	35	40	50	55	60
外螺纹完整螺纹长 L_3	29	34	44	49	54
外螺纹台肩长 L_4	6	8	8	8	10
切口长度 L_5	25	35	35	40	45
切口厚度 H	18	24	32	38	50

内丝钻杆及接头的螺纹相同，牙形参数见图 4 – 10 和表 4 – 16。

表 4 – 16　内丝钻杆接头螺纹牙形参数　　　　　　（单位：mm）

尺寸代号	规格				
	R – RG	R – EG	R – AG	R – BG	R – NG
螺距 P/mm	6	6	8	8	8
内外螺纹牙高 Q, q/mm	1.5	1.5	1.5	2	2.5
牙形半角 β/(°)	5	5	5	5	5
外螺纹牙顶宽 n/mm	2.869	2.869	3.869	3.825	3.781
内螺纹牙顶宽 N/mm	2.839	2.839	3.839	3.795	3.751

4.2.2.3　坑道钻杆

坑道钻探主要使用外平钻杆、螺旋钻杆和水平绳索取心钻杆等，其特点及技术参数见本书第 16 章。

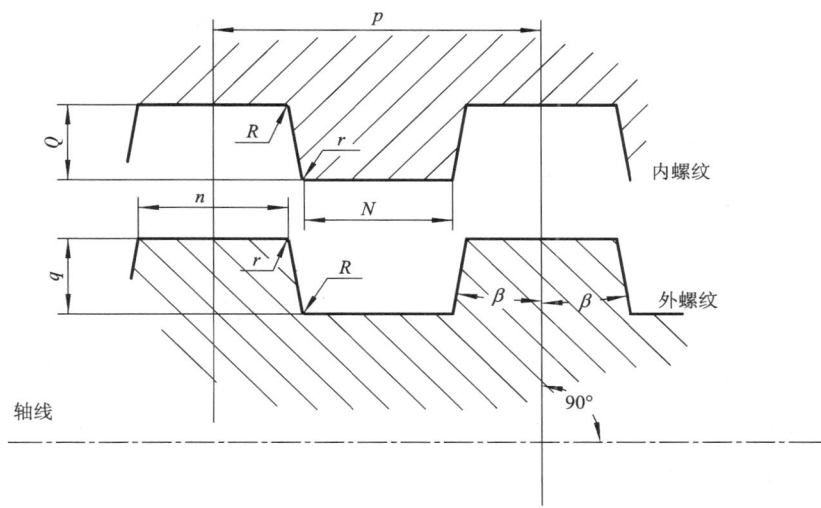

图 4 - 10　内丝钻杆接头螺纹牙形

4.2.3 绳索取心钻杆

目前,我国的绳索取心钻杆有通用型(S)、加强型(P)和薄壁型(M)三种,可根据应用孔深和孔内工况合理选用。

通用型(S)绳索取心钻杆是指在钢管两端直接加工普通螺纹的钻杆;加强型(P)绳索取心钻杆是指在钢管两端适当加厚,然后再加工加强型螺纹的钻杆;薄壁型(M)钻杆采用端部内加厚的特殊薄壁管材制造,两端加工普通螺纹。根据需要,绳索取心钻杆可配加钻杆接头。

4.2.3.1　绳索取心钻杆连接形式

绳索取心钻杆的连接形式可分为直连钻杆(自接式钻杆)、接头连接式钻杆和焊接式钻杆。钻杆的连接方式一般由使用者自选。

1. 直连钻杆

钻杆两端直接加工成内外螺纹,钻杆与钻杆直接连接。直连绳索取心钻杆的螺纹加工量小,同心度好,国内外都广泛采用。但钻杆螺纹部位管壁较薄,强度较低。钻杆螺纹部位需要热处理(正火加回火或淬火加回火)。

2. 端加厚直连钻杆

随着加工工艺的不断改进,薄壁绳索取心钻杆端部加厚(镦粗)技术趋于成熟。端加厚直连绳索取心钻杆螺纹连接强度已大幅度提高。为增强螺纹的耐磨性和抗腐蚀性,一般在螺纹外表面长 100 ~ 150 mm 的范围内进行表面硬化和防腐处理。

3. 接头连接式钻杆

钻杆杆体的两端为外螺纹,其中有一端安装一个一端为内螺纹、一端为外螺纹的接头，另一端安装一个两端均为内螺纹的接头。杆体与接头之间的螺纹副采用一定的预扭矩拧紧，并用黏结剂黏结。

　　4. 焊接式钻杆

　　钻杆接头与钻杆杆体焊接为一体，焊接方法目前主要有以下两种：

　　（1）等离子弧焊接钻杆：在钻杆两端采用等离子弧焊接工艺焊接钻杆接头。等离子弧焊接工艺具有温度高、热量集中、不开坡口、不加焊料、单面焊双面成型等优点，同时，钻杆焊接速度快，焊缝成型好。

　　（2）摩擦焊钻杆：利用摩擦焊机焊接钻杆接头。通常钻杆杆体为静止部件，钻杆接头为高速回转部件。在一定的顶锻压力下，钻杆接头与钻杆体被瞬间产生的摩擦热熔融为一体。摩擦焊钻杆需切除熔融生成的飞边并进行回火处理。近年来，我国的摩擦焊绳索取心钻杆的制造能力和质量水平均有较大提高。

4.2.3.2　通用型绳索取心钻杆

　　通用型绳索取心钻杆以 S 表示，包括 S I（公制系列）及 S II（英制系列）两种规格系列。两个系列钻杆体的规格通用。

　　通用型绳索取心钻杆主要用于地层稳定的中深孔绳索取心钻探施工。

　　通用型绳索取心钻杆体的规格、螺纹参数见图 4 – 11、图 4 – 12 和表 4 – 17、表 4 – 18、表 4 – 19、表 4 – 20、表 4 – 21。

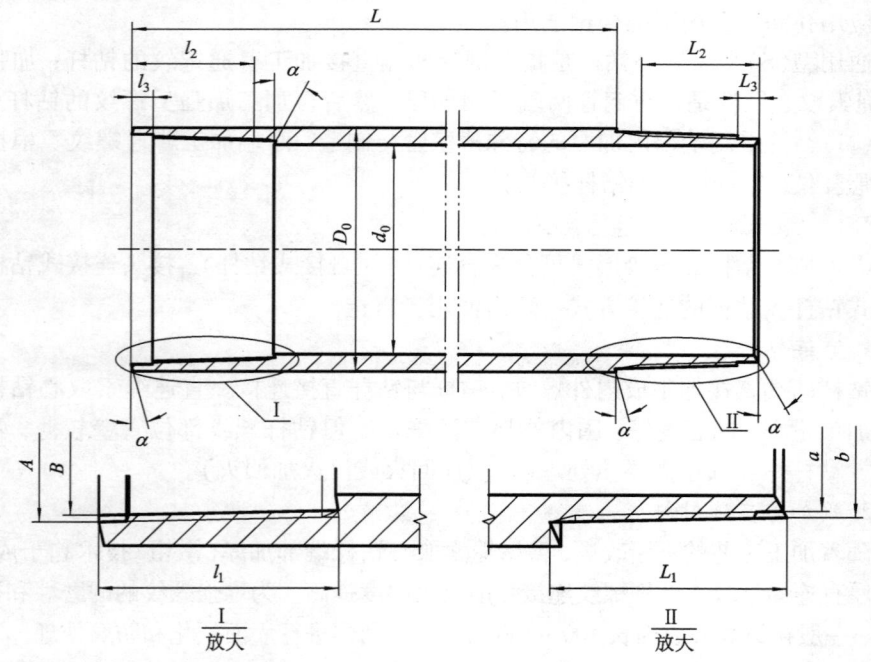

图 4 – 11　通用型绳索取心钻杆

表 4 – 17 通用型绳索取心钻杆体规格　（单位：mm）

名称及代号	规　格				
	R – ACS	R – BCS	R – NCS	R – HCS	R – PCS
钻杆单根有效长度 L	1500/3000/4500				
钻杆体外径 D_0（min）	44.5	55.5	69.9	88.9	114.3
钻杆体内径 d_0（max）	35.0	46.0	60.3	78.1	101.6

表 4 – 18 通用 I 型绳索取心钻杆螺纹参数

名称及代号	规　格				
	R – ACS I	R – BCS I	R – NCS I	R – HCS I	R – PCS I
内螺纹长 l_1/mm	42	45	45	45	64
内螺纹完整螺纹长 l_2/mm	40	42	42	42	61
内螺纹镗孔长 l_3/mm	6	6	6	6	6
外螺纹长 L_1/mm	42	45	45	45	64
外螺纹完整螺纹长 L_2/mm	40	43	43	43	62
外螺纹端台肩长 L_3/mm	6	6	6	6	6
内螺纹大端大径 A/mm	40.870	51.854	66.114	84.511	109.089
内螺纹大端小径 B/mm	39.300	50.284	64.544	82.941	107.289
外螺纹小端大径 a/mm	39.333	50.207	64.467	82.864	106.746
外螺纹小端小径 b/mm	37.733	48.607	62.867	81.264	104.886
内螺纹锥度	1:28.65	1:28.65	1:28.65	1:28.65	1:28.65
外螺纹锥度	1:27.28	1:27.28	1:27.28	1:27.28	1:27.28
密封楔角 α/(°)	15	15	15	15	15

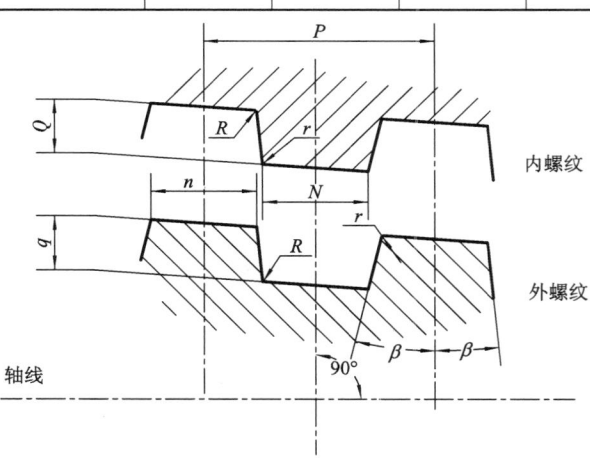

图 4 – 12 通用型绳索取心钻杆螺纹

表 4 – 19   通用型 S I 绳索取心钻杆螺纹牙形参数

名称及代号	规　格				
	R – ACS I	R – BCS I	R – NCS I	R – HCS I	R – PCS I
内螺纹牙顶宽 N/mm	2.79	3.79	3.79	3.79	5.75
外螺纹牙顶宽 n/mm	2.78	3.78	3.78	3.78	5.74
内螺纹牙高 Q/mm	0.785	0.785	0.785	0.785	0.900
外螺纹牙高 q/mm	0.800	0.800	0.800	0.800	0.930
螺距 P/mm	6	8	8	8	12
牙形半角 β/(°)	15	15	15	15	15
牙顶倒圆 r/mm	0.2	0.2	0.2	0.2	0.2
牙底倒圆 R/mm	0.1	0.1	0.1	0.1	0.1

表 4 – 20   通用 S II 型绳索取心钻杆及螺纹参数

名称及代号	规　格				
	R – ACS II	R – BCS II	R – NCS II	R – HCS II	R – PCS II
内螺纹长 l_1/mm	42.45	45.12	45.12	45.20	64.60
内螺纹完整螺纹长 l_2/mm	40.20	42.90	42.90	42.90	62.40
内螺纹镗孔长 l_3/mm	6	6	6	6	6
外螺纹长 L_1/mm	41.72	44.87	44.87	44.98	64.47
外螺纹完整螺纹长 L_2/mm	40.20	42.90	42.90	42.90	62.40
外螺纹端台肩长 L_3/mm	6	6	6	6	6
内螺纹大端大径 A/mm	41.325	52.125	66.425	84.655	109.967
内螺纹大端小径 B/mm	39.755	50.555	64.855	83.085	108.167
外螺纹小端大径 a/mm	39.850	50.535	64.835	83.061	107.659
外螺纹小端小径 b/mm	38.250	48.935	63.235	81.461	105.799
螺纹锥度	1:28.65	1:28.65	1:28.65	1:28.65	1:28.65
密封楔角 α/(°)	15	15	15	15	15

表 4 – 21　通用 S II 型绳索取心钻杆螺纹牙型参数

名称及代号	规　格				
	R – ACS II	R – BCS II	R – NCS II	R – HCS II	R – PCS II
内螺纹牙顶宽 N/mm	2.96	4.02	4.02	4.02	6.09
外螺纹牙顶宽 n/mm	2.95	4.00	4.00	4.00	6.07
内螺纹牙高 Q/mm	0.785	0.785	0.785	0.785	0.900
外螺纹牙高 q/mm	0.800	0.800	0.800	0.800	0.930
螺距 P/mm	6.35	8.466	8.466	8.466	12.7
牙形半角 β/(°)	14.5	14.5	14.5	14.5	14.5
牙顶倒圆 r/mm	0.2	0.2	0.2	0.2	0.2
牙底倒圆 R	0.1	0.1	0.1	0.1	0.1

4.2.3.3　加强型绳索取心钻杆

加强型绳索取心钻杆是国内针对复杂地层和深孔地质岩心钻探施工而研制的新型钻杆,适合钻孔深度 3000 m 以内的金刚石绳索取心钻进。

加强型绳索取心钻杆分为 I 型和 II 型两种,目前主要有 N、H 两种规格。

1. 加强 I 型绳索取心钻杆

加强 I 型钻杆体规格和螺纹参数见图 4 – 13 和表 4 – 22。加强 I 型绳索取心钻杆螺纹牙形见图 4 – 14 和表 4 – 23。

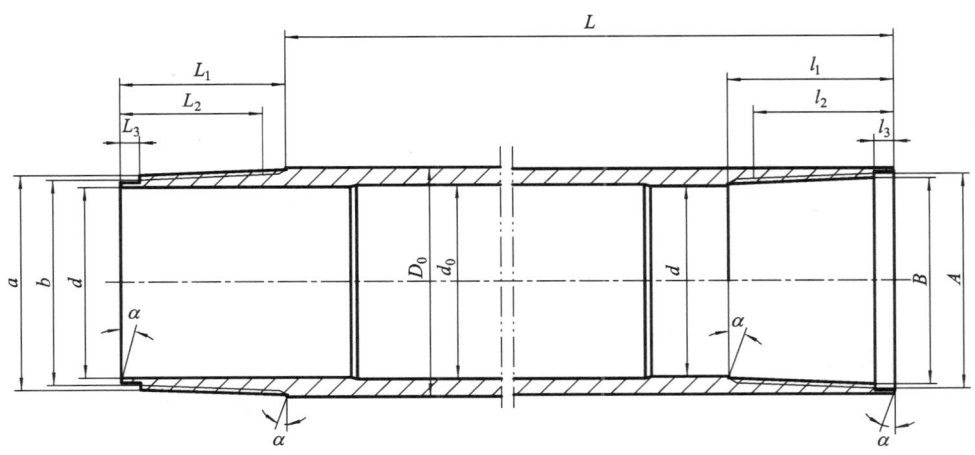

图 4 – 13　加强 I 型绳索取心钻杆

表 4 – 22　加强 I 型绳索取心钻杆参数

名 称 及 代 号	规　格	
	R – NCP I	R – HCP I
钻杆单根有效长度 L/mm	3000/4500/6000	3000/4500/6000
钻杆体外径 D_0/mm	71	91
钻杆体内径 d_0/mm	61	81
钻杆体加厚内径 d/mm	60	79.4
内螺纹长度 l_1/mm	45	45
内螺纹完整螺纹长度 l_2/mm	43.3	43.3
内螺纹端镗孔长度 l_3/mm	6	6
外螺纹长度 L_1/mm	45	45
外螺纹完整螺纹长度 L_2/mm	43.3	43.3
外螺纹端台肩长度 L_3/mm	6	6
内螺纹大端大径 A/mm	67.186	86.935
内螺纹大端小径 B/mm	65.486	85.235
外螺纹小端大径 a/mm	65.563	85.312
外螺纹小端小径 b/mm	63.763	83.512
螺纹锥度	1:27.72	1:27.72
密封楔角 α/(°)	15	15

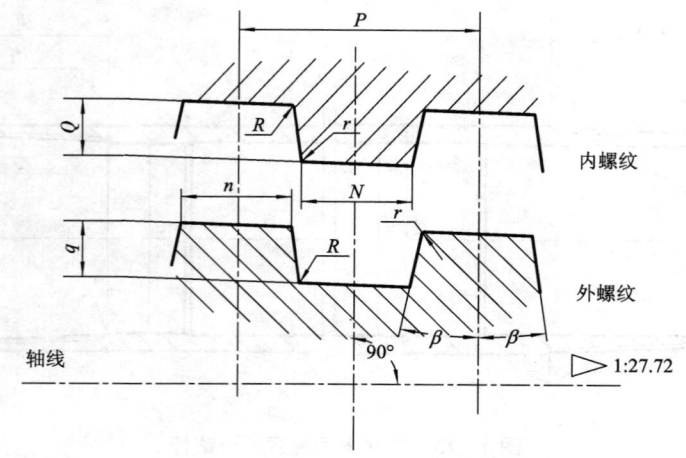

图 4 – 14　加强 I 型绳索取心钻杆螺纹牙形

表 4 – 23　加强 I 型绳索取心钻杆螺纹牙形参数

名称及代号	规格	
	R – NCP I	R – HCP I
内螺纹牙顶宽 N/mm	3.772	3.772
外螺纹牙顶宽 n/mm	3.746	3.746
内螺纹牙高 Q/mm	0.85	0.85
外螺纹牙高 q/mm	0.90	0.90
螺距 P/mm	8	8
牙形半角 β/(°)	15	15
牙顶倒角 r/mm	0.2	0.2
牙底倒圆 R/mm	0.1	0.1

2. 加强 II 型绳索取心钻杆

加强 II 型钻杆体规格见图 4 – 15 和表 4 – 24。

加强 II 型绳索取心钻杆螺纹包括对称梯形螺纹、不对称梯形螺纹和负角度梯形螺纹。采用不对称梯形螺纹和负角度梯形螺纹的加强型绳索取心钻杆抗拉脱能力强，密封性较好，适合深孔绳索取心钻探施工。

对称梯形螺纹牙形参数见图 4 – 16 和表 4 – 25。

不对称梯形螺纹牙形参数见图 4 – 17 和表 4 – 26。

负角度梯形螺纹牙形参数见图 4 – 18 和表 4 – 27。

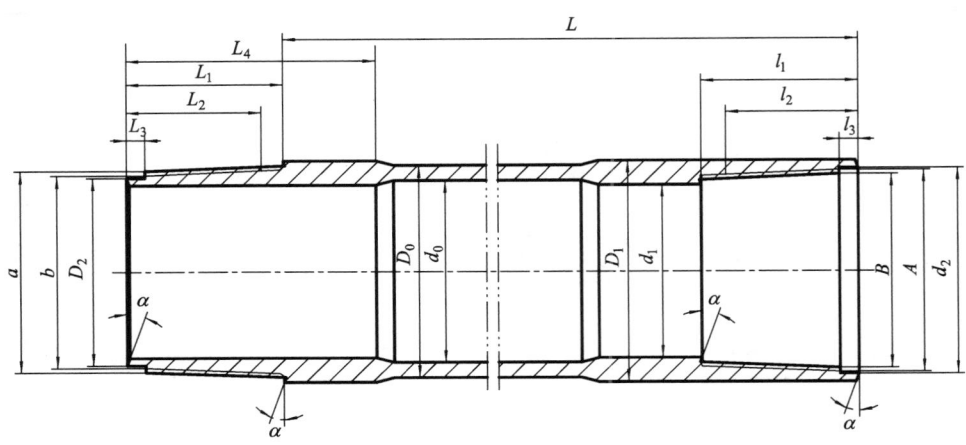

图 4 – 15　加强 II 型绳索取心钻杆

表 4 – 24　加强 II 型绳索取心钻杆参数

名　称 及 代 号	规　格	
	R – NCP II	R – HCP II
钻杆有效长度 L/mm	3000/4500/6000	3000/4500/6000
钻杆体外径 D_0/mm	71	89
钻杆体内径 d_0/mm	61	79
钻杆体加厚外径 D_1/mm	73	92
钻杆体加厚内径 d_1/mm	58	77
内螺纹镗孔直径 d_3/mm	68. 336	86. 95
内螺纹大端大径 A/mm	68. 136	86. 75
内螺纹大端小径 B/mm	65. 936	84. 55
外螺纹小端大径 a/mm	65. 864	84. 25
外螺纹小端小径 b/mm	63. 464	81. 85
外螺纹台肩直径 d_2/mm	63. 264	81. 65
内螺纹长 l_1/mm	50	55
内螺纹完整螺纹长 l_2/mm	44	49
内螺纹镗孔长 l_3/mm	6	6
外螺纹长 L_1/mm	50	55
外螺纹完整螺纹长 L_2/mm	44	49
外螺纹台肩长 L_3/mm	6	6
钻杆体端部加厚长 L_4/mm	100 ~ 110	100 ~ 110
螺纹锥度	1:22	1:22
密封楔角 α/(°)	15	15

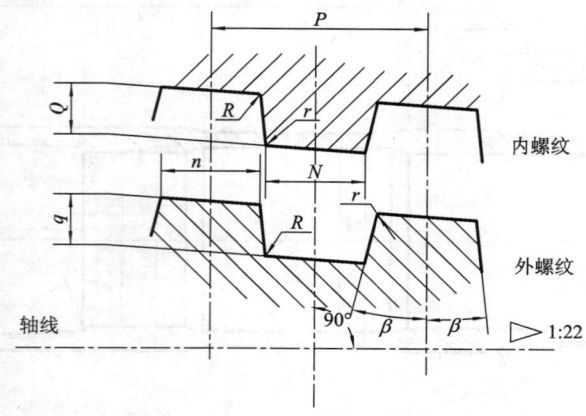

图 4 – 16　加强 II 型绳索取心钻杆对称梯形螺纹牙形

表 4 - 25　加强 II 型绳索取心钻杆对称梯形螺纹牙形参数

名 称 及 代 号	规 格	
	R - NCP II	R - HCP II
内螺纹牙顶宽 N/mm	3.705	3.705
外螺纹牙顶宽 n/mm	3.651	3.651
内螺纹牙高 Q/mm	1.1	1.1
外螺纹牙高 q/mm	1.2	1.2
螺距 P/mm	8	8
牙形半角 β/(°)	15	15
牙顶倒圆 r/mm	0.2	0.2
牙底倒圆 R/mm	0.1	0.1
螺纹锥度	1:22	1:22

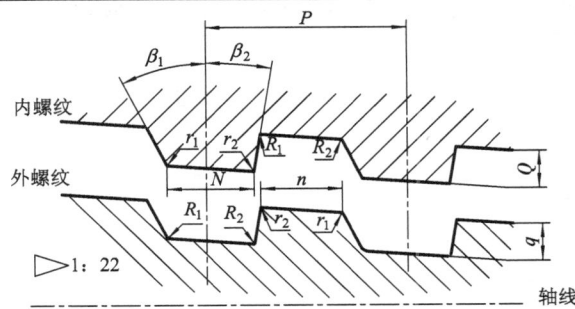

图 4 - 17　加强 II 型绳索取心钻杆不对称梯形螺纹牙形

表 4 - 26　加强 II 型绳索取心钻杆不对称梯形螺纹牙形参数

名 称 及 代 号			规 格	
			R - NCP II	R - HCP II
内螺纹牙顶宽 N/mm			3.421	3.421
外螺纹牙顶宽 n/mm			3.316	3.316
内螺纹牙高 Q/mm			1.1	1.1
外螺纹牙高 q/mm			1.2	1.2
螺距 P/mm			8	8
牙形前角 β_1/(°)			45	45
牙形后角 β_2/(°)			3	3
牙顶倒圆	r_1	3°	0.5	0.5
	r_2	45°	0.25	0.25
牙底倒圆	R_1	3°	0.4	0.4
	R_2	45°	0.15	0.15
螺纹锥度			1:22	1:22

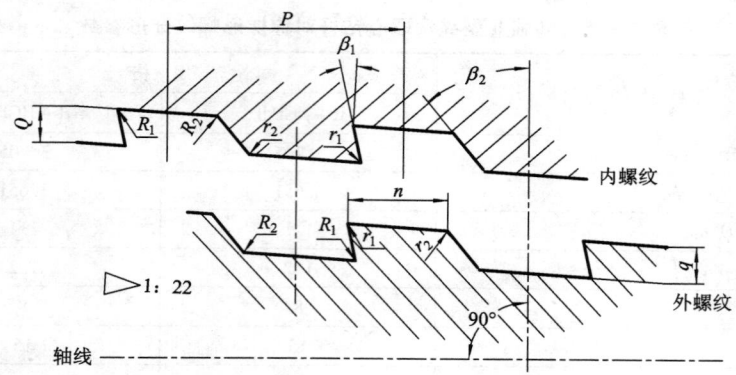

图 4－18　加强 Ⅱ 型绳索取心钻杆负角度梯形螺纹牙形

表 4－27　加强 Ⅱ 型绳索取心钻杆负角度梯形螺纹牙形

名　称　及　代　号			规　格	
			R－NCP Ⅱ	G－HCP Ⅱ
内螺纹牙顶宽 N/mm			3.547	3.547
外螺纹牙顶宽 n/mm			3.465	3.465
内螺纹牙高 Q/mm			1.1	1.1
外螺纹牙高 q/mm			1.2	1.2
螺距 P/mm			8	8
牙形前角 β_1/(°)			10	10
牙形后角 β_2/(°)			45	45
牙顶倒圆	r_1	10°	0.2	0.2
	r_2	45°	1.6	1.6
牙底倒圆	R_1	10°	0.1	0.1
	R_2	45°	1.5	1.5
螺纹锥度			1:22	1:22

3.薄壁型绳索取心钻杆

使用薄壁型绳索取心钻杆可减轻钻机提升负荷,减少搬迁重量。但是,薄壁型绳索取心钻杆杆体强度和耐腐蚀性要求较高,端部内加厚工艺相对复杂,成本较高,目前国内还没有批量生产。

薄壁型绳索取心钻杆的有效长度、螺纹参数与通用型绳索取心钻杆螺纹相同。薄壁型绳索取心钻杆参数见图 4－19 和表 4－28。

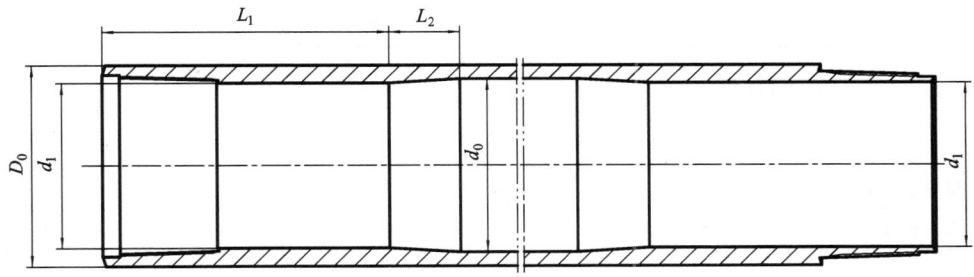

图 4 – 19　薄壁型绳索取心钻杆

表 4 – 28　薄壁型绳索取心钻杆参数

尺寸代号	规　格		
	R – NCM	R – HCM	R – PCM
钻杆体外径 D_0/mm	70	89	114
钻杆体内径 d_0/mm	62	81	106
端部加厚内径 d_1/mm	60	78	102
端部加厚段长度 L_1/mm	100 ~ 110	100 ~ 110	100 ~ 110

4.2.4　地质加重钻杆

地质钻探用加重钻杆主要用于巨厚第四系、厚黄土层以及煤系等沉积岩地层提钻取心和无岩心钻探。加重钻杆的钻杆体结构参数见图 4 – 20 和表 4 – 29。

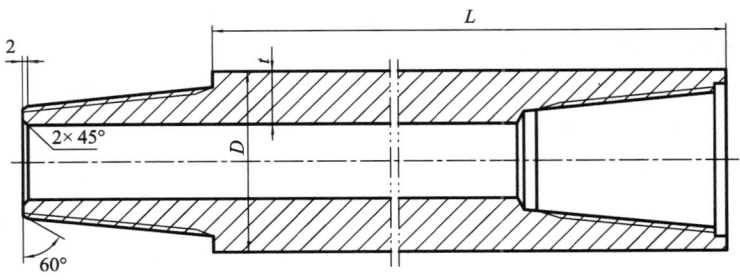

图 4 – 20　加重钻杆

通常，$\phi 68$ mm 加重钻杆上下端分别为 $\phi 50$ mm 钻杆锁接头圆锥内、外螺纹；$\phi 83$ mm 加重钻杆上下端分别为外加厚 $\phi 60$ mm 钻杆锁接头圆锥内、外螺纹。

表 4 - 29　加重钻杆参数

尺寸代号	规格	
	R - 68H	R - 83H
钻杆外径 D/mm	68	83
壁厚 t/mm	20	25
定尺长度 L/mm	3000 ~ 4500	3000 ~ 4500
每米质量/kg	23.67	36.99

4.2.5　铝合金钻杆

4.2.5.1　铝合金钻杆的优越性

采用铝合金钻杆可提高钻机钻深能力，减轻劳动强度，提高钻探效率。在解决铝基合金磁化和内通道直径等技术问题后，铝合金钻杆亦可作为定向钻探用的无磁钻杆。实践证明，铝合金钻杆尤其适用于深部科学钻探（DSD）、超深钻井（UDD）和大位移水平井钻井（ERD）。

4.2.5.2　铝合金钻杆技术发展状况

国外的铝合金钻杆已经初步形成系列，如瑞典克芮留斯公司的 33、43、53 mm 直径的普通钻杆和 EW、AW、BW 绳索取心钻杆；比利时 BEL（Boart Exploration Service）公司的 Alu76 绳索取心钻杆；美国 Raynoldas Meta 公司的 APIPϕ101、ϕ114 铝合金钻杆；前苏联的 ЛБРН - 24、34、42、54、68 铝合金钻杆和用于深孔取心钻进的 ТБЛ - 71 铝合金钻杆等。目前国外铝合金钻杆的屈服极限一般不低于 255MPa。

苏联 1962 年开始在石油勘探中使用铝合金钻杆，其后得到广泛应用，到 1978 年钻探总量已达 400 km，占总进尺数的 25% 。迄今，已用于各种地质条件的 100 多个钻探区，获得了良好的经济和社会效益。苏联还曾开发了反循环钻进用双壁铝合金钻杆，与 КГК - 100 型或 КГК - 300 型水力反循环钻机配套应用。КГК - 300 型钻机的原机型与 КГК - 100 型一致，都是 УРБ - 2A - 2ГК 钻机，由于采用了 ТБДЛ - 25 型双壁铝合金钻杆，钻进深度从 100 m 增加到 300 m。双壁钻杆的每米管质量由钢管的 13.1 kg 减为 5.3 kg，300 m 钻杆柱质量 1650 kg，与 100 m 钢钻杆质量 1500 kg 接近。

近几年，国内先后研制投产了深孔用（> 2000 m）高强度铝合金外丝普通钻杆、物探爆破孔施工用双壁铝合金钻杆。石油铝合金钻杆亦在研制推广中。

4.2.5.3　地质钻探高强度铝合金钻杆

目前,高强度深孔用铝合金外丝钻杆已批量生产。该系列铝合金钻杆采用
7E04 铝合金管材,配置钢质接头,接头外形及螺纹尺寸与标准钢钻杆完全相同,
可以混合使用。7E04 铝合金管材的化学成分和力学性能见表 4 - 30 和表 4 - 31。
铝合金钻杆与钢质钻杆质量对比见表 4 - 32 。已批量生产的 $\phi 52 \times 7.5$ mm铝合
金钻杆平均静态拉断力大于 518 ~ 630 kN,抗扭能力超过 4900 N·m。$\phi 52 \times$
7.5 mm铝合金钻杆在安徽省彭桥煤矿 ZK504 钻孔中进行了野外试验,深度超过
900 m。折合全孔使用铝合金钻杆计算,当量钻孔深度超过 1800 m。

表 4 - 30　地质钻探高强度铝合金钻杆用管材(7E04 合金)化学成分

化学成分/%									其他杂质/%		Al
Cu	Mg	Mn	Cr	Zn	Fe	Si	Ti	Ni	单个	合计	/%
1.4 ~ 2.0	1.8 ~ 2.8	0.2 ~ 0.6	0.1 ~ 0.25	5.0 ~ 6.5	0.05 ~ 0.25	≤0.1	≤0.05	≤0.1	≤0.05	≤0.1	余量

表 4 - 31　7E04 合金管材的力学性能

管材组批及规格	抗拉强度 σ_b/MPa	屈服强度 $\sigma_{0.2}$/MPa	δ/%
第 1 组 $\phi 52 \times 7.5$	615 ~ 614	567 ~ 583	9.2 ~ 11.0
第 2 组 $\phi 52 \times 7.5$	601 ~ 616	555 ~ 562	8.7 ~ 10.0
第 3 组 $\phi 52 \times 7.5$	596 ~ 650	562 ~ 595	9.0 ~ 12.0
第 4 组 $\phi 52 \times 7.5$	615 ~ 620	554 ~ 572	10.5 ~ 11.7
第 5 组 $\phi 52 \times 7.5$	635 ~ 649	586 ~ 606	8.8 ~ 11.2

表 4 - 32　铝合金钻杆与钢质钻杆质量对比

对比内容	铝合金外丝钻杆	钢质外丝钻杆	备　注
杆体规格/mm	$\phi 52 \times 7.5$	$\phi 50 \times 6.0$	
杆体空气中质量/(kg·m^{-1})	2.9	6.5	铝合金密度 2.78 g/cm^3；钢密度 7.85 g/cm^3
杆体冲洗液中质量/(kg·m^{-1})	1.8	5.6	冲洗液密度 1.05 g/cm^3
钻杆杆体质量/kg	13.2	29.25	定尺 4.5 m
每副锁接手质量/kg	6.6	6.8	实际称重结果
每根钻杆空气中质量/kg	19.8	36.1	含锁接头的全部质量

续表 4-32

对比内容	铝合金外丝钻杆	钢质外丝钻杆	备 注
空气中钻杆质量比/%	54.8	100	
每根钻杆冲洗液中质量/kg	13.9	31.3	含锁接手的全部质量
冲洗液中钻杆质量比/%	44.4	100	
1800 m 空气中质量/kg	7920	14440	一般钻深能力使用极限
1800 m 冲洗液中质量/kg	5560	12520	两种钻杆的强度基本相当

4.2.5.4 石油铝合金钻杆

我国石油天然气行业用铝合金钻杆等同采用了 ISO15546:2002《石油天然气工业铝合金钻杆》(英文版)标准,国家标准编号为 GB/T20659—2006。近期,国内几家石油钻具生产企业开始试制石油钻井铝合金钻杆。石油铝合金钻杆钢质接头连接螺纹与 API 钢钻杆接头一致,仅管体、加厚端和中间保护器有所不同。根据 GB/T 20659—2006/ISO 15546:2002,石油铝合金钻杆用铝合金的材料要求见表 4-33;钢制钻杆接头的力学性能要求见表 4-34。

表 4-33 石油钻探铝合金钻杆的材料要求

特 性	材料组			
	I	II	III	IV
合金系	Al-Cu-Mg	Al-Zn-Mg	Al-Cu-Mg-Si-Fe	Al-Zn-Mg
最小屈服强度(0.2%残余变形法)/MPa	325	480	340	350
最小抗拉强度/MPa	460	530	410	400
最小拉伸率/%	12	7	8	9
最高操作温度/℃	160	120	220	160
在 3.5%氯化钠溶液中最大腐蚀速率 /[g·(m²·h)⁻¹]	—	—	—	0.08

表 4-34 钢制钻杆接头的力学性能要求

特 性	要 求
最小抗拉强度/MPa	880
最小屈服强度(2%残余变形法)/MPa	735
最小断裂伸长率/%	13
最小纵向比 V 形缺口吸收能要求/J	三次试验的平均值70(单个值47)
最小布氏硬度(HBW)	285

4.2.6　水文水井管材

浅部水文钻探多使用岩心钻探用管材；深井和地热勘查钻探施工一般选用石油钻管材。常规深度的水文水井钻探用管材系列与地质岩心钻探和石油天然气钻探管材有所不同。因此，20 世纪 80—90 年代原地矿部制定了部分技术标准，参见表 4 –35、表 4 –36、表 4 –37、表 4 –38、表 4 –39 和表 4 –40。

表 4 –35　钻杆基本参数与尺寸(摘自 DZ/T0107—1994)

公称外径 /mm(in)	名义质量 /(kg·m⁻¹)	管体			接头			定尺长度 /mm
		外径 D /mm	壁厚 t /mm	计算质量 /(kg·m⁻¹)	螺纹代号	外径 D /mm	内径 D /mm	
60(2⅜)	11.6	60.3	7.1	9.33	NC26	86	44	6000
73(2⅞)	18.3	73.0	9.2	14.46	NC31	105	54	
							51	
89(3½)	23.5	88.9	9.4	18.34	NC38	121	68	
						127	65	
114(4½)	32.1	114.3	8.6	22.32	NC50	162	95	

表 4 –36　钻铤基本参数与尺寸(摘自 DZ/T0109—1994)

公称外径 /mm(in)	名义质量 /(kg·m⁻¹)	管体计算质量 /(kg·m⁻¹)	外径 D /mm	内径 d /mm	螺纹代号	定尺长度 /mm
89(3½)	39.5	39.78	88.9	38.1	NC26	6000
105(4⅛)	51.4	51.67	104.8	50.8	NC31	
121(4¾)	73.5	73.83	120.7		NC35	
127(5)	78.9	79.27	127.0	57.2	NC38	
159(6¼)	123.0	123.65	158.8	71.4	NC46	
178(7)	162.5	163.35	177.8		NC50	

表4-37　圆顶三角锥螺纹套管及接箍基本参数及尺寸(摘自 DZ/T0106—1994)

公称外径 /mm(in)	名义质量 /(kg·m⁻¹)	套管			接箍外径 D_g /mm	螺纹代号	定尺长度 /mm
		外径 D /mm	壁厚 t /mm	管体计算质量 /(kg·m⁻¹)			
114($4\frac{1}{2}$)	15.5	114.3	5.7	15.24	124	CSG114	
140($5\frac{1}{2}$)	20.7	139.7	6.2	20.41	150	CSG140	
168($6\frac{5}{8}$)	29.4	168.3	7.3	29.03	180	CSG168	
194($7\frac{5}{8}$)	35.2	193.7	7.6	34.96	208	CSG194	
219($8\frac{5}{8}$)	40.7	219.1	7.7	40.25	233	CSG219	
245($9\frac{5}{8}$)	52.8	244.5	8.9	51.92	260	CSG245	6000
273($10\frac{3}{4}$)	59.6	273.0		57.91	290	CSG273	
298($11\frac{3}{4}$)	69.1	298.4	9.5	67.86	316	CSG298	
340($13\frac{3}{8}$)	80.4	339.7	9.7	78.56	358	CSG340	
406(16)	110.9	406.4	11.1	108.32	426	CSG406	
473($18\frac{5}{8}$)	127.7	473.1		125.88	495	CSG473	
508(20)	139.3	508.0	11.1	136.16	528	CSG508	

表4-38　特殊梯形螺纹套管基本参数尺寸(摘自 DZ/T0106—1994)

公称外径 /mm(in)	名义质量 /(kg·m⁻¹)	管体计算质量 /(kg·m⁻¹)	外径 D /mm	壁厚 t /mm	螺纹代号	定尺长度 /mm
114($4\frac{1}{2}$)	15.2	15.24	114.3	5.7	TT110	
140($5\frac{1}{2}$)	20.4	20.41	139.7	6.2	TT135	
168($6\frac{5}{8}$)	29.0	29.03	168.3	7.3	T162	
194($7\frac{5}{8}$)	34.9	34.09	193.7	7.6	TT187	6000
219($8\frac{5}{8}$)	40.2	40.25	219.1	7.7	TT212	
245($9\frac{5}{8}$)	51.9	51.92	244.5	8.9	TT237	
273($10\frac{3}{4}$)	57.9	57.91	273.0		TT266	
298($11\frac{3}{4}$)	67.8	67.86	298.4	9.5	TT291	

表 4 - 39 岩心管及接头基本参数及尺寸(摘自 DZ/T0106—1994)

| 公称外径 /mm(in) | 名义质量 /(kg·m^{-1}) | 岩 心 管 | | | 接 头 | | 螺纹代号 | 定尺长度 /mm |
		外径 D /mm	壁厚 t /mm	管体计算质量 /(kg·m^{-1})	外径 D_g /mm	内径 d_s /mm		
89(3½)	12.2	89.0	6.0	12.28	89.0	73	TT82	
114(4½)	16.7	114.3	6.4	16.91	114.3	98	TT107	
140(5½)	24.9	139.7	7.7	25.13	139.7	120	TT131	
168(6⅝)	34.8	168.3	8.9	35.12	168.3	145	TT158	
194(7⅝)	37.8	193.7	8.3	38.07	193.7	170	TT183	6000
219(8⅝)	45.9	219.1		46.32	219.1	195	TT208	
245(9⅝)	51.5	244.5	8.9	51.92	244.5	220	TT233	
273(10¾)	57.4	273.0		57.91	273.0	250	TT262	
298(11¾)	67.3	298.4	9.5	67.86	298.4	275	TT287	

表 4 - 40 取粉管基本参数及尺寸(摘自 DZ/T0106—1994)

公称外径 /mm(in)	名义质量 /(kg·m^{-1})	管体计算质量 /(kg·m^{-1})	外径 D /mm	壁厚 t /mm	螺纹代号	定尺长度 /mm
89(3½)	12.1	12.28	89.0	6.0	T82 左	
114(4½)	15.1	15.24	114.3	5.7	TT107 左	
140(5½)	20.2	20.41	139.7	6.2	TT131 左	
168(6⅝)	28.7	29.03	168.3	7.3	TT158 左	
194(7⅝)	34.6	34.96	193.7	7.6	TT183 左	6000
219(8⅝)	39.8	40.25	219.1	7.7	TT208 左	
245(9⅝)	50.7	51.92	244.5	8.9	TT233	
273(10¾)	56.9	57.91	273.0		TT262	
298(11¾)	66.7	67.86	298.4	9.5	TT287 左	

4.3 石油钻柱

4.3.1 石油钻杆

4.3.1.1 钻杆结构与规范

石油钻杆是石油钻柱的基本组成部分，一般由无缝钢管制成，壁厚通常为9～11 mm。钻杆由钻杆管体与钻杆接头两部分组成。钻杆管体与接头的连接有两种方式：一种是对焊钻杆，管体与接头用摩擦焊对焊在一起；另一种是有细扣钻杆，用细螺纹连接，即管体两端都车有细的外螺纹，与接头一端的细的内螺纹相连接。有细扣钻杆目前已基本淘汰，我国现在生产或进口的钻杆全部为对焊钻杆（无细扣钻杆），如图4－21所示。

为了增强管体与接头的连接强度，管体两端需加厚。常用的加厚形式有内加厚、外加厚、内外加厚三种，如图4－22所示。

钻杆长度分为3类：第一类，5486～6706 mm（18～22 ft）；第二类，8230～9144 mm（27～30 ft）；第三类，11582～13716 mm（37～4 5 ft）。常用钻杆规格尺寸见表4－38，其中最常用的钻杆尺寸有88.9 mm、114.3 mm、127.0 mm（相当于3.5 in、4.5 in、5 in）三种。

常用石油钻杆规格尺寸及代号见表4－41。

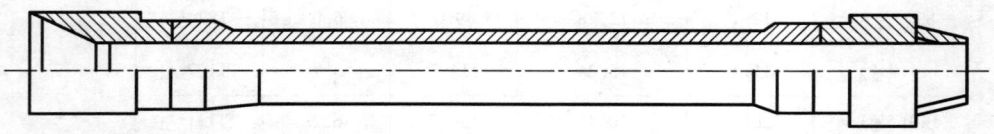

图4－21 石油钻杆结构示意图

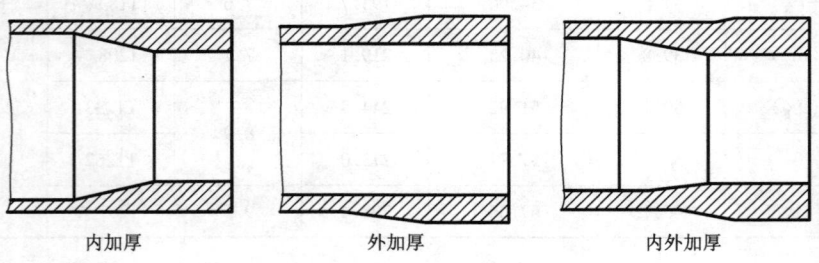

内加厚　　　　　　外加厚　　　　　　内外加厚

图4－22 石油钻杆的加厚形式

表 4 - 41　常用石油钻杆规格尺寸及代号

钻杆外径		外径代号	壁厚	内径	名义重力	重力代号
mm	in		mm	mm	N/m	
60.30	$2\frac{3}{8}$	1	4.826	50.70	70.83	1
			7.112	46.10	97.12	2
73.00	$2\frac{7}{8}$	2	5.512	62.00	100.00	1
			9.195	54.60	151.83	2
88.90	$3\frac{1}{2}$	3	6.452	76.00	138.69	1
			9.374	70.20	194.16	2
			11.405	66.10	226.18	3
101.60	4	4	6.655	88.30	173.00	1
			8.382	84.80	204.38	2
			9.652	82.30	229.20	3
114.30	$4\frac{1}{2}$	5	6.883	100.50	200.73	1
			8.560	97.20	242.34	2
			10.922	92.50	291.98	3
			12.700	88.90	333.15	4
			13.975	86.40	360.03	5
127.0	5	6	7.518	112.00	237.73	1
			9.195	108.60	284.68	2
			12.700	101.60	373.73	3
139.7	$5\frac{1}{2}$	7	7.722	124.30	280.30	1
			9.169	121.40	319.71	2
			10.541	118.60	360.59	3

注：引自普通高等学校"十一五"国家级规划教材《钻进工程》P39。

4.3.1.2　钻杆的钢级与强度

　　钻杆的钢级是钻杆钢材的等级，它由钻杆钢材的最小屈服强度决定。规定钻杆的钢级有 D、E、95（X）、105（G）、135（S）级共五种，见表 4 - 42。其中，X、G、S 级为高强度钻杆。钻杆的钢级越高，管材的屈服强度越大，钻杆的各种强度（抗拉、抗扭、抗外挤等）也就越大。表 4 - 43 给出了石油钻杆的强度数据。

表 4 -42　石油钻杆钢级

物理性能		钻杆 钢级				
		D	E	95(X)	105(G)	135(S)
最小屈服强度	MPa	379.21	517.11	655.00	723.95	930.70
	lbf/in^2	55000	75000	95000	105000	135000
最大屈服强度	MPa	586.05	723.95	861.85	930.79	1137.64
	lbf/in^2	85000	105000	125000	135000	165000
最小抗拉强度	MPa	655.00	689.48	723.95	792.90	999.74
	lbf/in^2	95000	100000	105000	115000	145000

注：1 lbf/in^2 = 6.895 × 10^{-3} MPa。

4.3.1.3　钻杆接头与接头类型

钻杆接头一端为粗外螺纹接头或粗内螺纹接头，另一端为细螺纹接头（用细内螺纹与钻杆本体端细外螺纹连接）或无细螺纹的平台阶（与钻杆本体对焊），粗外螺纹接头或粗内螺纹接头用以连接各单根钻杆。

API 对钻杆接头的类型作了统一的规定，形成了石油工业普遍采用的 API 钻杆接头标准。API 钻杆接头标准有新、老两种标准。老 API 钻杆接头标准是对早期使用的有细扣的钻杆提出来的，分为内平式（IF）、贯眼式（FH）和正规式（REG）三种类型，如图 4 - 23 所示。

内平式接头主要用于外加厚钻杆，特点是钻杆内径、管体加厚处内径与接头内径相等，冲洗液流动阻力小，有利于提高钻头水力功率，但接头外径较大，易磨损。

贯眼式接头适用于内加厚钻杆，特点是钻杆有两个内径，接头内径等于管体加厚处内径，但小于管体部分内径。冲洗液流经这种接头时的阻力大于内平式接头，但其外径小于内平式接头。

正规式接头适用于内加厚钻杆，这种接头的内径比较小，小于钻杆加厚处的内径，正规式接头的钻杆有三种不同的内径。冲洗液流过这种接头时的阻力最大，但它的外径最小，强度较大。正规接头常与小直径钻杆、反扣钻杆、钻头、打捞工具等相连接。

三种类型接头均采用 V 形螺纹，但扣型（用螺纹顶切平宽度表示）、螺距、锥度及尺寸等有较大的差别。接头外形如图 4 - 23 所示。

表 4 – 43　石油钻杆强度数据

钻杆外径		名义重力		抗扭屈服极限 /(kN·m)					按最小屈服强度计算的最小抗拉力 /kN					最小挤压力 /MPa					按最小屈服强度计算的最小抗拉力 /kN				
mm	in	N/m	lbf/ft	D	E	95	105	135	D	E	95	105	135	D	E	95	105	135	D	E	95	105	135
60.30	2 3/8	97.12	6.65	6.21	8.46	10.71	11.85	15.25	451.02	615.04	779.06	861.02	1107.00	78.89	107.58	136.27	150.62	193.65	78.27	106.69	135.17	149.38	192.07
		151.86	10.40	11.47	15.64	19.82	21.90	28.16	699.45	953.75	1208.10	1335.27	1716.19	83.52	113.86	144.20	159.38	204.96	83.59	114.00	144.34	159.38	205.17
73.0	2 7/8	138.71	9.50		19.15					864.40					69.24					65.66			
88.9	3 1/2	194.14	13.30	18.42	25.12	31.82	35.17	45.21	886.02	1208.41	1350.66	1691.73	2175.11	71.38	97.30	123.31	136.27	175.17	69.79	95.17	120.55	133.24	171.13
		226.22	15.50	20.94	28.55	36.16	39.97	51.39	1053.38	1436.28	1819.27	1010.78	2585.29	84.83	115.65	146.55	161.93	208.20	85.17	116.14	147.10	162.55	290.03
101.6	4	172.95	11.85		26.36					1206.77					58.00					59.31			
		204.31	14.00	23.13	31.53	39.49	44.15	56.75	931.24	1269.77	1605.45	1777.66	2285.60	57.45	78.27	99.17	109.65	139.10	54.76	74.69	94.62	104.55	134.41
114.3	4 1/2	200.71	13.75		15.07					1201.56					49.65					54.48			
		242.30	16.60	30.58	41.71	52.83	58.39	75.07	1078.52	1470.90	1863.09	2058.24	2647.58	52.55	71.65	87.93	95.32	115.86	49.72	67.78	85.86	94.90	122.00
		291.95	20.00	36.63	49.97	63.28	69.94	89.92	1345.55	1843.90	2324.18	2568.83	3302.76	65.58	89.38	113.24	125.17	160.89	63.45	86.48	109.58	121.10	155.72
127.0	5	284.78	19.50	40.87	55.73	70.59	78.03	100.32	1290.86	1760.31	2229.71	2464.39	3168.51	50.96	68.96	82.83	89.58	108.27	48.07	65.52	83.03	91.72	118.00
		372.40	25.60	51.88	70.74	89.61	99.05	127.36	1729.92	2358.97	2988.08	3302.58	4246.19	68.27	93.10	117.93	130.34	167.58	66.34	90.48	114.62	126.76	162.89
139.7	5 1/2	319.71	21.91	50.35	68.66	86.97	96.12	123.58	1426.36	1945.06	2463.72	2703.05	3501.08	45.59	58.21	68.96	74.04	87.85	43.59	59.38	75.24	83.17	106.96
		360.52	24.70	56.16	76.59	97.02	107.23	137.87	1622.50	2212.49	2802.48	3097.49	3982.30	52.90	72.14	89.10	96.55	116.70	50.07	68.27	86.48	95.58	122.96

随着对焊钻杆的迅速发展，有细扣螺纹钻杆逐渐被对焊钻杆所取代。因此，美国石油学会又提出了一种新的 NC 型系列接头（又称为数字型接头）。NC 型接头以字母 NC 和两位数字表示，如 NC50、NC26、NC31 等。NC 接头（National Coarse Thread）意为美国国家标准粗牙螺纹（图 4-24），两位数字表示螺纹基面节圆直径的大小（取节圆直径的前两位数字）。例如 NC26 表示接头为 NC 型，基面螺纹节圆直径为 2.668 in。

表 4-44 给出了老 API 钻杆接头规范；表 4-45 所列为 NC 型接头规范。

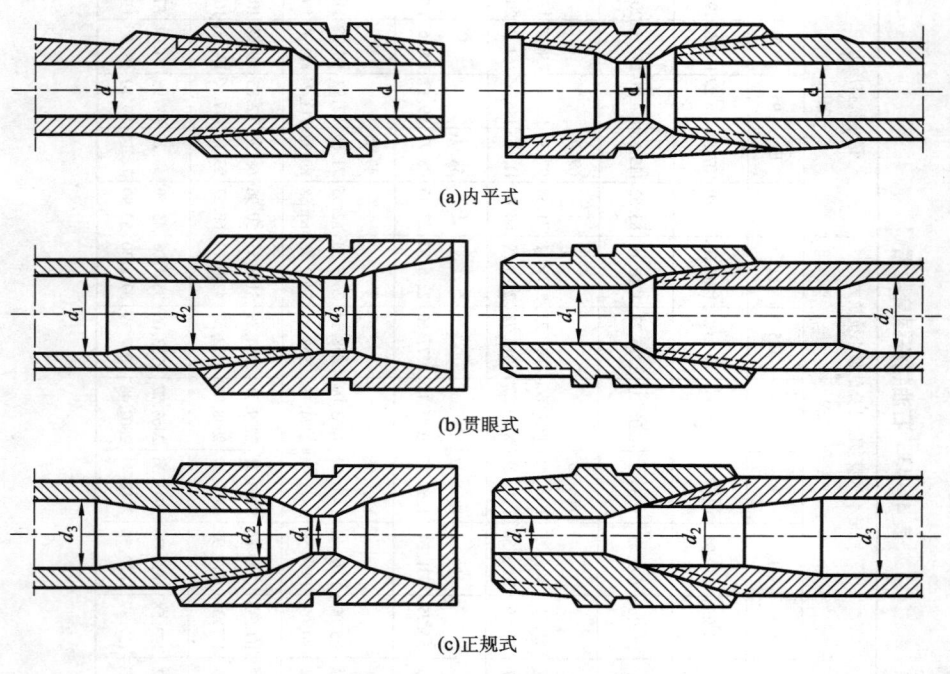

(a)内平式

(b)贯眼式

(c)正规式

图 4-23　石油钻杆接头形式（老 API）

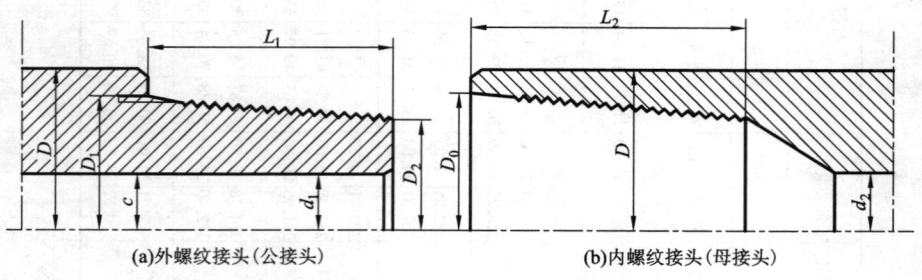

(a)外螺纹接头（公接头）　　　　　　(b)内螺纹接头（母接头）

图 4-24　石油钻杆接头

表 4-44　石油钻杆接头规范(老 API)

公称尺寸/in	螺纹类型	节径 C/in	外径 D/in	螺纹规范			外螺纹接头				内螺纹接头		
				锥度	每寸扣数	扣型	内径 d_1/mm	螺纹长度 L_1/mm	大端直径 D_L/mm	小端直径 D_s/mm	内径 d_2/mm	螺纹长度 L_2/mm	镗孔直径 D_c/mm
$2\frac{3}{8}$	IF	2.76	86	1:6	4	V-0.065	44	76	73	60	44	92	75
	REG	2.37	79	1:4	5	V-0.040	25	76	67	47		92	68
$2\frac{7}{8}$	IF	3.18	105	1:6	4	V-0.065	54	89	86	71	54	95	88
	FH	3.36	108	1:4	5	V-0.040	54	89	92	70	54	90	94
	REG	2.74	95	1:4	5	V-0.040	32	89	76	54	45	105	78
$3\frac{1}{2}$	IF	3.81	121	1:6	4	V-0.065	68	102	102	85	68	117	104
	FH	3.73	118	1:4	5	V-0.060	62	95	101	77	62	111	103
	REG	3.24	108	1:4	5	V-0.040	38	95	89	65	58	111	91
$4\frac{1}{2}$	IF	5.05	156	1:6	4	V-0.065	95	114	133	114	95	130	135
	FH	4.53	146	1:4	5	V-0.040	80	102	122	96	80	117	124
	REG	4.37	140	1:4	5	V-0.040	58	108	118	91	78	124	119
$5\frac{1}{2}$	IF	6.19	187	1:6	4	V-0.065	122	127	163	141	122	143	164
	FH	5.59	178	1:6	4	V-0.050	101	127	148	128	101	143	150
	REG	5.23	172	1:4	4	V-0.050	70	120	140	110	98	137	142
$6\frac{3}{8}$	FH	6.52	203	1:6	4	V-0.050	127	127	172	150	127	143	174
	REG	5.76	197	1:6	4	V-0.050	89	127	152	131	—	143	154

表 4-45　石油钻杆 NC 型接头规范

公称尺寸/in	螺纹类型	外径 D/mm	内径 d/in	节径 C/in	螺纹规范			外螺纹接头			内螺纹接头	
					每寸扣数	锥度	扣型	螺纹长度 L_1/mm	大端直径 D_L/mm	小端直径 D_s/mm	螺纹长度 L_2/mm	镗孔直径 D_c/mm
$2\frac{3}{8}$	NC23	69	22	2.36	4	1:6	V-0.038R	76	65	52	92	67
	NC26	86	44	2.67	4	1:6	V-0.038R	76	73	60	92	75
$2\frac{7}{8}$	NC31	105	54	3.18	4	1:6	V-0.038R	89	86	71	95	88
$3\frac{1}{2}$	NC35	121	68	3.53	4	1:6	V-0.038R	95	95	79	111	97
	NC38	121	68	3.81	4	1:6	V-0.038R	102	102	85	117	104
4	NC40	133	71	4.07	4	1:6	V-0.038R	114	109	90	130	110
	NC44	152	57	4.42	4	1:6	V-0.038R	114	118	98	130	119
	NC46	152	82	4.63	4	1:6	V-0.038R	114	123	104	130	125
$4\frac{1}{2}$	NC50	156	95	5.04	4	1:6	V-0.038R	114	133	114	130	135
$5\frac{1}{2}$	NC56	178	95	5.62	4	1:4	V-0.038R	127	149	118	143	151
$6\frac{5}{8}$	NC61	210	76	6.18	4	1:4	V-0.038R	140	164	127	156	165
$7\frac{5}{8}$	NC70	241	76	7.05	4	1:4	V-0.038R	152	186	148	163	187
$8\frac{5}{8}$	NC77	254	76	7.74	4	1:4	V-0.038R	165	203	162	181	205

4.3.2 石油钻铤

钻铤壁厚为 38 ~ 53 mm，相当于钻杆壁厚的 4 ~ 6 倍，具有较大的重力和刚度。钻铤截面形状有圆形、方形、三角形和螺旋形等。有的钻铤为了在起下钻时不用提升短节和安全卡瓦而在内螺纹端外表面加工有吊卡槽和卡瓦槽。最常用的是圆形（平滑的）钻铤和螺旋形钻铤两种。螺旋形钻铤上有浅而宽的螺旋槽，可减少其与井壁的接触面积的 40% ~ 50%，重力减少 7% ~ 10%；接触面积少，可降低压差卡钻概率。

钻铤的连接螺纹（外螺纹、内螺纹）是在钻铤两端管体上直接车制的，不另加接头。钻铤有多种规格。API 标准钻铤规范见表 4 - 46。表中的钻铤类型代号由两部分组成：第一部分为 NC 型螺纹代号，第二部分的数字（取外径的前两位数字乘以 10）表示钻铤外径（in），中间用短线分开。

表 4 - 46 API 石油钻铤规范（API SPEC7）

钻铤类型	外径		内径		长度		名义重力		上扣扭矩	
	mm	in	mm	in	m	ft	N/m	lbf/ft	最小/(kN·m)	最大/(kN·m)
NC23 ~ 31	79.40	$3\frac{1}{8}$	31.80	$2\frac{1}{4}$	9.1	30	321	22	4.45	4.90
NC26 ~ 35($2\frac{7}{8}$IF)	88.90	$3\frac{1}{2}$	38.10	$1\frac{1}{3}$	9.1	30	394	27	6.25	6.90
NC31 ~ 41($2\frac{7}{8}$IF)	104.80	$4\frac{1}{8}$	50.80	2	9.1	30	511	35	9.00	9.90
NC35 ~ 47	120.70	$4\frac{3}{4}$	50.80	2	9.1	30	730	50	12.50	13.50
NC38 ~ 50($3\frac{1}{2}$IF)	127.00	5	57.20	$2\frac{1}{4}$	9.1	30	774	53	17.50	19.00
NC44 ~ 60	153.40	6	57.20	$2\frac{1}{4}$	9.1	30 或 31	1212	83	31.65	35.00
NC44 ~ 62	158.80	$6\frac{1}{4}$	57.20	$2\frac{1}{4}$	9.1 或 9.2	30 或 31	1328	91	31.50	35.00
NC44 ~ 62(4IF)	158.80	$6\frac{1}{4}$	71.40	$2\frac{13}{16}$	9.1 或 9.2	30 或 31	1212	83	30.00	33.00
NC46 ~ 65(4IF)	165.10	$6\frac{1}{2}$	57.20	2	9.1 或 9.2	30 或 31	1445	99	38.00	42.00
NC46 ~ 65(4IF)	165.10	$6\frac{1}{2}$	71.40	$2\frac{13}{16}$	9.1 或 9.2	30 或 31	1328	91	30.00	33.00
NC46 ~ 67(4IF)	171.50	$6\frac{3}{4}$	57.20	$2\frac{1}{4}$	9.1 或 9.2	30 或 31	1577	108	38.00	42.00
NC50 ~ 70($4\frac{1}{2}$IF)	177.80	7	57.20	$2\frac{1}{4}$	9.1 或 9.2	30 或 31	1708	117	51.50	56.50
NC50 ~ 70($4\frac{1}{2}$IF)	177.80	7	71.40	$2\frac{13}{16}$	9.1 或 9.2	30 或 31	1606	110	43.50	48.60
NC50 ~ 72($4\frac{1}{2}$IF)	184.20	$7\frac{1}{4}$	71.40	$2\frac{13}{16}$	9.1 或 9.2	30 或 31	1737	119	43.50	48.00
NC56 ~ 77	196.90	$7\frac{3}{4}$	71.40	$2\frac{13}{16}$	9.1 或 9.2	30 或 31	2029	139	65.00	71.50
NC56 ~ 80	203.20	8	71.40	$2\frac{13}{16}$	9.1 或 9.2	30 或 31	2190	150	65.00	71.50

续表 4 - 46

钻铤类型	外径		内径		长度		名义重力		上扣扭矩	
	mm	in	mm	in	m	ft	N/m	lbf/ft	最小/(kN·m)	最大/(kN·m)
6⅝REG	209.60	8	71.40	$2\frac{13}{16}$	9.1 或 9.2	30 或 31	2336	160	72.00	79.00
NC61~90	228.60	9	71.40	$2\frac{13}{16}$	9.1 或 9.2	30 或 31	2847	195	92.00	101.00
7⅝REG	241.30	9½	76.20	3	9.1 或 9.2	30 或 31	3153	216	119.50	
NC70~100	254.00	10	76.20	3	9.1 或 9.2	30 或 31	3548	243	142.50	156.50
NV70~110	279.40	11	76.20	3	9.1 或 9.2	30 或 31	4365	299	194.00	214.50

4.3.3　石油钻杆接头螺纹

　　石油钻杆接头螺纹(即带台肩连接螺纹)有数字型(NC)、内平型(IF)、贯眼型(FH)和正规型(REG)。由于数字型螺纹的牙型和锥度较内平型贯眼型和正规型螺纹更合理,目前在钻井工程和新产品设计中多选用数字型螺纹(NC)。

　　数字型螺纹:采用 V - 0.038R 螺纹牙型,并以螺纹基面中径的英寸数和十分之一英寸数表示的螺纹。但是,NC10 - NC16 采用 V - 0.055 牙型。

　　内平型螺纹:采用 V - 0.065 螺纹牙型,内平型钻杆接头采用的螺纹。

　　贯眼型螺纹:采用 V - 0.040、V - 0.050 或 V - 0.065 螺纹牙型,贯眼型钻杆接头采用的螺纹。

　　正规型螺纹:采用 V - 0.040 或 V - 0.050 螺纹牙型,正规型钻杆接头采用的螺纹。

　　石油钻杆接头螺纹牙型见图 4 - 25 和表 4 - 47。石油钻杆接头螺纹的基本尺寸见图 4 - 26 和表 4 - 48。

表 4 - 47　石油钻杆接头螺纹牙型尺寸

牙型代号	螺距 P/mm	锥度	原始三角形高度 H	牙型高度 $h_n = h_s$	牙顶削平高度 $f_{cn} = f_{cs}$	牙底削平高度 $s_{rn} = s_{rs}$ $f_{rn} = f_{rs}$	牙顶宽度 $F_{cn} = F_{cs}$	牙底宽度 $F_{rn} = F_{rs}$	牙底圆弧半径 $r_{rn} = r_{rs}$	圆角半径 r
						mm				
V - 0.038R	6.350	1:6	5.487	3.095	1.426	0.965	1.651	—	0.965	0.381
V - 0.038R	6.350	1:4	5.471	3.083	1.423	0.965	1.651	—	0.965	0.381
V - 0.040	5.080	1:4	4.376	2.993	0.875	0.508	1.016	—	0.508	0.381
V - 0.050	6.350	1:4	5.471	3.743	1.094	0.635	1.270	—	0.635	0.381
V - 0.050	6.350	1:6	5.487	3.755	1.097	0.635	1.270	—	0.635	0.381
V - 0.055	4.233	1:8	3.660	1.420	1.209	1.031	1.397	1.194	—	0.381
V - 0.065	6.350	1:6	5.487	2.831	1.426	1.229	1.651	1.422	—	0.381

表4-48　石油钻杆接头螺纹的基本尺寸

mm

螺纹代号	螺纹牙型	螺距（每25.4 mm的牙数）/mm	锥度	基面中径 C	外螺纹大端大径 D_L	外螺纹根部圆柱直径 D_{LF} ±0.40	外螺纹小端大径 D_S	外螺纹锥部长度 L_{PC} 0～3.18	内螺纹有效螺纹长度 L_{Bt}	内螺纹锥部长度 L_{Be} +9.52	扩锥孔大端直径 Q_c +0.70 -0.40	内螺纹大端直径 D_c
						数字型（NC）						
NC10	V-0.055	4.233(6)	1:8	27.000	30.226	—	25.451	38.10	41.28	53.98	30.58	27.742
NC12	V-0.055	4.233(6)	1:8	32.131	35.357	—	29.794	44.45	47.63	60.33	35.71	32.873
NC13	V-0.055	4.233(6)	1:8	35.331	38.557	—	32.995	44.45	47.63	60.33	38.91	36.078
NC16	V-0.055	4.233(6)	1:8	40.869	44.094	—	38.532	44.45	47.63	60.33	44.48	41.611
NC23	V-0.038R	6.350(4)	1:6	59.817	65.100	61.90	52.400	76.20	79.38	92.08	66.68	59.828
NC26	V-0.038R	6.350(4)	1:6	67.767	73.050	69.85	60.350	76.20	79.38	92.08	74.61	67.778
NC31	V-0.038R	6.350(4)	1:6	80.848	86.131	82.96	71.323	88.90	92.08	104.78	87.71	80.859
NC35	V-0.038R	6.350(4)	1:6	89.687	94.971	92.08	79.096	95.25	98.43	111.13	96.84	89.698
NC38	V-0.038R	6.350(4)	1:6	96.723	102.006	98.83	85.065	101.60	104.76	117.48	103.58	96.734
NC40	V-0.038R	6.350(4)	1:6	103.429	108.712	105.56	89.662	114.30	117.48	130.18	110.33	103.440
NC44	V-0.038R	6.350(4)	1:6	112.192	117.475	114.27	98.425	114.30	117.48	130.18	119.06	112.203
NC46	V-0.038R	6.350(4)	1:6	117.500	122.784	119.61	103.734	114.30	117.48	130.18	124.62	117.511
NC50	V-0.038R	6.350(4)	1:6	128.059	133.350	130.42	114.300	114.30	117.48	130.18	134.94	128.070

续表 4-48

螺纹代号	螺纹牙型	螺距(每25.4mm的牙数)/mm	锥度	基面中径 C	外螺纹大端大径 D_L	外螺纹根部圆柱直径 D_{LF} ±0.40	外螺纹小端大径 D_S	外螺纹锥部长度 L_{PC} 0~3.18	内螺纹有效螺纹长度 L_{Bi}	内螺纹锥部长度 L_{Bc} +9.52	扩锥孔大端直径 Q_C +0.70 -0.40	内螺纹大端直径 D_C
								mm				
数字型(NC)												
NC56	V-0.038R	6.350(4)	1:4	142.646	149.250	144.86	117.500	127.00	130.18	142.88	150.81	143.990
NC61	V-0.038R	6.350(4)	1:4	156.921	163.525	159.15	128.600	139.70	142.88	155.58	165.10	158.265
NC70	V-0.038R	6.350(4)	1:4	179.146	185.750	181.38	147.650	152.40	155.58	168.28	187.33	180.490
NC77	V-0.038R	6.350(4)	1:4	196.621	203.200	198.83	161.950	165.10	168.28	180.98	204.78	197.965
正规型(REG)												
2⅜REG	V-0.040	5.080(5)	1:4	60.080	66.675	63.88	47.625	76.20	79.38	92.08	68.26	61.423
2⅞REG	V-0.040	5.080(5)	1:4	69.605	76.200	73.41	53.975	88.90	92.08	104.78	77.79	70.948
3½REG	V-0.040	5.080(5)	1:4	82.293	88.900	86.11	65.075	95.25	98.43	111.13	90.49	83.636
4½REG	V-0.040	5.080(5)	1:4	110.868	117.475	114.88	90.475	107.95	111.13	123.83	119.06	112.211
5½REG	V-0.050	6.350(4)	1:4	132.944	140.208	137.41	110.058	120.65	123.83	136.53	141.68	133.630
6⅝REG	V-0.050	6.350(4)	1:6	146.248	152.197	149.40	131.039	127.00	130.18	142.88	153.99	145.601
7⅝REG	V-0.050	6.350(4)	1:4	170.549	177.800	175.00	144.475	133.35	136.53	149.23	180.18	171.235
8⅝REG	V-0.050	6.350(4)	1:4	194.731	201.981	199.14	167.843	136.53	139.70	152.40	204.38	195.417

续表 4－48

（单位：mm）

螺纹代号	螺纹牙型	螺距（每25.4 mm 的牙数）/mm	锥度	基面中径 C	外螺纹大端直径 D_L	外螺纹根部圆柱直径 D_{LF} ±0.40	外螺纹小端大径 D_S	外螺纹锥部长度 L_{PC} 0～3.18	内螺纹有效螺纹长度 L_{Bt}	内螺纹锥部长度 L_{Bc} +9.52	扩锥孔大端直径 Q_C +0.70 -0.40	内螺纹大端直径 D_C
						贯眼型（FH）						
3½ FH	V－0.040	5.080(5)	1:4	94.844	101.448	—	77.622	95.25	98.43	111.13	102.79	96.187
4 FH	V－0.065	6.350(4)	1:6	103.429	108.712	105.56	89.622	114.30	117.48	130.18	110.33	103.440
4½ FH	V－0.040	5.080(5)	1:4	115.113	121.717	—	96.317	101.60	104.78	117.48	123.83	116.456
5½ FH	V－0.050	6.350(4)	1:6	142.011	147.955	—	126.797	127.00	130.18	142.88	150.02	141.354
6⅝ FH	V－0.050	6.350(4)	1:6	165.598	171.526	—	150.368	127.00	130.18	142.88	178.83	164.951
						内平型（IF）						
2⅜ IF	V－0.065	6.350(4)	1:6	67.767	73.050	69.85	60.350	76.20	79.38	92.08	74.61	67.778
2⅞ IF	V－0.065	6.350(4)	1:6	80.848	88.131	82.96	71.323	88.90	92.08	104.78	87.71	80.859
3½ IF	V－0.065	6.350(4)	1:6	96.723	102.006	98.83	85.065	101.60	104.78	117.48	103.58	96.734
4 IF	V－0.065	6.350(4)	1:6	117.500	122.784	119.61	103.734	114.30	117.48	130.18	124.62	117.511
4½ IF	V－0.065	6.350(4)	1:6	128.059	133.350	130.42	114.300	114.30	117.48	130.18	134.94	128.070
5½ IF	V－0.065	6.350(4)	1:6	157.201	162.484	—	141.326	127.00	130.18	142.88	163.91	157.212

注：对 NC10～NC16 Q_C 极限偏差为 ±0.13 mm，所有螺纹的扩锥孔部分的锥度与螺纹的锥度相同，该孔允许加工成直孔，直孔尺寸和偏差与锥孔大端相同。

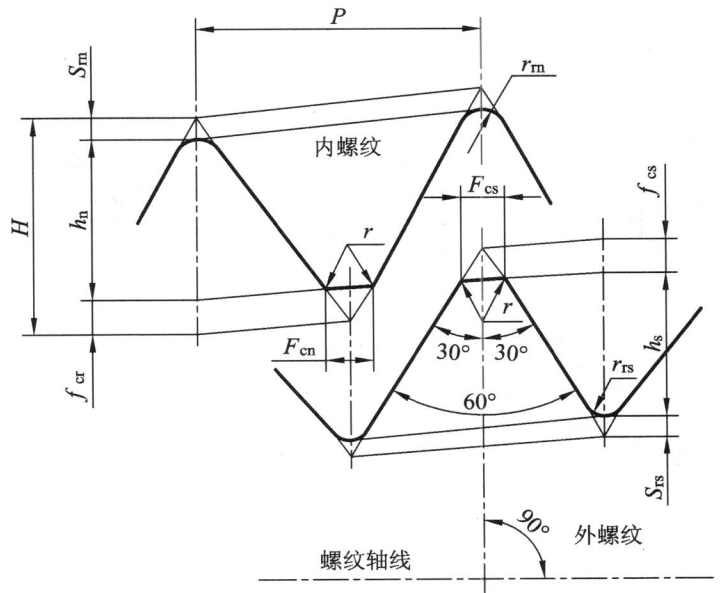

V−0.038R、　V−0.040和V−0.050螺纹牙型

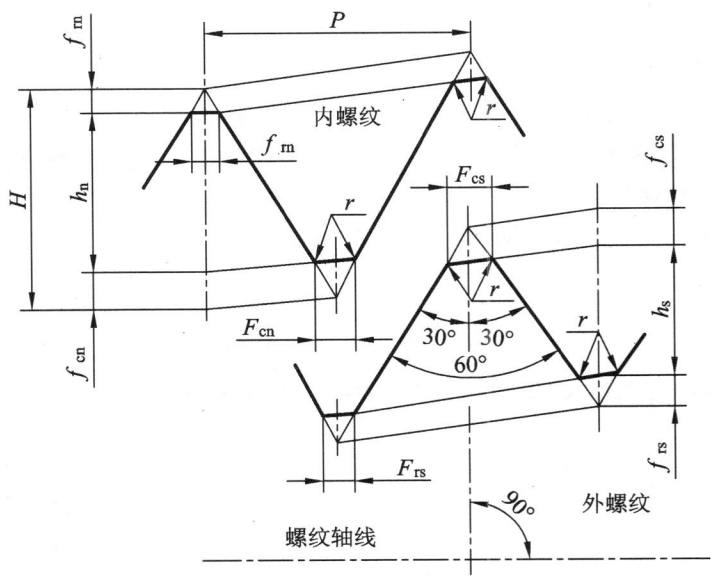

V−0.055和V−0.065螺纹牙型

图 4−25　石油钻杆接头螺纹牙型示意图

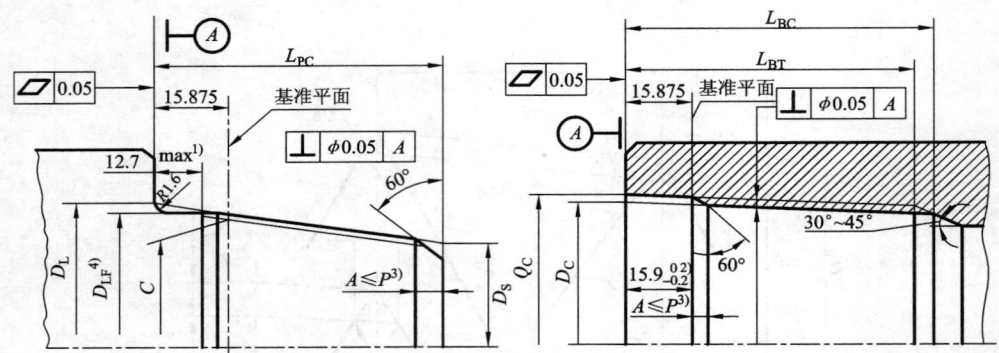

图 4-26　石油钻杆接头螺纹的基本尺寸

注：1. 对 NC10~NC16 的外螺纹尺寸为 9.525max；

　　2. 对 NC10~NC16 的内螺纹尺寸为 9.525；

　　3. 倒角尺寸 Q 近似等于或小于螺距 P；

　　4. 除钻铤外该尺寸由制造厂自定，可以与螺纹外锥一致（即不加工圆柱），但加工成圆柱时直径不能小于 D_{LF}。

4.4　地质套管

4.4.1　套管规格

　　地质套管分为 X 和 W 两个系列。X 系列是管体两端均为内螺纹，由套管接头连接。套管柱整体外平；W 系列是管体两端分别加工成内、外螺纹，可以直接连接，套管柱整体为内外平。

　　X 系列套管结构参数见图 4-27 和表 4-49。

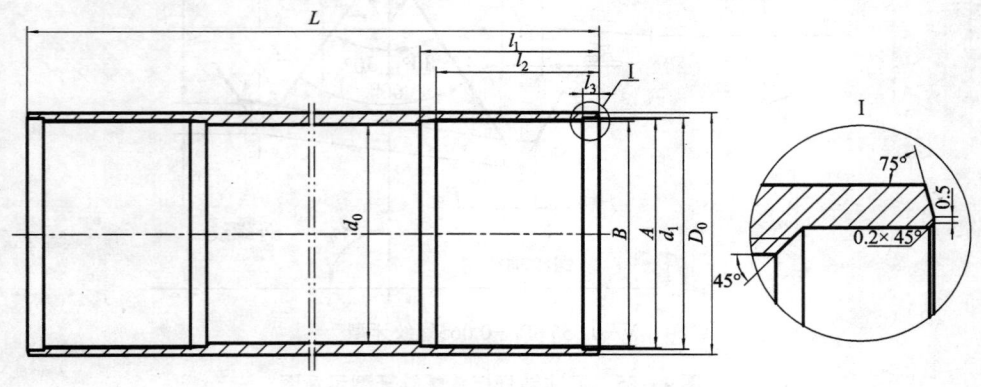

图 4-27　X 系列套管

X 系列套管接头结构参数见图 4 - 28 和表 4 - 50。

表 4 - 49　X 系列套管基本尺寸　　　　　　　（单位：mm）

名称及代号	规　格					
	C - BX	C - NX	C - HX	C - PX	C - SX	C - UX
套管外径 D_0	73	91	114	140	168	194
套管内径 d_0	65	82	104	127	155	180
镗孔直径 d_1	68.5	86.5	108.5	134.5	162.5	186.5
内螺纹大径 A	68	86	108	134	162	186
内螺纹小径 B	66.5	84.5	106	132	160	184
内螺纹长 l_1	66	66	68	68	68	68
内螺纹完整螺纹长 l_2	60	60	60	60	60	60
镗孔深度 l_3	6	6	8	8	8	8
套管长 L	3000 ~ 9000					

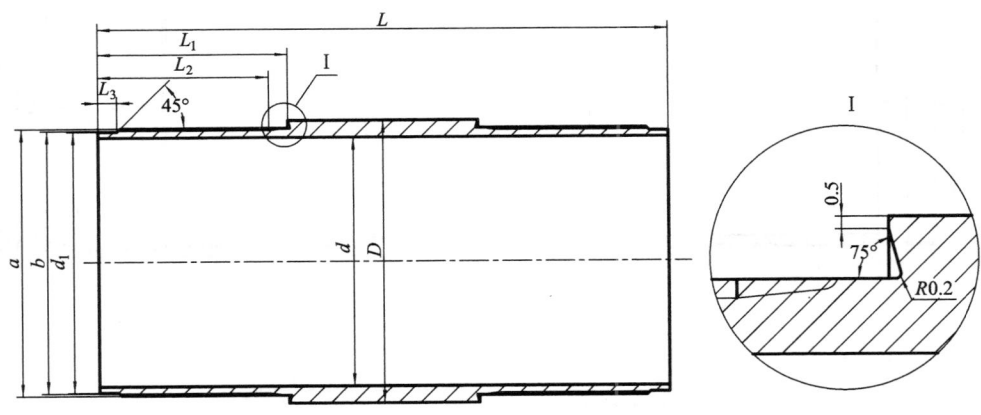

图 4 - 28　X 系列套管接头

W 系列套管结构尺寸见图 4 - 29 和表 4 - 51。

表 4-50　X 系列套管接头基本尺寸　　　　　　（单位：mm）

尺寸代号	规　格					
	C-BX	C-NX	C-HX	C-PX	C-SX	C-UX
套管接箍外径 D	73	91	114	140	168	194
套管接箍内径 d	61.5	80	99	126	154	179
外螺纹台肩径 d_1	66	84	105.5	131.5	159.5	183.5
外螺纹大径 a	68	86	108	134	162	186
外螺纹小径 b	66.5	84.5	106	132	160	184
外螺纹长 L_1	60	60	60	60	60	60
外螺纹完整螺纹长 L_2	54	54	52	52	52	52
外螺纹台肩长 L_3	6	6	8	8	8	8
套管接头长 L	180	180	180	180	180	180

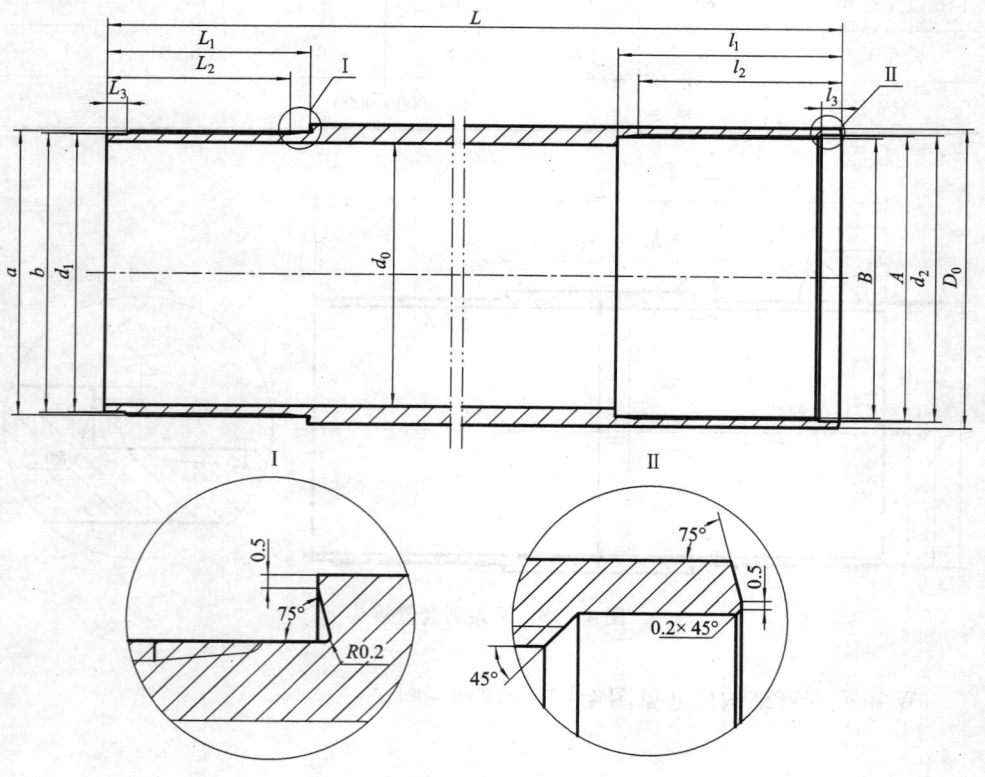

图 4-29　W 系列套管

表 4 - 51　W 系列套管基本尺寸　　　　　　　　（单位: mm）

名称及代号	规　格						
	C - EW	C - AW	C - BW	C - NW	C - HW	C - PW	C - SW
套管外径 D_0	46	58	73	91	114	140	168
套管内径 d_0	39	49	61.5	80	99	126	154
外螺纹台肩径 d_1	41.5	52.5	66	84.5	105	132.5	161
螺纹大径 A, a	43.5	54.5	68	86.5	107.5	135	163.5
螺纹小径 B, b	42	53	66.5	85	105.5	133	161.5
镗孔直径 d_2	44	55	68.5	87	108	135.5	164
内螺纹长 l_1	64	66	66	66	68	68	68
内螺纹完整螺纹长 l_2	60	60	60	60	60	60	60
内螺纹镗孔深 l_3	4	6	6	6	8	8	8
外螺纹长 L_1	60	60	60	60	60	60	60
外螺纹完整螺纹长 L_2	56	54	54	54	52	52	52
外螺纹台肩长 L_3	4	6	6	6	8	8	8
套管长 L	3000 ~ 9000						

4.4.2　套管螺纹

地质岩心钻探用套管、套管接头一般采用无锥度的特梯螺纹连接,螺纹基本牙型和参数见图 4 - 30 和表 4 - 52。

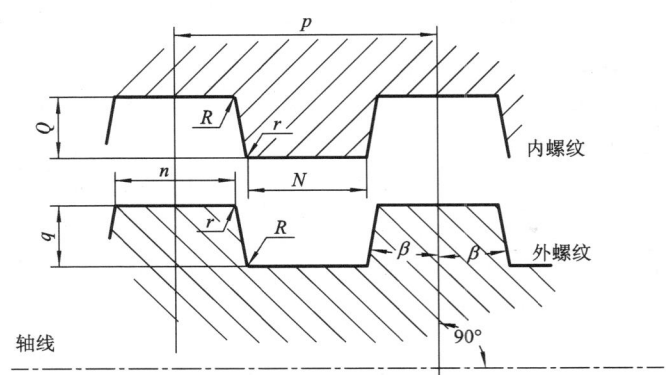

图 4 - 30　螺纹牙形

表 4－52　螺纹牙形参数　　　　　　　　（单位：mm）

螺纹牙形参数	套管规格		
	E	A、B、N	H、P、S、U
螺距 P	4	6	8
牙形高度 Q, q	0.75	0.75	1
牙形半角 β	5°	5°	5°
外螺纹牙顶宽 n	1.922	2.919	3.898
内螺纹牙顶宽 N	1.934	2.934	3.913

4.5　地质取心钻具管材

4.5.1　地质取心钻具管材常规匹配

地质取心钻具分为单管钻具、双管钻具、绳索取心钻具三大类。双管钻具又分为常规型（T）、薄壁型（M）和厚壁型（P）三种。

绳索取心钻具分为常规型（T）及加强型（P）两类。

各类型不同规格取心钻具管材匹配尺寸可参见表 4－53。

表 4－53　取心钻具管材匹配规格尺寸（外径／内径）　　　　（单位：mm）

钻具类别	部件	规格口径									
		R	E	A	B	N	H	P	S	U	Z
单管	钻头	30/20	38/28	48/38	60/48	76/60	96/76	122/98	150/120	175/144	200/165
	岩心管	28/24	36/30	46/40	58/51	73/63	92/80	118/102	146/124	170/148	195/170
双管	T型双管 钻头	30/17	38/23	48/30	60/41.5	76/55	96/72	122/94	150/118	175/140	200/160
	外管	28/24	36/30	46/39	58/51	73/65.5	92/84	118/107	146/134	170/158	195/182
	内管	22/19	28/25	36/31.5	47.5/43.5	62/56.5	80/74	102/96	128/121	152/144	174/166
	M型双管 钻头			48/33	60/44	76/58	96/73				
	外管			46/40	58/51	73/65.5	92/84				
	内管			38/35.5	48.5/46	63.5/60.5	80/76				
	P型双管 钻头					76/48	96/66	122/87	150/108	175/130	200/148
	外管					73/63	92/80	118/102	146/124	170/148	195/170
	内管					56/51	76/70	98/91	120/112	144/136	165/155

续表 4 - 53

钻具类别		部件	规 格 口 径								
			R E	A	B	N	H	P	S	U	Z
绳索取心	T 常规型	钻头		48/25	60/36	76/48	96/64	122/85			
		外管		46/36	58/48	73/63	92/80	118/102			
		内管		31/27	43/38	56/51	73/67	95/89			
	P 加强型	钻头				77/46	97/61				
		外管				73/63	92/80				
		内管				54/49	70/64				

注：根据需要内岩心管可设计成半合管或加配三层保护管。

4.5.2　岩心管规格

　　单管钻具及 T、M、P 型双管钻具的外管规格见图 4 - 31 和表 4 - 54、表 4 - 55、表 4 - 56。绳索取心钻具外管的规格见图 4 - 32 和表 4 - 57。

　　T 型双管钻具的内管规格见图 4 - 33 和表 4 - 58。M 型双管钻具内管规格见图 4 - 34 和表 4 - 59。P 型双管钻具内管规格见图 4 - 35 和表 4 - 60。绳索取心钻具内管规格见图 4 - 36 和表 4 - 61。

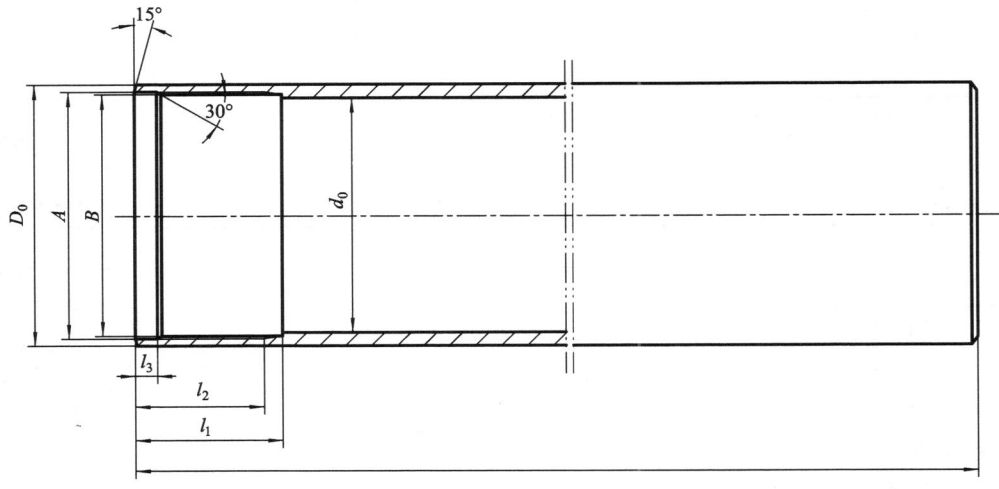

图 4 - 31　单管钻具及 T、M、P 型双管钻具外管(岩心管)

表 4 - 54　单管钻具岩心管规格　　　　（单位：mm）

名称及代号	规　格									
	R	E	A	B	N	H	P	S	U	Z
岩心管外径 D_0	28	36	46	58	73	92	118	146	170	195
岩心管内径 d_0	24	30	40	51	63	80	102	124	148	170
内螺纹长 l_1	25	32	32	40	40	45	45	50	50	50
内螺纹完整螺纹长 l_2	20	27	27	35	35	40	40	45	45	45
内螺纹镗孔长 l_3	4	4	6	6	6	6	6	6	6	6
内螺纹大径 A	25	32	42	54	69	86	111	139	165	190
内螺纹小径 B	24	31	40.5	52.5	67.5	84.5	109	137	163	188

表 4 - 55　T、M 型双管钻具外管规格　　　　（单位：mm）

名称及代号	规　格									
	R	E	A	B	N	H	P	S	U	Z
岩心管外径 D_0	28	36	46	58	73	92	118	146	170	195
岩心管内径 d_0	24	30	39[a]	51	65.5	84	107	134	158	182
内螺纹长 l_1	25	32	32	40	40	45	45	50	50	50
内螺纹完整螺纹长 l_2	20	27	27	35	35	40	40	45	45	45
内螺纹镗孔深 l_3	4	4	6	6	6	6	6	6	6	6
内螺纹大径 A	25	32	42[b]	54	69	86	111	139	165	190
内螺纹小径 B	24	31	40.5[c]	52.5	67.5	84.5	109	137	163	188

注：a) M 型为 40；b) M 型为 43；c) M 型为 41.5。

表 4 - 56　P 型双管钻具外管规格　　　　（单位：mm）

名称及代号	规　格					
	N	H	P	S	U	Z
岩心管外径 D_0	73	92	118	146	170	195
岩心管内径 d_0	63	80	102	124	148	170
内螺纹长 l_1	45	45	60	60	70	70
内螺纹完整螺纹长 l_2	35	40	55	55	65	65
内螺纹镗孔长 l_3	6	6	8	8	10	10
内螺纹大径 A	68	86	112	136	160	185
内螺纹小径 B	66.5	84.5	110	134	158	183

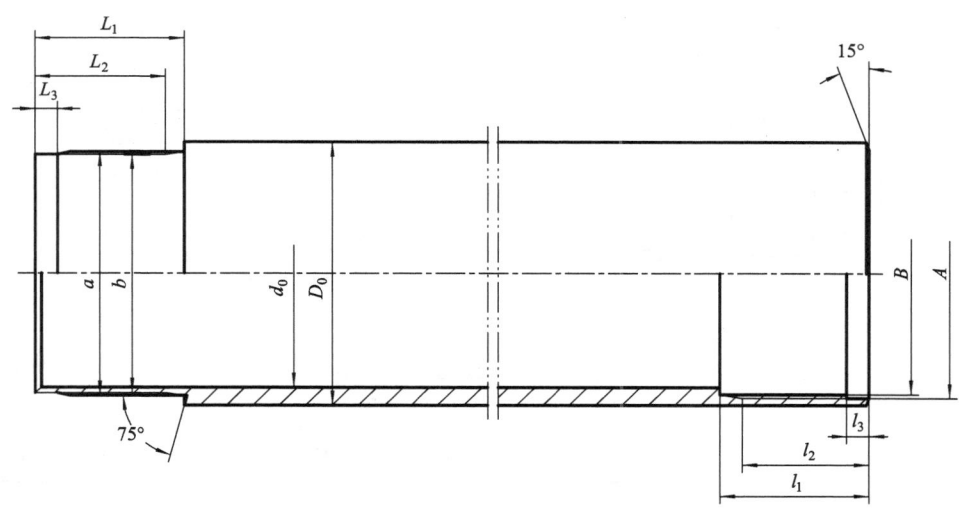

图 4 - 32 绳索取心钻具外管

表 4 - 57 绳索取心钻具外管规格 （单位：mm）

名称及代号	规 格				
	A	B	N	H	P
岩心管外径 D_0	46	58	73	92	118
岩心管内径 d_0	36	48	63	80	102
外螺纹长 L_1	32	40	40	45	60
外螺纹完整螺纹长 L_2	25	33	33	35	50
外螺纹台肩长 L_3	4	4	4	4	6
外螺纹大径 a	41	53	68	86	112
外螺纹小径 b	39.5	51.5	66.5	84.5	110
内螺纹长 l_1	32	40	40	45	60
内螺纹完整螺纹长 l_2	27	35	35	40	55
内螺纹镗孔深 l_3	6	6	6	6	8
内螺纹大径 A	41	53	68	86	112
内螺纹小径 B	39.5	51.5	66.5	84.5	110

header 地质钻探手册

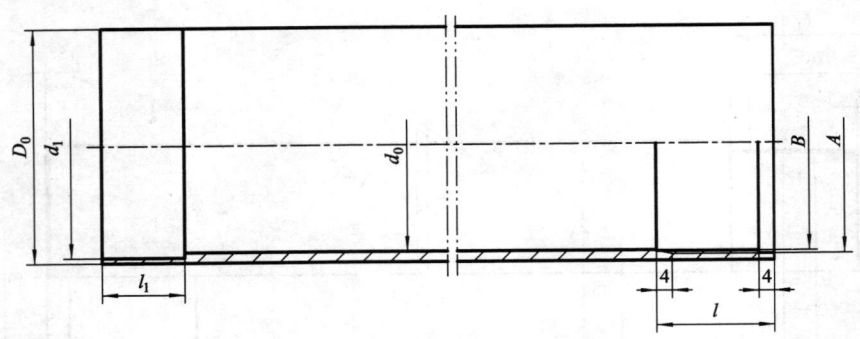

图 4-33 T 型双管钻具内管

表 4-58 T 型双管钻具内管规格　　　（单位：mm）

名称及代号	规　格									
	R	E	A	B	N	H	P	S	U	Z
岩心管外径 D_0	22	28	36	47.5	62	80	102	128	152	174
岩心管内径 d_0	19	25	31.5	43.5	56.5	74	96	121	144	166
短节接口内径 d_1	20	26	34	45.5	59.25	76	100	125	146	168
内螺纹长 l	30	30	30	30	30	35	35	35	35	35
短节接口长 l_1	16	21	21	21	21	25	25	26	26	26
内螺纹大径 A	20.5	26.5	33	45	58.5	76.5	98.5	124.5	148	170
内螺纹小径 B	19.5	25.5	32	44	57.5	75.5	97.5	123	146	168

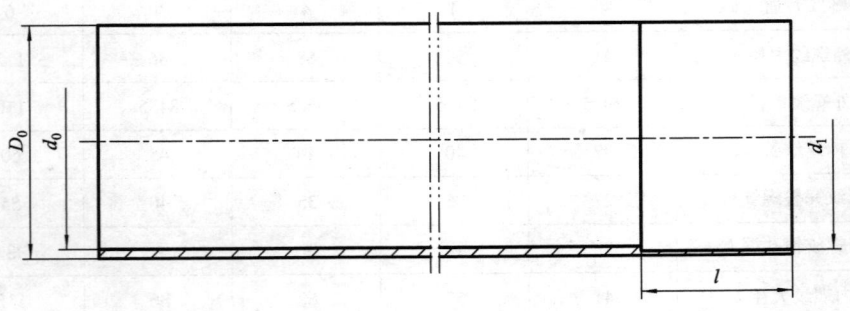

图 4-34 M 型双管钻具内管

表 4 – 59　M 型双管钻具内管规格　　　　　　　（单位：mm）

名称及代号	规　格			
	A	B	N	H
内管外径 D_0	38	48.5	63.5	80
插口内径 d_1	36	46.5	61	76.5
内管内径 d_0	35.5	46	60.5	76
插口长 l	30	40	40	40

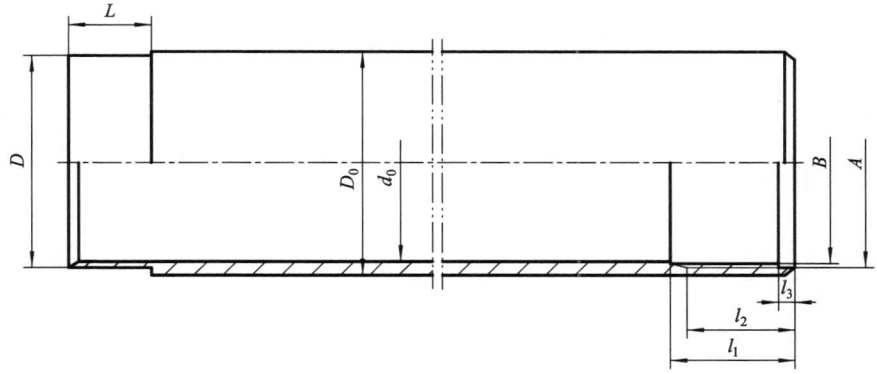

图 4 – 35　P 型双管钻具内管

表 4 – 60　P 型双管钻具内管规格　　　　　　　（单位：mm）

名称及代号	规　格					
	N	H	P	S	U	Z
岩心管外径 D_0	56	76	98	120	144	165
岩心管内径 d_0	51	70	91	112	136	155
卡簧座接口外径 D	54	73	95	116	140	160
卡簧座接口长 L	20	24	30	30	35	35
内螺纹大径 A	53	73	95	116.5	141	160
内螺纹小径 B	52	72	94	115	139	158
内螺纹长 l_1	30	33	40	40	45	45
内螺纹完整螺纹长 l_2	26	29	35	35	40	40
内螺纹镗孔长 l_3	4	4	5	5	6	6

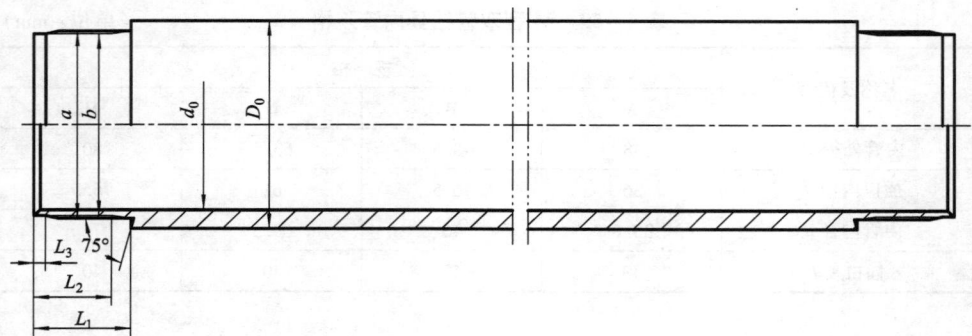

图 4 – 36 绳索取心钻具内管

表 4 – 61 绳索取心钻具内管规格 （单位：mm）

名称及代号	规 格						
	A	B	N		H		P
			CT	CP	CT	CP	
内岩心管外径 D_0	31	43	56	54	73	70	95
内岩心管内径 d_0	27	38	51	49	67	64	89
外螺纹长 L_1	27	27	27	27	32	32	32
外螺纹完整螺纹长 L_2	21	21	21	21	25	25	25
外螺纹台肩长 L_3	3	3	3	3	4	4	4
螺纹大径 a	30	41	54	52	70	68	92
螺纹小径 b	29	40	53	51	69	67	91

4.5.3 取心钻具螺纹

取心钻具螺纹（包括岩心管接头、扩孔器、钻头）一般采用牙形半角为 5°的梯形螺纹。在同一设计同一规格的钻具组合中，岩心管、钻头、扩孔器的螺纹通用。

各种规格取心钻具螺纹的螺距、牙高和牙底宽可参见图 4 – 37 和表 4 – 62、表 4 – 63、表 4 – 64。

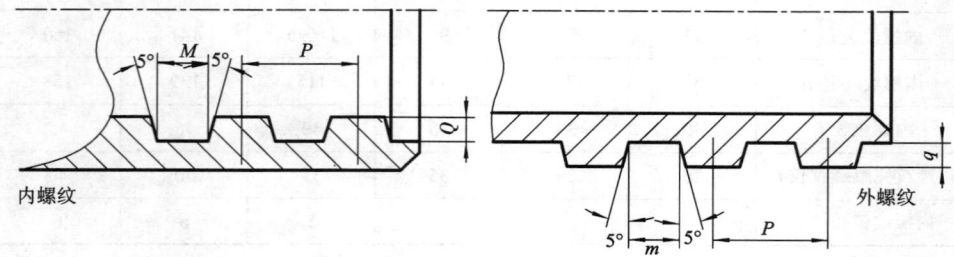

图 4 – 37 岩心管螺纹

表 4 - 62　取心钻具螺纹螺距参数　　　　　　　（单位：mm）

钻具类别（设计类型）		口 径 规 格									
		R	E	A	B	N	H	P	S	U	Z
单管		3	3	4	6	6	6	8	8	8	8
双管	MT 外管	3	3	4	6	6	6	8	8	8	8
	MT 内管	3	3	4	4	4	4	6	6	6	6
	P 外管					6	6	8	8	8	8
	P 内管					4	4	6	6	6	6
绳索取心	外管			4	6	6	6	8			
	内管			4	4	4	4	6			

表 4 - 63　取心钻具螺纹牙高参数　　　　　　　（单位：mm）

钻具类别（设计类型）		口 径 规 格									
		R	E	A	B	N	H	P	S	U	Z
单管		0.5	0.5	0.75	0.75	0.75	0.75	1	1	1	1
双管	MT 外管	0.5	0.5	0.75	0.75	0.75	0.75	1	1	1	1
	MT 内管	0.5	0.5	0.5	0.5	0.5	0.5	0.5	0.75	1	1
	P 外管					0.75	0.75	1	1	1	1
	P 内管					0.5	0.5	0.5	0.75	1	1
绳索取心	外管			0.75	0.75	0.75	0.75	1			
	内管			0.5	0.5	0.5	0.5				

表 4 - 64　取心钻具螺纹牙底宽参数　　　　　　　（单位：mm）

牙高	螺 距							
	3		4		6		8	
	M	m	M	m	M	m	M	m
0.5	1.456	1.486	1.956	1.986	2.956	2.986		
0.75	1.434	1.464	1.934	1.964	2.934	2.964		
1					2.912	2.942	3.912	3.942

4.6　国外钻探管材标准

目前国际上一直没有统一的钻探管材技术标准，岩心钻探（矿山钻探、地质钻探）标准仅涉及金刚石岩心钻探钻具标准。20 世纪 70 年代开始，一些发达国家分别制定了自己的钻具系列标准。当时最有影响的金刚石岩心钻探设备（钻具）标准为美国金刚石岩心钻机制造商协会制定的 DCDMA 标准，与其相近的还有加拿大的 CDDA 标准，英国、澳大利亚的 BS 等英制标准；此外瑞典的 SIS、日本的 JIS 公制标准也有一定的应用领域；经互会解体以前，以苏联 ГОСТ 标准为代表的第三类型标准在苏联、东欧占有一定市场。

ISO（国际标准化组织）设有 TC82（矿业委员会）SC6（金刚石岩心钻探设备与技术委员会）工作组，负责金刚石钻探国际标准的编制工作。SC6 工作组秘书处曾经设在俄罗斯（现已停止活动）。正式和非正式发布的金刚石岩心钻探国际标准有 10 项。

目前，国外绳索取心钻探钻具标准多为企业标准。国际上使用的绳索取心钻杆规格系列已趋于一致，主要为宝长年公司的 Q 系列标准。除 Q 系列外，目前国外绳索取心产品还有 O 系列（阿特拉斯·科普柯公司）、T1 及 T2 系列（瑞典）存在。

以下介绍几个目前和历史上对钻探界有较大影响的国外钻探管材标准（包括国际标准）。

4.6.1　DCDMA 钻探系列标准

设在美国的金刚石岩心钻机制造商协会（Diamond Core Drill Manufacturer's Association），主要由岩心钻探设备制造商组成。DCDMA 协会成立于 1929 年，曾是国际公认的世界钻探界最具影响的组织，企业会员来自美国、日本、加拿大、比利时、瑞典、澳大利亚、印度、英国、墨西哥、巴西、荷兰等国家。

该协会的主要任务之一是制定金刚石岩心钻探设备、钻具标准，确保各生产厂商的产品在尺寸规格上可以互换。DCDMA 钻探标准为英制单位，钻具口径的单位为英寸。小口径地质岩心钻孔只能用分数或小数表示，数字看起来零碎，读起来拗口，且不易记忆，发电报或打电话亦不方便。后来，钻孔口径、钻具（钻杆、钻头、岩心管等）逐渐用英文字母表示。在平常的钻具使用中，只是称呼或者写出口径级别代号，而不用记住具体的尺寸数据。

最初的钻具只有 A、B 两个规格。随着钻孔的加深，需要预留口径或者加大钻孔直径，A、B 两级口径不能满足钻进需要，增加了 R、E、N、H 四级口径，形成了 R、E、A、B、N、H 六级口径。为适应深孔、地热钻探工艺需要，后来又补充了 P、S、U、Z 等四级大直径规格，最终形成了地质钻探界广泛接受的 R、E、A、B、N、H、P、S、U、Z 共十级口径。

DCDMA 制定的标准目前主要应用于国外的普通金刚石钻探和一般岩心钻探。到 20 世纪 80 年代，DCDMA 钻探系列标准已经包括了金刚石岩心钻探口径系列以及钻探管材（钻杆、套管、岩心管等）、钻头、扩孔器、钻探工具、打捞工具等系列标准，影响逐渐扩大，已形成发展为国际标准的趋势。后来的 ISO 标准和宝长年公司的企业标准均是直接引用和借鉴了 DCDMA 钻探标准。

1983 年，国内首次引进了 DCDMA 标准并翻译出版。1985 年，在原地矿部的组织下，国内重点钻具制造厂家加入了 DCDMA 组织（成员）。20 世纪 90 年代初，国家标准化管理部门决定地矿部作为国际标准化组织（ISO）矿业委员会（TC82）金刚石岩心钻探设备与技术委员会（SC6）的对口单位。90 年代初我国获得了正式出版的第一份金刚石钻探设备的国际标准 ISO3551《金刚石岩心钻探设备 A 系列》，该标准是在 DCDMA 标准的基础上起草的。与 DCDMA 标准比较，ISO3551 删除了那些不属于金刚石岩心钻探的机具和不常用的规格，保留了 W 设计系列的钻杆和接头、W 和 X 设计系列的套管、接箍及相关附件，WF、WG、WM、WT 等形式的单、双管钻具等内容。

20 世纪 80—90 年代，我国原地矿部有关业务部门参与了国际标准草案的研讨和审查，并吸收国际标准的先进内容，结合中国国情修订了若干国家技术标准。近年来，美国等工业化国家的钻探设备和钻具制造专业化分工越来越细，市场和技术亦趋于成熟。由于世界上少数大型垄断跨国钻探设备制造企业的强势，钻探产品竞争逐渐减弱，DCDMA 的常态化和国际化技术活动逐渐减少，组织和制定钻探产品标准的工作已停滞多年。

4.6.2 国际标准化组织（ISO）钻探标准

国际标准化组织（ISO）矿业委员会（TC82）金刚石岩心钻探设备与技术委员会（SC6）正式和非正式发布的金刚石岩心钻探国际标准有 10 项，获多数成员国或组织通过的国际标准主要有：

ISO3551《金刚石岩心钻探设备 A 系列》；

ISO3552《金刚石岩心钻探设备 B 系列》；

ISO8866《金刚石岩心钻探设备 C 系列》；

ISO/DIS10097《金刚石岩心钻探绳索取心设备 A 系列》；

ISO10098《金刚石岩心钻探绳索取心设备 CSSK 系列》。

在上述标准中，ISO3551《金刚石岩心钻探设备 A 系列》的影响最大，我国 1997 年发布实施的《金刚石岩心钻探钻具设备》（GB/T 16950—1997）充分借鉴了该标准；《金刚石绳索取心钻探钻具设备》（GB/T 16951—1997）充分借鉴了 ISO10098《金刚石岩心钻探绳索取心设备 CSSK 系列》标准。宝长年公司的绳索取心钻杆产品亦是在 ISO 和 DCDMA 相关标准基础上发展演化的。

ISO3551《金刚石岩心钻探设备 A 系列》规定的普通（提钻）金刚石钻进口径系列和部分管材尺寸规格见表 4-65。

表 4 - 65　普通金刚石钻进口径系列和部分管材尺寸规格(引自 ISO 3551)

口径识别代号	R	E	A	B	N	H	P	S	U	Z
公称钻孔直径/mm	30	38	48	60	76	99	121	146	175	200
钻头实际外径/mm	29.59 29.34	37.46 37.21	47.75 47.50	59.69 59.44	75.44 75.18	98.98 98.60	120.27 119.76	145.67 145.16	174.12 173.36	199.52 198.76
公称岩心直径/mm	18.5	21.5 /23	30/ 32.5	42/ 44.5	54.5 /58.5	76/ 81	92	112.5	140	165
扩孔器外径/mm	29.97 29.72	37.85 37.59	48.13 47.88	60.07 59.82	75.82 75.56	99.36 99.11	120.78 120.40	146.18 145.80	174.75 174.24	200.15 199.64
内丝钻杆识别代号	RW	EW	AW	BW	NW	HW	—	—	—	—
钻杆体外径/mm	27.89 27.76	35.05 34.93	43.89 43.64	54.23 53.98	66.93 66.68	89.29 88.90	—	—	—	—
钻杆接头内径/mm	10.57 10.19	11.35 10.97	16.13 15.75	19.30 18.92	35.18 34.80	60.71 60.32	—	—	—	—
外平连接套管识别代号	RX	EX	AX	BX	NX	HX	PX	SX	UX	ZX
套管外径/mm	36.63 36.50	46.28 46.02	57.40 57.15	73.28 73.03	89.28 88.90	114.68 114.30	140.74 138.66	169.55 167.00	195.12 192.23	220.73 217.42
套管接箍内径/mm	30.48 30.23	38.35 38.10	48.67 48.41	60.58 60.33	76.58 76.20	100.38 100.00	127.38 123.57	152.45 147.70	179.20 176.20	205.94 201.60
套管外径/mm	36.63 36.50	46.28 46.02	57.40 57.15	73.28 73.03	89.28 88.90	114.68 114.30	140.74 138.66	169.55 167.00	195.12 192.23	220.73 217.42
套管内径/mm	30.48 30.23	38.35 38.10	48.67 48.41	60.58 60.33	76.58 76.20	101.60 101.00	127.38 123.57	155.55 151.21	180.54 175.79	208.46 203.00
套管鞋/套管钻头外径/mm	37.85 37.59	47.75 47.50	59.69 59.44	75.44 75.18	91.95 91.69	117.65 117.27	143.76 143.26	172.72 172.21	198.50 197.74	224.16 223.39

注：表格中的双行数据分别为最大值和最小值。

4.6.3　宝长年绳索取心钻杆标准

宝长年公司的金刚石绳索取心钻杆产品标准被许多国家接受和采用。该公司的其他钻探管材产品基本与 ISO3551 和 DCDMA 标准相同。目前，宝长年公司的金刚石绳索取心钻杆产品主要有：

4.6.3.1　Q 系列钻杆

Q 系列绳索取心钻杆有 AQ、BQ、NQ、HQ、PQ 等规格。钻杆为直连式，两端直接加工成楔锁式(Wedge - Look)锥形螺纹。钻杆特殊情况下可兼做套管(AQ、BQ 除外)。目前，Q 系列绳索取心钻具在美洲、欧洲、东南亚、南非、澳大利亚、印度等很多国家和地区应用，我国也有少量使用。

4.6.3.2　CQ 系列钻杆

1971 年推出，按照等强度设计原理，将钻杆体适当减薄，在两端用等离子弧焊接以优质钢制造并经热处理和表面强化的接头。其他规格和螺纹均同 Q 系列。和 Q 系列钻杆相比，CQ 钻杆重量轻 15% ~25%，因而同一规格钻机可延伸钻进能力，抗弯、抗扭、抗弯强度有所提高。

4.6.3.3　V－WALL 钻杆

CQ 系列的升级产品，处于市场培育和推广阶段。V－WALL 绳索取心钻杆的含义为不等壁厚（内加厚）绳索取心钻杆（Internally－Upset Rod，Variable Wall Coring Rod），特点如下：

（1）采用高精度几何尺寸及耐腐蚀性好的管材；

（2）端部为内部加厚（Internally－Upset）；

（3）内径减小 2 mm，重量下降，钻深最大可增加 30%；

（4）钻杆的柔韧性更好；

（5）钻杆内径增大，同时配置专用的绳索取心内管总成，投放打捞速度可明显提高。

4.6.3.4　宝长年公司绳索取心钻杆螺纹形式

（1）Q® 螺纹：为对称梯形锥螺纹。拧卸方便，使用普遍。

（2）RQ® 螺纹：负角防脱扣锥螺纹。可防止钻杆螺纹副拉脱，钻进深度能力大。

（3）HD 螺纹：不对称梯形锥螺纹，承载面角度较小，旋合面角度较大。用于大直径加强型绳索取心钻杆。

宝长年公司绳索取心钻杆部分参数见表 4－66、表 4－67 和表 4－68。部分绳索取心钻杆的钻深能力和最低上扣扭矩要求见表 4－69。

表 4－66　宝长年公司绳索取心钻杆部分参数

规格	杆体外径 /mm	杆体内径 /mm	质量 /[kg·(3m 定尺)$^{-1}$]	螺纹螺距 /mm	内容积 /(1·100m^{-1})
Q 绳索系列					
BRQHP	55.6	46.1	18.0	8.5	167.0
BQ	55.6	46.1	18.0	8.5	167.0
NRQHP	69.9	60.3	23.4	8.5	286.0
NQ	69.9	60.3	23.4	8.5	286.8
HRQHP	88.9	77.8	34.5	8.5	475.0
HQ	88.9	77.8	34.5	8.5	475.0
PHD(HWT)	114.3	101.6	52.2	10.2	810.8
Q TK 绳索系列（薄壁）					
ARQLW	44.7	37.5	10.7	6.4	109.8
BRQLW	55.8	48.4	14.3	7.3	183.5

表 4－67　UPSET RQHP 镦粗绳索取心钻杆部分参数

规格	外径/mm	杆体内径/mm	端部内径/mm	质量/[kg·(3m 定尺)$^{-1}$]
UPSET NRQHP	69.9	62.0	60.3	20.7
UPSET HRQHP	88.9	81.0	77.8	27.4
UPSET PHD(HWT)	114.3	106.4	101.6	38.3

表 4 - 68　　V - WALL 绳索取心钻杆部分参数

规　格	外径 /mm	杆体内径 /mm	端部内径 /mm	质量 /[kg·(3m定尺)⁻¹]	螺纹螺距 /mm	外螺纹 长度/mm	内容积 /(1·100m⁻¹)
ROD, PHD	114	106	102	38.3	10.2	63	869.3
ROD, NRQ	70	62	60	20.7	8.5	44	296.7
ROD, NQ	70	62	60	20.7	8.5	42	296.7
ROD, HRQ	89	81	78	27.4	8.5	44	505.8
ROD, HQ	89	81	78	27.4	8.5	42	505.8

表 4 - 69　　宝长年部分绳索取心钻杆钻深能力和最低上扣扭矩要求

规格型号	可钻进深度/m	最小上扣扭矩/(N·m)
Q 绳索系列		
BRQHP	3000	405
BQ	1500	405
NRQHP	3000	600
NQ	2000	600
HRQHP	2500	1010
HQ	1500	1010
PHD	1500	1010
Q TK 绳索系列(薄壁)		
ARQLW	1500	340
BRQLW	1500	405
UPSET - Q 绳索系列(端部镦粗加厚)		
NRQHP	3000	600
HRQHP	3000	1010
PHD	2000	1010

4.6.4　日本钻具工业标准(JIS)

日本钻具工业标准最早是 1960 年 3 月制定的。1967 年进行了修订,后来经过数次讨论,于 1982 年再次进行了修编。日本颁布和实施的钻具工业标准仅限于普通金刚石钻进用钻具(见表 4 - 70)。以下 11 项工业标准先后于 1982 年、2002 年、2005 年被日本有关当局宣布废止。截至目前,日本尚未制定过双管钻具等工业标准;绳索取心钻具标准则引进和采用了美国长年公司(现在的宝长年公司)的企业标准。表 4 - 71 是日本当时的单管金刚石、硬质合金钻进用钻头、扩孔器和套管的尺寸系列。

目前,日本固体矿产勘查工作极少,且主要采用欧美钻探规格系列。日本处于火山地震带上,拥有丰富的地热资源。近几年来,温泉和地热开发成为日本钻井的主要方向。2011 年关东大地震导致福岛核电站泄漏,日本国内关闭所有核电站的呼声越来越高。同时,日益高涨的能源价格,以及排出的温室气体,使得人们将注意力投到了新能源的开发中。地热发电和深海矿物勘探,将成为日本钻探服务的新方向。这些方向使用的钻探管材主要采用石油、天然气钻井技术标准。

表 4 - 70　日本岩心钻探的钻头、扩孔器及套管尺寸系列

序	标准号	标准名称	制修订时间	废止时间
1	JIS M 1401—1982	金刚石钻头	1960/3/1 制定 1667/7/1 修订 1982/7/1 修订	2002/2/20
2	JIS M 1402—1982	金刚石扩孔器	1960/3/1 制定 1667/7/1 修订 1982/7/1 修订	2002/2/20
3	JIS M 1403—1982	硬质合金取心钻头和空白钻头	1960/3/1 制定 1667/7/1 修订 1982/7/1 修订	2002/2/20
4	JIS M 1404—1982	冲击钻头		1982/6/1
5	JIS M 1405—1982	单管取心钻具卡簧座	1960/3/1 制定 1667/7/1 修订 1982/7/1 修订	2005/5/20
6	JIS M 1406—1982	单管取心钻具短节	1960/3/1 制定 1667/7/1 修订 1982/7/1 修订	2005/5/20
7	JIS M 1407—1982	单管取心钻具岩心管	1960/3/1 制定 1667/7/1 修订 1982/7/1 修订	2005/5/20
8	JIS M 1408—1982	单管取心钻具岩心管接头	1960/3/1 制定 1667/7/1 修订 1982/7/1 修订	2005/5/20
9	JIS M 1409—1982	钻杆	1960/3/1 制定 1667/7/1 修订 1982/7/1 修订	2005/5/20
10	JIS M 1410—1982	钻杆接头	1960/3/1 制定 1667/7/1 修订 1982/7/1 修订	2005/5/20
11	JIS M 1411—1982	套管	1960/3/1 制定 1667/7/1 修订 1982/7/1 修订	2005/5/20
备注		1. JIS 为日本工业标准(Japanese Industrial Standards)的缩写; 2. M 为 mine 的第一个字母,代表矿业。		

表 4 - 71　日本岩心钻探的钻头、扩孔器及套管尺寸系列

	金刚石/硬质合金钻进								硬质合金钻进	
公称直径	36	46	56	66	76	86	101	116	131	146
钻头外径/mm	36	46	56	66	76	86	101	116	131	146
钻头内径/mm	22	30	40	48/50	58/60	68/70	77/84	92/99	114	129
扩孔器外径/mm	36.5	46.5	56.5	66.5	76.5	86.5	101.7	116.7	/	/
岩心管外径/mm	34	44	54	64	74	84	99	114	129	144
岩心管壁厚/mm	3.75	4.75	4.75	4.75	4.75	4.75	5.25	5.25	5.25	5.25
套管外径/mm	43	53	63	73	83	97	112	127	142	/
套管内径/mm	37	47	57	67	77	90	105	118	133	/
套管壁厚/mm	3.0	3.5	4.5	/						

注:本表根据日本工业标准(JIS M 1401~11)整理(现已废止),仅供参考。

4.6.5　俄罗斯钻具标准

4.6.5.1　地勘钻探管材规格

俄罗斯"地质工程"专业设计局（СКБ"Геотехника"）、全俄勘探技术研究所（ВИТР）制定了《地质钻探管材类型及基本参数》国家标准，它涵盖了用于固体矿产和地下水的普查与勘探、工程地质勘查、地震勘探、建筑工程等领域各类钻进方法与钻进条件下的钻杆。用于不同领域的钻杆类型见表 4－72；钻杆新规格的基本尺寸见表 4－73；新规格钻杆的连接螺纹基本尺寸见表 4－74。

表 4－72　钻杆的类型

钻杆的应用领域	钻杆的类型	
	名　称	代号
传统取心钻进和无岩心钻进	1. 普通钢钻杆	ТБСУ
	2. 轻合金钻杆	ТБЛ
	3. 加重钻杆	ТБУ
绳索取心钻进	4. 轻型系列钢钻杆	ТБСЛ
	5. 加重系列钢钻杆	ТБСТ
	6. 轻合金加重系列钻杆	ТБЛТ
水力或气举输送岩心、岩屑(样)的反循环钻进	7. 带钢外管的双层钻杆	ТБДС
	8. 带轻合金外管的双层钻杆	ТБДЛ

表 4－73　钻杆(含接头)的基本尺寸与参数　　　　　　（单位：mm）

钻杆类型	钻杆的型号尺寸	基体的基本尺寸				连接螺纹的代号	钻杆带接头的基本长度
		钻杆体		接头			
		外径	壁厚	外径	内径		
普通钢钻杆	ТБСУ－43	43.0	4.5	43.5	16	3—34	4700
	ТБСУ－55	55.0	4.5	53.5	22	3—45	4700
	ТБСУ－63,5	63.5	4.5	64.0	28	3—53	4700
	ТБСУ－70	70.0	4.5	70.5	32	3—57	4700
	ТБСУ－85	85.0	4.5	85.5	40	3—67	6200
轻合金钻杆	ТБЛ－43	43.0	7.0	43.5	16	3—34	4700
	ТБЛ－55	55.0	9.0	55.5	22	3—45	4700
	ТБЛ－70	70.0	9.0	70.5	22	3—57	4700
	ТБЛ－85	85.0	9.0	85.5	28	3—67	4700
加重钻杆	ТБУ－57	57.0	12.0	57.5	22	3—45	4700
	ТБУ－73	73.0	19.0	73.5	22	3—57	4700
	ТБУ－89	89.0	22.0	89.5	28	3—67	4700
	ТБУ－108	108.0	26.0	108.5	28	3—86	4700
轻型系列钢钻杆	ТБСЛ－43	43.0	4.8	43.5	33.4	СК－39	3000
	ТБСЛ－55	55.0	4.8	55.5	45.4	СК－51	4500
	ТБСЛ－70	70.0	4.8	70.5	60.4	СК－66	4500
	ТБСЛ－89	89.0	5.5	89.5	78.5	СК－85	4500
	ТБСЛ－114	114.0	6.0	114.5	102.0	СК－109	4500
加重系列钢钻杆	ТБСТ－55	55.0	4.5	57.5	41	СПК－50	4700
	ТБСТ－70	70.0	4.5	73.5	53	СПК－64	6200
	ТБСТ－85	85.0	4.5	89.5	72	СПК－82	6200
	ТБСТ－102	102.0	4.5	108.5	89	СПК－101	6200

续表 4 - 71

钻杆类型	钻杆的型号尺寸	基体的基本尺寸				连接螺纹的代号	钻杆带接头的基本长度
		钻杆体		接头			
		外径	壁厚	外径	内径		
轻合金加重系列钻杆	ТБЛТ - 55	55.0	7.0	57.5	41	СПК - 50	4700
	ТБЛТ - 70	70.0	8.5	73.5	53	СПК - 64	6200
	ТБЛТ - 85	85.0	6.5	89.5	72	СПК - 82	6200
	ТБЛТ - 102	102.0	6.5	108.5	89	СПК - 101	6200
带钢外管的双层钻杆	ТБДС - 48	48.0	3.5	57.5	41	СПК - 50	3000
	ТБДС - 57	57.0	4.5	57.5	41	СПК - 50	4000
	ТБДС - 73	73.0	5.0	75.5	56	СПК - 64	4000
	ТБДС - 89	89.0	6.0	92.5	74	СПК - 85	4000
	ТБДС - 108	108.0	7.0	116.5	88	СПК - 101	6000
	ТБДС - 114	114.0	7.0	130.0	100	СПК - 118	6000
	ТБДС - 127	127.0	7.0	130.0	100	СПК - 118	4000
带轻合金外管的双层钻杆	ТБДЛ - 73	73.0	7.0	75.5	56	СПК - 64	4000
	ТБДЛ - 89	89.0	8.0	92.5	74	СПК - 85	6000
	ТБДЛ - 108	108.0	9.0	116.5	88	СПК - 101	6000
	ТБДЛ - 127	127.0	9.0	130.0	100	СПК - 118	6000

表 4 - 74   新规格钻杆连接螺纹的基本参数

钻杆类型	螺纹代号*	螺纹剖面尺寸				
		锥度	螺纹倾角	螺距 /mm	牙高** /mm	牙顶角 /(°)
锥形单头三角螺纹	3 - 34	1:6	4°45′48″	4.233	1.926	60
	3 - 45; 3 - 53	1:5	5°42′38″	4.233	2.500	60
	3 - 57; 3 - 67	1:6	4°45′48″	6.350	3.095	60
	3 - 86					
弱锥形双头梯形螺纹	СК - 39	1:32	0°53′42″	6.000	0.75(0.70)	30
	СК - 51	1:32	同上	8.000	0.90(0.85)	30
	СК - 66	1:32	0°53′42″	8.000	0.90(0.85)	30
	СК - 85	1:32	同上	8.000	1.20(1.15)	30
	СК - 109	1:32	同上	8.000	1.20(1.15)	30
锥形专用梯形螺纹	СПК - 50	1:16	1°47′24″	6.000	1.00(0.95)	10
	СПК - 64	1:16	1°47′24″	6.000	1.50(1.55)	30
	СПК - 82	1:32	0°53′42″	6.000	1.20(1.25)	10
	СПК - 85	1:16	1°47′24″	6.000	1.55(1.50)	30
	СПК - 101	1:16	1°47′24″	6.000	1.55(1.50)	30

注: * 螺纹代号中的数字对应其锥体大头的外径; ** 括号内的数字对应内螺纹。

钻杆材料的机械性能应符合表 4 - 75 和表 4 - 76 的规定。同时, 钻杆钢接头连接螺纹材料 (按俄罗斯国标 ГОСТ 4543 生产的 40CrNi 钢经热处理后) 的机械性能应不低于以下值:

临界断裂强度 σ_{B}: 882 MPa (90 kg/mm^2); 屈服极限 $\sigma_{\text{т}}$: 686 MPa (70 kg/mm^2); 相对伸长率 δ_5, 15%; 相对收缩率 Ψ, 50%; 20℃ 时 KCU 试样的冲击韧性: 118 N·m/cm^2 (12 kg·m/cm^2); 硬度 HRC: 整体淬火后 HRC = 28; 表面淬火后 HRC = 49; 化学强化热处理后 HRC = 55。

表4-75 钢钻杆材料的机械性能

机 械 性 能 参 数	钢材的热处理方式				表面淬火
	传统方式		改进方式		
	碳素钢管	合金钢管	碳素钢管	合金钢管	
临界断裂强度 σ_{B}/MPa(kg·mm^{-2})	539(55)	686(70)	823(84)	882(90)	—
屈服极限 σ_{T}/MPa(kg·mm^{-2})	323(33)	490(50)	686(70)	735(75)	—
相对伸长率 δ_5/%	16	12	12	11	—
硬度/HRC	—	—	26	28	47
HB	187	197	—	—	—

表4-76 轻合金钻杆材料的机械性能

机 械 性 能 参 数	不同强度类型的标准	
	标准值	提高值
临界断裂强度 σ_{B}/MPa(kg·mm^{-2})	392(40)	530(54)
屈服极限 σ_{T}/MPa(kg·mm^{-2})	255(26)	460(47)
相对伸长率 δ_5/%	12	8

4.6.5.2 普通钢钻杆(ТБСУ)

按俄罗斯国标 ГОСТ Р 51245—99 生产,主要用于固体矿产和地下水的普查与勘探孔,工程地质勘查孔和建筑工程孔,可进行取心钻进和无岩心钻进。该标准规定钻杆的壁厚可在 3.5~6 mm 间变化,钻杆长度为 1.7~6.2 m,焊接锁接头(由 40CrNi 钢制成,带缺口的为 П 型,不带缺口的为 БП 型)的类型、热处理形式及其杆体强化办法见图 4-38 和表 4-77、表 4-78。

右旋和左旋螺纹的剖面形状和尺寸应符合图 4-39 和表 4-79 给定的数据。普通钢钻杆(ТБСУ)用牌号 36Г2С(俄罗斯国标 ГОСТ 4543)的标准合金钢制成(标号为 Н),并进行表面高频淬火(标号为 Н3)。钻杆体材料和焊缝的机械性能应符合表 4-75 的给定值。带专用锥形双头限位螺纹的无缺口焊接锁接头的钻杆技术特性见表 4-80。

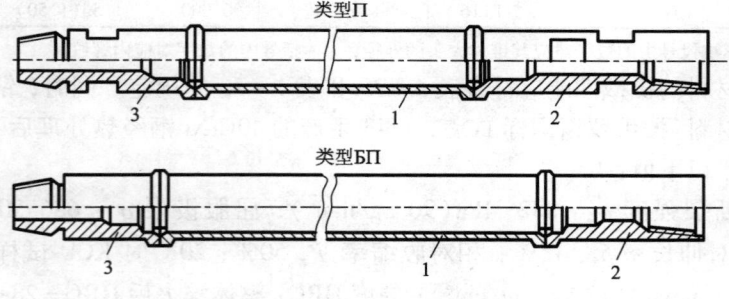

图4-38 普通钢钻杆(ТБСУ)

表 4 – 77　普通钢钻杆(ТБСУ)的规格

钻杆尺寸代号	公称尺寸/mm						带焊接锁接头的每米钻杆质量/kg	
	钻杆体		焊接圆接头		焊接锁接头			
	D	δ	D_2	d_2	D_1	A(螺纹代号)	有缺口	无缺口
43 × 4. 5	43.0	4.5	44.0	16.0	43.5	3 – 34	5. 12	4.88
55 × 4. 5	55.0	4.5	56.0	22.0	22.0	3 – 45	7. 47	7.12
63.5 × 4.5	63.5	4.5	64.5	28.0	64.0	3 – 53	8. 82	8.24
70 × 4.5	70.0	4.5	71.0	32.0	70.5	3 – 57	9. 76	8.82
85 × 4.5	85.0	4.5	86.0	40.0	85.5	3 – 67	13. 82	12.7

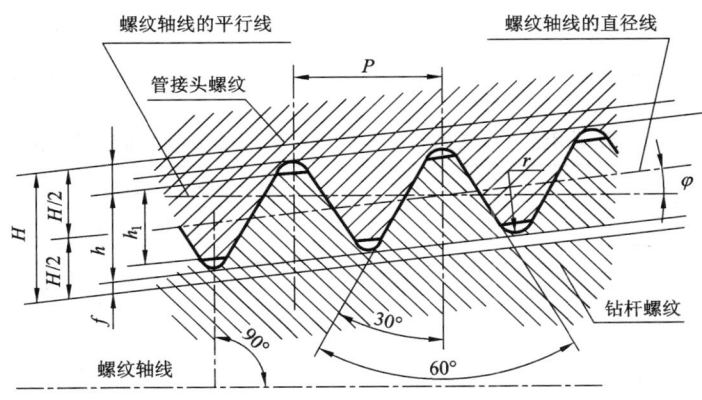

图 4 – 39　普通钢钻杆(ТБСУ)的螺纹剖面

焊接锁接头焊缝处与钻杆体的同轴性偏差不应超过 0.3 mm,在 100 mm 长度上锁接头端部的焊接偏差不应超过 0.1 mm。

表 4 – 78　焊接锁接头的公称尺寸　　　　　　　　　　(单位: mm)

钻杆尺寸代号	D_1	d	l_1	s	l	l_2	l		l_1	
							有缺口锁接头	无缺口锁接头	有缺口锁接头	无缺口锁接头
43 × 4. 5	43.5	16	40	30	45	60	180	160	235	195
55 × 4. 5	55.5	22	40	41	50	70	195	175	255	215
63.5 × 4.5	64.0	28	45	46	60	80	220	200	285	240
70 × 4.5	70.5	32	45	46	60	80	220	200	285	240
85 × 4.5	85.5	40	50	55	70	90	250	225	315	265

表 4 -79　焊接锁接头的螺纹剖面尺寸

螺纹剖面要素	螺纹代号及尺寸	
	3 – 34	3 – 45；3 – 53；3 – 57；3 – 67
每英寸长度上的扣数	6	6
螺距 P/mm	4.233	4.233
三角螺纹的总高 H/mm	3.658	3.654
螺纹齿高 h/mm	1.926	2.500
工作齿高 h_1/mm	1.464	2.192
螺纹底半径 r/mm	0.635	0.423
顶部削平高度 l/mm	1.097	0.731
螺纹间隙 f/mm	0.635	0.423
倾角 φ	4°45′48″	5°4238″
螺纹锥度（$2\tan\varphi$）	1：6	1：5

表 4 -80　带专用锥形双头限位螺纹的无缺口焊接锁接头的钻杆技术特性

参数（特性）	不同型号钻杆的参数值		
	СБТПНП – 43	СБТПНП – 55	СБТПНП – 70
钻柱结构	由薄壁（3.5 mm）钻杆和同径焊接锁接头组成的外平钻柱		
连接螺纹的结构特性	无缺口锁接头带双头限位锥螺纹		
钻柱所在钻孔的孔径/mm	46	59	76（93）
钻杆外径/mm	43	55	70
钻杆壁厚/mm	3.5	3.5	3.5
焊接锁接头外径/mm	43.5	55.5	70.5
焊接锁接头内径/mm	29.0	35.0	48.0
锁接头螺纹代号	СПК39 ×6	СПК48 ×8	СПК61 ×8
螺纹特性	双头限位梯形锥螺纹（锥度 1：16，螺距 6 和 8 mm），齿高 1.2 和 1.5 mm，螺纹长 40 和 50 mm。螺纹尺寸见全俄勘探技术研究所规范 ТУ 41—13—96—92。螺纹为非对称性剖面（前角 30°，后角 5°）		
钻杆材料	按俄罗斯国标 ГОСТ 4543 用 36Г2С 或 40Cr 钢		
锁接头材料	40CrNi 钢		
制造钻杆毛坯的技术文件　锁接头和钻杆组装技术文件	14—159—113—90（ПНТЗ）ТУ41—13—96—92，全俄勘探技术研究所图纸号 КСБТ НП – 43（55，70）		
每米钻杆质量/kg	3.6	4.7	6.1

4.6.5.3　轻合金钻杆（ТБЛ）

　　轻合金钻杆由牌号 Д16Т 的轻合金制成，钻杆为直筒形（无墩粗段），用钢质圆接头连接成钻柱（图 4 -40）。

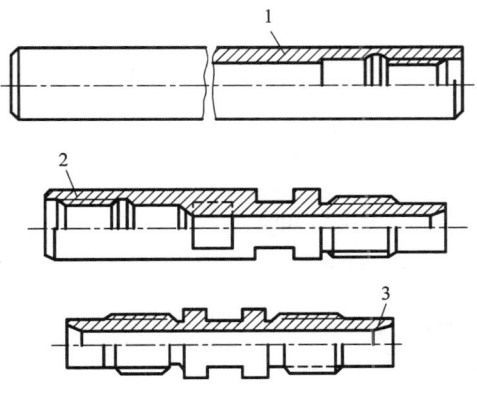

图 4 - 40　轻合金钻杆(ЛБТН)及其接头

1—钻杆；2、3—钢接头

轻合金钻杆的技术特性见表 4 - 81。

钻杆外侧面(在距端部 100 mm 处)和接头螺纹的不同心偏差应不大于 0.3 mm。ЛБТН 轻合金钻杆的理论钻进深度可以从 1200 ~ 1600 m(ЛБТН - 42 和 ЛБТН - 68)到 2300 ~ 2500 m(ЛБТН - 54)。

表 4 - 81　轻合金钻杆的技术特性

参　　数	不同规格钻杆的参数值			
	ЛБТН - 34	ЛБТН - 42	ЛБТН - 54	ЛБТН - 68
钻柱结构	外平钻柱由钻杆和同径接头组成；钻杆带内丝扣			
接头结构	接头带缺口，有两种形式的螺纹：①尾部有扶正段的圆柱形梯形螺纹——ЛБТН - 34、ЛБТН - 42、ЛБТН - 54 钻杆；②锥形三角螺纹——ЛБТН - 54、ЛБТН - 68 钻杆。螺纹形式取决于生产企业或订货人的要求。常用尾部有扶正段的圆柱形梯形螺纹			
孔径/mm	36(35)	46	59	76
钻杆外径/mm	34	42	54	68
钻杆壁厚/mm	6.5	7.0	9.0	9.0
锁接头外径/内径/mm	34/12	42.5/16.0	54.5/22.0	68.5/28.0
钻杆和接头的柱形螺纹(外径 ×螺距×螺高) /(mm×mm×mm)	梯形螺纹，带直径22.7 的尾部扶正段 26×6.35×1.0	梯形螺纹，带直径29.7 的尾部扶正段	梯形螺纹，带直径37.5 的尾部扶正段 41.5×6.35×1.75	梯形螺纹，带直径52.7 的尾部扶正段 57×8×2.25
接头的锥形螺纹	—	3 - 34；1:6 螺纹	3 - 45 螺纹	3 - 57；1:5 螺纹

续表 4 - 81

参　数	不同规格钻杆的参数值			
	ЛБТН - 34	ЛБТН - 42	ЛБТН - 54	ЛБТН - 68
钻杆弯曲度/(mm·m⁻¹)	1.0	1.0	1.0	1.0
钻杆材料	按俄罗斯国标 ГОСТ 23786 - 79 的 Д16Т 铝合金(临界抗拉强度 40 MPa, 屈服极限 26 MPa)			
接头材料	按俄罗斯国标 ГОСТ4543 经热处理的 40CrNi 钢			
每米钻杆柱(含接头)质量/kg	2.0	3.0	4.8	5.6

4.6.5.4　加重型钻杆(ТБУ)

加重型钻杆(ТБУ)的技术特性见表 4 - 82,加重型钻杆的结构类似于普通钢钻杆的结构。

表 4 - 82　加重型钻杆的技术特性

参　数	不同规格加重型钻杆的参数值			
	ТБУ - 57	УБТР - 73	УБТ - РПУ - 89	ТБУ - 108
加重型钻杆的结构	钻杆用带缺口的焊接锁接头连成钻柱。接头外表面经高频淬火			
钻杆外径/mm	57	73	89	108
钻杆壁厚/mm	12	19	22	26
接头内径/mm	22	22	28	28
适用孔径/mm	59(76)	76(93)	112(132)	132(151)
钻杆和接头螺纹的特点	无限位,三角形锥螺纹(1:16),螺距 2.54 mm,螺高1.34 mm,齿尖角60°		焊接式锁接头	
钻杆螺纹代号	3 - 54	3 - 57	3 - 67	3 - 86
钻杆材料	牌号 36Г2С 钢(屈服极限 490 MPa)			
每米钻杆柱(含接头)质量/kg	14.0	22.0	31.5	54.0

4.6.5.5　绳索取心系列钻杆(ТБСЛ)

1. 绳索取心钻杆结构形式简介

绳索取心钻杆按俄罗斯国标 ГОСТ Р51245—99《轻型系列钢钻杆》生产。绳索取心钻杆有两个类型:ТБСЛ——整体式(图 4 - 41,表 4 - 83);ТБСЛ-П——焊接式(图 4 - 42,表 4 - 84)。

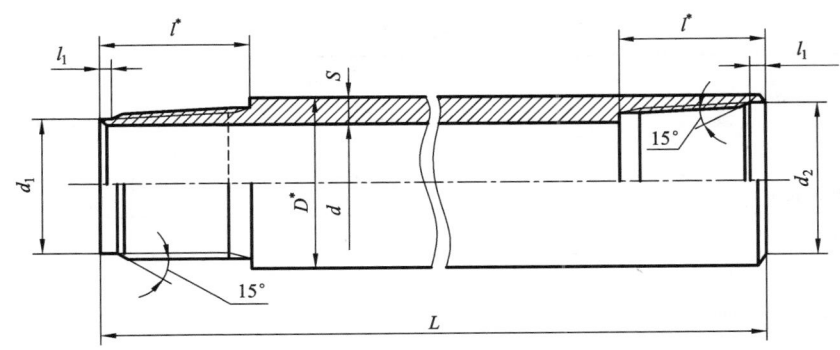

图 4 – 41　整体式钻杆(ТБСЛ)

表 4 – 83　整体式钻杆(ТБСЛ)的规格

钻杆参数	不同规格钻杆的参数值				
	ТБСЛ – 43	ТБСЛ – 55	ТБСЛ – 70	ТБСЛ – 89	ТБСЛ – 114
钻杆外径 D^*/mm	43	55	70	89	114
钻杆内径 d/mm	33.4	45.4	60.4	78	102
钻杆壁厚 S/mm	4.8	4.8	4.8	5.5	6.0
钻杆长度 L/mm	1500 3000	1500 3000 4500	1500 3000 4500	1500 3000 4500	1500 3000 4500
螺纹部分总长 l^*/mm	32	42	42	50	50
公扣端面锥形直径 d_1/mm	36.60	48.20	63.20	81.15	105.90
母扣端面锥形直径 d_2/mm	39.15	51.35	66.35	85.15	109.90
无丝扣段长度 l_1/mm	4.5	4.5	4.5	4.5	4.5
每米钻杆质量/kg	4.52	5.94	7.22	11.33	15.98

注：* 表示参考尺寸。

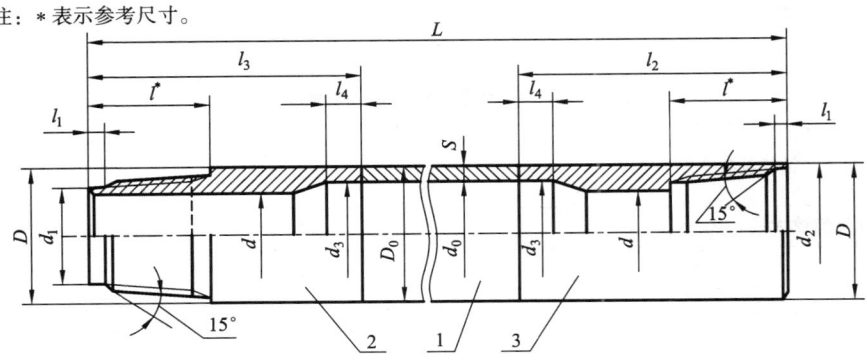

图 4 – 42　焊接式钻杆(ТБСЛ)

1—钻杆；2—焊接的外螺纹接头；3—焊接的内螺纹接头

表 4 – 84   焊接式钻杆(ТБСЛ-П) 的规格

钻杆参数	不同规格钻杆的参数值			
	ТБСЛ-П – 43	ТБСЛ-П – 55	ТБСЛ-П – 70	ТБСЛ-П – 89
钻杆外径 D_0/mm	43	55	70	89
钻杆壁厚 S/mm	3.5	3.5	3.5	4.5
钻杆内径 d_0/mm	36	48	63	80
焊接接头的外径 D/mm	43.5	55.5	70.5	89.5
焊接接头的内径 d/mm	33	45	60	78.5
钻杆长度 L/mm	1500 3000	1500 3000 4500	1500 3000 4500	1500 3000 4500
母接头长度 l_2/mm	70	80	80	90
公接头长度 l_3/mm	70	80	80	90
螺纹部分总长 l/mm	32	42	42	50
外螺纹端面外径 d_1/mm	36.60	48.20	63.20	81.15
内螺纹端面内径 d_2/mm	39.15	51.35	66.35	85.15
端部无丝扣段长度 l_1/mm	4.5	4.5	4.5	4.5
接头焊接端内径 d_3/mm	36	48	63	80
接头焊接端长度 l_4/mm	20	20	20	25
每米钻杆(含焊接接头)质量/kg	3.35	4.55	6.00	9.45

　　螺纹尺寸见图 4 –43、图 4 – 44 和表 4 –85。钻杆任何区段的每米平直度误差要求如下：

　　①直径 43、55 和 70 mm 的整体式钻杆——0.3 mm/m；②直径 89 mm 的整体式钻杆——0.5 mm/m；③直径 114 mm 的整体式钻杆——0.7 mm/m。

表 4 –85   整体式(焊接式) 的螺纹尺寸

钻杆及接头螺纹参数	不同外径钻杆及接头的螺纹参数值				
	43	55	70	89	114
基准面外螺纹大径 d_N/mm	38.800	50.962	65.938	84.750	109.534
基准面外螺纹小径 d_B/mm	37.300	49.162	64.138	82.350	107.134
基准面内螺纹大径 D_N/mm	38.800	50.962	65.938	84.750	109.534
基准面内螺纹小径 D_B/mm	37.400	49.262	64.238	82.450	107.234
端面外螺纹外径 d_1/mm	38.100	50.000	65.000	83.550	108.300

续表 4 – 85

钻杆及接头螺纹参数	不同外径钻杆及接头的螺纹参数值				
	43	55	70	89	114
端面内螺纹内径 D_1/mm	37.637	49.550	64.550	82.750	107.550
外螺纹支撑面间的距离 l/mm	31.183	40.922	40.922	48.759	48.759
内螺纹支撑面间的距离 L/mm	31.283	41.022	41.022	48.859	48.859
螺纹及无丝扣段全长 l_1，L_1，不小于/mm	28	38	38	46	46
由外螺纹基准面到凸肩的距离 l_2/mm	12.0	12.0	12.0	11.5	11.0
由端面到基准面的距离 L_2/mm	10.0	10.0	10.0	10.0	10.0
螺距 P/mm	6.0	8.0	8.0	8.0	8.0
外螺纹扣高 t_N/mm	0.75	0.90	0.90	1.20	1.20
内螺纹扣高 t_B/mm	0.70	0.85	0.85	1.15	1.15
外螺纹扣槽宽 m/mm	2.9	3.9	3.9	3.9	3.9
外螺纹扣顶宽 n/mm	2.698	3.618	3.618	3.456	3.456
内螺纹扣槽宽 M/mm	2.9	3.9	3.9	3.9	3.9
内螺纹扣顶宽 N/mm	2.725	3.645	3.645	3.483	3.483

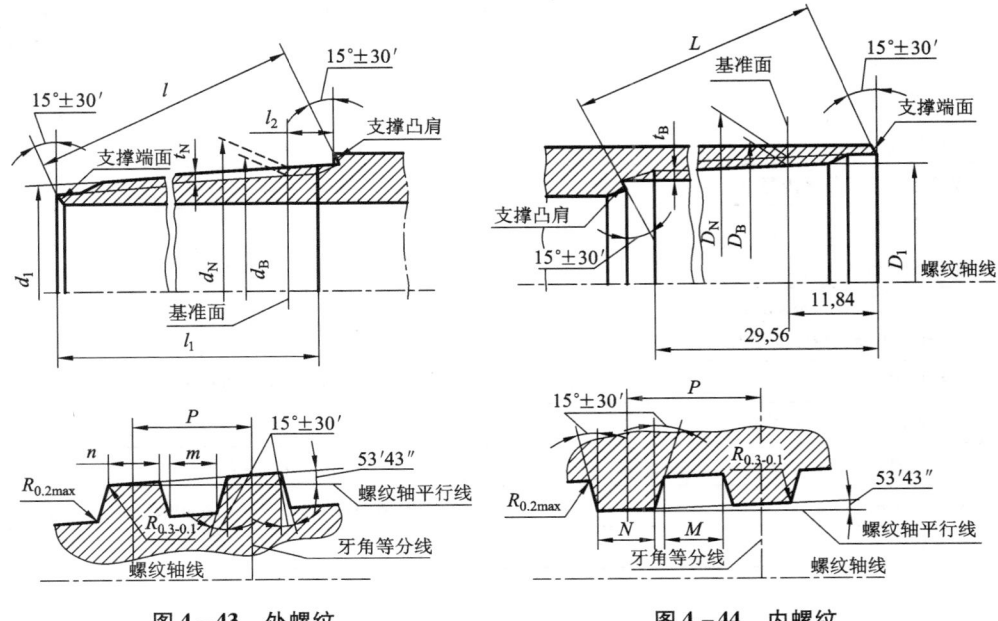

图 4-43 外螺纹　　　　　图 4-44 内螺纹

整体式钻杆按俄罗斯国标 ΓOCT 4543 用牌号 38CrNiMn 钢制成，并且进行热处理。管材的机械性能符合表 4 – 86 给定的值。

表 4 – 86　整体式钻杆材料的机械性能

参　数	参数值
临界断裂强度 σ_B/MPa	≥735
屈服极限 σ_T/MPa	≥539
相对伸长率 δ_5/%	≤12

ТБСЛ 型直径 43、55、70、89、114 mm 的整体式和焊接式轻型系列钻杆，主要用于孔径 46、59、76、95、120 mm 的绳索取心钻进。为了钻进可钻性 5 ~ 7 级的岩层(含 8 ~ 9 级硬夹层)，必须采用组合式 KCCK 型绳索取心钻具，这是一个旧代号，它可归入 KCCK 型非外平式钻杆。对绳索取心钻具结构进行适当改进后，可以使 ТБСЛ 型钻杆的壁厚在原有基础上增加 3.5 ~ 8 mm，同时其尺寸和强度都有所变化。批量生产的 KCCK – 76 钻杆性能参数见表 4 – 87。

表 4 – 87　带焊接接头的 KCCK 型非外平式钻杆性能参数

参　数	参数值
钻杆柱特征	钻柱用直径大于钻杆体的焊接接头连接而成。 焊接接头上有可与拧管机和提引器配合的缺口
钻杆适用的孔径/mm	76
钻杆外径/mm	70
焊接接头的外径 × 内径/mm × mm	73(74.6) × 53
钻杆壁厚/mm	4.5
连接螺纹形式	梯形螺纹、锥度(1:16)
螺纹尺寸/mm × mm × mm [基准面外径 × 螺距 × 齿高 × 齿顶角(°)]	64.5 × 6 × 1.2 × 10°
钻杆长度/mm	1500；3000；6200
钻杆弯曲度/(mm·m^{-1})	1.0
钻杆材料	用 36Γ2C 钢
焊接接头材料	按俄罗斯国标 ΓOCT 4543 用 40CrNi 钢
每米钻柱质量(含焊接接头)/kg	≤9.0

2. 常用绳索取心钻杆系列

1) CCK 系列绳索取心钻杆

CCK 系列绳索取心钻杆（表 4 - 88）两端没有镦粗，特点是内外平。钻杆为弱锥度梯形螺纹。接头上有两个螺纹楔面，以保证载荷在丝扣上更均匀分布和更好的密封性（图 4 - 45，表 4 - 89）。CCK 系列绳索取心钻杆由合金钢 38CrNiMn 制成，其机械性能为：屈服极限为 540 MPa，相对伸长率为 12%。

2) KCCK - 76 绳索取心钻杆

KCCK - 76 绳索取心钻杆与 CCK - 76 钻杆的结构上有差异。KCCK - 76 绳索取心钻杆两端进行了镦粗，采用圆接头把钻杆单根连接成立根，而立根之间用锁接头连接

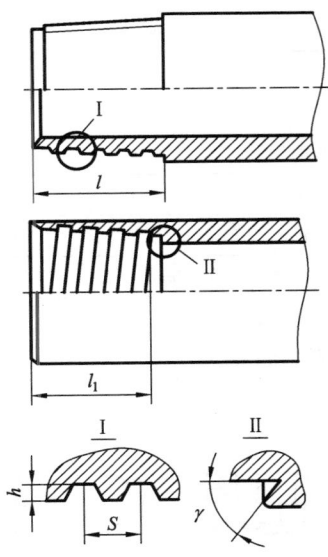

图 4 - 45　CCK 绳索取心钻杆

（图 4 - 46）。圆接头和锁接头的表面都经过了高频热处理。内螺纹锁接头拧在立根上端，而外螺纹锁接头拧在立根下端，两者都加工了可与升降作业辅助工具配合的缺口。

表 4 - 88　CCK 和 KCCK 绳索取心钻杆的技术性能

参　数	CCK - 46	CCK - 59	CCK - 76	KCCK - 76	KCCK - 76M
钻杆直径/mm 外径/内径	43/33.4	55/45.4	70/60.4	70/60	70/61
被墩粗部分内径	—	—	—	53	—
钻杆壁厚/mm	4.8	4.8	4.8	5	4.5
钻杆长度/m	1.5；3；4.5	1.5；3；4.5	1.5；3；4.5	4.5	6.2
每米钻杆质量/kg	4.5	6	7.7	8.3	7.5
连接方式	钻杆与钻杆直接连接			圆接头 + 锁接头	锁接头
钻杆材料	38CrNiMn 钢			36Г2C 钢	
锁接头直径/mm 外径/内径	—	—	—	73/53	74.5/53
钻杆与孔壁间隙/mm	1.7	2.2	3.2	3.2	3.2
钻杆弯度/(mm·m^{-1})	0.3	0.3	0.4	1	1

表 4 – 89　CCK 绳索取心钻杆连接螺纹的基本尺寸

参　数	钻杆规格尺寸		
	CCK – 46	CCK – 59	CCK – 76
螺纹形式	弱锥度梯形螺纹		
螺距 S/mm	6	8	8
齿高 h/mm	0.75	0.9	0.9
螺纹支撑端面的间距/mm	31.65 ± 0.05	$41.53 + 0.05$	$41.53 + 0.05$
螺纹名义长度 l/mm	32	42	42
工作螺纹长度 l_1/mm	28	38	38

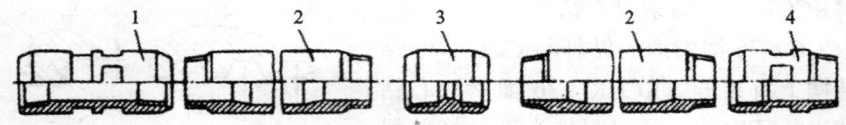

图 4 – 46　KCCK – 76 绳索取心钻杆立根组成

1—母锁接头；2—钻杆；3—圆接头；4—公锁接头

　　KCCK – 76 钻杆和锁接头螺纹的技术特性：螺纹类型——梯形螺纹；螺纹直径 64.5 mm；螺纹锥度 1∶16；螺距 6 mm；齿高 1.2 mm；牙顶角 10°。

　　KCCK – 76M 绳索取心钻杆采用焊接式锁接头。钻杆长度由 4.5 m 增加到 6.2 m，从而可减少钻杆柱中螺纹连接的数量。钻杆单根之间不用圆接头，直接用锁接头连接。焊接式锁接头外表面镀覆了耐磨材料，以保证接头具有与钻杆体几乎相同的工作寿命。立根的升降作业用带专用提引器的半自动绞车完成。

4.6.5.6　套管和岩心管

　　固体矿产钻进采用的无缝套管适用的俄罗斯国标是 ΓOCT 6238—77。这类管材同样也可用作单管取心钻进的岩心管。管材的技术特性见表 4 – 90。

表 4 – 90　套管和岩心管的技术特性

参　数	管 材 的 参 数 值		
	无接头套管	有接头	
		套管	岩心管
用途	通过管与管直接连接组成光滑的套管，用于加固金刚石钻进的孔壁	借助管接箍组成套管柱，用于加固非金刚石钻进的孔壁	由一根或几根钢管（借助接箍）组成的单管取心钻进岩心管，用于钻探取岩心

续表 4 - 90

参 数	管 材 的 参 数 值		
	无接头套管	有接头	
		套管	岩心管
管材外径和壁厚/mm	33.5 × 3.0；44 × 3.5；57 × 4.5；73 × 5.0；89 × 5.0	33.5 × 3.0；44 × 3.5；57 × 4(4.5)；73 × 4(5.0)；89 × 4.5(5.0)；108 × 4.5(5.0)；127 × 5；146 × 5	25 × 3；33.5 × 3；44 × 3.5；57 × 4(4.5)；73 × 4(5.0)；89 × 4.5(5.0)；108 × 4.5(5.0)；127 × 5；146 × 5
接箍的外径和内径/mm	—	57 × 46.5；73 × 62；89 × 78；108 × 95.5；127 × 114.5；146 × 134	3.5 × 24.5；44 × 34；57 × 46.5；73 × 62；89 × 78；108 × 95.5；127 × 114.5；146 × 134
钻杆和接头螺纹特征	单限位、圆柱梯形螺纹，螺距 4 mm，齿高 0.75 mm		
螺纹外径(与钻杆和接头外径相对应)/mm	31.6；42，0；54，0；69，5；85，5	52；68；84；103；122；141	21，5；29，8；40，0；52，0；68，0；84，0；103，0；122，0；141，0
套管和岩心管下入的孔径/mm	36（35）；46；59；76；93	36（35）；46；59；76；93；112；132；151	26；36（35）；46；59；76；93；112；132；151
套管以下孔身直径(最大)/mm	25；36；46；59；76	46；59；76；93；112；132	
管长/mm	一般取 1000 ~ 1500；1500 ~ 3500；4000 ~ 6000		取整以方便测量，1500
套管和岩心管的材料	45 号和牌号 36Г2C 的钢		
管材的弯曲度/(mm·m⁻¹)	直径 25 ~ 89 mm 的管材——0.7；直径 108 ~ 146 mm 的管材——1.0		
每米管材质量不小于/kg	2.26；3.35；5.83；8.38；10.36	6.05；7.1(8.58)；9.8(10.8)；12.2(13.5)；15.84；18.4	1.63；2.46；3.7；5.5；7.1(8.6)；9.8(10.8)；12.2（13.5）；15.84；18.4

　　全俄勘探技术研究所还研制了直缝焊接式套管(ОТШ)。该类套管有两种形式：用同径接箍连接的套管(ОТШН)；用"超径"接箍连接的套管(ОТШМ)。这类套管的技术特性和使用范围见表 4 - 91。

表4－91 直缝电焊式套管(ОТШ)的技术特性

参 数	两种套管的参数值	
	用同径接箍连接(ОТШН)	用超径接箍连接(ОТШМ)
用途	用于加固不同地质条件下的固体矿产钻孔	
套管的结构及其应用范围	用于一次性加固同径钻孔,钻进中套管以下的孔段长度应不大于500 m,管内通道并不光滑(接头内径略小于套管的内径)	接箍外径大于套管外径,接箍内径与套管同径。这类套管主要用于高质量地保护管外空间的固结状态(这时套管和孔壁之间的间隙较大),钻进中套管以下的孔段长度应不大于1000 m
连接结构特点	接头(接箍)为圆柱梯形螺纹,符合俄罗斯国标ГОСТ 6238—77	
套管外径/mm	57;73;89;108;127	89;114
连接部件的外径和内径/mm	57×46.5;73×62;89×78;108×95.5;127×114.5	108×86.5;127×111.5
使用的孔径/mm	59;76;93;112;132	112(120);132(152)
套管壁厚/mm	4.0;4.0;4.0;4.5;4.5	4.0;4.5
套管长度/mm	1000～1500;2500～3000;4500～5000	
套管弯曲度/(mm·m^{-1})不大于	1.0	1.0
套管材料	按俄罗斯国标ГОСТ 10705 选用钢材	
接头(接箍)材料	按俄罗斯国标ГОСТ 6238—77 选用钢材	按俄罗斯国标ГОСТ 8731 选用45#钢
每米理论质量(含接头)不大于/kg	5.3;7.1;8.8;12.3;14.4	9.1;13.0

第 5 章　钻头与扩孔器

　　钻头是位于钻柱最前端的钻探工具。在钻头钢体上或胎体内,用不同方法烧结或镶焊了硬或超硬耐磨材料,实现在轴压回转或冲击回转方式下破碎岩石。钻头的种类繁多,结构各异,按照用途、所用切磨材料以及制造方法等进行了分类,见表 5 - 1。

表 5 - 1　钻头分类表

分类方法	钻 头 种 类		
按用途分类	全面钻进钻头		
	取心钻进钻头		
	定向钻头		
	套管钻头		
按钻进方法或工艺分类	单管钻头		
	双管钻头		
	绳索取心钻头		
	反循环钻头		
	冲击回转钻头		
按镶嵌形式分类	表镶钻头		
	孕镶钻头		
	表孕镶钻头		
	镶块式钻头		
按切磨材料分类	天然金刚石钻头	天然表镶金刚石钻头	
		天然孕镶金刚石钻头	
	人造金刚石钻头	单晶钻头	人造金刚石孕镶钻头
		聚晶钻头	柱状聚晶钻头
			三角聚晶钻头
		金刚石复合片钻头	
		金刚石烧结体钻头	
	硬质合金钻头和牙轮钻头		
按制造方法分类	热压钻头		
	无压浸渍钻头		
	低温电镀钻头		
	二次镶嵌钻头		

　　扩孔器与钻头配合使用,用于修整孔壁,预防钻头过早磨损,同时可扶正钻具,保持孔内钻具的工作稳定性。

5.1 钻探用切磨材料

钻探用切磨材料主要有硬质合金和金刚石。硬质合金分钨钴合金和钨钴钛合金，地质矿山工具常用钨钴硬质合金。金刚石是迄今为止人类发现的最坚硬的切磨材料，按成因分为天然和人工合成两大类，人工合成的金刚石主要有人造金刚石单晶、人造金刚石聚晶、金刚石复合片等。天然金刚石性能优异，但价格昂贵，目前钻探中大量使用的切磨材料是人工合成的金刚石。

5.1.1 硬质合金

硬质合金是由微米级的高硬度难熔金属碳化物（WC、TiC）粉末为主要成分，以钴（Co）或镍（Ni）、钼（Mo）等黏结金属为黏结剂，在真空炉或氢气还原炉中烧结而成的粉末冶金制品。硬质合金具有硬度高、耐磨、强度和韧性较好等一系列优良性能。

5.1.1.1 地质、矿山工具用硬质合金各组别的基本组成、性能要求及应用范围

地质、矿山工具用硬质合金各组别的基本组成和基本性能要求见表5-2，作业条件推荐见表5-3，地质矿山常用硬质合金牌号性能及推荐用途见表5-4。

表5-2 硬质合金各组别基本组成和力学性能

分类分组代号*	化学成分/%			力学性能	
	Co	WC	其他	洛氏硬度不低于（HRA）	抗弯强度不低于/MPa
G 05	3~6	其余	微量	88.0	1600
10	5~9	其余	微量	87.0	1700
20	6~11	其余	微量	86.5	1800
30	8~12	其余	微量	86.0	1900
40	10~15	其余	微量	85.5	2000
50	12~17	其余	微量	85.5	2100

注：* G代表地质、矿山工具用硬质合金，其后缀2位数字组代表组别号。

表5-3 各组别的作业条件推荐

分类分组代号	作业条件推荐	合金性能
G05	适用于单轴抗压强度小于60 MPa的软岩或中硬岩	由G05到G50，硬质合金的耐磨性降低，韧性增高
G10	适用于单轴抗压强度为60~120 MPa的软岩或中硬岩	
G20	适用于单轴抗压强度为120~200 MPa的中硬岩或硬岩	
G30	适用于单轴抗压强度为120~200 MPa的中硬岩或硬岩	
G40	适用于单轴抗压强度为120~200 MPa的中硬岩或硬岩	
G50	适用于单轴抗压强度大于200 MPa的硬岩或坚硬岩	

表 5 - 4　常用牌号性能及推荐用途

牌号		物理机械性能		推 荐 用 途
新牌号	旧牌号	抗弯强度不低于/MPa	硬度不低于（HRA）	
G05	YG4C	1600	88.0	适用于镶制岩心钻头，钻进软硬交错频繁地层
G10	YG6	1700	87.0	适用于镶制岩心钻头，钻进不含黄铁矿的煤层，钻进无硅化的片岩、钾盐等地层
G20	YG8	1800	86.5	适用于镶制岩心钻头、刮刀钻头，钻进软岩层和坚硬煤层
G20	YG8C	1850	86.0	适用于镶制钻进中硬岩层的岩心钻头、刮刀钻头以及钻凿坚硬岩石的冲击钻头

5.1.1.2　地质钻探常用硬质合金规格尺寸

地质钻探常用硬质合金尺寸见表 5 - 5。

表 5 - 5　地质钻探常用硬质合金尺寸

形状名称	几何形状	尺寸/mm			适用范围
		a	b	c	
菱形薄片		—	8.5	3	用于镶制 1～3 级软地层取心钻头
		—	12	4	
直角薄片		4	15	3.6	用于镶制 1～4 级较软地层刮刀钻头
		5	20	4	
		6	20	6	
		8	20	6	
		10	20	8	
短形薄片		3	15	1.5	适于镶焊刮刀钻头和自磨式取心钻头
		6	20	4	
		8	20	6	
方柱状		5	7	3	用于镶制较硬地层的取心钻头
		5	8	5	
		5	10	5	
		5	13	5	
		7	20	7	
		10	14	4	
		14	25	12	

续表 5 - 5

形状名称	几何形状	尺寸/mm			适用范围
		a	b	c	
八角柱状		5	10	—	用于镶制硬地层的取心钻头
		7	10	—	
		7	15	—	
		7	20	—	
		10	15	—	
		10	16	—	
		10	20	—	
针状		1.8	10	—	用于镶焊自磨式钻头
		1.8	15	—	
		2.0	20	—	

5.1.2 天然金刚石

金刚石是目前已知自然界中最硬的物质，与钻探相关的主要特性见表 5 - 6。

表 5 - 6 天然金刚石特性

硬度	莫氏硬度为 10 级，显微硬度 10000 kg/mm², 是石英的 10 倍，刚玉的 5 倍。结晶形态不同的金刚石，其晶面硬度不同，八面体的晶面硬度大于十二面体的硬度，十二面体的晶面硬度大于六面体的晶面硬度
抗压强度	抗压强度约为 8600 MPa，约为刚玉的 3.5 倍，硬质合金的 1.5 倍，钢的 9 倍，但具有脆性，受冲击易产生裂纹以致破碎。金刚石的强度取决于金刚石的晶体形态、晶体的完好程度、杂质的成分和含量、晶体的结构组织等
耐磨性	弹性模量 8800 MPa，超过自然界所有矿物和主要的磨削材料，是刚玉的 90 倍，硬质合金的 40 ~ 200 倍，钢的 2000 ~ 5000 倍，耐磨性与硬度一样，在不同的晶面以及同一晶面不同结晶方向上有一定差异
热稳定性	金刚石在高温条件下的性质取决于其所处的介质及其晶体的尺寸，在空气中 850 ~ 1000℃ 氧化和燃烧，氧气中 720 ~ 800℃ 发生燃烧，在保护气氛中 1200℃ 还能保持良好性能

5.1.2.1 天然金刚石种类

在国际上一般按其结晶形态和产地分为以下几类(表 5 - 7)。

表 5 - 7　天然金刚石种类

类　别		晶 体 特 征
天然金刚石	结晶体天然金刚石 — 包尔兹 (Bortz)	颜色变化大,一般呈无色、黄色、灰色或黑色,从透明到不透明,凡结构异于黑色金刚石和巴拉斯,又不适合于宝石级的金刚石皆属于此类。多呈不规则或放射状的亚显微晶体结构,外形常为浑圆粒状。它具有高的硬度,价格相对便宜。目前绝大多数表镶钻头均采用此类金刚石,某些等级只适合于破碎成不同尺寸的粉末作孕镶钻头或其他磨料使用
	刚果 (Congo)	亦称刚果包尔兹,产于刚果,即现今的扎伊尔。刚果金刚石从无光泽到半透明,颜色有白、灰、黄、绿等。结晶结构、硬度略低于包尔兹,大多呈碎粒状,可作孕镶钻头用,精选的刚果亦可做表镶钻头,在石油钻探中,术语刚果指钻进中硬岩层的大颗粒金刚石,而包尔兹指钻进硬岩的小颗粒金刚石
	雅库特 (Якут)	产于苏联雅库特地区,也称包尔兹,结晶与刚果金刚石很近似
	黑色金刚石 (Carbonado 或 Carbon)	亦称卡邦纳多或卡邦,属非晶质结构类金刚石,颜色为棕黑、中等灰色至暗灰、灰绿和近乎黑色等,树脂光泽,天然形状为浑圆状,呈聚晶多孔结构,无解理面。硬度、强度、韧性和耐磨性超过所有天然金刚石,现已稀少昂贵
	巴拉斯 (Ballas)	是结晶体金刚石和卡邦型金刚石之间的过渡类型,属于重要的金刚石变种,有时呈晶簇状,颜色由透明到暗褐色,多呈柱状结晶或接近于圆球形,此类金刚石具有很高的工业用途,已很少用于钻探

5.1.2.2　天然金刚石品级

天然金刚石在国际上没有统一的分级标准,一般按其结晶形态和产地进行分类(表 5 - 8),我国天然金刚石品级分类标准见表 5 - 9。

表 5 - 8　部分国家(公司)天然金刚石分级一览表

国家(公司)		分 级 情 况
Boart Longyear 公司	五级	AAA、AA、A、C、等外
美国史密斯公司(Smith)	四级	PRECIUMC、PRECIUM、"W. A. I"、"CONGO"
Atlas Copco 公司	五级	AAA、AA、A、E、等外
DE BEERS 公司	三级	Hardcore、Drill B、ISD 和 ISDS
日本旭(ASAHI)公司,日本利根公司	四级	黑色金刚石、包尔兹、刚果包尔兹、粉粒金刚石
苏联	九级	Б、В、Г、Е、К、Л、П、Д、Р

表5-9 中国钻探用天然金刚石品级分类标准

级别	代号	特 征	用 途
特级（AAA）	TT	具天然晶体或浑圆状，光亮质纯，无斑点及包裹体、无裂纹，颜色不一，十二面体含量达35%~90%，八面体含量达10%~65%	钻进特硬地层或制造绳索取心钻头
优质级（AA）	TY	晶体规则完整，较浑圆，十二面体含量达15%~20%，八面体含量达80%~85%。每个晶粒应不少于4~6个良好的尖角，无斑点及包裹体、无裂纹，颜色不一	钻进坚硬和硬地层或制造绳索取心钻头
标准级（A）	TB	晶体较规则完整，较浑圆，八面体含量达90%~95%。每个晶粒应不少于4个良好的尖角，由光亮透明到暗淡无光泽，可略有斑点及包裹体	钻进中硬—硬地层
低品级（C）	TD	八面体完整含量达30%~40%，有部分斑点及包裹体，颜色为淡黄至暗灰色或经过浑圆化处理	钻进中硬地层
等外级	TX	细小完整晶粒，或呈团块状的颗粒	择优以后，用于制造孕镶金刚石钻头
	TS	碎片，连晶砸碎使用、无晶形	

注：根据 DZ/T 0227—2010 编制。

5.1.2.3 天然金刚石粒度

除金刚石的品级外，粒度对金刚石钻头的影响也较大，因为金刚石的粒度决定了金刚石在唇面的出刃高度，分布密度，刻取岩石的深度，接触面积等，这些可以为制定合理的钻进参数提供依据。

目前天然金刚石常用于制造表镶金刚石钻头，天然表镶钻头采用的金刚石粒度用每克拉金刚石粒数表示，"克拉"为衡量金刚石重量的单位，国际统一标准规定每克拉重0.2 g。天然表镶金刚石钻头推荐粒度范围为10~100粒/克拉。

5.1.3 人造金刚石单晶

人造金刚石单晶是用石墨粉料及合金触媒剂（Ni-Cr-Fe、Ni-Fe-Mn、Ni-Co、Ni-Cr、Ni-Mn）在高温、高压条件下合成的结晶体。它不仅具有硬度高、耐磨性好等特性，而且以其优秀的抗压强度、散热速率、防蚀能力、低热胀率等物理性能，被广泛应用于地质钻探、石油钻探、机械加工、仪器仪表、电子工业等领域。

5.1.3.1 人造金刚石品级及粒度

人造金刚石品级主要是指其晶形的完整程度和抗冲击的强度，是金刚石质量的指标，是确定金刚石在胎体中浓度和粒度的依据。优质的人造金刚石应具有良好的晶形和高的抗冲击强度。钻探上用抗压强度和热冲击韧性（TTI）来表征人造金刚石的品级。目前地质钻探工具常用人造金刚石牌号为SMD，其抗压强度见表

5 – 10，热冲击韧性用未破碎率来表征，分九个等级，见表 5 – 11。

表 5 – 10   人造金刚石抗压强度   （单位：N）

牌 号	粒 度（目）									
	16/18	18/20	20/25	25/30	30/35	35/40	40/50	45/50	50/60	60/70
SMD	471	399	338	286	243	206	174	148	125	106
SMD$_{25}$	561	475	403	341	289	245	208	176	149	126
SMD$_{30}$	672	570	483	409	347	294	248	211	179	152
SMD$_{35}$	785	665	564	477	405	343	291	246	209	177
SMD$_{40}$	919	779	661	560	474	402	341	289	245	—

注：根据 JB/T 7989—2012 编制。

表 5 – 11   热冲击韧性值（JB/T 7989—2012）

粒度	热冲击韧性值（TTI）*								
	D10	D20	D30	D40	D50	D60	D70	D80	D90
16/18	—	—	—	—	—	—	—	—	—
18/20	32	39	46	53	60	67	74	81	88
20/25	26	33	40	47	54	61	68	75	82
25/30	26	33	40	47	54	61	68	75	82
30/35	26	33	40	47	54	61	68	75	82
35/40	28	35	42	49	56	63	70	77	84
40/50	30	37	44	51	58	65	72	79	86
45/50	30	37	44	51	58	65	72	79	86
50/60	37	43	49	55	61	67	73	79	85
60/70	30	37	44	51	58	65	72	79	86
70/80	30	37	44	51	58	65	72	79	86

注：* 指在专用测定仪中将金刚石加热到一定温度，冷却后取一定质量的试样，连同一定质量的钢球（标准钢球）一起装入试样管，按规定次数（不同粒度冲击次数不同）冲击后用筛分法测得金刚石的未破碎率。未破碎率乘以 100 的数值即为样品的冲击韧性。

    人造金刚石粒度是指金刚石颗粒的大小，用"目"表示，"目"系所用筛子每平方英寸上的孔眼数。地质钻探常用金刚石粒度范围为 16/18 ~ 60/70 目。我国地质钻探常用人造金刚石品级、粒度及推荐使用范围见表 5 – 12。

表 5 – 12　我国地质钻探常用人造金刚石品级、粒度及使用范围

人造金刚石牌号	粒度范围（目）	TTI（热冲击韧性）	推荐用途
SMD₄₀ ↓ SMD₃₅	16/18、18/20、20/25、25/30、30/35、35/40、40/45、45/50、50/60、60/70	>82（D90）	具有极高的抗冲击力，用于钻进硬—坚硬地层
↓ SMD₃₀ ↓ SMD₂₀	16/18、18/20、20/25、25/30、30/35、35/40、40/45、45/50、50/60、60/70	68 ~ 81（D70　D80）	具有高的抗冲击力，用于钻进硬地层
↓ SMD	16/18、18/20、20/25、25/30、30/35、35/40、40/45、45/50、50/60	54 ~ 67（D60　D50）	具有中等的抗冲击力，用于钻进中硬地层

注：本表根据资料综合而成。

　　美国通用电气公司（GE）M900 系列人造金刚石品种、代号及使用范围见表 5 – 13。

表 5 – 13　美国 GE 公司 M900 系列人造金刚石牌号及使用范围

牌号	粒 度 范 围	TTI（热冲击韧性）	推 荐 用 途
MBS970	25/30、30/35、35/40、40/45、45/50、50/60、60/70、70/80	>88	具有极高的抗冲击力，用于钻切花岗岩、含有钢筋的硬砂石
MBS960			
MBS955	20/25、25/30、30/35、35/40、40/45、45/50、50/60、60/70、70/80	70 ~ 87	具有高的抗冲击力，用于钻切花岗岩、含有钢筋的一般砂石
MBS950			
MBS945			
MBS940	20/25、25/30、30/35、35/40、40/45、45/50、50/60、60/70、70/80	58 ~ 69	具有中等的抗冲击力，用于钻切大理岩、石灰岩、不含有钢筋的中等强度砂石
MBS935			

注：根据 GE 公司样本资料编制。

5.1.4　人造金刚石聚晶

　　人造金刚石聚晶是指金刚石微粉与微量的结合剂在高温高压条件下合成的各种形状的聚合体。人造金刚石聚晶具有良好的热稳定性和较高的耐磨性，但抗冲击韧性较低。广泛用于地质勘探、石油开采和天然宝石加工业和机械加工修整工具等领域。人造金刚石聚晶的品级用磨耗比来表征。用人造金刚石聚晶和 80[#] 粒度的碳化硅陶瓷平行砂轮在规定的装置上相互摩擦，砂轮与聚晶磨耗量的比值即为磨耗比。

钻探用人造金刚石聚晶产品代号为：

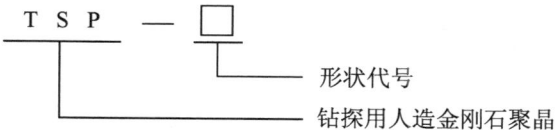

用于钻探的人造金刚石聚晶规格参数见表 5-14。人造金刚石聚晶型号和用途见表 5-15，人造金刚石聚晶烧结前磨耗比见表 5-16。

表 5-14　人造金刚石聚晶　（单位：mm）

形状	示意图	代号	尺寸标记	基本尺寸			
圆柱体		CY	$D \times L$	D	L		
				1.5~5	2~8		
				5~10	2~10		
				10~15	8~15		
圆柱锥体		CN	$D \times L \times \alpha$	D	L	α	
				2~6	4~6	90°~120°	
				6~10	6~15	60°~120°	
长方体		RT	$L \times W \times T$	L	W	T	
				1.5~7	1~3	1.5~3	
				3~8	3~5	3~5	
				3~10	5~10	3~10	
三角形		AT	$A \times A \times T$	A	T		
				4	2.5		
				5	3		
				6.5	3.5		
异形体		SH	$L \times W \times T \times r$	L	W	T	r
				5~10	3, 3.2, 5	3	1.5, 1.6, 2.5

表 5 – 15　人造金刚石聚晶型号和用途

型　号	用　途
Ⅰ	用于莫氏系数 $f \leqslant 8$ 的岩石
Ⅱ	用于莫氏系数 $8 < f \leqslant 10$ 的岩石
Ⅲ	用于莫氏系数 $10 < f \leqslant 15$ 的岩石
Ⅳ	用于莫氏系数 $15 < f \leqslant 20$ 的岩石

注：莫式系数参见第 2 章 2.5.3 岩石的"坚固性系数及其分级。"

表 5 – 16　人造金刚石聚晶烧结前磨耗比

型　号	磨 耗 比 值
Ⅰ	$\geqslant 20 \times 10^3$
Ⅱ	$\geqslant 40 \times 10^3$
Ⅲ	$\geqslant 60 \times 10^3$
Ⅳ	$\geqslant 80 \times 10^3$

5.1.5　金刚石复合片

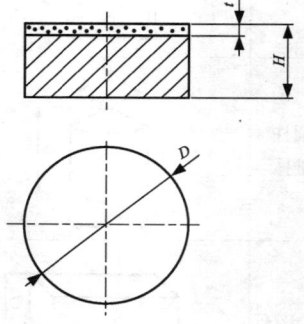

图 5 – 1　复合片尺寸代号

D—金刚石复合片直径；
H—总高度；t—金刚石层厚度

金刚石复合片（Polycrystalline Diamond Compacts，PDC）是美国 20 世纪 70 年代初开发的一种新型复合超硬材料（1974 年美国 GE 公司研制）。它是由许多细颗粒金刚石在高温超高压条件下烧结而成的带硬质合金衬底的多晶金刚石产品，一般呈圆片状，也可以切割成各种形状。它既具有金刚石的硬度与耐磨性，又具有硬质合金的强度与抗冲击韧性。

5.1.5.1　金刚石复合片尺寸代号及规格

金刚石复合片尺寸代号及规格系列见图 5 – 1、表 5 – 17。

表 5 – 17　钻探用金刚石复合片规格系列　　　　　　　　（单位：mm）

代号	基本尺寸	极限偏差
D	8.20, 10.00, 13.30, 13.44, 15.88, 16.00, 19.05, 25.40	±0.05
H	3.53, 4.50, 8.00, 10.00, 12.70, 13.20, 16.00, 16.31, 19.00	±0.10
t	0.80, 1.00, 1.50, 2.00, 2.50, 3.00, 3.50, 4.00	±0.20

5.1.5.2 金刚石复合片的性能

金刚石复合片的性能主要从其耐磨性、抗冲击韧性和热稳定性等综合指标来表征,见表 5 –18。

国内钻探用金刚石复合片分为地质片和石油片两大类,其综合性能(磨耗比、冲击韧性及热稳定性)见表 5 – 19。

表 5 – 18 金刚石复合片性能

耐磨性	金刚石复合片的硬度高达 10000 HV 左右,并且各向同性,因而具有极佳的耐磨性。一般通过磨耗比来反映复合片的耐磨性。目前复合片的磨耗比为 8 万～30 万(国外 10 万～50 万)
热稳定性	复合片的热稳定性即为耐热性,是指在大气环境下加热到一定温度,冷却后聚晶金刚石层化学性能的稳定性(金刚石墨化的程度)、宏观力学性能的变化以及复合层界面结合牢固程度的综合体现。由于聚晶金刚石层本身耐热性差,同时与硬质合金片的热膨胀系数相差很悬殊,故复合片总体耐热性能较差,一般在 750℃ 以内
抗冲击性	复合片的抗冲击性能反映了复合片的韧性以及与硬质合金衬底的粘结强度,是一综合性能指标,也是决定其使用效果好坏的关键所在。目前抗冲击韧性为 400～600 J(国外大于 600 J)

表 5 – 19 钻探用金刚石复合片

	复合片类型	地质片	石油片
焊接前	磨耗比平均值(×10⁴)	10 ～ 30	> 30
	冲击韧性平均值/J	300 ～ 600	> 600
焊接后	磨耗比平均值(×10⁴)	9 ～ 29	> 29
	冲击韧性平均值/J	280 ～ 550	> 550

5.1.5.3 金刚石复合片的性能检测方法

部分国家(公司)金刚石复合片检测方法见表 5 – 20。

表 5 – 20 部分国家(公司)金刚石复合片检测方法一览表

国家 (或公司)		检 测 方 法
美国 (GE 公司)	耐磨性	用金刚石复合片来车削一种结构均匀的花岗岩棒,切削速度为 180 m/min,切深为 1 mm,进给量为 0.28 mm/r。车削时用测力计测 PDC 的受力大小。车削一定数量的花岗岩后,用投影显微镜(或红外照相)测量被磨损部位的尺寸,然后用计算机算出其体积,进行比较
	抗冲击 韧性	用金刚石复合片以一定的转速和进给力横切带轴向沟槽的花岗岩棒,以其发生崩刃、分层或破碎时所经受的冲击次数作为其抗冲击性能指标
	热稳定性	将加热过的复合片,用扫描电镜作断口分析及车削试验,切削速度为 107 ～ 168 m/min,进给量为 0.13 mm/r

续表 5 - 20

国家 （或公司）		检 测 方 法
英国 （De Beers）	耐磨性	同 GE 公司
	抗冲击 韧性	采用硅铝合金做材料，制成圆形的工件，工件上每 180°间隔有一 V 形槽，检测时采用 100 mm/min 的切削速度，单次切削深度为1 mm。以试样失效时所经过 V 形槽的次数作为测试指标，来比较 PDC 的抗冲击性能和黏结质量
	热稳定性	将复合片置于空气中用马弗炉加热一段时间，然后测定其失重、耐磨性、石墨化程度和抗冲击性能
中国	耐磨性	一种是参考人造金刚石烧结体磨耗比测定方法，在规定条件下，使复合片和80#的碳化硅砂轮在专用设备上相互摩擦，视砂轮和复合片的磨耗量的相对比值大小。另一种是同 GE 公司检测方法
	抗冲击 韧性	一种方法是将一定质量钢球在一定高度自由落下，使钢球逐次冲砸 PDC 的边缘部分（单次冲击能量为 0.2 J），以试样表面出现可见裂纹或产生破碎时，得到冲击功值作为衡量其抗冲击性的定量指标；另一种方法是使用可调节冲击功，即以10 J 为基数，用落锤（HRC58）冲砸 PDC 的边缘部分 10 次，如试样完好，再增加 10 J 冲砸 10 次，依此类推直至试样损坏，以试样破坏时的总冲击功作为衡量 PDC 抗冲击性能的指标
	热稳定性	将其在无保护气氛的马弗炉中加热一段时间，冷却后测定其失重、耐磨性和抗冲击性能。也有采用 GE 公司的检测方法

5.2 取心钻头

根据切削齿的种类，取心钻头分为硬质合金取心钻头、金刚石取心钻头。

5.2.1 硬质合金取心钻头

硬质合金取心钻头是在圆筒状的空白钻头体上镶焊硬质合金切削具。根据钻进地层选择硬质合金的规格型号（表 5 - 5），并确定在钻头上镶焊的数量、排列方式、镶焊角度，使钻头有底出刃、内出刃和外出刃，以保证有通水和排粉的间隙。钻进黏土层和页岩地层时为了加大环状间隙，在空白钻头的内外侧壁焊上肋骨，在研磨性高的硬地层可以使用针状硬质合金自磨式钻头。

5.2.1.1 空白钻头

空白钻头由 35 号或 45 号钢无缝管车制，常用规格见图 5 - 2 及表 5 - 21。

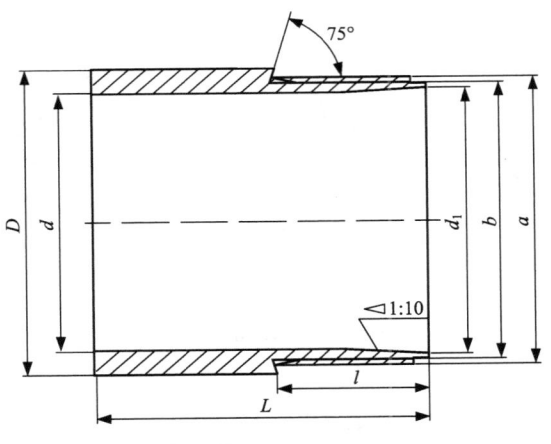

图 5 – 2　空白钻头

表 5 – 21　空白钻头规格表　　　　　　　　（单位：mm）

口径	钻头钢体			总长 L	螺纹尺寸			
	外径 D	内径 d	内径 d_1		大径 a	小径 b	长度 l	螺距 p
N	$73_{-0.1}$	$62^{+0.1}$	$65^{+0.1}$	120	$69^{0}_{-0.05}$	$67.5^{0}_{-0.12}$	39.5	6
H	$92_{-0.1}$	$79^{+0.1}$	$82^{+0.1}$	120	$86.5^{0}_{-0.05}$	$85^{0}_{-0.12}$	44	6
P	$118_{-0.1}$	$102^{+0.1}$	$105.5^{+0.1}$	140	$111^{0}_{-0.08}$	$109^{0}_{-0.12}$	44	8
S	$146_{-0.1}$	$124^{+0.1}$	$127.5^{+0.1}$	140	$133^{0}_{-0.08}$	$131^{0}_{-0.12}$	49	8

5.2.1.2　水口

钻头水口形状的大小应根据所钻岩层、钻头结构形式等来考虑，一般水口高度为 8~15 mm，软岩层可增至 20 mm，合金钻头的水口形状示意图见图 5 – 3。

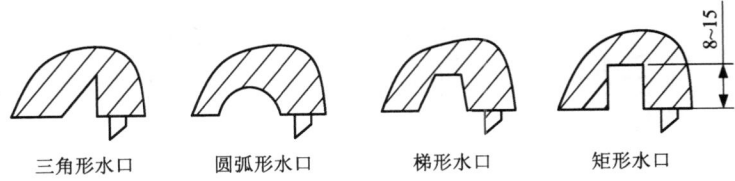

三角形水口　　　圆弧形水口　　　梯形水口　　　矩形水口

图 5 – 3　合金钻头的水口形状示意图

5.2.1.3　硬质合金的排列和出刃

硬质合金切削具在钻头底唇面的排列形式基本有三种，见图 5 – 4。切削具出刃及推荐数目见表 5 – 22、表 5 – 23。

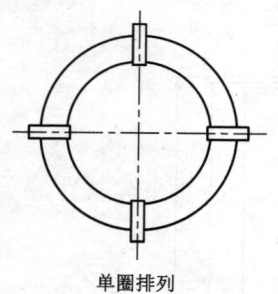 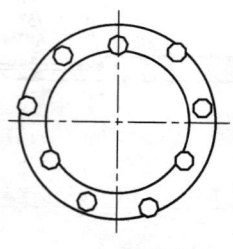 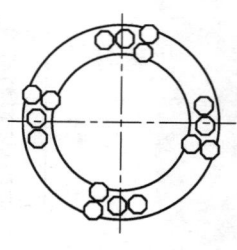

单圈排列　　　　　　　多圈排列　　　　　　　密集排列

图 5 - 4　切削具排列形式

表 5 - 22　普通硬质合金钻头切削具出刃规格　　（单位：mm）

岩 石 性 质	内出刃	外出刃	底出刃
松软、塑性、黏性、弱研磨性	2 ~ 2.5	2.5 ~ 3	3 ~ 5
中硬、研磨性强	1 ~ 1.5	1.5 ~ 2	2 ~ 3

表 5 - 23　硬质合金钻头切削具数目表　　（单位：颗）

钻孔口径规格		N	H	P	S
岩石可钻性级别	1 ~ 3	6 ~ 8	8 ~ 10	8 ~ 10	10 ~ 12
	4 ~ 6	8 ~ 10	9 ~ 12	10 ~ 14	14 ~ 16
卵砾石层		9 ~ 12	12 ~ 14	14 ~ 16	16 ~ 18

5.2.1.4　硬质合金切削具镶嵌形式

硬质合金切削具镶嵌形式见图 5 - 5、表 5 - 24。

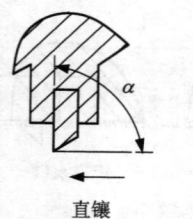 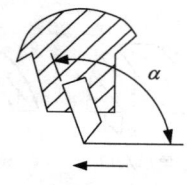

直镶　　　　　　　正前角镶焊　　　　　　　负前角镶焊

图 5 - 5　硬质合金镶嵌角度示意图

表 5 - 24　不同性质的岩石硬质合金镶嵌角

岩 石 性 质	镶嵌角 α
1 ~ 3 级均质软岩	70° ~ 75°
4 ~ 6 级均质中硬岩	75° ~ 80°
7 级均质岩石	80° ~ 85°
7 级非均质有裂隙岩石	90° ~ 105°

5.2.1.5　常用硬质合金取心钻头类型

　　一般硬合金钻头钻进岩石可钻性为 Ⅱ ~ Ⅶ 级的地层；针状硬质合金钻头可钻进 Ⅵ ~ Ⅷ 级岩石。几种目前常用的单管硬质合金钻头见表 5 - 25 和图 5 - 6、图 5 - 7、图 5 - 8、图 5 - 9、图 5 - 10。

表 5 - 25　硬质合金钻头及适用地层

名　称	钻头结构形式	适用地层
单双粒钻头	钻头镶焊小八角合金（结构见图 5 - 6）	钻进研磨性 4 ~ 5 级及部分 6 级的钙质砂岩，尤其是煤田软硬互层钻进时，效果较好
普通式钻头	钻头镶方柱状合金或八角合金（结构见图 5 - 7）	钻进 2 ~ 5 级岩石，如均质大理岩、石灰岩等
阶梯式肋骨钻头	钻头镶八角方柱或薄片合金，肋骨片较厚，有大的冲洗液通道（结构见图 5 - 8）	钻进 3 ~ 5 级岩层，如页岩、砂页岩、遇水膨胀岩层和胶结性差的砂岩
螺旋式肋骨钻头	钻头外侧有三块与钻头底唇水平面呈 45°角的螺旋肋骨（结构见图 5 - 9）	钻进 2 ~ 4 级较软地层，覆盖层、黏土层等
针状合金钻头	先把针状合金制成铜基胎块，再镶焊到空白钻头体上，或用烧结法把针状合金烧制到胎体中，出刃较小（图 5 - 10）	钻进 4 ~ 7 级岩层中等硬度的岩层以及研磨性较高的岩层，也用于磨孔

5.2.2　金刚石取心钻头

　　金刚石取心钻头是目前应用最广泛的碎岩工具。

　　金刚石取心钻头根据结构类型、金刚石切削齿镶嵌形式分类，见表 5 - 26 和表 5 - 27，金刚石取心钻头公称口径分级见表 5 - 28。

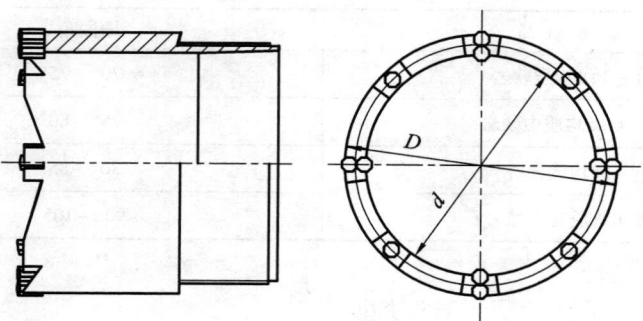

图 5 – 6 单双粒钻头

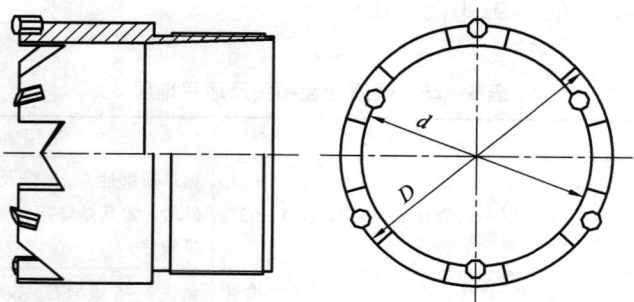

图 5 – 7 普通硬质合金钻头

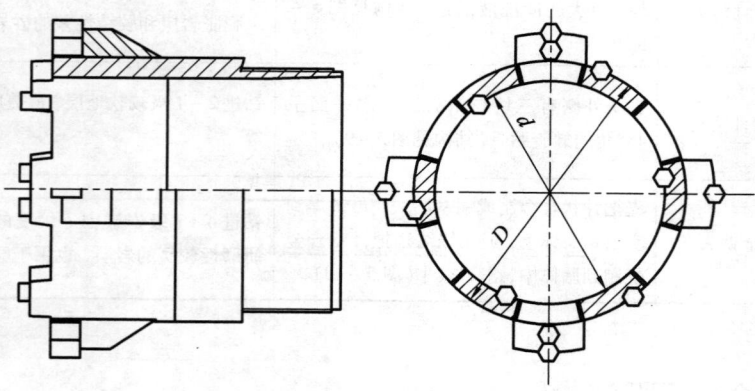

图 5 – 8 阶梯式肋骨钻头

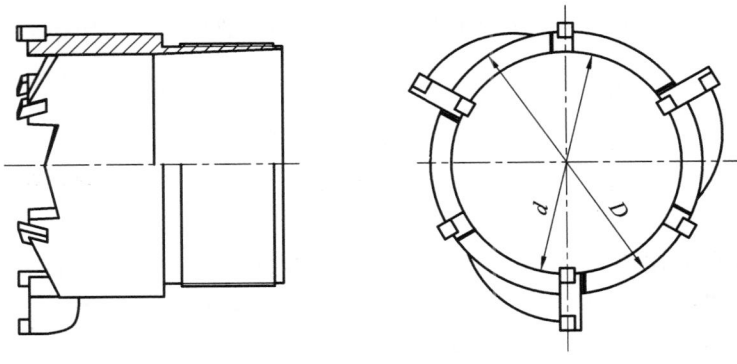

图 5－9　螺旋式肋骨钻头

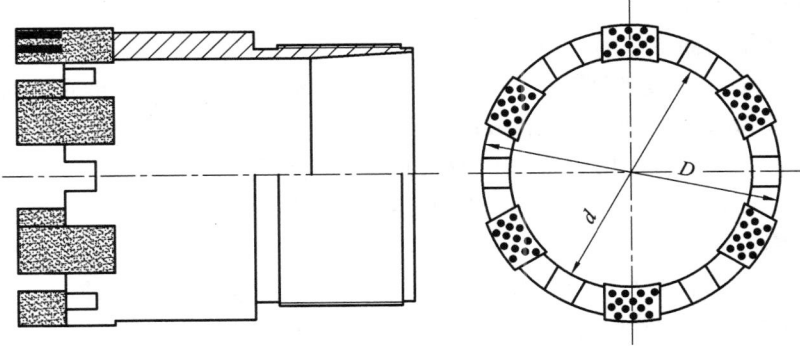

图 5－10　针状合金钻头

表 5－26　金刚石取心钻头结构类型分类表

结构类型	单管钻头	双管钻头	绳索取心钻头
代号	S	T（常规）	CT（常规）
		M（薄壁）	—
		P（厚壁）	CP（加强）

表 5－27　金刚石切削齿镶嵌形式分类表

镶嵌形式					
表镶钻头	孕镶钻头	镶嵌式钻头	表孕镶钻头	孕镶—镶嵌钻头	表孕镶—镶嵌钻头

表 5－28　金刚石取心钻头规格与公称口径　　　　（单位：mm）

规　格	R	E	A	B	N	H	P	S	U	Z
公称口径	30	38	48	60	76	96	122	150	175	200

钻头代号由规格、结构类型组成，钻头代号示例如下：

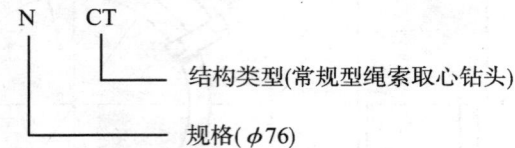

针对不同岩层要设计不同类型的钻头，其参数主要有钻头的唇面形状、胎体的性能、水路系统、金刚石的品级、浓度、粒度、排列等。

5.2.2.1　金刚石取心钻头唇面形状设计

钻头唇面形状的选择主要依据岩石的物理力学性质，取决于钻头的用途，有以下几点遵循原则：

（1）使钻头保持好的稳定性。

金刚石钻头在高速回转中，会产生侧向的抖动力。设计时一是通过加长保径长度，二是改善底唇面造型，释放底唇面应力，使钻头稳定性得到改善。

（2）适当增加自由切削面，如尖齿（或尖齿交错形），在碎岩过程中实现研磨和挤压破碎；同时获得较高的单位比压，提高机械钻速。

（3）唇面要有一定的镶嵌面积，达到一定的"比钻压"与胎体强度的有机结合，同时唇面形状要与水路布置相结合，实现良好的排粉和冷却金刚石功能。

钻头唇面形状及其特性和适用范围见表 5 – 29。

表 5 – 29　金刚石取心钻头唇面形状

编号	唇面形状	名称	特性和适用范围
1		平底形	常用形式，适用于硬岩层
2		圆弧形	常用形式，稳定性好，适用于硬岩层
3		半圆形	常用形式，适用于硬岩层
4		同心圆尖齿形	适用于中硬—硬、致密岩层

续表 5 – 29

编号	唇面形状	名称	特性和适用范围
5		尖齿交错形	具有挤压破碎作用，适用于软硬互层
6		单阶梯	钻头稳定性好，适用于钻硬碎地层的金刚石孕镶钻头，也是钻进软至中硬地层的复合片钻头常用唇面形状
7		掏槽式	对岩石有挤压作用，用于孕镶钻头，适用于完整的硬—坚硬地层
8		梯齿形	具有防斜效果，适用于硬地层
9		单阶梯尖齿形	增加阶梯自由面，钻进效率高，适用于软硬互层
10		多阶梯式	表镶绳索取心钻头常用结构，稳定性好，适用于硬地层
11		圆弧底喷唇面	用于表镶和孕镶钻头，有利于保护岩心，适用于破碎地层
12		阶梯底喷唇面	稳定性好，具有更好的隔水作用，适用于破碎地层及易冲刷地层
13		内阶梯式	用于反循环连续取心钻头
14		掏槽式交错唇面	对岩石有挤压作用，用于孕镶钻头，适用于完整的硬—坚硬地层
15		高胎体双层水口	金刚石层高，适用于强研磨性地层

5.2.2.2　胎体材料选择

1. 胎体材料分类

按照胎体中主要成分或起主要作用的金属(或合金)把胎体材料分为五类,见表5-30。

表5-30　胎体材料的主要类型

胎体材料类型	特　　点	适用范围
铜基胎体	具有良好的成形性和适宜的烧结温度,是目前常用的胎体材料,成本适中	用于热压法制造金刚石钻头
钴基胎体	对金刚石有良好的黏结作用,优良的力学性能,成本较高	用于热压法制造金刚石钻头
铁基胎体	具有良好的成形性和适宜的烧结温度,是目前常用的胎体材料,成本较低	用于热压法制造金刚石钻头
镍基胎体	是电镀钻头常用的胎体材料	用于电镀法制造金刚石钻头
钨基胎体	具有较高的硬度和耐磨性	用于无压浸渍法制造金刚石钻头

胎体材料一般都有骨架金属和黏结金属,对钻头胎体骨架材料的性能要求是适当的硬度、高的熔点、容易被黏结金属润湿,不与黏结金属形成脆性化合物。常用的骨架金属是元素周期表第Ⅳ、Ⅴ、Ⅵ族过渡金属的碳化物,这些难熔金属碳化物的性质见表5-31。

表5-31　可做骨架材料的难熔金属碳化物性质

性质 ＼ 碳化物	碳化钛 TiC	碳化钒 VC	碳化二钼 Mo_2C	碳化钨 WC	铸造碳化钨 $WC-W_2C$
熔点/℃	3147 ± 50	2810	2410 ± 15	2720	$2525 \sim 2850$
抗压强度/MPa	1352	588	—	3528	$1529 \sim 1588$
弹性模数/MPa	450800	421400	533120	695800	—
洛氏硬度/HRA	$92.5 \sim 93.5$	—	74	81	$93 \sim 93.7$
显微硬度/MPa	31360	20521	14690	17444	$24500 \sim 29400$
导热率/$(J \cdot cm^{-1} \cdot ℃^{-1} \cdot s^{-1})$	0.3638	0.3936	0.067	0.1968	—
密度/$(g \cdot cm^{-3})$	$4.9 \sim 4.93$	5.36	9.18	$15.5 \sim 15.7$	16.5

表中所列难熔金属碳化物容易被铁族金属和许多有色金属润湿,其中以碳化钨润湿性能最好,被润湿的难度由易到难为:

$$WC > VC > TiC$$

常用的胎体骨架材料除考虑上述的润湿性能、熔点等之外，还要根据钻进岩层的要求加以选择，以使胎体的耐磨性、冲击韧性等性能能适应不同钻进条件的需要。因此，实际常用的胎体骨架材料见表 5 - 32。

表 5 - 32　最常用的胎体骨架材料

用途 \ 骨架材料	碳化钨 WC	铸造碳化钨 WC - W$_2$C	钨粉 W	铁粉 Fe
热压法	○	△	○	○
无压浸渍法	○	○	○	△
冷压浸渍法	○	△	○	△

注："○"为最常用，"△"为部分应用。

若耐磨硬质点以胎体配方的质量百分比加入，并假设耐磨硬质点为球体，在胎体内均匀分布，则每立方厘米胎体单位体积内耐磨质点数 N 为：

$$N = \frac{6 \cdot \gamma \cdot P}{\pi \gamma_1 \cdot D^3} \qquad (5-1)$$

胎体内耐磨硬质点的层间间距 S 为：

$$S = \frac{10}{\sqrt[3]{N}} \qquad (5-2)$$

胎体内每平方厘米内耐磨硬质点的粒数 n 为：

$$n = \left(\frac{\sqrt[3]{N}}{10} \right)^2 \qquad (5-3)$$

式中：γ 为胎体的理论计算密度，g/cm^3；γ_1 为耐磨硬质点材料的理论密度，g/cm^3；P 为胎体内含耐磨硬质点材料的百分率；D 为耐磨硬质点的粒径，cm。

对黏结金属的性能要求为：对金刚石、骨架材料和钢体具有良好的润湿作用；具有较低的熔点；与骨架金属形成的胎体合金具有足够的抗弯强度和抗冲击性能；尽可能减少对金刚石的高温损伤和熔融金属腐蚀；由粉末冶金法制造金刚石钻头的黏结金属有单元金属粉末和二元或多元合金粉末。但单元素粉末一般只作为添加剂，常用的黏结金属是多元合金粉末，这是因为合金粉末具有下列优点：熔点较低，可减轻对金刚石的热损伤；不易氧化，可改善对骨架材料的润湿性，提高强度和其他机械性能，增强胎体对金刚石的包镶能力。

钻头胎体黏结金属通常采用的合金材料见表 5 - 33。

表5-33 常用的钻头胎体黏结金属

黏结金属	白铜	锌白铜	锰白铜	青铜	FeCu 合金
	Cu - Ni	Cu - Ni - Zn	Cu - Ni - Mn	CuSnZnPb	
特点	具有较高的强度,对骨架材料润湿性好,但熔点较高	对各种骨架材料具有很好的润湿性,流动性好,具有优良的浸渍性能	具有较高的硬度和强度,相对地使胎体具有较高的耐磨性,熔点较低	具有较好的抗疲劳强度和耐蚀性,熔点较低,具有很好的热压性能	具有较高的强度,对骨架材料润湿性好,熔点较低
用途	浸渍	浸渍	浸渍,自黏结	自黏结	自黏结

注:"浸渍"是以块状的黏结金属在烧结过程中进行浸渍;"自黏结"是以合金粉末形式与骨架粉末混合进行压制烧结。

2. 胎体性能设计

胎体性能是金刚石钻头的重要技术参数,对于金刚石孕镶钻头尤为重要。钻头胎体性能主要包括硬度、抗弯强度、抗冲蚀性、耐磨性和抗冲击韧性。对钻头胎体性能有如下要求:胎体要牢固包镶金刚石,满足钻进条件下足够的强度,并具有一定的抗冲击性能,胎体与钢体之间的连接要牢固;胎体的硬度、耐磨性、抗冲蚀性要与岩石的抗压强度、岩粉的冲蚀性、研磨性以及完整程度相适应,在正常钻进过程中,孕镶钻头胎体的磨损应稍超前于金刚石的磨损,使金刚石不断出刃,实现金刚石钻头的"自锐"。空白胎体抗弯强度和抗冲击韧性要求见表5-34。

表5-34 钻头胎体的抗弯强度及抗冲击韧性要求

制造方法	抗弯强度不低于/MPa	抗冲击韧性不低于/MPa
热压法	850	4
无压浸渍法	600	4

实际工作中常用胎体硬度作为钻头选择的依据,对于同一类胎体,其硬度的高低同时也表示了胎体耐磨性的强弱,但不同类型的胎体,相同的硬度值并不代表其耐磨性一致。对于不同的岩层需要选用不同性能的胎体,通过选择胎体中的骨架材料的成分及比例可调整胎体的耐磨性,一般强研磨性、破碎地层,要选择高耐磨性的胎体材料;反之,弱研磨性、细晶粒的完整岩层,则要选择耐磨性低的胎体材料。使用时可根据所钻地层岩石的硬度、抗压强度、研磨性、可钻性等指标,综合考虑胎体的硬度和耐磨性,不同地层推荐的胎体硬度及耐磨性见表5-35。

表 5 - 35　不同岩层推荐的胎体硬度及耐磨性

级别	代号	胎体硬度(HRC)	耐磨性	适用岩层
特软	0	< 20	低	坚硬致密的弱研磨性岩层
软	1	20 ~ 30	低中	坚硬的弱研磨性岩层 坚硬的中等研磨性岩层
中软	2	30 ~ 35	中等	硬的弱研磨性岩层 硬的中等研磨性岩层
中硬	3	35 ~ 40	中高	中硬的中等研磨性岩层 中硬的强研磨性岩层
硬	4	40 ~ 45	高	硬的强研磨性岩层
特硬	5	> 45	特高	硬—坚硬的强研磨性岩层 硬、脆、碎岩层

3. 胎体性能测试

1)耐磨性测试

胎体的耐磨性可在 ML - 10 盘型回转式磨损试验机上进行测试,它是以胎体试样单位摩擦行程单位面积上被磨损的体积绝对值作为衡量胎体耐磨性的指标。试样直径 6 mm,长度 6 ~ 8 mm。胎体试样在一定压力下(砝码加载)与标准砂纸进行摩擦,其摩擦行程为阿基米德螺旋线,通过一定行程的摩擦后测定试样的磨损量,并按下式求得胎体的磨耗率为其耐磨性指标。

胎体磨耗率:

$$ML = \frac{W_0}{\frac{\pi}{4} \cdot d^2 \cdot s \cdot \gamma} \qquad (5-4)$$

式中: W_0 为胎体试样试验前后的质量差, g; d 为胎体试样直径, cm; s 为试样的摩擦行程, cm; γ 为胎体试样的密度, g/cm^3。

2)抗冲蚀性测试

用专用的冲蚀试验机进行测试。胎体试样直径 30 mm,厚度 5 mm,其工作原理是:用携带模拟岩粉的具有一定压力和速度的冲洗液冲蚀胎体试样表面,经过一定时间的冲蚀(20 min),测出试样被冲蚀的体积即为胎体的抗冲蚀指数 Z。

$$Z = \frac{W_1 - W_2}{\gamma} \qquad (5-5)$$

式中: W_1 为胎体试样冲蚀前质量, g; W_2 为胎体试样冲蚀后质量, g; γ 为胎体试样密度, g/cm^3。

3)线膨胀系数测试

采用光学膨胀仪进行测试。试样直径 4 mm, 长 50 mm,一端为球形。试样的线膨胀系数可通过下式计算：

$$\alpha = \alpha_{测} + \alpha_{石英} \tag{5-6}$$

$$\alpha_{测} = \frac{\Delta l_{ky}}{k_y \cdot l_{0y}(t - t_0)} \tag{5-7}$$

式中：$\alpha_{测}$ 为试样测量的膨胀系数；$\alpha_{石英}$ 为石英膨胀系数，$\alpha_{石英} = 0.55 \times 10^{-6}/℃$；$\Delta l_{ky}$ 为试样的放大绝对伸长量；k_y 为试样坐标放大系数；t 为试样测试温度；t_0 为电炉起始温度；l_{0y} 为试样原始长度。

4）抗弯强度测试

胎体的抗弯强度可在常规材料试验机上测试。胎体试样标准为 $(5 \pm 0.3) \times (5 \pm 0.3) \times 30$ mm，支点距离 24 mm。抗弯强度按下式计算：

$$\sigma_{bb} = \frac{3PL}{2bh^2}(h \geqslant b) \tag{5-8}$$

式中：σ_{bb} 为胎体抗弯强度，MPa；P 为胎体试样断裂时的载荷，N；L 为试样支点间距，mm；b 为试样宽度，mm；h 为试样高度，mm。

5）冲击韧性测试

胎体的冲击韧性可采用低冲击能量的摆式冲击试验机进行测试，试样标准为 $(10 \pm 0.3) \times (10 \pm 0.3) \times 50$ mm，试样被冲击的中部不制切口。试验机两支座距离为 25 mm。冲击韧性按下式计算：

$$\alpha_K = \frac{A_K}{F} \tag{5-9}$$

式中：α_K 为冲击韧性，J/cm^2；A_K 为冲击试样的冲击功，J；F 为试样受力处的横截面积，cm^2。

6）胎体与钢体黏结牢度

可在扭力试验机上进行，一端夹持胎体，另一端夹持钢体。黏结牢度可通过下式计算：

$$m = \frac{M}{F} \tag{5-10}$$

式中：m 为胎体与钢体黏结牢度，即单位连接面上产生破坏所承受的扭矩，J/cm^2；M 为钻头破坏时的扭矩，J；F 为胎体与钢体的黏结面积，cm^2。

7）胎体密度

任何一种胎体配方都有给定的密度范围，胎体密度测定可在精密分析天平上进行。

对致密性胎体：

$$\gamma = \frac{G_1 \gamma_1}{G_1 - (G_2 - G_3)} \tag{5-11}$$

对气孔性胎体(需将试样涂蜡):

$$\gamma = \frac{G_1}{\dfrac{G_4 - (G_5 - G_3)}{\gamma_1} - \dfrac{G_4 - G_1}{\gamma_2}} \tag{5-12}$$

式中: γ 为胎体试样的密度, g/cm^3; G_1 为试样在空气中的称重, g; G_2 为试样和网盘一起在水中的称重, g; G_3 为网盘在水中的称重, g; G_4 为试样涂蜡后在空气中的称重, g; G_5 为涂蜡试样和网盘一起在水中的称重, g; γ_1 为测定时室温下水的密度, g/cm^3; γ_2 为石蜡密度, g/cm^3。

5.2.2.3　水路系统设计

　　钻头的水路系统主要由下面几部分组成:水口、漫流区(由金刚石的出刃而形成的胎体和孔底岩石之间的间隙)、内外水槽、钻头外保径规与钻孔间隙和钻头内保径规与岩心之间的间隙(对于有外棱槽和内棱槽的钻头)。其主要作用有两个:一是冷却钻头,防止烧钻;二是将切削的岩屑带离孔底,保证钻头的正常钻进。

　　金刚石钻头的水口形式主要有两种:底喷式水口(图 5-11)和唇面直开式水口(图 5-12)。对于底喷式水口,可以无内水槽(或很小的内水槽),冲洗液可全部(或大部分)从钻头内部的水眼流至唇面,能防止冲洗液对岩心的冲刷,保证岩心采取率,适用于破碎及粉状岩层。唇面直开式水口(直槽形、扇形水口、斜槽形水口)是常用的水口形式,结构简单,容易制造,适宜钻进软—坚硬的完整地层。

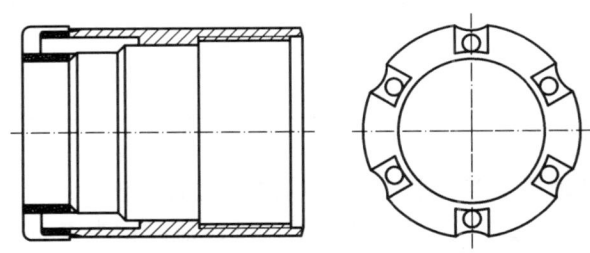

图 5-11　底喷式水口

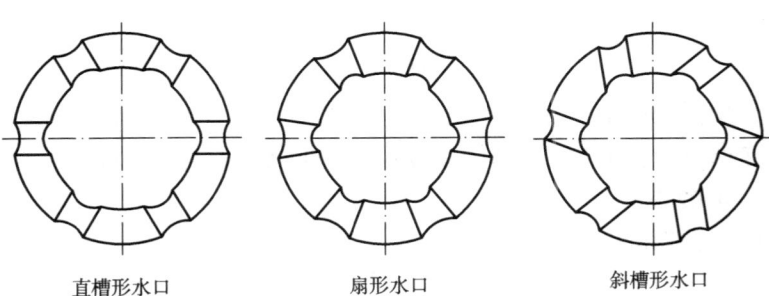

直槽形水口　　　　　　　扇形水口　　　　　　　斜槽形水口

图 5-12　直开式水口

在钻头的水路设计中,重点是水口的设计:

(1)依据孔壁与钻杆之间的环状空间携带岩粉所需的最低上返流速来设计钻头水口处的流速、水口面积以及水口数量,即按合理的外环空间上返速度来设计水口。

水口部位的流速:

$$v_2 = \frac{\frac{\pi}{4} \cdot (D_1^2 - D_3^2) \cdot v_1}{S_T} \quad (5-13)$$

式中:v_1 为必要的上返流速,m/s,一般取 0.3~1;v_2 为水口部位流速,m/s,一般取 2~4;D_1 为钻头外径,cm;D_3 为钻杆外径,cm;S_T 为钻头水口总过水断面积,cm²。

其中 S_T 计算公式如下:

$$S_T = A \cdot n \quad (5-14)$$

式中:S_T 为钻头水口总过水断面积,cm²;A 为每个水口部分的断面积,cm²;n 为水口数(个)。

计算实例:$\phi 76$ mm 钻头钻进中硬岩层,水口大小及数量见表 5-36。

表 5-36　$\phi 76$ mm 钻头水口参数(中硬岩层钻进)

D_1 /cm	D_2 /cm	D_3 /cm	v_1 /(m·s⁻¹)	v_2 /(m·s⁻¹)	S_T /cm²	A /cm²	n
7.6	5.5	6.7	0.75	2.5	3.64	0.45	8

(2)依据所钻地层所需的水马力,即依据所需冲洗液量设计水路。

钻头在孔底钻进过程中,给定排量的冲洗液流经钻头表面(包括水口和漫流区),会产生相应的压力降,消耗冲洗液一定的能量,这个液能称之为水马力。水马力的计算公式如下:

$$P_{HHP} = \frac{p \cdot Q}{75} \quad (5-15)$$

式中:P_{HHP} 为钻头水马力,HP;p 为钻头压力降,MPa;Q 为冲洗液流量,L/s。

在地质钻探中,钻头产生的压降较小,因此单位水马力较低,推荐单位水马力为 0.01~0.02 HP/cm²。

钻头的压力降可由下列公式计算:

$$p = \varepsilon \frac{v^2}{2g} \cdot \gamma \quad (5-16)$$

式中:p 为钻头压力降,MPa;v 为水口处流速,m/s;ε 为局部水力阻力系数(取

$0.3 \sim 0.6$）；g 为重力加速度，$\mathrm{m/s^2}$；γ 为冲洗液密度，$\mathrm{g/cm^3}$。

钻头水口总过水断面积可由下式计算：

$$S_T = 10 \cdot \frac{Q}{v} \qquad (5-17)$$

式中：S_T 为钻头水口总过水断面积，$\mathrm{cm^2}$；Q 为流量，$\mathrm{L/s}$；v 为钻头水口处的流速，$\mathrm{m/s}$。

根据推荐的单位水马力和已知的泵量，按式（5-15）计算出钻头压降 p，再按式（5-16）求出流速 $v = \sqrt{\dfrac{2pg}{\varepsilon\gamma}}$，将 v 代入式（5-17）即可算出钻头水口总过水断面积，由式（5-14）确定水口数量和尺寸。

总之，要根据所钻岩层的性质和钻头类型、规格，确定水口、水槽的形状、数量和大小，钻进中硬地层孕镶金刚石取心钻头推荐水口数量见表 5-37。

表 5-37　孕镶金刚石取心钻头推荐水口数量（中硬地层）

规 格	R	E	A	B	N	H	P	S	U	Z
公称口径/mm	30	38	48	60	76	96	122	150	175	200
水口数量/个	4	4~6	4~6	4~6	6~8	10~12	12~14	16~18	18~20	20~22

5.2.2.4　金刚石品级、粒度及浓度的选择

根据钻进地层条件选用金刚石品级和粒度、设计金刚石浓度。通常在坚硬致密、研磨性强的岩层要选用高品级金刚石；对于金刚石粒度，有时采用单一粒度，有时采用混合粒度，在钻进复杂地层，特别是硬、脆、碎地层时，宜选用细颗粒金刚石或混合粒度金刚石。

金刚石粒度可按预期钻速进行考虑：

$$Q_D = \frac{4.4 \cdot v \cdot M \cdot P_D \cdot S_D \cdot S \cdot \varepsilon}{5 \cdot P \cdot n} \qquad (5-18)$$

式中：v 为预期机械钻速，$\mathrm{cm/min}$；Q_D 为每粒金刚石的重量，即金刚石的粒度，g；P 为钻头上施加的压力，kg；n 为钻头每分钟的转速，$\mathrm{r/min}$；M 为金刚石的浓度，%；P_D 为工作金刚石与岩石接触面上的单位压力，$\mathrm{kg/cm^2}$；S_D 为每粒工作金刚石与岩石接触的面积，$\mathrm{cm^2}$；S 为钻头胎体的投影面积；ε 为钻头端面有效系数。

金刚石浓度即胎体中金刚石的含量，常用单位体积中金刚石的含量表示，其单位为克拉/$\mathrm{cm^3}$，目前生产厂家用的金刚石浓度，主要是采用"金刚石制品国际浓度标准"，100% 浓度表示每立方厘米的体积中含 4.39 克拉的金刚石。

孕镶金刚石钻头浓度范围一般在 40% ~125% 之间，所选用的金刚石浓度与金刚石的品级、粒度及所钻岩层的情况密切相关，选用品级高的金刚石，浓度可

适当降低。金刚石品级的选择，要从可行性和经济性综合考虑。推荐的金刚石品级、金刚石浓度及粒度见表 5-38、表 5-39、表 5-40 和表 5-41。

表 5-38　不同岩层金刚石品级推荐

适用地层		中硬—硬 中等研磨性	中硬—硬 强研磨性	硬—坚硬 弱研磨性	坚硬 弱研磨性
人造金刚石	D50 D60	●	●		
	D70 D80	●	●	●	●
	D90			●	●

表 5-39　人造孕镶金刚石钻头在不同岩层推荐的金刚石浓度值

代　号		1	2	3	4	5
浓度/%	金刚石浓度	44	50	75	100	125
	相当的体积浓度*	11	12.5	18.8	25	31.5
金刚石的实际含量/(克拉·cm⁻³)		1.93	2.20	3.30	4.39	5.49
适用岩层		坚硬 弱研磨性	硬—坚硬 弱研磨性	中硬—硬 中等研磨性	硬—中硬 强研磨性	

注：* 为体积浓度，是单位体积内金刚石所占体积的百分率。

表 5-40　孕镶金刚石钻头推荐粒度

适用地层	类别	中硬			硬			坚硬		
	级别	4~6			7~9			10~12		
	研磨性	弱	中	强	弱	中	强	弱	中	强
金刚石粒度/(粒·克拉⁻¹)	20~40	●	●	●	●	●	●	●	●	●
	40~60		●	●	●	●	●	●	●	●
	60~80			●	●	●				

表 5-41　表镶金刚石钻头推荐粒度

适用地层	类别	中硬			硬			坚硬		
	级别	4~6			7~9			10~12		
	研磨性	弱	中	强	弱	中	强	弱	中	强
金刚石粒度/(粒·克拉⁻¹)	10~25	●	●							
	25~40		●		●	●				
	40~60					●	●	●		
	60~100							●	●	

5.2.2.5 切磨材料在钻头上的排布

切磨材料在钻头上的排布是影响钻头性能的重要因素之一。

1. 表镶钻头金刚石在胎体上的排列

表镶钻头目前常用的几种形式如图 5-13 所示，排布的基本原则是金刚石要均匀布满钻头的胎体表面，不能有空隙，以便有效刻取岩石。

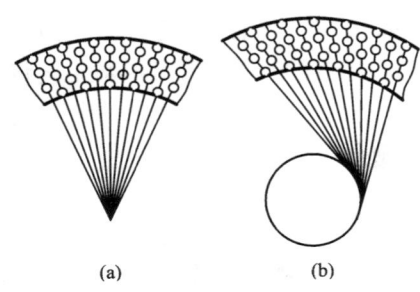

图 5-13 表镶钻头金刚石排列形式

（a）放射状；（b）圆弧状

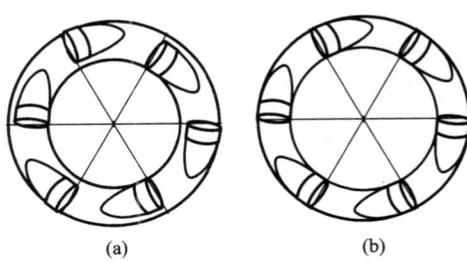

图 5-14 复合片排列形式

（a）内外刃交错排列；（b）内外刃同径排列

2. 复合片在钻头上的排布

钻头上复合片的摆放位置有交错排列和同径排列，见图 5-14。复合片的镶嵌角度有切削角和径向角（图 5-15），对于地质钻探钻头，切削角 α 一般取负前角 $10° \sim 15°$，地层越硬，负前角应越大；径向角是复合片表面和钻头径向平面之间的夹角，具有径向角的复合片更有利于岩屑排除。从有利于切削岩石和排除岩屑考虑，径向角 β 一般取 $5° \sim 20°$。

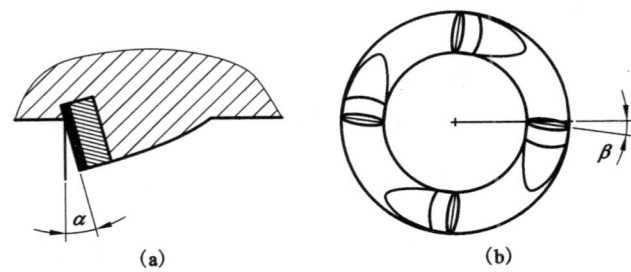

图 5-15 复合片镶嵌角度

（a）切削角 α；（b）径向角 β

3. 三角聚晶在钻头上的排布

三角聚晶形状决定了其尖端向下的镶嵌方式，排布的原则是三角聚晶互相交错排列，布满切削面积，以便有效刻取岩石。

　　4. 人造金刚石在胎体中的排布

　　传统金刚石钻头制造过程中，一般是将胎体材料与金刚石磨料进行混合，加入浸润剂液体石蜡或无水乙醇等进行混料，金刚石在胎体材料中是随机分布的。在生产过程中金刚石容易分选，产生局部堆积。在金刚石堆积区由于胎体把持力不够易过早脱落，而在金刚石稀少区，由于金刚石浓度过低，不能进行有效切削，最终致使磨削效率下降。为了实现金刚石在胎体中的均匀分布，目前在批量生产中应用的方法有粉末制粒和金刚石自动排布系统，前者通过特制的制粒机及其制粒工艺将金刚石表面包覆一层胎体粉末，降低金刚石分选，提高金刚石在胎体中的分布均匀度；后者通过 ARIX 金刚石自动排布系统实现金刚石在胎体中的有序排布。

5.2.2.6　切磨材料在钻头上的出露量

　　正确设计切磨材料在胎体端面的出露量，可保证钻头在钻进过程中保持一定的钻速和寿命，设计原则为保证切磨材料在胎体中包镶牢固并在钻进中不易被折断。

　　1. 表镶钻头金刚石在胎体端面的出刃量

　　对于不同性质的岩层，表镶金刚石合理的出刃量见表 5 – 42。

表 5 – 42　表镶钻头在不同岩层中推荐的金刚石出刃值　　　　　　（单位：mm）

岩层特性	允许出刃量（为粒径百分率）	金刚石粒度（粒/克拉）			
		10 ~ 25	25 ~ 40	40 ~ 60	60 ~ 100
中等硬度完整岩层	20% ~ 25%	0.4 ~ 0.5	0.33 ~ 0.42	0.27 ~ 0.33	—
硬的完整岩层	15% ~ 20%	—	—	0.27 ~ 0.33	0.23 ~ 0.30
坚硬的完整岩层	10% ~ 15% 或以下	—	—	0.20 ~ 0.30	0.15 ~ 0.20

　　2. 复合片和三角聚晶的出刃量

　　复合片和三角聚晶的出刃量（图 5 – 16、图 5 – 17）一般设计有两种类型：半出刃类型和全出刃类型。复合片直径为 d，三角聚晶高度为 h，半出刃类型 $H = (\frac{1}{2} \sim \frac{3}{4})d$（或 h），适用于钻进中硬的灰岩、泥质胶结的砂岩、页岩等；全出刃型 $H = d$（或 h），适用于钻进软的松散的砂岩及易糊钻的泥质岩层。

　　3. 孕镶钻头金刚石在胎体端面的出刃量

　　孕镶钻头金刚石的出刃值是由胎体的性能决定的，即在钻进过程中胎体不断地被磨蚀，金刚石不断出露。当金刚石磨损的速度与胎体磨蚀的速度相等时，金刚石的出刃值为零。只有在胎体磨蚀速度适当超前于金刚石的磨损速度时，金刚

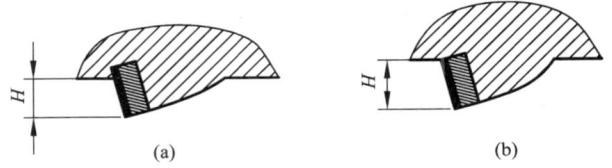

图 5 - 16　复合片出刃类型

（a）半出刃型；（b）全出刃型

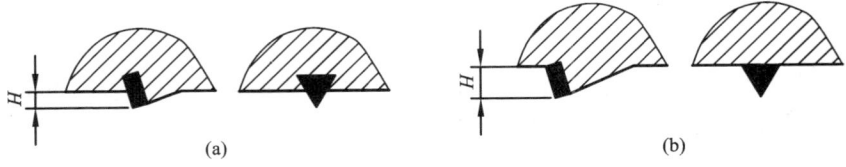

图 5 - 17　三角聚晶出刃类型

（a）半出刃型；（b）全出刃型

石才能良好出刃，即通常说的"自锐"，这样才能保证钻头的高效率和长寿命。金刚石出刃与胎体性能之间的关系如图 5 - 18 所示。

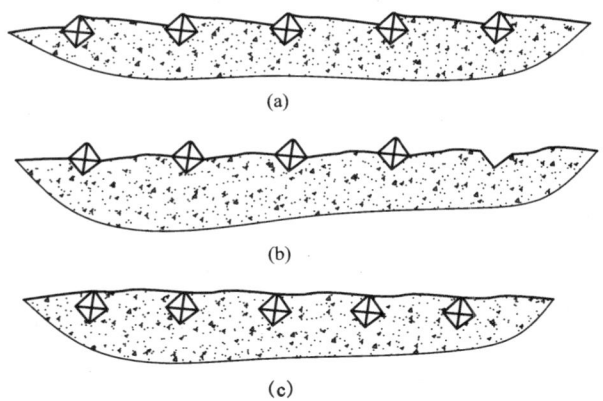

图 5 - 18　金刚石出刃与胎体性能关系

（a）胎体略超前于金刚石磨损，金刚石出刃正常；
（b）胎体磨损过快，金刚石易过早脱落；（c）胎体磨损小，金刚石不出刃

5.2.2.7　钻头模具尺寸的控制

1. 钻头石墨底模内径的确定

$$D = D_b - \Delta D_1 + \Delta D_2 \qquad (5 - 19)$$

$$\Delta D_1 = D \cdot \alpha_g (t_n - t_1) \tag{5-20}$$

$$\Delta D_2 = (D + \Delta D_1) \cdot \alpha_m (t_n - t_1) \tag{5-21}$$

式中：D 为需设计的底模内径，mm；D_b 为所设计钻头的胎体外径，mm；ΔD_1 为烧结温度下底模内径的膨胀值，mm；ΔD_2 为胎体的径向收缩值，mm；α_g 为石墨径向线膨胀系数，$\times 10^{-6}/℃$；t_n 为烧结温度，℃；t_1 为室温，℃；α_m 为胎体材料线收缩系数，$\times 10^{-6}/℃$。

2. 钻头石墨芯模外径的确定

$$d = \frac{d_b}{[1 + \alpha_g (t_n - t_1)][1 - \alpha_m (t_n - t_1)]} \tag{5-22}$$

式中：d 为需设计的石墨芯模外径，mm；d_b 为所设计钻头的胎体内径，mm。

3. 钻头钢体外径与石墨底模（或模套）内径的配合应满足

$$D_s \leqslant \frac{D[1 + \alpha_g (t_n - t_n)]}{1 + \alpha_s (t_n - t_1)} \tag{5-23}$$

式中：D_s 为钢体外径，mm；D 为石墨底模或模套内径，mm；α_s 为钢体线膨胀系数，$\times 10^{-6}/℃$。

5.2.2.8　金刚石单管钻头

金刚石单管钻头配合单管钻具使用，适用于完整、均质及不怕冲洗液直接冲刷的地层。

普通单管钻头结构示意图和规格系列及见图 5-19 和表 5-43。

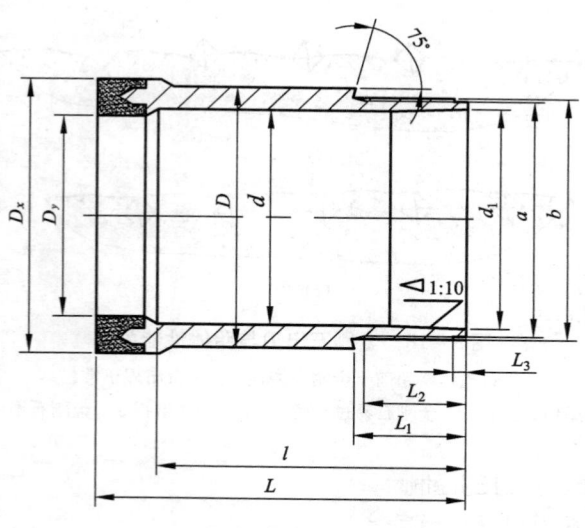

图 5-19　单管钻头

表 5－43　单管钻头规格参数　　　　　　　　　（单位：mm）

| 代号 | 钻头胎体 | | 钻头钢体 | | | 钻头总长 | 螺纹尺寸（外螺纹） | | | | | | |
	外径 D_x	内径 D_y	外径 D	内径 d	内径 d_1	内台肩长度 l	L	大径 a	小径 b	长度			螺距 p	牙底宽 m
										L_1	L_2	L_3		
RS	$30^{+0.3}_{+0.1}$	$20^{+0.1}_{-0.1}$	$28^{0}_{-0.1}$	$21.5^{+0.1}_{0}$	$23.5^{0}_{-0.1}$	75	90	$26^{0}_{-0.05}$	$25.0^{0}_{-0.10}$	$24.5^{0}_{-0.1}$	22	3	3	1.486
ES	$38^{+0.3}_{+0.1}$	$28^{+0.1}_{-0.1}$	$36^{0}_{-0.1}$	$30^{+0.1}_{0}$	$32^{0}_{-0.1}$	75	90	$34.5^{0}_{-0.05}$	$33.5^{0}_{-0.10}$	$31.5^{0}_{-0.1}$	29	3	3	1.486
AS	$48^{+0.3}_{+0.1}$	$38^{+0.1}_{-0.1}$	$46^{0}_{-0.1}$	$40^{+0.1}_{0}$	$42^{0}_{-0.1}$	90	105	$44.5^{0}_{-0.05}$	$43.5^{0}_{-0.10}$	$31.5^{0}_{-0.1}$	28	4	4	1.986
BS	$60^{+0.3}_{+0.1}$	$48^{+0.1}_{-0.1}$	$58^{0}_{-0.1}$	$50.5^{+0.1}_{0}$	$53^{0}_{-0.1}$	90	105	$56.5^{0}_{-0.05}$	$55^{0}_{-0.12}$	$39.5^{0}_{-0.1}$	35	6	6	2.964
NS	$76^{+0.5}_{+0.3}$	$60^{+0.1}_{-0.1}$	$73^{0}_{-0.1}$	$62^{+0.1}_{0}$	$65^{0}_{-0.1}$	110	125	$69^{0}_{-0.05}$	$67.5^{0}_{-0.12}$	$39.5^{0}_{-0.1}$	35	6	6	2.964
HS	$96^{+0.5}_{+0.3}$	$76^{+0.1}_{-0.1}$	$92^{0}_{-0.1}$	$79^{+0.1}_{0}$	$82^{0}_{-0.1}$	110	125	$86.5^{0}_{-0.05}$	$85^{0}_{-0.12}$	$44^{0}_{-0.1}$	40	6	6	2.964
PS	$122^{+0.5}_{+0.3}$	$98^{+0.1}_{-0.1}$	$118^{0}_{-0.1}$	$102^{+0.1}_{0}$	$105.5^{0}_{-0.1}$	130	145	$111^{0}_{-0.08}$	$109^{0}_{-0.12}$	$44^{0}_{-0.1}$	40	8	8	3.942
SS	$150^{+0.5}_{+0.3}$	$120^{+0.1}_{-0.1}$	$146^{0}_{-0.1}$	$124^{+0.1}_{0}$	$127.5^{0}_{-0.1}$	130	145	$133^{0}_{-0.08}$	$131^{0}_{-0.12}$	$49^{0}_{-0.1}$	45	8	8	3.942
US	$175^{+0.5}_{+0.3}$	$144^{+0.1}_{-0.1}$	$170^{0}_{-0.1}$	$148^{+0.1}_{0}$	$152^{0}_{-0.1}$	130	145	$162^{0}_{-0.10}$	$160^{0}_{-0.14}$	$49.5^{0}_{-0.1}$	45	8	8	3.942
ZS	$200^{+0.5}_{+0.3}$	$165^{+0.1}_{-0.1}$	$195^{0}_{-0.1}$	$169^{+0.1}_{0}$	$173^{0}_{-0.1}$	130	145	$184^{0}_{-0.10}$	$182^{0}_{-0.14}$	$49.5^{0}_{-0.1}$	45	8	8	3.942

5.2.2.9　金刚石双管钻头

金刚石双管钻头分为薄壁型、常规型、厚壁型三种结构形式。

1. 薄壁型（M）双管钻头

M 型双管钻头配合 M 型双管钻具使用，为薄壁设计，钻头结构示意图及规格系列见图 5－20 和表 5－44，适用于较坚硬的完整地层，它只有 A、B、N、H 四种规格。

表 5－44　M 型双管钻头规格参数　　　　　　　　（单位：mm）

| 代号 | 钻头胎体 | | 钻头钢体 | | | 钻头总长 | 螺纹尺寸（内螺纹） | | | | | | |
	外径 D_x	内径 D_y	外径 D	内径 d	内径 d_1	内台肩长度 l	L	大径 A	小径 B	长度			螺距 p	牙底宽 M
										L_1	L_2	L_3		
AM	$48^{+0.3}_{+0.1}$	$33^{+0.1}_{-0.1}$	$46^{0}_{-0.1}$	$35^{+0.1}_{0}$	$39.5^{+0.1}_{0}$	90	105	$43^{+0.05}_{0}$	$41.5^{+0.05}_{0}$	$32^{+0.1}_{0}$	29	6	4	1.934
BM	$60^{+0.3}_{+0.1}$	$44^{+0.1}_{-0.1}$	$58^{0}_{-0.1}$	$46^{+0.1}_{0}$	$51^{+0.1}_{0}$	100	115	$54^{+0.05}_{0}$	$52.5^{+0.05}_{0}$	$40^{+0.1}_{0}$	35	6	6	2.934
NM	$76^{+0.5}_{+0.3}$	$58^{+0.1}_{-0.1}$	$73^{0}_{-0.1}$	$60^{+0.1}_{0}$	$65^{+0.1}_{0}$	100	115	$69^{+0.05}_{0}$	$67.5^{+0.05}_{0}$	$40^{+0.1}_{0}$	35	6	6	2.934
HM	$96^{+0.5}_{+0.3}$	$73^{+0.1}_{-0.1}$	$92^{0}_{-0.1}$	$78^{+0.1}_{0}$	$83^{+0.1}_{0}$	115	130	$86^{+0.05}_{0}$	$84.5^{+0.05}_{0}$	$45^{+0.1}_{0}$	40	6	6	2.934

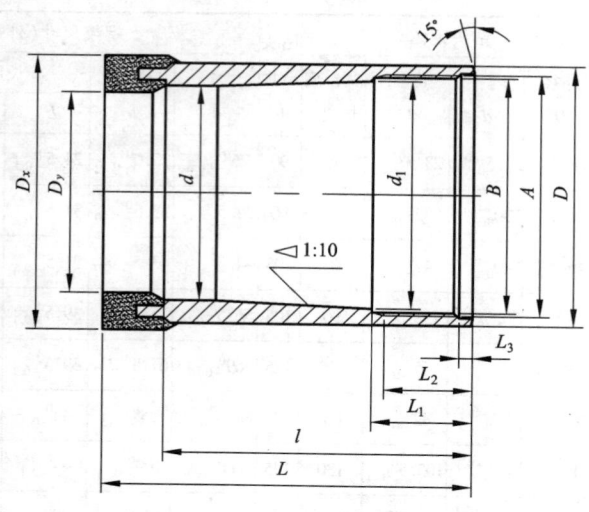

图 5 – 20　M 型双管钻头

2. T 型双管钻头

T 型双管钻头配合 T 型双管钻具使用，系列规格应符合图 5 – 21 及表 5 – 45 的规定，适用于中等程度破碎及松散的地层，是应用最广的结构形式。

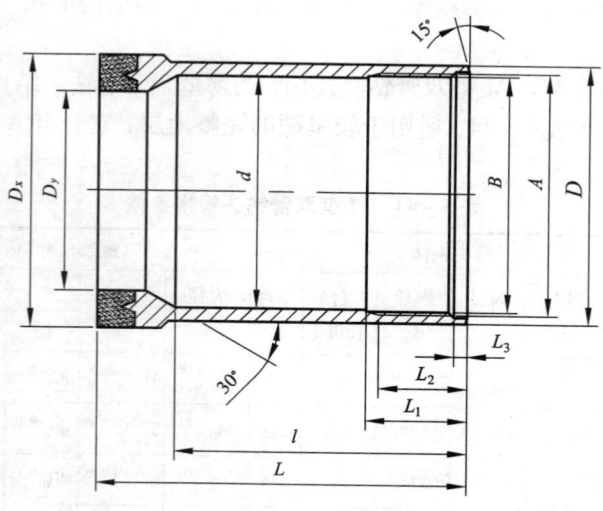

图 5 – 21　T 型双管钻头

表 5 - 45　T 型双管钻头规格参数　　　　　　（单位：mm）

代号	钻头胎体		钻头钢体			钻头总长	螺纹尺寸						
	外径 D_x	内径 D_y	外径 D	内径 d	长度 l	L	大径 A	小径 B	长度			螺距 p	牙底宽 M
									l_1	l_2	l_3		
RT	$30^{+0.3}_{+0.1}$	$17^{+0.1}_{-0.1}$	$28^{0}_{-0.1}$	$23^{+0.1}_{0}$	90	105	$25^{+0.05}_{0}$	$24^{+0.05}_{0}$	$25^{+0.1}_{0}$	23	3	3	1.456
ET	$38^{+0.3}_{+0.1}$	$23^{+0.1}_{-0.1}$	$36^{0}_{-0.1}$	$30^{+0.1}_{0}$	110	125	$32^{+0.05}_{0}$	$31^{+0.05}_{0}$	$32^{+0.1}_{0}$	30	3	3	1.456
AT	$48^{+0.3}_{+0.1}$	$30^{+0.1}_{-0.1}$	$46^{0}_{-0.1}$	$40^{+0.1}_{0}$	110	125	$42^{+0.05}_{0}$	$40.5^{+0.05}_{0}$	$32^{+0.1}_{0}$	29	4	4	1.934
BT	$60^{+0.3}_{+0.1}$	$41.5^{+0.1}_{-0.1}$	$58^{0}_{-0.1}$	$52^{+0.1}_{0}$	120	135	$54^{+0.05}_{0}$	$52.5^{+0.05}_{0}$	$40^{+0.1}_{0}$	35	6	6	2.934
NT	$76^{+0.5}_{+0.3}$	$55^{+0.1}_{-0.1}$	$73^{0}_{-0.1}$	$67^{+0.1}_{0}$	120	135	$69^{+0.05}_{0}$	$67.5^{+0.05}_{0}$	$40^{+0.1}_{0}$	35	6	6	2.934
HT	$96^{+0.5}_{+0.3}$	$72^{+0.1}_{-0.1}$	$92^{0}_{-0.1}$	$84^{+0.1}_{0}$	130	145	$86^{+0.05}_{0}$	$84.5^{+0.05}_{0}$	$45^{+0.1}_{0}$	40	6	6	2.934
PT	$122^{+0.5}_{+0.3}$	$94^{+0.1}_{-0.1}$	$118^{0}_{-0.1}$	$108^{+0.1}_{0}$	130	145	$111^{+0.10}_{0}$	$109^{+0.08}_{0}$	$45^{+0.1}_{0}$	40	8	8	3.912
ST	$150^{+0.5}_{+0.3}$	$118^{+0.1}_{-0.1}$	$146^{0}_{-0.1}$	$136^{+0.1}_{0}$	130	145	$139^{+0.10}_{0}$	$137^{+0.08}_{0}$	$50^{+0.1}_{0}$	45	8	8	3.912
UT	$175^{+0.5}_{+0.3}$	$140^{+0.1}_{-0.1}$	$170^{0}_{-0.1}$	$162^{+0.1}_{0}$	155	170	$165^{+0.13}_{0}$	$163^{+0.10}_{0}$	$50^{+0.1}_{0}$	45	8	8	3.912
ZT	$200^{+0.5}_{+0.3}$	$160^{+0.1}_{-0.1}$	$195^{0}_{-0.1}$	$187^{+0.1}_{0}$	155	170	$190^{+0.13}_{0}$	$188^{+0.10}_{0}$	$80^{+0.1}_{0}$	45	8	8	3.912

3. P 型双管钻头

P 型双管钻头是配合 P 型双管钻具使用的，系列规格应符合图 5 - 22 及表 5 - 46 的规定，适用于松散、破碎地层，也是为煤系、水敏、缩径等地层专门设计的结构形式。

表 5 - 46　P 型双管钻头规格参数　　　　　　（单位：mm）

代号	钻头胎体		钻头钢体			钻头总长	螺纹尺寸						
	外径 D_x	内径 D_y	外径 D	内径 d	长度 l	L	大径 A	小径 B	长度			螺距 p	牙底宽 M
									l_1	l_2	l_3		
NP	$76^{+0.5}_{+0.3}$	$48^{+0.1}_{-0.1}$	$73^{0}_{-0.1}$	$60^{+0.1}_{0}$	115	130	$68^{+0.05}_{0}$	$66.5^{+0.05}_{0}$	$40^{+0.1}_{0}$	35	6	6	2.934
HP	$96^{+0.5}_{+0.3}$	$66^{+0.1}_{-0.1}$	$92^{0}_{-0.1}$	$80^{+0.1}_{0}$	115	130	$86^{+0.05}_{0}$	$84.5^{+0.05}_{0}$	$45^{+0.1}_{0}$	40	6	6	2.934
PP	$122^{+0.5}_{+0.3}$	$87^{+0.1}_{-0.1}$	$118^{0}_{-0.1}$	$102^{+0.1}_{0}$	120	135	$112^{+0.10}_{0}$	$110^{+0.10}_{0}$	$60^{+0.1}_{0}$	55	8	8	3.912
SP	$150^{+0.5}_{+0.3}$	$108^{+0.1}_{-0.1}$	$146^{0}_{-0.1}$	$124^{+0.1}_{0}$	120	135	$136^{+0.10}_{0}$	$134^{+0.10}_{0}$	$60^{+0.1}_{0}$	55	8	8	3.912
UP	$175^{+0.5}_{+0.3}$	$130^{+0.1}_{-0.1}$	$170^{0}_{-0.1}$	$150^{+0.1}_{0}$	125	140	$160^{+0.13}_{0}$	$158^{+0.10}_{0}$	$70^{+0.10}_{0}$	65	8	8	3.912
ZP	$200^{+0.5}_{+0.3}$	$148^{+0.1}_{-0.1}$	$195^{0}_{-0.1}$	$171^{+0.1}_{0}$	125	140	$185^{+0.13}_{0}$	$183^{+0.10}_{0}$	$70^{+0.10}_{0}$	65	8	8	3.912

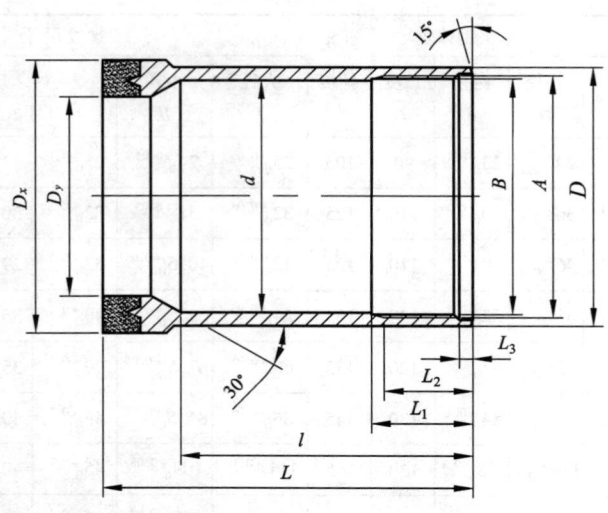

图 5 - 22　P 型双管钻头

5.2.2.10　绳索取心金刚石钻头

绳索取心金刚石钻头分为常规型（CT）和加强型（CP），配合相应的绳索取心钻具使用，钻头规格系列及结构示意图见图 5 - 23 和表 5 - 47、表 5 - 48。

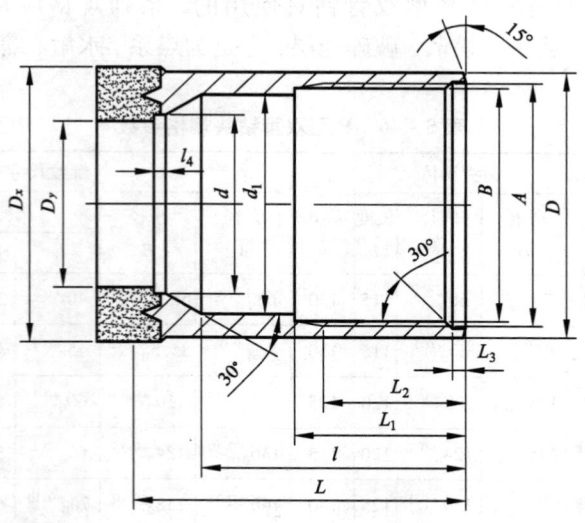

图 5 - 23　CT、CP 型绳索取心钻头

表 5 – 47　普通型绳索取心钻头规格参数　（单位：mm）

代号	钻头胎体		钻头钢体					钻头总长	螺纹尺寸(内螺纹)					螺距	牙底宽
	外径	内径	外径	内径	内径	长度			大径	小径	长度				
	D_x	D_y	D	d	d_1	l	l_4	L	A	B	l_1	l_2	l_3	p	M
ACT	$48^{+0.3}_{+0.1}$	$25^{+0.1}_{-0.1}$	$46^{0}_{-0.1}$	$27^{0}_{+0.1}$	$39^{0}_{+0.1}$	47	2	62	$41^{0}_{+0.05}$	$39.5^{0}_{+0.05}$	$32^{0}_{+0.1}$	27	4	4	1.934
BCT	$60^{+0.3}_{+0.1}$	$36^{+0.1}_{-0.1}$	$58^{0}_{-0.1}$	$38^{0}_{+0.1}$	$50^{0}_{+0.1}$	60	2	75	$53^{0}_{+0.05}$	$51.5^{0}_{+0.05}$	$40^{0}_{+0.1}$	35	6	6	2.934
NCT	$76^{+0.5}$	$48^{+0.1}_{-0.1}$	$73^{0}_{-0.1}$	$50^{0}_{+0.1}$	$61^{0}_{+0.1}$	60	2	75	$68^{0}_{+0.05}$	$66.5^{0}_{+0.05}$	$40^{0}_{+0.1}$	35	6	6	2.934
HCT	$96^{+0.5}$	$64^{+0.1}_{-0.1}$	$92^{0}_{-0.1}$	$67^{0}_{+0.1}$	$80^{0}_{+0.1}$	75	2	90	$86^{0}_{+0.05}$	$84.5^{0}_{+0.05}$	$45^{0}_{+0.1}$	40	6	6	2.934
PCT	$122^{+0.5}_{+0.3}$	$85^{+0.1}_{-0.1}$	$118^{0}_{-0.1}$	$88^{0}_{+0.1}$	$102^{0}_{+0.1}$	100	3	115	$112^{+0.10}$	$110^{0}_{+0.10}$	$60^{0}_{+0.1}$	55	8	8	3.912

表 5 – 48　加强型绳索取心钻头规格参数　（单位：mm）

代号	钻头胎体		钻头钢体					钻头总长	螺纹尺寸(内螺纹)					螺距	牙底宽
	外径	内径	外径	内径	内径	长度			大径	小径	长度				
	D_x	D_y	D	d	d_1	l	l_4	L	A	B	l_1	l_2	l_3	p	M
NCP	$77^{+0.5}_{+0.3}$	$46^{+0.1}_{-0.1}$	$74^{0}_{-0.1}$	$51^{0}_{+0.1}$	$61^{0}_{+0.1}$	60	2	75	$68^{0}_{+0.05}$	$66.5^{0}_{+0.05}$	$40^{0}_{+0.1}$	35	6	6	2.934
HCP	$97^{+0.5}_{+0.3}$	$61^{+0.1}_{-0.1}$	$93^{0}_{-0.1}$	$67^{0}_{+0.1}$	$80^{0}_{+0.1}$	75	2	90	$86^{0}_{+0.05}$	$84.5^{0}_{+0.05}$	$45^{0}_{+0.1}$	40	6	6	2.934

5.2.2.11　常用金刚石取心钻头

常用金刚石取心钻头结构形式、特点、制造方法及适用地层见表 5 – 49。

表 5 – 49　金刚石取心钻头特点及其适用地层

名　称	钻头结构形式	特　点	适用地层
圆弧唇面孕镶金刚石取心钻头		圆弧形唇面，可根据地层情况采用热压法、无压法和低温电镀法制造	适用于各种硬度和研磨性的岩层
尖齿孕镶金刚石取心钻头		同心圆尖齿形或交错尖齿形，尖齿高度可以不同。尖齿具有掏槽作用，稳定性好。可根据地层情况采用热压法、无压法制造	适用于硬—坚硬地层钻进

续表 5 – 49

名　称	钻头结构形式	特　点	适用地层
阶梯交错孕镶金刚石取心钻头		具有挤压破碎作用，较尖齿交错形多一个阶梯自由面，钻进效率高，可根据地层情况采用热压法、无压法制造	适用于软硬互层钻探
孕镶金刚石多水口钻头（齿轮钻头）		钻头水口比同规格钻头多，在相同的钻进条件下可获得较大的钻头比压，可根据地层情况采用热压法、二次镶嵌法制造	适用于坚硬弱研磨性地层钻进
二次镶嵌式孕镶金刚石钻头		将烧结好的孕镶块焊接到钻头体上，可实现胎体性能较大幅度调整，孕镶块金刚石工作层可加高到 12 ~ 16 mm	适用于硬—坚硬地层
孕镶金刚石双层水口钻头		金刚石工作层可制造为 16 ~ 20 mm，双层水口设计保证了金刚石层有效冷却，可根据地层情况采用无压法制造	适用于中硬—硬强研磨地层
主副水路孕镶金刚石钻头		钻头水口比同规格钻头多，在相同的钻进条件下可获得较大的钻头比压，可根据地层情况采用热压法、无压法和低温电镀法制造	适用于硬—坚硬地层
梯齿形孕镶金刚石钻头		具有挤压破碎作用，较尖齿交错形多一个阶梯自由面，钻进效率高，可根据地层情况采用热压法、无压法和低温电镀法制造	可适用于各种硬度和研磨性的岩层

续表 5 – 49

名　称	钻头结构形式	特　点	适用地层
圆弧唇面天然表镶金刚石取心钻头		采用圆弧唇面，金刚石粒度可采用 25～60 粒/克拉，采用无压法制造	适用于中硬—硬的完整岩层
多阶梯天然表镶金刚石取心钻头		多阶梯具有超前破碎的作用，金刚石粒度可采用 25～60 粒/克拉，采用无压法制造	适用于较完整的中硬—硬岩层钻进
复合片取心钻头		平底结构，是复合片钻头常用结构，采用热压法或无压法和二次镶焊法制造	适用于钻进软—中硬地层
尖齿复合片取心钻头		复合片加工成尖齿形状，角度可根据岩层性质来确定，采用热压法或无压法和二次镶焊法制造	适用于钻进致密均质泥岩和砂岩
阶梯复合片取心钻头		对于外径加大钻头，单阶梯结构可增加钻进稳定性，采用热压法或无压法和二次镶焊法制造	适用于钻进软—中硬地层
三角聚晶取心钻头		三角聚晶具有良好的热稳定性，高的耐磨性，其尖齿状结构使钻头具有高比压特性	适用于钻进致密均质泥岩和砂岩

5.3　全面钻进钻头

根据切削齿的种类或工作方式，全面钻进钻头分为牙轮钻头、硬质合金钻头、复合片钻头等。

5.3.1　牙轮钻头

牙轮钻头作为一种钻削岩石的工具，通过牙轮滚动带动其上切削齿冲击、压碎和剪切破碎岩石，能适应从软到硬的多种地层钻进。

图 5 – 24　牙轮钻头

5.3.1.1　牙轮钻头分类

牙轮钻头按牙轮的数量可分为单牙轮钻头、双牙轮钻头、三牙轮钻头和多牙轮钻头，目前使用最多、最普遍的为三牙轮钻头（图 5 – 24）。按牙齿类型又分为钢齿（铣齿）和镶齿牙轮钻头。常用三牙轮钻头分类见表 5 – 50。

表 5 –50　三牙轮钻头的分类

类　型	系 列 名 称	
	全称	简称
铣齿钻头	普通三牙轮钻头	普通钻头
	喷射式三牙轮钻头	喷射钻头
	滚动密封轴承喷射式三牙轮钻头	密封钻头
	滚动密封轴承保径喷射式三牙轮钻头	密封保径钻头
	滑动密封轴承喷射式三牙轮钻头	滑动密封钻头
	滑动密封轴承保径喷射式三牙轮钻头	滑动保径钻头
镶齿钻头	镶硬质合金滚动密封轴承喷射式三牙轮钻头	镶齿密封钻头
	镶硬质合金滑动密封轴承喷射式三牙轮钻头	镶齿滑动轴承钻头

5.3.1.2　牙轮钻头型号

三牙轮钻头型号由钻头直径代号、钻头系列代号、钻头分类号和附加结构特征代号组成。

（1）钻头直径代号用数字表示（整数或分数），代表钻头直径的英寸数，钻头的直径应符合 SY/T5164 的规定，特殊订制的非标尺寸钻头直接用公制尺寸表示。

（2）钻头系列号用 1 ~ 3 个字母组成，表示钻头的结构特征，其代表意义见表 5 – 51。

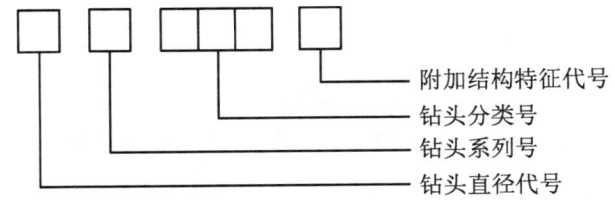

图 5 - 25　钻头型号标识图

表 5 - 51　钻头系列号字母代表意义

第一个字母(表示轴承结构特征)	H——滑动轴承 G——滚动轴承 F——浮动轴承 W 系列——非密封滚动轴承
第二个字母(表示密封结构)	A——橡胶密封 J——金属密封 W 系列无第二个字母,表示非密封
第三个字母(表示特殊结构)	T——特殊保径 S——副齿

(3)钻头分类号采用 SY/T5164 分类规定,用一组 3 位数字组成。第一位数表示钻头切削结构类别及地层系列号,第二位数表示地层分级号,末位数为钻头结构特征代号。钻头分类见表 5 - 52。

表 5 - 52　牙轮钻头分类号

钻头类别	适用地层			结构特征						
	系列	岩性	分级	普通滚动轴承 1	空气冷却滚动轴承 2	滚动轴承保径 3	密封滚动轴承 4	密封滚动轴承保径 5	密封滑动轴承 6	密封滑动轴承保径 7
铣齿钻头	1	低抗压强度、高可钻性的软岩	1	111		113	114	115	116	117
			2	121			124	125	126	127
			3	131			134	135	136	137
			4							
	2	高抗压强度的中到中硬地层	1	211			214	215	216	217
			2	221						
			3							
			4							
	3	中研磨性或研磨性硬地层	1							
			2	321						
			3							
			4							

续表 5－52

钻头类别	适用地层			结构特征						
	系列	岩性	分级	普通滚动轴承 1	空气冷却滚动轴承 2	滚动轴承保径 3	密封滚动轴承 4	密封滚动轴承保径 5	密封滑动轴承 6	密封滑动轴承保径 7
镶齿钻头	4	低抗压强度高可钻性极软地层	1					415		417
			2							427
			3					435		437
			4							447
	5	低抗压强度的软到中硬地层	1		512			515		517
			2					525		527
			3		532			535		537
			4					545		547
	6	高抗压强度的中硬地层	1		612			615		617
			2							627
			3		632					637
			4							
	7	中研磨性或研磨性硬地层	1		712					
			2							
			3		732					737
			4		742					
	8	高研磨性的极硬地层	1							
			2							
			3		832					837
			4		842					

示例：适用于低抗压强度高可钻性的软第 1 级地层，密封滑动轴承非保径钢齿钻头的分类号为"116"，附加结构特征代号见表 5－53。

表 5－53　附加结构特征代号（SY/T5164—2008）

代　号	附加结构特征	代号	附加结构特征
A	空气钻井应用	N	—
B	特殊轴承密封	O	—
C	中心喷嘴	P	—
D	防斜稳斜	Q	—

续表 5 – 53

代　号	附加结构特征	代　号	附加结构特征
E	加长喷嘴	R	—
F	—	S	标准钢齿模式
G	爪尖/爪北保护	T	双牙轮钻头
H	水平/导向应用	U	—
I	—	V	—
J	喷嘴偏射	W	切削结构强化
K	—	X	镶锲形齿为主
L	爪背扶正器	Y	镶圆锥形齿
M	马达钻井应用	Z	镶其他齿形

牙轮钻头规格尺寸见表 5 – 54。

表 5 – 54　牙轮钻头规格尺寸(SY/T5164—2008)

钻头直径		极限偏差	连接螺纹代号
基本尺寸			
mm	in	mm	
88.9 ~ 114.3	$3\frac{1}{2} \sim 4\frac{1}{2}$		$2\frac{3}{8}''$REG 公螺纹
117.5 ~ 127	$4\frac{5}{8} \sim 5$		$2\frac{7}{8}''$REG 公螺纹
130.2 ~ 187.3	$5\frac{1}{8} \sim 7\frac{3}{8}$		$3\frac{1}{2}''$REG 公螺纹
190.5 ~ 238.1	$7\frac{1}{2} \sim 9\frac{3}{8}$		$4\frac{1}{2}''$REG 公螺纹
241.3 ~ 349.3	$9\frac{1}{2} \sim 13\frac{3}{4}$		$6\frac{5}{8}''$REG 公螺纹
355.6 ~ 365.1	$14 \sim 14\frac{3}{4}$	+0.8	$6\frac{5}{8}''$REG 公螺纹
368.3 ~ 444.5	$14\frac{1}{2} \sim 17\frac{1}{2}$		$6\frac{5}{8}''$REG 或 $7\frac{5}{8}$REG
447.7 ~ 469.9	$17\frac{5}{8} \sim 18\frac{1}{2}$		$6\frac{5}{8}''$REG 或 $7\frac{5}{8}$REG
473.1 ~ 660.4	$18\frac{5}{8} \sim 26$		$7\frac{5}{8}''$REG 或 $8\frac{5}{8}$REG
≥685.8	≥27		$8\frac{5}{8}''$REG

5.3.1.3　IADC 牙轮钻头分类方法及编号

IADC(国际钻探承包商协会,International Association of Drilling Contractors)规定,每一类钻头用四位编码进行分类和编号,各字码的意义如下:第一位字码为系列代号，用数字 1～8 表示 8 个系列，表示钻头的牙齿特征及所适应的地层，见表 5－55。

表 5－55　IADC 牙轮钻头系列代号

系列代号	钻头类型	使用地层特性
1	铣齿	低抗压强度高可钻性的软地层
2	铣齿	高抗压强度的中到中硬地层
3	铣齿	中等研磨性或研磨性的硬地层
4	镶齿	低抗压强度高可钻性的软地层
5	镶齿	低抗压强度的中到中硬地层
6	镶齿	高抗压强度的中硬地层
7	镶齿	中等研磨性或研磨性的硬地层
8	镶齿	高研磨性的极硬地层

第二位字码为岩性级别代号，用数字 1～4 表示，表示钻头所钻地层依次从软到硬四个级别，第三位字码为钻头结构特征代号，用数字 1～9 表示，其中 1～7 表示钻头轴承及报警特征，8、9 留待未来，见表 5－56。第四位字码为钻头的附加结构特征号，用于与前面三种无法表达的特征（表 5－57）。

表 5－56　IADC 牙轮钻头结构特征代号

1	非密封滚动轴承
2	空气清洗冷却、滚动轴承
3	滚动轴承、保径
4	滚动密封轴承
5	滚动密封轴承、保径
6	滑动密封轴承
7	滑动密封轴承、保径

表 5－57　IADC 牙轮钻头附加结构特征号

A——空气冷却	G——附加保径/钻头体保护	X——楔形镶齿
C——中心喷嘴	J——喷嘴偏射	R——圆锥形镶齿
D——定向钻井	R——加强焊缝	Z——其他形状镶齿
E——加长喷嘴	S——标准铣齿	

5.3.2　硬质合金全面钻头

硬质合金全面钻头一般制造为刮刀形式。刮刀钻头结构简单、制造方便，适用于可钻性达 4 级的泥岩和页岩等软地层钻进，规格系列见表 5 - 58，基本结构形状见图 5 - 26。

表 5 - 58　硬质合金全面钻头规格尺寸　　　　　（单位：mm）

公称口径	钻头外径	钻头连接螺纹	钻头体小端台肩倒角直径	
			直径	公差
56	$56_0^{+0.46}$	42 钻杆锁接头螺纹	43.0	
60	$60_0^{+0.46}$			
65	$65_0^{+0.46}$			
75	$75_0^{+0.46}$	50 钻杆锁接头螺纹	51.0	
94	$94_0^{+0.54}$	63.5 钻杆锁接头螺纹	64.5	
113	$113_0^{+0.54}$	73 钻杆锁接头螺纹	74.0	±0.4
133	$133_0^{+0.63}$	89 钻杆锁接头螺纹	90.0	
153	$153_0^{+0.63}$			
173	$173_0^{+0.63}$	$3\frac{1}{2}$ REG	104.4	
193	$193_0^{+0.72}$	$4\frac{1}{2}$ REG	135.3	
215	$215_0^{+0.72}$			

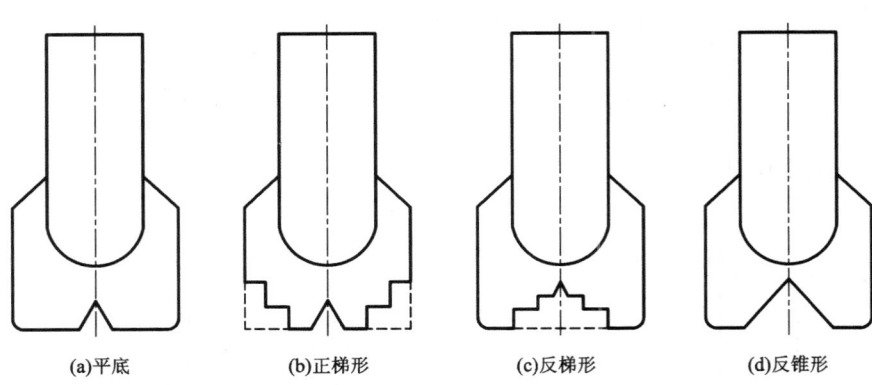

(a)平底　　　　(b)正梯形　　　　(c)反梯形　　　　(d)反锥形

图 5 - 26　刮刀钻头基本结构

5.3.3　复合片全面钻头

复合片全面钻头适用于钻进软至中硬地层，常用规格系列同硬质合金全面钻头,见表5-58。

复合片全面钻头分为钢体式和胎体式两种类型,典型钢体式复合片钻头冠部形状如图5-27(a)、(b)、(c)、(d)所示,胎体式复合片钻头冠部形状如图5-27(e)、(f)所示。对于内凹刮刀形、阶梯刮刀形、锥形刮刀形、抛物线形的钻头可根据地层的软硬程度设计为3翼、4翼或5翼的结构形式。

复合片地质钻头型号应符合表5-59的规定。生产者采用其他钻头冠部形状时,可以自行确定代号并作出说明。

表 5 - 59 钻头型号

钻头种类代号		F				
钻头体 材料代号	胎体	M				
	钢体	S				
冠部 形状	名称	圆弧支柱形	内凹刮刀形	阶梯刮刀形	锥形刮刀形	平底形	抛物线形
	代号	Y	N	J	Z	P	W

复合片钻头型号的表示方法如下:

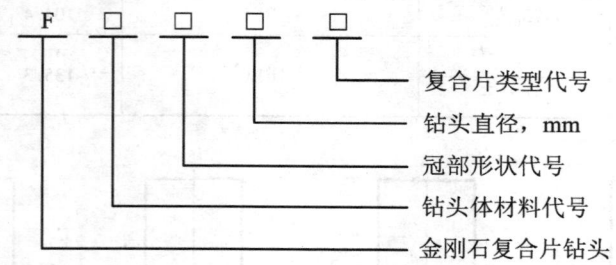

示例:FMN75G

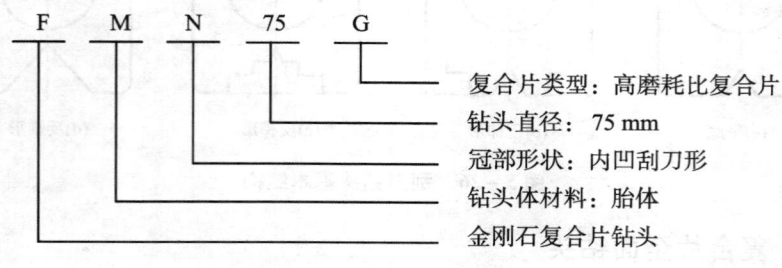

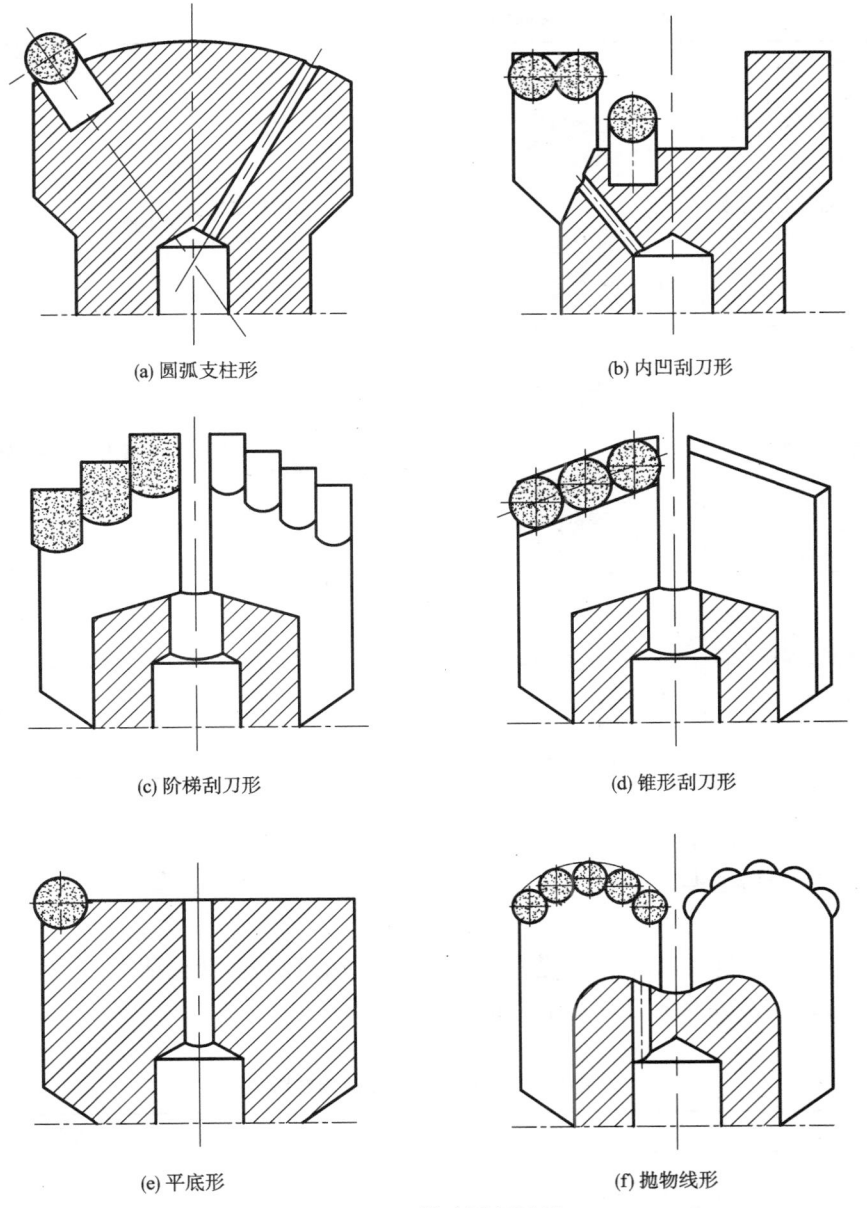

(a) 圆弧支柱形　　　　　　　　　(b) 内凹刮刀形

(c) 阶梯刮刀形　　　　　　　　　(d) 锥形刮刀形

(e) 平底形　　　　　　　　　　　(f) 抛物线形

图 5 - 27　钻头冠部形状

5.3.4　其他形式金刚石全面钻头

其他形式金刚石全面钻头在岩心钻探中较少使用。特殊需要时，可根据用户规格要求制造，这些金刚石全面钻头结构特点及适用范围见表 5 - 60。

表 5 - 60　其他形式金刚石全面钻头及适用地层

名　称	钻头结构形式	特　点	适用地层
天然金刚石全面钻头		胎体形状为双锥形，中心有小内锥，增加钻头的稳定性。由于造价高，目前较少使用	适用于钻进中硬至硬地层
巴拉斯全面钻头	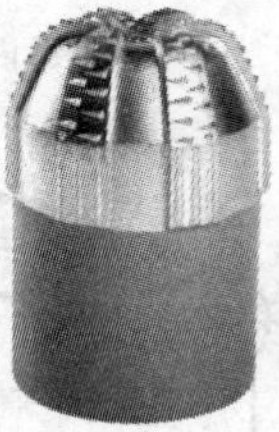	胎体形状为双锥形，切削齿采用热稳定三角聚晶	适用于钻进中硬地层
人造金刚石孕镶全面钻头		圆弧形唇面，采用人造金刚石为切削单元	适用于钻进硬至坚硬地层

5.4　专用钻头

专用钻头是供特殊钻进工艺用的钻头，如下套管的套管鞋钻头；扩大钻孔直径的扩孔钻头；定向钻进用的造斜钻头等，见表 5 - 61。

表 5 - 61　专用钻头及适用范围

名　称	钻头结构形式	特　点	适用地层
表镶金刚石造斜钻头		钻头的胎体端面为小外锥形状，以天然金刚石为切削单元，在外力作用下有利于定向钻进	适用于中硬—硬岩层定向钻进

续表 5-61

名　称	钻头结构形式	特　点	适用地层
孕镶金刚石造斜钻头		钻头的胎体端面为小外锥形状，以人造金刚石为切削单元，在外力作用下有利于定向钻进	适用于钻进硬地层定向钻进
扩孔钻头		钻头前端有一个耐磨导向体，防止将钻孔扩斜，导向体直径较已成型钻孔直径小 3~5 mm，钻头主体根据扩孔工作量可设计为阶梯形，使扩孔孔壁成多自由面，以加强钻头定向特性和延长钻头寿命。根据地层可设计为人造孕镶、天然表镶以及复合片扩孔钻头	用于下入大一级套管及处理孔内事故
地应力钻头		钻头呈锥形，钻头前端有一个可更换的小直径钻头，在钻进过程中形成所需的锥形，用于放置检测仪器。根据地层情况可设计为人造孕镶钻头和天然表镶钻头	用于地应力检测
套管鞋		上端车有连接套管底口的内螺纹，用在下套管时保护套管，内径没有金刚石	复杂地层下套管用，留在孔底
反循环钻头		钻头水路系统和唇面结构与正循环钻头根本不同。其特点是必须当钻头与孔底接触后，使外管与孔壁间不返水，促使形成反循环。根据地层情况可采用人造金刚石孕镶反循环钻头、表镶金刚石反循环钻头、复合片反循环钻头等	用于反循环钻进
偏心扩孔钻头		可在取心钻进或全面钻进的同时进行扩孔，钻出比正常的钻头直径大一些的钻孔。根据地层情况可采用人造金刚石孕镶扩孔钻头、表镶金刚石扩孔钻头、复合片扩孔钻头等	适用于缩径地层

5.5　扩孔器

扩孔器在钻进过程中起着保持钻孔直径、稳定钻头和钻具的作用。

扩孔器按用途可分为单管扩孔器、双管扩孔器、绳索取心扩孔器，其分类见表 5 – 62。

表 5 – 62　扩孔器分类及适用范围

分　类		特　性　及　用　途
按切磨材料分类	人造金刚石单晶扩孔器	采用人造金刚石单晶制造的孕镶扩孔器，具有降低与孔壁摩擦阻力的特点
	人造金刚石聚晶扩孔器	采用人造金刚石聚晶为保径磨料，具有良好的保径功能，是常用的扩孔器
	人造金刚石单晶聚晶扩孔器	采用人造金刚石单晶和聚晶为保径磨料，具有良好的保径功能，适合在强研磨性地层和深孔使用
	天然金刚石表镶扩孔器	采用天然金刚石为保径磨料，具有良好的保径功能，具有降低与孔壁摩擦阻力的特点，已经较少使用
按胎环结构分类	直棱扩孔器	此类结构可用于制造天然表镶扩孔器和聚晶扩孔器
	直条扩孔器	用于制造人造金刚石单晶扩孔器、人造金刚石聚晶扩孔器、人造金刚石单晶聚晶扩孔器，是一种常用的结构
	螺旋扩孔器	用于人造金刚石单晶扩孔器、人造金刚石聚晶扩孔器、人造金刚石单晶聚晶扩孔器，是一种常用的结构
	双胎环扩孔器	用于人造金刚石单晶扩孔器、人造金刚石聚晶扩孔器、人造金刚石单晶聚晶扩孔器，是一种常用的结构，可起到强化保径的功能
	镶块式扩孔器	将烧结有金刚石磨料的合金条焊接在扩孔器刚体上，用于制造大直径扩孔器和特殊结构的扩孔器

5.5.1　单管扩孔器

单管扩孔器配合单管钻头使用，其规格尺寸见表 5 – 63 和图 5 – 28。

表 5-63　单管扩孔器规格参数

（单位：mm）

规格	扩孔器胎体 外径 D_x	钻头钢体 外径 D	钻头钢体 内径 d	钻头钢体 内径 d_1	长度 L	螺纹尺寸 内螺纹 大径 A	内螺纹 小径 B	内螺纹 长度 l_1	内螺纹 牙底宽 M	外螺纹 大径 a	外螺纹 小径 b	外螺纹 长度 L_1	外螺纹 牙底宽 m	螺距 p
RS	$30.3^{+0.3}_{+0.1}$	$28^{0}_{-0.1}$	$21.5^{+0.1}_{0}$	$24^{+0.1}_{0}$	80	$26^{+0.12}_{0}$	$25^{+0.14}_{+0.06}$	$25^{+0.1}_{0}$	1.456	$25^{0}_{-0.05}$	$24^{0}_{-0.05}$	$24.5^{0}_{-0.1}$	1.486	3
ES	$38.4^{+0.3}_{+0.1}$	$36^{0}_{-0.1}$	$30^{+0.1}_{0}$	$32.5^{+0.1}_{0}$	100	$34.5^{+0.12}_{0.06}$	$33.5^{+0.14}_{+0.06}$	$32^{+0.1}_{0}$	1.456	$32^{0}_{-0.05}$	$31^{0}_{-0.05}$	$31.5^{0}_{-0.1}$	1.486	3
AS	$48.5^{+0.3}_{+0.1}$	$46^{0}_{-0.1}$	$40^{+0.1}_{0}$	$42.5^{+0.1}_{0}$	120	$44.5^{+0.12}_{0.06}$	$43.5^{+0.14}_{+0.06}$	$32^{+0.1}_{0}$	1.956	$42^{0}_{-0.05}$	$40.5^{0}_{-0.05}$	$31.5^{0}_{-0.1}$	1.986	4
BS	$60.5^{+0.3}_{+0.1}$	$58^{0}_{-0.1}$	$50.5^{+0.1}_{0}$	$53.5^{+0.1}_{0}$	150	$56.5^{+0.12}_{0.06}$	$55^{+0.14}_{+0.06}$	$40^{+0.1}_{0}$	2.934	$54^{0}_{-0.05}$	$52.5^{0}_{-0.05}$	$39.5^{0}_{-0.1}$	2.964	6
NS	$76.5^{+0.5}_{+0.3}$	$73^{0}_{-0.1}$	$62^{+0.1}_{0}$	$65.5^{+0.1}_{0}$	150	$69^{+0.12}_{0.06}$	$67.5^{+0.14}_{+0.06}$	$40^{+0.1}_{0}$	2.934	$69^{0}_{-0.05}$	$67.5^{0}_{-0.12}$	$39.5^{0}_{-0.1}$	2.964	6
HS	$96.5^{+0.5}_{+0.3}$	$92^{0}_{-0.1}$	$79^{+0.1}_{0}$	$82.5^{+0.1}_{0}$	165	$86.5^{+0.18}_{0.08}$	$85^{+0.14}_{+0.06}$	$45^{+0.1}_{0}$	2.934	$86^{0}_{-0.05}$	$84.5^{0}_{-0.12}$	$44.2^{0}_{-0.1}$	2.964	6
PS	$122.5^{+0.5}_{+0.3}$	$118^{0}_{-0.1}$	$102^{+0.1}_{0}$	$106^{+0.1}_{0}$	180	$111^{+0.18}_{0.08}$	$109^{+0.16}_{+0.08}$	$45^{+0.1}_{0}$	3.912	$111^{0}_{-0.08}$	$109^{0}_{-0.12}$	$44^{0}_{-0.1}$	3.942	8
SS	$150.5^{+0.5}_{+0.3}$	$146^{0}_{-0.1}$	$124^{+0.1}_{0}$	$128^{+0.1}_{0}$	180	$133^{+0.18}_{0.08}$	$131^{+0.18}_{+0.08}$	$50^{+0.1}_{0}$	3.912	$139^{0}_{-0.08}$	$137^{0}_{-0.12}$	$49^{0}_{-0.1}$	3.942	8
US	$175.5^{+0.5}_{+0.3}$	$170^{0}_{-0.1}$	$148^{+0.1}_{0}$	$153^{+0.1}_{0}$	200	$162^{+0.24}_{0.12}$	$160^{+0.24}_{+0.12}$	$50^{+0.1}_{0}$	3.912	$165^{0}_{-0.08}$	$163^{0}_{-0.14}$	$49.5^{0}_{-0.1}$	3.942	8
ZS	$200.5^{+0.5}_{+0.3}$	$195^{0}_{-0.1}$	$169^{+0.1}_{0}$	$174^{+0.1}_{0}$	200	$184^{+0.24}_{0.12}$	$182^{+0.24}_{+0.12}$	$50^{+0.1}_{0}$	3.912	$190^{0}_{-0.08}$	$188^{0}_{-0.14}$	$49.5^{0}_{-0.1}$	3.912	8

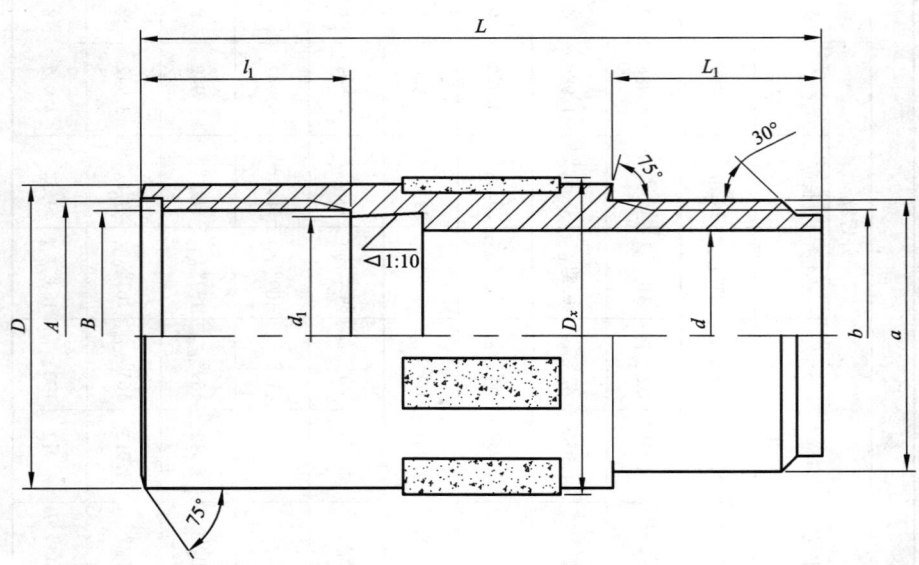

图 5 - 28　单管扩孔器

5.5.2　双管扩孔器

双管扩孔器配合双管钻头使用，共有 T、M、P 三种类型。

5.5.2.1　M 型双管扩孔器

M 型双管扩孔器配合 M 型双管钻头使用，有 A、B、N、H 四种规格，为薄壁设计，适用于较坚硬和完整地层，M 型双管扩孔器规格尺寸见图 5 - 29 及表 5 - 64。

表 5 - 64　M 型双管扩孔器规格参数　　　　　　　　（单位：mm）

口径代号	钻头胎体	钻头钢体		长度 L	螺纹尺寸（外螺纹）				
	外径 D_x	外径 D	内径 d_1		大径 a	小径 b	长度 L_1	螺距 p	牙底宽 m
AM	$48.5^{+0.3}_{+0.1}$	$46^{0}_{-0.1}$	$39^{+0.1}_{0}$	120	$43^{-0.06}_{-0.12}$	$41.5^{-0.06}_{-0.18}$	$31.5^{-0.1}_{0}$	4	1.964
BM	$60.5^{+0.3}_{+0.1}$	$58^{0}_{-0.1}$	$50^{+0.1}_{0}$	150	$54^{-0.06}_{-0.12}$	$52.5^{-0.06}_{-0.18}$	$39.5^{-0.1}_{0}$	6	2.964
NM	$76.5^{+0.5}_{+0.3}$	$73^{0}_{-0.1}$	$65^{+0.1}_{0}$	150	$69^{-0.06}_{-0.12}$	$67.5^{-0.06}_{-0.18}$	$39.5^{-0.1}_{0}$	6	2.964
HM	$96.5^{+0.5}_{+0.3}$	$92^{0}_{-0.1}$	$82^{+0.1}_{0}$	165	$86^{-0.06}_{-0.12}$	$84.5^{-0.06}_{-0.18}$	$44^{-0.1}_{0}$	6	2.964

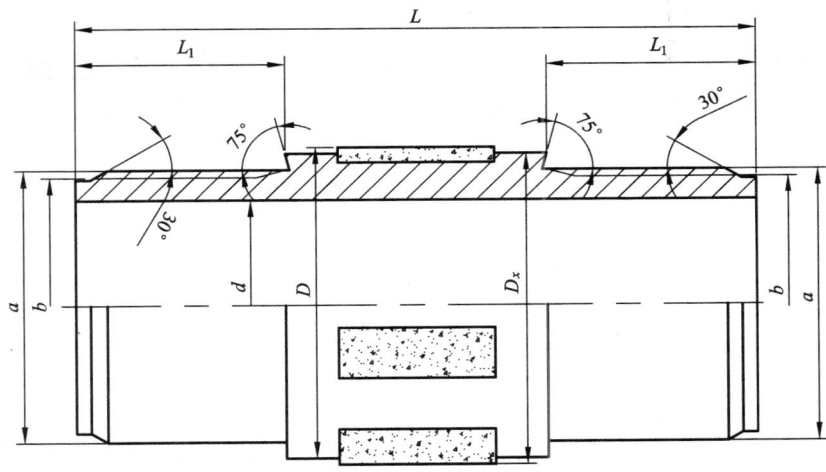

图 5 - 29　M、T、P 型双管扩孔器

5.5.2.2　T 型双管扩孔器

T 型双管扩孔器配合 T 型双管钻头使用，适用于中等程度破碎及松散的地层，是应用最广的结构形式。T 型双管扩孔器规格尺寸见图 5 - 29 和表 5 - 65。

表 5 - 65　T 型双管扩孔器规格参数　　　　　　　（单位：mm）

口径代号	钻头胎体	钻头钢体		长度	螺纹尺寸（外螺纹）				
	外径 D_x	外径 D	内径 d_1	L	大径 a	小径 b	长度 L_1	螺距 p	牙底宽 m
RT	$30.5^{+0.3}_{+0.1}$	$28^{0}_{-0.1}$	$22.5^{+0.1}_{0}$	120	$25^{-0.06}_{-0.12}$	$24.5^{-0.06}_{-0.18}$	$24.5^{-0.1}_{0}$	3	1.486
ET	$38.5^{+0.3}_{+0.1}$	$36^{0}_{-0.1}$	$28.5^{+0.1}_{0}$	120	$32^{-0.06}_{-0.12}$	$31^{-0.06}_{-0.18}$	$31.5^{-0.1}_{0}$	3	1.486
AT	$48.5^{+0.3}_{+0.1}$	$46^{0}_{-0.1}$	$37^{+0.1}_{0}$	120	$42^{-0.06}_{-0.12}$	$40.5^{-0.06}_{-0.18}$	$31.5^{-0.1}_{0}$	4	1.964
BT	$60.5^{+0.3}_{+0.1}$	$58^{0}_{-0.1}$	$48.5^{+0.1}_{0}$	150	$54^{-0.06}_{-0.12}$	$52.5^{-0.06}_{-0.18}$	$39.5^{-0.1}_{0}$	6	2.964
NT	$76.5^{+0.5}_{+0.3}$	$73^{0}_{-0.1}$	$63.5^{+0.1}_{0}$	150	$69^{-0.06}_{-0.12}$	$67.5^{-0.06}_{-0.18}$	$39.5^{-0.1}_{0}$	6	2.964
HT	$96.5^{+0.5}_{+0.3}$	$92^{0}_{-0.1}$	$81^{+0.1}_{0}$	165	$86^{-0.06}_{-0.12}$	$84.5^{-0.06}_{-0.18}$	$44^{-0.1}_{0}$	6	2.964
PT	$122.5^{+0.5}_{+0.3}$	$118^{0}_{-0.1}$	$104^{+0.1}_{0}$	165	$111^{-0.08}_{-0.16}$	$109^{-0.06}_{-0.18}$	$44^{-0.1}_{0}$	8	3.942
ST	$150.5^{+0.5}_{+0.3}$	$146^{0}_{-0.1}$	$130^{+0.1}_{0}$	170	$139^{-0.08}_{-0.16}$	$137^{-0.06}_{-0.18}$	$49^{-0.1}_{0}$	8	3.942
UT	$175.5^{+0.5}_{+0.3}$	$170^{0}_{-0.1}$	$155^{+0.1}_{0}$	170	$165^{-0.12}_{-0.20}$	$163^{-0.12}_{-0.24}$	$49.5^{-0.1}_{0}$	8	3.942
ZT	$200.5^{+0.5}_{+0.3}$	$195^{0}_{-0.1}$	$180^{+0.1}_{0}$	170	$190^{-0.12}_{-0.20}$	$188^{-0.12}_{-0.24}$	$49.5^{-0.1}_{0}$	8	3.942

5.5.2.3　P型双管扩孔器

P型双管扩孔器配合P型双管钻头使用，适用于松散、破碎地层和煤系、水敏、缩径等地层。P型双管扩孔器规格参数见图5－29及表5－66。

表5－66　P型双管扩孔器规格参数　　　　　　（单位：mm）

口径代号	钻头胎体	钻头钢体		长度 L	螺纹尺寸(外螺纹)				
	外径 D_x	外径 D	内径 d_1		大径 a	小径 b	长度 L_1	螺距 p	牙底宽 m
NP	$76.5^{+0.5}_{+0.3}$	$73^{0}_{-0.1}$	$60^{+0.1}_{0}$	150	$68^{-0.06}_{-0.12}$	$66.5^{-0.06}_{-0.12}$	$39.5^{-0.1}_{0}$	6	2.964
HP	$96.5^{+0.5}_{+0.3}$	$92^{0}_{-0.1}$	$80^{+0.1}_{0}$	165	$86^{-0.08}_{-0.14}$	$84.5^{-0.08}_{-0.14}$	$44.5^{-0.1}_{0}$	6	2.964
PP	$122.5^{+0.5}_{+0.3}$	$118^{0}_{-0.1}$	$102^{+0.1}_{0}$	180	$112^{-0.08}_{-0.16}$	$110^{-0.08}_{-0.18}$	$59.5^{-0.1}_{0}$	8	3.942
SP	$150.5^{+0.5}_{+0.3}$	$146^{0}_{-0.1}$	$124^{+0.1}_{0}$	180	$136^{-0.08}_{-0.16}$	$134^{-0.08}_{-0.18}$	$59.2^{-0.1}_{0}$	8	3.942
UP	$175.5^{+0.5}_{+0.3}$	$170^{0}_{-0.1}$	$150^{+0.1}_{0}$	200	$160^{-0.12}_{-0.20}$	$158^{-0.12}_{-0.24}$	$68.5^{-0.1}_{0}$	8	3.942
ZP	$200.5^{+0.5}_{+0.3}$	$195^{0}_{-0.1}$	$171^{+0.1}_{0}$	200	$185^{0}_{-0.115}$	$183^{-0.12}_{-0.24}$	$68.5^{-0.1}_{0}$	8	3.942

5.5.3　绳索取心扩孔器

绳索取心扩孔器配合绳索取心钻头使用，其规格尺寸见图5－30和表5－67。

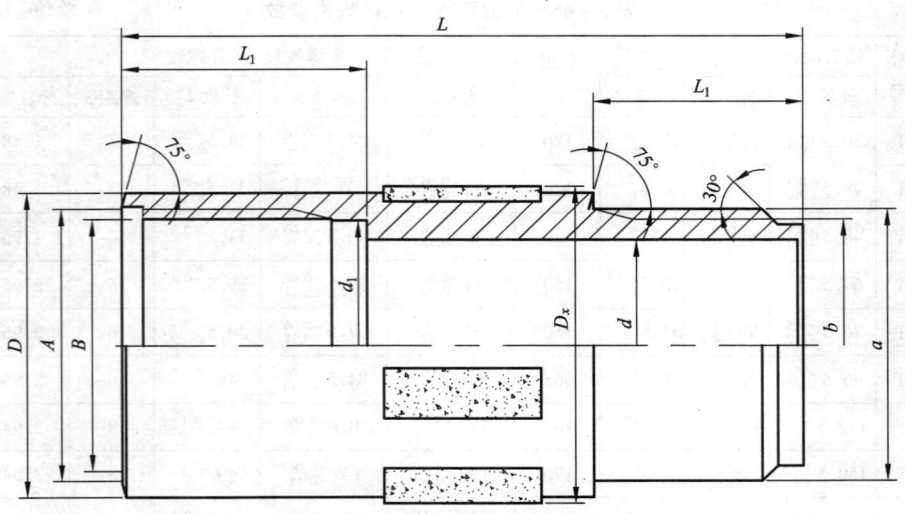

图5－30　常规型、加强型绳索取心扩孔器

表 5 - 67　绳索取心扩孔器规格参数

（单位：mm）

规格	扩孔器胎体 外径 D_x	钻头钢体 外径 D	钻头钢体 内径 d	钻头钢体 内径 d_1	长度 L	长度 l_1	螺纹尺寸 内螺纹 大径 A	内螺纹 小径 B	内螺纹 长度 l_1	内螺纹 牙底宽 M	外螺纹 大径 a	外螺纹 小径 b	外螺纹 长度 L_1	外螺纹 牙底宽 m	螺距 P
ACT	$48.5^{+0.3}_{+0.1}$	$46^{0}_{-0.1}$	$34^{+0.1}_{0}$	$38^{+0.1}_{0}$	120	$52^{+0.2}_{+0.1}$	$41^{+0.05}_{0}$	$39.5^{+0.05}_{0}$	$32^{+0.1}_{0}$	1.934	$41^{-0.06}_{-0.12}$	$39.5^{-0.06}_{-0.18}$	$31.5^{-0.1}_{0}$	1.964	4
BCT	$60.5^{+0.3}_{+0.1}$	$58^{0}_{-0.1}$	$46^{+0.1}_{0}$	$49^{+0.1}_{0}$	150	$60^{+0.2}_{+0.1}$	$53^{+0.05}_{0}$	$51.5^{+0.05}_{0}$	$40^{+0.1}_{0}$	2.934	$53^{-0.06}_{-0.12}$	$51.5^{-0.06}_{-0.18}$	$39.5^{-0.1}_{0}$	2.964	6
NCT	$76.5^{+0.5}_{+0.3}$	$73^{0}_{-0.1}$	$60^{+0.1}_{0}$	$65^{+0.1}_{0}$	150	$60^{+0.2}_{+0.1}$	$68^{+0.05}_{0}$	$66.5^{+0.05}_{0}$	$40^{+0.1}_{0}$	2.934	$68^{-0.06}_{-0.12}$	$66.5^{-0.06}_{-0.18}$	$39.5^{-0.1}_{0}$	2.964	6
NCP	$77.5^{+0.5}_{+0.3}$	$73^{0}_{-0.1}$	$60^{+0.1}_{0}$	$65^{+0.1}_{0}$	150	$60^{+0.2}_{+0.1}$	$68^{+0.05}_{0}$	$66.5^{+0.05}_{0}$	$40^{+0.1}_{0}$	2.934	$68^{-0.06}_{-0.12}$	$66.5^{-0.06}_{-0.18}$	$39.5^{-0.1}_{0}$	2.964	6
HCT	$96.5^{+0.5}_{+0.3}$	$92^{0}_{-0.1}$	$80^{+0.1}_{0}$	$83^{+0.1}_{0}$	165	$65^{+0.2}_{+0.1}$	$86^{+0.05}_{0}$	$84.5^{+0.05}_{0}$	$45^{+0.1}_{0}$	2.934	$86^{-0.06}_{-0.12}$	$84.5^{-0.10}_{-0.18}$	$44^{-0.1}_{0}$	2.964	6
HCP	$97.5^{+0.5}_{+0.3}$	$92^{0}_{-0.1}$	$80^{+0.1}_{0}$	$83^{+0.1}_{0}$	165	$65^{+0.2}_{+0.1}$	$86^{+0.05}_{0}$	$84.5^{+0.05}_{0}$	$45^{+0.1}_{0}$	2.934	$86^{-0.06}_{-0.12}$	$84.5^{-0.10}_{-0.18}$	$44^{-0.1}_{0}$	2.964	6
PCT	$122.5^{+0.5}_{+0.3}$	$118^{0}_{-0.1}$	$102^{+0.1}_{0}$	$108^{+0.1}_{0}$	180	$80^{+0.2}_{+0.1}$	$112^{+0.10}_{0}$	$110^{+0.08}_{0}$	$60^{+0.1}_{0}$	3.912	$112^{-0.12}_{-0.16}$	$110^{-0.10}_{-0.18}$	$50^{-0.1}_{0}$	3.942	8

5.6　美国 DCDMA 标准

美国 DCDMA(金刚石岩心钻机制造商协会)有关钻头和扩孔器的标准见表 5 - 68 至表 5 - 73。

表 5 - 68　DCDMA 标准中 WG 系列单层及双层岩心管取心钻头和扩孔器

（单位：mm）

尺寸		规格	EWG	AWG	BWG	NWG	HWG
钻头	镶嵌外径	最大	37.46	47.75	59.69	75.44	98.98
		最小	37.21	47.50	59.44	75.18	98.60
	镶嵌内径	最大	21.59	30.23	42.16	54.86	76.33
		最小	21.34	29.97	41.94	54.61	76.07
扩孔器	镶嵌外径	最大	37.85	48.13	60.07	75.82	99.36
		最小	37.59	47.88	59.82	75.56	99.11

表 5 - 69　DCDMA 标准中 WT 系列单层及双层岩心管取心钻头和扩孔器

（单位：mm）

尺寸		规格	RWT	EWT	AWT	BWT	NWT	HWT
双管钻头	镶嵌外径	最大	29.59	37.46	47.75	59.69	75.44	98.98
		最小	29.34	37.21	47.50	59.44	75.18	98.60
	镶嵌内径	最大	18.80	23.11	32.66	44.58	58.88	81.08
		最小	18.56	22.86	32.41	44.32	58.62	80.82
双管扩孔器	镶嵌外径	最大	29.97	37.85	48.13	60.07	75.82	99.36
		最小	29.72	37.59	47.88	59.82	75.56	99.11
单管钻头	镶嵌外径	最大				59.69	75.44	98.98
		最小				59.44	75.18	98.60
	镶嵌内径	最大				44.58	58.88	81.08
		最小				44.32	58.62	80.32
单管扩孔器	镶嵌外径	最大				60.07	75.82	99.36
		最小				59.82	75.56	99.11

表 5 - 70　DCDMA 标准中 WM 系列双层岩心管钻头和扩孔器　（单位：mm）

尺寸		规格	EWM	AWM	BWM	NWM
钻头	镶嵌外径	最大	37.46	47.75	59.69	75.44
		最小	37.21	47.50	59.44	75.18
	镶嵌内径	最大	21.59	30.23	42.16	54.86
		最小	21.34	29.97	41.91	54.61
扩孔器	镶嵌外径	最大	37.85	48.13	60.07	75.82
		最小	37.59	47.88	59.82	75.56

表 5 - 71　DCDMA 标准中 WF 系列双层岩心管钻头和扩孔器　（单位：mm）

尺寸		规格	HWF	PWF	SWF	UWF	ZWF
短钻头	镶嵌外径	最大	98.98	120.27	145.67	174.12	199.52
		最小	98.60	119.76	145.16	173.36	198.76
	镶嵌内径	最大	76.35	92.33	112.95	140.08	165.48
		最小	76.07	91.95	112.57	139.57	164.97
长钻头	镶嵌外径	最大	99.36	120.78	146.18	174.75	200.15
		最小	98.98	120.40	145.80	174.24	199.64
	镶嵌内径	最大	76.33	92.33	112.95	140.08	165.48
		最小	76.07	91.95	112.57	139.57	164.97
扩孔器	镶嵌外径	最大	99.36	120.78	146.18	174.75	200.15
		最小	99.11	120.40	145.80	174.24	199.64

表 5 - 72　DCDMA 中绳索取心钻头和扩孔器　（单位：mm）

规格	钻头		扩孔器镶嵌外径
	镶嵌外径	镶嵌内径	
AQ	47.6	27.0	48.0
BQ	59.6	36.4	60.0
NQ	75.3	47.6	75.7
NQ$_2$	75.3	50.6	75.7
NQ$_3$	75.3	45	75.7
HQ	95.8	63.5	96.3
HQ$_3$	95.8	61.5	96.3
PQ	122.2	85.0	122.7
PQ$_3$	122.2	83.0	122.7

表 5-73　X 系列(和 W 系列)套管钻头和扩孔器　　　　(单位：mm)

尺寸		规格	RX(RW)	EX(EW)	AX(AW)	BX(BW)	NX(NW)	MX(MW)
套管钻头	镶嵌外径	最大	37.85	47.75	59.69	75.44	91.95	117.65
		最小	37.59	47.50	59.44	75.18	91.69	117.27
	镶嵌内径	最大	25.53	35.81	45.34	56.39	72.26	96.06
		最小	25.27	35.56	45.08	56.13	72.01	95.81
扩孔器	镶嵌外径	最大		48.13	60.07	75.82	97.33	
		最小		47.88	59.82	75.56	97.00	

5.7　金刚石钻头制造方法

目前国内外金刚石钻头的制造方法主要有冷压浸渍法、无压浸渍法、热压法、低温电铸法，还有衍生的二次镶嵌法。金刚石钻头制造方法见表 5-74。

表 5-74　钻头制造方法一览表

制造方法	特　点
冷压浸渍法	这种方法的工艺特点是压制成型与烧结分开，先将混合有金刚石的胎体粉末于常温下在钢模中压制成型，退模后将成型的半成品与黏结金属一起放在加热炉中烧结。在高温下，低熔点的黏结金属熔化并渗透到骨架粉末的空隙中，将胎体和金刚石固结，形成具有一定耐磨性的假合金胎体。由于存在压制密度不均匀，质量不易控制等缺点，冷压法目前已基本淘汰
无压浸渍法	将金刚石与骨架粉末按比例混合均匀，在常温下装入石墨模具内(对于表镶钻头是将定量的胎体粉末装入黏好金刚石的石墨模具内)，随后放入钢体，经适当敲振后达到一定密度，加入黏结金属，放入加热炉中烧结，熔融的黏结金属通过毛细作用渗入到骨架粉末的孔隙中，使之形成一种假合金，能良好地包镶金刚石并将胎体和钢体固结，在整个烧结过程中无需加压。此方法尤其适用于制造特殊形状钻头，是钻头和扩孔器的常用制造方法之一
热压烧结法	此方法是压制和烧结过程同时进行，将形成钻头胎体的金属粉末和金刚石按比例混合均匀，装入石墨模具进行加热，当接近塑性状态时施加一定压力，可使胎体良好地包镶金刚石，并将胎体和钢体固结，此方法是钻头的常用制造方法之一
低温电镀法	低温电镀法是利用金属电镀原理将黏结金属镀到铺有金刚石的钻头钢体上，形成一个耐磨的镀层并与钻头钢体牢固地黏结在一起。缺点是生产周期长
二次镶嵌法	此种方法是先用热压法或无压法烧结好含有金刚石的胎块，然后用钎焊法将胎块焊接到预先烧结好的钻头体上

第6章 金刚石与硬质合金钻进

金刚石与硬质合金钻进是一项综合性很强的技术，应根据岩石的物理力学性质及孔内条件，合理选择钻进方法、钻头、钻进技术参数及操作事项。金刚石钻进包括孕镶、表镶和复合片钻头钻进，是目前应用最普遍的钻进方法。硬质合金钻进使用越来越少，有被复合片钻头钻进替代的趋势。

6.1 钻头选择和使用

6.1.1 硬质合金钻头的选择

胶结性的砂岩、黏土、亚黏土、泥岩以及风化岩层、遇水膨胀或缩径地层宜选用肋骨式硬质合金钻头或刮刀式硬质合金钻头；可钻性3~5级的中、弱研磨性地层，铁质、钙质岩层、大理岩等宜用直角薄片式钻头、单双粒钻头或品字形钻头；研磨性强、非均质较破碎、稍硬岩层，如石灰岩等宜用负前角阶梯钻头；软硬不均、破碎及研磨性强的岩层，如砾石等宜用大八角钻头；砂岩、砾岩等选用针状合金钻头。常用硬质合金取心钻头及其适用范围见表6-1。

表6-1 常用硬质合金取心钻头及其适用范围

类别	钻头类型	岩石可钻性级别									岩石
		1	2	3	4	5	6	7	8	9	
磨锐式钻头	螺旋肋骨钻头		●	●	●						松散可塑性岩层
	阶梯肋骨钻头			●	●	●					页岩，砂页岩
	薄片式钻头	●	●	●							砂页岩，碳质泥岩
	方柱状钻头			●	●	●					均质大理岩，灰岩，软砂岩，页岩
	单双粒钻头				●	●	●				中研磨性砂岩，灰岩
	品字形钻头				●	●	●				灰岩，大理岩，细砂岩
	破扩式钻头			●	●	●					砂砾岩，砾岩
自磨式钻头	负前角阶梯钻头					●	●	●			玄武岩，砂岩，辉长岩，灰岩
	胎体针状钻头						●	●	●		中研磨性片麻岩，闪长岩
	钢柱针状钻头						●	●	●		研磨性石英砂岩，混合岩
	薄片式自磨钻头						●	●	●		研磨性粉砂岩，砂页岩
	碎粒合金钻头						●	●	●		中研磨性岩层，硅化灰岩

6.1.2　金刚石钻头的选择

金刚石钻进适用于中硬以上岩层。一般聚晶金刚石、金刚石复合片、烧结体钻头适用于 3~7 级岩层，单晶孕镶金刚石钻头适用于 5~12 级完整和破碎岩层，天然表镶金刚石钻头适用于 4~10 级完整岩层。不同类型金刚石钻头的选用见表 6~2。

表 6－2　不同类型金刚石钻头的选用

代表性岩石			泥灰岩，绿泥石片岩，页岩，千枚岩，泥质砂岩，硬质片岩	大理岩，石灰岩，泥灰岩，蛇纹岩，辉绿岩，安山岩，辉长岩，片岩，白云岩，硬砂岩，橄榄岩			片麻岩，玄武岩，闪长岩，石英二长岩，混合岩，矽卡岩，伟晶岩，花岗闪长岩，流纹岩，花岗岩，钠长岩			石英斑岩，高硅化灰岩，坚硬花岗岩，碧玉岩，霏细岩，石英岩，石英脉，含铁石英岩		
可钻性	类别		软	中硬			硬			坚硬		
	级别		1~3	4~6			7~9			10~12		
研磨性			弱	弱	中	强	弱	中	强	弱	中	强
复合片钻头			●	●	●	●	●	●				
聚晶金刚石烧结体			●	●	●	●	●	●	●			
表镶钻头	天然金刚石粒度（粒/克拉）	10~25			●							
		25~40			●	●	●	●				
		40~60					●	●				
		60~100							●	●	●	●
	胎体硬度（HRC）	20~30		●			●					
		35~40			●			●			●	
		>45							●			●
孕镶钻头	人造或天然金刚石（目）	20~40		●	●	●						
		40~60			●	●	●					
		60~80						●			●	
		80~100							●			
	胎体硬度（HRC）	10~20									●	
		20~30		●			●			●		
		30~35			●			●		●		
		35~40			●			●			●	
		40~45				●		●	●			
		>45										●

注：1 克拉（ct）= 200 mg。

金刚石钻头主要参数及结构要素与钻头选择如下：

（1）钻头唇面形状。中硬、中等研磨性的岩层，宜选用平底形唇面或圆弧形唇面；坚硬且研磨性高的岩层，可用半圆形唇面；对复杂、破碎不易取得岩心的地层，可选用阶梯底喷式唇面；坚硬、致密易出现打滑的岩层，可选用锯齿形等唇面。金刚石取心钻头唇面形状及适用地层参见第 5 章表 5 - 29。

（2）胎体硬度。岩石的研磨性越强或硬度越低，则钻头胎体的硬度应越高；反之，岩石的研磨性越弱或硬度越高，则钻头胎体的硬度应越低。不同岩层推荐胎体硬度及耐磨性参见第 5 章表 5 - 35。

（3）金刚石浓度。岩石硬度越高或研磨性越弱，则钻头金刚石浓度应越低；反之，岩石硬度越低或研磨性越强，则钻头金刚石浓度应越高。人造孕镶金刚石钻头在不同岩层推荐的金刚石浓度值参见第 5 章表 5 - 39。

（4）金刚石粒度。岩石的研磨性越强，硬度越高，则要求钻头的金刚石颗粒应越小，最好用孕镶钻头；岩石硬度越低，研磨性越弱，则要求钻头的金刚石颗粒应越大。孕镶金刚石钻头推荐粒度参见第 5 章表 5 - 40，表镶金刚石钻头推荐粒度参见第 5 章表 5 - 41。

6.1.3　钻头的合理使用

（1）按照相关标准严格检查钻头与扩孔器，将符合要求者按钻头与扩孔器外径先大后小的次序排队编组轮换使用，同时亦应先用内径小的，后用内径大的。在轮换过程中，应保证排队的钻头、扩孔器都能正常下到孔底，以避免扫孔、扫残留岩心。

（2）钻头与扩孔器的合理配合尺寸，一般是扩孔器外径比钻头外径大 0.3 ~ 0.5 mm，坚硬岩层不得大于 0.3 mm。

（3）为可靠地卡取岩心而又不造成岩心堵塞，必须注意钻头内径、卡簧内径和岩心直径三者之间的相互配合尺寸。一般卡簧的自由内径应比钻头内径小 0.3 ~ 0.5 mm，卡簧应在上一回次岩心上测试，以不脱落、不卡死为宜。

（4）新钻头到达孔底后，应进行"初磨"，即轻压（正常钻压的 1/3），慢转（100 r/min 左右），钻进 10 min 左右，再采用正常参数继续钻进。

（5）不宜用新钻头扫孔和清除残留岩心。

（6）提钻后必须用游标卡尺精确测量钻头内外径、扩孔器外径、岩心直径以及孕镶钻头工作层高度，并做好记录，以此作为下个回次选择钻头尺寸的依据。

（7）为钻头使用创造良好的工作条件：

①孔底平整、孔内清洁。

②发现孔壁有探头石，孔底有硬质合金碎屑、胎块碎屑、脱落的金刚石颗粒、金属碎屑、脱落岩心、掉块等，要立即采用冲、捞、捣、抓、粘、套、磨、吸等方法

打捞和清除干净。

　　③换径和下套管前，必须将残留岩心除净，做好孔底的清理和修整工作。换径和下套管后，必须用带导向钻具和锥形钻头钻进。第一回次的小径岩心管应短些(0.5 m左右)，小径钻进3~4 m后转入正常钻进。

　　④在复杂地层使用双管钻具时，下钻前严格检查钻具水路是否畅通、单动部分是否灵活、内外岩心管是否平直、螺纹连接是否拧紧等。

　　(8)钻头出现以下情况时，不得再下入孔内：

　　①表镶钻头内外径尺寸较标准尺寸磨耗0.2 mm以上，孕镶钻头内外径尺寸较标准尺寸磨耗0.4 mm以上。

　　②表镶钻头出刃尺寸超过金刚石颗粒直径1/3。

　　③表镶钻头有少数金刚石脱落，挤裂或剪碎。

　　④钻头出现异常磨损。

　　⑤钻头水口和水槽高度严重磨损。

　　⑥胎体有明显裂纹、掉块及唇面出现沟槽、微烧、台阶或被严重冲蚀。

　　⑦已磨钝或胎体性能与岩层不适应、钻速明显下降的钻头。

　　⑧钻头体变形，螺纹损坏。

　　(9)硬质合金钻头内外径要符合要求。超出内外刃的焊料应予以清理，出刃要一致。

　　(10)硬质合金钻头切削具磨钝、崩刃、水口减少时，应及时修磨，以备再用。

6.2　主要钻进技术参数的选择

6.2.1　钻压

　　金刚石钻进中，作用于钻头上的钻压，应使每粒工作的金刚石与岩石的接触压力既要大于岩石的抗压入强度，又要小于金刚石本身的抗压强度。在硬质合金钻进中，一般根据实际情况，首先确定每颗硬质合金切削具上应有的压力，然后再根据一个钻头上镶焊硬质合金的数量选定总钻压。钻压可根据岩石可钻性、研磨性、完整程度、钻头底唇面积、金刚石粒度、品级和数量等综合因素进行选择。

　　1.钻压的计算

　　为保证金刚石有效地破碎岩石，必须使金刚石接触面上的单位压力大于岩石的抗压强度并小于金刚石的抗压强度。三者之间的关系可用公式(6-1)表示：

$$\sigma_r < \sigma_p < \sigma_D \tag{6-1}$$

式中：σ_r为岩石抗压强度，Pa；σ_p为金刚石与岩石接触面上的单位压力，Pa；σ_D为金刚石的抗压强度，Pa。

表6-3　表镶金刚石钻头底唇面金刚石颗粒数

钻头类型	规格代号	外径/内径 D/d /mm	环状面积 /cm²	水口面积 /cm²	钻头唇面积 /cm²	水口数 /个	颗 粒 数			
							粗粒 15~25 粒/克拉 (20粒/克拉*)	中粒 25~40 粒/克拉 (33粒/克拉*)	细粒 40~60 粒/克拉 (50粒/克拉*)	特细粒 60~100 粒/克拉 (80粒/克拉*)
单管钻头	A	48/38	6.75	0.9	5.85	3	120	150	190	240
	B	60/48	10.17	1.44	8.73	4	180	230	280	340
	N	76/60	17.08	3.84	13.24	8	260	340	420	540
	H	96/76	27	6	21	10	400	500	600	740
	P	122/98	41.45	8.64	32.81	12	560	690	880	1140
M型双管钻头	A	48/33	9.54	1.35	8.19	3	160	200	250	320
	B	60/44	13.06	1.92	11.14	4	220	270	330	440
	N	76/58	18.93	4.32	14.61	8	280	360	450	570
	H	96/73	30.51	6.9	23.61	10	430	560	670	830
T型双管钻头	A	48/30	11.02	1.62	9.40	3	180	230	290	360
	B	60/41.5	14.74	2.22	12.52	4	240	310	380	490
	N	76/55	21.6	5.04	16.56	8	320	420	530	650
	H	96/72	31.65	7.2	24.45	10	470	580	710	880
	P	122/94	47.48	10.08	37.40	12	660	810	1050	1300
P型双管钻头	N	76/48	27.26	6.72	20.54	8	380	500	630	770
	H	96/66	38.15	9	29.15	10	540	670	800	970
	P	122/87	57.42	12.6	44.82	12	770	940	1220	1520
	S	150/108	85.06	17.64	67.42	14	1050	1350	1660	2100
	U	175/130	107.7	21.6	86.1	16	1340	1660	2100	2500
	Z	200/148	142.05	28.08	113.97	18	1700	2050	2600	3100

注: * 为该类粒度的平均值。

（1）表镶金刚石钻头所需钻压可按经验公式（6-2）计算：

$$P = G \cdot p \qquad (6-2)$$

式中：p 为施加于钻头上的钻压，N；G 为钻头底唇面上的金刚石颗粒数（表6-3）；p 为单粒金刚石上允许的压力，N/粒，细粒金刚石：$p \approx 10 \sim 15$ N/粒；中粒金刚石：$p \approx 15 \sim 20$ N/粒；粗粒金刚石：$p \approx 20 \sim 30$ N/粒；特优质级金刚石：$p \approx 50$ N/粒。

（2）复合片、聚晶和硬质合金钻头所需钻压可按经验公式（6-3）计算：

$$P = M \cdot p \qquad (6-3)$$

式中：p 为施加于钻头上的钻压，N；M 为钻头上的复合片数量（表6-4）；钻头上的三角聚晶数量（表6-5）；钻头上的硬质合金数量（表6-6）。p 为单粒切削具上允许的压力，N/粒，复合片：$p \approx 500 \sim 1000$ N/片；聚晶体：$p \approx 200 \sim 300$ N/粒；硬质合金：$p \approx 400 \sim 2000$ N/粒（表6-7）。

表6-4 钻头唇面复合片数量

钻头类型	规格代号	$\dfrac{外径\ D}{内径\ d}$/mm	复合片数量/片
单管钻头	A	48/38	3~4
	B	60/48	4~5
	N	76/60	5~6
	H	96/76	7~8
	P	122/98	10~12
M型双管钻头	A	48/33	4~5
	B	60/44	5~6
	N	76/58	6~7
	H	96/73	8~9
T型双管钻头	A	48/30	5~6
	B	60/41.5	6~7
	N	76/55	7~8
	H	96/72	8~9
	P	122/94	11~13
P型双管钻头	N	76/48	8~10
	H	96/66	10~11
	P	122/87	14~16
	S	150/108	—
	U	175/130	—
	Z	200/148	—

表 6 – 5　钻头唇面三角聚晶数量

钻头类型	规格代号	外径 D／内径 d /mm	唇面聚晶数量/粒
单管钻头	A	48/38	13 ~ 15
	B	60/48	20 ~ 25
	N	76/60	30 ~ 35
	H	96/76	38 ~ 42
	P	122/98	45 ~ 50
M 型双管钻头	A	48/33	16 ~ 20
	B	60/44	25 ~ 28
	N	76/58	32 ~ 37
	H	96/73	40 ~ 45
T 型双管钻头	A	48/30	20 ~ 25
	B	60/41.5	30 ~ 35
	N	76/55	36 ~ 40
	H	96/72	43 ~ 47
	P	122/94	52 ~ 56
P 型双管钻头	N	76/48	45 ~ 50
	H	96/66	48 ~ 54
	P	122/87	55 ~ 60
	S	150/108	—
	U	175/130	—
	Z	200/148	—

表 6 – 6　钻头唇面硬质合金镶焊数量

钻孔口径		N	H	P	S
岩石可钻性级别	1 ~ 3	6 ~ 8	8 ~ 10	8 ~ 10	10 ~ 14
	4 ~ 6	8 ~ 10	9 ~ 12	10 ~ 14	14 ~ 16
卵砾石层		9 ~ 12	12 ~ 14	14 ~ 16	16 ~ 18

表 6 – 7　每颗硬质合金能承受的压力值

岩石级别	硬质合金几何形状	每颗硬质合金能承受的压力/N
1 ~ 3 级	薄片状	400 ~ 600
4 ~ 6 级	方柱状及八角柱状	800 ~ 1200
7 ~ 8 级	大八角柱状	900 ~ 1600
6 ~ 8 级	针状合金胎块	1500 ~ 2000

（3）孕镶金刚石钻头所需钻压可按经验公式（6-4）计算：

$$p = F \cdot q \qquad (6-4)$$

式中：p 为施加于钻头上的钻压，N；F 为钻头实际工作唇面面积，cm^2（见表6-3中的钻头唇面面积）；q 为单位底唇面面积上允许的压力，N/cm^2，中硬至硬岩层：$q \approx 500 \sim 700 \ N/cm^2$；硬岩层：$q \approx 700 \sim 900 \ N/cm^2$；坚硬岩层：$q \approx 900 \sim 1000 \ N/cm^2$。

2. 不同类型及规格钻头推荐钻压

不同类型及规格金刚石钻头推荐采用的钻压见表6-8至表6-11，不同类型及规格硬质合金钻头采用的钻压可参考表6-10。胎体针状合金钻头采用的钻压比普通硬质合金钻头的钻压增加约20%。

表6-8 表镶金刚石钻头钻进推荐钻压

钻头类型	规格代号	外径 D／内径 d /mm	推荐钻压/kN
单管钻头	A	48/38	3.0~4.5
	B	60/48	4.0~6.5
	N	76/60	5.5~7.5
	H	96/76	7.5~9.5
	P	122/98	9.0~11.0
M 型双管钻头	A	48/33	4.0~6.0
	B	60/44	4.5~7.0
	N	76/58	6.0~8.0
	H	96/73	8.0~10.0
T 型双管钻头	A	48/30	4.5~6.5
	B	60/41.5	6.0~8.0
	N	76/55	6.5~8.5
	H	96/72	8.5~11.0
	P	122/94	10.0~13.0
P 型双管钻头	N	76/48	7.0~9.0
	H	96/66	9.0~12.0
	P	122/87	10.5~13.5
	S	150/108	—
	U	175/130	—
	Z	200/148	—

表 6 - 9　复合片钻头钻进推荐钻压 *

钻头类型	规格代号	$\dfrac{外径 D}{内径 d}$ /mm	推荐钻压/kN
单管钻头	A	48/38	1.5 ~ 4.0
	B	60/48	2.0 ~ 5.0
	N	76/60	2.5 ~ 6.0
	H	96/76	3.5 ~ 8.0
	P	122/98	5.0 ~ 12.0
M 型双管钻头	A	48/33	2.0 ~ 5.0
	B	60/44	2.5 ~ 6.0
	N	76/58	3.0 ~ 7.0
	H	96/73	4.0 ~ 9.0
T 型双管钻头	A	48/30	2.5 ~ 6.0
	B	60/41.5	3.0 ~ 7.0
	N	76/55	3.5 ~ 8.0
	H	96/72	4.0 ~ 9.0
	P	122/94	5.5 ~ 13.0
P 型双管钻头	N	76/48	4.0 ~ 10.0
	H	96/66	5.0 ~ 11.0
	P	122/87	7.0 ~ 16.0
	S	150/108	—
	U	175/130	—
	Z	200/148	—

注：* 为复合片规格以 ϕ13.4 mm × 4.5 mm 为例进行计算。

表 6 - 10　三角聚晶钻头钻进推荐钻压 *

钻头类型	规格代号	$\dfrac{外径 D}{内径 d}$ /mm	推荐钻压/kN
单管钻头	A	48/38	2.6 ~ 4.5
	B	60/48	4.0 ~ 7.5
	N	76/60	6.0 ~ 10.5
	H	96/76	7.6 ~ 12.6
	P	122/98	9.0 ~ 15.0
M 型双管钻头	A	48/33	3.2 ~ 6.0
	B	60/44	5.0 ~ 8.4
	N	76/58	6.4 ~ 11.1
	H	96/73	8.0 ~ 13.5

续表 6-10

钻头类型	规格代号	外径 D/内径 d /mm	推荐钻压/kN
T 型双管钻头	A	48/30	4.0~7.5
	B	60/41.5	6.0~10.5
	N	76/55	7.2~12.0
	H	96/72	8.6~14.0
	P	122/94	10.4~16.8
P 型双管钻头	N	76/48	9.0~15.0
	H	96/66	9.6~16.2
	P	122/87	11.0~18.0
	S	150/108	—
	U	175/130	—
	Z	200/148	—

注：* 为三角聚晶规格以 4 mm×4 mm×2.5 mm 为例进行计算。

表 6-11　孕镶金刚石钻头钻进推荐钻压* 　　　　　（单位：kN）

钻头类型	规格代号	外径 D/内径 d /mm	岩石可钻性类别		
			中硬 - 硬	硬	坚硬
单管钻头	A	48/38	3~4	4~5	5~6
	B	60/48	4~6	5~7	6~8
	N	76/60	6~8	7~9	8~10
	H	96/76	8~10	9~11	10~12
	P	122/98	12~14	13~15	14~16
M 型双管钻头	A	48/33	4~5	5~6	6~7
	B	60/44	5~7	6~8	7~9
	N	76/58	7~9	8~10	9~11
	H	96/73	9~11	10~12	11~13
T 型双管钻头	A	48/30	5~6	6~7	7~8
	B	60/41.5	6~8	7~9	8~10
	N	76/55	8~10	9~11	10~12
	H	96/72	10~12	11~13	12~14
	P	122/94	14~16	15~17	16~18

续表 6 – 11

钻头类型	规格代号	外径 D/内径 d /mm	岩石可钻性类别		
			中硬 – 硬	硬	坚硬
P 型双管钻头	N	76/48	9 ~ 11	10 ~ 12	11 ~ 13
	H	96/66	11 ~ 13	12 ~ 14	13 ~ 15
	P	122/87	15 ~ 17	16 ~ 18	17 ~ 19
	S	150/108	—	—	—
	U	175/130	—	—	—
	Z	200/148	—	—	—

注：＊计算钻压时，孕镶金刚石钻头实际工作唇面面积参见表 6 - 3 钻头底唇面面积。

3. 选择和施加钻压技术要点

（1）岩石性质：在软岩层中钻进应选用低钻压（下限钻压）；在完整、中硬到坚硬或强研磨性的岩层中钻进应适当加大钻压（上限钻压）；在破碎、裂隙和非均质的岩层中钻进应适当减小钻压，一般降低 25% ~ 50%。

（2）金刚石：在钻头金刚石质量好、粒度大、岩石坚硬完整的情况下可采用较高的单粒压力，反之，应采用较低的单粒压力。钻进中随着金刚石的磨钝，钻压可逐步增大。

（3）钻头类型：钻头口径大、壁厚、与岩石接触面积大、胎体较软时，宜选用上限钻压（高钻压）。

（4）分阶段施加钻压：新钻头的钻进回次应分为磨合阶段和正常钻进阶段。在磨合阶段应运用低钻压、低转速，让钻头唇面形状与孔底及岩心根部逐渐相吻合。

（5）孔底实际钻压：一般地表测得的钻压值都是钻具自重加上或减去油压的指示值，而钻孔弯曲、泵压的脉动和岩性不均造成钻具振动，使孔底实际的瞬时动载钻压可能是地表仪表指示钻压的 1 ~ 3 倍。因此，对于深孔、斜孔、超径应选用较小的钻压。

6.2.2　转速

1. 转速选择原则

根据岩石性质、钻孔结构、设备能力及钻头规格类型等因素合理选择转速。

（1）表镶钻头和三角聚晶钻头底唇面的线速度范围为 1.0 ~ 2.0 m/s；孕镶钻头底唇面的线速度范围为 1.5 ~ 3.0 m/s；复合片钻头和硬质合金钻头底唇面的线速度范围为 0.5 ~ 1.5 m/s。粗粒金刚石钻头的转速应低于细粒金刚石钻头的转速。针状合金钻头的转速应采用合金钻头转速的上限。

钻头的转速可按公式(6-5)计算：

$$n = \frac{60v}{\pi \times D} \tag{6-5}$$

式中：n 为钻头的转速，r/min；v 为推荐的线速度，m/s；D 为钻头直径，m。

不同直径钻头线速度与转速的关系如图6-1所示。

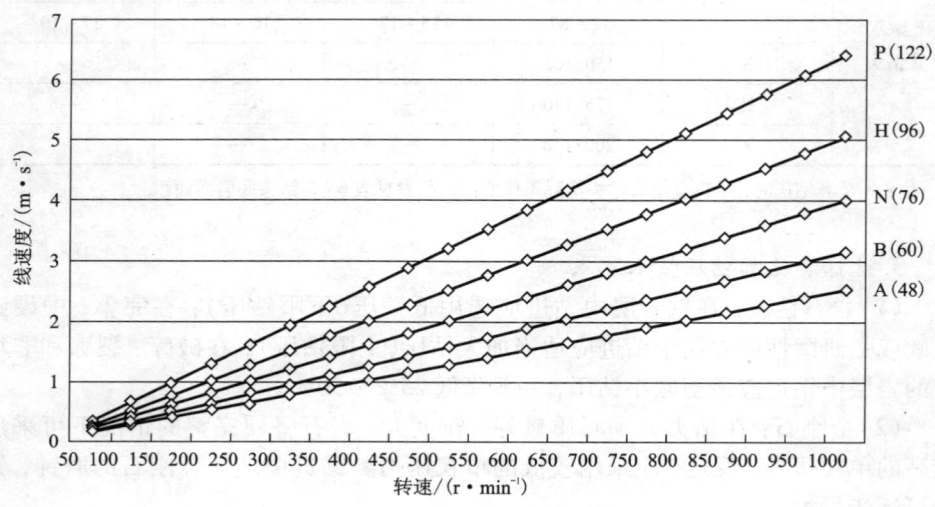

图6-1　不同直径钻头线速度与转速的关系

(2)在中硬完整岩层中钻进可采用较高转速；在破碎、裂隙发育、软硬不均的岩层中钻进时振动大，应适当降低转速；在软岩层中钻进效率很高时，应适当限制转速。

(3)正常钻进时，在机械能力、管材强度、钻具稳定性及其减震、润滑等条件允许的前提下，视岩层情况适当提高转速。

2. 不同类型及规格钻头推荐转速

不同类型及规格钻头适用转速见表6-12。

表6-12 不同类型和规格钻头适用转速　　　　　　　　（单位：r/min）

钻头类别	规格代号					
	A	B	N	H	P	S
表镶钻头	500~1000	400~800	300~550	250~500	180~350	150~300
孕镶钻头	750~1500	600~1200	400~850	350~700	260~520	220~440
复合片钻头 硬质合金钻头	200~700	150~600	100~500	80~400	70~300	50~200
聚晶钻头	500~900	400~750	300~500	250~500	180~350	150~300

6.2.3　泵量

在金刚石钻进中，冲洗液除了冷却钻头和排除岩粉外，还有调节金刚石钻头胎体正常磨损的作用（使金刚石适时适量地出露），以及保护孔壁和润滑减震等作用。泵量是指将冲洗介质，如清水、泥浆等泵入孔底的量。因此，泵量对金刚石钻进具有特殊的意义。

金刚石钻进一般转速较高，钻头发热量大，要求冲洗液有较大的压力通过钻头底部，有效地冷却各部位的金刚石和润滑钻具，同时，金刚石钻进口径小，钻具与孔底及孔壁间隙小，岩粉也较细，故可采用较小泵量。因此，金刚石钻进要求较小的泵量和较高的泵压。而硬质合金钻进时，冲洗液量的大小一般由单位时间内产生的岩粉量来确定。岩石可钻性级别越低，转速越大，钻速越高，孔径越大，所选用的泵量也应越大，反之则应选用较小的泵量。

泵量是以冲洗液上返速度来计算的，其公式如下：

$$Q = 6 \cdot V \cdot A \tag{6-6}$$

式中：Q 为泵量，L/min；V 为环状间隙上返流速，对于金刚石钻进，选择值在 0.3 ~ 0.7 m/s，对于硬质合金钻进，选择值在 0.2 ~ 0.6 m/s，少数怕冲蚀的岩层其上返流速可以稍低于 0.2 m/s；A 为钻孔环状断面面积，cm^2（表 6-13）。

表 6-13　内、外螺纹钻杆与套管、孔壁之间环状间隙

规格代号	钻杆外径 D /mm	接头外径 /mm	钻头外径 /mm	套管内径 /mm	钻杆/套管 间隙 /mm	钻杆/套管 面积 /mm²	钻孔直径 /mm	钻杆/钻孔 间隙 /mm	钻杆/钻孔 面积 /mm²
A	43 内螺纹钻杆	44	48	49	3	433	49	3	433
B	54 内螺纹钻杆	55	60	61.5	3.75	680	61	3.5	632
N	67 内螺纹钻杆	68	76	80	6.5	1500	77	5	1130
H	67 内螺纹钻杆	68	96	99	16	4170	97	15	3862
P	73 外螺纹钻杆	105	122	126	26.5	8279	123	25	7693

选定泵量应以保证充分冷却钻头及冲净并排出钻头底部和孔内岩粉为准。

不同规格金刚石钻头在套管或钻孔中钻进推荐泵量见表 6-14。不同规格硬质合金钻头在不同岩层中钻进推荐泵量见表 6-15。

表 6 – 14　不同规格金刚石钻头在套管或钻孔中钻进推荐泵量（单位：L/min）

钻杆类型		规格代号				
		A	B	N	H	P
内(外)螺纹钻杆	套管	15～35	25～45	35～70	50～100	60～130
	钻孔	15～35	20～40	35～65	50～90	60～110

表 6 – 15　不同规格硬质合金钻头在不同岩层中钻进推荐泵量（单位：L/min）

岩层	规格代号			
	N	H	P	S
松软易破碎、怕冲蚀的岩层	<60	<70	<80	<100
塑性无研磨性、均匀岩石	100～120	120～150	150～180	180～200
致密均匀及非均质研磨性岩层	60～100	70～120	80～150	100～180

影响泵量的因素较多，泵量的选择，可根据岩石性质、环状间隙、钻头类型、金刚石粒度、胎体性能及钻压、转速等因素适当调整。

(1)钻进坚硬、颗粒细的岩层，泵量可小些；钻进软、中硬，颗粒粗的岩层，泵量可大些；钻进裂隙，有轻微漏失的岩层，泵量要稍大于正常情况。

(2)孕镶钻头应采用较大泵量，表镶钻头采用较小泵量，复合片钻头和硬质合金钻头选用的泵量可超过表镶或孕镶钻头泵量的20%～50%。

(3)在转速较高、钻进速度较快、岩层研磨性较强和岩屑颗粒较粗时，应选用较大泵量，选用表6－14中上限值；反之泵量应减小，选用表6－14中下限值。

(4)钻头水口的大小，直接影响钻头内外的冲洗液压差，保持适当的压差，有利于钻头底部岩粉的排出和钻头冷却。随着钻头胎体消耗，钻头水口要进行修磨，修磨后其高度不得小于3 mm。

(5)泵量大对冷却钻头、清除岩粉是有利的。但泵量过大会增加钻进阻力，强水流对钻头胎体冲刷严重，降低钻头寿命，同时高速液流对孔壁冲刷作用增大，尤其是对不稳定地层会加剧其恶化。

6.3　钻头的磨损

钻头磨损分正常磨损和非正常磨损。每次起钻后都要观察钻头内外径和底唇面的磨损是否正常，有没有过量磨损等异常现象。从磨损形态分析发生不正常情况的原因，检验所选用的钻进技术参数和操作是否合理，所选钻头是否适应地层等。

6.3.1　正常磨损

钻头的正常磨损见表 6 – 16。

表 6 – 16　钻头的正常磨损

钻头类型	表观现象	原　因	图　例
表镶及孕镶钻头	(1)触摸钻头唇面有粗糙和锋利感觉 (2)金刚石后部具有良好的蝌蚪状支撑体 (3)钻头磨损均匀，内外保径良好 (4)钻进速度较快、回转扭矩适当	(1)钻头选型比较恰当 (2)钻进规程参数比较合理	
复合片(三角聚晶及硬质合金)钻头	(1)复合片(三角聚晶及硬质合金)磨损正常，且随着进尺的增加，磨损量逐渐增大 (2)胎体冲蚀正常 (3)钻头上无掉片、崩损现象 (4)钻进速度较快、回转扭矩适当	(1)钻头选型比较恰当 (2)钻进规程参数比较合理	

6.3.2　非正常磨损

1. 非正常磨损的原因

(1)岩石性质：岩层硬、脆、碎或软硬不均，有裂隙空洞等都是造成钻头非正常磨损的重要原因。如选用钻头的类型不适应，就会发生非正常磨损。

(2)钻头设计和加工质量：金刚石包镶不牢；胎体硬度不适应岩石硬度和研磨性；金刚石质量差或金刚石分布不均及浓度选择不对；保径补强未达要求；水口水槽太小；刚体变形，机械加工不合要求等。

(3)钻进工艺和操作原因：不严格遵守操作规程，钻进技术参数不合理，不严格实施保护钻头的措施和规定等。

2. 典型非正常磨损钻头

典型非正常磨损钻头类型、可能原因及预防措施见表 6 – 17。

表 6 – 17　典型非正常磨损钻头类型、可能原因及预防措施

类　型	可能原因	预防措施	图　例
1. 钻头底唇面被抛光	(1)岩石坚硬、致密、弱研磨性 (2)钻头胎体太硬，与所钻岩石性质不适应 (3)金刚石品级低，或金刚石浓度太高 (4)钻压不足，转速偏高	(1)选用较软胎体、高品级和较低浓度金刚石钻头 (2)适当降低转速、增大钻压 (3)在现场对抛光的钻头进行酸蚀、砂轮或角磨机打磨等方法，使其重新出刃	
2. 钻头磨成内、外台阶或锥形	(1)钻压过大 (2)钻头内、外径补强不良 (3)在硬岩层中扩孔钻进，造成外缘磨损 (4)在硬、碎岩层中钻进，钻头外缘金刚石掉粒或剪断；或发生岩心堵塞和重复破碎 (5)用钻头扫探头石、脱落岩心、残留岩心或松脱的套管接头 (6)双管的内管松脱，绳索取心钻具内管的上部止推或悬挂失灵	(1)减小钻压 (2)采用合格的扩孔器，保持钻孔直径 (3)检查岩心卡簧和卡簧座，防止岩心脱落 (4)采用液动冲击锤配合单动双管钻具或绳索取心钻具钻进，可有效避免岩心堵塞 (5)对破碎岩层，应用水泥或套管封住破碎孔段，防止钻孔坍塌 (6)采用单动性能好的双管	
3. 钻头偏磨	(1)钻头中心线与唇面垂直度差 (2)钻具弯曲，钻头与岩心管同心度差 (3)钻头胎体呈椭圆形	(1)钻头螺纹加工符合标准 (2)禁用弯曲的岩心管 (3)胎体椭圆度超过钻头外径的0.3%时禁止使用	
4. 钻头胎体端面形成沟槽	(1)水路设计不合理 (2)钻压过大 (3)孔底有金属或硬岩碎块 (4)金刚石在胎体端面没完全覆盖，有空白区	(1)选用多水口的孕镶钻头 (2)适当降低钻压 (3)清除孔底的金属或硬岩碎块 (4)选择质优价廉信誉好的钻头供应商	

续表 6 – 17

类　型	可能原因	预防措施	图　例
5. 胎体掉块	(1)下钻时碰撞了变径台阶、探头石或脱落岩心 (2)跑钻墩坏胎体 (3)钻头在缩径孔段受挤压 (4)在裂隙发育地层中钻进，钻压过大，转速过高，泵量过小造成胎体裂纹，进而发展至胎体掉块	(1)采用十字钻头或磨鞋处理变径台阶、探头石及脱落岩心 (2)选配合格的扩孔器 (3)操作时注意力应高度集中，下钻速度不宜太快 (4)根据不同地层合理选择钻进参数	
6. 钻头微烧和烧钻	(1)泵量小或钻杆柱冲洗液漏失，钻头冷却不充分 (2)孔底岩屑过多，没有及时排除 (3)钻压过大，转速过快 (4)钻头结构和水路设计不合理 (5)在孔底缺水的情况下仍继续钻进，致使钻头胎体和岩粉熔化在一起，造成烧钻	(1)在钻杆接头丝扣处缠棉纱或涂抹丝扣油，防止冲洗液漏失 (2)增大泵量 (3)检查双管钻具水路系统是否堵塞 (4)水泵运转正常，注意泵压变化，泥浆池要经常保持清洁 (5)严格执行操作规程，操作人员思想应高度集中	
7. 胎体或水口出现裂纹	(1)钻压太大 (2)岩心自卡，将胎体或水口胀裂 (3)拧卸钻头时操作不当，将钻头夹裂 (4)跑钻，墩裂钻头 (5)钻头生产中已有隐性裂纹，使用中不断扩大	(1)适当减小钻压 (2)采用单动性能好、卡簧合适、内外管平直的双管钻具 (3)现场配备拧卸钻头的专用工具 (4)加强操作人员的责任心	
8. 复合片崩损	(1)钻压过大，转速过高 (2)地层中含砾石或钻遇硬夹层 (3)冲击载荷过大或操作不当 (4)泵量小，复合片冷却不良	(1)选择合适的钻压和转速 (2)调整钻进参数，规范钻井操作，加强操作人员的责任心 (3)增大泵量	
9. 钻头刚体严重磨损	(1)钻孔坍塌、掉块，或孔底岩屑过多 (2)岩层比较破碎 (3)孔内漏失，泵量不足 (4)孔内有金属碎块如合金、钻头铁片、轴承滚珠等 (5)卡簧座与钻头胎体之间的间隙太大	(1)采用绳索取心钻进，及时打捞破碎岩心 (2)及时处理孔内漏失 (3)发现孔内有异物，应设法打捞干净并采取磨孔措施 (4)常检查双管轴承是否损坏，卡簧座与钻头胎体之间的间隙是否过大	

续表 6 – 17

类　型	可能原因	预防措施	图　例
10. 胎体或水口被严重冲蚀	(1) 钻进高研磨性或坚硬而破碎的岩层,钻头胎体太软 (2) 冲洗液中岩粉过多,或含砂量过高、流速过大	(1) 采用高硬度、高耐磨性的胎体 (2) 适当降低泵量,并延长冲洗液循环槽和增加沉淀池	
11. 夹扁胎体或钢体	(1) 钻头螺纹加工不合适,拧卸时用力过大将钻头夹扁 (2) 用牙钳或其他不合适的工具拧卸钻头,将钻头夹扁	(1) 保证钻头螺纹加工精度和光洁度 (2) 采用专用工具拧卸钻头,拧卸时用力适当	
12. 钻头刚体螺纹部位严重磨损并呈喇叭形	(1) 扩孔器与钻头螺纹配合太松,密封面不吻合 (2) 跑钻将螺纹撑开 (3) 钻压太大	(1) 保证钻头和扩孔器螺纹加工精度,拧合后形成良好的密封面 (2) 避免跑钻 (3) 采用合适钻压	

6.4　改善钻具稳定性技术措施

6.4.1　合理选择钻头与钻具级配

　　为了防止钻具振动,使钻具运转平稳,除采用具有稳定作用的金刚石钻头(如同心圆尖齿钻头、双锥型钻头等),可提高钻具稳定性外,更重要的是合理选择钻头与钻具级配。选择钻头与钻具级配应遵循《地质岩心钻探钻具标准》和《地质岩心钻探规程》。适当减小钻具与孔壁环状间隙,不仅增加钻具稳定性、防止钻头异常磨损、延长钻头使用寿命,而且可提高钻速和岩心采取率。钻头与钻具的级配包括钻头与岩心管的级配、钻头与钻杆的级配及钻头与套管的级配等(参见第 4 章)。

6.4.2　钻具振动原因及预防措施

　　金刚石钻进过程中,钻具始终处于压缩、拉伸、旋转和摩擦等复杂受力状态,因而产生振动。钻具振动不仅造成金刚石钻头、管材及设备过快磨损，钻孔弯曲严重，岩心采取率及其品质下降，而且造成孔壁不稳定，剥落或掉块，增加孔内事故，严重时无法钻进。钻具振动原因及预防措施见表 6 – 18。

表 6 – 18　钻具振动原因及预防措施

	钻 具 振 动 原 因	预 防 措 施
设备工具方面	(1)所用设备技术性能不佳，如钻机稳定性差；动力机功率不足；泥浆泵泵量和泵压不均等 (2)钻机基础强度差，安装不牢 (3)主动钻杆、钻杆或岩心管弯曲 (4)提引水龙头和送水管过重，摆动过大	(1)选择性能良好的钻机，有条件时可选用长导轨、长回次的全液压动力头钻机 (2)钻机安装牢固 (3)采用直的主动钻杆、钻杆及岩心管 (4)选用轻便、转动灵活水龙头
工艺方面	(1)孔身结构设计不合理，和钻杆、岩心管的直径不匹配 (2)钻进技术参数与岩石性质不相适应，盲目增加转速或加大钻压 (3)钻孔弯曲 (4)孔底有残留岩心或其他金属物	(1)选用合理的孔身结构设计及钻柱组合 (2)选用与岩石性质相适应的钻进技术参数，同时避免钻杆柱的共振转速 (3)减小金刚石钻头、扩孔器与钻杆直径的级差，减小钻柱与孔壁的间隙 (4)保持孔底干净
地层方面	(1)岩层破碎，裂隙发育 (2)岩层软硬变化频繁 (3)岩层层理发育，与钻孔轴线呈锐角 (4)在溶洞或空穴发育的地段钻进 (5)岩石硬度和强度不均	(1)禁止盲目提高转速 (2)在岩心管与钻杆之间，或钻杆与钻杆之间增加合适直径的稳定接头 (3)在岩心管与钻杆之间安装减震器 (4)选用具有稳定作用的金刚石钻头，如同心圆尖齿孕镶钻头、多阶梯钻头等

6.5　金刚石钻进操作技术要求

6.5.1　下钻

(1)下钻时，操作人员应配好机上余尺，掌握孔内情况，钻头通过拧管机、套管口或换径处、活石处，应放慢下降速度。下钻遇阻，不应猛冲硬镦，可用管钳慢慢回转钻具，无效时应立即提钻，采用其他方法处理。

(2)每次下钻，不得将钻具直接下到孔底。距孔底约 1 m 时，应接上水龙头开泵送水，等孔口返水后，轻压慢转扫孔到底，正常后可按要求参数钻进。

(3)配好机上余尺，在回次钻进中，不准中途将钻具提离孔底接钻杆。

6.5.2　钻进

（1）钻进时要严格遵守操作规程，合理选择钻压、转速及泵量。钻进正常后，不要随意改变钻进参数。

（2）一个钻进回次宜由一人操作，操作者应精力集中，随时注意和认真观察钻速、孔口返水量、泵压及动力机声响或仪表数值等变化，发现异常，立即处理。

（3）立轴钻机倒杆时，一般要停车。深孔减压钻进时，倒杆前应先用升降机将孔内钻具拉紧（不得提离孔底），倒杆后用油缸减压并在小于正常钻压的情况下平稳开车。开车时，要轻合离合器，并减轻钻头压力，使钻头和钻具在较轻的负荷下缓慢启动，使其受力平稳。

（4）运用全液压动力头钻机加接单根时，不得将钻头提离孔底，以防拔断岩心造成岩心堵塞。应用油缸将孔内钻具拉紧，加接钻杆后先采用小于正常钻压的压力缓慢回转直至到正常钻压进行运转。

（5）岩层变化时，应调整钻进技术参数。岩层由硬变软时，进尺速度过快，应减小钻压；岩层由软变硬钻速变慢时，不得任意增大压力，以免损坏钻头或造成孔斜。在非均质岩层中钻进，应控制机械钻速。

（6）应有专人管理冲洗液，定时检测冲洗液质量，不合格的应及时调整或更换。地层变化时要及时对冲洗液的性能指标进行调整。做好循环系统清理和除砂工作，保持孔底清洁，孔内岩粉超过 0.3 m 时，要采取措施。

（7）钻进中发现岩心轻微堵塞时，可调整钻压、转速。若处理无效应及时提钻。正常钻进时，不应随意提动钻具。

（8）绳索取心钻进中，发现岩心堵塞调整参数无效时，应立即打捞内取样筒，以防磨耗岩心。

（9）防止烧钻。烧钻是指金刚石钻头在钻进过程中，因操作不当或孔内情况复杂，造成钻头被烧毁。烧钻轻者使钻头报废，重者则钻头胎体熔化，且与岩粉、残留岩心烧结在一起。烧钻是金刚石钻进最易发生的事故之一，应严格采取下列预防措施：

①水泵工作应正常，泵压表需灵敏，应有专人负责观察。

②保持钻柱良好的密封性能。钻杆接头处要缠绵纱、垫尼龙圈或涂丝扣油，防止中途冲洗液泄漏。

③钻头水路要符合要求，双管水路要畅通。

④回水箱要有水位升降标志。

⑤发现泵压突然增高、电流表电流突然增大、柴油机排出浓烟、孔内发出异常响声以及孔口突然不返水等烧钻预兆时，严禁关车，应迅速上下活动钻具，待隐患清除后，立即提钻检查，弄清烧钻起因，并采取相应的技术措施。

6.5.3　取心

（1）金刚石钻进时，应使用卡簧采取岩心，不允许投放卡料取心。任何情况下不准干钻取心。

（2）采取岩心时，应先停止钻具回转，缓慢地将钻头提离孔底 50 ~ 70 mm，使卡簧将岩心抱紧，再缓慢开车转几圈扭断岩心后方可起钻。不允许上下活动钻具或猛提钻具取心。

（3）孔深较浅倒杆时，钻杆内冲洗液的压力可能使钻具浮起，造成岩心堵塞或折断，需要适当调小泵量以降低泵压。

（4）卡取岩心时，确认岩心已被卡牢和卡断再提钻，以防岩心脱落和残留岩心太多。

（5）孔内残留岩心长度较大时，应专门捞取。

（6）防止岩心堵塞措施如下：

①在节理发育、破碎、倾角大的岩矿层，应设计专用取心工具。

②吸水膨胀、节理发育等易堵岩层应采用内径较小、补强较好的钻头，使岩心较顺利地进入内管。

③在节理发育，倾角小的岩层中钻进，可用镀铬内管或半合管，亦可在内管中涂润滑油或岩心保护剂，以利于破碎岩心顺利地进入内管。

④采用液动锤钻进，减少岩心堵塞，提高破碎地层岩心采取率。

⑤钻进过程中，不允许任意提动钻具。开、关车要平稳，钻压、泵量要均匀。

6.5.4　复杂岩层钻进

（1）遇复杂缩径地层可采用超径钻头，增加钻杆外径与孔壁之间的间隙。

（2）为防止岩心堵塞，允许卡簧内径略微增大（小于钻头内径 0.1 ~ 0.2 mm），卡簧座底端离钻头内台阶的距离适当调小。

（3）要控制回次长度。

（4）在复杂岩层中起下钻，速度不得过快。在提钻过程中，向孔内灌注冲洗液，以防"抽汲"作用造成孔内坍塌。

6.5.5　坚硬致密弱研磨性（打滑）岩层钻进

（1）使用胎体硬度 HRC10 ~ 20、金刚石粒度相对粗一些和浓度小于 75% 的孕镶钻头。

（2）使用同心圆尖齿钻头、齿轮钻头等，提高坚硬致密岩层的钻进效率。

（3）适当加大钻压，或通过水龙头向孔内投放粗粒石英砂、铅丝等磨料，使胎体磨损和金刚石出刃。

（4）上述方法处理无效时，将钻头提到地面，对胎体采用喷砂、砂轮打磨、石英砂研磨、酸腐蚀等方法处理，使金刚石出刃后再下入孔内继续钻进。

（5）采用液动冲击回转钻进。

6.5.6　其他操作技术要求

（1）拧卸钻头要用专用工具，拧卸位置要正确，防止钻头胎体或刚体被夹扁和夹裂。

（2）每次提钻后，应检查钻头磨损情况，观察岩性变化，以便决定下一回次是否调整钻进参数，及更换钻头和卡簧。

（3）在条件允许情况下，尽量加长冲洗循环槽，增多沉淀池，使岩粉充分沉淀。

（4）认真填写钻头、扩孔器的记录表格及钻进班报表。

6.6　硬质合金钻进操作技术要点

（1）硬质合金取心钻头的规格要符合要求。钻头上的合金应镶焊牢固，不允许用金属锤直接敲击合金，超出外出刃的焊料应予以清除，出刃要一致。钻头切削具磨钝、崩刃、水口减小时，应进行修磨。

（2）新钻头下孔时应距孔底 $0.5 \sim 1$ m 以上，慢转扫孔到底，逐渐调整到正常钻进参数。

（3）孔内脱落岩心或残留岩心在 0.5 m 以上时，应用旧钻头处理。

（4）下钻中途遇阻，不要猛镦，可用自由钳扭动钻杆或开车试扫。

（5）拧卸钻头时，严防钳牙咬伤硬质合金、合金胎块或夹扁钻头体。卸扣时不准用大锤敲击钻头。

（6）钻进中不得无故提动钻具，需要保持压力均匀，不允许随意增大钻压。倒杆后开车时，应降低钻压。发现孔内有异常如糊钻、憋泵或岩心堵塞时，处理无效应立即提钻。

（7）取心时要选择合适的卡料或卡簧。投入卡料后应冲孔一段时间，待卡料到达钻头部位后再开车。采取岩心时，不应频繁提动钻具。当采用干钻取心时，干钻时间不得超过 2 min。

（8）经常保持孔内清洁。孔底有硬质合金碎片时，应捞清或磨灭。

（9）使用肋骨钻头或刮刀钻头钻进时，应及时扫孔修孔。

（10）合理掌握回次进尺长度，每次提钻后，应检查钻头磨损情况，调整下一回次的技术参数。

（11）在水溶性或松散矿层钻进取心，应采用单动双管钻具，并限制回次进尺长度。

第 7 章　绳索取心钻进

绳索取心钻进是一种不提升钻杆柱而由钻杆内捞取岩心的先进钻进方法，在国内外已得到普遍应用。与普通金刚石钻进相比，其优越性表现为：

（1）减少提下钻柱的次数，增加纯钻时间，钻进效率可提高 25% 以上。

（2）采取岩心或发生岩心堵塞时，可以立即打捞。绞车打捞提升平稳、速度快，可减少岩心磨蚀和中途脱落，岩（矿）心采取率最高可达 90%～100%，且无岩（矿）心人为贫化或富集现象，地质效果好。

（3）只在检查外管钻具、更换钻头时提下钻柱，减少了频繁升降和拧卸钻具、扫孔等对钻头的损坏。同时，钻头在孔内工作平稳，钻头使用寿命延长。

（4）打捞岩心时，只需一人操作绳索取心绞车，大大减轻了劳动强度。

（5）对坍塌破碎等复杂地层影响和扰动较小，有利于钻孔稳定和孔内安全。

（6）可为不提升钻杆柱换钻头和孔底换钻头钻具等前沿钻探技术提供良好的平台。

绳索取心钻进技术的局限性有：对钻杆管材的材质（性能）、加工精度要求较严。钻杆修复难度较大，使用成本较高；多级成孔时需准备多套不同规格的绳索取心钻杆；钻杆柱与孔壁的间隙小，增加了钻杆的磨损，同时冲洗液循环阻力有所增大，对钻井液流变特性和固相控制要求较高；钻头壁较厚，切削孔底岩石的面积较大，碎岩功率消耗较大等。

7.1　绳索取心钻具

7.1.1　钻具功能及技术要求

（1）内管总成能从钻杆柱内下到外管中的预定限位和悬挂部位，并可向地面传递信号，使地面操作者及时得知内管总成已经到位，可转入钻进程序。

（2）钻进过程中岩心充满内管或发生岩心严重堵塞时，能及时向地表发出明确的报警信号。

（3）内外管应同轴，单动灵活。内管总成的长度能够调节，使卡簧与钻头内台阶水路保持合理间隙。

（4）卡取岩心时，卡簧座应坐在钻头内台阶上，通过钻头把拔断岩心的反力传到外管上。

（5）打捞器可在钻杆柱内顺利下入，并将内管总成打捞到地面。钻进严重漏失地层或干孔时，打捞器能把内管总成安全地送到预定位置。

（6）打捞器抓住内管提拉不动或提升过程中遇阻时，能够安全解脱，避免拉断钢丝绳及发生其他事故。

7.1.2 钻具总成结构

普通绳索取心钻具的形式很多，但原理相似。图 7-1 是我国地矿系统最常用的 S75 型绳索取心钻具结构。S75 型绳索取心钻具由外管总成和内管总成两大部分组成。

外管总成由弹卡挡头、弹卡室、上扩孔器（稳定接头）、外管、下扩孔器和钻头组成；内管总成由捞矛头、弹卡、悬挂环、到位报信机构、岩心堵塞报警机构以及单动、内管保护、调节、扶正、内管、岩心卡取等机构组成。

1. 铰链式矛头机构

该机构由捞矛头、定位卡块、捞矛座等组成。捞矛头可转动 180°，在内管总成提出孔口放倒时，可防止捞矛头从打捞器的捞钩中脱出。

2. 弹卡定位机构

由弹卡挡头、弹卡板、张簧、弹卡室等零件组成。当内管总成在钻杆柱内下降时，张簧 5 使弹卡 6 向外张开一定角度，并沿着钻杆内壁向下滑动。当内管总成到达外管总成中的弹卡室 7 时，弹卡板在张簧的作用下继续向外张开，使两翼贴附在弹卡室的内壁上。由于弹卡室内径较大，而其上端的弹卡挡头内径较小，在钻进过程中可防止内管总成上窜，起到定位作用。弹卡板沿钻杆的内壁向下滑动时，张开一定角度，具有向内下放的倾斜面，如遇阻碍，钻具重量和向下运动的惯性力使弹卡向内压缩张簧，从而使钻具顺利通过。

3. 悬挂机构

由内管总成中的悬挂环 21 和外管总成中的座环 22 组成（悬挂环的外径稍大于座环的内径。一般相差 0.5 ~ 1.0 mm）。当内管总成下降到外管总成的弹卡室位置时，悬挂环 21 坐落在座环上，使内管总成下端的卡簧座 51 与钻头 52 内台阶保持 2 ~ 4 mm 的间隙，以防止损坏卡簧座和钻头，并保持内管的单动和通水性能。

4. 到位报信机构

由复位簧 12、阀体 13、定位簧 14、弹簧 19、调节螺堵 20、阀堵 39、调节圈等零件组成。当内管总成在钻杆柱内由冲洗液向下压送时，阀体的粗径台阶位于定位簧 14 内，弹簧处于正常状态，阀体在关闭位置，冲洗液由内管总成和钻杆柱的环状间隙流通，如果内管到达外管中的预定位置，内管总成的悬挂环坐落在外管中的座环上，把冲洗液的通道完全堵塞，迫使冲洗液改变流向，压缩弹簧，向下推动阀堵，直至阀体的粗径台阶移出定位簧，使阀堵打开。与此同时，泵压表的

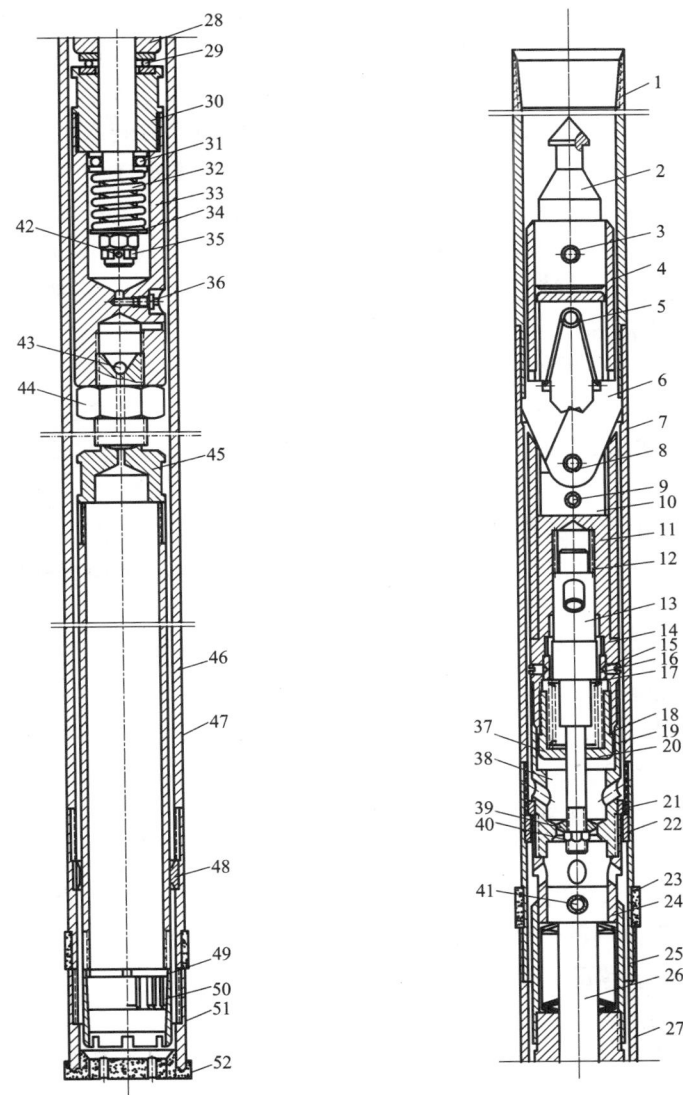

图 7 – 1　S75 型绳索取心钻具结构图

1—弹卡挡头；2—捞矛头；3—弹簧销；4—回收管；5—张簧；6—弹卡；7—弹卡室；8、9—弹卡销；10—弹卡座；11—弹卡架；12—复位簧；13—阀体；14—定位簧；15—螺钉；16—定位套；17—垫圈；18—固紧环；19—弹簧；20—调节螺堵；21—悬挂环；22—座环；23—上扩孔器；24—接头；25—滑套；26—轴；27—碟簧；28—调节螺栓；29—轴承；30—轴承座；31—推力轴承；32—弹簧；33—弹簧座；34—垫圈；35—螺母；36—油杯；37—垫圈；38—悬挂接头；39—阀堵；40—螺母；41—弹簧销；42—开口销；43—钢球；44—调节螺母；45—调节接头；46—外管；47—内管；48—扶正环；49—卡簧挡圈；50—卡簧；51—卡簧座；52—钻头压力明显升高(升高 0.05~0.1 MPa),表明内管总成已达到预定位置,可以开始扫孔钻进。由于定位弹簧的作用,可以防止阀堵自动关闭。在钻进过程中,冲洗液流经此处几乎不消耗泵压。捞取岩心时,打捞器通过捞矛头 2、回收管 4 和弹性销向上提拉阀体,使阀体的粗径台阶克服定位簧的弹力进入定位簧,并继续向上运动,复位簧受压,直至阀堵超过关闭位置,给冲洗液打开一条排泄通道,部分冲洗液由此下泄,可减少冲洗液对孔壁的抽吸作用和打捞阻力。内管总成打捞地表以后,由于复位簧 12 的作用,随着回收管的复位,阀堵自动回到关闭位置。根据钻孔深度的不同,通过调节螺堵 20 和调节圈 21,可以改变弹簧的预紧力,以调节泵压的变化范围。

5. 岩心堵塞报警机构

该机构由滑套 25、轴 26、碟簧 27 等零件组成。钻进过程中,当发生岩(矿)心堵塞或岩(矿)心装满内管时,岩(矿)心对内管产生的预推力压缩碟簧,使滑套向上移动到悬挂接头 38 的台阶处,将通水孔堵塞,造成泵压升高,提示操作者应停止钻进、捞取岩心。根据钻进地层软硬程度的不同,可以改变碟簧 27 的排列形式,并调节碟簧的弹力,使其既不影响正常钻进,又能在岩(矿)心堵塞时准确报信。

6. 单动机构

由二副推力轴承 29、31 实现钻具单动,即使内管在钻进时不旋转。

7. 内管保护机构

由滑动接头、键、弹簧等组成,又称缓冲机构。采取岩心时,拔断岩心的力使滑动接头压缩弹簧 32 向下移动,内管及卡簧座随之下移至钻头台阶上,从而拔断岩心的力由钻头传递到外管,以保护内管不受损坏。

8. 调节机构

由调节螺母 44、调节接头 45、调节芯轴等组成机构。内外管组装在一起时,可以通过调节机构调整卡簧座与钻头台阶之间的间隙(调节范围 0~30 mm),满足要求后,用调节螺母锁紧,以防松动。

9. 扶正机构

外管总成下部的扶正环 48,用于内管的导向,可使内外管保持同轴,便于岩(矿)心进入卡簧座 51 和内管 47。

近年来,很多企业对绳索取心钻具结构进行了优化改进。图 7-2 是改进型的 S75-SF 绳索取心钻具结构。钻具采用了上、下弹卡结构,利用下弹卡代替了原来的悬挂环,其内管总成采用了插接式结构。由于采用下弹卡机构代替了传统绳索取心钻具的悬挂环,S75-SF 绳索取心钻具的投放可靠性提高。因此,钻具取消了内管总成到位和岩心堵塞报信机构。S75-SF 绳索取心钻具大大简化了内管总成结构,减少了零件数量,缩短了钻具长度,使其加工容易,成本降低。同时,方便了搬运和钻探施工,减轻了工人劳动强度。

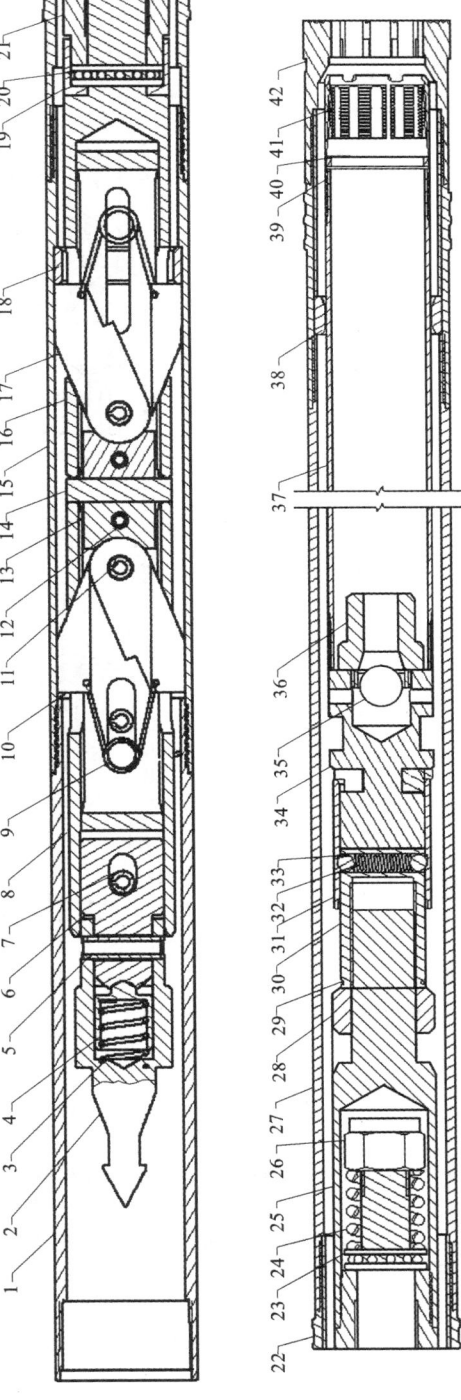

图 7 - 2　S75 - SF 绳索取心钻具

1—弹卡挡头；2—捞矛头；3—捞矛头弹簧；4—捞矛头定位销；5—弹性圆柱销；6—捞矛座；7—弹性圆柱销；8—回收管；9—张簧；10—上弹卡钳；11—弹性圆柱销；12—弹性圆柱销；13—弹卡座；14—弹簧；15—弹卡架；16—下弹卡管；17—下弹卡钳；18—座环；19—轴承罩；20—轴承；21—轴承座；22—扩孔器；23—轴承；24—弹簧；25—弹簧套；26—锁紧螺母；27—外管；28—调节螺母；29—锁圈；30—调节接头；31—限位套筒；32—弹簧；33—钢球；34—内管上接头；35—钢球；36—压盖；37—内管；38—扶正环；39—内管卡簧座；40—挡圈；41—卡簧；42—钻头

7.1.3 打捞器总成

打捞器由打捞机构和安全脱卡机构组成。在钻探取心过程中，一般通过专用的绳索取心绞车下入打捞器来安放和提取内管总成。在孔内充满冲洗液并且确认不会造成钻具损坏的前提下，内管总成可投入钻杆内，而不用打捞器送入孔底。在大斜度孔和水平孔钻进时，打捞器需通过泵送的方法才能达到孔内预定位置。打捞器应能实现人工安全脱钩。当捞取岩心遇阻时，绳索取心绞车拉紧钢丝绳，由孔口沿钢丝绳投入脱卡管实现内管总成脱卡。

S75 型绳索取心钻具配套的打捞器和脱卡管见图 7－3、图 7－4。

1. 打捞机构

由打捞钩 1、捞钩架 3、重锤 7 和钢丝绳接头组成（图 7－3）。取心时，钢丝绳悬吊打捞器放入钻杆柱内，打捞钩通常以 1.5～2.0 m/s 的速度快速下降。当打捞器到达内管总成上端时，可钩住捞矛头，通过绳索取心绞车把内管总成提升到地面。

2. 安全脱卡机构

最常见的是采用一根长为 1 m、内径比重锤稍大的套管进行安全脱卡。套管壁上（图 7－4）开有一斜口。当需要人工脱卡时，将脱卡管从斜口处套入钢丝绳上，靠自重下降。脱卡管最后穿过打捞器钢丝绳接头和重锤，撞击和罩住打捞钩尾部，迫使其尾部向内收缩，端部张开，使打捞器与内管总成脱离。在特深孔或大直径绳索取心钻探中，为确保脱扣机构的可靠性，减少提钻次数，

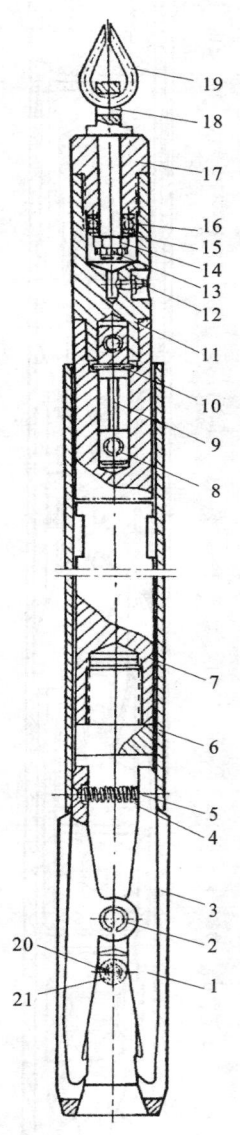

图 7－3 S75 型绳索取心打捞器

1—打捞钩；2—弹簧销；3—捞钩架；4—弹簧；5—铆钉；6—脱卡管；7—重锤；8—弹簧销；9—安全销；10—定位销；11—接头；12—油杯；13—开口销；14—螺母；15—垫圈；16—轴承；17—压盖；18—连杆；19—套环；20—定位销；21—定位销套

国外还研制出较为复杂的机械式变位脱卡器。当打捞内管总成遇阻时，只要提拉、放松数次后即可自动脱卡。

7.1.4 主要规格型号系列

我国原地矿行业使用的绳索取心钻具已形成系列，主要应用于中深孔固体矿床岩心钻探施工。目前常用的有 A、B、N、H 等口径，规格有 $\phi56$ mm、$\phi59$ mm、$\phi75$ mm、$\phi91$ mm、$\phi95$ mm 等。

冶金、煤炭等部门相应口径的绳索取心钻具结构、螺纹尺寸等往往略有不同，一般情况下不能互换使用。深孔、特深孔和复杂地层应用的绳索取心钻具一般采用端部加厚型钻杆，规格尺寸有较大不同。目前国内地质岩心钻探常用的绳索取心钻具规格参数见表 7 – 1。

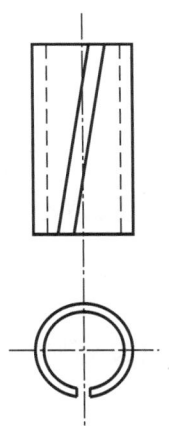

图 7 – 4 绳索取心脱卡管

表 7 – 1 部分绳索取心钻具规格参数 （单位：mm）

系 列	规 格	钻 头		扩孔器 外径	外 管		内 管		配套钻杆规格	配套 打捞器
		外径	内径		外径	内径	外径	内径		
普通系列 钻具	SC56	56	35	56.5	54	45	41	37	S56	S 系列
	S59	59.5	36	60	58	49	43	38	S59	
	S75/S75B	75	49	75.5	73	63	56	51	S75/S75A	
	S91	91	62	91.5	88	77	71	65	S91	
	S95/S95B	95	64	95.5	89	79	73	67	S95/S95A	
C 系列 钻具	BQ	59.5	36.5	60	57.2	46	42.9	38.1	BQ	Q 系列
	NQ	75.3	47.6	75.8	73	60.3	55.6	50	NQ	
	HQ	95.6	63.5	96	92.1	77.8	73	66.7	HQ	
	PQ	122	85	122.6	117.5	103.2	95.6	88.9	PQ	
深孔复杂 地层系列 钻具	S75B – 2	76	47	76.5	73	63	54	49	S75A/CNH/CNH(T)	Q 系列
	S95B – 2	95.5	62	96	89	79	71	65	S95A/CHH	
	S75 – SF	75	49	75.5	73	63	56	51	S75A/CNH	S 系列
	S95 – SF	95	62	95.5	89	79	73	67	S95A/CHH	S 系列
	S150 – SF	150	93	150.5	139.7	125	106	98	S127	S 系列

　　我国还开发了专门用于煤田钻探、坑道钻探、水文地质钻探、深孔和复杂条件下用的加强型绳索取心钻具;同时派生出内管为半合管型的、带三层管的、内管超前的、兼能采集气体的以及孔底局部反循环绳索取心钻具,应用于松软、脆碎、易被冲蚀的岩矿层钻探取心,或者用于采取非扰动岩(矿)心样品。20 世纪 80 年代,开发了带液动锤的绳索取心钻具和不提钻换钻头的绳索取心钻具。

7.1.5　绳索取心钻头和扩孔器

　　与普通金刚石钻进相比,绳索取心钻进对钻头和扩孔器的技术性能和质量要求更高,其选择使用可参照以下原则:

　　(1)应选择使用高品级金刚石制造的绳索取心钻头。一般选用优质级和特级的天然金刚石作表镶钻头;选用经过挑选和加工处理的低级品、等外级天然金刚石作孕镶钻头(金刚石粒度为 20 ~ 40 目);选用高强度晶形完整的人造金刚石单晶(粒度为 30、40、60、80、100 目)或不同粒度混合的金刚石料做孕镶钻头。

　　(2)绳索取心钻头的胎体应满足耐冲蚀、耐磨损、自锐及长寿命、广谱性等要求。表镶钻头胎体硬度一般可选 HRC30/35、40/45;孕镶钻头胎体硬度可选 HRC10/20、20/30、30/35、40/45、>45 等多种参数以适应不同地层。

　　(3)人造孕镶金刚石钻头适应范围宽,价格低廉。同时,可钻进中硬、硬、极硬的弱至强研磨性岩层,对破碎和软硬交互地层适应性好,不易损坏。孕镶钻头内外径应选用天然金刚石或人造聚晶、烧结体保径补强。适当增加水路、水槽的数量与过水断面,孕镶钻头水口一般为 8 ~ 12 个。

　　(4)金刚石复合片具有高磨耗比、高耐热性、高抗冲击性等优良特性,在钻进软至中硬地层时,可以选择使用金刚石复合片钻头。

　　(5)在完整和较完整的中硬地层钻进,或者使用绳索取心螺杆二合一钻具、绳索取心不提钻换钻头组合钻具时,可酌情使用表镶金刚石钻头。

　　(6)应采用孔壁摩擦阻力较低和具有良好保径功能的金刚石扩孔器。同时,扩孔器水路应保证冲洗液过流通畅。

　　(7)为进一步发挥绳索取心钻探技术优势,大幅度提高钻探效率,降低能源消耗,减轻机台工人劳动强度,减少钻杆拧卸产生的磨损和损坏,在新的技术条件下,应积极推广使用新型高效长寿命金刚石钻头,如采用二次镶焊和无压法生产的双水口或再生水口超高胎体金刚石钻头。目前这种钻头的工作层厚度最大可达 16 ~ 25.4 mm,在地层条件较好的中深钻孔施工,几乎可一钻成孔。

　　金刚石绳索取心钻头和扩孔器的规格系列、形式等参见第 5 章相关内容。

7.1.6　绳索取心钻杆

7.1.6.1　绳索取心钻杆规格的演化

我国在绳索取心钻杆规格系列的形成发展过程中主要参考借鉴了国际标准和国外标准。迄今正式颁布的绳索取心金刚石岩心钻探钻具国际标准共有两项，即 ISO/DIS 10097《金刚石岩心钻探绳索取心设备 A 系列》及 ISO 10098《金刚石岩心钻探绳索取心设备 CSSK 系列》。两项标准互不通用。

1997 年 8 月，国家标准《金刚石岩心钻探绳索取心设备（GB/T 16951—1997）》正式发布。该标准借鉴了国际标准先进合理的内容，属非等效采用。但是，受限于当时的环境，没有得到广泛应用。由国内各行业部门制定的"老地标"、"新地标"、"冶标"以及后续出现的镦粗加强型、改进型等，各型绳索取心钻杆仍长期使用。

目前，我国的绳索取心钻杆分为通用型（S）、加强型（P）和薄壁型（M）三种。通用型（S）绳索取心钻杆是指在钢管两端直接加工普通螺纹的钻杆；加强型（P）绳索取心钻杆是指在钢管两端适当加厚，然后再加工加强型螺纹的钻杆；薄壁型（M）钻杆采用端部内加厚的特殊薄壁管材制造。

目前，国内制造企业可提供的代表性绳索取心钻杆产品见表 7 - 2。各种形式的国产绳索取心钻杆规格系列和尺寸参数等详见第 4 章有关内容。

表 7 - 2　部分国产绳索取心钻杆规格参数

序	规格	系列	钻杆/mm 外径	钻杆/mm 内径	螺纹连接形式	热处理方式	钻杆材质	建议使用深度/m
1	S56	普通钻杆	53	44	地标、冶标		45MnMoB	1000
2	S59	普通钻杆	55.5	46	地标、冶标		45MnMoB	1000
3	S75	普通钻杆	71	61	地标、冶标		45MnMoB	1000
4	S95	普通钻杆	89	79	地标、冶标		45MnMoB	600
5	S75A	加厚钻杆	两端加厚	61	企标	加厚端热处理	45MnMoB	1500
6	S95A	加厚钻杆	两端加厚	79	企标		45MnMoB	1300
7	CBH	C 系列钻杆	两端加厚	44	企标		30CrMnSiA	2500
8	CNH	C 系列钻杆	两端加厚	61	企标	整体热处理	30CrMnSiA	2300
9	CNH(T)	C 系列钻杆	两端加厚	58	企标		ZT850	3000
10	CHH	C 系列钻杆	两端加厚	77	企标		30CrMnSiA	1800
11	CPH	C 系列钻杆	114.3	101.6	企标	局部热处理	ZT600	800
12	CSH	C 系列钻杆	127	114.3	企标	摩擦焊接	S135	3000

7.1.6.2 延长钻杆使用寿命的措施

在斜孔、复杂地层、强研磨性地层及坚硬地层，绳索取心钻杆使用寿命往往较低，并且不同矿区差别较大。绳索取心钻杆使用寿命除与产品设计、质量有关外，还与钻孔条件、采用的钻探规程相关。

1. 钻杆使用寿命的确定

绳索取心钻杆主要失效形式为外圆磨损、螺纹磨损以及疲劳断裂、拉脱（喇叭口）等。目前，绳索取心钻杆整体使用寿命仍主要依靠生产统计数据和分析取得。国内有的单位考核统计绳索取心钻杆整体使用寿命方法的主要内容如下：

(1)应予报废的钻杆规定为：

管体均匀磨损单边超过 1 mm 的；

管体磨损（偏磨）致使外径减少 1.5 mm 以上的；

螺纹严重磨损，螺纹副出现晃动的；

管体出现裂纹（不考虑划痕、表层裂纹）、喇叭口或缩径的；

螺纹副因磨损密封性能下降，在低压力（0.6 MPa 以下）下出现明显泄漏的；

管体弯曲（每米弯曲 0.75 mm 以上）或明显凹陷的。

(2)其他影响安全施工的缺陷。

绳索取心钻杆整体使用寿命规定为正常使用中达到报废标准的绳索取心钻杆比例超过使用钻杆的30%（以钻杆数量计，不计长度短于 3 m 的单根）时，该批次钻杆的累计钻探工作量。

(3)因绳索取心钻杆内壁附有无法清理的凝固水泥、沥青或其他异物的，或因发生严重孔内事故、处理事故导致绳索取心钻杆无法使用而报废的绳索取心钻杆不计入绳索取心钻杆整体使用寿命统计中的报废钻杆量。

(4)绳索取心钻杆整体使用寿命统计不涉及螺纹连接接头的使用寿命。

2. 提高钻杆使用寿命的工艺措施

(1)合理设计绳索取心钻探钻孔结构和套管程序。

(2)适当提高金刚石绳索取心钻探机械钻速。根据矿区实际情况配备加长的绳索取心钻具，在满足取心质量的前提下，适当增加回次进尺。

(3)应用高时效、长寿命、广谱型金刚石绳索取心钻头。

(4)在拧卸绳索取心钻杆时，要使用多触点的自由钳，不应使用管钳。严禁用大锤敲击钻杆，以防止钻杆和接头螺纹变形。每次下钻，绳索取心钻杆接头螺纹部分应涂抹丝扣油，以润滑螺纹，增加其密封性能，防止冲洗液渗漏，并使螺纹副拧卸省力。为保护提离钻孔的绳索取心钻杆，需采用木质立根台架，钻杆接头外螺纹端部应与木板接触。为防止钻杆弯曲，从钻孔内提出多根钻杆组成的立根需竖立放置时，应在钻杆立根台架和塔上工作台之间设置中间支撑。

(5)绳索取心钻杆在搬运过程中要套上护帽，不使螺纹外露，装卸时严禁摔放，以防止钻杆接头螺纹磕碰损坏。使用后的绳索取心钻杆应当水平堆放，并垫上三道高度相同的枕木，或堆放在专用货架上。绳索取心钻杆接头（内外螺纹）应定期涂油，以防锈蚀。

（6）优化钻进参数，杜绝违章作业，严格执行绳索取心钻探规程。根据钻孔深度和钻杆磨损情况均衡调配使用绳索取心钻杆。

（7）推荐使用液压拧管钳，保证预紧扭矩。

7.2　绳索取心钻探工艺

7.2.1　适用条件

绳索取心钻进方法可应用于固体矿产钻探、工程地质钻探、地热钻探、水域钻探、冰层钻探、砂矿钻探、科学深孔钻探、坑道钻探等多种要求全孔取心的钻进工程中。具体的钻探工程是否采取绳索取心，必须考虑地质要求、岩石地层、钻孔结构（口径级数、终孔直径）、钻孔深度、钻头使用寿命等因素。

（1）地质要求：一般岩（矿）心取心质量要求较高，或需要快速取样（冻土样、含气岩矿样）的钻探工程应采用绳索取心钻进。

（2）岩石地层：绳索取心钻进适用各种地层，在可钻性级别 6~9 级的中硬岩层中效果最好。在现有技术条件下，一般不宜钻进可钻性级别 10~12 级的岩石，尤其是组织致密、颗粒细小、无研磨性的极坚硬岩石，如石英闪长岩、石英砂砾岩、磁铁石英岩等，或研磨性很强的硬、脆、碎岩石。钻进遇上述岩石时，钻头极易磨损，或出现"打滑"现象，钻进效率很低。

（3）钻孔结构：钻孔口径级数较多，终孔直径较大时，是否选择绳索取心钻进工艺，应结合一次性投资能力等因素全面慎重考虑。

（4）钻孔深度：绳索取心适合中深孔钻进，钻孔越深经济技术效果越好。但绳索取心钻进的最大深度受钻杆强度、环空冲洗液循环阻力等因素的制约，应进行校核。

（5）钻头使用寿命：由地层、孔径和使用等因素导致绳索取心钻头寿命短，钻进过程中经常提大钻更换钻头情况，可能导致绳索取心钻进优势无法体现。

7.2.2　钻进技术规程参数

根据岩层特性、钻头类型、钻孔深度、钻孔倾角、钻孔直径、冲洗液类型和所用钻具性能等因素选择，并优化钻进工艺参数，主要为钻压、转速和冲洗液量。

1. 钻压

绳索取心钻进环状刻取面积比常规取心钻进要大，因此钻进时所用钻压亦相应增大。绳索取心钻进一般适用于中硬至硬岩层（可钻性级别 6～11 级），使用常规表镶和孕镶金刚石钻头的钻压范围见表 7-3。

表 7-3 不同规格金刚石钻头适用钻压 （单位：kN）

钻头规格		A	B	N	H	P	S
表镶钻头	最大压力	8	10	12	15	17	19
	正常压力	4～6	6～8	7～9	8～12	10～14	12～16
孕镶钻头	最大压力	10	12	15	18	20	22
	正常压力	6～8	8～10	10～12	12～15	14～18	16～20

钻进节理发育岩石和产状陡立、松散破碎、软硬互层、强研磨性等地层及钻孔弯曲、超径的情况下，应适当减压；经初磨的新钻头，采用正常钻压可获得高钻速。钻进中随着金刚石磨钝，钻速下降，应逐渐平稳增大钻压。

实际采用钻压应按具体岩层条件、钻头类型、钻头实际尺寸（如超径钻头）等，通过实践合理确定。为减少钻孔弯曲，应降低钻压，绳索取心钻进宜选用底唇面积小的钻头，如多水口、交错唇面和齿形结构的钻头，此时可适当降低钻压。

2. 转速

在孔径、孔深、冲洗润滑条件、孔壁稳定性、岩层研磨性、钻杆强度以及设备等条件允许下，可选择较高转速钻进。孕镶金刚石钻头平均线速度一般为 1.5～3.0 m/s；表镶金刚石钻头一般为 1.0～2.0 m/s。

钻进坚硬弱研磨性地层、裂隙破碎地层、软硬互层及产状陡立易斜地层时，应适当降低转速；在软岩层中钻进，亦应限制转速；钻孔结构和钻具级配要合理，钻杆与孔壁间隙小，适于采用高转速。在钻孔结构复杂、换径多、环状间隙大、钻具回转稳定性差时，不宜开高转速。

使用常规表镶和孕镶金刚石钻头的转速范围见表 7-4。

表 7-4 绳索取心钻探适用转速 （单位：r/min）

钻头规格	A	B	N	H	P	S
表镶钻头	400～800	300～650	300～500	220～450	170～350	140～300
孕镶钻头	600～1200	500～1000	400～800	350～700	250～500	200～400

3. 冲洗液量

冲洗液量亦宜根据具体施工条件合理确定，并应保持上返流速为 0.5～1.5 m/s。孕镶钻头钻进时所需冲洗液量见表 7-5，表镶钻头所需冲洗液量应比孕镶钻头稍小。

表 7 - 5　不同规格孕镶钻头所需冲洗液量

钻头规格	A	B	N	H	P	S
泵量/(L·min^{-1})	25 ~ 40	30 ~ 50	40 ~ 70	60 ~ 90	90 ~ 110	100 ~ 130

钻进坚硬、细颗粒的岩层，钻速低，岩粉少，泵量可小些；钻进软及中硬岩层，钻速高，岩粉多，泵量应大些。钻进裂隙，有轻微漏失地层，泵量应稍大于正常情况。钻进研磨性强的岩层，泵量可增大。

7.2.3　现场操作要领

7.2.3.1　钻具组装、检查及调整

一般机台现场应备用一套外管总成、打捞器总成和两套内管总成。新采用的绳索取心钻具下孔前，应按照说明书对内、外管总成和打捞器总成进行认真检查，然后将内管总成装入外管总成，调整内外管长度配合，并用打捞器试捞内管总成，确认符合技术要求后方可下孔使用。

1. 外管总成的组装和检查

外管总成由钻头、扩孔器、稳定器(上部)、外管、弹卡室、弹卡挡头、座环及扶正环等组成。检查时应注意：

(1)外管直线度误差不大于 0.3 mm/m；

(2)扶正环无变形；

(3)稳定器(上扩孔器)外径应略小于扩孔器外径；

(4)所有螺纹处要涂丝扣油，以改善密封性能，方便拧卸。

2. 内管总成的检查

内管总成由捞矛头、弹卡、单动轴承、内管、卡管座等组成。检查时应注意：

(1)各部件丝扣拧紧，尤其要防止钻进中卡簧座倒扣(允许采用反扣设计)。

(2)装入的弹卡动作灵活，两翼张开间距应大于弹卡室内径。

(3)钻具有到位报信机构时宜根据孔深调节工作弹簧预压力。

(4)卡簧座、内管和内管总成上部连接要同轴。单动机构灵活，轴承套内注满黄油。

(5)内管光滑平直，无凹坑和弯曲现象。

(6)卡簧与钻头内径相匹配。卡簧自由内径一般比钻头内径小 0.3 ~ 0.5 mm 为宜。

3. 内管总成装配和调整

装配时应注意检查：

(1)弹卡与弹卡挡头的端面应保持一定的距离，一般为 3 ~ 4 mm；

　　（2）卡簧座与钻头内台阶保持合理间隙。该间隙通过内管总成调节螺母进行调整，一般为 2 ~ 4 mm；

　　（3）内管总成在外管总成内卡装牢固，捞取方便灵活。

　　4. 打捞器检查

　　将打捞器与绳索取心绞车的钢丝绳牢固连接，并注意检查：

　　（1）打捞钩安装周正，无偏斜；

　　（2）打捞钩头部张开距离适宜，尾部弹簧灵活可靠；

　　（3）脱卡管能确保安全脱卡。

7.2.3.2　钻具使用要领

　　1. 投放内管

　　当确认外管和钻杆内已无岩心时，将内管总成由孔口投入钻杆内，对上机上钻杆，开泵压送，应注意观察泵压变化，泵压明显升高或降低时，说明内管总成已到达预定位置。遇地层严重漏失，孔内没有冲洗液或水位很深时，不准直接投放内管总成，应采用打捞器把内管总成送入孔内；或用机上钻杆对准孔口，泵入适量的冲洗液，然后迅速投放内管总成。

　　2. 开始钻进

　　在孔口投入内管总成并确认已下降到位后，才能开始扫孔钻进。钻进过程中如发现岩心堵塞，或者回次进尺已接近岩心容纳管长度时，应停止钻进，并适当冲洗钻孔。

　　3. 打捞岩心

　　（1）孔口打捞：操作步骤包括提断岩心、提升并卸开机上钻杆、立轴钻机移离孔口、下放打捞器、提升内管总成、将备用内管总成二次投入等。操作中应首先用回转器或动力头顶起钻具 50 ~ 70 mm，缓慢回转钻柱，扭断岩心，再提起并卸掉机上钻杆后，下放打捞器。

　　（2）机上打捞：操作步骤包括提断岩心（钻具基本不离开孔底），卸开专用水龙头压盖，打捞器通过水龙头下入机上钻杆送达孔底，开动绳索取心绞车，提升内管总成。采用机上打捞方法，宜用回水漏斗将溢出的冲洗液引向泥浆循环槽。打捞器在冲洗液中的下降速度以 1.5 ~ 2.0 m/s 为宜。当将要到达内管总成上端时，应适当减慢下降速度，1000 m 孔深范围内，可以听到轻微的撞击声，然后开动绳索取心绞车，缓慢提升钢丝绳，确认内管总成已提动后可正常提升。提升过程中，若冲洗液由钻杆溢出，一般说明打捞成功，否则重复试捞，严禁猛冲硬镦，反复捞取无效应提钻处理。

　　（3）大斜度和水平孔的岩心捞取：大斜度和水平孔绳索取心钻进中投放内管和打捞岩心工序必须采用专门设计的水力输送捞心装置。具体操作步骤：

　　①投放内管：将内管总成插入钻杆，再塞入水力输送捞心装置，接上密封接

头，启动泥浆泵，借助冲洗液压力将内管总成和水力输送捞心装置送下，到位后提出水力输送捞心装置，进行钻进。

②打捞内管：回次终了，将卸去加重杆的打捞器接在水力输送捞心装置上塞入钻杆，接上密封接头，启动泥浆泵，将水力输送捞心装置送抵孔底内管总成顶部，捞住矛头，拉出内管总成并取心。

7.2.3.3　现场操作技术要求

（1）合理确定内管长度。选择长的内管可以减少捞取岩心的次数，增加纯钻进时间，提高钻进效率。但是，内管越长越容易弯曲，下放也相对困难。通常，钻进中硬完整岩层时，内管长度以 3 m 为宜；钻进较完整松软岩层时，内管可加长至 4.5～6.0 m；钻进松软破碎、易溶等难以取心的地层或易斜地层时，内管长度应适当减小。

（2）准确掌握开始扫孔钻进的时间。报信机构报信确认从钻杆柱中投放下去的内管总成已坐落预定位置后，才能开始扫孔钻进。如内管总成未到达孔底就开始钻进，岩心过早地进入钻头，形成"单管"钻进，不仅取不上岩心，还将导致内管总成的弹卡和金刚石钻头急剧磨损；反之，若内管总成已到达孔底而不及时开钻，将增加辅助时间，降低钻进效率。因此，应准确掌握开始扫孔钻进的时间。

（3）岩心堵塞应立即提钻。在钻进过程中，若发生岩心堵塞，必须立即停止钻进，捞取岩心，严禁采用上下窜动钻具、加大钻压等方法继续钻进，否则将加剧钻头内径的磨损外，严重的将导致卡簧座倒扣，内管总成上下顶死，弹卡不能向内收拢，造成打捞失败和提升钻柱。

（4）提升钻具及打捞内管时，应及时向孔内回灌一定数量的冲洗液，以避免钻杆柱内外之间压力差导致的孔壁失稳坍塌。

（5）提升钻柱时，应先捞出内管总成，以增大冲洗液的流通断面，减小抽吸作用和压力激动对孔壁的影响；下钻时，应先下钻柱，再下内管。

（6）应合理控制起下钻速度，减小钻具升降过程中引起的压力激动，在复杂地层中钻进，应放慢起下钻速度。

7.2.3.4　常见故障处理方法

绳索取心钻具使用过程中的常见故障、原因及处理方法见表 7 − 6。

7.2.4　钻进冲洗液要求

1.钻进冲洗液的选择

在地层条件许可的情况下，应采用无固相冲洗液，如清水加润滑剂、聚丙烯酰胺冲洗液等。当所钻地层仍需采用泥浆，应选用黏度低、密度小、流动性好和具有防坍性能的低固相冲洗液，基本性能要求见表 7 − 7。

表7-6　绳索取心钻具使用过程中常见故障及处理方法

序	故障类型	主 要 原 因	处 理 方 法
1	打捞器捕捞不住内管总成	主要有捞矛头损坏,打捞器钩挂不住;岩粉沉淀或有实物覆盖矛头;矛头在弹卡挡头内偏置;打捞器损坏或尾部弹簧断裂失灵等	如数次提放打捞器无效,应提出打捞器,提钻检查处理
2	打捞器捕捞住内管总成后提拉不动	主要有岩心堵死或卡簧座倒扣,使内管总成在钻头内台阶和弹卡挡头间顶死;岩心下端呈倒蘑菇头状并卡在钻头底部;弹卡的弹性轴销脱出卡住回收管;卡簧座下端和内管螺纹部分因岩心堵死变形,通不过外管总成座环;悬挂环和座环严重损坏相互卡死;弹卡挡头拨叉折断,内管总成被卡等	应使用安全脱卡机构使打捞器脱钩,提钻处理
3	打捞途中遇阻提拉不上来	主要有钻杆螺纹变形,阻挡内管通过;内管严重弯曲变形,通不过钻杆;泥浆固相含量高,在钻杆内结成泥皮等	首先使用安全脱卡机构提出打捞器,继而提升钻具检查原因,并更换不合格的钻杆或内管;调整泥浆性能,并采用泥浆固控系统,如增设除砂器和除泥器
4	岩心脱落	主要有岩心直径与卡簧不匹配,造成没有拔断岩心或未卡紧中途脱落;弹卡不起作用,钻进时内管上窜或内管总成下放未到位,形成"单管"钻进;岩心松软(如煤层),钻具结构不适合,钻进规程不合理等	检查卡簧是否合格,弹卡是否磨损失灵,分析造成打"单管"的原因;如地层松软宜更换特殊结构的钻具(如内管超前、半合管、三层管、带孔底反循环、底喷式钻头等)
5	钻进效率过低	主要有岩层致密坚硬,钻头金刚石质量差或胎体性能与岩层不匹配;钻头内径过度磨损,岩心变粗,进不去卡簧,形成堵塞;卡簧已损坏,岩心受阻,内管不平滑并有损伤、阻碍岩心顺利进入等	将内管总成提出并检查卡簧、卡簧座和内管;采用与岩层性能匹配的钻头和钻进规程,必要时换常规提钻钻进方法或用带液动锤的绳索取心钻具

表7-7　绳索取心钻进泥浆基本性能要求

密度 /(g·cm^{-2})	黏度 /s	失水量 /[mL·(30 min)$^{-1}$]	静切力 /[(N·cm^{-2})×10^{-5}]	泥皮厚 /mm
1.04~1.07	17~19	6~8	1~10	≤0.5

2.钻杆内壁结垢防治措施

使用泥浆冲洗液时,往往在靠近孔口2~4根立根处的绳索取心钻杆内壁形成致密的泥皮,厚度由上至下逐渐变薄。防治措施如下:

(1)在不降低钻速的条件下,尽量降低钻具转速;

(2)采用固相控制措施,以清除占90%左右大于20 μm粒度的固相颗粒;

（3）结垢已经影响打捞时，在提钻前半小时采用稀释原浆循环，冲刷泥垢，增大流动通径；或者先提出上部结垢严重的钻杆再下打捞器；

（4）使用防止结垢的专用冲洗液。

7.3　国外绳索取心钻具

7.3.1　宝长年公司绳索取心钻具

美国宝长年公司（Board Longyear）是最早在岩心钻探领域研制试验绳索取心钻具的制造企业。1965 年，该公司推出 Q 系列绳索取心钻杆和钻具。Q 系列绳索取心钻具经过不断改进，结构日趋合理，目前被多家仿制。在 Q 系列基础上，还派生出以下形式：

1. Q - U 系列钻具

在 Q 系列基础上更改少数零件，用于坑道水平或仰孔钻探。即在内管总成或打捞器适当部位增设密封圈或活塞机构，便于用泵送入。

2. Q - 3 系列钻具

在 Q 系列内管中增加第三层半合管，用于松散破碎地层钻进取心。取心钻头内径（岩心直径）有所减小。

3. CHD 系列钻具

根据破碎、易孔斜等复杂地层和深孔钻探需要，1980 年设计推出了复合式增强型 CHD 系列绳索取心钻杆和钻具。特点是在钻杆两端用等离子弧焊接内径比钻杆小的厚壁高强度接头，螺纹齿高，螺距及长度适当放大，螺距为每英寸 2.5 扣，螺纹长 50.8 mm。CHD - 76 钻具设计钻深 2750 m；CHD - 101 可达 3000 m。CHD 系列绳索取心钻杆的钻具曾成功用于深部固体矿产、煤田、浅层油气田、地热、定向钻探和核废弃物深埋现场勘探，并一度作为标定深孔岩心钻机钻深能力的标尺。但该钻杆产品不适合自动化制造，国外生产成本较高，目前，该公司已经停产。

宝长年公司主要绳索取心钻具系列参数见表 7 - 8。

7.3.2　利根公司绳索取心钻具

日本利根钻探公司（Tone Boring Co.）的绳索取心钻具规格系列基本类同美国宝长年公司的 Q 系列产品，系列及规格参数见表 7 - 9。该公司产品曾在部分亚洲国家使用，近年市场份额逐渐减少，企业转以岩土设备制造为主。

日本 20 世纪 80 年代开发的端部冷拔加厚的绳索取心钻杆 SSDR 系列，可保持整根钻杆材料性能一致，提高了连接强度，但因价格高，未能广泛应用。

表7-8　宝长年公司部分绳索取心钻具规格系列参数

（单位：mm）

型号	孔径	岩心直径	钻头		扩孔器	岩心管外管			岩心管内管			配用的钻杆				附注
			外径	内径		外径	内径	厚度	外径	内径	厚度	外径	内径	厚度	长度	
EQ	37.72	20	37.34	20	37.72							44.5	34.9	4.8		
AQ, AQ-U	48.0	27	47.6	27	48.0	46	36	5.0	32.5	28.6	1.95	44.5	36.5	4.8	3000	
ACQ	48.0	27	47.6	27	48.0	46	36	5.0	32.5	28.6	1.95	44.5	36.5	4.0		
BQ, BQ-U	60.0	36.5	59.5	36.5	60.0	57.2	46	5.6	42.9	38.1	2.4	55.6	46.0	4.8		
BQ-3	60.0	36.5	59.5	33.5	60.0	57.2	46	5.6	42.9	35.7*	2.4	55.6	46.0	4.8	3000	*三层管内径 接头 ID46
BCQ	60.0	36.5	59.5	36.5	60.0	57.2	46	5.6	42.9	38.1	2.4	55.6	47.6	4.0		
NQ, NQ-U	75.7	47.6	75.3	47.6	75.7	73.0	60.3	6.35	55.6	50.0	2.8	69.9	60.3	4.8		
NQ-3	75.7	45.0	75.3	45.0	75.7	73.0	60.3	6.35	55.6	47.6*	2.8	69.9	60.3	4.8	3000	*三层管内径 接头内径60.3
NCQ	75.7	47.6	75.3	47.6	75.7	73.0	60.3	6.35	55.6	50.0	2.8	69.9	61.9	4.0		
HQ, HQ-U	96.0	63.5	95.6	63.5	96.0	92.1	77.8	7.15	73.0	66.7	3.15	88.9	77.8	5.55		
HQ-3	96.0	61.1	95.6	61.1	96.0	92.1	77.8	7.15	73.0	64.3*	3.15	88.9	77.8	5.55	3000	*三层管内径 接头内径77.8
HCQ	96.0	63.5	95.6	63.5	96.0	92.1	77.8	7.15	73.0	66.7	3.15	88.9	80.9	4.00		
PQ, PQ-U	122.6	85.0	122.0	85.0	122.6	117.5	103.2	7.15	95.3	88.9	3.2	114.3	103.2	5.55		
PQ-3	122.6	83.0	122.0	83.0	122.6	117.5	103.2	7.15	95.3	86.5*	3.2	114.3	103.2	5.55	3000	*三层管内径； 钻杆接头外径117.5，内径101.6
PCQ	122.6	85.0	122.0	85.0	122.6	117.5	103.2	7.15	95.3	88.9	3.2	114.3	103.2	5.55		
CHD-76	75.7	43.5	75	43.5	75.7	73.0	57.2	7.9	50.8	45.3	2.75	70.0	60.3	4.85	3000	接头内径55
CHD-101	101.3	63.5	101	63.5	101.3	98.4	79.4	9.5	73.0	66.9	3.05	94.0	83.0	5.50	4500	接头内径78.5
CHD-134	134.5	85.0	134	85.0	134.5							127.0	114.3	6.35	6000	接头内径104.7

注：U表示用于坑道内；3表示带三层管，用于采取松软矿心；CQ表示三层管，用于采取松软矿心；CHD为增强系列绳索取心钻具（根据资料整理，个别数据已有变化，仅供参考）。

表 7 - 9　日本利根公司绳索取心钻具规格系列　　　单位：mm

规　格	BQT	BQT - 3	NQT	NQT - 3	HQT	HQT - 3	PQT	PQT - 3
孔　径	59.9	59.9	75.7	75.7	95.8	95.8	122.1	122.1
岩心直径	36.4	33.5	47.6	45.1	63.5	61.1	85.0	83.0
外管外径	57.2	57.2	73.0	73.0	92.1	92.1	117.5	117.5
外管内径	46.0	46.0	60.3	60.3	77.8	77.8	103.2	103.2
内管外径	42.9	42.9	55.6	55.6	73.0	73.0	95.2	95.2
内管内径	38.1	38.1	50.0	50.0	66.7	66.7	88.9	88.9
半合管内径	—	35.7	—	47.6	—	64.3	—	86.5

7.3.3　希斯 - 舍伍特公司绳索取心钻具

加拿大希斯 - 舍伍特(Heath & Sherwood Inc.)公司曾设计制造专门用于超深孔(>5000 m)的"隔径"绳索取心钻具。该钻具内管缩小一级，内外管环状间隙增大，冲洗液循环阻力减小，能加快内管提升与下降速度。钻具配套使用铝合金钻杆。钻具有两种规格。

(1)HNQ 绳索取心钻具：HQ 外管，配 NQ 的内管，岩心直径 47.6 mm。

(2)NBQ 绳索取心钻具：NQ 外管，配 BQ 的内管，岩心直径 36.5 mm。

该公司还用上述钻具、特种绳索取心钻杆(表 7 - 10)及 HS - 150 型钻机在美国、加拿大、南美、南非等地完成 3000 m 以上的深钻孔 20 多个，并创 4030 m、5424.09 m 孔深纪录。

表 7 - 10　南非深孔使用的绳索取心钻杆技术参数

钻杆型号	CUD96	CUD76	CHD76	ALU76
钻孔直径/mm	96.0	76.0	76.0	76.0
岩心直径/mm	47.6	36.5	43.5	36.5
钻杆外径/mm	89.0	69.9	69.9	69.9
钻杆内径/mm	75.0	57.2	60.3	50.8
接头内径/mm	50.3	46.2	55.0	46.2
钻深能力/m	4100	4200	3200	6000
每米质量/(kg·m^{-1})	16.0	11.2	8.4	6.4

注：钢钻杆接头内加厚，摩擦焊接。接头硬化处理层 1.5 mm。钻杆安全系数 2∶1。

7.3.4　德国 KTB 超深孔绳索取心钻具

由伊斯曼·克利斯坦森公司设计，结构见图 7 - 5，主要技术参数见表 7 - 11。

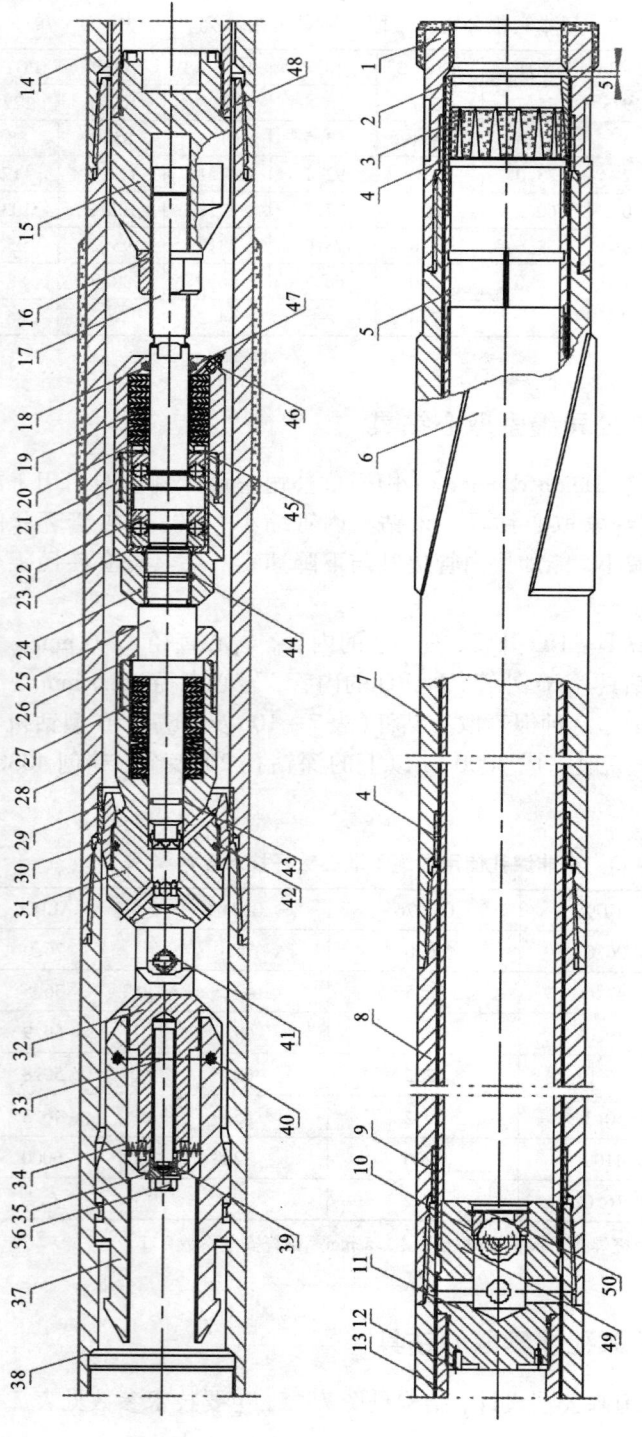

图 7-5　德国大陆深孔计划(KTB)用绳索取心钻具

1—钻头；2—卡簧；3—卡簧座；4—扶正环；5—定向短节；6—钻头稳定器；7—内管；8—外管；9—扶正环；10—阀座；11—仪器仓接头；12—定位销；13—仪器仓；14—仪器仓外管；15—定位接头；16—锁紧螺母；17—定位轴；18—密封圈；19—碟簧；20—隔垫；21—弹簧；22—轴承；23—轴承盒；24—转换接头；25—悬挂接头；26—锁帽；27—碟簧；28—上稳定器；29—定位圈；30—悬挂环；31—悬挂接头；32—牙头座；33—测温杆；34—弹簧；35—密封垫；36—螺堵；37—牙头；38—弹卡室；39—O形圈；40—弹性圆柱销；41—弹性圆柱销；42—弹性圆柱销；43—O形圈；44—弹性圆柱销；45—弹簧挡圈；46—油杯；47—O形圈；48—O形圈；49—钢球；50—弹簧挡圈

表 7 – 11　德国超深钻孔用 SK 系列绳索取心钻具的技术参数

规格	5½″改进型	5½″SK100	4½″SK80	3½″SK60
钻孔直径/mm	152.4	159	123	94
岩心直径/mm	94	100	80	60
钻杆外径/内径/mm	140/125.8	140/124	112/95	89/74
接头外径/内径/mm	140/125.8	154/124	118/95	90.5/74
钻进能力/m	5000	4500	4000	4000
安全系数	2	2	2	2

其中 SK5 1/2″型绳索取心钻具，用于德国大陆深孔计划（KTB）的 4000.1 m 深的先导孔施工（设计深度 5000 m）。

7.3.5　俄罗斯绳索取心钻具

7.3.5.1　俄罗斯 CCK 和 KCCK 绳索取心钻具

全俄勘探技术研究所研制的 CCK 绳索取心钻具适用于固体矿产勘探钻进直径 46、59 和 76 mm，深度 1000 ~ 1200 m 的钻孔，适应岩石为可钻性 7 ~ 10 级的完整、弱裂隙性和裂隙性岩石。

专业技术设计局研制的 KCCK – 76 绳索取心钻具适用于坚硬程度较低的可钻性 5 ~ 9 级岩石，钻孔深度可达 1200 m、2000 m 和 3000 m。绳索取心钻具的技术特性列于表 7 – 12。

表 7 – 12　绳索取心钻具的技术参数

参　数		钻 具 规 格			
		CCK – 46	CCK – 59	CCK – 76	KCCK – 76
金刚石钻头	外径/mm	46	59	76	76
	内径/mm	24	35.4	48	40
	胎体宽度/mm	11	11.8	14	15
金刚石扩孔器外径/mm		46.4	59.4	76.4	76.4
常规钻进条件下钻具的平均寿命/km		10.0	8.0	7.5	6.0

为了扩大绳索取心钻具的应用范围，俄罗斯钻探技术界研制了系列专用钻具和装置。

在 CCK – 59 钻具基础上研制了提高复杂地质条件下岩心采取率的喷射振动式组合钻具 CCK – 59ЭB；与液动冲击器配合使用的绳索取心钻具 CCГ – 59；用于

定向钻进的绳索取心钻具 CCK－59HБ；用于钻进斜孔（与水平成 60°～90°）的绳索取心钻具 CCK－593H；用于有效止水（注水泥）的绳索取心钻具 COT－59。

　　在 KCCK－76 钻具基础上研制了取含气岩心样品的绳索取心钻具 CГH－48（КГHC），它可以从孔内获取达标的煤心样品并确定煤层中天然气的含量；用于在不稳定煤层和岩层中取心的绳索取心钻具 CXH－48；与液动冲击器配合使用的绳索取心钻具 CГ－48（CCГ－76），由于它降低了裂隙性岩石中岩心堵塞的概率，可明显增大机械钻速和回次进尺。

　　全俄勘探技术研究所研制了用于坑道金刚石钻进 46、59 mm 口径的水平孔和上仰孔的 CCK－46Г 和 CCK－59Г 钻具。

　　除 KCCK－76 钻具以外，"地质工程"专业设计局还研制了 KCCK－59 和 KCCK－95 绳索取心钻具（表 7－13）。其中，KCCK－59 钻具通过了生产试验并投入批量生产。钻杆柱借助焊接式螺纹接头连接，在升降作业中采用半自动升降机和移动式卡钳（可防止钻杆和岩心管在拧卸时变形）。该钻具组合包括：钻杆柱、带可打捞式岩心采集器的岩心管（用于回转钻进）、打捞器、岩石破碎工具、绞车和其他用于升降作业的附属工具。

表 7－13　KCCK－59 和 KCCK－95 绳索取心钻具的技术参数

型　号	KCCK－59	KCCK－95
使用范围	钻进可钻性 5～9 级岩石（含 10 级硬夹层）	钻进可钻性 5～9 级岩石
钻进深度/m	2000	4500
钻孔直径/mm	59	95
岩心管外径/mm	57.5	89
钻头内径/mm	31	52
钻杆外径/mm	54	80
接头外径/mm	57.5	89
钻杆长度/m	4.7	6
单根钻杆质量/kg	30	68（铝钻杆为 48）

　　KCCK－95 绳索取心钻具主要用于固体矿产勘探钻进，同时还可用于孔深4500 m 以内的石油天然气普查勘探参数井的金刚石取心钻探和口径 95 mm 的全面钻进。该钻具组合包括含加重钻杆的钻杆柱、可实现液动冲击和回转钻进互换的打捞式岩心采集器、打捞器、岩石破碎工具、绞车、其他用于升降作业的附属工具和事故处理工具。

　　CCK－59 钻具推出后得到了广泛应用，并派生出 5 种型号，分别用于孔深500～1200 m 的钻孔，其配套的工具也有所不同。KCCK 钻具同样有若干种型号：用于 1200 m 孔深的 KCCK－76－1200、KCCK－76M－1200；用于 2000 m 孔深的

KCCK – 76 – 2000、KCCK – 76M – 2000；
用于 3000 m 孔深的 KCCK – 76 – 3000。
在 KCCK – 76M 和 KCCK – 76 – 3000 钻
具中采用了两端焊接螺纹接头的钻杆。
KCCK – 76 – 3000 钻具与 ЭK – 3 – 32 半
自动升降机、CKH – 48（HK – 76）岩心
管、Л8 或 Л10 绞车、专用主动钻杆配套
使用。

7.3.5.2　CCK – 59ЭB 绳索取心组合钻具

　　CCK – 59ЭB 钻具（图 7 – 6）是针对
复杂地质条件下用普通绳索取心钻具不
能保证岩心采取率的情况而研发的改进
型绳索取心钻具。为了更好地把岩心保
存在内管中，它借助喷嘴来实现孔底冲
洗液局部反循环（即冲洗液从内外管间
隙经卡簧短节进入内管，再由内管上接
头流出，经承喷器进入内外管间隙）。
来自钻杆柱的冲洗液沿内外管间隙到达
支撑环 5 和橡胶密封圈 3 的位置时，受
阻后继续沿中心通道依次流向振动器和
喷嘴。来自孔底携带着细小钻渣和岩心
的冲洗液被吸往内管，而剩下的钻渣和
冲洗液则沿着管外环状空间上返。

　　根据所钻地层的情况，该套钻具可
以仅使用喷嘴短节或振动器短节，也可
以两者同时采用。岩心堵塞的信号是这
样产生的：当岩心自卡时内管将连带轴

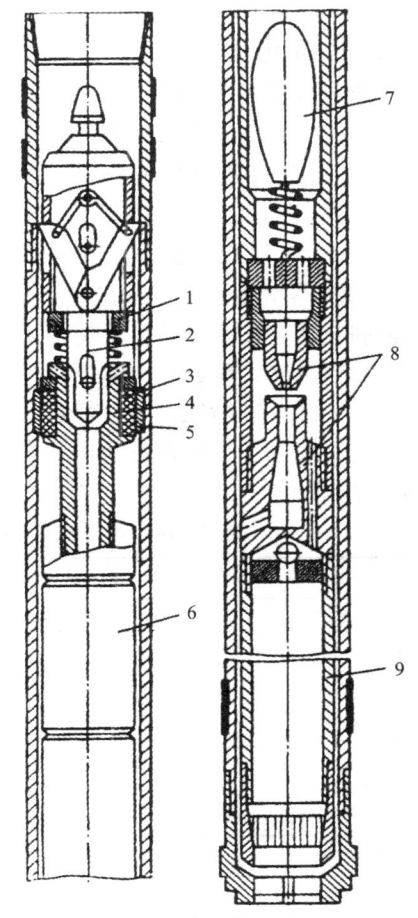

图 7 – 6　CCK – 59ЭB 绳索取心组合钻具
1—调整螺帽；2—连接杆；3—橡胶密封圈；
4—轴套；5—支撑环；6—轴承组；
7—振动器；8—喷射器；9—岩心内管

套 4 相对外管上移，并压缩套在连接杆 2 上的弹簧。通过调整螺帽 1 使弹簧承受一
个预压紧力，推荐该力在 2 kN（弱胶结性岩石）至 4 kN（裂隙性岩石）之间变化。当
内管投放到位，坐在支撑环 5 上时，连接杆 2 在惯性力和冲洗液压力的作用下继续
在轴套 4 的孔内向下位移。这时压力表上的读数便告诉操作者内管已经到达孔底。

　　振动器重锤固定在弹簧上，钻进过程中可不断敲击岩心内管使其振动，有助
于岩心进入和自动解卡；当环状间隙被堵塞时，重锤可在冲洗液压力水头的作用
下往下位移，突然增大堵塞位置的环状间隙，从而排除堵塞的岩屑。

7.3.5.3 其他特殊用途的绳索取心钻具

1. CCK－59HБ 绳索取心钻具

CCK－59HБ 绳索取心钻具用于钻进定向孔。它在 CCK－59 钻具基础上沿钻具长度均衡布置了两个直径 59.2 mm 的附加扶正器，以便保持钻孔按指定轨迹钻进。

2. CCK－59ЭH 绳索取心钻具

CCK－59ЭH 绳索取心钻具用于钻进倾角 60° 以内的斜孔。因投放岩心内管和打捞器时其与下侧孔壁的摩擦力增大，使得岩心内管和打捞器送达孔底的时间大大增加。为了提高送达孔底的速度，在岩心内管增加一个 11.5 kg 的配重，同时专用打捞器增加了扶正圆盘和配重，在孔口安装带滑轮的钢丝绳定中心装置和冲洗液排出管，在孔口钻杆夹持器上安装可调式定心装置，以方便打捞和提钻。

3. CCK－46Г 和 CCK－59Г 绳索取心钻具

CCK－46Г 和 CCK－59Г 绳索取心钻具用于地质勘探水平孔的金刚石钻进，钻孔深度 300 m，所钻岩石为可钻性级别 7～9 级的完整和裂隙性的岩石和部分10 级岩石。

表 7－14　用于水平孔钻进的绳索取心钻具技术特性

		CCK－46Г	CCK－59Г
金刚石扩孔器外径/mm		46.4	59.4
金刚石钻头外径/内径/mm		46.0/24.0	59.0/35.4
钻杆外径/内径/mm		43.0/33.4	55.0/45.4
取心总成长度/mm		3900.0	3985.0
可打捞部分长度/mm		3030.0	3005.0
外管外径/内径/mm		45.0/35.0	56.0/45.0
内管外径/内径/mm		30.0/25.6	42.0/37.0
取心总成质量/kg		29.6	37.5
打捞器	长度/mm	855.0	860.0
	外径/mm	33.0	45.0
	质量/kg	4.12	7.8
	起重量/kN	3	3

4. CKH－48(HK－76)、CB－48 和 CГH－48 钻具

CKH－48(HK－76)、CB－48 和 CГH－48 钻具属于 KCCK－76 系列绳索取心钻具今后进一步改进的发展方向。其中，CKH－48(HK－76)钻具装有内管到位水力信号报信器，用新结构取代了原岩心堵塞报信器中可靠性较差的橡胶皮碗。

在 CГ－48(CCГ－76)钻具的上部安装了高频水力冲击器，它产生的冲击脉

冲可通过外管传递到金刚石钻头上。在岩心自卡时，岩心内管可以接收到冲击作用，从而利于破碎岩心进入并强化了孔底岩石破碎过程，增大了回次进尺。

表 7 - 15　CB - 48 和 CГ - 48(CCГ - 76)绳索取心钻具的技术特性

钻具类型	CГ - 48	CB - 48
钻进深度/m	1000	1000
泵量/(L·min^{-1})	70 ~ 90	35 ~ 45
泵压/MPa	1.2 ~ 1.5	1.5
冲击功/J	8 ~ 12	0.25 ~ 0.28
冲击频率/Hz	33 ~ 45	24 ~ 26
工作寿命/h	600	—
质量/kg	44	—

5. CГH - 48(КГHC)绳索取心钻具

CГH - 48(КГHC)绳索取心钻具用于脆性煤和冲蚀性岩层的岩心钻探，以及用压入式超前钻头在煤层中钻取气体样品(属于 KCCK - 76 系列钻具)。在煤系地层中钻进由于不必经常提动钻杆柱，大大降低了出现孔内复杂情况和事故的概率。压入式超前钻头通过碟形弹簧组与轴承连在一起，从而可根据岩石硬度自动调节其相对钻头端面的超前量(5 ~ 7 mm)。压入式超前钻头上的最大轴向载荷为4.5 kN。

表 7 - 16　CГH - 48(КГHC)绳索取心钻具的技术特性

外径/mm	51
岩心直径/mm	33
取心部分长度/mm	1000
气体样品容量/m³	1.1×10^{-3}
总长度/mm	6855
质量/kg	38

6. CГH - 48 绳索取心钻具

CГH - 48(Конус)绳索取心钻具适于用压入式超前钻头在脆性煤和不稳定冲蚀性岩层中进行岩心钻探(属于 KCCK - 76 系列钻具)。压入式超前钻头相对金刚石钻头端面的超前量(+8 ~ -2 mm)由碟形弹簧组根据岩石硬度自动调节。

表 7 – 17　СГН –48（Конус）绳索取心钻具的技术特性

外径/mm	48
岩心直径/mm	33
端部形式	超前压入筒
取心部分长度/mm	1595
总长度/mm	6860
质量/kg	43

7.4　不提钻换钻头钻进

7.4.1　不提钻换钻头技术

不提钻换钻头钻进，是在绳索取心钻进基础上发展起来的一种钻进新方法，除具备绳索取心钻进功能外，可在不起下钻杆柱的情况下，实现对孔底钻头的更换。其实质是：采用绳索打捞方式，借助专用钻具或采用换钻头工具，将孔底服役钻头从钻杆柱底端卸开并打捞到地表，然后将新钻头送到孔底并安装在钻杆柱端；核心技术是不提钻换钻头钻具或专用的换钻头工具。与传统钻进方法相比，不提钻换钻头钻进具有以下技术优势：

（1）减少起下钻次数及其辅助作业时间，通过提高纯钻时间比例，提高钻探效率；

（2）减少起下钻对钻孔的抽吸、挤压等影响钻孔稳定性的不利因素，改善孔内施工环境，减少孔内故障和事故，维持钻孔安全生产；

（3）降低劳动强度，改善钻探现场施工环境，消除疲劳操作和因起下钻导致的事故隐患，为安全生产提供保障；

（4）及时根据钻头磨损情况调整钻头使用方案，使钻头与地层匹配。

尤其在深孔和在强研磨性、打滑、软硬频繁交替等要求频繁换钻头的地层，这些优势尤为突出。不提钻换钻头从设想提出，至今已一个多世纪，世界各国所提出的不提钻换钻头钻具技术方案多达数十种，根据配套钻头的特征，将这些钻具归纳为表 7 – 18 所列的几种主要类型。这些方案中，大多数属于钻具结构探索，在地质勘探行业具有实用性的很少。20 世纪 70 年代，澳大利亚 Mindrill Limiled 的扩孔张敛式钻具，曾在钻探工程中大量生产试验；我国探矿工艺研究所研制的扩孔张敛式不提钻换钻头钻具（BH 钻具），在我国钻探工程中实现了不提钻换钻头取心钻进。

经过改进的 BH 钻具，还可用于套管钻进方法。

表 7-18 不提钻换钻头钻具结构类型、典型钻具、试验和使用情况

钻具类型	结构形式	结构特征	典型钻具和产地	试验和使用情况
扩孔翼张敛式	楔顶扩孔翼张敛式	钻具装有执行先导钻进的取心钻头、承担扩孔任务的张敛式扩孔翼，采用楔顶机构控制扩孔翼张敛，完成钻具安装及投捞。钻具既是换钻头的工具，又执行取心钻进任务	Mindrill 钻具，澳大利亚；BH 钻具，中国	Mindrill 生产试验1.7万米；BH 钻具成功用于钻探生产
	铰链扩孔翼张敛式	扩孔翼采用铰链连接，采用齿轮齿条机构控制其张敛，其余与楔顶式相同	Texco 钻具，加拿大	4½"以上油气井套管钻井
整体式	整体钻头倒转式	采用整体取心钻头，其圆上对称切有两个平面。采用专用换钻头工具控制钻头卸开和倒转，倒转后钻头径向尺寸小于钻柱内径，可打捞至地面，或送到孔底安装在钻柱底端	Retractable Bit System. 钻具，美国	20世纪70年代在明尼苏达等地页岩中进行生产试验，未见应用
拆卸式（拼装式）	完全拆卸式	由上、下两组(每组2~4块)钻头块沿圆周拼装构成环形取心钻头；采用专用工具控制两组背离移动，钻头收缩；相对运动使钻头张开	油气钻井行业早期技术方案	
	局部拆卸式	钻头由可拆卸的钻头块和连接在钻柱下端的钻头架组合而成；有的还带中心钻头，采用专用工具送钻头块并安装在钻头架上，或拆卸钻头块提出孔外	油气钻井行业早期技术方案	
其他	链条式	链条上镶嵌切削单元，通过特殊操作控制链条转动露出新切削单元	早期技术方案	属长寿命钻头，实用性差

7.4.2 BH 不提钻换钻头钻具

7.4.2.1 BH 钻具结构

BH 钻具为楔顶扩孔翼张敛式结构类型，采用两级碎岩原理，设置先导取心钻头和扩孔翼，利用扩孔翼的张敛性能实现钻具钻进（张开）状态与收敛（打捞）状态的转换，从而具备不提钻换钻头钻进的基本工艺要求。

钻具结构见图 7-7，主要由主钻具和副钻具组成。主钻具[图 7-7(a)和图 7-7(b)]主要由打捞机构 1、报信阀 2、悬挂接头 3、钻头架 4、张敛轴 5、副钻头（扩孔翼）6、限位机构 9、接头 10 及其以下包括主钻头 16 的取心钻具组成，属可打捞部分，可从孔内将其打捞到地面，又可通过钻杆投送到孔底。副钻具[图 7-7(c)]通过副扩孔器 8 与绳索钻杆连接，属于非提升部分。主钻头采用比钻具规格小一级的普通取心钻头。副钻头为 4 块组合张敛式，主要由钻头架的 4 个窗口支撑。

钻具采用水力驱动张开，在主钻具投送到位但未张开情况下，主、副钻具的配合间隙视为密封，同时报信阀处于关闭位置。泥浆遇阻，泵压升高，当升高至规定峰值的泵压，便推动张敛轴相对钻头架下行，张敛轴的 4 组斜面使副钻头张

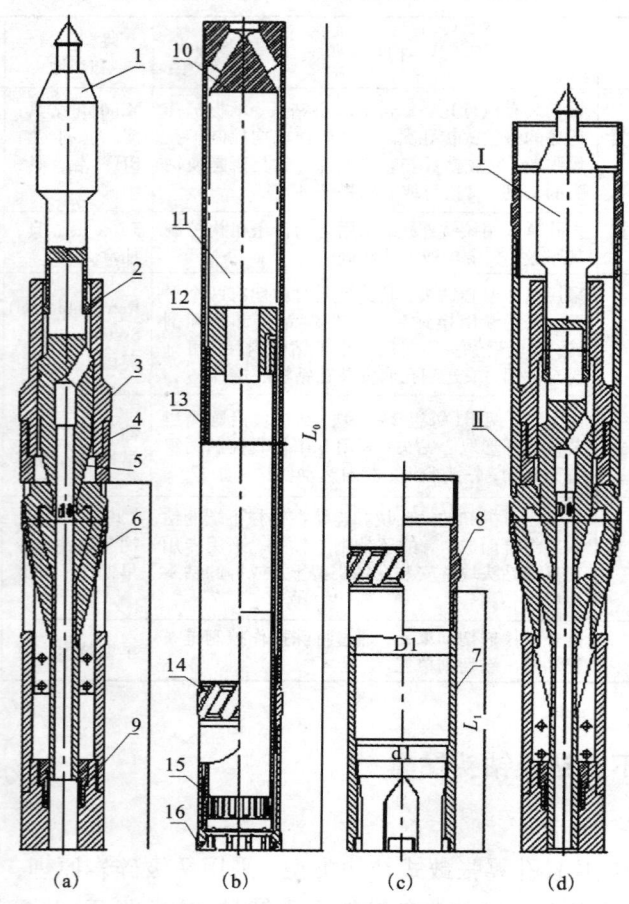

图 7 – 7　BH – 钻具结构图

(a)主钻具(上部);(b)主钻具(取心钻具);(c)副钻具;(d)呈钻进状态的钻具(上部,其中 Ⅰ—主钻具;Ⅱ—副钻具);1—打捞机构;2—报信阀;3—悬挂接头;4—钻头架;5—张敛轴;6—副钻头;7—副钻具;8—副扩孔器;9—限位机构;10—接头;11—单动机构;12—外管;13—内管;14—主扩孔器;15—卡簧装置;16 主钻头

开,报信阀同时开启,泥浆流通,泵压快速回落至正常值。利用打捞瞬间的提升力,使张敛轴相对钻头架上行,使副钻头收敛,并采用限位机构 9 维持(主)钻具收敛稳定性。

在张开状态[图 7 –7(d)]下,张开的副钻头将主、副钻具连接,钻具呈钻进工作状态,可执行取心钻进。由主钻头执行先导取心钻进,副钻头承担扩孔任务。钻进回次结束,采用绳索打捞器打捞主钻具,在开始提升瞬间,副钻头收敛,从而解除主、副钻具的连接, 钻具转变为收敛状态, 主钻具可随打捞器被捞到地面。在地面采取岩心的同时, 可检查或更换孔底服役钻头。然后, 再次将主钻具投送到孔底, 从而实现不提钻换钻头取心钻进。

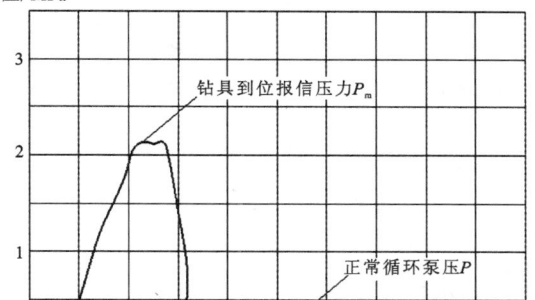

图 7 - 8　钻具到位张开泵压曲线

投送钻具和开泵后, 地面泵压与孔内钻具工作状态的对应关系如图 7 - 8 所示。当出现规定泵压峰值 P_m, 随后泵压快速下降至稳定钻进泵压, 表明孔内钻具到位张开。泵压峰值 P_m 称为钻具到位张开报信压力, 用作判断钻具到位张开的依据。

7.4.2.2　钻具规格和主要参数

钻具规格及其主要技术参数见表 7 - 19。BH 钻具推荐应用范围见表 7 - 20。

表 7 - 19　BH 钻具规格和技术参数

钻具规格		BH - 75	BH - 91	BH - 114
钻孔直径/mm		75	95	122
岩心直径/mm		39	51	68
到位报信压力 P_m/MPa		0.8 ~ 1.5	0.8 ~ 2.0	1.5 ~ 3.0
主钻头	类型	普双金刚石钻头	普双金刚石钻头	普双金刚石钻头
	规格/mm	56	70	ϕ94 普双钻头
主扩孔器		56	70	94
副钻头	类型	4 块组合张敛式	4 块组合张敛式	4 块组合张敛式
	张开直径 D/mm	75	95	122
	收敛直径 d/mm	55	68	93
外管	外径/内径/mm	55/48	68/61	89/80
	长度/mm	2192 ~ 3192	2240 ~ 3240	1380 ~ 3380
内管	外径/内径/mm	45/41	57/53	77/70
	长度/mm	2000 ~ 3000	2000 ~ 3000	1000 ~ 3000
主钻具长度 L_0/mm		2642 ~ 3642	2765 ~ 3765	1567 ~ 3567
副钻具长度/mm		250	300	294
副扩孔器外径/mm		75.5	95	122
打捞接口		S75 打捞器	S91 打捞器	专用打捞器
副钻具接口		ϕ75 绳索扩孔器	ϕ91 绳索扩孔器	ϕ122 绳索扩孔器

表 7 – 20　BH 钻具应用范围

钻具规格		BH – 75	BH – 91	BH – 114
地层	完整地层	●	●	●
	较完整地层	●	●	●
	较复杂地层	○	○	●
	复杂地层			○
	河床、滑坡等堆积层			
钻孔顶角	$\theta \leqslant 20°$	●	●	●
	$20° \leqslant \theta \leqslant 30°$	○	●	●
	$30° \leqslant \theta \leqslant 40°$		○	●
泥浆类型	无固相	●	●	●
	固相≤4%	●	●	●
	固相≥4%		○	●

说明：●—适用；○—基本适用。

7.4.2.3　钻进工艺

1. 设备、配套工艺条件

BH 不提钻换钻头钻进设备要求及配套器具见表 7 – 21。

表 7 – 21　BH 不提钻换钻头钻进设备、配套器具

钻具规格	BH – 75	BH – 91	BH – 114	备　注
钻机、泥浆泵、钻塔	与 S75 绳钻相同	与 S91 绳钻相同	与 122 绳钻相同	以绳钻配套设备为平台
钻杆外径/内径/mm	71/61	89/78	114.3/101.5	内径为最小直径要求
绳索配套器具	S75	S91	ϕ122	主要包括夹持器、提引器、绞车、打捞器

2. 下钻、投送钻具

下钻：副钻具与钻杆连接，直接下到孔内，要求副钻具底端与孔底之间的距离大于钻具长度 0.5 m 以上。

投送主钻具与绳索取心相同，直接将主钻具投入绳索钻杆，凭借钻具自重下到孔底，也可采用泵送；采用绳索打捞器将主钻具打捞到地面。

3. 钻具到位张开判断

衡量换钻头成功的最终体现是钻头到达孔底，并准确与孔内钻具连接，成为能够钻进的工作状态，任何形式的钻具都应有这一重要环节。

BH 钻具的主钻具虽然在地面更换了钻头，但投送后，在尚未确定副钻头张

开之前，任何扫孔和钻进操作都可能导致孔内故障，所以，钻具到位张开判断是 BH 钻具不提钻换钻头钻进工艺的关键环节。应根据钻具到位报信压力 P_m，判断钻具到位张开与否，并结合孔口返水进行验证。

钻具到位报信压力 P_m 主要与泵量、孔深有关，泵量为定值时，P_m 为：

$$P_m = P_{m0} + P_k$$

式中：P_{m0} 为孔口钻具到位张开报信的泵压峰值，可通过孔口试验获得；P_k 为一定孔深、空管（不带主钻具）泥浆循环的泵压。

一旦改变泵量或泥浆黏度有较大变化，应重新测试钻具到位报信压力 P_m。

4. 钻进规程参数

钻进规程参数需根据具体地层和配套设备的能力确定（见表 7 - 22）。开始使用钻具的前 1 ~ 2 回次，即副钻头尚未接触岩石，钻压为正常钻压的 50% ~ 60%，转速为 200 r/min 左右。

表 7 - 22　钻进规程参数

钻具规格	BH - 75	BH - 91	BH - 114	备注
钻压/kN	4 ~ 9	6 ~ 1.2	0.8 ~ 2.0	
转速/(r·min^{-1})	300 ~ 600	200 ~ 500	200 ~ 400	
泵量/(L·min^{-1})	60 ~ 90	60 ~ 90	90 ~ 150	

5. 间接检查副钻具底端的磨损

在打捞主钻具取心的同时，根据副钻头和副钻具的有效连接（嵌入）长度，即测量副钻头头部之侧面的最新磨痕长度，间接检查副钻具底端的磨损。嵌入长度设计为 12 mm，测量磨痕长度 ≤6 mm，副钻具底端对应磨损 ≥6 mm，应考虑提钻更换副钻具，避免快速磨损导致副钻头掉入孔底。

6. 其他操作要求

每回次扫孔时，注意观察泵压和钻进速度，如果出现异常，应停钻分析和确认孔底钻具是否到位张开。如未到位和张开，可采取打捞（主钻具）后脱卡进行处理，避免误操作导致副钻具磨损。

每一取心回次时，在地面检查和调试钻具张敛灵活性；检查钻头磨损情况，决定是否更换钻头。

第 8 章　取心技术

　　取心技术是指获取地下岩（矿）心样品所使用的机具和钻进工艺方法。由于不同的岩矿层具有不同的组分物性和结构构造，取心难易程度差异很大，为保证取心质量达到岩心钻探规范及工程技术要求，必须采用不同的取心技术方法。按照不同的分类方法，取心技术的主要类型见表 8－1。

表 8－1　取心技术分类表

分类方法	取心技术方法	
按取心管层次结构分类	单层岩心管取心、双层岩心管取心、三层岩心管取心	
按岩石破碎方法分类	金刚石钻进取心、复合片钻进取心、硬质合金钻进取心、钢粒钻进取心、冲击回转钻进取心	
按提取岩心的方式分类	提钻取心	
	绳索取心	
按冲洗介质循环方式分类	正循环钻进取心	提钻取心、绳索取心
	局部反循环钻进取心	无泵钻进取心、喷反钻进取心、阻隔反循环钻进取心
	全孔反循环钻进取心	水力反循环钻进取心、气举反循环钻进取心
按取心地层性质分类	松散型地层取心	土层取心、砂矿取心、砂砾石层取心
	固结性岩层取心	完整岩矿层取心、易溶易碎易磨耗地层取心、水泥及混凝土取心
	特种地层取心	冻土取心、冰层取心、海底取心、天然气水合物取心、月球表层取心
按取心目的分类	常规取心	地质勘探取心、工程地质勘查取心、油气井取心
	特种取心	定向取心、偏斜取心、侧壁取心、密闭取心、保温保压取心

8.1　单层岩心管钻具及取心技术

8.1.1　单层岩心管钻具的结构特点

　　单层岩心管钻具一般由钻头、扩孔器、单层岩心管及异径接头组成，钻具结构简单、取心直径较大，适用于金刚石、复合片、硬质合金钻进。硬质合金钻进用单管钻具一般无需匹配扩孔器，在完整、致密和少裂隙的岩矿层、或对取心质量要求不高时采用。单层岩心管钻具及钻头、扩孔器规格参数参见第 4 章钻探管材和第 5 章钻头与扩孔器。

8.1.2　单层岩心管钻具卡心方法

8.1.2.1　卡料卡取法

这种方法适用于合金钻进，一般是在中硬以上、完整、致密的岩矿层中采用。卡料可采用碎石、石英砂砾、铁丝等材料。卡取岩心的操作方法及注意事项如下：

1. 卡料的规格和投入量

碎石应选用较硬的岩石如石英岩，敲成圆粒，直径 2～5 mm，投入量由岩（矿）心直径的大小、长度决定，40～100 粒。铁丝一般采用 8 号或 10 号，长度为岩心管直径的 1.5～3 倍，以单股和双股、三股拧成麻花状做成 3 种不同直径规格，卡料直径 3～10 mm，视岩心直径与钻头钢体内径之间的间隙大小适当确定混配直径规格与比率，不同直径卡料的总投入量一般为 8～15 股。

2. 卡料的投入方法

投卡料时应先将钻具提离孔底 0.07～0.10 m，将卡料按粒度或粗细的不同，按先小后大的顺序逐个投入，并用铁锤适当敲打孔口钻杆。卡料投完后，开泵冲送，泵量可由小逐渐增大。泵送一定时间后，将钻具慢慢放至孔底，观察水泵压力变化情况，如果泵压增高，并有憋水现象，说明卡料已到孔底，此时停泵回转数圈，上提钻具 0.20～0.30 m，再放至孔底，如果在下放过程中没有阻滞的现象，说明卡取成功，便可提钻。

8.1.2.2　卡簧卡取法

卡簧卡取法在金刚石单、双岩心管钻进中应用较普遍，适用于硬或中硬、较完整、直径较均匀的岩（矿）心，其使用方法及注意事项如下：

1. 卡簧材质及结构

卡簧一般是用弹簧钢 65Mn 或调质钢 40Cr 加工，硬度为 HRC45～50。目前常用的卡簧有内槽式、外槽式和切槽式等，如图 8－1 所示。单层岩心管钻具卡簧结

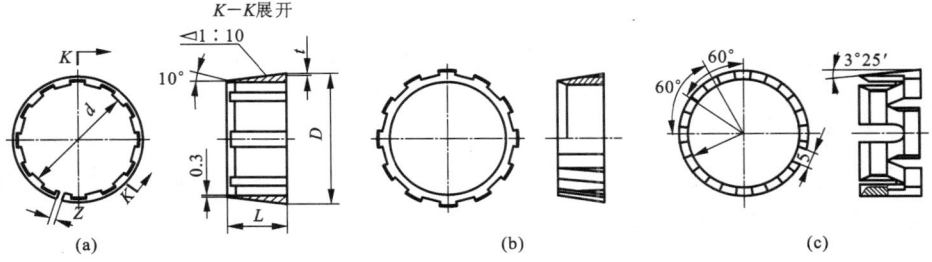

图 8－1　岩心卡簧的类型

（a）内槽式；（b）外槽式；（c）切槽式

构参数见表 8 - 2。

表 8 - 2　单管钻具卡簧结构参数表（内槽式）　　　　（单位：mm）

口径规格（代号）	卡　簧　结　构　参　数				
	大端外径 D	大端内径 d	卡簧长度 L	卡簧壁厚 t	缺口宽度 Z
30(RS)	22.5	19.5	15	0.6	3
38(ES)	31	27.5	18	0.7	3
46*	34.5*	29*	18*	0.75*	3.8
48(AS)	41	37.5	18	0.85	3
59*	49*	41.5*	22*	0.75*	6.2
60(BS)	52	47.5	20	0.85	3
75*	65*	54.5*	25*	0.75*	8.3
76(NS)	64	59.5	25	1	3
91*	80*	72.6*	28*	1.2*	8.1
96(HS)	80.5	75.5	25	1	3
110*	97*	88.5*	32*	1.3*	7.4
122(PS)	104	97.5	30	1.5	5
130*	120*	113.5*	32*	1.3*	8.9
150(SS)	126	119	30	1.5	5
175(US)	151	143	40	2	5
200(ZS)	172	164	40	2	5

注：表中数据引自地质岩心钻探钻具 -2011 国家标准，上标 * 数据引自旧标准和部分厂家产品。

2. 卡簧与卡簧座、岩（矿）心之间的间隙配合

卡簧与卡簧座的锥度要一致，卡簧的自由内径应比钻头内径小 0.3 mm 左右，现场应用对同一规格钻头一般按 0.3 mm 级差匹配 3 种。在不更换钻头时，检查卡簧自由内径是否合适的简单方法是将卡簧套在岩心上，卡簧对岩心既有一定的抱紧力，又能在岩心上被轻轻推动即为合格，推动费力则为过小，停留不住则为过大。

3. 卡簧安放及钻进

为了减少残留岩心，设计卡簧安放位置应尽量靠近钻头底部。正常钻进时，不能任意提动钻具，否则会在钻进中途提断岩心，造成岩心堵塞。

8.1.2.3　干钻卡取法

干钻卡取法无须投入卡料，利用某些岩矿层破碎易堵的特点达到取心的目的。回次终了停泵，继续加压钻进 20 ~ 30 cm，利用没有排除的岩粉挤塞卡紧岩

（矿）心。该方法一般是在硬质合金钻进松散、软质和塑性岩矿层时，用卡料和卡簧卡不住岩心时采用。干钻取心法容易造成孔内卡钻或烧钻，因此，干钻时间和进尺不宜过长。使用活动分水投球钻具，可以使干钻取心获得更好的效果。

8.1.2.4　沉淀卡取法

　　该方法是一种以岩屑为卡料挤塞卡取岩心的方法，多用于反循环钻进。回次钻进终了时，停止冲洗液循环，利用岩心管内的岩粉沉淀作为卡料挤塞卡住岩心。此法适用于松软、脆、碎岩矿层。使用中要注意岩粉沉淀时间，通常取 10 ~ 20 min，沉淀法常与干钻法结合使用。

8.1.3　常用单层岩心管钻具

8.1.3.1　金刚石单管钻具

　　金刚石单管钻具如图 8 - 2 所示。卡簧安装于钻头内锥面或扩孔器内锥面，为防止钻进中卡簧上窜或翻转，可在钻头内腔中设置卡簧座与限位短节，为防止钻孔弯曲和上部异径接头磨损，可在岩心管与异径接头之间加装上扩孔器或在异径接头外表面喷焊或镶焊硬质合金。

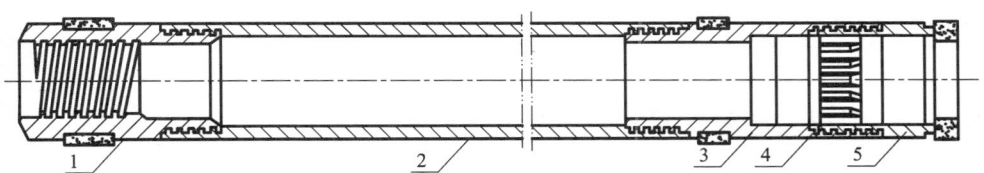

图 8 - 2　金刚石单管钻具

1—异径接头；2—岩心管；3—扩孔器；4—卡簧；5—钻头

8.1.3.2　投球单管钻具

　　钻具结构如图 8 - 3 所示。回次终了卡住岩（矿）心之后，投入球阀关闭阀座内孔，隔离钻杆内水柱，可减少岩心脱落机会。该钻具一般适用于可钻性 3 ~ 4 级具有黏性的岩层和煤层顶板，以及不易被冲蚀的硬煤层钻进。其缺点是提钻卸钻

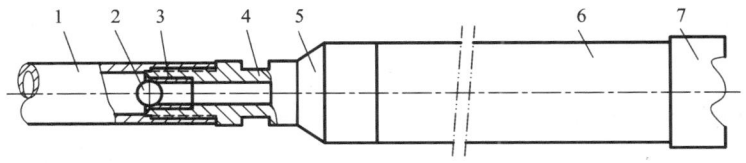

图 8 - 3　投球接头钻具示意图

1—钻杆；2—钢球；3—球阀；4—投球接头；5—异径接头；6—岩心管；7—钻头

杆时，钻杆内的冲洗液会在孔口喷出。

8.1.3.3　活动分水投球钻具

如图8-4所示，在普通单管钻具中增加适合于遇水膨胀地层安全钻进的导向管、起分流与防水压两用的分水投球接头和防止冲洗液冲刷的岩心活动分水帽。岩心管长度一般为1~2m，导向管长度6~8m。钻具适用于黏性大、塑性强、松散怕冲刷、遇水膨胀的高岭土矿中钻进。

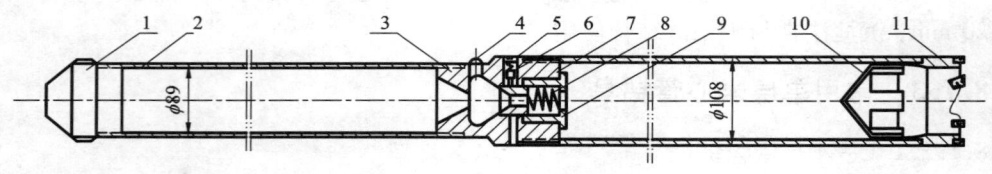

图8-4　活动分水投球钻具

1—异径接头；2—导向管；3—投球接头；4—取球孔螺栓；5—小卡螺栓；6—小卡及弹簧；
7—球座；8—球座弹簧；9—弹簧座；10—活动分水帽；11—硬质合金钻头

8.2　双层岩心管钻具及取心技术

8.2.1　双层岩心管钻具的结构特点

钻具由内外两层岩心管组成，有双动双管钻具和单动双管钻具两大类。钻具规格参见第4章钻探管材。

8.2.2　双动双管钻具

8.2.2.1　双动双管钻具结构特点和适用地层

钻进中内、外两层岩心管同时回转的双层岩心管钻具，一般适用于可钻性1~6级松软易坍塌以及可钻性7~9级中硬、破碎、易冲蚀的岩矿层钻进。

该类钻具结构简单、加工容易，钻进中可避免冲洗液对岩（矿）心的直接冲刷和钻杆内水柱压力作用，缓和岩（矿）心互相挤压和磨耗，但不能避免机械力对岩（矿）心的破坏作用。在某些易堵塞地层中钻进，内层岩心管的振动有利于岩心进入岩心管和防止岩心管内岩心自卡。

典型的双动双管钻具结构如图8-5所示。岩心管长度一般为1.5~2m，内外管钻头差距视地层而定，一般为30~50mm，如岩矿层松软、胶结性差、易被冲刷，则差距要大，反之，则差距应减少，甚至为零或负差距。黏性大、膨胀易堵地层钻进可以增大内管钻头内出刃或使用内肋骨钻头。

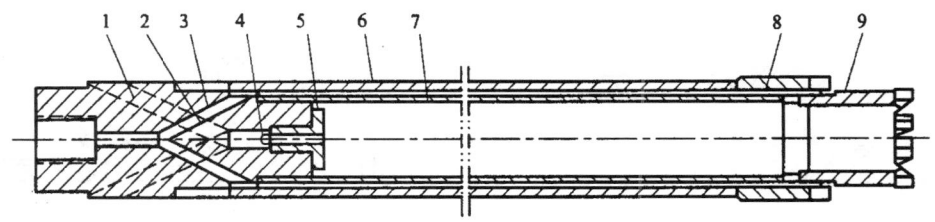

图 8 - 5　普通双动双管钻具

1—回水孔；2—送水孔；3—双管接头；4—球阀；5—阀座；
6—外管；7—内管；8、9—外、内硬质合金钻头

双动双管钻具合金钻头也可采用一体式厚壁钻头，有底喷式和斜喷式，钻头底唇也可做成阶梯式。为了使适量冲洗液进入内管，可在内管上开设 $4 \times \phi 5$ mm 的分流孔。

8.2.2.2　操作注意事项

（1）下钻接近孔底时，应用大泵量冲洗钻孔，扫孔到底后再调到正常的泵量钻进。

（2）取心一般采用干钻和沉淀卡取方法，较完整岩矿层也可用岩心提断器取心。

（3）钻进中严禁提动钻具，特别是煤层钻进，以免冲刷岩（矿）心，回次进尺也应限制。

8.2.3　单动双管钻具

钻进中外管回转而内管不转的双管钻具称之为单动双管钻具。该类钻具不仅可避免冲洗液直接冲刷岩（矿）心，同时，还可避免机械力对岩心的破坏作用。

8.2.3.1　普通单动双管钻具

该钻具适用于可钻性 7～12 级的完整和微裂隙或不均质和中等裂隙的岩矿层。钻具结构如图 8 - 6 所示，内管短节及卡簧座一般采用插入方式，卡簧座规格见图 8 - 7 及表 8 - 3，表 8 - 4，表 8 - 5。单动装置及内管由芯轴和背帽调节卡簧座与钻头内台阶的间隙，一般取 3～5 mm，保证内外管单动及冲洗介质分流。

此外，普通单动双管钻具还有 DJ 型金刚石单动双管钻具（图 8 - 8）和钢球金刚石单动双管钻具（图 8 - 9）等结构类型。

单动双管钻具钻进前应检查单动装置的灵活程度，内、外管的垂直度和同心度。取心时，卡簧座应坐落于钻头内台阶上，提断岩心拉力一般由外管承受。钻进规程参见金刚石钻进和硬质合金钻进，由于双管内外水路过水断面小，泵压一般要高于单管钻具 0.2～0.3 MPa。

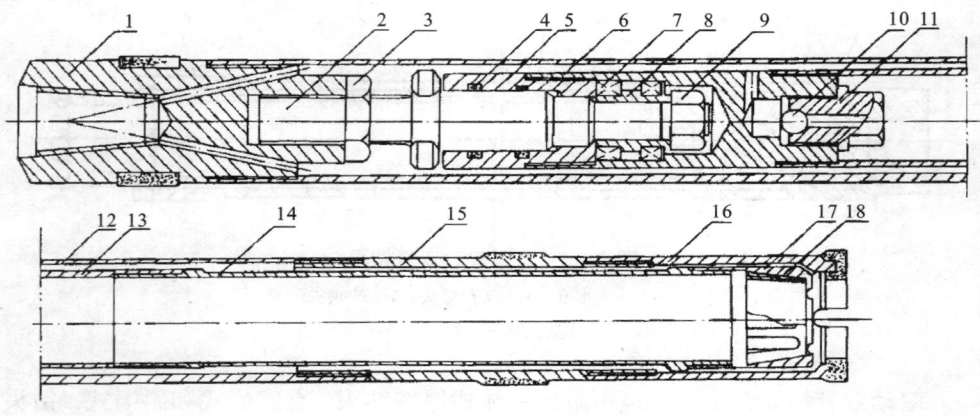

图 8 - 6 普通单动双管钻具

1—异径接头；2—芯轴；3—背帽；4—密封圈；5—轴承上接头；6—轴承套；
7—轴承；8—内套；9—螺帽；10—球阀；11—球阀座；12—外管；
13—内管；14—短节；15—扩孔器；16—钻头；17—卡簧座；18—卡簧

表 8 - 3   T 型双管钻具卡簧座规格参数表   （单位：mm）

口径规格 （代号）	卡 簧 座 结 构 参 数						
	外径 D	插口直径 d	内锥大径 d_1	内锥小径 d_2	座长 L	插口长 l	过水槽宽 S
30（B - RT）	22	20	20.25	18	50	15	4
38（B - ET）	29	26	26.5	23.5	65	20	4
48（B - AT）	38	34	35	31.7	65	20	6
60（B - BT）	50	45.5	46.5	43	70	20	8
76（B - NT）	65	59.25	59.5	56	70	20	8
96（B - HT）	81	76	77	73.2	75	24	10
122（B - PT）	105	100	100	96.5	75	24	10
150（B - ST）	132	125	124	120.2	75	25	10
175（B - UT）	158	146	146	141	90	25	10
200（B - ZT）	183	168	166	161	90	25	10

注：表中数据引自地质《岩心钻探钻具—2011 国家标准》。T 型为标准设计。

表 8 - 4　P 型双管钻具卡簧座规格参数表　　　　　（单位：mm）

口径规格（代号）	卡 簧 座 结 构 参 数						
	外径 D	插口直径 d	内锥大径 d_1	内锥小径 d_2	座长 L	插口长 l	过水槽宽 S
76（B - NP）	57	54	53.5	51	60	20	8
96（B - HP）	77	73	72.5	70	65	24	10
122（B - PP）	98	95	93.5	90	80	30	12
150（B - SP）	120	116	116	112	85	30	12
175（B - UP）	144	140	137	133	90	35	15
200（B - ZP）	165	160	155	151	90	35	15

注：表中数据引自地质《岩心钻探钻具—2011 国家标准》，P 型为厚壁设计。

表 8 - 5　双管钻具卡簧结构参数表（内槽式）　　　　单位：mm

口径规格（代号）	卡 簧 结 构 参 数				
	大端外径 D	内径 d	卡簧长度 L	卡簧壁厚 t	缺口宽度 Z
30（RT）	20	16.7	15	0.6	3
38（ET）	26	22.5	18	0.7	3
48（AT/AM）	34/38	29.5/32.5	20/20	0.85/0.85	3/3
60（BT/BM）	45.5/49.5	41/43.5	22/22	0.85/0.85	3/3
76（NT/NM/NP）	58.5/63.5/52	54/57.5/47	22/25/25	1/1/1	3/3/3
96（HT/HM/HP）	76/81/71	71/72.5/65	25/28/28	1/1/1	3/3/3
122（PT/PP）	98/92	93/86	25/30	1.5/1.5	5/5
150（ST/SP）	122/114	117/107	28/30	1.5/1.5	5/5
175（UT/UP）	144/135	138/128	28/35	2/2	5/5
200（ZT/ZP）	164/153	158/146	28/35	2/2	5/5

注：表中数据引自地质岩心钻探钻具—2011 国家标准。T 型为标准设计，M 型为薄壁设计，P 型为厚壁设计。

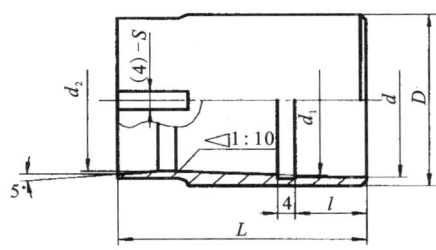

图 8 - 7　T、P 型双管钻具卡簧座

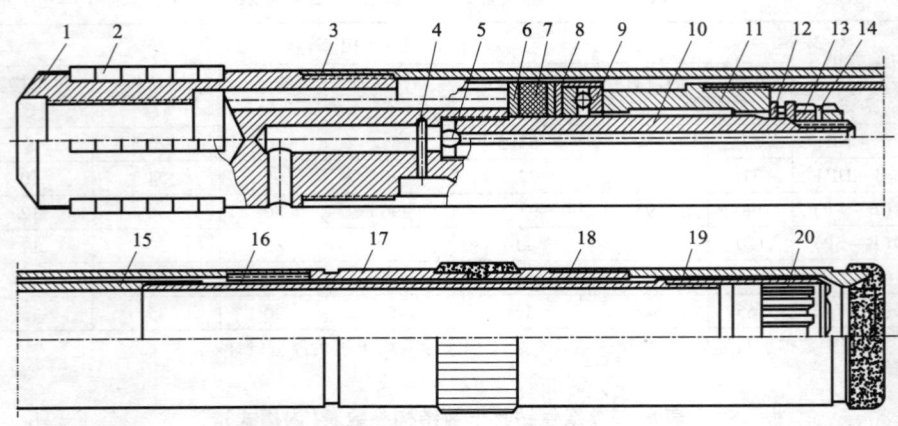

图 8 - 8 DJ 型金刚石单动双管钻具

1—异径接头；2—合金；3—外管；4—销钉；5—球阀；6—垫圈；7—胶垫；8—保护罩；
9、12—推力轴承；10—轴；11—内管接头；13—螺母；14—锁紧圈；15—内管；16—内管短节；
17—扩孔器；18—钻头；19—卡簧座；20—卡簧

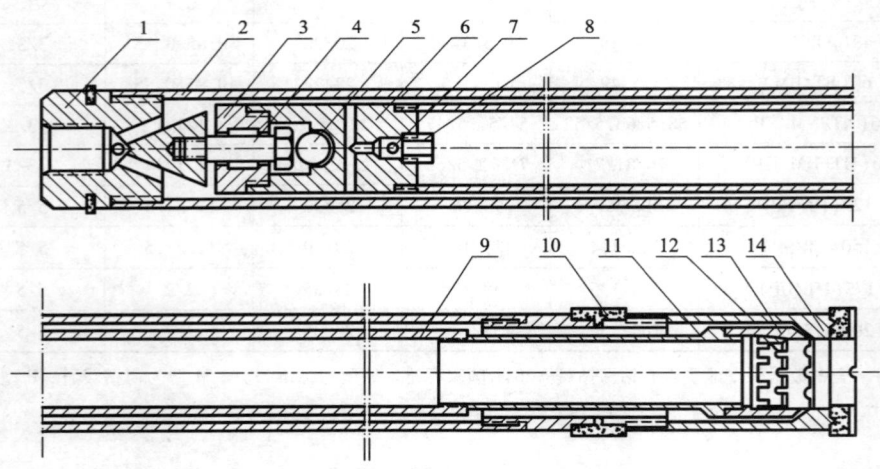

图 8 - 9 钢球金刚石单动双管钻具

1—异径接头；2—外管；3—挂管接头；4—螺钉轴；5—钢球；6—内管接头；7—止回弹子；
8—止回阀座；9—内管；10—扩孔器；11—内管短节；12—卡簧；13—卡簧座；14—钻头

8.2.3.2 KZ 单动双管钻具

KZ 单动双管钻具(图 8 - 10)特点：全泵量开式润滑轴承；轴承安放在外总成上，提高承压和抗冲击能力；芯轴和内管接头上沿轴向开设半合槽，插入钩头键约束内管；背帽压紧内管，防止内管旷动损坏和钩头键脱槽；内管总成各连接取螺距 4 mm、丝高 0.75 mm 的 5° 梯形直扣,抗拔断力远大于岩心拉断力,略去拔心缓冲机构。该钻具成功运用于中国大陆科学钻探工程。

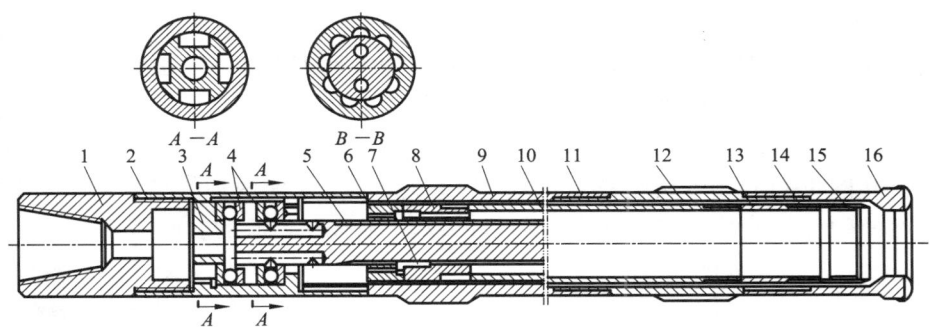

图 8 - 10　KZ 型单动双管钻具

1—上接头;2—轴承套;3—压盖;4—轴承;5—芯轴;6—背帽;7—防松键;8—内管接头;
9—上扩孔器;10—内管;11—外管;12—下扩孔器;13—短节;14—卡簧座;15—卡簧;16—钻头

8.2.3.3　隔水单动双管钻具

适用于可钻性为 3 ~ 7 级的中等硬度、破碎、节理发育、易磨、易振碎、易冲蚀的岩矿层。如图 8 - 11 所示,内管通过芯轴、轴承和螺丝套悬挂在外管接头上,芯轴上有单向止水阀。

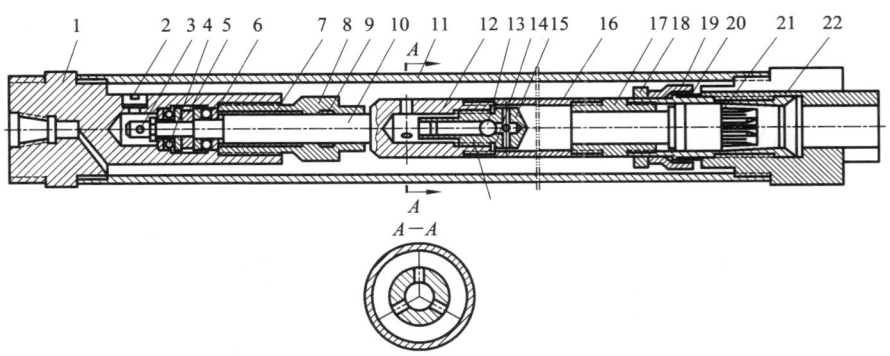

图 8 - 11　隔水单动双管钻具

1—外管接头;2—油堵;3—开口销;4—螺母销钉;5—轴承垫圈球阀;6—推力轴承;7—轴承套;8—螺丝套;9—密封圈;10—芯轴;11—外管;12—挡销;13—球阀;14—胶皮圈;15—回水阀座;16—内管内管短节;17—内管接箍;18—导向块;19—隔水罩;20—提断环座;21—岩心提断器;22—钻头

隔水单动双管硬质合金钻头(图 8 - 12)为一体式阶梯钻头,壁厚 16 mm,高 87 mm,内钻头凸出 16 mm,底部矩形水口 6~8 个,高 16 mm,宽 1/12~1/16 周长。外钻头侧面 U 字形水槽 6~8 个,深 8 mm,宽 1/12~1/16 周长。

内管下端可装入 3 种岩心提断器。第一种(图 8 - 13)适用于较完整的岩矿层,卡簧座的上端用丝扣与内管连接,下端可伸入钻头内部。卡簧座上部外侧焊有导向块和隔水罩,钻进时不转动,防止内管摆动和冲洗液进入钻头内壁冲刷岩(矿)心。第二种(图 8 - 14)由卡簧座、铆钉和弹簧片组成,适用于破碎岩矿层。第三种(图 8 - 15)由卡簧座和带卡簧片的卡簧组成,是前两种的结合,弹簧片铆在卡簧座上,适宜钻进坚硬破碎、易被冲毁和夹有完整岩心的岩矿层。

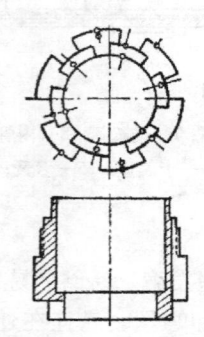

图 8 - 12　双管钻头

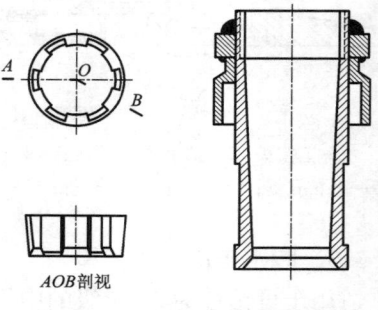

图 8 - 13　第一种岩心提断器

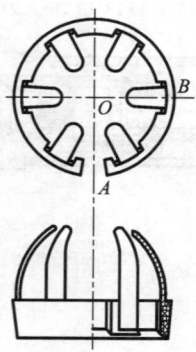

图 8 - 14　第二种岩心提断器

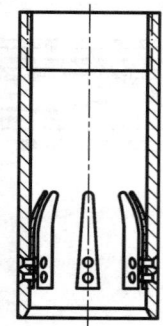

图 8 - 15　第三种岩心提断器

8.2.3.4　半合管双级单动双管钻具

适用于砂卵石覆盖层和裂隙发育、松散破碎等复杂地层的取心钻进。钻具结构如图 8 - 16 所示,半合管通过销钉定位,上端与内管接头螺纹相连,下端与定中环相连,兼起抱紧半合管作用,半合管中部每隔 20~30 cm 设置抱紧机构,通过开口钩头抱箍与半合管外壁上梯形槽相配合，半合管上每道环槽开有两条轴心槽缝，槽缝呈梯形分布，梯形槽在轴向不同位置所夹弧长不同，开口抱箍两端钩头在梯形槽缝小弧长处置于槽缝内，然后推到下端大弧长位置，则抱紧半合管。

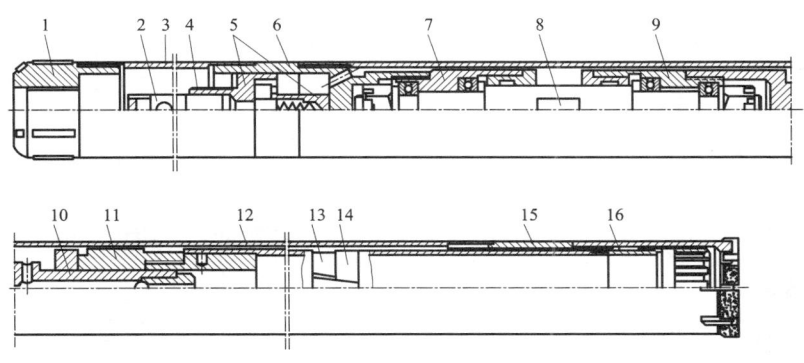

图 8 - 16　SDB 系列钻具结构图

1—异径接头；2—除砂机构；3—沉砂管；4—打捞头；5—单向阀；6—外管接头；7、9—上、下单动接头；8—轴；10—调节轴；11—内管接头；12—外管；13—半合管环槽；14—钩头抱箍；15—连接管；16—定中

钻具特点：有两级单动机构，保障单动性能的可靠性；半合式内管可以使岩心保持原状结构；除砂机构具有离心除砂功能，净化泥浆；设计有打捞事故钻具用的打捞头，安置的单向阀避免下钻时孔底的岩屑返流，保证正循环冲洗液畅通。

8.2.3.5　球形铰接强制取心双管钻具

该钻具适用于胶结性差、松散、破碎、怕冲蚀地层钻进取心，可提高取心率并收集孔底岩粉样品。

如图 8 - 17，钻具通过球形铰接实现单动，正常钻进时，冲洗液经过阀套后进入内外管之间的环状间隙到达孔底，少部分冲洗液沿钻具内腔上升，经滤管后较大颗粒的岩屑留在岩心管内，含有小颗粒岩屑的冲洗液继续上升，顶开钢球，经水口进入岩屑收集器沉淀。另一部分冲洗液沿外管与孔壁之间的环状间隙上升。

提钻取心时，先停泵，通过水龙头将销阀投入钻具内，销阀在阀套处堵死中心水路，此时，短暂开泵，水压作用使钻具内管总成向下位移，爪簧碰到爪簧座锥面后，爪子上交错布置的铆钉使各爪子彼此交错收缩，收紧卡死岩心，同时滑阀与外接头的出水口错开，内管基本处在封闭状态。

8.2.3.6　集气单动双管钻具

该钻具用于采集含有瓦斯的煤心，并收集煤心中释放出来的气体。如图 8 - 18，钻具由外管、带集气室的内管和带缓冲器的联动装置等部分组成。

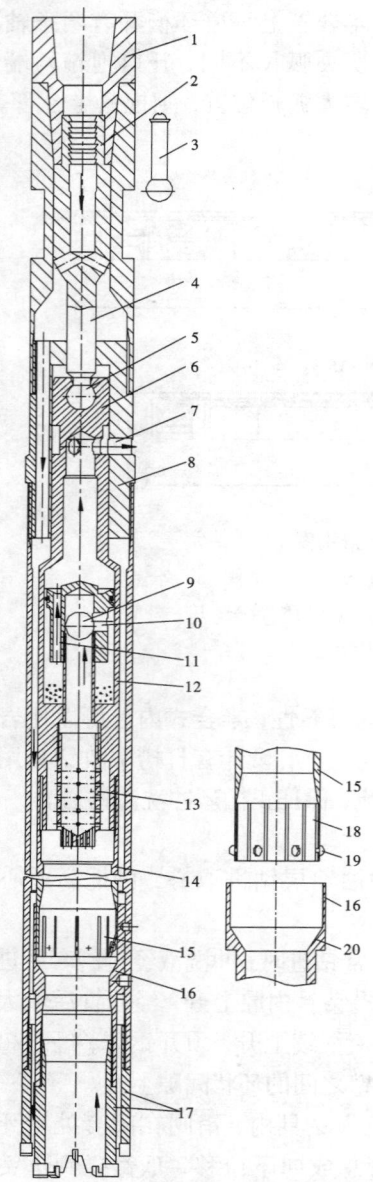

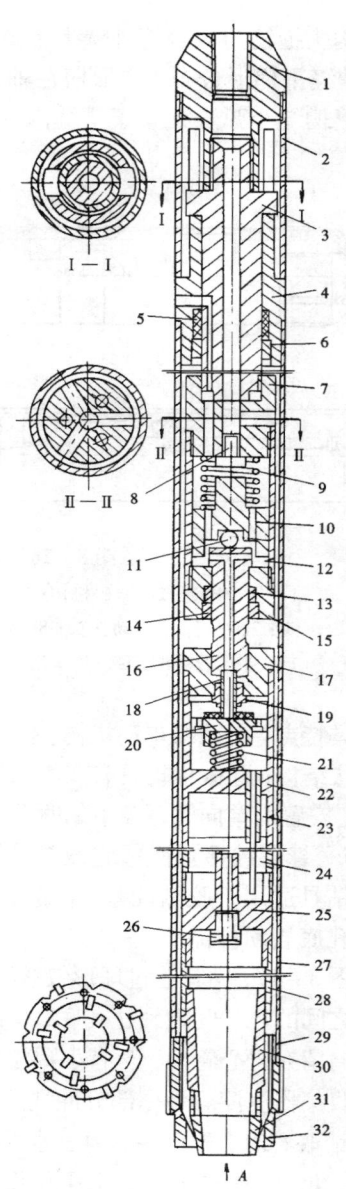

图 8－17　强制取心钻具结构图

1—上接头；2—阀套；3—销阀；4—连杆；
5—球铰；6—滑阀；7—出水口；8—外接头；
9—钢球；10—水口；11—溢流管；12—岩屑收
集器；13—滤管；14—内岩心管；15—爪簧；
16—爪簧座；17—钻头；18—爪子；19—铆钉；
20—簧座锥面

图 8－18　集气单动双管钻具

1—异径接头；2—短管；3—拉杆；4—连接器；
5、13—塞线；6、14—压帽；7—接头；8—限制器；
9—弹簧；10—轴承；11—钢球；12—短管；15—接头；
16—支撑杆；17—接头；18—顶管；19—螺母；20—阀
门；21—弹簧；2—阀门套管；23—排水管；24—集气
室；25—接头；26—孔栓；27—外管；28—内管；
29—爪簧；30—接头；31—内钻头；32—外钻头

联动装置包括拉杆和连接器,拉杆凸肩与连接器滑槽滑动装合,可使内管相对外管有 700 ~ 800 mm 的滑动距离。联动装置既可传递转矩和压力,又可控制爪簧护心机构,下钻和提钻时,拉杆凸肩处于滑槽上部,内管上升,爪簧露出并收拢。到孔底后,在自重作用下,内管撑开爪簧,凸肩处于滑槽下部,带动外管及外管钻头钻进。缓冲弹簧能根据岩矿层软硬变化自动调节内外管钻头的差距,弹簧能将内钻头紧紧压入岩层,防止冲洗液冲刷岩(矿)心根部。此外,它还有吸收振动和稳定钻具的作用。

下钻至距孔底 0.5 m 左右,开泵冲孔 5 ~ 10 min,然后将钻具放到孔底开始钻进。钻进时,煤心顶破钻头底端的密封纸进入内管,煤心和煤层中泄出的瓦斯通过内管接头聚集在集气室的上部,内管及集气室中的水则经过排水管、阀门套管、顶管、支撑杆、内异径接头和拉杆的回水孔排到钻具外。钻进中严禁提动钻具,钻进 0.3 m 左右即提钻,回次终了,减水加压钻进 50 mm 左右,压紧钻头处的煤心。钻具提出孔口后,保持钻具向下倾斜,迅速卸出接头 17 以下的内管部分,用密封盖封住内管下端,用塞头螺丝(或抽气接头)拧入接头 17 上端,沉入水中检查是否漏气。

8.3 三层岩心管钻具及取心技术

8.3.1 三层岩心管钻具的结构特点

三层岩心管钻具的基本结构特征是在双层岩心管钻具的内管中增设一层岩心容纳管,岩心容纳管可采用金属或非金属材料的完整圆筒式衬管,也可采用半合管组合结构,三层岩心管钻具可与隔浆活塞式结构、喷反式结构、底喷钻头或内管钻头超前式等结构组合。三层管钻具的特点是可以提高复杂地层取心质量,但是钻具配合的精度要求高,特别是半合管式三层管,为保证配合精度,半合管长度一般为 1.5 m 左右,所采用的钻头底唇面较普通钻头一般要厚一些,对钻进效率有一定影响。

8.3.2 典型三层岩心管钻具及取心技术

8.3.2.1 活塞式双动三层管钻具

钻具采用内管钻头超前式结构,内管中设置隔浆活塞和半合管,可有效防止冲洗液对岩心的冲刷,主要用于滑石化菱镁矿、岩盐等岩矿层钻进取心。

1. 钻具结构原理

钻具结构如图 8 - 19 所示,冲孔、扫孔时不投入球阀,冲洗液经阀座中心孔直接进入半合管，推动活塞下行至内钻头底端，管内冲洗液从分水接头上的两个回水孔流到内外管的间隙中排到孔底后上返。钻具到达孔底后，投入球阀，再开泵送入冲洗液，此时，泵压推动球阀座下行，冲洗液经分水接头上的两个送水孔进入内、外管之间的环状间隙到达孔底循环。

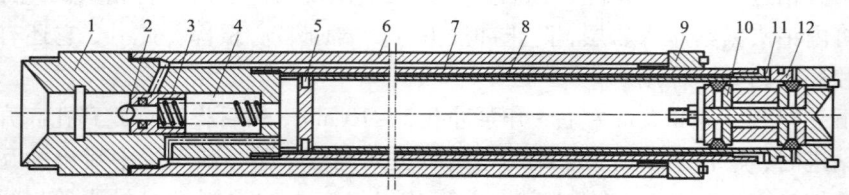

图 8 - 19　活塞式双动三层管钻

1—分水接头；2—球阀；3—阀座；4—弹簧；5—半合管定位销；6—外层岩心管；
7—内层岩心管；8—半合管；9—外管钻头；10—活塞；11—内管钻头；12—螺钉

2. 操作注意事项

(1) 下钻前检查球阀座的灵活性与半合管的同心度，并在两个活塞盘之间装满黄油。

(2) 送水 3 min，将活塞推至内钻头平齐，然后开始扫孔，到孔底后，投入球阀钻进。

(3) 回次长度约 1 m，钻进中禁止提动钻具，终了时，大钻压、小泵量钻进，自卡取心。

3. 钻进参数(ϕ110/91 mm)

钻压 7 ~ 10 kN，转速 90 ~ 150 r/min，泵量 70 ~ 150 L/min。

8.3.2.2　爪筒式双动三层管钻具

1. 钻具结构原理

钻具结构如图 8 - 20 所示，钻进中，冲洗液经导杆及导管的送水孔流至内外岩心管之环状间隙中，经过钻头携带岩粉返到地表。爪筒内的冲洗液受岩心柱的挤压冲开回水球阀，经爪筒接头和内管接头上的回水孔流出。采心之前，先冲孔，然后由钻杆中投入球阀封闭，再送水，泵压作用使活塞带动爪筒往下移动，到达底部泵压升高，岩心爪弯曲并卡住岩(矿)心。

2. 钻具的适用特点

钻具采用内层活动式可收缩爪筒密闭卡取岩心，在下钻和钻进时，岩心爪筒借助于部件之间的摩擦力，不致自动下移而妨碍钻进，卡心时，岩心爪在泵压和上下提动钻具的作用下产生弯曲，并抓住破碎的岩(矿)心，或者稍加压力慢转几

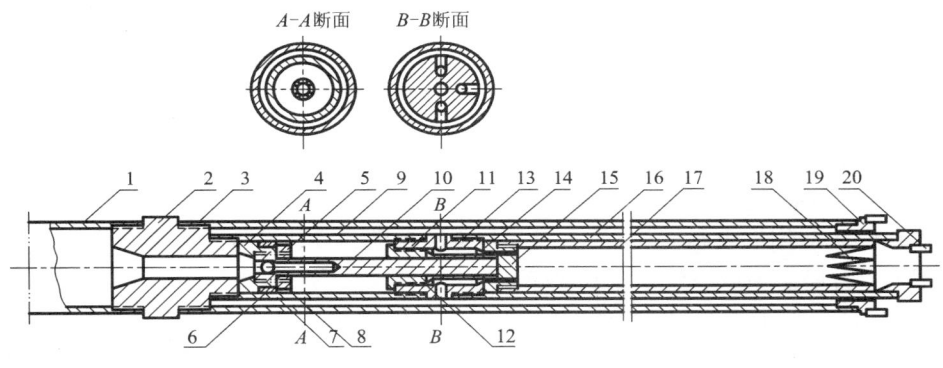

图 8 – 20　爪筒式双动三层管钻具

1—导正管；2—异径接头；3—外管；4—活塞头；5—球阀；6—垫片；7—胶皮；
8—压盖；9—活塞导管；10—活塞导杆；11—压盖；12—塞线；13—内管接头；
14—回水球阀；15—爪筒接头；内管；17—爪筒；19—外钻头；20—内钻头

圈以抱住破碎的岩(矿)心。当岩(矿)心较完整时，爪齿卡紧在钻头与岩(矿)心
之间起到卡心的作用。

　　钻具主要适合钻进 5 ~ 7 级多裂隙、节理发育、硬脆碎、无胶结性的岩矿层，
如白云化石灰岩、硅化石灰岩、磷矿层等。

8.3.2.3　KT – 140 三层管单动钻具

　　1. 钻具结构

　　如图 8 – 21，结构与 KZ 型单动双管钻具类似，松插入二层管内的容纳岩样三
层管(衬管)，选用透光好、刚度高、性质稳定且不易老化的 PC 管。

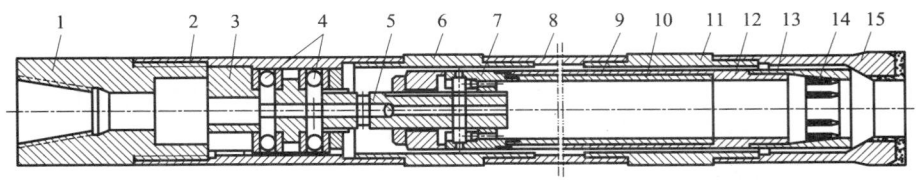

图 8 – 21　KT – 140 三层管单动钻具

1—接头；2—轴承套；3—压盖；4—轴承；5—芯轴；6—上扩孔器；
7—内管、衬管接头；8—外管；9—内管；10—衬管；11—下扩孔器；
12—内管短节；13—卡簧座；14—卡簧；15—钻头

　　2. 钻具结构参数

　　钻具主要技术参数见表 8 – 6。

表 8 - 6　KT - 140 三层管单动钻具主要技术参数

钻头直径 /mm	外管规格 /mm×mm	内管规格 /mm×mm	衬管规格 /mm	岩心直径/mm		回次进尺/mm		钻压 /kN
				双管	三层管	双管	三层管	
$\phi156$	$\phi139.7\times7.72$	$\phi108\times4.5$	$\phi95\times4$	$\phi95$	$\phi87$	≤9000	≤3000	≤50

8.3.2.4　活塞式三层管单动钻具

该钻具适用于可钻性为 4 ~ 6 级的松散、粉状、节理发育、怕污染的岩矿层，在滑石、石墨矿中取心效果尤其显著。

如图 8 - 22 所示，钻具结构除了在内管上设置单动装置外，其他结构与活塞式双动三层管钻具基本相似，内管中设有咬合的半合管，阶梯钻头体中部开有斜水口，钻头水口下部与半合管间还设置有密封圈，避免冲洗液冲刷和污染岩（矿）心。

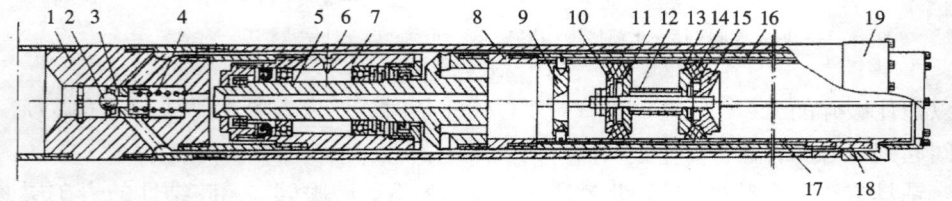

图 8 - 22　活塞三层管单动钻具

1—分水接头；2—球阀；3—球阀座；4—弹簧；5—单动轴；6—外管；7—轴承外壳；8—上接头；9—加固横梁；10—活塞上压盖；11—上托盘；12—支撑管；13—活塞下压盖；14—胶圈；15—下托盘；16—半合管（公）；17—半合管（母）；18—下接头；19—钻头

下钻前，检查半合管的同心度和活塞是否过紧，半合管与钻头内台阶的间隙为 0.5 ~ 1 mm。

8.3.2.5　内管钻头超前单/双动三层管钻具

该钻具适用于可钻性为 1 ~ 3 级松软的和夹矸石的煤系地层或易被冲毁的松散矿层（如松散磷矿、氧化矿等）。

钻具结构如图 8 - 23 所示。钻进松软岩矿层时，内管钻头超前于外管钻头，隔离冲洗液对岩（矿）心根部的冲刷，此时内管不转动，内管钻头起压筒的作用。如果遇到硬夹层时，则内管钻头受到的地层反力增大，压缩碟形弹簧，摩擦离合器中摩擦片啮合，转矩传到内管和内管钻头，使内管钻头回转。

8.3.2.6　HZ - 3 三层管钻具

该钻具为喷射式反循环三层管单动钻具，钻具结构如图 8 - 24 所示，适用于极松散、弱胶结或无胶结的泥岩、泥质粉砂、细砂及粉砂等岩层取样。该钻具在中国大陆环境钻探 0 ~ 752 m 孔深中应用，取心率达到 90% 以上。

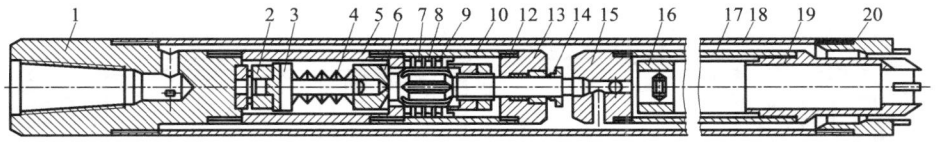

图 8 – 23　内管钻头超前单动双管钻

1—异径接头；2—轴承；3—支承垫；4—蝶形弹簧；5—连接管；6—花键轴；7～9—摩擦片；
10—花键套；11—轴承；12—密封圈；13—接头；14—螺母；15—内管接头；16—半合管；
17—内管；18—外管；19—内钻头；20—外钻头

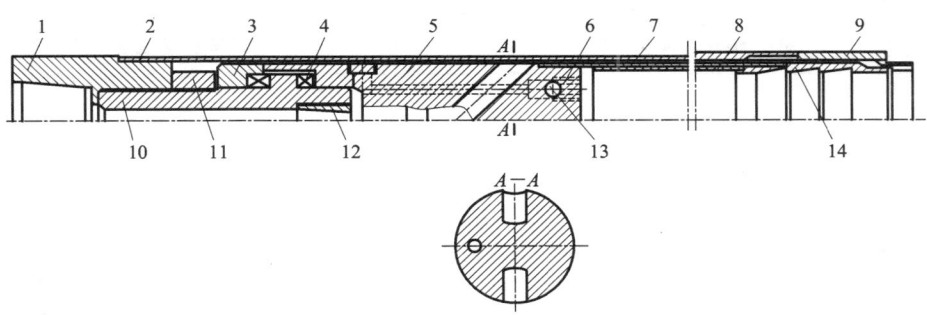

图 8 – 24　HZ –3 喷射式反循环单动三层管

1—外管接头；2—外管；3—轴承座；4—轴承；5—内管接头；6—球阀座；7—内管；
8—熟料管；9—外管钻头；10—锥阀；11—调节螺母；13—喷嘴；14—内管钻头

8.3.2.7　绳索取心三层管钻具

该钻具用于松散、破碎地层的绳索取心钻进。

1. 钻具结构

如图 8 -25 所示，钻具结构与常规绳索取心钻具基本相同，但在单动内管中增设导向键滑移机构、爪簧总成、单动半合管和卡簧、卡簧座。

单动机构包括上接头、连杆轴、压盖、轴承、连接套、键、悬挂接头等部件，两个单动回转机构和一个轴向滑移机构保证取心机构的平稳性和单动性，同时也起到连接弹卡总成和取心机构的作用。

取心机构包含内管下节、爪簧座总成、半合管短节、半合管、卡簧座、卡簧等。提取岩心时，内管下节和爪簧座总成在自重作用下通过单动装置的轴向滑移机构下滑，包裹半合管、卡簧座及岩心，此时爪簧座总成的爪簧片收拢，对岩心形成二次抱卡。

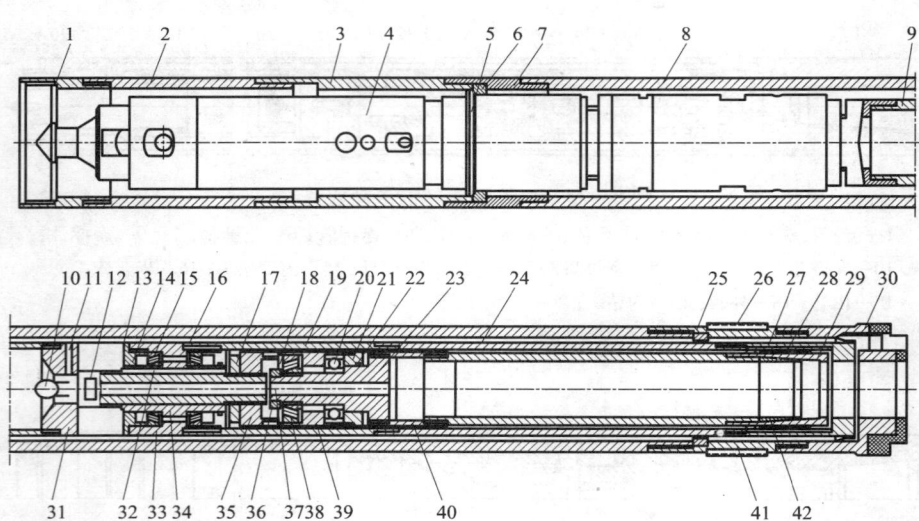

图 8 – 25　绳索取心三层管钻具

1—接头；2—弹卡挡头；3—弹卡室；4—弹卡总成；5—悬挂环；6—座环；7—上扩孔器；8—外管；9—连接管；10—钢球；11—弹性销；12—连轴柄；13—压盖；14—O 形圈；15—轴承；16—连接套；17—锁紧母；18—密封环；19—内管上节；20—轴承；21—下压盖；22—O 形圈；23—悬挂接头；24—内管下节；25—扶正环；26—扩孔器胎体；27—爪簧座；28—爪簧总成；29—卡簧座；30—钻头；31—上接头；32—键；33—轴承套；34—中间轴承套；35—压盖；36—锁紧母；37—开口销；38—轴承；39—半合管轴承套；40—半合管短节；41—下扩孔器；42—卡簧

2. 钻具结构参数

绳索取心三层管钻具的主要技术参数见表 8 – 7。

表 8 – 7　绳索取心三层管钻具的主要技术参数　　　（单位 mm）

钻具型号	钻头直径		外层岩心管		内层岩心管		第三层半合管			钻杆规格
	外径	内径	外径	内径	外径	内径	外径	内径	长度	
JSC75	75	44.5	73	63	55	51	50	46	1000	JS75/XJS75/NQ
JSC95	95	58	89	77	72	67	65	61	1000	JS95A/JS95B/HQ
JSC122	122	77.5	114.3	101.6	95.6	88.9	88	80	1400	JS122/PQ

注：引自唐山市金石超硬材料有限公司相关产品数据。

8.4　孔底局部反循环取心技术

局部反循环钻进是指钻进中冲洗液的循环路径在粗径钻具上部为正循环、下部为反循环的钻进方式。局部反循环钻进分为无泵反循环钻进和喷射式孔底反循环钻进。

8.4.1　无泵反循环取心

8.4.1.1　无泵反循环钻进特点

无泵反循环钻进简称无泵钻进，钻进中无需借助泥浆泵循环冲洗液，而是利用孔内的静水压力和上下提动钻具在孔底形成局部反循环。它一般只适于孔深 150 m 左右的浅孔，钻具及钻具的提动范围必须在孔内水位以下。适用地层为：可钻性 1 ~ 6 级松软脆碎岩矿层；松散或节理发育、易坍塌的岩矿层；怕冲刷、溶蚀的岩矿层；干旱缺水地区或钻孔漏失可钻性 5 级以内的岩矿层。无泵反循环钻进参数及特点见表 8 - 8。

表 8 - 8　无泵反循环钻进参数及特点

地层	钻压 /kN	转速 /(r·min⁻¹)	提动频率 /(次·min⁻¹)	提动高度 /mm	岩心卡取措施
松软地层	1.5 ~ 2.5	100 ~ 200	10 ~ 20	50 ~ 150	减少提动次数或不提动，大钻压钻进
坚硬地层	1.90 ~ 3.90	适当降低	8 ~ 15	适当提高	50 ~ 100 mm，岩心堵塞自卡

8.4.1.2　无泵钻具

1. 开口式无泵钻具

钻具结构如图 8 - 26 所示。其特点是结构简单，但钻具强度较低。改用特制的回水接头，如图 8 - 27 所示，可适当提高钻具强度。

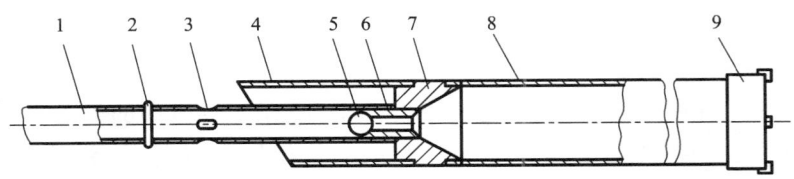

图 8 - 26　开口式无泵钻具

1—钻杆；2—挡销；3—回水孔；4—取粉管；5—球阀；6，7—接头；8—岩心管；9—钻头

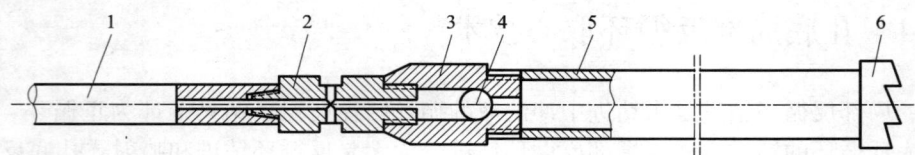

图 8 – 27　导水接头开口式无泵钻具

1—钻杆；2—导水接头；3—岩心管接头；4—球阀；5—岩心管；6—硬质合金钻头

2. 闭口式无泵钻具

钻具结构如图 8 – 28 所示，钻具强度较高，可适用于 6 级以上岩矿层和大于 150 m 孔深的钻孔。如遇坍塌、掉块等较复杂的岩矿层，可采用带取粉管的闭口式无泵钻具(图 8 – 29)。

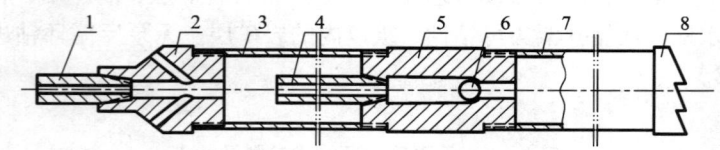

图 8 – 28　闭口式无泵钻具

1—钻杆；2—导水接头；3—短岩心管；4—短钻杆；
5—岩心管接头；6—球阀；7—岩心管；8—硬质合金钻头

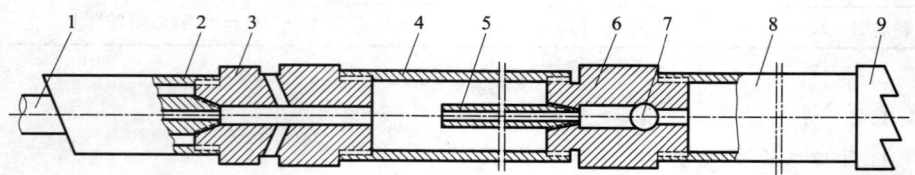

图 8 – 29　带取粉管闭口式无泵钻具

1—钻杆；2—取粉管；3—导水接头；4—短岩心管；5—短钻杆；
6—岩心管接头；7—球阀；8—岩心管；9—钻头

3. 唧筒式无泵钻具

如图 8 – 30 所示，钻具排渣和携带岩粉能力较强，钻进中的提动次数比一般无泵钻具要少一些，适用于较深钻孔。一般上部岩心管长度为 1.8 ~ 2.5 m，下部岩心管为 0.6 ~ 1.2 m。

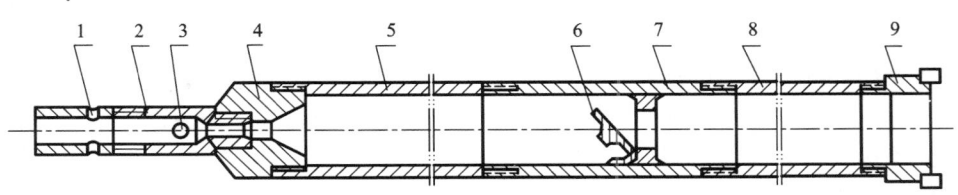

图 8 – 30 唧筒式无泵钻具

1—回水孔；2—弹子接头；3—球阀；4—异径接头；
5、8—上、下部岩心管；6—活瓣；7—特制接箍；9—钻头

8.4.2 喷射式孔底反循环取心

8.4.2.1 喷射式反循环钻进特点

喷射式孔底反循环取心钻具简称喷反钻具，它利用射流泵原理形成孔底反循环作用，在可钻性 4~6 级松软、破碎的岩矿层钻进时，可采用硬质合金钻头，在 7 级以上节理发育、硅化强的硬、脆、碎岩矿层，可采用钢粒钻进或金刚石钻进。

该钻具在钻进极易破碎岩矿层时，易造成堵塞，回次进尺较短；在 500 m 以下钻孔钻进时，反循环钻具性能下降。

8.4.2.2 喷射式孔底反循环钻具

按钻具结构形式不同，喷射式孔底反循环钻具可分为弯管型和分水接头型两大类。

1. 喷射式孔底反循环单管钻具

弯管型喷射式反循环单管钻具结构如图 8 – 31 所示。

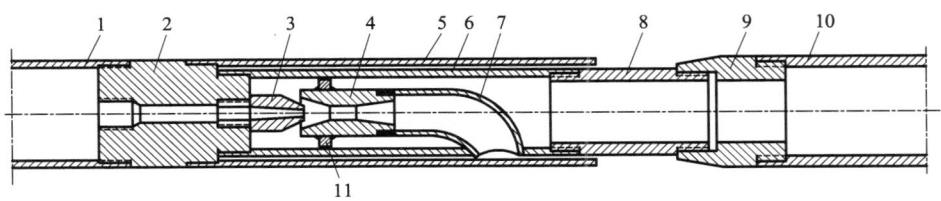

图 8 – 31 弯管型喷射式孔底反循环单管钻具

1—导正管；2、9—接头；3—喷嘴；4—扩散管；5—挡水管；
6、8—连接管；7—弯管；10—岩心管；11—导正圈

钻进时，冲洗液以高速射流(13~30 m/s)射入扩散管，在喷嘴和扩散管附近形成负压区，孔底液流经岩心管吸入扩散管并与泵入的冲洗液混合，混合流进入喉管形成稳定的流动状态，进入扩散管后，流速减慢，压力升高，经弯管排出，部

分液流沿孔壁与钻具之间的环状间隙返到地表，另一部分冲洗液在负压作用下流入岩心管，形成孔底反循环冲洗，改变泵入的冲洗液流量或喷射元件参数可控制孔底反循环冲洗能力的强弱。

图8-32是分水接头型喷射式反循环单管钻具，金刚石钻进喷反钻具一般采用分水接头型。与弯管型喷射式单管钻具对比，其出水口以分水接头取代弯管，结构紧凑、强度高，钻具的加工精度容易得到保证，且便于安装，故常采用，但其过水断面比弯管型小，阻力有所增加。

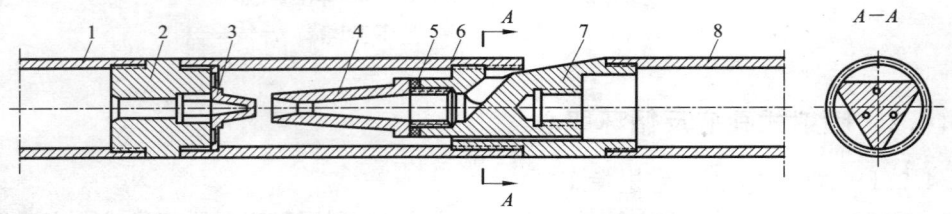

图8-32　分水接头型喷射式孔底反循环单管钻具

1—导正管；2—喷嘴接头；3—喷嘴；4—扩散管；5—垫圈；6—连接管；7—分水接头；8—岩心管

2.喷射式孔底反循环双动双管钻具

弯管型喷射式反循环双动双管钻具如图8-33所示，分水接头型双动双管钻具如图8-34所示。

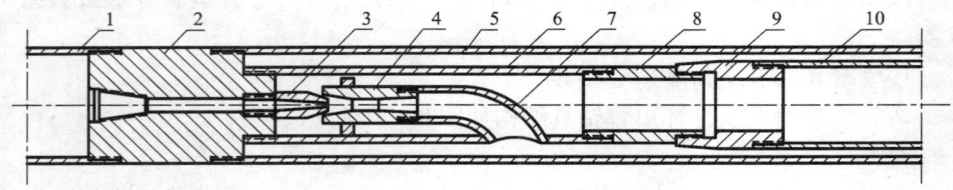

图8-33　弯管型喷射式孔底反循环双动双管钻具

1—导正管；2—喷嘴接头；3—喷嘴；4—扩散管；5—外管；
6—连接管；7—弯管；8—接箍；9—接头；10—内管

3.喷射式孔底反循环单动双管钻具

1)喷射式反循环金刚石单动双管钻具

钻具结构如图8-35所示，它的单动装置采用外套式，喷射器部分置于单动装置与内管之间，内管连接在分水接头的下部，钻进时，内管和喷射器部分不转动。这种钻具在硬、脆、碎岩矿层中的钻进时效、回次长度和岩心采取率都高于普通金刚石单动双管，还可以用于捞取孔底岩(矿)心碎块和岩粉。

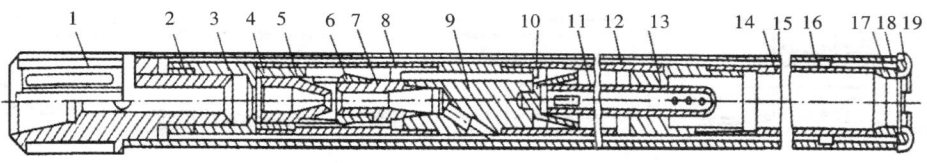

图 8 - 34　分水接头型喷射式孔底反循环双动双管钻具

1—异径接头；2—螺母；3—内接头；4—密封环；5—喷嘴；6—衬套；7—承喷器；8—连接管；9—分水接头；10—反射锥体；11—导粉管；12—岩粉收集器；13—接头；14—内管；15—外管；16—短节；17—卡簧；18—密封环；19—金刚石钻头

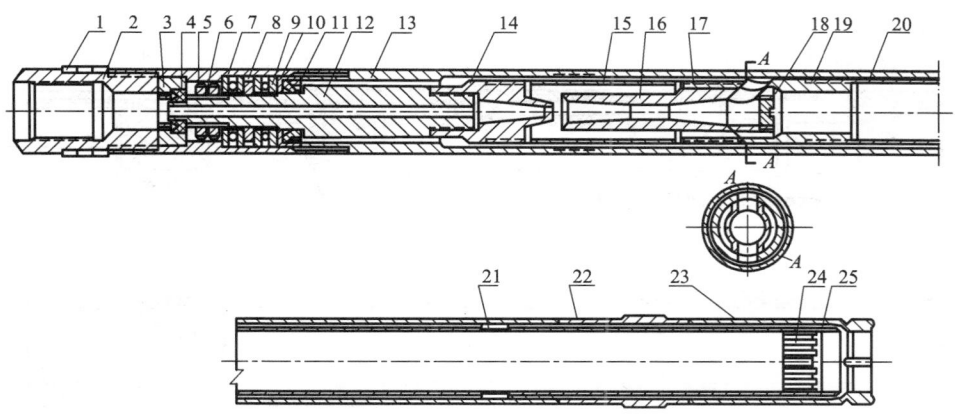

图 8 - 35　喷射式反循环金刚石单动双管钻具

1—合金；2—异径接头；3、10—上密封圈壳；4—密封圈；5—锁母；6—垫圈；7—轴承外壳；8—轴承套；9—推力；10—轴承；11—密封圈；12—空心轴；13—外管接头；14—喷嘴接头；15—连接管；16—承喷器；17—分水接头；18—丝堵；19—外管；20—内管；21—内管短接；22—扩孔器；23—钻头；24—卡簧；25—卡簧座

2）TG - 1 取心钻具

钻具结构如图 8 - 36 所示。单动系统采取轴承腔置外总成、开式润滑的形式，上轴承规格大一级，有利于整体提高钻具寿命；在芯轴上设置了喷嘴与承喷室；在内管中增设了一个石墨岩心标，通过观察岩心标是否滑落到卡簧座上，可判断管内岩心是否已取净。

3）双卡簧喷反单动双管取心钻具

钻具结构如图 8 - 37 所示，其特点是：单动结构仍采用轴承外置形式，以便加大轴承规格；在内总成上放置了簧片式卡簧和卡簧两道卡心工具；在内总成下端的短接和卡簧座上各打一圈斜水眼，一部分水流从内、外管环状间隙正循环到

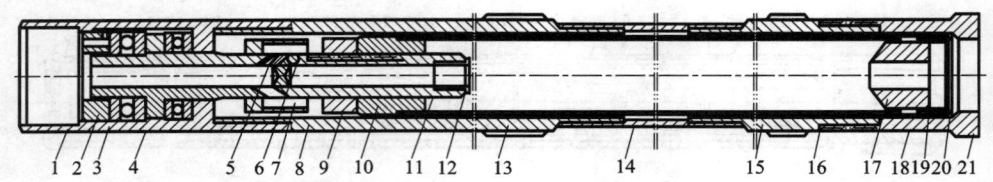

图 8－36　TG－1 型取心钻具

1—上接头；2—压盖；3—轴承；4—芯轴；5—喷嘴；6—回流孔；7—射流挡圈；8、15—上扩孔器；9—背帽；10—内管接头；11—防松键；12—岩屑过滤器；13—内管；14—外管；15—下扩孔器；16—内管短节；17—岩心标；18—扶正环；19—卡簧；20—卡簧座；21—钻头

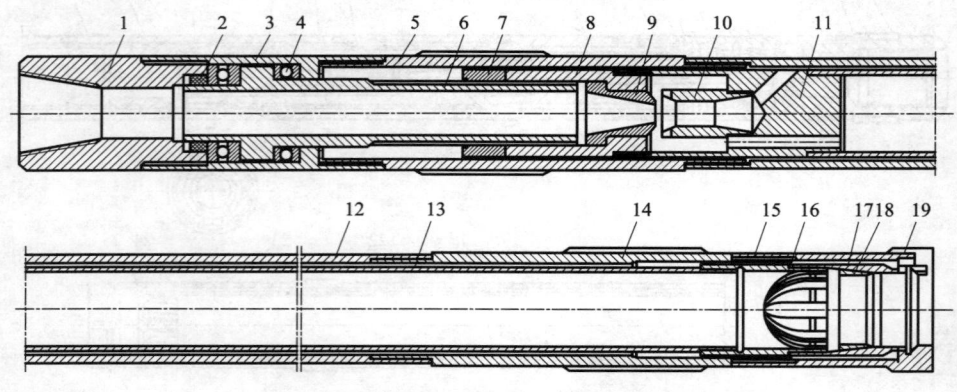

图 8－37　双卡簧喷反单动双管取心钻具

1—上接头；2—压盖；3—轴承腔；4—轴承；5—上扩孔器；6—芯轴；7—背帽；8—喷嘴座；9—喷嘴；10—射流腔；11—内管接头；12—外管；13—内管；14—下扩孔器；15—短节；16—簧片式卡簧；17—卡簧座；18—内槽卡簧；19—钻头

水眼处即可返至内管悬浮岩心；钻头为底喷形式，水眼底部有一护圈将岩心与液流隔开。

4.接头型喷反钻具

接头型喷反钻具将喷反元件装设在一个(或一付)接头之内，是使用最广泛的一种。它的最大优点是体积小、容易加工，拧卸、检查和携带方便，使用时，可连接在钻杆柱不同位置或岩心管异径接头上，适用于单管、双管、金刚石、硬质合金和钢粒钻进。

1)911 型喷反接头

结构如图 8－38 所示，它是用一个 $\phi70\ mm\times250\ mm$ 的公扣接头制成，喷反元件置于其中，体外用钢板焊有回水槽壳，与接头上的回水槽构成回水通道，排水孔的出口处焊有排水孔罩，以免直接冲刷钻孔孔壁，利用垫圈可以调整喷嘴与承喷器的距离。

2）微型喷反接头

结构如图 8 - 39 所示，外形似一个钻杆锁接头，由上下接头组成，喷嘴和承喷器分别置于上下接头内，外形尺寸为：$\phi 70\ mm \times 360\ mm$。

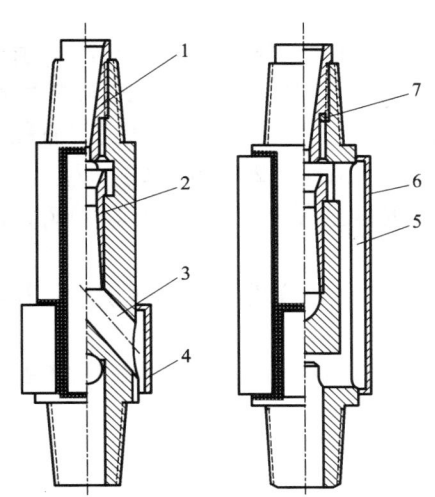

图 8 - 38　911 型喷反钻具接头

1—喷嘴；2—承喷器；3—排水孔；4—挡水罩；
5—回水槽；6—回水槽壳；7—垫圈

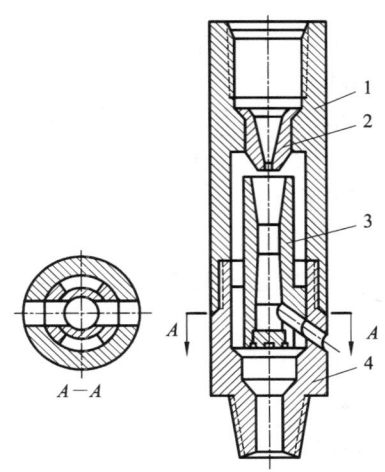

图 8 - 39　微型喷反接头

1—上接头；2—喷嘴；
3—承喷器；4—下接头

8.4.2.3　喷反元件结构参数

喷反元件主要包括喷嘴、承喷器。承喷器包括混合室、喉管、扩散室等。喷反元件的结构参数如图 8 - 40 和表 8 - 9 所示。

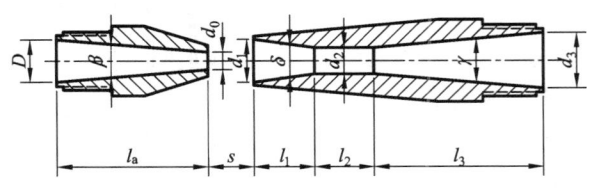

图 8 - 40　喷反元件功能结构

表 8 – 9 喷反元件结构参数经验表

钻具类型	喷反元件结构参数/mm											
	d_0	d_1	d_2	d_3	l_0	l_1	l_2	l_3	β	δ	γ	S
弯管型	10	38	20	31	100	50	30	80	11°	13.4°	5°~7°	−2~+5
分水接头型	10	28	18	24	80	50	22	78	10°	13.4°	5°~7°	10~15

（1）喷嘴：喷嘴直径 d_0 一般有 7、8、9、10 mm 几种规格，泵量一定时，d_0 越小则流速越大，在一定的范围内则负压越高，但 d_0 太小容易被杂物堵塞。喷嘴的锥度 β 一般为 8°~15° 之间，泵压高时 β 取小值，反之取大值。d_0 与喷嘴进口直径 D 的比值一般不小于 1/4，当 $\beta = 13°~15°$ 时，喷嘴长度 $l_0 = 2.2(D - d_0) + d_0$。

（2）混合室：一般收敛角 $\delta = 20°~30°$，进口直径 $d_1 = (1.5~2.0)d_2$，长度 $l_1 = 4.75(d_1 - d_2)$。

（3）喉管：一般选用 $d_2 = (1.5~3.0)d_0$，喉管长度 l_2 根据经验选用，$l_2 = (1.2~1.7)d_2$。

（4）扩散管：一般选用 $\gamma = 6°~12°$，扩散管的直径 d_3 按经验一般选用 $d_3 = (2.5~4.0)d_2$，扩散管长度 l_3，按经验公式 $l_3 = 7.1(d_3 - d_2)$。

（5）喷嘴与混合室的距离 S：根据地表试验来确定最佳值。常用的在 −5~+20 mm 之间。

（6）分水接头的排水孔和吸水孔的断面积根据经验得出。

排水孔的断面积应大于扩散管出口断面积，吸水孔必须以最小的流阻补足负压抽吸量。排水孔断面积∶吸水孔的断面积∶扩散管出口断面积 = 12∶8∶6。

8.4.2.4 喷反钻具的使用及操作技术

1. 喷反钻具的性能测试

使用前应在地表试验测试喷反钻具的反循环效果，测量其负压值、返水量及其变化规律，以便调整喷反元件的结构参数和最优的给水量，地表试验装置如图 8 – 41 所示。衡量喷反钻具抽吸性能的指标有：给水量 Q_1、返水量 Q_2、负压 h

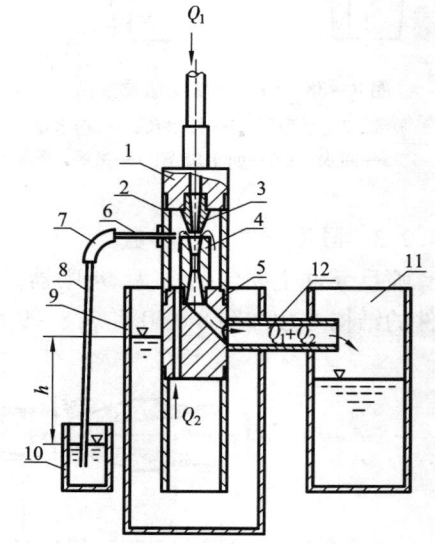

图 8 – 41 喷反钻具地表试验装置

1—异径接头；2—接头管；3—喷嘴；
4—扩散器；5—分水接头；6—钢管；
7—胶皮管；8—玻璃管；9，11—水箱；
10—水银桶；12—水

和返水效率 η，$\eta = (Q_1/Q_2) \times 100\%$。

2. 操作技术要求

（1）孔内必须保持清洁，孔内残留岩心过长或岩粉过多（超过 0.3 m）应专门捞取。

（2）喷反接头应安放在孔内水位以下的适当位置，要防止钻具的泄漏。喷反接头安放位置距孔底过高，对反循环效果有一定影响，最好是经过试验确定安放位置。

（3）下钻至距离孔底约 0.5 m 时，先调好所需泵量，形成反循环后再缓慢扫孔到底钻进。

（4）钻进时必须保证泥浆泵工作性能稳定，中途不得停泵或减小泵量，否则，易发生沉淀自卡或堵塞水路，甚至发生烧钻和卡钻事故。

（5）由于反循环的循环压力不大，保证水路的通畅是反循环钻进的关键。钻进时，密切注意孔内情况的变化，发现异常即时提钻。

（6）注意清除冲洗液中的岩粉杂质，以免堵塞喷反元件，影响喷反性能。使用泥浆时，黏度一般控制在 18～23 s。

3. 钻进规程参数

钻压与一般正循环钻进相同，转速 100～150 r/min，泵量由所钻地层和选用的喷嘴直径确定。

8.5　复合钻具钻进取心技术

复合钻具钻进取心是指将绳索取心钻进、孔底局部反循环、冲击回转、孔底马达等钻进技术相结合所形成的取心钻进技术。

8.5.1　喷射式局部反循环绳索取心

喷射式局部反循环绳索取心钻具如图 8 - 42 所示。适用于地质构造复杂、断层裂隙发育、破碎松散、孔内漏失等复杂地层钻进取心，相对于普通绳索取心钻进，可有效提高岩心采取率。

8.5.1.1　钻具结构特点

（1）在绳索取心钻具中增加喷射反循环装置，兼具喷射式反循环和绳索取心钻进特点。

（2）以 YS75 型绳索取心钻具为例，喷嘴与扩散管距离选择 5 mm 为宜，喷嘴直径 8 mm，钻具水路对泥浆、清水均适用。

（3）为增强钻具单动性能，增加了 2 盘向心轴承和 2 盘压力轴承，并采用骨架油封防止冲洗液进入轴承。

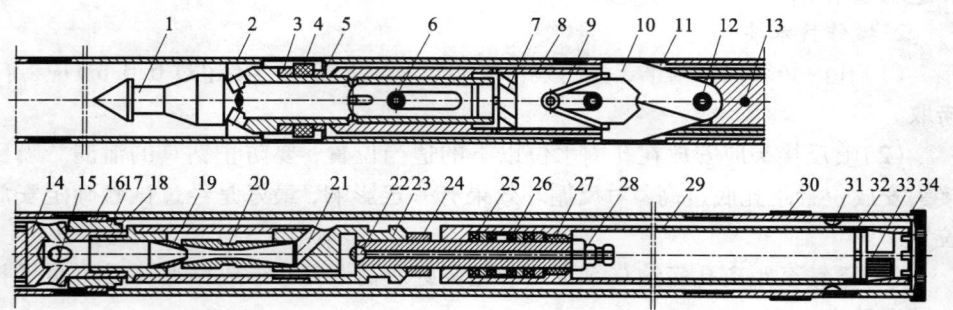

图 8 – 42　喷射式局部反循环绳索取心钻具

1—捞矛头；2—短节接头；3—垫圈；4—橡胶圈；5—螺母；6—卡销；7—合金片；8—提引套
筒；9—张簧；10—弹卡板；11—弹卡室；12、13—卡销；14—引流接头；15—水眼；16—座环；
17—悬挂环；18—销紧螺母；19—喷嘴；20—扩散管；21—水口；22—钢球；23—调节接头；
24—调节螺母；25—两盘向心轴承；26—两盘压力轴承；27—骨架油封；28—螺母；29—内岩
心管；30—扩孔器；31—导正环；32—卡簧座；33—卡簧；34—钻头

（4）在内管总成的芯轴上装有调节水量的调节螺母，钻进时内管返流水量大小不受泵量和泵压大小的控制。

8.5.1.2　使用技术要求

（1）下钻前检查钻具单动性能及各部件配合间隙是否合适，根据钻进岩石情况调整调节螺母改变过水断面大小以调节内管返水量，调节完成后，固定调节螺母，防止回扣。

（2）钻进坚硬破碎岩石时，调节内管返流量，使其能悬浮岩粉、清洁孔底，冷却钻头；松散、怕冲刷的地层中钻进，必须采用底喷隔水钻头或底喷阶梯水口钻头，可将内管流量调小使其能起到润滑、减阻和防止岩心堵塞的作用。

（3）钻进参数：钻压 5 ~ 10 kN，转速 400 ~ 750 r/min，泵量 50 ~ 70 L/min。

（4）钻进中和加接钻杆时，防止杂物进入钻杆内堵塞喷嘴。

（5）破碎层钻压不宜过大，进尺速度不宜过快，避免岩心堵塞。完整地层钻进时，钻头内径与卡簧内径严格配合好，以免影响内返液流的效能。

（6）内管长度一般控制在 1.3 ~ 2.5 m 时，反循环作用较好，可获得较高岩心采取率高。

8.5.2　孔底动力取心

8.5.2.1　涡轮马达绳索取心钻具

以涡轮马达为井底动力驱动绳索取心钻具外管总成回转，内管不转、容纳岩心，其结构主要由外管总成和组合了涡轮马达的绳索取心钻具内管总成组成

（图 8 - 43）。该方法采取率高，美国和苏联已用于科学超深孔钻探结晶岩，苏联使用孔深已超过 10000 m。

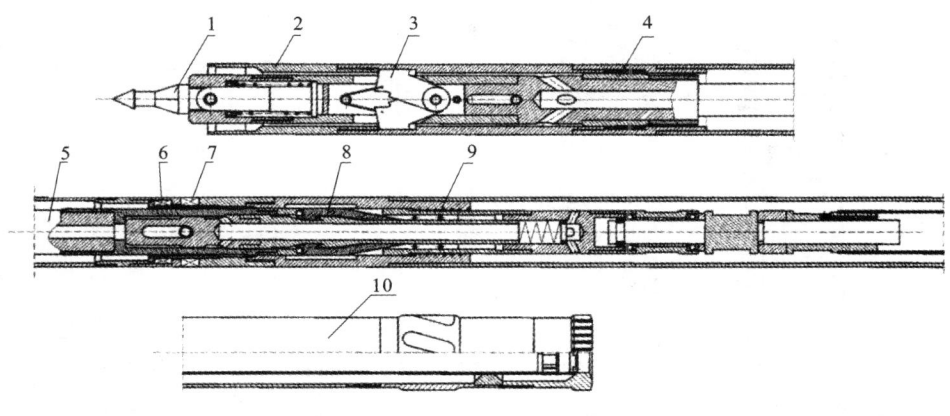

图 8 - 43 涡轮马达绳索取心钻具结构

1—捞矛头；2—外管总成；3—上弹卡组件；4—引流封堵组件；5—涡轮马达；
6—小轴承；7—大轴承；8—传扭装置；9—下封堵器；10—钻头及取心管组件

8.5.2.2 螺杆马达绳索取心钻具

该方法钻进时整个钻柱不回转或仅慢慢回转（以克服钻压的损失），可以避免地面回转钻柱与孔壁的摩擦和对孔壁的扰动，

钻具结构如图 8 - 44，由外管总成和内管总成组成。外管总成由反扭弹卡装置、密封悬挂、传扭装置、轴承室、取心外管、扩孔器及取心钻头等组成。内管总成由打捞装置、螺杆马达、传扭弹卡机构、万向轴装置、单动装置及岩心管等组成。冲洗液从打捞头处的喷射孔进入螺杆腔体驱动螺杆马达回转，马达转子输出的扭矩由一套传扭装置传递给绳索取心钻具外管，带动取心钻头回转钻进，钻压通过外管总成上的轴承室传递给取心钻头，岩心装满后，采取常规的绳索打捞岩心管（含螺杆马达）。

8.5.2.3 螺杆马达液动锤双管取心钻具

钻具结构如图 8 - 45 所示，在普通单动双管钻具的基础上，以螺杆马达提供回转动力，以液动锤提供冲击载荷，无需钻柱回转，可获得较高的钻进效率和岩心采取率。

其关键技术是保证取心钻具性能（单动性能、卡心性能、岩心管强度等）、液动锤工作性能（可靠性、工作寿命等）、金刚石取心钻头性能（与地层的配伍性、抗冲击能力、工作寿命等）。该方法在中国大陆科学钻探工程中有成功应用。

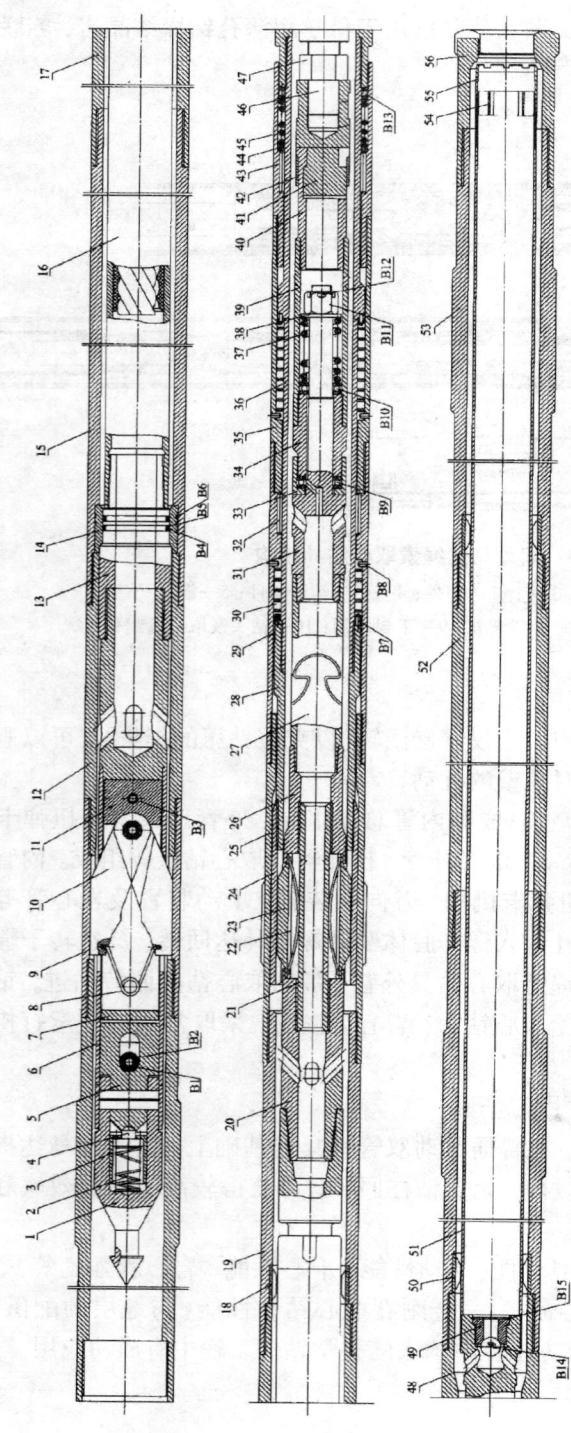

图 8 – 44　螺杆马达驱动绳索取心钻具结构图

1—捞矛头；2—压紧弹簧；3—卡块套；4—定位卡套；5—捞矛座；6—回收管；7—弹卡座；8—张簧；9—弹卡室；10—弹卡；11—弹卡架；12—短外管；13—马达接头；14—悬挂密封套；15—悬挂上外管；16—C5L295 螺杆马达；17—上外管；18—马达扶正环；19—下外管；20—上限位接头；21—弹卡心轴；22—弹卡弹簧；23—弹卡键；24—弹卡花键套；25—扶正外管；26—下限位接头；27—万向轴；28—传动接头；29—上轴承外管；30—复合轴头；31—连杆接头；32—滚针轴承；33—轴承座；34—轴承压盖；35—下轴承外管；36—轴承内管；37—弹簧；38—垫片；39—弹簧套；40—上分离接头；41—下分离接头；42—挡环；43—下轴心外套；44—压盖；45—缓冲弹簧；46—调节接头；47—调节螺母；48—变位接头；49—阀座；50—扶正环；51—取心内管；52—取心外管；53—扩孔器；54—弹簧；55—卡簧座；56—取心钻头；B1—弹性柱销；B2—弹性柱销；B3—弹性柱销；B4—O 形密封圈；B5—挡圈；B6—O 形密封圈；B7—销；B8—紧定螺钉；B9—轴承；B10—轴承；B11—开槽螺母；B12—开口销；B13—轴承；B14—钢球；B15—孔用弹性挡圈

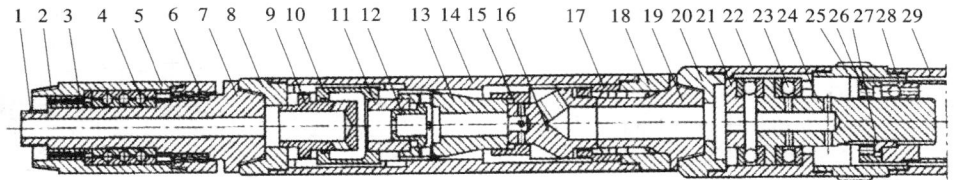

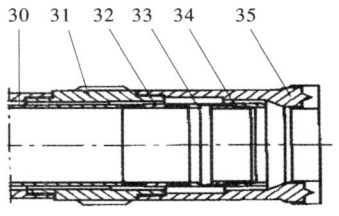

图 8 – 45 螺杆马达液动锤驱动双管取心钻具结构

1—螺纹连接头；2—井底马达外壳连接结构；3—上硬质合金轴承；4—推力球轴承；5—井底马达外壳；6—下硬质合金轴承；7—井底马达驱动轴；8—阀式冲击器上接头；9—上阀；10—缸套；11—上活塞；12—芯阀；13—冲锤；14—阀式冲击器外管；15—传功座密封套；16—传功座；17—密封套；18—花键套；19—带外花键下接头；20—取心工具上接头；21—压盖；22—轴承腔；23—轴承；24—芯轴；25—上扩孔器；26—背帽；27—钩头楔键；28—岩心管接头；29—外管；30—岩心管；31—下扩孔器；32—短节；33—卡簧座；34—卡簧；35—取心钻头

8.5.3 螺杆马达液动锤绳索取心

　　将绳索取心、液动潜孔锤、螺杆马达三种钻具组合为一体(简称"三合一钻具")，兼具三者的优越性，钻进效率高、岩心堵塞少、取心速度快，不需全孔钻柱回转，大幅度改善钻杆受力状况，有利于孔壁的稳定，还可解决深孔取心钻进钻杆摩阻损耗过大、地表钻机动力不足或转速不够、钻进效率低等问题，在中深孔、深孔和超深孔复杂地层取心钻进中有着广阔的应用前景。该组合钻具在中国大陆科学钻探工程中得到成功应用，并取得了良好的技术应用效果。钻具组合结构如图 8 – 46 所示。

8.5.3.1 螺杆马达液动锤绳索取心钻具结构特征

　　在绳索取心钻具中加装阀式结构的液动潜孔锤和多头螺杆钻具，利用绳索取心钻具的悬挂机构解决螺杆马达与外管总成的密封问题，保证全部冲洗液供螺杆马达工作；利用绳索取心钻具的定位弹卡消除螺杆马达定子产生的反扭矩；利用伸缩式传扭板将螺杆马达输出的扭矩传递到外管总成并带动钻头回转钻进；设计有分流机构，解决螺杆马达与液动潜孔锤所需流量不匹配问题，按比例进行分流并保证液动潜孔锤工作性能不受影响；设计了内管总成到位补偿机构，使内管总成悬挂到位后，液动潜孔锤的传功机构同时到位；设计了径向微调机构，防止内管总成投放过程中因弯曲被卡在钻杆或外管总成中。钻进回次结束后，用绳索打捞器将螺杆马达、液动潜孔锤和装满岩心的内管总成提升到地表。

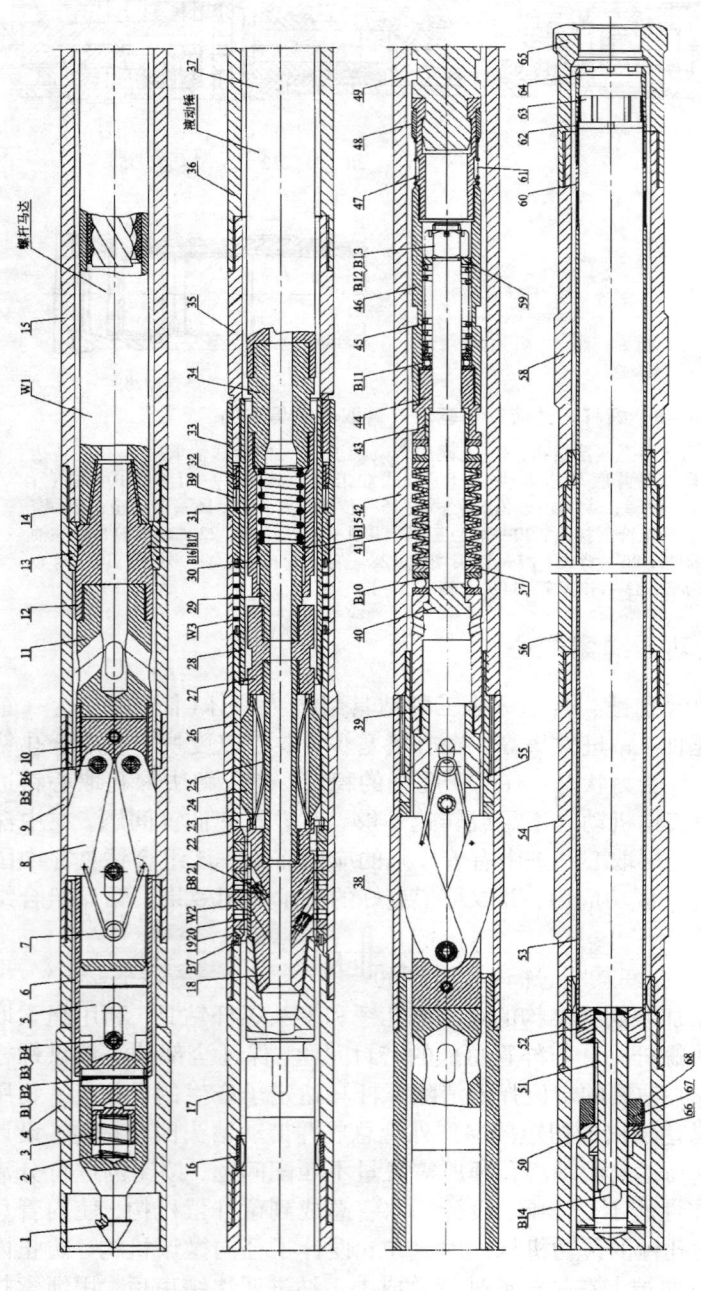

图 8－46 螺杆马达液动锤绳索取心钻具结构原理示意图

1—捞矛头；2—弹簧；3—定位块；4—弹矛座；5—捞矛座；6—回收管；7—弹簧接头；8—弹卡；9—弹卡室；10—弹卡座；11—弹卡架；12—悬挂接头；13—悬挂环；14—外管接头；15—马达外管；16—扶正环；17—扶正器接头；18—分流环；19—轴承导向环；20—喷嘴限位套；21—合金喷嘴；22—轴承压外套；23—轴承压盖；24—伸缩弹簧；25—板弹簧；26—传扭弹簧；27—伸缩键套；28—心轴键套；29—补偿杆；30—补偿垫头；31—补偿弹簧；32—轴承压盖；33—单动接头；34—液动锤接头；35—传扭转换接头；36—液动锤；37—液动锤接头；38—外花键套；39—报信接头；40—阀杆；41—螺簧；42—短外管；43—铜套；44—滑动接头；45—弹簧接头；46—弹簧套；47—提引母接头；48—护环；49—钩头接头；50—钩头螺母；51—内管接头；52—内管；53—内管座；54—上扩孔器；55—公花键套；56—外岩心管；57—垫圈；58—下扩孔器短节；59—垫圈；60—内管短节；61—弹簧；62—卡簧挡圈；63—卡簧；64—卡簧座；65—取心钻头；66—锁紧螺母；67—调节螺母；68—垫片；销—钢球；B1～B6—弹性销；B7—圆柱销；B8—O形密封圈；B9—滚针轴承；B10—轴承；B11—轴承；B12；B13—销；B14—锁紧垫圈；B15—O形圈；B16—O形圈；B17—O形圈；W1—螺杆马达；W2—轴承；W3—轴承

8.5.3.2 螺杆马达液动锤绳索取心钻具的主要技术参数

以 ϕ157 mm 为例,钻头外径 ϕ157 mm,钻头内径 ϕ85 mm,内岩心管长度 4.5 m,钻具总长 16.64 m。液动螺杆马达、液动潜孔锤的主要技术参数见表 8-10。

表 8-10 螺杆马达液动锤绳索取心钻具匹配技术参数

液动潜孔锤					液动螺杆马达			
外径 /mm	工作流量 /(L·s⁻¹)	工作压力 /MPa	冲击功 /J	频率 /Hz	型 号	工作流量 /(L·s⁻¹)	输出扭矩 /(N·m)	输出转速 /(r·min⁻¹)
98	4~6	2~4	80~100	10~20	C5LZ95×7.0	5~13.3	1490	140~320

8.5.4 定向造斜钻进中的绳索取心

绳索取心定向造斜钻进是一种在钻进过程中既能造斜又能绳索取心的钻进技术。

8.5.4.1 技术特点

该钻具钻进时以专门的造斜机构使钻孔连续弯曲,同时内管总成的取心管容纳岩心,待岩心装满后,不需提取外管,只需提出内管总成即可。内管总成中有测量仪器,可随时测量钻孔的顶角、方位角及工具面角。

绳索取心定向造斜钻具由 3 层管组成,取心管为第三层管,不回转;上部绳索取心钻杆回转带动第二层管回转;外层管为支撑机构,不回转,可实现定向造斜。工作时,当泵压增大到一定值时,分离机构滑块上移,钻具的二层管和三层管分离,分动接头的上外管在绳索钻杆的带动下正常钻进,分离机构的下外管不回转,起到造斜作用;定向部分根据随钻仪器测量的数据,采用单点定向的方式进行定向,钻进过程中随时测量数据,调整工具面角,以控制钻孔轨迹。钻具原理如图 8-47。

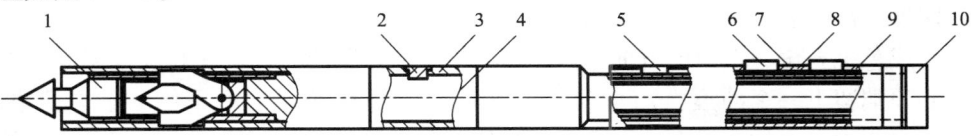

图 8-47 绳索取心定向造斜组合钻具原理图

1—打捞装置;2—定向键;3—定向接头;4—定向仪器;5—锁紧活塞;
6—导向伸缩块;7—外壳;8—岩心内管;9—岩心外管;10—取心钻头

8.5.4.2 主要机具及技术参数

加强型 ϕ73 mm 或 ϕ89 mm 绳索取心钻杆,绳索取心定向造斜组合钻具,ϕ76 mm 或 ϕ96 mm 定向取心钻头,FLEX II Multi Smart 型电子多点测斜仪。

定向造斜孔径 ϕ76 mm 或 ϕ96 mm,造斜钻进取心直径 ϕ24 mm 或 ϕ46 mm,定向造斜孔段的造斜率 0.1°~0.4°/m,适用定向造斜孔的孔斜范围 0°~90°。

8.5.4.3　操作技术要求

（1）钻具下放到距离孔底约 2 m 时，启动泥浆泵冲孔，然后再投入取心及定向钻具总成。

（2）定向造斜取心钻进之前，在取心及定向钻具总成中加入仪器，投入定向总成进行孔内测斜；根据测斜结果，确定定向钻进工具面角；在地面调节钻杆，再次投入总成测量最终工具面角。提出总成，取出仪器，再投入总成，准备钻进。

（3）下放钻具到孔底，采用大一级泵量冲孔排粉，注意泵压变化，确认分离机构及定向卡固机构启动后，再换正常泵量回转取心钻进，钻进 2.4 m 后，打捞总成，取出岩心。

8.5.4.4　钻进参数

泵压：初始泵压 1 ~ 2 MPa，工作泵压 4 ~ 5 MPa；

转速：初始转速 147 r/min，工作转速 468 r/min；

钻压：12 ~ 15 kN；泵量可采用常规绳索取心钻进泵量。

8.6　岩心定向技术

定向取心是指利用专门的取心工具，从孔底取出具有方向标记的岩心，结合取心处钻孔弯曲参数确定地下岩层产状的特殊取心方法。其工艺过程的关键是在孔内未断离基岩的岩心柱上做定向标记。

8.6.1　岩心定向方法

8.6.1.1　打印法

先用专门钻头将孔底磨平并冲洗干净，用钻杆下入偏重打印器（图 8 - 48），打印器下部装有一根可以冲出印痕的硬质合金压头或一只可以打出色点的色笔，压头或色笔与偏心重锤的方向一致，利用钻杆和打印器的自重在孔底或未断根的岩心顶端留下一个冲痕（或色点）。该冲痕（或色点）位于岩心下侧的重力低边，它与岩心中心点的连线在水平面上的投影就是该钻孔的方位线。提出偏重打印器后，下入卡取岩心的工具即可取出带定向标记的岩心。

打印法的优点是定向和打标记的工具比较简单，缺点是偏心重锤工作可靠性差，当钻孔顶角小于 5°时，定向效果欠佳，不能用于垂直孔。另外，磨孔、打印、卡心、测斜要分 4 个回次完成，工序繁杂。

8.6.1.2　刻痕法

刻痕是对岩心作定向标记的较好方法，但是要求刻痕时岩心不断离孔底岩石母体，可以采用单管钻具或单动双管钻具对岩心侧面进行刻痕。

采用单管钻具时，钻出岩心、刻痕与取上定向岩心分两回次完成。先用不带卡簧的钻具钻进 15~20 cm，将岩心留在孔底不提断，然后下入带刻痕器及卡簧的取心管专程采集定向岩心。

刻痕器(图 8-49)是内壁镶有一颗粗粒金刚石或者装有硬质合金尖齿的空白钻头，硬质合金尖齿通过钻头壁上的小孔伸进内壁，而外端用弹簧钢圈套封。当刻痕器沿未断根的岩心下移时，在岩心柱的侧面刻出沟痕。接头容纳器内装有测斜装置(或氢氟酸管)，安装定向测斜装置时，使测斜装置定向母线与硬质合金尖齿(或金刚石刃)刻刀的方向一致，下入刻痕器取心时，测斜装置测得的重力高边面向角也就是岩心侧面刻痕方向与钻孔弯曲平面之间的角度。如若测斜装置测得的是磁高边面向角，则该角度直接代表岩心侧面刻痕方位角。

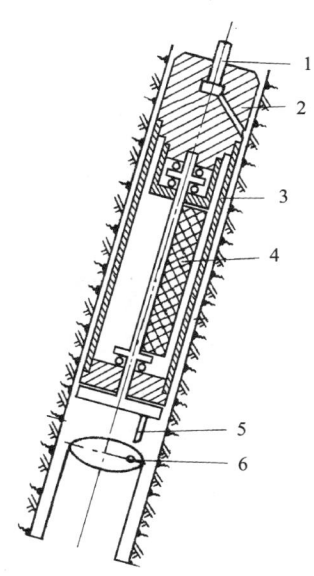

图 8-48　打印法岩心定向器示意图

1—钻杆；2—接头；3—外管；4—偏心重锤；
5—压头(或色笔)；6—印坑(或色点)

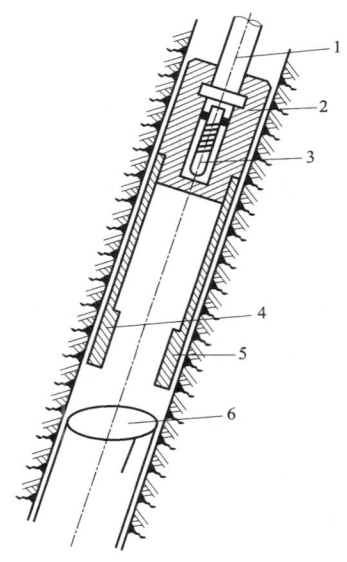

图 8-49　刻痕式岩心定向器示意图

1—钻杆；2—接头容纳器；3—测斜装置；
4—定向钻头；5—硬质合金尖齿；6—刻痕

8.6.1.3　钻眼法

钻眼法的实质是用微型钻头或小钻头在孔底钻偏心小眼作为定向标记。

与打印法类似，钻眼器下入孔内之前，应先用铣刀钻头将孔底磨平，去除残留岩心或岩石碎块，并且把岩粉排净，然后用钻杆下入钻眼器，接触孔底后，钻眼器驱动微型钻头在孔底钻眼形成标记，同时，钻眼器中的测角装置测定偏心小眼方向与钻孔轴线方向之间的终点角。提出钻眼器后，下入另一套取心钻具钻进 15~20 cm，取出带有偏心小眼的岩心。

　　该法与打印法相比，可得到更为清晰的偏心小眼标记，不存在先钻出岩心而可能产生岩心折断和扭转移位问题，打出的偏心小眼可靠，数据比较准确。

8.6.2　岩心定向器具

8.6.2.1　SDQ-94A型定向取心器

　　如图8-50所示，取心器由传递钻压及扭矩的外管系统和定向刻痕取心的内管系统两部分组成。冲洗液通道经测量仪容纳管与上外管间的间隙、通水接头、内外岩心管间环状间隙、卡簧座与钻头间隙到达孔底，再经钻头水口从钻具与孔壁间隙返回。

　　外管系统：来自钻杆柱的钻压和回转扭矩，经异径接头、上外管、通水接头、钻具外管，传递到钻头破碎孔底岩石，钻取岩心。

　　内管系统：重力加速度定向测量仪定向置于容纳管内，测量仪与内管短节上的刻刀处在同一母线上，测量数据内存于仪器内。容纳管由定向接头与内管轴连接，内管由调节螺母及定位螺钉连接于轴上，内管底端连接内管短节和卡簧座，内管短节内安装有三把弹簧刻刀，岩心进入内管时对其侧面刻痕作定向标记。

　　内管轴上下端分别设置了推力轴承，起到与外管系统悬挂连接的作用，保证内、外管系统具有良好的单动性。

　　定向标记刻刀采用YG8硬质合金，刻刀圆锥顶角60°，焊接于弹簧钢片上，附着于内管短节内，呈悬臂梁结构的弹簧钢片对刻刀施加正应力，可在较硬岩心表面刻画出清晰的定向标记刻痕，并且当岩心直径发生变化时，弹簧钢片可起到自动调整刻刀位置的

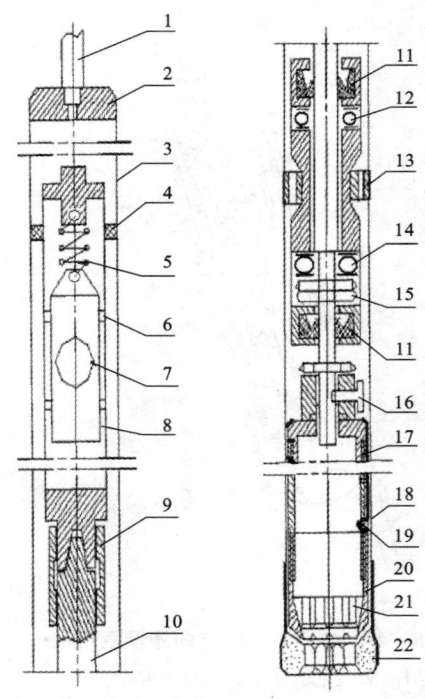

图8-50　SDQ-94A型定向取心器

1—钻杆柱；2—异径接头；3—上外管；4—扶正器；5—弹簧；6—定向键；7—重力加速度计；8—仪器容纳管；9—定向接头；10—轴；11—密封圈；12—轴承；13—通水接头；14—轴承；15—调节螺母；16—定向螺钉；17—内管；18—外管；19—弹簧刻刀；20—卡簧座；21—卡簧；22—钻头

作用。刻刀悬臂长度 50 mm, 弹簧片宽度 10 mm, 厚度 2.0 mm, 刻刀允许伸缩量 1.0 ~ 2.0 mm。

SDQ - 94A 型定向取心器将常规的磨孔、作定向标记, 采取定向岩心三个环节简化为随钻定向取心一回次完成。定向取心器性能: 适用孔径 ≥ φ94 mm、孔深 ≥ 10 m, 适用可钻性 4 级以上完整及微裂隙岩层, 适用钻孔顶角 ≥ 1°, 定向方位误差 ≤ ±4°。

8.6.2.2　KO 型岩心定向器

该定向器由乌拉尔地质局研制, 结构如图 8 - 51 所示, 属于钻眼法岩心定向器, 由打偏心小眼钻具、导向楔体和硫酸铜液测斜管等组成。

打偏心小眼钻具包括小型钻头、加长管、接头、万向节和对中接头, 它通过牙嵌离合器与钻杆连接。另外, 还借助于销钉固定在壳体接头上。测斜管中装有硫酸铜溶液, 中心部分是一钢杆, 钢杆上有零线标记, 该标记与壳体下部导向槽中心线方向一致。

操作时, 用钻杆将钻眼器下到孔底, 先施以较小钻压, 转矩通过

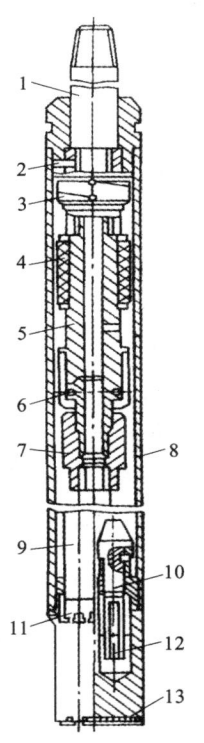

图 8 - 51　KO 型岩心定向器

1—钻杆; 2—销钉; 3—牙嵌离合器; 4—对中接头; 5—内传动轴; 6—万向节; 7—接头; 8—壳体; 9—加长管; 10—测斜管容纳接头; 11—打偏心小眼的钻头; 12—硫酸铜液测斜管; 13—清孔底钻头

牙嵌离合器从钻杆传至清孔底钻头, 磨平孔底之后, 加大钻压, 销钉剪断, 牙嵌离合器脱开, 偏心小钻头沿导向槽下到孔底, 钻出 15 ~ 20 cm 深的偏心小眼后, 停转 20 ~ 25 min, 使钢杆表面有明显的铜沉积痕迹。提钻后, 再下取心钻具钻取带有偏心小眼的岩心。

8.6.2.3　其他类型的岩心定向器

国内外典型的岩心定向工具见表 8 - 11。

表 8 – 11　国内外典型岩心定向工具

国别	研制单位	型号	外径/mm	打标记方法	定向方法	测斜方法	取心方法	适用地层	适用钻孔倾角
苏联	东哈萨克斯坦地质局	K – 5	89	扭簧动力机钻眼	偏心重锤	单点测斜	普通单管	致密微裂隙	0°～87°
	哈萨克矿物科学研究所	АЛГаИ – 57	57，73	涡轮偏心钻眼	偏心重锤	单点测斜	普通单管	致密、微裂隙	0°～87°
	科沃夫斯克地质勘探队	КГЦГ	73，89	岩心卡簧刻刀	钢球自重	单点测斜	单动双管	较完整	0°～87°
美国	Odgers		152	钻头刻刀	HF酸玻璃管	单点测斜	普通单管	完整	0°～87°
	Christensen		75	三刻刀管鞋	多点照相定向	多点测斜	绳索取心	完整	0°～90°
瑞典	Atlas	CCO – 56	56	岩心端面打印	钢球重力定向	单点测斜	单动双管	完整	0°～87°
澳大利亚	Geoco		76	偏心钻眼	偏心重块	单点测斜	单动双管	完整或微裂隙	0°～87°
中国	冶金部勘察科研所	YD – 56	56	钢管端面打印	钢球重力定向	单点测斜	单动双管	完整	0°～87°
	有色金属矿产地质所	YCO – Ⅱ	110	卡簧座三刻刀	钢球重力定向	测斜仪	单动双管	完整	0°～80°
	探矿工艺研究所	KDS – 1	56	内筒卡环刻刀	照相显影	照相显影	单动双管	完整	0°～90°
	成都理工大学	YDX – 1	89	液力马达钻眼	磁针罗盘	磁针重锤	单动双管	完整	0°～50°
	成都理工大学	SDQ – 91	89	卡簧刻刀	偏重磁球	偏重磁球	单动双管	完整或微裂隙	0°～90°
	中国地质大学(北京)	DX101	172	三刻刀岩心爪	电子磁力计	电子多点	单动双管	完整	0°～90°
	四川集结能源科技公司	DQX133	133	岩心爪刻刀	照相测斜仪	多点测斜	单动双管	完整	0°～90°

8.6.3　岩心产状参数复位与测量

　　岩心产状参数的求测可采用产状测量器直接测定，也可采用作图法或计算法求得。

8.6.3.1　岩心产状参数复位测量

　　复位测量仪及岩心产状参数测量方法如图 8 – 52 所示，整个复位实测过程按钻孔复位、岩心复位、产状测量分三个顺序进行。具体操作步骤如下：

　　1. 钻孔复位

　　将复位测量仪方位度环与方位游标盘依次套装在底座上，并可在水平面内绕底座中心轴转动。固定安装在方位游标盘上的支承架以水平轴支撑岩心卡盘(卡

盘可绕水平轴在垂直平面内
转动)。复位时,首先调节底
座三个支腿,使测量仪保持
水平,借助罗盘调节方位度
环,使其刻度与罗盘方位一
致,然后根据已知的钻孔方
位角转动支承架和方位游标
盘至相应读数,钻孔方位角
复位。钻孔顶角复位只需将
岩心卡盘绕水平轴在垂直平
面内转动至相应顶角刻度。

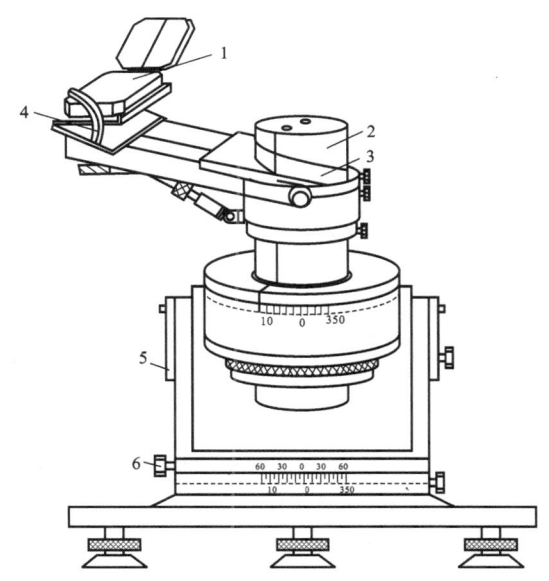

2. 岩心复位

用三卡瓦岩心卡盘将岩
心夹持在卡盘中心,并使岩
心上的定向刻痕线对准卡盘
顶部的径向刻线。转动卡盘
顶盖(岩心柱随之转动),按
实际的岩心标记线与钻孔方
位面之间的终点角使岩心柱

图 8－52 岩心产状复位测量示意图

1—岩层倾向读数;2—定向岩心;3—岩层层面;
4—岩层倾角读数;5—钻孔顶角读数;6—钻孔方位角读数

侧面的定向刻痕线对准卡盘套上相应角度线,即可使岩心定向角复位。

3. 岩层产状测量

将产状测量架套装在复位后的岩心柱上,使岩心柱层理面通过测量架向处延
伸,测量架一端的下测板始终与测量架面及岩层层理面平行,调节上测板处于水
平时,上下测板间的夹角即为岩层倾角,垂直于上下测板面相交线的岩层倾角指
向即为岩层倾向,岩层倾向借助罗盘读数。

8.6.3.2 岩心产状参数的作图法求解

如图 8－53 所示,首先作出岩心正横断面的俯视图,并在投影图上标出钻孔
倾斜平面方向线的投影 ab,以及层面高低点的投影 cd(ab 线可根据定向标记位置
角反推画出)。

通过投影图上 a 点和 c 点作切线,两切线交于 A,得到 γ 角(即 $\angle aAc$),此角
即是层面和水平面分别与岩心正横断面相交所得交线的夹角。

其次,通过钻孔倾向线的投影 ab 和层面高低点连线的投影 cd,分别作岩心
纵剖面图,在这两个纵剖面图上表示出钻孔倾角 β 和钻孔遇层角 δ。再从两剖面
的高点各自向下取单位长距离作岩心轴线的垂直面,分别与水平面及层面相交,
得到两条交线,这两条交线的交点 P,既在水平面上,又在层面上。把 P 点投向

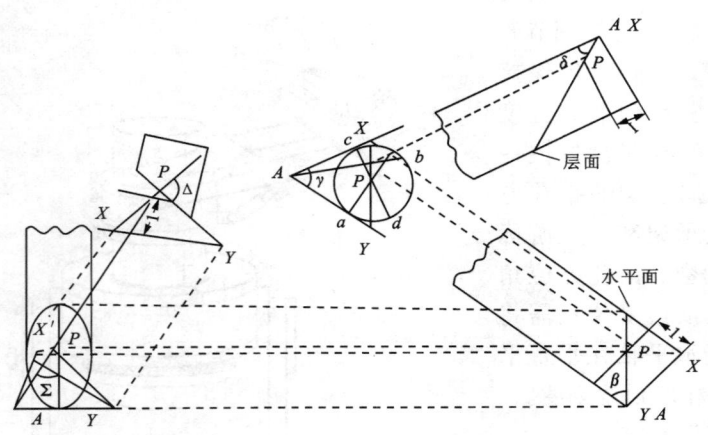

图 8－53　作图法求解岩层产状

岩心正横断面，连接 AP，AP 即为水平面与层面交线在岩心正横断面上的投影。过 AP 的 P 点作此投影线的垂直面，交 Ac 和 Aa 各自的延长线于 X 和 Y，此 XY 线在岩心正横断面上。

　　然后作垂直于水平面的视图，定出 AP 在水平面上的位置，得到 AP 与钻孔轴线在水平面上投影之间的夹角 Σ，此角就是岩层走向线与钻孔方位线的夹角，因此，岩层走向 α_s ＝ 钻孔方位角 ＋ Σ，而岩层倾向 α_0 ＝ 岩层走向 α_s ± 90°。

　　为了求出岩层的倾角，作垂直于其走向线 AP 的视图。为此，只作一直线垂直于 AP，并且交 AP 的延长线于 P，而后将 Y 点投在此直线上得 Y，过 Y 作一直线，此直线与 P 点的距离为单位长，再将 X 点投在此直线上得 X。连接 PX，则 PX 代表面层，而 PY 代表水平面，XY 代表岩心正横断面，PX 与 PY 的夹角（取小于 90°的角）λ 即为层面倾角。

　　岩心产状参数的作图求解法除了上述画法几何方法以外，还可采用赤平极射投影法。岩心产状参数的作图求解法比较直观，在缺乏复位测量仪时可用之，但精度较低。

8.6.3.3　岩心产状参数的公式计算法

　　公式计算法是根据钻孔轴线与层面、水平面及岩心正横断面之间的空间几何关系，利用球面三角学建立求解层面倾向和倾角的数学模型。

　　定向岩心中的层面、水平面与岩心正横断面的关系如图 8－53 所示，由解析几何可得到岩层倾向、走向 α_0 和倾角 λ 的求解公式如下：

　　岩层倾向 α_0：

$$\alpha_0 = \alpha + \varepsilon + 180° \tag{8－1}$$

$$\varepsilon = \arctan\left(\frac{\sin\gamma}{\tan\delta\sin\theta - \cos\theta\cos\gamma}\right) \qquad (8-2)$$

岩层走向 α_S：

$$\alpha_S = \alpha_0 \pm 90°$$

岩层倾角：

$$\lambda = \arccos(\cos\theta\sin\delta - \sin\theta\cos\delta\cos\lambda)$$

式中：θ、α 为定向取心孔深处钻孔的顶角、方位角（由测斜数据可知）；γ 为岩心层面椭圆长轴方向面与钻孔倾斜方向面的夹角（°）。γ 角的量取方法：将岩心直立于空白纸上，把岩心柱上的水平面高点 a 和低点 b、层面高点 c 和低点 d 投影到空白纸面上，自直线 ab 顺时针至直线 dc 量取为正，逆时针量取为负；δ 为钻孔轴线与岩层层面的遇层角（°）。δ 角量取方法：在岩心柱上分别量取层面高点与层面低点的相对高度 h 和岩心直径 D，$\delta = \arctan D$。

［**例 1**］钻孔方位角 $\alpha = N30°E$，钻孔倾角 $\beta = 45°$（钻孔顶角 $\theta = 90° - 45° = 45°$），遇层角 $\delta = 54°$，岩心层面椭圆长轴方向面与钻孔倾斜方向面的夹角 $\gamma = -112°$，求层面走向 α_s 和岩层倾角 λ。

（岩心产状复位实测值：$\alpha_s = 66°$，$\lambda = 44°$）

计算验证：

岩层倾角 λ：

$$\begin{aligned}\lambda &= \arccos(\cos\theta\sin\delta - \sin\theta\cos\delta\cos\lambda)\\ &= \arccos[\cos45°\sin54° - \sin45°\cos54°\cos(-112°)]\\ &= \arccos 0.7278 = 43.3°\end{aligned}$$

岩层倾向 α_0：

$$\begin{aligned}\varepsilon &= \arctan\left(\frac{\sin\gamma}{\tan\delta\sin\theta + \cos\theta\cos\gamma}\right)\\ &= \arctan\left[\frac{\sin(-112°)}{\tan54°\sin45° + \cos45°\cos(-112°)}\right]\\ &= \arctan(-1.3089) = -52.6°\end{aligned}$$

$$\alpha_0 = \alpha + \varepsilon + 180° = 30° - 52.6° + 180° = 157.4°$$

岩层走向 α_s：

$$\alpha_s = \alpha_0 \pm 90° = 157.4° - 90° = 67.4°$$

验证结果：计算值与实测值吻合

［**例 2**］钻孔方位角 $\alpha = N290°W$，钻孔倾角 $\beta = 66°$（钻孔顶角 $\theta = 90° - 66° = 24°$），遇层角 $\delta = 54°$，岩心层面椭圆长轴方向面与钻孔倾斜方向面的夹角 $\gamma = 68°$，求层面走向 α_s 和岩层倾角 λ。

（岩心产状复位实测值：$\alpha_s = 242°$，$\lambda = 48°$）

岩层倾角 λ：

$$\begin{aligned}
\lambda &= \arccos(\cos\theta\sin\delta - \sin\theta\cos\delta\cos\lambda) \\
&= \arccos(\cos24°\sin54° - \sin24°\cos54°\cos68°) \\
&= \arccos0.6495 = 49.5°
\end{aligned}$$

岩层倾向 α_0：

$$\begin{aligned}
\varepsilon &= \arctan\left(\frac{\sin\gamma}{\tan\delta\sin\theta + \cos\theta\cos\gamma}\right) \\
&= \arctan\left(\frac{\sin68°}{\tan54°\sin24° + \cos24°\cos68°}\right) = \arctan(1.02787) = 45.79°
\end{aligned}$$

$$\alpha_0 = \alpha + \varepsilon + 180° = 290° + 45.79° + 180° = 515.79° = 155.79°$$

岩层走向 α_s：

$$\alpha_s = \alpha_0 \pm 90° = 155.79° + 90° = 245.79°$$

验证结果：计算值与实测值吻合。

8.7　补取岩心技术

8.7.1　补取岩(矿)心的方法和工具

在硬、脆、碎的岩矿层中,如果岩(矿)心未被采取上来,可采用下列钻头配合单管、双管或喷反钻具捞取孔底的残留岩心。

1. 卡簧岩心捞取器

如图8－54所示,结构与普通卡簧取心装置相似,其下端成喇叭口,卡簧座的锥度要稍大一些。使用时以压为主,转动为辅,直送孔底捞取岩心,中途不许提动。

2. 钢丝钻头

如图8－55和图8－56所示,钻头壁上钻两圈 $\phi8\sim10$ mm 的小孔,把钢丝绳按钻头内径2/3的长度轧断,分成单根嵌入钻头小孔中,铆接或焊接固定。适用于坚硬、破碎的岩层取心。

3. 弹簧片钻头

如图8－57所示,在普通硬合金钻头的内壁上刨3～4个深为1 mm、宽度与弹簧片相同的浅槽,将长约50 mm、上端稍向内弯的弹簧片嵌入浅槽内,铆钉固定。此种钻头只能捞取岩心,不能用于钻进,使用时,慢速下压,可适当缓慢转动。

4. 胶皮爪钻头

如图8－58所示。钻头体用钢粒钻头做成,内壁车有环状空间以收藏胶皮爪。胶皮爪可由自行车外胎制成，胶皮爪的下端用铁圈通过铆钉固定于钻头体内壁上。该钻头和"喷反"钻具配合使用，补捞残留岩心效果较好。

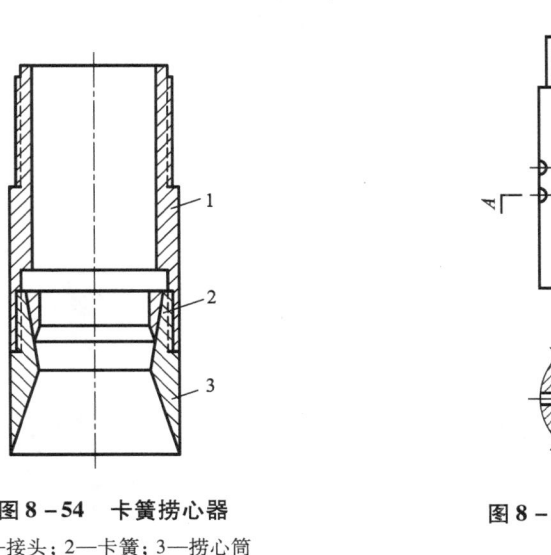

图 8 - 54 卡簧捞心器

1—接头；2—卡簧；3—捞心筒

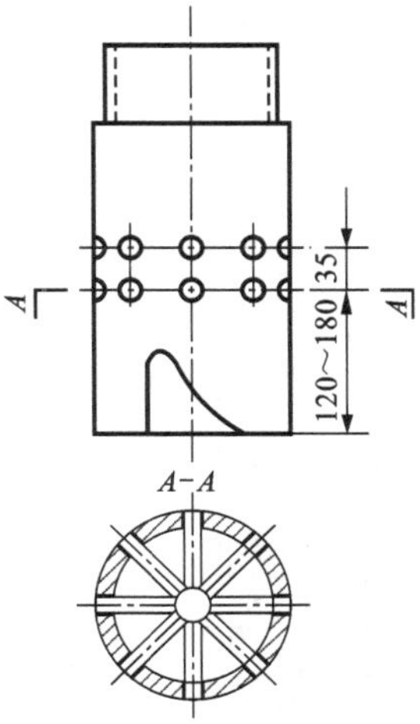

图 8 - 55 钢丝钢粒钻头

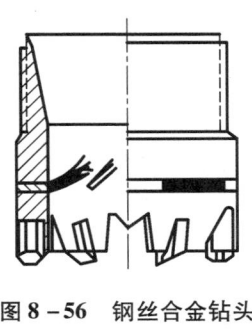

图 8 - 56 钢丝合金钻头

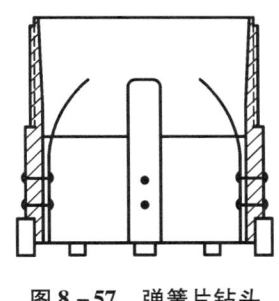

图 8 - 57 弹簧片钻头

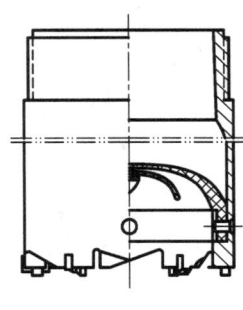

图 8 - 58 胶皮爪钻头

8.7.2 侧壁补样

8.7.2.1 刮煤取样器

刮煤取样器如图 8 - 59 所示，主要用于地质构造简单的煤层补取样品，而在地质构造复杂的煤田中，刮煤方法不能准确地划分煤层、夹石和顶板换层界线。

刮煤取样器下到预定孔深取样时，先缓慢转动钻具，然后逐渐给水，胶皮活塞在水力作用下，压缩弹簧并带动齿杆下移，齿杆上的齿条驱使刀架末端带齿的刮刀向两侧张开，刮刀接触孔壁后，可缓慢回转，并在预定位置上下活动，刮落的煤坠入取样筒中，停泵后，在弹簧的作用下，胶皮活塞带动齿杆上行，刮刀收拢后即可提钻。

　　连接杆一般用直径 42 mm 钻杆制成，长度应使容煤管在取样段底端，避开超径处，容煤管长度一般为 0.5 ~ 0.8 m。可根据孔径更换刮刀，刮刀口径有 100、200、250、300、400 mm 几种，最大不超过 500 mm。

　　图 8 - 60 是另外一种原理类似的水力刮刀取样器，张敛板张开时，刮刀刮削的孔壁煤屑沿导片进入煤屑收集筒。

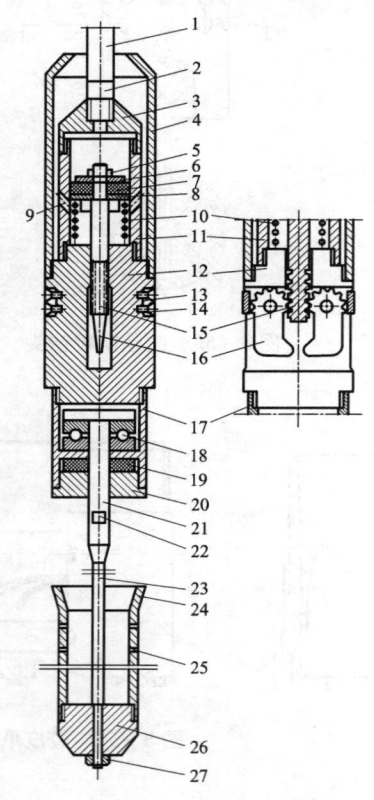

图 8 - 59　刮煤取样器

1—钻杆；2—钻杆接头；3—上接头；4—导水管；5—螺帽；
6—上垫圈；7—胶皮活塞；8—下垫圈；9—泄水眼；10—弹
簧；11—活塞套；12—大接头；13—半圆固定钢套；14—螺
钉；15—齿杆；16—刮刀；17—轴承座；18—轴承；19—塞
线；20—塞线压盖；21—轴承杆；22—销子；23—连接杆；
24—取样筒；25—水眼；26—下接头；27—螺帽

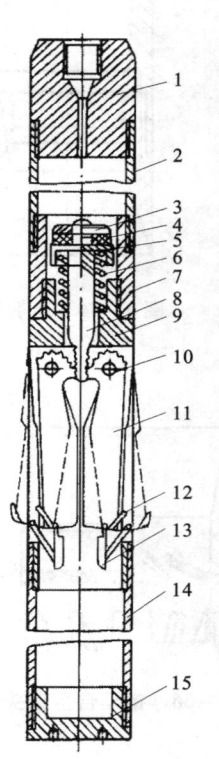

图 8 - 60　水力刮刀取样器

1—异径接头；2—连接管；3—螺
母；4—皮碗；5—垫圈；6—弹簧；
7—活塞筒；8—带双面齿条的活塞
杆；9—弹簧座；10—轴销；11—张
敛板；12—硬质合金刮刀；13—导
片；14—煤屑收集筒；15—底盖

　　刮煤器取样时，钻具转速一般为 60 ~ 80 r/min，最大不超过 100 r/min。提钻前，先静止一段时间，泥浆孔中停放时间为 10 ~ 20 min，在清水孔中停放 5 ~ 10 min。

8.7.2.2 水力冲射取样器

如图 8 − 61 所示，喷嘴射出的高速射流冲击煤层，使之破碎，落入下部取样筒中，是一种比较经济的补取煤样的工具，缺点是取出的煤样代表性不够准确。宜于在松散和较软的煤层中使用，若煤层较硬冲不下来时，可先采取孔内放炮振松煤层，再用冲射器取样。

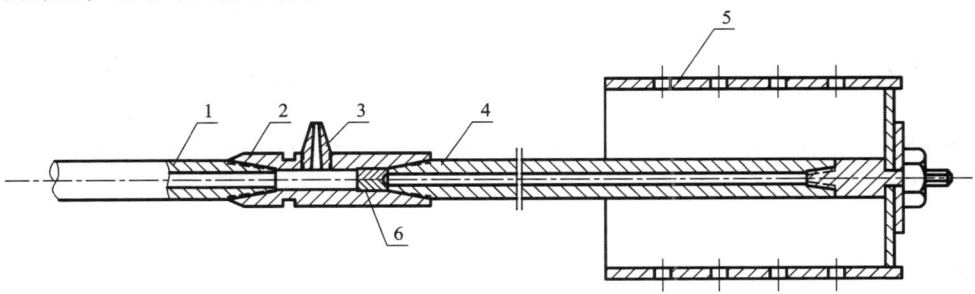

图 8 − 61 水力冲射取样器

1—钻杆；2—三通接头；3—喷嘴；4—连接杆；5—取煤筒；6—木塞

为保证足够的冲刷力，喷嘴有 $\phi12 \sim 16$ mm 各种直径，取样筒有 0.6 ~ 0.8 m 各种长度。

8.7.2.3 压入取样器

如图 8 − 62 所示，导杆上开有长键槽，可沿键上下滑动，导杆下部有台肩，使整个取样器借助上接头悬挂在台肩上。稳钉固定键于接头内，取心筒用丝扣连接在接头上，接头用销钉与导杆连接，导杆下端开有矩形切口，取心筒可绕销钉摆动。

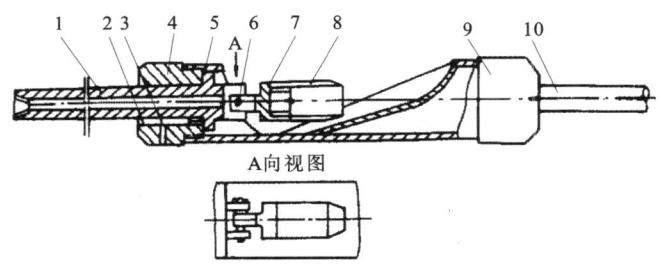

A 向视图

图 8 − 62 压入取样器

1—导杆；2—键；3—稳钉；4—上接头；5—导斜楔；6—销钉；
7—取心筒接头；8—取心筒；9—下接头；10—下部钻杆

取样时，将压入取样器下到补取岩矿层部位，通过钻杆使导杆沿键往下移动，带动取心筒沿偏斜面下行，强力压入孔壁取样，提出孔口可更换取心筒，再行取样。

使用时，下部钻杆的长度应保证偏斜器的开口部位对准补取层位，孔壁坍塌、孔径扩大或硬岩层不宜使用。

8.7.2.4　射孔取样器

如图 8 – 63 所示，在烘干处理后的炸药室 4 装满炸药，然后安装石棉板衬垫 2，经过通孔 1 穿入导线，并将导线前端的高压金属截头引爆器埋于炸药内，在导线上再覆上石棉板衬垫 3 和钢板衬垫 5，将细钢丝绳 7 穿入取样冲头 8，并将细钢丝绳的绳头置于取样器内固定，拧入炮筒 9，将取样冲头压入炮管内，最后，用钢丝绳电缆线将取样器下入到孔内取样位置，通电引爆，取样冲头射入孔壁。射击完毕后即可提升取样器，细钢丝绳从孔壁牵出取样冲头，将样品取到地表。

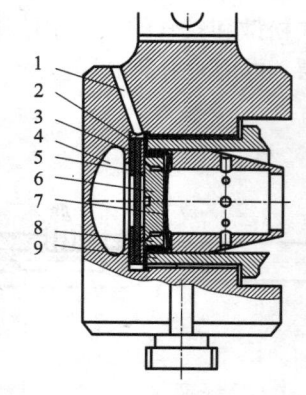

图 8 – 63　射孔取样器
1—通孔；2、3—石棉板衬垫；
4—炸药室；5—钢板衬垫；6—螺栓；
7—细钢丝绳；8—取样冲头；9—炮筒

使用时，把装好火药和接好电缆的射孔取样器用钢丝绳固定于外壳上部小孔并下至孔内取样部位，地面通电加热电热丝使火药爆炸，爆炸的压力将取样筒射入孔壁取样。取样完后提升射孔取样器，回收小钢绳将取样筒从孔壁拉出。提升射孔取样器时，最初要慢，待拉出取样筒后再加快。

这种取样器适用于孔壁垮塌较大的地层或煤层中取样，但取样数量较少，代表性较差。根据井壁取样段长度，可将多个射孔取样器组合为一体，形成多弹道井壁取心器，可有效提高取样数量。该方法多用于油气井侧壁取样，SCQX36.2 多弹道井壁取心器技术参数见表 8 – 12。

表 8 – 12　SCQX36.2 多弹道井壁取心器技术参数

取 样 器		取 样 筒			弹药室直径 /mm	工作压力 /MPa	工作温度 /℃
直径/mm	长度/mm	规格/mm	数量/个	孔距/mm			
110	2878	$\phi25$、$\phi20$、$\phi17$	36	55	38	≤80	≤175

8.7.2.5　弹簧压筒取样器

如图 8 – 64 所示，取样器外壳侧面开有切槽，内藏拉力弹簧和取样压筒，压筒可围绕轴销转动。用钻杆或钢绳下入孔内补取岩样处，压筒靠弹簧拉力紧贴于孔壁，提升取样器时压筒就压进孔壁岩矿层，装满样品并转动大约 180°。

8.7.2.6　回转钻进式侧壁取心器

如图 8-65 所示，工具内设液压系统，侧面开有窗口，当工具下到取心部位时，取心钻头从侧面窗口伸出，在液压马达驱动下钻取岩心并置于储存管中。该取心器适用地层范围广，既可钻取松软地层，也可在坚硬地层如花岗岩井壁钻取样品。以美国 Gearhart 工业公司研制的回转钻进侧壁取心工具为例，该工具一次下井可钻取 12 枚岩心，但每枚岩心的尺寸仅 $\phi 23.8 \text{ mm} \times 44.8 \text{ mm}$。

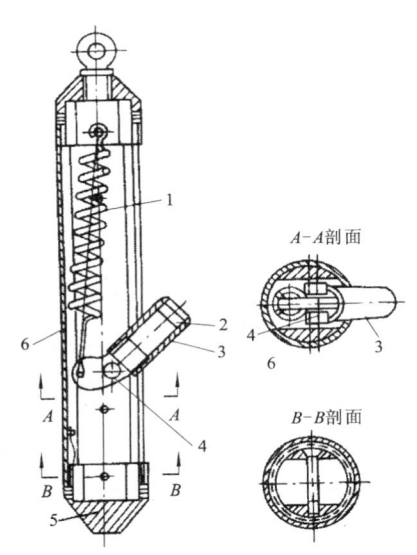

图 8-64　弹簧压筒取样器

1—拉簧；2—岩心卡簧；3—取样压筒；
4—轴销；5—取样筒底座；6—取样筒外壳

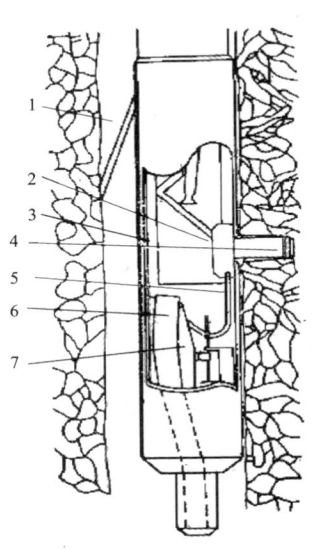

图 8-65　回转钻进式侧壁取心器

1—定位侧臂；2—液压钻进马达；3—钻进
操纵板；4—钻头；5—液压软管；6—岩心
储存软管；7—岩心回收指示器

8.7.2.7　侧壁钻进取心器

加拿大 Foothills 金刚石取心公司研制的一种侧壁钻进取心器，属于回转钻进式，使用金刚石钻头，可在硬地层或孔内任意位置取心。侧壁钻进取心器结构如图 8-66 所示。

工作原理：取心之前，先用扩孔器对需取心的孔段扩孔，扩孔长度为 3 m 左右，然后将取心工具下到扩孔段。取心工具通过变径接头与钻杆下部的扶正器相连，取心钻头的转动靠钻杆旋转带动。当侧壁取心器下到取心位置时，开动泥浆泵，通过液力将取心工具的侧臂打开，使其支承在扩孔产生的孔壁台阶上，弹簧施加的作用力相对于侧壁作用，保持取心工具的偏斜，使取心钻头落在孔壁台阶的另一侧，完成取心工具的定位，然后进行常规取心钻进。钻进完毕，上提钻具，当取心工具的侧臂到达直径较小的孔段（即未扩孔的孔段）时，由于孔壁的作用力，使侧臂回复原位，将整个工具提离地面。取心工具的技术参数见表 8 – 13。

表 8 – 13　　侧壁钻进取心器技术参数

最大直径 /mm	适用孔径 /mm	岩心长度 /mm	岩心直径 /mm	取心筒外管 /mm		钻头/mm		最大钻压 /kg
				内径	外径	内径	外径	
168	63.5	3000	200 ~ 222	76.2	98	63.5	105	3620

8.7.2.8　绳索侧壁补心钻具

如图 8 – 67 所示，钻具集成了绳索取心、螺杆马达、液压控制给进、软轴传递动力、导向活动偏心楔造斜、单动双管取心钻具等机构。该钻具曾在中国大陆科学钻探工程现场试验应用。

工作原理：侧壁补心时，首先用绳索取心钻杆将钻具的外管总成（含活动式偏心楔）下放到预定孔段，然后通过绳索打捞器投放内管总成钻具。到位后，投放安全脱卡装置脱卡并取出绳索打捞器，连接主动钻杆并启动泥浆泵驱动螺杆马达、软轴和单动双管钻具回转破碎岩石。给进力由活塞和螺杆马达断面的面积差产生。侧钻到极限位置时，泄水孔 a 打开，泥浆泵压力降低，实现自动报信功能。侧钻结束后，停泵，向钻具内投球，然后再开泵即可回收钻具。当钻具从侧壁孔

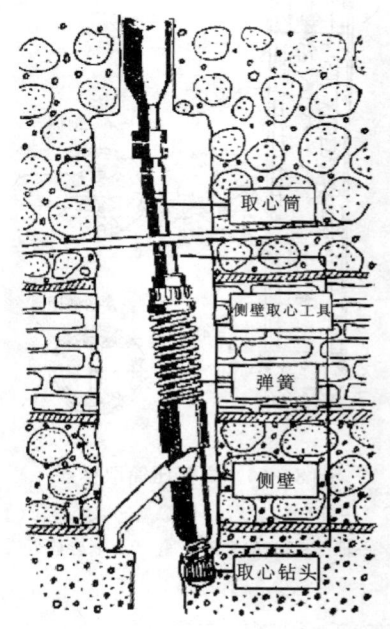

图 8 – 66　　侧壁钻进取心

内回收后，再次打开泄水孔 b，泵压表指示压力降低，实现回收结束报信功能，此时，即可以利用钢丝绳打捞器打捞内管总成钻具。

8.7.3　偏斜侧钻补样

偏斜侧钻补样是在已钻过的矿层上部侧钻一个分支斜孔，而后再利用取心工具重新钻穿矿层取样。

此法即人工造斜法，可采用各种类型的偏心楔、机械式连续造斜器或孔底马达等分支造斜工具，钻进工艺过程参见定向钻进。

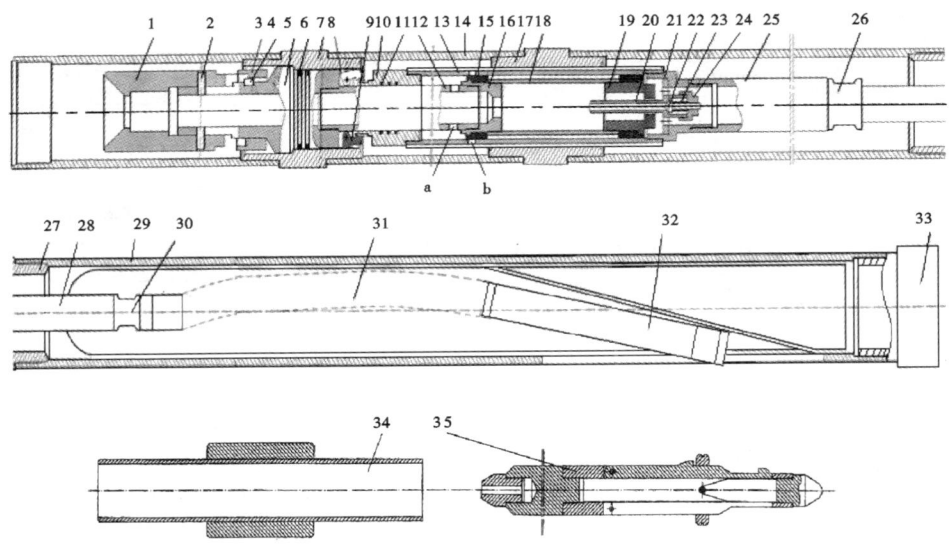

图 8－67　绳索侧壁补心钻具结构原理图

1—捞矛头；2—销；3—扶正套；4—键；5—定位接头；6—密封圈；7—外管接头；8—下放钩；9—提升钩；10—缸体上接头；11—密封圈；12—活塞杆；13—缸套；14—中外管；15—密封环；16—活塞上接头；17—缸套；18—连接管；19—活塞下接头；20—节流芯杆；21—缸套下接头；22—阀体；23—弹簧；24—堵头；25—螺杆马达；26—短钻杆上接头；27—下外接头；28—短钻杆；29—下外管；30—软轴接头；31—软轴；32—单动双管钻具；33—分隔器；34—安全脱卡器；35—打捞器

8.8　密闭取心技术

采用密闭取心工具与密闭液，在水基钻井液条件下钻取几乎不受钻井液污染的岩心称之为密闭取心技术。密闭取心工具主要有加压式密闭取心工具、自锁式密闭取心工具。此外，按取心质量要求，还有保压密闭取心工具、保形密闭取心工具。

8.8.1　密闭取心工具

8.8.1.1　加压式密闭取心工具

1. 结构特点

工具组成结构如图 8－68 所示，其特点为：

（1）整个内筒是密封的，里面装满了密闭液。上端由丝堵密封，下端由密封活塞及内筒插入钻头腔的盘根密封。密封活塞连接活塞头通过销钉固定在钻头进口处。

（2）内筒的悬挂总成中无轴承、无单流凡尔，工具岩心筒为"双筒双动"结构。

（3）取心钻头多采用斜水眼且偏向井壁。

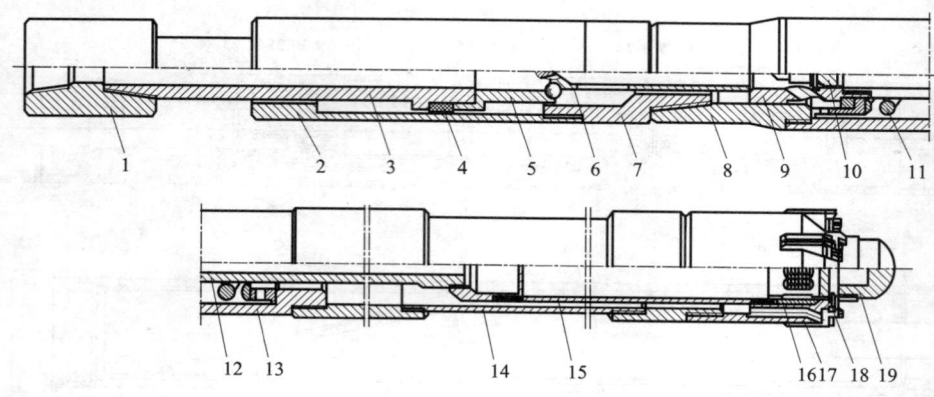

图 8-68　加压式密闭取心工具结构示意图

1—加压上接头；2—六方套；3—六方杆；4—密封盘根；5—加压球座；6—加压中心杆；7—加压下接头；8—工具上接头；9—分水接头；10—密封丝堵；11—悬挂弹簧；12—悬挂中心管；13—弹簧壳体；14—外岩心筒；15—内岩心筒；16—岩心爪；17—取心钻头；18—活塞固定销；19—密封活塞

2. 工作原理

取心钻进前，在钻井液中加入示踪剂——硫氰酸铵（NH_4SCN），API 滤失量不大于 3 mL，循环使其分散均匀且含量达到 1 ± 0.2 kg/m³，之后，将工具缓慢下到井底，密封活塞接触井底，逐步加压，活塞固定销被剪断，活塞开始上行，筒内密闭液开始排出并在井底逐步形成保护区。取心钻进时，岩心推着活塞上行，筒内密闭液从内筒与岩心之间的环形间隙向下排出，并涂抹在岩心表面形成保护膜，从而达到保护岩心免遭钻井液污染的目的。内筒组合与钻头配合面为静密封，可防止钻井液浸入内筒，取心钻头的水眼偏向井壁，防止钻井液直接冲刷岩心根部。钻进完毕，投球加压割心，取出的岩心按规定取样并及时送到化验室（一般设在现场）分析。当岩心受钻井液污染时，可利用显色剂鉴别岩样中示踪剂的含量。

8.8.1.2　自锁式密闭取心工具

1. 结构特点

工具组成结构如图 8-69 所示，其特点为：

（1）内筒上部采用浮动活塞结构，以消除井眼液柱压力对工具密封性的影响，下钻中工具密闭区内外的压力能自动保持平衡，工具应用不受井深限制，固定在钻头上的密封活塞基本上不受力，可减少固定销的数量和剪销操作静压载荷。

（2）在有密闭液润滑的条件下采用自锁式岩心爪，实现提钻自锁割心，适用于深井。

（3）取心钻头为切削型和微切削型，斜水眼结构。

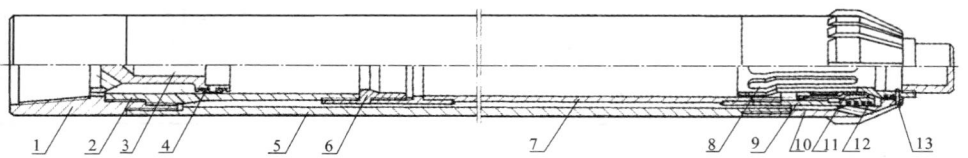

图 8 - 69　自锁式密闭取心工具结构示意图

1—上接头；2—分水接头；3—浮动活塞；4—Y 形密封圈；5—外筒总成；6—限位接头；7—内筒总成；
8—密封活塞；9—缩径套；10—取心钻头；11—岩心爪；12—O 形密封圈；13—活塞固定销

（4）岩心筒仍为双筒双动结构，内筒组合与外筒组合为螺纹连接。

2. 工作原理

下钻中随井深增加，密闭区外压增大，推动浮动活塞压缩密闭液，密闭区内
外压力自动保持平衡。钻进前示踪剂的加入及提钻后的取样送检与加压式密闭取
心相同，开始取心时，无需专门静压井底，由钻压作用自然剪断活塞固定销，取
心钻进完毕，上提钻具自锁割心。

8.8.1.3　密闭取心钻具型号及钻进技术

1. 取心钻具型号及技术参数

国内密闭取心钻具主要型号及技术参数见表 8 - 14。

表 8 - 14　国内密闭取心钻具主要型号及技术参数　　　　　（单位：mm）

取心方式	工具型号	取心钻头外径×内径	岩心筒外径×内径		钻具长度	密闭液用量(L/次)	备　注
			外岩心筒	内岩心筒			
加压密闭	QMB194 - 115	215×115	194×154	140×127	9000		
	DQJ215	215×115	190×154	140×125	6100	80	玻璃钢内筒，适用松散地层
	MB243	243×136	219×196	168×150	9000	165	
	QXT203 - 125RMB	311~241×125	203×171	159×145	6100		适用松软地层
	RM - 9 - 120	235×120	194×170	146×132	9500	116	
自锁密闭	MQJ215B	214×98	178×144	127×112	9700	100	适用中硬 - 硬地层
	YM - 8 - 115	215×115	194×154	140×121	9500	105	适用非松散地层
	QXT133 - 70YM	215~152×70	133×101	89×76	9900		适用胶结性地层
	庆申 98 - Ⅱ - 121MB	142×70	121×100	89×81	10000		适用中软 - 硬地层

2. 密封液

国内几种密封液配方（重量比）见表 8 – 15、表 8 – 16、表 8 – 17。

表 8 – 15 密闭液配方 1（重量比）

类型	应用单位	蓖麻油	过氯乙烯树脂	硬脂酸锌	膨润土或重晶石
油基	大庆、胜利、青海	100	12 ~ 14	0.84 ~ 1.68	依密闭液
	中原、河南	100	8 ~ 9	0	比重而定

表 8 – 16 密闭液配方 2（重量比）

类型	应用单位	应用范围	$CaCl_2$ 或 $CaBr_2$	$CaCO_3$	HEC	$BaSO_4$	H_2O
水基	大庆	保压取心	56	40	1.4	33	100
		密闭取心	0	30	1.8	24	100

表 8 – 17 密闭液配方 3（重量比）

类型	应用单位	H_2O	PAM（干粉）	田菁粉	硼酸	消泡剂（NDL – 1）
水基	胜利、滇黔桂	100	2 ~ 2.5	2 ~ 3	0.8	

3. 取心钻进技术参数

加压式密闭取心工具一般仅适用于松软或岩心成柱性差的地层密闭取心，自锁式密闭取心工具主要适用于中硬至硬地层密闭取心，对岩心成柱性较好的软地层也适用。推荐取心钻进技术参数见表 8 – 18。

表 8 – 18 推荐取心钻进技术参数（以直径为 215 mm 钻头为例）

取心地层		树心钻压/kN	树心进尺/m	取心钻压/kN	转速/(r·min^{-1})	排量/(L·s^{-1})
松软	胶结差	5 ~ 10	0.2 ~ 0.3	100 ~ 120	50 ~ 60	10 ~ 15
	一般	7 ~ 15	0.2 ~ 0.3	30 ~ 50	50 ~ 60	15 ~ 20
	良好	7 ~ 15	0.2 ~ 0.3	50 ~ 70	50 ~ 60	20 ~ 23
硬度	中硬	7 ~ 15	0.2 ~ 0.3	30 ~ 50	50 ~ 60	15 ~ 20
	硬	7 ~ 15	0.2 ~ 0.3	50 ~ 90	50 ~ 60	20 ~ 23

注：树心钻压是指取心钻进开始时，将岩心顶端磨圆，使得岩心能顺利地进入岩心筒的钻压。

8.8.2 保压密闭取心技术

获得接近地层原始压力且岩心几乎不受钻井液污染的取心技术称为保压密闭

取心技术。

8.8.2.1 保压密闭取心工具

1. 结构与特点

工具结构见图 8 - 70、图 8 - 71 和图 8 - 72。其结构特点有：

（1）具有在割心后能密封内筒保持地层压力的球阀关闭机构。

（2）具有能够保持内筒压力恒定的压力自动补偿机构。

（3）具有充压，测压与泄压的阀门组机构。

（4）具有能释放外筒、关闭球阀、打开气室调节阀并能自锁的差动机构。

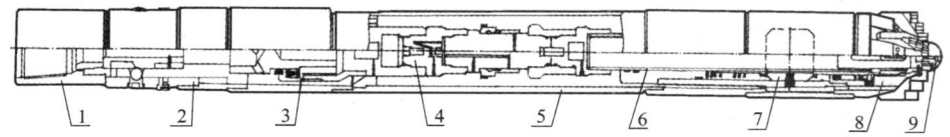

图 8 - 70 国产 MY - 215 保压密闭取心工具结构示意图

1—上接头；2—差动装置；3—悬挂总成；4—压力补偿装置；5—外筒；

6—内筒；7—球阀总成；8—钻头；9—密闭头

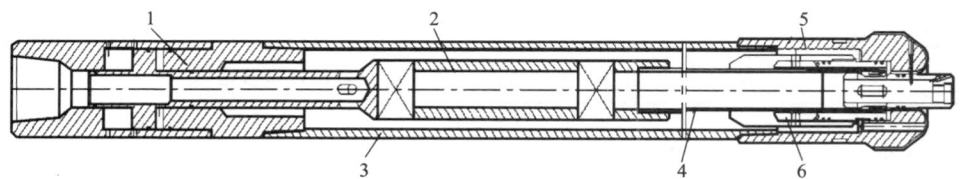

图 8 - 71 国产 GW194 - 70BYM 保压密闭取心工具结构示意图

1—加压总成；2—测量总成；3—外筒；4—内筒；5—取心钻头；6—球阀密封总成

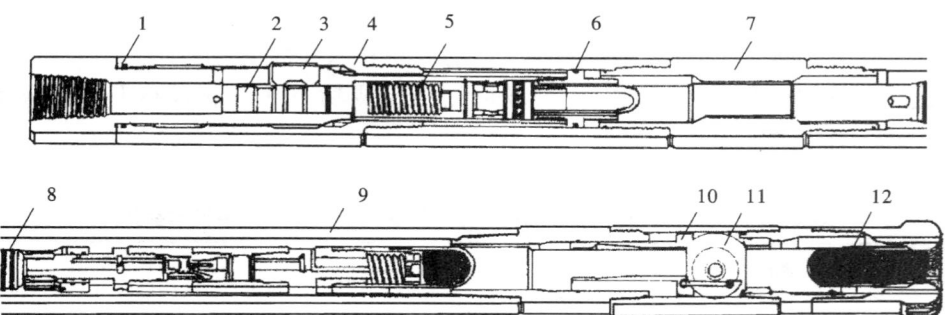

图 8 - 72 美国克里斯坦森保压密闭取心工具结构示意图

1—泥浆液流孔；2—释放塞；3—锁块；4—花键接头；5—弹簧；6—密封圈；

7—密封接头；8—密封圈；9—外筒总成；10—球阀操作器；11—球阀；12—取心钻头

（5）国产工具采用密封内筒的方法，压力直接向内筒补偿，工具起出后，可直接抽出内筒进行岩心冷冻与切割。美国工具采用密封外筒的方法，从井口起出后，需要在服务车间内用专用仪器设备和冲洗液高压冲洗，之后才进行岩心冷冻与切割。

2. 工作原理

保压取心筒是一种双筒单动式取心筒，填充密闭液的非旋转薄壁管内筒悬挂在用钻井液润滑的轴承上，上部差动装置具有伸缩功能，并带有锁闭和释放机构，内外六方传递扭矩，球阀总成是工具下部密封系统。取心时，上提钻具割断岩心，然后投入 ϕ50 mm 钢球坐于滑套球座上，待钻井液返出且泵压正常，说明滑套到位。此时，外筒重力作用使内外六方脱开，外筒下移，球阀半滑环使球体旋转90°关闭密封岩心于内筒中。压力补偿系统包括高压氮气储气室、压力调节器及阀门组机构。阀门机构可预先调节到规定压力，起钻过程中可恒定地向内筒补充压力，直到与地层压力平衡为止。

8.8.2.2　保压密闭取心钻具型号及钻进技术

1. 取心钻具型号及技术参数

国产 MY –215（QBY193 –70）和美国克里斯坦森保压密闭取心钻具技术参数见表 8 –19。

表 8 –19　国内外密闭取心钻具主要型号及技术参数

产地	取心钻头 外径×内径 /(mm×mm)	外岩心筒 外径×内径 /(mm×mm)	内岩心筒 外径×内径 /(mm×mm)	钻具 长度 /(mm×mm)	接头 螺纹	密闭液 用量 /(L·次⁻¹)	高压室 冲压 /MPa	低压室外 冲压 /MPa
中国	215×70	194×168	89×76	4500	5½FH	40	40~50	10~25
美国	165.1×63.6	146×101.6	76.2×69.8	6600	4½FH	25	30~140.6	10~52.1

国产 GW194 –70BYM 型保压密闭取心工具技术参数见表 8 –20。该取心工具适用于胶结良好的中硬地层，现场应用保压成功率93%，岩心平均收获率76.09%，平均保压率80.45%。

表 8 –20　国产 GW194 –70BYM 型保压密闭取心工具主要技术参数（单位：mm）

钻头 直径	外岩心筒 外径×内径 /(mm×mm)	内岩心筒 外径×内径 /(mm×mm)	可取岩 心长度 /mm	最高 保压 /MPa	压力与温度测量
215.9 或241	194×159	铝合金材料 90×76	5000	40	存储式随钻测量，测量时间间隔：3~120 s（可调）；精度：压力±0.01 MPa、温度±0.1℃

2. 取心钻进技术参数

该工具适用于岩心成柱性好的地层取心，推荐取心钻进技术参数见表 8 –21。

表 8 - 21　推荐取心钻进技术参数

产地	钻压/kN	转速/(r·min⁻¹)	排量/(L·s⁻¹)	适用地层
中国	60 ~ 80	60 ~ 80	15 ~ 20	软—中硬地层
美国	20 ~ 30	60 ~ 80	7 ~ 10	软—硬地层

8.8.3　保形密闭取心技术

取得几乎不受钻井液污染且保持岩心形状的取心技术称之为保形密闭取心。

8.8.3.1　保形密闭取心工具

1. 工具结构特征

工具结构如图 8 - 73 所示，各部分结构特征为：

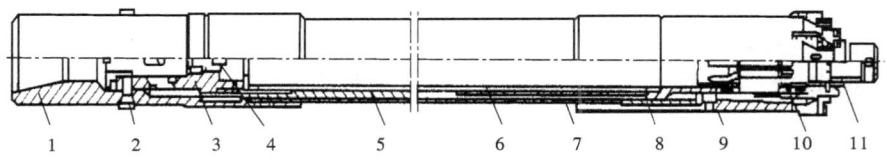

图 8 - 73　QBM194 - 100 保形密闭取心工具结构示意图
1—定位接头；2—悬挂销钉；3—分水悬挂接头；4—密封丝堵；5—内岩心管；
6—复合材料保形衬管；7—外岩心筒；8—密封压套；9—取心钻头；10—岩心爪；11—密封活塞

1) 内外筒连接

分水悬挂接头通过悬挂销钉及 T 形外螺纹圆柱销套固定于定位接头，实现内外筒连接。

2) 内筒密封

分水悬挂接头与密封丝堵通过丝扣连接实现上密封，密封压套、密封活塞与取心钻头通过 O 形密封圈实现下密封。

3) 保形衬管

保形衬管采用非金属 MC 尼龙复合材料，预留热膨胀间隙 30 ~ 50 mm，呈自由状态置于内岩心筒中，底端通过密封压套定位，顶端通过分水悬挂接头限位。

4) 密封压套

密封压套是变直径空心双圆柱体，大端设有内螺纹，小端外侧距底边边缘 10 mm 处等间距设有四个密封槽。

5) 取心钻头

取心钻头底部喉道处圆周均布 8 个 φ8 mm 的通孔，中部设有自内腔丝扣根部向外偏向井壁的倾斜水眼。

6）密封活塞

上部沿圆周均匀设置有 6 个椭圆通槽，内腔设有实心圆柱体堵板，外侧下部圆周均匀设置 8 个限位销钉通孔，外侧上部设有两个 O 形密封圈。密封活塞下部是实心圆柱体，上端设有 4 个 $\phi12$ mm 的工作通孔，密封活塞通过限位销钉固定在取心钻头上。

2. 工作原理

取心作业之前在井口先将密闭液充满内岩心筒组合体，上紧密封丝堵与分水悬挂接头丝扣，下至井底后先施加 5～7 t 钻压剪断密封活塞与钻头之间的限位销钉，内岩心筒中的密闭液开始被挤出，钻进中，岩心推动密闭活塞上行，密闭液向下等体积排出并涂抹在岩心柱表面形成保护膜。取心钻进完毕，割心起出地面，抽出装有岩心的保形衬管进行定位切割、冷冻和取样。

8.8.3.2 保形密闭取心钻具型号及钻进技术

1. 取心钻具技术参数

QBM194 - 100 保形密闭取心钻具技术参数见表 8 - 22。

表 8 - 22　QBM194 - 100 保形密闭取心钻具技术参数

外岩心筒/mm			内岩心筒/mm			钻头直径/mm	岩心直径/mm
外径	内径	长度	外径	内径	长度		
194	154	9000	139.7	127	8200	215.9	100

2. 钻进参数及适用范围

推荐取心钻进技术参数见表 8 - 18。该工具适用于高含水、高渗透率、疏松地层的密闭取心，并保持岩心出筒前的原始形状。

8.9 天然气水合物取心技术

天然气水合物又称可燃冰，在低温（0～10℃）及高压（＞10 MPa）环境下形成，常储存在深海海底或冻土层中，为了取得高保真样品，一般须采用保压取样器或保温、保压取心工具。

8.9.1 取心器类型及技术指标

国际天然气水合物取样器主要技术参数见表 8 - 23。国内近些年相继研制有重力活塞式取样器、液压油缸式取样器、提钻式和绳索取心式保温保压取心器等。

表 8 - 23　国际天然气水合物取样器主要技术参数

取样器型号	主 要 技 术 指 标	应 用 情 况
APC 等 活塞取样器	(1) 有振动式、液压式、重力活塞式取样器等 (2) ODP - APC 取心深度为 250 m，取心外管的内径为 86 mm，取心长度最大为 9.5 m (3) 取心最高压力为 14.4 MPa (4) 工作温度为 -20 ~ +100℃ (5) 活塞取样时开始测量温度 (6) 受到深度限制，一般为 120 ~ 150 m (7) 主要用于海底沉积土样、非专门的水合物取样	ODP 必备取样器，各航次都有使用，广泛应用于各国海底表层水合物取样
ODP (IODP) - PCS	(1) 自由下落式展开、液压驱动、绳索提取 (2) 岩心室长 1.8 m，直径 92.2 mm，可取到长 86 cm、直径 42 mm 的心样 (3) 保持压力 70 MPa (4) 工作温度为 -17.78 ~ +26.67℃ (5) 可与 APC/XCB BHA 联合使用	在 ODP Leg124、139、141、146、164、196 及 IODP Leq 311 等航次中及美国"国家水合物研究开发计划"各勘查项目中应用，取心长 0 ~ 0.86 m，压力 0 ~ 50 MPa
欧盟 HYACE FPC HRC	FPC 通过液压循环产生的锤击驱动岩心筒挤入沉积物层，HRC 通过钻具回转加压方式取样： (1) 通过绳索下入和回收，能回收 1 m 长的沉积物岩心 (2) 采用高压釜保压	ODP Leg194、201、204 等航次中保压取心 3 次，平均岩心收获率为 38%，在 IODP Leq311 中及中国南海神狐海域 GMGS1、珠江口海域 GMGS2、印度海域 NGHP 和韩国东海 UBGH 水合物勘查中均成功应用
DSDP - PCB	(1) 机械式驱动，绳索提取 (2) 可取长 6 m、直径 57.8 mm 的保压岩心 (3) 工作压力 ≤35 MPa (4) 工作水深 <6100 m (5) 不打开岩心筒可测量岩样的压力与温度 (6) 使用频率受球阀的限制 (调整需要 2 ~ 5 h) (7) 只能与 RCB BHA 联合使用	DSDP Leg42、62、76、等航次中使用
日本 PTCS	(1) 绳索下放、回收内岩心管 (2) 钻头直径 269.9 mm，可取岩心直径 66.7 mm，取心长度 3 m (3) 保压系统为 30 MPa，氮气蓄能器控制压力 (4) 保温系统采用绝热型内管和热电式内管冷却方式 (5) 采用 219.1 mm 钻铤和 168.3 mm 钻杆	在加拿大马更些三角洲、日本石油公司柏崎试验场、"南海海槽"海洋探井 (取心率 37% ~ 47%) 水合物勘探与试采中使用
ESSO - PCB	(1) 岩心直径为 66 mm (2) 钻具外径 152.4 mm，总长为 5.82 m (3) 可适当补偿岩心管的体积和容积	未见水合物取心报道
Christensen - PCB	(1) 岩心直径 63.5 mm (2) 保持压力 70 MPa (3) 取心长度 10 m	未见水合物取心报道
美国 PCBBL	(1) 岩心直径 63.5 mm (2) 保持压力 53 MPa (3) 取心长度 6 m	未见水合物取心报道

注：ODP(Ocean Drilling Program，大洋钻探计划)；IODP(Integrated Dcean Drilling Program，综合大洋钻探计划)；DSDP(Deep - Sea Drilling Project，深海钻探计划)；APC(Advance Piston Corer)；PCS(Pressure Core Sampler)；PTCS(Pressure Temperature Core Sample)；PCB(Pressure Core Barrel)；HYACE(Hydrate Autoclave Coring Equipment)；FPC(Fugro Percussion Corer)；HRC(HYACE Rotary Corer)。

8.9.2　天然气水合物保温保压取心工具

8.9.2.1　海底保温保压取样器

有静压式、重力式、振动式等类型，多用于海底表层、浅层沉积物或水合物的保真取样。

图 8 - 74 是一种重力活塞式保温保压取样器，保真取样筒体与活塞、密封舱设有密封装置，蓄能器通过管路连通保真取样筒内部实现保压，保温方式采取隔热涂层。取样器利用船上绞车投放和回收，重锤触及海底时，松开释放缆，保真取样筒在取样器自重的作用下，以自由落体方式插入海底，无需其他动力源即可获得保温保压样品。

取样器主要性能指标：①取样深度为海底表面以下 0 ~ 10 m（改进型可达到 30 m），取样直径 65 mm，刀头外径 113 mm；②最大工作水深为 3000 m，样品保压为 6 h 内压力变动量不超过 20%；③设计工作温度为 0 ~ 25℃；④取样器总长度为 12 m，总质量为 1.5 t。

图 8 - 75 是一种液压油缸驱动式海底取样器，在交变液压油缸往复装置的驱动下，取样管交替向下获取海底沉积物岩心。

保温保压筒和取心管形成双层结构，长约 1 m，夹层抽真空、内表面涂隔热漆、外表面喷设防紫外线涂层。每一节保温保压筒的接头处设有连接密封装置，取样管上端的活塞和保温保压筒下部的平板闸阀将保温保压筒内完全密封起来，压力补偿机构采用储气瓶保压，当取样管内压力低于设定值时，压力补偿机构会自动打开气瓶向内补压。

取样器可用于 3000 m 或以下的深海进行天然气水合物的取样，钻孔深度 10 m，岩心从海底取出的温升不超过 5℃。

8.9.2.2　ODP - PCS 保压取样器

取样器主要由锁紧、启动、蓄能器、多支管、球阀和可拆卸的样品腔 6 个装置组成，各部分结构工作原理如图 8 - 76 所示。

1. 锁紧装置

锁紧装置是一个改进了的 XCB 锁闩，它有一个固定点供 PCS 自由落体展开时支撑它，并通过它传递 BHA 的扭矩给 PCS。PCS 的切削管鞋与 BHA 一同回转。此外，锁紧装置还转移所有沿着钻杆柱流经 PCS 内部的流体，并且在 PCS 展开和取心过程中夹持启动球，当通过取心钢丝绳使锁紧装置产生一个向上的力，起动球自动落入起动装置。

2. 启动装置

启动装置有一个双弹卡系统，它锁住球阀使之在取心过程中保持打开状态，而在启动后又使之关闭。启动装置接收由锁紧装置释放落下来的启动球，并让所有流经 PCS 的流体流往启动活塞。在启动球释放后，对 PCS 加压，此时启动装置会自动开锁并可上下运动，从而推动芯管通过球阀进入样品腔。当芯管通过球阀时，机械回转球阀并使之关闭。在启动过程中，芯管两端的密封盖被推入到一个密封接头里，这样就封闭样品腔两端。当启动装置到达其行程的末端时自锁，以保持样品腔是封闭的。

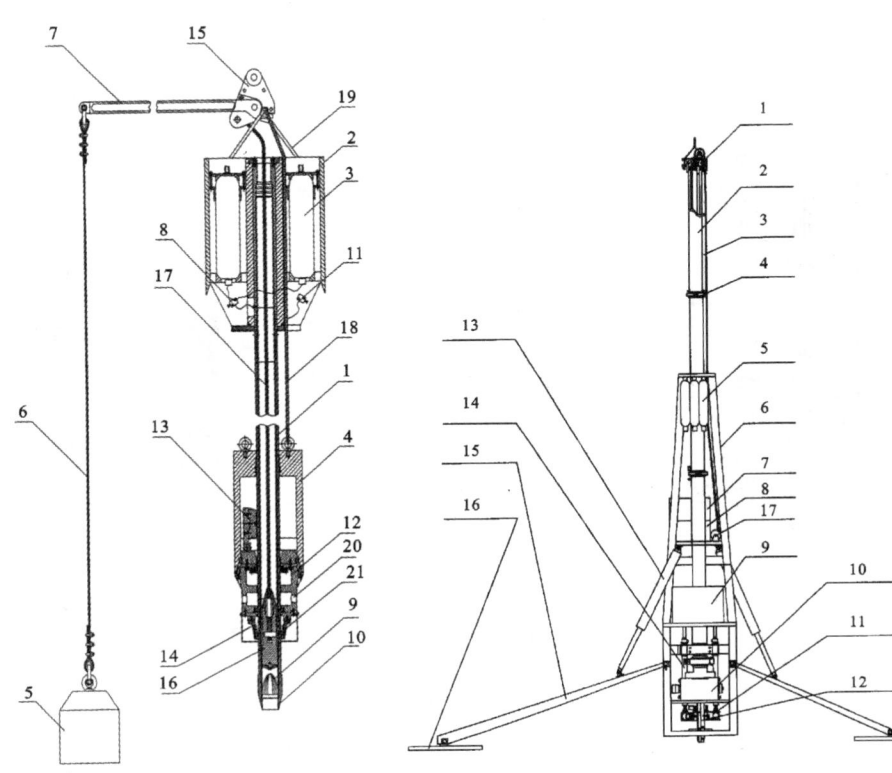

图 8-74　活塞式保真取样器
结构原理示意图

图 8-75　液压油缸驱动式
取样器结构原理示意图

1—保真筒；2—导流舱；3—蓄能器；4—密封舱；5—重锤；6—重锤缆；7—杠杆；8—双向阀；9—花瓣机构；10—刀头；11—释压阀；12—隔离舱；13—翻板阀；14—半圆舱门；15—夹板；16—活塞；17—主缆；18—密封舱缆；19—释放缆；20—孔；21—环形接头

1—吊装盖；2—保温保压筒；3—取心管；4—连接卡；5—压力存储瓶；6—三角机架；7—控制仓；8—能源仓；9—交变液压驱动装置；10—平板闸阀；11—推进机匣；12—取心钻头；13—支撑腿油缸；14—推进油缸；15—支撑腿；16—触地板；17—提升绞车

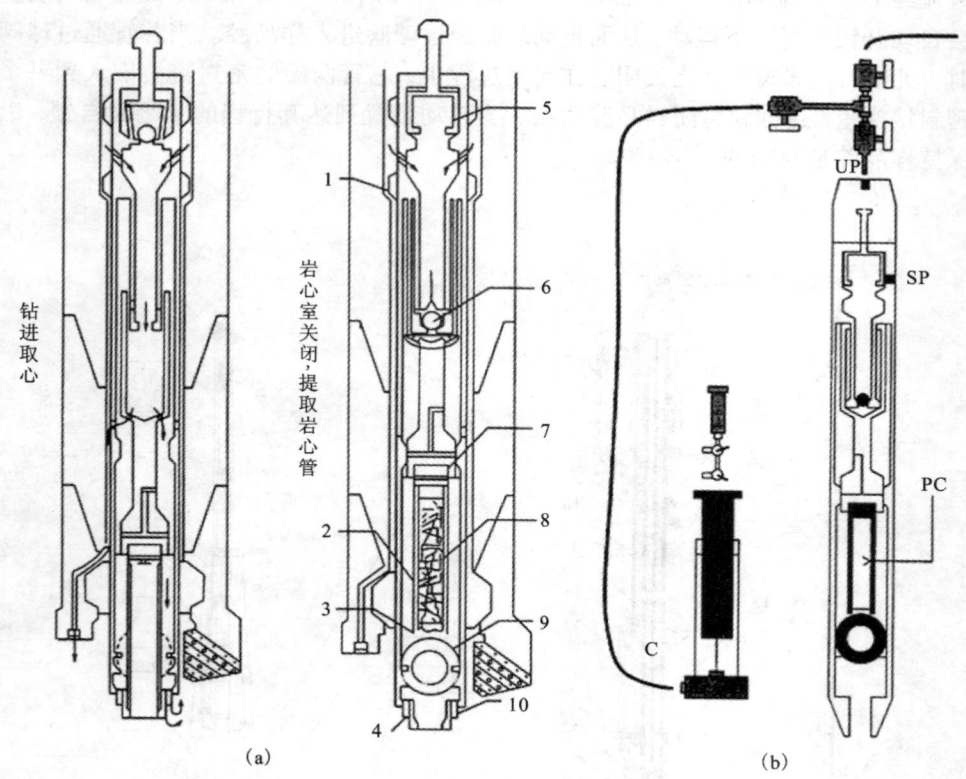

图 8 - 76　ODP - PCS 钻进取样器示意图

(a) ODP - PCS 取样器；(b) ODP - PCS 泄压分离系统

1—台肩；2—不回转岩心管；3—岩心爪；4—循环喷嘴；5—球卡；
6—启动球；7—岩心管轴承；8—保压岩心室；9—球阀；10—导向钻头
PC—心样；C—气体搜集器；UP—取样端口；SP—取样侧口

3. 蓄能器装置

蓄能器装置含有一个蓄能器。当球阀关闭时，会有一个小的体积变化，蓄能器会驱使液体进入样品腔，在样品腔内保持孔底压力。此外蓄能器还能补偿在提取 PCS 时由于样品腔压差的增加而使密封盖渗漏所产生的液体损失，PCS 蓄能器装置还含有一个减压装置，当样品腔超压时，有一个集成止逆阀释放压力。

4. 多支管装置

多支管装置含有一些集成阀，用来隔离样品腔并使它能够在保压情况下将气体或液体从 PCS 中分离走，如图 8 - 76(b) 所示。图中 PC 为心样，C 为气体收集器，UP 为取样端口，SP 为取样侧口。2 个用来收集由上述集成阀控制的气体或液体样品的取样口也位于多支管装置里，这 2 个取样口有各自独立的流往取样腔的通道。其中一个通往心管内部，另外一个通到心管环状间隙里。多支管装置还包括一个爆炸圆片，当样品腔压力超过设计的工作压力(70 MPa)时，通过自爆而释放压力。

5. 球阀装置

球阀装置使样品腔在被启动时具有较低的密封性，当启动装置推动心管通过球阀装置时，球阀在机械力的作用下关闭。球阀装置还用作 PCS 切削管鞋的连接头。

6. 可拆卸的样品腔

可拆卸样品腔由多支管装置、球阀装置和压力管组成。PCS 的岩心捕捉主要有两种方式：带岩心爪(岩心捕捉器)和无岩心爪。岩心爪一般有打捞式和活瓣式，打捞式岩心爪工作性能较好，但易损坏，活瓣式岩心爪，工作性能不稳定，有时在活瓣关闭之前岩心已从活瓣中滑出。在坚固地层可不用岩心爪，尽管在许多场合这种方法取得了成功，但有风险。

PCS 的工作过程：一旦孔底岩心样品被切断提取，钻探泥浆泵关闭，取心钢丝绳和 PCS 相连接，上提 BHA 上的固定座以释放启动球，然后下降 PCS 使之回到 BHA 固定座上，钻探泥浆泵重新启动以加压，PCS 的启动装置工作，样品腔关闭。之后通过取心钢丝绳将 PCS 提取出来。提出后，采用图 8 - 76(b)的方法从 PCS 中分离出气体或液体样品；也可将可拆卸的样品腔迅速取出并放到一个温度受控制的液缸中，然后采用专用的分离系统将气体或液体样品分离出来；还可以将样品腔直接放入冷藏库保存。

8.9.2.3　提钻式保真取样钻具

提钻取心，回转钻进由地表(钻船)钻探设备驱动孔底保温保压取样钻具。

钻具结构如图 8 - 77 所示。钻具保温采用双层岩心管结构，双层岩心管之间充填聚氨脂隔热材料。内、外接头采用花键连接，内连轴上端与内单动机构连接，下端与压力补偿装置连接，多通分流接头上端与压力补偿装置连接，下端与岩心容纳管连接，多通分流接头设有回水球阀及通道、液压过流孔和压力补偿孔，进水钢套上有回水孔。下钻时，暂不投放钢球，花键处于伸开状态，达到孔底后，外接头向下移动并和内接头完全啮合，岩心卡簧及卡簧座下移并穿过球阀到达取心钻头的内台肩，钻压、扭矩通过内、外接头花键和外管等传递给取心钻头。取心时，上提钻杆并带动内、外接头之间的花键相对滑动，内管上行，岩心卡簧及卡断器卡断岩心，并上行到球体的上端，开泵输送液流，推动活塞与机构使球阀转动 90°关闭密封岩心容纳管。蓄能压力补偿装置的一端与岩心容纳管相通，当容纳管密封泄露，蓄能器可向岩心容纳管内补充保压。

钻具主要技术参数：钻具长度 9 m；钻具外径 219 mm；取心直径 50 mm；取心长度 3 m；保真压力 30 MPa；钻孔直径 245 mm；钻杆直径 114 ~ 140 mm。

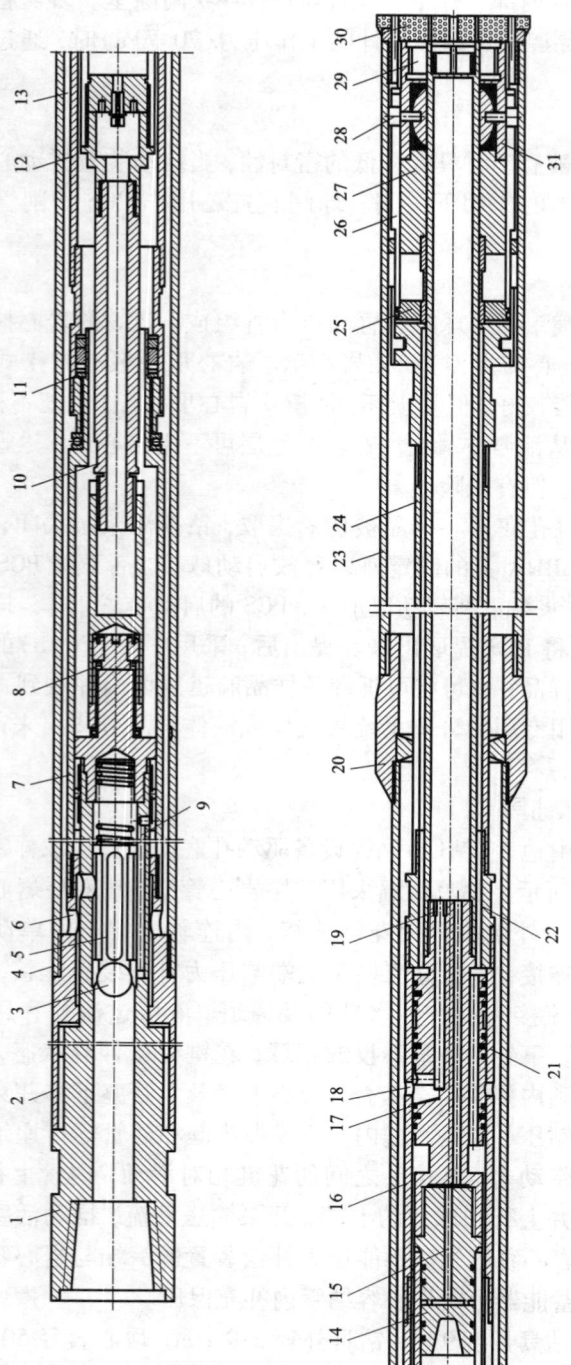

图 8 - 77　提钻式保真钻具结构原理图

1—外接头；2—内接头；3—钢球；4—外管；5—滑阀导流变向机构；6—水眼；7—外连轴；8—内单动机构；9—内通道；10—内连轴；11—中间单动机构；12—中间短接；13—外环隙；14—压力补偿装置；15—补压孔；16—进水钢套；17—多通分流接头；18—回水孔；19—回水球阀及通道；20—扶正器；21—液压过流孔；22—内环隙；23—钻头上短接；24—岩心容纳管；25—环形活塞；26—齿条；27—球阀；28—齿轮；29—卡簧及卡簧座；30—取心钻头；31—球体

8.9.2.4　PTCS 保温保压取样器

由日本石油公司开发技术中心委托美国 Aumann & Associates 公司设计和制造，采用单动双管绳索投放和回收式取心方法，取心器的基本结构如图 8 - 78 所示。

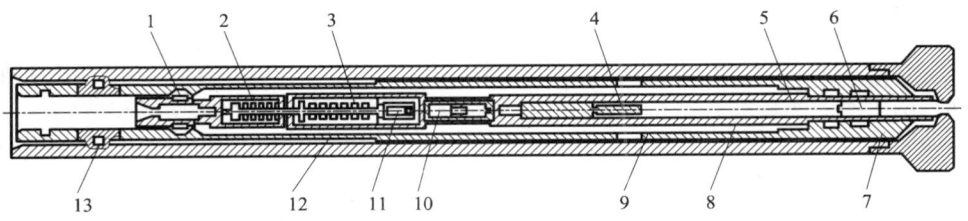

图 8 - 78　PTCS 保温保压取心器结构示意图

1—球阀闩；2—轴承和弹簧；3—电池和控制电路；4—TEC 和控制电路；
5—内筒；6—球阀；7—球阀座；8—上部密封；9—密封短节；
10—压力控制系统和蓄能器；11—磁性开关；12—磁性短节；13—内筒闩

盛放岩心的内筒由电缆通过 168.3 mm 钻杆送入，内管通过球阀机构维持井下压力，利用氮气蓄压器控制压力。保温系统采用热电式内管冷却方式和绝热型内管，热电式冷却方式是利用珀耳帖效应，通过电池动力驱动的热电冷却装置维持井下温度，绝缘内管以利于冷却装置冷却作用的发挥，其保温功能主要通过在岩心衬管和内管之间增加保温材料和注入液态氮，并在钻进过程中配合泥浆制冷系统和低温泥浆来实现。当取样器到达地面，将其放入特殊设计的装置中，样品的温度被冷却至 5℃ 或更低。钻具技术参数及应用情况参见表 8 - 23。

第9章 孔底动力钻进

孔底动力钻进是依靠孔底回转或冲击动力钻具实现的钻进方式。孔底动力钻具有两大类：回转动力钻具（螺杆钻具和涡轮钻具）和冲击动力钻具（液动锤）。

9.1 螺杆钻具

螺杆钻具又称为定排量马达（Positive Displacement Motor，简称为 PDM），是一种将钻井循环冲洗介质的液压能转化为旋转钻头破碎岩石的机械能的容积式孔底动力钻具。螺杆钻具具有扭矩大、转速低、压降小、容易启动等优点，目前广泛应用于垂直、定向、水平、丛式井等钻探工程。

9.1.1 螺杆钻具结构特征

9.1.1.1 螺杆钻具结构

螺杆钻具（图9-1）主要由旁通阀总成、马达总成、万向轴总成和传动轴总成组成。

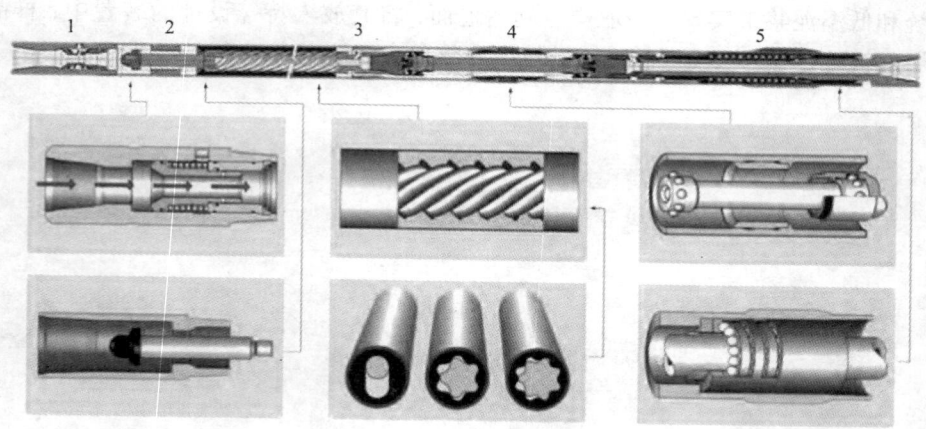

图9-1 螺杆钻具的结构组成

1—旁通阀总成；2—防掉装置；3—马达总成；4—万向轴总成；5—传动轴总成

9.1.1.2　螺杆钻具主要部件

1. 旁通阀总成

1) 结构

旁通阀(图 9 - 2)总成主要由阀体、阀套、阀芯、弹簧、阀口等构件组成。

2) 作用

旁通阀总成是螺杆钻具的辅助部件，它的作用是依靠阀芯在阀体中上下滑动，实现钻杆内与钻杆外液体的连通与关闭。下钻时钻井液流入钻柱内，起钻或接单根时使管内钻井液泄出。当无循环或低流量循环时，阀体在弹簧的作用下处于上部位置，旁通孔打开，钻井液可自阀口流入或流出钻柱以平衡钻柱内外的液柱压差，循环钻井液时将推动阀芯压缩弹簧下行，关闭旁通孔，钻井液流经马达。如果停泵，弹簧将阀芯顶到原来位置，旁通孔又被打开。

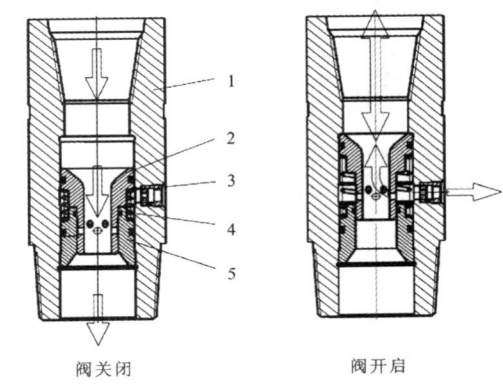

图 9 - 2　旁通阀结构及工作原理示意图
1—阀体；2—阀芯；3—阀口；4—弹簧；5—阀套

2. 马达总成

马达总成是螺杆钻具的动力部件，由定子和转子组成。定子包括精加工的钢制外筒和在外筒内壁的硫化橡胶衬套，橡胶衬套内孔是具有一定几何参数的螺旋曲面的型腔。转子是一根用合金钢加工成的单头或多头螺旋钢轴，其表面有一层利于防腐或耐磨的镀铬层，并通过它来控制定、转子的配合间隙。根据螺杆钻具定子结构，可将螺杆钻具划分为常规螺杆钻具和等壁厚螺杆钻具。

1) 常规螺杆钻具

常规马达总成结构如图 9 - 3、图 9 - 4 所示。

为了增加钻头的水马力和泥浆上返速度，可将转子加工成为带喷嘴的中空转子。此马达的总流量应等于流经马达密封腔流量和流经转子喷嘴流量的总和。螺杆钻具定、转子剖面如图 9 - 5 所示。

2) 等壁厚螺杆钻具

等壁厚螺杆钻具是近年来国内外发展起来的一种新型螺杆钻具，其结构组成与常规螺杆钻具相似，不同之处在于等壁厚螺杆钻具定子外壳内表面采用预轮廓的形式，形成与转子相配合的螺旋曲面，在螺旋曲面上浇铸等厚度的橡胶衬套，与转子配合形成等壁厚马达，因此又称为预轮廓马达。其结构如图 9 - 6 所示。

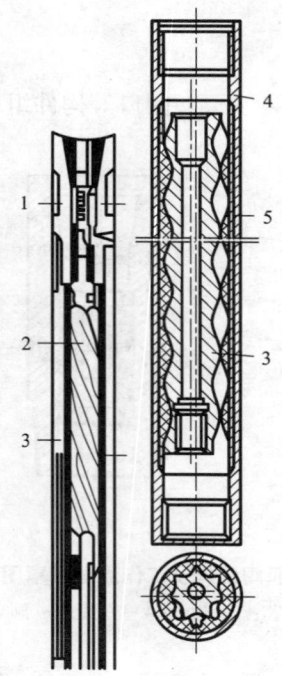

图 9 - 3　多头转子示意图

1—旁通阀；2—转子；3—定子；

4—定子外筒；5—定子橡胶

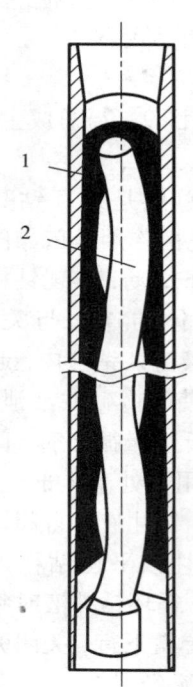

图 9 - 4　单头转子示意图

1—定子；2—转子

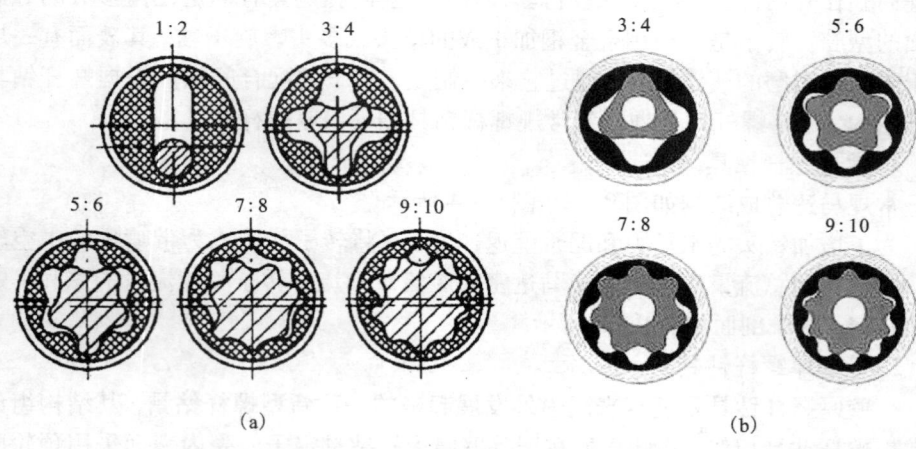

(a)　　　　　　　　　　　(b)

图 9 - 5　螺杆钻具定、转子剖面示意图

(a)常规螺杆钻具形式；(b)中空螺杆钻具

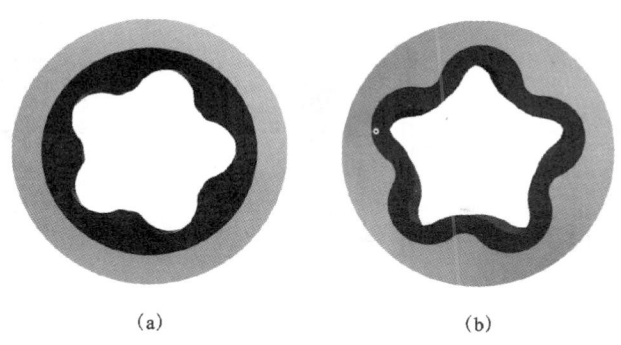

（a）　　　　　　　　　　　（b）

图 9 - 6　常规马达与等壁厚螺杆钻具剖面
（a）普通马达定子；（b）等壁厚马达定子

采用等壁厚马达的螺杆钻具与常规螺杆钻具相比具有扭矩更大、寿命更长的优点，在深井、大位移、丛式井、短半径水平井、小井眼钻探中应用有明显的优势。

3）作用

马达总成的作用是将钻井液的液压能驱动转子转动，而转子将液压能转变为钻头破碎岩石的机械能。马达总成是螺杆钻具的动力源，转子不转时，钻井液不能通过马达。由于定子螺旋腔的导向作用，高压液流迫使转子转动，并使钻井液从上一个空腔流入下一个空腔。流量越大、越快，马达的输出功率也越大。不同型号马达的最优流量是不同的。

3. 万向轴总成

万向轴的作用是将马达的行星运动转变为传动轴的定轴转动，将马达产生的扭矩及转速传递给传动轴至钻头。万向轴总成（图 9 - 7）由万向轴和万向轴外壳体等组成。万向联轴节上端与转子连接，下端与传动轴连接。

根据结构形式的不同，万向轴可分为瓣形万向轴、球形万向轴和挠轴万向轴，如图 9 - 8 所示。瓣形万向轴是应用最早也是最广泛的万向轴形式。挠轴总成结构为单杆式挠性连接轴。用挠轴代替万向节，结构简单、安装方便、承载能力大、使用寿命长。球形万向轴采用球、杆、绞连接方式传递扭矩，用高温润滑脂润滑摩擦副，橡胶套密封钢球运动部分，隔离含磨砺性钻井液，工作面进行特殊表面处理，耐磨性、可靠性得到进一步提高，工作寿命相应延长。

4. 传动轴总成

传动轴总成（图 9 - 9）是螺杆钻具的重要部件之一，由壳体、径向轴承、轴向推力轴承、限流器、传动轴轴体、水帽等组成。传动轴总成用于传递钻压、扭矩和钻井液。它的寿命决定了螺杆钻具的总体寿命。

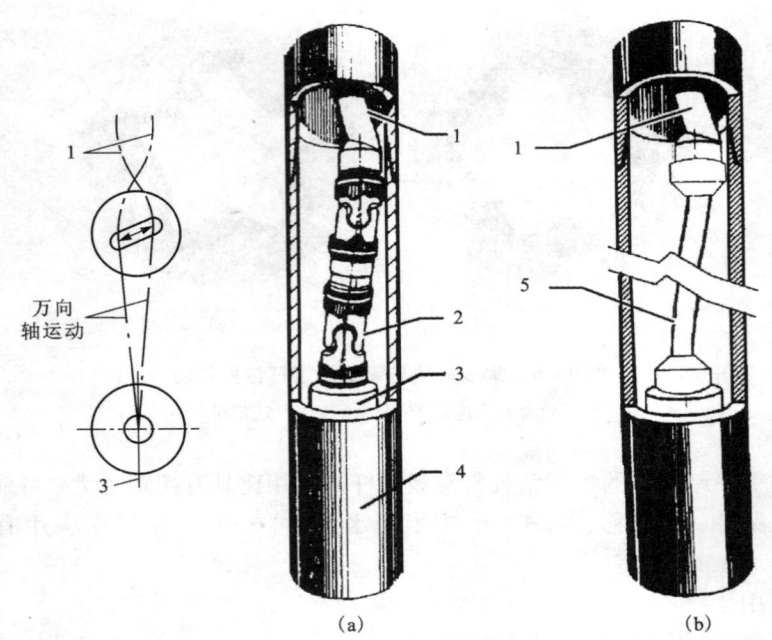

图 9-7 万向轴总成结构示意

(a)瓣形万向轴;(b)挠轴万向轴

1—转子;2—瓣形万向轴;3—传动轴;4—万向轴外壳体;5—挠轴

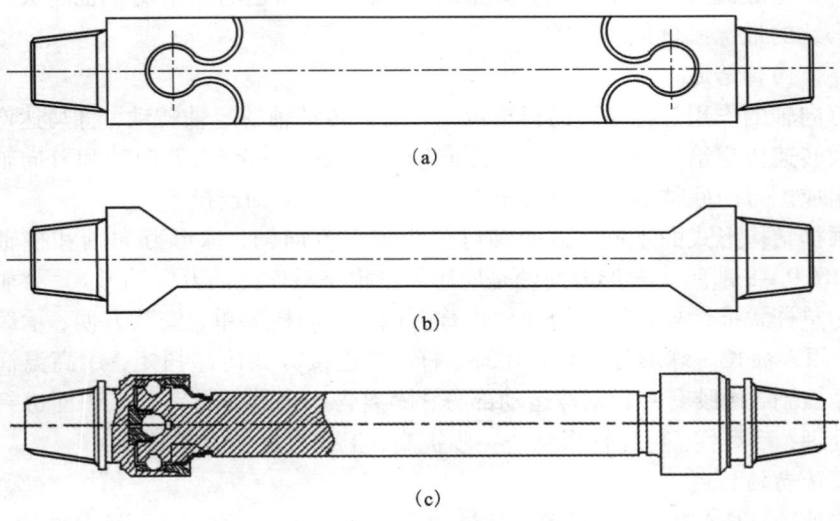

图 9-8 万向轴总成结构形式

(a)瓣形万向轴;(b)挠轴万向轴;(c)球形万向轴形式

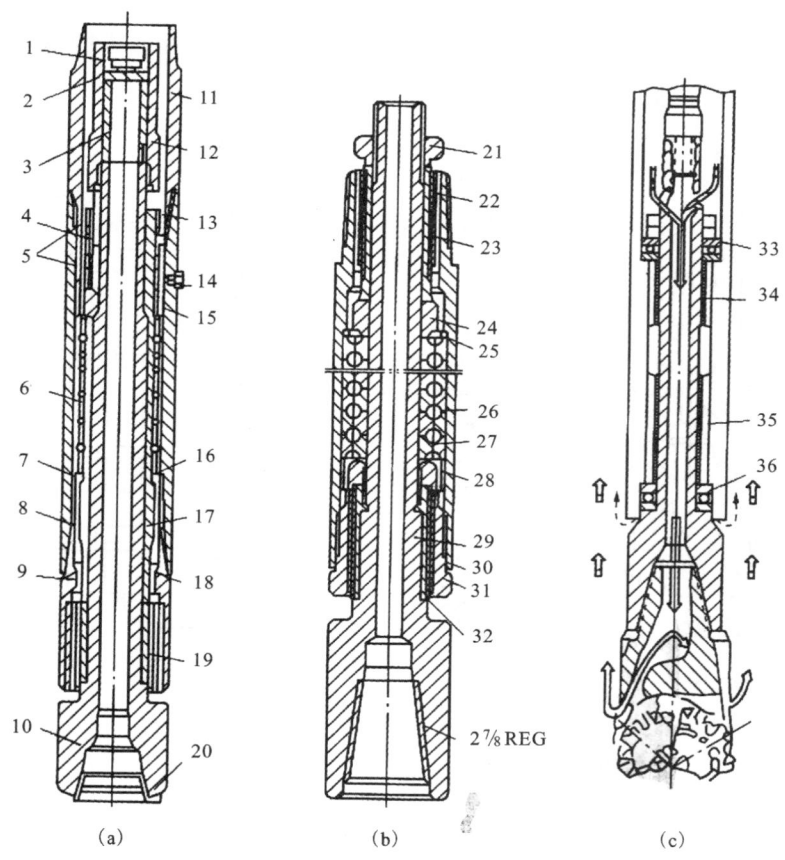

图 9 - 9　螺杆钻具传动轴总成

（a）纳维钻具传动轴总成；（b）LZ 钻具传动轴总成；（c）代纳钻具传动轴总成

1—垫；2—易熔垫；3—隔套；4—调整环；5—平键；6—多列推力向心球轴承；7—外支撑套；8—传动轴壳体；9—内支撑套；10—传动轴；11—公扣短节；12—导流水帽组件；13—锁紧螺母；14—导向螺钉；15—上径向轴承（内外）；16—垫圈；17—下螺母；18—下短节组件；19—下径向轴承（内外）；20—护丝；21—并紧螺帽；22—上径向轴承外套；23—上径向轴承内套；24—并紧螺帽；25—垫圈；26—钢球；27—推力轴承；28—螺母；29—传动轴壳体；30—传动轴外套；31—下径向轴承外套；32—下径向轴承内套；33—上轴承；34—限流器（径向轴承）；35—径向轴承；36—下轴承

根据润滑系统不同，传动轴可分为泥浆润滑和油密封等不同结构。根据钻头水眼压降，可分为 3.5 MPa，7.0 MPa，14.0 MPa 三种。几种国产螺杆钻具轴承总成见图 9 - 10，其作用是用轴承支撑的驱动接头将马达的转动和扭矩传给钻头。

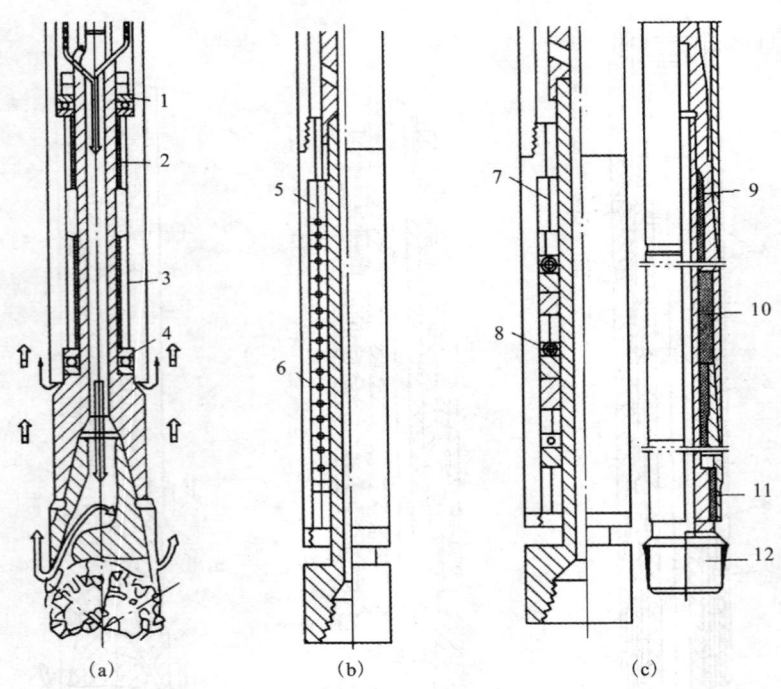

图 9 - 10　几种国产螺杆钻具传动轴承

(a)3.5 MPa 传动轴承；(b)7.0 MPa 传动轴；(c)14.0 MPa 传动轴

1—上轴承；2—限流器；3—径向轴承；4—下轴承；5—径向轴承；6—推力球轴承组；

7—CC 轴承；8—PDC 轴承；9—上径向轴承；10—推力轴承；11—下径向轴承；12—传动轴

9.1.2　螺杆钻具工作特性

　　螺杆钻具是一种容积式(液压式)动力机械，理论基础是液压传动的帕斯卡原理。在工作压差范围内，螺杆钻具功率随螺杆的直径增大而增大，力矩线性增加，转速基本不变。当超过工作压差时，转速急剧降低至制动，泵压突然上升，力矩达到最大。

　　在不计损失、无漏失、无摩擦的理想状况下，根据容积式机械工作过程中的能量守恒定律，在单位时间内钻头输出的机械能应等于单螺杆钻具输入的水力能，等于螺杆钻具的理论功率，则有：

$$N_\mathrm{T} = M_\mathrm{T}\omega_\mathrm{T} = \Delta p Q \qquad\qquad (9-1)$$

根据容积式机械的转速关系，有：

$$n_\mathrm{T} = \frac{60Q}{q} \qquad (9-2)$$

根据角速度与转速的关系，有：

$$\omega_\mathrm{T} = \frac{\pi n_\mathrm{T}}{30} \qquad (9-3)$$

则根据以上三个公式可得出：

螺杆钻具理论扭矩：

$$M_\mathrm{T} = \frac{1}{2\pi}\Delta pq \qquad (9-4)$$

式中：M_T 为马达理论转矩，kN·m；ω_T 为钻头理论角速度，rad/s；n_T 为钻头理论转速，即马达输出的自转转速，r/min；Δp 为马达进、出口的压力降，MPa；q 为马达每转排量，它是一个结构参数，仅与线型和几何尺寸有关，L/r；Q 为流经马达的流量，即排量，L/s；N_T 为理论功率，kW。

根据功率、转速和扭矩计算公式可得到螺杆钻具的理论工作曲线如图 9-11 所示。

从螺杆钻具性能参数理论计算可知螺杆钻具具有以下特点：

（1）螺杆钻具具有硬特性，工作扭矩只与压降和结构有关，而与转速无关，转速和力矩是各自独立的两个参数。压降增加可使工作转矩 M 变大，不因负载增大而降低转速，具有良好的过载能力。

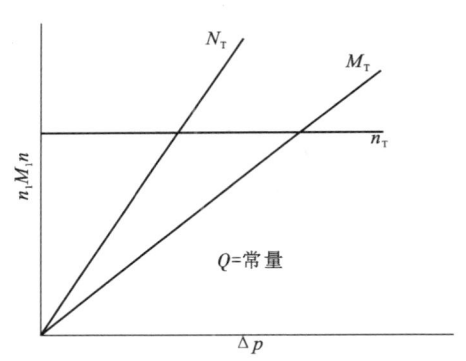

图 9-11　螺杆钻具的理论工作曲线

（2）螺杆钻具的转速只与排量和结构有关，而与工况（钻压、扭矩等）无关；转速随排量 Q 的变化而呈线性变化，可通过调节排量 Q 来调节螺杆钻具的转速。

（3）工作扭矩变化，螺杆压降变化，因此可由泵压的变化来判断孔底螺杆钻具的工况。

（4）工作扭矩与转速均与结构参数有关，增大马达的每转排量，可得到低速大扭矩特性。螺杆钻具的头数越多，每转排量越大，马达的转速越低，扭矩越大。

螺杆钻具工作特性如图 9-12 所示。6½ in 螺杆钻具特性曲线如图 9-13 所示，6¾ in 螺杆钻具特性曲线如图 9-14 所示。

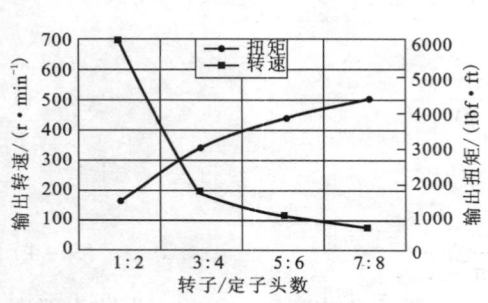

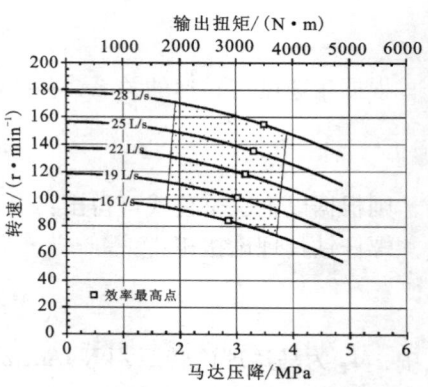

图9-12　螺杆钻具头数与扭矩和转速的关系

注：1 ft = 0.3048 m；1 lbf = 4.4482 N

图9-13　北京石油机械厂6½ in
螺杆钻具性能曲线（不同流量条件）

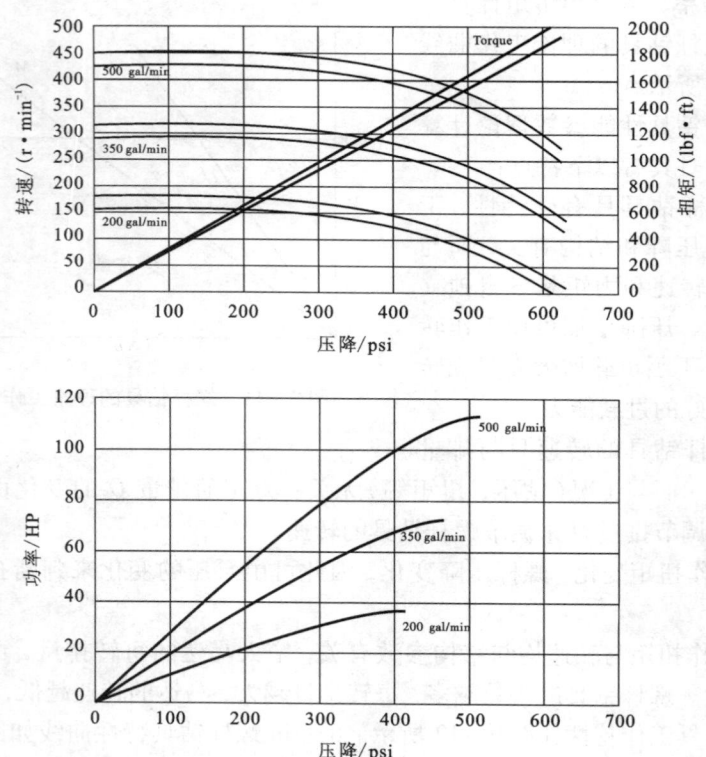

图9-14　斯伦贝谢A675SP(6¾ in)螺杆钻具性能曲线（不同流量条件）

注：1 HP（英制马力）= 745.7 W；1 psi = 6.8947 kPa；1 gal/min（每分钟加仑）= 4.546 L/s

9.1.3 螺杆钻具使用方法

9.1.3.1 螺杆钻具工作参数计算方法

1. 确定钻井液流量

钻井液流量根据钻进速度、环空上返速度、携带钻屑能力以及循环总压降等确定最优流量范围。

2. 根据流量选择螺杆钻具转子形式

如果选择的流量在螺杆钻具额定流量范围内，则选择实心转子螺杆钻具。如果选择的流量大于螺杆钻具额定最大流量，则选用转子为中空型的螺杆钻具。

工程需要的流量 Q，通过螺杆钻具时流量为：

$$Q = Q_m + Q_b \quad (9-5)$$

设马达转速为 n，则：

$$Q_m = \frac{nq}{\eta_v \times 60}$$

$$n = \frac{Q_m \times 60}{q} \times \eta_v \quad (9-6)$$

式中：Q_m 为流经马达密封腔的流量，L/s；Q_b 为转子喷嘴流量，L/s；η_v 为马达容积效率，取 0.9；n 为马达转速，r/min；q 为中空转子马达每转排量，L/r。

带喷嘴中空转子马达压降与钻头转速关系如图 9-15 所示。

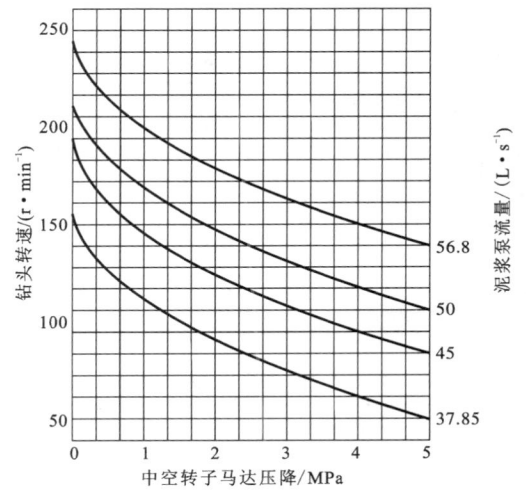

图 9-15 中空转子马达压降与钻头转速关系

中空转子通过喷嘴流量见表 9-1。

3. 根据拟定流量选择钻头喷嘴

螺杆钻具规格及类型选定后，钻头允许压降就已确定。即可根据钻头压降和拟定流量选择钻头喷嘴尺寸。需要注意的是，无论何种螺杆钻具（油浴轴承螺杆钻具除外），都有总流量的 3% ~7% 通过轴承系统后排至环空，实际上只有 93% ~97% 的钻井液通过钻头水眼，如图 9-16 所示。

4. 确定钻头转速

螺杆钻具流量在额定范围内变化时，钻头转速也发生变化。流量增大，转速增高；反之亦然。实际流量确定后，钻头转速可由下式确定：

表 9-1　中空转子通过喷嘴流量一览表

喷嘴号	喷嘴入口直径		通过转子喷嘴的流量									
			5LZ120×7Y		5LZ165×7Y		9LZ165×7Y		5LZ197×7Y		5LZ244×7Y	
			5LZ120×14J		5LZ165×14J		9LZ165×14J		5LZ197×14J		5LZ244×14J	
	in	mm	gal/min	L/s	gal/min	L/s	gal/min	L/s	gal/min	L/s	gal/min	L/s
07	$\frac{7}{32}$	5.56	20.6	1.3	25.2	1.6	29.1	1.8	25.2	1.6	25.2	1.6
08	$\frac{1}{4}$	6.35	26.9	1.7	32.9	2.1	38.0	2.4	32.9	2.1	32.9	2.1
09	$\frac{9}{32}$	7.14	34.0	2.1	41.7	2.6	48.1	3.0	41.7	2.6	41.7	2.6
10	$\frac{5}{16}$	7.94	42.0	2.6	51.4	3.2	59.4	3.7	51.4	3.2	51.4	3.2
11	$\frac{11}{32}$	8.74	50.8	3.2	62.2	3.9	71.9	4.5	62.2	3.9	62.2	3.9
12	$\frac{3}{8}$	9.53	60.5	3.8	74.1	4.7	85.5	5.4	74.1	4.7	74.1	4.7
13	$\frac{13}{32}$	10.32	71.0	4.5	86.9	5.5	100.4	6.3	86.9	5.5	86.9	5.5
14	$\frac{7}{16}$	11.11	82.3	5.2	100.8	6.4	116.4	7.3	100.8	6.4	100.8	6.4
15	$\frac{15}{32}$	11.91	94.5	6.0	115.7	7.3	133.7	8.4	115.7	7.3	115.7	7.3
16	$\frac{1}{2}$	12.70	107.5	6.8	131.7	8.3	152.1	9.6	131.7	8.3	131.7	8.3
18	$\frac{9}{16}$	14.29	136.1	8.6	166.7	10.5	192.5	12.1	166.7	10.5	166.7	10.5
20	$\frac{5}{8}$	15.88	168.0	10.6	205.7	13.0	237.6	15.0	205.7	13.0	205.7	13.0
22	$\frac{11}{16}$	17.46	203.3	12.8	249.0	15.7	287.5	18.1	249.0	15.7	249.0	15.7
24	$\frac{3}{4}$	19.05	241.9	15.2	296.3	18.7	342.2	21.5	296.3	18.7	296.3	18.7
28	$\frac{7}{8}$	22.23	329.3	20.7			465.7	29.3				
30	$\frac{15}{16}$	23.81	378.0	23.8								
32	1	25.40	430.1	27.1								

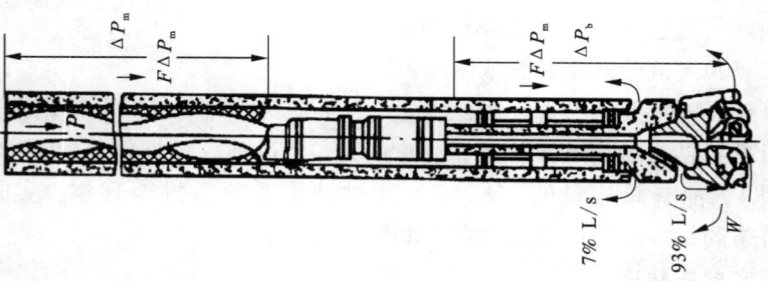

图 9-16　钻井液分流情况

$$n_实 = \frac{n_额}{Q_额} \times Q_实 \qquad\qquad (9-7)$$

式中：$n_实$ 为实际钻头转速，r/min；$n_额$ 为额定转速上限，从螺杆钻具规格表中查得，r/min；$Q_实$ 为实际工作流量，L/s（或 L/min）；$Q_额$ 为额定工作流量，L/s（或 L/min）。

5. 确定近似工作扭矩

在实际操作中，在流量不变的条件下，实际工作扭矩、实际工作压差和钻具的额定工作扭矩及压差有以下近似关系，即：

$$M_实 = \frac{M_{max}}{\Delta P_{max}} \times \Delta P_实 \qquad\qquad (9-8)$$

式中：$M_实$ 为实际工作压差下的近似工作扭矩，N·m；M_{max} 为额定最大工作扭矩，N·m；$\Delta P_实$ 为实际工作压差，MPa；ΔP_{max} 为额定最大马达工作压差，MPa。

6. 确定合理的钻压

合理工作钻压确定的步骤如下：

(1)确定实际工作流量；

(2)计算钻头压降；

(3)确定最佳钻压；

(4)确定允许的最大钻压；

(5)确定合理钻压。

9.1.3.2　螺杆钻具使用方法

螺杆钻具下井使用之前，应根据钻井作业计划选择钻具及其组合方案。

1. 井眼与钻具准备

(1)井眼畅通，确保螺杆钻具顺利下到井底；

(2)处理好钻井液，含砂量不得大于 1%，并清除纤维质杂物；

(3)测量起、下钻摩擦阻力和循环压降；

(4)用通径规对所用钻具进行通径，防止钻具水眼中的杂物堵塞定向接头、螺杆钻具、钻头水眼。

2. 入井检查

(1)将螺杆钻具平稳吊上钻台，用卡瓦将其坐入转盘内，上紧安全卡瓦。

(2)检查旁通阀。用木棒下压旁通阀活塞至下死点，然后松开，检查是否灵活。

(3)接方钻杆，卸安全卡瓦，提出卡瓦，将螺杆钻具旁通阀下到转盘面以下，但能看见旁通阀的位置。

(4)开泵。先小流量顶通，然后逐渐增大到正常流量检查旁通阀是否关闭。若已关闭，旁通阀孔不会流出钻井液。缓慢上提钻具检查旁通阀关闭情况，观察从轴承壳体间隙处流出的钻井液量大小，过大过小都不正常；观察螺杆驱动接头转动是否灵活；记录立管压力，该压力为马达工作压力。

（5）一切正常后，下放钻具让旁通阀再次下入转盘以下，停泵，观察旁通阀是否再次打开，放回水，待立管压力回零之后起出螺杆钻具。

（6）将螺杆钻具芯轴接头坐在转盘面上，在轴上作一记录，然后提离转盘在轴上作另一记录，两记录间的长度即为螺杆钻具轴向间隙。测量方法如图 9 – 17 所示。几种厂家生产的螺杆钻具允许的轴向间隙见表 9 – 2，超过或接近允许最大间隙的螺杆钻具不得入井使用。

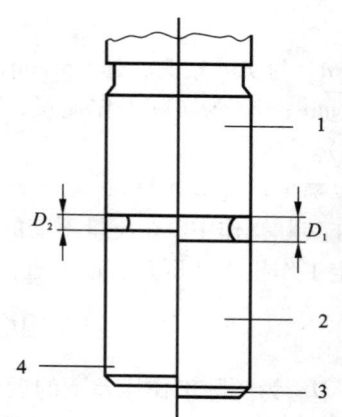

图 9 – 17　螺杆钻具轴向间隙测量方法
1—下轴承壳；2—驱动接头；
3—钻具悬挂在井架内；4—钻具座在转盘上

表 9 – 2　几种螺杆钻具的轴向间隙

钻具规格（外径）/mm（in）	间隙 $D_1 - D_2$/mm		
	渤海中成	天津立林	斯伦贝谢 M 系列
79（3⅛）	3	3	4
89（3½）	3	4	4
95（3¾）	3	4	5
120（4¾）	3.5	5	5
165（6½）	4	6	6
172（6¾）	4	6	6
197（7¾）	4	7	8
244（9⅝）	4.5	8	8
286（11¼）	5	10	8

3. 下钻

（1）下钻过程中要控制下放速度，以防因井眼缩径等原因损坏螺杆钻具。

（2）下钻遇阻，应开泵循环，慢慢划眼通过。下钻途中可以适当短时开泵循环顶通水眼。

4. 钻进操作

(1)下钻到井底前先开泵再下至井底，然后上提离井底 1~2 m 循环，记录循环正常后的立管压力，随后逐渐加压钻进。

(2)流量必须保持设计值。

(3)钻具允许最大泵压 = 循环泵压 + 马达压降。

(4)在流量一定的条件下，工作压差和钻头扭矩随钻压增大而增加。因此，在钻进过程中可以通过立管压力变化情况判断马达和钻头的工作状态。

(5)随着压差的增大，马达的工作功率不断上升。当压差达到某一值时，功率曲线变得平缓，不再继续大幅度上升，此时的压差就是该钻具的最优工作压差；如果继续增加钻压，因钻头扭矩增加，泵压突增，使钻头扭矩大于或等于马达最大扭矩时，马达就会停止转动。这时的压差称为制动压差，因此，钻进时必须保持压差处于推荐值之内。

(6)在推荐压差之内，扭矩增加，转速基本保持不变。如有下降，主要是因流体压力上升压迫定子橡胶，使定子与转子的间隙增大所造成的。

(7)认真掌握钻压和泵压的变化，防止钻压过大而压死工具；压死后应立即上提钻具，然后减压钻进。

(8)严禁压死钻具循环，以防缩短钻具寿命。

5. 起钻

钻具起钻类似常规钻具起钻操作。起钻时，旁通阀处于开位，允许钻柱中的钻井液泄入环空，但钻具本身不能快速地排除钻井液。通常起钻前在钻柱上部注入一段加重钻井液，使钻杆内的钻井液顺利排出。

6. 现场维护保养

(1)卸下旁通阀以上构件，用清水冲洗旁通阀，同时，上、下移动阀芯，使其移动无阻，清洗完毕，拧上提升短节。

(2)卸去钻头，从传动轴驱动接头孔中冲洗钻具，将传动轴上部水帽及轴承清洗干净，然后平放钻具，正常维护保养后待用。若暂停使用或长时间搁置不用，建议向钻具内注入少量的矿物油以防锈蚀(注意，不允许加入柴油)。

7. 注意事项

(1)试旁通阀开泵、停泵前都必须将旁通阀放到转盘面以下，防止从旁通阀孔处向钻台上喷钻井液。

(2)不得长时间悬空循环，也不得压死循环。

(3)钻头遇阻时不得转动钻柱，以防止螺杆水帽倒扣，芯轴落井。

(4)定向井、水平井钻进中，螺杆本体稳定器有阻卡时不得以反转方式调整工具面，以防止螺杆壳体倒扣。

(5)钻进过程中加压，泵压变化很小时，表明螺杆钻具本体有倒扣可能，应起钻检查。

（6）钻进中泵压下降，排除地面因素之外，可能是钻具刺漏、旁通阀孔刺坏或螺杆壳体倒扣，应立即起钻检查。

9.1.3.3 常见故障及排除方法

螺杆钻具使用中常见故障及排除方法见表9-3。

表9-3 螺杆钻具常见故障及排除方法

常见故障	故障原因	排除方法
压力突然升高	马达失速	把钻具提高0.3~0.6 m，核对循环压力，逐步加钻压，压力表读数随之逐步升高，均正常，可确认为失速问题
	马达传动轴卡死或钻头水眼被堵	将钻头提离井底，若压力表读数仍很高，则只能起出钻具检查或更换
压力慢慢地增高，但不随钻井深度增加而增大	钻头水眼被堵	将钻头提离井底，再检查压力，若压力仍高于正常循环压力，可试着改变循环流量或上下活动钻具，如无效，只好起出修理、更换
	钻头磨损	可以继续边钻进边观察，如仍无进尺，只能起钻更换
	地层变化	将钻具稍稍提起，如果压力与循环压力相同，则可继续工作
压力缓慢降低	钻杆损坏	稍提钻具，若压力表指数低于循环压力，则应进行起钻检查
	循环压力损失变化	检查钻井液流量
无进尺	地层变化	在允许范围内，适当改变钻压和流量
	旁通阀处于开位	压力表读数偏低，稍提起钻具，启、停钻井液泵两次，仍无效，则需起出，检查或更换旁通阀
	马达失速	压力表读数增高。钻具提离井底，检查循环压力，从小钻压开始，逐步增大钻压
	万向轴损坏	常伴有压力波动，稍提起钻具；压力波动范围小时，则起出钻具，检查更换
	钻头磨损	起出钻头，更换新的钻头

9.1.4 螺杆钻具分类与技术要求

9.1.4.1 螺杆钻具分类与型式代号

1. 分类

按照螺杆钻具的结构特征和参数，螺杆钻具可分为单头螺杆钻具和多头螺杆钻具两种，结构形式见表9-4。

2. 钻具规格系列和连接螺纹

螺杆钻具规格系列和连接螺纹见表9-5。

表 9 - 4　螺杆钻具结构型式代号（SY/T 5383—2010）

种　类	型式名称	形式代号
单头螺杆钻具	1/2 螺杆钻具	LZ
多头螺杆钻具	2/3 螺杆钻具	2LZ
	3/4 螺杆钻具	3LZ
	4/5 螺杆钻具	4LZ
	5/6 螺杆钻具	5LZ
	6/7 螺杆钻具	6LZ
	7/8 螺杆钻具	7LZ
	8/9 螺杆钻具	8LZ
	9/10 螺杆钻具	9LZ
	10/11 螺杆钻具	10LZ

注：1/2，2/3，3/4，4/5，5/6，6/7，7/8，8/9，9/10，10/11 是指液（气）马达转子横截面内孔与定子横截面内孔的瓣数比；型式代号 LZ 系"螺钻"汉语拼音第一个字母组合，LZ 字符前的数字系指多瓣钻具中转子横截面的瓣数。

表 9 - 5　螺杆钻具规格系列和连接螺纹（SY/T 5383—2010）

钻具规格（外径）				连　接　螺　纹	
第一系列		第二系列		上　端	下　端
mm	in	mm	in		
43	$1\frac{11}{16}$				
45	$1\frac{3}{4}$	54	$2\frac{1}{8}$		
60	$2\frac{3}{8}$	65	$2\frac{9}{16}$		
73	$2\frac{7}{8}$	—	—		
89	$3\frac{1}{2}$	86	$3\frac{3}{8}$	$2\frac{3}{8}''$ REG	
95	$3\frac{3}{4}$	100	$3\frac{15}{16}$	$2\frac{7}{8}''$ REG	
—	—	102	4	$2\frac{7}{8}''$ REG	
120	$4\frac{3}{4}$	127	5	$3\frac{1}{2}''$ REG	
165	$6\frac{1}{2}$	159	$6\frac{1}{4}$	$4\frac{1}{2}''$ REG	
172	$6\frac{3}{4}$	175	$6\frac{7}{8}$	$4\frac{1}{2}''$ REG 或 $4\frac{1}{2}''$ IF	
185	$7\frac{1}{4}$	178	7	$4\frac{1}{2}''$ REG 或 $4\frac{1}{2}''$ IF	
197	$7\frac{3}{4}$	203	8	$5\frac{1}{2}''$ REG	$6\frac{5}{8}''$ REG
216	$8\frac{1}{2}$	210	$8\frac{1}{4}$	$5\frac{1}{2}''$ REG	$6\frac{5}{8}''$ REG
244	$9\frac{5}{8}$	241	$9\frac{1}{2}$	$6\frac{5}{8}''$ REG	
286	$11\frac{1}{4}$	292	$11\frac{1}{2}$	$7\frac{5}{8}''$ REG	

3.螺杆钻具的型号表示方法(SY/T 5383—2010)

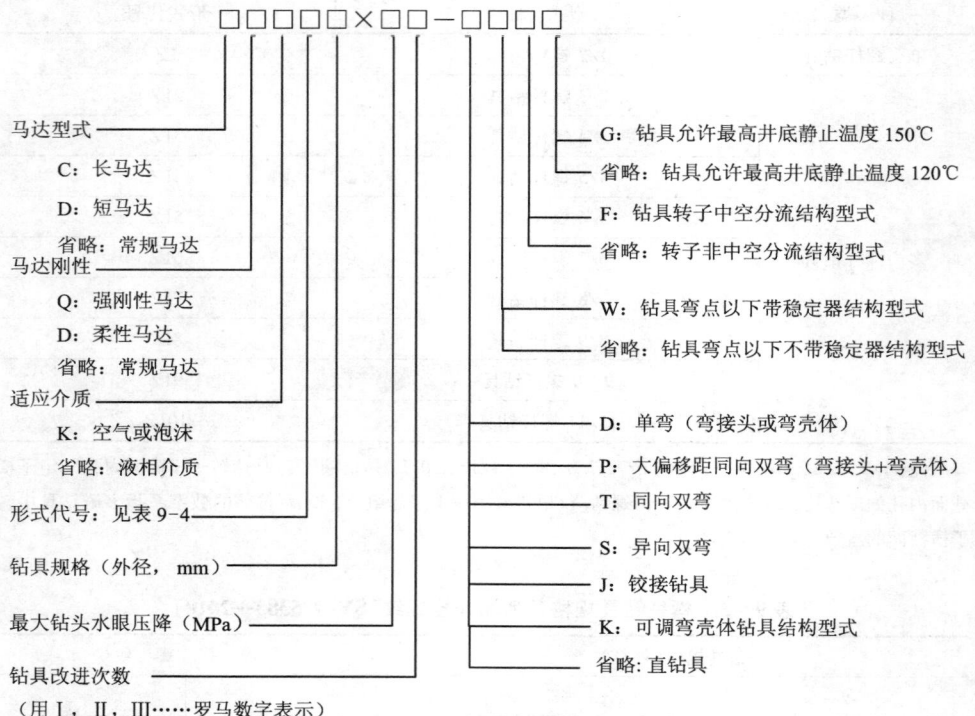

马达型式

　C：长马达

　D：短马达

　省略：常规马达

马达刚性

　Q：强刚性马达

　D：柔性马达

　省略：常规马达

适应介质

　K：空气或泡沫

　省略：液相介质

形式代号：见表9-4

钻具规格（外径，mm）

最大钻头水眼压降（MPa）

钻具改进次数

（用Ⅰ，Ⅱ，Ⅲ……罗马数字表示）

G：钻具允许最高井底静止温度150℃

省略：钻具允许最高井底静止温度120℃

F：钻具转子中空分流结构型式

省略：转子非中空分流结构型式

W：钻具弯点以下带稳定器结构型式

省略：钻具弯点以下不带稳定器结构型式

D：单弯（弯接头或弯壳体）

P：大偏移距同向双弯（弯接头+弯壳体）

T：同向双弯

S：异向双弯

J：铰接钻具

K：可调弯壳体钻具结构型式

省略：直钻具

示例1：外径165 mm、5/6瓣比液马达、钻头水眼压降7.0 MPa、经过第二次改进的直型螺杆钻具应表示为5LZ165×7.0Ⅱ。

示例2：外径197 mm、5/6瓣比液马达、异向双弯带稳定器、转子中空分流、钻具允许最高工作温度150℃、钻头水眼压降7.0 MPa的弯壳体钻具应表示为5LZ197×7.0-SWFG。

9.1.4.2　螺杆钻具主要技术要求

1.螺纹上紧力矩

螺杆钻具各部位螺纹上紧力矩见表9-6。

2.材料机械性能

钻具壳体及传动轴所用材料的机械性能不低于GB 3077《合金结构钢技术条件》中35CrMo的规定。

3.橡胶物理机械性能

定子及橡胶轴承的橡胶的物理机械性能符合表9-7的规定。

表 9 - 6 各部位螺纹上紧力矩

项　目	钻具规格尺寸/mm(in)		
	171.45(6¾)	203.20(8)	241.30(9½)
下止动螺帽/(N·m)	5392	17000	25854
上止动螺帽/(N·m)	1797	4148	9540
万向节与传动轴/(N·m)	5530	8434	11890
转子与万向节/(N·m)	5530	8434	11890
轴承外壳与下轴承筒/(N·m)	6498	15900	25024
万向节外壳与传动轴外壳/(N·m)	19356	50740	63044
定子外壳与万向节外壳/(N·m)	19356	50740	63044
定子外壳与旁通阀/(N·m)	19356	50740	63044

表 9 - 7 螺杆钻具定子内衬弹性体物理机械特性(SY/T 5383—2010)

项　目	数　值
邵尔 A 型硬度	75 ± 5
拉伸强度/MPa	≥14
扯断伸长率/%	>300
扯断永久变形/%	≤15
撕裂强度/(kN·m⁻¹)	>37
阿克隆磨耗/cm³(1.61 km)	≤0.3
老化系数(90℃, 24 h)	≥0.8
体积变化率(25 号变压油, 24 h)	±4

9.1.5　国内螺杆钻具型号与规格

目前,国内有 10 多个螺杆钻具生产厂家,主要有北京石油机械厂、渤海石油装备中成机械制造有限公司、天津立林机械集团有限公司、德州联合石油机械有限公司等。国内螺杆钻具已形成规格化、系列化,有 φ47 ~ φ244 mm 各种规格,配有可调弯壳体(AKO)、可换扶正器,基本能够满足国内各种钻井、修井作业。

北京石油机械厂多头螺杆钻具技术规格及参数见表 9 - 8,单头螺杆钻具技术规格及参数见表 9 - 9。

渤海石油装备中成机械制造有限公司多头螺杆钻具技术规格及参数见表 9 - 10 所示,单头螺杆钻具技术规格及参数见表 9 - 11,14J 螺杆钻具技术规格及参数见表 9 - 12。

德州联合石油机械有限公司 DT 螺杆钻具技术规格及参数见表 9 - 13。

天津立林机械集团有限公司螺杆钻具技术规格及参数见表 9 - 14。

随着等壁厚马达技术的优势凸显,国内各大厂家也加强了等壁厚螺杆钻具的研究,国内几种规格等壁厚螺杆钻具技术规格及参数见表 9 - 15。

表 9 - 8　北京石油机械厂多头螺杆钻具技术规格及参数表

钻具型号	单位	5LZ43×7.0	5LZ60×7.0	5LZ73×7.0	7LZ80×7.0	5LZ89×7.0	5LZ95×7.0	C5LZ95×7.0	5LZ120×7.0	C5LZ120×7.0
公称外径	mm	43	60	73	80	89	95	95	120	120
	(in)	(1 11/16)	(2 3/8)	(2 7/8)	(3 1/8)	(3 1/2)	(3 3/4)	(3 3/4)	(4 3/4)	(4 3/4)
头数		5:6	5:6	5:6	7:8	5:6	5:6	5:6	5:6	5:6
井眼尺寸	in	2 3/4~4 3/4	2 3/4~4 3/4	3 1/4~4 3/4	3 3/4~4 3/4	4 1/4~5 7/8	4 1/4~5 7/8	4 1/4~5 7/8	5 7/8~7 7/8	5 7/8~7 7/8
上端螺纹(API-REG)		M27×2	1.9"TBG	2 3/8"TBG	2 3/8"	2 3/8"	2 3/8"	2 3/8"	3 1/2"	3 1/2"
下端螺纹(API-REG)		M27×2	1.9"TBG	2 3/8"	2 3/8"	2 3/8"	2 3/8"	2 3/8"	3 1/2"	3 1/2"
流量	L/s	0.5~1.5	1.3~3.13	1.3~5.1	5~8.8	2~7	4.73~11.04	5~13.33	5.78~15.8	6.67~20
	(gal/min)	(8~24)	(20~50)	(20~80)	(80~140)	(32~110)	(75~175)	(80~210)	(92~250)	(105~320)
钻头转速	r/min	120~360	140~360	120~480	140~250	95~330	140~320	140~380	70~200	80~240
工作压降	MPa	4	2.5	3.45	2.4	4.1	3.2	6.5	2.5	5.2
	(psi)	(580)	(360)	(500)	(350)	(600)	(465)	(940)	(360)	(750)
输出扭矩	N·m	120	160	275	600	560	710	1490	1300	2500
	(lbf·ft)	(88)	(115)	(203)	(450)	(415)	(524)	(1100)	(960)	(1845)
最大扭矩	N·m	180	280	480	900	980	1240	2235	2275	4000
	(lbf·ft)	(133)	(200)	(355)	(665)	(725)	(915)	(1650)	(1680)	(2950)
推荐钻压	kN	6	5	12	10	18	21	40	55	55
	(lbf)	(1350)	(1125)	(2700)	(2250)	(4000)	(4700)	(9000)	(12400)	(12400)
最大钻压	kN	12	10	25	20	37	40	80	72	100
	(lbf)	(2700)	(2250)	(5600)	(4500)	(8300)	(9000)	(18000)	(16200)	(22482)
功率	kW	1.5~4.5	2.35~6.03	3.5~13.8	8.8~15.7	5.6~19.35	10.4~23.8	21.8~59.3	9.5~27.23	23.5~70.5
	(HP)	(2~86)	(3.2~8.1)	(4.6~18.5)	(12~21.3)	(7.5~25.95)	(14~31.9)	(29.2~79.5)	(12.8~37)	(34.2~103)
标准长度	m	3.5	3.3	3.45	4.155	4.67	4.21	6.88	4.88	6.96
	(ft)	(11.5)	(10.83)	(11.32)	(13.63)	(15.3)	(13.83)	(22.6)	(15.75)	(22.8)
质量	kg	30	70	80	135	150	180	250	400	560
	(lbf)	(66)	(155)	(180)	(300)	(330)	(400)	(550)	(880)	(1235)

续表 9 - 8

钻具型号	单位	D5LZ120×7.0	3LZ165×7.0	5LZ165×7.0	C5LZ165×7.0	D7LZ165×7.0	5LZ172×7.0	C4LZ172×7.0	C5LZ172×7.0
公称外径	mm	120	165	165	165	165	172	172	172
	(in)	$(4\frac{3}{4})$	$(6\frac{1}{2})$	$(6\frac{1}{2})$	$(6\frac{1}{2})$	$(6\frac{1}{2})$	$(6\frac{3}{4})$	$(6\frac{3}{4})$	$(6\frac{3}{4})$
头数		5:6	3:4	5:6	5:6	7:8	5:6	4:5	5:6
井眼尺寸	in	$5\frac{7}{8} \sim 7\frac{7}{8}$	$8\frac{3}{8} \sim 9\frac{7}{8}$	$8\frac{3}{8} \sim 9\frac{7}{8}$	$8\frac{3}{8} \sim 9\frac{7}{8}$	$8\frac{3}{8} \sim 9\frac{7}{8}$	$8\frac{3}{8} \sim 9\frac{7}{8}$	$8\frac{3}{8} \sim 9\frac{7}{8}$	$8\frac{3}{8} \sim 9\frac{7}{8}$
上端螺纹	(API - REG)	$3\frac{1}{2}''$	$4\frac{1}{2}''$	$4\frac{1}{2}''$	$4\frac{1}{2}''$	$4\frac{1}{2}''$	$4\frac{1}{2}''$	$4\frac{1}{2}''$	$4\frac{1}{2}''$
下端螺纹	(API - REG)	$3\frac{1}{2}''$	$4\frac{1}{2}''$	$4\frac{1}{2}''$	$4\frac{1}{2}''$	$4\frac{1}{2}''$	$4\frac{1}{2}''$	$4\frac{1}{2}''$	$4\frac{1}{2}''$
流量	L/s	5.78~15.8	17~27	16~47.3	18.93~37.85	18~28	18.93~37.85	18.93~37.85	18.93~37.85
	(gal/min)	(92~250)	(270~430)	(254~750)	(300~600)	(285~445)	(300~600)	(300~600)	(300~600)
钻头转速	r/min	70~200	200~300	100~178	125~250	130~200	100~200	150~300	100~200
工作压降	MPa	1.6	4.1	3.2	5.0	2.5	3.2	7.0	6.0
	(psi)	(230)	(600)	(465)	(730)	(360)	(465)	(1100)	(870)
输出扭矩	N·m	900	2500	3200	5000	2300	3660	6320	6870
	(lbf·ft)	(665)	(1845)	(2360)	(3690)	(1700)	(2700)	(4665)	(5070)
最大扭矩	N·m	1485	3750	5600	8000	3680	5856	10110	10992
	(lbf·ft)	(1100)	(2780)	(4130)	(5900)	(2720)	(4320)	(7465)	(8112)
推荐钻压	kN	55	80	80	90	80	100	170	170
	(lbf)	(12400)	(18000)	(18000)	(20250)	(18000)	(22500)	(38240)	(38240)
最大钻压	kN	72	160	160	180	150	200	340	340
	(lbf)	(16200)	(36000)	(36000)	(40500)	(36000)	(44990)	(76500)	(76500)
功率	kW	6.6~18.85	52.4~78.54	33.5~59.65	68~112.6	31.3~48.2	38.3~76.6	99.2~198.5	71.9~144
	(HP)	(8.85~25.5)	(70.2~105.3)	(44.9~80)	(95~151)	(42~64.6)	(51.4~102.8)	(133~266)	(97~193)
标准长度	m	3.29	6.48	6.48	8.44	4.91	6.52	9.29	9.29
	(ft)	(10.8)	(21.3)	(21.3)	(27.8)	(16.11)	(21.4)	(30.5)	(30.5)
质量	kg	350	800	830	900	800	950	1300	1300
	(lbf)	(770)	(1760)	(1826)	(2000)	(1760)	(2100)	(2870)	(2870)

表 9 - 9　北京石油机械厂单头螺杆钻具技术规格及参数表

钻具型号		LZ127×3.5	LZ165×3.5	LZ197×3.5	LZ244×3.5	LZ100×7.0	LZ120×7.0	LZ127×7.0	LZ165×7.0	LZ197×7.0	LZ244×7.0
公称外径	mm (in)	127 (5)	165 (6½)	197 (7¾)	244 (9⅝)	100 (3⅞)	120 (4¾)	127 (5)	165 (6½)	197 (7¾)	244 (9⅝)
头数		1:2	1:2	1:2	1:2	1:2	1:2	1:2	1:2	1:2	1:2
井眼尺寸	in	6½~7⅞	8⅜~9⅞	9⅞~12¼	12¼~17½	4⅝~6	5⅞~7⅞	6½~7⅞	8⅜~9⅞	9⅞~12¼	12¼~17½
上端螺纹 (API – REG)		3½"	4½"	5½"	6⅝"	2⅞"	3½"	3½"	4½"	5½"	6⅝"
下端螺纹 (API – REG)		3½"	4½"	6⅝"	6⅝"	2⅞"	3½"	3½"	4½"	6⅝"	6⅝"
流量	L/s (gal/min)	9.5~15.8 (150~250)	12.6~22 (200~350)	19~28.4 (300~450)	25.2~44 (400~700)	4.7~11 (75~175)	6.33~15 (100~240)	9.5~19 (150~300)	15.8~25.2 (250~400)	19~31.6 (300~500)	38~63 (600~1000)
钻头转速	r/min	355~560	275~480	275~415	215~375	280~700	245~600	345~690	350~550	230~390	240~400
工作压降	MPa (psi)	2.5 (360)	2.5 (360)	2.5 (360)	2.5 (360)	5.17 (750)	4.0 (580)	3.1 (450)	4.1 (600)	4.1 (600)	4.1 (600)
输出扭矩	N·m (lbf·ft)	576 (425)	935 (690)	1532 (1130)	2623 (1935)	650 (480)	790 (585)	712 (525)	1817 (1340)	2928 (2160)	6236 (4600)
最大扭矩	N·m (lbf·ft)	1152 (850)	1870 (1380)	3064 (2260)	5246 (3870)	1300 (960)	1580 (1165)	1424 (1050)	3634 (2680)	5856 (4320)	12472 (9200)
推荐钻压	kN (lbf)	20 (4500)	29 (6300)	54 (11800)	49 (11000)	35 (7900)	35 (7900)	47 (10600)	80 (18000)	120 (27000)	213 (48000)
最大钻压	kN (lbf)	40 (9000)	55 (12100)	83 (18200)	102 (23000)	57 (12800)	70 (15740)	110 (24700)	160 (36000)	240 (54000)	329 (74000)
功率	kW (HP)	21.4~33.78 (28.7~45.3)	27~47 (36~63)	44.1~66.6 (59~89.3)	59.1~103 (79~138)	19.1~47.65 (26~63.9)	20~50 (27~67)	25.7~51.5 (34.5~69)	66.6~104.7 (89~140.3)	70.5~120 (95~160.4)	157~261.2 (210~350)
标准长度	m (ft)	5.8 (18.9)	6 (19.7)	6.2 (20.2)	7.87 (25.8)	6.4 (21)	6.4 (21)	6.6 (21.5)	7.3 (23.9)	7.8 (25.6)	9 (29.5)
质量	kg (lbf)	400 (882)	700 (150)	1023 (2250)	1845 (4068)	245 (540)	450 (990)	500 (1100)	860 (1900)	1120 (2470)	2220 (5000)

表 9-10　渤海中成多头螺杆钻具技术规格及参数表

钻具型号		3LZ60×7Y	5LZ73×7.0	5LZ89×7Y	7LZ89×7Y	3LZ95×7Y	5LZ95×7Y	7LZ95×7Y	5LZ105×7Y
公称外径	mm (in)	60 ($2\frac{3}{8}$)	73 ($2\frac{7}{8}$)	89 ($3\frac{1}{2}$)	89 ($3\frac{1}{2}$)	95 ($3\frac{3}{4}$)	95 ($3\frac{3}{4}$)	95 ($3\frac{3}{4}$)	105 ($4\frac{1}{4}$)
头数		3:4	5:6	5:6	7:8	3:4	5:6	7:8	5:6
级数		3.0	7.0	3.0	3.8	4.5	3.0	2.3	3.0
钻头尺寸	mm (in)	73~83 ($2\frac{7}{8}$~$3\frac{1}{4}$)	89~114 ($3\frac{1}{4}$~$4\frac{1}{2}$)	114~152 ($4\frac{1}{2}$~6)	114~152 ($4\frac{1}{2}$~6)	118~152 ($4\frac{5}{8}$~6)	118~152 ($4\frac{5}{8}$~6)	118~152 ($4\frac{5}{8}$~6)	118~152 ($4\frac{5}{8}$~6)
上端螺纹 (API-REG)		1.9TBG	$2\frac{3}{8}$"	$2\frac{3}{8}$"TF	$2\frac{3}{8}$"TF	$2\frac{7}{8}$"	$2\frac{7}{8}$"	$2\frac{7}{8}$"	$2\frac{7}{8}$"
下端螺纹 (API-REG)		1.9TBG	$2\frac{3}{8}$"	$2\frac{3}{8}$"	$2\frac{3}{8}$"	$2\frac{7}{8}$"	$2\frac{7}{8}$"	$2\frac{7}{8}$"	$2\frac{7}{8}$"
流量	L/s (gal/min)	1.3~3.2 (20~50)	1.3~5.1 (20~80)	2.5~7 (40~110)	4.4~8.2 (70~130)	5~11 (80~180)	4~10 (60~160)	5~10 (80~160)	6~14 (100~220)
钻头转速	r/min	244~610	115~460	89~248	115~215	136~300	90~240	67~133	102~237
工作压降	MPa (psi)	2.4 (348)	5.6 (810)	2.4 (348)	3.0 (441)	3.6 (522)	2.4 (350)	1.84 (267)	2.4 (350)
输出扭矩	N·m (lbf·ft)	118 (87)	600 (440)	642 (475)	1100 (810)	1260 (933)	955 (707)	1330 (980)	1350 (1000)
功率	kW (HP)	7.5 (10)	29 (38)	16 (21)	25 (33)	40 (53)	24 (32)	14 (19)	31 (42)
最大压降	MPa (psi)	3.81 (557)	8.96 (1300)	3.84 (557)	4.8 (705)	5.76 (835)	3.84 (557)	2.911 (427)	3.84 (557)
最大扭矩	N·m (lbf·ft)	189 (140)	960 (704)	1027 (760)	1760 (1296)	2016 (1493)	1528 (1131)	2128 (1569)	2163 (1600)
推荐钻压	kN (lbf)	5 (1125)	10 (2250)	22 (4950)	22 (4950)	30 (6750)	30 (6750)	30 (6750)	30 (6750)
最大钻压	kN (lbf)	10 (2250)	20 (4500)	35 (7870)	35 (7870)	55 (12370)	55 (12370)	55 (12370)	55 (12370)
标准长度	m (ft)	2.5 (8.2)	4.5 (14.76)	3.98 (13.1)	4.9 (16.1)	6.53 (21.4)	4.44 (14.6)	5.38 (17.6)	4.525 (14.9)
质量	kg (lbf)	53 (116)	103 (227)	134 (295)	184 (405)	222 (488)	179 (391)	204 (449)	210 (462)

续表 9－10

钻具型号		5LZ120×7Y	5LZ120×7Y-I	5LZ120×7Y-Ⅲ	7LZ120×7Y	7LZ120×7Y-AD	5LZ159×7Y	7LZ159×7Y-I	7LZ159×7Y-Ⅳ
公称外径	mm (in)	120 (4¾)	120 (4¾)	120 (4¾)	120 (4¾)	120 (4¾)	159 (6¼)	159 (6¼)	159 (6¼)
头数		5:6	5:6	5:6	7:8	7:8	5:6	7:8	7:8
级数		3.0	3.0	5.3	3.1	2.6	4.0	2.9	4.8
钻头尺寸	mm (in)	149~200 (5⅞~7⅞)	149~200 (5⅞~7⅞)	149~200 (5⅞~7⅞)	149~200 (5⅞~7⅞)	149~200 (5⅞~7⅞)	213~251 (8⅜~9⅞)	213~251 (8⅜~9⅞)	213~251 (8⅜~9⅞)
上端螺纹 (API－REG)		3½"	3½"	3½"	3½"	3½"	4½"	4½"	4½"
下端螺纹 (API－REG)		3½"	3½"	3½"	3½"	3½"	4½"	4½"	4½"
流量	L/s (gal/min)	7~16 (100~250)	4~16 (60~250)	8~16 (130~250)	10~16 (160~250)	10~19 (150~300)	16~28 (250~450)	13~32 (200~500)	20~32 (300~500)
钻头转速	r/min	87~198	62~248	134~270	88~140	40~80	112~197	35~87	101~163
工作压降	MPa (psi)	2.4 (350)	2.4 (350)	4.2 (610)	2.5 (360)	2.1 (305)	3.2 (464)	2.3 (336)	3.84 (557)
输出扭矩	N·m (lbf·ft)	1837 (1360)	1470 (1090)	2380 (1364)	2660 (1970)	4750 (3500)	4334 (3210)	8027 (5946)	7230 (5356)
功率	kW (HP)	38 (51)	38 (51)	67 (90)	39 (52)	40 (54)	90 (120)	71 (94)	123 (164)
最大压降	MPa (psi)	3.84 (557)	3.84 (557)	6.72 (976)	4.0 (576)	3.36 (488)	5.12 (742)	3.68 (537)	6.144 (891)
最大扭矩	N·m (lbf·ft)	2939 (2176)	2352 (1744)	3808 (2182)	4256 (3152)	7600 (5600)	6934 (5136)	12843 (9513)	11568 (8569)
推荐钻压	kN (lbf)	48 (10800)	48 (10800)	48 (10800)	48 (10800)	48 (10800)	147 (33000)	147 (33000)	147 (33000)
最大钻压	kN (lbf)	98 (22000)	98 (22000)	98 (22000)	98 (22000)	98 (22000)	196 (44000)	196 (44000)	196 (44000)
标准长度	m (ft)	5.5 (18.0)	4.96 (16.3)	6.23 (20.4)	6.23 (20.4)	7.64 (25.1)	6.7 (22.0)	9.573 (31.4)	8.793 (28.9)
质量	kg (lbf)	397 (873)	313 (689)	437 (960)	462 (1016)	569 (1252)	678 (1494)	920 (2027)	1005 (2211)

续表 9 - 10

钻具型号		5LZ165×7Y	5LZ165×7Y-I	7LZ165×7Y-II	7LZ165×7Y-AD	9LZ165×7Y	5LZ172×7Y	5LZ172×7Y-I	7LZ172×7Y
公称外径	mm (in)	165 ($6\frac{1}{2}$)	165 ($6\frac{1}{2}$)	165 ($6\frac{1}{2}$)	165 ($6\frac{1}{2}$)	165 ($6\frac{1}{2}$)	172 ($6\frac{3}{4}$)	172 ($6\frac{3}{4}$)	172 ($6\frac{3}{4}$)
头数		5:6	5:6	7:8	7:8	9:10	5:6	5:6	7:8
级数		4.0	6.5	2.9	2.0	3.0	4.0	5.0	3.0
钻头尺寸	mm (in)	213~251 ($8\frac{3}{8}$~$9\frac{7}{8}$)	213~251 ($8\frac{3}{8}$~$9\frac{7}{8}$)	213~251 ($8\frac{3}{8}$~$9\frac{7}{8}$)	213~251 ($8\frac{3}{8}$~$9\frac{7}{8}$)	213~251 ($8\frac{3}{8}$~$9\frac{7}{8}$)	213~251 ($8\frac{3}{8}$~$9\frac{7}{8}$)	213~251 ($8\frac{3}{8}$~$9\frac{7}{8}$)	213~251 ($8\frac{3}{8}$~$9\frac{7}{8}$)
上端螺纹 (API-REG)		$4\frac{1}{2}$"	$4\frac{1}{2}$"	$4\frac{1}{2}$"	$4\frac{1}{2}$"	$4\frac{1}{2}$"	$4\frac{1}{2}$"	$4\frac{1}{2}$"	$4\frac{1}{2}$"
下端螺纹 (API-REG)		$4\frac{1}{2}$"	$4\frac{1}{2}$"	$4\frac{1}{2}$"	$4\frac{1}{2}$"	$4\frac{1}{2}$"	$4\frac{1}{2}$"	$4\frac{1}{2}$"	$4\frac{1}{2}$"
流量	L/s (gal/min)	16~28 (250~450)	10~27 (160~430)	13~32 (250~500)	20~32 (320~500)	19~32 (300~500)	16~36 (250~570)	13~38 (200~600)	16~36 (250~570)
钻头转速	r/min	112~197	83~224	35~87	51~84	94~159	94~210	72~212	73~164
工作压降	MPa (psi)	3.2 (464)	5.2 (754)	2.3 (336)	1.6 (230)	2.4 (350)	3.2 (464)	4.0 (580)	2.4 (350)
输出扭矩	N·m (lbf·ft)	4334 (3210)	6000 (4425)	8027 (5946)	5790 (4290)	4600 (3390)	5215 (3590)	6844 (5070)	5023 (3720)
功率	kW (HP)	90 (120)	140 (187)	71 (94)	51 (68)	77 (103)	115 (154)	159 (212)	86 (115)
最大压降	MPa (psi)	5.12 (742)	8.32 (1206)	3.68 (537)	2.56 (368)	3.84 (557)	5.12 (742)	6.4 (928)	3.84 (560)
最大扭矩	N·m (lbf·ft)	6934 (5136)	9600 (7080)	12843 (9513)	9264 (6864)	7360 (5428)	8344 (5744)	10950 (8112)	8036 (5952)
推荐钻压	kN (lbf)	80 (18000)	80 (18000)	80 (18000)	80 (18000)	80 (18000)	98 (22000)	98 (22000)	98 (22000)
最大钻压	kN (lbf)	160 (36000)	160 (36000)	160 (36000)	160 (36000)	160 (36000)	166 (37400)	166 (37400)	166 (37400)
标准长度	m (ft)	7.008 (23.0)	8.21 (27.0)	9.444 (31.0)	7.92 (26.0)	6.234 (20.45)	7.78 (25.5)	8.78 (28.7)	7.08 (23.2)
质量	kg (lbf)	945 (2080)	1045 (2300)	1369 (3012)	1028 (2262)	850 (1870)	1005 (2211)	1210 (2717)	975 (2145)

表 9－11　渤海中成单头螺杆钻具技术规格及参数

钻具型号		LZ127×3.5C	LZ165×3.5C LZ165×3.5Y	LZ197×3.5C LZ197×3.5Y	LZ244×3.5C	LZ127×7Y	LZ165×7Y	LZ197×7Y	LZ244×7Y
公称外径	mm (in)	127 (5)	165 ($6\frac{1}{2}$)	197 ($7\frac{3}{4}$)	244 ($9\frac{5}{8}$)	127 (5)	165 ($6\frac{1}{2}$)	197 ($7\frac{3}{4}$)	244 ($9\frac{5}{8}$)
钻头尺寸	mm (in)	165～200 ($6\frac{1}{4}$～$7\frac{7}{8}$)	213～251 ($8\frac{3}{8}$～$9\frac{7}{8}$)	241～311 ($9\frac{1}{2}$～$12\frac{1}{4}$)	311～445 ($12\frac{1}{4}$～$17\frac{1}{2}$)	165～200 ($6\frac{1}{4}$～$7\frac{7}{8}$)	213～251 ($8\frac{3}{8}$～$9\frac{7}{8}$)	241～311 ($9\frac{1}{2}$～$12\frac{1}{4}$)	311～445 ($12\frac{1}{4}$～$17\frac{1}{2}$)
上端螺纹(API－REG)		$3\frac{1}{2}''$	$4\frac{1}{2}''$	$5\frac{1}{2}''$	$6\frac{5}{8}''$	$3\frac{1}{2}''$	$4\frac{1}{2}''$	$5\frac{1}{2}''$	$6\frac{5}{8}''$
下端螺纹(API－REG)		$3\frac{1}{2}''$	$4\frac{1}{2}''$	$6\frac{5}{8}''$	$7\frac{5}{8}''$	$3\frac{1}{2}''$	$4\frac{1}{2}''$	$6\frac{5}{8}''$	$7\frac{5}{8}''$
流量	L/s (gal/min)	9.5～15.8 (150～250)	12.6～22 (200～350)	18.9～28.3 (300～450)	25.2～44.2 (400～700)	9.5～18.9 (150～300)	15.8～18.9 (250～400)	18.9～31.5 (300～500)	37.85～63 (600～1000)
钻头转速	r/min	335～560	275～480	275～415	215～375	345～690	280～450	245～410	300～500
工作压降	MPa (psi)	2.5 (360)	2.5 (360)	2.5 (360)	2.5 (360)	3.1 (450)	4.1 (600)	4.1 (600)	5.2 (750)
输出扭矩	N·m (lbf·ft)	576 (425)	935 (690)	1532 (1130)	2623 (1935)	712 (525)	1817 (1340)	2928 (2160)	5423 (4000)
最大扭矩	N·m (lbf·ft)	1152 (850)	1870 (1380)	3064 (2260)	5246 (3870)	1424 (1050)	3634 (2680)	5856 (4320)	10846 (8000)
功率	kW (HP)	20～34 (27～45)	22～47 (36～63)	45～67 (60～90)	59～103 (79～138)	25.4～51.5 (34～69)	53～85 (71～114)	75～125 (101～168)	170～284 (228～381)
钻头水眼压降	MPa (psi)	1～3.4 (150～500)	1～3.4 (150～500)	1～3.4 (150～500)	1～3.4 (150～500)	1.4～6.9 (200～1000)	1.4～6.9 (200～1000)	1.4～6.9 (200～1000)	1.4～6.9 (200～1000)
推荐钻压	t (lb)	2 (4400)	2.9 (6500)	5.4 (11900)	5 (11000)	4.8 (10600)	8.5 (18700)	13 (28700)	24.3 (52900)
最大钻压	t (lb)	4 (8800)	5.5 (12100)	8.3 (18300)	10 (12100)	11.4 (25100)	16.5 (36400)	21 (46300)	35.6 (78500)
标准长度	m (ft)	6 (19.7)	6/5.7 (19.7/18.7)	6.4/6.1 (21/20)	8.1 (26.4)	6.5 (21.2)	7.6 (25)	8.3 (27.1)	9.4 (30.84)
质量	kg (lb)	413 (911)	718/654 (1582/1441)	1066/969 (2350/2136)	1973 (4350)	499 (1099)	916 (2020)	1281 (2825)	2272 (5010)

表 9 – 12　渤海中成 14J 螺杆钻具技术规格及参数

钻具型号		LZI165×14J	LZI197×14J	LZ244×14J	5LZI165×14J	9LZI165×14J	5LZI197×14J	5LZ244×14J
钻头尺寸	mm	213~251	241~311	311~445	213~251	213~251	241~311	311~445
	(in)	($8\frac{3}{8}$~$9\frac{7}{8}$")	($9\frac{1}{2}$~$12\frac{1}{4}$")	($12\frac{1}{4}$~$17\frac{1}{2}$")	($8\frac{3}{8}$~$9\frac{7}{8}$")	($8\frac{3}{8}$~$9\frac{7}{8}$")	($9\frac{1}{2}$~$12\frac{1}{4}$")	($12\frac{1}{4}$~$17\frac{1}{2}$")
上端螺纹（API - REG）		$4\frac{1}{2}$"	$5\frac{1}{2}$"	$6\frac{5}{8}$"	$4\frac{1}{2}$"	$4\frac{1}{2}$"	$5\frac{1}{2}$"	$6\frac{5}{8}$"($7\frac{5}{8}$")
下端螺纹（API - REG）		$4\frac{1}{2}$"	$6\frac{5}{8}$"	$6\frac{5}{8}$"($7\frac{5}{8}$")	$4\frac{1}{2}$"	$4\frac{1}{2}$"	$6\frac{5}{8}$"	$6\frac{5}{8}$"($7\frac{5}{8}$")
流量	L/s	15.8~18.9	19~32	38~63	16~22~28	19~24~32	19~32~38	40~50~75
	(gal/min)	(250~400)	(300~500)	(600~1000)	(254~349~444)	(302~380~508)	(302~508~603)	(698~794~1190)
钻头转速	r/min	280~450	245~410	300~500	112~155~197	94~120~159	89~150~178	90~102~154
工作压降	MPa	4.1	4.1	5.2	3.2	2.4	3.2	2.4
	(psi)	(600)	(600)	(750)	(464)	(348)	(464)	(348)
输出扭矩	N·m	1817	2928	5423	3797	4599	5500	12473
	(lbf·ft)	(1340)	(2160)	(4000)	(2800)	(3392)	(4056)	(9200)
最大扭矩	N·m	3634	5856	10846	6644	8305	11000	21825
	(lbf·ft)	(2680)	(4320)	(8000)	(4900)	(6125)	(8112)	(16100)
功率	kW	53~85	75~125	170~284	45~78	45~77	51~102	118~201
	(HP)	(71~114)	(101~168)	(228~381)	(60~105)	(60~103)	(68~137)	(158~269)
钻头水眼压降	MPa	1.4~6.9	1.4~13.8	1.4~13.8	1.4~13.8	1.4~13.8	1.4~13.8	1.4~13.8
	(psi)	(200~1000)	(200~2000)	(200~2000)	(200~2000)	(200~2000)	(200~2000)	(200~2000)
推荐钻压	t	9.5		29.5	11	11	15	26
	(lb)	(20900)		(65000)	(24300)	(24300)	(33100)	(57300)
最大钻压	t	16.5		40	15.4	15.4	20	37
	(lb)	(36400)		(88200)	(34000)	(34000)	(44100)	(81600)
标准长度	m	7.7	8.03	9.1	6.8	5.9	7.04	8.1
	(ft)	(25.2)	(26.35)	(29.7)	(22.4)	(19.4)	(23.1)	(26.6)
质量	kg	900	1492	2272	730	785	1492	2272
	(lb)	(2006)	(3289)	(5010)	(1609)	(1730)	(3289)	(5010)

表 9 – 13　德州联合石油 DT 螺杆钻具技术规格及参数表

钻具型号		5LZ43×7.0Ⅳ	5LZ73×7.0Ⅲ	5LZ80×7.0Ⅲ	5LZ89×7.0Ⅲ	7LZ295×7.0Ⅲ	3LZ120×7.0V	5LZ120×7.0（挠轴）	5LZ120×7.0（Ⅱ）	7LZ120×7.0V
适合井眼	in	$1\frac{7}{8}\sim3$	$3\frac{3}{4}\sim4\frac{3}{4}$	$3\frac{3}{4}\sim4\frac{3}{4}$	$4\frac{1}{2}\sim6$	$4\frac{5}{8}\sim6$	$5\frac{7}{8}\sim7\frac{7}{8}$	$5\frac{7}{8}\sim7\frac{7}{8}$	$5\frac{7}{8}\sim7\frac{7}{8}$	$5\frac{7}{8}\sim7\frac{7}{8}$
流量范围	L/s	$0.5\sim1\sim1.5$	$2.5\sim5\sim7$	$2.5\sim5\sim7$	$3\sim5.5\sim8$	$6\sim9\sim12$	$9\sim12\sim13.6$	$9\sim13\sim16$	$9\sim13\sim16$	$7.5\sim12\sim15$
钻头转速	r/min	$120\sim240\sim360$	$120\sim220\sim315$	$120\sim200\sim280$	$105\sim200\sim280$	$108\sim162\sim216$	$200\sim260\sim300$	$95\sim155\sim200$	$95\sim155\sim200$	$90\sim144\sim180$
马达压降	MPa	3.2	2.8	2.8	2.4	2.4	4.0	2.4	2.8	3.2
工作扭矩	N·m	80	500	500	560	1200	1400	1500	1700	2050
滞动扭矩	N·m	135	875	875	980	2100	2450	2630	2980	3600
输出功率	kW	$1.6\sim4.8$	$5.6\sim18$	$5.6\sim18$	$7.2\sim19.2$	$15\sim30$	$36\sim54.4$	$21.6\sim38.4$	$25.2\sim44.8$	$24\sim48$
推荐钻压	t	0.5	1.6	1.6	2	2.5	4	3	3	4
最大钻压	t	1	2.5	2.5	3	5	6	6	6	6
连接螺纹	上端母扣（REG）	NC 12	$2\frac{3}{8}''$	$2\frac{3}{8}''$	$2\frac{3}{8}''$	$2\frac{7}{8}''$	$3\frac{1}{2}''$	$3\frac{1}{2}''$	$3\frac{1}{2}''$	$3\frac{1}{2}''$
	下端母扣（REG）	NC 12	$2\frac{3}{8}''$	$2\frac{3}{8}''$	$2\frac{3}{8}''$	$2\frac{7}{8}''$	$3\frac{1}{2}''$	$3\frac{1}{2}''$	$3\frac{1}{2}''$	$3\frac{1}{2}''$
钻具长度	/mm	2560	3670	3650	2700	4035	5570	4360	4525	5360
钻具质量	/kg	22	85	108	83	140	300	200	265	280

续表 9 – 13

钻具型号		5LZ127×7.0V	5LZ150×7.0IV	3LZ165×7.0VI	5LZ165×7.0V	7LZ165×7.0V	4LZ172×7.0VII	5LZ172×7.0IV	6LZ172×7.0VI
适合井眼	in	$5\frac{7}{8}\sim7\frac{7}{8}$	$6\frac{3}{4}\sim8\frac{3}{4}$	$8\frac{3}{8}\sim9\frac{7}{8}$	$8\frac{3}{8}\sim9\frac{7}{8}$	$8\frac{3}{8}\sim9\frac{7}{8}$	$8\frac{3}{8}\sim9\frac{7}{8}$	$8\frac{3}{8}\sim9\frac{7}{8}$	$8\frac{3}{8}\sim9\frac{7}{8}$
流量范围	L/s	9~13~16	12~18~23	15~22~28	18~24~28	21.5~30~38	18~25~32	24~28~34	25~28~35
钻头转速	r/min	90~130~160	85~128~165	160~235~300	90~132~160	90~126~160	135~188~240	120~140~170	185~207~260
马达压降	MPa	4.0	3.2	4.8	4.0	4.0	5.6	3.2	4.8
工作扭矩	N·m	3040	3600	3500	5600	7400	6050	5300	8500
滞动扭矩	N·m	5320	6300	6125	9800	13320	10890	9275	12750
输出功率	kW	36~64	38~74	57.6~107	72~112	86~152	101~180	77~112	120~168
推荐钻压	t	5	7	10	10	10	10	8	10
最大钻压	t	7	12	16	16	16	16	18	18
连接螺纹	上端母扣(REG)	$3\frac{1}{2}''$	$4\frac{1}{2}''$	$4\frac{1}{2}''$	$4\frac{1}{2}''$	$4\frac{1}{2}''$	$4\frac{1}{2}''$	$4\frac{1}{2}''$	$4\frac{1}{2}''$
	下端母扣(REG)	$3\frac{1}{2}''$	$4\frac{1}{2}''$	$4\frac{1}{2}''$	$4\frac{1}{2}''$	$4\frac{1}{2}''$	$4\frac{1}{2}''$	$4\frac{1}{2}''$	$4\frac{1}{2}''$
钻具长度/mm		6477	6295	7530	7670	7440	7730	6730	6730
钻具质量/kg		426	602	790	810	780	820	809	809

表 9 - 14　天津立林机械集团螺杆钻具技术规格及参数表

钻具型号		5LZ43×3.5	5LZ45×3.5	5LZ54×3.5	7LZ54×5.4	5LZ60×3.5
外径尺寸	mm	43	45	54	54	60
	(in)	($1\frac{11}{16}$)	($1\frac{3}{4}$)	($2\frac{1}{4}$)	($2\frac{1}{4}$)	($2\frac{3}{8}$)
钻头尺寸	mm	48~76	48~76	60~89	60~89	79~111
	(in)	($1\frac{7}{8}$~3)	($1\frac{7}{8}$~3)	($2\frac{3}{8}$~$3\frac{1}{2}$)	($2\frac{3}{8}$~$3\frac{1}{2}$)	($3\frac{1}{4}$~$4\frac{3}{8}$)
两端连接螺纹	上端(REG)	1AMMT	1AMMT	1REG	1REG	1REG
	下端(REG)	1AMMT	1AMMT	1REG	1REG	1REG
头数		5:6	5:6	5:6	7:8	5:6
级数		4	3	3	4	3
排量	L/min	48~96	57~170	106~240	150~300	140~280
	(gal/min)	13~26	15~45	28~64	40~79	38~75
钻头速度	r/min	435~870	228~680	282~638	292~585	298~595
工作压降	MPa	3.2	2.4	2.4	3.2	2.4
	(psi)	(466)	350	350	466	350
最大压降	MPa	4.52	3.39	3.39	4.52	3.39
	(psi)	(655)	495	495	655	495
输出扭矩	N·m	56	85	130	235	156
	(lbf·ft)	(42)	62	96	173	151
最大扭矩	N·m	79	125	182	332	218
	(lbf·ft)	(58)	90	135	245	160
工作钻压	kN	3	3	4	4	5
	(lbf)	(660)	660	880	880	110
最大钻压	kN	6	6	8	8	10
	(lbf)	(1320)	1320	1760	1760	220
输出功率	kW	6.5	8	11	20	12
	(HP)	(9)	11	15	27	16

续表 9 – 14

钻具型号	单位	5LZ73×7.0	9LZ79×7.0	5LZ89×7.0	LZ95×7.0	7LZ95×7.0	9LZ105×7.0	K7LZ120×7.0	7LZ120×7.0
外径尺寸	mm	73	79	89	95	95	105	120	120
	(in)	(2 7/8)	(3 1/4)	(3 1/2)	(3 3/4)	(3 3/4)	(4 1/4)	(4 3/4)	(4 3/4)
钻头尺寸	mm	95~121	95~121	114~149	118~149	118~149	121~152	149~200	149~200
	(in)	(3 3/4~4 3/4)	(3 3/4~4 3/4)	(4 1/2~5 7/8)	(4 5/8~5 7/8)	(4 5/8~5 7/8)	(4 3/4~6)	(5 7/8~7 7/8)	(5 7/8~7 7/8)
两端连接螺纹	上端(REG)	2 3/8" REG	2 3/8" REG	2 3/8" REG	2 7/8" REG	2 7/8" REG	2 7/8" REG	3 1/2" REG	3 1/2" REG
	下端(REG)	2 3/8" REG	2 3/8" REG	2 3/8" REG	2 7/8" REG	2 7/8" REG	2 7/8" REG	3 1/2" REG	3 1/2" REG
头数		5:6	9:10	5:6	1:2	7:8	9:10	7:8	7:8
级数		4	5	4	4	10.1	5	2	6.5
排量	L/min	162~578	162~578	255~766	150~450	300~680	498~997	603~1206	745~1489
	(gal/min)	(76~153)	(76~153)	(67~202)	(40~119)	(80~180)	(131~263)	(159~318)	(196~393)
转速	r/min	121~432	97~347	108~325	160~478	150~340	132~265	60~120	130~261
工作压降	MPa	3.2	4.0	3.2	3.2	8.08	4.0	1.6	5.2
	(psi)	(466)	(585)	(466)	(466)	(1170)	(585)	(232)	(757)
最大压降	MPa	4.52	5.65	4.52	4.52	11.41	5.65	2.26	7.35
	(psi)	(655)	(824)	(655)	(655)	(1655)	(824)	(328)	(1065)
输出扭矩	N·m	613	845	1080	432	2212	2037	2074	4010
	(lbf·ft)	(452)	(608)	(800)	(319)	(1632)	(1503)	(1530)	(2956)
最大扭矩	N·m	867	1192	1526	574	3125	2706	2930	5325
	(lbf·ft)	(639)	(878)	(1126)	(423)	(2305)	(1995)	(2161)	(3938)
工作钻压	kN	12	12	22	30	30	30	49	49
	(lbf)	(2640)	(2640)	(4400)	(6600)	(6600)	(6600)	(10803)	(10803)
最大钻压	kN	25	25	35	55	55	55	100	100
	(lbf)	(5500)	(5500)	(7700)	(12100)	(12100)	(12100)	(22000)	(22000)
输出功率	kW	36	46	47	26	100	63	33	122
	(HP)	(48)	(62)	(63)	(35)	(135)	(85)	(45)	(166)

续表 9 - 14

钻具型号		9LZ120×7.0	4LZ127×7.0	7LZ127×7.0	5LZ159×7.0	4LZ165×7.0	7LZ165×7.0	K9LZI165×7.0	K9LZI72×7.0
外径尺寸	mm	120	127	127	159	165	165	165	172
	(in)	($4\frac{3}{4}$)	(5)	(5)	($6\frac{1}{4}$)	($6\frac{1}{2}$)	($6\frac{1}{2}$)	($6\frac{1}{2}$)	($6\frac{3}{4}$)
钻头尺寸	mm	149~200	149~200	149~200	171~222	213~251	213~251	213~251	213~251
	(in)	($5\frac{7}{8}$~$7\frac{7}{8}$)	($5\frac{7}{8}$~$7\frac{7}{8}$)	($5\frac{7}{8}$~$7\frac{7}{8}$)	($6\frac{3}{4}$~$8\frac{3}{4}$)	($8\frac{3}{8}$~$9\frac{7}{8}$)	($8\frac{3}{8}$~$9\frac{7}{8}$)	($8\frac{3}{8}$~$9\frac{7}{8}$)	($8\frac{3}{8}$~$9\frac{7}{8}$)
两端连接螺纹	上端(REG)	3½″REG	3½″REG	3½″REG	4½″REG	4½″REG	4½″REG	4½″REG	4½″REG
	下端(REG)	3½″REG	3½″REG	3½″REG	4½″REG	4½″REG	4½″REG	4½″REG	4½″REG
头数		9:10	4:5	7:8	5:6	4:5	7:8	9:10	9:10
级数		3.6	5	7	5	7	3.8	2	2
排量	L/min	745~1489	495~990	516~1030	828~1656	730~1460	1200~2400	1148~2296	1110~2220
	(gal/min)	(196~393)	(131~262)	(130~273)	(219~438)	(193~386)	(317~634)	(303~606)	(293~586)
转速	r/min	72~143	150~300	128~256	88~177	109~217	51~103	55~110	43~86
工作压降	MPa	2.88	4.0	5.6	4.0	5.6	3.04	1.6	1.6
	(psi)	(421)	(585)	(817)	(585)	(815)	(440)	(232)	(232)
最大压降	MPa	4.1	5.65	7.91	5.65	7.91	4.3	2.26	2.26
	(psi)	(590)	(824)	(1154)	(824)	(1154)	(624)	(328)	(328)
输出扭矩	N·m	3685	1780	2829	4221	4799	8975	4374	5284
	(lbf·ft)	(2717)	(1313)	(2087)	(3113)	(3539)	(6620)	(3226)	(3897)
最大扭矩	N·m	5245	2515	3997	5962	6778	12700	6178	7464
	(lbf·ft)	(3868)	(1855)	(2848)	(4397)	(4998)	(9366)	(4556)	(5505)
工作钻压	kN	49	49	49	80	80	80	80	100
	(lbf)	(10803)	(10803)	(10803)	(17600)	(17600)	(17600)	(17600)	(22000)
最大钻压	kN	100	100	100	160	160	160	160	170
	(lbf)	(22000)	(22000)	(22000)	(35200)	(35200)	(35200)	(35200)	(37400)
输出功率	kW	71	71	85	111	139	123	64	61
	(HP)	(95)	(95)	(114)	(148)	(186)	(165)	(86)	(82)

表9-15　国内等壁厚螺杆钻具技术规格及参数表

厂家	型号	直径 mm	钻头尺寸 in	排量 L/s	转速 r/min	工作压降 MPa	工作扭矩 N·m	最大扭矩 N·m	推荐钻压 kN	最大钻压 kN	输出功率 kW	连接螺纹（REG）上端REG	连接螺纹（REG）下端REG
北京石油机械厂	H51Z120×7.0	120	$5\frac{7}{8} \sim 7\frac{7}{8}$	6.67~20	90~270	3.3	1680	3360	55	100	15.8~47.5	$3\frac{1}{2}''$	$3\frac{1}{2}''$
	H51Z165×7.0	165	$8\frac{3}{8} \sim 9\frac{7}{8}$	16~38.7	105~190	3.3	3400	6800	90	180	37.4~67.6	$4\frac{1}{2}''$	$4\frac{1}{2}''$
	H51Z172×7.0	172	$8\frac{3}{8} \sim 9\frac{7}{8}$	18.93~37.85	110~220	3.3	3925	7850	150	300	45.2~90.4	$4\frac{1}{2}''$	$4\frac{1}{2}''$
	H51Z203×7.0	203	$9\frac{7}{8} \sim 12\frac{1}{4}$	22~36	100~160	3.5	5550	11090	145	290	58~93	$5\frac{1}{2}''$	$6\frac{5}{8}''$
	H51Z244×7.0	244	$12\frac{1}{4} \sim 17\frac{1}{2}$	50.7~75.7	100~150	2.2	8130	16260	210	400	85~128	$6\frac{5}{8}''$	$6\frac{5}{8}''$
德州联合石油机械有限公司	5LZ120×7.0Ⅲ-等壁厚	120	$5\frac{7}{8} \sim 7\frac{7}{8}$	6~12.5	95~200	3.6	2210	3980	45	90	22~45	$3\frac{1}{2}''$	$3\frac{1}{2}''$
	5LZ172×7.0Ⅲ-等壁厚	172	$8\frac{3}{8} \sim 9\frac{7}{8}$	16.6~33.2	90~180	3.6	5400	9720	120	240	62~122	$4\frac{1}{2}''$	$4\frac{1}{2}''$
	5LZ172×7.0Ⅳ-等壁厚	172	$8\frac{3}{8} \sim 9\frac{7}{8}$	16.6~33.2	90~180	4.8	7200	12960	150	270	79~158	$4\frac{1}{2}''$	$4\frac{1}{2}''$
	5LZ203×7.0Ⅳ-等壁厚	203	$9\frac{7}{8} \sim 12\frac{1}{4}$	24~42	90~158	4.8	10000	18000	240	360	115~202	$5\frac{1}{2}''$	$6\frac{5}{8}''$
	7LZ244×7.0Ⅳ-等壁厚	244	$12\frac{1}{4} \sim 17\frac{1}{2}$	40~65	80~130	4.8	18000	32400	270	400	165~268	$6\frac{5}{8}''$	$6\frac{5}{8}''$
天津立林机械集团有限公司	E51Z120×7.0	120	$5\frac{7}{8} \sim 7\frac{7}{8}$	11.6~23.1	140~278	4.4	2795	3948	49	100	103	$3\frac{1}{2}''$	$3\frac{1}{2}''$
	E51Z165×7.0	165	$8\frac{3}{8} \sim 9\frac{7}{8}$	14.4~28.7	87~174	4.8	5507	7780	80	160	120	$4\frac{1}{2}''$	$4\frac{1}{2}''$
	E51Z172×7.0	172	$8\frac{3}{8} \sim 9\frac{7}{8}$	15.8~30.8	92~184	4.4	5719	8079	100	170	140	$4\frac{1}{2}''$	$4\frac{1}{2}''$
	E51Z203×7.0	203	$9\frac{7}{8} \sim 12\frac{1}{4}$	18.55~37.1	79~158	4.8	9146	12920	150	200	180	$5\frac{1}{2}''$	$6\frac{5}{8}''$
	E71Z244×7.0L	244	$12\frac{1}{4} \sim 17\frac{1}{2}$	37.8~75.7	68~135	4.95	21530	30030	220	330	385	$6\frac{5}{8}''$	$6\frac{5}{8}''$
渤海石油装备中成机械制造有限公司	6LZ120×7Y-ERT	120	$5\frac{7}{8} \sim 7\frac{7}{8}$	9.5~19	67~134	3.0	3455	5528	48	98	48	$3\frac{1}{2}''$	$3\frac{1}{2}''$
	7LZ172×7Y-ERT	172	$8\frac{3}{8} \sim 9\frac{7}{8}$	19~41	79~170	3.0	5910	9456	98	166	83	$4\frac{1}{2}''$	$4\frac{1}{2}''$
	7LZ172×7Y-ERT	172	$8\frac{3}{8} \sim 9\frac{7}{8}$	11~23	45~95	6.4	14740	20340	98	166	136	$4\frac{1}{2}''$	$4\frac{1}{2}''$

9.1.6　国外螺杆钻具型号与规格

国外螺杆钻具厂家众多，这里重点介绍贝克休斯、斯伦贝谢、哈里伯顿螺杆钻具技术规格、工作特性，并对其他螺杆钻具作一般介绍。

1. 贝克休斯 INTEQ 公司的螺杆钻具

1995 年，贝克休斯 INTEQ 公司引进了纳维螺杆钻具，在 Mach1、Mach2、Mach3 三种型号的基础上做了进一步的改进，开发出 Ultra 和 X－treme 两个系列的螺杆钻具。

贝克休斯 INTEQ 公司螺杆钻具概况见表 9－16。

Ultra 系列螺杆钻具技术规格及参数见表 9－17。

X－treme 系列螺杆钻具技术规格及参数见表 9－18。

表 9－16　贝克休斯 INTEQ 公司螺杆钻具概况

	M1X	M1XL	M2XL/RF	M1ADM	M1X-P	M1X-P/LS	M1XL-P	M1Xi-P	M1Xi-P/LS	M2PXL	M2XL-P	M4XL	M4XL-P	M1P
$2\frac{3}{8}$					X									
$2\frac{7}{8}$				X	X					X				
$3\frac{1}{8}$	X	X		X										
$3\frac{1}{2}$						X	X		X		X			
$3\frac{3}{4}$		X												
$4\frac{3}{4}$	X	X	X	X	X		X	X		X		X		
$6\frac{1}{2}$	X	X	X	X						X				
$6\frac{3}{4}$	X	X	X	X			X			X			X	
8		X		X										X*
$9\frac{1}{2}$		X		X	X									
$11\frac{1}{4}$														X
$12\frac{3}{4}$					X									X

X ——Ultra 系列马达；

X ——X-treme 系列马达；

X* ——仅用于 NaviGator 地质导航钻具马达。

表 9-17 Ultra 系列螺杆钻具技术规格及参数表

型号	头数	外径		流量 /(L·min⁻¹) (gal·min⁻¹)	钻头转速 /(r·min⁻¹)	最大压差 /MPa (lbf/in²)	最大扭矩 /(N·m) (lbf·ft)	功率范围 /kW(HP)	接头螺纹		长度 /m(ft)	质量 /kg(lb)
		mm	in						旁通阀 上端母扣	钻头接头 下端母扣		
M1ADM	5/6	73.03	$2\frac{7}{8}$	100~450 (25~120)	40~185	3.2 (460)	785 (580)	10(13)	$2\frac{3}{8}''$ PAC DSI	$2\frac{3}{8}''$ API REG	3.71(12.17)	92(203)
M2PXL	2/3	73.03	$2\frac{7}{8}$	200~400 (53~106)	415~830	14.4 (2090)	745 (550)	39(52)	$2\frac{3}{8}''$ PAC DSI	$2\frac{3}{8}''$ API REG	5.19(17)	108(238)
M1X	5/6	79.38	$3\frac{1}{4}$	300~600 (80~160)	180~365	5.1 (740)	830 (610)	20(27)	$2\frac{3}{8}''$ API REG	$2\frac{3}{8}''$ API REG	3.7(12.1)	100(220)
M1XL	5/6	79.38	$3\frac{1}{4}$	300~600 (80~160)	180~365	9.6 (1390)	1560 (1150)	37(50)	$2\frac{3}{8}''$ API REG	$2\frac{3}{8}''$ API REG	5.1(16.7)	150(330)
M1ADM	5/6	79.38	$3\frac{1}{4}$	300~600 (80~160)	65~125	3.2 (460)	1540 (1135)	13(17)	$2\frac{3}{8}''$ API REG	$2\frac{3}{8}''$ API REG	5.1(16.7)	150(330)
M1XL	5/6	95.25	$3\frac{3}{4}$	300~800 (80~210)	150~410	17.6 (2550)	3520 (2590)	94(126)	$2\frac{7}{8}''$ AOH	$2\frac{7}{8}''$ API REG	8.7(28.5)	390(860)
M1X	5/6	120.65	$4\frac{3}{4}$	400~1200 (105~315)	110~325	8.0 (1160)	2960 (2180)	63(84)	NC38	$3\frac{1}{2}''$ API REG	6.3(20.7)	360(800)
M1XL	5/6	120.65	$4\frac{3}{4}$	400~1200 (105~315)	110~325	15.2 (2200)	5650 (4165)	120(161)	NC38	$3\frac{1}{2}''$ API REG	9.4(30.8)	640(1410)
M1XL/RF	4/5	120.65	$4\frac{3}{4}$	450~850 (120~225)	175~335	20.0 (2900)	5120 (3760)	112(150)	NC38	$3\frac{1}{2}''$ API REG	9.4(30.8)	640(1410)
M1ADM	5/6	120.65	$4\frac{3}{4}$	600~1200 (160~315)	55~110	3.2 (460)	3520 (2590)	25(34)	NC38	$3\frac{1}{2}''$ API REG	6.7(22.0)	380(840)

续表 9-17

型号	头数	外径 mm	外径 in	流量 /(L·min⁻¹)(gal·min⁻¹)	钻头转速 /(r·min⁻¹)	最大压差 /MPa(lbf/in²)	最大扭矩 /(N·m)(lbf·ft)	功率范围 /kW(HP)	接头螺纹 旁通阀 上端母扣	接头螺纹 钻头接头 下端母扣	长度 /m(ft)	质量 /kg(lb)
M1X-P	5/6	120.65	4¾	400~1200 (105~315)	110~325	12.5 (1810)	5315 (3920)	145(194)	NC38	3½" API REG	6.7(22.0)	370(816)
M1Xi-P	5/6	120.65	4¾	400~1200 (105~315)	110~325	3.0 (435)	1275 (940)	33(44)	NC38	3½" API REG	2.5(8.26)	216(476)
M2PXL	2/3	120.65	4¾	300~1000 (80~265)	180~600	17.6 (2550)	3120 (2300)	123(165)	NC38	3½" API REG	9.4(30.8)	640(1410)
M1X	5/6	165.1	6½	1000~2500 (265~660)	90~220	5.1 (740)	5840 (4300)	84(113)	NC50	4½" API REG	7.0(23.0)	800(1765)
M1XL	5/6	165.1	6½	1000~2500 (265~660)	90~220	9.6 (1390)	10960 (8080)	158(212)	NC50	4½" API REG	9.65(31.7)	1250(2750)
M1ADM	7/8	165.1	6½	1300~2300 (345~610)	50~95	3.8 (557)	9280 (6880)	57(76)	NC50	4½" API REG	7.0(23.0)	800(1765)
M1X-P	5/6	165.1	6½	1000~2500 (265~660)	90~220	7.5 (1090)	9800 (7225)	180(242)	NC50	4½" API REG	7.0(23.0)	800(1765)
M2PXL	2/3	165.1	6½	1000~2000 (265~530)	235~470	12.8 (1856)	5840 (4300)	180(242)	NC50	4½" API REG	9.65(31.7)	1250(2750)
M1X	5/6	171.45	6¾	1000~2500 (265~660)	90~220	5.1 (740)	5840 (4300)	84(113)	NC50	4½" API REG	7.0(23.0)	800(1765)
M1XL	5/6	171.45	6¾	1000~2500 (265~660)	90~220	9.6 (1390)	10960 (8080)	158(212)	NC50	4½" API REG	9.65(31.7)	1250(2750)

表 9 – 18　X – treme 系列螺杆钻具技术规格及参数表

型号	头数	外径 mm	外径 in	流量 /(L·min⁻¹) (gal·min⁻¹)	钻头转速 /(r·min⁻¹)	最大压差 /MPa (lbf/in²)	最大扭矩 /(N·m) (lbf·ft)	功率 /kW(HP)	接头螺纹 旁通阀 上端母扣	接头螺纹 钻头接头 下端母扣	长度 /m(ft)	质量 /kg(lb)
M1X – P	5/6	60.33	$2\frac{3}{8}$	100~300 (25~80)	145~435	6.25 (905)	495 (365)	18(24)	$1\frac{1}{2}''$ AMT	$1\frac{1}{2}''$ AMT	2.6(8.4)	45(100)
M1X – P	5/6	73.03	$2\frac{7}{8}$	100~450 (25~120)	110~490	10.0 (1450)	1055 (780)	43(58)	$2\frac{3}{8}''$ PACDSI	$2\frac{3}{8}''$ APIREG	3.3(10.8)	80(175)
M1XL – P	5/6	88.90	$3\frac{1}{2}$	300~680 (80~180)	160~360	14.0 (2030)	3090 (2280)	87(117)	$2\frac{7}{8}''$ AOH	$2\frac{3}{8}''$ APIREG	7.35(24)	279(615)
M1Xi – P/LS	5/6	88.90	$3\frac{1}{2}$	300~680 (80~180)	90~200	2.4 (350)	960 (700)	13(17)	$2\frac{7}{8}''$ AOH	$2\frac{3}{8}''$ APIREG	2.54(8.32)	87(192)
M1X – P/LS	5/6	88.90	$3\frac{1}{2}$	300~680 (80~180)	90~200	5.0 (725)	1975 (1455)	33(44)	$2\frac{7}{8}''$ AOH	$2\frac{3}{8}''$ APIREG	7.39(24.3)	203(448)
M2XL – P	1/2	88.90	$3\frac{1}{2}$	230~490 (60~130)	400~890	14.0 (2030)	995 (735)	69(92)	$2\frac{7}{8}''$ AOH	$2\frac{3}{8}''$ APIREG	7.29(23.92)	269(593)
M1XL – P	5/6	120.65	$4\frac{3}{4}$	400~1200 (105~315)	110~325	19.0 (2755)	8080 (5960)	205(276)	NC38	$3\frac{1}{2}''$ APIREG	10.0(32.81)	750(1655)
M4XL	1/2	120.65	$4\frac{3}{4}$	500~1200 (130~315)	520~1250	16.8 (2436)	2000 (1475)	170(230)	NC38	$3\frac{1}{2}''$ APIREG	9.4(30.8)	640(1410)
M1XL – P	5/6	171.45	$6\frac{3}{4}$	1000~2500 (265~660)	90~220	12.0 (1740)	15675 (11560)	270(363)	NC50	$4\frac{1}{2}''$ APIREG	10.8(35.4)	1350(2980)
M4XL – P	1/2	171.45	$6\frac{3}{4}$	1000~2000 (265~530)	450~900	18.0 (2610)	5210 (3845)	368(493)	NC50	$4\frac{1}{2}''$ APIREG	9.6(31.5)	1250(2756)
M1X – P	5/6	241.30	$9\frac{1}{2}$	2000~4400 (530~1160)	80~185	10.0 (1450)	27900 (20565)	430(575)	$6\frac{5}{8}''$ APIREG	$6\frac{5}{8}''$ APIREG	8.9(29.2)	3000(6615)
M1X – P	5/6	323.85	$12\frac{3}{4}$	3000~6600 (790~1740)	70~150	10.0 (1450)	50250 (37050)	630(845)	$7\frac{5}{8}''$ APIREG	$7\frac{5}{8}''$ APIREG	10.4(34.2)	4800(10600)

2. 斯伦贝谢公司的螺杆钻具

斯伦贝谢公司生产的螺杆钻具主要包括 M、S、XC、XF 四个系列。

M 系列螺杆钻具的特点是采用泥浆润滑轴承，一部分钻井液被分配到轴承部分，用于冷却和润滑轴承；

S 系列螺杆钻具的特点是采用带有储油密封的油润滑轴承。轴承系统带有密封外壳，不与钻井液接触；

XC 系列是短半径螺杆钻具，具有相对较短的传动轴、马达节和万向轴，主要用于短半径定向井钻进；

XF 系列螺杆钻具主要是用于超短半径定向井钻进，与 XC 系列区别在于 XF 系列具有两个万向轴和一个可调弯接头。

M 系列螺杆钻具技术规格及参数见表 9 – 19。

S 系列螺杆钻具技术规格及参数见表 9 – 20。

3. 哈里伯顿公司的螺杆钻具

哈里伯顿公司生产的螺杆钻具主要以直径规格作为系列，其钻具技术规格及参数见表 9 – 21。

近年来哈里伯顿公司发展了 GeoForce 螺杆钻具技术，其采用了预轮廓等壁厚马达技术，能量输出效率更高。GeoForce 螺杆钻具技术规格及参数见表 9 – 22。图 9 – 18 中所示为两种螺杆钻具的性能曲线。

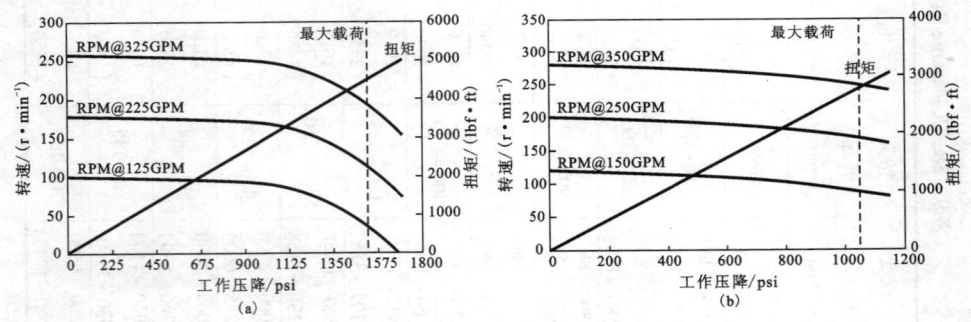

图 9 – 18　哈里伯顿螺杆钻具性能曲线

（a）GeoForce – 5″螺杆钻具（头数 6:7，4.5 级）；（b）哈里伯顿常规 5″螺杆钻具（头数 6:7，6.0 级）

注：1ft = 0.3048 m；1 lbf = 4.4482 N

4. 俄罗斯国家螺杆钻具

俄罗斯在螺杆钻具研制方面起步较晚，其产品主要以多头螺杆钻具为主。比较有代表性的是 VNIIBT 钻具公司和 NGT 公司。

VNIIBT 钻具公司螺杆钻具技术规格及参数见表 9 – 23。

NGT 公司螺杆钻具技术规格及参数见表 9 – 24。

表9-19 M系列螺杆钻具技术规格及参数表

钻具型号	外径/mm	结构		流量/(L·min⁻¹)	转速/(r·min⁻¹)	最大工作扭矩/(N·m)	工作压降/kPa	功率/kW	长度/m	质量/kg	推荐井眼直径/mm
		头数	级数								
A213XP	53.98	5:6	6	80~190	260~640	380	8250	11	3.2	35	60.33~73.03
A238SP	60.33	5:6	2.5	80~190	160~395	260	3450	5	2.58	35	73.03~88.90
A238SP	60.33	5:6	3.5	80~300	160~590	370	4850	13	3.03	50	73.03~88.90
A238XP	60.33	5:6	5.2	80~190	160~395	570	7250	11	3.82	55	73.03~88.90
A287SP	73.03	5:6	3.3	80~300	115~465	450	4650	11	3.05	65	92.08~120.65
A287XP	73.03	5:6	7	80~300	115~465	950	9650	26	4.46	90	92.08~120.65
A287SP	73.03	7:8	3.2	110~340	125~375	9220	4550	11	3.05	65	92.08~120.65
A287SP	73.03	7:8	3.7	150~450	140~425	730	5250	20	3.42	75	92.08~120.65
A287AD	73.03	7:8	2	230~680	130~390	730	2900	21	3.32	70	92.08~120.65
A313XC	79.38	7:8	2	230~450	230~460	380	2850	7	2.7	60	88.90~107.95
A313XC	79.38	7:8	2.9	230~450	230~460	540	4150	13	3.03	60	88.90~107.95
A313XF	79.38	7:8	2	230~450	230~460	380	2850	7	2.56	60	88.90~107.95
A350SP	88.9	4:5	5	110~420	95~350	9220	6750	25	4.61	135	114.30~152.40
A350SP	88.9	7:8	3	110~420	45~165	1300	3950	13	4.61	140	114.30~152.40
A375XC	95.25	7:8	2	490~720	240~355	810	2850	12	3.2	100	114.30~120.65

续表 9-19

| 钻具型号 | 外径/mm | 结构 | | 流量/(L·min⁻¹) | 转速/(r·min⁻¹) | 最大工作扭矩/(N·m) | 工作压降/kPa | 功率/kW | 长度/m | 质量/kg | 推荐井眼直径/mm |
		头数	级数								
A375XC	95.25	7:8	3.5	490~720	240~355	1400	4950	26	3.94	100	114.30~120.65
A375XF	95.25	7:8	2	490~720	240~355	810	2850	12	3.09	100	114.30~120.65
A475SP	120.65	1:2	3	380~760	225~435	720	2750	25	5.75	285	149.23~177.80
A475HS	120.65	2:3	10.5	380~1000	226~600	3500	12750	130	8.38	455	149.23~177.80
A475SP	120.65	4:5	3.5	380~950	105~260	2500	4750	38	5.07	280	149.23~177.80
A475XP	120.65	4:5	6	380~950	105~260	4500	8150	69	6.87	415	149.23~177.80
A475GT	120.65	5:6	8.3	380~950	105~260	6000	11400	97	8.28	455	149.23~177.80
A475SP	120.65	7:8	2.2	380~950	55~135	3000	3100	19	5.07	290	149.23~177.80
A475XP	120.65	7:8	3.8	380~950	55~135	5000	5400	40	6.87	410	149.23~177.80
A475XC	120.65	7:8	2	380~950	100~245	1490	2850	18	4.06	240	149.23~155.58
A475XF	120.65	7:8	2	380~950	100~245	1490	2850	18	3.84	225	149.23~155.58
A475AD	120.65	7:8	2	1140~2650	100~230	4000	2500	82	6.13	365	149.23~177.80
A500HS	127	2:3	10.5	380~1000	225~600	3500	12750	130	8.14	590	149.23~177.80
A500HF	127	5:6	5.2	570~1510	95~250	6000	6750	99	8.23	600	149.23~177.80
A500GT	127	5:6	8.3	380~950	105~260	6000	11400	98	8.14	590	149.23~177.80
A675SP	171.45	1:2	4	760~1890	180~465	2500	3500	86	7.19	805	212.73~250.83

表 9 - 20　S 系列螺杆钻具技术规格及参数表

钻具型号	外径 /mm	结构 头数	结构 级数	流量 /(L·min⁻¹)	转速 /(r·min⁻¹)	最大工作扭矩 /(N·m)	工作压降 /kPa	功率 /kW	长度 /m	质量 /kg	推荐井眼直径 /mm
A313SP	79.38	5:6	3.5	300~610	175~350	1200	4850	27	3.7	90	88.90~107.95
A313GT	79.38	5:6	5.2	300~610	195~380	1750	7250	40	4.75	115	88.90~107.95
A350SP	88.9	4:5	5	110~420	95~350	1200	6750	25	4.92	150	114.30~152.40
A350SP	88.9	7:8	3	110~420	45~165	1300	3950	13	4.92	150	114.30~152.40
A475SP	120.65	1:2	3	380~760	220~440	720	3050	25	5.5	275	149.23~177.80
A475HS	120.65	2:3	10.5	380~1000	225~600	3500	12750	130	8.82	475	149.23~177.80
A475SP	120.65	4:5	3.5	380~950	105~260	2500	4850	38	5.5	300	149.23~177.80
A475XP	120.65	4:5	6	380~950	105~260	4500	8250	69	7.31	435	149.23~177.80
A475GT	120.65	5:6	8.3	380~950	105~260	6000	11400	97	8.72	475	149.23~177.80
A475SP	120.65	7:8	2.2	380~950	55~135	3000	3100	19	5.5	310	149.23~177.80
A475XP	120.65	7:8	3.8	380~950	55~135	5000	5400	40	7.31	435	149.23~177.80
A475AD	120.65	7:8	2	1140~2650	100~230	4000	2850	82	6.57	380	149.23~177.80
A625SP	158.75	1:2	4	660~1320	230~450	2000	4300	61	6.91	805	200.03~215.90
A625SP	158.75	4:5	4.3	570~1510	100~265	5000	5850	79	6	725	200.03~215.90

续表 9-20

钻具型号	外径 /mm	结构 头数	结构 级数	流量 /(L·min⁻¹)	转速 /(r·min⁻¹)	最大工作扭矩 /(N·m)	工作压降 /kPa	功率 /kW	长度 /m	质量 /kg	推荐井眼直径 /mm
A625XP	158.75	4:5	7.5	570~1510	100~265	8500	10000	142	8.02	935	200.03~215.90
A625SP	158.75	7:8	2.8	570~1510	50~135	6000	4000	48	6	725	200.03~215.90
A625XP	158.75	7:8	4.8	570~1510	50~136	10500	6750	90	8.01	935	200.03~215.90
A650GT	165.1	5:6	8.2	1140~2270	125~250	14000	11400	231	9.32	1090	212.73~250.83
A650AD	165.1	7:8	2	1150~3030	60~115	11000	2600	75	6.97	905	212.73~250.83
A675SP	171.45	1:2	4	760~1890	180~465	2500	3500	86	7.5	805	212.73~250.83
A675XP	171.45	2:3	8	1140~2270	260~520	6000	7400	209	8.39	975	212.73~250.83
A675HS	171.45	2:3	10.7	1140~2270	300~600	7500	13100	310	8.87	1045	212.73~250.83
A675SP	171.45	4:5	4.8	1140~2270	150~300	7500	6350	127	6.83	795	212.73~250.83
A675XP	171.45	4:5	7	1140~2270	150~300	10500	9650	193	8.39	985	212.73~250.83
A675AD	171.45	7:8	2	1510~3030	60~115	11000	2600	75	6.97	910	212.73~250.83
A675SP	171.45	7:8	3	1140~2270	85~165	7500	4250	72	6.24	795	212.73~250.83
A675XP	171.45	7:8	5	1140~2270	85~165	13000	7050	134	7.99	1025	212.73~250.83

注：AD—空气钻井用螺杆钻具；GT—大扭矩螺杆钻具；HF—大流量螺杆钻具；HS—高速螺杆钻具；SP—常规螺杆钻具；XC—短半径螺杆钻具；XF—超短半径螺杆钻具；XP—大功率螺杆钻具。

表9-21　哈里伯顿螺杆钻具技术规格及参数表

外径 (in)	外径 (mm)	头数	级数	转速/(r·min⁻¹)	最大扭矩/(lbf·ft)	流量/(L·min⁻¹)	接头螺纹 上端母扣(REG)	接头螺纹 下端母扣(REG)	长度/m	质量/kg
$3\frac{5}{8}$	92	5:6	5	152~243	2146	379~606	NC26	$2\frac{5}{8}''$REG	6.253	237
$4\frac{3}{4}$	121	2:3	8	200~550	1851	379~1003	$3\frac{1}{2}''$REG	$3\frac{1}{2}''$REG	8.444	520
$4\frac{3}{4}$	121	4:5	6.3	105~262	2910	379~946	$3\frac{1}{2}''$REG	$3\frac{1}{2}''$REG	7.225	467
$4\frac{3}{4}$	121	5:6	8.3	150~300	4135	568~1136	$3\frac{1}{2}''$REG	$3\frac{1}{2}''$REG	8.139	531
$4\frac{3}{4}$	121	7:8	3.8	84~140	3187	568~946	$3\frac{1}{2}''$REG	$3\frac{1}{2}''$REG	6.717	460
5	127	6:7	6	115~280	3769	568~1325	$3\frac{1}{2}''$REG	$3\frac{1}{2}''$REG	6.666	503
$6\frac{1}{4}$	159	7:8	2.9	34~102	9999	757~2271	$4\frac{1}{2}''$REG	$4\frac{1}{2}''$REG	8.382	967
$6\frac{1}{4}$	159	7:8	4.8	51~136	7728	568~1514	$4\frac{1}{2}''$REG	$4\frac{1}{2}''$REG	7.747	873
$6\frac{1}{2}$	165	7:8	2	42~84	6101	1136~2271	$4\frac{1}{2}''$REG	$4\frac{1}{2}''$REG	6.233	764
$6\frac{1}{2}$	165	8:9	3	58~145	5071	758~1893	$4\frac{1}{2}''$REG	$4\frac{1}{2}''$REG	5.972	409
$6\frac{3}{4}$	171	4:5	7	150~300	7015	1136~2271	$4\frac{1}{2}''$REG	$4\frac{1}{2}''$REG	8.097	1003
$6\frac{3}{4}$	171	6:7	5	87~174	8075	1136~2271	$4\frac{1}{2}''$REG	$4\frac{1}{2}''$REG	7.716	990
$6\frac{3}{4}$	171	7:8	3	86~172	5193	1136~2271	$4\frac{1}{2}''$REG	$4\frac{1}{2}''$REG	5.963	796
7	178	7:8	7.5	92~185	7048	1136~2272	$4\frac{1}{2}''$REG	$4\frac{1}{2}''$REG	8.986	1259
8	203	4:5	5.3	75~230	10169	1136~3407	$6\frac{5}{8}''$REG	$6\frac{5}{8}''$REG	8.837	1567
8	203	7:8	3	48~144	9347	1136~3407	$6\frac{5}{8}''$REG	$6\frac{5}{8}''$REG	7.313	1415
$9\frac{5}{8}$	245	5:6	3	57~134	18281	2271~4542	$6\frac{5}{8}''$REG	$6\frac{5}{8}''$REG	8.018	2017
$9\frac{5}{8}$	245	6:7	5	76~153	18053	2271~4542	$6\frac{5}{8}''$REG	$6\frac{5}{8}''$REG	8.625	2263
$11\frac{1}{4}$	286	3:4	3.6	120~180	13829	3785~5678	$7\frac{5}{8}''$REG	$7\frac{5}{8}''$REG	9.434	3262
$11\frac{1}{4}$	286	6:7	6	76~153	22386	2271~4542	$7\frac{5}{8}''$REG	$7\frac{5}{8}''$REG	11.105	3967

表 9-22　哈里伯顿 GeoForce 螺杆钻具技术规格及参数表

外径 in	外径 mm	头数	级数	马达形式	流量 /(L·min⁻¹)	转速 /(r·min⁻¹)	最大扭矩 /(N·m)	功率 /kW	接头螺纹 上端母扣	接头螺纹 下端母扣	长度 /m	质量 /kg
5	127	4:5	5.4	GeoForce	379~1136	159~318	6510	216	$3\frac{1}{2}''$REG	$3\frac{1}{2}''$REG	6.935	530
5	127	5:6	*	GeoForceXL	473~1192	125~315	11730	387	$3\frac{1}{2}''$REG	$3\frac{1}{2}''$REG	8.653	633
5	127	6:7	2.5	GeoForce	379~1230	55~145	7730	117.4	$3\frac{1}{2}''$REG	$3\frac{1}{2}''$REG	5.989	472
5	127	6:7	4.5	GeoForce	379~1192	80~252	6120	161.5	$3\frac{1}{2}''$REG	$3\frac{1}{2}''$REG	5.82	454
5	127	7:8	*	GeoForceXL	473~1230	70~182	13690	261	$3\frac{1}{2}''$REG	$3\frac{1}{2}''$REG	8.653	654
7	178	6:7	2.3	GeoForce	1136~2459	65~140	13870	203.4	$4\frac{1}{2}''$REG	$4\frac{1}{2}''$REG	6.146	846
7	178	6:7	4.5	GeoForce	1136~2555	80~246	11865	305.6	$4\frac{1}{2}''$REG	$4\frac{1}{2}''$REG	6.170	951
7	178	6:7	*	GeoForceXL	1136~2461	90~195	21390	437	$4\frac{1}{2}''$REG	$4\frac{1}{2}''$REG	8.677	1099
8	203	5:6	5.2	GeoForce	1136~3407	71~215	23210	522.2	$6\frac{5}{8}''\sim7\frac{5}{8}''$	$6\frac{5}{8}''\sim7\frac{5}{8}''$	8.575	1682
$9\frac{5}{8}$	245	6:7	2.4	GeoForce	2271~4542	65~125	33490	438.5	$6\frac{5}{8}''\sim7\frac{5}{8}''$	$6\frac{5}{8}''\sim7\frac{5}{8}''$	6.935	1919
$9\frac{5}{8}$	245	6:7	3.5	GeoForce	2271~4542	65~125	43733	572	$6\frac{5}{8}''\sim7\frac{5}{8}''$	$6\frac{5}{8}''\sim7\frac{5}{8}''$	8.306	2285

注：*号表示为 XL 及 XLS 钻具系列是适用于特殊地层的，其参数进行了特定的修改，故此没有详细数据。

表 9 – 23　VNIIBT 钻具公司螺杆钻具技术规格及参数表

钻具型号	外径/mm	头数	流量/(L·s⁻¹)	转速/(r·min⁻¹)	最大工作扭矩/(N·m)	工作压降/MPa	功率/kW	机械效率/%	接头螺纹 上端螺纹	接头螺纹 下端螺纹	长度/m	质量/kg	推荐井眼直径/mm
D – 43.5/6.42	43	5/6	0.2~0.5	1.7~4.2	60	4~8	1.4	40	M16×1.5	Z–35 (G1–A)	1.630	13.7	58
D1 – 43.5/6.36	43	5/6	1.0~2.0	4.2~8.4	150	6.5~10	7.2	40	Z–35	Z–35	2.285	19	58
D1 – 54M	54	5/6	1.0~2.0	2.8~5.7	200	6~9.4	6.2	40	Z–42	Z–42	3.200	35	59~76
D – 55M.5/6.22	55	5/6	1.5~2.5	1.7~3.0	300	3.9~5.9	4.2	45	Z–42 (Z–44)	Z–42	3.310	40	59~76
D – 63	63	3/4	1.5~3.0	3.8~7.6	300	6.5~9	8	40	Z–42	Z–42	3.300	65	76
D – 76	76	4/5	3.0~5.0	3.5~6.0	800	8~10	25	50	Z–66 (Z–65)	Z–66	4.630	104	83~98.4
DR – 73.4/5	73/79	4/5	3.0~5.0	3.5~6.0	800	8~10	25	50	P.A.C.2×3/8" (Z–65)	Z–66	3.785	100	83~98.4
D2 – 85	88	5/6	5.0~7.0	4.3~6.0	900	8~9	28	45	Z–66	Z–66	3.600	130	98.4~120.6
DR – 88.5/6.51	89	5/6	5.0~7.0	4.5~6.4	1300	10~13	43	50	Z–66	Z–66	4.060	183	98.4~120.6
DR3 – 95M.5/6.50	95	5/6	5.0~10.0	2.5~5.0	2200	8~12	50	50	Z–73	Z–76	5.345	220	112.0~120.6
DR3 – 95S.5/6X.43	95/106	5/6	5.0~10.0	2.7~5.5	2000	4.5~8.4	60	50	Z–73	Z–76	4.920	220	120.6~123.8
DR4 – 95S.5/6.50	95/106	5/6	5.0~10.0	2.5~5.0	2200	8~12	50	50	Z–73	Z–76	5.930	243	120.6~123.8
DR4 – 95S.6/7.28	95/106	6/7	5.0~10.0	1.2~2.4	2300	4.5~8.4	28	45	Z–73	Z–76	5.930	243	120.6~123.8
DR4 – 95S.7/8.68	95/106	7/8	5.0~10.0	2.5~5.0	3500	10~12	105	50	Z–73	Z–76	6.190	283	120.6~123.8
DV – 95.3/4.88*	95/106	3/4	5.0~10.0	5.8~11.6	1300	10~12	90	50	Z–73	Z–76	5.316	180	120.6~123.8

续表 9-23

钻具型号	外径/mm	头数	流量/(L·s⁻¹)	转速/(r·min⁻¹)	最大工作扭矩/(N·m)	工作压降/MPa	功率/kW	机械效率/%	接头螺纹上端螺纹	接头螺纹下端螺纹	长度/m	质量/kg	推荐井眼直径/mm
D1-105	106	5/6	6~10	2.9~4.8	1400	6~8	33	50	Z-88(Z-86)	Z-76(Z-88)	3.740	180	120.6~151.0
D-106.6/7	106	6/7	6~12	2.2~4.3	2200	6~11	48	45	Z-88(Z-86)	Z-76(Z-88)	4.240	220	120.6~151.0
D-106.7/8	106	7/8	6~12	1.5~3.0	2500	5~9	37	45	Z-88(Z-86)	Z-76(Z-88)	4.240	220	120.6~151.0
D-106.9/10	106	9/10	4~12	0.6~1.9	2600	3.5~7	25	35	Z-88(Z-86)	Z-76(Z-88)	4.240	220	120.6~151.0
DR-106M.6/7	106	6/7	6~12	2.2~4.3	2200	6~11	48	45	Z-88(Z-86)	Z-76(Z-88)	4.700	255	120.6~151.0
DR-106M.7/8	106	7/8	6~12	1.5~3.0	2500	5~9	37	45	Z-88(Z-86)	Z-76(Z-88)	4.700	255	120.6~151.0
DR-106M.9/10	106	9/10	4~12	0.6~1.9	2600	3.5~7	25	35	Z-88(Z-86)	Z-76(Z-88)	4.700	255	120.6~151.0
DR3-106M.4/5.60	106	4/5	6~12	3.0~6.0	3000	10~14	94	50	Z-88(Z-86)	Z-76	5.360	286	120.6~151.0
DR3-106M.7/8.37	106	7/8	6~12	1.4~2.8	3500	6.7~12	45	50	Z-88(Z-86)	Z-76	5.360	290	120.6~151.0
DR3-120.6/7.43	120	6/7	10~20	2.6~5.2	5000	9.5~14	138	50	Z-102	Z-88	5.670	375	139.7~165.1
D1-127	127	9/10	12~20	2.1~3.5	4500	6.0~10	85	45	Z-102	Z-88	5.800	402	139.7~165.1
DR3-127M.7/8.37	127	7/8	10~20	1.8~3.6	5500	8.0~11	96	50	Z-102	Z-88	5.740	372	139.7~165.1
DR3-127M.7/8.26	127	7/8	10~20	1.1~2.2	5000	5.0~8.5	65	50	Z-102	Z-88	5.740	372	139.7~165.1

续表 9－23

钻具型号	外径/mm	头数	流量/(L·s⁻¹)	转速/(r·min⁻¹)	最大工作扭矩/(N·m)	工作压降/MPa	功率/kW	机械效率/%	接头螺纹		长度/m	质量/kg	推荐井眼直径/mm
									上端螺纹	下端螺纹			
DR3－127M.6/7.43	127	6/7	10~20	2.6~5.2	5000	9.5~14.0	138	50	Z－102	Z－88	5.740	384	139.7~165.1
DR3－127M.5/6.57	127	5/6	10~20	2.4~4.8	6000	12~14	150	50	Z－102	Z－88	6.740	386	139.7~165.1
D5－172M	176	9/10	25~35	1.8~2.5	9000	7~10	108	45	Z－147	Z－117	5.830	770	190.5~244.5
DR1－176	176/195	9/10	25~35	1.8~2.5	9000	7~10	108	45	Z－147	Z－117	5.800	780	214.3~244.5
DV－176	176/195	6/7	25~35	3.5~5.0	7400	8~11.5	177	50	Z－147	Z－117	6.455	870	214.3~244.5
D－178.7/8.37	178(178/195)	7/8	25~35	1.6~2.4	12000	7~10	128	45	Z－133	Z－117	7.670	1000	214.3~244.5
D－178.6/7.57	178(178/195)	6/7	25~35	3.0~4.0	9500	10~13.5	180	45	Z－133	Z－117	7.670	1000	214.3~244.5
D－178.6/7.68	178(178/195)	6/7	25~35	3.8~5.0	9500	10.7~16.3	245	45	Z－133	Z－117	7.670	1000	214.3~244.5
D－178.6/7.62	178(178/195)	6/7	25~35	2.6~3.5	11800	11.6~14.6	193	45	Z－133	Z－117	8.670	1035	214.3~244.5
D－178.4/5.72	178(178/195)	4/5	15~30	1.7~2.3	5500	7.2~13.2	145	45	Z－133	Z－117	7.670	1000	214.3~244.5
D5－195	195	9/10	25~35	1.7~2.3	9000	7~10	108	45	Z－171	Z－117	6.000	1080	215.9~244.5
D1－195.9/10.42	195	9/10	25~35	1.7~2.4	13000	9~12	172	45	Z－147	Z－117	7.920	1356	215.9~244.5

注：D—直螺杆钻具；DR—带可调弯接头螺杆钻具；DGR—带短传动轴、短可调弯接头螺杆钻具；DV—高速螺杆钻具；D1—数字代表型号。

表 9-24　NGT 公司螺杆钻具技术规格及参数表

钻具型号	外径/mm	头数	流量/(L·s⁻¹)	转速/(r·min⁻¹)	最大工作扭矩/(N·m)	工作压降/MPa	功率/kW	接头螺纹		长度/m	推荐井眼直径/mm
								上端螺纹	下端螺纹		
D-106.NGT.7/8.M1	106	7/8	6~12	72~144	3500	5~10	53	NC31	$2\frac{7}{8}$"REG	4.524	120.6~149.2
D-106.NGT.4/5.M1	106	4/5	6~12	149~297	4000	12~16	120	NC31	$2\frac{7}{8}$"REG	4.524	120.6~149.2
D-106.NGT.5/6.M1	106	5/6	6~12	145~290	1900	7.7	62	NC31	$2\frac{7}{8}$"REG	5.524	120.6~149.2
D-106.NGT.7/8.M2	106	7/8	6~12	72~144	3500	5~10	53	NC31	$2\frac{7}{8}$"REG	5.185	120.6~149.2
D-106.NGT.4/5.M2	106	4/5	6~12	149~297	4000	12~16	120	NC31	$2\frac{7}{8}$"REG	5.185	120.6~149.2
D-106.NGT.5/6.M2	106	5/6	6~12	145~290	1900	7.7	62	NC31	$2\frac{7}{8}$"REG	5.185	120.6~149.2
DR-106.NGT.7/8.M1	106	7/8	6~12	72~144	3500	5~10	53	NC31	$2\frac{7}{8}$"REG	4.524	120.6~149.2
DR-106.NGT.4/5.M1	106	4/5	6~12	149~297	4000	12~16	120	NC31	$2\frac{7}{8}$"REG	4.524	120.6~149.2
DR-106.NGT.5/6.M1	106	5/6	6~12	145~290	1900	7.7	62	NC31	$2\frac{7}{8}$"REG	5.524	120.6~149.2
DR-106.NGT.7/8.M2	106	7/8	6~12	72~144	3500	5~10	53	NC31	$2\frac{7}{8}$"REG	5.185	120.6~149.2
DR-106.NGT.4/5.M2	106	4/5	6~12	149~297	4000	12~16	120	NC31	$2\frac{7}{8}$"REG	5.185	120.6~149.2
DR-106.NGT.5/6.M2	106	5/6	6~12	145~290	1900	7.7	62	NC31	$2\frac{7}{8}$"REG	5.185	120.6~149.2
DR-120.NGT.6/7.M2	124	6/7	10~20	80~250	2520	5.8	69	NC38	NC31	6.454	139.7~165.1
DR-120.NGT.7/8.M2	124	7/8	6~12	70~230	3110	7.2	76	NC38	NC31	6.454	139.7~165.1
DR-178.NGT.4/5	178	4/5	30	190	14200	13	240	$5\frac{1}{2}$"TH	$4\frac{1}{2}$"REG	9.226	212.7~250.8
DR-178.NGT.5/6	178	5/6	30	140	11000	11	160	$5\frac{1}{2}$"TH	$4\frac{1}{2}$"REG	8.776	212.7~250.8
DR-178.NGT.7/8	178	7/8	30	100	15000	11	160	$5\frac{1}{2}$"TH	$4\frac{1}{2}$"REG	9.996	212.7~250.8
DR-178.NGT.6/7	178	6/7	30	156	8500	12	150	$5\frac{1}{2}$"TH	$4\frac{1}{2}$"REG	7.426	212.7~250.8
DR-210.NGT.4/5.M1	201	4/5	30~57	50~280	9830	7.6	293	$6\frac{5}{8}$"REG	$6\frac{5}{8}$"REG	8.530	250.8~374.6
DR-210.NGT.7/8.M1	201	7/8	30~57	50~190	15300	9.0	322	$6\frac{5}{8}$"REG	$6\frac{5}{8}$"REG	7.530	250.8~374.6

9.2　涡轮钻具

涡轮钻具是一种轴流式孔底动力钻具，其内安装有若干级涡轮（定子和转子），定子使液体以一定的方向和速度冲动转子，而转子将液体动能转变成带动钻头旋转破碎地层的机械能。

9.2.1　涡轮钻具结构特征

1. 涡轮钻具结构形式与分类

一般来说，涡轮钻具由涡轮节和包括径向、轴向轴承的支承系统两部分组成。为了提高涡轮钻具的适应性，俄罗斯的研究机构 VNIIBT 发明了减速器涡轮钻具，在钻具中附加了行星齿轮形式的减速机构，具备了低速、大扭矩的工作特性。涡轮钻具结构如图 9 – 19 所示。

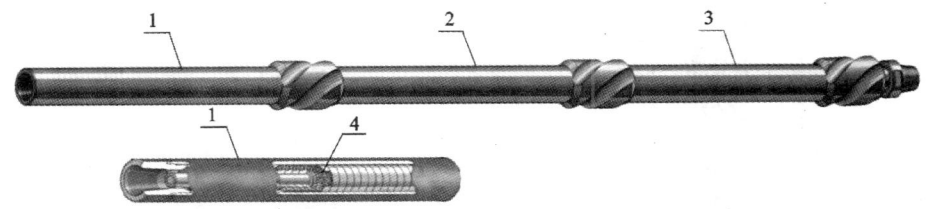

图 9 – 19　涡轮钻具结构示意图
1—第一节涡轮节；2—第二节涡轮节；3—支承节；4—定转子

涡轮钻具按照转速分类，可分为低速涡轮钻具、中速涡轮钻具和高速涡轮钻具；按照结构形式分类，可分为单式涡轮钻具和复式涡轮钻具，目前常用的是复式涡轮钻具；按照有无减速器分类，可分为减速器涡轮钻具和常规涡轮钻具；按照工作用途分类，可分为直涡轮钻具和导向涡轮钻具；按照涡轮叶片固定方式分类，可分为固定定子（转子）涡轮钻具和浮动定子（转子）涡轮钻具；近年来还发展出了独立悬挂涡轮钻具。涡轮钻具结构如图 9 – 20、图 9 – 21 所示。

2. 涡轮节总成

涡轮节总成主要由壳体、转子叶片、定子叶片和涡轮轴构成，如图 9 – 22 所示。涡轮节总成是涡轮钻具的核心部件，其作用是将高压流体的水力能转换成驱动钻头的机械能，其物理基础是液力传动的欧拉方程式。

涡轮节的主要部件是涡轮，每一级涡轮由一个定子和一个转子组成，如图 9 – 23 所示。定子和转子的形状基本一样，只是叶片的弯曲方向相反。定子装在固定不转的外壳内，转子装在可旋转的涡轮轴上。转子和定子之间要保持一定的轴向间隙。通过调整涡轮叶片的形式，可改变涡轮钻具的工作特性。

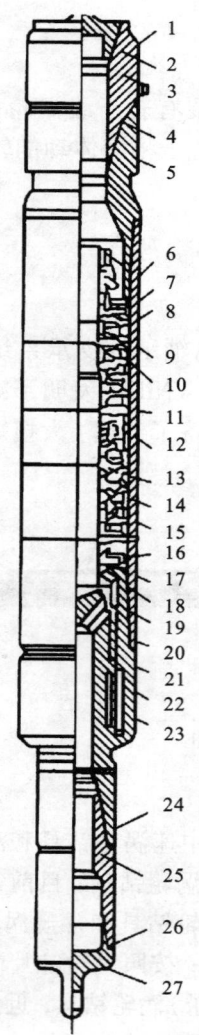

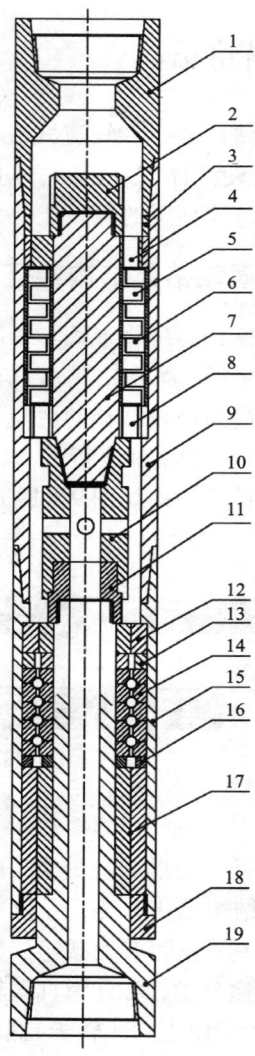

图 9 - 20　WZ - 215 型单式涡轮

钻具结构示意图

1—521 扣护丝；2—147 锁螺纹；3—保护接头；
4—189 锁螺纹；5—外壳；6—防松螺母；7—紧
箍；8—间隔筒；9—止推轴承；10—支承环；11—
支承盘；12—中部轴承；13—定子；14—转子；
15—中部轴承套；16—轴；17—隔套；18—上挡
套；19—下挡套；20—轴套；21—短节；22—下部
轴承套；23—下部轴承；24—121 锁螺纹（420）；
25—轴接头；26—121 锁螺纹；27—421 护丝

图 9 - 21　独立支承节的复式

涡轮钻具结构示意图

1—上接头；2—上半联轴器；3—调节垫
圈；4—中轴承；5—转子；6—定子；7—
涡轮节主轴；8—止推轴承；9—涡轮节外
壳；10—下半联轴器；11—上半联轴器；
12—中轴承；13—调节垫圈；14—止推轴
承；15—支承节外壳；16—调节垫圈；
17—下轴承；18—下接头；19—支承主轴

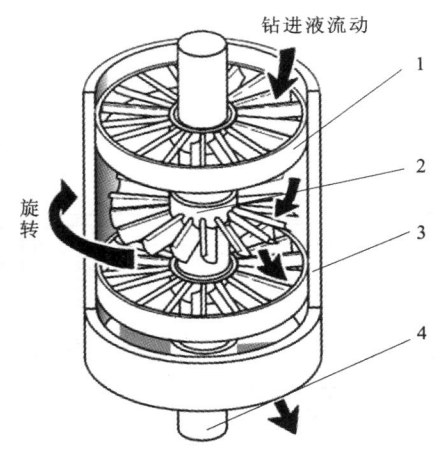

图 9-22　涡轮钻具总成结构示意图

1—涡轮定子；2—涡轮转子；3—壳体；4—涡轮轴

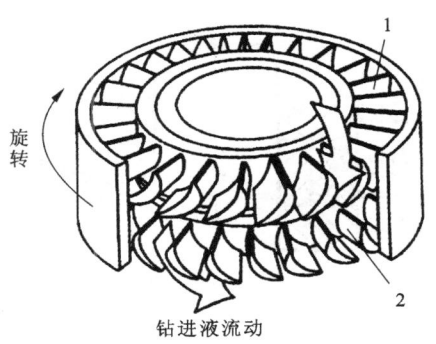

图 9-23　涡轮叶片结构示意图

1—定子；2—转子

3.支承系统

涡轮钻具的支承系统包括止推轴承、径向轴承及配套的轴系部件，轴承的寿命对涡轮钻具整体工作至关重要。根据使用工况，轴承有不同的设计和安装方式。涡轮钻具工作时，轴向力由止推轴承承受，径向力由下部轴承、中间轴承和止推轴承承受。按照其轴承材料的不同，涡轮钻具轴承又可分为橡胶轴承、金属轴承、PDC 轴承。橡胶轴承的耐温能力较低，金属轴承和 PDC 轴承的耐温能力强，寿命长。

橡胶止推轴承如图 9-24 所示，它由支承盘、支承环和带有橡胶衬套的轴承座组成。中间轴承如图 9-25 所示，下轴承如图 9-26 所示。WZ1-215 型涡轮钻具共有 12 副止推轴承，轴承座与支承盘之间有 2 mm 的间隙。多列金属滚动球轴承形式如图 9-27 所示。

采用独立支承节的涡轮钻具由于其便于组装和维修更换，近年来得到了广泛推广，独立支承节部分主要由止推轴承、径向扶正轴承、传动轴、壳体和传动接头组成，如图 9-24 所示。其作用主要是承受轴向力和径向力，并将马达动力平稳的传递到钻头。同时，在涡轮钻具的其他部分也安装有径向扶正轴承和止推轴承。

采用独立悬挂方式的涡轮钻具，在每个涡轮节内，直接安装止推轴承组来承受该节内定子、转子所产生的水力负荷、涡轮轴及转子的重力，同时使涡轮轴不能上下串动，有利于保证定子、转子之间的轴向间隙。涡轮节与涡轮节和涡轮节与支承节的外壳采用钻杆螺纹联结，而各节的主轴则靠轴向可移动的联轴器联结。每个涡轮节中可装各种叶片形状的涡轮定子、转子。当支承节中的止推轴承组磨损后，不影响定子和转子之间的轴向间隙，而且磨损易于预测。

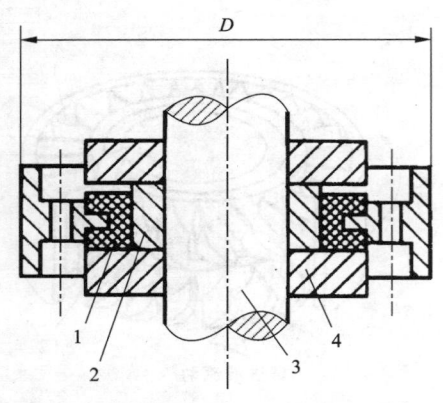

图 9 – 24　涡轮钻具止推轴承示意图
1—止推轴承座；2—支承环；3—轴；4—支承盘

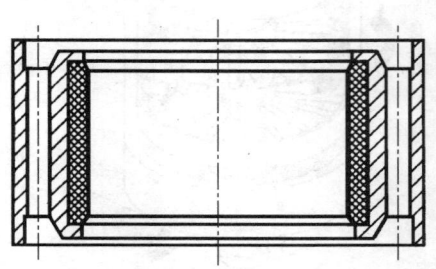

图 9 – 25　涡轮钻具中间轴承示意图

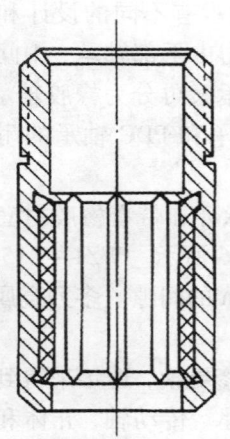

图 9 – 26　下轴承（压紧短节）示意图

图 9 – 27　VNIIBT – 128700 型多列滚珠轴承

4. 减速节总成

减速器涡轮钻具的减速器主要由行星齿轮、止推轴承、齿轮密封系统等组成。其作用是降低马达的转速、增加扭矩，与钻头匹配。一般减速器采用充油密封结构,其行星齿轮结构如图 9 - 28 所示。

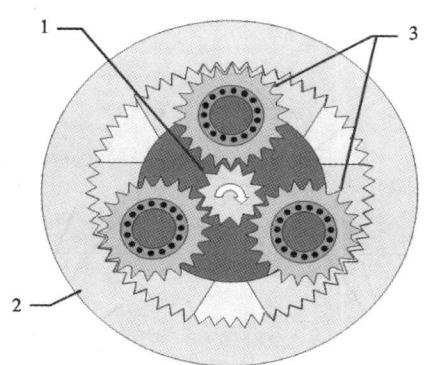

图 9 - 28　行星齿轮结构示意图

1—中心轮;2—外齿圈;3—行星轮

5. 导向涡轮钻具

与常规涡轮钻具不同,导向涡轮钻具下部有弯接头部分,其主要由壳体和弹性轴组成,作用类似于螺杆钻具万向轴,使马达形成造斜用弯角,用于导向钻进。其结构如图 9 - 29 所示。

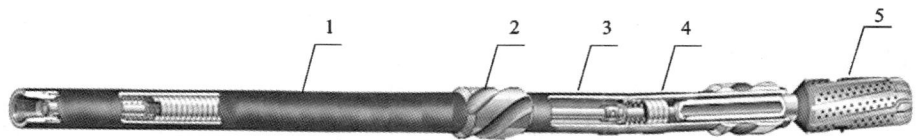

图 9 - 29　导向涡轮钻具结构示意图

1—涡轮节;2—扶正器;3—可调弯外壳;4—支承节;5—钻头

9.2.2　涡轮钻具工作特性

涡轮钻具采用全同心结构设计,成孔质量好,振动小,可采用无橡胶件设计,耐温能力强。涡轮钻具是软特性,与螺杆钻具不同,在流量不变的情况下,随着钻压增大转速降低,转速与输出扭矩成反比,输出功率随着输出扭矩、转速的变化而变化,功率增大至最大后下降,压降不变。涡轮钻具特性曲线如图 9 - 30 所示。涡轮钻具的输出扭矩与流量、钻井液密度、涡轮级数成正比。涡轮钻具的输出功率与流量、涡轮结构尺寸、涡轮级数、钻井液密度有关。根据特性正确选择、合理使用涡轮钻具和钻井参数,以获得最佳效益。

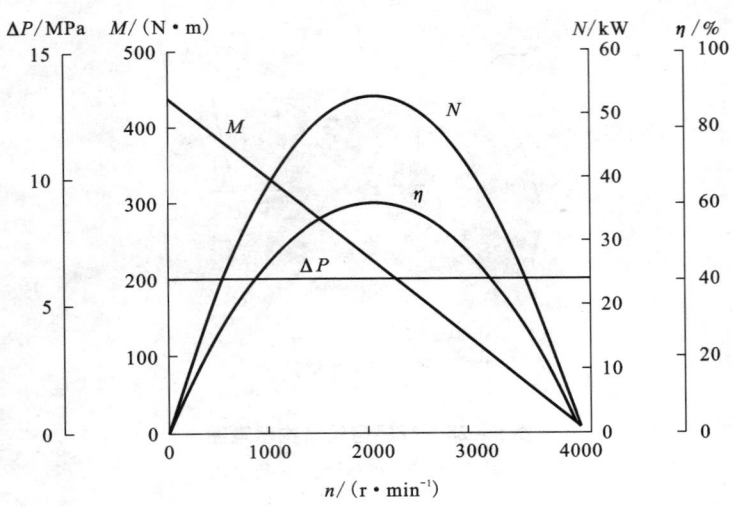

图 9 – 30　涡轮钻具特性曲线

ΔP—压力降；M—马达扭矩；

N—马达功率；n—马达转速；η——马达效率

9.2.3　涡轮钻具使用方法

1. 涡轮钻具的使用条件

(1)调整好钻井液性能，钻井液含砂量小于 2%；

(2)确保井径规则无缩径，井底无落物；

(3)在涡轮钻具上方必须使用钻杆滤清器，防止杂物进入涡轮钻具；

(4)新涡轮的轴向间隙不大于 2 mm，旧涡轮不大于 5 mm；

(5)涡轮钻具入井前必须在井口试运转，检查能否容易启动和螺纹连接处有无渗漏。

2. 使用涡轮钻具的注意事项

(1)根据钻井要求(井深、井径等)选择涡轮钻具，以及相应的扶正器和弯接头，涡轮钻具使用现场需要配置钻井泵和钻井液固控系统；

(2)复式涡轮钻具运输过程中应分体运输，现场组装过程应按照支承节、下涡轮节、中涡轮节、上涡轮节的顺序组装，如果是独立悬挂方式或者浮动定子(转子)涡轮钻具则无此特殊要求；

(3)涡轮钻具在井下往往需要强制启动，需反复加减钻压，甚至用转盘带动钻具旋转，强制启动的时间不应超过 20 min，长时间强制启动容易损坏止推轴承；

（4）开始钻进时，应轻压（工作钻压的 20% ~ 30%）、慢转活动钻头 30 min，然后逐渐增加钻压，最高机械钻速下的钻压为涡轮钻具最合适的钻压；

（5）定时或定进尺上提活动钻柱，防止钻柱黏附井壁；

（6）钻压过大而使涡轮钻具制动时，应先开泵后上提钻具，然后逐渐将钻头下放到井底，均匀加压；

（7）钻进中需停泵时，在停泵后应立即上提钻具 10 ~ 12 m 以防岩屑下沉卡住钻头或涡轮钻具；

（8）涡轮钻具在井内需要停钻循环时，应在停钻前增加钻压使轴制动，防止钻头空转造成钻头先期磨损或掉牙轮；

（9）涡轮钻具不能长距离划眼。

3. 涡轮钻具常见故障及排除方法

涡轮钻具钻进中常见故障及排除方法见表 9 - 25。

表 9 - 25　涡轮钻具常见故障及排除方法

常见故障	故 障 原 因	排 除 方 法
轴停止运转或机械钻速突然降低	1. 钻压过大，轴被制动	减小钻压
	2. 钻头失效	更换钻头
	3. 止推轴承过度磨损导致定转子端面相碰，工作异常	更换涡轮钻具
	4. 短节或转子螺母松动，导致轴功率下降	起钻拧紧短节或更换涡轮钻具
	5. 流量减小或钻柱刺坏，泵压下降	修泵或起钻检查钻柱
	6. 轴承橡胶膨胀	改善洗井液质量
加不上钻压（即一加钻压轴就制动）	1. 止推轴承钻压面过度磨损	更换涡轮钻具
	2. 钻头牙轮卡死	活动牙轮钻头无效、起钻更换钻头
	3. 钻头牙轮落井	处理落井牙轮、待井底清洁后更换钻头
	4. 井底有其他落物	打捞落物
泵压急剧下降	1. 钻具被刺漏或掉喷嘴	起钻检查钻具，是否更换钻头喷嘴
	2. 钻具折断或脱扣	起钻打捞钻具
泵压急剧上升	1. 钻井液不清洁、钻头喷嘴被堵	多次上提或下放钻具冲不开喷嘴，则起钻更换喷嘴
	2. 钻进过程中忽然停泵，井内岩屑下沉使钻具被堵	反复提放钻具，并开泵小流量循环顶通被堵环空

9.2.4　国产涡轮钻具

9.2.4.1　国产涡轮钻具型号与技术要求

国产涡轮钻具型号、直径和壳体与橡胶机械性能均应符合 SY/T 5401—91 规定。

1. 直径系列(表9-26)

表9-26 国产涡轮钻具直径系列(SY/T 5401—91)

涡轮钻具名义直径/mm	102	127	172	195	215	240	255
涡轮级外径(定子外径)/mm	—	—	148	165	186	—	221
涡轮级外径(转子内径)/mm	—	—	—	—	100	—	120

2. 涡轮钻具壳体机械性能和橡胶物理机械性能

涡轮钻具壳体和壳体接头采用合金结构钢无缝钢管制造,材料机械性能和硬度见表9-27。涡轮钻具橡胶零件外观质量应符合 GB7529 规定,橡胶物理机械性能见表9-28。

表9-27 涡轮钻具壳体机械性能(SY/T 5401—91)

屈服强度 σ_s/MPa	断面收缩率 ψ/%	冲击韧性 A_k/J	硬度/HB
539	35	31	280~320

表9-28 涡轮钻具橡胶物理机械性能(SY/T 5401—91)

项 目 名 称	指标值	实验方法
1.撕裂强度	≥15 MPa	按 GB 529 或 GB 530
2.扯断伸长率	≥250%	按 GB 528
3.扯断后永久变形	≤25%	按 GB 528
4.与金属黏合强度	≥4.95 MPa	按 GB 7760
5.磨损值	≤0.3 cm³/1.61 km	按 GB 1689
6.在1号标准油中浸泡24 h(室温)后膨胀率	≤3%	按 GB 1690
7.在室温下,经浓度10%的苛性溶液浸泡24 h后膨胀率	≤0.5%	
8 硬度(绍尔 A)	70~80	按 GB 531

3. 涡轮钻具螺纹

涡轮钻具轴接头的螺纹尺寸和公差应符合 GB 9253.1 规定。轴接头螺纹规格见表9-29。

表9-29 轴接头螺纹规格(SY/T 5401—91)

涡轮钻具名义直径/mm	102	127	172	195	215	240	255
轴接头内螺纹	2⅞″(REG)	3½″(REG)	4½″(REG)	4½″(REG)	6½″(REG)	6⅝″(REG)	7⅝″(REG)

4. 涡轮钻具表示方法

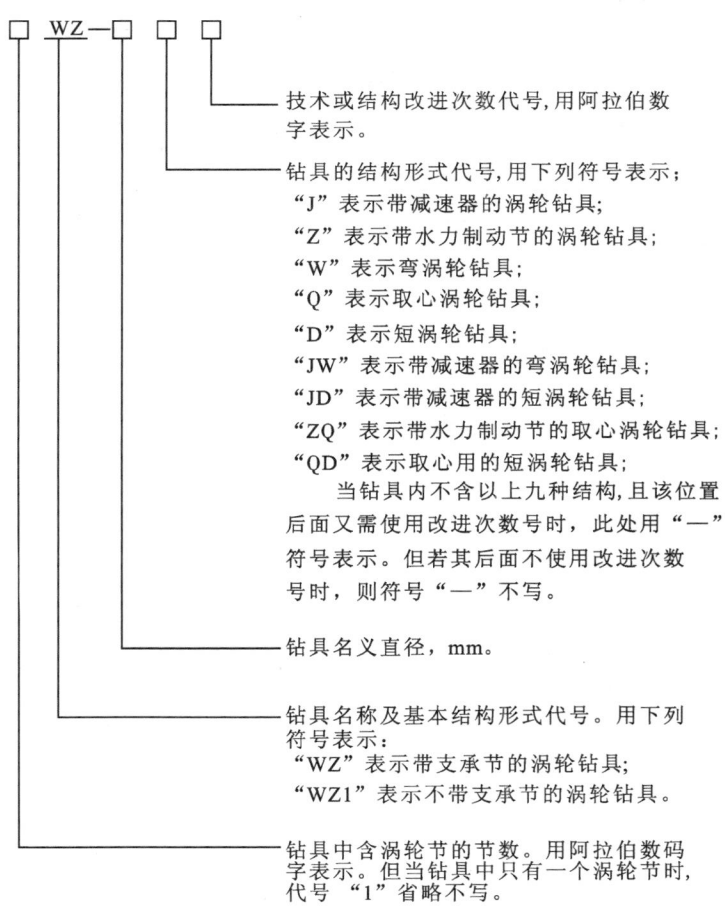

技术或结构改进次数代号,用阿拉伯数字表示。

钻具的结构形式代号,用下列符号表示:
"J"表示带减速器的涡轮钻具;
"Z"表示带水力制动节的涡轮钻具;
"W"表示弯涡轮钻具;
"Q"表示取心涡轮钻具;
"D"表示短涡轮钻具;
"JW"表示带减速器的弯涡轮钻具;
"JD"表示带减速器的短涡轮钻具;
"ZQ"表示带水力制动节的取心涡轮钻具;
"QD"表示取心用的短涡轮钻具;
　　当钻具内不含以上九种结构,且该位置后面又需使用改进次数号时,此处用"—"符号表示。但若其后面不使用改进次数号时,则符号"—"不写。

钻具名义直径,mm。

钻具名称及基本结构形式代号。用下列符号表示:
"WZ"表示带支承节的涡轮钻具;
"WZ1"表示不带支承节的涡轮钻具。

钻具中含涡轮节的节数。用阿拉伯数码字表示。但当钻具中只有一个涡轮节时,代号"1"省略不写。

示例1:3WZ – 195Z3 表示直径为 195 mm,带支承节及水力制动节的,经过三次改进后的,具有三个涡轮节的涡轮钻具;

示例2:WZ1 – 172 – 2 表示直径为 172 mm,不带支承节的,经过二次改进后的单节式的涡轮钻具;

示例3:WZ – 240 表示直径为 240 mm,带支承节的单节式涡轮钻具。

9.2.4.2　国产涡轮钻具技术规格与工作性能

国内主要使用单式普通涡轮钻具。现以国产 WZ 系列涡轮钻具为例,介绍涡轮钻具的规格、结构、特点。

1. 涡轮钻具技术规格

WZ 系列的涡轮钻具的技术规格及参数见表 9 – 30。

表 9 – 30　WZ 系列涡轮钻具技术规格及参数表

涡轮钻具型号	直径 /mm	长度 /mm	质量 /kg	涡轮接头螺纹		涡轮级数
				上接头	下接头	
WZ1 – 170	170	7700	1132	520	420	110
WZ – 195	195	8165	1404	520	420	130
WZ1 – 215	215	8480	1650	520	420	110
WZ – 195D 短涡轮钻具	195	4760	836	520	420	70

2. 涡轮钻具工作性能

（1）工作液为清水（密度：1.00 g/cm^3）时的工作性能见表 9 – 31、表 9 – 32。

表 9 – 31　国产涡轮钻具性能（工作液为清水）

涡轮钻具型号	排量 /(L·s^{-1})	功率 /kW	扭矩 /(N·m)	转速 /(r·min^{-1})	压力降 /MPa
WZ1 – 170	20	27.0	451.2	564	2.0
	22	34.5	549.3	620	2.4
	25	53.2	706.3	704	3.1
	28	75.0	892.7	790	3.9
WZ – 195	25	52.5	794.6	620	3.3
	28	74.2	1030.0	690	4.1
	30	90.7	1147.7	740	4.7
	32	111.0	1314.5	790	5.3
	35	144.7	1559.7	865	6.4
WZ1 – 215	30	32.8	814.2	381	1.9
	32	39.5	922.1	406	2.2
	35	52.2	1098.7	445	2.6
	38	61.9	1196.8	483	2.7
	40	77.6	1442.1	508	3.3
WZ – 195D 短涡轮钻具	25	28.3	431.6	620	1.8
	28	39.5	559.2	590	2.2
	30	48.5	618.0	740	2.5
	32	59.7	706.3	790	2.8
	35	77.6	834.7	865	3.3

注：液体为清水（密度：1.00 g/cm^3）。

表 9 – 32 WZ 系列涡轮钻具性能参数(SY 5447—92)

钻具型号	使用井眼范围/mm	流量/(L·s⁻¹)	载荷降压/MPa	钻速/(r·min⁻¹)	扭矩/(N·m)	功率/kW	螺纹连接		长度/m	质量/kg
							上端	下端		
WZ1 –170	217.2 ~ 250.8	20 ~ 25	2.4 ~ 4.5	475 ~ 796	254.8 ~ 715.5	12.5 ~ 59.6	410	420	7.68	1132
WZ –195	247.6 ~ 311.2	25 ~ 30	3.6 ~ 4.6	600 ~ 840	597.8 ~ 1166.2	37.5 ~ 103.0	520	420	8.17	1404
WZ1 –215	247.6 ~ 431.2	25 ~ 30	3.6 ~ 4.7	600 ~ 841	529.2 ~ 1009.2	33.8 ~ 91.9	520	420	4.76	836
WZ –195D 短涡轮钻具	311.2 ~ 444.2	35 ~ 40	3.6 ~ 5.1	515 ~ 726	842.8 ~ 1666.0	45.6 ~ 126.5	520	420	8.48	1650

（2）工作液为钻井液（密度：1.20 g/cm^3）时的工作性能见表 9 – 33。

表 9 – 33 国产涡轮钻具性能

涡轮钻具型号	排量/(L·s⁻¹)	功率/kW	扭矩/(N·m)	转速/(r·min⁻¹)	压力降/MPa
WZ1 –170	20	32.2	539.5	564	2.4
	22	44.2	657.2	620	2.9
	25	63.7	843.6	704	3.7
	28	90.0	1069.2	790	4.7
WZ –195	25	63.0	951.5	620	4.0
	28	89.2	1236.0	690	4.6
	30	108.7	1373.4	740	5.6
	32	133.5	1579.4	790	6.4
	35	174.0	1873.7	865	7.7
WZ1 –215	30	39.5	971.2	381	2.3
	32	47.7	1108.5	406	2.6
	35	62.6	1324.4	445	3.0
	38	73.8	1442.1	483	3.3
	40	93.2	1736.4	508	4.0
WZ –195D 短涡轮钻具	25	34.5	529.7	620	2.2
	28	47.7	667.1	590	2.6
	30	58.2	745.6	740	2.9
	32	71.6	853.5	790	3.4
	35	93.2	1010.4	865	4.0

注：工作液为钻井液（密度：1.20 g/cm^3）。

9.2.4.3 涡轮钻具的有关计算

1. 涡轮钻具的压力降

涡轮钻具的最佳工况状态下的压力降可在钻具手册中查到，在实际工作中，

$$P_T = \alpha_p Q^2 \tag{9-9}$$

$$\alpha_p = K\rho \frac{\eta_v^2}{\eta_h (\pi Db\varphi)^2} \overline{C_u} (\cot\alpha_m + \cot\beta_m)^2$$

式中：P_T 为涡轮钻具的压力降，MPa；α_p 为涡轮钻具的特性参数；Q 为流量，L/s；K 为涡轮定转子级数；ρ 为钻井液密度，g/cm^3；η_v 为涡轮钻具的容积效率；η_h 为涡轮钻具的水力效率；$\overline{C_u}$ 为环流系数；D 为涡轮叶片计算直径，cm；b 为叶片径向长度，cm；φ 为考虑叶片厚度影响的断面缩小系数，一般取 0.9；α_m 为定子液流角；β_m 为转子液流角。

2. 合理钻压的确定

1）止推轴承受力计算

$$F = B + W - P \tag{9-10}$$

$$B = 9.81 \times 10^{-3} A \times \rho_m \times Q^2$$

式中：F 为轴承的轴向载荷，kN；B 为水力载荷，kN；W 为涡轮钻具转动部分的重量（转子、主轴、钻头），kN；P 为钻压，kN；A 为水力载荷系数；ρ_m 为钻井液密度，g/cm^3；Q 为流量，L/s。

（1）各型涡轮钻具水力载荷系数 A 的大小见表 9-34。

（2）涡轮钻具轴向载荷及有关数据见表 9-35。

表 9-34 涡轮钻具水力载荷系数 A

涡轮型号	WZ1-214	WZ1-228	WZ1-203	WZ1-178	WZ1-152	2WZ1-254	2WZ1-228	2WZ1-203	2WZ1-178	2WZ1-152	2WZ1-127
A 值	5.2	5.7	5.8	9.4	8.9	9.7	9.65	10.6	15.55	14.5	32.0

对于独立悬挂式结构的涡轮钻具，在涡轮节内有单独的止推轴承组承受该节内转子系所产生的水力负荷、涡轮节转动部件的重量，因此支承节内的止推轴承可仅计算支承节转动部分的重量（支承节主轴、钻头等）以及钻压。

轴向载荷 $F = 0$ 时，钻压为

$$P = B + W \tag{9-11}$$

2）涡轮钻具最大功率时的合理钻压

$$P > B + W（硬地层）$$

$$P < B + W（软地层）$$

式中：B 为水力载荷，kN；W 为涡轮钻具转动部分的重量（转子、主轴、钻头），kN。

表 9 - 35　涡轮钻具轴向载荷

型　号	涡轮平均直径/mm	涡轮平均面积/cm²	止推轴承表面积/cm²	止推轴承数量/个	止推轴承总表面积/cm²	主轴系统总重/kg	流量/(L·s⁻¹)	压力降水力载荷/MPa		水力载荷/kN		轴上总载荷/kN		止推轴承比压/MPa	
								清水	钻井液	清水	钻井液	清水	钻井液	清水	钻井液
WZ1 - 215	14.7	169.7	50.5	12	606	756	35	3.1	3.7	51.7	61.8	59.1	69.3	1	1.17
							40	4	4.8	67.7	80.9	75.1	88.4	1.26	1.49
WZ - 195	13.5	133	41.5	18	747	640	25	3	3.7	27.9	46.4	34.2	52.3	0.45	0.72
							30	4.3	5.2	53.9	65.3	60.2	71.6	0.83	0.98
WZ1 - 170	11.9	111.2	25	8	200	498	20	2	2.5	22.4	26.9	27.2	31.7	1.39	1.62
							25	3.2	3.8	35	42.1	39.9	47	2.03	2.39

注：表中清水密度为 1.00 g/cm³，钻井液密度为 1.20 g/cm³。

3) 合理流量的确定

当涡轮钻具获得最大功率时，其合理流量 Q_{opt} 为式 (9-12) 的数值解，即

$$3K_b Q_{opt}^2 + 2.8(mL + n)Q_{opt}^{1.8} - P_r = 0 \qquad (9-12)$$

式中：Q_{opt} 为合理流量，L/s；P_r 为泵的额定压力，MPa；L 为井深，m；K_b 为钻头压耗系数。

$$K_b = \frac{0.05\rho_m}{C^2 A_o^2}$$

式中：C 为喷嘴流量系数，$C < 1$；A_o 为喷嘴截面积，cm²；ρ_m 为钻井液密度，g/cm³。

m 为钻杆压耗系数：

$$m = \rho_m^{0.8}\mu_{\rho v}^{0.2}\left[\frac{B}{d_p^{4.8}} + \frac{0.57503}{(D_h - D_p)^3 (D_h + D_p)^{1.8}}\right]$$

式中：μ_{pv} 为塑性黏度 $= \theta_{600} - \theta_{300}$，mPa·s；$\theta_{600}$、$\theta_{300}$ 分别为旋转黏度计 600 r/min、300 r/min 的读数，无因次量；B 为系数，$B = 0.51655$（内平接头的钻杆或钻铤），$B = 0.57503$（贯眼接头的钻杆）；d_p 为钻杆内径，cm；D_h 为井眼直径，cm；D_p 为钻杆外径，cm。

n 为地面管汇与钻铤压耗系数：

$$n = K_g + K_c - mL_c$$

式中：L_c 为钻铤长度，m。K_g 为地面管汇压力损耗系数：

$$K_g = 0.51665\rho_m^{0.8}\mu_{\rho v}^{0.2}\left(\sum_{i=1}^{n}\frac{L_i}{d_i^{4.8}}\right)$$

式中：L_i 为第 i 段管汇长度，m；d_i 为第 i 段管路内径，cm；K_c 为钻铤压力损耗系数：

$$K_c = \rho_m^{0.8} \mu_{\rho v}^{0.2} L_c \left[\frac{0.51665}{d_c^{4.8}} + \frac{0.57503}{(D_h - D_c)^3 (D_h + D_c)^{1.8}} \right]$$

式中：d_c 为钻铤内径，cm；D_c 为钻铤外径，cm。

　　3. 涡轮钻具功率计算

$$N_T = P_T \times Q \times \eta \qquad (9-13)$$

式中：N_T 为涡轮钻具功率，kW；P_T 为涡轮钻具的压力降，MPa；Q 为流量，L/s；η 为涡轮钻具效率，一般取 0.55 ~ 0.60。

　　4. 临界井深的确定

　　当涡轮钻具获得最大功率时，涡轮钻具的临界井深为：

$$D_{cr} = \frac{P_r - 3K_b Q_r^2}{2.8 m Q_r^{1.8}} - \frac{n}{m} \qquad (9-14)$$

式中：D_{cr} 为临界井深，m；Q_r 为额定流量，L/s；

9.2.5　国外涡轮钻具

　　涡轮钻具自1873年提出至今，经过了长足的发展，特别是在西方国家，历史上如尼尔福（Neyrfor）公司、伊斯特曼（Eastman）公司等都生产过涡轮钻具用于钻井施工中，苏联将涡轮钻井作为其主要的技术手段之一，全俄钻井技术研究院（VNIIBT）研究了多种规格尺寸的涡轮钻具，并特别研究了减速器涡轮钻具。近年来，随着涡轮钻具配套高速钻头技术的发展，涡轮钻具得到了迅猛的发展。

9.2.5.1　美国 Neyrfor 涡轮钻具

　　Neyrfor 公司为斯伦贝谢公司旗下公司，其生产的涡轮钻具目前在西方国家排名首位，产品系列可服务井眼尺寸自 3½ in 至 17½ in，其分类可分为直孔涡轮钻具（图9-31）、导向涡轮钻具、欠平衡涡轮钻具。其型式代号如下所示。

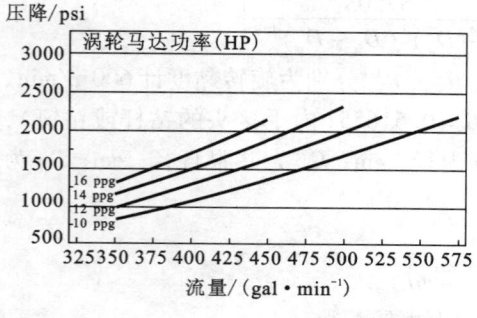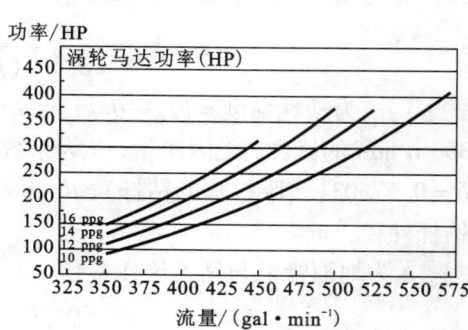

图9-31　Neyrfor 7¼″直孔涡轮马达特性曲线

注：1 psi = 6.8947 kPa；1 HP = 745.7 W；1 gal/min = 4.546 L/s；

1 ppg = 0.1198 g/cm³ = 1 lb/gal（磅每加仑）

以 $2\frac{7}{8}''$T2MK2 为例：

$2\frac{7}{8}''$——钻具规格型号；T——钻具标识；2——涡轮数量；MK2——涡轮叶片形式。

Neyrfor 涡轮钻具的技术规格及参数见表 9 - 36、表 9 - 37、表 9 - 38。

表 9 - 36　Neyrfor 导向涡轮钻具技术规格及参数表

型号	外径 /in	长度 /m	钻头尺寸 /in	质量 /kg	最大制动扭矩 /(N·m)	转速 /(r·min⁻¹)	上端螺纹	下端螺纹
T2MK2	$3\frac{3}{8}$	10.2	$3\frac{3}{4}\sim5\frac{3}{8}$	389	725	1000 ~ 1900	$2\frac{3}{8}''$ IF	$2\frac{3}{8}''$ Reg. Pin
T1MK1	$4\frac{3}{4}$	9.36	$5\frac{5}{8}\sim6\frac{3}{4}$	680	1640	800 ~ 1600	$3\frac{1}{2}''$ IF	$3\frac{1}{2}''$ Reg. Pin
T1MK2	$4\frac{3}{4}$	9.4	$5\frac{5}{8}\sim6\frac{3}{4}$	680	1785	700 ~ 1400	$3\frac{1}{2}''$ IF	$3\frac{1}{2}''$ Reg. Pin
T2MK1	$4\frac{3}{4}$	14.7	$5\frac{5}{8}\sim6\frac{3}{4}$	1068	1735	700 ~ 1400	$3\frac{1}{2}''$ IF	$3\frac{1}{2}''$ Reg. Pin
TSHMK2	$6\frac{5}{8}$	11.7	$7\frac{5}{8}\sim9\frac{1}{8}$	1650	5145	400 ~ 1400	$4\frac{1}{2}''$ IF	$4\frac{1}{2}''$ Reg. Pin
T2MK2	$6\frac{5}{8}$	15.1	$7\frac{5}{8}\sim9\frac{1}{8}$	2400	5403	600 ~ 1100	$4\frac{1}{2}''$ IF	$4\frac{1}{2}''$ Reg. Pin
T2MK1	$7\frac{1}{4}$	14.5	$8\frac{3}{8}\sim10\frac{5}{8}$	2485	5812	600 ~ 1100	$4\frac{1}{2}''$ IF	$4\frac{1}{2}''$ Reg. Pin

表 9 - 37　Neyrfor 欠平衡涡轮钻具技术规格及参数表

型号	外径 /in	长度 /ft	钻头尺寸 /in	质量 /lb	最大制动扭矩 /(Lbf·ft)	转速 /(r·min⁻¹)	上端螺纹	下端螺纹
T2MK2	$2\frac{7}{8}$	32.3	$3\frac{1}{4}\sim4$	590	490	1500 ~ 2000	$2\frac{3}{8}''$ PAC	$2\frac{3}{8}''$ Reg. Pin
T2MK2	$3\frac{3}{8}$	33.6	$3\frac{3}{4}\sim5\frac{3}{8}$	856	780	800 ~ 1800	$2\frac{3}{8}''$ IF BOX	$2\frac{3}{8}''$ Reg. Pin
T2MK2	$4\frac{3}{4}$	48.1	$5\frac{5}{8}\sim6\frac{3}{4}$	2350	1484	1000 ~ 1800	$3\frac{1}{2}''$ IF BOX	$3\frac{1}{2}''$ Reg. Pin
T2MK3 @1500psi BHP	$4\frac{3}{4}$	48.1	$5\frac{5}{8}\sim6\frac{3}{4}$	2350	1148	1000 ~ 1900	$3\frac{1}{2}''$ IF BOX	$3\frac{1}{2}''$ Reg. Pin
T2MK3 @3000psi BHP	$4\frac{3}{4}$	48.1	$5\frac{5}{8}\sim6\frac{3}{4}$	2350	1150	1000 ~ 1900	$3\frac{1}{2}''$ IF BOX	$3\frac{1}{2}''$ Reg. Pin
T2MK2 @3000psi BHP	$4\frac{3}{4}$	48.1	$5\frac{5}{8}\sim6\frac{3}{4}$	2350	1445	1000 ~ 1700	$3\frac{1}{2}''$ IF BOX	$3\frac{1}{2}''$ Reg. Pin
T2MK3 @600psi BHP	$4\frac{3}{4}$	68.1	$5\frac{5}{8}\sim6\frac{3}{4}$	2350	1195	700 ~ 1400	$3\frac{1}{2}''$ IF BOX	$3\frac{1}{2}''$ Reg. Pin

注：1 in = 25.4 mm；1 ft = 0.3048 m；1 lb = 453.592 g。

表 9 – 38 Neyrfor 直孔涡轮钻具技术规格及参数表

型号	外径/in	长度/m	钻头尺寸/in	质量/kg	最大制动扭矩/(N·m)	转速/(r·min⁻¹)	上端螺纹	下端螺纹
T1MK2	4¾	9.5	5⅝ ~ 6¾	700	1820	700 ~ 1400	3½″ IF BOX	3½″ Reg. Pin
T2MK1	4¾	14.8	5⅝ ~ 6¾	1088	1735	700 ~ 1400	3½″ IF BOX	3½″ Reg. Pin
TSHMK2	6⅝	11.3	7⅝ ~ 9 7/8	1635	5145	400 ~ 1600	4½″ IF BOX	4½″ Reg. Pin
T1MK2	6⅝	9.7	7⅝ ~ 9⅞	1380	3275	600 ~ 1100	4½″ IF BOX	4½″ Reg. Pin
T2MK1	6⅝	14.9	7⅝ ~ 9⅞	2130	5230	600 ~ 1200	4½″ IF BOX	4½″ Reg. Pin
T2MK1	7¼	12.9	8⅜ ~ 10⅝	2254	5730	600 ~ 1100	4½″ IF BOX	4½″ Reg. Pin
T3MK1	7¼	17.5	8⅜ ~ 10⅝	3072	5980	600 ~ 900	4½″ IF BOX	4½″ Reg. Pin
T3MK1	9½	21.1	12 ~ 17½	6365	10880	500 ~ 800	7⅝″ REG. BOX	6⅝″ Reg. Pin
T3MK1	9½	15.6	12 ~ 17½	4675	10640	500 ~ 800	7⅝″ REG. BOX	6⅝″ Reg. Pin

9.2.5.2 俄罗斯 VNIIBT 涡轮钻具

VNIIBT 公司前身为全俄钻井技术研究院，减速器涡轮钻具是其重要的研究方向，可生产超过30种以上的减速器涡轮钻具及无减速器涡轮钻具，钻井液最高工作密度可达2.0 g/cm³，最高工作温度超过250℃。

VNIIBT 常规涡轮钻具的技术规格及参数见表 9 – 39。

VNIIBT 减速器涡轮钻具的技术规格及参数见表 9 – 40。

表9-39　VNIIBT常规涡轮钻具技术规格及参数表

产品代号	外径/mm	配用钻头直径/mm	长度/m	下层力臂长度/m	总重/kg	涡轮节数	涡轮类型	涡轮级数	钻井液流量/(L·s⁻¹)	空转转速/(r·min⁻¹)	最大功率下转速/(r·min⁻¹)	制动扭矩/(kN·m)	压降/bar	最大功率/kW	连接螺纹 钻杆	连接螺纹 钻头	弯曲范围/(°)
A6SH	164	190.5	17.25	—	2095	2	A6SH (24/17-164)	212	20~25	960~1180	480~590	1.4~2.2	45~67	34~67	4½FH	4½REG	—
3TSSHBI-172	172	190.5~215.9	25.4	—	4590	3	TS4E-172	336	20~25	1040~1300	520~650	2.0~3.0	73~108	53~102	4½FH	4½REG	—
TO-178	178	212.7~215.9	10.4	2.2	1400	1	36/11-178	169	25~35	1270~1790	635~895	1.4~2.7	42~73	46~128	5½FH	4½REG	0~2
2TSSH-178T	178	212.7~215.9	17.0	—	2630	2	36/11-178	338	25~30	1270~1530	635~765	2.8~4.0	74~102	93~161	5½FH	4½REG	—
T1-195	195	212.7~215.9	25.5	—	4810	3	T1-195	435	28~34	760~930	380~465	3.7~5.4	57.5~81	73~132	5½FH	4½REG	—
3TSSH1-195	195	212.7~215.9	25.8	—	4745	3	3TSSH1-195	330	28~34	770~940	385~470	2.5~3.6	47~64	50~90	5½FH	4½REG	—
A7SH	195	212.7~215.9	17.5	—	3180	2	A7N4S	226	25~28	1140~1280	570~640	2.5~3.1	78.3~96	75~105	5½FH	4½REG	—
TO2-195	195	212.7~215.9	10.4	2.6	1225	1	A7N4S	104	28~34	1280~1550	640~775	1.4~2.1	50~68	48~84	5½FH	4½REG	0~2
TO3-195BI	195	212.7~215.9	11.3	2.92	1400	1	21/16.5-195	113	30~35	1470~1720	735~860	1.9~2.6	41~56	72~115	5½FH	4½REG	0~2
T12RT-240	240	269.9~393.7	8.2	—	2017	1	3TSSH1-240	104	45~50	1100~1240	550~620	2.8~3.5	39~46	81~114	6⅝FH	6⅝REG	—
TV1-240	240	269.9~393.7	8.2	—	2000	1	TV1-240	132	50~55	910~1000	455~500	3.0~3.7	30~35	73~96	6⅝FH	6⅝REG	—
TO2-240	240	269.9~393.7	10.2	2.8	2506	1	A9K5Sa	92	45~55	970~1190	485~595	2.4~3.6	47~60	60~111	6⅝FH	6⅝REG	0~2
TO3-240BI	240	269.9~393.7	10.6	2.9	2640	1	TV1-240	151	50~60	910~1090	455~545	3.5~5.0	33.3~43	83~143	6⅝FH	6⅝REG	0~2
A9GTSH.BI	240	269.9~393.7	23.3	—	5975	2+1	A9K5Sa+A9GTSH	210+105	45	490	245	6.1	65	79	6⅝FH	6⅝REG	—
3TSSH1-240	240	269.9~393.7	23.3	—	5975	3	3TSSH1-240	327	34~45	840~1100	420~550	5.2~9.1	62~102	113~261	6⅝FH	6⅝REG	—
T1-240	240	269.9~393.7	23.7	—	6200	3	T1-240	348	34~45	720~950	360~475	6.0~10.4	61.7~103	113~259	6⅝FH	6⅝REG	—

注：以上性能参数是在钻井液密度为1.0 g/cm³测得；1 bar = 0.1 MPa。

表 9-40　VNIIBT 减速器涡轮钻具技术规格及参数表

产品代号	外径/mm	配用钻头直径/mm	长度/m	下层力槽长度/m	总重/kg	涡轮节数	涡轮类型	涡轮级数	钻井液流量/(L·s⁻¹)	空转转速/(r·min⁻¹)	最大功率下转速/(r·min⁻¹)	制动扭矩/(kN·m)	压降/bar	最大功率/kW	连接螺纹 钻杆	连接螺纹 钻头	弯曲范围/°
TRO2-178M	178	212.7~222.3	8.9	2.3	1800	1	18/18-172	25	28~34	170~210	110~120	7.56~11.60	35~46	33~62	5½FH	4½REG	0~3
TRO4-178M	178	212.7~222.3	11	2.3	2000	1	36/11-178	113	28~34	350~450	230~270	5.59~7.30	44~55	47~80	5½FH	4½REG	0~3
TRO5-178M	178	212.7~222.3	13.3	2.3	2300	1	36/11-178	169	28~34	350~450	230~270	8.36~10.91	58~74	71~117	5½FH	4½REG	0~3
TRO5-178V	178	212.7~222.3	13.30	2.3	2300	1	combined	–	28~34	430~520	280~320	6.55~9.60	63~85	74~132	5½FH	4½REG	0~3
TRSH3-195.200	195	214.3~269.9	12.5	—	2180	1	21/16.5-195	113	28~35	375~470	220~270	6.03~8.90	42~57	55~107	5½FH	4½REG	—
TRSH3-195.300	195	214.3~269.9	12.5	—	2180	1	3TSSH1-195	110	28~35	210~260	120~160	3.04~4.90	27~40	17~33	5½FH	4½REG	—
2TRSH3-195.300	195	214.3~269.9	20.1	—	3180	2	3TSSH1-195	220	28~35	210~260	120~160	6.08~9.76	39~55	33~67	5½FH	4½REG	—
TRO5-195	195	214.3~269.9	11	2.9	1900	1	17/18-195	40	28~35	160~200	110~130	11.41~17.20	42~56	43~87	5½FH	4½REG	0~2
TRO5-195S	195	214.3~269.9	15	2.9	2400	1	combined	—	28~35	435~540	290~350	6.86~11.05	54~90	78~157	5½FH	4½REG	0~2
TRO5-195V	195	214.3~269.9	11	2.9	1900	1	17/18-195	40	28~35	585~730	390~445	3.09~4.70	42~56	43~87	5½FH	4½REG	0~2
TR-240.200	240	269.9~393.7	11.1	—	2900	1	3TSSH1-240	109	34~50	240~350	160~240	6.07~13.13	32~53	38~121	6⅝FH	6⅝REG	—
2TR-240.200	240	269.9~393.7	17.9	—	4700	2	3TSSH1-240	218	34~45	240~350	160~220	12.14~21.27	50~76	76~177	6⅝FH	6⅝REG	—
TRO-240	240	269.9~393.7	12.9	2.5	3800	1	3TSSH1-240	109	34~50	240~350	160~240	6.07~13.13	32~53	38~121	6⅝FH	6⅝REG	0~3

注：以上性能参数是在钻井液密度为 1.0 g/cm³ 测得；工作转速可根据钻头类型、地层和最大扭矩在 ±15% 内变化，1 bar=0.1 MPa。

9.2.5.3 俄罗斯 NGT 涡轮钻具

NGT 公司生产的高效能涡轮钻具有效效率可达 60% ~70% ，适用于转速 350 ~ 2500 r/min 的各种类型的钻头（牙轮钻头、金刚石钻头及 PDC 钻头等）。可生产五种基本规格的涡轮钻具：85 mm（$3\frac{3}{8}''$），127 mm（$4\frac{3}{4}''$），178 mm（$6\frac{3}{4}''$），195 mm（$7\frac{11}{16}''$），240 mm（$9\frac{1}{2}''$）的涡轮钻具。特别是为了提高寿命，采用了轴向 PDC 轴承节，除了 240 mm 外所有类型的涡轮都是不锈钢材质。涡轮钻具的工作寿命为 2000 h，检修周期为 300 h 以上。

NGT 涡轮钻具表示方法如下，以 T2 – 178NGT. M1 为例：

T——钻具标识（T——涡轮；TB——固定弯接头；TBS——可调弯接头）；

2——涡轮节数量；178——规格；M1——涡轮改进型号。

NGT 直孔涡轮钻具和导向涡轮钻具如图 9 – 32、图 9 – 33 所示，其技术规格及参数见表 9 – 41、表 9 – 42。

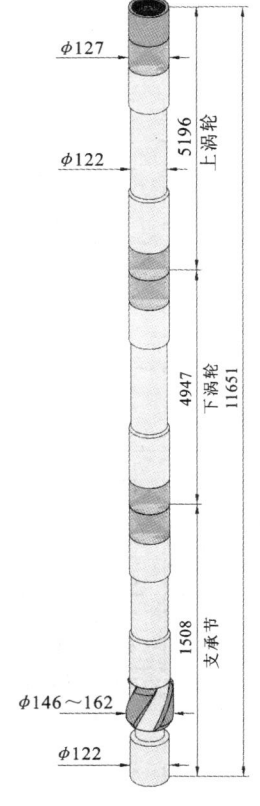

图 9 – 32 T2 – 127NGT. M1
直孔涡轮钻具结构示意图

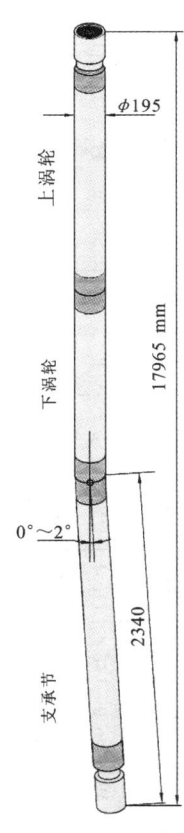

图 9 – 33 TB2 – 195NGT. M2 导向
涡轮钻具结构示意图

表9-41 NGT直孔涡轮钻具技术规格及参数表

型号	适用钻头直径/mm	长度/mm	质量/kg	部件数量 涡轮节	部件数量 主轴	涡轮级数	钻井液流量/(L·s⁻¹)	工作转速/(r·min⁻¹)	制动扭矩/(N·m)	压差/MPa	最大功率/kW	螺纹 钻杆	螺纹 钻头
T3-85NGT.M1	95~114	9849	300	3	1	198	5.5~6	3584~3909	273~326	9.0~10.5	2.7~3.5	$2\frac{3}{8}''$Reg	$2\frac{3}{8}''$Reg
T2-127NGT.M1	146.0~171.4	11651	750	2	1	220	14~16	1151~1316	1100~1450	6.3~8.2	63~93	$3\frac{1}{2}''$Reg	$3\frac{1}{2}''$Reg
T2-127NGT.M2	146.0~171.4	11651	750	2	1	220	10	1236	988	9.2	54	$3\frac{1}{2}''$Reg	$3\frac{1}{2}''$Reg
T1-178NGT.M1	212.7~215.9	9332	2100	1	1	170	32~36	827~931	2843~3599	5.8~7.4	107~152	$5\frac{1}{2}''$FH	$4\frac{1}{2}''$Reg
T2-178NGT.M1	212.7~215.9	13004	2500	2	1	240	25~32	646~827	2450~4014	5.0~8.2	72~151	$5\frac{1}{2}''$FH	$4\frac{1}{2}''$Reg
T1-178NGT.M2	212.7~215.9	9332	2100	1	1	150	25~28	926~1037	2254~2827	6.4~8.0	100~140	$5\frac{1}{2}''$FH	$4\frac{1}{2}''$Reg
T2-178NGT.M2	212.7~215.9	13004	2500	2	1	210	22~25	815~926	2443~3155	6.9~8.9	95~140	$5\frac{1}{2}''$FH	$4\frac{1}{2}''$Reg
T2-195NGT.M1	215.9	17915	3340	2	1	220	32~36	411~463	2240~2835	3.0~3.7	52~71	$5\frac{1}{2}''$FH	$4\frac{1}{2}''$Reg
T3-195NGT.M1	215.9	25280	4720	3	1	330	32~36	411~463	3360~4252	4.4~5.6	75~107	$5\frac{1}{2}''$FH	$4\frac{1}{2}''$Reg
T1-240NGT.M2	269.9~393.7	9958	2535	1	1	109	45~50	619~688	3626~4477	3.8~4.6	118~161	$6\frac{5}{8}''$FH	$6\frac{5}{8}''$Reg
T2-240NGT.M2	269.9~393.7	16698	4275	2	1	218	34~45	468~619	4140~7252	4.3~7.5	101~235	$6\frac{5}{8}''$FH	$6\frac{5}{8}''$Reg

注：以上性能参数是在钻井液密度为1.0 g/cm³测得。

表 9 - 42　NGT 导向涡轮钻具技术规格及参数表

型号	适用钻头直径/mm	长度/mm	质量/kg	部件数量		涡轮级数	钻井液流量/(L·s⁻¹)	工作转速/((r·min⁻¹)	制动扭矩/(N·m)	压差/MPa	最大功率/kW	螺纹		调弯范围
				涡轮节	主轴							钻杆	钻头	
TBS1 - 178NGT. M1	212.7 ~ 215.9	10964	2100	1	1	170	32 ~ 36	827 ~ 931	2843 ~ 3599	5.8 ~ 7.4	107 ~ 152	5½"FH	4½"Reg	0° ~ 2°
TBS1 - 178NGT. M2	212.7 ~ 215.9	10964	2100	1	1	150	25 ~ 28	926 ~ 1037	2254 ~ 2827	6.4 ~ 8.0	100 ~ 140	5½"FH	4½"Reg	0° ~ 2°
TB1 - 195NGT. M2	215.9	10600	1970	1	1	110	32 ~ 36	594 ~ 669	1575 ~ 1994	2.0 ~ 2.5	46 ~ 66	5½"FH	4½"Reg	0° ~ 2°
TB2 - 195NGT. M2	215.9	17965	3340	2	1	220	32 ~ 36	594 ~ 669	3151 ~ 3988	4.0 ~ 5.1	92 ~ 132	5½"FH	4½"Reg	0° ~ 2°
TBS1 - 195NGT. M2	215.9	10750	1990	1	1	110	32 ~ 36	594 ~ 669	1575 ~ 1994	2.0 ~ 2.5	46 ~ 66	5½"FH	4½"Reg	0° ~ 2°30'
TBS2 - 195NGT. M2	215.9	18115	3360	2	1	220	32 ~ 36	594 ~ 669	3151 ~ 3988	4.0 ~ 5.1	92 ~ 132	5½"FH	4½"Reg	0° ~ 2°30'
TBS1 - 195NGT. M3	215.9	10750	1990	1	1	140	32 ~ 36	480 ~ 540	2338 ~ 2959	2.7 ~ 3.4	50 ~ 71	5½"FH	4½"Reg	0° ~ 2°30'
TB1 - 240NGT. M2	269.9 ~ 393.7	10200	2590	1	1	109	45 ~ 50	619 ~ 688	3626 ~ 4477	3.8 ~ 4.6	118 ~ 161	6⅝"FH	6⅝"Reg	0° ~ 2°
TB1 - 240NGT. M3	269.9 ~ 393.7	10200	2590	1	1	105	45 ~ 50	420 ~ 467	3087 ~ 3811	3.4 ~ 4.1	68 ~ 94	6⅝"FH	6⅝"Reg	0° ~ 2°
TBS1 - 240NGT. M3	269.9 ~ 393.7	10350	2630	1	1	105	45 ~ 50	420 ~ 467	3087 ~ 3811	3.4 ~ 4.1	68 ~ 94	6⅝"FH	6⅝"Reg	0° ~ 2°30'

注：以上性能参数是在钻井液密度为 1.0 g/cm³ 测得。

9.3 液动潜孔锤

液动潜孔锤(又称液动冲击器或液动锤),是液动冲击回转钻进中冲击载荷的发生装置,其利用钻进过程中泥浆泵供给的冲洗液中的能量,直接驱动液动锤内的冲锤形成上下往复运动,并连续不断地对下部钻具施加一定频率的冲击载荷。按照液能做功方向,液动潜孔锤可分为正作用、反作用、双作用三大类。按照流体控制方式,液动潜孔锤可分为阀式、射吸式、射流式三大类(图9-34)。

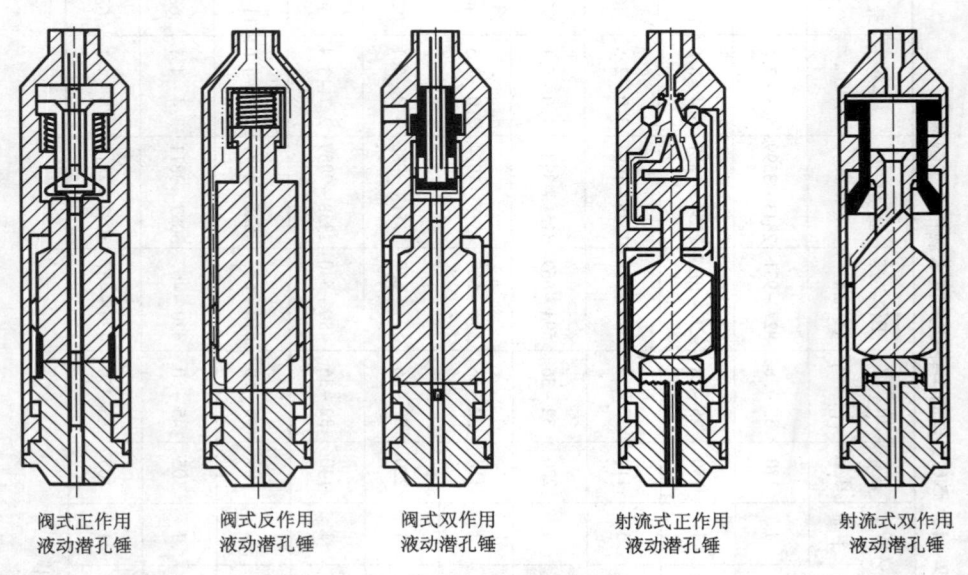

| 阀式正作用
液动潜孔锤 | 阀式反作用
液动潜孔锤 | 阀式双作用
液动潜孔锤 | 射流式正作用
液动潜孔锤 | 射流式双作用
液动潜孔锤 |

图9-34　液动潜孔锤的主要分类示意图

9.3.1 阀式正作用液动潜孔锤

阀式正作用液动潜孔锤在冲锤的冲程阶段利用液压和水击压力的共同作用做功,而复位则依靠弹簧(阀簧、锤簧)。其原理如图9-35所示。

起始阶段,冲锤5和活阀4均在预压弹簧(3和6)的作用下处于上端位,冲锤5的中心液流通道被活阀4封住,进入液动潜孔锤的流体受阻,在冲洗液流体压力和水击增压的联合作用下,冲锤活塞与活阀一同下行,并压缩弹簧;在冲锤5击打铁砧7之前,活阀4下行受阻停止,与冲锤5上端脱离,中心液流通道被打开,冲锤活塞借助于惯性继续向下运动冲击铁砧7;而活阀4在阀簧3的作用下快速上行先行达上位,冲锤5上腔的压力降低,在锤簧6的作用下晚于活阀4上行,并与处于上位的活阀接触，再次水击增压，进入下一个冲程，如此往复进行工作。

　　YZ 系列阀式正作用液动潜孔锤是这类潜孔锤的代表形式，主要用于金刚石冲击回转钻进，基本结构如图 9 - 36 所示。

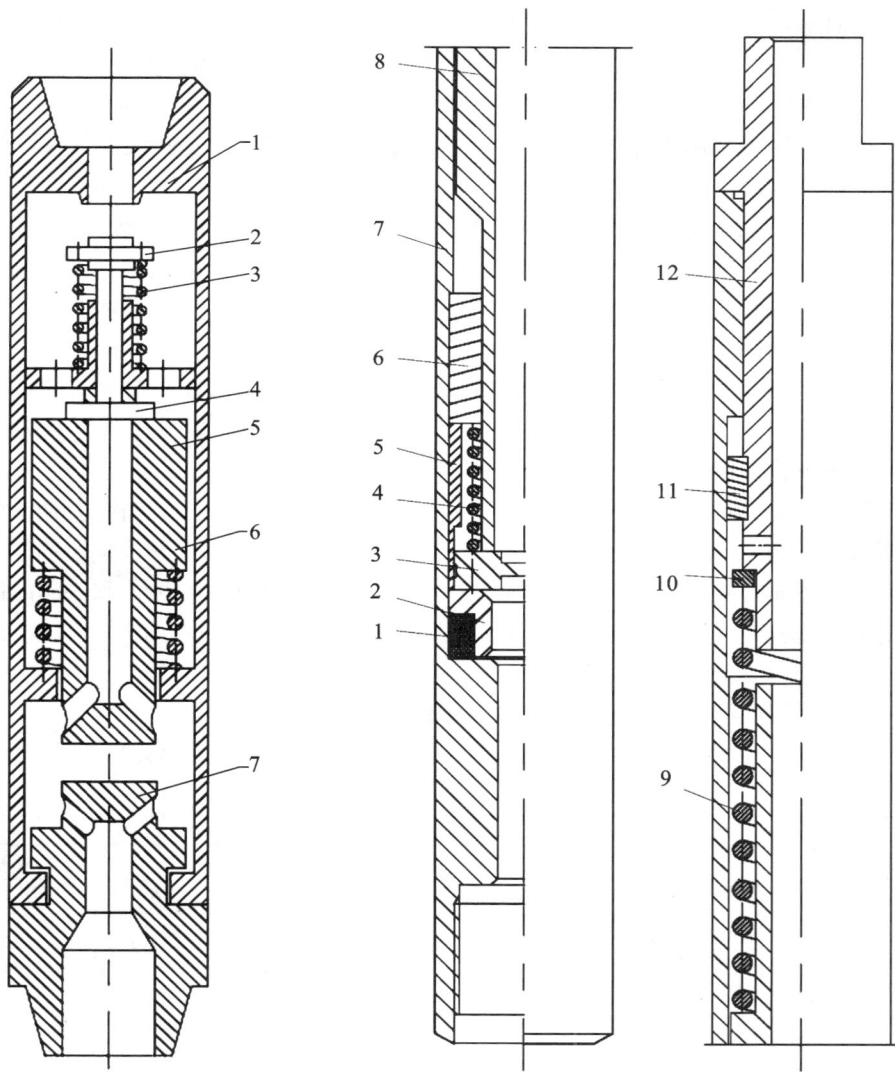

图 9 - 35　正作用液动潜孔锤原理图
1—壳体；2—压环；3—阀簧；4—活阀；
5—冲锤；6—锤簧；7—铁砧

图 9 - 36　YZ 系列阀式正作用液动潜孔锤结构示意图
1—上接头（含减震胶垫）；2—压环；3—活阀；
4—阀簧；5—限位套；6—上活塞套；7—外管；
8—冲锤；9—锤簧；10—锤簧调节垫；11—卡瓦；
12—花键轴

1. 结构和工作原理

与钻杆连接的上接头 1 和外管 7、花键轴 12 用以传递钻压和扭矩。限位套 5 是活阀 3 的下死点限位器。而压环 2 是活阀 3 的上死点限位器，活阀 3 是一个呈两面对称的圆板，冲洗液通道围绕其圆心呈等距离放射性排列，其通道的一部分在上死点时被压环 2 遮盖，使潜孔锤的工作流量得到控制，从而具有"蓄能"效果，即减耗作用。冲锤 8 的上端与上活塞套 6 配合成为该潜孔锤的唯一密封副，阀簧 4 和锤簧 9 用来保证它们的回程复位，花键轴 12 在传递冲击功和钻进同时，可提供轴向滑动。

液动潜孔锤安装在钻杆与岩心管之间，钻具未到孔底时，花键轴 12 靠自重下行，活阀 3 与冲锤 8 的上部活塞端呈脱开状态，冲洗液畅通，液动潜孔锤不工作。当钻具接触孔底，花键轴 12 上行被压紧，活阀 3 与冲锤 8 的上端闭合，高速液流被骤然截断而产生水击增压，推动活阀 3 与冲锤 8 并压缩阀簧 4 和锤簧 9 快速向下运动。当活阀和冲锤共同运动一段距离（阀程）后，活阀在限位套 5 的台阶处受阻而停止运动，这时活阀与冲锤脱开，冲洗液恢复畅通，冲锤在其惯性力的作用下继续下行，直至冲击花键轴 12。由于活阀与冲锤脱开后，活阀上下端面压力差下降，活阀 3 在阀簧 4 的作用下复位。阀在上行与压环接近过程中，其通流面积逐渐缩小，在阀上面储存能量，并对阀上行形成缓冲作用。为了减少向上打击力，在上接头下面安装一组胶圈。冲锤 8 击打铁砧后，在锤簧 9 的弹性力和铁砧的回弹作用下，快速向上复位与阀重新接触，关闭液流通道产生第二次水击，如此周而复始。

2. 技术参数

YZ 系列阀式正作用液动潜孔锤技术性能参数见表 9 - 43。

表 9 -43　YZ 系列阀式正作用液动潜孔锤技术性能参数表

型号 参数	YZ – 54	YZ – 57	YZ – 73	YZ – 89
外径/mm	54	57	73	89
钻孔直径/mm	56 ~59	59 ~60	75 ~76	91 ~95
冲锤质量/kg	5.88	5.88	8.82	14.7
冲锤行程/mm	12	12	16	16
自由行程/mm	3 ~4	3 ~4	3 ~4	4 ~5
锤簧预压/mm	3 ~4	3 ~4	4 ~6	3 ~5
冲击频率/Hz	20 ~40	20 ~40	20 ~40	20 ~35
冲击功/J	2 ~20	2 ~20	7 ~50	15 ~85
工作泵量/(L·min⁻¹)	60 ~120	60 ~120	120 ~200	150 ~250
工作泵压/MPa	0.7 ~2.0	0.7 ~2.0	1.0 ~2.5	1.2 ~3.0
总长/mm	1300	1300	1300	1300
总质量/kg	16.7	21.0	29.4	49.0
冲洗介质	清水、乳化液、低固相泥浆			

3.技术特点和使用要点

正作用液动潜孔锤具有结构简单、密封副少(阻卡概率低)、比较适应泥浆钻进的优点,是一种早期流行较广的液动潜孔锤。但其结构参数调整复杂、锤簧寿命较短、孔底启动性差,应用正逐步减少。

操作使用技术要点:

(1)孔口试验:液动潜孔锤接入主动钻杆下端,使联动接头位于孔口,叉上垫叉,用卡盘卡紧并提起 10 ~ 20 mm,使花键轴与外管的间隙拉开,然后开泵送水,待水送至孔内后下放立轴,使花键套与铁砧下接头之间的间隙压紧,此时液动潜孔锤即可工作。如不工作,经反复启动无效时,应重新调整结构参数或找出原因加以排除。

(2)孔内启动:带有液动潜孔锤的钻具下至距孔底 0.5 m 左右,用大泵量冲孔片刻,然后以 50 ~ 150 L/min 的泵量进行慢转扫孔,钻具到达孔底液动潜孔锤便可开始工作。正常工作 10 min 后,再采用正常的钻进参数(泵量、钻压、转速)钻进。液动潜孔锤如不启动,将钻具提离孔底,重新下放钻具再次启动,经多次启动仍无效果应提钻检查。

(3)下钻前认真检查钻具螺纹连接和外管磨损情况,一旦发现螺纹松动、外管磨损或出现裂纹,应及时更换。

(4)正常钻进:与回转钻进基本相同,但应特别注意泵压表的反应,若泵压突然升高或降低,则表示可能是岩心堵塞或液动潜孔锤发生故障,应立即将钻具提离孔底,调整泵量使之正常。还可采用测频仪、用手触摸高压胶管及听工作声音(200 m 以内孔深)等方法判断潜孔锤是否正常工作。经反复调整无效时则应提钻检查。

(5)泥浆泵要有可靠的安全阀,配备抗震压力表,管路中最好安装空气包(容积不小于 0.02 m³),泵与空气包之间用钢性连接,空气包与水龙头之间用高压胶管连接。

(6)地面送水管路及钻杆连接的密封性良好,严防泄漏。

(7)保持冲洗液清洁,及时清除泥浆池及循环槽中的岩粉及各类杂物。在复杂地层中钻进必须采用优质泥浆,并有相应的除砂设备和措施。若加入泥浆润滑剂效果更好。

(8)在孔内有坍塌、掉块、缩径或岩粉过多的情况下,严禁下入液动潜孔锤。

YZ 系列液动潜孔锤在使用中常见故障及排除方法见表 9 – 44。

表9-44　YZ系列阀式正作用液动潜孔锤常见故障及排除方法

常见故障	故障原因	排除方法
启动后不工作,憋泵	阀卡死或阀簧断 自由行程过小 泵量过大或过小 冲锤上部被卡死 锤簧预压过大	清除卡塞物、更换阀簧 重新调整自由行程 调整泵量 清除卡塞物 适当减薄锤簧预压垫
不启动或冲击无力,泵压不增高,液流不畅通	锤簧预压过小或无预压 密封套磨损 锤簧断 组装错误	适当增厚锤簧预压垫 更换 更换 重新组装
启动后泵压升至一定值后冲击中断,泵压下降到一定值后又恢复冲击,如此间断工作	泵量过大 锤簧预压不够 阀与冲锤接触时关闭不严	降低泵量 适当增厚锤簧预压垫 修磨接触面
启动后只有阀工作,然后停止冲击	锤簧刚度太大 锤簧无预压 锤簧断	更换 适当增厚锤簧预压垫 更换
正常工作中泵压突然下降	密封套损坏 锤簧断	更换 更换

9.3.2　阀式反作用液动潜孔锤

1. 结构和工作原理

阀式反作用液动潜孔锤结构如图9-37所示。其冲锤上升时下阀关闭,阀控冲击机构回程时由冲洗液驱动,锤簧、阀簧蓄能;下阀开启和冲锤击砧则由阀簧和锤簧释放回程时储存的能量驱动。

工作原理:钻具下到井底前砧子下移悬挂在外壳下部的花键套上,冲锤4与砧子9的锤击面脱开,液流畅通,如图9-37(a)所示。钻具下到井底后,砧子9上移,冲锤4下端面与砧子9上端面紧密压合,冲锤4下端排液口阻断,液流从冲锤下部的径向通孔进入冲锤4与下阀7之间的阀腔,推动下阀7下移压缩阀簧8,直至下阀7压住砧子9上端面,如图9-37(b)左侧所示。液流再次受阻,液压继续升高推动冲锤4上升压缩阀簧8和锤簧5,为开启下阀和击锤蓄能,并将停留在上腔的冲洗液排往下腔,再经砧子上的排液孔排出,如图9-37(b)右侧所示。当冲锤4升至锤程上限,在其惯性作用下带动下阀上升,阀腔内液压下降,被压缩的阀簧迅速释放能量将下阀提升到阀程上限,冲锤下腔处于完全敞开卸压状态,如图9-37(c)左侧所示;冲锤在锤簧弹力作用下高速击打砧子,如图9-37(c)右侧所示;冲锤4击砧后下阀7在惯性力和阀腔内液力推动下迅速下移贴紧砧子上端面,冲锤内冲洗液进入阀腔,下一个工作周期开始,周而复始不停地冲击。

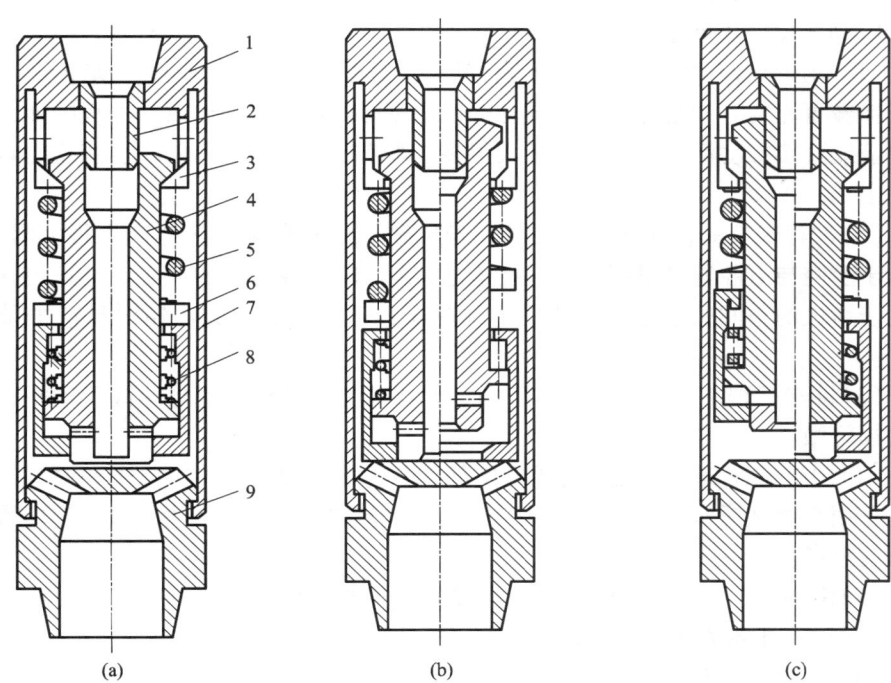

图 9 – 37　阀式反作用液动潜孔锤结构及工作原理示意图

1—外壳；2—导流管；3—限位环；4—冲锤；5—锤簧；6—预压调节垫；7—下阀；8—阀簧；9—砧子

2. 技术参数

阀式反作用液动潜孔锤技术性能参数见表 9 – 45。

表 9 – 45　阀式反作用液动潜孔锤技术性能参数表

型号 TXY	冲锤质量 /kg	工作泵量 /(L·min⁻¹)	压力降 /MPa	冲击频率 /Hz	冲击功 /J	备　注
56	7.5	70 ~ 120	0.8 ~ 1.5	20 ~ 40	30	
75	9.5	100 ~ 150	0.8 ~ 1.5	10 ~ 30	70	
95	12	150 ~ 250	1 ~ 1.5 1.5 ~ 2	10 ~ 30 10 ~ 25	150 ~ 230	轻型 重型
110	16	200 ~ 300	1 ~ 1.8	8 ~ 25	250	
130	20	250 ~ 350	1 ~ 1.8	5 ~ 20	320	
150	30	300 ~ 400	1 ~ 1.8	4 ~ 15	410	
220	75	450 ~ 600	1 ~ 1.8	3 ~ 10	1075	

注：表中冲击功为设计最大值。

3. 技术特点和使用要点

1) 阀式反作用液动潜孔锤的技术特点

(1) 利用液体压力推动冲锤压缩弹簧蓄能，再由弹簧释放能量推动冲锤做功。由于弹簧蓄能的时间是释放能量推动冲锤击砧时间的若干倍，因此冲程的能量要比由液能直接推动活塞冲击的能量大很多，即使较小的流量和压降也能获得较大的冲击功。

(2) 冲程末期的瞬间排量非常大，若从砧子排液孔排出必然产生很大阻力。但由于上腔与下腔通过吊座上的通孔连通，击锤时下腔排出的冲洗液迅速流往上腔同步增大的空间，击锤瞬间几乎不往砧子以下排液，因此击锤时排液的能耗极少。

(3) 冲击行程冲锤与下阀同步下行，无相对位移，导流管与冲锤间动密封副的磨损轻微。

(4) 用机械弹簧蓄能无须密闭的空间，不受井内液柱压力、背压和温度的影响。采用小刚度锤簧，锤程起点和终点的压力差减小，平均压力增大，使用寿命大幅度提高。

(5) 由冲锤、下阀、锤簧和阀簧构成的阀控机构同时也是执行机构，使用过程不需调整，不易发生故障，设计有防空打功能，只有钻具下到井底后才会冲击。

(6) 潜孔锤呈常闭状态，只要进入潜孔锤的冲洗液压力大于举锤所需力，即使潜孔锤因故障不冲击，液压作用使冲锤和下阀离开砧子，保证冲洗液通道的开启。

(7) 启动压降必须等于或略大于锤簧蓄能所需压降，因此启动泵压与液动潜孔锤正常工作泵压接近，在额定工作流量范围内压降变化不大，泵负荷较均衡。

2) 操作使用技术要点

(1) 下阀开启的可靠性与冲锤举升的速度相关，流量小速度太慢，下阀便会平衡在半开状态不能启动或启动后停冲，并导致排液压降明显升高，因此应该使液动潜孔锤在额定流量范围内工作，并保持动密封完好可靠。若出现中途停冲，需加大流量短暂关泵重新启动。

(2) 阀式反作用潜孔锤(尤其大直径锤)额定工作流量较小，为了满足钻井所需流量，可根据增加流量的多少在砧子中心设置分流孔。

(3) 为避免深井水柱压力将冲锤、下阀锁死，通常在砧子中心设有单向阀，下钻时井内冲洗液沿单向阀进入液动潜孔锤，平衡井内与钻具内的水柱压力。

9.3.3 YS 阀式双作用液动潜孔锤

1. 结构和工作原理

阀式双作用液动潜孔锤的冲程和回程均依靠流体压力来完成，整个结构中没有弹簧零件，结构比较简单。YS 系列阀式双作用液动潜孔锤的结构如图 9 – 38 所示。

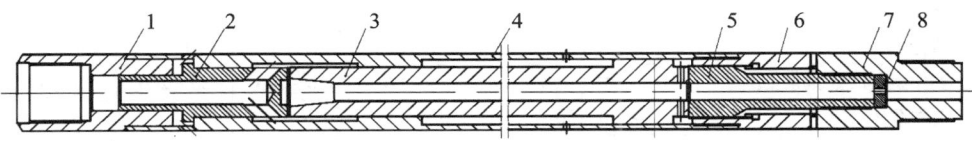

图 9 – 38　YS 系列阀式双作用液动潜孔锤结构示意图

1—上接头；2—活阀；3—冲锤；4—外壳；5—砧子；6—花键套；7—下接头；8—节流环

与钻杆连接的上接头 1 同时又是活阀 2 的上行程限位，它与外壳 4、花键套 6 和下接头 7 组成潜孔锤的外部，用以传递钻压和扭矩。活阀 2 处于外壳 4 内上部，与上接头内孔共同形成活阀的异径密封，从而保证活阀在它们形成的面积差作用下而运动。冲锤 3 的上端部分与外壳 4 的中段内孔形成一个密封副，冲锤 3 的下端部分与外壳 4 的下端内孔形成冲锤的另一个密封副，保证冲锤在它们形成的面积差条件下运动。砧子 5 与花键套 6 之间可以轴向移动，用来实现冲击功传递而不伤外壳。处于砧子 5 下端与下接头 7 内孔中的节流环 8，用于确保液动潜孔锤内腔与钻具外壳周围建立起必要的启动压力差。

工作原理：液动潜孔锤接触孔底后，砧子与花键套之间的轴向防空打间隙在轴向钻压作用下闭合，冲洗液的循环在节流环 8 上部建立起压差，由于冲锤 3 下活塞承压面积大于上活塞承压面积，因而形成压差，冲锤在此压差作用下向上运动。同理，活阀 2 也上行并先于冲锤至上死点，当冲锤与活阀接触，液流通道被快速关闭，形成水击增压，在液压力和水击增压共同作用下，活阀与冲锤一起加速向下运动。当活阀 2 到达行程下限位后停止，冲锤 3 和活阀 2 开始脱离，冲锤在其惯性作用下继续向下运动，走完自由行程并对砧子形成一次冲击。冲锤和活阀脱离后液流恢复流动，在节流环作用下压差再次建立起来，活阀先行上行到上死点，冲锤在压差及反弹力作用下再次开始上行而进入下一个工作周期，周而复始。

2. 技术参数

YS 系列阀式双作用液动潜孔锤技术性能参数见表 9 – 46。

3. 技术特点和维护

YS 系列液动潜孔锤的操作使用技术要点与 YZ 系列液动潜孔锤基本相同。常见故障及排除方法见表 9 – 47。

表 9 – 46　YS 系列阀式双作用液动潜孔锤技术性能参数表

型号 参数	YS – 54	YS – 66	YS – 74	YS – 89	YS – 108	YS – 130
外径/mm	54	63	74	89	108	127
钻孔直径/mm	56 ~ 59	65 ~ 70	75 ~ 76	91 ~ 95	110 ~ 112	130 ~ 135
工作泵量/(L·min^{-1})	50 ~ 100	50 ~ 120	5 ~ 120	70 ~ 145	80 ~ 200	90 ~ 400
工作泵压/MPa	0.5 ~ 3.0	0.6 ~ 4.0	0.6 ~ 4.0	0.5 ~ 2.5	0.5 ~ 2.5	0.5 ~ 3.0
冲锤质量/kg	5.0	6.0	7.0	11.5	19.0	25.0
冲锤行程/mm	7 ~ 12	7 ~ 15	23	28	28	28
活阀行程/mm	5 ~ 9	4 ~ 12	20	25	25	25
冲击频率/Hz	20 ~ 50	15 ~ 40	15 ~ 40	10 ~ 40	15 ~ 25	15 ~ 25
冲击功/J	3 ~ 18	4 ~ 35	5 ~ 50	18 ~ 85	20 ~ 120	30 ~ 140
总长/mm	1200	1200	1200	1200	1200	1400
总质量/kg	16	24	32	44	64	90
冲洗介质	清水、低固相泥浆					

表 9 – 47　YS 系列阀式双作用液动潜孔锤常见故障及排除方法

常 见 故 障	故 障 原 因	排 除 方 法
潜孔锤不启动，泵压高	活阀、冲锤运动部位卡死或配合紧	检查阀锤运动部位并注润滑油
潜孔锤不启动，泵压低	节流孔径大，或泵量小	换小节流孔径或增大泵量
钻进中时打时停	冲洗液含沙量高，或泵量不均	除砂，检查泥浆泵
泵压突降至零，潜孔锤停止工作	潜孔锤钻杆折断，或泥浆泵不上水	检查泥浆泵或钻具

9.3.4　YZX 系列复合式双作用液动潜孔锤

1. 结构和工作原理

YZX 系列复合式双作用液动潜孔锤基本结构如图 9 – 39 所示。

工作原理：冲洗液通过钻杆到达潜孔锤的上接头 1，经喷嘴 2 高速喷射出形成射流，因射流卷吸作用在上阀上端形成负压，使上阀 4 向上运动，液流继续通过上活塞 6 下端的喷嘴形成第二次射流，该射流直接进入冲锤内孔抵达冲锤下腔形成高压，使冲锤在其上下活塞面积和压力差的作用下快速上行；当冲锤与已经处于上限位的上阀 4 接触，将高速流动的冲洗液流截断，射流的卷吸作用消失，使原处于低压区的上阀区变成高压区，冲锤下腔同样由于上活塞下端的射流消失，其下腔与冲洗液出口压力平衡转变为低压区。上阀上部的冲洗液压力产生的推力推动上阀和冲锤共同下行，上阀运行一段距离（称为阀程）后停止在限位台阶，冲锤则在惯性作用下继续向下运动，直至击打花键轴完成一次冲击，此时冲洗液循环通道被再次打开，射流卷吸作用再次在上阀上部形成负压区，上活塞下

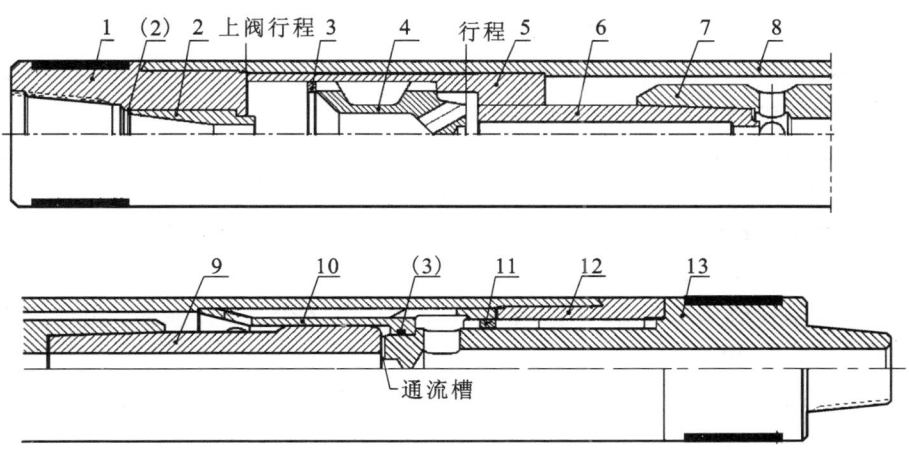

图 9 - 39　YZX 系列复合式双作用液动潜孔锤结构示意图

1—上接头；2—喷嘴；3—行程调节垫；4—上阀；5—上缸套；6—上活塞；7—冲锤；
8—外管；9—下活塞；10—下缸套；11—卡瓦；12—花键套；13—花键轴

端喷嘴形成的射流使得冲锤下腔形成高压，冲锤和上阀在其压差作用下开始上行，进入下一个工作周期，如此循环周而复始。

2. 技术参数

YZX 系列复合式双作用液动潜孔锤技术性能参数见表 9 - 48。

表 9 - 48　YZX 系列复合式双作用液动潜孔锤技术性能参数表

型号 参数	YZX54	YZX73	YZX89	YZX98	YZX127	YZX146	YZX165	YZX178
外径/mm	54	73	89	98	127	146	165	178
钻孔直径/mm	56 ~ 65	75 ~ 85	91 ~ 105	112 ~ 120	136 ~ 158	165 ~ 190	190 ~ 216	216 ~ 245
冲锤质量/kg	3.5	5.5	7.0	15	35	37	50	68
冲锤行程/mm	15 ~ 25	20 ~ 25	20 ~ 30	30 ~ 40	40 ~ 50	40 ~ 50	40 ~ 50	30 ~ 60
自由行程/mm	5 ~ 8	6 ~ 10	7 ~ 12	10 ~ 12	10 ~ 15	10 ~ 15	10 ~ 15	10 ~ 15
冲击频率/Hz	25 ~ 45	20 ~ 45	20 ~ 40	20 ~ 40	7 ~ 15	7 ~ 15	7 ~ 15	7 ~ 15
冲击功/J	10 ~ 50	15 ~ 70	20 ~ 90	80 ~ 120	120 ~ 250	150 ~ 300	150 ~ 350	200 ~ 400
工作泵量/(L·min^{-1})	60 ~ 90	90 ~ 150	120 ~ 190	200 ~ 300	350 ~ 550	600 ~ 1000	900 ~ 1500	900 ~ 1800
工作泵压/MPa	0.5 ~ 2.0	0.8 ~ 3.0	1.0 ~ 3.0	1.5 ~ 4.0	2.0 ~ 5.0	2.0 ~ 5.0	2.0 ~ 5.0	2.0 ~ 5.0
总长/mm	863	1000	1000	1600	1950	2280	3180	2880
总质量/kg	12	25	35	72	120	220	380	410
冲洗介质	清水、乳化液、优质泥浆							

3.技术特点和维护

YZX 系列液动潜孔锤具有以下技术特点：

（1）结构简化，密封副由 4 道减少到 2 道，运动副不用橡胶件，有效地降低了运动件的阻卡概率，工作稳定，可靠性高。

（2）取消了原有潜孔锤固定式节流环，减少击砧时的水垫作用，使潜孔锤在相同输入能量时输出的冲击能提高了 25% ~ 50%。

（3）冲击过程中充分利用上下腔的压差持续作用，可自由调节冲锤的行程，实现较大的冲击功输出，能量利用效率高。

（4）该系列潜孔锤结构调整参数由 5 个减少到 2 个，操作简便，更适应于深孔钻探（目前孔深已达 5128 m）。

（5）即使由于特殊原因不工作时也不会像传统潜孔锤迅速截断水路造成烧钻事故，而能保证现场采取常规回转方法钻完本回次，提高潜孔锤的适用性。

常见故障及排除方法见表 9-49。

表 9-49　YZX 系列复合式双作用液动潜孔锤常见故障及排除方法

常见故障	故障原因	排除方法
液动潜孔锤不启动，泵压较高	上喷嘴直径太小或堵塞	更换大直径喷嘴或解堵
	管路或液动潜孔锤内异物堵塞	清除堵塞物
	冲锤上下活塞副的配合过紧或有异物进入卡死	修配、更换配合零件清理异物
液动潜孔锤不启动，泵压较低	漏装密封配合零件	拆开检查，重新装配
	冲洗液管路出现漏失或泵量太小	检查泥浆循环管路或加大泥浆泵排量
	上喷嘴直径太大	更换小直径喷嘴
	钻压太小	加大钻压
冲击无力且频率比较低	密封磨损过度	更换密封零件
	排量不足	加大排量
液动潜孔锤冲击不到底，频率较高	上阀通孔内有异物	清理异物
	冲锤向下运动有阻卡	修配、更换配合零件
工作不稳定，时打时停	上阀或冲锤密封副磨损	更换密封件
	泥浆泵的排量不均匀	修理泥浆泵
	钻具内装配间隙过大	更换或修配零件
泵压突然降低，液动潜孔锤停止工作	井下钻具折断	处理事故

9.3.5　射流式液动潜孔锤

1. 结构和工作原理

射流式液动潜孔锤借助射流元件周期性改变液流的方向，从而驱动冲锤往复运动产生冲击作用。其总体结构如图 9-40 所示。

工作原理：钻具到达孔底后，由泥浆泵输出的高压液体，经钻杆输入射流元件 2，射流从元件喷嘴喷出，产生附壁作用。假如先附壁于右侧，高压水进入缸体 3 的上部，推动活塞 4 下行，与活塞连接的冲锤 5 便冲向砧子 7。砧子通过下接头 9 上的螺纹同岩心管和钻头连接，冲击力便传至岩心管及钻头，这就形成一次冲击作用。在活塞行程末了，缸体 3 上部的腔体压力上升，迫使射流由右侧切换到左侧输出，流体经连接的通道进入下缸，然后推动活塞 4 向上做返回动作，当活塞运动到上限位置时，缸体 3 下腔压力的上升将射流又切换到开始位置，如此往返实现冲击动作。

缸体上下腔的回水，则通过输出道返回到放空孔，再经与放空孔通道、中接头及砧子内孔注入岩心管及钻头，冲洗孔底后返回到地表。

2. 技术参数

SC 系列射流式液动潜孔锤技术性能参数见表 9-50。

3. 技术特点和使用要点

与其他类型潜孔锤相比，射流式液动潜孔锤具有以下技术特点：

（1）钻具结构简单，易于维修和操作，性能参数可调。经西德深井采油研究所试验，潜孔锤在围压 40 MPa 下，仍能正常工作，故可用于深孔钻进。

（2）由于取消了弹簧、配水活阀等易损零件，钻具工作可靠。钻具主件——射流元件可由硬质合金制造，控制好泥浆固相使用寿命可达 500 h 以上。

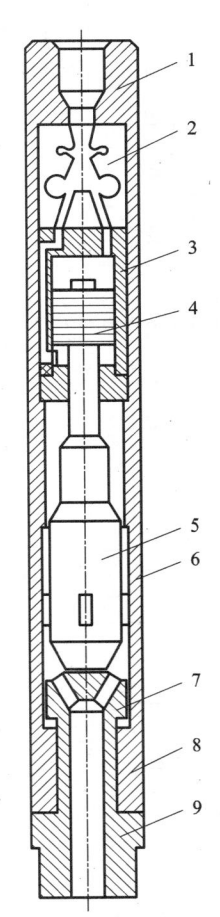

图 9-40　射流式液动潜孔锤结构示意图
1—上接头；2—射流元件；3—缸体；
4—活塞；5—冲锤；6—外缸；
7—砧子；8—八方套；9—下接头

表 9－50　SC 系列射流式液动潜孔锤技术性能参数表

型号 / 参数	SC－54	SC－75	SC－89	KSC－102	KSC－127	SSC－140	SC－150	YSC－178	YSC－203	SC－250
外径/mm	54	75	89	102	127	140	150	178	203	250
钻孔直径/mm	5(6)~59	75~110	91~130	130~157	135~157	152	160~200	185~280	219~350	270~430
钻孔深度/m	0~2000	0~2000	0~2000	0~5000	0~5000	0~5000	0~4000	0~5000	0~5000	0~4000
冲锤质量/kg	3.0~6.0	15~30	15~30	20~50	40~60	15~30	50~(6)0	40~60	50~100	150~200
冲锤行程/mm	(6)~12	15~30	10~30	20~80	10~80	20~30	30~50	20~80	15~100	20~100
压力降/MPa	2.0~2.5	1.5~2.0	1.5~2.0	2.0~2.5	2.0~3.0	1.5~2.0	2.0~2.5	2.5~3.0	2.0~3.0	2.0~3.0
工作泵量/(L·min^{-1})	(6)0~90	120~200	180~250	200~300	350~500	200~300	450~(6)00	550~800	1000~2000	1500~2500
冲击频率/Hz	30~40	15~25	14~25	15~25	15~25	15~2(6)	10~25	15~25	15~30	15~25
冲击功/J	5~20	40~80	50~100	60~120	100~200	50~100	100~200	150~250	250~400	300~450
总质量/kg	30	50	60	80	90	80	150	350	500	650
总长/mm	1500	1800	1480	2110	2290	1641	1850	2290	3150	3200
适用条件 钻进方法	硬质合金钻进、金刚石钻进	硬质合金钻进、金刚石钻进	硬质合金钻进、金刚石钻进	配 φ140 mm 绳索取心钻具，金刚石钻进	硬质合金钻进、金刚石钻进	与绳索取心钻具配套金刚石钻进	硬质合金钻进、牙轮钻进	硬质合金钻进、牙轮钻进	硬质合金钻进、牙轮钻进	基岩水井及地热井，硬质合金钻进、牙轮钻进
适用条件 岩石可钻性	(金刚石钻进)5~12 级,(硬质合金钻进)5~7 级	5~12 级	5~12 级	5~12 级	5~12 级	6~12 级	5~7 级,部分 8 级	5~8 级	5~8 级	4~8 级
冲洗介质	清水、低固相或无固相泥浆、膨润土泥浆或其他化学合成浆液									

（3）能量利用率高。射流式潜孔锤具有压差力做功行程长、冲击末速度高、碎岩传递效率高等良好性能。

（4）停止工作时不会堵水憋死。当用金刚石钻头钻进时，不会导致烧钻头及憋坏水泵。

（5）钻进中产生的高压水锤波比阀式潜孔锤小。因此，高压管路系统振动小，钻具工作平稳，冲击能损失较小，这对减少水泵、潜孔锤、高压管路的损坏十分有利。

操作使用技术要点：

（1）射流式潜孔锤可通过调节输入流量和冲击行程调整单次冲击功和冲击频率。SC-89 型射流式液动潜孔锤冲击功、冲击频率随输入流量和冲锤行程而变化的曲线如图 9-41、图 9-42、图 9-43 和图 9-44 所示。

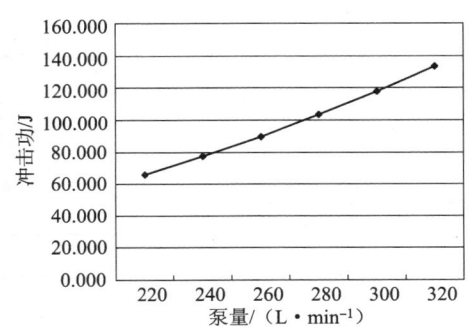

图 9-41　冲击功随输入流量变化关系曲线

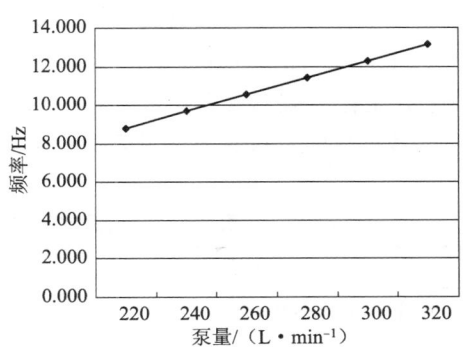

图 9-42　冲击频率随输入流量变化关系曲线

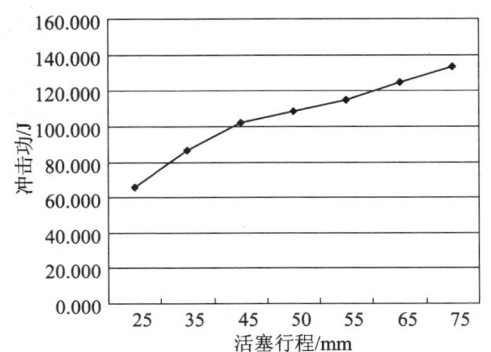

图 9-43　冲击功与活塞行程变化关系曲线

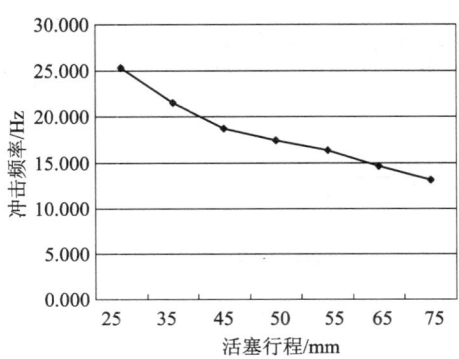

图 9-44　冲击频率与活塞行程变化关系曲线

（2）组装钻具时，要保证各部件密封圈和元件端部密封垫不泄露。组装射流元件及缸体下盖时必须将销钉对准，以使水道通畅。组装或拆卸缸体下盖时，注意不能打坏弹簧挡圈的槽。装配时要根据所需的行程选择适当长度的外壳，并检查其行程大小。活塞与缸体间隙超过 0.2 mm，铜套与活塞杆之间的间隙大于 0.45 mm 时，都必须及时更换。

（3）钻具下井前，应在井口做冲击试验，如发现潜孔锤不工作或频率不正常、水泵压力表指针未在正常范围内，应立即检查：元件端部是否泄漏；元件喷嘴或信号道是否堵塞；冲锤与活塞杆是否脱开。

（4）启动潜孔锤时，应缓慢增大泵量，以防损坏泵零件及高压胶管等。操作人员要密切注意泵压表的变化情况，如表针突然升高或下降，都是事故的预兆。

（5）为减少流体能量损失，钻杆柱锁接头应设置密封圈。为防止主喷嘴及信号道在钻进中被堵塞，要求过滤净化冲洗介质。水泵吸水头上必须包筛网或在排水系统上设置过滤装置或设置专门除砂装置。

（6）由于冲击回转钻进时泵量及泵压都高于回转钻进，再加上冲击荷载的影响，泵工作时震动较大，为此，泵必须牢固固定。泵压表应安放在稳压罐上。

常见故障及排除方法见表 9-51。

表 9-51　射流式液动潜孔锤常见故障及排除方法

故　障	可　能　原　因	排　除　方　法
泵压升高，潜孔锤不工作	主喷嘴堵塞	清除堵塞物
泵压升高，潜孔锤仍工作	岩心堵塞	提钻取心。在钻进中尽量减少上下串动钻具，以防岩心堵塞
泵压突然下降	钻具折断或水泵出现故障	提钻检查钻具，检修水泵及管路
钻进中，如不进尺或进尺变慢，潜孔锤相应地出现频率下降或不工作	元件信号孔被堵	检查、清理堵塞物
	密封处出现泄漏	检查、更换密封件
	活塞上下缸串水	检查活塞缸和活塞，更换磨损件
潜孔锤虽然工作，但出现不进尺或进尺慢	钻头合金已损坏	

9.3.6　射吸式液动潜孔锤

1. 结构和工作原理

射吸式液动潜孔锤是一种利用射吸式阀锤控制机构，以液体介质为动力实现冲锤（活塞、承喷器、锤体构成）往复冲击运动的潜孔锤。其工作原理如图 9-45 所示。

工作原理：启动前阀与冲锤均位于行程下限[图 9-45(a)]，液流通道敞开；

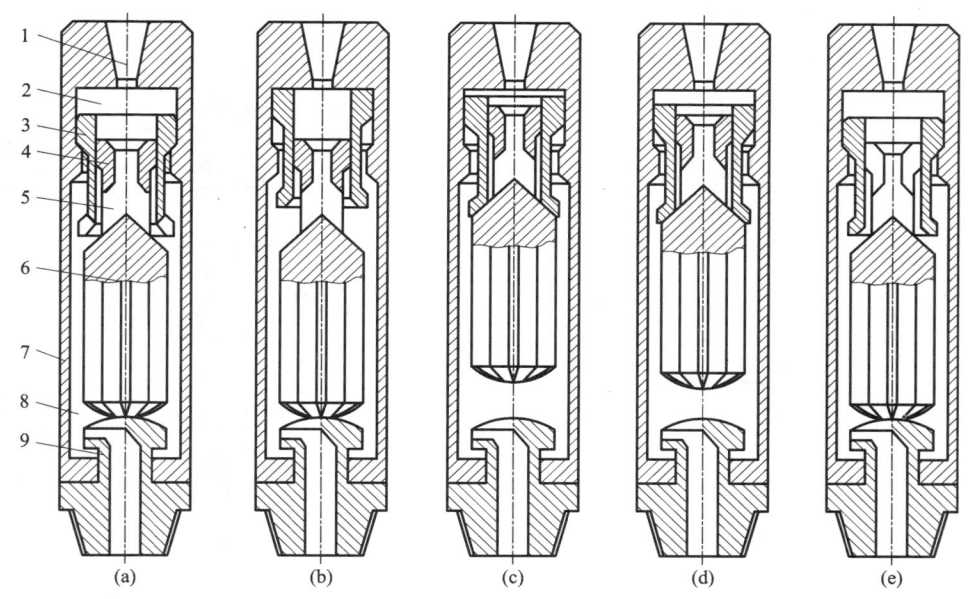

图 9 - 45　射吸式液动潜孔锤工作原理图

1—喷嘴；2—上腔；3—阀；4—活塞；5—承喷器；6—冲锤；7—外壳；8—下腔；9—砧子

工作液流通过喷嘴 1 压力能转变为动能，以大于 40 m/s 的速度由喷嘴射出并通过冲锤上部的承喷器 5 扩散减速后进入冲锤下腔，再从砧子排液孔排出［图 9 - 45(b)］。这时阀 3、冲锤 6 的上腔降压，下腔升压，阀和冲锤同时受到上举力。由于阀 3 单位质量上受到的举力比冲锤大很多，因此先抵达行程上限，随后冲锤上升至阀门与冲锤上部的阀座，闭合阻断排液通道并停止［图 9 - 45(c)］；由于阻断的过程极其迅速，进入阀、锤上腔的高速射流骤然受阻产生水击［图 9 - 45(d)］。在阀、锤上腔产生水击的同时，阀、锤的下腔也出现一次负水击（下腔压强降至零线），上下腔压差使阀 3、冲锤 6 快速向下冲击，由于阀程小于锤程，当阀抵达阀程下限后冲锤继续向下冲击砧子并敞开液流通道［图 9 - 45(e)］，一个工作周期结束。阀与冲锤进入下一个工作周期，周而复始。

　　射吸式液动潜孔锤有套阀射吸式（图 9 - 46）和芯阀射吸式（图 9 - 47）两种结构。结构特点分别是：套阀射吸式的套阀套在承喷器的外面，承喷器位于冲锤上部，工作液流自喷嘴射出进入承喷器，再由承喷器出口进入套阀阀腔，经敞开的阀门和冲锤与外壳之间的环形通道流向砧子排液孔排出；芯阀射吸式的芯阀插装在冲锤上部的阀室里，芯阀的内腔就是承喷器，工作液流自喷嘴射出进入承喷器到阀室扩散减速后再经冲锤和砧子中心的排液孔排出。

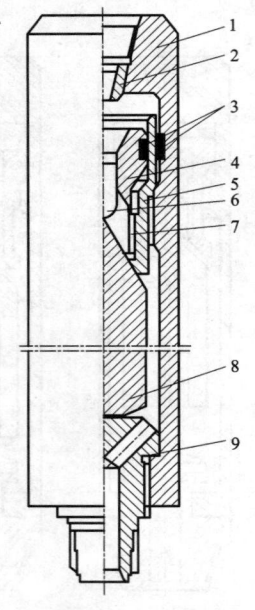

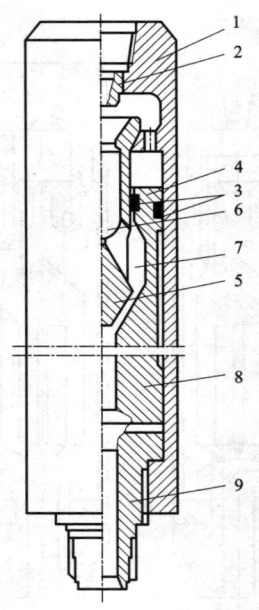

图 9 – 46　套阀射吸式液动潜孔锤

1—外壳；2—喷嘴；3—密封圈；

4—活塞；5—套阀（芯阀）；6—承喷器；

7—阀腔；8—冲锤；9—砧子

图 9 – 47　芯阀射吸式液动潜孔锤

1—外壳；2—喷嘴；3—密封圈；

4—活塞；5—套阀（芯阀）；6—承喷器；

7—阀腔；8—冲锤；9—砧子

2. 技术参数

射吸式液动潜孔锤 1985 年获得中国发明专利，20 世纪 90 年代初国内推广使用，现已用于绳索取心钻探、大口径水井钻探和石油钻井。射吸式液动潜孔锤技术性能参数见表 9 – 52。

表 9 – 52　射吸式液动潜孔锤技术性能参数表

型号 SX、SXXF	冲锤质量/kg	喷嘴口径/mm	工作泵量/(L·min^{-1})	压力降/MPa	频率/Hz
NQ	8	5 ~ 6	60 ~ 100	0.5 ~ 1.5	20 ~ 35
HQ	10	6 ~ 7	80 ~ 140	0.5 ~ 1.5	15 ~ 30
95	10 15	7 ~ 8 10 ~ 13	100 ~ 180 170 ~ 400	0.8 ~ 1.8 0.5 ~ 1.5	15 ~ 25 10 ~ 20
110	15 20	8 ~ 9 13 ~ 16	120 ~ 230 280 ~ 600	0.8 ~ 1.8 0.5 ~ 1.5	15 ~ 25 10 ~ 20
130	20 25	9 ~ 11 16 ~ 19	150 ~ 285 420 ~ 850	0.8 ~ 1.8 0.5 ~ 1.5	10 ~ 20 8 ~ 16
150	25 35	11 ~ 13 19 ~ 23	200 ~ 400 500 ~ 1260	0.5 ~ 1.5	8 ~ 15 5 ~ 15
178	50 70	24 ~ 26 27 ~ 30	950 ~ 1600 1030 ~ 2120	0.5 ~ 1.5	5 ~ 10 3 ~ 8

3. 技术特点和常见问题

潜孔锤的工作压降主要与工作液流从喷嘴射出的速度和冲锤质量、活塞做功面积等参数相关，采用的喷射速度为：小排量锤 40 ~ 60 m/s，大排量锤 30 ~ 50 m/s；压降为：小排量锤 0.8 ~ 1.5 MPa，大排量锤 0.5 ~ 1.2 MPa（用清水测试）。工作流量与阀控机构通常按上述参数设计。工作流量恒定状态下背压增大冲锤的回程速度会相应加快，因此潜孔锤内的水击压强和冲锤击砧的能量也相应增大，而且冲锤向上冲击的能量会随背压升高而增大，因此在高背压时潜孔锤双向做功（高频振动）。

射吸式液动潜孔锤冲锤向下冲击的初始阶段，是由水击产生的压力和喷嘴射出的高速水柱推动，初加速度很大，一般都在 $500 ~ 800 m/s^2$，冲锤只需很短的行程就能达到工作流量推动它的最大速度，这个行程的距离根据冲锤的质量和工作流量的大小而定，一般是喷嘴口径的 1.5 ~ 2.3 倍，冲锤行程过大不但降低频率更会减少冲击功。

射吸式液动潜孔锤的技术特点：

（1）结构简单，启动泵压低，额定工作流量范围大，即使流量大幅度频繁变化也能及时响应，当流量稳定时频率与冲击功也很稳定。

（2）射吸式液动潜孔锤是由工作液流流动形成的压差推动冲锤做功，流量大，冲锤输出的能量也大。回程消耗的液能是冲程的 2 ~ 3 倍，它的工作流量下限是其他类型潜孔锤的 1.2 ~ 1.5 倍，能量利用率低（一般为 15% ~ 20%）。未被利用的能量从潜孔锤排出后可继续做功驱动螺杆钻、喷射钻井和洗井等。

（3）射吸式液动潜孔锤，尤其是芯阀射吸式，在不分流的情况下能够通过的流量可以达到同规格潜孔锤流量的 4 ~ 5 倍。芯阀射吸式的流道在潜孔锤中心，呈圆柱状直孔，与相同断面积的环形流道相比，其液流与管壁接触的表面积最小，液流阻力也最小，并且可以避免大流量高固相泥浆过早冲蚀流道。其正好与石油钻井和大口径水井钻探所需匹配。

常见问题：

射吸式液动潜孔锤必须有自由行程。冲锤行程等于阀程加自由行程。合理的自由行程既能保证潜孔锤正常运转又能使冲锤在最大末速度时击打砧子。自由行程的大小取决于喷嘴口径和阀控机构的参数，通常是喷嘴口径的 1/2 ~ 2/3。自由行程过小则影响启动，甚至不能启动；自由行程过大则损耗击锤能量，甚至出现浮锤（冲锤在往复冲击运动但冲击不到砧子）。

9.3.7　绳索取心液动潜孔锤

在绳索取心钻具的基础上增加冲击功能形成的绳索取心液动潜孔锤，综合了绳索取心钻进增加纯钻进时间、减轻劳动强度等优势和冲击回转钻进碎岩效率高、减少岩(矿)心堵塞等优点，近年来在市场上广泛应用，目前用量较大的主要是 SYZX 系列绳索取心潜孔锤。

9.3.7.1　SYZX 系列绳索取心液动潜孔锤

1. 总体结构

SYZX 系列绳索取心液动潜孔锤总体结构如图 9 - 48 所示。

外总成：与绳索取心钻杆相连接的弹卡挡头 + 弹卡室 + 上扩孔器(内装上扶正环) + 上外管 + 承冲环接头 + 下外管 + 下扩孔器(内装下扶正环) + 钻头。

内总成：打捞定位机构 + YZX 系列液动潜孔锤 + 传功环 + 单动机构 + 上下分离机构 + 调整机构 + 内岩心管 + 卡簧座(内装卡簧挡圈和卡簧)。

2. 技术参数

其技术性能参数见表 9 - 53。

表 9 - 53　SYZX 系列绳索取心液动潜孔锤技术性能参数表

主要参数 型　号	SYZX75	SYZX96	SYZX122	SYZX135	SYZX150
配套绳索取心钻具	S75	S96	S122	S135	S150
潜孔锤型号	YZX54	YZX73	YZX89	YZX98	YZX98
外径/mm	73	89	114	131	140
钻孔直径/mm	75.5	95.5	122	137	150
冲锤行程/mm	15 ~ 25	20 ~ 25	20 ~ 30	30 ~ 40	30 ~ 40
自由行程/mm	5 ~ 8	6 ~ 10	9 ~ 15	10 ~ 12	10 ~ 12
工作泵量/(L·min^{-1})	60 ~ 90	90 ~ 120	120 ~ 190	250 ~ 300	250 ~ 300
工作泵压/MPa	0.5 ~ 2.0	0.8 ~ 3.0	1.0 ~ 3.0	1.5 ~ 4.0	1.5 ~ 4.0
冲击频率/Hz	25 ~ 40	20 ~ 40	15 ~ 30	20 ~ 40	20 ~ 40
冲击功/J	10 ~ 50	15 ~ 70	20 ~ 90	80 ~ 120	80 ~ 120
长度/mm	4902	5500	5230	6185	6530
总质量/kg	75	115	180	340	380
冲洗介质	清水、优质泥浆				

3. 技术特点和维护

SYZX 系列绳索取心液动潜孔锤的技术特点：

(1)内置的 YZX 系列液动潜孔锤采用双喷嘴配流结构，减少了密封副数量，无易损弹簧零件，简化了钻具结构；取消了固定式节流环，击砧水垫影响小，有利于深孔大幅提高钻进效率。

(2)内外管间及阀锤高低压区的密封均采用金属机械式密封，耐磨性好，寿命长。

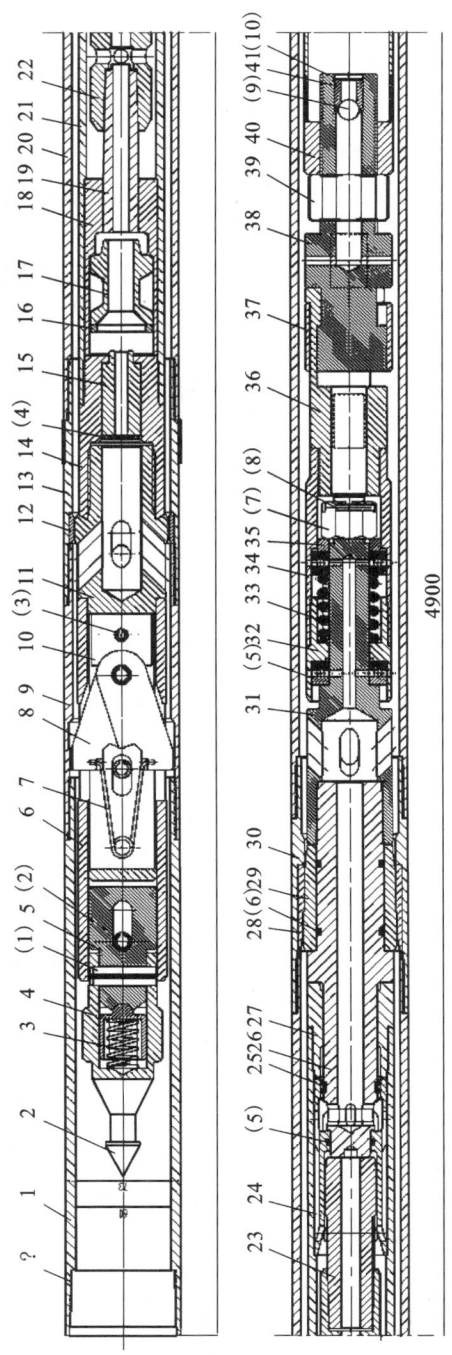

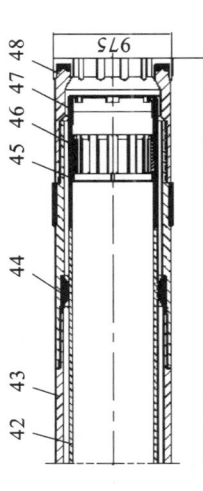

图 9–48　SYZX 系列绳索取心液动潜孔锤结构示意图

1—弹卡挡头；2—捞矛头；3—压紧簧；4—定位卡块；5—捞矛座；6—回收管；7—张簧；8—弹卡针；9—弹卡室；10—弹卡座；11—弹卡架；12—上扶正环；13—扩孔器；14—上接头；15—上喷嘴；16—阀程调节垫；17—上活阀；18—上活塞；19—上活套；20—上外管；21—运动锤架；22—冲锤体；23—下活塞；24—下缸套；25—卡瓦；26—锤轴；27—锤套；28—承冲环；29—传功环；30—承冲环接头；31—锤环接头；32—单动接头；33—减震弹簧；34—接圈；35—垫圈；36—上分离接头；37—挡环；38—下分离环；39—单向接头；40—调节接头；41—单向阀座；42—内管；43—下外管；44—下扶正环；45—卡簧挡圈；46—卡簧；47—卡簧座；48—钻头

(1) 弹性圈柱销 12×40；(2) 弹性圈柱销 2×55；(3) 弹性圈柱销 3×40；(4) 孔用弹性挡销 25；(5) 口形密封圈 30×3.5；(6) 口形密封圈 42×3.5；(7) 弹性圈柱销 3×35；(8) 螺母 M20×2；(9) 开口销 4×36；(10) 钢封 3；(11) 孔用弹性挡圈 8

轴承 51305；

4900

975

（3）为增加传功环和承冲环的受力面积，不因冲击产生的轻微变形影响其正常功能，同时保证到位的准确性，冲击功传递装置采用具有相互限制的刚性结构。在材料选择及加工工艺上作了多次改进，保证在高强度冲击作用下传功环和承冲环不会相互卡死。同时，为防止承冲环接头因管壁薄和应力集中的双重作用发生断裂，增加安全性，特别设计了减应力槽，使传功装置简单可靠，更换方便。

（4）传功装置既能传递冲击功，又能起到到位报信的功能。若内总成投放不到位，只有少量冲洗液能通过内总成和外岩心管之间进入潜孔锤，使液动潜孔锤冲击频率很低或不工作。当内管总成到位，传功环坐落在承冲环上，内总成处于悬挂状态，防空打间隙在重力作用下闭合；送入孔内的冲洗液流到承冲环时，因通路封闭，被迫全部进入液动潜孔锤内，由于正常压差的建立，潜孔锤开始正常工作，从而实现到位报信功能。同时，冲击功通过传功环传到承冲环上，再传到岩心外管的钻头上，从而提高钻进效率。

（5）发生岩心堵塞时，传功环相对承冲环上移，冲击功直接作用在岩心内管上，利用冲击振动即可消除岩心堵塞。

（6）保留了原有绳冲钻具的上下分离接头装置，捞取岩心时将内总成分离成上下两部分，防止其弯曲或折断。

SYZX系列绳索取心液动潜孔锤常见故障及排除方法见表9-54。

表9-54　SYZX系列绳索取心液动潜孔锤常见故障及排除方法

常见故障	故障原因	排除方法
液动潜孔锤不启动，泵压较高	上喷嘴直径太小或堵塞	更换大直径喷嘴或解堵
	管路或潜孔锤内异物堵塞	清除堵塞异物
	冲锤上下活塞副的配合过紧	修配、更换配合零件
	卡簧座与钻头内台阶间隙过小	调整卡簧座与钻头内台阶间隙
液动潜孔锤不启动，泵压较低	漏装密封配合零件	拆开检查，重新装配
	泥浆管路漏失或泵量太小	检查泥浆管路或加大泥浆泵排量
	上喷嘴直径太大	更换成小直径喷嘴
	钻压太小或内管总成不到位	加大钻压或将钻具提离孔底，慢速回转后重放下钻具启动
冲击无力且频率比较低	密封磨损过度	更换密封零件
	泥浆泵排量不足	加大泥浆泵排量
液动潜孔锤冲击不到底	上阀通孔内有异物	清理异物
	冲锤向下有阻卡	修配、更换配合零件
工作不稳定，时打时停	上阀或冲锤密封副磨损	更换密封件
	泥浆泵排量不均匀	修理泥浆泵
	钻具内装配间隙过大	更换或修配零件
泵压突然降低，潜孔锤停止工作	井下钻具折断	处理事故

9.3.7.2 蓄能式绳索取心液动潜孔锤

1. 结构和工作原理

蓄能式绳索取心液动潜孔锤由打捞机构、液压定位悬挂传功机构、蓄能式液动冲击机构和与加长外管连接成一体的定位悬挂传功接箍四部分构成，结构如图9-49所示。其特征是潜孔锤和内管总成的投放打捞、定位悬挂、液动冲击和冲击功传递等多项功能融为一体。定位悬挂传功接箍上部与钻杆连接，加长外管下部与绳索取心钻具外管连接，绳索取心液动潜孔锤的砧子与去掉弹卡机构的内管总成单动报警接头上的调节螺杆连接，构成功能完整的绳索取心冲击回转钻具。

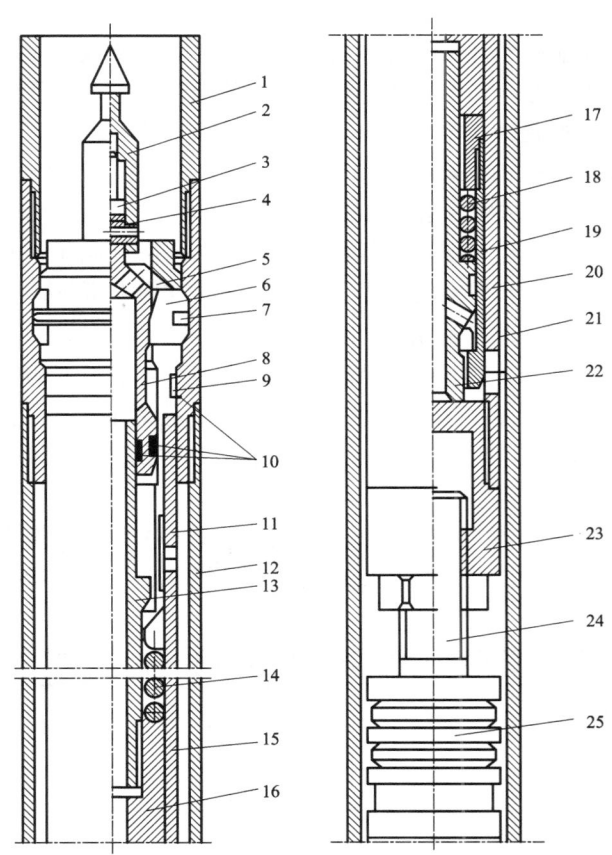

图9-49 蓄能式绳索取心液动潜孔锤结构示意图

1—钻杆；2—捞矛头；3—定位销；4—穿销；5—定位悬挂座；6—定位传功滑块；7—回缩弹簧；8—楔紧活塞；9—悬挂传功接箍；10—密封圈；11—导向套；12—加长外管；13—上锤杆；14—锤簧；15—外壳；16—中锤杆；17—端盖；18—阀簧；19—套阀；20—密封圈；21—辅阀；22—下锤杆；23—砧子；24—调节螺杆；25—单动报警接头

打捞机构由捞矛头、弹簧、定位销、穿销构成。通过穿销与楔紧活塞上部连接，可作 180°转动，常态下弹簧推着定位销保持捞矛头定位在钻具轴线上，便于打捞器进入。

液压定位悬挂传功机构由定位悬挂座、定位悬挂滑块、回缩弹簧、楔紧活塞、定位悬挂传功接箍和密封圈构成。利用驱动潜孔锤的液力推动楔紧活塞下移，将定位悬挂滑块楔入定位悬挂传功接箍的锥形圆环槽内，实现对内管总成的定位悬挂。楔紧活塞将滑块楔入圆环槽后，即使关泵楔紧活塞也不会上移，因此不会自动解除定位悬挂状态，只有在打捞器将矛头连同楔紧活塞向上拔起，定位悬挂滑块才会回缩解除定位悬挂状态。

冲击功传递：锤杆击打砧子的冲击功通过定位悬挂滑块传递给定位悬挂传功接箍，然后再经加长外管和绳索取心钻具外管传至钻头。与砧子间接连接处于悬挂状态的内管受到的是锤击的振动。

蓄能式液动冲击机构：采用阀式反作用液动潜孔锤，在通水状态下，水流将套阀推向砧子端面，形成密封腔，水压推动冲锤体上升压缩锤簧，同时套阀的阀簧同样受力压缩，直至套阀到限位行程后，带动套阀离开砧子上行而打开下面的密封腔泄水，冲锤在储能弹簧的作用下迅速下行冲击铁砧形成一次冲击，如此周而复始持续冲击工作。此种冲击机构的主要特点是能量利用率高、压降平稳（流量增大压降变化不大）、结构简单、装拆容易、不用调试。它的缺点是达不到额定工作流量时阀门容易悬浮在未完全开启的状态，潜孔锤不工作，排液阻力增大压降升高，遇到这样的故障时将流量加大，短暂关泵后重新启动即可排除。

2. 技术参数

ϕ75 和 ϕ95 两种口径的 STXY 系列蓄能式绳索取心液动潜孔锤，可与 NQ、HQ 或 S75、S95 绳索取心钻具配套使用。技术性能参数见表 9-55。

表 9-55 STXY 系列蓄能式绳索取心液动潜孔锤技术性能参数表

型号 STXY	冲锤质量/kg	流量/(L·min⁻¹)	压降/MPa	频率/Hz	冲击功/J
NQ、S75	7.5	70~120	0.8~1.5	20~40	30
HQ、S95	9.5	100~150	0.8~1.5	10~30	70

注：表中冲击功为设计最大值。

9.3.7.3 射吸式绳索取心液动潜孔锤

1. 结构和工作原理

结构如图 9-50 所示。采用射吸式液动冲击机构取代蓄能式液动冲击机构，可以轴向串动的断开式定位悬挂传功接箍取代整体式定位悬挂传功接箍，其余与蓄能式绳索取心液动冲器完全相同。

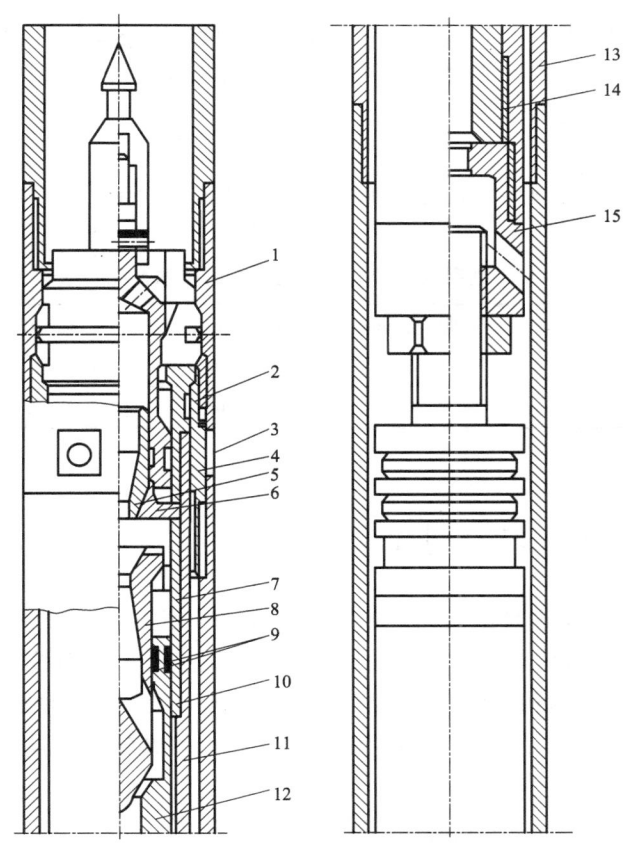

图 9 - 50　射吸式绳索取心液动潜孔锤结构示意图

1—上接头；2—下接头；3—扭矩传递块；4—塞焊；5—喷嘴；6—喷嘴座；7—阀座；8—芯阀；
9—密封圈；10—耐磨套；11—外壳；12—锤杆；13—加长外管；14—耐磨套；15—砧子

　　射吸式液动冲击机构采用芯阀射吸式液动冲击器原理，其特点是芯阀射吸式阀控机构使潜孔锤的整体性能提升，在原有基础上输出能量增大，工作压降降低，结构更简单，装拆容易，除选用合适的喷嘴外不需做其他调试，适合使用无固相或低固相泥浆。根据工作流量的大小选用喷嘴口径，使工作压降控制在合适的范围。

　　定位悬挂传功接箍除了使内管总成定位悬挂外，还有一个重要的功能就是传递冲击功，该绳索取心液动潜孔锤有两种定位悬挂传功接箍，一种是整体式，如图 9 - 49 所示；另一种是由上接头、下接头和扭矩传递块组合而成的断开式，如图 9 - 50 所示，上、下接头之间用螺纹连接承受轴向载荷，上、下接头之间同时又焊接有扭矩传递块传递旋转扭矩，由于螺纹不传递扭矩，而且公母螺纹之间预留有轴向间隙，因此这种定位悬挂传功接箍可以将绳索取心钻杆与绳索取心钻具外管由刚性连接断开为既能传递扭矩又具有微量轴向串动间隙的连接，从而更加有效地将冲击功传递给钻头。

2.技术参数

射吸式绳索取心液动潜孔锤技术性能参数见表 9-56。

表 9-56　射吸式绳索取心液动潜孔锤技术性能参数表

型号 SSX	冲锤质量/kg	喷嘴口径/mm	工作泵量/(L·min⁻¹)	压降/MPa	频率/Hz
NQ、S75	8	5~6	60~100	0.5~1.5	20~35
HQ、S95	10	6~7	80~140	0.5~1.5	15~30

9.4　液动冲击回转钻进工艺

液动冲击回转钻进是回转与冲击两种钻进方式组合而成的一种高效钻进方法，是近代钻探工程中与绳索取心钻进、金刚石钻进并列的新技术之一，可用于硬质合金钻进、金刚石钻进及牙轮钻头钻进。目前，液动冲击回转钻进广泛应用于固体矿产岩心钻探、水文水井钻进、油气井和地热井钻进、岩土工程施工、科学钻探等工程领域。其主要特点如下：

（1）施加给钻头的冲击载荷作用时间极短，刃具与孔底的接触应力瞬间达最大值，使岩石脆性增加，有利于裂隙的扩展，产生体积破碎，钻进效率高；

（2）高频脉动冲击有利于金刚石钻头的出刃，克服孕镶钻头"打滑"现象，提高钻速和钻头寿命；

（3）潜孔锤产生的高频脉动使岩心进入岩心管更顺畅，有利于防止破碎地层中岩心堵塞，提高回次进尺，大幅度减少钻进辅助时间；

（4）产生冲击载荷的液动锤组合在孔底钻具组合中，冲击能量传递损失少；

（5）采用冲洗液作为驱动介质，有利于维护井壁稳定，适合于深孔和复杂地层钻进施工；

（6）与纯回转钻进相比，冲击回转钻进可在小钻压条件下实现高效钻进，沿钻具轴向传递的冲击力可减小软硬地层钻进时的效率差，减小钻孔弯曲，提高钻孔质量；

（7）冲击回转钻进钻压小、转速低、水量大，可减少孔内事故发生；

（8）与气动潜孔锤钻进相比，可明显降低噪音，无粉尘污染；

（9）驱动介质条件恶劣，能量利用率低，难以实现大冲击功输出，连续工作寿命短。

9.4.1　液动冲击回转钻进技术要求

由于液动冲击回转钻进工艺及钻探装备与常规回转钻探基本相同，因而易于推广应用。技术要求如下：

（1）泥浆泵是液动潜孔锤的工作动力源，配套泥浆泵的压力和泵量要充分满足液动潜孔锤的参数要求。一般应选择最大泵压在额定泵压值的 2/3 范围内；由于液动潜孔锤和钻杆泄漏，泥浆泵的排量应比潜孔锤名义排量高 30%，在循环系统中可采用分流或调速等方式调整排量。

（2）为保证潜孔锤获得足够的泵量和压力，要求钻杆连接的螺纹副具有良好的密封和耐压性能。

（3）由于泵压高且有脉动变化，泵压表应具有良好抗震性能。

（4）液动冲击回转钻进的泵量和泵压比普通回转钻进时大，现场应配备一套高压管路系统，其中包括：大通孔主动钻杆水龙头，耐压 8 MPa 以上的铠装高压胶管及其接头。

（5）为稳定液流，减少水击波对泥浆泵的影响，需要在水泵输出管与高压胶管之间安装一个稳压罐（耐压大于工作压力 10 MPa 以上，容积大于 0.1 m^3）。

（6）冲洗液中坚硬固相颗粒对潜孔锤的零件产生剧烈磨损，阻卡运动副，应采用润滑性能好的高质量泥浆，做好固相控制，加强泥浆中杂物的过滤，含砂量不大于 0.5%。在采用随钻堵漏剂进行堵漏施工时，或在泥浆中加入塑料微球等材料进行钻具减摩润滑措施时，不推荐使用液动冲击回转钻进。

9.4.2　冲击回转钻头

1. 冲击回转钻进硬质合金取心钻头
1）钻头用硬质合金

由于冲击回转钻头切削刃承受来自垂直方向、水平方向及径向的静载荷、动载荷联合作用，因而选择硬质合金时，不但要考虑它的硬度、抗弯强度和耐磨性，同时还应考虑它的抗冲击性能。常规情况下，冲击回转钻进所用的硬质合金，其硬度不应低于 HRA86，抗弯强度不应低于 140 kg/mm^2。

硬质合金牌号的选择，取决于岩石性质和潜孔锤单次冲击功的大小。一般中硬岩石或小冲击功潜孔锤应选用硬度较高的硬质合金，例如 YG6X、YG6T、YG5B 等；坚硬岩石或大冲击功潜孔锤则应选用硬度较低、抗弯强度较高的硬质合金，例如 YG15、YD11C、YG8C 等。

硬质合金形状的选择：由于硬质合金片与钻头体弹性模数和热膨胀系数不

同，在冲击岩石过程中受到的弯曲应力要比钢体大得多。最好用柱状合金、厚度大的片状，并使合金片的外侧及端部呈弧形面，改善受力状况，减少崩刃现象。

切削刃采用有利冲击的负前角形状。硬质合金钻头采用的合金刃形状主要有：单楔面刃（多用于可钻性较低的岩石和高频低冲击功的液动潜孔锤）、不对称双曲刃、对称双面刃（多用于可钻性较高的岩石和低频率大冲击功的液动潜孔锤）。

冲击回转钻进中多为不对称双面刃的硬质合金钻头。其刃角根据岩石性质、潜孔锤性能和钻进规程来选择，一般 $\gamma = 10° \sim 15°$，$\alpha = 70° \sim 105°$ 为宜。如图 9－51、图 9－52 所示。

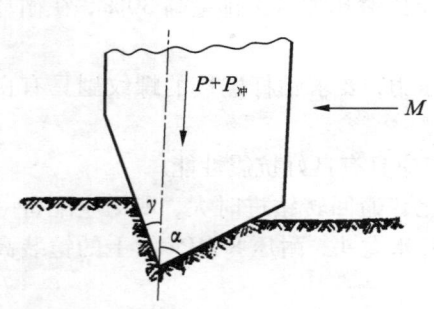

图 9－51　冲击回转钻进的硬质合金刃示意图

γ—负前角；α—磨锐角；$P + P_{冲}$—冲击回转力

图 9－52　适应冲击回转钻进的专用硬质合金

2）硬质合金钻进取心钻头

由于冲击回转钻进的送水量大，且液动潜孔锤要求减少背压，因而要求钻头通水性好，即要求钻头的通水截面大。主要方式有：加大合金内外出刃；钻头体做成三角或四角形等异形；镶焊合金部位的钻头壁厚向内外增加；镶焊内外肋骨；水口开成三角形等。

由于冲击回转钻进钻头受力条件非常复杂，硬质合金镶焊的牢固性（硬质合金块不脱落和早期损坏）要比纯回转钻进用的钻头高，因而钻头壁较厚，钻头体较长以便安装岩心卡簧。

配套液动潜孔锤的硬质合金钻头主要用于可钻性 5 级以下地层。

我国常用的硬质合金取心钻头是 HCT 硬质合金钻头（图 9－53），主要参数见表 9－57。

三种 HCT 型钻头合金牌号 YG6X 或 YG6T 柱状硬质合金，垂直镶焊于钻头体上，不对称双面刃，刃角 α 为 95°，负前角 γ 为 30°。液路通道断面较大，有利于冷却钻头和减少背压。该型钻头用于高频低冲击功的液动潜孔锤，适用于钻进可钻性为 5 ~ 7 级岩石。

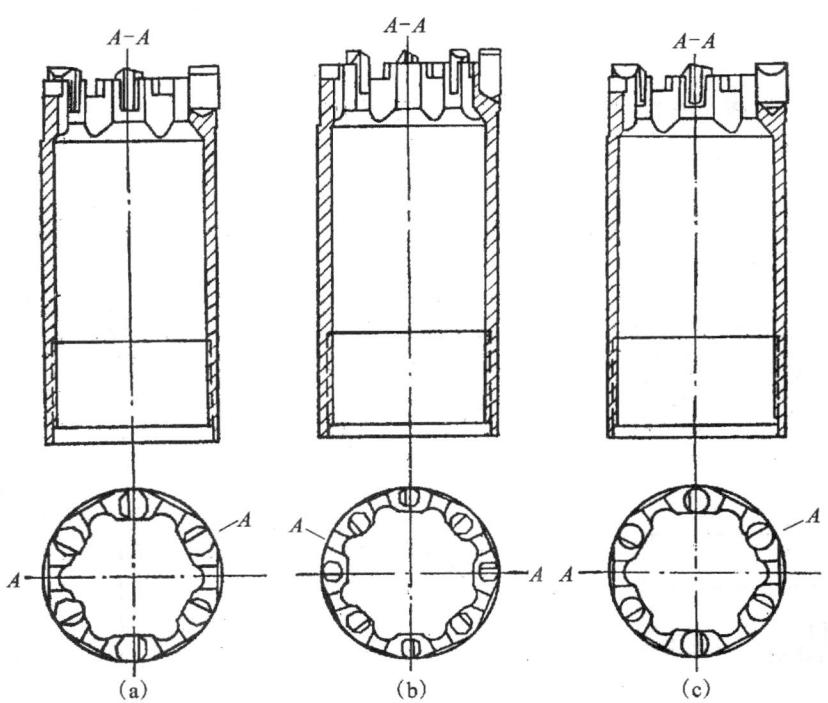

图 9 – 53　HCT 型硬质合金钻头结构示意图

（a）HCT – 56 – 1；（b）HCT – 56 – 2；（c）HCT – 56 – 6

表 9 – 57　HCT 硬质合金回转—冲击钻头主要参数

钻头型号	合金数量/粒	水口数量/个	硬质合金特征		冲击刃角 α/(°)	负前角 γ/(°)	外径/mm	内径/mm	底出刃/mm	钻头体料
			型号	牌号						
HCT – 56 – 1	6	6	TC108 或 T110	YG6X 及 YG6T	95	30	56	39	4	45#
HCT – 56 – 2	8	8	TC107 或 T107	YG6X	95	30	56	39	4	45#
HCT – 56 – 6	6	6	TC208	YG6X	95	30	56	39	4	45#

注：负前角用 T110 及 T107 时，为自修磨而成。

　　大八角肋骨硬质合金钻头如图 9 – 54 所示，其钻头体上焊有肋骨片加大液流通道和增强硬质合金固定的条件。外径 ϕ110 mm 钻头肋骨厚 3 mm，镶焊 8 粒 T107 或 T110 型硬质合金，底出刃为 5 mm，内外出刃分别为 2 mm、3 mm，对称双面刃刃角为 90°～100°。

　　长方片状肋骨硬质合金钻头如图 9 – 55 所示。直径 ϕ91 mm 钻头外肋骨片厚度为4 mm，硬质合金为 T5 型，牌号为 YG11C，对称双面刃，冲击刃角为110°，外出刃为1.5 mm，内出刃为 1 mm，底出刃为 5 mm。其特点是液路通道大，适宜于采用大冲击功低频率液动潜孔锤钻进，在中硬岩层中使用。

异形硬质合金钻头如图9-56所示。为了增大液流通道断面，减少流阻背压和岩心堵塞，将钻头钢体用模具冲压成三角状或四角状。直径 $\phi 75$ mm 钻头镶焊 6 粒 K210 或 K212 硬质合金，牌号为 YG11C，内外出刃均为 1 mm，底出刃为 2.5 ~3 mm，适于钻进 5 ~7 级中硬岩层。

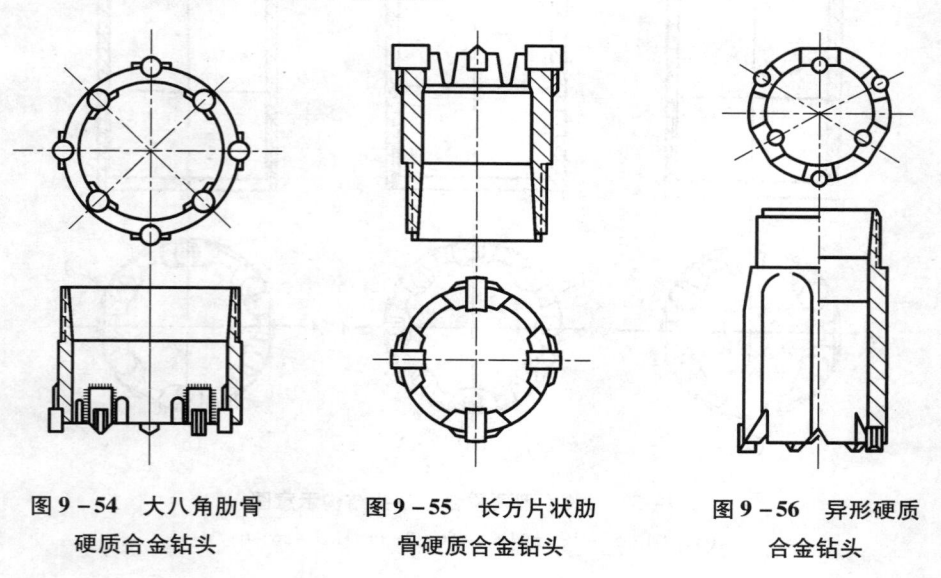

图 9-54　大八角肋骨　　　图 9-55　长方片状肋　　　图 9-56　异形硬质
　　硬质合金钻头　　　　　　骨硬质合金钻头　　　　　　　合金钻头

2. 冲击回转钻进金刚石取心钻头

在金刚石钻头上增加高频、低冲击功的动载，将改善金刚石钻头在孔底的工作状况，提高坚硬岩层和"打滑"地层中的钻进速度。但考虑到冲击回转钻进工艺与纯回转钻进工艺的差异，冲击回转钻进用金刚石钻头在结构上应与普通回转钻头有所区别。设计和选择钻头时应注意以下问题：

（1）金刚石钻头仍以回转碎岩为主，冲击碎岩为辅。表镶或孕镶式钻头都可选用，也可采用聚晶体表镶钻头。多以孕镶金刚石钻头为主。

（2）由于钻进中金刚石要承受较大的冲击动载，所以选用强度较大的金刚石。孕镶钻头应采用60~80目的 JR4 级金刚石。最好在镶嵌（或电镀）之前先对金刚石进行圆化和金属镀层处理，确保胎体与钻头体有较强的结合力，提高金刚石的包镶和抗冲击能力。

（3）应根据岩石性质设计胎体硬度，保证足够的强度，提高钻头使用寿命。考虑到液动冲击回转钻进过程中钻头出刃条件较好，将钻头胎体硬度提高 3 ~5(HRC)。

（4）由于所需冲洗液量大，应增大钻头通水面积30%以上，提高潜孔锤的使用效果。如直径 φ94 mm 钻头可有 12 个水口或采用增加副水口的方式（图 9 – 57）。

（5）为适应冲击回转钻进工况，钻头底唇形状可采用环槽形或交叉形。环槽形金刚石钻头的结构如图 9 – 58 所示，槽的顶端做成弧形底唇不仅碎岩效率高（体积破碎），而且防斜。

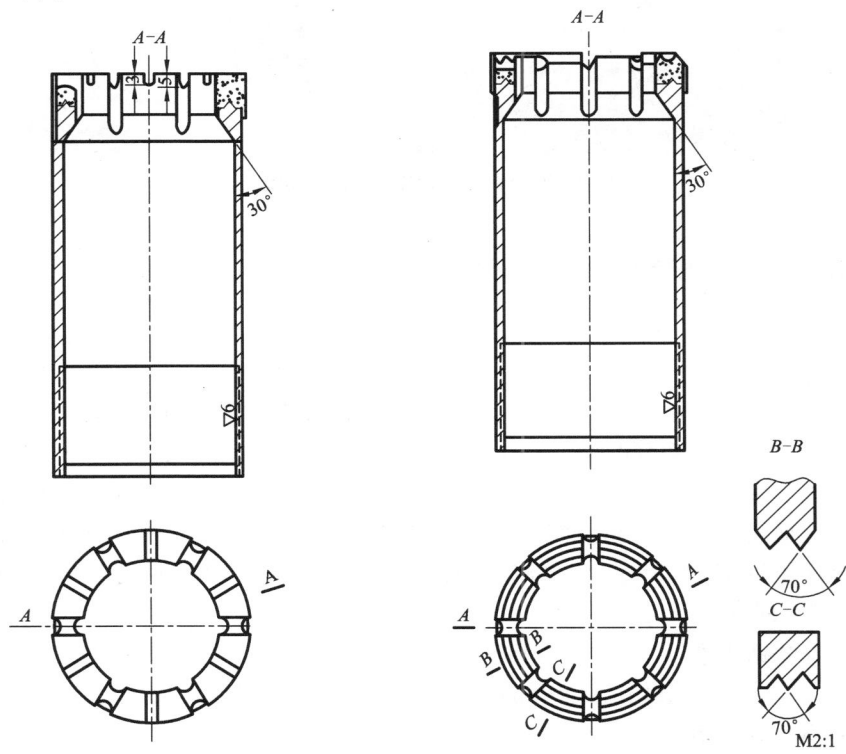

图 9 – 57　带副水口的钻头　　　　　　　　图 9 – 58　环槽形金刚石钻头

3. 冲击回转钻进全面钻头

液动潜孔锤的冲击功小于气动潜孔锤，因此在坚硬、完整的岩石中一般不推荐使用球齿全面钻头，而采用牙轮钻头，这样可在一定程度上弥补牙轮钻头加压不足的缺陷。在气动潜孔锤钻遇水层和深孔效果不佳时，液动潜孔锤效果较好。

球齿全面钻头如图 9 – 59 所示。设计和选择球齿全面钻头时应注意以下问题：

（1）为适应液动潜孔锤冲击功较小的特点，在满足无碎岩空白区的前提下，可适当减少钻头上的球齿数量，切削齿以锥球齿为宜。

（2）由于液体的过流阻力较大，通常钻头水口通流面积需增加30%。

（3）推荐钻头底面形状：平底、球弧、中心凹。

牙轮钻头为常规石油钻头。由于钻头需要承担冲击载荷，宜选择滑动轴承、金属密封，并尽可能选用不等径组合的喷嘴。

图 9 - 59　液动潜孔锤配套球齿钻头

9.4.3　冲击回转钻进规程参数

1. 钻压

冲击回转钻进时，切削刃在轴向压力（静载）及冲击力（动载）作用下破碎岩石。试验表明，静、动载同时作用提高了岩石破碎效率，当冲击能量不变时，在一定范围内随着静载的增加，破碎穴的深度和体积相应增大。因为静载使岩石内部形成预应力，又克服潜孔锤的反弹力，切削具与岩石良好接触，减少冲击能量的传递损失。但是，随着轴向压力增大，切削刃的单位进尺磨损量也增加。所以选择钻压时，既要考虑克服潜孔锤的反弹力，保证足够的预加力，提高机械钻速，还须考虑降低钻头的单位磨耗。

具体钻压推荐值可参考表 9 - 58。对硬度不大和研磨性弱的岩石，采用较大钻压，充分发挥回转切削碎岩的作用；对坚硬和研磨性强的岩石，则应充分发挥冲击碎岩的作用。

表 9 - 58　液动潜孔锤冲击回转钻进参数推荐表

岩石级别	钻头类型	钻头直径/mm								
		59	75	91	59	75	91	59	75	91
		钻压/kN			转速/(r·min⁻¹)			泵量/(m³·min⁻¹)		
Ⅴ ~ Ⅻ	硬质合金	3 ~ 6	5 ~ 8	6 ~ 9	50 ~ 100	35 ~ 90	30 ~ 70	0.06 ~ 0.12	0.10 ~ 0.15	0.12 ~ 0.25
Ⅴ ~ Ⅷ	金刚石	4 ~ 6	6 ~ 10	8 ~ 11	200 ~ 600	200 ~ 500	150 ~ 400	0.06 ~ 0.12	0.10 ~ 0.15	0.12 ~ 0.25
Ⅷ ~ Ⅻ	金刚石	4 ~ 8	6 ~ 10	7 ~ 10	350 ~ 800	200 ~ 600	150 ~ 500	0.06 ~ 0.12	0.10 ~ 0.15	0.12 ~ 0.25

2. 转速

硬质合金冲击回转钻进时，选择转速的主要依据是"最佳冲击间隔"，不同岩石的"最佳冲击间隔"也不同。在冲击频率不变的情况下，增加转速将使二次冲击的间距（切削刃的切削行程）增大，如果超过所钻岩石的"最佳冲击间隔"，则二次冲击破碎穴（或裂纹）间无法形成叠加效应，而影响钻进效率，增大切削刃的磨耗。为了增加回次长度和降低切削刃的磨损，硬质合金钻头常选用较低的转速。钻进较硬岩石时，转速控制在 100 r/min 以内，以避免使冲击间距增大，造成合金刃早期磨损或崩裂。

金刚石冲击回转钻进时，高频冲击有利于金刚石孕镶钻头的出刃，但总体没有改变磨削碎岩的机理。因此，应取与常规金刚石钻进相近的转速，具体参数选择可参考表 9 – 58。

3. 泵量

泵量是液动冲击回转钻进的一个重要参数。冲洗液的功能不仅是冷却钻头、携渣护壁，还担负着传递能量、驱动潜孔锤的功能。泵量和泵压对潜孔锤的频率、冲击功以及潜孔锤工作性能有着决定性的影响，在条件（地层、泥浆泵及管路、钻孔环状间隙）允许时，应满足潜孔锤推荐的泵量，并适当增大，以弥补钻具管路泄漏所造成的损失。实际施工中泵量推荐值可参考表 9 – 58。一般情况下，潜孔锤在泵压达到 0.2 ~ 0.6 MPa 时开始启动，达到 1.0 ~ 2.0 MPa 时工作稳定。

液动潜孔锤采用不同的介质（如清水、乳化液、泥浆等）对工作性能产生不同的影响。在可能的条件下，尽量采用清水、低固相泥浆或无固相泥浆做冲洗介质，以使其流阻减小。另外，在泥浆循环系统中，应设置除砂净化设备和过滤装置。

第 10 章　空气钻进

空气钻进是采用压缩空气或气液混合物作为循环介质，或兼作钻进碎岩工具动力的一种钻进方法。目前已发展成不同密度介质、不同循环方式和碎岩方法的多工艺空气钻进技术体系(表 10 - 1)。

表 10 - 1　空气钻进技术体系

分 类 方 式	钻 进 方 法
按循环介质分	干空气钻进
	雾化钻进
	气水混合钻进
	泡沫钻进
	泡沫泥浆钻进
	充气泥浆钻进
	空气、泥浆(分别循环)钻进
按循环方式分	正循环空气钻进
	反循环空气钻进(气力反循环、气举反循环)
	正反循环(交替)钻进
	正反循环(并用)钻进
按碎岩方法分	冲击钻进
	回转钻进
	冲击回转钻进(潜孔锤钻进)
	冲击挤压钻进
	跟管钻进
	扩孔钻进
	夯管钻进
	气流喷射钻进

空气钻进及风动潜孔锤钻进是一种效率高、钻孔质量好、钻进成本低的先进钻孔技术。其主要特点为：空气动力介质的压缩空气密度小，对孔底岩石压力小，更利于碎岩，碎岩比功小；不受季节及温度限制，在冬季或冷冻地区可全天

候施工；钻进动力介质为压缩空气而不是液体介质，尤其适用于干旱缺水地区施工作业；轴压小、转速低、规程参数小，钻进对钻具及设备磨损小，钻头寿命长，孔内事故少；综合钻进成本低，施工周期短。空气钻进已广泛用于水文水井、矿产资源勘查、石油钻井、矿山爆破孔、基础桩嵌岩桩、非开挖管线铺设等钻进领域。

10.1　空气钻进技术体系

空气钻进技术体系包括：钻机、空压机、钻具、地面管汇系统、配套工具、循环介质和钻进工艺等。不同空气钻进方法所用钻具、配套工具、循环介质和钻进工艺不同。

10.1.1　钻机选择

钻机性能应符合空气钻探技术要求，并遵循以下主要原则：

（1）钻机（包括动力头式、立轴式、转盘式）用于空气潜孔锤钻进时的转速应有低速挡（20 ~ 40 r/min），其他功能和参数与常规钻进方法相同；

（2）为适应空气及潜孔锤高速钻进的特点，宜采用具有较长给进行程的钻机，如动力头式钻机。

10.1.2　空压机选择

空压机是空气钻进系统的主要设备之一，输出的压缩空气既是钻探的动力介质，又是洗孔循环介质，其功能等同于常规钻探的泥浆泵，主要区别是压缩空气为可压缩流体。

空压机的主要工作参数是风量和风压，选择时应合理计算。

1. 风量

空气钻探中，由于压缩空气较液体冲洗液的密度和黏度都小，岩粉屑主要靠高速气流携带至地表，潜孔锤的正常工作也需压缩空气驱动。空压机的风量应合理计算，风量过大，所需空压机的功率大，设备投资大，燃料消耗大；风量过小，会导致钻进效率低，孔内排屑不利，易发生事故。风量以能正常携带岩粉屑为宜，要求的最小风量为：

$$Q = Q_0 + NH \qquad\qquad (10-1)$$
$$Q_0 = 47.1K(D^2 - d^2)v$$

式中：Q 为最小风量，m^3/min；Q_0 为基数空气量，m^3/min；H 为钻孔深度，m；K 为孔内涌水时风量修正系数，其值与涌水量相关，中等和小涌水量时 $K = 1.5$；D 为钻孔直径，m；d 为钻杆直径，m；v 为环状间隙气流上返速度，m/s，最小风量值取 15.24 m/s；N 为 100 m 的钻速系数（表 10-2），其含义是钻杆直径和孔径一定时，以不同的钻速钻进，每 100 m 深度所需空气量的修正系数。

表 10 – 2　风量计算表

钻孔直径 /mm	钻杆外径 /mm	基数空气量 Q_0 /($m^3 \cdot min^{-1}$)	百米钻速系数 N 值			
			0 /($m \cdot h^{-1}$)	9.11 /($m \cdot h^{-1}$)	18.29 /($m \cdot h^{-1}$)	27.43 /($m \cdot h^{-1}$)
171	89	15.14	0.347	0.491	0.615	0.725
159	89	12.17	0.344	0.479	0.591	0.695
	73	13.98	0.305	0.428	0.533	0.630
121	73	6.48	0.294	0.384	0.466	0.525
	60	7.67	0.259	0.346	0.416	0.480

2. 循环压力计算

压缩空气从空压机沿地表送气管路至钻杆内，并经钻具与孔壁的环状间隙上返至地表，由于不断克服循环阻力及温度的变化而产生压力降。施工中，应根据钻孔情况对循环系统的压力损失进行计算，确定所需的供气压力，为空压机选择提供依据。循环压力计算公式如下：

$$P_{bh} = \left[\left(P_{at}^2 + b_a T_{av}^2 \right) e^{\frac{2a_a H}{T_{av}}} - b_b T_{av}^2 \right] + \Delta P_a + \Delta P_b \qquad (10-2)$$

式中：P_{bh} 为环孔井底压力，MPa；P_{at} 为环孔出口的大气压力，MPa；H 为钻孔深度，m；T_{av} 为钻孔平均温度，K；a_a 和 b_a 为常量；ΔP_a 为潜孔锤和钻头的压力降，MPa；ΔP_b 为反循环钻进时压力降增量，一般取 $0.1 \sim 0.15$ MPa/100 m（正循环钻进时取 0）。

常量 a_a 和 b_a 按以下公式计算：

$$a_a = \left(\frac{s_g}{R} \right) \left(1 + \frac{w_a}{w_g} \right)$$

$$b_a = \frac{f}{2g(D_h - D_p)} \left(\frac{R}{s_g} \right)^2 \frac{w_q^2}{\left(\frac{\pi}{4} \right)^2 (D_h^2 - D_p^2)^2}$$

式中：s_g 为气体相对密度；R 为空气的气体常数；w_a 为岩屑质量流量，kg/s；w_g 为气体质量流量，kg/s；g 为重力加速度，m/s^2；D_h 为钻孔直径，m；D_p 为钻杆直径，m；f 为范宁阻力系数，可按下式计算：

$$f = \frac{1}{2 \lg \dfrac{D}{e} + 1.14}$$

式中：D 为流道的当量直径，m；e 为平均表面绝对粗糙度，μm。

10.1.3　地面管汇系统

采用空气钻探技术，设备和地面管汇系统的选择须依据钻孔地层情况和特点、钻孔用途、交通条件以及气候条件等因素确定。地面管汇系统包括：高压胶管、气水龙头、气水分离器、三通混合器、阀门、压力表、储气罐、除尘及取心样装置等。在空气输送管线上要安装压力表，而空气流量计、真空计、温度计等视需要再确定是否安装。监测仪表要安装在操作者附近，利于及时观察，实时掌握风压变化情况，有助于了解孔内情况。图 10-1 是典型的空气钻探地面管汇系统布置图。

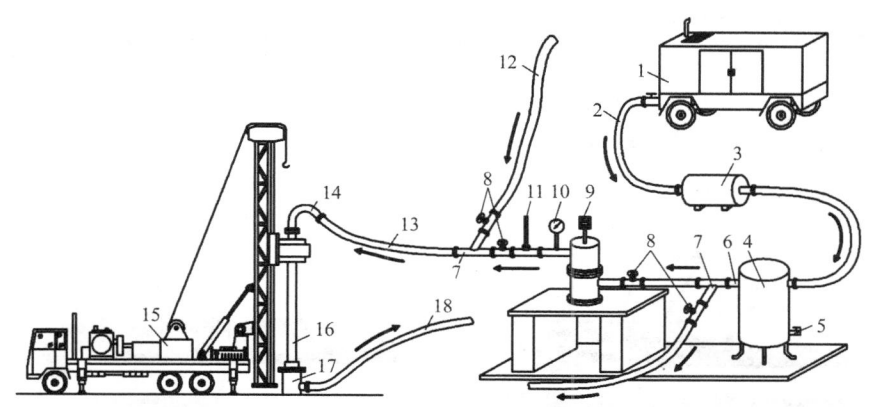

图 10-1　空气钻探地面管汇系统布置图

1—空压机；2—高压管线；3—储气罐；4—水分离器；5—泄压阀；6—水分离器支管；7—三通混合器；8—气阀；9—流量计；10—压力表；11—温度计；12—液压管线；13—进气管线；14—气水龙头；15—动力头钻机；16—钻杆；17—孔口密封器；18—岩粉导出管线

10.2　风动潜孔锤

风动潜孔锤是潜孔锤钻进的核心器具。风动潜孔锤按配气类型可分为有阀式和无阀式；按排气方式可分为中心排气式和旁侧排气式；按结构特点可分为贯通式和非贯通式；按工作风压可分为低风压、中风压和高风压；按冲击频率可分为低频、中频和高频。

10.2.1　阀式潜孔锤

早期的潜孔锤均为阀式，中心排气阀式潜孔锤简称为阀式潜孔锤，其工作原理为：潜孔锤内的阀片由于阀盒内的压力差作用进行换向，实现前、后气室的配气，推动活塞往复运动。在我国应用最多的为 J 系列潜孔锤和 CZ 系列潜孔锤。

　　阀式潜孔锤具有结构简单、便于制造和维修等特点，但存在耗风量大，阀片、阀座易损坏，对风压适应性差等缺点。典型阀式潜孔锤结构见图 10 -2 和图 10 -3，国内部分阀式潜孔锤技术性能参数见表 10 -3。

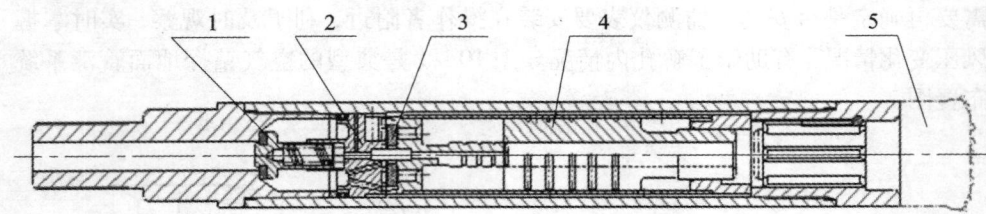

图 10 -2　　J200 型阀式潜孔锤

1—逆止阀；2—配气阀；3—阀片；4—活塞；5—钻头

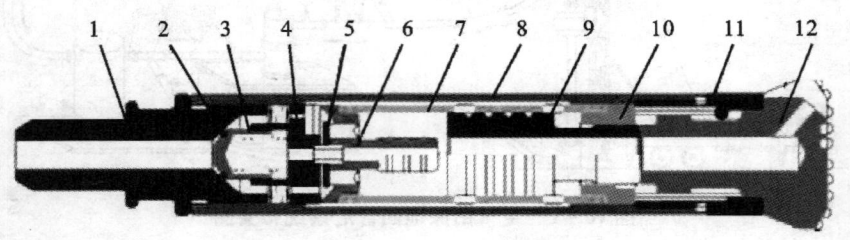

图 10 -3　　CIR 系列阀式潜孔锤

1—接头；2—密封圈；3—逆止阀；4—节流塞；5—阀片；6—阀座；
7—外缸；8—内缸；9—冲锤；10—衬套；11—花键套；12—钻头

表 10 -3　　国内阀式潜孔锤性能参数

型号	风压/MPa	耗风量/(m³·s⁻¹)	冲击功/J	冲击频率/Hz	外径/mm	质量/kg	长度/mm	钻头直径/mm
J -100B	0.63	9.0	165	16	95	30	870	110
CIR -90	0.5 ~0.7	7.2	107.8	14	80	17	864	90
CZ -90	0.5 ~0.8	3.5 ~7.0	82 ~122	10 ~20	90			90 ~105
CZ -110	0.5 ~0.8	7.0 ~12.0	190 ~290	13 ~18	110			108 ~130

10.2.2　无阀式潜孔锤

　　无阀潜孔锤是目前最广泛应用的风动潜孔锤，其工作原理与阀式潜孔锤不同之处在于：阀式潜孔锤的前后气室主要经历进气—排气两个阶段，而无阀式潜孔锤前后气室经历进气—压气膨胀—排气三个阶段，充分利用气体膨胀做功的效应，所以无阀式潜孔锤具有以下特点：取消了复杂的配气阀，耗风量小；无易损件，工作寿命长；对风压适应性强，适用于低、中、高各种风压条件。

　　无阀式潜孔锤的结构见图 10 - 4 和图 10 - 5，与阀式潜孔锤相比，无阀式潜孔锤结构更为简单，潜孔锤已成系列化。相比阀式潜孔锤，无阀式潜孔锤的种类更多，应用更广泛。国内外部分无阀式潜孔锤的性能参数见表 10 - 4 和表 10 - 5。

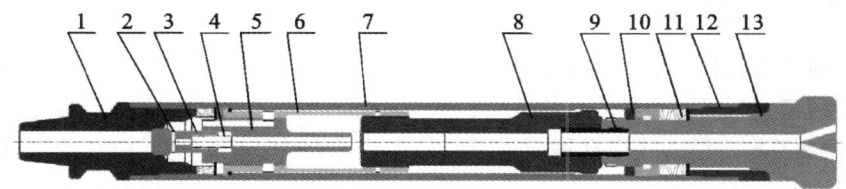

图 10 - 4　DHD 型无阀式风动潜孔锤

1—后接头；2—调气塞；4—弹簧；3—逆止阀；5—配气座；6—汽缸；7—外套管；
8—活塞；9—芯管；10—卡簧；11—碟簧；12—前接头；13—钻头

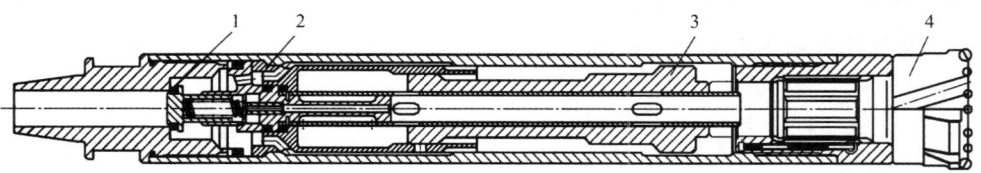

图 10 - 5　JW150 型无阀式风动潜孔锤

1—逆止阀；2—配气阀；3—活塞；4—钻头

表 10 - 4　国内无阀式潜孔锤性能参数

型号	风压 /MPa	耗风量 /(m³·s⁻¹)	冲击功 /J	冲击频率 /Hz	外径 /mm	质量 /kg	长度 /mm	钻头直径 /mm
WC - 85	0.5 ~ 0.6	2.6 ~ 3	80 ~ 120	10 ~ 16	85	1112		95 ~ 110
G84	0.6 ~ 2.5	25.2 ~ 52.5	1350	—	182	198	1344	194 ~ 305
GM64	0.6 ~ 2.5	10.5 ~ 28.8	800		137	105	1216	152 ~ 254
ZD90	0.5 ~ 1.2	5.0 ~ 9.2	—		80	—	755	90、100

表 10 – 5　国外无阀式潜孔锤性能参数

型号	风压/MPa	耗风量/(m³·s⁻¹)	冲击功/J	冲击频率/Hz	外径/mm	重量/kg	长度/mm	钻头直径/mm
JG – 100	1.05	4.5	210	19.2	92	46	1144	105 ~ 115
DHD 360	0.6 ~ 2.5	—	—	—	137	103	1255	152 ~ 191
QL 120	0.6 ~ 1.7	—	—	—	285	650	1837	311 ~ 560
Patriot 80	2.38	39.6		31	181	164	1146	200 ~ 254
Challenger100	1.70	42.0		20.5	229	341	1499	252 ~ 381
KQC135	3.0	48 ~ 80			135	106		152.4

10.2.3　贯通式潜孔锤

贯通式潜孔锤与普通型潜孔锤的主要区别是中部设置贯通孔道，并与双壁钻杆中心通道连通，直通地表，构成岩（矿）心（样）上返的通道，从而实现连续取心（样）钻探工艺。贯通式潜孔锤（图 10 – 6）工作原理为：压缩空气由双壁钻杆进入贯通式潜孔锤的上接头环状间隙，推开逆止阀 4，充满外缸 5 和内缸 8 之间的环状通道，由内缸 8 上的径向进气孔进入前后气室推动活塞 7 往复运动产生冲击能量。废气分别排入活塞与芯管 6 之间的环状通道，进入钻头上部环槽，经钻头花键槽底部留出的通道由钻头排气孔排出。潜孔锤贯通孔与潜孔锤的前后气室及内部各通道之间完全封闭，由芯管 6 的结构设计实现。芯管上部与双壁钻杆内管插接，下部插入钻头上部的直口中，并使钻头能够轴向滑动。

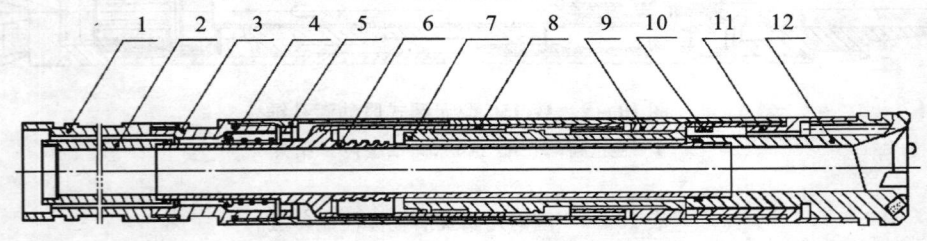

图 10 – 6　贯通式潜孔锤结构原理图
1—双壁钻杆；2—钻杆内管；3—变径接头；4—逆止阀；5—外缸；6—芯管；
7—活塞；8—内缸；9—衬套；10—半圆卡；11—花键套；12—反循环钻头

贯通式潜孔锤系列规格及主要技术参数见表 10 – 6。

表 10 - 6　贯通式潜孔锤主要技术参数

型　号	GQ-80	GQ-89	GQ-100	GQ-108	GQ-127	GQ-146	GQ-160	GQ-200	GQ-250	GQ-320
潜孔锤外径/mm	80	89	100	108	127	146	160	200	250	320
贯通孔直径/mm	28	33	44	44	44	44	60	60	62	89
钻孔直径/mm	85~112	95~120	105~132	112~132	132~152	152~185	165~200	200~250	250~350	325~600
潜孔锤长度/mm	1062	1222	1056	1255	1264	1267	1302	1468	1459	1549
单次冲击能/J	124	155	165	268	410	534	640	720	1052	2190
冲击频率/Hz	18	19	18	19	18.8	17	16	18	16	19
耗气量/(m³·min⁻¹)	3	4.8	5	9	11	12	13	14	17	46
潜孔锤压力降/MPa	1.1	1.4	1.0	1.4	1.4	1.1	1.0	1.0	1.05	1.3
活塞质量/kg	4	4.9	5.2	8.5	13	17	20	23	34	72.5
用　途	矿产勘探用	矿产勘探用	矿产勘探用	矿产勘探用	矿产勘探用	矿产勘探用	钻凿水井用	钻凿水井用	钻凿水井用	石油钻井

潜孔锤使用注意事项：

（1）潜孔锤的额定风压、风量应与空压机的额定风压、风量相匹配；

（2）潜孔锤使用前必须做启动试验，方可入孔使用；

（3）工作中，要注油润滑，可用注油泵润滑，或每次加接钻杆时进行注油；

（4）外壁磨损严重的潜孔锤，尤其是花键套螺纹部位磨损严重时不得下入孔内使用；

（5）发生岩粉倒灌时，可采用柴油对潜孔锤进行清洗，并擦拭干净，切记不要遗留岩屑、岩粉在潜孔锤内。

10.3　钻具及附属工具

10.3.1　潜孔锤钻头

钻头将潜孔锤活塞产生的冲击能量传递给岩石，冲击回转破碎岩石，达到快速碎岩钻进的目的。潜孔锤钻头不但是碎岩钻进的直接工具，同时也决定了流体的循环方式。

潜孔锤钻头按齿形分为片齿钻头、柱齿钻头、牙轮钻头等；按用途分为全面钻头、取心钻头、扩孔钻头、跟管钻头、正循环钻头、反循环钻头等。

1. 片齿钻头

片齿钻头，刃片分布多种多样，以平面十字形和 X 形钻头最为普遍。十字形钻头(图 10 - 7)刃片之间的夹角为 90°。X 形钻头刃片间的夹角分别为 105°和 75°。片齿钻头(图 10 - 8)可用于全面钻进,也可用于取心钻进。

 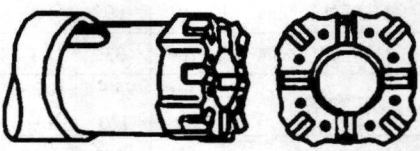

图 10 - 7　十字形片齿钻头　　　　　　图 10 - 8　大直径片齿钻头

2. 柱齿钻头

柱齿钻头是最常用的潜孔锤钻头,依岩层条件选择不同的硬质合金柱齿,见图 10 - 9。

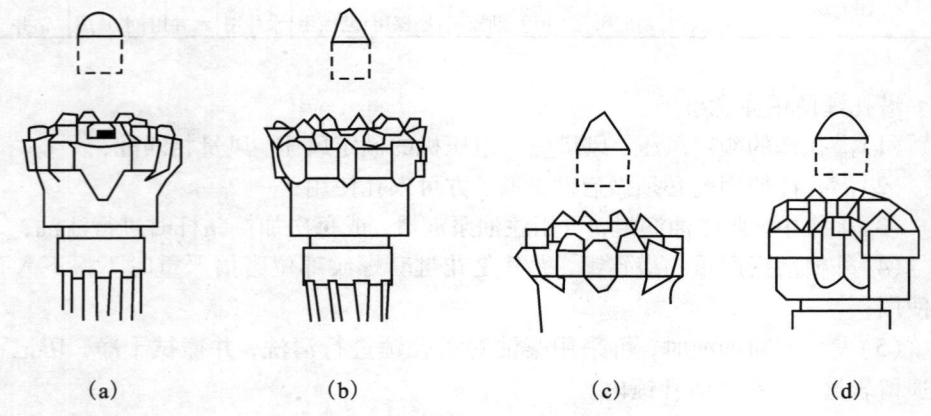

(a)　　　　　　　(b)　　　　　　　(c)　　　　　　　(d)

图 10 - 9　柱齿类型

(a)半球面形齿;(b)弹形齿;(c)半弹形齿;(d)圆锥形齿

1)硬质合金柱齿形状

潜孔锤钻头用硬质合金柱齿由圆柱体(用于镶嵌)和冠体(用于碎岩)组成,冠体主要有半球形、弹形、半弹形、圆锥形、楔形等,不同冠体形状的柱齿适应不同的岩层条件。半球形柱齿适用的工况条件广泛,寿命长,特别适宜于坚硬和研磨性较强的岩层中使用;弹形齿适用于软至中硬和低研磨性地层,不适宜在破碎、坚硬岩层中使用;半弹形和圆锥形齿适合在较破碎和有裂隙的软至中硬岩层中使用。

2)潜孔锤钻头的底面形状

除合理选择不同形状硬质合金柱齿外,应同时考虑钻头底面形状及布齿情况，常规钻头主要有如下 4 种底面形状，视不同岩层和工况条件选择，如图 10-10 所示。

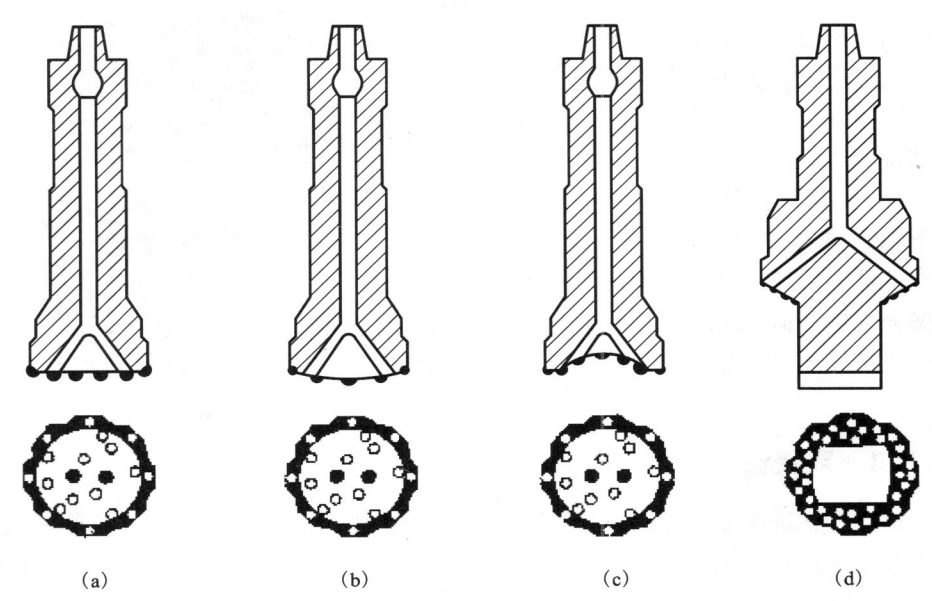

图 10-10 潜孔锤钻头底面形状示意图
(a)平底型；(b)凸面型；(c)凹面型；(d)扩孔钻头

（1）平底型钻头见图 10-10(a)。平底型钻头属通用型。用于较软和硬岩层。在破碎和裂隙发育以及岩性多变地层中有良好效果，但不宜在特别软和覆盖层中使用。平面型钻头不仅能够有效控制井斜、具有较高的机械钻速，而且还能够有效防止钻头本体磨损。在高研磨性地层或深孔钻进时，该型钻头常镶有保径齿以延长其寿命。

（2）凸面型钻头见图 10-10(b)。凸面型钻头可用于硬至坚硬地层和研磨性较强的岩层，其凸表面利于刻取岩石，获得高的钻速，钻头寿命较其他类型钻头长。

（3）凹面型钻头见图 10-10(c)。凹面型钻头有一个向内凹的锥形面，能减少地面设备震动和保持钻孔垂直度，适用于软和较硬的岩层，井斜控制能力好，有较高的机械钻速和良好的排屑能力。

（4）扩孔型钻头见图 10-10(d)。扩孔型钻头用于两次钻凿的扩孔钻进。钻头体下部有一与先导孔相匹配的导向柱，使扩孔轨迹可沿导向孔轨迹钻进成孔。

除上述钻头底面形状外，还有中空式钻头、取心式钻头、跟管用钻头等。

3. 牙轮钻头

牙轮钻头可以与潜孔锤配套使用，主要应用于：①大井眼钻进；②低成本的短井段钻进；③提高机械效率；④井斜控制。

为适应气体欠平衡钻井工艺技术，开发了系列新型牙轮钻头，见图10-11。其切削与保径结构、轴承系统、喷射系统等方面采用了独特设计，有效地解决了常规钻头在气体钻井工艺下轴承寿命短、耐磨性差、纯钻进时间短、可靠性低等问题。在含水量较少的硬地层、严重漏失地层和低压地层气体钻井采用牙轮钻头具有机械钻速高、寿命长和保径效果好等优良性能。

图 10-11　Q 系列牙轮钻头

10.3.2　双壁钻杆

钻杆是钻进中输送压缩空气、传递扭矩和压力、输出岩(矿)心(样)的钻柱。采用普通潜孔锤正循环钻进时一般采用普通单壁钻杆，实施反循环连续取心样时须配用双壁钻杆。

潜孔锤反循环钻探技术(RC 技术)采用双壁钻杆，双壁钻杆输送动力介质驱动潜孔锤做功，并携带岩(矿)心(样)不停钻连续排至地表。地质勘探孔、水文水井、工程施工钻孔等一般采用外径为 73～168 mm 的同心式双壁钻杆或并列式三通道钻杆。目前双壁钻杆的连接多采用内管插入式，利用 O 形橡胶圈密封，也有采用聚合物材质的内管。双壁钻杆结构及规格见图 10-12、图 10-13、图 10-14 和表 10-7。接头采用双螺纹连接的双壁钻杆，优点是强度大、局部压力降小，但加工精度要求高、制造成本高，目前应用不多。

图 10-12　插接式双壁钻杆

图 10-13　双螺纹双壁钻杆

表 10-7　国内常用双壁钻杆规格

型号 规格	SHB114-70	SHB127-76	SHB127-66	SBC-76	SBC-89	SBC-114	SBC-108	SBC-140	SHB-127	SHB-114	三通道	3½"	4"	4½"
外管外径/mm	114	127	127	71	89	114	108	140	127	114	168	88.9	101.7	114.3
内管内径/mm	70	76	66	43	43	65	43	89	87	65	150	32.6	50.8	63.5
钻孔直径/mm	152~550	152~550	152~550	95~150	95~150	150~250	115~150	150~250	115~150	150~250	600~1500			
管间隙/mm				6	9.25	12.5		8	8.5	10				
接头螺纹规格	API5½FH													
螺纹锥度				1:16	1:16	1:16	1:12	1:16	1:16	1:16				
双管连接方式	内管插入	内管插入	内管插入	内管插入	内管插入	内管插入	内管插入	内管插入	内管插入	内管插入	法兰连接	内管插入	内管插入	内管插入
内管密封方式	O形圈	O形圈	O形圈	O形圈	O形圈	O形圈	O形圈	O形圈	O形圈	O形圈				
单根长度/mm	4000	6000	9300	1000~3000	1000~3000	4000	3000	4000	4000	4000	600			
每米质量/kg												25 kg		
用途	气举反循环钻进技术			空气反循环钻进		空气反循环钻进		空气反循环钻进	GQ-200贯通式潜孔锤硬岩钻进		配FGC系列大口径潜孔锤	瑞典SANDVIK双壁钻杆		

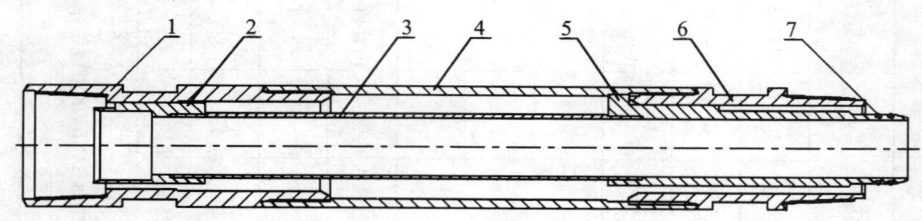

图 10 – 14　SBC89/44 双壁钻杆结构图

1—外管母接头；2—芯管母接头；3—芯管；4—外管；5—芯管公接头；6—外管公接头；7—密封圈

　　双壁钻杆已成系列化产品，即可用于潜孔锤反循环钻进技术，也可用于气举反循环和水力反循环钻进等。

10.3.3　附属工具

　　空气钻进附属工具主要包括双通道主动钻杆、双通道气水龙头、交叉通道接头、正反吹接头等。

1. 双通道主动钻杆

　　当采用立轴式或转盘钻机时，主动钻杆也必须为双通道结构，见图 10 – 15。双通道主动钻杆的内管分别与双通道气水龙头和双壁钻杆的内管连接，外管接头采用螺纹方式连接。对应钻机，双通道主动钻杆的外管可为四方、六方或圆形结构。

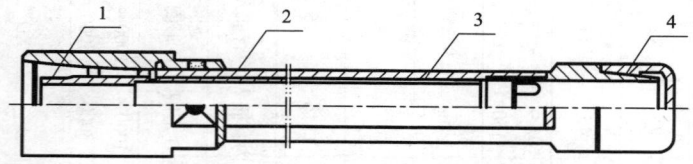

图 10 – 15　双通道主动钻杆

1—O 形圈；2—方钻杆总成；3—内管总成；4—保护帽

2. 双通道气水龙头

　　如图 10 – 16 所示，反循环钻进时水龙头也必须为双通道结构，压缩空气采用侧入式，并经过内外管之间的环状间隙输送至双壁钻具，再经双壁钻具内管的中心通道进入水龙头的中心通道获取岩矿样。实施潜孔锤局部反循环连续取样钻进技术，可根据钻机的类型，改制和设计双通道气水龙头。采用动力头式钻机时，可将动力头的主轴改制成双通道结构，设置进气管通道和排渣管通道。

　　双通道气水龙头的结构须满足以下几点要求：

　　（1）水龙头中心轴旋转部分转动灵活，工作可靠；

（2）气水龙头提升机构抗拉强度大，能够承受一定的拉力和振动力；

（3）密封装置密封性能好；

（4）钻进过程中冲击振动反作用力比较大，容易造成气水龙头部件的损坏。

3. 交叉通道接头

交叉通道接头是实现正反循环转换的装置，如图 10 - 17 所示。流体介质经双壁钻杆内外管间的环状通道进入交叉通道接头的轴向通道进入潜孔锤，做功后的废气从钻头底部排出，以正循环方式由潜孔锤和孔壁之间上返，再由交叉通道接头的横向通道进入其中心通道，实现了正反循环的转换。交叉通道接头的外径与孔径相当，螺纹与双壁钻杆和潜孔锤匹配连接。

4. 正反吹接头

当中心通道发生卡堵时，可用正反吹接头将反循环转为正循环，见图 10 - 18。也可以用该接头对孔壁黏附的岩粉屑进行正循环强吹孔，以清除外环间隙的卡堵。

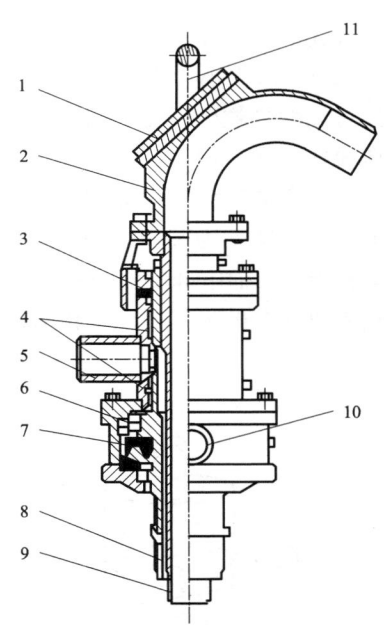

图 10 - 16　双通道气水龙头结构图

1—盖板；2—鹅颈弯管；3—上球轴承；4—轴向密封圈；5—进气口；6—下球轴承；7—推力滚子轴承；8—外管；9—内管；10—销轴；11—提梁

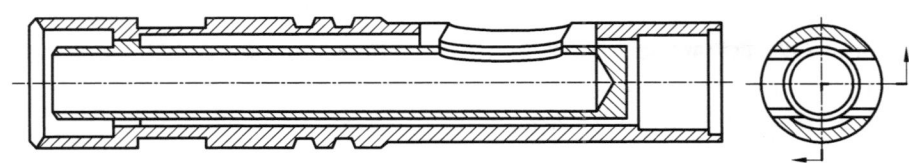

图 10 - 17　交叉通道接头结构图

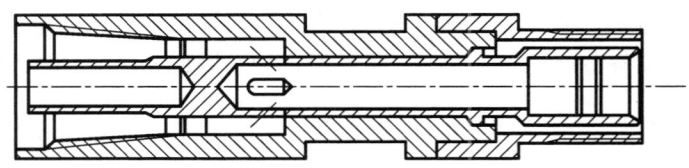

图 10 - 18　正反吹接头结构图

5. 旋流取样器

旋流式取心样器是潜孔锤反循环钻进中常用装置。其特点是结构简单，内部无运动部件，体积小，易于加工和维修，取样效率高，使用寿命长，操作简单。其缺点是对细微尘粒（$<5\ \mu m$）的分离效率较低。在使用中，可利用除尘布袋，以获得更高的岩矿样采取率。

旋流取样器工作原理如图 10 – 19 所示。流体携带岩矿样切线方向进入桶内，气流由直线运动变为圆周运动，岩矿样沿圆桶旋转下降，沿圆桶壁下落，进入岩样收集容器；圆桶中部的气流由上部的排气管排出。

旋流取样器的形状、尺寸和结构见图 10 – 20。

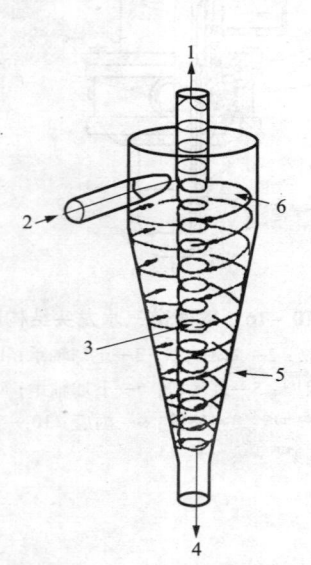

图 10 – 19　旋流取样器工作原理

1—空气；2—岩矿样；3—分离空气；
4—岩样收集器；5—外壁；6—旋转岩样

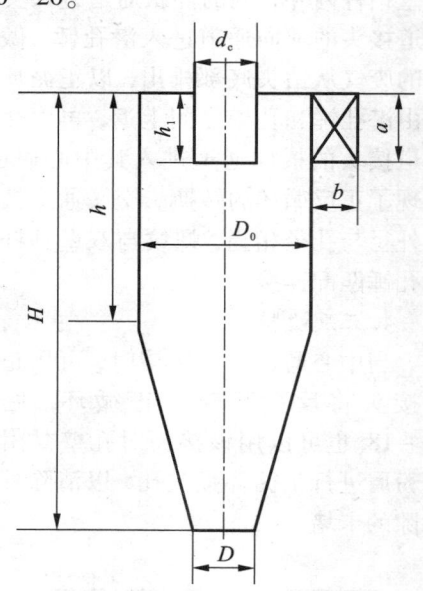

图 10 – 20　旋流取样器几何尺寸图

6. 孔口装置

在空气及潜孔锤正循环钻进中，钻出的岩粉（岩屑）沿钻杆和孔壁之间的外环状间隙上返至地表，在干孔段粉尘飞扬，孔口及现场污染严重。岩粉对现场操作人员的健康及设备造成危害，也不利于环境保护。因此必须采用相应的除尘方法及孔口装置。

孔口装置可按两种情况加以选用：当空压机能力较大，压缩空气有足够能量时，可使用孔口密封器；当压缩空气能量不足时，则选用孔口捕尘装置（除尘器）。

密封器按密封部件的工作状态分为回转式和滑动式两种。除尘方法分为干法除尘和湿法除尘。

1)干法除尘及其装置

干法除尘是空气及潜孔锤钻进常用的除尘方法,这种方法的孔口装置是关键装置。孔口密封装置见图 10 - 21。

排出的岩粉通过孔口密封器排出后,需经过净化、沉淀处理,从而减少粉尘飞逸现象。

2)湿法除尘

湿法除尘可分孔底湿法除尘和孔口湿法除尘两种。

孔底湿法除尘法,是在压缩空气主管路上加接风水接头(图 10 - 22),将水经接头喷嘴注入主管路中,实现雾化钻进。水压力要比空气空压机的压力高 0.5 bar(0.05 MPa)以上,水量依孔径和风量控制在 14 ~ 30 L/min,雾化钻进会降低钻进效率 20% 左右。孔口除尘是利用水泵在孔口附近喷雾,使岩粉屑润湿降尘。

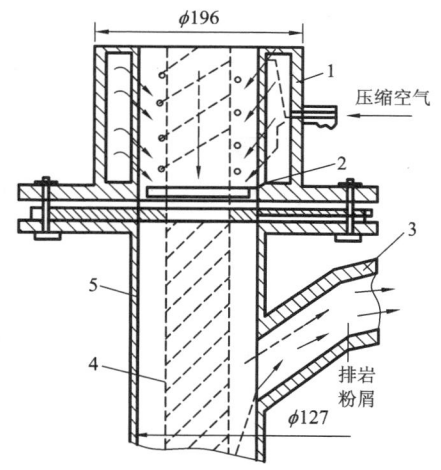

图 10 - 21　孔口密封装置

1—主风管路;2—水管接头;3—喷嘴;
4—过渡接头;5—孔口管

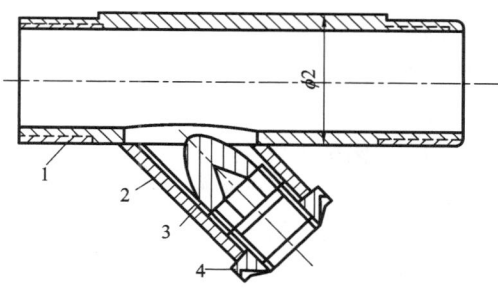

图 10 - 22　风水接头

1—压气主管路;2—进水管;
3—环喷槽;4—喷嘴接头

10.4　循环介质

多介质空气钻进与干空气钻进类似,在油气钻井中属一种"减压钻进"(或欠平衡钻进)工艺方法。该工艺采用密度小于水的介质作为循环冲剂液,如雾化清水、雾化泥浆、黏性泡沫、充气泥浆等。常用的多介质空气钻进方法有雾化钻进和泡沫钻进。

10.4.1 雾化钻进

雾化钻进是将空气、水、雾化基液相混合，在高速流动的空气中形成雾状的循环介质进行钻进的技术。雾状循环介质中空气为连续相，液体为分散相，它们与岩屑一起从环空中呈雾状返出。雾化钻进是干空气钻进和泡沫钻进之间的一种钻进方法，主要在含少量地层水或含砂岩地层中使用，一般要求地层出水量低于 $10 \ m^3/h$。

1. 雾化液

1）雾化液作用

（1）乳化地层产出液，有效地降低地层产出液的表面张力，促使并保持环空流态呈雾状稳态流；

（2）化学分散，提高液相在气流中的分散度，增强空气流的升举能力；

（3）抑制地层水敏效应，稳定孔壁，减小空气流冲蚀；

（4）雾化液存在于钻柱与套管和井壁之间，将滑动摩擦变为滚动摩擦，改善钻进中孔壁的润滑性，降低摩阻和扭矩。

2）雾化液配方

雾化基液主要包括表面活性剂、抑制剂、气雾稳定剂等。雾化液基本配方：雾化剂 0.1% ~0.3%、抑制剂 0.3% ~0.7%、气体稳定剂 0.05% ~0.15%、增黏剂 0 ~0.15%、固结剂 0 ~1.5%。

2. 雾化钻进特点

1）雾化钻进优点

（1）具有一定的携水能力，能防止因地层出水而产生钻头泥包、泥饼环、卡钻以及井壁水敏坍塌等复杂事故；

（2）提高了机械钻速，延长钻头寿命；

（3）易于发现和保护矿层；

（4）可以有效地治理井漏，消除低压漏失地层的钻井液漏失。

2）雾化钻进局限性

（1）同一井深和钻速下，雾化钻进比干空气钻进需要提高 30% ~40% 的空气量，压力提高 0.7 MPa；

（2）雾化钻进与干空气钻进一样属于欠平衡钻进，对井壁稳定性的提高作用不明显；

（3）雾化钻进过程中，雾化液会腐蚀井下设备。

10.4.2 泡沫钻进

空气泡沫钻进是利用由气体、液体和少量的发泡剂组成具有连续稳定的、气液混合的泡沫作为冲洗介质的一种钻进工艺和技术方法。该项技术适用于缺水、干旱地区及高山供水困难地区、低压漏失地层和水敏地层等。

1. 泡沫钻进工艺流程

(1)配制泡沫液,将发泡材料提前浸泡,待其溶解后,倒入泥浆池。

(2)连接泡沫发生装置,将泡沫液输入泵、输液管连到泡沫发生器的进液管,将空气空压机的排气管通过高压胶管连接到泡沫发生器的进气管,将泡沫发生器的泡沫排出口与高压水龙头连接,开机后用泵将泡沫送入孔内。

(3)开始泡沫钻进。

(4)将空气空压机的另一路气体引入助排装置,帮助泡沫从孔口排到泡沫回收箱。

(5)把从空气泡沫中析出的泡沫液排到泥浆池,循环利用。

2. 泡沫钻进特点

(1)钻进效率高。泡沫密度较小,孔内冲洗介质的静液柱压力低,有利于破碎岩石;泡沫携带岩粉能力强,孔底干净,减少了岩屑在孔底的重复破碎;

(2)岩心采取率高。泡沫具有弹性,对岩心无冲刷,采取率比泥浆钻进高,并且岩心的原状性好;

(3)孔内事故少。泡沫钻进时,泡沫上返流速小,对孔壁冲刷小,有利于孔壁稳定;泡沫中液相少,减少了因水渗入地层而引起的孔内事故;

(4)钻进成本低。在漏失地层,由于泡沫用水量很少,故泡沫钻进成本明显低于清水或泥浆钻进。

3. 消泡技术

消泡技术根据作用原理可分为物理消泡法和化学消泡法。

1)物理消泡法

常用的物理消泡法有热力法、声波法、真空法、机械法、低温电力法和自然消泡法等。

(1)热力消泡。通过加热泡沫,使泡沫壁上的液体蒸发,在蒸汽气流作用下促使泡沫破坏。热力消泡作用是蒸发、表面活性剂和表面张力改变以及液体黏度减小的综合作用结果。

(2)声波法消泡。利用高频振动的破坏特性促使泡沫破灭。

(3)真空消泡法。利用真空室与组成泡沫气体的压力差而使气泡产生破裂。

(4)机械消泡法。利用压力急速变化,剪切力、压缩力和冲击力等作用将泡沫消除。按其对泡沫作用的特点分为离心法、水动力法、气动力法等。

(5)低温电力法消泡是利用泡沫在低温时其弹性下降的特性,使泡沫不能稳定存在的原理进行消泡的,该方法在钻井工程中应用较少。

(6)自然消泡法是利用泡沫液膜的液体沿着气泡的交界处渗出、气泡间的气体扩散，进而单个气泡薄膜破裂。

2）化学消泡法

采用消泡剂消除泡沫的技术称为化学消泡技术。消泡剂主要由活性成分、分散剂和载体组成。其中的活性成分就是具有消泡能力的物质。分散剂可以提高消泡剂的渗入和扩散能力，使消泡剂易于在泡沫之间以及泡沫表面膜层扩散。载体的作用是将消泡剂和扩散剂进行稀释和分散，常用水和有机溶剂，以水为载体的制成水基乳剂型，以有机溶剂为载体的制成油基溶液型。消泡剂作为一种表面活性剂，能够改变体系的界面状态，破坏或者抑制泡沫物质。其主要机理是：消泡剂通过与起泡剂发生反应或者直接改变液膜的物理性质，从而改变液膜的状态，降低泡沫稳定性，达到使泡沫破裂的目的。

常用的消泡剂有：①醇类消泡剂：如异辛醇、异戊醇、二异丁基甲醇等；②脂肪酸及其衍生物；③酰胺类：如二硬脂酰乙二胺；④磷酸酯类：磷酸三丁酯；⑤有机硅化合物：烷基硅油；⑥各种卤素化合物：如氯化氢、氟化氢、四氯化碳等。

10.5 空气潜孔锤钻进工艺

10.5.1 潜孔锤正循环钻进

潜孔锤正循环钻进的主要钻进工艺参数为钻压、转速、风压、风量、水或者泡沫剂的注入量等。

1. 钻压

潜孔锤钻进过程中钻压的作用：保证钻头碎岩刃齿与岩石紧密接触，将冲击应力波传递至岩石，实现高效钻进；防止钻头冲击后的回弹；使钻头刃齿切削岩石。钻压主要由潜孔锤汽缸内部压力和岩石的性质决定。钻压过大，会引起钻头的过度磨损；过小将影响冲击回转碎岩效果。

合理的轴向压力推荐值为 0.05~0.1 kN/mm（钻头直径）。表10-8列出了几种孔径推荐选用的钻压值。当压缩空气压力增大时，须相应增大钻压。

表10-8 空气潜孔锤钻进推荐的轴向压力

潜孔锤直径/mm	最低钻压/kg	最大钻压/kg	潜孔锤直径/mm	最低钻压/kg	最大钻压/kg
76	150	300	152	500	1500
102	250	500	208	800	2000
127	400	900	305	1600	3500

2. 转速

转速主要根据岩石的性质、钻头直径、潜孔锤冲击功和冲击频率等确定。回转的主要作用是改变钻头刃齿的冲击位置，其次兼有切削冲击后刃齿间岩脊的作用。转速过高将加快钻头刃齿的磨损，转速太低将影响钻进效率。通常情况下岩石越硬或钻头直径越大，要求降低转速。根据地层不同，可选择的转速范围为：覆盖层，40 ~ 60 r/min；软岩层，30 ~ 50 r/min；中硬岩层，20 ~ 40 r/min；硬岩层，10 ~ 30 r/min。

3. 供风量

潜孔锤钻进中，压缩空气主要有三个作用：一是提供潜孔锤活塞运动的能量；二是冷却钻头；三是携带岩粉屑及岩（矿）心排至地表。因此供风量的确定，一方面应根据潜孔锤额定风量大小选择，另一方面应同时满足携带孔底岩粉屑及岩（矿）心的需求。合理选择应同时满足上述两方面的需求。

4. 风压

潜孔锤钻进时，空压机压力主要用于克服压缩空气在整个流动通道中的沿程损失和各局部压力损失；克服孔内水柱压力和提供潜孔锤工作所需的压力降。输入压力的大小可根据式（10 - 2）进行计算。

通常情况下，相同直径的潜孔锤风压越高冲击能量越大，钻速越高；随孔深的增加风压也逐渐增大。影响风压变化和潜孔锤钻速较大的因素是孔内水位和出水量，在孔内出水并水量较大时，风压快速升高，钻速会大幅度降低。

10.5.2　潜孔锤局部反循环钻进

潜孔锤局部反循环钻进技术是空气反循环钻进技术的一种，使用普通正循环潜孔锤全断面破碎岩石，气体携带岩粉屑通过潜孔锤外环间隙，进入潜孔锤上部的交叉通道接头，再进入双壁钻杆的中心通道上返至地表，钻进中流体介质在潜孔锤部位为正循环。

潜孔锤局部反循环钻进技术在较完整、漏失不严重地层可获得良好的钻进效果，钻进效率高，获得的岩屑样采取率高。但对复杂地层有局限性，如地层漏失较严重，极破碎地层、溶洞地层等。

潜孔锤局部反循环钻进方法使用的钻机、空压机、地面管汇系统及仪表等，与潜孔锤正循环钻进相同，区别在于孔内钻具的组合。潜孔锤局部反循环钻进技术采用普通型潜孔锤，使用交叉通道接头与双壁钻杆相连接，见图 10 - 23 和图 10 - 24。

1. 钻机和空压机

潜孔锤局部反循环钻进采用了普通潜孔锤冲击碎岩方式，钻机选择的原则与潜孔锤正循环钻进相同，但气水龙头应该为双通道。

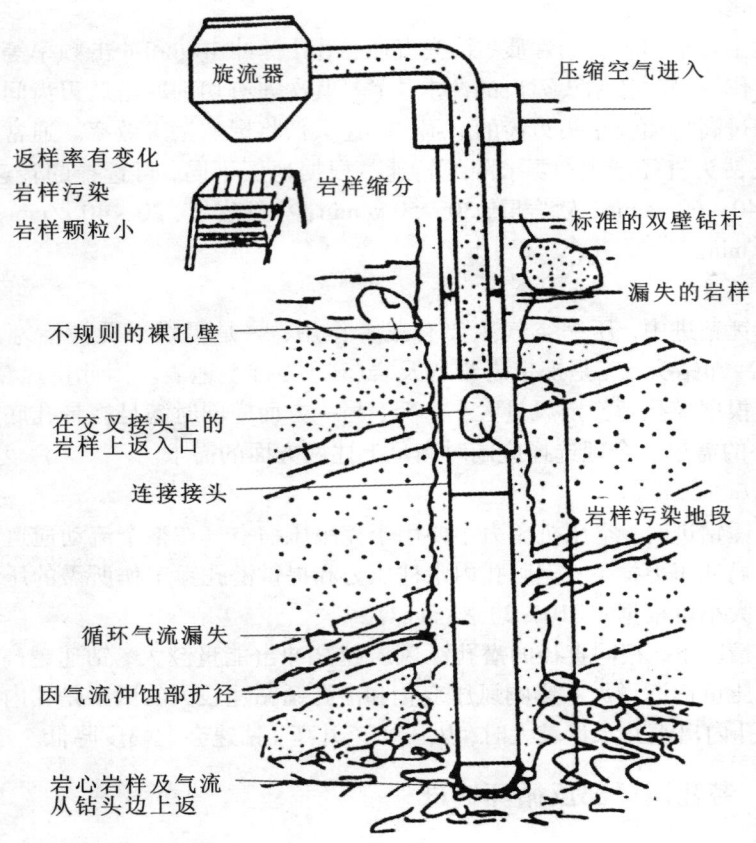

图 10－23　潜孔锤局部反循环钻进

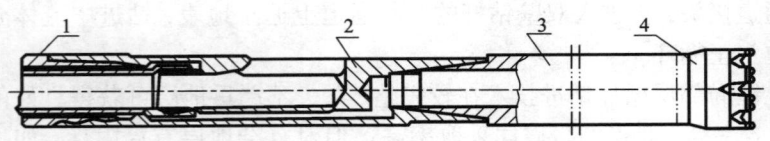

图 10－24　潜孔锤局部反循环钻具组合图
1—双壁钻杆；2—交叉通道接头；3—潜孔锤；4—钻头

　　潜孔锤局部反循环所需的风量，只须满足潜孔锤的风量要求即可，因双壁钻具的中心通道断面积小，足以满足排岩屑的需求，故所需风量一般小于正循环钻进的风量，尤其是大直径钻孔。但由于流体在双壁钻具内的流阻损失更大，故风压略大于正循环钻进。考虑到地层的复杂性，空压机的风压和风量应比计算值大。

2. 潜孔锤

潜孔锤的作用主要是全断面破碎岩石,选择原则与普通潜孔锤钻进相同。

10.5.3　潜孔锤局部反循环取样钻进

1. 反循环形成机理

潜孔锤局部反循环连续取样钻进技术(RC)的钻具组合(由孔底至地表)为钻头、潜孔锤、交叉通道接头、双壁钻杆、双通道气水龙头、排渣管、岩矿样收集器等。局部反循环是指流体介质从钻头排出后经潜孔锤外部上返,此时流体为正循环,经交叉通道接头进入双壁钻具中心通道变为反循环排至地表。

RC 技术中的重要部件是交叉通道接头,其作用有三:一是将动力介质正循环输入潜孔锤,驱动潜孔锤工作;二是废气经潜孔锤外部正循环进入交叉通道接头后形成反循环;三是对钻具和孔壁的环空起到封堵作用,迫使流体形成反循环。

2. 主要工艺特点

1)钻进效率高

利用常规潜孔锤全断面破碎岩石,并实现样品的连续获取,提高纯钻时间利用率。

2)钻进工艺简单

钻进参数如压力、转速等控制简单,即使有偏差对钻进效率、孔内安全等影响均不大。

可实现一径终孔(除特殊复杂地层情况外),无须采取护孔堵漏措施,钻孔结构简单。

3)以气代水

有利于干旱缺水地区施工。

3. 地质特点

国外的大量实践及国内试验已充分证明,潜孔锤局部反循环钻探技术所获取的岩样能够准确划分岩矿层,确定层位和矿体,判定破碎带及岩性等,而且与岩心相比,其所得矿体品位资料可靠,更接近于实际情况。

1)岩样特点

由于岩样上返速度快(大于 15 m/s),实现随钻实时取样,地质人员可实时掌握地层变化情况;利用空气作为循环介质,无化学成分污染,也无机械混杂;全面破碎形成的样品,有利于地质人员现场分析,也减少了样品后期处理的工作量。

2)现场地质工作

(1)取样段的长度。可根据矿与非矿的原则,在围岩中取样段可适当长一些,而在矿层及其顶底板交界处,取样段应适当短一些。现常采用的取样段长度为0.5~2 m。

(2)岩样采取率替代原取心钻探中岩心采取率。应根据矿层对岩心直径的要求,推算岩心质量大小,以此作为现场采取样品量的依据。

(3)现场地质编录程序有了较大区别。由于钻进效率高,就要求实时观察并记录岩层、岩性的变化。

潜孔锤局部反循环钻探技术主要适合硬及坚硬地层、卵砾石层、浅孔钻进等领域,影响潜孔锤钻进的主要因素是孔壁的稳定性、空压机额定能力、孔深、孔径和孔内出水量等。

4.潜孔锤钻进主要技术参数

1)转速

潜孔锤局部反循环转速推荐值见表10-9。由于转速数值的合理选择和冲击频率、冲击功和岩石硬度有关,所以实际应用中,应根据钻进情况适当调整。

表10-9　潜孔锤钻进转速

钻头直径/mm	转速/(r·min^{-1})	圆周速度/(m·s^{-1})
130	25~30	0.16±
162	20~25	0.16±
210	15~20	0.16±
300	10~15	0.16±

2)钻压

钻压主要保证钻头不离开孔底,以有效传递潜孔锤的冲击力。钻压大小,与潜孔锤活塞的有效作用面积和风压有关,轴压应大于汽缸内的气体压力。

3)供风量

潜孔锤钻进所需供风量由两方面因素决定:一是驱动潜孔锤工作的所需风量,以保证潜孔锤正常工作;二是正、反循环排渣屑或取心样所需的上返风速

$$Q = Q_1 + Q_2 \tag{10-3}$$

式中:Q 为供风量,m^3/min;Q_1 为潜孔锤所需空气量,m^3/min;Q_2 为反循环取样所需空气量,m^3/min。

对于反循环取心样钻探,由于双壁钻杆中心通道断面积小,风速高,因此只需考虑满足潜孔锤的供风量即可。

4)供风压力

供风压力主要考虑两方面因素:一是潜孔锤的额定工作压力;二是克服循环

阻力(背压)需要的压力。影响循环阻力和背压的因素主要取决于钻孔深度、孔内中出水量和岩粉屑的密度。

10.5.4　贯通式潜孔锤反循环连续取样钻进

反循环钻探技术的发展经历了三个阶段,见图10-25。

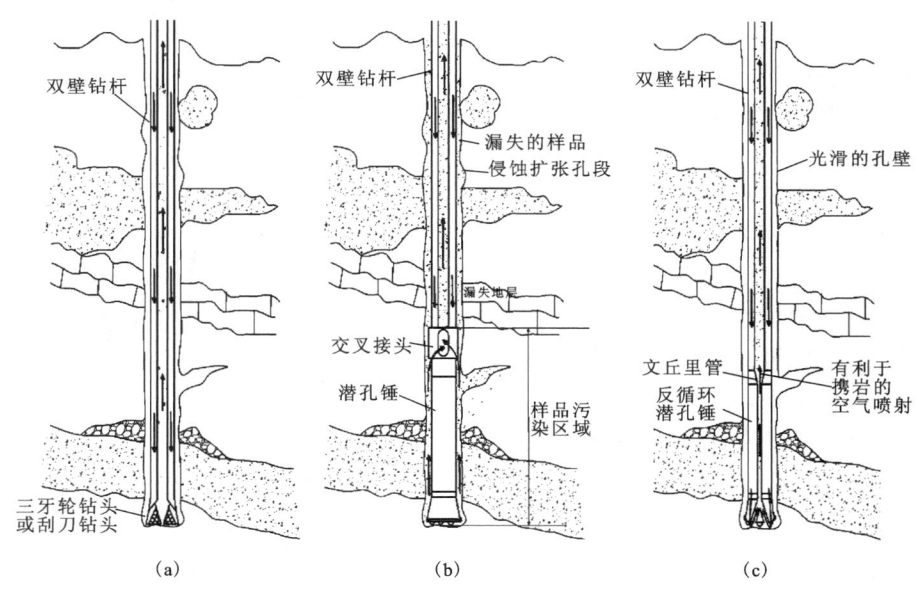

图 10 - 25　贯通式潜孔锤反循环连续取样钻进

(a)三牙轮钻头或刮刀钻头反循环钻进;(b)潜孔锤中心取样钻进(CSR 钻进);
(c)中空式潜孔锤全孔反循环钻进

第一阶段,三牙轮钻头或刮刀钻头空气反循环钻进,见图10-25(a),采用压缩空气作为洗井介质,使用常规钻杆和钻头钻进。

第二阶段,潜孔锤中心取样钻进(RC 钻进),见图10-25(b),即潜孔锤局部正循环钻进,钻具上部为双壁钻杆,下部为普通型潜孔锤,中间用交叉通道接头连接。RC 钻进法即潜孔锤反循环中心取样方法,是20世纪80年代在美国、加拿大等西方工业发达国家得到迅速发展的全新钻探方法,被广泛用于矿业勘探领域,取得了良好的效果。

第三阶段,贯通式潜孔锤全孔反循环钻进,见图10-25(c)。该方法上部的双壁钻杆和下部的中空式潜孔锤直接连接,打通了孔底至地表的钻具中心通道,钻进中岩(矿)心(样)通过钻具中心通道直接排至地表,解决了RC方法存在的钻探技术缺陷。这些缺陷有以下几点:

（1）RC 钻探技术为局部反循环钻进，在潜孔锤部位仍为正循环，只能获取碎屑状岩矿样，无法获取岩（矿）心或块状样品；钻遇复杂地层时，易造成混样、颠倒和遗失，影响取样质量和真实性；

（2）钻进复杂地层时，潜孔锤部位正循环的高速气流易冲蚀破碎层或造成漏失，引起塌孔、埋钻、反循环中止等钻探事故；

（3）反循环的形成主要靠双壁钻具和交叉接头的外径与孔径的级配，以较小的外环间隙增大钻具与孔壁间流体的阻力，由此形成反循环。因此钻孔直径不易变化，钻孔结构单一，难以适应复杂条件钻孔需求。

反循环钻头是潜孔锤反循环连续取心钻探技术的关键之一，多喷嘴引射器式反循环钻头可形成稳定的反循环，钻进中并可获取岩（矿）心，不停钻连续排至地表。多喷嘴引射器式反循环钻头的结构见图 10 - 26。

贯通式潜孔锤及双壁钻杆组成的钻具系统，钻进中同步实现了三种工艺方法：潜孔锤冲击回转钻进、压缩空气全孔反循环、钻进中不停钻连续获取岩（矿）心（样）。

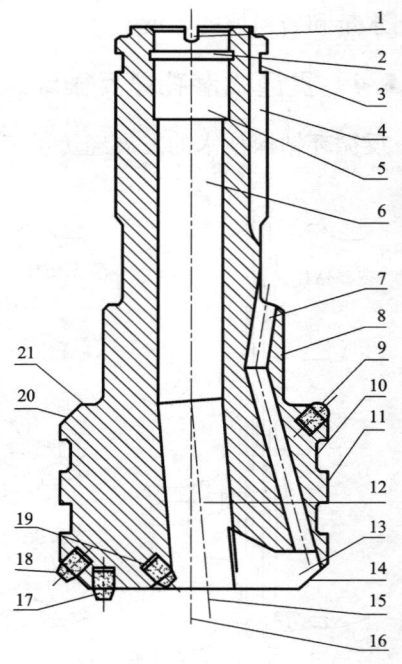

图 10 - 26　多喷嘴引射器式反循环连续取心钻头结构图

1—泄风槽；2—密封槽；3—卡槽；4—花键；5—芯管内孔；6—中心通道；7—底喷排风孔；8—圆柱面；9—合金柱齿；10—环槽；11—密封台阶；12—取心偏心孔；13—扩散槽；14—外缘台肩；15—偏心孔中心；16—钻头中心；17、18、19—合金柱齿；20—上锥面；21—台肩面

钻进系统见图 10 - 27。压缩空气经输送压气管路 15、16 进入双通道气水龙头 3，进入双壁钻杆 9 的环状通道，驱动贯通式潜孔锤 12 工作，冲锤高频往复运动冲击钻头，实现潜孔锤碎岩钻进。工作后的废气经钻头 13 的排气孔排出，经扩压槽和孔底岩石的反射作用直接进入钻头中心孔，经潜孔锤的贯通孔和双壁钻杆的中心通道，通过双通道气水龙头及鹅颈弯管 2、排心（渣）管 4 排到旋流取心（样）器 7，完成动力及流体介质的反循环。潜孔锤钻进中形成的岩（矿）心及岩渣（粉）屑经钻头底部间隙和扩压槽随反循环流体上返，实现不停钻连续取心钻进新工艺。

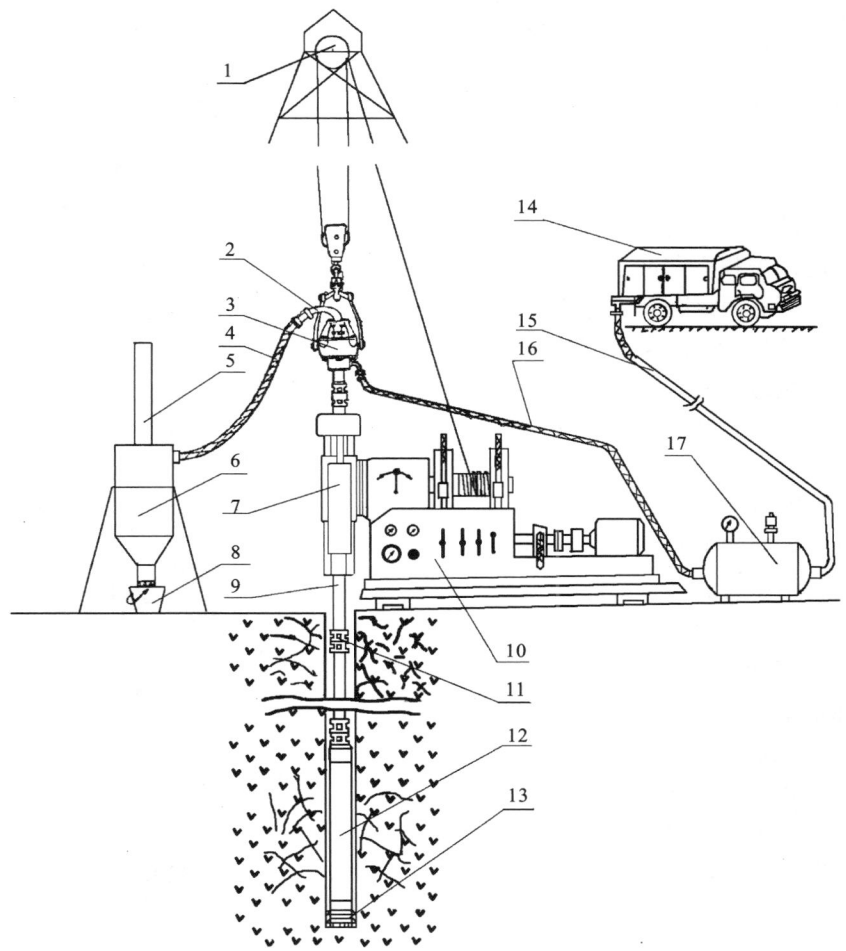

图 10 - 27　GQ—127/44 型贯通式潜孔锤反循环连续取心(样)钻进示意图图

1—天车；2—鹅颈排心(样)管；3—双通道气水龙头；4—排心(样)管；5—取样器排气(尘)管；6—旋流取心(样)器；7—钻机立轴；8—接心(样)桶；9—双壁钻杆；10—钻机；11—双壁钻杆锁接头；12—GQ - 100/44 贯通式潜孔锤；13—反循环柱齿合金钻头；14—空压机；15、16—输送压气管路；17—空气储气罐

　　贯通式潜孔锤反循环连续取心钻进原理见图 10 - 28。驱动潜孔锤后的废气由钻头底部的排气孔高速喷出，在喷口附近形成低压区，对周围介质形成抽吸作用。气流与被抽吸的介质由孔底岩石反射后经钻头扩压槽进入钻头中心通孔，高速流体流速逐渐降低，压力增高，携带岩心、岩屑及孔内流体沿钻具的中心通道上返，经双通道气水龙头 2 和鹅颈弯管 3 排出孔外。该钻进工艺成功实现

了潜孔锤碎岩、流体介质反循环和钻进中连续取心三种钻探新技术于一体。

10.5.4.1 钻进规程参数

1. 钻压

潜孔锤碎岩钻进主要依靠冲击应力波的作用，其能量取决于潜孔锤的冲击频率和冲击功。轴心压力只是克服潜孔锤缸体内部压缩气体的推力，以保证潜孔锤钻头始终接触孔底。钻压的大小主要决定于潜孔锤汽缸内压缩空气的推力。钻压过小，钻头轴向伸出，影响冲击功的有效传递，导致钻进效率降低甚至处于防空打状态；钻压过大，会引起钻头的过度磨损、合金折断、回转阻力增加等弊端。

确定钻压原则：

(1)贯通式潜孔锤钻压可按钻头直径 0.5 ~ 0.8 kN/cm 计算。取心式钻头由于是环状破碎，所需的钻压要小一些；而取样钻头为全断面破碎，所需钻压要大一些；

(2)钻压受地层岩石硬度影响，地层由软至硬，钻压由小到大；

(3)在钻孔弯曲、超径的情况下或钻进强研磨性、破碎岩层时，钻压应适当降低；

(4)随着钻孔深度和钻具自重的增加，相应地减小钻压。

2. 转速

转速主要依据岩石性质、钻头直径、冲击功和冲击频率确定。转速过高，冲击碎岩效果减弱，切削刃齿会加剧磨损，影响钻头的钻进效率和使用寿命；转速过低，会产生重复破碎、憋钻和回转阻力增加，影响钻进效率，易造成钻头损坏。

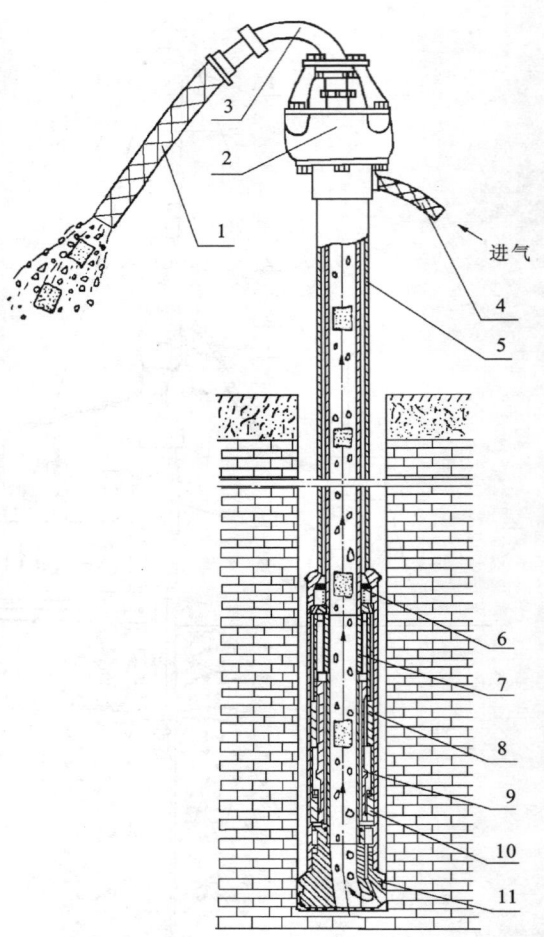

图 10 – 28　GQ—100/44 型贯通式潜孔锤反循环连续取心(样)钻进原理

1—排心(样)管；2—双通道气水龙头；3—鹅颈弯管；4—进气胶管；5—双壁钻杆；6—逆止阀；7—芯管；8—内缸；9—活塞；10—衬套；11—反循环专用钻头

潜孔锤破碎岩石主要靠冲击动载,因此转速较低。回转运动仅为了改变碎岩刃齿的位置及剪切冲击形成的岩脊,合理的回转速度应保证在最优的冲击间隔范围内。当冲击功一定时,对于每种岩石,相邻两次的冲击夹角 β 存在最优值,且随着岩石硬度增加,β 角减小,通常 β 取 11°。最优转角与转速和冲击频率之间的关系为:

$$n = \beta \cdot f / 360 \qquad (10-4)$$

式中:n 为钻具转速,r/min;β 为最优转角,(°);f 为冲击频率,次/min。

根据以上分析,潜孔锤钻进应注意以下几点:

(1)潜孔锤依靠冲击动能破碎岩石,回转速度仅为改变钻头刃齿破岩的位置;

(2)回转速度与潜孔锤性能有关,若冲击频率不变,则随着岩石硬度的减小、冲击能量的增加、切削齿数量的增加和钻头直径的减小,钻具的转速应增加;

(3)可根据地层性质改变钻具转速,在深孔或强研磨性岩层时,转速应适当降低。

3. 风压

影响潜孔锤冲击功和冲击频率主要因素是风压和风量,风压随输入风量的变化而变化。在确定条件下(如管汇、孔深一定时),风量与风压也保持一定的关系。实际钻进中钻速与风压、风量成正比,供风量增大,风压升高,潜孔锤的冲击能量增高,钻进效率随之提高。

对于每一种潜孔锤,设计时其额定风压已确定,若超过其额定风压,潜孔锤的活塞易发生断裂,所以应考虑管汇及孔内压力降的影响。由图 10-29 可得潜孔锤冲击频率和冲击功与风压之间的关系。

在确定的试验条件下,由实钻数据得出了 GQ-108 型潜孔锤的机械钻速与风压之间的关系(图 10-30),潜孔锤的机械钻速与风压成正比关系,当风压升高时,钻速也随之提高。

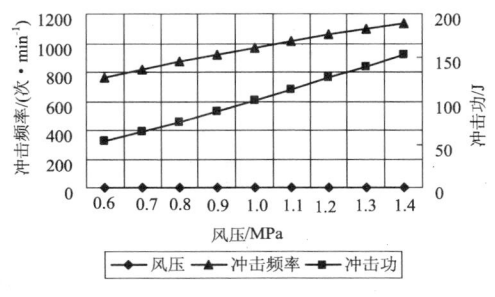

图 10-29　潜孔锤性能参数与风压关系图

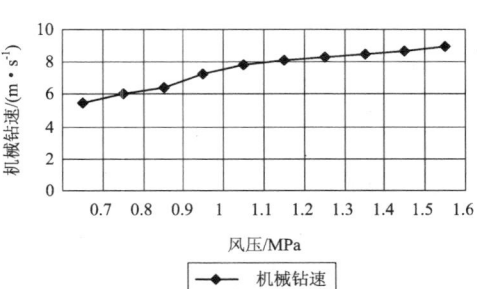

图 10-30　潜孔锤机械钻速与风压关系图

　　实际钻进过程中,空压机压力主要取决于潜孔锤工作的压力降、循环通道沿程损失、局部损失和孔底的围压。空压机压力确定应注意以下几点:

　　(1)随着风压的提高,潜孔锤钻进速度显著提高,潜孔锤部件和钻头的负载也同时增大,钻进过程中,应及时调整合理的风压值;

　　(2)随着钻孔的加深,压缩空气循环阻力及孔内压力降增加,此时需提高空压机的供给风压;

　　(3)孔内出水量和水柱压力会造成潜孔锤排气背压的增加,导致潜孔锤工作性能变差,应相应地提高供风压力,以保持不变的钻进效果;

　　(4)潜孔锤的工作压力过大时,会造成潜孔锤活塞冲击应力超过其许用值,导致潜孔锤内部活塞破坏。

　　4. 风量

　　贯通式潜孔锤反循环钻进所需供气量的大小,主要由两方面因素决定:一是驱动潜孔锤本身的耗风量 Q_1 ,以保证潜孔锤的正常工作;二是排屑(或取样)上返所需的空气量 Q_2 ,应用中要同时满足上述两个条件。

　　参照国外计算空气量的经验公式,反循环排心(样)所需风量为:

$$Q_2 = 47.1 K_1 K_2 D^2 v \tag{10-5}$$

式中: K_1 为考虑孔深损耗的系数;孔深200 m以内取1; K_2 为孔内涌水时,风量增加系数;其值与涌水量有关;中等和小涌水量时 $K_2 = 1.5$; D 为双壁钻杆内管直径,m; v 为双壁钻杆内管上返速度,m/s,通常取30 m/s。

　　在实施贯通式潜孔锤反循环钻进时,钻杆确定后,依据公式(10-5)即可确定反循环排心(样)所需的风量值。一般反循环排心(样)所需的风量远小于潜孔锤工作所需的风量,在配备空压机时,只需保证满足潜孔锤额定风量即可。通过上面分析可得出小口径系列贯通式潜孔锤最优钻进工艺参数,见表10-10。

表10-10　小口径系列贯通式潜孔锤最优钻进规程参数

潜孔锤型 号	钻头直径 /mm	钻压 /kN	转速 /(r·min^{-1})	参考风压 /MPa	排渣风量/(m³·min^{-1})	
					干孔	涌水孔
GQ-89	89~96	4.5~8.0	23~35	1.5~1.9	6.3~7.3	7.0~8.5
GQ-108	112~122	5.5~12	20~30	1.5~1.8	10~12.4	10.7~14.4
	122~132	6.0~13	20~30			
GQ-127	132~140	6.5~14	20~25	1.6~1.9	13~16.5	13.7~18

10.5.4.2　钻进技术要求

　　1. 设备配套

　　1)钻机

　　动力头式钻机较立轴式钻机更适用于贯通式潜孔锤反循环钻进,其优点为:

①给进行程长，可充分发挥潜孔锤高效碎岩的优势，同时减少导杆和加接钻具时间，提高纯钻进时间；②动力头提升速度快，有利于孔内事故的预防和处理；③水龙头置于导轨上，有利于增加钻孔的垂直度。使用动力头式钻机时，需配套或改制双通道的气水龙头。

油压立轴式钻机也可以用于贯通式潜孔锤反循环钻进，但需将主动钻杆改为双通道结构，同时配备双通道气水龙头。如果钻机无低转速输出，需改造变速箱或采用变速电机将钻机回转速度降低到合理范围内(20～40 r/min)。

2)空压机

空压机是贯通式潜孔锤反循环钻进的关键设备。选用空压机时应考虑钻孔结构、孔深、孔内水量及水柱压力、孔底围压等因素，合理选择空压机的额定压力和额定风量。选用的空压机额定压力和风量应高于计算值。

2. 反循环取心(样)

采用反循环取心(样)钻进时，在地表可及时获取岩(矿)心(样)，当排渣及进尺正常时，无需提动钻具。当排渣不连续或不畅时，应将钻具提离孔底并上下窜动，以形成孔底强吹作用。此时气体瞬时膨胀，体积增大，可产生高的风速，解除岩心(样)在钻具中心通道的卡堵。

3. 风压突变

钻进过程中要随时观察风压表的变化，当压力突然变低时，潜孔锤工作不正常，冲击能量降低，钻进效率下降，应及时检查和判断风压降低的原因，正常后方可继续钻进；当压力突然升高，可能存在孔内大量出水、钻具中心通道堵塞等情况，此时可加接正反吹接头，利用高压空气实行正循环，将钻具中心通道堵塞物吹开。

4. 回次终了或加接钻杆

(1)回次终了时，应强吹孔1～2 min，同时上下窜动钻具，以清洁孔底和钻孔孔壁沉积的岩粉，当反循环排渣管无排出物时再关风。

(2)加接钻杆前要检查双壁钻杆内外通道有无泥沙或异物，检查后方可使用。

(3)加接钻杆后，潜孔锤应小风量、慢速扫孔下钻至孔底再正常钻进。

5. 复杂地层钻进

(1)在少量渗水、出水的弱含水层钻进时，上返的岩屑易黏结在孔壁或钻具的中心通道，造成岩心样的堵塞和夹钻，此时可从孔口注水或从钻具的环状通道注入泡沫溶液。地层出水量较大时，可正常钻进，加接钻杆关风前，必须将钻具提离孔底并将孔底的水吹干，并快速加接钻杆，以防止岩粉回灌至潜孔锤内；

(2)在孔壁不稳定地层钻进时，应尽量简化钻孔结构，少变孔径，采用外平式钻具，必要时需下入套管或灌注水泥浆护壁后，再进行钻进；

(3)应注意控制钻进速度，不宜过快，防止堵塞和埋钻；

(4)当地层严重破碎，易坍塌时，应采用外平式钻具实施满眼钻进，避免钻具外环出现台阶，以减少和避免卡钻、夹钻事故的发生；

（5）钻遇破碎漏失地层、溶岩地层或地下空洞时，空压机压力会明显降低，岩心（样）停排，同时孔底回转阻力增大，并出现蹩钻现象，主要原因是钻出的岩心屑积留孔底无法排出。钻遇此类地层，应选择内喷射式反循环钻头，操作时减压慢钻，调整参数，确保反循环的形成。对于溶洞或空区，应缓慢下钻，至孔底后轻压慢钻，待反循环形成后即可正常钻进，并可正常获取岩（矿）心（样）。

6. 潜孔锤的养护

贯通式潜孔锤在每次加接钻杆时应在双壁钻杆的环状通道内注入一定量的润滑油，有条件时可配备连续注油器进行注油，以润滑潜孔锤的活塞及内部零件，提高潜孔锤使用寿命。当潜孔锤钻进效率降低、工作不连续时，应及时将钻具提出，检查潜孔锤内部是否有岩粉导致活塞运动受阻，待清洗干净后注油，并在孔口做动作试验，潜孔锤工作正常再下钻。

7. 岩（矿）心（样）的获取及整理

潜孔锤反循环连续取心（样）钻进过程中，需在地表配套旋流式取心（样）器，由排渣管排出的含岩（矿）心（样）的流体沿切向方向进入旋流式取心（样）器，在离心力和重力的作用下，岩（矿）心（样）由底部的出渣口排出。根据地质利用的要求，可选用取样桶、透明塑料袋、岩心箱或其他容器收集和整理。

10.5.4.3　贯通式潜孔锤和钻头的选用

1. 钻具选择和级配

贯通式潜孔锤、反循环钻头及双壁钻杆的规格和强度，应符合地质钻探的规格系列及要求。选择贯通式潜孔锤、反循环钻头时，须充分考虑地质要求和条件、钻孔深度和直径，设备配套情况，合理设计钻孔结构，包括开孔直径及孔口管规格、变径次数与深度、下套管方式等。选用贯通式潜孔锤和钻头时应注意以下几点：

（1）开孔钻进，可采用贯通式潜孔锤和反循环钻头进行开孔钻进，例如：采用 GQ127 贯通式潜孔锤 + ϕ154 mm 反循环钻头、GQ108 贯通式潜孔锤 + ϕ136 mm 反循环钻头开孔钻进，可利用一套双壁钻具实现多级变径；

（2）钻孔较深且地层较复杂时，可采用几种规格的贯通式潜孔锤和相应直径的钻头钻进，尽量减少变径，最好一径成孔；

（3）如果有极复杂和破碎地层，可考虑采用完全外平式的钻具组合，进行满眼钻进，一径成孔。

2. 反循环钻头技术要点

反循环钻头的类型有数种，并正在完善和发展之中，应根据地质的要求和地层情况进行合理的选择。

（1）地层完整时可选用取心式钻头，利于获取较大直径的岩（矿）心；

（2）当地层破碎、堵塞情况频发时，必须选用取样式防卡钻头；

（3）当地层较破碎、裂隙较发育、漏失较严重，以及钻遇岩溶地层、地下空洞时，应采用底喷射加内喷射组合式的反循环钻头；

（4）当地层严重破碎、裂隙极其发育、漏失极严重时，应采用强力内喷射式的反循环钻头，以使压缩空气完全进入双壁钻具的中心通道，避免漏失的发生。

钻进时，应按钻头合金齿外径的大小，排序使用，即遵循"先大后小"的原则。下钻前，应测量钻头合金齿的外径，依次使用，以实现一径到底。钻头下至孔底后，应轻压慢转，浅孔段钻压不足时，可适当增加钻压；随着孔深的增加，钻具自重过大时，须减压钻进，确保合理的钻进参数。

掌握"不扫孔"的原则，即不使用潜孔锤球齿钻头扫孔或扩孔钻进。更换钻头时，一定选择合适外径的钻头，以免钻头扫孔钻进，加剧钻头的磨损。

当钻头出现下列情况时，不得再入孔使用：

（1）钻头球齿合金磨损严重，球面已被磨成平面。合金外出刃磨耗小的，可修磨后继续使用；

（2）反循环钻头有两颗或两颗以上的球齿合金脱落、剪断、碎裂的；

（3）钻头体出现明显的偏磨、变形，或发生疲劳破坏的。

避免反循环钻头非正常损坏的措施：

（1）孔底应保持清洁，当发现硬质合金、金属块掉块时，应及时采用冲、捞、抓、粘、吸等方法进行清除；

（2）钻进过程中应保证压缩空气的足量供给，确保潜孔锤的冲击能量和钻进速度，以避免钻头非正常的早期磨损；

（3）钻头在换径、孔内探头石及掉块等部位，应放慢下钻速度，防止钻头发生夹钻、卡钻及钻头崩齿等故障；

（4）地层由软变硬时应减小钻压，并控制钻进速度。

系列贯通式潜孔锤按工作风压可分为低、中、高压三种类型，可根据空压机的参数和配备情况进行选用。

（1）原则上，低、中、高风压型贯通式潜孔锤需对应配备相应风压的空压机，当空压机压力和风量大于所需值时，可调整空压机参数，实现配合使用；

（2）当低、中风压潜孔锤配套高风压空压机时，必须将空压机的供气风压调低到潜孔锤合理工作风压之内，否则将导致潜孔锤活塞的断裂和钻头的损坏。随着孔深的增加，应适当增大供风量、提高风压以弥补压缩空气能量的不足；

（3）当高风压潜孔锤配套低、中风压空压机时，潜孔锤可以工作，但冲击能量降低，钻进效率下降。此时应将空压机的压力调至最大的额定输出压力。

3. 双壁钻杆、双通道气水龙头及配套接头

双壁钻杆、双通道气水龙头及配套接头的规格、技术参数等应符合地质岩心

钻探的规范要求。

双壁钻具的设计原则：

（1）双壁钻杆与双通道气水龙头、配套接头（如正反接头、变径接头、气水混合器、交叉通道接头等）应遵守"内通道匹配"原则，即中心通道直径应保证同径和内平齐，接口处不能有台阶，以防卡堵。

（2）双壁钻杆的中心通道理想状态须与贯通式潜孔锤及钻头的中心孔道同径；难以保证相同时，双壁钻具中心通道直径应大于贯通式潜孔锤及钻头的内孔通道直径，在直径变化处应设计圆锥面逐渐过渡，不应有台肩的突变。

双壁钻杆使用注意事项：

（1）尽可能选用外平式双壁钻杆，若地层较完整、钻孔较浅时，也可选用非外平式双壁钻杆；当地层情况较复杂、钻孔较深时，必须选用外平式双壁钻杆，防止出现卡钻、埋钻等孔内事故。

（2）双壁钻杆多采用内管插入式的连接结构，使用时可避免内管柱承受轴压力和扭矩，使用前应检查双壁钻杆的密封圈是否完好。

应根据配套钻机的类型设计和改制双通道气水龙头，原则为：

（1）动力头式钻机直接将双通道气水龙头设计在动力头上，对已有钻机可改制动力头为双通道结构，保证动力头主轴的内管与双通道气水龙头的芯管直径相一致。

（2）使用立轴式钻机时，双通道气水龙头需安装到主动钻杆上方，必须将主动钻杆改制为双通道形式，且双通道主动钻杆内管直径与水龙头相匹配。

除双壁钻具主体外，为实现组合钻具的多种连接和钻进工艺的多样性，应配备相应的辅助接头：

（1）配套的变丝接头也为双壁构造（双通道），外管应采用螺纹连接，内管可为插入式连接结构。

（2）实施 RC 中心取样钻进工艺时，应配用交叉通道接头。

（3）当采用气举反循环工艺时，应配备气水混合器。

（4）当孔内出现岩屑堆积或钻具内卡堵时，应配备正反吹接头，将循环方式由反循环改为正循环，用高压气流排渣和解卡。

（5）当采用雾化钻进或泡沫钻进时，应在压缩空气主管路上安装风水接头。

10.5.5　潜孔锤跟管钻进

跟管钻进是一种既能发挥潜孔锤钻进碎岩效率高的特点，又能有效解决复杂地层的护壁难题。

10.5.5.1　钻具组合

潜孔锤跟管钻进是指在破碎、松散、卵砾石等不稳定地层中，采用空气潜孔锤钻进成孔,同时将套管随钻头跟入孔内的一种钻进方法。即潜孔锤钻进的同时,套管随钻头跟入孔内。跟进的套管具有稳定孔壁和保护孔口的作用,而且钻进、排渣和护壁三个工序同时进行,可以很好地解决复杂地层钻进中护壁难的问题,使钻孔工作得以顺利进行。在钻孔完成后,潜孔锤可以从套管中顺利提出,套管留在孔内,待完成注浆等工作后,套管从钻孔中提出或永久留在孔内。

10.5.5.2　潜孔锤跟管钻具结构形式

空气潜孔锤跟管钻进技术主要有两类:偏心跟管钻进技术和同心跟管钻进技术。目前国内外潜孔锤跟管钻具的结构形式很多,由潜孔锤、钻头、套管、套管靴或套管靴加外钻头组成。按钻头是否改变直径可分为钻头变径跟管钻具和钻头不变径跟管钻具两大类。

1. 钻头变径跟管钻具的工作原理

钻头变径跟管钻具(图 10 - 31)的钻头一般称为跟管钻头,其上设有特定的变径机构,不同结构的变径机构使得跟管钻头的结构不同且差异较大。在钻进时,跟管钻头的直径可增大到超过套管外径一定尺寸,以便于套管能顺利跟入;提钻时,跟管钻头的直径可减小到超过套管内径一定尺寸,使钻头能随钻杆、冲击器由套管内提出。由于套管随跟管钻头跟入的过程中不回转,所以对钻机的扭矩要求相对较低,钻具的适应性强。

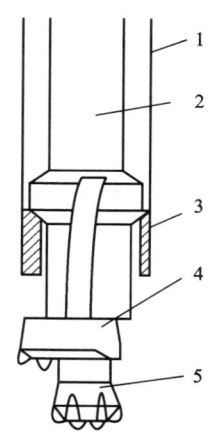

图 10 - 31　钻头变径跟管钻具
1—护壁套管;2—冲击器;3—外管管靴;
4—外钻头;5—内钻头

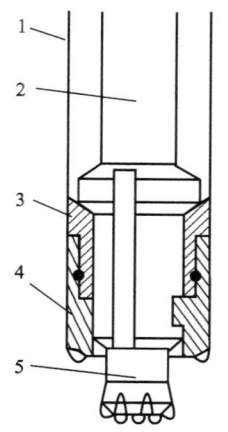

图 10 - 32　钻头不变径跟管钻具
1—护壁套管;2—冲击器;3—外管管靴;
4—外钻头;5—内钻头

2. 钻头不变径跟管钻具的工作原理

钻头不变径跟管钻具(图 10 - 32)的内钻头同冲击器相连接,内钻头的直径是固定的,外钻头与套管靴相连接或外钻头与套管直接相连接。钻具的外套管通过内管冲击钻头带动回转，外套管为左螺纹，冲击钻头通过锥面配合将潜孔锤的冲击力传给外套管。外套管在回转力和振动力的作用下与内管钻头同步跟进。钻到预定深度后，反转内管一圈，使跟管钻头从外钻头中脱离出来，从内管中提出，外管起护壁作用。这种钻具在工作时，内外管同速回转，易造成内外管之间的环状间隙被岩粉堵塞或被大块岩屑卡住，造成内管反转失灵，内外管无法分离。这种方法需要较大扭矩的回转钻机。

10.5.5.3　钻孔结构

根据地层结构情况、孔深和终孔直径，推荐采用如表 10－11 所示的跟管技术方案。

表 10－11　跟管钻进成孔技术方案

地　层　情　况	技　术　方　案
完整地层及较完整地层	潜孔锤钻进成孔，一径到底，终孔直径满足设计要求
上部破碎地层不超过 40 m，孔深在 50 m 内	可采用跟管钻具全孔跟管钻进，终孔直径以满足设计要求为准，尽量缩小成孔直径，降低成本
上部破碎地层不超过 40 m，下部地层完整，孔深大于 40 m，一次跟管能力不足以达到终孔设计深度	上部地层采用跟管钻进，穿过破碎层后，用潜孔锤裸孔钻进成孔，终孔直径满足设计要求为准
上部破碎地层远超过 40 m，通常超过 60 m，一次跟管能力不足以达到终孔设计深度，一次跟管不能穿过上部破碎层	可采用二次跟管钻进工艺，在一次跟管到适当深度后（通常 30～35 m），换径进行第二次跟管到终孔二次跟管时安装可靠的对中护正装置二次跟管完成后是否拔管应根据地层漏失情况，从降低施工成本、提高施工效率等方面进行综合评价
特别深厚破碎地层	可采用两次跟管，结合潜孔锤裸孔钻进，但要注意钻具的级配，特别是各种钻具管靴的通孔直径和终孔直径的要求

在进行跟管钻进时，如果一级套管的跟进深度大于 40 m，跟管钻进的效率将急剧下降，同时套管的强度、起拔设备的能力均受到限制，所以根据地层的特点，建议一级套管的跟进深度不要超过 35～40 m。

10.5.5.4　跟管钻进规程参数

主要钻进技术参数包括风量、风压、钻压与转速等。

1. 风量

根据所选用的空压机和潜孔锤的性能，合理确定风量。为使潜孔锤正常工作而又能排除岩粉，要求钻杆和套管内壁环状间隙之间的最低上返风速为 15 m/s。如风量较小，就难以排除孔内岩粉，从而影响钻进效率。

2. 风压

风压取决于潜孔锤的额定风压，潜孔锤的冲击能量与风压有密切关系，潜孔锤钻进风压是钻进的重要参数。资料表明，钻速和风压几乎是成正比的，风压从

0.6 MPa 提高到 1.30 MPa 时,钻进效率可提高一倍以上。

3. 钻压

从潜孔锤破碎岩石的原理来看,岩石主要是在冲击功作用下破碎的。潜孔锤钻进效率的高低,主要取决于潜孔锤的冲击能量,而钻压只需克服潜孔锤汽缸内的反力,将潜孔锤及钻头压紧至孔底。不同直径的潜孔锤,钻压有一个合理的范围。钻压过大,不仅不会提高钻进效率,反而会加速钻头磨损。

10.5.5.5　跟管钻进技术要点

(1)严格按照钻进技术参数作业,不能盲目追求进尺而加大钻压,防止钻杆折断、钻头掉齿、断齿等事故发生。

(2)随时观察气压表。如发现压力急剧上升或下降,应立即提钻,查明原因,排除故障。

(3)钻进中,如发现钻杆抖动厉害或周期性滞转现象,说明遇到破碎带或较大裂隙,应立即提动钻具,再缓慢下放,以较低钻压通过该区,防止造成钻杆折断等事故。

(4)如发现孔口不返气、进尺缓慢,说明遇到大裂隙,应反复上下提动钻具进行周期性碎岩和吹孔工作,把大颗粒岩屑冲成粉末并吹入裂缝中,保证正常钻进。必要时,应加入泡沫剂以堵死裂隙。

(5)回次结束后,应上提钻具 0.3 ~ 0.5 m,进行吹孔。待孔口不返岩屑时才可停风加接钻杆。

(6)停风时,应缓慢关闭送风阀,不可突然中断供风,防止潜孔锤倒吸岩粉,造成潜孔锤堵塞事故。

(7)定期向钻杆内加入少量机械油,确保潜孔锤润滑充分(冬季施工机械油应加热)和高效能,延长潜孔锤的使用寿命。

(8)为防止灰尘危害,孔口应设置除尘设施,确保作业人员身体健康。

10.6.5.6　套管起拔设备

套管起拔设备(液压拔管机)是跟管钻进中必须的专用起拔设备,主要用于跟管钻进施工中起拔护壁套管,也可用于钻具事故处理中起拔钻杆。液压拔管机由液压系统和机械系统两大系统组成。可采用YB - 80 型拔管机(图 10 - 33)

图 10 - 33　YB - 80 型拔管机

进行拔管,其主要技术参数如表 10 – 12 所示。

表 10 – 12   YB – 80 型拔管机主要性能参数

拔管直径/mm	50 ~ 178
拔管深度/m	30 ~ 70
最大拔出转速/(mm·min^{-1})	590
油缸行程/mm	500
额定起拔力/kN	800
液压系统额定压力/MPa	30
最大部件重/kg	180
电机功率/kW	5.5
液压站外形尺寸/(mm × mm × mm)	730 × 640 × 430

第 11 章　钻孔弯曲与测量

钻探工程施工中由于自然和技术因素的影响，实际钻孔轨迹偏离设计轨迹的现象称为钻孔弯曲或孔斜。

11.1　钻孔弯曲原因及危害

11.1.1　钻孔弯曲基本要素

为了研究钻孔的空间轨迹，一般采用三维空间坐标系。坐标系的原点 O 为孔口，x 轴取正北方向（在矿床勘探中常取为勘探线方向），y 轴取正东方向（在矿床勘探中取与勘探线垂直的方向），z 轴铅垂向下（图 11 – 1）。钻孔空间状态三个几何参数为：

（1）顶角（θ）：钻孔轨迹某点切线与铅垂线之间的夹角，石油钻井称为井斜角。

（2）方位角（α）：钻孔轨迹某点切线在水平面上的投影与正北方向夹角，按顺时针方向计。

（3）孔深（L）：孔口到钻孔轨迹上某点的钻孔轴线长度。

借助测斜仪，可以测出钻孔各个深度 L 上（即测点）的顶角 θ 和方位角 α。上述三个几何

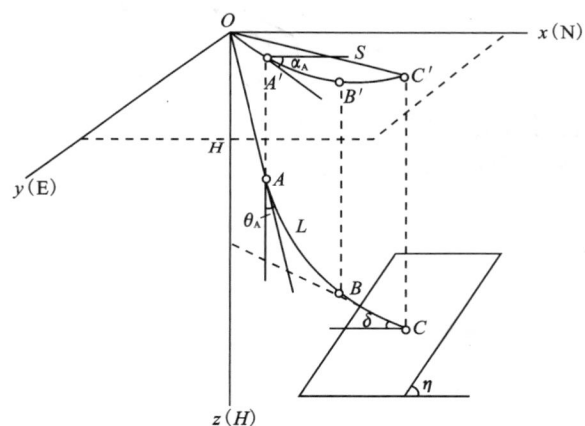

图 11 – 1　钻孔空间状态几何参数

θ—顶角；α—方位角；H—钻孔垂深；
L—钻孔深度；δ—遇层角；η—矿层倾角

参数决定了钻孔轨迹。图 11 – 1 中的 θ_A 和 α_A 分别表示钻孔 A 点的顶角和方位角。

11.1.2　钻孔弯曲基本类型

在实际施工中，绝大多数钻孔的轨迹并非直线而是曲线。根据钻孔轨迹曲线的特点可把钻孔弯曲分为平面弯曲和空间弯曲两大类(表11-1)。

表11-1　钻孔弯曲的基本类型

弯曲类型	孔斜要素特点	钻孔轨迹的位置	钻　孔　描　述
平面弯曲	顶角变，方位角不变	钻孔轨迹位于垂直平面内	孔身剖面是一条曲线，而其水平投影是一条直线。顶角增大称为钻孔上漂，顶角减小称为钻孔下垂。这类弯曲亦称为顶角弯曲
	顶角、方位角都变	钻孔轨迹位于倾斜平面内	孔身剖面及其水平投影都是一条曲线。这类弯曲亦称为方位弯曲。方位角增大时称为正方位弯曲，否则为负
空间弯曲	顶角不变，方位角变	钻孔轨迹呈螺旋状	孔身剖面是一条位于螺旋面内空间曲线
	顶角、方位角都变	找不到一个钻孔轨迹所在的平面	钻孔轨迹是一条典型的空间曲线

衡量钻孔轨迹弯曲程度的指标称为弯曲强度(简称弯强)，弯强的单位是(°)/m。单位孔身长度的顶角变化称为顶角弯强。单位孔身长度的方位角变化称为方位角弯强，如果既有顶角变化，又有方位角变化，可用钻孔全弯曲角来表示某一孔段的弯曲程度。单位孔身长度的全弯曲角变化，称全弯强。全弯强值越大，表明钻孔弯曲程度愈强烈。

弯曲强度 i、曲率 K、曲率半径 R 有以下关系：

$$i = \frac{\Delta Q}{\Delta L} \ (°/m)$$

$$K = \frac{i}{57.3} \ (rad/m)$$

$$R = \frac{1}{K} = \frac{57.3}{i} \ (m)$$

式中：ΔQ 为钻孔 L 长度上顶角的增量，(°)；ΔL 为孔段长度，m。

11.1.3　钻孔弯曲原因

造成钻孔弯曲的原因主要有地质因素、技术因素和工艺因素。

11.1.3.1　地质因素

影响钻孔弯曲的地质因素主要有地层的各向异性、软硬互层和复杂程度等(表11-2)。

表 11 - 2　地质因素对钻孔弯曲趋势的影响

表 11 - 2　地质因素对钻孔弯曲趋势的影响

地 质 因 素	钻 孔 的 弯 曲 趋 势
岩石各向异性系数，参见式(2-6)	K_a 的变化范围 1.1 ~ 1.75，各向异性越强，钻孔越容易弯曲，一般 $K_a < 1.1$ 的岩石可认为是各向同性岩石
岩层软硬互层	(1) 对钻孔弯曲的影响取决于钻孔遇层角 δ(钻孔轴线与岩层层面法线夹角的余角)和软硬互层的硬度差。当遇层角为 50° ~ 60° 时，钻孔弯曲的趋势最明显 (2) 钻孔以锐角从软岩进入硬岩时，钻孔朝垂直于层面的方向弯曲(顶层进)；从硬岩进入软岩时，钻孔虽有偏离顶层进方向的趋势，但由于上方孔壁较硬的限制使其仍基本保持原方向；钻孔由硬岩进入软岩再进入硬岩时，最终仍朝垂直于层面的方向延伸
地层复杂程度	地层越复杂，钻孔越容易弯曲。在松软、极破碎和溶洞地层钻进时，因钻具与孔壁间隙较大，钻具在重力作用下，钻孔(斜孔)有下垂趋势；在卵、砾石层钻进时，钻具将沿容易通过的方向延伸，钻孔弯曲方向没有规律性

11.1.3.2　技术和工艺因素

影响钻孔弯曲的技术工艺因素主要有设备性能、钻具结构、钻进方法和钻进规程参数等(表 11 - 3)。

表 11 - 3　技术和工艺因素对钻孔弯曲趋势的影响

影 响 因 素		钻 孔 的 弯 曲 趋 势
技术因素	设备性能及安装	钻机设备本身的性能缺陷(如回转给进部件导向性差、立轴导管松动、油压钻机滑道松动等)；钻机安装固定不稳；钻塔滑车、钻机立轴和钻孔中心不在同一轴线上；钻机立轴(或转盘)没有准确固定在钻孔设计的倾角和方位角上，都将增加孔斜
	钻具结构	粗径钻具长度短，刚度不足，钻具结构和级配不合理，使用弯曲的钻具，换径或扩孔时未使用导向钻具，导向钻具太短等都将导致钻孔弯曲强度增加
工艺因素	钻进方法	孔壁间隙越小钻孔的弯曲强度也越小。金刚石钻进的钻孔直径一般较钻头直径大 1 ~ 3 mm，硬质合金钻进一般较钻头直径大 4 ~ 8 mm
	钻进规程参数	钻压过大，会引起钻杆柱弯曲变形造成钻孔弯曲；转速过高，钻具的振动和扩径作用加剧，使孔壁间隙增加导致钻孔弯曲；冲洗液量过大，特别是在松软地层中容易冲刷破坏孔壁，使间隙增加，也会导致钻孔弯曲加剧

11.1.4　钻孔弯曲危害

钻孔弯曲影响施工的地质成果和钻探工程质量见表 11 - 4。

表 11 - 4　钻孔弯曲的危害

危 害 对 象	具 体 的 危 害 表 现
对地质成果的危害	歪曲矿体产状、打丢矿体、遗漏断层或改变勘探网度，影响对矿体的评价、构造的判断和储量计算的精确程度
对钻探施工的危害	钻具在孔内弯曲变形严重，摩擦阻力增加，磨损加剧，钻杆折断事故增多，升降钻具困难，功耗增加和钻进速度下降，增加钻探施工成本
其他危害	深井泵无法下入水井或过早损坏。钻孔桩施工会引起桩基倾斜，影响桩基承载力

11.2　钻孔弯曲规律与预防

11.2.1　钻孔弯曲规律

在一定的地质、技术和工艺条件下，钻孔弯曲具有一定的规律性。

（1）在均质岩石中钻孔的弯曲强度小于不均质岩石，岩石各向异性越高，钻孔弯曲强度越大。在变质岩（结晶片岩、片麻岩等）中钻进时，钻孔弯曲强度大于在沉积岩（如页岩）中钻进时的弯曲强度，更大于在岩浆岩（如花岗岩、辉绿岩）中钻进时的弯曲强度。

（2）钻孔顶角变化与遇层角 δ 的变化呈近似对称关系（图 11 – 2），遇层角 δ 存在临界值，当遇层角在 50° ~ 60° 范围内，顶角变化最大。钻孔遇层角大于临界值，方位垂直于层面走向时，顶角上漂、方位角稳定；钻孔方位与层面走向斜交时，顶角上漂，方位趋向于与层面走向垂直。钻孔遇层角小于临界值，则钻孔"顺层溜"，方位角变化不定。

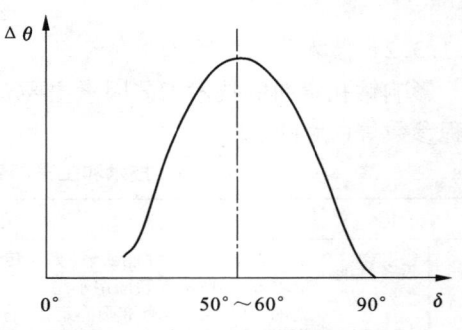

图 11 – 2　遇层角对顶角变化的影响

（3）在层理、片理发育和软硬互层岩石中钻进时，钻孔呈"顶层进"规律。

（4）钻进方向与岩层产状方向相反或顺岩层产状方向的斜孔，倾斜穿越岩层（遇层角为锐角）的垂直孔，钻孔顶角容易上漂。垂直岩层走向或顺着岩层层面走向（遇层角 δ 为 0°）的斜孔，方位角变化不大。采用回转钻进方法时，钻孔方位主要是向右偏斜，而采用冲击回转方法时则向左偏斜。

（5）钻孔顶角大时方位角变化小，反之变化大。顶角接近零时方位变化不定。钻进均质岩层或厚的水平岩层时，方位有顺时针偏斜的趋势，经常呈螺旋线状。

（6）穿过松散非胶结岩石、大溶洞时，钻孔趋于下垂。钻孔钻遇硬包裹体时可能朝任意方向弯曲。

（7）在近似水平的岩层中钻垂直孔，即使岩石各向异性强，软硬不均，钻孔也不会产生较大的弯曲。

11.2.2　钻孔弯曲预防

根据钻孔的弯曲规律，可提出钻孔弯曲的预防措施（表 11 –5）。

表11-5　钻孔弯曲的预防措施

工 艺 内 容	具 体 措 施
合理布置和 设计钻孔	(1)按勘探网布置钻孔时,尤其在软硬不均,层理、片理发育的地层,尽可能垂直于岩层面布置钻孔,避免穿过溶洞、老窿,减少在破碎、松软、砂卵石层的钻探工作量 (2)尽量设计垂直孔穿过松软、破碎、厚砂砾覆盖层、裂隙及溶洞地层 (3)对方位角易产生偏斜的钻孔,尽量设计较大的顶角 (4)在弯曲规律明显的地层,要为钻孔顶角和方位角设计一定的预留偏斜余量
确保设备安装 和开孔质量	(1)安装设备的地基要平整、水平、稳固。动滑轮、立轴中心、钻孔三点一线。开孔前确保立轴角度、开孔方位与设计一致 (2)孔口管要下正、固牢,开孔粗径钻具要直。不得使用立轴松动的钻机,机上钻杆或主动钻杆不得过长
正确选用钻具	(1)钻具要求直而圆,刚性好,连接同心度好,岩心管应尽量长 (2)扩孔或换径时,钻具必须带有导向装置 (3)使用重量大于所需钻压的钻铤加压时,要使中和点落在钻铤上 (4)采用钟摆钻具、偏重钻具、满眼钻具、带扶正器和防斜保直器等防斜钻具
采用合理的钻进 方法和规程参数	(1)尽可能采用金刚石钻进,不要频繁更换钻进方法,以免造成孔壁间隙不均匀 (2)合理控制钻进规程,保持较高机械钻速,减小孔壁间隙和下部钻具弯曲 (3)在易塌岩层中采用优质泥浆护孔,防止钻孔超径。穿过破碎带、强裂隙带及其他易垮岩层后,及时采用水泥或其他措施固孔,防止孔壁扩大

11.3　测斜仪分类与选用原则

根据测量原理,钻孔测斜仪主要分为磁性测斜仪和陀螺测斜仪两大类,磁性测斜仪适用于非磁性矿区和不受磁性干扰的钻孔,而陀螺测斜仪则主要用于磁性矿区和受磁性干扰的钻孔测量。

选用钻孔测斜仪的一般原则是:

(1)首先要确认需要测量的钻孔是否位于磁性矿区,是否受到磁性干扰,以便选用测斜仪类型。

(2)根据工程技术要求选用合适的测斜仪测量范围和精度指标。不能盲目追求高精度,仪器精度高,其成本和售价也高。

(3)单点测斜仪和多点测斜仪的选择依据是钻孔深度,一般孔深在100~200 m时才选用单点测斜仪,大于200 m以上钻孔应选用多点测斜仪,以提高测斜效率。

(4)煤矿矿井用的测斜仪,应选用具有防爆安全装置的钻孔测斜仪。

钻孔测斜仪器类型、品种繁多,如图11-3所示。

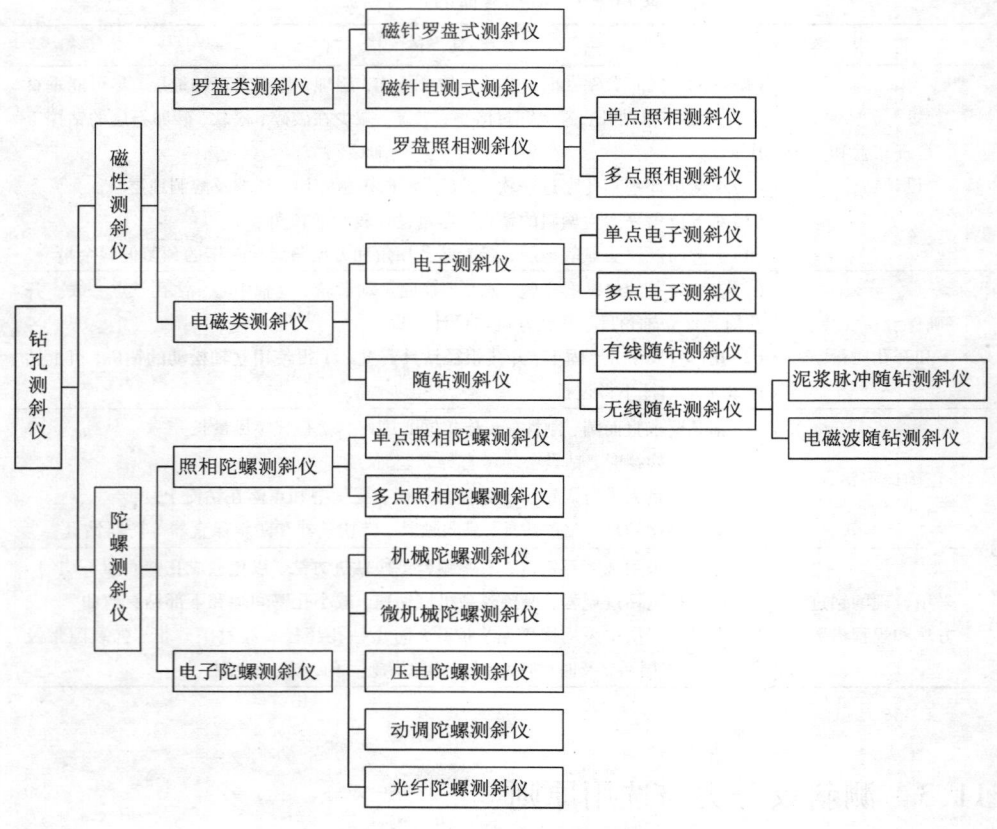

图 11 - 3 　钻孔测斜仪分类

11.4　磁性测斜仪

　　常用的磁性测斜仪包括磁针罗盘式测斜仪、磁针电测式测斜仪、罗盘照相测斜仪、磁性电子测斜仪和随钻测斜仪。其中,前三种仪器的测量原理相同,主要区别在于测量数据的记录方式不同。随钻测斜仪一般用于定向钻进中,将在"定向钻进"一章中介绍。

　　磁针罗盘式测斜仪为全机械结构,仪器下孔后,通过定时控制机械锁卡装置将罗盘指针和顶角刻度盘固定,仪器提至地面读出钻孔顶角和方位角,一般为单点测量,由于测量精度低,目前使用较少。

　　磁针电测式测斜仪是磁针罗盘式测斜仪的改进型,它将罗盘指针和顶角刻度盘的变化通过传感器转换成电量,通过电缆传输到地面读数,实现多点测量,精度较前者有所提高。

11.4.1 罗盘照相测斜仪

11.4.1.1 结构与工作原理

罗盘照相测斜仪采用磁罗盘组件，通过光学成像方式拍摄测角指示器在孔内静态时的图像，在胶片或数字感光器上直接记录测点的顶角、方位角及工具面角。它简化了机械式和电测指示型磁针测斜仪中的机械锁卡装置，消除了锁卡时的位移误差，提高了测量精度，照相底片与数据存储器可长期存查。胶片记录照相测斜仪的主要缺点是不能及时读数，还需要专门的读片装置。

如图 11 - 4 所示，罗盘照相测斜仪主要由定时器、电池筒、照相机总成和测量短节四部分组成。其中，钟表式或电子定时器用来控制电路的接通与断开，控制仪器在孔内的照相时间；用不锈钢或铝合金材料做成的电池筒圆筒可容纳 3 节二号电池，电压通常为 4.5 V；照相机总成由底片盒、连接筒、镜头和光源组成；测量短节由一个装在充满透明液体的圆筒里的罗盘和测角装置构成，有顶角测量范围 0° ~ 12° 和 5° ~ 90° 两种测角装置，可以根据需要选择使用。

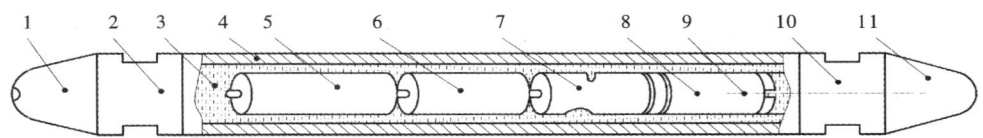

图 11 - 4　照相测斜仪结构示意图

1—接头；2—上密封接头；3—阻尼液；4—外管；5—电池筒；6—定时器；
7—照相机总成；8—测量短节；9—定位线；10—下密封接头；11—导向接头

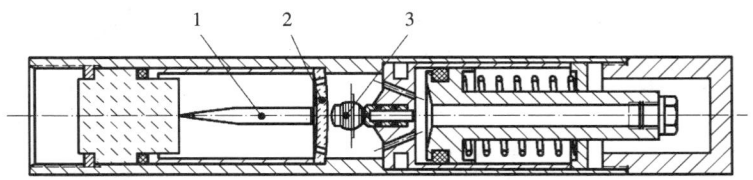

图 11 - 5　照相测斜仪 0° ~ 12° 测量部件

1—悬锤；2—顶角刻度盘；3—磁罗盘

罗盘照相测斜仪分单点和多点两种，前者下孔一次只拍一张底片，后者一次可连续拍百余张至数百张底片。

如图 11 - 5 所示，0° ~ 12° 的测量部件，由一个摆动极为灵敏的万向悬锤 1、顶角刻度盘 2 和磁罗盘 3 等组成。悬锤 1 可以自由摆动，在仪器静止时，它在重力作用下总是指向地心。顶角刻度盘 2 是一块刻有 12 个同心圆的光学玻璃片，从中心的圆点到第 12 个同心圆分别对应仪器顶角 0° ~ 12°。磁罗盘 3 位于同心圆玻璃片的下方。测量时，照相机将悬锤、玻璃同心圆及罗盘刻度盘因孔斜形成相互特定位置的图像拍摄下来，其记录底片如图 11 - 6 所示，由该底片可读出顶角为 5°，方位角为 45°。

　　5° ~ 90°测量部件是在 0° ~ 12°测量部件上增加了一个 U 形架，如图 11 - 7 所示，主要由顶角刻度盘 1、磁罗盘 2、重锤 3、U 形架 4 和偏心重锤 5 组成。其记录底片如图 11 - 8 所示，该测点顶角读数为 30°，方位角为正北 0°。

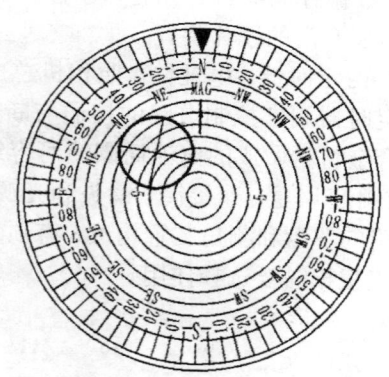

图 11 - 6　照相测斜仪 0° ~ 12°
测量部件记录底片

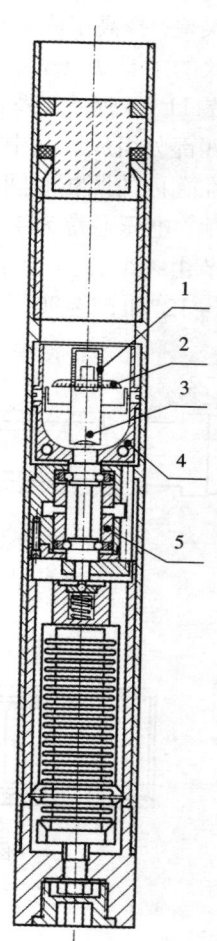

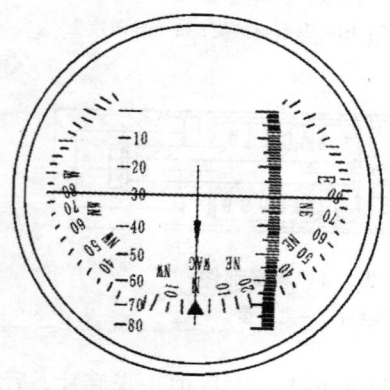

图 11 - 8　照相测斜仪 5° ~ 90°
测量部件记录底片

图 11 - 7　照相测斜仪 5° ~ 90°
测量部件结构图

1—顶角刻度盘；2—磁罗盘；3—重锤；
4—U 形架；5—偏心重锤

11.4.1.2　应用前景

目前，使用胶片的照相测斜仪已逐渐被电子照相测斜仪所取代，后者可直接从地面测量面板读取和打印出测量数据，或者在仪器孔下存储测量数据，在地面再回放数据。

11.4.2　磁性电子测斜仪

磁性电子测斜仪是目前应用最广泛的测斜仪，其功能完全能代替磁性照相测斜仪。

11.4.2.1　结构与工作原理

磁性电子测斜仪（图 11 - 9）由导向头、测量总成、抗压管、电缆头和上下密封接头构成。测量总成电子线路板固定于其安装架上，由传感器系统（由两轴或三轴加速度计与三轴磁通门传感器或磁阻传感器构成）、传感器信号调理系统（包括信号放大、隔离、滤波、多路转换等）、数据采集系统、单片机控制系统、通信接口系统和电源系统等组成。

磁性电子测斜仪一般是在探管内，沿三个正交的 X、Y、Z 轴布置三个（或两个）加速度计和三个磁通门（或磁阻）传感器，其中 Z 轴指向仪器轴线下方，X、Y 轴位于垂直于仪器轴线的平面内。通过加速度计敏感重力加速度 g 的分量，磁通门敏感地磁场的分量，通过式（11 - 1）即可计算得到顶角和方位角的数值。

$$\theta = \arctan \frac{\sqrt{a_x^2 + a_y^2}}{a_z} \quad (11-1)$$

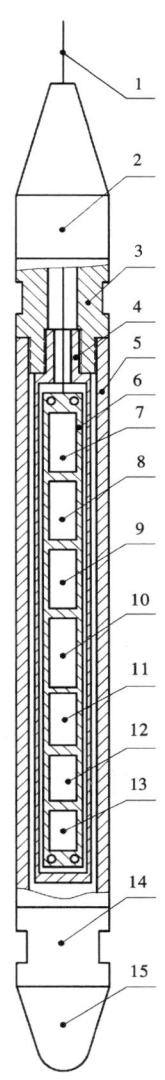

图 11 - 9　磁性电子测斜仪结构示意图

1—电缆；2—电缆头；3—上密封接头；4—测量总成安装架；5—抗压管；6—测量总成；7—电源系统；8—通信接口系统；9—单片机控制系统；10—数据采集系统；11—传感器信号调理系统；12—加速度计；13—磁敏传感器；14—下密封接头；15—导向头

$$\alpha = \arctan \frac{(a_y H_x - a_x H_y)g}{H_z(a_x^2 + a_y^2) + a_z(a_x H_x + a_y H_y)}$$

式中：a_x 为 X 轴加速度计输出值；a_y 为 Y 轴加速度计输出值；a_z 为 Z 轴加速度计输出值；H_x 为 X 轴磁通门（或磁阻）输出值；H_y 为 Y 轴磁通门（或磁阻）输出值；H_z 为 Z 轴磁通门（或磁阻）输出值；g 为重力加速度值，$g = \sqrt{a_x^2 + a_y^2 + a_z^2}$，一般可认为是常数，这也是利用两轴加速度输出值 a_x、a_y 计算得出顶角和方位角值的原因。

11.4.2.2　磁性电子测斜仪主要特点

（1）磁性电子测斜仪只能用于非磁性矿区测斜，其信息采集、存储、处理和计算均实现电子化。

（2）传感器与电子元器件合成为一个固态测量芯片，体积小，芯片内没有机械传动装置，因此具有良好的抗震性能。各传感器的数据采集由嵌入式微处理器根据设计好的程序采集信号，不受人为干扰，测量精确可靠。

（3）测量数据可以存储于探头存储器中，也可通过电缆实时传送到地面，实现多点测量。

（4）使用 RS - 232 通信接口或者 USB 接口，配有专用测量软件，通过地面设备读取数据，进行计算、显示、分析和打印。

（5）多具有测量工具面向角的功能，可用于定向钻进和随钻测量（MWD）中。

11.4.2.3　磁性电子测斜仪作业方式

磁性电子测斜仪的数据采集方式可分为存储式（将测量数据存储在芯片内仪器提至地表后读取）和直读式（通过吊放仪器的电缆直接读取）两种。

仪器的工作方式可分为投测、吊测和自浮式三种。其中，投测是当需要测量孔斜时把仪器从钻杆柱内腔（其下部带有无磁钻杆和仪器座）投入，仪器自动完成测斜，起钻后再读取数据；吊测是利用钢丝绳（存储式）或电缆下放到需要测斜的位置，仪器自动完成测斜，起钻后再读取数据或通过电缆实时把数据传至地表；自浮式仪器的探管设有浮筒，测斜时用泥浆从钻杆柱内腔泵送到孔底，测斜结束后停泵，探管自浮到孔口，即可用 U 盘或遥控器获取数据，不影响继续钻进，操作更为方便。

根据仪器一次下孔的测点个数可把仪器分为单点式和多点式两种。他们既可以用存储式，又可以用直读式采集数据。其中，单点式测量控制又分为定时和定点两种方式，定点方式（仪器到孔底即测）可大量节约测量时间，更为方便可靠。

11.4.3　磁性测斜仪一览表

部分常用国产磁性测斜仪主要技术性能如表 11 -6 所示。

表 11-6　部分国产磁性测斜仪主要技术性能表

序号	仪器类型	仪器型号	外径/mm	测量范围/(°) 顶角	测量范围/(°) 方位角	测量精度/(°) 顶角	测量精度/(°) 方位角	一次下孔测量点数	下孔方式	最大耐水压/MPa	最高工作温度/℃	生产厂家	备注
1	磁针罗盘仪式测斜仪	KXP-2	40	0~50	0~360	1~2	±4	两点	钢丝绳或钻杆	15	80	上海力擎地质仪器有限公司	
2		KXP-3D	40	0~45	0~360	±0.5	±3	多点	钢丝绳或钻杆	20	75	上海力擎地质仪器有限公司	存储式
3		KXP-2A	40	0~50	4~356	1~2	±4	单点	钢丝绳或钻杆	10	80	上海地学仪器研究所	
4		KXP-2X	40	0~50	0~360	±0.5	±4	两点	钢丝绳或钻杆	15	85	上海昌吉地质仪器有限公司	存储式
5		KXP-2G	40	0~50	0~360	±0.1	±4	多点	钢丝绳或钻杆	15	85	上海力擎地质仪器有限公司	
6		KXP-2T	30	0~50	0~360	±0.5	±4	多点	电缆	15	85	上海力擎地质仪器有限公司	
7		JXY-2	70	0~50	0~360	1~2	±4	单点	钢丝绳或钻杆	15	80	上海力擎地质仪器有限公司	
8		JXY-2X(2G)	60	0~50	0~360	0.5(0.1)	±4	多点	钢丝绳或钻杆	15	85	上海力擎地质仪器有限公司	存储式
9		CQ-1	42	0~100	0~360	±0.5	±2	单点	钢丝绳或钻杆	5	80	中国地质科学院探矿工艺研究所	
10	磁针电测式测斜仪	KXP-1	40	0~50	4~356	±0.5	±4	多点	三芯电缆	15	50	上海昌吉地质仪器有限公司	
11		KXP-1G	40	0~15	0~360	±0.1	±4	多点	电缆	15		上海力擎地质仪器有限公司	
12		JJX-3A	60	0~50	4~356	±0.5	±4	多点	电缆	15	50	上海昌吉地质仪器有限公司	
13		JJX-3G	60	0~15	0~360	±0.1	±4	多点	电缆	15		上海力擎地质仪器有限公司	
14		KXP-2D	40	0~50	0~360	±0.2	±4	单点	钢丝绳	20	55	上海昌吉地质仪器有限公司	存储式
15		CQ-2	65	0~100	0~360	±0.5	±2	多点	电缆	10	60	中国地质科学院探矿工艺研究所	电视显示
16	罗盘照相测斜仪	LHS-R	45	0~90	0~360	±0.2	±0.5	单点	钢丝绳或钻杆	75	125	北京六合伟业科技股份有限公司	
17		BZM-R	35~45	0~90	0~360	±0.2	±0.5	单点	钢丝绳或钻杆	90	90	北京北正伟业科技有限公司	
18		M-ZFD	48	0~20	0~360	±0.2	±0.5	单点	钢丝绳自浮式	80	140	牡丹江隆昌石油仪表有限公司	
19		HKCX系列	35~45	0~90	0~360	±0.25	±0.5	单点	钢丝绳自浮式	125	125	北京合康科技发展有限责任公司	

续表 11-6

序号	仪器类型	仪器型号	外径/mm	测量范围/(°) 顶角	测量范围/(°) 方位角	测量精度/(°) 顶角	测量精度/(°) 方位角	一次下孔测量点数	下孔方式	最大耐水压/MPa	最高工作温度/℃	生产厂家	备注
20		JJX-3A1(2)	54	0~50	0~360	±0.2	±3	多点	电缆或钢丝绳	15	55	上海昌吉地质仪器有限公司	
21		JJX-3D	40~50	0~45	0~360	±0.1	±4	多点	电缆			上海地学仪器研究所	
22		SDC-1(W)	40	0~50	0~360	±0.5	±4	多点	电缆(或无线)	15	85	上海力擎地质仪器有限公司	
23		SDC-1G(W)	40	0~50	0~360	±0.1	±4	多点	电缆(或无线)	15	85		
24		CT-2	38	0~50	0~360	±0.5	±4	多点	钢丝绳或钻杆	10	60	中国地质科学院探矿工艺研究所	存储式
25		CAV-1	33	0~70	0~360	±0.2	±2	多点	钢丝绳或钻杆	20	75		
26		CXJ-1	18	0~90	0~360	±0.5	±4	多点	钢丝绳或钻杆	10	60		
27		JQX-2	42	0~60	0~360	±0.1	±4	多点	电缆	10	85	重庆地质仪器厂	存储式
28		CX-5C	49	0~60	0~360	±0.1	±2.0	多点	钢丝绳	15	50		
29		EMS系列	35(45)	0~180	0~360	±0.2	±1.5	多点	钢丝绳	100	125	武汉基探测斜仪有限公司	存储式
30	磁性电子测斜仪	FES-1	48	0~180	0~360	±0.2	±1.5	多点	自浮式	80	125	北京市普利门电子科技有限公司	自浮式
31		GEMS	45	0~180	0~360	±0.1	±1.0	多点	投测,吊测	100	125		
32		HKCX-DZ系列	50	0~180	0~360	±0.15	±1.2	单点	钢丝绳或投测	125	125	北京合康科技发展有限责任公司	定点式
33			48	0~180	0~360	±0.15	±1.2	单点	自浮式	105	125		定点式
34			45	0~180	0~360	±0.15	±1.2	多点	钢丝绳或投测	90	125		存储式
35		LHE-3702	30	0~180	0~360	±0.2	±1	多点		30	85	北京六合伟业科技有限公司	存储式
36		YSS-32	45	0~180	0~360	±0.2	±1.5	多点		100	125	北京海蓝科技开发有限责任公司	存储式
37		YSS-48FD	48	0~180	0~360	±0.2	±1.5	单点	吊测或自浮式	60	125		存储式
38		PSF系列	45	0~57	0~360	±0.2	±1.0	多点		100	125	北京派特罗尔钻井技术服务有限公司	存储式
39		PSSQ	35(45)	0~180	0~360	±0.1	±0.5	多点		100	125		
40		BZE系列	35(45)	0~180	0~360	±0.2	±1.0	多点	钢丝绳或自浮式	45~90	90	北京北正伟业科技有限公司	存储式

11.4.4　磁性测斜仪操作要点和故障诊断

国内外市场上已有的磁性测斜仪种类型号繁多，考虑到磁性电子测斜仪是目前钻探领域应用最广的测斜仪，本节仅以 HKCX – DZ 系列磁性电子测斜仪为例加以介绍，以供其他型号仪器使用中参照。

11.4.4.1　单点投测和吊测式操作要点

单点投测、吊测式磁性电子测斜仪的操作要点见表 11 – 7。

表 11 – 7　单点投测和吊测式磁性电子测斜仪操作要点

状　态	操　作　要　点
仪器下孔(井)前	(1)对测斜仪进行测试并将外保护总成拧紧 (2)一定要在启动测斜仪的同时启动秒表，并保证两者同步，误差不大于 1 s
吊测时	(1)仪器到达测量点后，应稳定钻具和钢丝绳 15 s 左右，停止秒表计时，然后再等待 15 s 左右再提出仪器和活动钻具 (2)测斜仪必须安装减震环，为延长仪器使用寿命，下行速度不得大于 3 m/s
定向作业时	(1)应在定向引鞋上安装铅封 (2)下孔(井)前一定要进行高边修正

11.4.4.2　单点自浮式测斜仪操作要点

单点自浮式测斜仪的操作要点见表 11 – 8。

表 11 – 8　单点自浮式磁性电子测斜仪操作要点

状　态	操　作　要　点
仪器下孔(井)前	(1)对测斜仪进行测试 (2)一定要在启动测斜仪的同时启动秒表，并保证两者同步，误差不大于 1 s (3)检查缓冲器导轴上是否装好缓冲器 O 形圈，防止冲击过大造成载体损坏 (4)一定要用摩擦管钳将浮力仓和仪器仓拧紧，缓冲器上要安装铅封
仪器下行时	应控制泵量使仪器下行速度≯3 m/s，否则仪器会因到达测点与仪器托盘撞击受损
测量时	(1)仪器必须安装测斜仪减震环 (2)仪器到达测点后，应稳定钻具 15 s 并根据孔内动力钻具的不同进行操作： ①不带螺杆钻具：停止秒表计时，再过 15 s 停泵并可以开始活动钻具 ②带螺杆钻具：停止秒表计时，同时停泵(同步时间误差不要超过 1 s)，此时不要活动钻具，约 15 s 后再开始活动钻具
仪器浮出时	(1)应适时提前卸开钻杆，避免仪器上冲至钻具顶部被卡 (2)等待仪器浮出时禁止操作者在钻具正上方观察，防止仪器突然浮出造成伤害 (3)上提钻具时操作者应扶正钻具，缓慢提起，防止钻具摆动时仪器被碰弯、剪断或随泥浆从钻具中掉入环空
测量结束后	(1)卸下充电电池筒 (2)清洗浮力仓和仪器仓，特别是清洗缓冲器 (3)检查缓冲器上铅封是否切断，没切断，说明仪器未到孔(井)底

11.4.4.3 多点投测和吊测方式操作要点

多点投测、吊测方式的操作要点见表 11 – 9。

表 11 – 9 多点投测和吊测式磁性电子测斜仪操作要点

状　态	操　作　要　点
仪器下孔(井)前	(1)对测斜仪进行测试并将外保护总成拧紧 (2)一定要在启动测斜仪的同时启动秒表,并保证两者同步,误差不大于1 s,如发生偏差,重新操作
吊测时	(1)仪器到达测量点后,应稳定钻具和钢丝绳15 s左右,停止秒表计时,然后等待15 s左右再提出仪器和活动钻具 (2)测斜仪必须安装减震环,为延长仪器使用寿命,下行速度≤3 m/s (3)若测量时间 >6 h,应使用多点充电电池筒 (4)应保证仪器到达测点前设置的延时时间已结束并进入采集状态 (5)最长有效测量时间为 3600 × T(T = 间隔时间),应根据孔深、起钻速度合理选择间隔时间 (6)每提一个立根前应稳定钻具,稳定时间应保证仪器能采集 2~3 个点,即稳定时间应≥2T~3T(T: 间隔时间)
定向作业时	(1)应在定向引鞋上安装铅封 (2)下孔(井)前一定要进行高边修正

11.4.4.4 探管故障诊断和排除方法

磁性电子测斜仪的探管故障诊断和排除方法见表 11 – 10。

表 11 – 10 磁性电子测斜仪的探管故障诊断及排除方法

故障现象	原　因　分　析	排　除　方　法
指示灯为黄色 指示灯开机不亮	电池电量严重不足	更换电量充足的电池筒,重新测量
	探管故障、指示灯损坏	送厂家检修
孔(井)斜 数据不正常	电池电量不足	更换电量充足的电池筒,重新测量
	探管故障	送厂家检修
磁方位数据 不正常	电池电量不足、探管故障	送厂家检修
	磁干扰	检查无磁钻铤是否有磁、地层是否有磁干扰
		检查探管在无磁钻铤的位置是否符合要求
		检查其他孔(井)对探管的影响
温度不正常	电池电量不足、探管故障	送厂家检修
屏幕提示 "通信失败"	电池电量不足、探管故障	送厂家检修
	探管通信电缆损坏	更换探管通信电缆
采集点不对, 与实际相差很多	探管在工作时被拧下电池筒	人工输入采集点数,然后读取
	探管故障	送厂家检修

11.4.4.5 自浮载体总成故障诊断和排除方法

自浮载体总成的故障诊断和排除方法见表 11 – 11。

表 11 – 11 自浮载体总成的故障诊断及排除方法

故障现象	原 因 分 析	排除方法
测井完毕后，发现缓冲器弯曲变形	未放置托盘，导致缓冲器与钻头直接撞击	放置托盘，并更换缓冲器
自浮载体无法达到测量点	钻具内有异物	起钻检查
	浮力过大或泵排量不够	适当减少浮力仓或提高泵排量
自浮载体没有自行浮出	自浮载体爆裂	起钻检查
	未安装托盘或托盘不合适，卡住仪器	
	钻杆内有异物，将仪器卡在钻杆内	
自浮载体浮出时间过长	泥浆密度小	增加浮力仓
	泥浆黏度大	
	孔斜过大	将钻具起出大井斜段
	钻杆内径小	起钻换用小径自浮式仪器
	没有连接全部浮力仓，浮力小	按说明书要求连接

11.5 陀螺测斜仪

陀螺测斜仪与磁性测斜仪的主要区别在于方位角的测量原理不同，它利用陀螺的定轴性，通过地面定向或惯性定向原理来测量钻孔的方位角。陀螺测斜仪可抗磁性干扰，可以在钻杆、磁性套管及磁性矿区进行钻孔测量。用作钻孔测斜的陀螺仪主要有五种：机械陀螺、微机械陀螺、压电陀螺、动力调谐陀螺和光纤陀螺。

11.5.1 机械陀螺测斜仪

机械陀螺仪采用转动惯量很大的陀螺转子(钨合金制造)微型电机，悬挂在三度平衡框架中高速旋转(30000 r/min 以上)。由于陀螺具有定轴性，在孔下测量时，钻孔方向偏转或仪器转动与振动都不会改变陀螺的指向，测量钻孔轴向与陀螺指向的夹角即可测出钻孔的方位。一种机械陀螺测斜仪的内部结构如图 11 – 10 所示。

我国从 20 世纪 60 年代开始研发应用机械陀螺测斜仪，逐步取代了此前测量精度低、操作繁琐劳累的钻杆柱定向和连环测量仪(如定盘测斜仪)等，对磁性矿区钻孔弯曲测量是一个很大的技术进步。但是，机械陀螺测斜仪存在陀螺漂移大 [(3°~10°)/h]、测量精度不高、调试维护困难、需地面定向以及体积不易做得更小等缺点。

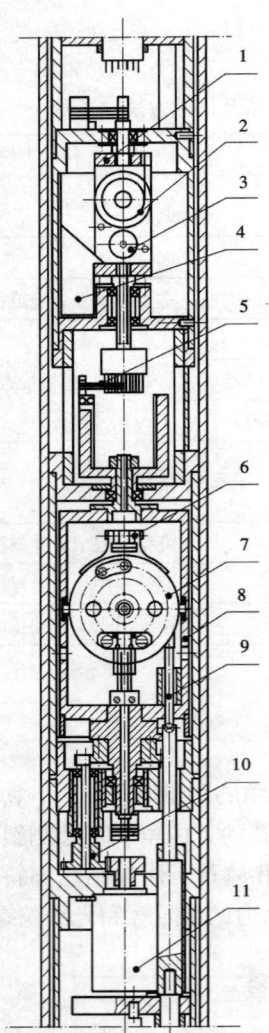

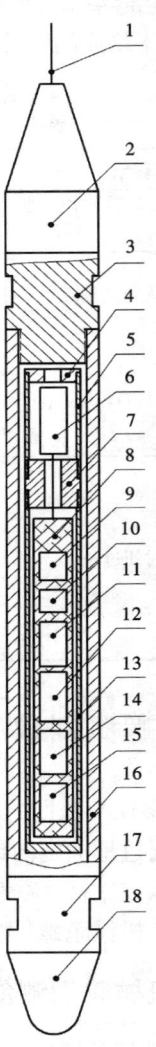

图 11-10　机械陀螺测斜仪内部结构

1—框架；2—顶角电位计；3—摆锤；4—偏心
摆锤；5—方位电位计；6—水平修正开关；
7—陀螺房(内框架)；8—外框架；9—锁紧机
构；10—齿轮机构；11—水平修正电机

图 11-11　压电陀螺测斜仪结构示意图

1—钢丝绳；2—钢丝绳接头；3—上密封接头；
4—电池筒接头；5—电池外管；6—锂电池；7—
内管接头；8—测量总成；9—存储器；10—单片
机系统；11—数据采集系统；12—模拟积分电
路；13—测量总成外管；14—加速度计传感器；
15—压电陀螺传感器；16—抗压管；17—下密
封接头；18—导向头

随着我国航天技术的迅速发展，用于火箭、卫星和飞船惯性导航的先进微型陀螺仪逐步转为民用，近十几年来，我国已能自产压电、动力调谐、光纤等新型陀螺测斜仪器。

11.5.2　压电陀螺测斜仪

压电陀螺测斜仪采用特制的压电角速率陀螺测量方位角，采用石英加速度计测量顶角，结合地面定向和电子跟踪测量等新的定向方法与工艺来进行钻孔测斜。压电陀螺测斜仪具有陀螺寿命长、价格低、探管抗震性好、结构简单、工作可靠、功耗低、操作方便等优点；仪器采用存储卡记录方式，探管用钻杆（或钢丝绳）下放和提升，也可以采用电缆直接在地面进行读数。但压电陀螺测斜仪也存在不能自动寻北或寻找参考方位、测斜前需要在地面进行人工定向、方位测量会随时间产生漂移的缺点。

压电陀螺测斜仪结构如图 11－11 所示，主要包括：钢丝绳接头、上下密封接头、导向头、测量总成、电池、抗压管等。测量总成由加速度计和压电陀螺传感器、模拟积分电路、数据采集系统、单片机控制系统和数据存储器构成。

压电陀螺测斜仪的方位角测量基本原理是：利用压电陀螺测量出探管的旋转变化角速率，通过对角速率的数学积分处理，可以得到探管旋转变化的角度，该角度是探管自身的旋转变化角度与方位角的变化角度之和，探管自身的旋转变化角度实际上就是工具面角的变化角度，该值可以通过加速度计传感器测出，由此即可得到方位角的变化角度，通过与在地面定向的初始方位角度相加，即可得到孔内各测点的方位角度值。

11.5.3　动调陀螺测斜仪

动力调谐陀螺仪（Dynamically Tuned Gyro，缩写 DTG，简称动调陀螺），是一种利用挠性支承悬挂陀螺转子，并将陀螺转子与驱动电机隔开，其挠性支承的弹性刚度由支承本身产生的动力效应来补偿的新型的二自由度陀螺仪，它有两个输入轴，互相正交且处在陀螺自转轴垂直的平面内。其典型结构如图 11－12 所示。

动调陀螺测斜仪是利用动

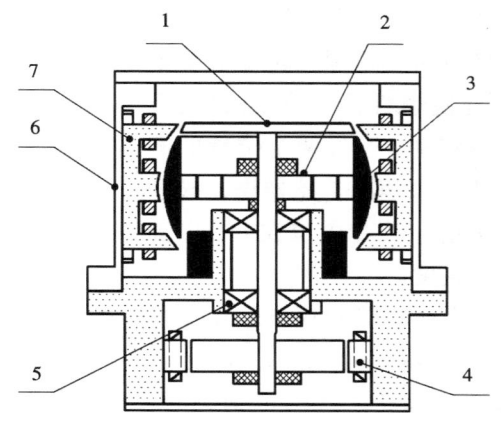

图 11－12　动力调谐陀螺仪的典型结构

1—挡头；2—内框架；3—转子；4—自转电机；
5—轴承组件；6—壳体；7—信号及力矩器

调陀螺作为方位角测量元件、石英加速度计作为顶角测量元件，利用惯性导航技术来进行钻孔测斜，通过动调陀螺测出地球自转角速度水平分量，石英加速度计测出地球重力加速度分量，所测信号通过相关计算得到该点的顶角和方位角值。

动调陀螺测斜仪可以自动寻北，测量前后无需校北；自主性强、可靠性好，测量时无须地面定向；各测点数据不相关联，测点间没有误差传递，不存在累计误差，测量精度高。由于其内部有高速旋转电机，因此，存在仪器抗震性能不足。

动调陀螺测斜仪的结构如图11-13所示，主要包括惯性测量单元、转位机构、数据采集系统等，其中惯性测量单元主要包括两只相互垂直的石英加速度计和1只双轴动调陀螺。转位机构的作用是使惯性测量单元做正反180°的转动，通过两个位置的测量值相加来消除传感器误差模型中的常值漂移和零位误差，以提高测量精度。

动调陀螺测斜仪方位角测量原理为：地球以恒定的自转角速度 ω_e（15.041°/h）绕地轴旋转，在地球表面上纬度为 φ 的任意一点处的自转角速度可以被分解为垂直分量 $\omega_e\sin\varphi$ 和水平分量

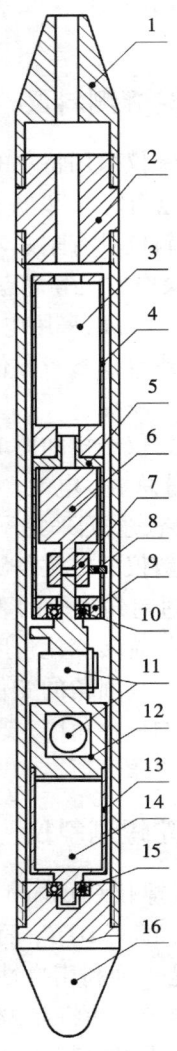

图 11-13　动调陀螺测斜仪结构示意图

1—电缆接头；2—上接头；3—电路板；4—电路板安装架；5—转位机构安装架；6—电机；7—联轴器；8—限位块；9—上轴承座；10—上轴承；11—加速度计；12—加速度计安装架；13—陀螺安装架；14—动调陀螺；15—下轴承；16—导向头

$\omega_e\cos\varphi$，其中垂直分量沿地球垂线垂直向上，水平分量沿地球经线指向真北，当动调陀螺的 X、Y 轴处于水平时，其 X 轴和 Y 轴敏感到的地速水平分量和北向夹角（方位角）α 之间的关系如式（11 – 2）所示。

$$\omega_x = \omega_e\cos\varphi\cos\alpha$$
$$\omega_y = \omega_e\cos\varphi\sin\alpha \qquad (11-2)$$

由此，在给定纬度 φ 情况下，即可由动调陀螺的输出值，计算得到方位角 α 值。当动调陀螺的 X、Y 轴处于倾斜状态时，可以通过加速度计的输出值对陀螺输出值进行坐标旋转变化，将其变换回到水平状态下的输出值，从而计算出方位角值，其顶角和方位角计算公式如式（11 – 3）所示。

$$\theta = \arcsin\frac{\sqrt{a_x^2 + a_y^2}}{g}$$

$$\alpha = \arctan\frac{g(a_x\omega_x + a_y\omega_y) + \omega_e\sin\varphi(a_x^2 + a_y^2)}{(a_x\omega_y - a_y\omega_x)\sqrt{g^2 - (a_x^2 + a_y^2)}} \qquad (11-3)$$

式中：a_x 为 X 轴加速度计输出值；a_y 为 Y 轴加速度计输出值；ω_x 为动调陀螺 X 轴输出值；ω_y 为动调陀螺 Y 轴输出值；ω_e 为地球自转角速率；g 为重力加速度；φ 为所在地纬度值。

11.5.4　光纤陀螺测斜仪

光纤陀螺仪是基于狭义相对论及萨格奈克（Sagnac）效应的新型光学陀螺仪，萨格奈克效应是一种与媒质无关的纯空间延时，从同一光源发出的光束分成两束相同特征的光在光导纤维线圈制成的环形闭合光路中以相反的方向传播，最后汇聚到原来的分束点，但如果环形闭合光路所在平面相对于惯性空间存在转动动作，则正反两束光所传播的光程将不同，于是产生光程差，这就是萨格奈克相移，萨格奈克相移的数学表述如式（11 – 4）所示：

$$\Delta\varphi = \frac{8\pi A\Omega N}{c\lambda} \qquad (11-4)$$

式中：A 为光路平面的面积，m^2；λ 为光源波长，m；c 为光速，m/s；Ω 为垂直于光路所在平面的转动角速度，（°）/s；N 为光纤匝数。

可见，当波导几何参数和工作波长确定后，相位差的大小便只与系统旋转的速度有关，这就是用光纤陀螺检测转动角速度的工作原理。闭环光纤陀螺仪原理如图 11 – 14 所示。

光纤陀螺测斜仪与动调陀螺测斜仪的结构基本一致，只是惯性测量单元采用光纤陀螺和石英加速度计作为测量敏感元件，其测量方位角的原理与动调陀螺测斜仪一样，也是通过光纤陀螺测量出地球自转角速率分量，通过加速度计测量出

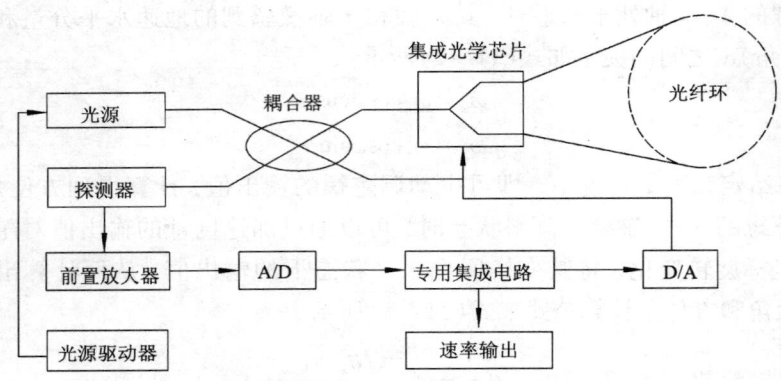

图 11 - 14   闭环光纤陀螺仪原理

地球重力加速度分量,再通过相关计算得出钻孔顶角、方位角数值。

光纤陀螺测斜仪的主要特点是:寿命长、抗冲击和振动能力强;自动寻北,不需要地面定向;零点漂移小,无累计误差,测量精度高;受探管尺寸限制,陀螺灵敏部件不能做大,灵敏度还不很高;价格较贵,耐高温性能不足;寻北时间长(大约 2 min)。

11.5.5   陀螺测斜仪一览表

部分常用国产陀螺测斜仪主要技术性能如表 11 - 12 所示。

11.5.6   陀螺测斜仪操作要点和故障诊断

国内外市场上已有的陀螺测斜仪种类较多,本节以 MDRO - 071 动调陀螺测斜仪为例加以介绍,以供其他型号仪器使用中参照,具体运用应参照厂家提供的使用说明。

11.5.6.1   陀螺测斜仪操作要点

陀螺测斜仪的操作要点见表 11 - 13。

11.5.6.2   探管故障诊断和排除方法

陀螺测斜仪故障诊断及排除方法见表 11 - 14。

表 11-12　部分国产陀螺测斜仪主要技术性能表

序号	陀螺类型	仪器型号	外径/mm	测量范围/(°) 顶角	测量范围/(°) 方位角	测量精度/(°) 顶角	测量精度/(°) 方位角	最大耐水压/MPa	最高工作温度/℃	生产厂家	备注
1	机械陀螺	JTL-50A	50	0~30	0~359	±0.1	±4	20	70	上海地学仪器研究所	
2		JTL-50D	50	0~50	0~360	±0.2	±5	12	55	上海昌吉地质仪器有限公司	
3	压电陀螺	YT-1	45	0~50	0~360	±0.2	±4	15	75	中国地质科学院探矿工艺研究所	存储式
4	微机械陀螺	JTL-40D	40	0~6	0~360	±0.05	±4	20	70	上海地学仪器研究所	
5		STL-1GW	40	0~50	0~360	±0.1	±4	15	85	上海力擎地质仪器有限公司	存储式
6		JTL-40W	40	0~15	0~360	±0.2	±4	20	70	上海地学仪器研究所	
7		CX-6B	48	0~60	0~360	±0.2	±2	15	60	武汉基探测斜科仪有限公司	存储式
8		JTL-40DT	40	0~45	0~360	±0.1	±4	20	50	上海地学仪器研究所	
9		DTC-1	45	0~70	0~360	±0.1	±2	20	70	中国地质科学院探矿工艺研究所	
10		JTC-2	38	0~45	0~360	±0.1	±2	20	70	重庆地质仪器厂	
11	动调陀螺	DCX-1	48	0~65	0~360	±0.2	±3	100	125	重庆天箭传感器有限公司	
12		LHE2508	45	0~60	0~360	±0.2	±2	50	60	北京六合伟业科技有限公司	
13		HKTL-45H	45	0~60	0~360	±0.1	±2	120	175	北京天凯悦科技有限公司	
14		MDRO-071	45	0~70	0~360	±0.15	±1.5	140	100	北京三孚莱石油科技有限公司	
15		TLX-46	46	0~80	0~360	±0.1	±1	110	125	航天科工惯性技术有限公司	
16		SinoGyro	46	0~70	0~360	±0.5	±1	100	125	北京信诺七星科技发展有限公司	
17		JTL-40GX	40	0~45	0~360	±0.1	±2	20	70	上海地学仪器研究所	
18	光纤陀螺	XBY-2G(W)	40	0~50	0~360	±0.1	±3	15	60	上海力擎地质仪器有限公司	
19		JTL-40FW	40	0~50	0~360	±0.2	±3	15	60	上海昌吉地质仪器有限公司	
20		JTG-1	40	0~45	0~360	±0.1	±4	20	70	重庆地质仪器厂	
21		FOG-101	48	0~70	0~360	±0.15	±2	100	80	北京三孚莱石油科技有限公司	
22		TLX-01A	90	0~90	0~360	±0.1	±2.5	120	175	航天科工惯性技术有限公司	

表 11 – 13　陀螺测斜仪操作要点

状　态	操　作　要　点
仪器运输	(1)仪器必须放入专用仪器包装箱内运输,搬运时应轻拿轻放,不可有刚性碰撞 (2)陀螺仪在运输时,运输车辆应有重物压车,严禁猛烈颠簸、碰撞 (3)运行车速,平坦路段:80 km/h;土、砂石路:10~20 km/h
仪器下孔(井)前	(1)检查抗压外壳的密封面、密封圈外观损伤情况,密封圈应用放大镜来检查有无划伤、挤伤和针孔,若有损伤,立即更换 (2)注意拧紧各连接扣时应在密封圈和螺纹处涂少量白凡士林或润滑脂,然后用摩擦管钳将各接头适当拧紧,卡紧位置应在管件螺纹外端,切勿用管钳上扣,避免对其造成不必要的损伤 (3)在套管内测量时需要加扶正器,将灯笼式扶正器固定在仪器的上、下两端(该扶正器的外径调节至略大于套管内径) (4)检查测井电缆的性能,了解供电情况。测量电缆电阻和通断情况;电缆绝缘电阻应大于5 MΩ;检查供电电源是否符合 220 V ±5% 的要求 (5)检查井下仪器和地面仪器间的所有连接是否正确 (6)对测斜仪进行地面测试,在测斜仪工作时,必须有专人守护探管,以防跌落,其间禁止有任何摆动,确保仪器静止
仪器下行时	(1)仪器在移动和下行时,使停止开关处于按下位置,陀螺仪不启动 (2)电缆绞车司机配合专人扶正仪器小心地提到井口,仪器探管不允许硬磕碰、摔墩,否则将会造成陀螺的永久性损坏 (3)陀螺仪下放过程中电缆绞车的启动或停止的加速度必须小于 5 cm/s²,速度控制在50 m/min 以内,到达井底前 50 m 下放速度要求小于 15 m/min
测量时	(1)陀螺仪器在测量过程中,需听从测量人员统一指挥,测量期间,锁紧转盘,严禁钻具活动 (2)仪器到达测量点后,应稳定 30 s,再按动启动按钮,启动陀螺进行测量工作;测量完成后,按停止按钮关闭陀螺,必须等待 30 s 待陀螺停止旋转后,才能继续下放仪器进行下一个测点的测量 (3)陀螺测斜仪在启动和工作状态下,禁止有任何搬动、晃动,必须保持仪器探管处于静止状态,陀螺测斜仪运行中的任何大幅度的摆动(大于 2°/s)都可能造成其性能下降,甚至永久性损坏 (4)对于陀螺测斜仪的测量界面中的参数应根据说明书进行设置,不可以随意改动,以免影响正常的测试 (5)利用陀螺测斜仪的测量视窗软件进行测量前,输入测井信息时,选择的探管编号应和实际的探管编号一致,否则将影响测量数据的准确性
测量结束后	(1)关闭仪器电源 (2)以小于 50 m/min 的速度上提仪器;到离孔口 50 m,操作人员应在孔口接仪器,上提速度改为小于 15 m/min (3)电缆绞车司机配合专业操作人员扶正仪器,小心地提到井口,从井口收回仪器到地面 (4)将仪器表面擦洗干净;拆电缆头、引鞋、扶正器和加重杆等,取出陀螺探管。如果加有保温瓶,取出保温瓶放在包装箱上,然后小心地取出探管,注意烫伤 (5)陀螺测斜仪使用后,必须将其表面擦擦干净、晾干、涂润滑脂后放入专用的储运箱内,锁好储运箱,避免下次移动储运箱时使仪器滚滑出来,造成仪器损伤 (6)将其他仪器擦干净、晾干,涂润滑脂,放入各自的包装箱内
定向作业时	(1)下孔(井)前一定要进行高边修正 (2)检查定向接头坐键定位销和仪器定向引鞋配合情况,确保插入顺畅无误 (3)确定偏斜器工具面和定向接头定位键角差 (4)提供测量孔(井)地理纬度,提供测量孔(井)具体的定向深度 (5)陀螺测量仪测出的数据为真北方位,注意与磁方位的偏差 (6)陀螺仪器在测量过程中,应听从测量人员统一指挥,测量期间,锁紧转盘,严禁活动钻具 (7)需要重复一次座键和测量过程,以验证定向的可靠性

表 11 – 14　陀螺测斜仪故障诊断和排除方法

故障现象	原因分析	排　除　方　法
电流接近零	电缆开路、地面引线断路	检查电缆滚筒滑环接触处，地面引线连接处
电压接近最大值	插座接触不良、松动	检查探管插头、插座
显示电压在正常值上大幅度跳动	间隙开路	(1) 首先检查地面设备部分，重点检查电缆车碳刷、滑环，确保地面仪器接触良好，若仍未排除，才能提出井下仪器进行检查 (2) 把电缆两头从仪器上断开，用兆欧表检查绝缘，如果都正常，再对探管进行检查 (3) 可以把备用探管用工作电缆接入仪器，以判断是否为电缆故障
开机无显示	电源不通	(1) 检查供电电源是否接通 (2) 检查保险丝是否烧断
探管无电流	探管连接电缆断开	连接探管与电缆
探管电压偏低，电流正常	电缆部分严重漏电	检查电缆绝缘情况以及电缆是否有破损
探管精度严重下降	探管受到严重冲击	送厂家检修
传感器输出异常	探管电路故障	送厂家检修
	探管传感器故障	送厂家检修
陀螺测斜仪无法正常启动	仪器供电异常	检查线缆和电源
	探管故障	送厂家检修
读取数据超时	测量软件假死机	保存当前数据，关闭程序，刷新系统，重新启动该软件，打开刚保存的数据，继续测量
测量数据无法读取	系统参数设置不对	核对系统参数设置是否正确，重新设置系统参数
测量数据不准确	探管编号不准确	检查编号输入是否与实际一致
	钻孔所在的地理纬度值不正确	输入正确的纬度值

11.6　测斜仪配套设备

11.6.1　测斜电缆

　　测斜仪用电缆承担向孔内仪器供电、传输信号和起吊仪器探管的作用。常用的测斜电缆有铠装和橡套两种，石油部门主要用单芯铠装电缆，地质行业常用 3 芯、4 芯电缆。

　　测斜仪用电缆，在工作环境温度、额定拉断力、电缆导线芯的直流电阻、电缆线芯间或绝缘线芯和钢丝铠装层之间的绝缘电阻以及浸水耐高压试验方面均有不同的要求，具体情况需要根据用户的使用环境进行选择。常用测斜电缆的规格如表 11 - 15 所示。

表 11 - 15　测斜电缆一览表

序号	电缆名称	电缆型号	外径/mm	芯数	拉断力不小于/kN	生 产 厂 家
1	承荷探测电缆	WGSB - 3.5	3.5	1	10	宝世达控股集团有限公司
2	承荷探测电缆	WGSB - 4.7	4.7	1	15	江苏华能电缆有限公司
3	承荷探测电缆	WGSB - 5.6	5.6	1	25	郑州慧能电缆有限公司
4	三芯轻便电缆	WTJNV - 0.2	5.7	3	2	上海电缆厂、无锡电缆厂
5	橡套轻便电缆	WTJHY - 0.35	8	3	3.5	上海电缆厂
6	塑胶三芯电缆	WJJY - 0.2	5.6	3	2	上海电缆厂、哈尔滨电缆厂
7	承荷探测电缆	W3BP - 5.6	5.6	3	25	宝世达控股集团有限公司
8	承荷探测电缆	W3F46P - 5.6	5.6	3	25	江苏华能电缆有限公司郑州慧能电缆有限公司
9	铠装四芯电缆	YHK - 4	4.76	4	10	上海昌吉地质仪器有限公司
10	承荷探测电缆	W4B - 4.7	4.7	4	15	宝世达控股集团有限公司
11	承荷探测电缆	W4BP - 5.6	5.6	4	25	江苏华能电缆有限公司
12	承荷探测电缆	W4F46P - 5.6	5.6	4	25	郑州慧能电缆有限公司

11.6.2　测斜绞车

测斜绞车用来盘绕测斜电缆，方便仪器的下放和提升，配有深度显示系统和手动或电动绞车控制系统，手动仅适用于 300 m 以内的测斜作业。绞车按缠绕电缆长度一般有 300 m、500 m、1000 m、1500 m、2000 m、2500 m、3000 m 等。常用测斜绞车如表 11 - 16 所示。

11.6.3　测斜仪校验台

测斜仪校验台用于测定测斜仪顶角、方位角以及工具面角的测量精度，是各类测斜仪的地面校验设备和验收的主要检测设备。有无磁和有磁之分，有磁校验台只能用于陀螺类测斜仪的校验，常用的是无磁校验台。转轴数有 2 轴（顶角、方位角）和 3 轴（顶角、方位角、工具面角）之分。国内常用测斜仪校验台如表 11 - 17 所示。

表 11-16 常用测斜绞车一览表

序号	型号	可绕电缆长度/m	主要技术性能	主要特点	生产厂家
1	300 m 电动绞车	φ4.7 mm 电缆 350 m	速度 400~750 m/h; 功率 370 W; 电源 220 V/50 Hz	自锁功能	上海地学仪器研究所
2	JCS-300 手动绞车	φ4.65 mm 电缆 360 m	集流环 6 芯; 质量 25 kg; 尺寸 560×490×360(mm×mm×mm)	自动排线	重庆地质仪器厂
3	DJ0648 电动绞车	φ4.7 mm 电缆 600 m	速度 0~30 m/min; 功率 1.1 kW; 电源 220 V/50 Hz		上海地学仪器研究所
4	JC-1A 手动绞车	φ4.76 mm 电缆 700 m	质量 15 kg(不含电缆); 尺寸 600×500×700 (mm×mm×mm)	手动	上海昌吉地质仪器有限公司
5	JC-1B 电动绞车	φ4.76 mm 电缆 700 m	质量 34 kg(带电缆); 尺寸 600×500×700 (mm×mm×mm)		上海昌吉地质仪器有限公司
6	JCW-500 手动绞车	φ4.65 mm 电缆 700 m	集流环: 6 芯; 质量 18 kg; 尺寸 540×400×380(mm×mm×mm)	手动	重庆地质仪器厂
7	DJI048 电动绞车	φ4.7 mm 电缆 1000 m	速度 0~30 m/min; 功率 1.1 kW; 电源 220 V/50 Hz	自动排缆; 变频调速; 自锁功能	上海地学仪器研究所
8	JCH-1000 变频绞车	φ4.65 mm 电缆 1200 m	集流环: 6 芯; 质量 110 kg; 尺寸 710×620×670 mm; 功率 1.1 kW; 电源 220 V/50 Hz		重庆地质仪器厂
9	PSJC-1500 测井绞车	1500 m	速度 1~20 m/min; 提升能力 400 kg; 尺寸 850×630×500(mm×mm×mm); 质量 120 kg	过载停车, 自动排缆, 井深计数	北京中地英捷物探仪器研究所
10	JC-2A 无级变速绞车	φ4.76 mm 电缆 1500 m	速度 1500 m/h; 提升能力 100 kg; 尺寸 1250×670×750 (mm×mm×mm); 功率 1.1 kW; 电源 AC220 V/50 Hz	机械链条传动, 无级调速	上海昌吉地质仪器有限公司

续表 11 – 16

序号	型号	可绕电缆长度/m	主要技术性能	主要特点	生产厂家
11	DJ1548 电动绞车	φ4.7 mm 电缆 1500 m	速度 0~30 m/min；功率 1.5 kW；电源 220 V/50 Hz	自动排缆；变频调速；超负荷保护	上海地学仪器研究所
12	DJ2048 电动绞车	φ4.7 mm 电缆 2000 m	速度 0~30 m/min；功率 1.5 kW；电源 220 V/50 Hz	自动排缆；变频调速；超负荷保护	上海地学仪器研究所
13	JCH – 2000 变频绞车	φ4.65 mm 电缆 2200 m	集流环 6 芯；质量 120 kg；尺寸 920×680×700（mm）；功率 1.5 kW；电源 220 V/50 Hz		重庆地质仪器厂
14	LHE2025E 测井绞车	φ4.76 mm 电缆 2500 m	速度 200~2000 m/h；提升能力 400 kg；自重 210 kg；尺寸 1015×810×680（mm）；功率 1.5 kW；电压 380 V		北京六合伟业科技发展有限公司
15	PSJC – 2500 测井绞车	2500 m	外形尺寸：1000×780×650（mm）		南通鸿基机械有限公司
16	CJD3000 测井绞车	φ5.6 mm 电缆 3000 m	提升能力 1500 kg；尺寸 1200×1040×1650（mm）；质量 900 kg；功率 11 kW	液压机械无级变速	泰安巨菱钻探装备有限责任公司
17	JCH – 3000 变频绞车	φ4.65 mm 电缆 3100 m	编码器 4000/主轮 1 圈；集流环 6 芯；质量 150 kg；外形尺寸 940×800×720（mm）；功率 2.2 kW		重庆地质仪器厂

表 11 – 17　测斜仪校验台一览表

序号	型　号	转轴数量	主 要 技 术 性 能
1	JJG – 2	2	顶角：刻度 1°，游标 ±6′；方位角：刻度 2°，游标 ±12′；水准泡灵敏度为 4′，误差 < ±20%；夹持探管直径：62 ~ 76 mm；水平轴、垂直轴与夹具中心的不垂直度误差 <12′；直径 1 m，高 1.18 m
2	LHE0001	2	顶角 0° ~ 180° ±4′；方位角 0° ~ 360° ±9′；夹持探管直径 15 ~ 32 mm；质量 13 kg；外形尺寸：300 × 300 × 360（mm）；数据通信接口：RS232
3	LHE0002	2	顶角 0° ~ 180° ±4′；方位角 0° ~ 360° ±9′；夹持探管直径 12 ~ 33 mm；质量 60 kg；外形尺寸：800 × 1100（mm）；数据通信接口：RS232
4	LHE0003	2	顶角 0° ~ 180° ±4′；方位角 0° ~ 360° ±9′；夹持探管直径 39 ~ 55 mm；质量 70 kg；外形尺寸：800 × 1293（mm）；数据通信接口：RS232
5	HKJZ – A 测斜仪自动校准系统	3	数字显示；测量范围：三轴均为 0° ~ 360°，方位角 ±0.022°，顶角 ±0.022°，工具面向角 ±0.044°；无磁材质；探管卡具范围：可定制；承重能力：10 kg；软件自动校验各类探管、校准 HKCX – DZ 系列探管、输出报告
6	HZT601	3	方位角 ±0.02°；顶角 ±0.02°；工具面向角 ±0.02°；刻度盘分辨力 ≤0.02°（含方位、工具面、倾角刻度盘）；无磁材质：磁导率 <1.05；角度测量范围：三个轴均为 0° ~ 360°；承重能力 20 kg；工作模式：快速旋转和精密刻度微调工作模式的切换；探管卡具范围：可定制
7	测斜仪无磁转台	3	方位角 ±0.1°；顶角 ±0.1°；工具面向角 ±0.1°；刻度盘分辨力 ≤0.05°（含方位、工具面、倾角刻度盘）；角度测量范围：三个轴均为 0° ~ 360°；显示方式：机械刻度盘；三轴在使用中均可锁定和微调；承重能力：10 kg；卡具直径：≤75 mm
8	HJC – 1	3	顶角精度：±2″；方位精度：6″；工具面角精度：±2″

11.6.4　其他配套器具

测斜仪其他配套器具如表 11 – 18 所示。

表 11 – 18　测斜仪其他配套器具一览表

序号	名　称	主要技术参数	用　途
1	JH1000 孔口滑轮	测量轮：1 圈/m；深度信号 3600 脉冲/m；电缆转弯半径 160 mm	配接光电脉冲发生器后可测量电缆的下放深度；从绞车下放的电缆经孔口滑轮变向后下放到钻孔内
2	JH500 孔口滑轮	测量轮：2 圈/m；深度信号 3600 脉冲/m；电缆转弯半径 80 mm	配接光电脉冲发生器后可测量电缆的下放深度；从绞车下放的电缆经孔口滑轮变向后下放到钻孔内
3	孔口滑轮	配机械式深度计或光电式深度计	配接光电脉冲发生器后可测量电缆的下放深度；从绞车下放的电缆经孔口滑轮变向后下放到钻孔内
4	JJK – 1 倾角方位现场刻度器	顶角：$0 \sim 90° \pm 0.2°$；方位角：$0 \sim 360° \pm 2°$；仪器尺寸 $280 \times 100 \times 120$(mm)；质量 1 kg	刻度器由测角器和方位罗盘组成。可对测斜仪进行现场检测，也可用于其他地面物体的倾斜度和方位角的检测（方位角的测量必须在非磁性环境下进行）
5	ZZQ – 1 精密自转器	刻度盘每分格为 1°，游标读数可测读到 0.05°	配合 JJG – 2 型校验台实现三轴检测功能
6	天地轮		主要作用是从绞车下放的电缆经天地轮变向后下放到钻孔内

11.7　减小测斜误差技术措施

钻孔测斜的误差主要来自两方面：一是测斜仪器本身的精度误差，二是测斜仪器在孔内的测量环境不当。测斜仪器自身的误差可通过测斜仪校验台进行检测，使其不超过仪器误差允许范围。

仪器在孔内测量环境不当主要包括两个方面：①仪器的孔内位置与角度不当，仪器轴线与被测孔段的钻孔轴线不一致导致钻孔顶角、方位角出现测量误差；②防磁技术措施不当，受到附近磁性体的干扰，导致钻孔方位产生误差。

消除上述影响因素的主要措施有：

（1）要求测斜仪器探管直径一致，笔直，有一定重量，对较轻的探管可加配重管。

（2）在确保孔内测斜安全的前提下，适当减小测斜仪器与钻孔之间的环状间隙，有条件时（如在内平钻杆内、套管内、孔壁完整钻孔内）可对测斜仪增加上下扶正器，确保仪器轴线与钻孔一致。

（3）适当增加测斜仪的长度，一般要求测斜器具的长度不小于 2.0 m，对于长度较短的仪器可以另外配加长杆。

（4）采取避让和隔离的措施来减少孔内钢铁物质（如钻杆柱、铁块、套管等）对磁性测斜仪的影响。可在绳索取心钻孔中将绳索取心钻杆上提，使测斜仪穿出钻头一段距离（一般大于 5 m）以避让铁磁物质的影响。将磁性测斜仪放置在一定长度（不小于 3~4 m，相对磁导率小于 1.05）的无磁钻杆中，以隔离钻杆柱的磁场影响。

（5）条件允许时，在仪器下放和上提过程中各测量一次，然后对两组数据进行比较和取平均值。

11.8　钻孔轴线空间位置计算

实际钻孔轴线的空间坐标值是通过各测斜点的孔深、顶角和方位角值经过计算求得的。一般是将钻孔轴线分成若干直线或曲线段，求出各测段的垂直深度和水平位移，然后再累加起来，即可得到各测点相对于孔口的累计垂直深度和水平位移，该测点的绝对坐标可根据已知的孔口坐标求出。

计算得到各测点的坐标值后，即可根据这些坐标值绘制出钻孔轨迹。通常情况下，钻孔轨迹呈空间曲线形状，但为了方便起见，常把钻孔轨迹表示在垂直平面和水平平面上，在垂直平面上绘制钻孔剖面时，要使每一点孔深和空间钻孔轴线对应点的孔深一致，而且使平面上每一点的顶角与空间钻孔各点的顶角一致，以便于查看孔深与空间钻孔各点的顶角变化；在水平平面上绘制钻孔水平投影，可以反映空间钻孔各点方位角的变化情况。

地质钻探中常用均角全距法、全角半距法和曲率半径法计算钻孔轴线的空间位置。可利用计算机中的 Excel 软件输入公式进行计算，也可利用钻孔三维坐标计算软件进行处理。

在进行钻孔轨迹的测斜计算之前，为了统一标准，对测斜计算数据有如下规定：

（1）测点编号：测点自上而下编号，$n = 1, 2, 3, \cdots$

（2）测段编号：测段自上而下编号，$n = 1, 2, 3, \cdots$第 n 个测段指第 $n-1$ 个测点与第 n 个测点之间的测段。

（3）孔口为计算始点，直孔孔口顶角 $\theta_0 = 0$，方位角 $\alpha_0 = \alpha_1$。

（4）当测点的顶角为零时，该点的方位角是不存在的，为了计算的需要，规定该测点方位角的取值与该测段另一测点的方位角相等。

（5）在一个测段内，方位角变化量 $\Delta\alpha$ 的绝对值不得超过 180°，若变化量大于 180°时，应按逆时针方向的角度进行计算，同时还要特别注意平均方位角 α_c 的计算方法。

当 $\alpha_n - \alpha_{n-1} > 180°$时，方位角增量和平均方位角的计算如式（11-5）所示：

$$\Delta\alpha = \alpha_n - \alpha_{n-1} - 360$$

$$\alpha_c = \frac{\alpha_n + \alpha_{n-1}}{2} - 180 \tag{11-5}$$

当 $\alpha_n - \alpha_{n-1} < -180°$ 时，方位角增量和平均方位角的计算如式（11-6）所示：

$$\Delta\alpha = \alpha_n - \alpha_{n-1} + 360$$

$$\alpha_c = \frac{\alpha_n + \alpha_{n-1}}{2} + 180 \tag{11-6}$$

当 $|\alpha_n - \alpha_{n-1}| = 180°$ 时，$\Delta\alpha$ 的正负号按上测段方位变化趋势选取，方位角变化量和平均方位角的计算如下：

当 $\alpha_{n-1} < \alpha_n$，方位角变化方向为顺时针时，$\Delta\alpha = 180°$，$\alpha_c = (\alpha_{n-1} + \alpha_n)/2$；

当 $\alpha_{n-1} < \alpha_n$，方位角变化方向为逆时针时，$\Delta\alpha = -180°$，$\alpha_c = (\alpha_{n-1} + \alpha_n)/2 + 180°$；

当 $\alpha_{n-1} > \alpha_n$，方位角变化方向为顺时针时，$\Delta\alpha = 180°$，$\alpha_c = (\alpha_{n-1} + \alpha_n)/2 + 180°$；

当 $\alpha_{n-1} > \alpha_n$，方位角变化方向为逆时针时，$\Delta\alpha = -180°$，$\alpha_c = (\alpha_{n-1} + \alpha_n)/2$。

公式（11-5）、（11-6）中的 α_n 和 α_{n-1} 的单位皆为度，角度的分、秒或弧度都要化为度进行计算，$\Delta\alpha$、α_c 计算结果的单位也为度。

11.8.1 均角全距法

均角全距法是将相邻两测点之间的钻孔轨迹作为直线处理，每段直线的顶角和方位角值都取相邻两测点顶角和方位角的平均值，整个钻孔轨迹是由许多直线段组成的折线，如图 11-15 所示，根据地理坐标系取 X 轴为南北方向，Y 轴为西东方向，Z 轴为铅垂向下方向，则各测段的三维坐标计算如式（11-7）所示：

$$x_{n+1} = x_n + \Delta L \sin\left(\frac{\theta_n + \theta_{n+1}}{2}\right)\cos\left(\frac{\alpha_n + \alpha_{n+1}}{2}\right)$$

$$y_{n+1} = y_n + \Delta L \sin\left(\frac{\theta_n + \theta_{n+1}}{2}\right)\sin\left(\frac{\alpha_n + \alpha_{n+1}}{2}\right)$$

$$z_{n+1} = z_n + \Delta L \cos\left(\frac{\theta_n + \theta_{n+1}}{2}\right) \tag{11-7}$$

式中：x_{n+1}、y_{n+1}、z_{n+1} 为第 $n+1$ 个测点的三维坐标，m；x_n、y_n、z_n 为第 n 个测点的三维坐标，m；ΔL 为第 n 个测点到第 $n+1$ 个测点之间的孔深，m；θ_n、α_n 和 θ_{n+1}、α_{n+1} 分别为第 n 个和第 $n+1$ 个测点的顶角和方位角，（°）。

在地质勘探实际工作中，为了工作方便，一般取 X 轴为勘探线方向，Y 轴垂直于 X 轴，Z 轴铅垂向下。若勘探线方位为 α_d，则 Y 轴取（$\alpha_d + 90°$）方向，则各测斜点的三维坐标计算如式（11-8）所示：

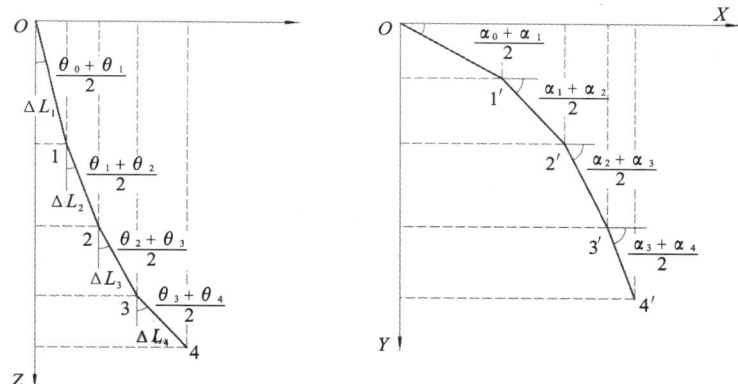

图 11 −15　均角全距法计算钻孔轨迹图

$$x_{n+1} = x_n + \Delta L \sin\left(\frac{\theta_n + \theta_{n+1}}{2}\right) \cos\left[\left(\frac{\alpha_n + \alpha_{n+1}}{2}\right) - \alpha_d\right]$$

$$y_{n+1} = y_n + \Delta L \sin\left(\frac{\theta_n + \theta_{n+1}}{2}\right) \sin\left[\left(\frac{\alpha_n + \alpha_{n+1}}{2}\right) - \alpha_d\right]$$

$$z_{n+1} = z_n + \Delta L \cos\left(\frac{\theta_n + \theta_{n+1}}{2}\right) \tag{11 −8}$$

式中：x_{n+1}、y_{n+1}、z_{n+1} 为第 $n+1$ 个测点的三维坐标，m；x_n、y_n、z_n 为第 n 个测点的三维坐标，m；ΔL 为第 n 个测点到第 $n+1$ 个测点之间的孔深，m；θ_n、α_n 和 θ_{n+1}、α_{n+1} 分别为第 n 个和第 $n+1$ 个测点的顶角和方位角，(°)；α_d 为勘探线方位角，(°)。

11.8.2　全角半距法

全角半距法是假定相邻两测点的轨迹是两段直线连成的折线，并且每段直线的长度等于测距的 $1/2$，上段直线用上测点的顶角和方位角，下段直线用下测点的顶角和方位角。如图 11 −16 所示，取 X 轴为南北方向，Y 轴为西东方向，Z 轴为铅垂向下方向，则各测段的三维坐标计算如式(11 −9)所示：

$$x_{n+1} = x_n + \frac{\Delta L}{2}(\sin\theta_n \cos\alpha_n + \sin\theta_{n+1} \cos\alpha_{n+1})$$

$$y_{n+1} = y_n + \frac{\Delta L}{2}(\sin\theta_n \sin\alpha_n + \sin\theta_{n+1} \sin\alpha_{n+1})$$

$$z_{n+1} = x_n + \frac{\Delta L}{2}(\cos\theta_n + \cos\theta_{n+1}) \tag{11 −9}$$

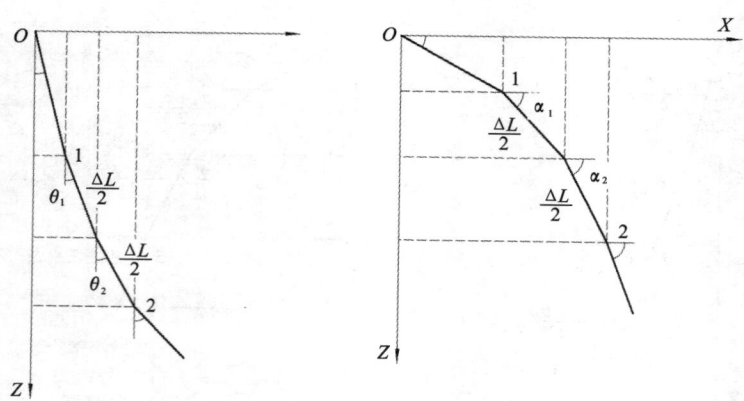

图 11 – 16　全角半距法计算钻孔轨迹图

式中：x_{n+1}、y_{n+1}、z_{n+1} 为第 $n+1$ 个测点的三维坐标，m；x_n、y_n、z_n 为第 n 个测点的三维坐标，m；ΔL 为第 n 个测点到第 $n+1$ 个测点之间的孔深，m；θ_n、α_n 和 θ_{n+1}、α_{n+1} 分别为第 n 个和第 $n+1$ 个测点的顶角和方位角，(°)。

若取 X 轴为勘探线方向，勘探线方位为 α_d，Y 轴取 $(\alpha_d+90°)$ 方向，Z 轴铅垂向下，则各测斜点的三维坐标计算如式(11 – 10)所示：

$$x_{n+1}=x_n+\frac{\Delta L}{2}[\sin\theta_n\cos(\alpha_n-\alpha_d)+\sin\theta_{n+1}\cos(\alpha_{n+1}-\alpha_d)]$$

$$y_{n+1}=y_n+\frac{\Delta L}{2}[\sin\theta_n\sin(\alpha_n-\alpha_d)+\sin\theta_{n+1}\sin(\alpha_{n+1}-\alpha_d)]$$

$$z_{n+1}=z_n+\frac{\Delta L}{2}(\cos\theta_n+\cos\theta_{n+1}) \tag{11 – 10}$$

式中：x_{n+1}、y_{n+1}、z_{n+1} 为第 $n+1$ 个测点的三维坐标，m；x_n、y_n、z_n 为第 n 个测点的三维坐标，m；ΔL 为第 n 个测点到第 $n+1$ 个测点之间的孔深，m；θ_n、α_n 和 θ_{n+1}、α_{n+1} 分别为第 n 个和第 $n+1$ 个测点的顶角和方位角，(°)；α_d 为勘探线方位角，(°)。

11.8.3　曲率半径法

曲率半径法将相邻测点间的钻孔轨迹看作是一段圆弧，剖面线圆弧和水平投影圆弧的中心角分别是上、下两测点顶角和方位角之差。剖面线圆弧长度是上、下两测点的间距。整个钻孔的轨迹看作是由许多曲率半径不等的圆弧组成的弧线。因为任意两测点之间的顶角和方位角都是逐渐变化的，所以把钻孔轨迹看成是弧线比折线更符合实际情况。如图 11 – 17 所示，取原点 O 为开孔点，X 轴指向北，Y 轴指向东，Z 轴为铅直方向，则各测点的三维坐标计算如式(11 - 11)所示。

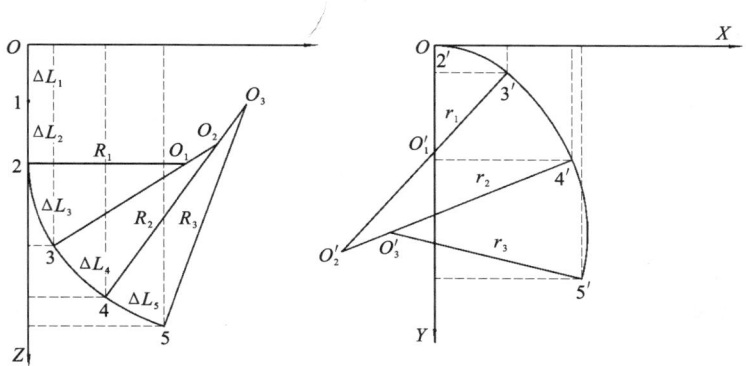

图 11 - 17 曲率半径法计算钻孔轨迹示意图

$$x_{n+1} = x_n + r(\sin\alpha_{n+1} - \sin\alpha_n)$$
$$y_{n+1} = y_n + r(\cos\alpha_n - \cos\alpha_{n+1}) \qquad (11 - 11)$$
$$z_{n+1} = z_n + R(\sin\theta_{n+1} - \sin\theta_n)$$

式中：x_{n+1}、y_{n+1}、z_{n+1} 为第 $n+1$ 个测点的三维坐标，m；x_n、y_n、z_n 为第 n 个测点的三维坐标，m；θ_n、α_n 和 θ_{n+1}、α_{n+1} 分别为第 n 个和第 $n+1$ 个测点的顶角和方位角，(°)；ΔL 为第 n 个测点到第 $n+1$ 个测点之间的孔深，m；R 为剖面线上第 n 个测点到第 $n+1$ 个测点之间的曲率半径，m。计算公式如式(11 - 12)所示：

$$R = 57.3 \frac{\Delta L}{\theta_{n+1} - \theta_n} \qquad (11 - 12)$$

式中：r 为水平投影上第 n 个测点到第 $n+1$ 个测点之间的曲率半径，m。r 的计算公式为：

$$r = 57.3 \frac{R(\cos\theta_n - \cos\theta_{n+1})}{\theta_{n+1} - \theta_n} \qquad (11 - 13)$$

将式(11 - 12)和式(11 - 13)代入式(11 - 11)，得到曲率半径法三维坐标按式(11 - 15)计算：

$$x_{n+1} = x_n + \frac{3283.29\Delta L(\cos\theta_n - \cos\theta_{n+1})(\sin\alpha_{n+1} - \sin\alpha_n)}{(\theta_{n+1} - \theta_n)(\alpha_{n+1} - \alpha_n)}$$

$$y_{n+1} = y_n + \frac{3283.29\Delta L(\cos\theta_n - \cos\theta_{n+1})(\cos\alpha_n - \cos\alpha_{n+1})}{(\theta_{n+1} - \theta_n)(\alpha_{n+1} - \alpha_n)}$$

$$z_{n+1} = z_n + \frac{57.3\Delta L(\sin\theta_{n+1} - \sin\theta_n)}{(\theta_{n+1} - \theta_n)} \qquad (11 - 14)$$

如果坐标系 X 轴取勘探线方向，勘探线方位为 α_d，Y 轴取 $(\alpha_d + 90°)$ 方向，Z

轴铅垂向下，则各测斜点的三维坐标按式(11-15)计算：

$$x_{n+1} = x_n + \frac{3283.29\Delta L(\cos\theta_n - \cos\theta_{n+1})\left[\sin(\alpha_{n+1} - \alpha_d) - \sin(\alpha_n - \alpha_d)\right]}{(\theta_{n+1} - \theta_n)(\alpha_{n+1} - \alpha_n)}$$

$$y_{n+1} = y_n + \frac{3283.29\Delta L(\cos\theta_n - \cos\theta_{n+1})(\cos\alpha_n - \alpha_d) - \cos(\alpha_{n+1} - \alpha_d)}{(\theta_{n+1} - \theta_n)(\alpha_{n+1} - \alpha_n)}$$

$$z_{n+1} = z_n + \frac{57.3\Delta L(\sin\theta_{n+1} - \sin\theta_n)}{(\theta_{n+1} - \theta_n)} \tag{11-15}$$

式中：x_{n+1}、y_{n+1}、z_{n+1} 为第 $n+1$ 个测点的三维坐标，m；x_n、y_n、z_n 为第 n 个测点的三维坐标，m；ΔL 为第 n 个测点到第 $n+1$ 个测点之间的孔深，m；θ_n、α_n 和 θ_{n+1}、α_{n+1} 分别为第 n 个和第 $n+1$ 个测点的顶角和方位角，(°)；α_d 为勘探线方位角，(°)。

曲率半径法在实际应用中，存在几种特殊情况，其坐标计算公式与上述公式不一样，在 X 轴指向北的坐标系下，坐标计算方法如下：

(1)当 $\theta_{n+1} = \theta_n$，$\alpha_{n+1} = \alpha_n$ 时，坐标计算按式(11-16)计算：

$$x_{n+1} = x_n + \Delta L\sin\theta_n\cos\alpha_n$$

$$y_{n+1} = y_n + \Delta L\sin\theta_n\sin\alpha_n \tag{11-16}$$

$$z_{n+1} = z_n + \Delta L\cos\theta_n$$

(2)当 $\theta_{n+1} = \theta_n$，$\alpha_{n+1} \neq \alpha_n$ 时，坐标计算按式(11-17)计算：

$$x_{n+1} = x_n + \frac{57.3\Delta L\sin\theta_n(\sin\alpha_{n+1} - \sin\alpha_n)}{\alpha_{n+1} - \alpha_n}$$

$$y_{n+1} = y_n + \frac{57.3\Delta L\sin\theta_n(\cos\alpha_n - \cos\alpha_{n+1})}{\alpha_{n+1} - \alpha_n} \tag{11-17}$$

$$z_{n+1} = z_n + \Delta L\cos\theta_n$$

(3)当 $\theta_{n+1} \neq \theta_n$，$\alpha_{n+1} = \alpha_n$ 时，坐标计算按式(11-18)计算：

$$x_{n+1} = x_n + \frac{57.3\Delta L(\cos\theta_n - \cos\theta_{n+1})\cos\alpha_n}{\theta_{n+1} - \theta_n}$$

$$y_{n+1} = y_n + \frac{57.3\Delta L(\cos\theta_n - \cos\theta_{n+1})\sin\alpha_n}{\theta_{n+1} - \theta_n} \tag{11-18}$$

$$z_{n+1} = z_n + \frac{57.3\Delta L(\sin\theta_{n+1} - \sin\theta_n)}{\theta_{n+1} - \theta_n}$$

上述三种特殊情况下，如采用 X 轴为勘探线方向的坐标系，则只需将上述公式中的 α_n、α_{n+1} 用 $\alpha_n - \alpha_d$、$\alpha_{n+1} - \alpha_d$ 代替即可。

第 12 章　定向钻进

12.1　定向钻进分类和应用

定向钻进是利用地层自然弯曲规律或人工造斜工具使钻孔按设计要求钻达预定目标的一种钻进方法。它通过调整顶角、方位角和曲率半径等参数，控制钻孔轴线的延伸方向，使钻孔最终钻达预定的靶区。

12.1.1　定向钻进方法分类

定向钻进方法的分类如表 12 – 1 所示。

表 12 – 1　定向钻进方法的分类

分类依据	类别名称	类　别　内　容
按施工技术方法	自然弯曲钻进	利用一定地质条件下钻孔的自然弯曲规律，采用常规钻进技术、工艺使钻孔基本按设计轨迹钻进的方法
	人工造斜定向钻进	采用人工造斜工具与技术措施强制实现钻孔弯曲，使钻孔按设计轨迹钻进的方法
按造斜时效和连续性	单点定向	钻进前完成造斜工具定向，在钻进过程中无法获得或改变造斜工具的工具面向角，不能随时完成造斜工具的再定向
	随钻定向	定向钻进过程中，仪器实时地将造斜工具面向角和孔斜参数传至地表计算机，可随时调整工具面向角，控制钻进方向

12.1.2　定向钻孔分类

定向钻孔分类如表 12 – 2 所示。

12.1.3　定向钻进方法的应用

定向钻进方法的应用如表 12 – 3 所示。

表 12 – 2　定向钻孔分类

分类依据	类别名称	类 别 内 容
按孔身轨迹的空间形态	直线型	孔身全弯曲角小于 3° 的钻孔
	平面曲线型	钻孔轨迹在同一垂直面、水平面或倾斜平面弯曲的定向孔
	空间曲线型	钻孔轨迹不在同一平面内弯曲的定向孔
按钻孔孔底结构	单底定向孔	只有一个主孔的定向孔
	多底定向孔	从主孔钻出一个或多个分支孔的定向孔（如集束孔、羽状孔等）
按造斜半径	长半径定向孔	造斜率 <0.2°/m，造斜半径 >286.5 m
	中半径定向孔	造斜率 0.2°/m ~ 0.67°/m，造斜半径 286.5 ~ 86 m
	短半径定向孔	造斜率 0.67°/m ~ 10.0°/m，造斜半径 86 ~ 5.73 m
	超短半径定向孔	造斜率 >10.0°/m，造斜半径 <5.73 m

表 12 – 3　定向钻进方法的应用领域一览表

应用领域	应 用 内 容
固体矿产地质钻探	(1) 用定向钻进方法进行定向纠斜、补取岩(矿)心、绕过事故孔段等施工 (2) 用定向钻进方法完成急倾斜(陡立)矿体、自然造斜严重矿区的勘探施工 (3) 受地形、地面条件限制而无法安装钻探设备时，可采用定向钻进完成钻探施工 (4) 为保护生态环境、减少钻探设备搬迁、节省钻探工作量，在勘探网度密、矿体埋藏深等情况下，可采用定向钻进方法进行分支孔或集束孔施工
石油、天然气钻采	(1) 在海洋钻井平台钻集束定向孔以节省钻探工作量并扩大勘探和开采区域 (2) 施工多底定向孔、水平孔及丛式孔等，提高勘探效果、增加油井产量 (3) 发生断钻、卡钻以及井喷着火等钻井事故时，侧钻分支孔或救援井 (4) 采用平行定向井实施蒸汽辅助重力泄油开采(SAGD)
其他工程领域	(1) 为了增加地热田的热水开发量和回灌补给，钻分支孔或两口倾斜方向相反的定向孔 (2) 钻对接井形成地下封闭回路，用于开发盐、天然碱等矿产和地壳深部"干热岩" (3) 用定向钻孔实施硫矿热熔开采，铀、铜等矿的溶浸开采，铁、磷、石英砂等矿的钻孔水力开采 (4) 用定向钻孔抽采煤层瓦斯，在煤层中建造地下燃炉，实施地下煤气化开采(UCG) (5) 用定向钻孔实施非开挖铺管，实施地下核爆炸后的快速取样

12.2　定向钻孔设计

　　定向钻孔的设计关系到勘探费用、钻探工程费用、施工周期、地质成果和工程质量等，而定向孔轴线轨迹的合理设计则是定向孔设计的关键。

12.2.1　定向钻孔设计依据

（1）定向钻孔设计依据首先取决于钻孔目的和用途。

（2）其次，地质勘探条件，包括勘探区的地质构造、岩矿层产状、矿体形态、岩石物理力学性质及可钻性、勘探阶段及勘探网度、钻孔平面布置、钻孔剖面和目的层埋藏深度等。

（3）地形或地表设施对孔位的限制条件。

（4）已施工钻孔的测斜资料及钻孔自然弯曲规律。

（5）具备的定向钻进技术条件和工艺水平。

（6）孔位条件及中靶要求，包括孔口坐标、靶点坐标、靶区范围和见矿遇层角等。

12.2.2　定向孔设计原则

定向孔设计的基本原则是保证安全、经济、优质、高效地实施定向孔施工。

12.2.2.1　定向孔的目标要求

（1）根据目的和用途选择合适的定向孔类型。如勘探埋藏深的急倾斜矿体可设计垂直平面弯曲型单向羽状分支定向孔；详勘埋藏深的缓倾斜矿体可设计定向集束孔。

（2）根据孔口位置、靶点坐标、靶区范围、遇层角等要求设计定向孔轴线，一般遇层角不宜小于30°。

（3）靶区的选择。对产状较平缓的矿体，由于要在水平方向控制矿体，靶区宜指定在水平面上。靶区可以是以靶点（见矿点）为圆心的一个指定半径的圆，也可以是以靶点为中心、离靶心一定偏线距和沿线距的矩形或正方形。对于急倾斜矿体，由于要在标高和垂直于标高的方向上控制矿体，靶区宜指定在垂直面或倾斜层面上。靶点一般定在主矿层的中点、见矿点或出矿点。靶区的大小取决于勘探网的线距、孔距以及控制见矿点的标高距。一般取靶点的偏线距、沿线距、偏高距，分别为1/4～1/5线距、孔距或标高距为靶区范围。

12.2.2.2　钻孔轴线设计程序

（1）单底定向孔：如开孔点已定，设计时应从上往下，即从开孔点逐段推移到靶点；如开孔点未定，设计时一般应从下往上，即从靶点逐段推移至开孔点。

（2）多孔底钻孔：先设计主孔、后设计分支孔。

（3）分支孔：“从下往上”施工多孔底钻孔时，分支孔应以“从下往上”的顺序设计。必须“从上往下”施工多孔底钻孔时，分支孔也应“从上往下”设计。

12.2.2.3　地层自然弯曲规律

（1）在自然弯曲规律明显的矿区，用初级定向孔可中靶时则不设计人工造斜定向孔。

（2）设计单孔底定向孔时，钻孔方向应尽可能顺自然弯曲方向设计，孔身轨迹及人工造斜段的造斜强度应充分考虑地层的自然造斜强度。

（3）设计"从下往上"施工的多底孔时，主孔应尽可能按初级定向孔设计。

12.2.2.4　钻孔轴线形式

钻孔轴线越复杂钻进难度越大，成本越高。应尽量选择比较简单的二维直线–曲线–直线型孔身剖面。如果必须设计三维定向孔，则应选择空间平面（斜面）弯曲型孔身剖面。

12.2.2.5　开孔顶角和造斜强度

对于比较深的单孔底定向孔和多孔底钻孔的主孔，尽可能设计直孔或小顶角开孔（开孔顶角不宜超过 5°），这样便于顺利起下钻具。

造斜强度大，须钻进的造斜孔段则短，有利于降低造斜成本，但造斜强度过大会产生急剧弯曲而影响正常钻进；造斜强度小，有利于顺利施工，但造斜段长，施工成本高。因此，应在保证造斜钻进安全的前提下选择合理的造斜强度。

12.2.2.6　造斜（分支）点

造斜点应选择在地层稳定、岩石不太坚硬的孔段。切忌在破碎、坍塌、膨胀缩径、裂隙、溶洞等复杂地层中造斜，也要避开矿层和矿化带。

分支孔的分支点位置应适中，既要考虑进尺，又要考虑分支孔造斜段钻进的合理性和成本。一般不宜选择钻孔的下部孔段。

12.2.3　定向孔轴线设计

12.2.3.1　定向孔轴线设计内容

（1）确定定向孔的类型、孔身剖面形式和施工方法。

（2）确定钻孔中靶遇层角。

（3）确定造斜点或分支点的位置。

（4）确定各孔段的造斜强度和长度。

（5）求出孔身剖面（钻孔轴线轨迹）参数：各孔段顶角、方位角、长度、垂深、水平位移及定向孔中靶孔深和终孔深度。当开孔位置未定时，还应求出开孔位置、开孔顶角和方位角。

（6）绘制设计的孔身剖面图和水平投影图。

（7）校核孔身造斜强度。孔身应保证钻具能顺利通过，保证钻杆柱工作安全。

（8）确定钻孔结构。

12.2.3.2　定向孔轴线设计方法

定向孔轴线设计方法有作图法、计算法和 PC 辅助设计法。作图法精度不高，目前很少采用。

计算法是将给定的和选定的数据通过公式计算，求得各轴线的参数值，然后绘制定向孔轴线结构图。计算法具有数据准确、高效、直观、精度高等优点。

PC 辅助设计法（图 12－1）以计算法为基础，在人机交互界面上给定参数即可输出合理的定向孔轴线参数和三维剖面图。这种方法计算准确、人机界面友好、效率高。尤其在三维定向孔设计中，采用 PC 辅助法进行定向孔优化设计可取得良好的效果。

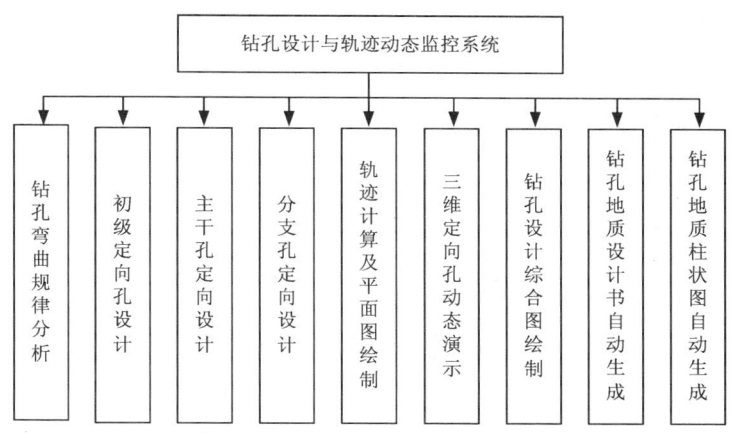

图 12－1　钻孔设计与轨迹动态监控系统功能模块组成

12.2.3.3　定向孔轴线设计基本参数

定向孔轴线设计的基本参数包括：开孔顶角、遇层角、孔深、孔底偏移量、造斜段曲率、造斜强度、矿层倾角、钻孔垂深等。下面以最常用的铅垂面内的直线—曲线型二维定向孔轴线为例来说明各参数之间的计算关系。

如图 12－2 所示，定向孔的开孔点为 O，首先以顶角 θ_0 开孔，钻进直线段 L_1，然后增顶角钻进曲线段 L_2 到达设计靶点，中靶时的顶角为 θ_1。根据几何原理，可推导出各参数之间的关系。

（1）开孔顶角 θ_0

合理选择开孔顶角，一般取 $0° \sim 5°$。较深的定向孔和多分支孔的主孔宜设计为直孔开孔。

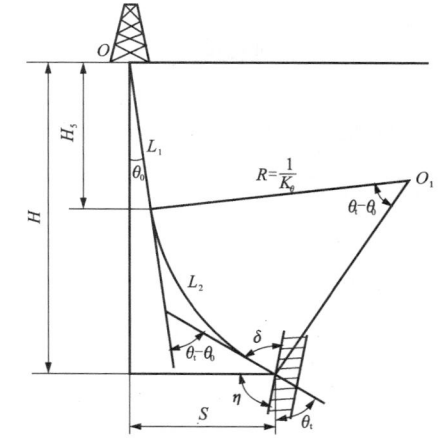

图 12－2　定向孔轴线基本参数之间的关系

（2）曲线段钻孔造斜强度

$$i = (\theta_t - \theta_0)/L_2 \qquad\qquad (12-1)$$

（3）曲线段造斜强度用弧度值表示，称为曲率，曲线段曲率 K_θ 为：

$$K_\theta = i/57.3 \qquad\qquad (12-2)$$

（4）曲率半径 R 是曲率 K_θ 的倒数，曲率半径 R 为：

$$R = 1/K_\theta = 57.3/i \qquad\qquad (12-3)$$

（5）直线段终点垂深 H_s

$$H_s = H - \frac{\sin\theta_t - \sin\theta_0}{K_\theta} \qquad\qquad (12-4)$$

（6）靶点水平移距 S

$$S = H_s\tan\theta_0 + \frac{\cos\theta_0 - \cos\theta_t}{K_\theta} \qquad\qquad (12-5)$$

（7）钻孔长度 L

$$L = L_1 + L_2 = \frac{H_s}{\cos\theta_0} + \frac{0.01745(\theta_t - \theta_0)}{K_\theta} \qquad\qquad (12-6)$$

（8）曲线段上任一点的顶角 θ_r

$$\theta_r = \theta_0 + 57.3\left(L_r - \frac{H_s}{\cos\theta_0}\right)K_\theta \qquad\qquad (12-7)$$

式中：θ_0 为开孔顶角，（°）；θ_t 为中靶点处孔身顶角，（°）；θ_r 为曲线段上任一点的孔身顶角，（°）；i 为造斜强度，（°）/m；L_1 为直线段钻孔长度，m；L_2 为曲线段钻孔长度，m；L_r 为曲线段上任一点的孔深，m；δ 为遇层角，（°）；S 为孔底偏移量，m；K_θ 为曲线段曲率，rad/m；R 为曲线段曲率半径，m；η 为矿层倾角，（°）；H 为直线段垂深，m；H_s 为全孔垂深，m。

12.3　定向钻探造斜工具

定向钻探造斜工具主要有偏心楔、连续造斜器、孔底动力造斜钻具等。

12.3.1　偏心楔

偏心楔利用倾斜楔面迫使钻头改变钻进方向，使钻孔在偏斜点形成急剧弯曲。偏心楔分为固定式与可取式两种，前者下孔后留在孔内，只能使用一次；后者只要未损坏可反复使用。偏心楔结构简单，操作方便，但在造斜孔段有急弯，很难实现同径造斜。下面简要介绍两种国内应用比较广泛、结构上有显著特点的偏心楔。

12.3.1.1　固定式偏心楔

JT-56 型固定式偏心楔（图 12-3）由转动装置、楔体、偏重固定装置三部分组成。转动装置外壳 1 的上端与钻杆连接，外壳内的连接杆 5 通过弯管 6 用螺钉 7 与楔体 8 连接。楔体下端与偏重固定装置的固定管 9 连接，固定管内装有半圆形铸铁偏重块 10（重约 45 kg），管壁开有若干通孔 11，管下端开有 6 个长 200 mm 的切口 12，木塞 13 与固定管下端用铁钉连接。

组装好的偏心楔下孔后，偏重块在重力作用下带动固定管、楔体、弯管和连接杆一起转动，其重心始终位于钻孔下帮。接触孔底时下镦偏心楔，使木塞 13 挤进固定管 9，撑开固定管的爪状部分 12 使其紧贴孔壁，然后注入早强水泥浆。水泥浆经固定管 9 的通孔流入管内，将楔体牢牢固定于孔底。在下镦偏心楔时，螺钉 7 也被剪断。最后，将转动装置从孔内提到地表，即可下入导斜钻具进行导斜钻进。

为保证偏心楔在孔内定向准确，应先在地表调节楔面面向与偏重块母线的相对位置。

12.3.1.2　可取式偏心楔

PK - 56 型可取式偏心楔（图 12 - 4）由连接管、楔筒、螺钉、楔面、固定弹头、合金块和燕尾滑块等组成。偏心楔楔体由套管切制的楔面 4 与楔筒 2 焊接而成。楔体下部连接有燕尾滑槽式卡固装置，包括燕尾滑块 7（共三块）、固定弹头 5 和硬质合金块 6。楔管上端用螺钉 3 与连接管 1 相连接，连接管上端接定向器或者定向接头，后者上端再连接钻杆。该偏心楔的最大外径 56.8 mm，燕尾滑块长 110 mm，楔顶角有 3°、4°、5°三种。三者的楔面长分别为 500 mm、590 mm 和 710 mm，总长分别为 1300 mm、1390 mm 和 1510 mm。

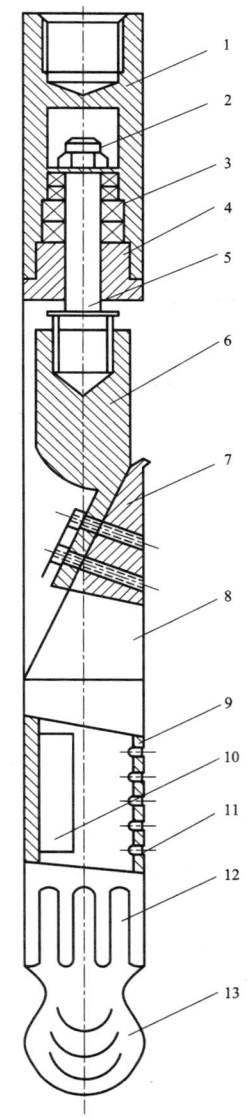

图 12 - 3　JT - 56 型固定式偏心楔

1—外壳；2—螺帽；3—轴承；4—压盖；5—连接杆；6—弯管；7—螺钉；8—楔体；9—固定管；10—偏重块；11—通孔；12—切口；13—木塞

施工中首先用钻杆将楔子下到离孔底 0.5 ~ 1 m 处进行定向，定向后下到孔底。经钻杆加压，偏心楔下部固定弹头沿燕尾滑块下移，滑块在弹头斜面的作用下径向移动。继续加压，促使滑块上端外壁与孔壁接触，楔子与孔壁卡固。与此同时，螺钉 3 被剪断，偏心楔留在孔内，钻杆可提到地表。之后下入比偏心楔小一级直径的钻头沿楔面导斜钻具钻导向孔，当导向孔钻进 2.5 ~ 3 m 后，从孔内提出导斜钻具，用钻杆下入丝锥到楔筒顶端丝扣处取出偏心楔。为卡牢偏心楔，在钻杆提到地表后，可向孔内投放粒径 3 ~ 5 mm 的石英砂 2 ~ 3 kg。

可取式偏心楔克服了固定式偏心楔造斜后仍留在孔底给后续导斜钻进造成后患的缺点，但其结构较复杂，只能采用小一级孔径导斜，待楔子提出孔口后才能再扩孔。

12.3.2 连续造斜器

连续造斜器是一种在定向后能连续地使钻孔弯曲的机械式造斜工具。连续造斜器由定子和转子两部分组成。连续

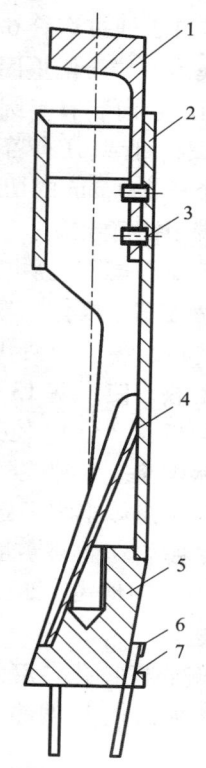

图 12 – 4 PK – 56 型可取式偏心楔
1—连接管；2—楔筒；3—螺钉；4—楔面；
5—固定弹头；6—合金块；7—燕尾滑块

造斜器在孔内工作时，转子部分可做回转运动，给钻头传递扭矩；定子部分只做滑动、不做回转运动，保证整套钻具朝预定方向钻进和造斜。

我国地质钻探领域研发的 LZ 型连续造斜器以侧向切削作用为主、以不对称破坏孔底为辅进行造斜作业。LZ 型连续造斜器（图 12 – 5）的转子部分主要有接头 1、主动轴 4、被动轴 14、短管 15 和钻头 16，其中主动轴 4 与被动轴 14 之间用花键轴套 8 连接。定子部分主要有上轴承室 2、传压弹簧 3、外壳 7、上半楔 9、下半楔 13、滑块 11 和滚轮 12。转子与定子之间有离合机构 5 和防护管 10，防护管 10 可有效地防止岩粉进入下部轴承中。

连续造斜器下孔时［图 12 – 5（a）］复位弹簧 6 处于预压缩状态。一方面使离合器紧密啮合，保证定子与转子在运送时同步转动并实现在卡固前对定子的定向；另一方面通过外壳和下轴凸肩分别将弹簧力作用于上、下半楔，把滑块约束

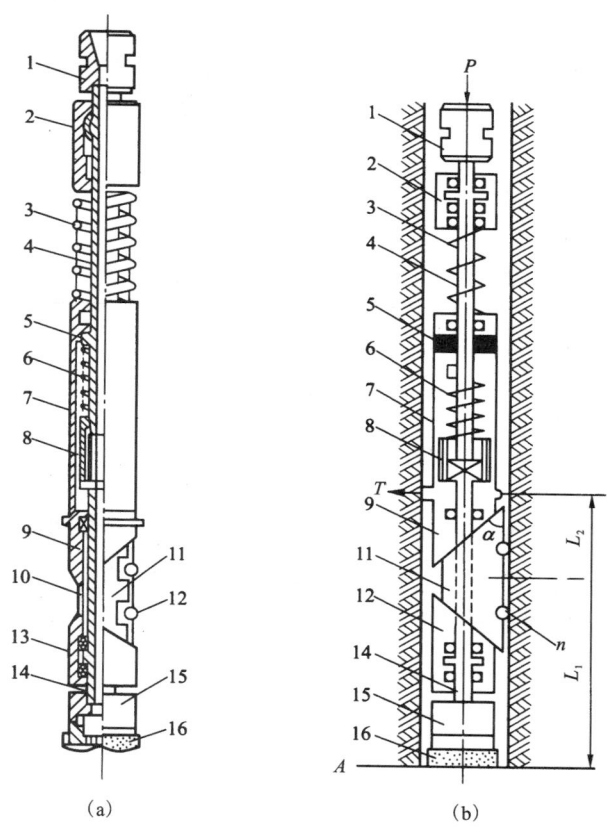

图 12 - 5　LZ - 54 型连续造斜器

（a）结构图（运送状态）；（b）原理图（工作状态）

1—接头；2—上轴承室；3—传压弹簧；4—主动轴；5—离合机构；6—复位弹
簧；7—外壳；8—花键轴套；9—上半楔；10—防护管；11—滑块；12—滚轮；
13—下半楔；14—被动轴；15—短管；16—钻头

在缩回位置，使造斜器能顺利下至孔底。

在造斜工作状态时［图 12 -5（b）］，连续造斜器处于孔底和孔壁的限制空间
内。在钻压作用下，滑块在上、下半楔之间沿斜面滑动，移向孔壁一侧。此时，
在上、下半楔和滑块与孔壁之间的作用力作用下，连续造斜器的定子被卡固在孔
壁内，只做滑动，不能旋转。

在钻压作用下，传压弹簧被压缩，主动轴下行，离合机构使主动轴与定子外
壳分离，这时开动钻机回转即可使转子做分动旋转，将扭矩传递给钻头。钻头在
轴向压力和侧向切削力的共同作用下实现造斜钻进。在造斜钻进的过程中，造斜

器定子随滚轮沿孔壁向下做同步滑行，不产生径向角位移，因此，可实现连续均匀的定向造斜。

造斜完成后，停止钻机回转，卸掉钻压，复位弹簧通过上、下半楔将滑块拉回收缩位置，这时，离合器啮合，定子与转子连接，可将连续造斜器顺利提到地表。

常用连续造斜器技术参数见表 12 - 4。

表 12 - 4　连续造斜器主要技术性能参数

外径/mm		54	73	89
适用孔径/mm		56 ~ 60	75 ~ 88	91 ~ 110
滑块径向最大伸长/mm		25	25	35
允许钻孔超径/mm		15	15	20
造斜强度/(°·m⁻¹)		0.3 ~ 1.5	0.3 ~ 2	0.6 ~ 1.6
钻进规程 （配不取心 金刚石钻头）	钻压/kN	12 ~ 15	18 ~ 25	28 ~ 32
	转速/(r·min⁻¹)	300 ~ 500	100 ~ 400	90 ~ 200
	冲洗液量/(L·min⁻¹)	40 ~ 60	60 ~ 90	70 ~ 150
钻具外径/mm		54	73	89
钻具长度/mm		1850	2300	2400
钻具质量/kg		23	45	50
寿命/h		>80	>80	>80

12.3.3　孔底动力钻具

孔底动力钻具是指将冲洗液或其他冲洗介质的能量转化为钻井破岩动力的孔底钻具，主要有螺杆钻具、涡轮钻具和孔底电动钻具等。与传统的转盘钻井相比，孔底动力钻具在提高机械钻速、增加钻头进尺、减少钻井成本、实现井身轨迹的定向控制、快速准确中靶、确保井身质量和钻井安全性等方面，具有极大的优越性。电动钻具由于在钻探中使用较少，限于篇幅，在此不作介绍。

12.3.3.1　螺杆钻具

螺杆钻具是最常用的孔底动力钻具之一。泥浆泵泵出的泥浆液流经旁通阀进入马达，在马达进出口形成一定压差推动马达的转子旋转，并将扭矩和转速通过万向轴和传动轴传递给钻头。螺杆钻具主要由旁通阀、螺杆马达、万向轴、扶正轴承和传动轴等五大部分组成，其中螺杆马达是螺杆钻具的核心部件。螺杆钻具结构图参见第 8 章。

　　螺杆马达是一种正排量容积式液压马达。它是"莫诺泵"(Moyno pump)即单螺杆泵原理的逆应用。螺杆马达由定子和转子组成(参见第 9 章图 9 – 5)。定子是在钢管内壁上压注橡胶衬套而成,橡胶内孔是具有一定几何参数的螺旋。转子是一根有镀铬硬层的螺杆。转子与定子相互啮合,两者的导程差形成螺旋密封线,同时形成多个密封腔。随着转子在定子中的转动,密封腔沿着轴向移动,不断地生成和消失,完成能量转换。

　　螺杆马达转子的螺旋线有单头和多头之分,定子的螺旋线头数比转子多 1个。转子的头数越少,转速越高,扭矩越小;头数越多,转速越低,扭矩越大。转子和定子螺旋线头数的比值,称为波齿比。常用螺杆马达的波齿比有 1/2、3/4、5/6 和 9/10 等几种。

　　万向轴的作用是将转子的行星运动转变为传动轴的定轴运动。万向轴大多采用瓣形和挠轴形两种形式,也有的是鼓形齿内花键结构。

　　传动轴的作用是将马达的旋转动力传递给钻头,同时承受钻压所产生的轴向和径向负荷。通常有两种结构形式:一种是推力轴承和径向橡胶轴承组合,另一种是金刚石平面轴承和硬质合金径向轴承组合,两者均用冲洗液润滑。

12.3.3.2　涡轮钻具

　　涡轮钻具也是比较常用的孔底动力钻具之一。蜗轮钻具主要由涡轮马达(驱动机构)、主轴和各种轴承组等组成(参见图 9 – 22)。

　　涡轮钻具具有高速大扭矩的软特性,无横向振动,机械钻速高;全金属的涡轮钻具耐高温,适宜于深井和高温环境下作业;能适应在高密度的冲洗液中工作。

　　蜗轮钻具的核心部件是涡轮马达。它主要由壳体、转子叶片、定子叶片和涡轮轴构成(参见图 9 – 23)。涡轮钻具实质上是叶片式泥浆马达,它通过涡轮定子叶片和转子叶片改变液体的流动方向,基于动量矩原理把液体的压能转变为机械能,通过涡轮轴输出转速和扭矩,驱动钻头钻进。

　　为降低涡轮转速、增加输出扭矩,有些涡轮钻具安装了减速器。减速器主要由行星齿轮、止推轴承、齿轮密封系统等组成,其作用是降低马达的转速、增加扭矩,实现与钻头的合理匹配。

　　涡轮钻具优点是转速高(400 r/min 以上)、定子和转子使用寿命长、耐高温和耐高压,适用于高温高压井。

　　涡轮钻具的缺点是:

　　(1)转速高,可能与牙轮钻头不匹配。

　　(2)单节涡轮扭矩小,为了提高扭矩,多采用复式涡轮。这使得钻具总长度较大,不利于井眼轨迹控制。

　　(3)复式涡轮钻具压降大,特别是在高泥浆比重条件下压降更大。

12.3.4 辅助造斜件

采用螺杆钻具定向造斜钻进时需要用到一些辅助造斜件，常用的有弯接头、弯外管、偏心块、扶正器和无磁钻铤(杆)等。

12.3.4.1 弯接头

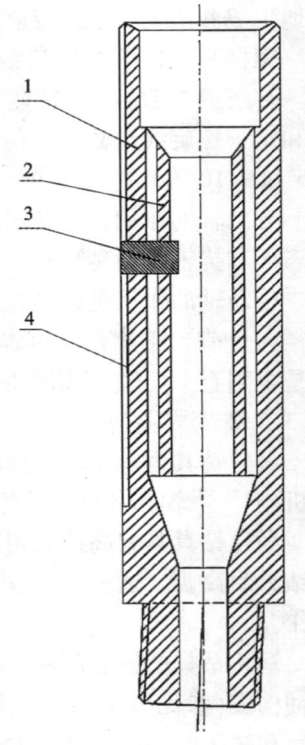

如图 12-6 所示，弯接头由弯接头外壳 1、过水套 2 和定位键 3 组成，其弯曲部位在公扣处。加工时，将公扣轴线加工成与母扣轴线相交成某一角度值即可，常用的弯曲角有 1°、1.5°、2°、2.5°等几种。弯接头外壳上在偏斜方向的中点刻有一条母线，定位键必须通过母线。随钻测量时，斜口管靴置于弯接头内，冲洗液经由过水套的环状空间进入螺杆钻具内部。

使用弯接头时，它的上部与无磁钻杆(或钢钻杆)相连，下部连接螺杆钻具，这时弯接头的偏斜角使得钻具组合形成一定程度的弯曲。

使用弯接头造斜的优点是简单、方便、通用性强。其缺点是弯接头距钻头较远，当弯接头弯曲角度大时，下放钻具比较困难，在难于造斜的硬地层中有时达不到预期的造斜率。

12.3.4.2 弯外管

弯外管附属于螺杆钻具，将螺杆钻具万向节外管制成一定弯角的弯管，即可形成弯外管螺杆钻具。与弯接头造斜相比，由于弯外管的弯曲部位靠近钻头，在弯角相同的情况下，减少了钻具在孔底的横向偏斜量，因此造斜强度大，而且定向稳定，但同时也增加了万向轴的工作负担。

图 12-6 弯接头
1—弯接头外壳; 2—过水套;
3—定位键; 4—母线

弯外管的弯曲角度有 0.75°、1°、1.25°、1.5°、1.75°、2°、2.25°、2.5°等几种。在弯曲部位还可镶焊耐磨肋条或耐磨垫块来改善弯曲效果。

12.3.4.3 偏心块

偏心块是一种单向稳定的孔壁接触器，位于钻头上方、螺杆钻下部的轴承外管(非转动部位)上。结构中有一组蝶形弹簧，当增加或减少蝶形弹簧的片数时，可改变对钻头所产生的侧向力，也可通过使用不同钢性的弹簧达到改变钻头所产生的侧向力，从而获得不同的造斜强度。设置偏心块后，造斜强度可增加 0.15°/m ~ 0.20°/m。

12.3.4.4　扶正器

扶正器与钻具组成不同钻具组合，可有效地改变钻具与孔壁的接触方式，使得钻具成为增斜组合、稳斜组合、降斜组合等。

12.3.4.5　无磁钻铤（杆）

无磁钻铤（杆）为磁性测量仪器营造一个无磁干扰的测试环境，一般安放在定向接头之上、普通钻杆之下。无磁钻铤材料的相对磁导率不得大于 1.010。

12.3.5　造斜工具特性和技术参数

地质勘探常用造斜工具的工作特性见表 12 - 5。

表 12 - 5　地质勘探常用造斜器具特性

造斜器具		关键参数	适应地层	定向方式	优 点	缺 点
偏心楔	固定式偏心楔	楔顶角，楔体长，外径等	可钻性Ⅳ级以上，比较完整的地层	单多点定向	结构简单，成本低	完成导向后留在孔底，或形成隐患
	可取式偏心楔	楔顶角，楔体长，外径等	可钻性Ⅳ级以上，比较完整的地层	单多点定向	完成导向后可取出反复使用	与固定式偏心楔相比，结构稍复杂
连续造斜器	LZ型连续造斜器	适用孔径，滑块径向伸出量	可钻性Ⅳ级以上，比较完整的地层	连续定向	与偏心楔相比，可实现连续造斜	对地层适应性较差
孔底动力钻具	液动螺杆钻具	外径，波齿比，压力降，流量，扭矩等	适应性较宽，从坚硬地层至软弱、破碎地层均可	连续定向	可靠、效率高，地层适应性强，产品规格齐全，使用最广	与连续造斜器相比，系统配置要求高，工程造价较高
	涡轮钻具	外径，转速，级数，压力降，扭矩等	比较完整地层，可钻性Ⅲ～Ⅸ级	连续定向	可实现连续造斜，转速高。钻具定子、转子寿命长	单节涡轮扭矩小，多节扭矩大但太长，转速过高，与钻头不易匹配

12.4　定向钻进施工工艺

12.4.1　定向钻进施工工艺流程

12.4.1.1　定向钻孔施工顺序

施工多孔底定向钻孔时，一般先施工主孔后施工分支孔。多选择自下而上的顺序施工分支孔；与主干孔轨迹同方位的先施工；与主干孔轨迹不同方位的后施工。

12.4.1.2 定向钻孔施工工艺流程

定向钻孔施工工艺流程如图 12 - 7 所示。

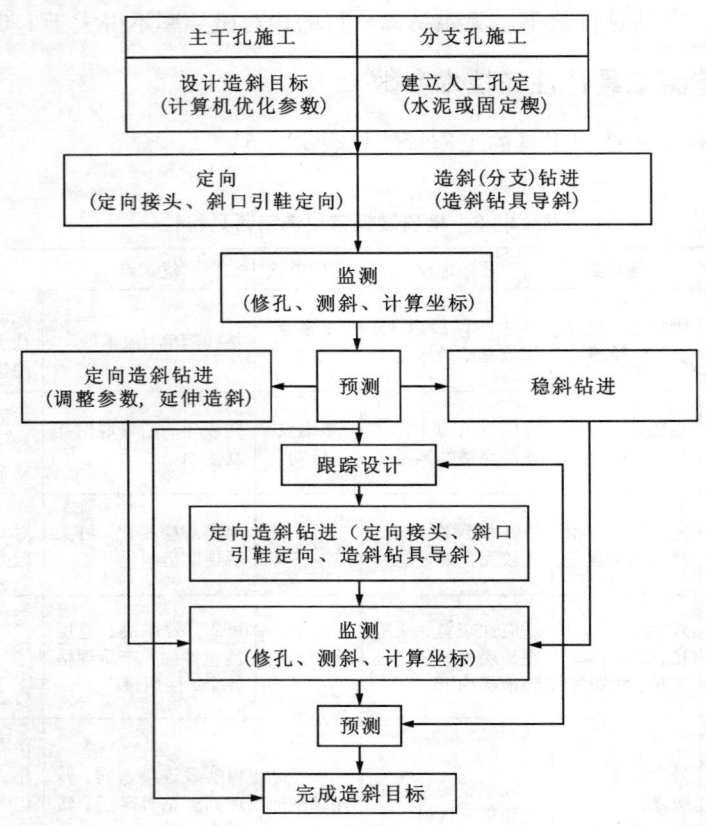

图 12 - 7 定向钻孔施工工艺流程

12.4.2 偏心楔定向钻进工艺

固定式偏心楔多用于在已完工的钻孔中部进行导斜并开出新孔（分支孔）。可取式偏心楔多用于正在钻进的钻孔孔底偏斜。

12.4.2.1 固定式偏心楔定向钻进工艺

采用固定式偏心楔开新孔的定向钻进工艺如表 12 - 6 所示。

表 12 − 6　　固定式偏心楔开新孔的作业程序和技术要点

阶　　段	作 业 程 序 和 技 术 要 点
(1)准备工作	选择合适的开孔部位(导斜点),准备定向钻进全过程的材料和器具等
(2)建立人工孔底("架桥")	堵塞开孔点下部孔段,在钻孔中部为固定式偏心楔的安装与固定提供基础
(3)定向安置偏心楔	偏心楔在地表定向,往孔内下放偏心楔,偏心楔在孔内定向并固定
(4)导斜钻进	用导斜钻具钻进开出分支孔,并延伸一定孔深

12.4.2.2　可取式偏心楔定向钻进工艺

以 XAD − 75 型可取式偏心楔为例说明孔底纠斜(或偏斜)的钻进工艺(图 12 − 8)。该偏心楔由定向接头 1、导斜器体 3、楔体 4 及卡固装置(包括楔铁 5、挡板 6、固定螺钉 7 等)组成。全长 2.5 m,楔顶角为 2°。卡固装置为燕尾滑块式,燕尾滑块直接加工在楔体底端背面,与楔铁呈 8°斜面配合。

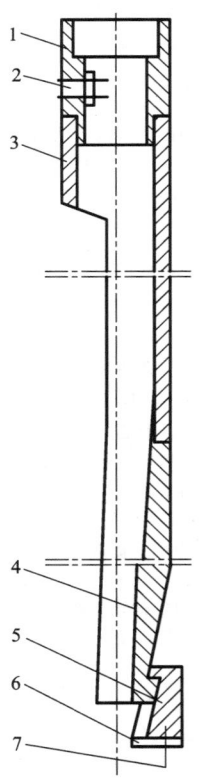

偏心楔上端直接连接 $\phi71$ mm 绳索取心钻杆,采用铅质定向键和定向用的薄壁斜口引鞋。首先用直径 $\phi71$ mm 的绳索取心钻杆将偏心楔下到离孔底 0.5 m 处,然后从钻杆内下入定向仪进行定向。定向完毕,从钻杆内提出仪器,将偏心楔下到孔底,加轴压,楔体向下挤压楔铁,楔铁产生径向移动,与孔壁接触卡固。同时钻杆在地面卡固,定向后可实现偏心楔的双重固定。

导斜钻进时,在小一级口径钻头上接一根 4.5 m 左右的 $\phi50$ mm 钻杆,从绳索取心钻杆内下到楔体楔面。导斜钻具到达楔面之前,可剪切掉铅质定向键。导斜钻进结束,从孔内提出导斜钻进钻具后,可直接通过 $\phi71$ mm 口径绳索取心钻杆从孔内提出偏心楔。

此偏心楔用于绳索取心钻进纠斜或偏斜时,由于与偏心楔连接的钻杆在地面卡固,因此卡固可靠,定向准确,造斜成功率

图 12 − 8　XAD − 75 型可取式偏心楔

1—定向接头;2—定向键;3—导斜器体;
4—楔体;5—楔铁;6—挡板;7—固定螺钉

高；缺点是完成偏斜必须有两种规格的钻杆。

12.4.3　连续造斜器定向钻进工艺

12.4.3.1　连续造斜器定向钻进作业程序和技术要点

连续造斜器的定向钻进作业程序和技术要点见表 12 – 7。

表 12 – 7　连续造斜器的定向钻进作业程序和技术要点

阶段	作 业 程 序 和 技 术 要 点
准备 工作	(1)选择完整或较完整、可钻性Ⅴ～Ⅸ级的地层作为造斜孔段；清洗和磨平孔底、修扩孔壁 (2)检查造斜器及配套器具、定向仪是否工作正常；检查造斜钻头保径情况、钻具磨损情况、定向仪在钻杆内的通过性；预备 0.5～2 m 等规格短粗径钻具，用于造斜后扫扩孔 (3)配制流动性能和排粉性能好的低固相冲洗液 (4)在造斜器最上面的接头上刻画定向母线；根据回次造斜要求，按计算的安装角安装定向仪
下入 造斜器	(1)缓慢下放连续造斜器；遇阻时禁止猛镦；禁止强力扭动钻杆或将造斜器作为扫孔钻具使用 (2)连续造斜器下到孔内离孔底 0.2～0.5 m 左右位置，用垫叉将钻具卡在孔口
孔内 定向	(1)操作定向仪对造斜器进行定向。对需要转动钻杆寻找定向位置的定向仪，应使钻杆柱悬挂在提引器上，在停住或稍向上提动的情况下缓慢右旋钻杆，禁止下放时回转钻杆或左旋钻杆 (2)定向完毕，合上立轴，夹牢钻杆锁接头
造斜 钻进	(1)大泵量冲洗钻孔，冲洗液返出地表后，用给进油缸将造斜器缓慢下到孔底（夹紧卡盘下放） (2)加大钻压，使造斜器定子与孔壁可靠卡固。禁止开启钻机的回转器驱动钻杆 (3)加压 1～2 min 后，启动钻机，送冲洗液，慢钻 5～10 min，若无异常则转入正常钻进 (4)工作时钻压较大，应防止倒杆时突然松开卡盘引起钻具弹跳，破坏造斜器在孔底的定向方位 (5)如钻孔较深、钻杆重量超过正常钻压，可用钻机绞车减压钻进 (6)根据岩层情况确定合理钻压，既要保证轴向破碎岩石，又要保证足够的卡固力和侧向切削力 (7)钻进中禁止提动钻具；因操作不当破坏了造斜器定向必须立即停止钻进，重新进行定向作业 (8)造斜钻进的回次长度一般可取 1～3 m。超过 3 m 时，应采用增加造斜回次的方法来实现 (9)用不取心金刚石造斜钻头钻进较软岩层时，钻速宜慢，避免糊钻、烧钻
提出 地表	缓慢谨慎上提连续造斜器。提出地表后，应检查造斜器的损伤、滚轮和造斜钻头的磨损等情况
修磨 孔壁	采用短粗径钻具修扩孔壁，并延伸钻孔 1～3 m。可采用带不取心钻头的短粗径钻具、带取心钻头的短粗径钻具或塔式短粗径钻具进行修孔或延伸钻进
测斜	下入测斜仪，测定造斜效果

12.4.3.2　连续造斜器的多回次造斜

对于垂直平面型单底定向孔及分支孔，通常需设计一个或多个造斜段，使钻孔顶角在造斜段增加到一定数值。如果要求增加的顶角较大，用连续造斜器一次造斜难以完成，可采用连续造斜法、间断造斜法和交替造斜法等实现多回次造斜。其施工步骤和特点见表 12 – 8。

表 12 – 8　定向孔三种不同的造斜方式

造斜方法	施工步骤	特　点
连续造斜法	在完成一个回次造斜后，提出地表，更换钻头，继续下入孔内造斜。可多回次作业直到顶角达到要求为止	适于中硬偏软的地层。造斜强度宜低于 0.6°/m。完成的造斜段孔身均匀、平滑。但在较硬的岩层中，造斜器再次入孔困难，易出事故
间断造斜法	每个回次造斜结束后，下入短粗径钻具修扩孔壁和延伸钻孔，之后再下入连续造斜器继续造斜。造斜与修孔交替钻进	粗径钻具容易通过已造斜孔段，但整个造斜段孔身不如用连续造斜法的均匀、平滑
交替造斜法	连续造斜法与间断造斜法的的结合	既保证了造斜段孔身的通过性，又可保证孔身的均匀和平滑性

12.4.3.3　连续造斜器几种不同纠斜或纠偏措施

用连续造斜器在直孔或斜孔中降顶角、增顶角或纠方位时，需采取的技术措施见表 12 – 9。

表 12 – 9　连续造斜器的纠斜和纠偏措施

钻孔类型	目的	技　术　措　施
垂直孔纠斜	降顶角	方法一：待顶角增大到 3°~5°时进行降斜。垂直孔顶角太小时，方位测不准，造斜器定向困难；而顶角太大时会导致纠斜工作量增加 方法二：在垂直孔顶角很小时，不断地改变钻孔方位，干扰钻孔自然弯曲趋势，使已上漂的顶角不再增大
斜孔纠斜	增顶角纠正下垂	用造斜器直接增顶角造斜。可采用多次纠斜，直至钻孔顶角达到要求为止
	纠正上漂减顶角	(1)在没有明显上漂规律的矿区，对个别钻孔偶尔出现的上漂孔段，可直接用连续造斜器一次或多次降斜减顶角。由于连续造斜器滑块定位在斜孔上帮，定子极易在钻进中产生角位移，因此钻压尽量取较大值，转速不宜高 (2)在有明显上漂弯曲规律的矿区，设计时可减小开孔顶角或后移孔位。施工中如发现钻孔上漂不足，则使用连续造斜器增顶角 (3)如果钻孔中存在上漂严重的急弯孔段，很难用连续造斜器降斜，则可在其上部建立人工孔底，用连续造斜器降斜，开出新孔
	纠方位	斜孔中钻孔方位偏离后，可直接用连续造斜器纠方位。斜孔顶角越小，纠方位越容易。纠方位时，连续造斜器的滑块与孔壁间卡固处在钻孔径向不利位置，可参照连续造斜器降斜时的操作方法

12.4.3.4　分支孔钻进

主孔完成后施工多孔底钻孔时，可在主孔孔底上部建人工孔底，然后用连续造斜器造斜，偏出分支孔。用非金属胶结材料建立人工孔底时，可从主孔孔底一直灌注到开分支孔处[图 12 - 9(a)]，也可以只灌注靠近分支孔的一段；还可以先在开分支处以下适当位置安装金属孔底塞，再在其上部灌注非金属材料[图 12 - 9(b)]，既保证了牢固性，又减少材料消耗。

非金属人工孔底材料应能与孔壁岩石良好黏结，并有较高的冲击韧性，其固化强度宜大于或接近孔壁岩石。可用作人工孔底的非金属胶结材料有水泥、合成树脂(如脲醛树脂、环氧树脂)等。水泥人工孔底适用于中硬岩石的孔壁。连续造斜器在人工孔底上开分支孔时，钻具应调到较高的造斜强度，采用较高的钻压、较低的转速和侧刃锋利的造斜钻头，钻进 1 m 左右进尺即可偏出分支孔。

开分支孔的方法还可用于超径孔段[图 12 - 9(c)]。用水泥把超径段封闭后，先在主孔超径封闭段钻导向孔，然后将造斜器下到导向孔内造斜偏出分支孔。

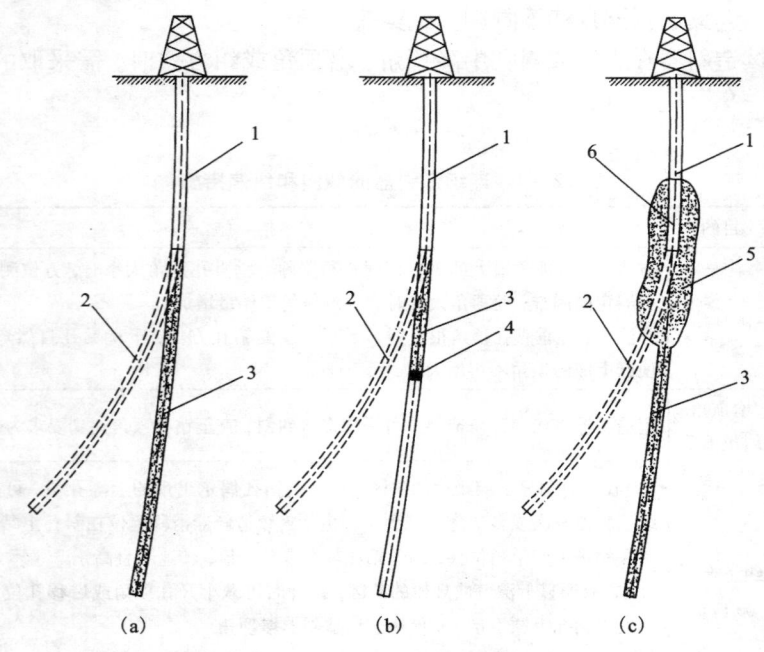

图 12 - 9　连续造斜器在人工孔底上开分支孔

(a)在非金属孔底；(b)在金属孔底和非金属孔底；(c)在主孔超径处非金属孔底

1—主孔；2—分支孔；3—非金属材料；4—金属孔底塞；5—主孔超径段；6—人工孔底上的导向孔

12.4.4　螺杆钻具定向钻进工艺

12.4.4.1　造斜钻具组合

常用的孔底液动马达钻具组合如图 12 - 10 所示，自下而上由钻头、扶正器、弯外管、螺杆马达、弯接头（又称定向接头）、无磁钻铤和钻杆等组成。其造斜件可以是弯外管或弯接头，或是两者的组合。为增加造斜强度，还可在弯外管处补焊背板。由于螺杆钻多与磁性导向仪器配套使用，因此，必须配备无磁钻铤（杆）。当采用有缆测斜仪时，还必须配备通缆水龙头。

12.4.4.2 螺杆钻具操作

螺杆钻具使用的冲洗液应尽量洁净，含砂量应低于 1%，颗粒直径应小于 0.3 mm，黏度不宜大。尽量采用清水、无固相或低固相材料配制冲洗液。

下钻前应检查装配好的螺杆钻具，定子以下的丝扣是否用黏结剂黏合，旁通阀是否打开。组装好的螺杆钻两个小时后才能下孔使用。

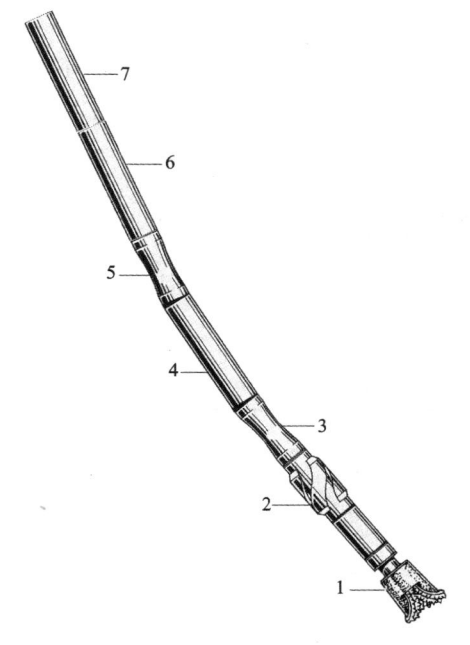

图 12 – 10   孔底液动马达钻具组合
1—钻头；2—扶正器；3—弯外管；4—螺杆马达；
5—弯接头；6—无磁钻铤；7—钻杆

12.4.4.3 造斜孔段和分支孔开孔点的确定

合理选择造斜孔段是保证顺利造斜以及造斜后安全钻进的关键。钻孔终孔水平移距大时，尽可能选择在钻孔上部；水平移距小时，则选择在钻孔下部。在满足安全钻进的条件下，尽可能降低造斜孔段的位置，最大幅度地节约工作量。

分支点应选择在中硬以下岩层的孔段，避开硬岩。要考虑节约进尺，减少造斜工作量。

12.4.4.4 建造人工孔底

钻进分支孔必须"架桥"。用螺杆钻具钻分支孔时不宜用金属偏心楔架桥，应架"水泥桥"。将木塞下到预定孔位（至少在分支点以下 10 m），经钻杆将水泥浆泵入孔内，待水泥浆凝固后，探水泥面并取样，确认凝固良好即可。与周围孔壁岩石强度接近的"等强度水泥桥"有助于分支点导斜钻进成功。

12.4.4.5 螺杆钻造斜工具面向角的调整

螺杆钻受控定向钻进可以采用单点定向和随钻定向两种方法。后者在造斜钻进中可随时监测造斜工具面向角的变化，通过拧转钻杆来调整工具面向角，因此得到广泛应用。在设置工具面向角时，应注意考虑反扭转角对工具面向角的影响。在定向造斜过程中，将能够显示实时工具面向角的司钻显示仪装置在机台上，一旦观察到工具面向角受反扭转角影响而发生改变，就应及时操作钻机扭转钻杆，调整工具面向角并使之返回到设计值。

12.4.4.6　螺杆钻造斜钻进和分支孔钻进技术要点

螺杆钻造斜钻进和分支孔钻进技术要点见表 12 - 10。

采用不同造斜工具时，分支孔形成新孔底所需进尺见表 12 - 11。

螺杆钻造斜钻进可以在主孔的任意方向进行，因此可以施工多孔底钻孔。如果螺杆钻不用弯接头或弯外管，则可以在钻孔急剧弯曲段进行导直钻进。

表 12 - 10　使用螺杆钻实施造斜与分支孔钻进技术要点

钻进类别	所钻地层	钻 进 技 术 要 点
造斜钻进	第四系松软地层	螺杆钻在该地层中造斜钻进可取得良好的纠斜或纠偏效果。螺杆钻配用 2°弯接头或 1.5°弯外管时，必须在钻杆柱下端与弯接头之间接一个长 1.5 ~ 2.0 m、与钻孔同径的稳定器
	岩石孔段	(1)钻头选择：V 级以下岩石选硬质合金造斜钻头，Ⅵ级以上则选金刚石造斜钻头 (2)绳索取心钻杆的造斜强度为 0.3°/m ~ 0.5°/m；φ50 mm 普通钻杆可加大到 0.8°/m ~ 1.0°/m (3)钻进方法：单一稳定的地层中可连续造斜钻进；在软硬互层或易斜地层，对岩心采取率有一定要求的地层，宜分段造斜钻进；坚硬地层中如连续造斜易导致造斜孔段曲率半径小，引起钻杆折断，因此应采用交替法造斜
分支孔钻进	—	待"水泥桥"凝固后，下常规钻具探灰面并扫孔到分支点上 3 m 处，提出钻具。将造斜钻具下到孔底 0.3 ~ 0.5 m 处，定向，拧紧防反转器螺母，启动水泵，开始造斜钻进 操作要点：(1)准确定向；(2)选用新造斜钻头；(3)不可随意上下提动钻具；(4)控制钻速在 0.5 ~ 0.8 m/h；(5)观察岩粉变化和泥浆泵泵压

表 12 - 11　不同造斜工具分支孔形成新孔底所需进尺

螺杆钻型号	造斜工具	钻孔直径/mm	造斜钻头	人工孔底材料	岩石可钻性级别	新孔底形成进尺/m
YL - 54	1.5°弯接头	60	金刚石	水泥	Ⅵ ~ Ⅶ	8 ~ 10
YL - 54	1.5°弯外管	60	金刚石	水泥	Ⅵ ~ Ⅶ	1.8 ~ 2

12.4.4.7　造斜孔段修孔作业

由于造斜过程中钻杆长时间处于只滑动不转动状态，加上岩层软硬不均等因素的影响，造斜孔段的局部孔壁可能不平滑，因此必须采用锥形硬合金钻头和锥形金刚石钻头修孔。修孔时要慢放，重复多次，直到无阻力为止。修孔完毕后才可以进行稳斜钻进。

12.4.5　钻孔轨迹控制

钻孔轨迹控制的实质就是要控制造斜率和方位变化率，以得到允许的顶角和方位角，使钻孔实际轨迹尽量接近设计轨迹。

12.4.5.1　精确测量钻孔轨迹几何参数

应选择精度合适的仪器准确测量钻孔空间三要素(孔深、顶角和方位角)。测量仪器下孔前，应进行精度校正以减小误差。钻孔测点密度的要求见表 12 – 12。

表 12 – 12　对钻孔测点密度的要求

不同孔段	钻孔测点密度	测　量　要　求
常规钻进及稳斜段	测量间距不大于 20 m	每个测点不少于 2 次复测，数据重复性精度要求在仪器误差允许范围内，超差必须复测，找出误差产生的原因并消除后方可提交测量资料
造斜孔段	测量间距要求为 1～2 m	

12.4.5.2　合理选择造斜工具和造斜工具面向角

造斜工具和钻具组合是井眼轨迹控制的关键。目前使用最多的造斜工具是弯外管—井下动力钻具组合—钻头。在不同顶角的钻孔中，造斜工具的面向角(β)对钻孔顶角(θ)及方位角(α)的影响程度是不同的，应针对具体要求及时调整工具面向角。

12.4.5.3　钻孔轨迹动态监控与中靶预测

在钻孔施工过程中，应不断将实际钻孔轨迹图与设计轨迹图对比，预测实际钻孔轴线与设计靶区平面的交点坐标，判断是否能"中靶"。对脱靶或将要脱靶的状况及时进行提示，以便对钻孔轨迹进行动态控制。

12.5　定向钻进测控方法和仪器

12.5.1　定向钻进测控方法分类

定向钻进的测控方法与其所用仪器紧密相关。本节仅对主要定向钻进测控方法进行分类。

12.5.1.1　按信号通道分类

不同的测控方法采用不同的信号通道将孔底测得的参数传输到地表，如表 12 – 13所示。

表 12 - 13 孔底信号传输通道类别

信号传输通道		使用该种通道的仪器或系统	特　点
有线	铠装电缆	有线随钻测量系统（WL - MWD）	数据更新速度快，但加杆时间长，不利于快速钻进
无线	泥浆脉冲（正脉冲、负脉冲和连续脉冲）	泥浆脉冲式随钻测量系统（MWD）；随钻测井系统（LWD）；旋转导向系统（RSS）；地质导向系统（Geo - steering）	无须使用入井电缆，加杆效率高。但对泥浆系统有较高要求，无法用于欠平衡钻进或空气钻进
	声波	声波式随钻测量系统	尚不成熟，应用较少
	电磁波	电磁波式随钻测量系统（EM - MWD）；旋转导向系统（RSS）；地质导向系统（Geo - steering）	对泥浆要求低，可用于空气钻进。数据更新较泥浆脉冲快，应用前景好。但深孔信号受地层电阻率影响大

12.5.1.2　按控制方法分类

早期采用简单的偏心楔只能完成一次定向，应用连续造斜器、螺杆马达和涡轮马达后实现了连续定向作业，而最先进的控制方法——旋转导向系统兼备了连续造斜、旋转导向、信号双向通信、避免滑动钻进孔内事故等优点。常用的定向钻进造斜控制方法分类见表 12 - 14。

表 12 - 14 定向钻进造斜控制方法的类别

控制方法	测量仪器组合	控制方向的机构	特　征
偏心楔	单点测斜仪	偏心楔	造斜参数不可实时调整，不能连续造斜
连续造斜器	定向仪	造斜器	可连续造斜，无须大功率水泵，造价低，但可靠性较低
螺杆钻具	有线测斜仪、MWD、EM-MWD、LWD 和地质导向系统等	弯接头、弯外管、垫块	可实时监测顶角、方位角和工具面向角，并按需要作调整。改变方向时，螺杆马达外壳不旋转，只做滑动
旋转导向系统 RSS	VDS（自动垂钻系统）	静态偏置、推靠钻头（static bias & push the bit）	钻柱旋转时，能够控制顶角和方位角
	Power drive SRD	动态偏置、推靠钻头（dynamic bias & push the bit）	钻柱旋转时，能够控制顶角和方位角
	Auto - trak RCLS	静态偏置、推靠钻头（static bias & push the bit）	钻柱旋转时，能够控制顶角和方位角
	Geo - pilot	静态偏置、指向钻头（static bias & point the bit）	钻柱旋转时，能够控制顶角和方位角，而且能保护孔壁、消除螺旋钻孔
高压水射流超短半径水平钻井系统	测斜仪或定向仪	软管和水射流钻头	可实现极小半径的造斜，但延深距离仅数十米，控向不够精确
机械超短半径钻井系统	测斜仪或定向仪	柔性钻杆	采用柔性钻杆，可在 3 m 左右的半径内达到水平，实现水平钻进，可以控向

12.5.1.3　按输出参数分类

定向钻进输出参数包括几何参数、地质参数和工程参数三类,其适用的仪器类别和应用特征见表 12 – 15。

表 12 – 15　定向钻进测量参数类别

类　别	参　数	应用范围	应用特征
钻孔几何参数	顶角、方位角、工具面向角	有线测斜仪、随钻测斜仪(MWD)	几何定向控制,可控制钻进轨迹
地层地质参数	孔温、电阻率、伽玛、双补偿中子密度、方位密度、电阻率、中子等	随钻测井仪(LWD)、电磁波随钻系统(EM – MWD)、旋转导向系统(RSS)和地质导向系统(Geo – steering)	提供地层地质控制,提高遇矿率和中靶率
钻进工程参数	钻压、转速、冲洗液环空压力、泥浆比重等	电磁波随钻系统(EM – MWD)、旋转导向系统(RSS)和地质导向系统(Geo – steering)	几何定向控制、地层控制和孔底器具工况控制。提高遇矿率和中靶率,确保孔底钻具工作正常

12.5.2　有线随钻测量仪

有线随钻测量仪(Wireline MWD)是一种在钻进过程中实时监测钻孔轨迹和工具面向角的测量系统,它采用重力加速度计和磁通门磁力仪作为测量传感器,采用铠装电缆作为信号传输通道。

如图 12 – 11 所示,在探管内,沿 X、Y、Z 轴三个正交方向布置了三个加速度计,其中 Z 轴与仪器轴线重合并指向下方,X、Y 轴位于垂直于仪器轴线的平面内。当探管在钻孔中处于倾斜位置时,三个加速度传感器产生的电压输出分别正比于 G_x、G_y 和 G_z 三个重力分量。同时,沿 X、Y、Z 轴布置三个磁通门,可输出 H_x、H_y 和 H_z 三个正交方向地磁场分量,它们分别正比于三个磁通门的电压输出。

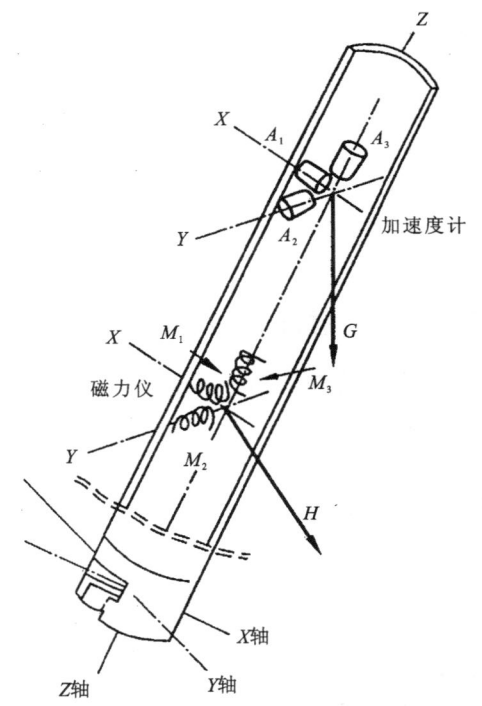

图 12 – 11　有线测斜仪的传感器分布示意图

根据重力加速度计输出的 G_x、G_y、G_z 三个重力分量和磁力仪输出的 H_x、H_y、H_z 三个地磁场分量，可算出探管所处孔身的顶角和方位角。

有线随钻测量技术具有成本低、对冲洗循环系统要求低、数据传输准确、可直接向井下供电和响应性好等优点，但电缆会影响正常钻进过程，加接钻杆耗时长。常用的有线随钻测量仪主要技术性能见表 12 – 16。

表 12 – 16　常用有线随钻测斜仪一览表

型号	主要技术指标					
	外径 /mm	顶角范围及 精度/(°)	方位角范围及 精度/(°)	工具面向角范 围及精度/(°)	最大耐压 /MPa	最高工作 温度/℃
DST	27, 32	0 ~ 180 ±0.1	0 ~ 360 ±1.5	0 ~ 360 ±1.5	100	125
LDOM	35, 45	0 ~ 180 ±0.2	0 ~ 360 ±2.0	0 ~ 360 ±2.0	70	120
ST35/45	35, 45	0 ~ 90 ±0.15	0 ~ 360 ±1.5	0 ~ 360 ±1.5	140	125
YST – 25	25	0 ~ 180 ±0.2	0 ~ 360 ±1.5	0 ~ 360 ±1.5	100	125
YST – 35	35	0 ~ 180 ±0.2	0 ~ 360 ±1.5	0 ~ 360 ±1.5	100	125
SSC	35, 45	0 ~ 180 ±0.2	0 ~ 360 ±1.5	0 ~ 360 ±1.5	140	125
ADST	35, 45	0 ~ 180 ±0.2	0 ~ 360 ±1.5	0 ~ 360 ±1.5	100 150	125 ~ 150
LHE2000	35, 45	0 ~ 180 ±0.2	0 ~ 360 ±1.0	0 ~ 360 ±0.5	100	125
PST	27	0 ~ 180 ±0.1	0 ~ 360 ±1.0	0 ~ 360 ±1.0	100	125
SST	35	0 ~ 180 ±0.3	0 ~ 360 ±2.0	0 ~ 360 ±2.0	102	125
RSS	25	0 ~ 180 ±0.3	0 ~ 360 ±2.0	0 ~ 360 ±2.0	136	125

12.5.3　泥浆脉冲式随钻测量系统

泥浆脉冲式随钻测量系统(Mud Pulse – MWD)的测量原理基本上与有线测斜仪相同。由于它不用电缆，采用泥浆作为媒介传输孔底传感器所测的参数，可节省大量加接钻杆时间。但数据传输速度较慢，且传输信号易受冲洗液排量和泥浆泵的输出波动影响。它要求冲洗液含砂量≤1%，含气量≤7%，且在欠平衡钻井条件下适用性差，不适用于空气钻进。

泥浆脉冲系统信息传输方式有压力正脉冲[图 12 – 12(a)]、负脉冲[图 12 – 12(b)]和连续波[图 12 – 12(c)]三种形式。它们的信号形成机理及工作特点如表 12 – 17 所示。

常用泥浆脉冲式随钻测量仪的技术指标如表 12 – 18 所示。

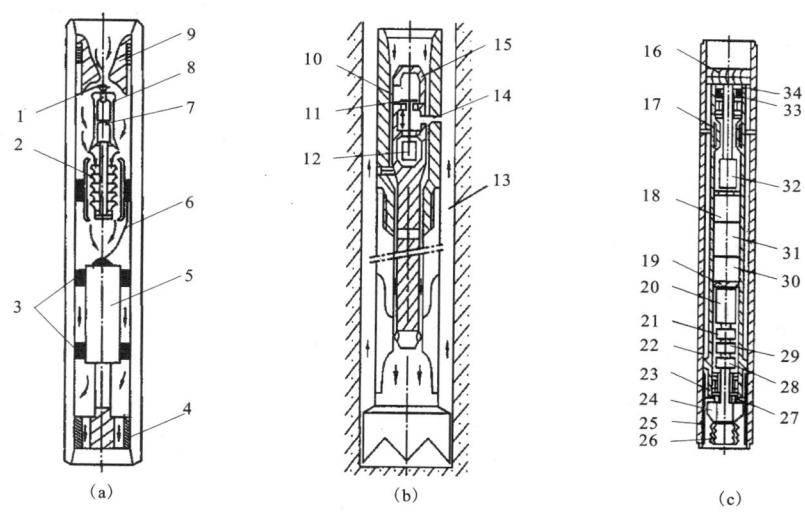

图 12 – 12　泥浆脉冲发生器结构示意图

(a)正脉冲发生器；(b)负脉冲发生器；(c)连续压力波发生器

1—阀门；2—多级涡轮；3—防振器；4—定心装置；5—发射器和传感器；6—电缆；7—发生器；8—水力放大器活塞；9—定心装置；10—水流过滤器；11—阀门；12—电力线圈；13—钻具外环空间；14—旁路阀门；15—外壳；16—定子盖板；17—衬套；18—带模数转换的传感器；19—密封隔板；20—双相电机；21—联轴节；22—接头；23—定子；24—回转阀门；25—耐磨衬套；26—膜盒；27—密封；28—弹性联轴节；29—行星齿轮减速器；30—电源块；31—发射调节器；32—发电机；33—密封圈；34—定子

表 12 – 17　三种泥浆脉冲信号的产生方式

方式	脉冲信号的形成机理	特　　点	应用程度
正脉冲	通过改变发生器中针阀与小孔的相对位置来改变流道面积，使钻柱内泥浆压力升高，形成脉冲信号	信号稳定、可靠，孔内仪器结构简单，操作、维修方便。但传输速度较慢	使用普遍
负脉冲	开启发生器泄流阀使钻柱内泥浆流到钻孔环空，引起钻柱内部泥浆压力降低，形成脉冲信号	信号稳定可靠，但对地层和零部件有冲蚀作用。仪器结构较复杂，不利于组装、操作和维修	较少使用
连续波	在脉冲发生器的转子上部安装和叶片数量相等的定子。泥浆使其旋转时，转子与定子的过流断面相对位置产生变化，形成连续的正弦压力波	传输速度高，可达 10 bit/s，操作简单，无故障时间平均可达 1000 h。结构复杂，制造难度大，商业化产品较少	较少使用

表 12 - 18　泥浆脉冲 MWD 测量仪器一览表

名称 与型号	主 要 技 术 指 标					
	外径 /mm	顶角范围 及精度/(°)	方位角范围 及精度/(°)	工具面向角范围 及精度/(°)	最大耐压 /MPa	最高工作 温度/℃
PMWD	48	0 ~ 180 ± 0.1	0 ~ 360 ± 1.0	0 ~ 360 ± 1.0	100	125
SDRI - MWD	48	0 ~ 180 ± 0.1	0 ~ 360 ± 1.0	0 ~ 360 ± 1.0	103	125
ZT - MWD	45	0 ~ 180 ± 0.1	0 ~ 360 ± 1.0	0 ~ 360 ± 1.5	104	150
YST - 48X	48	0 ~ 180 ± 0.2	0 ~ 360 ± 1.5	0 ~ 360 ± 1.5	100	125
SMWD - 1	45	0 ~ 180 ± 0.2	0 ~ 360 ± 1.5	0 ~ 360 ± 1.5	70	125
MWD - 45G	45	0 ~ 180 ± 0.2	0 ~ 360 ± 1.5	0 ~ 360 ± 1.5	100	125
HZMWD	44.5	0 ~ 180 ± 0.1	0 ~ 360 ± 1.0	0 ~ 360 ± 1.0	100	125 ~ 150
LHE6000	48	0 ~ 180 ± 0.2	0 ~ 360 ± 1.0	0 ~ 360 ± 0.5	120	125
DWD	51	0 ~ 180 ± 0.2	0 ~ 360 ± 1.5	0 ~ 360 ± 2.8	102	125
Accu - Trak	—	0 ~ 180 ± 0.2	0 ~ 360 ± 2	0 ~ 360 ± 1.0	140	125

12.5.4　随钻测井系统

随钻测井系统 LWD(Logging While Drilling) 不仅能测量钻孔的几何参数,而且能测量钻孔的地质参数,如孔温、电阻率、伽玛、声波时差、密度和补偿中子密度等。这些地质参数与几何参数在孔底一起被调制成连续的数据流信号,通过泥浆脉冲传输通道传送到地表,最后经解调后还原成所需数据。常用随钻测井系统(LWD)如表 12 - 19 所示。

表 12 - 19　常用随钻测井系统主要技术参数一览表

名称与型号	主 要 技 术 指 标					输出 地质参数
	外径 /mm	顶角量程 及精度/(°)	方位角量程 及精度/(°)	工具面向角量 程及精度/(°)	最大水压 /MPa	最高 温度/℃	
YST - 48R	48	0 ~ 180 ± 0.1	0 ~ 360 ± 1.0	0 ~ 360 ± 1.0	100	150	GAMMA
LHE6000	48	0 ~ 180 ± 0.2	0 ~ 360 ± 1.0	0 ~ 360 ± 0.5	120	125	GAMMA
ZT - DGWD	45	0 ~ 180 ± 0.1	0 ~ 360 ± 1.0	0 ~ 360 ± 1.5	N/A	150	GAMMA
ZT - LWD	45	0 ~ 180 ± 0.1	0 ~ 360 ± 1.0	0 ~ 360 ± 1.5	N/A	150	GAMMA 和 电阻率
ZT - FGM	45	配合使用*	配合使用*	配合使用*	124	125	高、低边 GAMMA
SDRI_GAMMA	45	配合使用*	配合使用*	配合使用*	103	150	GAMMA
SDRI_RES	45	配合使用*	配合使用*	配合使用*	103	150	电阻率
Baker Hughes 多路测井仪	72	0 ~ 180 ± 0.2	0 ~ 360 ± 1	0 ~ 360 ± 1	N/A	N/A	GAMMA 和电阻率

注:*指该仪器仅能测量地质参数,而几何参数需配合其他测斜仪器协同工作,精度取决于与之配合的仪器。

12.5.5 电磁波随钻测量系统

12.5.5.1 电磁波随钻测量系统(EM – MWD)信号传输原理

采用电磁波传输孔底信号是近年来发展起来的一种无线随钻测量技术。如图 12 – 13 所示,地层是具有一定电阻性的介质,相当于加载到两电极上的负载;钻柱与地层形成一个回路,使信号电流在回路中传导。因为钻柱是导电体,在钻井过程中通过泥浆或直接接触孔壁与地层连通,就像埋入地下的裸导线,钻柱中的电流在上传过程中也向地层中扩散。当电流沿钻柱扩散时,在地层中产生的电流场在地面上就会形成以钻柱为中心的同心圆状的电势(电压)场。在离钻柱一定距离处的大地上打下一个接地极,将电压测量装置跨接在钻柱与接地极之间,即可测量出以钻柱为中心的同心圆状信号辐射电压,从而获取井下上传的信号。

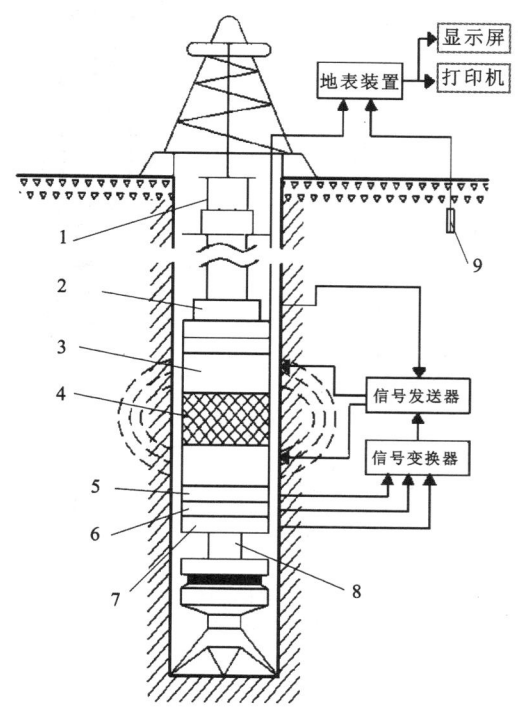

图 12 – 13 EM – MWD 的电磁信号通道示意图

1—钻井柱;2—涡轮发电机;3—井内仪器;4—电隔离器;5—方位角传感器;
6—井斜角传感器;7—高边位置传感器;8—下部钻具组合;9—接收天线

EM – MWD 的优越性:

(1)可在泥浆、气体、泡沫等任何冲洗液中使用。

（2）停钻、停泵时仍可传输孔下数据。

（3）可在滑行钻进和转盘钻进中使用（有线随钻测斜仪只能在滑行钻进中使用）。

但 EM – MWD 技术也有弱点，其信道可靠性在很大程度上受地层电阻率的影响。当地层的电阻率过大或过小时，其传递信号的能力就会相对减弱。

12.5.5.2　俄罗斯 ZTS 型 EM – MWD 系统

ZTS 型 EM – MWD 系统（图 12 – 14）包括井内仪器和地表装置两部分。其中，井内仪器设计成下部钻具组合的一部分，地表装置用来接收、分离并实时变换和记录有用信息。井内探管包括井斜传感器、方位角传感器和带正余弦回转互感器的高边位置传感器（工具面向角）。除此之外，还有信号变换器、电源（涡轮发电机）和信号发送器等。该公司提供 ϕ108 mm 和 ϕ172 mm 两种规格的产品。

ZTS 电磁波随钻测量仪主要技术参数如表 12 – 20 所示。

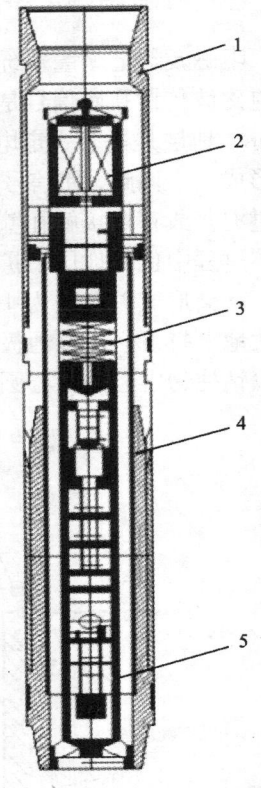

图 12 – 14　ZTS 型 EM – MWD 系统井下仪器结构

1—发电机保护罩；2—发电机；3—发送机；
4—电隔离器；5—参数测量模块

表 12 – 20　ZTS 电磁波随钻测量仪主要技术参数

参　　数	测量范围及精度	参　　数	测量范围
井斜角/(°)	0 ~ 180 ± 0.1	泵量/(L·s^{-1})	7 ~ 70
方位角/(°)	0 ~ 360 ± 1	冲洗液含砂量/%	< 3
工具面向角/(°)	0 ~ 360 ± 1	发动机大修间隔/h	> 400
地层电阻率/(Ω·m)	0 ~ 200	井下仪器外径/mm	108, 172, 195
涡轮发动机转速/(r·min^{-1})	0 ~ 3000	井下仪器长度/m	3
最大工作温度/℃	125	最大工作井深/m	3500 ~ 4000
耐压/MPa	50		

12.5.5.3　美国 Blackstar EM - MWD 系统

由美国 National Oilwell Varco 公司研制的 Blackstar EM - MWD 广泛应用于油井和煤层气井工程中。Blackstar EM - MWD 突出的特点是具有可变数据传输速率、可提供近钻头地质参数、可提供高边伽玛和低边伽玛等，因此，Blackstar EM - MWD 也可以作为一种以电磁波为信号通道的地质导向系统来使用。Blackstar EM - MWD 主要技术参数如表 12 -21 所示。

表 12 -21　Blackstar EM - MWD 主要技术参数

参数名称	数　　值
仪器长度/mm	9373
仪器外径/mm	57.15
数据速率/(bit·s^{-1})	1 ~ 6
数据刷新率(s@1baud)	18 或 3
电磁波类型	低频电磁波
输出数据	磁力/重力工具面向角、近钻头顶角、方位角、高边伽玛、低边伽玛、总伽玛、环空压力、震动、孔底钻头转速等
顶角/(°)	0 ~ 180 ± 0.2
方位角/(°)	0 ~ 360 ± 1.0
工具面向角/(°)	0 ~ 360 ± 1.5
锂电池工作时间/h	80 ~ 130
工作温度/℃	- 20 ~ 150
耐压/MPa	138
井底数据存储	可以 1SPM 的采样率存储 144 h 的环空压力、总震动和温度等数据
下行通知	开启和关闭水泵循环可改变井下工具的作业模式

12.5.6　旋转导向钻井系统(RSS)

旋转导向钻井系统(RSS)包括井下旋转导向钻井工具、测量及上行通信系统、地面监控系统和下行通信系统等。

12.5.6.1　旋转导向系统基本特征

(1)在钻柱旋转时，能够测控井斜和方位。

(2)能够通过上传信号在地面跟踪实钻井眼轨迹。

(3)能够直接下传指令调整井眼轨迹(地面干预)。

由于 RSS 钻进时具有摩阻小、钻速高、成本低、建井周期短、井眼轨迹平滑、易调控、可延长水平段长度等特点，因此被认为是现代导向钻井技术的发展方向。

12.5.6.2　旋转导向分类

按照导向方式，旋转导向系统可分为推靠钻头式（Push the Bit）和指向钻头式（Point the Bit）两种系统；按照偏置方式，可分为静态偏置式（Static bias）和动态偏置式（Dynamic bias）两种系统。综合考虑旋转导向工具的导向方式和偏置方式，按工作模式可分为静态偏置推靠式、调制式（动态偏置推靠式）和静态偏置指向式三种。

从应用情况来看，静态偏置指向式导向方式是旋转导向钻井系统的发展趋势。

12.5.6.3　典型旋转导向系统

1. Auto Trak RCLS 系统（静态偏置推靠式）

Auto Trak RCLS 系统由美国 Baker Hughes Inteq 公司研发并于 1997 年投入应用。它的井下偏置导向工具是通过上下轴承连接由不旋转外套和旋转芯轴形成的一种可相对转动结构。旋转芯轴上接钻柱、下接钻头，起传递钻压、扭矩和输送冲洗液的作用。不旋转外套上设有井下 CPU、控制部分和支撑翼肋。

如图 12 – 15 所示，当周向均布的三个支撑翼肋分别以不同液压力支撑于井壁时，不旋转外套不再随钻柱旋转。同时，井壁的反作用力将对井下偏置导向工具产生一个偏置合力。通过控制三个支撑翼肋的液压力大小，可控制偏置力的大小和方向，以控制导向钻井。液压力的大小由井下 CPU 指挥井下控制系统来调整。井下 CPU 在下井前预置了井眼轨迹数据。井下作业时可将 MWD 或 LWD 测得的井眼轨迹信息、地层信息与设计数据进行对比，自动控制液压力，也可根据接收到的地面指令调整设计参数，控制液压力，以实现导向钻进。

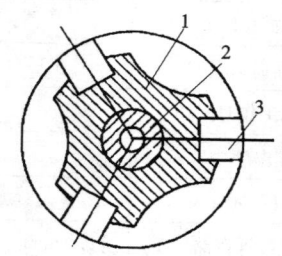

图 12 – 15　RCLS 井下偏置导向工具的导向原理示意图

1—不旋转导向套；2—与钻头连接的旋转钻柱；3—支撑翼肋

2. Power Driver SRD 系统（动态偏置推靠式）

Power Driver SRD 系统由控制部分稳定平台、翼肋支出及控制机构等组成。控制部分稳定平台内装有测量传感器、井下 CPU 和控制电路，通过上下轴承悬挂于外筒内，靠控制两端涡轮的转速使该部分形成一个不随钻柱旋转的、相对稳定的控制平台。

Power Driver SRD 系统支撑翼肋的动力来源于钻井过程中自然存在的钻柱内外冲洗液压差。如图 12 – 16 所示,有一控制轴从控制部分稳定平台延伸到下部的翼肋支出控制机构,底端固定上盘阀,由控制部分稳定平台控制上盘阀的转角。下盘阀固定于井下偏置工具内部,随钻柱一起转动,其上的液压孔分别与翼肋支撑液压腔相通。在井下工作时,由控制部分稳定平台控制上盘阀的相对稳定性;随钻柱一起旋转的下盘阀上的液压孔将依次与上盘阀上的高压孔接通,使钻柱内部的高压冲洗液通过该临时接通的液压通道进入相关的翼肋支撑液压腔,在钻柱内外冲洗液压差的作用下将翼肋支出。随着钻柱的旋转,每个支撑翼肋都将在设计位置支出,为钻头提供一个侧向力,产生导向作用。

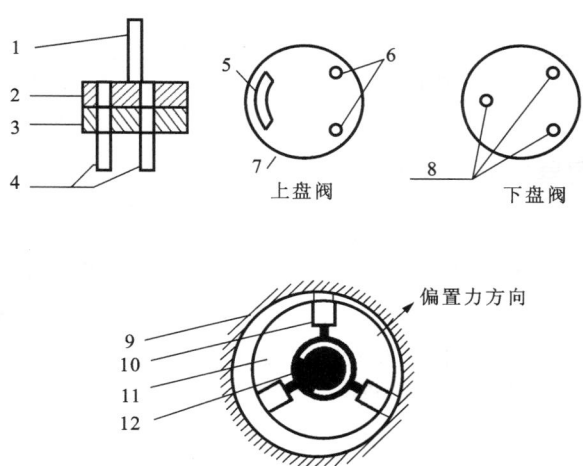

图 12 – 16　Power Drive 盘阀控制机构示意图

1—控制轴;2—上盘阀;3—下盘阀;4—液压通道通翼肋支持液压腔;5—高压孔;6—低压孔;7—翼肋;8—液压孔三通支持液压腔;9—井段;10—支持翼肋;11—井下偏置导向工具;12—钻柱内

3. Geo Pilot 系统(静态偏置指向式)

Halliburton Sperry – Sun 公司研发的 Geo Pilot 旋转导向钻井系统(图 12 – 17)是一种不旋转外筒式导向工具。Geo Pilot 旋转导向钻井系统不是靠偏置钻头进行导向,而是靠不旋转外筒与旋转芯轴之间的一套偏置机构使旋转芯轴偏置,始终将旋转芯轴向固定方向偏置,为钻头提供一个方向固定的倾角。

必须指出,近年来我国在旋转导向工具研究方面也取得了一些实质性进展。2005 年由中国石油天然气集团公司和西安石油大学牵头开发了一套旋转导向钻井系统。

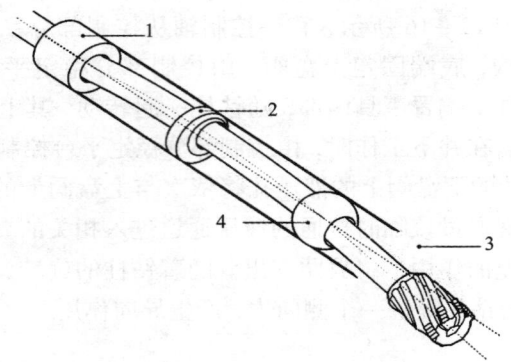

图 12 - 17　Geo Pilot 井下偏置导向机构示意图

1—悬臂轴承；2—偏心环组；3—运动范围；4—焦点轴承

12.5.7　地质导向钻井系统

12.5.7.1　地质导向系统基本特征

地质导向钻井系统(Geo - steering Drilling System)集所有测井方法的优点于一身，可根据地层条件决定钻进轨迹，是实现高效钻井、保证较高遇矿率的高新技术装备，也是当前钻井技术发展的前沿成果。

地质导向系统在随钻测井的过程中不但能测量钻井几何轨迹参数(顶角、方位和工具面向角)，而且能及时获取所钻地层的地质参数(如补偿双侧向电阻率、自然伽玛、方位中子密度、声波、补偿中子密度、地层渗透率、地层倾角)和工程参数(孔底泥浆压力、钻头转速、钻压等)。地质导向钻井系统测井的基本特征是：

(1)采用无线方式(泥浆脉冲或电磁波)传输孔底信号至地表，单向或双向通信，可实现连续井眼轨迹控制，减少起下钻次数。

(2)在第一时间内提供近钻头地层地质参数，获知所钻地层的状况，使井眼保持在矿层内。

(3)测量伽玛曲线能进行地层对比；双伽玛曲线可判断是否钻穿矿层顶、底板。

(4)电阻率测量能进行地层对比和确定矿层界面。

(5)具有随钻辨识矿层、导向功能强的特点，可提高矿层的钻遇率和采收率。

12.5.7.2　CGDS - 1 地质导向钻井系统

中国石油勘探开发院钻井所研发的 CGDS - 1 地质导向钻井系统由 CGMWD 无线随钻测量仪、CAIMS 测传马达、CFDS 地面信息与决策软件包三部分组成(图

12 - 18）。总体技术指标为：井眼直径 216～244 mm，造斜能力为中、长半径，信号传输深度为 4500 m，最高工作温度 125℃，数据传输速度 5 bits/s，连续工作时间不小于 200 h，具备近钻头参数测量功能。

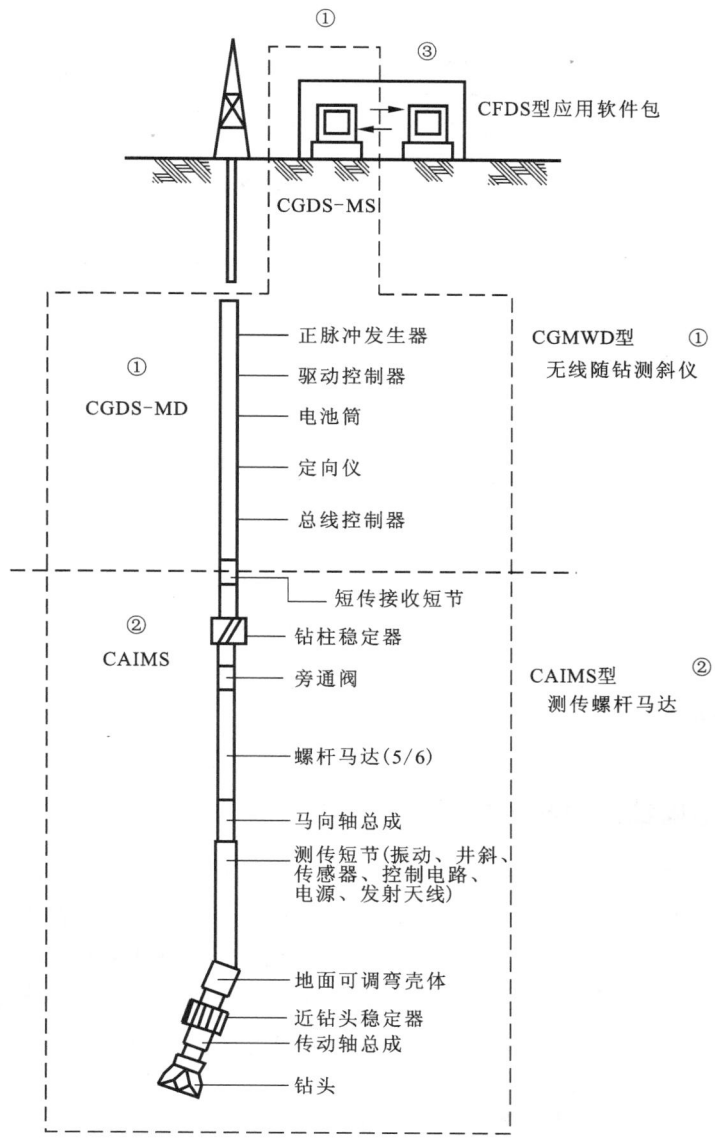

图 12 - 18　CGDS - 1 地质导向测井系统的基本组成

CGDS - 1 地质导向钻井系统研制从 1999 年 5 月正式启动，先后进行了 20 余口井的部件和整体现场实验，系统不断得到改进和完善，于 2005 年底由中国石油集团钻井工程技术研究院北京石油机械厂正式生产并实现商用。

CGMWD 的性能参数指标见表 12 - 22。

表 12 - 22　CGMWD 无线随钻测量仪主要参数与性能指标

项　目	测量范围	精　度	灵敏度
方位角/(°)	0 ~ 360	井斜角 0 ~ 3 时，±2 井斜角 3 ~ 6 时，±1.5 井斜角大于 6 时，±1.0	0.1
井斜角/(°)	0 ~ 180	±0.15	0.1
工具面向角/(°)	0 ~ 360	±0.15	1.5
温度特性/℃	0 ~ 150	±2.5	—
抗震性	20 g(200 m/s^2) 随机的 5 ~ 1000 Hz		
抗冲击	500 g(4900 m/s^2)1 ms 半正弦		
耐压/MPa	140		
最大工作温度/℃	150		
最大含砂量/%	1		
最大工作压力/psi	20000		
最大狗腿度/[(°)·(30m)$^{-1}$]	10(旋转)，20(滑动)		
最大钻头压降	不限		

注：1 psi = 6.8947 kPa。

12.5.8　定向钻进中靶导向系统

由于高精度 MWD 本身也存在系统误差，而且其偏移误差是一个累计值，因此，有线或无线 MWD 用于施工两孔或多孔对接时，很难保证较高的中靶率。为此，美国 Vector Magnetic LCC 公司开发了旋转磁测量系统 RMRS(Rotary Magnetic Ranging System)；中国地质科学院勘探技术研究所于 2009 年成功研制出"慧磁"定向钻进中靶导向系统(SmartMag Drilling Target - Hitting Guide System)。两者均采用了主动旋转磁场测距原理，在钻进过程中借助人工营造的磁场作为信标进行定向测量，最终测出钻头与靶点之间的相对空间位置关系，从而指导钻进准确进入靶区。

"慧磁"定向钻进中靶导向系统的测距原理如图 12 - 19 所示。它由旋转磁接头、探管、地面机和电脑等组成。磁接头安装在钻头和螺杆马达之间，由螺杆钻

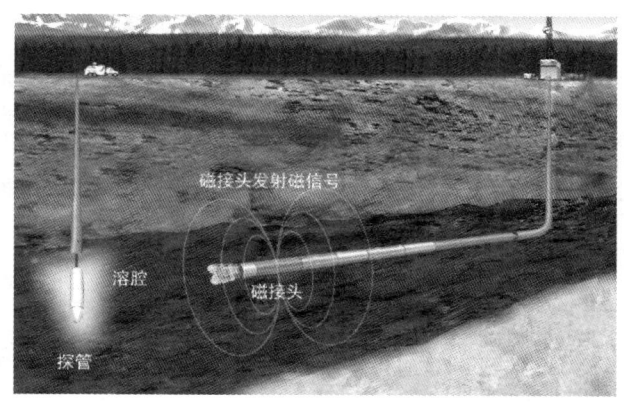

图 12 −19 "慧磁"定向钻进中靶导向系统原理图

具带动与钻头一起旋转，产生一个动态旋转磁场。在靶点处设置的三分量磁传感器采集磁场的波样，并传输到地面。地面机收到磁测数据后将数据传至电脑，采用专业软件对磁场进行解析计算，得出钻头相对靶点的方位角、顶角和距离这三个关键值，为下一步调整钻进方向提供依据，引导钻进准确地进入靶点。"慧磁"定向钻进中靶导向系统的性能指标见表 12 −23。

表 12 −23 "慧磁"定向钻进导向系统技术参数

项　目	参　数
测量孔深/m	不小于3000
测量距离/m	不小于80
探管外径/mm	42
探管长度/cm	180
适用井温/℃	125
抗压/MPa	50

12.6　常见事故预防与处理

12.6.1　钻具事故预防与处理

定向钻进钻具常见事故产生原因、预防措施及处理方法见表 12 −24。

表 12 - 24　定向钻进钻具常见事故产生原因、预防措施及处理方法

事故现象	产生原因	预防措施	处理方法
钻杆在造斜孔段折断	(1)造斜率过大 (2)过于频繁地往反方向调整 (3)修孔作业不到位 (4)在稳斜阶段钻速太高，钻压过大，形成钻具阻力大	控制造斜率；避免频繁地往反方向调整顶角和方位角；造斜结束后，采用专用修孔钻具修磨孔壁，使粗径钻具能顺利通过；采用低钻速、轻钻压稳斜钻进	采用公锥或母锥打捞折断钻杆；套铣后打捞钻杆；在无法打捞出钻杆或钻具的情况下，可放弃丢失的钻杆及钻具，钻分支孔重新钻进
键槽卡钻	造斜强度过大致使软地层局部形成"狗腿"(图 12 - 20)；稳斜钻进时，由于提钻时侧向力的作用，钻杆在"狗腿"处卡入键槽，并越卡越深，产生键槽卡钻	控制造斜强度，减少钻柱对孔壁的侧向力。深孔钻进用加重钻杆进行减压钻进，避免形成"狗腿"；造斜结束后，往返扩孔使弯曲段变得平缓，减少狗腿严重度	可用带钻铤的长岩心管钻具扫除键槽；或用带反钻头或铣刀式异径接头的钻具钻进，提钻时如遇键槽阻卡，开钻向上扫孔，消灭键槽
压差卡钻	(1)长距离水平钻进中，钻柱与孔壁长时间滑动而不转动 (2)泥皮质量差，厚度大 (3)大径钻铤外表光滑，未装稳定器，与孔壁接触面积大 (4)长时间钻柱静止，且不循环冲洗液(图 12 - 21)	采用低固相冲洗液或油基冲洗液；用加重钻杆代替钻铤，或使用钻铤扶正器；在定向钻进时经常活动钻杆；有条件时，采用旋转导向系统(RSS)	立即提钻。如果提钻不能解卡，则应在冲洗液中加入一些原油、柴油或专用解卡剂，渗入泥皮，使泥皮裂解，降低作用于钻柱上的静压力。如果是油井，则要防止井涌，并将防喷器关闭

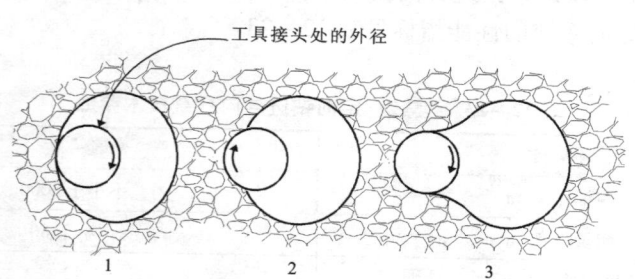

图 12 - 20　"狗腿"处键槽形成过程的示意图

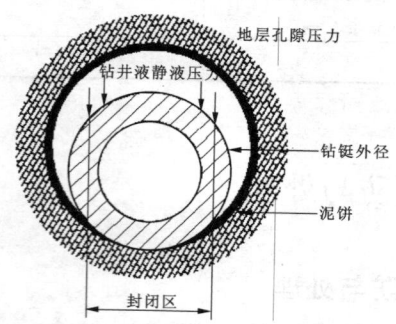

图 12 - 21　造成钻铤卡钻的压差条件

12.6.2　偏心楔事故预防与处理

偏心楔常见事故产生原因、预防措施及处理方法见表 12 – 25。

表 12 – 25　偏心楔常见事故产生原因及处理方法

事故现象	产生原因	预防措施和处理方法
偏心楔脱落掉入孔内	与钻杆连接螺钉强度不够，下放时遇障碍物被卡住，提动时铆钉或螺钉被剪断	根据偏心楔上部的结构形式，选择公锥或母锥打捞，也可用钻杆直接打捞
定向发生偏移	因孔壁松软或破碎，偏心楔与孔壁卡固不牢，偏心楔产生角位移	将偏心楔提离孔底，重新选择合适孔段下偏心楔、定向和固定
楔面破坏	导斜钻具过长，或使用硬度过大的合金导斜钻具	采用优质钢制作实心楔；沿楔面钻进时，采用低钻压、慢转速导斜钻进工艺，采用短粗径导斜钻具；采用金刚石导斜钻具钻进(图 12 – 22)
导斜孔折回原钻孔	由于偏心楔下部岩层松软破碎或有溶洞，使得钻孔顶角迅速下垂	应重新选择较为完整的岩层孔段设置偏心楔
"狗腿"急弯导致钻杆折断	造斜率过大	每次造斜钻进结束后，采用专用钻具扫孔，修磨孔壁，直到钻具顺利通过为止

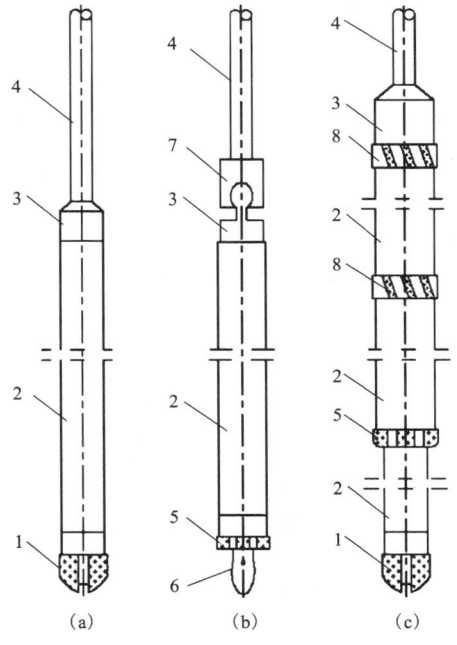

(a)　　　(b)　　　(c)

图 12 – 22　金刚石导斜钻具

(a)沿楔面钻导向孔的导斜钻进钻具；(b)沿楔面扩孔用的导斜钻进钻具；(c)多功能导斜钻进钻具

1—锥形不取心金刚石钻头；2—短岩心管；3—异径接头；4—钻杆；5—厚壁扩孔钻头；6—导向杆；7—万向节；8—扩孔器

12.6.3　连续造斜器事故预防与处理

连续造斜器常见事故、产生原因、预防措施及处理方法见表12-26。

表 12-26　连续造斜器常见事故产生原因及处理方法

事故现象	产生原因	预防措施及处理方法
工具面向角发生改变，造斜达不到预期效果	定子与孔壁的卡固力不够，定子产生转动	降低冲洗液固相含量。造斜2~3回次后拆开造斜器检查；更换轴承和密封件
滚轮或撑块过度磨损或坠入孔内	滚轮不转，撑块卡死不缩回，过度磨损导致损坏	打捞并维修
传压弹簧和复位弹簧损坏致使连续造斜器无法工作	超寿命使用或钻压过大	更换传压弹簧和复位弹簧
转子轴折断	超时工作或钻压过大	更换转子轴
造斜未能取得预期效果	定向错误，如定向仪失灵，定向仪没有入键；操作失误使已定好向的工具面改变	用加长粗径钻具进行导直钻进，使钻孔恢复到造斜前的顶角值，重新下连续造斜器定向和造斜

12.6.4　螺杆马达事故预防与处理

螺杆马达常见事故产生原因及处理方法见表12-27。

表 12-27　螺杆马达常见事故原因、预防措施及处理方法

事故现象	产生原因	预防措施及处理方法
泵压突然升高	马达失速	将钻头提离孔底，压力降至正常的循环压力，逐步加钻压，压力又随之逐步升高，可确认为失速问题
	零件卡死或钻头水眼堵塞	将钻头提离孔底，压力表读数仍很高，可能是某部位卡死或堵塞，应该提出钻具检查或更换
	马达卡死	提出钻具，清除堵塞物
	万向节损坏	提出钻具，更换万向节
	轴承损坏	提出钻具，更换轴承短节
泵压缓慢升高	钻头水眼堵塞	把钻具提离孔底，如果压力仍高于循环压力，可试着改变循环流量或上下移动钻杆，如无效，可能是水眼堵塞，应提钻检查或更换
	钻头磨损	将钻头提离孔底，压力下降至正常的循环压力，继续加压但仍无进尺，可能是钻头磨损，只能更换钻头
	地层变化	把钻具稍提起，如果压力与循环压力相同，则可继续工作
泵压缓慢降低	泥浆流量变小	检查泥浆泵流量
	钻杆损坏	稍提钻具，如压力表读数仍低于循环压力，可能是钻柱刺穿，应将钻柱提出钻孔进行检查

续表 12 - 27

事故现象	产生原因	预防措施及处理方法
没有进尺	地层变化	适当改变钻压和循环流量(注意两者都必须在允许范围内)
	钻压不合适	将钻具提离孔底,检查循环压力,从小钻压开始,逐步增大钻压
	旁通阀关闭	压力表读数偏低,稍提起钻具,启、停泥浆泵数次仍无效,则需要提出钻孔更换检查旁通阀
	螺杆钻具故障	常伴有压力波动,稍提起钻具压力波动变小,取出钻具,检查更换
	钻头磨损	更换新钻头
无法启动但不憋泵	旁通阀堵塞	提钻清除杂物
	泵量不足	加大泵量
	钻柱有渗漏	提钻检查
无法启动且憋泵	岩粉经旁通阀堵死进水口	提钻清除螺杆马达上部进水口的岩粉,在孔口确认能顺利启动才能重新下钻
	下钻时泥沙堵死进水口	提钻清除螺杆马达上部进水口的岩粉,在孔口确认能顺利启动才能重新下钻。下钻速度控制在 10 m/min 为宜

12.6.5　仪器孔内事故预防与处理

仪器孔内常见事故产生原因及处理方法见表 12 - 28。

表 12 - 28　仪器孔内常见事故产生原因及处理方法

事故现象	产生原因	处理方法
测量仪器误差过大	仪器测量精度降低	工地校准或工厂校准
	受邻近物件的磁干扰,如无磁钻杆被磁化等	选用未被磁化的无磁钻杆或退磁。选用具有足够长度的无磁钻杆
	仪器探管在孔内悬摆的位置与角度不当	探管下接一根长度为 1 m 左右的加重杆,尽量使探管外径与孔径之间的间隙小
	孔内温度超过探管能承受的工作温度	采用保温筒进行隔热
探管落入孔内	操作不当;探管接头被腐蚀;电缆断裂	下入取心钻具(单层岩心管),套住探管钻进 1 m 左右投长料,将岩心和探管一起捞上来
电缆和探管被卡或埋在孔内	岩粉掩埋	采用内丝钻杆或绳索取心钻杆解脱:将电缆保持绷紧状态,下放钻杆到被卡部位之上 1~3 m,用泥浆泵送水冲洗,同时拉动电缆进行解脱
	掉块,塌孔或孔身缩径	采用钻杆穿心法解卡(图 12 - 23)或旁开式测井仪打捞筒(图 12 - 24)打捞。如打捞失败,将电缆拉断,下取心钻具钻进 1 m 左右投长料捞取
电缆断于孔内	探管或电缆在孔内被卡,被强行拉断	采用内钩捞绳器或外钩捞绳器打捞
附件落入孔内	扶正器、扶正器弹簧片等坠入孔内	可下取心钻具钻取、下打捞筒打捞或下专用淘洗工具解卡

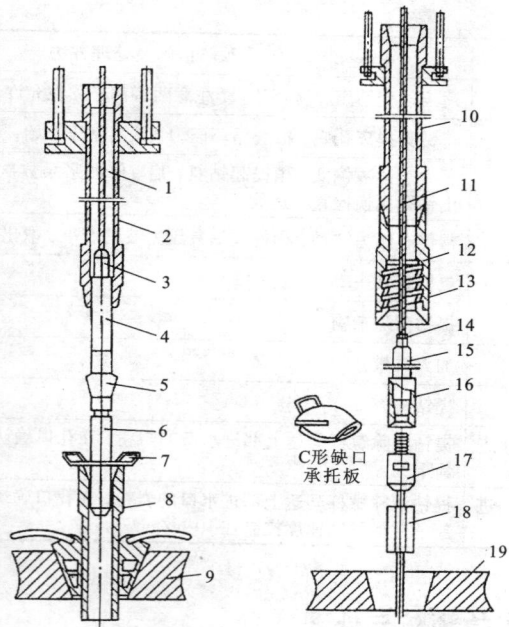

图 12 − 23　钻杆穿心打捞示意图

1—上部电缆；2—钻杆立柱；3—绳帽；4—加重杆；5—矛形头卡瓦打捞接头；6—带矛形的绳帽；7—C 形缺口承托板；8—坐于井口的钻杆；9—转盘；10—钻柱；11—上部电缆；12—托环；13—仪器打捞筒可接套铣筒；14—上部绳帽；15—加重杆；16—带卡瓦的矛形头打捞接头；17—带矛型头的绳帽；18—O 形卡紧板下部电缆；19—转盘

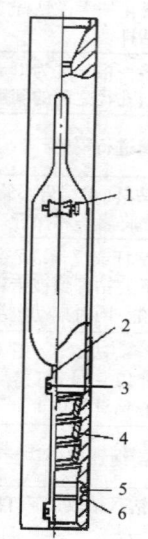

图 12 − 24　旁开式测井仪打捞筒

1—滚轮；2—侧板；3—固定螺钉；
4—螺旋卡瓦；5—卡瓦锁环；6—控制螺钉

第 13 章　钻孔冲洗

13.1　钻孔冲洗基础理论

钻孔冲洗是指流体介质在泵的作用下形成钻孔内和地面的连续循环过程。这种流体介质称为冲洗液，俗称泥浆。在石油钻井行业称为钻井液。冲洗液的主要功能包括：清洁孔底、携带和悬浮岩屑、冷却钻头、润滑钻具、保护孔壁、控制地层压力、传递水动力和传递孔内测试信息等。冲洗液应不损害钻探人员健康，不腐蚀钻具和地面的循环设备，不污染岩心和环境。

13.1.1　冲洗液胶体化学基础

13.1.1.1　主要黏土矿物的晶体构造和特点

常见的黏土矿物主要有四种：高岭石、蒙脱石、伊利石和海泡石。

1.黏土矿物的两种基本构造单元

1）硅氧四面体

硅氧四面体是指由一个中心硅原子与四个等距离氧原子（或氢氧）形成的四面体[图 13 - 1(a)]。众多硅氧四面体排列成六角形晶片[图 13 - 1(b)]。

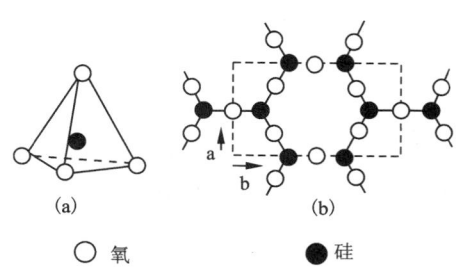

○ 氧　　　● 硅

图 13 - 1　硅氧四面体

2）铝氧八面体

铝氧八面体是指铝（或镁）原子居于中间，六个氧和氢氧位于四周，形成正八面体[图 13 - 2(a)]。图 13 - 2(b)是铝氧八面体的片状构造。

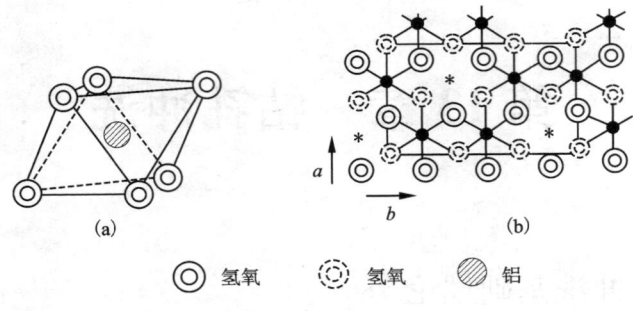

◎氢氧　　　◌氢氧　　　▨铝

图 13 – 2　铝氧八面体

2. 四种黏土矿物晶体的构造与特点

1）高岭石（Kaolinite）

高岭石的晶体构造由一个硅氧四面体晶片和一个铝氧八面体晶片组成，故也称为 1∶1 型黏土矿物。高岭石晶层之间联结紧密，分散度低且性能比较稳定，几乎无晶格取代现象，阳离子交换容量小，水分子不易进入，水化性能差，造浆性能不好，不是配制冲洗液的好材料。

2）蒙脱石（Montmorillonite）

蒙脱石晶体构造由两层硅氧四面体和夹在它们中间的一层铝氧八面体组成，故也称为 2∶1 型黏土矿物。蒙脱石晶层之间以分子间力连接，连接力弱，水分子容易进入两个晶层之间发生膨胀，水化分散性能较好。最为重要的是由于晶格取代大，能吸附较多的阳离子，有较强的离子交换能力，是配制冲洗液的优质材料。

3）伊利石（Illite）

伊利石的晶体构造和蒙脱石相类似，不同之点在于伊利石的硅氧四面体中有较多的硅被铝取代，所产生的负电荷主要由 K^+ 来平衡。由于 K^+ 正好镶嵌在硅氧四面体形成的六角环空穴中，K^+ 连接非常牢固，使各晶层间拉得较紧，水分子不易进入晶层，水化作用仅限于表面。因此，它是不易膨胀的黏土矿物。

4）海泡石（Sepiolite）

海泡石族矿物包括海泡石、凹凸棒石、坡缕缟石。其晶体构造通常为纤维状。由于这种矿物具有特殊的晶体构造，因而它的物理化学性质也和其他黏土矿物有显著的不同。颗粒形状不是片状而是纤维状或棒状，含有较多的吸附水，具有较高的热稳定性、良好的抗盐性。因此，它是配制盐水冲洗液和抗高温冲洗液的优质材料。

13.1.1.2　吸附作用

物质在两相界面上自动浓集的现象，称为吸附。吸附是可逆过程，其逆过程称为脱附。吸附是冲洗液中最常见的现象。

1. 物理吸附和化学吸附

由范德华力引起的吸附称为物理吸附，这类吸附一般没有选择性，吸附热较小，也容易脱附。由化学键力产生的吸附叫化学吸附，这类吸附具有选择性，吸附热比较大，不容易脱附。表 13 – 1 列出了这两类吸附的特点。

表 13 – 1　物理吸附和化学吸附的特点

吸附类型 比较项目	物理吸附	化学吸附
吸附力	范德华力	化学键力
吸附热	较小，近于液化热	较大，近于反应热
选择性	无选择性	有选择性
分子层	单或多分子层	单分子层
吸附速度	较快，不受温度影响，故不需活化能	较慢，温度升高速度加快，故需活化能

2. 离子交换吸附

离子交换吸附是一种离子被吸附的同时从吸附剂表面顶替出等当量的带相同电荷的另一种离子的过程。离子交换吸附具有下列特点：离子吸附平衡是动态平衡；同电性离子等电量交换；不同离子吸附的强弱不同，离子的价越高，吸附越强，即交换到吸附剂表面的能力越强。

3. 黏土的阳离子交换容量

黏土的阳离子交换容量是指 pH 等于 7 的条件下，黏土所能吸附的阳离子的总量。阳离子交换容量以每 100 g 干黏土所吸附的阳离子的毫摩尔数来表示。符号为 CEC（Cation Exchange Capacity）。当黏土在水中分散时，这些被吸附阳离子要从黏土颗粒表面扩散使黏土表面带负电，因此，通过离子交换吸附的方法测定黏土阳离子交换容量，可以了解黏土颗粒表面所带电荷数量、黏土的类型（钙土、钠土或其他土）、吸附处理剂的能力等。影响黏土阳离子交换容量的因素为黏土的本性、黏土颗粒的分散度、分散介质的酸碱度等。

13.1.1.3　黏土水化作用

黏土的水化作用是指黏土颗粒表面吸附水分子，使黏土表面形成水化吸附膜，黏土晶层间的距离增大，产生膨胀以致分散的作用。它是影响水基冲洗液性能和孔壁稳定的重要因素。

黏土水化的主要原因如下：

（1）表面水化：黏土颗粒与分散介质水之间存在着界面，黏土颗粒直接吸附水分子到自己的表面，造成的水化现象叫表面水化。

（2）渗透水化：黏土晶层之间吸附的阳离子浓度大于溶液内部的浓度，产生渗透压，水发生浓差扩散，进入层间，增加层间距，形成扩散双电层，水的这种扩散程度受电解质浓度差的控制，由低浓度向高浓度运移所产生的水化现象叫渗透水化。

（3）毛细水化：在毛细作用下水分子进入黏土晶层，引起的黏土水化。

13.1.1.4 黏土颗粒悬浮稳定性

冲洗液作为一种多相分散体系，其中颗粒悬浮稳定性是指能长期保持其分散状态，各微粒处于均匀悬浮状态而不破坏的特性。黏土颗粒悬浮的稳定性有两种：

1）沉降稳定性

指分散相颗粒在重力作用下是否容易下沉的性质。颗粒沉降决定于重力和下降阻力的关系。影响因素包括分散相颗粒大小（分散度）、分散相、分散介质密度差和分散介质黏度等。

2）聚结稳定性

指分散相颗粒是否容易自动聚集变大的性质。黏土颗粒间的范德华力和静电斥力影响聚结稳定性。聚结的结果是造成沉降（即破坏沉降稳定性）或引起絮凝，形成凝胶，导致分散体系失去聚结稳定性。冲洗液保持聚集稳定性的决定因素包括：

（1）黏土颗粒的扩散运动。颗粒比表面越大，扩散作用越大；

（2）双电层 ζ 电位的大小。ζ 电位越大，体系越稳定；

（3）颗粒表面的保护层作用。指吸附各类有机处理剂而形成的包被作用；

（4）溶剂化层水化膜的阻力作用。

13.1.1.5 黏土—水界面扩散双电层

从黏土胶团结构可知，吸附在黏土胶粒表面上的 K^+、Na^+、Ca^{2+}、Mg^{2+} 等正离子既受到黏土表面电荷的吸引，又有向溶液内部扩散的能力。这两种相反作用的结果，使反离子分布在黏土胶粒周围，构成了扩散双电层（图 13 – 3）。当黏土胶粒运动时，界面上的吸附溶剂化层随着一起运动，与外层错开。吸附溶剂化层与外层错开的界面称为滑动

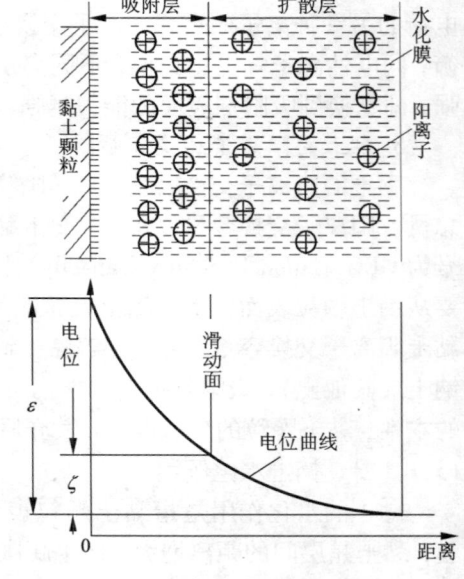

图 13 – 3 黏土颗粒的扩散双电层

面，内层为吸附层，外层称扩散层。从吸附溶剂化层界面（滑动面）到均匀液相内的电位称电动电位（ζ 电位）。从胶粒表面到均匀液相内的电位称为热力学电位（ε）。ζ 电位的大小表示黏土胶粒间斥力的大小，ζ 电位越大，黏土颗粒越不易凝

结,容易保持稳定的分散状态。一般钙膨润土浆 ζ 电位为 $-20\ mV$ 左右,钠膨润土浆为 $-50\ mV$ 上下。

13.1.2　冲洗液流变特性

冲洗液流变特性是指在外力作用下冲洗液发生流动和变形的特性。由于冲洗液的组成不同,其流动和变形所遵循的规律需采用不同的流变方程(或称流变模式)来描述,不同流变方程中的特性参数(或称流变参数)也不相同。冲洗液的流变参数对于计算冲洗液流动时的压力损失、起下钻时的压力激动、岩屑的升举、钻头水马力等是十分重要的。

13.1.2.1　基本流体与流变模式

1.基本流体

按照流体流动时剪切应力与剪切速率之间的关系,流体分为牛顿流体和非牛顿流体。根据所测出的流变曲线形状不同,又可将非牛顿流体分为塑性流体、假塑性流体和膨胀流体,对应的流变曲线如图 13 − 4 所示。目前地质钻探中广泛使用的冲洗液多数为塑性流体和假塑性流体。膨胀流体在冲洗液中应用比较少见。

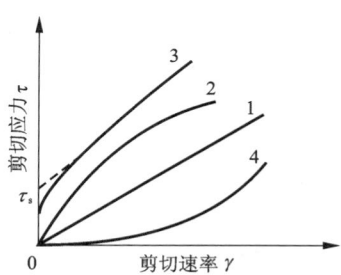

图 13 − 4　四种基本流体的流变曲线
1—牛顿流体;2—假塑性流体;
3—塑性流体;4—膨胀流体

2.基本流变模式

表示各种冲洗液剪切应力与剪切速率关系的数学表达式称为流变方程。习惯上称为流变模式。常用的流变模式有:

1)牛顿模式

$$\tau = \eta \cdot \gamma \tag{13−1}$$

式中:τ 为剪切应力,Pa;η 为牛顿黏度,Pa·s 或 mPa·s;γ 为剪切速率,s^{-1}。

牛顿流体流动时遵守牛顿内摩擦定律,牛顿黏度不随切应力或剪切速率的变化而变化,是个常量。

2)宾汉模式

$$\tau = \tau_b + \eta_p \gamma \tag{13−2}$$

式中:η_p 为塑性黏度或宾汉黏度,Pa·s 或 mPa·s;τ_b 为动切力或屈服值,Pa。

3)幂律模式

$$\tau = K\gamma^n \tag{13−3}$$

式中:n 为流性指数;K 为稠度系数,Pa·s^n(mPa·s^n)。

4)卡森模式

$$\tau^{1/2} = \tau_c^{1/2} + \eta_\infty^{1/2} \gamma^{1/2} \tag{13−4}$$

式中：τ_c 为卡森动切力（又称卡森屈服值），Pa；η_∞ 为卡森黏度（又称极限高剪切黏度），Pa·s 或 mPa·s。

将（13－4）中每一项分别除以 $\gamma^{1/2}$，可得卡森模式的另一表达式：

$$\eta^{1/2} = \eta_\infty^{1/2} + \tau_c^{1/2} \gamma^{-1/2} \tag{13-5}$$

实际应用表明，在中等和较高的剪切速率范围内，幂律模式和宾汉模式均能较好地表示冲洗液的流动特性，得到了比较广泛的应用。卡森模式是经验方程，用于低剪切速率或极高剪切速率都有较好的准确性。

13.1.2.2　基本流变参数及其计算

1. 静切力 τ_s

静切力是指流体开始流动时的最小剪切应力值。主要影响因素有：黏土含量和分散度，黏土颗粒的 ζ 电位和吸附水化膜的性状和厚度等。以静止 10 s 和静止 10 min 切力表示，单位为 Pa。静止 10 s 测得的静切力称为初切力，静止 10 min 测得静切力称为终切力。

2. 动切力 τ_0

动切力是指流体在层流流动时黏土颗粒之间及高分子聚合物之间的相互作用力，即形成空间网架结构能力的强弱。冲洗液固相含量越大、分散度越高，τ_0 则越大；若使用的处理剂能阻止网架结构的形成或削弱网架结构，则 τ_0 减小；若是增强网架结构，则 τ_0 增大。动切力的计算公式为：$\tau_0 = 0.511(\theta_{300} - \eta_p)$，单位为：Pa。

3. 表观黏度 η_a

表观黏度又称视黏度或有效黏度。它是指在某一剪切速率下，用剪切速率去除相应的剪切应力所得的商。塑性流体的表观黏度等于塑性黏度与由动切力和剪切速率所决定的这部分黏度之和，即：$\eta_a = \eta_p + \tau_0/\gamma$。由此可见冲洗液的表观黏度是变化的，为此，API 标准规定将范式黏度计 600 r/min 时读数的半值作为冲洗液的表观黏度，即：$\eta_a = \theta_{600}/2$，mPa·s。

4. 塑性黏度 η_p

塑性黏度是反映冲洗液中网架结构的破坏与恢复处于动平衡时，悬浮粒子之间、悬浮粒子与液相之间、以及连续液相的内摩擦力。影响塑性黏度的主要因素是固相含量，固相含量越高，塑性黏度越大。此外，黏土的分散度和增黏剂对塑性黏度也有影响。塑性黏度的计算公式为：$\eta_p = \theta_{600} - \theta_{300}$，mPa·s。

5. 漏斗黏度

采用漏斗黏度计测定流出一定体积（例如 500 mL）冲洗液所经历的时间（s）。这个泄流时间可以作为一定条件下表观黏度的量度。它既能反应冲洗液黏度的变化，又因其简便、直观、实用而被施工现场广泛使用，作为冲洗液黏度的衡量指标。漏斗黏度计的主要问题是不能在某一固定的剪切速率下进行黏度的测量。因而使漏斗黏度不能像旋转黏度计测得的数据那样作数学处理，也无法与其他流变参数进行换算。

6. 稠度系数(K)和流性指数(n)

稠度系数反映冲洗液的稀、稠程度，与冲洗液的固相含量及其分散度有关；而流性指数则反映构成幂律流体黏度的方式，反映流体的非牛顿性质的强弱。其中，流性指数的计算公式为：$n = 3.322 \lg(\theta_{600}/\theta_{300})$，稠度系数的计算公式为：$K = 0.511\theta_{300}/511^n$。

13.1.3　冲洗液水力计算

冲洗液的循环路径是沿钻杆被泵入孔内，再沿钻杆与孔壁的环空上返到地面。冲洗液在孔内的流动包括在钻杆内的流动（管流）、环空内的流动（环空流）和钻头水眼射流（牙轮钻头）或唇面散流（金刚石钻头）。其中，管流和环空流与携带岩屑和孔壁稳定相关，钻头水眼射流和唇面散流与水力破岩和岩心保护相关。

13.1.3.1　钻杆内与环空内的层流

一个流体的流动是层流还是紊流，可依据雷诺数来判定。雷诺数是一个决定于流速、黏度、密度和管道几何尺寸的无因次量，用下式表示：

$$Re = \frac{\rho D \bar{\nu}}{\eta_e} \tag{13-6}$$

式中：η_e 为当量黏度，$Pa \cdot s$；D 为计算直径，m；ρ 为冲洗液密度，kg/m^3；$\bar{\nu}$ 为平均流速，m/s。

对于牛顿流体，$\eta_e = \eta_n$，雷诺数可方便地求出。当 Re 小于 2100 时，为层流；当 Re 等于或大于 2100 时，一般的工程计算中都认为是紊流。故 2100 称为临界雷诺数。实际上，从层流向紊流的转变，并不是突然发生的，一般有一个过渡区，其雷诺数范围一般为 2100~4000。

13.1.3.2　钻杆内与环空内的紊流

牛顿流体的紊流判据也被应用于非牛顿流体的流动。不过在应用式(13-6)计算雷诺数时，当量黏度应按下述方式求得：即令非牛顿流体流动与牛顿流体流动的层流压力降相等。这样，非牛顿流体也可以仿照牛顿流体的方式，把当量黏度表达为：

$$\eta_e = \frac{\tau_\omega}{r_n} \tag{13-7}$$

把 τ_w 值代入上式，即可求得不同流体的当量黏度公式：

宾汉流体的流动：

$$\eta_e = \eta_b \cdot \frac{2}{2 - 3\phi + \phi^3} \text{（环空流）} \tag{13-8}$$

$$\eta_e = \eta_b \cdot \frac{3}{3 - 4\phi + \phi^4} \text{（管流）} \tag{13-9}$$

卡森流体的流动：

$$\eta_e = \eta_c \cdot \frac{1}{1 - 2.4\phi^{\frac{1}{2}} + 1.5\phi - 0.1\phi^3} \text{（环空流）} \tag{13-10}$$

$$\eta_e = \eta_c \cdot \frac{21}{21 - 48\phi^{\frac{1}{2}} + 28\phi - \phi^4} \text{（管流）} \tag{13-11}$$

幂流流体的流动：

$$\eta_e = Kr_n^{n-1} \left(\frac{2n+1}{3n} \right)^n \text{（环空流）} \tag{13-12}$$

$$\eta_e = Kr_n^{n-1} \left(\frac{3n+1}{4n} \right)^n \text{（管流）} \tag{13-13}$$

式中：τ_ω 为壁面处的剪应力，Pa；r_n 为牛顿流体在壁面上的剪率，s^{-1}；η_b 为宾汉塑性黏度或宾汉黏度，$Pa \cdot s$；ϕ 为比流核，作用无因次；η_c 为卡森塑性黏度或卡森黏度，$Pa \cdot s$；K 为幂模式的稠度系数，$Pa \cdot s^n$；n 为幂模式的指数，又称流性指数。无因次。

求得当量黏度 η_e 以后，据式（13-6）不难求出相应的雷诺数来。

在非牛顿流体流动中，一般的工程计算也习惯用 2100 作为临界雷诺数，在大多数情况下，其计算结果是令人满意的。虽然，层流向紊流的转变，实际上并不一定发生于雷诺数为 2100 时，尤其当冲洗液的结构黏度较高时，临界雷诺数一般都比 2100 高。

13.1.3.3　环空流与管流压力降计算

基于范宁方程式，可得压力降的公式如下：

$$P = f \cdot \frac{2\rho \bar{v}^2}{D} L \tag{13-14}$$

式中：f 为范宁摩擦因数，无因次；此式适用于紊流，也适用于层流。用于层流时，应当先计算 f 值。此式在环空和管内流动都通用，用于环空流时，$D = D_h - D_p$；用于管流时，$D = D_0$。D_h 为钻孔直径，m；D_P 为管外径或钻杆外径，m；D_0 为管内径或钻杆内径，m。

13.1.3.4　压力损失计算

在钻孔冲洗过程中，冲洗液流经地面管线、钻杆及钻铤、钻具或钻头水眼、环状空间等通道时，均会造成一定的水力损失，又叫压力损失或压头损失。也就是说，当冲洗液在孔内循环时，泵压大小即等于上述各部分压力损失的总和。

（1）钻杆和地面管线内的水力损失计算公式如下：

$$P_1 = 8.3 \times 10^{-7} \times \lambda_1 \frac{\gamma_2 Q^2 (l + l_1)}{d_3^5} \quad \text{（MPa）} \tag{13-15}$$

式中：λ_1 为钻杆内水力损失无因次阻力系数；γ_2 为冲洗液密度，kg/m^3；Q 为冲洗液流量，m^3/s；l 为钻杆长度，m；l_1 为钻铤和地面管线的水力损失换算成钻杆的等值长度，m；d_3 为钻杆内径，m。

（2）环状空间的水力损失计算公式如下：

$$P_2 = 8.3 \times 10^{-7} \times \lambda_2 \phi \frac{\gamma_m Q^2 L}{(D_h - d_2)^3 (D_h + d_2)^2} \quad （MPa） \qquad （13-16）$$

式中：λ_2 为环状空间水力损失无因次阻力系数；ϕ 为由于上返液流中存在岩屑，水力损失增加系数，小口径金刚石钻进取低值；γ_m 为带有岩屑的冲洗液平均密度，kg/m^3；L 为钻孔深度，m；D_h 为钻孔直径，m；d_2 为钻杆外径，m。

（3）钻杆接头内的局部水力损失计算公式如下：

$$P_3 = 8.3 \times 10^{-7} \times \zeta \frac{\gamma_2 Q^2}{d_3^4} n \quad （MPa） \qquad （13-17）$$

式中：n 为接头或接箍数目；ζ 为局部无因次阻力系数。

（4）钻头及岩心钻具内的水力损失计算：

钻头及岩心钻具内的水力损失一般由实测来确定。如：小口径金刚石双管钻具的水力损失一般约为 4～6 个大气压。在一般岩心钻探中，岩心钻具的水力损失为 0.5～1.2 个大气压不等。

13.1.4　冲洗液压力平衡钻进

1. 压力平衡钻进原理

压力平衡钻进是指在钻进过程中，使钻孔环空外压力始终等于或稍大于地层压力而又小于地层压裂（压漏）压力，使之保持一定的压力平衡状态。这样就能在保持孔壁稳定的前提下获得最大钻进速度。

压力平衡钻进的一般数学表达式为：

$$P_{frac} > P_w \geqslant P_f \qquad （13-18）$$

式中：P_{frac} 为地层压裂压力；P_w 为环空外压力；P_f 为地层压力。

压力平衡钻进的实质，是在掌握了地层压力和地层的压裂压力之后，通过合理调控作用在钻孔环空的各种附加压力，使钻孔环空的外压力总和（无论钻孔处于钻进状态、升降钻具状态或标准停钻状态，停泵或开泵状态）始终等于或稍大于地层压力，而又小于地层压裂压力。

2. 地层压力预测

地层压力是指地层孔隙中流体的压力。正确预测钻孔所要钻穿的所有地层，特别是最软弱地层的地层压力和地层压裂压力，是实现压力平衡钻进的重要前提和依据，是正确选定钻孔环空外压力的先决条件。如果钻探的是新区，钻前无法获得地层压力的可靠数据，则应努力做好第一个钻孔的实测工作，以便为后续钻孔的施工提供依据。

预测地层压力的常用方法有两种：一是推算法，二是实测法。推算法是根据以往地质工作（包括钻探、物探等）所获得的地层压力梯度数据，推算出准备施工钻孔所要钻遇的各种地层的地层压力和地层压裂压力。实测法主要是新矿区在施钻前没有任何资料的情况下使用。其基本做法是：在钻进过程中，根据不同孔段、不同地层及时使用专用仪器，测量出地层压力，推算出地层破裂压力。在没有合适仪器的情况下，多采用水位测量法，将上部地层隔离后，测量出所测地层的水位高度，然后乘以该层孔隙水的密度。最后通过计算，求出地层压力。对于地层破裂压力，则多采用闭孔压漏或开孔压漏法进行实测。闭孔压漏法需要认真对上部地层进行隔离，然后才能在隔离管的上端对接送水管开泵送水憋压。这种方法需要开泵憋压一直到把地层压漏为止，所测得的地层压力基本上相当于地层的压裂压力。开孔压漏法是一种无须专门对上部地层进行隔离的、最简便的求近似值的方法，它是通过逐渐向孔内增加送水量，观察泵压和冲洗液消耗量，然后根据钻孔发生漏失前后的泵压变化，而得出地层压裂压力的近似值。

　　3. 钻孔环空外压力调控

　　钻孔环空外压力的调控是以地层压力和地层压裂压力为依据的，而且应当以钻孔所要钻遇到的最不稳定地层和最大深度为基准。

　　调控钻孔环空压力的途径和方法主要有三种：一是以调控钻孔冲洗液液柱静压力为主的方法，主要是通过调控冲洗液的密度，使钻孔环空外压力与地层压力和地层压裂压力保持平衡；二是以调控钻孔内冲洗液在流动时的动压力为主的方法，主要是调控环空流速、环空压力以及波动压力，使钻孔环空外压力与地层压力和地层压裂压力保持平衡；三是在控制冲洗液液柱静压力的同时，一并调整动压力，或二者同时调控，使钻孔环空外压力与地层压力和地层压裂压力保持平衡。

13.2　冲洗液基本材料

13.2.1　黏土材料

　　黏土主要用于配制冲洗液基浆。常用的黏土有膨润土、抗盐土(凹凸棒土及海泡石)和有机土。此外，还有一种专为小口径绳索取心钻探冲洗液用的低黏增效粉。上述黏土材料的主要作用和产品标准见表 13 - 2。

表 13 - 2　黏土类材料的主要作用及产品标准

名称	主要用途	产品标准(国家标准或企业标准)				
膨润土	配制水基冲洗液。提高冲洗液黏度、切力	项目指标	φ600 读数	屈服值/塑性黏度	滤失量/mL	75 μm 筛余/%
			≥30	≤3	≤15.0	≤4.0
凹凸棒土	配制盐水、海水和饱和盐水冲洗液。提高冲洗液黏度和切力	项目指标	φ600 读数	水分/%	75 μm 筛余/%	
			≥30	≤16.0	≤8.0	

续表 13 – 2

名称	主要用途	产品标准（国家标准或企业标准）			
海泡石	配制盐水、海水和饱和盐水冲洗液。抗高温 260℃ 以上，可用于配制高温冲洗液	项目指标	φ600 读数	水分/%	75 μm 筛余/%
			≥30	≤16.0	≤8.0
有机土	配制油基冲洗液，调节油基冲洗液黏度、切力，降低滤失量	项目标准	胶体率/%	200 目筛余量/%	常温稳定性	流变性
			≥95	<15	加重静止 24 h 以上不沉凝	加重浆塑性黏度为 25 ~ 50 mPa·s 时动切力≥2.5 Pa
		项目标准	含水量（%）	破黏电压（密度 1.9 ~ 2.0 g/m³）	高温稳定性（加重浆在 180 ~ 200℃ 下老化 24 h）	
			<3.0	>400	不沉淀	
低黏增效粉（LBM）	配制绳索取心钻探低固相冲洗液。低黏、低切，滤失量适当	项目标准	标准造浆率/（m³/t）	视黏度/（mPa·s）	屈服值/Pa	API 滤失量/mL
			≥20 m³/t	≤5	≤0.3	≤15

13.2.2　加重材料

1. 重晶石粉

重晶石粉是一种以 $BaSO_4$ 为主要成分的天然矿石，经过机械加工后而制成的灰白色或浅黄色粉状产品。重晶石粉一般用于加重密度不超过 2.3 g/cm³ 的水基和油基冲洗液。其质量标准见表 13 – 3。

表 13 – 3　重晶石粉国家标准

项　目	指　标
密度/（g·cm⁻³）	≥4.20
75 μm 筛余物质量分数/%	≤3.0
小于 6 μm 颗粒/%	≤30
水溶性碱土金属（以钙计）含量/（mg·kg⁻¹）	≤250

2. 石灰石粉

石灰石粉是以 $CaCO_3$ 为主要成分的天然矿石，经过机械加工后而制成的灰白色或灰黄色粉状产品。由于其密度较低，一般用于配制密度不超过 1.68 g/cm³ 的冲洗液。其质量标准见表 13 – 4。

表 13 – 4 石灰石粉行业质量标准

项　目		指　标
密度/(g · cm^{-3})		≥2.7
碳酸钙含量/%		≥90.0
酸不溶物含量/%		≤10.0
水不溶物含量/%		≤0.10
细度/%	75 μm 筛余量	≤3.0
	小于 6 μm 颗粒	≤39.0

3. 铁矿粉

由主要成分为含 Fe_2O_3 的赤铁矿石经机械加工后而制成的暗褐色粉末状产品。因密度大于重晶石，故可用于配制密度更高的冲洗液。其质量标准见表 13 – 5。

表 13 – 5 铁矿粉质量标准

项　目		指　标
密度/(g · cm^{-3})		≥4.5
盐酸溶解度/%		≥75.0
细度/%	75 μm 筛余量	≤3.0
	小于 6 μm 颗粒	5 ~ 15
水含量/%		≤0.1
黏度效应/(mPa · s)	加硫酸钙前	≤125
	加硫酸钙后	≤125
三氧化二铁含量/%		≥85
磁感应强度/T[特(斯拉)]		<0.02(相当 200 高斯)

4. 钛铁矿粉

由主要成分为含 $TiO_2 · Fe_2O_3$ 的混合型矿石经机械加工后而制成的褐色粉状产品。其质量标准见表 13 – 6。

表 13 – 6　钛铁矿粉质量标准

项　目		指　标
密度/(g·cm^{-3})		≥4.7
细度/%	75 μm 筛余量	≤3.0
	小于 6 μm 颗粒	5.0~15.0
水溶性碱土金属(以钙计)/(mg·L^{-1})		≤100
湿度/%		≥1
二氧化钛含量/%		≥12
全铁含量/%		≥54
黏度效应/(mPa·s)	加硫酸钙前	≤125
	加硫酸钙后	≤125

13.2.3　无机处理剂

1. 氢氧化钠(NaOH)

又名烧碱、火碱、苛性钠,是一种乳白色晶体。水液呈强碱性,对皮肤和衣物有强腐蚀性。主要作用:调节冲洗液 pH;在钙处理冲洗液中控制石灰的溶解度和 Ca^{2+} 浓度。其质量标准见表 13 – 7。

表 13 – 7　氢氧化钠质量指标

项　目	指　标	项　目	指　标
氢氧化钠含量/%	≥95.0	三氧化二铁含量/%	≤0.02
碳酸钠含量/%	≤2.5	色　泽	主体白色,许可带浅色
氯化钠含量/%	≤3.3		

2. 氢氧化钾(KOH)

又名苛性钾,为白色半透明晶体。水溶液呈强碱性,有较强的腐蚀性,主要作用:调节冲洗液 pH;提供钾离子增加防塌效果。其质量标准见表 13 – 8。

表 13 – 8　氢氧化钾质量指标

项　目	指　标	
	一级品	二级品
氢氧化钾含量/%	≥94.00	≥92.00
碳酸钾含量(K_2CO_3)/%	≤2.50	≤3.00
氯化物(Cl^-)含量/%	≤1.00	≤1.50
硫酸盐(SO_4^{2-})含量/%	≤0.50	≤0.50
铁(Fe^{3+})含量/%	≤0.05	≤0.05

3. 石灰（CaO）

白色粉末，吸水后变成熟石灰，即氢氧化钙 $Ca(OH)_2$。碱性较强，对皮肤和衣物有腐蚀性。主要作用：配制钙处理冲洗液，石灰用于提供 Ca^{2+}，以控制黏土的水化分散能力，使之保持在适度的絮凝状态。在油包水乳化冲洗液中，用于使烷基苯磺酸钠等乳化及转化为烷基苯磺酸钙，并调节 pH。其质量标准见表 13 – 9。

表 13 – 9　石灰质量指标

项　目	指　标
氧化钙（CaO）含量/%	≥92.0
酸不溶物（以 SiO_2 计）含量/%	≤1.60
氧化镁（MgO）含量/%	≤1.60
氧化铁和氧化铝含量/%	≤1.60
细度（0.074 mm 筛余量）/%	≤4.0

4. 碳酸钠（Na_2CO_3）

又称纯碱或苏打粉。无水碳酸钠为白色粉末或细粒，易溶于水，易吸潮结成硬块。主要作用是通过离子交换和沉淀作用使钙膨润土变成钠膨润土。其质量标准见表 13 – 10。

表 13 – 10　碳酸钠质量指标

项　目	指　标		
	一级品	二级品	三极品
总碱量（以碳酸钠计）/%	≥99.0	≥98.5	≥98.0
氯化钠（以碳酸钠计）含量/%	≤0.80	≤1.0	≤1.2
铁（以三氧化二铁计）含量/%	≤0.008	≤0.01	≤0.02
水不溶物含量/%	≤0.10	≤0.15	≤0.20
烧失量/%	≤0.5	≤0.5	≤0.7

5. 氯化钙（$CaCl_2$）

为白色多孔状或粒状。主要用于配制氯化钙冲洗液或作为水泥促凝早强剂。其质量标准见表 13 – 11。

表 13-11 氯化钙质量指标

项 目	指 标	项 目	指 标
氯化钙含量/%	≥96.00	水分/%	≤3.00
铁(Fe)含量/%	≤0.004	镁及碱金属含量/%	≤1.00
水不溶物含量/%	≤0.50		

6. 石膏(CaSO₄)

石膏主要用于提供适量的 Ca^{2+}，配制石膏冲洗液。其质量标准见表 13-12。

表 13-12 石膏质量指标

等 级	矿 物 成 分 含 量/%		结晶水含量/%
	A 型	B 型	
	$CaSO_4 \cdot 2H_2O$	$CaSO_4 \cdot 2H_2O + CaSO_4$	
1	≥95.00		19.88
2	≥85.00		17.79
3	≥75.00		15.35
		≥75.00	13.60
4	≥65.00		13.60

7. 重铬酸钾(K₂Cr₂O₇)

又名红矾钾，为橙红色晶体或粉末，有强氧化性和剧毒。重铬酸钾可用于生产铁铬木质素磺酸盐和铬腐殖酸等处理剂，还能与某些有机处理剂形成络合物，具有防止泥页岩水化、巩固孔壁、防黏卡、提高冲洗液热稳定性等作用。其质量标准见表 13-13。

表 13-13 重铬酸钾质量指标

项 目	指 标	
	一级品	二级品
外观	橙红色三斜晶系结晶	
重铬酸钾(K₂Cr₂O₇)含量/%	≥99.5	≥99.0
氯化物(Cl⁻)含量/%	≤0.05	≤0.08
水不溶物含量/%	≤0.02	≤0.05

8. 硅酸钠

又名水玻璃，学名泡花碱。主要用作无机絮凝剂。此外，它和石灰、烧碱、黏土等可配成石灰乳堵漏剂。

9. 氯化钠（NaCl）

俗名食盐，为白色晶体或白色粉末。溶于水和甘油，主要用于配制盐水冲洗液和饱和盐水冲洗液，还可用于配制低温冲洗液。

13.2.4 有机处理剂

1. 降黏剂

降黏剂又称为稀释剂。主要有两类：一类是强分散剂，适用于分散型冲洗液降黏；另一类是聚合物降黏剂，适用于不分散冲洗液降黏。常用降黏剂明细见表13-14、表13-15。

表13-14 常用降黏剂明细表

序号	名称	商品代码	主要特性	主要性能指标
1	单宁酸钠	NaT	粉末或细颗粒状；分散型冲洗液降黏效果好；抗盐、抗钙性差	单宁含量≥31%；水分含量≤12.0%；干基水不溶物含量≤5.0%；pH为10~11
2	铁铬木质素磺酸盐	FCLS	粉末状；分散型冲洗液降黏效果好；抗盐、抗钙性好	有效物含量≥85%；全铁含量为2.5%~3.8%；铬合度≥68%；水分≤8.5%；硫酸钙(硫酸镁总量折算)≤4.0%；水不溶物含量≤2.5%；细度(0.65 mm筛余)≤5.0%；全铬含量为3.3%~3.8%
3	磺甲基单宁	SMT	粉末状；抗温可达180~200℃；抗盐、抗钙；可作各类水基冲洗液降黏剂	水分≤12.0%；干基水可溶物含量≥98.0%
4	磺甲基褐煤	SMC	粉末状；抗高温性能好(200~220℃)，抗盐略差，用作高温地热冲洗降黏剂	水溶性干基腐殖酸≥50%；干基全铬≥1.7%；水分≤15.0%
5	低分子聚丙烯酸盐	XA-40	颗粒或粉末状；用作不分散聚合物冲洗液降黏剂，抗盐不抗钙	黏度为10~15 mPa·s；pH=6.0~8.0；挥发物含量≤5.0%；不溶物含量≤2.0%；残余单体含量≤5.0%；降黏率(在12%膨润土中加入0.24%或在聚合物浆(7%膨润土加80A51 1.0%)加0.12%)均≥70%
6	低分子聚丙烯酸盐	XB-40	颗粒或粉末状；用作不分散聚合物冲洗液降黏剂，抗盐抗钙	
7	两性离子聚合物稀释剂	XY-27	显著降低冲洗液黏度，且能使冲洗液黏度稳定，表现出较强的抗岩屑污染能力	水分含量<10%，水不溶物含量<5%，0.9 mm孔径筛余物<10%，表观黏度<15 mPa·s，降黏率>70%

表13-15　国外降黏剂(TH)明细表

序号	商品名称	主要成分(中/英)	厂商
1	ANCO SPERSE CF	无铬木质素磺酸盐 Chrome-free lignosulfonate	Anchor
2	BT-93	无铬改性褐煤降黏剂 Chrome-free mod. lignite thinner	General
3	CHEMSPERSE	丹宁基降黏剂 Tannin based thinner	Ambar
4	CHEMTTHIN D	干粉 SPA 降黏剂 Dry SPA thinner	Ambar
5	COATEX FP 30S	高温降黏剂 High temp. thinner	Coatex
6	KLAY TEMP	聚合物抗高温降黏剂 High temp. polymeric thinner	Barclay
7	REDI-THIN	聚合物降黏剂 Polymeric thinner	Messina
8	RHEOTHUN	改性磺化木质素 Modified lignosulfonate	Messina
9	SPAR	聚丙烯酸钠盐 Sodium polyacrylate	DX Oilfield

2. 降滤失剂

降滤失剂又称为降失水剂,是冲洗液处理剂的重要品种。主要分为纤维素类、腐殖酸类、丙烯酸类、淀粉类和树脂类等。常用降滤失剂见表13-16、表13-17。

表13-16　常用降滤失剂明细表

序号	名称	商品代号	主要特性	主要性能指标
1	钠羧甲基纤维素盐(低黏)	LV-CMC	纤维状粉末,一定的抗盐能力和热稳定性,增黏作用稍弱,用作水基冲洗液滤失剂。	ϕ600 读数≤90 滤失量≤10.0 纯度(%)≥80
2	钠羧甲基纤维素盐(高黏)	HV-CMC	纤维状粉末,抗盐能力良好,抗温140℃,增黏作用强,用作水基冲洗液滤失剂	ϕ600 读数(去离子水中)≥30 ϕ600 读数(4%盐水中)≥30 ϕ600 读数(饱和盐水中)≥30 滤失量≤10.0 纯度(%)≥85
3	淀粉类	CMS 等	粉末状,抗盐性能好,抗温120℃,主要用作水基冲洗液降滤失剂	ϕ600 读数(4%盐水中)≤18 ϕ600 读数(饱和盐水中)≤20 滤失量(4%盐水中)≤10.0 滤失量(饱和盐水中)≤10.0
4	聚阴离子纤维素	PAC	粉末状,抗盐、抗钙及抗温性能优良,适用于配置从淡水至饱和盐水冲洗液,增黏快,屈服值高,降滤失性强	高黏 PAC 取代度(%)≥85;细度(%)≥98 中黏 PAC 取代度(%)≥90;细度(%)≥95 低黏 PAC 取代度(%)≥95;细度(%)≥98

续表 13 – 16

序号	名 称	商品代号	主要特性	主要性能指标
5	水解聚丙烯腈钠盐	Na – HPAN	粉末状,抗温性能好,抗钙性能差,适用作水基冲洗液降滤失剂	纯度(%)≥75.0
				水分(%)≤7.0
				残碱量(%)≤10.0
				筛余量(%)≤5.0
6	水解聚丙烯腈钙盐	Ca – HPAN	粉末状,抗温性能好,具有一定的抑制性,适用作水基冲洗液降滤失剂	残碱量(%):15.0~20.0
				钙含量(%):10.0~14.0
				水分(%)≤7.0
				筛余量(%)≤5.0
7	乙烯多元共聚物	PAC – 142	粉末状,抗盐、耐高温,增黏作用强,适用作聚合物冲洗液降滤失剂。	水分(%)≤7.0
				1%水溶液表观黏度(mPa·s)≥10.0
				0.9 mm 筛余量(%)≤10.0
				pH = 7~9
		PAC – 143	粉末状,抗盐抗钙、耐高温、有增黏作用,用作盐水冲洗液、降滤失剂。	水分(%)≤7.0
				1%水溶液表观黏度(mPa·s)≥20.0
				0.9 mm 筛余量(%)≤10.0
				pH = 7~9
8	聚丙烯酸钙	CPA	粉末状,抗盐抗钙、耐高温,有提黏及改善流型的功效	特性黏度(mPa·s):3.0~4.5
				水溶物含量(%)≤5.0
				含水量(%)≤7.0
				细度(通过 0.27 mm 筛孔)(%)>80.0
				pH = 7.0~8.0
9	磺甲基酚醛树脂	SMP	粉末状,抗盐抗钙、抗高温达200℃、有一定防塌能力、主要用作深孔或超深孔降滤失剂	水不溶物含量(%)≤10.0
				干基含量(%)≥90.0
				浊点盐度≥100
				表观黏度(mPa·s)≤25
				常温滤失量(mL)≤20
				高温高压滤失量(mL)≤25.0

续表 13 - 16

序号	名　称	商品代号	主要特性	主要性能指标
10	磺化褐煤磺化酚醛树脂共聚物	SCSP	粉末状，一定的抗盐抗钙能力，耐高温，主要用作水基冲洗液抗高温降滤失剂	有效物含量(%)≥80.0
				水不溶物含量(%)≤12.0
				滤失量(mL)≤15
				滤失量(mL)≤20
				高温高压滤失量(mL)≤25
11	广谱护壁剂	GSP	粉末状，一定的抗盐抗钙能力，抗温达180℃，良好的防塌性能，可以阻止绳索取心钻杆内壁结垢；主要用作绳索取心钻进水基冲洗液防塌降滤失剂。	常温滤失量(mL)≤10
				表观黏度(mPa·s)≤20
				高温高压滤失量(mL)≤28
				相对膨胀降低率(%)≥50
				pH = 9 ~ 10

表 13 - 17　国外降滤失剂（FR）明细表

序号	商品名称	主要成分（中/英）	厂商
1	ANCO PACLV	纯低黏 PAC Pure PAC low viscosity	Anchor
2	BARCLAY UNI - PAC	聚阴离子纤维素 Polyanionic cellulose	Barclay
3	CARBOCEL HV	工业级高黏 CMC Tech. grade, high visc. CMC	Lamberti
4	CARBOCELLV	工业级低黏 CMC OCMA/API Tech. grade, low visc. CMC OCMA/API	Lamberti
5	CAT - 300	改性有机聚合物 Modified organic polymer	Baroid
6	DEXTRIDE	改性淀粉 Modified starch	Baroid
7	DRILLSTARCH	预胶化淀粉 Pregelatinized starch	Baroid
8	KEM - SEAL	共聚物抗高温降滤失剂 Copolymer for high temp filtration control	BH INTEQ
9	MULTIDRILL	改性淀粉聚合物 Modified starch polymer	Drillsafe
10	RESINEX	树脂化褐煤 Resinated lignite	M - I
11	THERMO - THIN - S	磺化共聚物 Sulfonated copolymer	Messina
12	CYPAN	聚丙烯酸钠 Sodium polyacrylate	Cytec

3. 增黏剂

能显著地提高冲洗液黏度的处理剂称为增黏剂。还可兼作页岩抑制剂（包被剂）、降滤失剂等。常用增黏剂见表 13 - 18。

表 13 –18　常用增黏剂明细表

序号	品　名	代号	主要特性	主要性能指标
1	聚合物增黏剂	80A51	粉末状,一定的抗盐污染能力,具有增黏、降滤失、调节流型和防塌作用。主要用于水基冲洗液增黏剂	相对分子质量(1×10^4)＞400
				固含量(%)≥95.0
				游离单体含量(%)≤0.5
				细度(通过20目筛)(%)≥80.0
2	复合离子型聚丙烯酸盐	PAC – 141	粉末状,抗盐、抗钙、热稳定性强,具有增黏、降滤失、调节流型和防塌作用。主要用作水基冲洗液增黏剂	1% 水溶液表观黏度($mPa \cdot s$)≥30.0
				水分含量(%)≤7.0
				纯度含量(%)≥83
				细度(筛孔0.9 mm筛余)(%)≤10.0
				$pH = 7 \sim 9$
3	磺化聚丙烯酰胺	SPAM	黏稠液体,抗盐、抗钙、耐温,具有提黏、降滤失和防塌作用。主要用作水基冲洗液增黏剂	相对分子质量$1 \times 10^4 = 300 \sim 600$
				磺化度(%) $= 25 \sim 30$
				有效物含量(%)≥3.0

4. 絮凝剂

能在黏土颗粒间桥接,使黏土颗粒聚结变大、变粗,从而起絮凝作用的处理剂称为絮凝剂。絮凝剂可分为完全絮凝剂和选择性絮凝剂。常用絮凝剂见表13 – 19、表13 – 20。

表 13 –19　常用絮凝剂明细表

序号	名称	代号	主要特性	主要性能指标
1	聚丙烯酰胺	PAM	粉末状,具有较强的抑制造浆和防塌能力,主要用作清除冲洗液固相的全絮凝剂	相对分子质量(1×10^4) $= 300 \sim 900$
				有效物含量(%)≥90.0
				游离单体含量(%)≤1.0
				水溶性:全溶
2	水解聚丙烯酰胺	PHP	粉末状、具有较强的抑制造浆和防塌功效,可以有选择性地絮凝有害固相。主要用作不分散低固相聚合物冲洗液的选择性絮凝剂	相对分子质量(1×10^4) $= 300 \sim 900$
				有效物含量(%)≥90.0
				游离单体含量(%)≤0.5
				水解度(%) $= 20 \sim 35$

表 13 - 20　国外絮凝剂明细表

序号	商品名称	主要成分(中/英)	厂商
1	ALPHA SIE - D	水解聚丙烯酰胺(粉)PHP(powder)	Chandler
2	ANCOPHPA	水解聚丙烯酰胺(100% 粉)100% PHP powder	Anchor

5. 页岩抑制剂

能有效地抑制页岩水化膨胀和分散,起稳定孔壁作用的处理剂称作页岩抑制剂,又称防塌剂。常用页岩抑制剂见表 13 - 21、表 13 - 22。

表 13 - 21　常用页岩抑制剂明细表

序号	品名	代号	主要特性	主要性能指标
1	水解聚丙烯腈钾盐	K - HPAN	粉末状,抗温性能好,增黏不严重,对黏土水化膨胀具有抑制性,适用作水基冲洗液防塌降滤失剂	钾含量(%)≥10
				残碱量(%)≤3
				水分含量(%)≤10.0
				筛余量(%)≤5.0
2	聚丙烯酸钾盐	KPAM	粉末状,有一定的抗盐抗钙能力,良好的抑制泥页岩水化膨胀和分散性能、稳定孔壁,有增黏降滤失作用	固含量(%)≥90
				钾含量(%)=30±2
				相对分子质量(1×10^4)≥300
				挥发物含量(%)<10
				残留 AM 含量(%)≤0.07
3	腐殖酸钾	KHm	粉末状,良好的抑制泥页岩水化膨胀和分散性能,兼有降滤失和降黏作用	水溶量腐殖酸(干剂)(%)=55±2
				钾含量(干基)(%)=10±1
				细度(通过0.9 mm 筛孔)(%):100
				pH=9~10
4	磺化沥青	SAS	粉末状,能阻止泥页岩水化膨胀和分散,封堵裂隙,防止孔壁坍塌,兼有较好的润滑和降滤失性能	磺酸钠基含量(%)≥10.0
				水溶物含量(%)≥70.0
				油溶物含量(%)≥25.0
				高温高压滤失量(mL)≤25.0
				pH=8~9
5	改性沥青	GLA	粉末状、不增黏、抗温达180℃,能够有效抑制泥页岩水化膨胀和防止孔壁坍塌	常温滤失量(mL)≤12.0
				表观黏度(mPa·s)≤基浆值
				高温高压滤失量(mL)≤25.0
				相对膨胀降低率(%)≥30
				pH=9~10

表 13 - 22　国外页岩抑制剂 (SH) 明细表

序号	商品名称	主要成分 (中/英)	厂商
1	AQUA - COL B	聚乙二醇控制敏感页岩 Glycol for controlling sensitive shales	BH Inteq
2	ARDRIL CLA - BAN	阳离子聚合物页岩稳定剂 Gationic polyamine shale stabilizer	Aquaness
3	CHEMTONE X	高温高压降滤失剂和页岩稳定剂 HTHP fluid loss reducer & shale stabilizer	Ambar
4	CLAYSEAL	两性离子聚合物 Amp Hoteric compound	Baroid
5	EMECTEX - A	改性磺化沥青 Modified sulfonated asphalt	EMEC
6	KLA - GARD	页岩抑制稳定剂 Shale stabilizer-inhibitor	M - I
7	K - PHALT	磺化沥青钾盐 Potassium sulfonated asphalt	Turbo
8	PRO - TEX	磺化沥青 Sulfonated asphalt	Progress
9	PS 1400	聚丙烯酰胺粒 Polyacrylamide granular	Akzo - Dreeland FDF
10	TURBOPHALT	沥青树脂混合物 Coupled gilsonite/resin blend	Turbo

6. 润滑剂

能明显降低扭矩和摩擦系数的处理剂称为润滑剂。常用润滑剂见表 13 - 23。

表 13 - 23　常用润滑剂

序号	名称	代号	主要特性	主要性能指标
1	润滑剂	RH - 2	液体，能明显降低摩擦系数的和钻杆扭矩，防止卡钻，具有乳化作用	润滑剂系数降低率 (%) > 70.0 扭矩降低率 (%) ≥ 50.0 密度 (g/cm³) = 0.85 ~ 0.90
2	极压润滑剂	RH - 3	液体，主要用于深孔和定向孔，对降低扭矩和摩擦系数有明显效果	密度 (g/cm³) = 0.85 ± 0.05 闪点 (℃) > 70 润滑剂数降低率 (%) ≥ 70.0 扭矩降低率 (%) ≥ 50.0 酸值 (mg(KOH)/g) ≤ 60 极压膜强度 (MPa) ≥ 150

续表 13 - 23

序号	名称	代号	主要特性	主要性能指标
3	无荧光润滑剂	Glub	液体,能显著降低钻杆扭矩和摩擦系数,防止卡钻。抗盐能力强、荧光低,不影响录井	密度(g/cm³)=0.85~0.90
				闪点(℃)≥70
				酸值(mg(KOH)/g)≤60
				淡水泥浆摩擦系数降低率(%)≥70
				海水泥浆摩擦系数降低率(%)≥55
				摩擦系数降低率(%)≥55
				极压膜强度(MPa)≥150
				荧光级别≤5 级

7. 泡沫剂

起发泡作用的处理剂称为泡沫剂。常用泡沫剂见表 13 - 24。

表 13 - 24　常用泡沫剂

序号	品名	代号	主要特性	主要性能指标
1	烷基磺酸钠	AS	粉末状,耐热性好(270℃以上),发泡效果明显,主要用作泡沫冲洗液发泡剂和高温冲洗液稳定剂	活性物(%):28±1
				盐分(%)≤6.0
				以 100% 活性计,≤6.0
				pH=7~9
2	烷基苯磺酸钠	ABS	粉末状,或片状,对酸碱和硬水都较稳定。主要用作油包水冲洗液的乳化剂	活性物(%):30±1
				盐分(%)≤8.0
				以 100% 活性计,≤8.0
				pH=7~8

8. 消泡剂

起消泡作用的处理剂称为消泡剂。常用消泡剂见表 13 - 25。

表 13 - 25　常用消泡剂

序号	名称	代号	主要特性	主要性能指标
1	甘油聚醚	XBS - 300	液体,消泡效果好,主要用作各类冲洗液的消泡剂	羟值(以 KOH 计)(mg/L)=50.0±6
				浊点(℃)≥17;
				水分(%)≤0.5
				酸值(以 KOH 计)(mg/g)≤0.2

续表 13 – 25

序号	名称	代号	主要特性	主要性能指标	
2	消泡剂	DF – 4	液体,消泡能力强、兼有润滑作用,适用于各种水基冲洗液	密度(g/cm³) = 0.85 ~ 0.95	
				消泡时间(s) ≤ 60	
3	有机硅	DL – 007	液体,无毒、无异味、化学性能稳定、消泡迅速、持久	消泡度 > 90%,呈中性,有机硅含量 25% ~ 50%	

9. 堵漏剂

堵漏剂又称为堵漏材料,通常将其分为纤维状、薄片状及颗粒状三种类型。堵漏剂种类繁多,大多数堵漏剂不是专门生产的规范产品,而是根据就地取材的原则选用的。堵漏剂的堵漏能力一般取决于它的种类、尺寸和加量。

13.3 冲洗液基本类型与性能

13.3.1 冲洗液基本类型

13.3.1.1 细分散冲洗液

1. 配制

通过使用一些化学分散剂,促使黏土水化分散,使黏土由粗颗粒分散成很细小的颗粒,同时加入简单的有机处理剂改善其性能,形成的比较稳定的细分散体系,称为细分散冲洗液。这类冲洗液的典型组成及作用见表 13 – 26。

表 13 – 26 细分散冲洗液的典型组成及作用

序号	组 分	作 用
1	膨润土	提黏及滤失量控制
2	无铬木质素磺酸盐	降低动切力、静切力及控制滤失
3	褐煤或褐煤碱液	控制滤失及降低动切力、静切力
4	烧碱	调节 pH
5	多聚磷酸盐	降低动切力、静切力
6	CMC,聚阴离子纤维素	控制滤失、提黏
7	重晶石	增加密度

细分散冲洗液根据所加处理剂的不同,有不同种类。主要有单宁冲洗液、木质素磺酸盐冲洗液和腐殖酸冲洗液等。

2. 性能调节

细分散冲洗液中往往加有无机处理剂和有机处理剂。依据所加处理剂的不同形成了不同类型的冲洗液，常用的有如下几种调节方法（表 13 - 27）：

表 13 - 27　细分散冲洗液的性能调节

冲洗液类型	配　　方	特　　点
纤维素冲洗液	在 1 m³ 基浆中先加 0.3 kg 烧碱，然后加 2～3 kg CMC	具有较高的黏度，滤失量低，在复杂地层中钻进，能有效地保护孔壁
栲胶冲洗液	在 1 m³ 基浆中先加 1 kg 烧碱，再加 5～10 kg 栲胶碱液	黏度低、切力低、流动性好、护壁性能好，有利于深孔钻进

3. 侵污与处理

细分散冲洗液最易受盐、钙和黏土侵污，使冲洗液性能变坏，必须及时处理，处理方法如表 13 - 28 所示。

表 13 - 28　细分散冲洗液的侵污与处理

侵污类型	侵污特点	处理方法
黏土侵	造浆地层中的黏土颗粒不断进入冲洗液中，使冲洗液黏度剧增，造成糊钻和黏附卡钻	加稀释剂；用清水稀释，同时加降滤失剂；加石灰转化为钙处理冲洗液
钙侵	钻水泥塞、石灰岩和石膏层时，冲洗液中钙离子增多，其黏度、切力和滤失量上升，进而引起黏土的析水凝聚	用纯碱、碳酸氢钠或磷酸氢二钠除钙；用木质素磺酸盐或磺化单宁降黏降切，CMC 降滤失；或用烧碱转化为钙处理冲洗液
盐侵	钻进岩盐层引起盐侵，使冲洗液黏度、切力和滤失量增加	转化为不同饱和度的盐水冲洗液

13.3.1.2　粗分散冲洗液

粗分散冲洗液是在细分散冲洗液的基础上发展起来的，它使冲洗液中高度分散的细颗粒黏土变粗，成为适度絮凝的粗分散体系。粗分散冲洗液的基本要求是，既满足滤失量的要求又具有较低的黏度、切力和较高的矿化度，有利于防塌、抗侵污和抗岩盐溶解等优点。

1. 钙处理冲洗液

该类冲洗液主要由含 Ca^{2+} 的无机絮凝剂、降黏剂和降滤失剂组成。其配制原理是通过调节 Ca^{2+} 和分散剂的相对含量，使冲洗液处于适度絮凝的粗分散状态，从而使其性能保持相对稳定，并达到满足钻进工艺要求的目的。钙处理冲洗液的主要类型包括石灰冲洗液、石膏冲洗液、氯化钙冲洗液和钾石灰冲洗液。推荐配方及性能指标分别见表 13 - 29、表 13 - 30 和表 13 - 31。

表 13 - 29　石灰冲洗液的推荐配方及性能

配　方		性　能	
材料名称	加量/(kg·m⁻³)	项目	指标
膨润土	80 ~ 150	密度/(g·cm⁻³)	1.15 ~ 1.2
纯碱	4 ~ 7.5	漏斗黏度/s	25 ~ 30
磺化栲胶	4 ~ 12	静切力/Pa	0 ~ 1.0 或 1.0 ~ 4.0
无铬木质素磺酸盐	6 ~ 9	API 滤失量/mL	5 ~ 10
石灰	5 ~ 15	HTHP 滤失量/mL	< 20
CMC 或淀粉	5 ~ 9	泥饼厚度/mm	0.5 ~ 1.0
NaOH	3 ~ 8	pH	11 ~ 12
过量石灰	10 ~ 15	含砂量/%	< 1.0

表 13 - 30　石膏冲洗液的推荐配方及性能

配　方		性　能	
材料名称	加量/(kg·m⁻³)	项目	指标
膨润土	80 ~ 130	密度/(g·cm⁻³)	1.15 ~ 1.2
纯碱	4 ~ 6.5	漏斗黏度/s	25 ~ 30
磺化栲胶	视需要而定	静切力/Pa	0 ~ 1.0 或 1.0 ~ 5.0
无铬木质素磺酸盐	12 ~ 18	API 滤失量/mL	5 ~ 8
石膏	12 ~ 20	HTHP 滤失量/mL	< 20
CMC	3 ~ 4	泥饼厚度/mm	0.5 ~ 1.0
NaOH	2 ~ 4.5	pH	9 ~ 10.5
重晶石	视需要而定	含砂量/%	0.5 ~ 1.0

表 13 - 31　褐煤—氯化钙冲洗液的推荐配方及性能

配　方		性　能	
材料名称	加量/(kg·m⁻³)	项目	指标
膨润土	80 ~ 130	密度/(g·cm⁻³)	1.15 ~ 1.2
纯碱	3 ~ 5	漏斗黏度/s	18 ~ 24
褐煤碱液	500 左右	静切力/Pa	0 ~ 1.0 或 1.0 ~ 4.0
CaCl₂	5 ~ 10	API 滤失量/mL	5 ~ 8
CMC	3 ~ 6	泥饼厚度/mm	0.5 ~ 1.0
重晶石	视需要而定	pH	9 ~ 10.5

2. 盐水冲洗液

在钻进盐岩层、盐膏层或盐膏与泥页岩互层时需要配制盐水冲洗液。与钙处理冲洗液的配制原理相同，盐水冲洗液是通过人为添加 Na^+ 离子来抑制上述地层的水化膨胀和分散。在使用时要特别注意根据含盐量的多少来决定所选用分散剂的类型和用量。

配制盐水冲洗液最好选用抗盐黏土作为配浆土。此类黏土在盐水中可以很好地分散而获得较高的黏度和切力，因而配制方法比较简单。若用膨润土配浆，则必须先在淡水中经过预水化，再加入各种处理剂，最后加盐至所需浓度。

13.3.1.3　不分散低固相冲洗液

不分散低固相冲洗液是通过使用高分子选择性絮凝剂，而不使用促使黏土水化分散的分散剂，采用固相控制工艺而实现不分散和低固相两个特点的冲洗液体系。不分散低固相冲洗液既能使钻机保持类似用清水时的高转速，又有较好的净化、携岩和防塌抑制性，一般由淡水、膨润土、高聚物选择性絮凝剂等组成。不分散低固相冲洗液的固相（包括黏土和岩屑）含量小于 4%（以体积计）。这种冲洗液也称为聚丙烯酰胺（PAM）不分散低固相冲洗液。常用的有以下几种类型见表 13 - 32。

表 13 - 32　不分散低固相冲洗液的基本类型及配方

类　型	配　方	适用地层
基本型	在 1 m^3 基浆中加入 0.3% CMC，搅拌 20 ~ 30 min 使其充分溶解。再按所配冲洗液体积加入 100 ~ 300 $\mu g/g$ 的水解度为 30% 的水解聚丙烯酰胺（PHP），搅拌 20 ~ 30 min 使其充分溶解	普通地层
双聚冲洗液	在 1 m^3 基浆中加入水解度为 50%、浓度为 7% ~ 8% 的水解聚丙烯腈（HPAN）10 kg，分子量为 300 万、水解度为 30%、浓度为 1% 的水解聚丙烯酰胺（PHP）1 kg	一般松软和水敏性地层钻进
聚丙烯酰胺—腐殖酸钾冲洗液	在 1 m^3 基浆中，加入 0.3% 的护胶剂 CMC 充分搅拌，再加入 200 $\mu g/g$ 的部分水解聚丙烯酰胺（PHP），再加入腐殖酸钾（KHm）20 ~ 40 kg	水敏性膨胀剥落地层钻进
聚丙烯酰胺—氯化钾冲洗液	在 1 m^3 基浆中，加入 0.3% 的护胶剂 CMC 充分搅拌，再加入 100 ~ 300 $\mu g/g$ 水解度为 30% 的部分水解聚丙烯酰胺（PHP），再加入 3% ~ 5% 的 KCl	用于解决水敏性地层的坍塌孔段

13.3.1.4　无固相冲洗液

无固相冲洗液是在清水中不加入黏土相，仅加入有机高分子处理剂所形成的具有一定性能的冲洗液。这种冲洗液有一定的黏度，具有较好的携带和悬浮岩屑能力；能在孔壁形成吸附膜，具有一定的护壁防塌能力；有较好的润滑减阻作用。

典型的无固相冲洗液类型及特点如表 13 – 33 所示。

表 13 – 33　无固相冲洗液主要类型

类　型	性 能 特 点
合成高聚物溶液	如聚丙烯酰胺（部分水解 PHP，非水解 PAM），浓度从 10 ~ 50 g/L 至 50 ~ 80 g/L 不等，还可加入水解聚丙烯酰腈（HPAN）、聚乙烯醇（PVA）亦可
天然植物胶溶液	如魔芋、田菁、PW 胶等，为非离子型天然聚合物，具有增黏、护壁、润滑减阻作用，有较好的抗盐能力。无毒，有胶液自破特性，特别适合于水文水井钻进
生物聚合物（XC）溶液	具有极好的流变特性，悬浮携带钻屑能力强，抗盐可达饱和
水玻璃—聚丙烯酰胺溶液	水玻璃有较高的黏度，在孔壁能形成胶膜，对地层有抑制作用

13.3.1.5　绳索取心钻探冲洗液

1. 绳索取心钻探冲洗液性能要求

（1）超低固相。一般固相（如膨润土）含量不超过 4%，相当于冲洗液密度不高于 $1.02 ~ 1.03 \ g/cm^3$。

（2）极细分散。在目前无合适的绳钻固控设备的情况下，只有在配浆和维护中，采用分散性好的配浆材料，保证入孔冲洗液中固相粒度的 80% ~ 90% 控制在 15 ~ 20 μm。

（3）低黏度、低切力。表观黏度为 6 ~ 10 mPa·s，动塑比 0.2 ~ 0.5，静切力 1G/10G 趋于零。

（4）滤失量适当。具有一定的抑制水敏性地层的能力，一般中压滤失量小于 15 mL。

（5）配浆材料尽可能单一，使用维护简易方便。

2. 绳索取心钻探常用冲洗液类型

1）无固相冲洗液

以高聚物为基础的无固相冲洗液，具有钻进效率高、护壁性能优越、密度低、流变参数可调范围大、胶结性能和润滑性好、配制简便等特点，在金刚石绳索取心钻进中已得到广泛使用。

2）超低固相冲洗液

LBM 增效粉是近年来开发的超低固相冲洗液材料。该材料是以山东高阳膨润土粉为基础原料，经人工钠化后，加入多种低黏降滤失处理剂，经过加水搅拌均匀后，碾压、晒干、粉碎制作而成。实际上，LBM 增效粉是为了简化现场配制和维护程序，将上述材料加工成"方便面"式的单一配浆材料，它可以配制成固相含量低的"三低"（低黏度、低切力、低滤失量）冲洗液，如表 13 – 34 所示。

表 13-34　LBM 超低固相冲洗液配方及性能

配方	性　　能								
LBM 粉加量	密度/ (g·cm⁻³)	漏斗黏度/s	pH	滤失量/[mL·(7.5 min⁻¹)]	滤失量/[mL·(30 min⁻¹)]	泥饼/mm	塑性黏度 η_P/(mPa·s)	表观黏度 η_a/(mPa·s)	动切力 τ_o/Pa
1%	1.005	15.5	8	23	57	<1	1.5	1.75	0.24
1.5%	1.01	16	8	17.5	28	<1	2.5	2.75	0.24
2.0%	1.01	17	8	16	26	<1	3.5	3.75	0.24
2.5%	1.015	17.5	8	13.5	22	<1	4.0	4.5	0.48
3.0%	1.017	19	8	13	21	<1	5.5	6.0	0.48
3.5%	1.02	21	8.	11	18	<1	9.0	9.5	4.8
4.0%	1.025	26	8.5	8	14.8	<1	9.5	1.6	6.24
5.0%	1.03	37	8.5	7	2.1	<1	1.3	26.5	8.16

3）低固相冲洗液

聚丙烯酰胺低固相冲洗液是目前绳索取心钻探中常见的冲洗液类型之一。这类冲洗液的显著特点是具有较好的选择性絮凝作用，并有一定的护壁作用，配合固控设备能较好地控制冲洗液密度和固相含量，加入一定的润滑剂能满足绳索取心钻进高转速的要求。推荐如表 13-35 所示的三种基本配方，其中：1 号配方适用于风化带，2 号配方适用于稳定或较稳定地层，3 号配方适用于易塌地层。

表 13-35　绳索取心钻探低固相冲洗液配方及性能

编号	配　　方					性　　能					
	高阳土	纯碱	CMC	PHP	Na-HPAN	黏度/s	密度/(g·cm⁻³)	滤失量/[mL·(30 min⁻¹)]	泥饼/mm	pH	润滑系数
1	5%	6%	0.1%~0.2%	50~100 μg/g		26~30	1.03~1.05	9~12	0.5~1	8.5~9	0.13~0.15
2	3%	6%		40~70 μg/g		17~19	1.02~1.03	30~33	1.0~1.5	8.5~9	0.13~0.15
3	3%	6%	0.1%~0.2%	40~70 μg/g	0.2%	20~22	1.02~1.03	16~18	<0.5	9	0.13~0.15

13.3.1.6　泡沫冲洗液

以优质低固相冲洗液为主体，按地层需要加入若干处理剂和稳泡剂，再加入发泡剂，用喷射式气液混合器或搅拌器充气发泡，使冲洗液密度低于 1 的由气、液、固三相组成的低密度冲洗液称为泡沫冲洗液。

泡沫冲洗液不仅具有低密度防漏特性，而且形成的泥皮薄而韧，透水性比优质低固相泥浆的泥皮还低，有较强的阻止自由水侵入的能力。加之泡沫冲洗液中的泡沫具有疏水性质，部分泡沫吸附在泥皮上形成疏水泡沫壁。另外，孔壁上吸附的泡沫虽非连续，但在孔壁总面积中却占有相当比例，也会部分阻止自由水的侵入。再则，泡沫冲洗液具有较高的结构黏度，反映了黏土颗粒的网状结构，聚合物的长链架桥结构以及泡沫致密的群体结构，大幅度限制了自由水流动及其对泥皮的渗透作用，保护了孔壁，具有较好的防塌特性。

典型配方：（25%～2%）水＋（75%～98%）空气＋1%发泡剂＋（0.4%～0.5%）稳泡剂＋0.5%增黏剂。

泡沫冲洗液特别有利于减轻或解决岩心钻探中钻孔漏失问题，而不需要进行专门堵漏。充气方法可用压风机充气。最简单的方法就是利用搅拌机或回水管、泥浆枪或专门充气装置来充气发泡。要注意选择良好的发泡剂或稳泡剂。

13.3.2 冲洗液配制与性能调节

13.3.2.1 基浆与基浆配制

1. 基浆

基浆是指仅仅由黏土、水配制而成，是一种成分最简单的冲洗液类型，也是配制各种不同类型冲洗液的基础，也称为原浆。为使黏土得到最佳的造浆性能，在配浆过程中必须确定最优加碱量，最优加碱量的确定应综合考虑冲洗液表观黏度变化和滤失量变化。

黏土是冲洗液的主要组成部分。黏土水化分散性能的优劣，直接影响冲洗液的性能。表13－36为采用部分地区黏土配制的基浆性能。

表13－36   常用造浆黏土的基本性能

黏土类型	纯碱加量/%	泥浆性能					
		表观黏度/(mPa·s)	滤失量/[mL·(30 min·0.7 MPa)$^{-1}$]	塑性黏度/(mPa·s)	动塑比	初切力/Pa	终切力/Pa
山东高阳土	6.0	7.3	16.3	6.0	0.45	0	7
山东驸马营土	4.7	17.5	15.4	11.0	1.2	5	20
刘房子土	4.0	9.5	14.1	5.3	1.6	9	14
刘家尧土	4.5	14.5	13.0	6.2	2.5	12	16
夏子街土	0	14.5	15.1	4.5	4.4	18	22

2. 配制基浆计算

黏土量的计算：配制一定密度的冲洗液所需的黏土量。

计算原理：冲洗液质量＝黏土质量＋水质量

$$m_\pm = \frac{\rho_\pm \times V_{\text{浆}}(\rho_{\text{浆}} - \rho_{\text{水}})}{\rho_\pm - \rho_{\text{水}}} \qquad (13-19)$$

式中：$m_\pm$ 为配制一定冲洗液所需黏土量，kg；$\rho_\pm$ 为黏土的密度；一般 $\rho_\pm = 2.3 \sim 2.5 \text{ g/cm}^3$；$V_{\text{浆}}$ 为所需配制的冲洗液量，m^3；$\rho_{\text{浆}}$ 为冲洗液的密度，g/cm^3；$\rho_{\text{水}}$ 为水的密度，g/cm^3。

13.3.2.2 基浆配制工艺

基浆的配制工艺必须满足钙土转化为钠土的需要。试验表明，钙土至少应该和纯碱充分搅拌共同水化达到 24 h 以上，才能制成满足冲洗液性能要求的基浆。基浆的一般配制工艺是在水中边搅拌边加入称量好的黏土，充分搅拌后加入纯碱（一般加入量为黏土

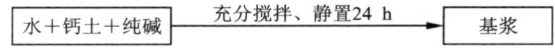

图 13-5 基浆配制工艺流程图

质量的 6% ~ 8%），充分搅拌 1 h 后静置 24 h 充分预水化后才可使用。基浆的配制工艺流程如图 13-5 所示。若使用钠土配制基浆，现场直接加水搅拌均匀即可使用。因此使用钠土配制基浆具有现场配制简单方便、效果好的优点。

13.4 冲洗液性能测试

冲洗液性能是冲洗液物理化学性质的集中反映，在钻探中有着重要的作用。冲洗液的主要性能有：密度、固相含量、黏度、触变性和静切力、含砂量、滤失量和造壁性、pH、胶体率和稳定性、润滑性和泥皮的黏滞性等。通过测试冲洗液性能，了解冲洗液状况，及时进行处理，有利于保持安全优质钻进。冲洗液的主要性能测试见表 13-37。具体的测试程序等可参见 API 测试指南或相关的测试使用说明书。常见泥浆性能测试仪器如图 13-6 至图 13-15 所示。

表 13-37 冲洗液性能测试

测试内容	测试方法	测试仪器及型号
密度	测量冲洗液密度的仪器中，用得最多的是密度计。测量时，放好密度计的支架，使之尽可能保持水平。将待测冲洗液注满清洁的冲洗液杯。盖好杯盖，并缓慢拧动压紧，使多余的冲洗液从杯盖的小孔中慢慢流出。用大拇指压住杯盖孔，清洗杯盖及秤杆上的冲洗液并擦净。将密度计的主刀口置于主导垫上，移动游码，使秤杆呈水平状态。读出并记录游码的左边边缘所示刻度，就是所测冲洗液的密度	密度计：Fann Model 140；YM-2；YYM
固相含量	可用 ZNG 型冲洗液固相含量测定仪测定。其原理为取一定量（20 mL）冲洗液，用高温（电加热）将其蒸干，蒸馏时用量筒收集冷凝的液相，然后读液相的体积，称量残留在蒸馏器中的固相，计算冲洗液中的固相含量（质量分数）	固相含量测定仪：ZNG-A；ZNG-2

续表 13 – 37

测试内容	测 试 方 法	测试仪器及型号
黏度	(1)漏斗黏度。目前测漏斗黏度用的漏斗黏度计有两种,即标准漏斗黏度计或马化漏斗黏度计。地质钻探多用标准漏斗黏度计。用冲洗液量杯的上端(500 mL)与下端(200 mL)准确量取 700 mL 冲洗液。将左手食指堵住漏斗口,使冲洗液通过筛网后流入漏斗中。将冲洗液量杯 500 mL 一端置于漏斗出口的下方,在松开左手食指的同时右手按动秒表。注意在冲洗液流出过程中,始终使漏斗保持直立。待冲洗液量杯 500 mL 一端流满时,按动秒表记录所需时间。所记录的时间(s)即为漏斗黏度	漏斗黏度计:ZLN – 1A;MLN – 4
	(2)表观黏度、塑性黏度。用六速旋转黏度计可测量包括塑性黏度、表观黏度、动切力、静切力、稠度系数、流动指数等流变参数。测试时,将预先配好的冲洗液进行充分搅拌,然后倒入量杯中,使冲洗液面与黏度计外筒的刻度线相齐。将黏度计转速设置在 600 r/min,待刻度盘稳定后读取数据。再将黏度计转速分别设置在 300 r/min、200 r/min、100 r/min、6 r/min、3 r/min,待刻度盘稳定后读取数据。用直读公式计算各流变参数	六速黏度计:WT – 900;ZNN – D6A;FANN35;AUTO – 6P
触变性和静切力	可采用全自动六速旋转黏度计测试,先用 600 r/min 的高速搅拌冲洗液,然后静置 10 s,再用 3 r/min 的速度转动外筒,得到最大读数即为初切力,同理,按上述方法测定静置 10 min 读数为终切力。用初、终切力的差值表示冲洗液触变性的大小	全自动六速旋转黏度计:AUTO – 6P;WT – 900
含砂量	一般用筛析法含砂量仪进行测定。将一定体积的冲洗液注入刻度瓶中,然后注入清水至刻度线。用手堵住瓶口并用力振荡,然后将容器中的流体倒入筛网筒过筛。筛完后把漏斗套在筛网筒上反转,漏斗嘴插入玻璃容器,将不能通过筛网的砂粒用清水冲入玻璃容器中,待砂粒全部沉淀后读出体积刻度	含砂仪:ZNH – 1
滤失量和造壁性	通常只测静态下的冲洗液滤失量(静滤失),采用气压式滤失仪。测试条件 0.7 MPa,过滤断面 45.3 cm^2,温度 20～25℃(常温),具体测试程序见有关说明书和 API 测试指南	API 滤失仪:Fann Model 300;ZNS – 5A
pH	一般是测冲洗液滤液的 pH,也有直接测量冲洗液的 pH 的。简单的方法是用范氏 pH 试纸或精密 pH 试纸测量。较精密的测量可用 pH 电位计、酸度计等	pH 电位计:Fann 210006;酸度计:PSH
胶体率	将 100 mL 冲洗液倒入 100 mL 量筒中,然后用玻璃片盖上,静置 24h,观察量筒上部澄清液的体积,如果上部没有澄清液体析出,则冲洗液的胶体率为 100%,如果上部出现的澄清液体为 2 mL,则冲洗液胶体率为 98%	量筒;Fann 205866;
稳定性	冲洗液放入特制的稳定测定仪中,静置 24 h,将测定仪上塞阀打开,分别测量上、下两部分冲洗液的比重。用上、下两部分冲洗液比重差来表示冲洗液的稳定性	稳定性测定仪
润滑性	用极压润滑仪测定。它是环块式的。测量时,圆环和钢柱都浸泡在被测液中,记录圆环和钢柱间的接触压力力矩和仪表上的读数,经查表或公式换算可得被测液体的摩擦阻力值。具体操作可参阅说明书	极压润滑仪:Fann Model 212;EP
黏滞性	泥饼黏附系数测定仪是测定泥饼摩擦阻力大小的专用仪器,是依据牛顿摩擦定律而设计制造的。当仪器工作时,使黏附盘与泥饼之间产生滑动的最小力对应为在扭矩扳手上测出的扭矩值,即是该泥饼的黏附系数。具体操作可参阅说明书	泥饼黏附系数测定仪:Fann 206906;NZ – 3A

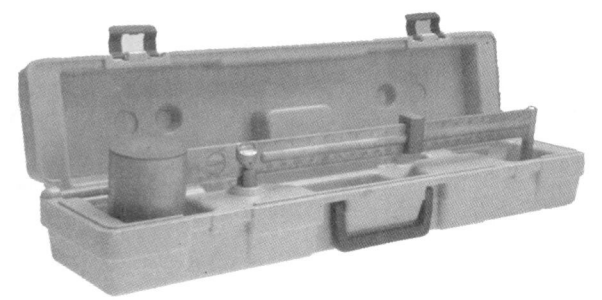

图 13 – 6　Fann Model 140 液体密度计

图 13 – 7　ZNG – A 固相含量测定仪

图 13 – 8　ZLN – 1A 漏斗黏度计

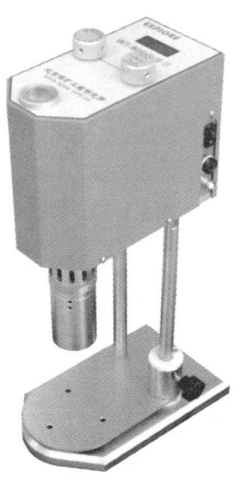

图 13 – 9　WT – 900 黏度计

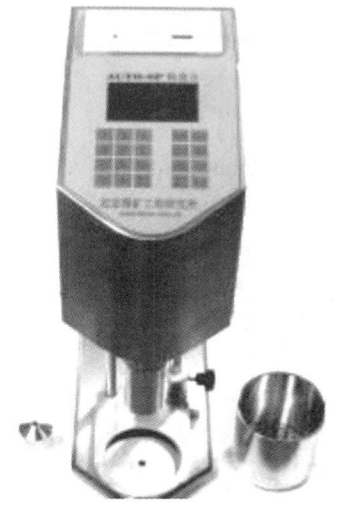

图 13 – 10　AUTO – 6P 全自动黏度计

图 13 – 11　ZNH – 1 含砂量测定仪

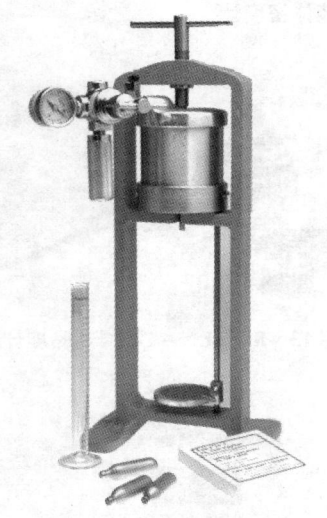

图 13 – 12　Fann Model 300 API 滤失仪

图 13 – 13　Fann 210006 pH 电位计

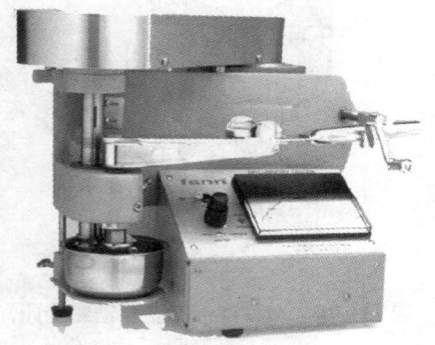

图 13 – 14　Fann Model 212 润滑性能测定仪

图 13 – 15　Fann 206906 泥饼黏附系数测定仪

13.5　复杂地层冲洗液技术

13.5.1　压力异常地层冲洗液技术

地层深处的岩石受到上覆岩层压力、水平地应力及孔隙压力的作用，在钻孔未钻开岩层前处于平衡状态。钻开岩层后，破坏了原有的平衡，应力重新分布。如果孔壁所受应力超过岩石强度就会破坏，孔壁失稳，造成缩径、坍塌或压裂。压力异常地层可以遵循压力平衡钻进原理，通过调节冲洗液密度来实现。

加重材料可选重晶石、石灰石和铁矿石等，其加重计算方法和计算实例可参见本书第 14 章 14.3.1 节。

冲洗液加重前应首先调节流变性能，确定其有足够的承载能力。如果地层孔隙压力低或漏失地层可采用低密度冲洗液，如充气冲洗液或可循环微泡沫冲洗液等。

13.5.2　松散不稳定地层冲洗液技术

这类地层冲洗液的关键是增加孔壁颗粒之间的胶结能力。可以选用明显增强砂、砾之间胶结力的防塌型冲洗液，以增强孔壁的稳定性。主要技术措施见表13 − 38。

表 13 − 38　松散不稳定地层冲洗液技术要点

1	选用合理的冲洗液密度	依据所钻地层的地层破裂压力、地层孔隙压力和地层坍塌压力三个压力剖面来合理确定冲洗液密度，保持孔壁处于力学稳定状态，防止孔壁发生坍塌或塑性变形
2	调整冲洗液性能	提高冲洗液的抑制性
		采用物理化学方法封堵地层的层理和裂隙，阻止冲洗液滤液进入地层
		提高冲洗液对地层的膜效率，降低冲洗液活度使其等于或小于地层的水活度
		降低冲洗液高温高压滤失量和滤饼渗透率，尽量减少冲洗液进入地层的量等
3	优选冲洗液类型	油基（或油包水）冲洗液、饱和盐水冲洗液、KCl（或 KCl 聚合物）冲洗液、钙处理冲洗液、聚合物（包括聚丙烯酰胺、钾铵基聚合物、两性离子聚合物、阳离子聚合物、聚磺等）冲洗液、硅基（或稀硅酸盐）冲洗液和聚合醇（或多元醇）冲洗液

13.5.3　水敏性地层冲洗液技术

水敏性地层钻进主要表现为钻孔缩径、造浆、分散。主要技术要点是尽可能降低冲洗液的滤失量；向冲洗液中加入 K^+ 或 NH_4^+；提高冲洗液的抑制性能；充分利用高分子聚合物的吸附、交联及包被作用；加入沥青类产品，对孔壁上的毛细管通道具有封堵作用。常用冲洗液类型有聚合物无固相冲洗液、钾基冲洗液及成膜冲洗液，其技术要点见表 13 – 39。聚合物无固相冲洗液（PHP – GSP 冲洗液）性能见表 13 – 40，钾基冲洗液的配方及性能见表 13 – 41、表 13 – 42。

表 13 – 39　水敏性地层冲洗液技术要点

类　型	作用机理	配　方	特　点
聚合物无固相冲洗液	聚合物的包被作用	水 + PHP + 广谱护壁剂（GSP）	（1）絮凝、包被作用明显增强，适合于钻进造浆地层，能有效防止岩屑的进一步分散，也有利于岩屑沉降 （2）具有良好的造壁性能。滤失量明显降低，泥皮黏附性强、韧性好，有利于孔壁的稳定 （3）由于 K^+ 及沥青的协同作用，具有较强的抑制能力 （4）具有良好的润滑性能
钾基冲洗液	K^+ 离子交换和晶格固定作用，NH_4^+ 有类似作用	1 m^3 水 + 30 kg 钠膨润土 + 40 kg 氯化钾 + 5 kg 抗盐共聚物 + 2 ~ 10 kg 改性沥青（GLA）	（1）体系抑制力强 （2）具有良好的流变性能，有利于金刚石绳索取心钻进 （3）加入 GLA 后的冲洗液滤失量明显降低，泥皮薄、韧性好 （4）具有良好的润滑性能
成膜冲洗液体系	成膜理论	3% ~ 4% 膨润土 + 2% 成膜剂（隔离膜防塌剂 CMJ – 2）+ 0.2% 快钻剂	对水化膨胀性岩层具有很强的抑制性

表 13 – 40　PHP – GSP 冲洗液性能

体系名称	表观黏度/$(mPa \cdot s)$	漏斗黏度/s	滤失量/[mL · $(30\ min \cdot 0.7\ MPa)^{-1}$]	泥皮/mm	相对膨胀降低率/%	润滑系数
PHP 体系	4	19	全失	0	59	0.21
PHP – GSP 体系	8	33	110/129	0.1	67	0.21

表 13 – 41　钾基聚合物冲洗液配方

材料和处理剂	功　用	参考用量/$(kg \cdot m^{-3})$	备　注
钠膨润土	增黏	20 ~ 30	
KCl	提供 K^+	40 ~ 100	
KOH	调节 pH，提供 K^+	8 ~ 15	
聚丙烯酸钾	包被、增黏	1 ~ 3	供选择
生物聚合物	增黏	1 ~ 3	

续表 13－41

材料和处理剂	功　用	参考用量/(kg·m^{-3})	备　注
铵盐	降黏剂、降滤失剂	10～20	
钾盐	降滤失剂	5～15	
CMC	降滤失剂	3～10	供选择
淀粉类产品	降滤失剂	10～30	
改性沥青	孔壁稳定	10～20	
GLUB	润滑剂	5～10	

表 13－42　钾基冲洗液性能

体系名称	表观黏度/(mPa·s)	漏斗黏度/s	滤失量/[mL·(30 min·0.7 MPa)$^{-1}$]	泥皮/mm	相对膨胀降低率/%	润滑系数
钾基冲洗液	9	22	14	1	78	0.20

13.5.4　水溶性地层冲洗液技术

溶蚀性地层以氯化钠盐层最为典型，其他还有钾盐、石膏、芒硝、天然碱等。这类地层遇到冲洗液中的水就会发生溶解，结果经常导致井眼超径、垮塌。对付水溶性地层，主要从两方面着手解决：一是降滤失；二是降低冲洗液对地层的溶蚀性。在岩盐中钻进，采用盐水冲洗液防塌效果良好。盐水冲洗液依据含盐量的高低，可分为：盐水冲洗液，含盐量自 1% 直至饱和之前均属此类。海水冲洗液，使用海水配浆，除含有较高浓度 NaCl 外，还含一定浓度的钙盐和镁盐，总矿化度一般 3.3%～3.7%；饱和盐水冲洗液指含盐量达到饱和，即常温下浓度为 31.5% 左右。盐水冲洗液流变性能、滤失量难以控制，需选用抗盐处理剂。

盐水冲洗液的配制有两种情况：

（1）先用淡水配制冲洗液，然后加盐转化为盐水冲洗液，相当于盐侵后冲洗液的处理。

（2）直接用盐水或海水配制冲洗液。

表 13－43 为一般盐水冲洗液配方。

表 13－43　盐水冲洗液配方

材料和处理剂	功　用	用量/(kg·m^{-3})	备　注
钠膨润土	增黏、提切	30～40	
NaCl	提供钠盐	按实际需求	
FCLS	降黏剂	5～10	

续表 13 – 43

材料和处理剂	功　用	用量/(kg·m^{-3})	备　注
生物聚合物	增黏、降滤失剂	2 ~ 10	供选择
CMC 类产品	增黏、降滤失剂	8 ~ 15	
80A51	增黏、降滤失剂	10 ~ 20	
聚丙烯腈类产品	降滤失剂	5 ~ 10	供选择
淀粉类衍生物	降滤失剂	10 ~ 20	
改性沥青	孔壁稳定	5 ~ 20	
GLUB	润滑剂	15 ~ 30	
烧碱	调 pH	5 ~ 12	
消泡剂	消泡	0.1 ~ 0.3	

推荐 4% 盐水冲洗液、饱和盐水冲洗液及海水冲洗液三种盐水冲洗液配方用于水溶性地层钻进，其技术要点见表 13 – 44。

表 13 – 44　用于水溶性地层的盐水冲洗液技术要点

类　型	配　方	特　点
4% 盐水冲洗液	4% 盐水 + 3% 膨润土 + 1.4% ~ 1.6% CMS + 0.5% GLUB	(1)膨润土用量小，流变性能好，能够有效防止绳索取心钻杆内壁结垢问题 (2)滤失量低、泥皮薄韧，具有良好的护壁效果 (3)具有合适的动塑比，流动性好；并且具有一定的切力，携岩能力强，能够保持孔内清洁 (4)该体系具有良好的润滑性能，能够大大降低冲洗液的摩阻系数，保证起下钻通畅 (5)主要用于用矿化度较高的水配制冲洗液
饱和盐水冲洗液	配方 1：盐水(含饱和盐水)1 m^3 + 30 kg 膨润土 + 5 kg 抗盐共聚物 配方 2：盐水(含饱和盐水)1 m^3 + 40 kg 膨润土 + 5 kg 抗盐共聚物 + 20 kg 改性沥青	(1)抗污染能力强，抗盐达到饱和 (2)滤失量低，泥皮质量好 (3)具有良好的流变性能，既能满足携带岩屑的需要，又有利于金刚石绳索取心钻进 (4)具有良好的润滑性能 (5)配方 2 用于遇水膨胀性地层
海水冲洗液	(1)无固相海水冲洗液：1 m^3 海水 + 10 kg 抗盐共聚物 (2)低固相海水冲洗液：1 m^3 海水 30 ~ 40 kg 钠膨润土 + 5 kg 抗盐共聚物	(1)具有较低的滤失量，泥皮质量好 (2)具有良好的流变性能 (3)低固相海水冲洗液具有良好的抑制性能 (4)用于用海水配制冲洗液或海边等污染比较严重的地层

13.6 特定条件下的冲洗液

13.6.1 低温冲洗液

低温地层钻进需要与之相匹配的低温冲洗液。低温冲洗液的核心问题是要使冲洗液在低温条件下保持良好的流变性及相应的冲洗液性能。

1. 基础液

基础液是指为低温冲洗液体系提供适应低温环境的溶液,主要起降低冲洗液凝固点和保持冲洗液性能的作用。一般情况下,可以用 NaCl、KCl、$CaCl_2$、Na_2CO_3 等盐类配成低温基础液。为了得到低温效果更佳的低温冲洗液,使用有机添加剂如乙醇、丙三醇、乙烯乙二醇、聚乙烯乙二醇和表面活性剂调节非常有效。

2. 低温冲洗液类型

1)冰层和极地钻进的低温冲洗液

低温冲洗液是冰层钻进中非常重要的环节。其中,亲水型低温冲洗液倾向于和冰结合,如乙二醇、乙醇;而憎水型低温冲洗液则添加 DFA、煤油、乙酸丁酯等。俄罗斯在冰层和极地的钻进中,经常使用以烃类物质为基础并有各种添加剂的液体、乙醇水溶液、乙二醇水溶液及其他防冻剂。煤油和柴油燃料在冰层和其他地层钻进中用得最多,但煤油系列的冲洗液具有高渗透性,特别是在有裂隙的永冻层钻进过程中,冲洗液的漏失会造成环境的污染。南极冰层深孔钻进,主要采用乙醇水溶液、乙酸丁酯、硅有机溶液,并越来越广泛地使用添加各种加重剂的烃基液体。

2)永冻层钻进的低温冲洗液

在永冻层中钻进使用散热系数小、滤失量低、黏度大的冲洗液是最有效的。向低温冲洗液中添加水解聚丙烯腈、聚丙烯酰胺、羧基甲基纤维素、聚乙烯氧化物等,可以使其黏度变大,滤失量减小,从而达到上述性能。

3)冻土天然气水合物层钻探的低温冲洗液

在冻土天然气水合物层钻探中,冲洗液必须能有效抑制水合物分解,维持其相态平衡,同时在低温条件下必须有良好流变特性能有效悬浮岩屑和维持孔壁稳定。高压低温条件下,冲洗液的基本流变特性将会发生改变,黏度、切力均会增大,有使冲洗液向凝聚方向转化的趋势。因此,在冻土天然气水合物地层钻进时,必须考虑冲洗液的性能和温度,必须保证天然气水合物赋存地层的分解抑制性能。目前,冻土天然气水合物地层钻进方法主要为分解抑制法。该方法是通过冲洗液密度的提高、井内压力的增大、冲洗液的冷却以及相关钻进参数的调整,将相平衡状态维持在天然气水合物的分解抑制状态的钻进方法。

推荐几个适于冻土天然气水合物钻探的无固相低温冲洗液和低固相低温冲洗液配方，见表 13 – 45。

表 13 – 45　冻土天然气水合物钻探低温冲洗液配方及性能

序号	配方	密度/(g·cm^{-3})	凝固点/℃	温度/℃	漏斗黏度/s	表观黏度/(mPa·s)	塑性黏度/(mPa·s)	滤失量/mL	泥皮厚/mm
无固相冲洗液体系	1000 mL H$_2$O + 8‰Kl +0.5‰ NaOH + 15% NaCl +5‰FA	1.14	– 12	常温	1′2″	47	30	—	—
				– 10	2′12″	65	55	—	—
	1000 mL H$_2$O + 8‰ XC + 0.5‰ NaOH + 15% NaCl +5‰FA	1.14	– 12	常温	1′44″	42	21	—	—
				– 10	3′20″	52	28	—	—
低固相冲洗液体系	基浆 +1‰NaOH + 15% NaCl +1% HT	1.15	– 12	常温	28″	18	15	8	1
				– 10	54″	30	26	7	1
	基浆 + 1‰ NaOH + 15% NaCl + 1% HT + 1% SHR	1.13	– 12	常温	25″	16	14	9	1
				– 10	42″	28	28	9	1

注：FA、HT 与 SHR 均为冲洗液处理剂。

13.6.2　高温冲洗液

在深孔或地热井钻进过程中，冲洗液将会受到高温影响，从而使冲洗液性能发生剧变，并且不易调整和控制。另外，在深孔钻进过程中，往往同时会伴随高的地层压力、井喷等复杂情况，故冲洗液通常还必须具有较高的密度，良好的流变性和较低的高温高压滤失量。

高温对冲洗液性能的影响十分复杂。在高温下，黏土将会发生高温分散作用、高温聚结作用和高温钝化作用，破坏冲洗液的热稳定性能和造壁性能。解决冲洗液抗高温问题，首先要解决黏土在高温条件下的去水化问题。要求在冲洗液中加入能在高温条件下有利于提高黏土水化能力、防止高温去水化及聚结的特殊处理剂材料，这些材料的分子结构本身应能抗高温，且具有高电荷、高温下易与黏土吸附的磺酸基、羟基、胺基等强水化基团。

进行抗高温冲洗液配方设计时，要选用能够抗高温的处理剂，保证高温条件下对黏土的水化分散具有较强的抑制能力，具有良好的润滑性和高温流变性，保证冲洗液具有良好的流动性、携带和悬浮岩屑的能力。

1. 磺化冲洗液

磺化冲洗液是以磺甲基褐煤(SMC)、磺甲基酚醛树脂(SMP)和磺甲基单宁酸钠(SMT)等处理剂中的一种或多种为基础配制而成的冲洗液。由于磺化处理剂均为分散剂，因此磺化冲洗液是典型的分散冲洗液体系。其主要特点是热稳定性好，在高温高压下可保持良好的流变性和较低的滤失量，抗盐侵能力强，泥饼致密且可压缩性好，并具有良好的防塌、防卡性能。

1) SMC 冲洗液

这种体系不但用 SMC 作为抗高温稀释剂，而且用它作为降滤失剂，再加入适量的表面活性剂以进一步提高其热稳定性。其技术要点见表 13-46。

表 13-46　SMC 冲洗液技术要点

配　方	特　点	配制要求	现场维护
(4%~7%)膨润土+(3%~7%)SMC+(0.3%~1%)表面活性剂，并加入烧碱溶液将 pH 控制在 9~10 之间。必要时混入 5%~10% 原油或柴油以增强其润滑性	可抗 180~220℃的高温，但抗盐、抗钙能力较弱，仅适用于淡水冲洗液	在用膨润土配浆时，必须充分预水化。注意膨润土切勿过量。若出现膨润土过度分散或含量过高时，可加入适量 CaO 降低其分散度，然后再加入 SMC 调整冲洗液性能	使用与冲洗液浓度相同的 SMC 胶液(5%~7%)控制冲洗液的黏度，并保持膨润土含量在 7% 左右。若因膨润土含量过低造成黏度达不到要求，则可补充预水化膨润土，并相应加入适量 SMC

2) 三磺冲洗液

三磺冲洗液使用的主要处理剂为 SMP、SMC 和 SMK。其中 SMP 与 SMC 复配，使冲洗液的 HTHP 滤失量得到有效的控制；SMK 用于调整高温下的流变性能。三磺冲洗液可显著提高冲洗液的防塌、防卡、抗温以及抗盐、抗钙能力。这种冲洗液抗盐可至饱和，抗钙可达 4000 mg/L；冲洗液密度可提至 2.25 g/cm³；若加入适量红矾，抗温可达 200~220℃。配制三磺冲洗液时，首先配成预水化膨润土浆，再加入各种处理剂，亦可直接用现场冲洗液转化。推荐三磺冲洗液的配方及性能见表 13-47。

表 13-47　三磺冲洗液的推荐配方及性能

基本配方		可达到的性能	
材料名称	加量/(kg·m⁻³)	项　目	指　标
膨润土	80~150	密度/(g·cm⁻³)	1.15~2.0
纯碱	5~8	漏斗黏度/s	30~50
磺化褐煤	30~50	API 滤失量/mL	<5

续表 13 – 47

基本配方		可达到的性能	
材料名称	加量/(kg·m^{-3})	项　目	指　标
磺化栲胶	5 ~ 15	HTHP 滤失量/mL	约15
磺化酚醛树脂	30 ~ 50	泥饼/mm	0.5 ~ 1
SLSP	40 ~ 60	塑性黏度/(mPa·s)	10 ~ 15
红矾钾(或钠)	2 ~ 4	动切力/Pa	3 ~ 8
CMC	10 ~ 15	静切力(初/终)/Pa	0 ~ 5 或 2 ~ 15
Span – 80	3 ~ 5	pH	>10
润滑剂	5 ~ 15	含砂量	0.5 ~ 1
烧碱	3		
重晶石	视需要而定		
各类无机盐	视需要而定		

2. 聚磺冲洗液

聚磺冲洗液是将聚合物冲洗液和磺化冲洗液结合在一起而形成的一类抗高温冲洗液体系。聚磺冲洗液既保留了聚合物冲洗液的优点，又对其在高温高压下的泥饼质量和流变性进行了改善，从而有利于提高深孔钻速和孔壁的稳定。该类冲洗液的抗温能力可达 200 ~ 250℃，抗盐可至饱和。

1)主要组分

聚磺冲洗液的配方和性能应根据钻孔温度、所需要的矿化度和所钻地层的特点，在室内实验基础上加以确定。

(1)膨润土含量一般情况下为 40 ~ 80 g/L，随钻孔温度的升高、含盐量的增加和冲洗液密度的上升，其含量应有所降低。

(2)相对分子质量高的聚丙烯酸盐，如 80A51、FA367、PAC141 和 KPAM 等通常在冲洗液中用作包被剂，其加入量应随冲洗液含盐量的增加而增大，随钻孔温度的升高而减少，一般加入量范围是 0.1% ~ 1.0%。

(3)相对分子质量中等的聚合物处理剂，如水解聚丙烯腈的盐类，常在冲洗液中起降滤失和适当的增黏作用，其加入量为 0.3% ~ 1.0%。

(4)相对分子质量低的聚合物，如 XY – 27 等，在冲洗液中主要起降低黏度和切力的作用。其加入量一般为 0.1% ~ 0.5%。

(5)磺化酚醛树脂类产品如 SMP、SPNH(磺化褐煤树脂)、SLSP(磺化木质素磺甲基酚醛树脂缩合物)等，常与 SMC 复配使用，用于改善泥饼质量和降低冲洗液的 HTHP 滤失量。前者加入量一般为 1% ~ 3%，后者加入量一般为 2% 左右。此外，常加入 1% ~ 3% 的磺化沥青来封堵泥页岩的层理裂隙，增强孔壁稳定性，改善泥饼质量。有时还需加入 0.1% ~ 0.3% 的 $Na_2Cr_2O_7$ 或 $K_2Cr_2O_7$，以提高冲洗液的热稳定性。

2）配制与转化

上部地层所使用的聚合物冲洗液通常在孔内的技术套管中转化成聚磺冲洗液。转化过程是先将聚合物和磺化类处理剂分别配制成溶液，然后按配方要求与一定数量的冲洗液混合；或者先用清水稀释冲洗液，使其中膨润土含量达到规定的范围，然后再加入适量的聚合物和磺化类处理剂。如果不是在技术套管内而是在裸眼内转化，则最好按配方将各种处理剂配成混合液，在钻进过程中逐渐加入冲洗液中，直至性能达到要求。

3）处理与维护

对冲洗液进行维护时，通常使用与配方等浓度的各种处理剂的混合液。若发现冲洗液性能发生变化，可适当调整混合液中各种处理剂的配制比例。

13.6.3　硅酸盐冲洗液

硅酸盐冲洗液用于钻进水敏性页岩地层、分散性白垩岩地层和含伊利石的地层非常有效。试验研究证明，高硅钠比的硅酸盐具有更高的抑制效率。在一般情况下硅钠比为 2.6 的硅酸盐就能达到基本的抑制能力。

硅酸盐冲洗液普遍使用黄原胶和聚阴离子纤维素来达到要求的流变性和控制滤失。典型的硅酸盐冲洗液配方见表 13-48。硅酸盐冲洗液在 pH 为 11 ~ 12.5 时稳定性最好。当可溶性硅酸盐与页岩表面接触 pH 下降时，硅酸盐与页岩中的两价离子（Ca^{2+} 和 Mg^{2+}）反应，在页岩表面形成一道可以防止滤液和颗粒侵入地层的屏障。冲洗液中硅酸盐的浓度可用试验或从硅酸钠的浓度计算出来。也可通过直接把硅酸钠加到冲洗液中或通过预混合加到冲洗液中的方式来维持理想的浓度。

表 13-48　硅酸盐冲洗液配方

添加剂	加量/($kg \cdot m^{-3}$)	作　用
黄原胶	3	悬浮
聚阴离子纤维素	8	控制滤失量
淀粉	10	控制滤失量
硅酸钠溶液	100	抑制性
杀菌剂	1	杀菌
碳酸钾	40	增加抑制性
盐（NaCl）	300	控制氯含量、密度
纯碱	0.2 ~ 0.4	控制硬度、补水

13.6.4 新型微泡冲洗液

新型微泡冲洗液是在标准微泡冲洗液的基础上研制出的一种新型微泡冲洗液。标准的微泡冲洗液使用黏土和聚合物使冲洗液产生独特的流变性和提高微泡的韧性。而新型微泡冲洗液是使用乳状液和聚合物来使冲洗液达到理想的流变性和稳定微泡。新型微泡冲洗液的流变性与标准微泡冲洗液基本一样，但新型微泡冲洗液具有更好的井眼清洁能力和更低当量循环密度。微泡冲洗液体系配方见表13-49。

表 13-49 普通微泡冲洗液体系配方

普通微泡冲洗液体系		新型微泡冲洗液体系	
组分	作用	组分	作用
淡水/盐水	连续相	乳状液	连续相
黏土/聚合物	增黏	生物聚合物	增黏
聚合物	滤失量控制剂和热稳定剂	聚合物	滤失量控制剂和热稳定剂
表面活性剂	微泡发泡剂	表面活性剂	微泡发泡剂
聚合物/表面活性剂	微泡稳定剂	聚合物/表面活性剂	微泡稳定剂
聚合物	冲洗液调节剂	聚合物	冲洗液调节剂

13.6.5 油基冲洗液

以油作为连续相的冲洗液称为油基冲洗液。与水基冲洗液相比，油基冲洗液具有抗高温、抗盐钙侵、有利于孔壁稳定、润滑性能好等优点；其缺点是配制成本比水基冲洗液高得多，且易着火，对环境影响较大。全油基冲洗液已经很少使用，多采用乳化冲洗液，乳化冲洗液体系有两类：水分散在油中称油包水乳化冲洗液；油分散在水中称为水包油乳化冲洗液。

油包水乳化冲洗液又称为反相乳化冲洗液或逆乳化冲洗液，它是以油作为连续相(外相)，以水分散成稳定的不连续的细小水滴作为不连续相(又称分散相或内相)，并添加适量的添加剂(如乳化剂、润湿剂、亲油胶体和加重剂等)，形成一个稳定的乳状液体系，主要优点是成本低、可以控制油液的活性、能更有效地防止泥页岩坍塌。其基本配方及性能见表13-50。

表 13 - 50　　油包水乳化冲洗液的基本配方及其性能参数

基本配方		可达到的性能	
材料名称	加量/(kg·m^{-3})	项目	指标
有机土	20 ~ 30	密度/(g·cm^{-3})	0.9 ~ 2.0
主乳化剂：环烷酸钙	20 左右	漏斗黏度/s	30 ~ 100
油酸	20 左右	API 滤失量/mL	< 5
石油磺酸铁	100 左右	HTHP 滤失量/mL	4 ~ 10
环烷酸酰胺	40 左右	泥饼摩擦系数	< 0.15
ABS	20 左右	表观黏度/(mPa·s)	20 ~ 120
烷基苯磺化钙	70 左右	塑性黏度/(mPa·s)	15 ~ 100
石灰	50 ~ 100	动切力/Pa	2 ~ 24
Span - 80	20 ~ 70	静切力(初/终)/Pa	0.5 ~ 2/0.8 ~ 5
CaCl$_2$	70 ~ 150	pH	10 ~ 11.5
油水比	(85 ~ 70):(15 ~ 30)	含砂量/%	< 0.5
氧化沥青	视需要而定	破乳电压/V	500 ~ 1000
加重剂	视需要而定	水滴细度(35 μm)/%	95 以上

13.6.6　合成基冲洗液

合成基冲洗液是以合成的有机化合物作为连续相，水/盐水作为分散相，再加上乳化剂、降滤失剂、流形调节剂等材料组成的新型冲洗液。第一代合成基冲洗液主要包括酯基、醚基、聚 α 烯烃基、缩醛；第二代合成基冲洗液主要包括线型 α - 烯烃、内烯烃、线形烷基苯和线形石蜡。合成基冲洗液的主要特点是：

(1)无毒、可生物降解、对环境无污染。

(2)润滑性能良好，可用于大斜度井及水平井钻进。

(3)有利于保护油气层和孔壁稳定。

(4)有利于测井、试井资料的解释。

1.合成基冲洗液的组成和类型

在组成上，合成基冲洗液与传统的矿物油基冲洗液类似，加量也大致相同。根据性能要求加入降滤失剂、流变性调节剂和重晶石等。它在配制工艺和许多性能方面与油基体系相似，但无毒或低毒并容易在海水中降解，因此能被环境所接受。

2.典型配方及性能

表 13 - 51、表 13 - 52 为两种合成基冲洗液的配方及性能。

表13-51 酯基冲洗液的典型配方及性能

配　方		性　能	
组分	加量	项目	指标
酯类/m³	0.65	密度/(g·cm⁻³)	1.55
水生动物油乳化剂/kg	36.5	酯类/水	83/17
HTHP滤失控制剂/kg	31.9	HTHP滤失剂/mL	2.4
有机土/kg	6.3	塑性黏度/(mPa·s)	54
淡水/m³	0.13	动切力/Pa	13
CaCl₂/kg	35.4	初/终静切力/Pa	9/13
重晶石/kg	796	水盐度/(mg·L⁻¹)	173000
降黏剂/kg	5.9	电稳定性/V	990
石灰/kg	4.3		
流型调节剂/kg	1.1		

表13-52 PAO冲洗液的典型配方及性能

配　方		性　能	
组分	加量	项目	指标
PAO基液/m³	0.62	塑性黏度/(mPa·s)	29
水/m³	0.21	HTHP滤失剂/mL	5.0
乳化剂/kg	17.1	动切力/Pa	9
有机土/kg	5.7	初/终静切力/Pa	7.5/19.5
石灰/m³	22.8	电稳定性/V	1840
CaCl₂/kg	29.1		
重晶石/kg	475		
流型调节剂/kg	5.7		

13.7 冲洗液净化与废浆处理

13.7.1 冲洗液与环境保护

废弃冲洗液中除含有黏土、加重材料、无机物、有机物、油品、地层岩屑外，还有重金属组分等有毒物质。因此，废弃冲洗液已成为对环境影响较大的废弃物之一。

1. 废弃冲洗液成分与毒性

由于废弃冲洗液是一种多相胶体分散体系，组成极其复杂。研究表明，在废弃冲洗液中存在对环境危害最大的物质是高相对分子质量的盐和可交换性钠离子；其次是油类、可溶性重金属离子（如 Hg^{2+}、Cr^{3+}、Cd^{2+}、Pb^{2+}、Zn^{2+} 等）、有机污染物（如多环芳烃、酚类、卤代烃、有机硫化物、有机磷化物、醛类、胺类等）、高 pH 的 NaOH、Na_2CO_3 溶液、高分子有机物特别是降解后的小分子有机物。其中重金属离子由于能在环境或动植物体内蓄积，对人体健康产生长远的不良影响，属于国家环保局划定的第一类污染物。

2. **废弃冲洗液毒性评价方法**

废弃冲洗液毒性评价方法一般采用生物毒性评价实验方法，它是测量生物在 96 h 半致死的质量分数，该质量分数值被称为 96hLC50，即是实验生物（糠虾、硬壳蚌）经受 96 h 毒物的毒害，死亡率为 50%（半致死）时的质量分数值。

最新研究出一种快速生物实验方法——发光细菌实验法。其原理是测定与不同种类、不同质量分数的冲洗液接触后，加在冲洗液中的一种发光细菌的生物冷光的光强因细菌健康受损而发生的变化，以光强降低 50% 的毒性物（冲洗液）的有效质量分数 EC50 表示。

3. **防止环境污染的新型冲洗液**

研究结果表明，水基冲洗液是微毒或基本无毒，水基废弃冲洗液经过适当处理，对环境不会造成很大影响。对环境影响较大的物质是油类。但由于油基冲洗液具有良好的页岩抑制性、优良的润滑性以及较强的热稳定性和抗污染能力，在钻进强水敏性地层、地热井、大斜度井时常选用油基冲洗液。因此，近年来国内外研制出多种满足环保要求的可替代油基冲洗液的新型冲洗液体系。列举其中两种，见表 13 – 53。

表 13 – 53　新型环保冲洗液

类　　型	环保特点	技术特点
甘油类冲洗液	对环境无害，具有超过最低要求的 LC50 值	具强吸水性，能有效抑制泥页岩水化膨胀、稳定孔壁、润滑性好、能有效防止卡钻、提高机械钻速、保护储层、提高采收率
甲基葡萄糖苷冲洗液	无毒性且易于生物降解，糠虾半致死质量分数 96 h LC 值 500000 mg/L	配方简单、配制和维护容易，并具有较强的页岩抑制性能、优异的润滑性能、良好的储层保护特性和体系稳定性

13.7.2　冲洗液净化与固控

钻进过程中，由于岩屑（岩粉）不断进入冲洗液，使冲洗液的相对密度、黏度、含砂量等性能发生很大变化，需要对孔内返回的冲洗液进行净化处理。冲洗液净化目的是为了使冲洗液在整个钻进过程中保持低固相、优性能，保持孔内安全。特别是在绳索取心钻进时，易在钻杆内壁结泥皮，影响内管打捞，更是要注重冲洗液的净化。

冲洗液固相控制(固控)是对冲洗液中的固体颗粒进行控制的原理和技术方法。通过固控技术以清除冲洗液中的有害固相,保留有用固相,满足钻井工艺对冲洗液性能的要求。

1. 机械法

冲洗液净化与固相控制最常用的方法为机械法。机械法包括振动筛、旋流除砂器、冲洗液清洁器和离心机。各种方法的特点和使用见表13-54。

表13-54 机械法净化与固控技术及特点

设备类型	原理	特点	应用范围
振动筛	通过机械振动将大于网孔的固体和通过颗粒间的黏附作用将部分小于网孔的固体筛离出来	具有最先、最快分离冲洗液固相的特点,担负着清除大量钻屑的任务	担负着清除大量钻屑的任务,它是冲洗液固控的关键设备
旋流除砂器	在压力作用下,含有固体颗粒的冲洗液由进浆口沿切线方向进入旋流器。在高速旋转过程中,较大较重的颗粒在离心力作用下被甩向器壁,沿壳体螺旋下降,由底流口排出;而夹带细颗粒的旋流液在接近底流口时会改变方向,形成内螺旋向上运动,经溢流口排出	在旋流器内同时存在着两股呈螺旋流动的流体,一股是含有大量粗颗粒的液流,向下做螺旋运动。另一股携带较细颗粒,连同中间的空气柱一起向上做螺旋运动	除砂器:分离固相颗粒直径一般在 $\phi74~\mu m$ 以上。150~300 mm 的旋流器称为旋流除砂器 除泥器:分离 $\phi10~74~\mu m$ 的固相颗粒 微型旋流器:分离 5~10 μm 的固相颗粒
冲洗液清洁器	是一组由旋流器和一台细目振动筛的组合。第一步是旋流器将冲洗液分离成低密度的溢流和高密度的底流,其中溢流返回冲洗液循环系统,底流落在细目振动筛上;第二步是细目振动筛将高密度的底流再分离成两部分,一部分是重晶石和其他小于网孔的颗粒透过筛网,另一部分是大于网孔的颗粒从筛网上被排出	所选筛网一般在 $\phi100~325$ 目之间,通常多使用 150 目。既降低了低密度固体的含量,又避免了大量重晶石的损失	主要用于从加重冲洗液中除去比重晶石粒径大的钻屑
离心机	在离心力作用下,冲洗液中质量大的固相颗粒被甩到旋转筒壁沉降下去,然后靠螺旋输送器将堆积起来的固相颗粒推至离心机端部,从端部的孔眼排出,而冲洗液从离心机另一端的排液孔排出	是唯一能够从分离的固相颗粒上清除自由水的冲洗液固控装置,它可将液相损失降低到最小程度。既降低了加重冲洗液中低密度固相的含量,使黏度、切力得到有效的控制,又可大大地减少重晶石的补充量,从而降低冲洗液的成本	离心机可用于处理加重冲洗液以回收重晶石和清除细小的钻屑颗粒。离心机还常用于处理非加重冲洗液以清除粒径很小的钻屑颗粒,以及对旋流器的底流进行二次分离,回收液相,排除钻屑

2. 稀释法

稀释法是用清水或其他较稀的流体直接稀释冲洗液的一种方法。这是在机械固控设备缺乏或出现故障的状况下不得不采用的简易方法。稀释法虽然操作简便、见效快，但在加水的同时必须补充足够的处理剂，如果是加重冲洗液还需补充大量的重晶石等加重材料，因而会使冲洗液成本显著增加。

3. 化学絮凝法

化学絮凝法是在冲洗液中加入适量的絮凝剂(如部分水解聚丙烯酰胺)，使某些细小的固体颗粒通过絮凝作用聚结成较大颗粒，然后用机械方法排除或在沉砂池中沉除。这种方法是机械固控方法的补充，两者相辅相成。目前广泛使用的不分散聚合物冲洗液体系正是依据这种方法，使其总固相含量保持在所要求的4%以下。

13.7.3　废弃冲洗液的处理

废弃冲洗液的处理方法较多，主要包括回填法、土地耕作法、泵入井眼、固液分离及化学固化等。具体处理方法见表 13 - 55。

表 13 - 55　废弃冲洗液的处理方法

方法名称	处理过程	特　点
回填法	即用从存储坑挖出的土将废冲洗液进行填埋。在填埋前，通常需通过脱水处理或让其自然蒸发，以减少废冲洗液的体积	是最经济的处理方法，但可能造成潜在危害
土地耕作法	将脱水后的残余固相均匀地撒放到现场，然后用耕作机械把它们混入土壤	适合相对平坦的开阔地面以便于机械化耕作。土地耕作法比较适用于淡水冲洗液
泵入井眼	泵入钻孔环形空间或安全地层	安全、方便，不会给地面留下长期隐患。该方法可适用于水基、油基冲洗液，但需注意泵入地层深度应大于 600 m，且远离油气区 2000 m 以上，注入地层后不会再返，否则需用水泥密封
固液分离	主要是通过加入混凝剂破坏胶体稳定性，再用机械脱水装置将水脱离： (1)用现场废水对废弃冲洗液进行稀释，将其固相含量降至 10% 以下，投入化学处理剂脱稳，泵入离心机，同时加入高分子量有机絮凝剂，提高固液分离效果，排出水再进行二次化学混凝处理，使水质指标达到控制要求 (2)对钻井污水直接进行化学脱稳和离心分离，排出水再进行二次混凝处理	废弃冲洗液经处理后，悬浮物、化学需氧量(COD)的去除率大于 99%，油类去除率大于 97%，外排水各项污染物浓度达到污水综合排放一级标准，分离出来的泥渣含水量为 40% ~ 60%。泥渣可成型堆放，自然干燥 3 d 后，含水量可降至 24%，泥渣浸出液中有害污染物含量未超标
化学固化	加入一定数量的化学添加剂(固化剂)，与废冲洗液发生一系列复杂的物理、化学作用，将废冲洗液中的有害成分固化，从而降低其渗透性及迁移作用，达到防止污染的目的。固化剂必须由四种试剂(凝聚剂 A、助凝剂 B 与结剂 C 和胶结剂 D)复配而成	固化处理后，3 ~ 5 d 即可得到干燥的固化体。废弃冲洗液被固化后的浸出液无色无味，清澈透明。COD 值均小于 300 mg/L，含油量在 2 mg/L 以下，pH 为 7 ~ 8，均符合工业废水排放标准。被固化废弃冲洗液的浸出液经检测达到国家排放标准

第 14 章　护孔与堵漏

14.1　不稳定地层类型与孔壁失稳原因

14.1.1　不稳定地层类型

钻进中常遇到的坍塌、掉块以及钻孔缩径、扩径等地层统称为不稳定地层。根据不稳定地层产生的原因和性状,可将其分类为两大类。

1. 力学不稳定地层

力学不稳定地层是指钻进过程中因地应力产生不稳定的岩层。这类地层受地质成因或构造运动的影响形成挤压作用产生地应力,一旦地层被钻穿后,原始地应力的平衡状态受到破坏,加之地层的不完整性和破碎,就会出现孔壁不稳定现象。

2. 遇水不稳定地层

遇水不稳定地层是指钻进过程中因水侵产生不稳定的岩层。这类地层遇水会产生水解、水化作用,使孔壁岩层出现松散、松软、溶胀、剥落和溶解等不稳定现象。遇水不稳定地层包括水敏性不稳定地层和水溶性不稳定地层。

14.1.2　孔壁失稳原因

孔壁失稳的主要表现有两种:

(1)一种是岩层松散破碎。孔壁失稳表现为孔壁坍塌、孔径扩大,属于力学不稳定地层。

(2)一种是岩层遇水膨胀。孔壁失稳表现为孔径缩小,属于遇水不稳定地层。

实际钻进中各种因素往往以不同组合的形式出现,且相互作用,导致孔壁失稳。

1. 冲洗液对孔壁失稳的影响

冲洗液对孔壁的破坏作用主要表现在:冲洗液对岩层的水化作用和冲洗液对岩层的冲刷作用。

1)冲洗液对岩层的水化作用

冲洗液对岩层的水化作用通常是通过与地层(特别是泥页岩地层)的表面水化和渗透水化来实现的。(作用机理详见第 13 章)

2）冲洗液对岩层的冲刷作用

冲洗液对岩层的冲刷作用是直接的，在小口径钻进过程中的危害很大。对钻孔孔壁直接冲刷导致的破坏程度，取决于冲洗液在循环时的流速和流态，若冲洗液在环形空间上返时速度过高，容易形成紊流，对孔壁的冲刷作用很大，不利于孔壁稳定。若冲洗液处于层流上返，或者通过冲洗液性能的调整，形成改性平板型层流上返时，对孔壁的稳定是有利的。

2. 压力激动对孔壁失稳的影响

压力激动是指在升降钻具过程中，引起的孔内流体压力升高或降低的变化。

下钻时冲洗液在高速下落钻具的挤压下会产生很高的冲击动能，使孔壁周围岩石承受了很高的挤压压力。钻孔愈深、下钻速度愈快，产生的挤压压力也愈大，特别是当钻具快到孔底时，会引起相当高的挤压压力，结果往往会使孔壁压裂，造成冲洗液漏失。

起钻时由于环空间隙小，钻具像一个活塞，随着钻具高速上行，下部空腔产生负压，对孔壁产生了压力骤减的抽吸压力，使孔壁周围的岩石失去了原来的压力平衡状态，以致造成孔内垮塌。起钻速度愈快，产生的负压愈大，其抽吸作用愈强，对孔壁造成破坏越严重。特别是在使用黏稠度较大的冲洗液时，这种情况更为突出。

14.2　孔壁稳定性主要评价方法

14.2.1　泥页岩水化分散性试验

泥页岩分散性试验最常用的方法有两种：

1. 页岩滚动试验

试验方法：采用干燥的泥页岩样品（如果没有岩心可用岩屑），将其粉碎，使岩样过 10 目筛，往加温罐中加入 350 mL 试验液体和 50 g（4～10 目）岩样，然后把加温罐放入滚子加热炉中滚动 16 h。倒出试验液体与岩样，过 30 目筛，干燥并称量筛上岩样，计算回收率（以质量百分数表示）。取上述过 30 目筛干燥的岩样，放入装有 350 mL 水的加温罐中，继续滚动 2 h，倒出试验液体与岩样，再过 30 目筛，干燥并称量筛上岩样，计算回收岩样占原岩样的百分数。

2. CST 试验（毛细管吸收时间法）

试验方法：取一定量的页岩样品，研磨使之通过 100 目筛。然后加水或冲洗液滤液，搅拌，制备成悬浮体。测定滤液在一特种滤纸上从一电极渗滤到另一电极所需时间，此值称为 CST 值。使用 CST 法所测得的 $1/(Y-b)$ 值可用来预测孔壁的稳定性。此值越高，孔壁坍塌的可能性越大。

CST 值大小与液体的性质、胶体的分散性等因素有关，可用于判定泥页岩在水中的胶态分散程度。CST 值越小抑制效果越好。但这种方法有一定的局限性。它只能用来考察无机盐对页岩分散的抑制作用,任何影响滤液黏度的添加剂,都会干扰滤液的渗滤速率。

14.2.2　泥页岩膨胀性试验

页岩膨胀性实验是让页岩岩样直接与水接触,测其岩样在不同时间的线膨胀百分数。在一定时间内膨胀百分数的大小直接反映了页岩的膨胀性。页岩线膨胀百分数的测定是在限制条件下,只允许岩样在一个方向膨胀。各种页岩的膨胀性强弱,可用相同条件下测定的 2 h 和 24 h 线膨胀百分数来进行比较。

评价泥页岩膨胀性的方法有两种:

1. 常温常压膨胀性试验

采用黏土吸湿容积计(En - sulin 膨胀仪)、NP - 01 型岩心膨胀测试仪和 WZ - 1 型瓦氏膨胀仪。

2. 高温高压膨胀性试验

(1)一种是 HTHY - 1 型高温高压膨胀仪,测定温度 120℃、压力 3.5 MPa 下的泥页岩膨胀性能。

(2)另一种是 YPM - 01 型页岩膨胀模拟试验装置,测定温度 180℃、压力 10 MPa 下的页岩膨胀性能。

14.2.3　页岩稳定指数法(SSI)试验

1. 基本原理

采用测量岩心侵蚀(或膨胀)量 D 值,以及测量可塑性固体的针入度 H_f(H_f 表示物体硬度和产生塑性流动变形能力的大小),用来表示人造或天然页岩岩心遇水膨胀与剥落的特征和大小。

2. 试验方法

页岩浆液是用 7 份干的格伦劳斯 C 级页岩粉和三份人造海水混合配成。制作岩心试样时,用一个特殊的活塞与标准高温高压失水仪的压滤室相配合,把页岩浆液中的水挤出来。260 g 页岩接受 7 MPa 的压力差作用 2 h,就配成坚固的岩心试样,然后打开压滤室,推出坚实的岩心。把岩心试样放入允许岩心有些过量的圆柱形钢杯中,然后用 9 MPa 的负荷将岩心挤入杯中,再用一个标准的油脂针入度仪(Grease Penetrometer)量测其表面硬度。杯子和压好的岩心被固定在瓶罩内,并浸入包含各种试测溶液的品脱瓶中。岩心试样在 65.6℃下暴露在试验溶液中 16 h,并用低速滚动以模拟冲洗液对岩心的冲蚀影响。然后将瓶冷却,试验结束。

可利用式(14 - 1)计算不同溶液中的页岩稳定性指标(SSI):

$$SSI = 100 - 2(H_f - H_i) - 4D \qquad (14 - 1)$$

式中：H_i 为针入度仪的初始读数，mm；H_f 为浸泡后针入度仪读数，mm；D 为由针入度仪测得的膨胀值或侵蚀值，mm。

14.3　冲洗液护孔技术

冲洗液护孔的实质是在充分利用孔壁自身强度的基础上，调整冲洗液液柱压力及其他工艺措施来维护力学不稳定地层的稳定；调整冲洗液的性能避免水对岩层的侵入来维持遇水不稳定地层的稳定。

14.3.1　压力平衡护孔

利用孔内冲洗液液柱压力维持钻孔形成之后的压力平衡是保持孔壁稳定的基本方法。其基本原理是冲洗液液柱压力（P_m）与岩层的侧压力（P_c）相等时，就能维持平衡，即：

$$P_m = P_c$$

已知：$P_m = 9.81 \times 10^{-3} H\rho_m$ 和 $P_c = \lambda P_s = 9.81 \times 10^{-3} \lambda H\rho_s$，故：

$$9.81 \times 10^{-3} H\rho_m = 9.81 \times 10^{-3} \lambda H\rho_s$$

亦即：

$$\rho_m = \lambda \rho_s \qquad (14-2)$$

式中：ρ_m 为冲洗液密度，g/cm^3；ρ_s 为岩层密度，g/cm^3；λ 为地层侧压力系数。

故只要知道岩层本身的密度及其侧压系数 λ，就可确定相应的冲洗液密度。

有些松散岩层如流砂层 $\rho_s = 2.3$ g/cm^3，λ 值在 $0.35 \sim 0.41$ 之间，按照上式计算出的所需冲洗液密度为：

$$\rho_m = \lambda \rho_s = 0.41 \times 2.3 = 0.934 \ g/cm^3$$

从计算来看，虽然使用低密度冲洗液就可以实现与砂层的平衡，但由于钻进过程中还受到其他因素影响，实际使用时还应适当提高冲洗液密度。

为了有利于孔壁稳定，可考虑平衡安全附加压力。平衡条件变为：

$$P_m = P_c + P_s \qquad (14-3)$$

式中：P_s 为平衡安全附加压力，岩心钻探可取 $0.3 \sim 1$ MPa。

在钻进过程中，由于冲洗液的循环，钻孔的静止状态受到破坏，静平衡变为动平衡，这时环形空间还有一个附加压力，上式变为：

$$P_m + P_a = P_c + P_s \qquad (14-4)$$

式中：P_a 为冲洗液流上返时作用在孔底的循环附加压力，可用下式计算：

$$P_a = \frac{14.35 v^2 \rho_m}{(Re)^{0.64} \cdot 2g} \cdot \frac{L_s}{L_j}$$

式中：v 为液流上返速度，m/s；ρ_m 为冲洗液密度，g/cm^3；L_s 为钻具长度，m；L_j

为钻杆接头间的距离，m；g 为重力加速度，m/s^2；$Re \leqslant 2100$ 时为层流。

把这个附加的压力换算成密度，再加上所使用的冲洗液密度 ρ_m，就可以计算出当量循环密度，用 ρ_E 表示，则：

$$\rho_E = \rho_m + \frac{P_a}{9.81 \times 10^{-3} H}$$

式中：P_a 为循环压力损失，MPa。

当量循环密度可以从孔底算起，也可以从任何其他深度计算。当量循环密度与冲洗液的真实密度之间的差值应力求尽量的小，以便减少孔内静态和动态之间的压力差。

对于地应力原因导致的易塌地层，可采用加重剂来提高冲洗液密度，以提高孔壁的稳定性。

加重冲洗液密度所需加重剂量按下式计算：

$$Q_B = V_1 \rho_B \frac{\rho_2 - \rho_1}{\rho_B - \rho_2} \tag{14-5}$$

式中：Q_B 为所需加重剂的质量，t；V_1 为加重前原冲洗液的体积，m^3；ρ_1 为加重前原冲洗液的密度，g/cm^3；ρ_2 为加重后冲洗液的密度，g/cm^3；ρ_B 为加重剂的密度，g/cm^3。

例：现有 20 m^3 密度为 1.15 g/cm^3 的冲洗液需将其加重至密度为 1.35 g/cm^3，采用重晶石粉作为加重剂，重晶石粉的密度为 4.2 g/cm^3，问需要加入多少吨重晶石粉？

解：代入公式（14-5）：

$$Q_B = 20 \times 4.2 \times \frac{1.35 - 1.15}{4.2 - 1.35} = 5.89$$

即：20 m^3 密度为 1.15 g/cm^3 的冲洗液加重至 1.35 g/cm^3，需要加密度为 4.2 g/cm^3 的重晶石粉 5.89 t。

同理，若需用降低冲洗液的密度，所需水量可按下式计算：

$$Q_w = V_1 \rho_w \frac{\rho_1 - \rho_2}{\rho_2 - \rho_w} \tag{14-6}$$

式中：Q_w 为所需水的质量，t；V_1 为降低密度前原冲洗液的体积，m^3；ρ_1 为降低密度前原冲洗液的密度，g/cm^3；ρ_2 为稀释后冲洗液的密度，g/cm^3；ρ_w 为水的密度，g/cm^3（一般说来淡水 $\rho_w = 1$）。

例：现有 20 m^3 密度为 1.35 g/cm^3 的冲洗液需将其加水稀释至密度为 1.25 g/cm^3，计算需加水多少？

解：代入公式（14-6）：

$$Q_W = 20 \times 1.00 \times \frac{1.35 - 1.25}{1.25 - 1.00} = 8.0$$

即：将 20 m³ 密度为 1.35 g/cm³ 的冲洗液加水稀释至 1.25 g/cm³，需要加水 8.0 t。

调整 1 m³ 不同密度的冲洗液需要的加重材料重量或水量的数据见表 14-1(a)、表 14-1(b)。

表 14-1(a)　加重 1 m³ 冲洗液所需重晶石用量

重晶石加量/kg 原比重 \ 所需比重	1.25	1.30	1.35	1.40	1.45	1.50	1.55	1.60	1.65	1.70	1.75	1.80	1.85
1.20	73	148	226	308	392	480	571	667	766	870	978	1091	1209
1.25		74	151	231	314	400	490	583	681	783	889	1000	1116
1.30			75	154	235	320	408	500	596	696	800	909	1023
1.35				77	157	240	326	417	511	609	711	818	930
1.40					78	160	245	333	426	522	622	727	837
1.45						80	163	250	340	435	533	636	744
1.50							82	167	255	348	444	545	651
1.55								83	170	261	356	455	558
1.60									85	174	267	364	465
1.65										87	178	273	372
1.70											89	182	279
1.75												91	186
1.80													93

注：重晶石比重为 4.00。

表 14-1(b)　1 m³ 冲洗液降低比重所需加水量

加水量/m³ 原比重 \ 稀释后	1.55	1.50	1.45	1.40	1.35	1.30	1.25	1.20	1.15	1.10	1.05
1.60	0.091	0.20	0.33	0.50	0.71	1.00	1.40	2.00	3.00	5.00	11.00
1.55		0.10	0.22	0.38	0.57	0.83	1.20	1.75	2.67	4.50	10.00
1.50			0.11	0.25	0.43	0.67	1.00	1.50	2.33	4.00	9.00
1.45				0.13	0.29	0.50	0.80	1.25	2.00	3.50	8.00
1.40					0.14	0.33	0.60	1.00	1.67	3.00	7.00
1.35						0.17	0.40	0.75	1.33	2.50	6.00
1.30							0.20	0.50	1.00	2.00	5.00
1.25								0.25	0.67	1.50	4.00
1.20									0.33	1.00	3.00
1.15										0.50	2.00

注：水的比重为 1.00。

14.3.2 抑制膨胀缩径

膨胀缩径地层的主要特点是蒙脱石和伊利石含量高、水敏性强、极易膨胀。该类地层钻进冲洗液的技术要点见表 14 - 2。

表 14 - 2 冲洗液抑制膨胀缩径护孔技术

编号	地层类型	冲洗液技术要点
1	易膨胀强分散泥页岩地层	(1)选用能有效控制滤失量,具有强抑制性的冲洗液体系 (2)选用既能有效抑制泥页岩水化分散,又能抑制泥页岩水化膨胀,并能有效封堵的冲洗液,如氯化钾聚合物冲洗液、氯化钾腐殖冲洗液及其他钾基冲洗液、聚磺冲洗液、钾铵基聚磺冲洗液、两性离子聚磺冲洗液、阳离子聚磺冲洗液、正电胶冲洗液、有机硅冲洗液等 (3)此类地层还应注意降低高温高压滤失量与泥饼渗透性,一般应控制冲洗液 pH 低于 9 为宜
2	易膨胀中等至弱分散泥页岩	(1)选用抑制性强、密度适宜的冲洗液 (2)选用强抑制、强封堵的冲洗液,如聚磺冲洗液,两性离子聚磺冲洗液,阳离子聚磺冲洗液,正电胶阳离子聚合物冲洗液、钾铵基聚磺冲洗液,正电胶冲洗液、钾石灰冲洗液、有机硅冲洗液等。如地层水矿化度高,可用氯化钾适当提高冲洗液的矿化度 (3)已经处于地层坍塌时应依据分散程度,采用沥青类产品封堵层理、裂隙,采用磺化酚醛树脂等降滤失剂尽量减少冲洗液滤液进入地层
3	弱膨胀弱分散泥页岩	(1)选用合理的冲洗液密度,使其高于地层坍塌压力的当量密度 (2)采用沥青类产品、植物油渣、磺化酚醛树脂等处理剂,封堵层理、裂隙,阻止冲洗液滤液进入地层 (3)一般应选用具有强封堵特点的冲洗液。如三磺冲洗液,硅酸钾聚磺冲洗液,钾铵基聚磺冲洗液,两性离子聚磺冲洗液,若地层水矿化度高,可用氯化钾适当提高冲洗液矿化度,若地层裂隙极发育,坍塌掉块大,应适当提高冲洗液的黏切力,及时带出掉块 (4)钻进此类地层还应注意冲洗液的冲刷作用,应设计合适的泵量与环空返速
4	含盐膏地层	(1)纯厚盐膏层 对于中深孔段盐层总厚度不到 100 m 的孔,可采用具有适当冲洗液密度的欠饱和盐水冲洗液,使盐溶解而引起孔径扩大率与盐岩因塑性变形而引起缩径率相接近,严防缩径。 对于厚盐层采用饱和盐水冲洗液钻进;浅孔段补充盐水胶液,防止盐溶引起孔径扩大。在中深孔段适当补充淡水胶液,使盐溶解引起的孔径扩大值与盐塑性变形引起的缩径值相接近。深孔段,必须依据孔深、温度与盐岩类别来确定冲洗液密度,控制盐岩因塑性变形而引起缩径,并使用盐抑制剂抑制盐重结晶 (2)盐、膏、泥复合地层 根据孔深、温度、地应力、所钻盐与含盐软泥岩类别选择合理的冲洗液密度,控制缩径; 采用抑制性强的饱和盐水冲洗液、油包水冲洗液,防止盐溶引起孔壁坍塌,并保持冲洗液性能稳定。对含有大量石膏的地层,可在冲洗液中加入硫酸钠或硫酸铵,采用等离子效应控制石膏的溶解; 饱和盐水冲洗液中应加入沥青类或磺化酚醛树脂类产品,封堵泥页岩层理、裂隙,降低 HTHP 滤失量,防止孔壁坍塌,选用合理环空返速与冲洗液流变参数,既保证携带钻屑,又要保证环空处于层流,减少对孔壁的冲蚀 保持冲洗液良好的流变性与润滑性,防止黏附卡钻

14.3.3　抑制分散坍塌

冲洗液抑制孔壁分散坍塌的主要技术见表 14 - 3。

表 14 - 3　冲洗液抑制分散坍塌的护孔技术

编号	地层类型	冲 洗 液 技 术 要 点
1	胶结差的砂、砾、黄土层	一般采用高黏切、高膨润土含量的膨润土浆或正电胶膨润土浆；对于大或特大砾石层可适当提高冲洗液密度和环空返速
2	不易膨胀强分散砂岩与泥页岩互层	(1)采用强包被聚丙烯酸盐聚合物、聚磺、正电胶类冲洗液，抑制钻屑分散，控制低密度 (2)钻进过程中应补充优质预水化膨润土浆、降滤失剂、磺化沥青及润滑剂。在高渗透砂岩地层快速形成低渗透的泥饼，此外泥饼薄而润滑性能好。在可能条件下，应尽可能提高环空返速，形成素流，控制环空钻屑浓度不要过高 (3)加强固控，使用离心机，降低含砂量
3	中等分散砂岩与泥页岩互层	(1)对于存在伊蒙有序混层的地层采用抑制性全絮凝聚合物冲洗液 (2)对于存在伊蒙无序混层的地层采用低膨润土聚合物冲洗液、两性离子聚合物冲洗液
4	裂隙发育的特种岩性地层	(1)依据地层坍塌压力确定冲洗液密度，保持孔壁力学稳定，根据夹层黏土矿物选择冲洗液类型，最好选用强抑制性的钾铵基、两性离子、阳离子聚磺冲洗液或正电胶冲洗液 (2)冲洗液中加足封堵剂与降滤失剂。选用沥青类产品应考虑沥青软化点必须适应坍塌层的温度，封堵裂隙，巩固孔壁 (3)可能情况下，应提高返速与冲洗液黏切。深孔段要保持冲洗液在高温、高压下良好的流变性能，既保证带出大块塌块，又使环空冲洗液保持层流，减少对孔壁的冲蚀 (4)钻厚煤层必须控制钻速，勤划眼
5	强地应力作用下的深层硬脆性砂泥页岩地层	(1)依据地层力学性能、孔隙压力、地应力来确定坍塌压力与破裂压力，选用合适的冲洗液密度，既不低于地层坍塌压力系数，又不超过地层破裂压力系数 (2)提高冲洗液封堵能力，降低冲洗液滤失量，改善泥饼质量与封堵效能 (3)适当提高冲洗液的抑制性 (4)选用合适流变性，既保证携带钻屑，又能实现环空呈层流，减少对孔壁的冲蚀

14.4　套管护孔技术

14.4.1　普通套管

应对大裂隙、大溶洞以及严重漏失、涌水、坍塌地层，在使用常规方法护孔无效，或处理时间过长、经济耗费很大的情况下，采用下套管护孔的办法是行之有效的。

下套管又可分为全孔套管及局部孔段套管(又叫飞管或衬管)两种情况。当孔内无障碍物时，下套管和下钻杆一样，只要丝扣部分连接紧密和密封好是较易进行的。但如有障碍物时，往往需要采用边透孔边下套管的方法。为了使套管连接好，也可考虑采用临时孔口焊接套管的方法。地质钻探一般情况下套管不用水泥固井，但地层复杂、坍塌、孔深时，套管外侧需用水泥封固。

当钻孔扩径严重或孔内有大空洞时，虽下入套管，但由于钻具在套管内高速回转敲打外面没有支持的套管，很容易发生套管折断，产生严重的套管断裂事故。

起拔套管在一般情况下并不大困难。但由于孔口套管口外未封闭好，岩屑、钢粒等进入套管外或两层套管之间时，就易使套管夹紧，难于起拔。特别是膨胀缩径地层中下入套管后，更难于起拔。目前，现场为了便于起拔套管，常采用下套管前在管外涂油的方法，或将套管切断分段起拔等方法。

14.4.2　膨胀套管

1. 膨胀套管类型

膨胀套管的类型见表 14-4。

表 14-4　膨胀套管的类型

类　型	用　途
有缝膨胀套管	主要用于临时隔离漏失、涌水、遇水膨胀缩径、破碎、掉块、坍塌等复杂地层
无缝膨胀套管	圆形断面，8 字形断面，用于漏失严重且需长期护壁或在以后的生产中需封堵无须采矿孔段

2. 膨胀套管材质的选择

地质勘探使用膨胀套管的用途不一样，钻机和泥浆泵的能力小，钻孔较浅，对膨胀管的强度要求低，而且主要用于堵漏，所以地质钻探中应尽量使用强度低、壁厚小、延展性好的低碳钢管材，如 20 或 30 号钢即可。

3. 膨胀套管的膨胀方式

膨胀套管的膨胀方式有很多，如液压膨胀、气压膨胀、机械膨胀。根据地质钻探的特点，常用的是机械膨胀法。机械膨胀又有两种：实心反拉和旋转拟合，见表 14-5。

表 14-5　膨胀套管的膨胀方式

膨胀方式	膨胀原理	特　点
实心反拉膨胀法	利用实心的膨胀锥，在外力的作用下膨胀器做轴线运动，经过套管时使其截面增大	膨胀时摩擦阻力即所需膨胀力大，所需地面设备所提供的膨胀力和套管锚固力大，适合大口径、大型作业设备

续表 14 - 5

膨胀方式	膨 胀 原 理	特　点
旋转拟合膨胀法	采用自带有可旋转小锥轮的膨胀器，膨胀时膨胀器既做轴线运动又做旋转运动，小锥轮在与膨胀套管接触摩擦阻力的作用下，随膨胀器公转时又沿自身中心线自转	膨胀力小，此种方法适合于小型设备在小口径钻孔中施工

14.5　漏失分类与特征

14.5.1　漏失通道基本形态和分布规律

钻孔漏失通道基本形态可以归纳为五类：裂缝型、孔隙型、洞穴型、孔隙裂缝型、洞穴裂缝型等。重点在于前三种。

1. 裂缝型

1) 裂缝型漏失通道的基本形态

裂缝型裂缝按其成因可分为构造裂缝和非构造裂缝。裂缝型漏失通道的基本形态见表 14 - 6。依据裂缝的开度可以将裂缝分为不同类别，其分类标准与岩性有关，见表 14 - 7。

表 14 - 6　裂缝型漏失通道的基本形态

形状	粗糙度	延展性	张开闭合状态	倾　角	填充情况
直线、曲线或波浪型	光滑或粗糙	几米至几十米	张开或闭合	垂直裂缝(倾角为 70°～90°)、斜交裂缝(20°～70°)、水平裂缝(0°～20°)和网状裂缝(各种裂缝交叉成网)	无充填、不完全充填和完全充填三种。构造裂缝充填矿物常以方解石为主，其次是石英

表 14 - 7　裂缝的类别

碳酸盐地层		砂、砾石地层	
裂缝的类别	裂开程度/μm	裂缝的类别	裂开程度/μm
大裂缝	>15000	大裂缝	>100
宽裂缝	4000～15000	小裂缝	50～100
中裂缝	1000～4000	微裂缝	10～50
细裂缝	60～1000	毛细管裂缝	<10
毛细管裂缝	0.25～60		
超毛细管裂缝	<0.25		

2）裂缝型漏失通道的分布规律

裂缝型漏失通道的分布规律见表 14-8。

表 14-8　裂缝型漏失通道的分布规律

裂缝类型	分布规律
构造裂缝	（1）与褶皱和其他构造有关的裂缝的形成与构造相伴生，受构造应力场控制，在褶皱形成过程中，岩层弯曲越明显，其坡度变化率越大，产生的应变增量就越大，与褶皱有关的裂缝也就越发育。在同一构造上，裂缝发育有很强的部位性，褶皱陡翼与顶部向翼部过渡最大转折部位，裂缝最为发育
	（2）与断层有关的构造裂缝，发育程度和宽度与断层性质、规模、断距及地层离断层距离所处断层位置有关。断层规模大，断层附近裂缝发育规模越大；断距越大，断层产生剪切应力越强烈，附近裂缝也就越发育；离断层越近的地层，裂缝越发育；断层上盘较中、下盘裂缝发育
	（3）构造裂缝以中、高角度为主
	（4）以张性缝为主
	（5）切穿性与应力大小、岩层厚度、岩性组合及裂缝性质有关。一般张性缝切穿程度较小，从岩心上观察到从几厘米到几十厘米，很少超过 1 m。剪性缝的切穿深度大，在岩心上可观察到从十几厘米到十几米均有，这种裂缝与岩石的力学性质及剪切应力值大小有关
	（6）发育状况与岩性、岩相有较大关系，不同岩性的岩石强度和力学性质不同，因而在相同构造应力场作用下裂缝的发育程度不一致
非构造裂缝	（1）沉积或成岩作用所形成的原生裂缝，一般分布在泥岩类、成岩压实脱水收缩带和异常高压带中。裂缝大部分为高角度纵向张性缝，很少剪切缝，长度较小，上不穿顶，下不透底，裂缝最长小于 80 cm，最短 2 cm，绝大部分小于 15 cm。裂缝最大宽度 0.5 mm，一般为 0.05～0.1 mm。微裂缝十分发育，宽度一般在 15 μm，形成网络状分布
	（2）人为压裂诱导裂缝可发生在各种岩性地层中，通常沿最大地应力方向发育，大多为垂直裂缝

2. 孔隙型

1）孔隙型漏失通道的基本形态

孔隙型漏失通道的基本形态以孔隙为主，由喉道连接而成的不规则的孔隙体系。孔隙按其大小分为大、中、小。喉道可分为粗、中、细、微细，其划分标准见表 14-9。

表 14-9　孔隙结构类型划分标准

孔隙级别	孔隙平均孔宽/μm	喉道级别	喉道平均直径/μm	最大连通喉道半径/μm	主要连通平均喉道半径/μm
大	>100	粗	>50	>100	>100
中	20～100	中	10～50	55～100	30～100
		细	1～10	5～55	5～30
小	<20	微细	<1	<5	<5

2)孔隙型漏失通道的分布规律

各种岩性地层均可以形成孔隙型漏失通道，但其孔隙成因有所区别，因而分布规律亦不相同（表 14－10）。其中填隙物含量对碎屑岩孔隙度、渗透率的影响见表 14－11。

表 14－10　孔隙型漏失通道的分布规律

孔隙类型		分　布　规　律
砂、砾等碎屑岩孔隙型	沉积作用的影响	(1)碎屑骨架颗粒的大小对渗透率影响较明显，而对孔隙度影响不十分明显
		(2)砂、砾等碎屑岩中填隙物含量对孔隙度、渗透率影响十分明显，随填隙物含量的增加，孔隙度明显下降，渗透率亦明显下降
	成岩作用的影响	(1)孔隙的演化取决于埋藏后的各种成岩条件。机械压实作用及自生矿物胶结作用，使原始沉积形成的孔隙呈不断减少的趋势；溶蚀和溶解作用部分地、局部地增加了孔隙
		(2)母岩的岩性对碎屑岩孔隙结构有直接影响。因骨架颗粒中的岩屑含量、结构、矿物成分的不同，造成成岩作用的差异。不同矿物成分的岩屑颗粒，在同一成岩作用下所产生的结构大不相同
		(3)风化作用增加此类地层次生孔隙与渗透率，因而绝大部分风化壳均是严重漏失带
碳酸盐岩孔隙型	岩性起决定性的控制作用	(1)溶孔主要发育在白云岩段，而灰岩段不发育。这是因为固体白云石晶体的摩尔体积比白云前的方解石小 12%～13%，因此白云化作用的结果，使岩石孔隙度增加 12%～13%，渗透与溶蚀效应增强
		(2)白云岩的厚度控制了溶孔的发育程度
		(3)溶孔的纵向分布与岩性组合密切相关，膏岩与云灰岩之间的组合有利于溶孔的形成，因为膏岩可以被压榨出大量的孔隙水和结晶水而提供溶孔形成的水源；同时，其结构致密，起隔水屏蔽作用，抑制了地下水径流条件，控制了溶孔的发育
		(4)碳酸盐纯度对溶孔发育起到控制作用。岩石中含杂质越多，越不利于溶蚀作用的进行，孔隙越不发育。溶孔较发育岩石的杂质含量均小于 2%
	岩石结构对溶孔发育分布有重要作用	岩石结构对孔隙度的发育有较大影响。溶孔较发育的岩石，一般都是颗粒较粗大。粒屑粉晶云岩、粗屑云岩都具有早期云化及暴露溶蚀等特征，易形成溶孔；粉晶云岩亦具有早期暴露溶蚀的特征，受混合水或回流渗透影响而白云化，因而其溶孔亦较发育，而致密泥晶岩石溶孔发育很差
	局部构造对溶孔形成作用明显	构造核部，构造应力相对集中，裂隙孔非常发育，地下水活动频繁，溶蚀形迹明显，而且溶蚀缝内石膏填隙物多次再溶蚀

续表 14 – 10

孔隙类型		分布规律
碳酸盐岩孔隙型	古今水文地质条件对溶孔的控制作用	溶孔作为水岩作用的产物，经过漫长的地质年代，经受溶解、侵蚀、搬运和沉积等一系列作用，在溶孔发育演化过程中，地下水流是最活跃的动力因素
	风化壳古岩溶发育大量溶孔、溶缝	在表生成岩阶段，由于构造运动使碳酸盐岩抬升地表，遭受风化淋滤形成溶孔
火成岩孔隙型	岩浆岩相类型	在不同的火成岩相中的岩石类型不同，组分不同，其岩石结构也不同，因而孔隙发育程度也不一样。一般来说，气孔孔隙多发育在喷溢玄武岩中的 A、C 带；非晶质中发育脱玻化孔隙 不同岩相带的岩石性质不同，其抗风化改造能力不同，对次生孔隙的形成产生影响。一般来说，最有利孔隙发育的相带是中距离火山斜坡相(过渡相带)、近火山口及远火山斜坡相次之，单元熔岩流中，中、上部气孔发育
	风化作用	在风化侵蚀带，岩浆岩孔隙发育程度随风化程度增大而增高
变质岩孔隙型		变质岩的孔隙发育程度主要受古表生物理风化作用和化学淋滤作用所控制。当变质岩暴露地表时，在大气水和温度剧变等因素的影响下，产生淋滤孔隙和粒间孔隙；当其又下降，上部被沉积岩所覆盖，使孔隙保留下来。此外，孔隙发育程度还与原岩矿物组分、变质程度、混合岩化程度等因素有关

表 14 – 11　填隙物含量对碎屑岩孔隙度、渗透率的影响

填隙物含量/%	孔隙度/%		渗透率/10^{-3} μm^2	
	一般	多数	一般	多数
<5			>1000	4000 ~ 10000
<10	15 ~ 30	18 ~ 25	100 ~ 2000	
10 ~ 20	5 ~ 25	10 ~ 18	5 ~ 1000	
>20	5 ~ 20	<10	3 ~ 100	

3. 洞穴型

1)洞穴型漏失通道的基本形态

洞穴形状不规则，其大小长宽不等。通过对这些洞穴的观察，其空间形态主要有四种，见表 14 – 12。

表 14 – 12　洞穴型漏失通道基本形态

类　型	空　间　形　态
廊道型	洞穴长度大于等于宽度，都有一个延伸方向比较稳定的主通道。有时主通道一侧或两侧发育一些支洞。但支洞的长度和规模均远不如主洞。洞道比较平直，洞顶一般比较平整，洞壁溶蚀形态较发育
厅堂型	洞穴长度约等于宽度，洞壁很少有溶蚀形态，上部常呈参差齿状、洞顶比较平整

续表 14 - 12

类　型	空　间　形　态
倾斜型	洞穴长度约等于宽度,洞顶向里倾斜,洞口向外形成喇叭形,断面常呈三角形
迷宫型	洞穴呈网状交织分布,没有一个明显的主通道,也没有固定的延伸方向,各通道不规则交汇分叉,互相连通,还有斜向洞穴上下交替发育,构成一个复杂的洞穴系统。洞口、洞壁和洞顶的形状极不规则

2)洞穴型漏失通道分布规律

洞穴大多分布在碳酸盐岩、黄土及煤层所形成的烧变岩中,其分布非均匀性很强。

黄土中洞穴的分布,在流体进入黄土后产生集中渗流地带。烧变岩的洞穴分布与煤燃烧之前洞穴的分布情况及煤的燃烧完善程度有关。

碳酸盐岩类洞穴主要分布在晚元古界到中三叠统海相碳酸盐岩中。大洞主要在石灰岩中,白云岩中形成小洞型溶蚀网。质纯、粗结构的碳酸盐岩以及构造角砾碳酸盐者中洞穴最为发育。洞穴分布在同生成岩阶段的岩溶和表生成岩阶段的古岩溶中。

14.5.2　漏失分类

发生漏失的直接表征是冲洗液的流失,并且具有一定的漏失速度,但和地下裂缝的性质、钻孔孔壁上的漏失面积、冲洗液的性能、压差等许多因素有关。单纯以漏速去衡量漏失的强弱还远远不够,在现场处理时,要将漏层的性质了解得比较清楚,将漏层按一定的方式进行划分,才能找到正确处理的方法。

1.按漏速分类

按漏速分类,可粗略地了解漏失的严重程度。按漏速可将漏失分为五级(表14 - 13)。

表 14 - 13　漏层分类

	漏失级别 主要特征	I	II	III	IV	V
1	漏速 $Q/(\mathrm{m^3 \cdot h^{-1}})$	<10	10～20	20～50	>50	单泵～双泵失返
2	漏强 $K/[\mathrm{m \cdot (MPa \cdot h)^{-1}}]$	<7	7～20	20～45	45～50	>55
3	漏径比/$[\mathrm{m^3 \cdot (h \cdot m)^{-1}}]$	0.08～0.82	0.82～1.64	1.64～4.1	4.1～6	>6
4	吸收系数 $K_c/[\mathrm{m^3 \cdot (h \cdot MPa)^{-1}}]$	0.1～0.5		0.5～1.5		>1.5
	程度描述	微漏	小漏	中漏	大漏	严重漏失

2. 按漏强分类

按漏强分类只能粗略地反映漏失的严重程度，因为漏速跟压差、冲洗液的黏度、切力、漏失面积等因素有关。

对于某个单一特定的漏层，漏强反映了其漏速和压差及漏失面积的关系，这种关系可用式（14-7）表示：

$$K = Q/(\Delta p \cdot s) \qquad\qquad (14-7)$$

式中：Q 为漏速，m^3/h；Δp 为压差，MPa；s 为漏失面积，m^2。

漏速为循环时的动漏速，压差可以由测定动、静液面的变化求得，漏失面积通过漏失井段长度和井径计算得出。按漏强的大小，漏层可以分为五级。

3. 按漏径比和漏层吸收系数分类

在现场，漏失面积不易求得，采用漏径比和漏层吸收系数可近似地代替漏强分类。

漏径比：漏速与孔径之比。漏层吸收系数：

$$K_c = \frac{Q}{\Delta p} \quad [m^3/(h \cdot MPa)] \qquad\qquad (14-8)$$

K_c 可以通过回声仪测出，回声仪测出的是静置状态下的 K_cL，通过下式换算成循环状态下的 K_c 值：

$$K_c = 1.55 \times (\frac{\rho-1}{0.1}) + K_cL \qquad\qquad (14-9)$$

式中：ρ 为泥浆密度，g/cm^3。

4. 工程综合分类法

钻进中一旦发生漏失，首先要根据引起漏失的原因及可收集到的各种参数进行综合分析，尽量搞清楚漏层的位置、漏层特性及漏失机理，才能制订出较合理的处理办法。表 14-14 列举了工程中常用的漏失分类。

表 14-14　漏失的分类

分类依据	漏失类别	漏失特征
按工程性质分	(1)钻进中漏失；(2)压井中漏失；(3)试压中漏失；(4)下钻时漏失；(5)开泵时漏失；(6)改变泥浆性能时漏失	
按漏失通道形态分	(1)裂缝性漏失；(2)孔隙性漏失；(3)孔隙-裂缝性漏失；(4)溶洞性漏失	
按漏失通道深浅分	(1)浅层漏失；(2)深孔漏失	技术套管以上，一般 0~1500 m 第一层技术套管以下
按漏失位置分	(1)孔底漏失；(2)孔壁漏失	
按漏层数量分	(1)单层漏失；(2)多层漏失	

续表 14 - 14

分类依据	漏失类别	漏失特征
按漏段长度分	(1)局部漏失；(2)长段漏失	0 ~ 5 m >5 m
按漏失通道充填介质分	(1)一般性漏失；(2)产层漏失；(3)水层漏失	
按压差分	(1)弱压差漏失；(2)中压差漏失；(3)强压差漏失	<0.5 MPa 0.5 ~ 1.5 MPa >1.5 MPa
按复杂情况分	(1)大裂缝漏失；(2)水层漏失；(3)喷漏{上喷下漏 下喷上漏}(4)溶洞漏失；(5)长裸眼多压力层系漏失；(6)产层漏失	

5.地质钻探漏失分类

为了针对不同类型的漏失采取科学合理的堵漏方法。综合漏失通道的形态、漏失的成因、漏失的程度等各方面因素，结合地质钻探堵漏方法与技术的特点，在地质钻探行业中将漏失概括为如下五类。

1)孔隙与微裂缝漏失

该类漏失通常发生于浅孔段胶结疏松的砂、砾岩中，由于地层的渗透性较好，在孔内压差的作用下冲洗液将会漏入岩层孔隙里。但泥饼的形成会阻止或减弱其漏失的程度，因而渗透性漏失的漏速不大，一般在 10 m^3/h 以内。

2)压差引发的漏失

由于孔内液柱压力与地层压力的平衡被打破，孔内液柱压力与地层压力之间形成正压差，形成漏失。

3)裂缝和破碎带漏失

该类漏失多发生于断层破碎带和天然的裂缝性地层。岩体破碎，裂缝发育，并有一定的张开度，无充填或不完全充填。在钻进时，常会随着孔下憋跳、钻速加快等现象而发生漏失，其漏速一般在 20 ~ 100 m^3/h 不等。

4)涌漏交替或漏失带存在径流

许多漏层本身又是含水层，或与相邻的地下水层连通，当孔内液柱压力大于水层压力时，即发生漏失，反之则发生喷涌。有的漏层与地下潜流或暗河连通，地下水十分活跃，所发生的漏失漏速、漏失量都很大，往往难以处理。

5)大裂缝和大溶洞漏失

该类漏失主要发生于碳酸盐岩地层，其漏失通道主要是成岩作用与构造运动作用所形成的溶孔、溶洞、较大的裂缝等。大裂缝或洞穴的形态不规则，其大小和长度不等。通常漏失程度严重，其漏速一般在 100 m^3/h 以上。

14.5.3 漏层特征

1. 漏层位置的确定

处理漏失的关键首先在于确定漏层的位置。目前，确定漏层位置的方法大致归纳为三类：直接观察分析法、水动力学测试法和仪器测定法。

1）直接观察分析法

直接观察分析法的具体观察内容见表 14 – 15。

表 14 – 15　直接观察分析法的技术要点

观察内容	观察目的
观察钻进情况	凭经验观察钻进时的反应，可以准确判断天然裂缝、孔隙或洞穴地层一类漏层的位置
观测岩心、钻屑情况	了解地层的倾角、接触关系，孔隙、裂隙、溶洞及断层的发育情况；通过岩心收获率可以评价岩石的破碎程度，间接判断岩石的透水性及含水层的厚度
观测冲洗液变化情况	要特别注意观测冲洗液突然大量漏失时单位时间的消耗量。如果漏失严重，孔内不返冲洗液时，则应尽快观测孔内液面高度。必要时应起钻观测含水漏失层的静液面，并通过向孔内定量注水，测量不同时间的动液面变化数据，按动、静双面差及漏失强度初步计算该地层的渗透率
综合分析对比	钻进过程中改变泵量等钻进参数，改变冲洗液性能，或压井、试压、起下钻等作业时发生漏失，漏层位置往往不好确定，只有通过对比、测试、计算来确定漏层位置

2）水动力学测试法

（1）正、反循环测试法：利用正循环过程测量冲洗液出孔流量和相应漏失严重度，同时实施反循环洗孔，反循环过程中改变注入孔内的冲洗液流量，直至达到正循环洗孔过程中的漏失严重度，测量与漏失严重度对比值相应的出孔冲洗液流量，再按下式计算孔口至漏层的距离。

$$H_{漏} = \frac{H_{总}}{(\frac{Q_1}{Q_2}) + 1} \qquad (14-10)$$

式中：$H_{总}$ 为孔深，m；Q_1，Q_2 分别为正循环洗孔和反循环洗孔时的返出泥浆流量（在同样漏失严重程度条件下测得），L/min。

（2）从钻杆内外同时泵注冲洗液的测试法：通过向钻杆和环空泵注冲洗液，并确定其流量，从而计算出漏层位置。为了提高测试的随机灵活性，可通过钻杆和环空同时泵注冲洗液，而孔口至漏层的距离 $H_{漏}$ 按下列公式计算：

$$H_{漏} = \frac{H_{总} \cdot Q_1^2 (\lambda_2 + \lambda_3)}{\lambda_1 \cdot Q_2^2 + \lambda_3 \cdot Q_1^2} \qquad (14-11)$$

式中：$H_漏$ 为孔口至漏层的距离，m；Q_1，Q_2 为同时通过钻杆和环空泵注冲洗液到漏层时的钻杆内和环空内的流量，m^3/s；λ_1，λ_2，λ_3 为分别为流量 Q_2 条件下环空内、流量 Q_1 条件下钻杆内和环空内的流体阻力系数，s^2/m^6。

（3）仪器测试法

采用仪器探测漏层位置的方法可分为物探仪器测试和专用仪器测试两大类。物探仪器测试包括孔内温度测试法、放射性示踪原子测量法、电阻测量、声波测试法。专用仪器测试包括传感器法、流量计法、自动测漏仪测试法等。

2. 漏层压力的确定

漏层压力是指漏失停止后，漏层所受到的静液柱压力。

1）水动力学测试法

漏层位置确定之后，漏层压力将遵循下列公式：

$$p_漏 = 0.98\rho H_{液柱} \tag{14-12}$$

式中：$p_漏$ 为漏层压力，kPa；ρ 为冲洗液密度，g/cm^3；$H_{液柱}$ 为静液柱高度，m。

在许多钻进作业中，孔内流体柱有着几段不同的流体密度，这类复合流体柱中，压力随深度变化而变化，通过分别计算各种流体部分的压力，可确定其对漏层的总压力。

因为：

$$p_1 = 0.98\rho_1 H_1 \tag{14-13}$$

$$p_2 = 0.98\rho_2(H_2 - H_1) + 0.98\rho_1 H_1 \tag{14-14}$$

所以，在任何垂直深度处 H_n 的压力为：

$$p_n = 0.98 \sum_{i=1}^{n} \rho_i (H_i - H_{i-1}) \tag{14-15}$$

2）漏层压力的仪器测试法

回声仪是测量液面孔深的有效手段。它是利用子弹爆破产生的声波反馈，测出反映管串接头数目的曲线 B 及反映液面位置的曲线 A（图 14-1），快速计算液面孔深，然后根据下式计算漏层压力：

$$p_漏 = 0.98\rho(H_漏 - H_{静液面}) \tag{14-16}$$

式中：$p_漏$ 为漏层压力，kPa；ρ 为冲洗液密度，g/cm^3；$H_漏$ 为漏层深度，m；$H_{静液面}$ 为静液面孔深，m。

钻遇漏层后应尽快对刚裸露的原始状态的漏层进行测试，避免因漏液对漏失通道的污染和堵塞而影响测试准确度。回声仪可在不起钻的情况下测试，也可在孔内有压力的情况下测试，还可追踪液面连续变化探测。

3. 漏失通道张开值的确定

1）水动力学方法

确定漏失通道张开值的方法很多，较为准确的评价漏失通道平均张开值的方

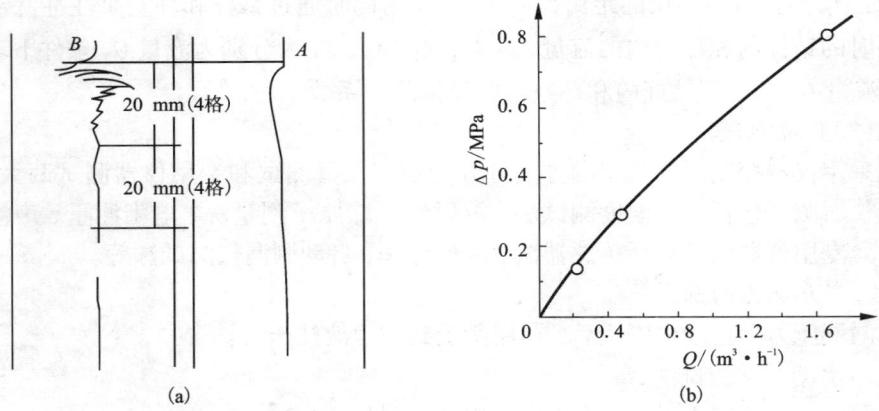

图 14 – 1　回声仪测试资料示意图

(a) 动液压测压曲线；(b) ΔpQ 漏层指标曲线

法是，对于单独一条裂缝来说，渗透系数还要考虑漏失通道壁糙度、通道楔性差和弯曲度、局部压头损失等，可用下式来确定：

$$k_1 = \frac{1}{12} \cdot \frac{\rho}{\mu} \cdot \frac{m_T \delta^2}{\xi_a \xi_b \xi_c \xi_d \xi_e} \qquad (14-17)$$

式中：ρ 为液体密度；μ 为黏度系数；m_T 为裂隙度；δ 为裂隙张开值；ξ_a、ξ_b、ξ_c、ξ_d、ξ_e 分别为考虑糙度、糙度类别、楔性差、弯曲度、局部压耗之影响的系数。各系数的乘积说明计算裂缝环境中液体渗透的一系列因数的综合影响，可以记作：

$$C = \xi_a \xi_b \xi_c \xi_d \xi_e \qquad (14-18)$$

对于裂缝性岩层来说，在自然条件下，对渗透系数影响最大的是弯曲度和局部压头损失。众所周知，裂隙岩层中的裂缝就其形状而言，与理想化的渗流通道是有区别的。因此在上述条件下，各种因素对透水系数的综合影响可取 $C = 9.38$。

2) 漏失通道张开值及形状的仪器测试法

了解漏层孔周围的地层构造、漏失通道张开值及形状，有助于选择最有效的堵漏方法和合适的工具与工艺。借助井下照相仪和潜入式电视摄像机，以及根据岩心资料或地面岩层露头，均可直接确定孔壁破坏、裂缝和洞穴的尺寸及方向。

4. 漏失严重度的确定

1) 水动力学方法

有几种方法可确定冲洗液的漏失严重度（即漏强）。

(1) A·盖沃沦斯基提出的漏失能力系数。

$$k = \frac{Q}{\sqrt{H_{\text{液面差}}}} = \frac{Q}{\sqrt{H_{\text{静液面}} - H_{\text{动液面}}}} \qquad (14-19)$$

式中：k 为描述漏强的漏失能力系数；Q 为冲洗液漏失量，m^3/h；$H_{液面差}$ 为落差，即 $H_{静液面}$ 与 $H_{动液面}$ 位置差值，mmH_2O。

用这种方法确定漏失能力系数，需连续向孔内泵入冲洗液达 1 h 或更多时间，直到获得稳定压差。

（2）N·米谢维奇提出的"观测孔内液面（压力）下降"的方法。

根据漏失孔示意图（图 14 – 2），可以确定出关系式 $\Delta p = f(t)$。判定压力需时间 t_n 内由 Δp_n 变化到 Δp_{n-1}，并知道孔径 $D_{孔}$ 以后。可求得关系式 $Q = f(\Delta p)$。

对于每一压差变化区间的液流量（漏强值），可按下式计算：

$$Q_n = \frac{0.7D_{孔}^2 h_n}{t_n} \qquad (14 – 20)$$

式中：Q_n 为漏强，m^3/h；$D_{孔}$ 为孔径，m；h_n 为液面在时间 t_n 内的下降值，m；t_n 为压力变化时间，即液面由 H_n 下降到 H_{n-1} 的时间，min。

对于相应流量 Q_n 的压差，用下式确定：

$$\Delta p = \frac{\Delta p_n - \Delta p_{n-1}}{2} \qquad (14 – 21)$$

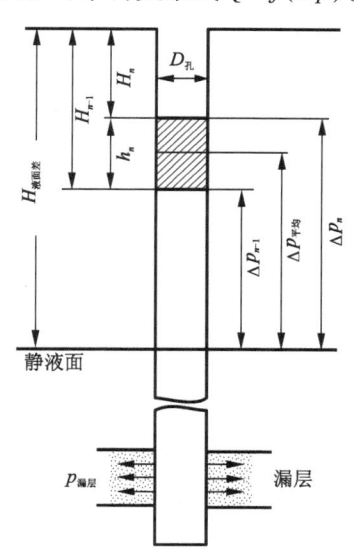

图 14 – 2　漏失孔示意图

针对各个压差值计算流量值 Q_1，Q_2，Q_3，…，Q_n，然后在直角坐标系建立漏层指示线。

2）漏失严重度的仪器测试法

这类仪器主要包括各种液面计和井下压力计。图 14 – 3 所示为一种专门设计测量孔内动液面下降而确定漏失严重度的仪器装置。该仪器主要有带刹车装置 2 的绞车 1、浮标 5、带滑轮 4 的大小头 3 和记录器。绞车滚筒上卷有电缆 7，电缆 7 终端固定在浮标 5 上。滑轮 4 以软绳 9 带动记录器 6 的围带 8 转动，使钟表机构 11 带动记录笔 10。

测量时，把钻杆 12 下入孔内静液面以下 10～15 m 处，通过方钻杆灌满孔段，然后在钻杆上端连接带滑轮 4 的大小头 3。将浮标 5 下到液面，浮标随液面移动而使由软绳与记录器 6 相连接的滑轮 4 转动，这样测量孔内动液面的下降，可获得关系曲线 $H_{动液面} = f(t)$，由此确定漏失严重度。

14.6　常用堵漏材料

国内外堵漏材料品种很多，地质钻探中常用的堵漏材料按其作用机理可分为四类，即桥接堵漏材料、高失水堵漏材料、化学堵漏材料、无机胶凝堵漏材料。

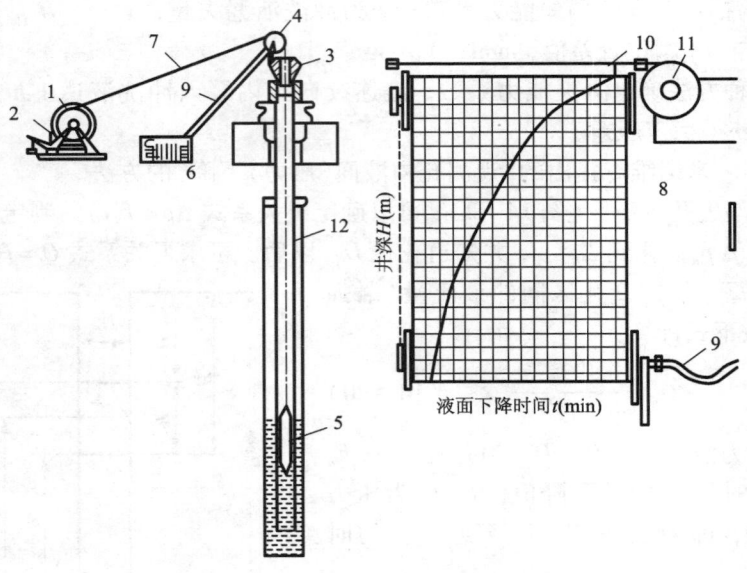

图 14 – 3 测动液面确定漏失严重度的仪器

14.6.1 桥接堵漏材料

1. 桥接堵漏材料的种类

桥接堵漏材料的来源相当广泛。按其形状可分为三大类，即颗粒状材料、纤维状材料和片状材料。具体分类见表 14 – 16。

表 14 –16 桥接堵漏材料分类

分 类	常 见 原 料	作 用
颗粒状材料	核桃壳、橡胶粒、焦炭粒、碎塑料粒、硅藻土、珍珠岩、生贝壳、熟贝壳、生石灰、石灰石、沥青	卡住漏失通道的"喉道"，起"架桥"作用，因此又被称为"架桥剂"
纤维状材料	锯末、各种树木粉末、棉纤维、皮革粉、亚麻纤维、花生壳、玉米芯、纸纤维、甘蔗渣、棉籽壳、石棉粉、废棕绳	起悬浮作用，在形成的堵塞中它们纵横交错，相互拉扯，因此又被称为"悬浮拉筋剂"
片状材料	云母片、稻壳、赛璐珞、玻璃纸、鱼鳞	起填塞作用，因此又称作"填塞剂"

上述任何一类材料单独使用，其堵漏效果都是有限的，只有将上述三类材料以合理的比例和级配复合使用，才能收到良好的效果。

桥接堵漏材料一般分为五种规格：4～5 目、5～7 目、7～9 目、9～12 目、小于 12 目。片状材料一般应通过 4 目筛，以防堵塞钻头水眼，柔性片状材料的尺寸可达 25.4 mm。片状材料要求具有一定的抗水性，水泡 24h 后其强度不得降低一

半,在原处反复折叠不断裂。柔性大者其厚度可为 0.25 mm,柔性差者厚度为
0.013~0.1 mm。

2.桥接堵漏材料的物理化学特性

1)结构特征

核桃壳颗粒分明、棱角突出,是堵漏架桥的理想材料;云母片光滑明亮、片
理清楚;棉籽壳含有细长纤维,并夹有片状壳体;花生壳以片状为主,片状间以
纤维相连,兼有纤维状与片状材料的双重特征;甘蔗渣纤维致密、韧性良好;石
棉材质松散,纤维长而坚韧,并具有耐高温的特性。

2)机械性能

由于桥接堵漏材料品种较多,其机械性能也各有差异(表 14 - 17)。

表 14 - 17　部分桥接堵漏材料的物理机械性能

材料名称	密度/(g·cm⁻³)	熔点/℃	莫氏硬度	抗压能力/MPa
核桃壳	1.2~1.4	>148	3	14
贝壳	2.7~3.1	>148	2.5~3	2.18
云母	2.7~2.8	>148	3	17.6
蛭石	2.4~2.7	>148	1~1.5	5.6

14.6.2　高失水堵漏材料

采用高失水堵漏剂配成的浆液进入漏失层位后,在冲洗液液柱压力和地层压力
差的作用下迅速失水,浆液中的固相组分聚集、变稠,形成滤饼,继而压实,堵塞漏
失通道。同时由于所形成的堵塞具有高渗透性的微孔结构和整体充填特性,能透气
透水,但不能透过冲洗液中的堵漏剂,因此冲洗液在塞面上迅速失水,形成光滑平
整的泥饼,起到进一步严密封堵漏失通道的作用。此方法适用于处理渗漏、部分漏
失及不太严重的完全漏失地层。高失水堵剂材料有渗滤性材料、纤维状材料、硅藻
土、多孔惰性材料、助滤剂和聚凝剂等,产品有 DTR、DSL、DCM 等。

1.DTR 堵漏剂

该堵剂是由具有良好渗滤性的材料、纤维状材料及聚凝剂等复合而成的粉
剂,并根据现场要求配制出 DTR - 1 型(软塞)和 DTR - 2 型(硬塞)高失水堵剂。
材料既有高失水堵漏性能,又能部分酸溶,便于酸溶解堵。

1)DTR 堵漏剂的性能

将两种型号的堵漏剂按干粉:水 =1:6 的比例配制成浆液,测定其流变性能
和滤失性能,并测定其滤失后的泥饼强度(表 14 - 18、表 14 - 19)。

表 14-18　DTR 型堵漏剂浆液性能

性能\型号	密度/(g·cm⁻³)	表观黏度/(mPa·s)	塑性黏度/(mPa·s)	动切力/Pa	滤失量/(mL·s⁻¹)	泥饼厚/mm	pH
DTR-1	1.01	7.5	5	2.5	250/17	18	12
DTR-2	1.02	11.5	7	4.5	250/24	10	13

表 14-19　DTR 型堵泥饼强度(锥入度)对比

放置时间\型号	刚取出	4 h 后	24 h 后
DTR-1	9.6	6.7	5.4
DTR-2	3.8	3.2	2.7

表中数据表明:浆液有很高的滤失性能;DTR-2 型堵漏剂形成的泥饼要较 DTR-1型要更薄而致密,强度也更高。

2)DTR 堵漏剂的特点及适用范围

(1)该堵漏剂可直接与清水,也可与冲洗液混合配制成高失水堵漏浆液,按孔内情况,添加加重剂来调节冲洗液密度,有利于安全钻进。

(2)DTR 堵漏剂可部分酸溶,酸溶率在 55% 左右,可酸化解堵,有利于油气开发。

(3)DTR 堵漏剂可单独配成浆液使用,也可与惰性材料复配进行堵漏。单独使用适宜用在渗透性漏失地层,复配使用则适宜于裂缝性漏失地层。

2. DCM 堵漏剂

DCM 也是一种高失水堵漏剂,将其按 4:1 与海绵碎屑复配,可进一步提高堵漏效果。该堵漏剂各组分组成见表 14-20。

表 14-20　DCM 堵漏剂的组分

组分	材料类型	加量	作用
桥堵剂	是一种容易变形的、尺寸与地层漏失裂缝相近的惰性材料	5%~7%	在漏失的孔隙中构成骨架,形成初级桥塞。桥堵剂的粒度分布、强度等特性是堵漏剂质量的关键
充填剂	是一种粒度在 0.1~0.4 mm 之间的多孔惰性材料	7%~7.5%	具有良好的滤失效果和分散特性。它的主要作用是充填孔隙,迅速形成致密的泥饼,形成桥塞。另外可以悬浮加重材料
支撑剂	是一些坚硬的颗粒状物,如果壳粒、贝壳粉等	加量视现场的实际情况而定	作为孔隙中的支撑剂,防止孔隙的变形。防止形成的桥塞在孔道或裂缝中滑动。它可以和桥堵剂一起形成初级桥塞

续表 14 - 20

组分	材料类型	加量	作用
增强剂	是一些长度为毫米级的植物纤维	15%	它首先在桥堵剂形成的骨架上二次架桥,使泥饼更加致密,然后在泥饼中形成网状结构,使泥饼的强度增加
固化剂	是一种二价金属氧化物		使泥饼变硬

　　DCM 堵漏剂在单独使用时可适用于裂缝性的小漏失,增加中细支撑剂后,也常用于较大的裂缝性漏失堵漏。

14.6.3　化学堵漏材料

　　化学堵漏材料就其成分可分为无机和有机高分子两大类;就其性能可分为固化与非固化两大类。常用的水玻璃是无机类的代表;常用的脲醛树脂、丙烯酰胺是有机高分子类的代表;常用的水泥则是固化类堵漏材料,而黏土、沥青等则为非固化类堵漏材料。无机和有机高分子复合使用,已成为化学堵漏应用和发展的方向。

　　1. 脲醛树脂浆液

　　脲醛树脂是一种水溶性树脂,它在酸性条件下能迅速凝固成有一定机械强度的固结体,是适合于钻孔护壁堵漏的注浆材料。脲醛树脂性能可调,可人为地控制固化时间,成本较低,配制简单,且是低毒的化学注浆材料。

　　为了提高脲醛树脂的强度,增加韧性,在提高其物理力学性质方面,常采取在脲醛生产过程中加苯酚、苯酚—聚乙烯醇等进行改性,来改变反应生成物的化学结构,增大树脂的分子量和内聚力。

　　脲醛树脂堵漏施工时可采用下述两种方法:

　　1)灌注浆液法

　　将盛有脲醛树脂和固化剂的专门能在孔内混合的灌注器下至漏层位置,开泵借助冲洗液压挤浆液,在预定浆液注出期间,边注浆边缓慢上提灌注器 1～2 m,待浆液全部注出,快速将灌注器提升至浆液回升面以上 4～6 m。经 2～3 min 后,将灌注器放下,探明形成树脂塞的高度,堵漏成功,就可恢复钻进。

　　2)地面配制泵入漏层的常规施工法

　　根据漏层位置及漏失情况确定堵漏浆数量、固化时间,选择脲醛树脂品种、固化剂类别及加量。然后在地面清洗干净的罐中配好所需堵漏浆液。下光钻杆至漏层顶部,用冲洗液泵或水泥车将浆液注入孔中,按常规堵漏工艺进行挤替、候凝、试漏等项作业。堵漏成功后即可恢复钻进。

　　2. 水玻璃浆液

　　水玻璃是一种无机类的注浆材料。特点是价格低廉,货源较广,适于各种工程的需要，且配制简便。我国所用的水玻璃浆液类型，除了有单一使用的外，大多使用的是水玻璃复合浆液，如水玻璃—氧化钙、水玻璃—铝酸钠、水玻璃—水泥、水玻璃—稀磷酸等浆液。

为加速水玻璃的硬化，常加入硅氟酸钠或氟化钙，水玻璃中加入硅氟酸钠能促使硅酸凝胶加速析出。硅氟酸钠的加入量为水玻璃重量的 12% ~ 15%，加入量越多，凝结越快。

当水玻璃与水泥水化时所析出的活性很强的氢氧化钙作用时，可生成具有一定强度的硅酸钙胶体，使水泥石的强度相应增大，因而将水玻璃加入水泥浆中，可使水泥浆急骤硬化，因而可用于堵水堵漏。

在小口径地质钻探中，通常将浓缩硅酸钠与淡水按 4∶6(2∶3) 的比例混合，与 10% 的氯化钙盐水配合使用。用此堵漏剂处理严重漏失的可靠做法是，在水玻璃前后都注入一定量的由冲洗液、桥堵材料及少量膨润土混配的堵漏浆液，这有助于水玻璃与钙盐接触而按要求反应。注水玻璃的具体方法如下：

(1)配制水玻璃，其用量至少应等于 90 m 深裸眼容积加漏失段裸眼容积。10% 氯化钙盐水的用量应为所用水玻璃量的一倍半。

(2)测量孔内静液面深度，并计算从这一深度到孔口的钻杆容积。

(3)使钻头位于漏层底部以上一根单根的位置。

(4)将水泥车与钻杆接通。

(5)泵氯化钙盐水，接着泵入 0.8 m^3 淡水隔离液，然后泵入水玻璃，其后泵入 0.8 m^3 淡水隔离液并泵注顶替液。泵速为 0.32 ~ 0.42 m^3/min。当泵注量达到 6.4 m^3 或更多时，最好是分两次或多次注入。也即是说按泵入氯化钙盐水、淡水隔离液、水玻璃、淡水隔离液、氯化钙盐水、水玻璃、淡水隔离液……顺序进行。

(6)若在泵注过程中未恢复返出，那么，需要泵注在最后淡水隔离液后面的顶替液量，应等于驱赶这段淡水隔离液到达钻头所需的量，减去按上述第二步计算的量。然后起出三个立根钻杆，并再连通钻杆与水泥车。再泵入驱替液，但泵入量应等于 30 m 裸眼容积或等于按第二步计算的容积，以较大者为准。其后再起出五个立根的钻杆，候处理剂胶凝 4 h，在候凝期间，不能通过钻杆循环或往孔内灌冲洗液。

(7)若在注入期间恢复返出，顶替最后的淡水隔离液到钻头，记住开始返出到隔离液到达钻头时的驱替泵量。然后起出五个立根的钻杆，关防喷器，通过环空缓慢挤注上面所提到的挤注的驱替量。挤注压力不能过高。完成挤注后，打开防喷器，以较慢泵速循环 4 h，并观察返出情况。

(8)候凝时间结束后，若处理成功、就灌满孔而恢复正常钻进。

3. 聚丙烯酰胺浆液

利用聚丙烯酰胺和无机交联剂(铁、锌、铝等水溶性卤化物，或硫酸铁、硫酸铝水泥等)或有机交联剂(甲醛、乙二醛、乙二醇等)发生交联反应,而形成不溶于水的体型结构的凝胶体来达到堵塞通道的目的。常用的两种混合浆液为聚丙烯酰胺—水玻璃浆液、聚丙烯酰胺—水泥浆液。

　　4.脲醛树脂水泥球

　　对于裂隙较大并伴有地下水活动的漏失层,用常规浆液堵漏往往会造成浆液稀释和被流水冲走,而脲醛树脂水泥球可解决上述地层堵漏问题,实践证明效果良好。

　　脲醛树脂水泥球是选用脲醛树脂胶粉,加入早强水泥或普通水泥后,与水配制而成。该脲醛树脂水泥球具有强的抗水稀释性能,与岩石黏结力强,且有凝固时间可调、早期强度高的特点,特别是在地下水活动剧烈、漏失量较大的地层,只要选准漏失层位,一次就能将漏失层堵住,成功率高。

　　脲醛树脂水泥球来源广,成本较低,其主体骨架材料可选用两种不同品种水泥。当用早强水泥或硫铝酸盐地勘水泥时,需加酒石酸调节凝固时间,见表14-21。当用普通水泥时,需加水玻璃来调节凝固时间,见表14-22。

表 14-21　早强水泥树脂水泥球配方表

配方				凝固时间 /h	养护强度/(kg·cm^{-2})					
早强水泥 /g	脲醛树脂 /g	水 /mL	酒石酸 /g		4 h	6 h	8 h	10 h	12 h	24 h
100	23	20	0	0:20~1:00	45	76	97	112	139	227
100	23	20	0.01	0:30~1:30	7~40	24~75	55~100	70~160	100~170	160~240
100	23	20	0.03	1:30~2:30	2~40	20~75	50~100	60~150	90~160	150~200
100	23	20	0.05	2:30~3:30	0~8	5~50	20~90	40~130	70~140	140~180
100	23	20	0.08	3:30~4:30	0~3	2~30	10~70	20~80	35~100	60~120
100	23	20	0.1	4:30~5:30	0~2	0~3	2~10	8~30	20~60	40~100

表 14-22　普通水泥树脂水泥球配方表

配方				凝固时间 /h	养护强度/(kg·cm^{-2})					
早强水泥 /g	脲醛树脂 /g	水 /mL	酒石酸 /g		4 h	6 h	8 h	10 h	12 h	24 h
100	23	20	8	6:00~8:00	—	1~2	2~7	5~10	6~10	10~20
100	23	20	10	5:00~6:00	0~5	3~9	5~10	6~12	7~14	15~35
100	23	20	12	2:00~3:00	5~8	8~10	10~15	11~20	15~25	25~45
100	23	20	14	1:30~2:30	6~14	10~18	12~25	15~30	18~45	30~85
100	23	20	16	0:30~1:00	10~15	12~20	15~30	18~35	25~50	50~90

5. 干性堵漏材料

钻孔堵漏片是一种干性堵漏材料，是以水溶性树脂为主剂的复合材料，遇水能产生快速湿黏和交联热化等反应，使瞬时形成的堵漏体具有良好的黏弹性、韧性、抗水性以及有结构的湿强度，并可根据堵漏需要制成各种尺寸的片剂，直接送入孔内，在孔内水化固结，简化了堵漏工艺，成功率较高，且材料无毒，无污染，使用方便。

6. 沥青材料

沥青是一种源广、价廉、易购的有机胶凝材料，它具有抗水性、黏结性、塑性、不导电性以及耐侵蚀性等优点。钻孔用沥青堵漏有两种方法：

（1）一种是将沥青加热至 230 ~ 250℃，装在保温的灌注器中送入孔内。为减少沥青的流动性，增强堵漏护壁的效果，可在其中加入惰性堵漏材料。

（2）另一种方法是采用磺化沥青和乳化沥青进行堵漏，它比前者热溶沥青使用方便。

14.6.4　无机胶凝堵漏材料

无机胶凝堵剂包括水泥、石膏、石灰等混合浆液，其中以水泥为主，是地质钻探最常用的堵漏材料之一。其最大特点是封堵漏层后，具有很高的承压能力，这是其他类型的堵漏材料无法比拟的。另外，水泥还具有原料来源广、价格便宜、灌注工艺比较简单等优点。近年来，各种快干水泥（如硫铝酸盐水泥）、触变性水泥、膨胀水泥等的研制成功以及各种高效水泥速凝剂、缓凝剂等的出现，大大地拓宽了水泥的使用范围，保证了水泥堵漏安全性。

水泥是一种良好的胶凝材料，用水泥堵漏是将水泥浆注入钻孔内，并使其进入所封堵孔段的漏失部位，利用水泥浆的凝固硬化作用，将其堵塞并与岩层胶结为一整体。

堵漏对水泥浆性能的主要要求为：初期流动性好，能够快凝早强，后期强度要求不高。另外，在特殊情况下，对水泥浆还有特殊要求。如在低压地层中要求减轻水泥的密度；在高温地层下应该增加水泥的抗温能力；对于要求严格封堵的地层应使水泥具有较明显的膨胀性，等等。

普通硅酸盐水泥常用于地质钻探堵漏，由于受其性能的限制，一般需要配用水泥促凝早强剂来调整其性能。钻遇高温、低压等特殊地层，需选用特种水泥。

水泥堵漏的主要方法有水泵灌注法、灌注器灌注法、孔口灌注法及干料投放法等。

1. 水泵灌注法

通过钻杆将水泥浆用水泵压入孔内漏失的岩层，以达到封堵的目的。此方法适用于灌浆量大，不受钻孔深度限制的水泥灌注。在钻孔中部只要架桥后也可适用。用此方法还可实现加压灌注。水泵灌注法施工简便，无须特殊设备和工具，但对水泥浆要求流动性好，易于泵送。

水泵灌注法的操作过程为：堵漏时，钻具下到预定深度距孔底约 0.3～0.5 m 左右时，先泵入清水以检查钻杆内部确实畅通良好时，即可泵入配好的水泥浆。将水泵莲蓬头放入水泥浆桶内即泵送水泥浆。不论堵漏或护壁，刚开泵时应先打开水泵回水管，将吸水管及水泵中的清水排出，喷浆后再打开三通将水泥浆送入孔内。待泵吸水泥浆过程完后，立即将莲蓬头放入准备好的替浆水桶中，开泵替浆。为了使孔底返流均匀，替浆时可适当慢转钻具。替浆的压力应根据孔内水位高低，以达到孔内液柱压力平衡为原则，可按下式进行估算。

$$Q_压 = K(L-l)q + Q_地 \qquad (14-22)$$

式中：$Q_压$ 为替水泥浆所需压水量，L；L 为钻孔深度，m；l 为孔内静水位离空口高度，m；q 为每米钻杆内容积，L/m；$Q_地$ 为地面管线及水泵容积，L；K 为压水系数，浅孔取 0.9，深孔取 0.95。

根据上式计算，当孔内无水或水位很低时，压水量达到机上钻杆后（约 60～80 L），即应停泵，然后拆开机上钻杆，靠钻杆内外液柱压力差，使水泥浆继续沿钻杆内下降，并从钻具底部返出钻杆外，直至钻杆内外压力达到平衡为止。当水位很高或返水孔，则压水量接近于钻具内容积加上地面管线容积乘以压水系数，可以保证水不压出钻具底部，这时钻杆外的水泥浆高度比钻具的水泥浆高度会大一些。

水泵灌注法应遵循的技术规程如下：

（1）堵漏时，坚持冲孔。

（2）钻具下到离孔底或架桥处，以减少水泥浆的稀释。

（3）灌注过程或灌浆完毕，不能上提钻具，可转动钻具，待替浆后方能上提钻具。

（4）全部浆量应一次灌完，不得中途停泵，防止浆液断开或被水稀释。

（5）泵浆前打开回水管，排出清水。

（6）应考虑孔内水位高低，准确计算替浆压水量。

（7）替浆完提钻应离开水泥面 10～15 m 方能清洗钻具。

（8）提钻速度要慢，防止抽吸作用并及时在孔口回灌清水。

（9）尽量减小水灰比，采用水泥减水剂保证浆液可泵性好。

（10）坚持探测水泥面强度，合理确定候凝时间。

2. 灌注器灌注法

当堵塞大的裂隙或溶洞时，为了减少水泥浆的流失，往往选用水灰比较小（0.3～0.35）、浓度大的水泥浆或速效混合液进行灌注。这时水泵无法吸入泵送，可采用灌注器灌注法。有时当封闭的孔段较短，浆量不多或钻进中遇到多层间断漏失，为了及时处理也可采用此法。此法优点是不受孔深限制，浆液性能不受流动性限制且对水泥浆稀释较少，但需专用灌注器，灌注时要求相当严格。

3. 孔口灌注法

当钻孔较浅，裂隙宽且孔内水位很低，则可从孔口直接倒入浓度较大的水泥浆，利用孔口与孔内液面高差所产生的位能，将水泥浆压入所封堵层。为了使孔口灌注顺利，也可在孔口插入小尺寸套管至灌注孔段，再从套管中倒入水泥浆，借助水泥浆的自重下入孔内。

4. 干料投放法

将水泥用塑料袋装好，单独送入孔内或随钻具下入孔内，然后用钻具搅拌，利用钻孔内的水搅拌和捣固，使浆液进入裂隙而堵漏。

5. 水泥球投入法

将水泥与少量水混合成水泥球或专门制作器制成具有合适的凝固时间和强度的水泥丸，投入孔内后再下入钻具冲击挤压，使其挤入漏失层。

14.7　堵漏方法与技术

14.7.1　孔隙或微裂隙漏失

孔隙或微裂隙漏失时，通常漏失量小，孔口能够反流。对这一类漏失可以采用如下方法进行堵漏。

1. 静止堵漏

静止堵漏是在发生完全或部分漏失的情况下，将钻具起出漏失孔段或起至技术套管内或将钻具全部起出静止一段时间，一般 8 ~ 24 h 为宜，漏失现象即可消除。

1) 机理

钻进过程中因操作不当(如开泵过猛、下钻速度过快等)造成压力激动，使作用在地层的压力超过破裂压力，形成诱导裂缝而产生漏失。起钻静止一段时间后，一方面消除了激动压力，裂缝往往会闭合，自然缓解井漏，地层又可以承受压裂前可以承受的压力；另一方面，漏进裂缝的泥浆，因其有触变性，随着静切力增加，起到了黏结和封堵裂缝的作用，从而消除了孔漏。

2) 技术要点

(1) 发生钻孔漏失时应立即停止钻进和冲洗液循环，把钻具起至安全位置后静置一段时间。静置时间要合适，太短容易失败，太长又容易发生井下复杂情况。一般静置候堵为 8 ~ 24 h 为宜。

(2) 把钻具起至漏层以上，必须定时向孔内灌注冲洗液，保持液面在套管内，防止裸眼井段地层坍塌。

（3）在发生部分漏失的情况下，循环堵漏无效时，最好在起钻前泵入堵漏浆材覆盖于漏失孔段，然后起钻，增强静置堵漏效果。

（4）再次下钻时，控制下钻速度，尽量避开在漏失孔段开泵循环。如必须在此孔段开泵循环，应采用小泵量低泵压开泵循环观察，不发生漏失后再逐渐提高泵量，恢复钻进。

（5）恢复钻进后，冲洗液密度和黏切力不宜立即进行大幅度调整，要逐步进行，控制加重速度，防止再次发生漏失。

2.桥接材料堵漏

桥接堵漏方法由于经济价廉，使用方便，施工安全，已为现场普遍采用，目前桥接堵漏约占整个堵漏处理方法的50%以上，并取得了明显的效果。使用此方法可以对付由孔隙和裂缝造成的部分漏失。

采用桥接堵漏时应根据不同的漏层性质，选择堵漏材料的级配和浓度，否则在漏失通道中形不成"架桥"，或是在孔壁处"封门"，使堵漏失败。在施工前要较准确地确定漏层位置，钻具一般应在漏层的顶部，个别情况可在漏层中部，严禁下过漏层施工，以防卡钻。施工中要严格按照施工步骤进行。特别要提出的是，如果由于漏失段长且位置不清楚时，采用配制大量桥堵浆，覆盖整个裸眼孔段的堵漏方法，经常可取得成功。另外要注意的是，采用这种方法时应尽量下光钻杆，以避免堵塞钻头。堵漏成功后立即清除残留在冲洗液中的桥接材料。

1）桥堵材料的选择和浓度

桥堵浆液浓度的选择时应综合考虑漏速、漏层压力、液面深度和漏层段长、漏层形状等因素，一般范围是5%～20%。对漏速大、裂缝大或孔隙大的井漏，应用大粒度、长纤维、大片状的桥接剂配成高浓度浆液。反之，则用中小粒度、短纤维、小片状的桥接剂配成低浓度浆液。

2）桥接剂

可分三类：硬质果壳（核桃壳等）、薄片状材料（云母、碎塑料片等）、纤维状材料（锯末、甘蔗渣、棉籽壳等）。桥接剂级配比例的合理选择对于提高堵漏成功率至关重要，通常搭配比例是粒状∶片状∶纤维状为6∶3∶2，具体搭配比例应由现场试验确定。

3）基浆

基浆通常用钻进冲洗液，有时用含膨润土8%左右的新浆，基浆黏度和切力要适当，不能太低也不能过高，以防桥接剂漂浮和下沉，避免桥浆丧失可泵性。

4）堵漏工艺

应用桥接堵漏材料的堵漏工艺包括挤压法和循环法两种方法。施工人员对堵漏工艺的掌握是决定堵漏施工能否成功的关键。

（1）挤压法堵漏工艺

①尽可能找准漏层。

②根据孔漏情况和漏层性质综合分析，确定桥浆浓度、级配和配浆数量，桥浆密度应接近于钻进的冲洗液密度。

③配堵漏基浆：在地面配浆罐连续搅拌条件下，最好通过加重漏斗以纤维状＋颗粒状＋片状的顺序配置要求的桥浆，应注意防漂浮、沉淀及不可泵性。配制量应以漏速大小、漏失通道形状和段长以及钻孔尺寸等综合确定。

④确定漏失层段，将光钻杆下至漏层顶部适当位置，立即泵入已配好的桥浆至漏失层段，在孔内条件允许时最好施加挤压力，控制环空压力在 0.5～5 MPa，但不能超过孔口和其他层的承压强度。

此法适合于漏速小、不易压差卡钻的钻孔。漏失严重、易压差卡钻的孔段，应起钻至安全孔段，施加挤压力时，应尽可能定时活动钻具，防止卡钻。

（2）循环法堵漏工艺

此方法适用于刚钻开漏层、还未完全暴露的孔段、渗透性或小裂缝多漏失孔段、漏失位置不清楚孔段、孔口无加压装置的漏失。工艺措施为：

①往冲洗液中加入一定级配的桥接剂 3%～8%。

②随钻堵漏时，钻头必须采用大水眼的类型。

③含桥接剂的冲洗液应有一定的可泵性。

④不停地活动钻具，严防卡钻。

⑤停用固控设备，防止除掉桥接剂。

3. 交联封堵

将部分水解聚丙烯酰胺（PHP）或水解聚丙烯腈钠盐（HPAN）冲洗液加入 $CaCl_2$、石灰或水泥制成交联剂，从而对漏层进行封堵。

14.7.2 压差引发的漏失

对于压差引发的漏失可以采用如下堵漏措施。

1. 降低冲洗液密度

降低冲洗液密度是减少压差漏失的重要手段。采用降低冲洗液密度来制止孔漏时应注意以下几个问题：

（1）研究分析裸眼孔段各组地层孔隙压力、破裂压力、坍塌压力、漏失压力，确定防塌、防漏的安全最低冲洗液密度。

（2）依据裸眼孔段各组地层结构，确定降低冲洗液密度的技术措施。如裸眼孔段不存在塌层，可采用离心机清除固相来降低冲洗液密度，同时补充增黏剂、水、低浓度处理剂或轻冲洗液，保证既降低冲洗液密度又保持冲洗液原有性能。

（3）降低冲洗液密度时应降低泵排量，循环观察，不漏后再逐渐提高泵排量至正常值,如仍不漏即可恢复正常钻进。

2. 充气冲洗液止漏

通过向冲洗液中充气,降低冲洗液密度($0.60 \sim 0.95$ g/cm³)的方法,可达到一定程度的防漏止漏目的。

14.7.3　裂缝和破碎带漏失

对于裂缝和破碎带的漏失,可以采用如下堵漏措施。

1. 采用高失水剂堵漏

由于高失水堵漏剂种类不同,其堵漏工艺也不完全相同。在此以 DTR 堵剂为例介绍。

1)堵漏浆液的准备

对于渗透性漏失和裂缝性漏失,选用 DTR 堵剂等堵漏材料配制的高失水堵漏浆液是适宜的。推荐两个施工配方:

(1)冲洗液 + ($50\% \sim 100\%$)清水 + ($8\% \sim 12\%$)DTR - 2 堵剂。

(2)水 + 0.5% Na_2CO_3 + ($2.5\% \sim 5\%$)膨润土 + ($0.25\% \sim 5\%$)CPA + 10% DTR - 2 堵剂。

采用以上配方在封堵裂缝地层时,应加适量($4\% \sim 12\%$)的桥接剂,如果壳、云母等。果壳粒度应与裂缝大小相适应。

2)施工要点

(1)一般下光钻杆到漏层顶部或中部。钻杆出裸眼后,要上下活动或转动,严防卡钻。在紧急情况下,若带钻具注浆,一定要采取必要措施,防止卡钻事故的发生。

(2)DTR 浆液在静置时可能稍有沉淀,但只要一搅拌立即悬浮。所以泵送该堵漏浆液时要边搅拌边泵入。

(3)记录泵入量和返出量。泵完堵漏浆液后,按计算顶替量,应立即泵入事先准备好的顶替液,将堵漏浆液全部替到漏层孔段。

(4)提升钻具到堵漏浆液面以上的安全位置。

(5)一般应按提高当量密度 $0.1 \sim 0.3$ g/cm³ 折算的压力进行缓慢挤压(约 $3 \sim 6$ MPa),再憋压静置 $4 \sim 6$ h,但不允许超过地层破裂压力。

(6)下钻循环观察堵漏效果,不漏再恢复钻进。

2. 水泥护壁堵漏

水泥堵漏主要以水泥浆及各种水泥混合稠浆为基础,这种堵漏法一般用于较为严重的孔漏。水泥浆堵漏一般要求对漏层位置比较清楚,主要用于处理自然横向裂缝、破碎石灰岩及砾石层的漏失。目前,采用此方法的成功率较低,其主要原因是在施工设计中计算不准确和施工工艺出现差错所致。

使用"平衡"法原理进行准确计算方可保证施工质量和安全，这是为了避免有限的水泥浆被顶得过远而不能完全封住漏失层位，造成堵漏失败。采用此方法要避免水泥浆稀释和冲洗液混入水泥浆。故在施工时除注意和地层压力平衡以外，还要注意钻具内外的水泥浆液面平衡，这样可以避免起钻时水泥浆遭到稀释或污染。水泥堵漏的方法通常分为一般水泥堵漏、速凝水泥堵漏、胶质水泥堵漏和柴油—膨润土—水泥堵漏。现场施工中多数采用前两种方法。

打水泥塞是水泥浆堵漏后的一个重要步骤，水泥塞形成的好坏，直接关系到堵漏施工的成败。在裸眼中打水泥塞时，必须特别注意水泥塞周围地层的性质，坚持做好以下几个方面的工作：

(1)确定漏层位置和性质，施工前应对孔漏情况有较全面的了解。

(2)根据孔漏情况仔细计算水泥、水、添加剂量和顶替液量，必须注意的是水泥的用量要多于实际需要量。

(3)注入水泥前，应尽可能打前置液，防止水泥污染。

14.7.4 涌漏交替或漏失带存在径流

在涌漏交替或漏失带存在径流的情况下进行堵漏，由于堵漏浆液容易被流动的地下水所冲蚀、破坏，往往不能收到预期的效果。

1. 堵漏成功的条件和处理原则

要在流动水条件下取得堵漏成功，必须具备以下条件：

(1)堵漏材料不被流动的地下水所稀释、冲散或者被水携带而流失。

(2)堵漏材料必须能在漏失通道中建立起能承担正负压差的封隔层。

为了满足以上条件，在处理水层漏失时要尽量遵循以下原则：

(1)采用大堵漏剂用量封隔漏层。

(2)直接注入快凝水泥封隔漏层。

(3)采用化学凝胶堵漏剂隔水堵漏，再跟注水泥封隔漏层，以增强堵塞强度。

2. 涌漏交替或漏失带存在径流堵漏措施

1)连续灌注堵漏法

压井与堵漏同步进行，先注入一定量堵剂压住水层，然后大排量连续不断地注入桥浆、重晶石、水泥等堵漏浆液。注入时最好采用封孔挤注或在漏层顶部下封隔器进行挤注，这样，可以保持一定的灌注压力，将流动的地下水推向孔壁外围深处，使其不能返回冲蚀堵剂，以便堵漏浆液凝固，形成牢固的堵塞隔墙。用这种方法处理水层漏失效果明显，但堵漏材料耗量大，成本较高。

2)快速凝固堵漏法

即注入孔内的堵漏浆液能在还未被地下水破坏或者大部分未被破坏的很短时间内初凝或固结。目前采用的聚合物堵漏、速凝水泥堵漏以及硅酸盐类堵漏等方法，均能达到此目的。这种方法要求主体材料（甲液）和固化剂（乙液）在孔口或孔内漏层位置混合，并根据需要控制其凝固时间。为了实现主体材料与固化剂的有效混合，一般现场采用孔内注液法、双管注液法和孔口混合注液法三种灌注工艺。

3）段塞式隔水堵漏法

这是针对一般堵漏浆液怕水的弱点，从根本上解决浆液"不怕水"问题的一种方法。由于化学凝胶不溶于水，所以采用化学凝胶—水泥浆段塞式复合堵漏，是处理水层漏失的有效手段之一。化学凝胶堵剂是利用高分子材料和交联剂发生化学反应，形成具有一定的黏弹性、与岩石有较强黏附作用的凝胶体而达到封堵漏层的目的。在复合体系中，化学凝胶具有防止水泥浆和冲洗液混浆、避免地下水对水泥浆的稀释、预先堵塞漏失通道三个方面的作用。

4）软胶塞速凝浆液封堵法

该法是将柴油、膨润土、纯碱、石灰等按一定比例混配而成的，当混合物被泵入漏层与水接触后，悬浮的膨润土颗粒开始水化，并从油中分离出来，结成一团坚韧的油泥块，从而达到堵漏目的。

14.7.5　大裂缝或溶洞漏失

对于较大的溶洞或裂缝，可先向孔内投入泥球、石块、砖块等，待大块状充填物基本充填溶洞，然后再灌注水泥浆，或直接挤替快干水泥。在水源充足的地方，如果孔壁岩石比较牢固，不易坍塌，可采取清水强钻，钻穿漏层后下套管封隔。对于连通性溶洞的封堵，一般都较为困难。与地下水连通的较小溶洞性漏失，采用凝胶加水泥或快干水泥等方法一般能奏效；但对于大溶洞、大裂缝性漏失，这些方法就难以奏效了，而采用清水强钻下套管封隔或采用下堵漏工具进行封堵，则是更为有效的办法。下面介绍几种处理不同类型溶洞和大裂缝性漏失的行之有效的方法。

1. 清水强钻、套管封隔法

当钻至大溶洞、大裂缝，或缝洞组合较长的地带，采用一般堵漏方法难以堵住漏层，采用清水强钻，下套管对过渡带和灾难性漏失带进行封隔，是一种最经济最为有效的手段。

2. 速凝水泥堵漏法

在水泥浆中加入速凝剂，缩短凝固时间，是提高水泥堵漏成功率的有效办法。尤其是对于溶洞和大裂缝漏失更为重要。速凝水泥堵漏具有流动性差、凝固时间短、堵漏风险大的特点，适用于浅层溶洞、大裂缝漏失的封堵。其施工工艺一般采用水泥浆和速凝剂在孔口混合注入孔内，然后挤入漏层速凝封堵。

3. 复合堵漏法

针对溶洞、大裂缝漏失的特点，采用单一的堵漏剂处理，往往成效不大，而采用复合堵漏的方式则会提高堵漏成功率。表 14 – 23 是处理不同的严重性漏失的常用复合方法。

表 14 –23　复合堵漏法的常用复合方式

序号	复合方式	处理对象
1	化学凝胶 + 水泥浆	水层漏、严重漏失
2	桥堵泥浆 + 水泥浆	大裂缝漏失
3	水泥浆混桥接剂	大裂缝漏失
4	高失水堵剂混桥接剂	大裂缝漏失
5	暂堵剂混桥接剂	水层、大裂缝漏失
6	化学凝胶混桥接剂	水层、大裂缝漏失
7	单向压力封闭剂混桥接剂	一般孔隙性、裂缝型漏失
8	单向压力封闭剂混高失水堵剂	较大孔隙性、裂缝型漏失
9	高失水堵剂混化学膨体	大裂缝漏失
10	重晶石塞 + 桥接泥浆 + 水泥浆	水层、大裂缝漏失
11	复合堵漏剂（FDJ）	小、中、大裂缝漏失
12	柴油膨润土浆 + 屏蔽暂堵剂	低压高孔渗砂岩水层漏失

在采用复合堵漏时，根据堵剂的性能需要配合适当的堵漏材料，可以用段塞的形式依次注入，也可以混合使用。

4. 孔口冲砂堵漏法

孔口冲砂堵漏法可较为有效地堵住溶洞、大裂缝型漏失。其施工要点是：

（1）下光钻杆至漏层上方 1 ~ 3 m 处。

（2）将钻具坐在转盘上，接三通漏斗接头，其母扣与水龙带连接。

（3）在连续向孔内泵冲洗液的同时，从漏斗处连续投入砂石和碎石，大小交替投入，以保证大小颗粒的石块相互填牢实。

（4）根据裂缝或溶洞的大小决定投入量，每投入 0.5 m^3 左右，下钻具探一次碎石塞，直至碎石块填至漏层以上 0.3 ~ 0.5 m 为止。

（5）注入桥堵浆，以建立不完全循环，然后注入密度 1.80 ~ 1.85 g/cm^3 的水泥浆 3 ~ 4 m^3，并以冲洗液连续替入孔内，直至水泥浆替至漏层位置。

（6）起钻到安全孔段，憋压 0.1 ~ 0.3 MPa 候凝。

5. 聚丙烯酰胺水泥稠浆堵漏法

聚丙烯酰胺水泥稠浆可用来封堵灰岩孔穴性完全漏失层。该浆液的组分与性能见表 14 –24，适用范围和注入量见表 14 – 25。聚丙烯酰胺水泥稠浆适用于漏速为 30 ~ 90 m^3/h 的溶洞型漏层，一次注入 6 ~ 14 m^3 后一般即能堵住。

表 14 - 24　聚丙烯酰胺水泥稠浆组分与性能

组分/g						性　能				
纯碱	水泥	水	聚丙烯酰胺	膨润土	氯化钙	稠度/mm	初始塑性强度/kPa	凝结时间/(h:min)		
								初凝	终凝	
0.04	100	50	0.15	0	3.5	33	3.0	2:55	4:40	
0.04	100	50	0.15	0	3.5	36	4.0	2:40	4:00	
0.04	100	45	0.15	0	4.0	34	3.5	2:10	3:30	
0.04	100	50	0.15	2	4.0	35	4.3	2:40	4:50	
0.04	100	55	0.15	2	4.0	33	3.4	4:30	6:30	
0.04	100	45	0.15	4	5.0	35	5.3	2:10	3:20	

注：稠度以 mm 计是维卡仪测定值。

表 14 - 25　聚丙烯酰胺水泥稠浆适用范围和注入量

Δp—0.1 MPa 条件下的吸收能力系数/[$m^3 \cdot (h \cdot m^2)^{-1}$]	漏层岩石状况和钻进特点	聚丙烯酰胺水泥稠浆	
		耗量/m^3	塑性强度/kPa
0.04 ~ 0.4	孔穴状岩石，机械钻速增加	6 ~ 8	1.5
0.4 ~ 1.2	孔洞性岩石，钻具放空 0.5 m	8 ~ 10	1.5 ~ 2.0
1.2 ~ 3.0	洞穴型岩石，钻具放空 0.5 ~ 1 m	10 ~ 14	2.0 ~ 3.0
3.0 ~ 4.8	缝洞性岩石，钻具放空 1 ~ 3 m	14 ~ 15	3.0 ~ 4.4
≥4.8	缝洞性岩石，钻具放空 ≥3 m	15 ~ 16	4.4 ~ 5.3

6. 工具堵漏法

1）复合堵漏袋

复合堵漏袋是填堵大裂缝和溶洞的有效工具，可根据孔内情况做成直径 50 ~ 200 mm、长度适当的堵漏袋，其材料可以是编织袋、尼龙布、劳动布等强度较好的材料，以防投入孔内碰撞孔壁而破裂失败。袋内可根据情况装入水泥、速凝剂、重晶石、黏土桥堵剂等，简单易行。

投放方法：浅孔可从孔口直接投入；深孔可用工具送入。在存在地下水流动的漏层，堵漏袋下部可装上"锚钩"，以防流水将其冲入孔壁的裂缝和洞穴中，然后灌注水泥，以形成水泥基层。

2）尼龙袋堵漏工具

在有大裂缝和溶洞的钻孔中，存在着大段孔壁"空缺"，且常有流动水，一般堵漏方法难以奏效，采用大型尼龙袋堵漏工具封闭可取得较好效果。

3）投入用水溶性壳体包裹的堵漏材料

堵漏材料装入一个个用水溶性物质制成的壳体中。当大量的壳体投入溶洞后，它们就会堵住溶洞的喉头或洞口，壳体与溶洞中的地下水接触。溶解后，堵漏材料就暴露在溶洞中凝结成一个实体，达到堵漏的目的。

第 15 章　孔内事故的预防与处理

　　在钻孔施工过程中，由于人为因素、地质因素等原因，导致各种孔内故障发生而中断正常钻进，通常把这些故障称为孔内事故。依据孔内事故发生的原因和现象，归纳起来有以下几种，如图 15 – 1 所示。

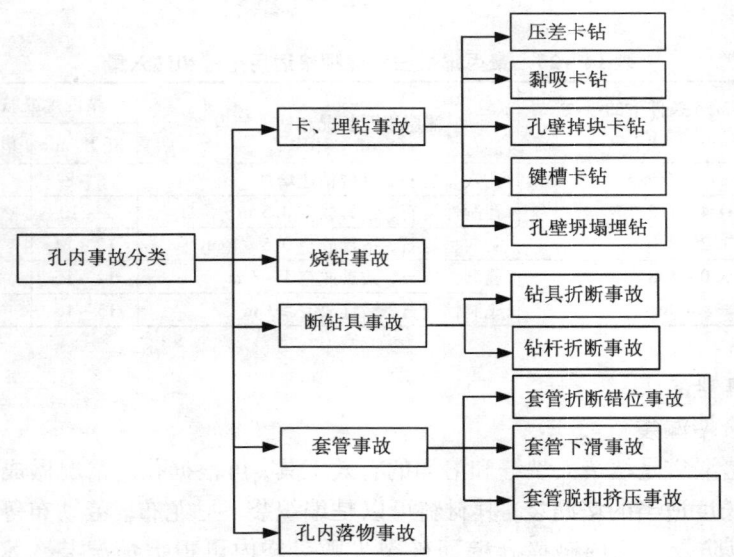

图 15 – 1　孔内事故分类框图

15.1　孔内事故预防

　　孔内事故发生的原因很多，概括起来有以下几个基本原因：
　　(1)现场管理制度不严，责任心不强，操作时精神不集中，甚至违章作业。
　　(2)措施不当，技术不熟练，经验不足，未正确判断孔内情况并及时处理。
　　(3)设备、工器具、管材等质量不好，检查管理及维护使用不善。
　　(4)地质条件复杂，地层不稳定，坍塌、掉块和漏失等。
　　预防孔内事故发生的基本措施：
　　(1)严格按钻探施工设计要求，做好施工前的各项准备工作，并精心组织管理。

（2）加强生产技术管理，增强员工责任心，严格遵守各项规章制度和操作规章，杜绝违章作业。

（3）加强技术培训，提高操作技术水平。

（4）根据岩层的不同，正确选择和确定不同的钻进方法及其相应的钻进技术参数。

（5）根据地层和孔内情况，正确选用、配制及调整冲洗液。

（6）注意设备、钻具、工具、仪表等的维修和保养，确保运行正常，工作可靠。

（7）正确选择和使用管材，做到及时检查和更换。

15.1.1　卡、埋钻事故预防

卡、埋钻事故主要发生在破碎地层、缩径地层等井段钻进、起钻、下钻的过程中，造成吸附卡钻、坍塌卡钻、键槽卡钻、落物卡钻以及跑钻将孔底部分钻杆墩弯等引起的卡钻。预防卡钻事故发生主要应注意以下几点：

（1）在孔壁容易掉块、坍塌及常有探头石活动和岩石容易产生错动的地层中钻进时，应使用密度较大、黏度较高、失水量较小的泥浆。

（2）在吸水膨胀、缩径地层钻进时，采用超径钻头钻进，扩大钻具与孔壁间隙，同时采用优质泥浆，并严格控制失水量。

（3）发现有坍塌预兆时，要不停泵、维持回转，不钻进、不起钻，尽量循环分散垮塌物。

（4）防止钻孔弯曲，避免键槽的产生。

（5）钻具回转遇阻时，应立即上下活动或转动钻具，不得无故关泵，不许猛压硬提。

（6）孔底岩粉高度超过 0.3 m 时，要采取处理措施。

（7）严格遵守钻探技术规程，合理选用钻进参数。

15.1.2　烧钻事故预防

在钻进过程中，因钻头冷却不好，钻头与孔壁、孔底或岩心等烧结在一起，会发生烧钻事故。为预防烧钻事故应做好以下工作：

（1）仔细检查钻杆丝扣部位是否有裂纹和渗漏，防止循环短路。

（2）钻进过程中发现岩心堵塞，要立即提钻。

（3）钻进过程中岩石由硬变软，钻速突然加快时，要控制钻速，减小钻压。

（4）钻进软岩层时，要把钻进速度控制在适当的范围之内，以免大量岩粉不能及时排除而引起烧钻。

(5)经常检查钻具推力轴承的灵活性,以免因不灵活造成岩心堵塞而引起烧钻。

(6)在钻进过程中要注意孔口返水是否正常,一旦发现返水量变小,要立即停车提起钻具检查。

15.1.3 钻具折断事故预防

预防钻具折断、脱落及跑钻事故,应采取以下技术措施:

(1)不使用弯曲或磨损严重的钻杆、接头、岩心管等。

(2)扫孔、扩孔、扫脱落岩心或扫残留岩心时,要低压慢转,适当控制给进速度,以免因阻力过大而扭断钻杆。

(3)在钻进过程中,钻压要均匀,特别是在砾岩层或坚硬岩层中钻进时,更应合理地控制钻压。

(4)深孔钻进时,钻压、转速需与地层适应,不宜过高,有条件可使用钻铤加压,并使用钻参仪。

(5)选择合理的钻孔结构、钻具组合与级配,尽量缩小钻具与孔壁间隙,改善钻具的稳定性。

(6)加工钻具丝扣要严格执行规范要求,保证加工质量。

(7)升降钻具前,要仔细检查升降机制动装置、提引器、垫叉(或夹持器)以及钢丝绳等是否完好,发现问题应立即处理,下钻时,下降速度不能太快,以防发生意外。

15.1.4 套管事故预防

发生套管事故的原因,大多都是没有下到硬盘岩层,或孔口没有很好的固定。在钻进过程中冲洗液对套管底部进行冲刷,或冲洗液从套管与孔壁间隙上返,回转的钻杆又对其进行敲击,从而发生套管下滑、套管脱节、套管错位、套管挤夹、套管磨穿等事故。为防止套管事故的发生,采取的预防措施有:

(1)下套管前,应将孔内岩渣冲捞干净,在破碎、坍塌、易垮孔的地层下套管前,最好配置高密度、高黏度泥浆灌注孔内,使之充填套管与孔壁之间。

(2)套管必须坐落在岩层的硬盘上,在下套管前,应用异径钻具先打小眼,套管下完后,底部及孔口必须封严固牢。

(3)下入孔内的套管,要逐根检查管材和丝扣是否完好,磨损过度,弯曲大,或有其他损伤的套管均不得下入孔内。同时,将下入孔内的套管逐根测量准确,按顺序编号记入原始班报表中,以备起拔套管和处理套管事故时查阅。

(4)套管丝扣连接部位,应用黏结剂封闭,外表面最好用机油、钙基润滑脂等涂抹,以减少套管起拔时的阻力。套管底部用黏泥封闭,如果是绳索取心钻进，可在绳索取心内管总成的卡簧座上焊接一根可通过钻头内径的实心棒，投入孔内，上下提动钻具将孔底黏泥捣实，并挤入套管与孔壁环隙，然后打捞内管总成换成卡簧座进行钻进。这种方法简单实用，又减少了一次提下钻专门捣实的机会。孔口套管用麻绳缠紧填塞严密，防止岩渣沉淀给起拔套管带来麻烦。图15－2为孔底专用捣实工具。

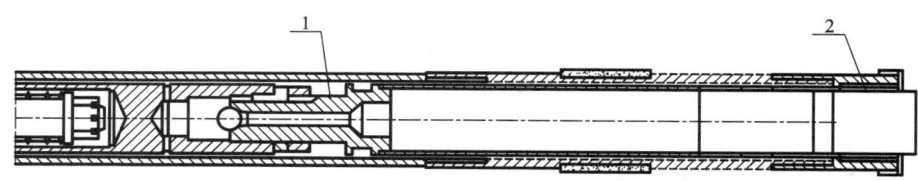

图 15－2　孔底专用捣实工具

1—内管总成；2—实心棒

（5）有裂隙、溶洞的钻孔，如果溶洞的长度大于单根套管长度，应下入双层套管。溶洞或大裂隙长度小于套管长度，也应避免使套管的连接丝扣部位处在裂隙、溶洞中。

（6）下套管时中途遇阻，应提出套管进行处理，如钻孔弯曲严重，套管难以下入时，应设法纠斜，修整钻孔，浅孔时可用套管钻头旋转下入，禁止用吊锤强力打击套管。

（7）钻进中严禁使用弯曲的钻具，以减轻钻具对套管的敲击破坏；如发现孔内套管有下沉、断脱、错动等现象时，应及时处理，不得勉强钻进，以防止事故进一步恶化。

15.1.5　孔内落物事故预防

孔内落物事故大多发生在起下钻、测斜，或设备检修过程中，预防措施有：

（1）防止从孔口落入任何物件。首先管理好孔口常用的专用工具如卡瓦、轴销、螺帽、撬杠、扳手、榔头等。提钻后或修理动力头、卡盘时要盖好孔口，堵塞一切可能落物的漏洞。

（2）有的钻孔在终孔测斜时，检测的数据较多，测斜时间长，要用优质泥浆替换孔内全部泥浆，防止劣质泥浆及岩粉沉淀卡住仪器。

（3）采用绳索取心钻进测斜时，可利用内管总成下部卡簧座焊接与仪器连接的变丝接头，再与测斜仪连接，用绳索取心打捞器下入孔内，变丝接头与仪器通过钻头进入裸眼孔段进行测斜，发生电缆拉断时可提钻提出仪器。如图15－3所示。

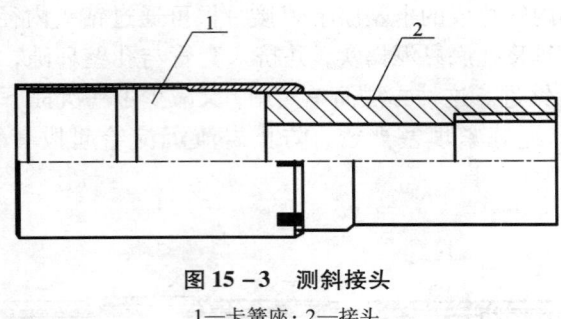

图 15 - 3　测斜接头

1—卡簧座；2—接头

15.2　常用事故处理工具

15.2.1　打捞丝锥

1. 普通公锥

普通打捞公锥可用于打捞各种规格的套管、绳索取心钻杆及普通钻杆、岩心管。公锥螺纹分右旋螺纹或左旋螺纹，接头螺纹与打捞螺纹旋向一致。公锥由高强度合金钢锻料车制，并经过渗碳、淬火、回火，硬度达 HRC60 ~ 65，常用公锥如图 15 - 4、表 15 - 1 所示。

表 15 - 1　普通公锥与偏水眼公锥规格参数

规格型号	连接螺纹	打捞内径/mm	备注
P 规格绳索取心钻杆公锥	ϕ50 钻杆锁接头螺纹	107 ~ 117	可打捞 ϕ114 套管
H 规格绳索取心钻杆公锥	ϕ50 钻杆锁接头螺纹	77 ~ 100	可打捞 ϕ91 套管
N 规格绳索取心钻杆公锥	ϕ50 钻杆锁接头螺纹	57 ~ 63	可打捞 ϕ73 套管
B 规格绳索取心钻杆公锥	ϕ54 外平钻杆螺纹	42 ~ 46	
普通钻杆公锥	ϕ43 外平钻杆螺纹	12 ~ 27	
		22 ~ 42	
		34 ~ 54	
		44 ~ 64	

2. 偏水眼公锥

偏水眼公锥（图 15 - 5）主要用于深孔中折断的钻杆靠向孔壁，普通公锥无法捞取时，可用偏水眼公锥贴近孔壁进行打捞。打捞钻杆时，利用冲洗液的反推力，将公锥推向孔壁一边，钻杆旋转一周，公锥可沿井眼周边探测一周。还可以利用泥浆泵排量的大小变化，来调节公锥的侧向反推力，排量越大，公锥的位移

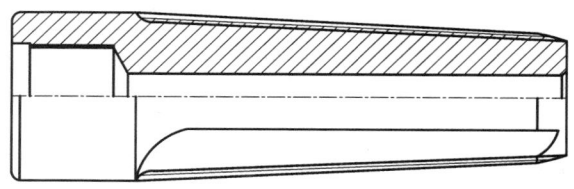

图 15 - 4　常用公锥

越大。由于它活动范围大，且可以自由调节，可以顺利地找到事故钻杆。偏水眼公锥规格与表 15 - 1 普通公锥相同。

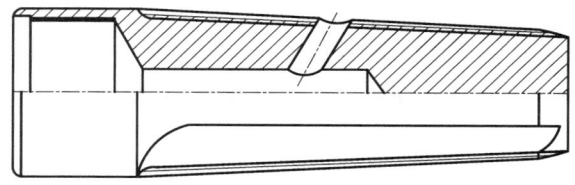

图 15 - 5　偏水眼公锥

使用时注意事项：由于是偏水眼，冲洗液循环时直接冲刺孔壁，容易冲垮不稳定地层。如果偏水眼公锥与弯钻杆配合在一起使用，则偏水眼的方向一定要与弯钻杆的弯曲方向相反。

15.2.2　偏心接头

偏心接头(图 15 - 6、表 15 - 2)主要用于事故头处超径严重、弯钻杆或偏水眼公锥无法进入事故钻杆的情况下，偏心接头上与钻杆连接，下与普通公锥连接，也可与其他打捞工具连接，通过水压进入到钻孔的超径孔段，如果超径孔段直径较大或超径孔段较长，下端还可连接打捞筒、弯钻杆或壁钩等。该接头的缺点是不能通过公锥中心眼通水。

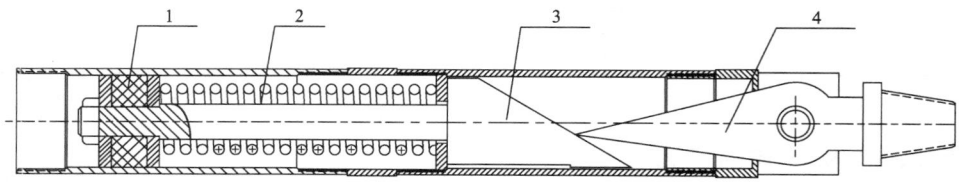

图 15 - 6　偏心接头

1—活塞；2—弹簧；3—楔形杆；4—锥形接头

表 15－2　偏心接头规格参数

规格型号	连接螺纹	打捞内径/mm
P 规格偏心接头	φ50 钻杆螺纹	107～117
H 规格偏心接头	φ50 钻杆螺纹	77～100
N 规格偏心接头	φ50 钻杆螺纹	57～63
B 规格偏心接头	φ54 外平钻杆螺纹	42～46

15.2.3　水力式内割刀

水力式内割刀(图 15－7、表 15－3)是一种切割绳索取心钻杆、岩心管、套管的工具,可以在钻杆内任何部位切割,也可分段切割。切割时泥浆泵将高压冲洗液泵入水力式内割刀体内,高压液体推动活塞压缩弹簧使活塞杆下行,活塞杆下端推动两个刀头向外张开与钻杆或套管内壁接触,张开的割刀片随同钻具顺时针切割,割断后泵压下降,停泵刀头回位提出孔内。

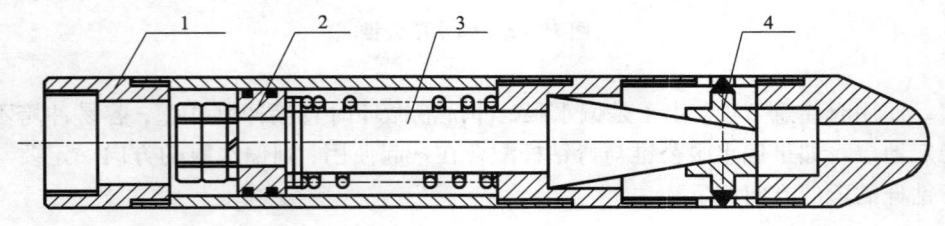

图 15－7　水力式内割刀

1—变丝接头；2—活塞；3—推杆；4—刀头

表 15－3　水力式内割刀规格参数

规格型号	连接螺纹	割管内径/mm
SGD71	φ54 外平钻杆螺纹	58～63
SGD89	φ50 钻杆螺纹	77～80
SGD108	φ50 钻杆螺纹	100
SGD114	φ50 钻杆螺纹	102

15.2.4　机械式内割刀

机械式内割刀(图 15－8、表 15－4)是专门用来从管内切割孔内绳索取心钻杆、套管的工具,可在管内任意位置切割。

当割刀下到切割位置后，慢慢正转钻具，由于摩擦块与管内壁的摩擦作用，使芯轴和摩擦总成有相对转动，滑牙板带动摩擦总成向上运动，推开卡瓦从而使工具坐卡于管柱内壁上。此时下放钻具，刀枕锥面推开刀片开始切割管材。当切割完成后，上提芯轴，由于滑牙板（由三块组成）是侧齿，其背后由弹簧片支撑定位，在上提力的作用下，滑牙板推开弹簧片又重新进入与带牙内套啮合的最低位置，同时摩擦总成带动卡瓦，相对卡瓦锥体下行，此时工具解卡，并可以自由地上提或下放工具。为使内割刀保持良好的性能并延长寿命，每次使用后应彻底清洗、检查，并涂上润滑油。

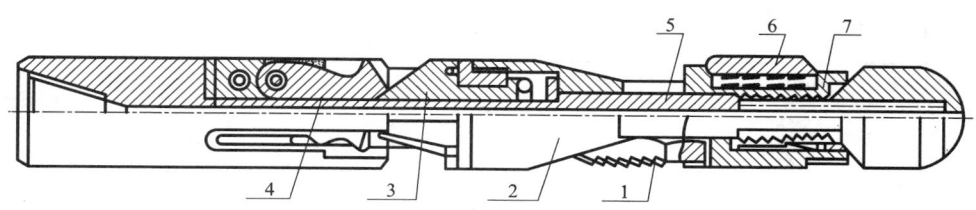

图 15 - 8　机械式内割刀

1—卡瓦；2—卡瓦锥体；3—刀枕；4—刀片；5—芯轴；6—摩擦块；7—滑牙板

表 15 - 4　机械式内割刀规格参数

规格型号	连接螺纹	割管内径/mm
ND - 73	φ54 外平钻杆螺纹	58 ~ 63
ND - 89	φ50 钻杆螺纹	77 ~ 79
ND - 114	φ50 钻杆螺纹	102

15.2.5　可退式打捞矛

可退式打捞矛（图 15 - 9、表 15 - 5）主要由芯轴、卡瓦、释放环、引锥等组成，每个型号的捞矛芯轴可配多个不同尺寸的卡瓦，用于打捞不同规格的绳索取心钻杆。

打捞矛下孔前卡瓦处于释放位置，即卡瓦应下旋，抵住释放环，慢慢下放钻具，待打捞矛进入事故钻杆后，左旋 1.5 ~ 2 圈，使卡瓦处于最高位置，然后慢慢上提钻具，即可捞住落鱼。

在孔内退出打捞矛首先利用钻具重量下击，松开卡瓦与钻杆的咬合；右旋工具 1.5 ~ 2 圈，使卡瓦处于下孔前的位置，然后上提即可退出捞矛，此时也可以边右旋边上提。

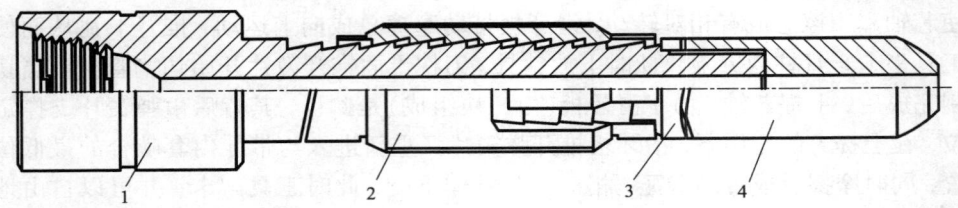

图 15 – 9　可退式打捞矛

1—芯轴；2—卡瓦；3—释放环；4—引锥

表 15 – 5　可退式打捞矛规格参数

规格型号	打捞内径/mm	引锥直径/mm	连接螺纹	备　注
TLM73	58	52	φ50 钻杆螺纹	打捞 H、N 规格 绳索取心钻杆
	61			
	77			
TLM114	102	98	φ50 钻杆螺纹	打捞 P 规格绳索取心钻杆

15.2.6　可退式倒扣捞矛

　　可退式倒扣捞矛(图 15 – 10)作用与反丝公锥相同，是用来打捞绳索取心钻杆、套管的工具，与公锥不同的是与反丝钻杆连接实现打捞，若打捞不上来时可反转钻杆产生力矩，力矩将通过上接头的牙嵌花键套上的内花键传到矛杆上均布的三等分键，再传给卡瓦和事故钻杆，便可实现倒扣。如不能实现倒扣需要内退出打捞矛，可下击矛杆，使矛杆与卡瓦内锥面脱开，然后右旋钻杆 1/4 圈，使卡瓦下端大倒角进入矛杆锥面上三个键起端倾斜面夹角内，上提钻具，卡瓦和矛杆锥面不再贴合，即可退出打捞工具。可退式倒扣捞矛只需更换卡瓦就可打捞各种规格的绳索取心钻杆、套管。

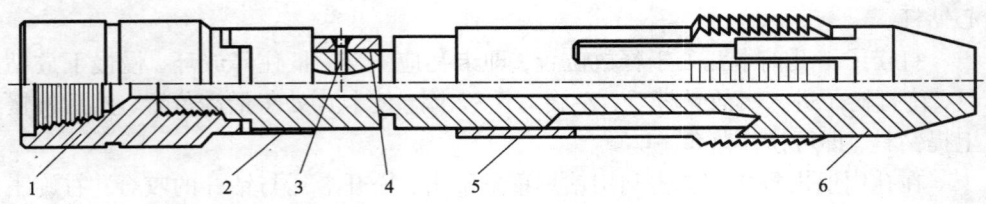

图 15 – 10　可退式倒扣捞矛

1—上接头；2—花键套；3—定位螺钉；4—限位块；5—卡瓦；6—芯轴

15.2.7　磁力打捞器

磁力打捞器(图 15 - 11、表 15 - 6)是主要用于打捞孔内小件金属落物的工具。利用本身所带永久磁铁将落入孔内的工具等小落物磁化吸起,从而有效地打捞小件落物,净化井底。强磁打捞器可以用钻杆连接下方到孔底,在浅孔中可用绳索取心绞车下放到孔底进行打捞。

强磁打捞器每次使用后,应选择一个没有铁屑和杂物的地方,将打捞器放在木板或橡胶板上,把吸附在打捞器上的金属颗粒、铁屑粉末清除干净,放在阴凉、干燥的地方。在存放和运输中,千万不能把两个打捞器底部相对,以防磁场消退。由于打捞器底部磁场很强,在维修过程中应注意安全。

图 15 - 11　磁力打捞器

表 15 - 6　磁力打捞器规格参数

型号	连接螺纹	最大吸力/kg
ϕ150	ϕ50 钻杆螺纹	150
ϕ130	ϕ50 钻杆螺纹	100
ϕ122	ϕ50 钻杆螺纹	70
ϕ96	ϕ50 钻杆螺纹	50
ϕ76	ϕ50 钻杆螺纹	30
ϕ60	ϕ50 外平钻杆螺纹	20

15.2.8　丝锥卡捞器

丝锥卡捞器用于打捞各种大口径套管、井管、绳索取心钻杆,特别适用于打捞公锥无法吃扣的塑料井管或公锥螺纹拉力不够的大口径套管等,其结构简单,可自行加工,如图 15 - 12 所示。

卡捞器下入要打捞的钻杆或套管内,然后从孔口钻杆内孔投入钢砂,卡在卡捞器与打捞物的环隙中,即可把落物打捞上来。由于与钻杆连接的螺纹为反扣,如提升不动时,可退出钻杆将卡捞器留在孔内,再用其他方法处理。

15.2.9　套管扩孔器

套管扩孔器(图 15 - 13、表 15 - 7)主要用于处理套管底部地层不稳定,漏

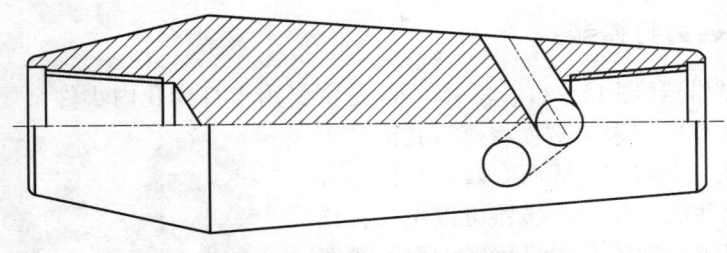

图 15 – 12　丝锥卡捞器

水、套管容易下跑时，不需将套管拔出扩孔，用水压扩孔器将套管底部扩大，然后从孔口接上套管下入到扩大的孔底，就可以正常钻进了。

　　扩孔器由于弹簧作用，刀头外径与扩孔器外径相同，下部可连接扫孔钻头，扩孔器下入要扩的孔段后开泵，随着活塞的下移，活塞杆上的齿条推动刀头齿轮并使刀头张开进行扩孔。扩完孔后停泵，在弹簧作用下，刀头又恢复到原位并提出到地表。

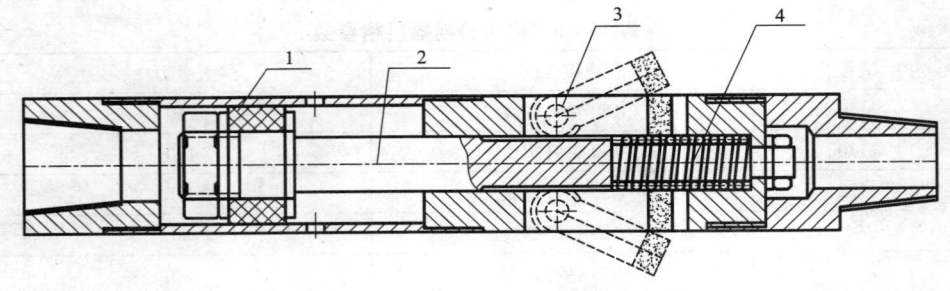

图 15 – 13　套管扩孔器

1—活塞；2—活塞杆；3—刀头；4—弹簧

表 15 – 7　套管扩孔器规格参数

规格型号	外径/mm	扩孔直径/mm
TKQ114	100	122
TKQ91	77	96

15.2.10　震击器

1. 牙嵌式倒扣震击器

　　牙嵌式倒扣震击器(图 15 – 14)上与反丝钻杆相连，下连接反丝公锥，震击器通过四级齿盘差动高度产生冲击震击功能，将孔内的卡、埋、夹事故的挤夹物震松震碎，使钻具解卡，由于是反螺纹连接，如果震击不开，可使事故钻具分段震击并倒扣。

震击力的大小可根据提升力的大小进行调节。ϕ73 mm 牙嵌式震击器，可用于 P、H、N 规格钻孔的钻杆、套管的起拔与倒扣。

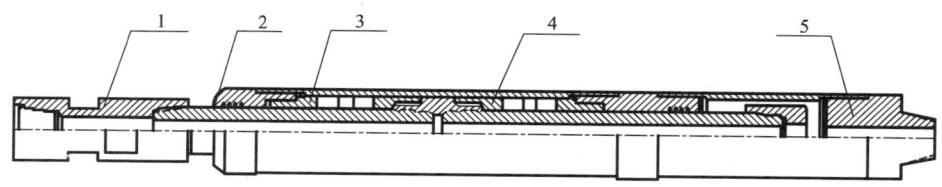

图 15 – 14　牙嵌式倒扣震击器

1—上接头；2—芯轴；3—上牙嵌；4—下牙嵌；5—下接头

2. 液压式上击器

液压式上击器（图 15 – 15）的活塞杆与油缸之间的空隙内注满了液压油，当上提钻具时，液压油只能沿活塞环的开口间隙泄漏，对活塞的向上运动产生液阻，为上部钻具弹性变形提供了足够的时间，当活塞上行至释放腔时，油缸压力释放，上部钻具贮存的弹性势能获得释放，巨大的动载荷带动震击杆上的震击垫向上运动，并打击上缸套的下端面，产生向上的震击力，使钻具解卡。

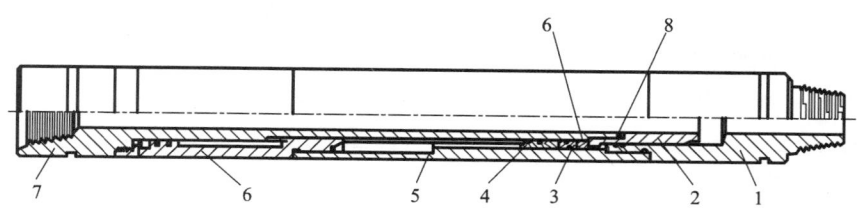

图 15 – 15　液压式上击器

1—下接头；2—导向杆；3—活塞杆；4—震击垫；5—中缸套；6—上缸套；7—芯轴；8—O 形圈；9—活塞

15.2.11　领眼磨鞋

领眼磨鞋（图 15 – 16、表 15 – 8）可用于磨削有内孔，且在井下处于不定而晃动的落物，如钻杆、岩心管等。领眼锥体起着导向固定落物的作用。领眼磨鞋主要是靠进入落物内的锥体将落物定位，然后随着钻具旋转，焊有 YD 合金的磨鞋磨削落物。

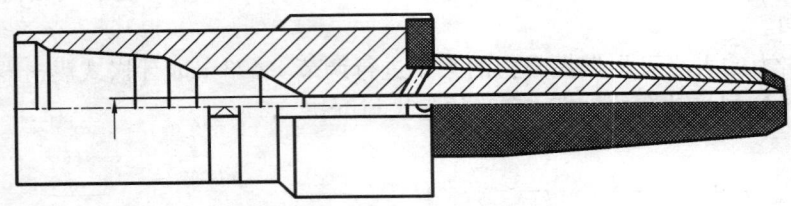

图 15 – 16　领眼磨鞋

表 15 – 8　领眼磨鞋规格参数

规格型号	外径/mm	领眼长度/mm	领眼器外径/mm	连接螺纹
LY75	73	150	57	φ50 钻杆锁接头螺纹
LY95	91	150	76	φ50 钻杆锁接头螺纹
LY120	114	200	102	φ50 钻杆锁接头螺纹

15.2.12　凹底磨鞋

　　凹底磨鞋(图 15 – 17)用于磨削孔底小件落物以及其他不稳定落物,如钢球、螺栓、螺母等。由于磨鞋底面是 10°~30°凹面角,在磨削过程中罩住落物,迫使落物聚集于切削范围之内而被磨碎。

　　凹底磨鞋依靠其底面上的 YD 合金和耐磨材料,在钻压的作用下,吃入并磨碎落物,磨屑随循环洗井液带出地面。

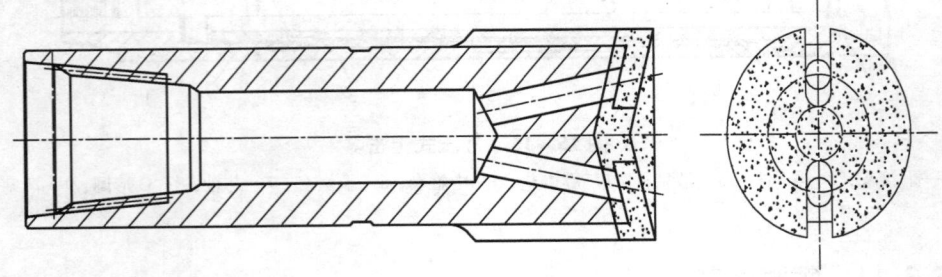

图 15 – 17　凹底磨鞋

15.2.13　铅模

　　铅模(图 15 – 18)主要用于了解孔内事故头或落物的准确深度和形状。结构由接头体和铅模组成,有平底铅模[图 15 – 18(a)],用于探平面形状;锥形铅模[图 15 – 18(b)],用于探测径向变形。铅模中心有循环孔,可以循环冲洗液。

铅模一般情况下只能打印一次，防止多次打印后无法判别事故情况。在特殊情况下可以转动 180°再进行打印，但打印力度应小于第一次。

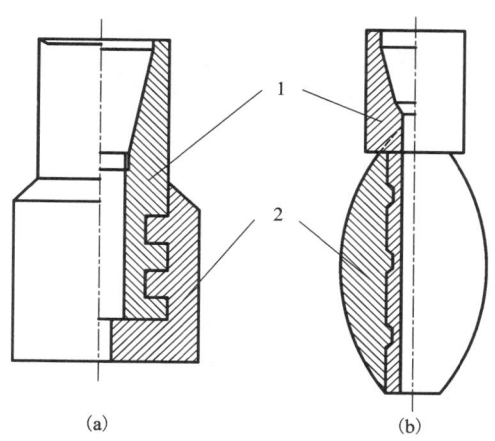

图 15 - 18　铅模
1—接头体；2—铅模

15.2.14　外平反丝钻杆

外平反丝钻杆(图 15 - 19)主要用于各种口径的烧钻、卡钻、埋钻事故后孔内钻杆不能提出时，与反丝公锥或其他反丝打捞工具相连将孔内钻杆、钻具反开。$\phi50$ 锁接头反丝钻杆结构、尺寸与正丝钻杆相同，可在 N 规格以上的钻孔中使用。

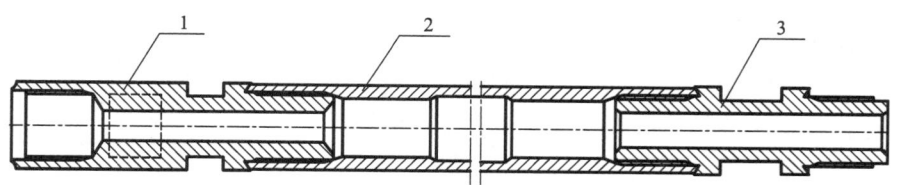

图 15 - 19　外平反丝钻杆
1—母接头；2—钻杆体；3—公接头

15.2.15　液压千斤顶

DY - 75 液压千斤顶(图 15 - 20)用于处理卡钻事故和起拔套管，为分离式千斤顶，由千斤顶本体与动力源两部分组成，配备有各种规格的钻杆卡瓦。

DY - 75 液压千斤顶的基本参数：最大起拔力：785 kN；柱塞最大行程：400 mm；油缸最大容量：8 L；柱塞直径：112 mm；卡瓦规格：$\phi43$、$\phi50$、$\phi54$、$\phi60$、

$\phi64$、$\phi73$、$\phi89$、$\phi108$、$\phi127$、$\phi146$、$\phi168$。

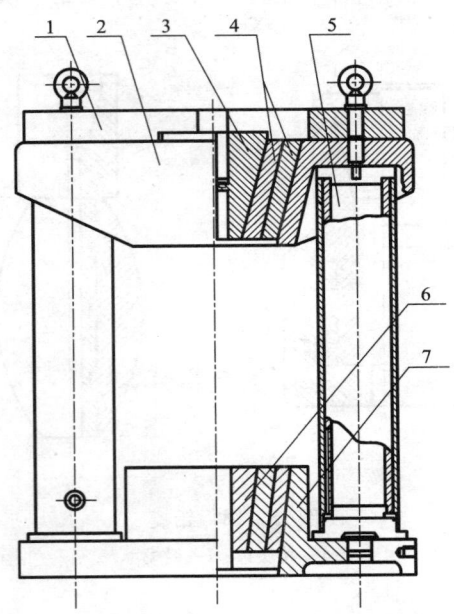

图 15 – 20　液压千斤顶

1—横梁；2—压板；3—上卡瓦；4—下瓦套；5—油缸；6—下卡瓦；7—底座

15.2.16　吊锤

吊锤是处理浅孔的烧钻、卡钻、埋钻事故常用的比较有效的震击工具。但只能用于立轴钻机。全液压动力头钻机由于空间受到限制，可用地面或孔内震击器处理此类事故。常用吊锤的规格见表 15 – 9。

表 15 – 9　吊锤规格参数

规格型号	外径/mm
50 kg	180
100 kg	250

15.3　孔内事故处理

孔内事故处理的基本原则：

(1) 事故发生后，应迅速摸清与事故有关的基本情况，并记录在案。

(2) 根据掌握的情况，制定出事故处理方案、步骤和安全措施，并有事故处理预案。

(3) 事故处理要全力以赴，步调一致，及时处理，迅速排除，避免事故恶化。

（4）处理孔内事故时，不准盲目地猛拉、猛顶、猛镦；不准超过设备负荷作业；不准技术不熟练的人员操作。

孔内事故处理基本方法：

处理孔内事故应按先易后难的步骤进行，避免处理方法不当而使事故复杂化。

第一步从提、打、震、捞、冲、抓、吸、黏、窜、顶等较简单易行的方法中选取；

第二步用反、套、切、钩等方法；

第三步用剥、穿、扫、泡等方法；

第四步用绕、炸等方法。

15.3.1　卡、埋钻事故处理

1. 吸附卡钻（压差卡钻）的处理

滤饼是黏吸卡钻的主要原因，长时间停钻或钻进斜孔、定向孔，钻杆就会黏附在孔壁滤饼上，造成黏吸卡钻，如图 15 – 21 所示。吸附卡钻事故处理步骤为：

（1）吸附卡钻发生的初期，用稀泥浆大泵量循环一小时后可在设备、钻具安全承载范围内强力起拔，包括回转、上下震击方法解卡；如果不能解卡，经多次强力起拔后可求得钻具的平均拉力和平均伸长量，为下一步浸泡解卡计算卡点位置提供数据。

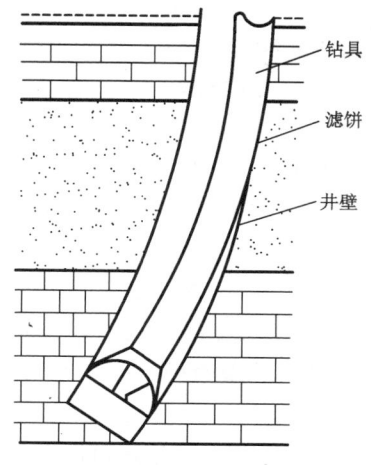

图 15 – 21　黏吸卡钻原理图

（2）测定解卡位置。

用公式计算出卡点位置

① 卡点深度（钻杆与套管）

$$L = \frac{eEF}{10^5 P} = K\frac{e}{P}$$

式中：L 为卡点深度，m；e 为钻杆连续提升时平均伸长，cm；E 为钢材弹性系数；F 为管体截面积，cm^2；P 为钻杆连续提升时平均拉力，t；K 为计算系数，$K = \frac{EF}{10^5}$。

② 钻杆允许扭转圈数

$$N = KL$$

$$K = \frac{100 \times 0.5 \times \sigma}{\pi \times G \times S \times D}$$

式中：N 为允许扭转圈数，圈；K 为扭转系数，圈/m；L 为卡点深度，m；σ 为钢材屈服强度，kg/cm²；π 为圆周率；G 为钢材剪切弹性系数（8×10^5 kg/cm²）；S 为安全系数，一般取 1.5；D 为钻杆外径，cm。

③复合钻具卡点深度的计算

a）通过大于钻具原悬重的实际拉力，量出钻具总伸长 ΔL（可以多拉几次，使之更加准确，用平均法算出 ΔL）。

b）计算在该拉力下，每段钻具的绝对伸长（假设三种钻具）：

$$\Delta L_2 = \frac{L_2 \times 10^5 \cdot P}{9.8 E F_2};$$

$$\Delta L_3 = \frac{L_3 \times 10^5 \cdot P}{9.8 E F_3};$$

c）分析 ΔL 与 $\Delta L_1 + \Delta L_2 + \Delta L_3$ 值的关系：

若 $\Delta L \geqslant \Delta L_1 + \Delta L_2 + \Delta L_3$，说明卡点在钻头上；若 $\Delta L \geqslant \Delta L_1 + \Delta L_2$，说明卡点在第三段上；若 $\Delta L \geqslant \Delta L_1$，说明卡点在第二段上；若 $\Delta L \leqslant \Delta L_1$，说明卡点在第一段上。

d）计算 $\Delta L \geqslant \Delta L_1 + \Delta L_2$ 的卡点位置：

ⓐ先求 ΔL_3：$\Delta L_3 = \Delta L - (\Delta L_1 + \Delta L_2)$

ⓑ计算 L_3' 值：$L_3' = E F_3 \cdot \Delta L_3 / (9.8 \times 10^5 \times P)$

该值即为第三段钻具设卡部分的长度。

ⓒ计算卡点位置：$L = L_1 + L_2 + L_3$

式中：ΔL_1、ΔL_2、ΔL_3 为自上而下三种钻具的伸长，cm；ΔL 为总伸长，cm；P 为上提拉力，kN；L_1、L_2、L_3 为自上而下三种钻具的下井长度，m；F_1、F_2、F_3 为自上而下三种钻具的截面积，cm²；E 为钢材弹性系数，取 2.1×10^6 kg/cm²；L_3' 为第三段钻具设卡部分的长度，m；L 为卡点位置，m。

（3）浸泡解卡。使用可以调整密度的油基解卡剂，在泥浆泵的高压下，泵入到卡点位置，由于油的表面张力小，附着力强，能顺利进入卡物的微小空间，使卡物周围包上一层油膜，从而发起到"泡松、分解和润滑"作用，使卡物松弛。另外解卡剂可以减少和收缩接触面积以及渗透泥饼达到破坏泥饼的作用。

用公式计算出解卡剂用量

$$Q = Q_1 + Q_2 + Q_3 = 0.785 H \left[(D^2 - d_1^2) K + d_2^2 \right] \times 10^{-6} + Q_3$$

式中：Q 为解卡剂总用量，m³；Q_1 为黏卡段环空容量，m³；Q_2 为黏卡段管内容量，m³；Q_3 为预留顶替量，m³；K 为附加系数，一般取 1.2；H 为黏卡段钻柱长度，m；D 为钻孔直径，mm；d_1 为钻杆外径，mm；d_2 为钻杆内径，mm。

2. 坍塌、掉块卡钻处理

坍塌卡钻一般发生在钻进不稳定岩层，卡点在钻杆接头处、粗径钻具处或钻头处，如图 15-22 所示。

坦塌、掉块卡钻的处理步骤：

（1）掉块卡钻，可以在钻具的允许拉力范围内上下活动并强力提升，不太严重的卡钻通过强力提升即可解除。使用立轴钻机时，在浅孔时用吊锤上下击打，可顺利解卡。

（2）使用全液压钻机或在深孔时，可使用液压式上击器或偏心式电动震击器解卡。

（3）用反丝钻杆连接反丝公锥或倒扣捞矛反出卡点以上钻杆，再连接震击器及反丝公锥，启动震击器上击可解卡或反出卡点以上钻杆，最后留在孔内的钻头如无法打捞，可采用磨铣方法处理。

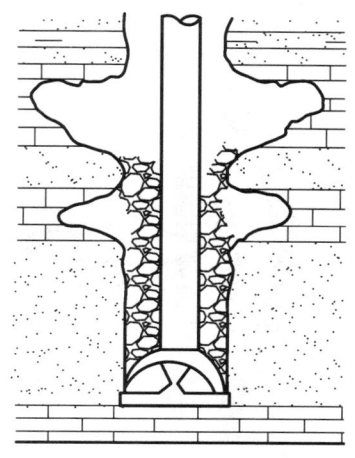

图 15 – 22　坦塌卡钻原理

（4）绳索取心钻进时，可用水力或机械内割刀分段切割、分段打捞的方法处理。

3. 缩径（泥包）卡钻的处理

缩径（泥包）卡钻是地层吸水膨胀或泥浆在孔壁上形成很厚的泥皮致使孔径缩小，造成的卡钻事故。

（1）发生缩径（泥包）卡钻后，不得强力起拔，应用具有水化作用的稀泥浆循环，使包糊在钻具周围的黏泥逐渐被稀释。

（2）在提钻中途因缩径遇卡，应将钻具下压或用地面下击器震击，再加大排量循环。

（3）发生泥包和黏附复合式卡钻，则按黏附卡钻处理。

（4）泥页岩缩径造成的卡钻，可以泵入油类和清洗剂或润滑剂，并配合震击器进行震击。

（5）活动钻具与震击均无效时，可用倒扣和套铣倒扣的办法，最好能从钻头附近倒开，因为缩径、泥包卡钻的卡点一般在钻头处，可争取一次套铣到卡点位置，即可解卡；一次套铣不到卡点位置时，可以分段套铣倒扣；或将原钻具倒扣，再用反丝钻杆尽可能提出孔内钻具。

4. 键槽卡钻的处理

键槽卡钻是钻进斜孔、定向孔或钻孔严重弯曲时，孔壁长期受到上部受拉钻杆旋转时不断向弯曲孔壁突出面拍击和提下钻时的摩擦，在孔壁形成一道轴向的槽子，见图 15 – 23。提钻时钻杆接头或粗径钻具会卡在槽子下部，见图 15 – 24。

绳索取心钻进一般不会发生键槽卡钻。

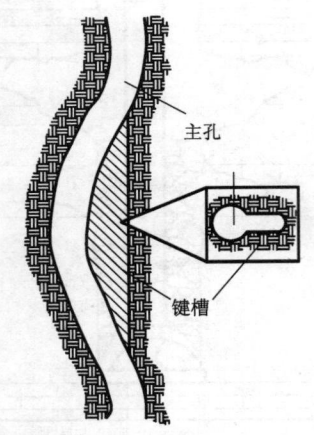

图 15 – 23　键槽的形成

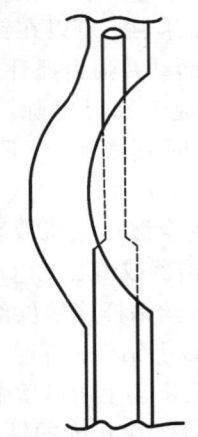

图 15 – 24　键槽卡钻示意图

键槽卡钻的处理方法：

（1）键槽遇卡时，可开动水泵，产生脉动，使钻具产生抖动，有助于解卡。

（2）提钻遇阻，无论何种原因引起，都不能强提，应反复上下活动钻具，边提升边回转，用扩孔器或钻头倒扩孔，这样上、下反复多次，直至无阻卡为止。

（3）套铣解卡，用原钻具倒扣，然后套铣解卡。能一次套铣到卡点时，最好用带防掉矛的套式键槽破坏铣筒，防止铣开后钻具掉入井底。

（4）在石灰岩、白云岩地层形成的键槽卡钻，可以用抑制性盐酸来解除。

5. 落物卡钻的处理

落物卡钻是夹持器安全销、螺母、扳手等掉入孔内造成卡钻，落物卡钻处理措施如下：

（1）落物卡钻后绝对禁止强力起拔，可以下放钻具在无阻力的情况下转动。因为孔径并不是规则的，当落物处于大孔段时转动很轻松，甚至可以把钻具起出。如无下放余地，就在原地转动，以便扩大井眼，当无憋劲时，再上提，继续转动，如此耐心地操作，争取把落物磨小或挤入孔壁。

（2）确定落物已经在孔底钻头处，又可以回转，只是不能上提，这时可继续钻进，在钻进过程中可能将落物磨碎，也可能将钻头刚体磨断，将落物与钻头留在孔内，再用磁力打捞器捞取或用磨孔钻头将其消灭。

（3）卡得很死，既无法上下活动，又不能回转，可用地面下击器震击，或用倒扣的方法，倒出卡点以上钻具，再用套取的方法进行处理。

6. 埋钻卡钻事故的处理

埋钻事故主要有岩粉埋挤钻具事故和坍塌埋钻事故。

1）岩粉埋挤钻具事故

（1）用吊锤向上震打，主要是松动钻具周围的岩粉，减小其挤夹力，并使钻具获得向上的冲击性提动，钻具可借助这些可活动的机会被提震上来。

（2）如果钻孔较深，震击法无效时，可考虑进一步采取"割"、"透"法进行处理。

2）坍塌埋钻事故

（1）对于孔壁坍塌埋钻事故的处理，首先进行强力开泵，通过较高压力的冲洗液，冲散埋挤在钻具周围和上端的坍塌物，并把较细小的坍塌物排到孔外来，以消除或减小埋挤力量。如果孔内钻具还能稍许活动，则应在强力开泵同时窜动钻具，以逐步扩大钻具的活动范围。一般不太严重的坍塌埋钻事故，经过这样处理，往往即可排除。

（2）强行开泵和窜动钻具仍不能排除埋钻事故时，可在强行开泵的情况下用震击器。钻具埋在孔底时，向上震打；下钻中途挤夹，首先应向上震打，无效时，再向下震打；提升钻具中途挤夹，首先应向下震打，无效时，再向上震打。

（3）如果经上述方法处理无效，可采用千斤顶起拔；无效时，则可分别选取下列方法继续进行处理：

①对下降或提升钻具过程产生的埋钻挤夹，把钻杆和异径接头反出后，继续采用透孔方法，从事故岩心管内透过去。这样，岩心管下端部、侧部的挤力会被消除，侧部挤力会因透孔钻具振动和冲洗液的冲刷而有所减弱，事故钻具就有可能活动，并可用丝锥进行捞取。如果经过透孔后岩心管仍然不能活动，则可根据具体情况，改用"割"、"套"等方法处理。

②钻具在孔底或停留在悬空位置发生坍塌埋钻事故时，应先反回上部钻杆，然后用冲扫的办法消除埋力，把粗径钻具上端的埋力消除后，再用丝锥捞取。捞取无效时，可用磨铣的办法消灭孔内钻具。

15.3.2　烧钻事故处理

如果烧钻严重，粗径钻具与孔壁岩石、岩心烧结在一起，达到卡钻的程度，强力起拔无效时可用以下方法处理：

（1）用地面上击器震击或用千斤顶起拔，一般可以解除。

（2）用反丝公锥或倒扣捞矛（参见图 15-10）一次或多次反出孔内钻杆，孔底钻具采用消灭的办法处理。如果只有钻头留在孔底，可用加长掏心钻头（图15-25）钻进被烧岩心并钻穿孔底钻头，再用公锥进行打捞。

（3）如果烧钻严重，可用水力内割刀在钻具顶部切割，孔内没有内管总成时，可在扩孔器上部切割，然后用掏心钻头钻进被烧岩心并钻穿孔底钻头，再用公锥进行打捞。

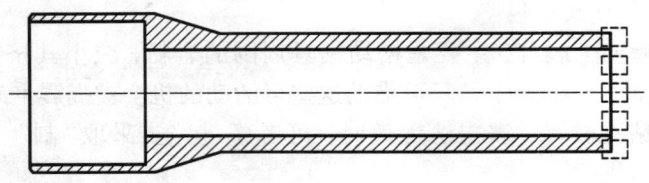

图 15 - 25　掏心钻头

15.3.3　折断钻具事故处理

处理钻具折断事故主要是使用打捞法。当发现钻具折断以后，要立即把上部钻具提到孔上，并对断头进行检查，合理选择打捞丝锥，对事故钻具迅速进行捞取。

　　1.常规丝锥捞取

钻杆折断时，可用同级的公丝锥或母丝锥捞取，如果钻具在大孔径钻孔内折断时，钻杆断头会歪靠孔壁，可用带有导向罩的丝锥下入孔内进行捞取。

　　2.用偏水眼公锥捞取

利用液流的反推力将偏水眼公锥(参见图 15 - 5)推向孔壁一边，钻杆回转一周，公锥可沿孔壁周边探测一周，比较容易找到贴在孔壁的钻具。

　　3.弯钻杆捞取

把连接丝锥的钻杆加工成适当的弯度，在孔内断头位置孔壁空穴较大，钻杆断头在该位置歪斜较严重时，更需要采取这种捞取法。

　　4.偏心接头与公锥捞取

处理事故断头处于超径严重的大肚子孔段，弯钻杆或偏水眼公锥无法进入事故钻杆的情况下，偏心接头(参见图 15 - 6)上与钻杆连接，下与普通公锥连接，通过水压推动偏心接头进入超径孔段进行打捞。

　　5.造斜法绕过事故钻具

钻杆折断后，采用多种方法无效时可灌注水泥浆封住事故孔段，然后用连续造斜器、偏心楔或螺杆钻具进行人工造斜绕过事故钻具重新钻出新孔。

15.3.4　套管事故处理

　　1.套管下滑事故的处理

套管下滑是套管下部没坐在硬岩上，同时孔口没固定，套管整体向下滑移的事故。处理方法可从孔口下入补充套管，与下滑套管上端连接在一起。如果套管还有继续向下跑的可能，还可再继续补接套管，或可根据地层情况提出全部套管，用上一级口径继续钻至硬岩上，重新下入套管。

2. 套管脱节、错位事故的处理

套管脱节是套管上端仍固定在原位置，而下部套管因脱扣或折断下滑一定距离的事故。该事故处理措施如下：

（1）把孔内全部套管起拔出来，根据需要量重新下入。在下入前，对套管丝扣进行很好的检查和修理，丝扣部位用黏结剂黏结。或换成高强度的反扣套管，这种情况就不会再发生。

（2）脱节或错位的用各种方法都起拔不上来时，可下入小一级的套管，换用下一级口径的钻头继续钻进。

3. 套管挤夹事故的处理

套管挤夹事故是由于套管在孔内会因孔壁岩层坍挤或砂粉沉淀造成的较严重挤压事故。

从底部强力起拔不动时，可采取分段起拔，即用割刀分段切取；提拔处理往往会因套管底侧部挤夹力太大，不能全部取出此时，可以采取爆破法进行处理，爆破用的炸药，采用不易溶解于水的硝化甘油炸药，套管较短或无水的钻孔，也可用硝铵炸药代替。

用千斤顶强力顶拔时，卡瓦套、卡瓦和钻杆必须用安全夹板牢固，以防断杆时卡瓦飞出伤人和跑钻。

15.3.5　孔内落物事故处理

孔内落物是指扳手、榔头、自由钳、夹持器及动力头卡瓦、螺帽、测井仪器、钻头胎体等落入孔内的事故。

1. 测井仪器落入孔内处理

钻探施工过程中经常需要裸眼测量钻孔的顶角、方位角。有些特殊钻孔还需要进行物探综合测井，需要的时间长，遇到不稳定的地层，很容易将仪器卡住或拉断电缆落入孔内而造成孔内事故。

电缆被拉断后测斜仪靠在孔壁，普通打捞筒容易损伤仪器。可用开口式内钩打捞筒，套入测斜仪或测井仪器后用自由钳回转钻杆，可将仪器套入打捞筒内，并使钢丝绳或电缆缠绕在打捞器的倒钩上和仪器同时打捞上来。开式内钩打捞筒的优点是筒内空间大，不易损伤测井仪器。开式内钩打捞筒见图 15 – 26。

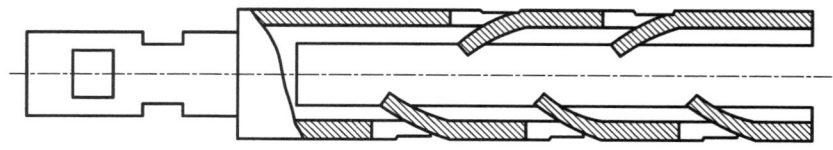

图 15 – 26　开式内钩打捞筒

2. 小件工具等落入孔内处理

（1）一把抓捞取。一把抓打捞筒（图15－27）是利用现有旧岩心管下部锯成尖锥形，下入孔底后慢慢回转使落物套入筒内，然后加压，使抓筒各齿尖向中心收拢，可将落入孔内的各种小件工具抓住不致落出，长形落物可多次提起钻具再蹾放。

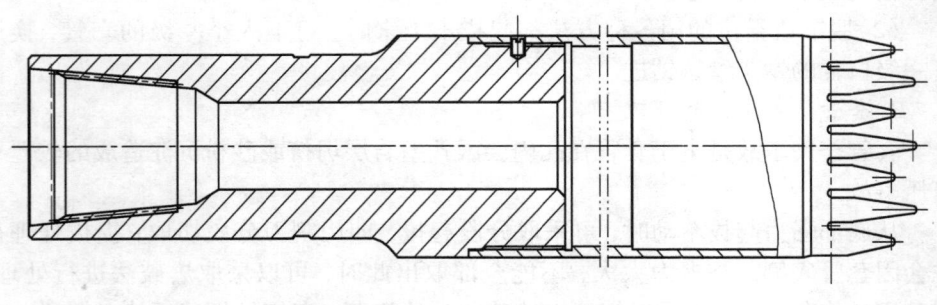

图15－27 一把抓打捞筒

（2）取心钻具套取。用取心钻具连接旧钻头，下入孔内套取后钻进0.5 m，将岩心与孔内落物一同打捞上来。

（3）磁力打捞器捞取。磁力打捞器（参见图15－11）是捞取小工具、螺帽、轴承、钻头胎体等小件金属落物最有效的办法，在浅孔可用绳索取心绞车下放磁力打捞器，在深孔可与钻杆连接下入孔内进行打捞。在现场没有强磁打捞器的情况下，也可用岩心管装满黄泥并夯实，黏取孔底的小件落物，避免了用磨孔钻头进行磨孔。

（4）最后孔内剩余的无法捞取的金属物，可用凹底磨鞋进行钻进研磨，磨净孔底落物。

第 16 章　坑道钻探

坑道钻探是指为了地质、工程、安全采矿等目的，采用专用钻机在地下狭小的坑道中钻进不同角度钻孔的一种特殊钻探技术，是将地面钻探技术应用在坑道内进行的钻探作业。我国地下矿产资源种类繁多，许多金属矿床和稀有金属矿床的地貌、地质构造、矿体形态、品位变化等方面都比较复杂，要获得地质可靠程度较高的经济储量，必须利用地表钻探和地下坑道钻探相结合的方法。

16.1　坑道钻探的特点与类型

近年来坑道钻探技术发展日趋成熟，在矿山安全高效开发和其他矿山工程领域得到了广泛应用。在矿产普查勘探中（尤其在有色金属、稀有金属等矿床中），坑道钻探用于探明坑道围岩的构造，追索矿床，圈定矿体，揭示矿体产状、取样等。在矿山开发中坑道钻探常用于施工巷道观测孔、通风孔、探放水孔、瓦斯抽采孔、注浆孔、煤层注水孔、爆破孔、锚固孔及代替某些勘探坑道或指导坑道掘进方向的先导孔等。在其他岩土工程施工领域，坑道钻探施工设备又可用于边坡加固、地质灾害治理、深基坑支护及其他地下工程施工。

16.1.1　坑道钻探特点

坑道钻探多钻进全方位小口径钻孔。与地面钻探相比，坑道钻探具有勘探速度快，勘探成本低的特点，已发展成为矿产勘探和采掘过程中不可缺少的方法之一。由于工作环境和工作对象的不同，坑道钻探还具有以下特点：

（1）由于矿井巷道空间有限，运输、通风、给排水、通电、照明困难，施工条件恶劣。

（2）多以施工各种角度的上仰孔、近水平孔和下斜孔为主，施工难度大，由于自重作用孔内钻杆贴在钻孔下壁，使回转功率比垂直钻孔大，对钻机的能力要求较高。

（3）受工作环境限制，钻探设备只能用电、液或压缩空气驱动，所有设备都须具有防水、防潮、防火、防爆及漏电保护等功能，且要求体积小、机械化及自动化程度高。

（4）坑道钻探过程中，由于钻杆对孔壁压力的增加，使钻杆与钻孔孔壁的摩擦力增大，随着转速的提高钻杆磨损较快。

（5）钻进水平孔或者上仰孔时，岩粉能迅速从钻头唇面处排出，有利于减轻钻头磨损，提高钻进效率。

16.1.2 坑道钻探类型

1. 按钻探目的分类

（1）地质孔：为满足地质要求，探查矿脉的厚度、走向、倾角、倾向变化或地质小构造等目的而施工的钻孔。

（2）瓦斯抽采（放）孔：为实现煤矿安全高效开采，煤层回采前施工若干个穿层孔或本煤层内钻孔，以进行瓦斯抽采（放）。

（3）工程孔：为了达到地质探测或安全目的而施工的特殊钻孔，例如矿井物探观测钻孔，排水孔，探、放水孔，注浆孔及煤层注水孔等。

2. 按倾角分类

按钻孔倾角的不同，坑道钻探可分为：垂直孔、近水平孔、上仰孔和下斜孔等。

（1）垂直孔：钻孔倾角在 $-90° \pm 10° \sim +90° \pm 10°$的钻孔。

（2）近水平孔：钻孔倾角在 $-10° \sim +10°$之间的钻孔。

（3）上仰孔：钻孔倾角在 $+10° \sim +80°$之间的钻孔。

（4）下斜孔：钻孔倾角在 $-10° \sim -80°$之间的钻孔。

3. 按钻进方法分类

按钻进方法的不同可分为常规回转钻进、定向钻进和绳索取心钻进三种类型。

（1）常规回转钻进：使用回转钻机通过钻杆柱带动钻头回转破碎孔底岩石的钻进方法。

（2）定向钻进：利用钻孔自然弯曲规律或采用专用工具使钻孔轨迹按设计要求延伸钻进至预定目标的一种钻探方法，即有目的地改变钻孔轴线向前延伸的方向。

（3）绳索取心钻进：在钻进过程中，当岩心管已满或发生岩（矿）心堵塞时，不需把孔内钻杆柱全部提出，而是借助专用打捞工具从钻杆柱内把岩心内管捞取上来，取出岩心后，再把内管投放到孔底，继续取心钻进的钻进方法。

16.2 坑道钻探钻具

16.2.1 坑道钻探钻杆

在坑道钻探中一般使用外平钻杆，在少数使用地面立轴钻机的情况下也使用地面钻探所用的内平钻杆；而在松软煤层中施工较浅沿煤层瓦斯抽采孔时，则多使用螺旋钻杆;此外,在较深的地质勘探孔和少数工程孔中,钻进取心钻孔或高精度定向钻孔时,则需要使用内、外平的绳索取心钻杆或中心通缆式钻杆。

1. 外平钻杆

目前,在地质勘探和瓦斯抽采钻孔施工中,使用的钻杆规格为 $\phi42$ mm、$\phi50$ mm、$\phi63.5$ mm、$\phi73$ mm、$\phi89$ mm,钻杆长度一般为 1.5 m。

根据钻杆的连接方式,外平式钻杆又分为连接式和焊接式两种。

1)连接式钻杆

连接式钻杆生产工艺简单,生产成本较低。其接头两端均为外螺纹,而杆体两端为内螺纹(图 16 - 1)。钻杆内螺纹根部是连接式钻杆中最薄弱的部位,使用中最容易出现折断现象。连接式钻杆由于是梯形螺纹扣(图 16 - 2,螺纹尺寸见表 16 - 1),在起下钻过程中若操作不当易造成挶扣现象。另外,由于钻杆间是接头连接,卸扣位置不确定,使施工过程中辅助时间增长,工人劳动强度增大,因而此种连接方式仅在 $\phi42$、$\phi50$ 两种小规格钻杆中应用。

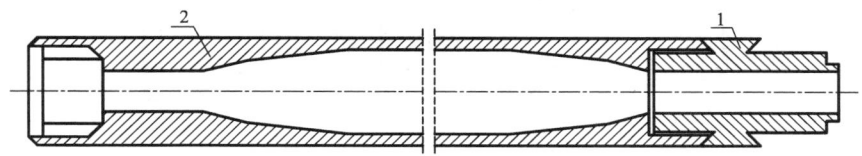

图 16 - 1 普通接头连接式钻杆结构形式($\phi42$ mm、$\phi50$ mm 钻杆)

1—接头;2—钻杆

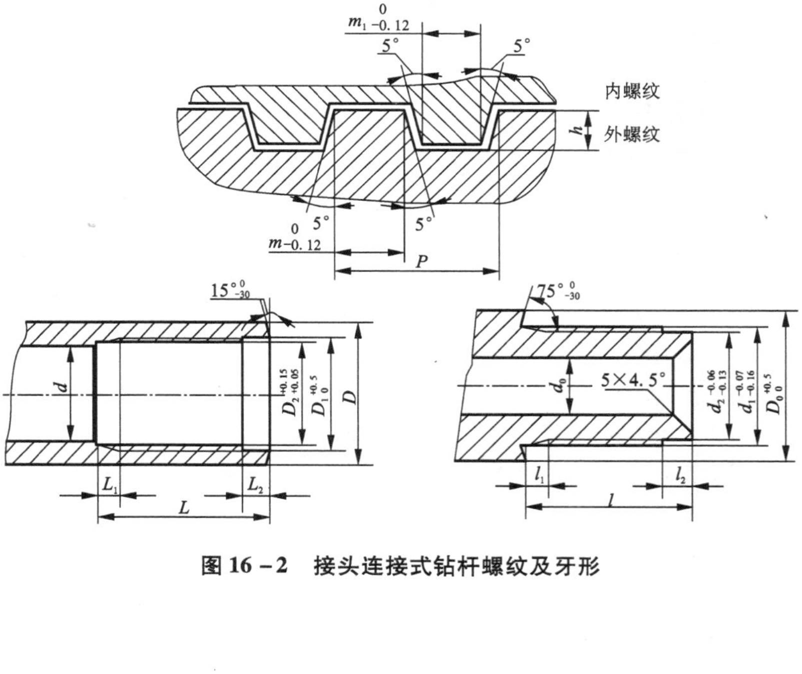

图 16 - 2 接头连接式钻杆螺纹及牙形

表 16-1　接头连接式钻杆螺纹尺寸　　　　　　　　　（单位：mm）

钻杆		内　螺　纹							钻杆接头		外　螺　纹							h
D	d	D_1	D_2	P	m_1	L	L_1	L_2	D_0	d_0	d_1	d_2	P	m	l	l_1	l_2	
42	28	33.5	30	6.35	3.044	50	6	8	42	16	33	30	6.35	3.029	45	6	8	1.5
50	37	42	38	6.35	3.022	50	6	8	50	22	41.5	38	6.35	3.007	45	6	8	1.75

2）焊接式钻杆

焊接式钻杆由公接头、母接头和中间杆三部分组成,公、母接头分别通过摩擦焊接方式与中间杆焊接为一体(图 16-3)。焊接式钻杆连接可靠、拧卸方便,但制造过程复杂,生产成本较高。焊接式钻杆螺纹结构如图 16-4 所示,螺纹尺寸见表 16-2。

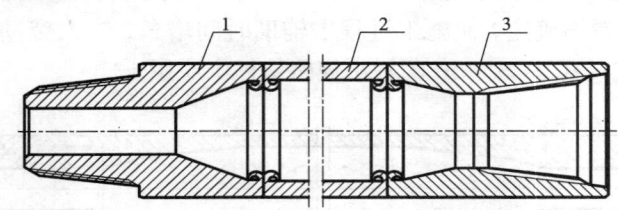

图 16-3　焊接式钻杆结构图

1—公接头；2—中间杆；3—母接头

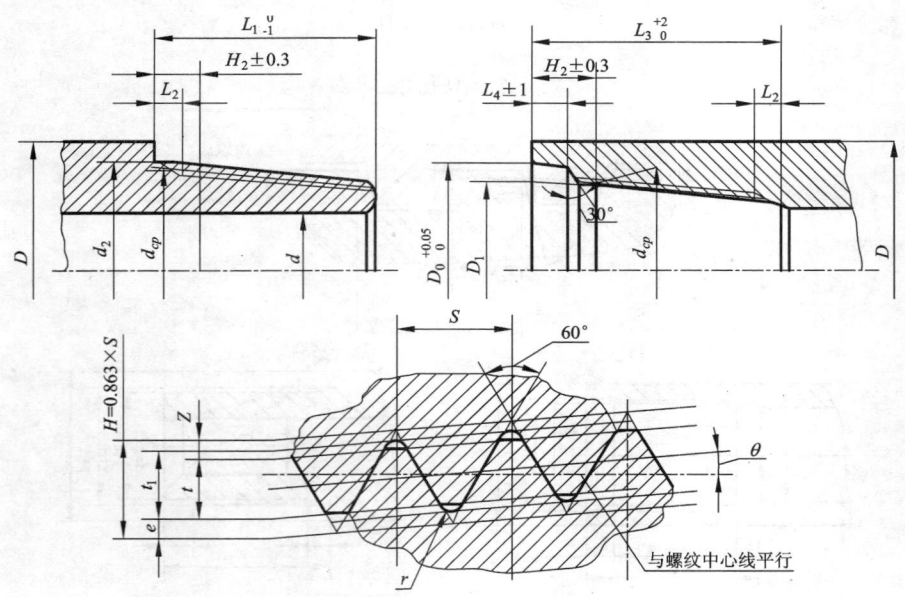

图 16-4　焊接式钻杆螺纹及牙形

表 16-2　焊接式钻杆接头螺纹尺寸

（单位：mm）

钻杆外径 D	钻杆最小内孔直径 d	外螺纹					内螺纹			公螺纹台肩至基面的距离 H_1	母螺纹台肩至基面的距离 H_2	每英寸扣数 n（扣）	锥度 $2\tan\theta$	牙型高度 t_1	工作齿高 t	间隙 Z	顶角削平高度 e	螺纹底半径 r
		基面上螺纹平均直径 d_{cp}	螺纹长 L_1	根部直径 d_2	螺尾长 L_2	螺纹长 L_3	端部螺纹内径 D_1	镗孔直径 D_0	镗孔深度 L_4									
42	15	31.105	40	35	≤6	45	31.428	36	7	15.875	17.875	6	1:8	2.278	1.911	0.367	0.875	0.508
50	20	37.105	45	41	≤6	50	37.428	42	7	15.875	17.875	6	1:8	2.278	1.911	0.367	0.875	0.508
63.5	22	45.763	55	51	≤6	60	45.860	52	9	15.875	16.875	5	1:6	2.937	2.570	0.367	0.875	0.508
73	25	53.405	60	60	≤6	70	55.248	61.5	9	15.875	17.875	5	1:4	2.993	2.626	0.367	0.875	0.508
	37	58.823		63			57.846	64			18.875		1:10	2.944	2.577			
89	45	69.721	65	75	≤9	75	70.234	76.5	11	15.875	18.875	4	1:6	3.095	2.633	0.462	1.427	0.965
允许偏差			−1			+2		+0.5	±1	±0.3	±0.3							

注：1. 螺距 S 的测量应平行于螺纹中心线，螺纹截面齿形角之等分线应垂直于螺纹中心线。

2. 钻杆外径系列及螺纹参数取自 GB/T 9253.1 中的相近规格。

　　2. 螺旋钻杆

　　坑道钻探螺旋钻杆(图 16-5)由芯管、螺旋带和连接部分组成。芯管为无缝钢管,一般采用高强度外平钻杆,两端焊接接头;在芯管外表面焊有钢质螺旋带,用于坑道近水平钻进的螺旋钻杆以单螺旋形式为主。螺旋钻杆之间的连接方式分为螺纹连接(图 16-5a)和插接式连接(图 16-5b)两种。

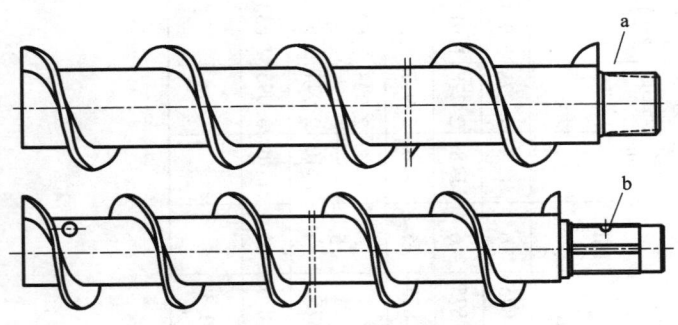

图 16-5　钻杆结构图

a—螺纹连接;b—插接式连接

　　1)螺纹连接式螺旋钻杆

　　螺纹连接式螺旋钻杆具有结构简单、加工容易、密封可靠等优点。缺点是钻进过程中不能反转,钻杆接头螺纹上紧后,拧卸较困难。

　　螺纹连接式螺旋钻杆直径有 70/42 mm、80/50 mm、73/63.5 mm、89/73 mm 四种,螺纹连接式螺旋钻杆结构如图 16-6、图 16-7 所示,其基本尺寸应符合图 16-8 和表 16-3 的规定。

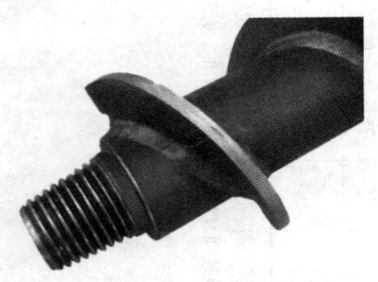

图 16-6　锥扣螺纹连接图　　　　　　　**图 16-7　平扣螺纹连接图**

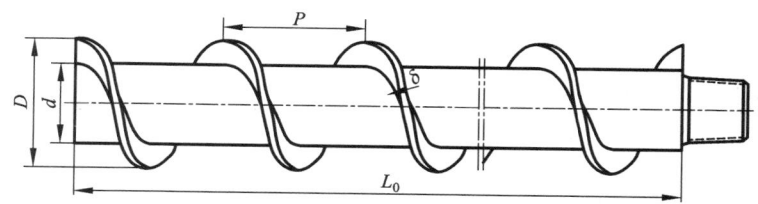

图 16 - 8　螺纹连接式螺旋钻杆基本尺寸

表 16 - 3　螺纹连接式螺旋钻杆基本尺寸　　　（单位：mm）

螺旋钻杆外径 D	芯杆外径 d	叶片螺距 P	叶片法向尺寸 δ	有效长度 L_0
70	42	60 ~ 80	4 ~ 8	1000、1500
80	50	70 ~ 90	4 ~ 8	1000、1500
73	63.5（63）	70 ~ 90	15 ~ 30	1000、1500
89	73	70 ~ 90	15 ~ 30	1000、1500

2）插销连接式螺旋钻杆

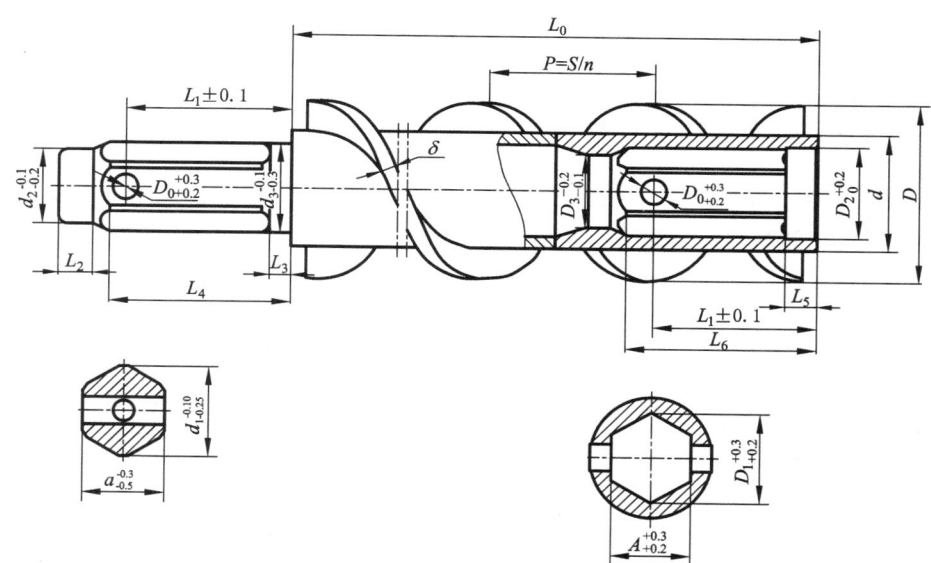

图 16 - 9　插销连接式螺旋钻杆基本尺寸

　　插销连接式螺旋钻杆，又名插接式螺旋钻杆，其结构尺寸小、装卸钻杆相对方便，且能够实现钻杆的正反转，适用于各种施工工况。常用规格有 $\phi 80/50$

mm、$\phi100/63.5$ mm、$\phi110/73$ mm 三种。钻杆的内、外接头均为六方插接式，其多边形结构用于传递扭矩，连接销连接公母接头并传递给进或起拔力。其基本尺寸应符合图 16-9 和表 16-4 的规定。

表 16-4 插接式螺旋钻杆的基本尺寸 （单位：mm）

螺旋钻杆外径	芯杆直径	外接头尺寸								内接头尺寸						销孔直径
		六边形导向圆直径	小台肩轴直径	大台肩轴直径	销孔中心至接头根部距离	小台肩长度	大台肩长度	六边形末端距接头根部距离	六边形对边尺寸	六边形导向圆直径	大台肩孔直径	小台肩孔直径	大台肩孔长度	六边形末端距接头端面距离	六边形对边尺寸	
D	d	d_1	d_2	d_3	L_1	L_2	L_3	L_4	a	D_1	D_2	D_3	L_5	L_6	A	D_0
78 88	50	39.5	33	40.5	79	15	18	85	35.5	39.5	40.5	33	20	90	35.5	16
90 100	63.5	47.6	38	49.5	79	20	18	90	42.6	47.6	49.5	38	20	95	42.6	16
100 120	73	55.1	46	57.5	79	20	18	90	49.6	55.1	57.5	46	20	95	49.6	16

插接式螺旋钻杆采用的是插销连接。按照其结构，插销可分为 U 形销（图 16-10）和弹性椭圆插销（图 16-11）。

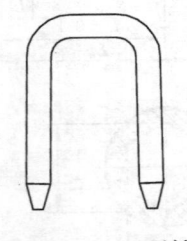

图 16-10 U 形销

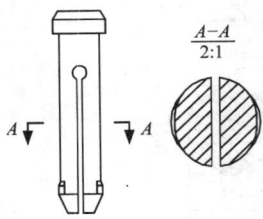

图 16-11 弹性椭圆插销

U 形销的工作原理是：U 形销两个销杆之间的距离比钻杆接头上两个销孔间的距离稍大，将销子敲入时强制使销杆靠近，待销子到位之后，它的弹性作用会使两个销杆自动张开卡在孔中，进而将钻杆公母接头连接在一起。由于 U 形销不具备自锁功能，销子的定位完全依靠其弹性变形来实现，所以经频繁装卸后，弹性降低会造成脱落。为确保钻具安全，需要在 U 形销端头加工限位孔，插入限位销（图 16 – 12），结构加工简单，生产成本低，应用较为普遍。

　　弹性椭圆插销由销顶、销杆和销底三部分组成。销顶的横截面为圆形，而销杆和销底的横截面为椭圆形，且销底比销杆的尺寸稍大。采用椭圆形截面的目的是使销子在椭圆形销孔中不会转动。在销杆和销底部分开一个轴向缺口。插入椭圆销时，销底受到孔的挤压使开口量减小，销子到位后，弹性作用又使缺口张开，使销底的突出部分卡在孔的边缘，将钻杆内外接头连接在一起（图 16 – 13）。弹性椭圆插销具有自锁功能，连接钻杆方便可靠。

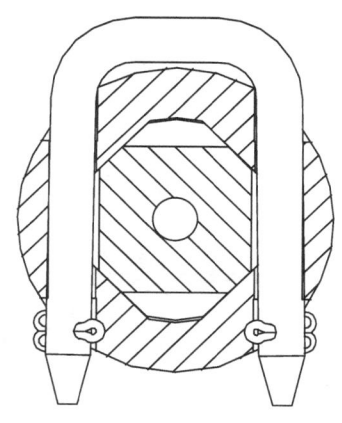

图 16 – 12　U 形销装配图

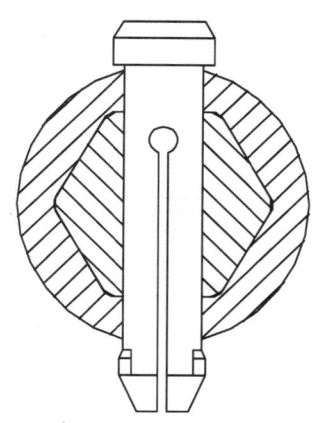

图 16 – 13　弹性椭圆插销装配图

3. 内、外平钻杆

1）绳索取心钻杆

坑道钻探应用较好的是 $\phi71$ mm 规格的绳索取心钻杆。由于绳索取心钻杆内、外平的特殊要求，连接部分螺纹强度较低，因此只能用于地质条件较好、钻杆和孔壁之间间隙较小的地质勘探取心孔钻进。对于孔壁和钻杆之间间隙较大、易发生喷孔、坍塌掉块的瓦斯抽采钻孔或非取心孔钻进，则不宜采用。

2）中心通缆式钻杆

中心通缆式钻杆（图 16 – 14）专用于坑道定向钻进，钻杆内孔两端的绝缘支撑环上固定中心通缆，作为孔底测量探管与孔口监视器的信号传输通道。中心通缆装置由塑料接头、绝缘支撑挡环、线管、稳定器、导线、不锈钢接头、变径弹簧等构成。不锈钢接头、导线和变径弹簧组成通缆装置的导体部分，用来传递孔底信号；塑料接头以及线管组成通缆装置的绝缘部分，包覆在导体部分的外面，形成绝缘保护层，杜绝导体与高压水等介质连通；绝缘支撑挡环和稳定器组成通缆装置的支持与定位系统，确保通缆装置定长以及钻杆内部介质流动的畅通性。中心通缆的一端为母接头，另一端为公接头，在钻杆连接的同时中心通缆也相互对接，如图 16 – 15 所示。

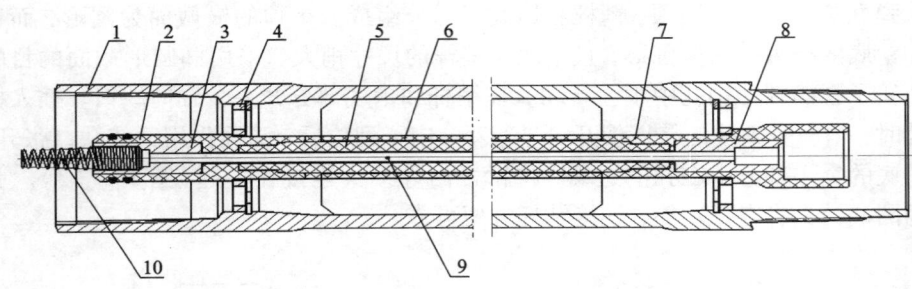

图 16 – 14　中心通缆式钻杆

1—钻杆体；2—塑料公接头；3—不锈钢公接头；4—绝缘支撑挡环；5—线管；6—稳定器；7—塑料
母接头；8—不锈钢母接头；9—中间导线；10—变径弹簧

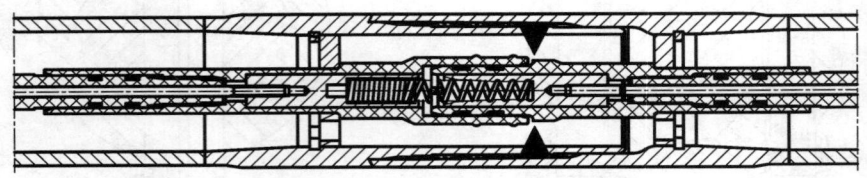

图 16 – 15　中心通缆式钻杆连接图

　　中心通缆式钻杆杆体结构与绳索取心钻杆并无大的差异。为了减少钻杆的连接点，钻杆长度为 3 m，约为普通坑道地质钻杆的 2 倍。由于钻杆内部需装入中心通缆装置，其内壁必须平缓、光滑，以利于信号传输电缆的安装与拆卸，同时也减少液体动能在传递过程中的管路损耗。钻杆杆体结构如图 16 – 16 所示。

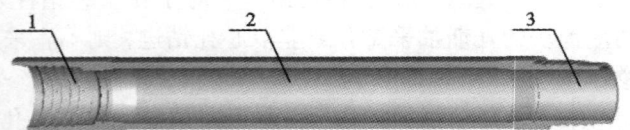

图 16 – 16　中心通缆式钻杆杆体结构示意图

1—母接头；2—杆体；3—公接头

　　中心通缆式钻杆螺纹结构采用了普通绳索取心钻杆的圆锥梯形螺纹结构。其特点是增大了螺纹根部的断面积，增加了螺纹强度，同时增大了螺距，即增加了螺纹连接的接触面积，提高了螺纹连接的定心精度及连接刚性，使螺纹受力均匀，传递扭矩大，而且密封性能好。

中心通缆式钻杆杆体外径一般为 73 mm。为提高螺纹强度，接头外径为 75 mm，内径为 55 mm，牙高为 1.5 mm，约为一般绳索取心钻杆牙高的 2 倍，这样既增加了螺纹强度，又降低了钻杆脱扣的危险性；选择反向台肩作为辅助密封结构，其角度为 15°。

中心通缆式钻杆螺纹整体结构采用双锥度设计，接头螺纹锥度与绳索取心钻杆螺纹锥度一致，为 1:30，而在母接头螺尾处与公接头螺顶处锥度为 1:20。

16.2.2　坑道钻探 PDC 钻头

PDC 钻头是坑道钻探中使用最多的钻头，主要用于钻进Ⅵ级以下岩石，其钻头寿命优于硬质合金钻头 20 ~ 100 倍，在软—中硬岩层中可钻进 300 ~ 500 m，在中硬至软岩层中的钻速为 3 ~ 6 m/h。

按钻头冠部的材质不同可分为钢体式 PDC 钻头(图 16 – 17)和胎体式 PDC 钻头(图 16 – 18)。

1. 钢体式 PDC 钻头特点及适用条件

钢体式 PDC 钻头体制造工艺简单，生产效率高，容易实现批量化生产，制造成本较低，但其结构形式单一，钻头体表面不耐冲蚀，只能采用硬质合金或聚晶金刚石作保径，保径能力较弱，钻头直径方向易磨损，使用寿命较胎体式 PDC 钻头短，适用于普氏硬度系数 $f \leqslant 4$ 的煤岩层钻进。

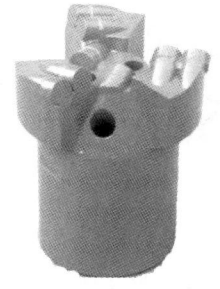

图 16 – 17　钢体式 PDC 钻头　　　　　图 16 – 18　胎体式 PDC 钻头

2. 胎体式 PDC 钻头特点及适用条件

胎体式 PDC 钻头的钻头体冠部采用碳化钨粉、浸渍焊料等材料经粉末冶金方法烧结而成，PDC 复合片焊接在钻头胎体上预留的凹槽内。对钻头的使用要求不同，切削齿的安装方位、角度也不尽相同。钻头上留有水眼、水槽等通道，钻进过程中冲洗液(水)通过这些通道被送到孔底，清除岩屑、清洗孔底和钻头表面,冷却和润滑切削齿。胎体式钻头的特点是结构形式多样,表面耐冲蚀,PDC切削齿背后有合金支撑体,具有较好的抗冲击能力。另外,这种钻头胎体材料的热胀系数与PDC合金底衬相近,焊接强度高不易掉片,且可采用天然金刚石或金刚石孕镶块等高耐磨性材料作保径,不仅效果好,而且对地层的适用性强,寿命长,适用于普氏硬度系数f≤8的煤岩层钻进。

胎体式PDC钻头产品按用途分为全面钻头和取心钻头两大类,其中全面钻头包括多翼内凹型、平底型、多翼刮刀型以及扩孔型等形式。

1)胎体式多翼内凹PDC钻头

目前,胎体式多翼内凹PDC钻头(图16-19)有φ60三翼内凹、φ65三翼内凹、φ75三翼内凹、φ94三(四)翼内凹、φ113四翼内凹、φ133五(四)翼内凹等规格(按翼片数量有3翼、4翼、5翼等;按尺寸有φ60、φ65、φ75、φ94、φ113、φ133 mm等)。

多翼内凹钻头可对岩石进行两级切削,增大了切削自由面,而且由于水口较大,钻进排粉效果好,避免了重复破碎,提高了钻进效率。另外,由于在钻进过程中钻头内凹部分会环抱住部分岩柱而对钻具有一定导向作用,有利于保直钻进。

图16-19 胎体式多翼内凹PDC钻头

2)胎体式平底PDC钻头

胎体式平底PDC钻头的特点是所有切削齿都在同一个平面,而且水口较小,这使其在一定程度上能够防止钻头在破碎、裂隙发育地层钻进时出现的卡钻事故,但该钻头钻进效率和钻孔保直效果不如多翼内凹式钻头。

胎体式平底PDC钻头按出刃状况不同又可分为半出刃(图16-20)和全出刃(图16-21)两种形式。半出刃钻头的切削齿从钻头冠部平面出露一半,使得在钻进过程中,该钻头的排粉效果相对较差,适用于中硬岩层钻进。全出刃钻头的切削齿从钻头冠部平面全部出露,其排粉效果比半出刃要好,所以适合钻进较软地层。

另外利用其保直效果不好，容易改变钻孔轨迹的特点，常用来钻进定向分支钻孔。胎体式平底 PDC 钻头规格有 $\phi 60$、$\phi 65$、$\phi 75$、$\phi 94$、$\phi 95$、$\phi 96$、$\phi 113$ 等。

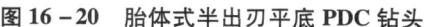

图 16 - 20　胎体式半出刃平底 PDC 钻头　　图 16 - 21　胎体式全出刃平底 PDC 钻头

3）胎体式多翼刮刀 PDC 钻头

胎体式多翼刮刀 PDC 钻头外形如图 16 - 22 所示。由于其水口较大，具有较大的排粉通道，可以有效防止钻头岩粉堵塞和泥包，所以经常用于软岩钻进。多翼刮刀 PDC 钻头有 $\phi 94$、$\phi 153$ 和 $\phi 171$ 等多种规格。

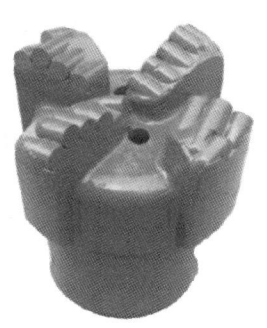 

图 16 - 22　胎体式多翼刮刀 PDC 钻头

4）胎体式 PDC 扩孔钻头

胎体式 PDC 扩孔钻头外形如图 16 - 23 所示，用于扩孔钻进，常用规格有 $\phi 153/113$ 和 $\phi 193/153$ 两种。

5）胎体式 PDC 取心钻头

胎体式 PDC 取心钻头分单管、双管和绳索取心等系列，用于钻取岩心的钻进，外形见图 16 - 24。其特点是，破岩体积比全面钻进小，机械钻速高，但辅助时间较长。

图 16 – 23 胎体式 PDC 扩孔钻头

图 16 – 24 胎体式 PDC 取心钻头

16.3 坑道定向钻进工艺

16.3.1 坑道定向钻进应用领域

1. 坑道定向钻进技术适用地层条件

1）煤层条件

坑道定向钻进技术适用于普氏硬度系数 $f \geqslant 1$ 的较完整煤层，避免在煤层破碎带或煤层陷落柱区域内布置定向钻孔。

2）岩层条件

坑道定向钻进技术适用于普氏硬度系数 $f \leqslant 6$ 的岩层，避免在裂隙发育带或炭质泥岩、铝质泥岩等遇水膨胀性岩层内布置定向钻孔。

2. 坑道定向钻进技术的应用领域

1）施工煤层瓦斯抽采钻孔

借助坑道定向钻进技术控制钻孔在煤层中延伸，实现"一孔多分支"，增加钻孔的有效抽采范围，提高瓦斯抽采效率。煤层瓦斯抽采孔常采用以下两种形式：

（1）普氏硬度系数 $f > 1$ 的煤层成孔条件好，主要施工单抽采孔或主孔与分支联合抽采孔。

（2）普氏硬度系数 $f < 1$ 的煤质松软，难以成孔，必须在目标煤层上（下）较稳定岩层中施工长水平孔，再分支穿入松软煤层，即施工梳状钻孔，可实现采前预抽、采中抽采和采空区抽采三种方式联合抽采，提高松软煤层瓦斯综合治理效果。

2）探测地层构造，煤层顶板、底板等地质信息

当需要用钻孔确定井下煤层工作面的构造情况（断层、破碎带及陷落柱等）和煤层顶底板倾向、走向及标高等情况时，以原有钻孔为主孔，向工作面煤层中施工定向孔或集束孔代替加密钻孔探测煤层构造情况，确定煤层顶底板标高。

3)施工煤矿井下探放水钻孔

采矿过程中如遇水害危险时,可施工定向钻孔释放顶、底板地层中或矿层中的承压水、老窑水和采空区水,确保采矿过程的工作安全。

4)工程钻孔

用于工程目的定向孔。例如,用于槽波孔巷联合勘探的沿煤层定向孔,代替顺槽横管的大直径沿煤层定向孔,用于通风、救援、排水、电缆及管道穿越的各类定向孔。

16.3.2　坑道定向钻孔设计

1. 定向钻孔设计原则

1)有利于达到定向钻进的目的

(1)对瓦斯抽采钻孔,应尽量增加钻孔过煤长度,保证钻孔轨迹在煤层中延伸;在井下施工条件允许的情况下,定向钻孔轨迹设计应尽量以上仰为主,减少或避免终孔后孔内积水。

(2)对以探测煤层条件和煤层构造为目的钻孔,应根据邻近工作面煤层顶底板的标高设计定向钻孔方向及分支点位置。

(3)对以探测矿井地质构造和地质异常体为目的钻孔,应认真分析已有地质资料、报告,为钻孔轨迹设计提供依据。

(4)对以探测和排放采空区及地层中的含水体、探测和加固煤层顶底板中软弱构造带为目的钻孔,应认真分析已有地质资料、水文资料、矿井资料及现有钻孔资料,再进行钻孔轨迹设计。

2)选择适当的钻孔倾角和方位角弯曲强度

(1)钻孔倾角弯曲强度应不大于 0.05 rad/6 m(3°/6 m)。

(2)钻孔方位角弯曲强度应不大于 0.035 rad/6 m(2°/6 m)。

3)设计钻孔轨迹时预留分支点

(1)为探测地质异常体、煤层顶底板,或发生钻孔事故,钻孔需绕过事故头,或为达到相应的定向钻进目的,确保施工效果时,均需侧钻开分支,所以设计时应在主孔上有计划地预留分支点。

(2)预留分支点的钻孔轨迹方位或倾角应有明显变化,以利于分支孔的施工。

(3)预留分支点应设计在地层相对完整、岩煤层硬度适中的孔段,不宜在坚硬岩石和破碎层段预留分支点。

(4)预留分支点的间隔以 50~100 m 为宜。

4)集束型钻孔群应合理布置钻孔间距

(1)在一个钻场内施工多个多分支定向钻孔时,其开孔点相对集中,主孔深度也大致相当,称为集束型钻孔群。

（2）用于煤层瓦斯抽采的集束型钻孔群其钻孔间距一般为 10～20 m。

（3）用于注浆加固的集束型钻孔群其钻孔间距一般为 25～50 m。

（4）用于其他目的集束型钻孔群其钻孔间距应达到设计目的。

5）应合理设计钻孔轴线顺序

（1）设计主孔轴线时，应由浅入深，即从开孔点逐段推移到靶点。

（2）设计多分支孔轴线时，应先进行主孔设计，再设计分支孔；当采用前进式开分支钻进工艺时，分支孔应从浅往深顺序设计；当采用后退式开分支钻进工艺时，分支孔应从深往浅顺序设计。

（3）设计集束型钻孔群钻孔轴线时，应先设计中间钻孔，再对称性设计两侧钻孔。

2. 定向钻孔设计内容

1）确定钻孔主设计方位

（1）对于为煤巷掘进面超前瓦斯预抽或超前注浆为目的定向钻孔，钻孔主设计方位应沿掘进面走向。

（2）对于为模块区域瓦斯抽采为目的定向钻孔，钻孔主设计方位应垂直或平行综采工作面走向。

（3）对于其他目的定向钻孔，应以开孔点和目标中靶点的连线方位作为钻孔主设计方位。

2）确定钻场位置

钻孔设计之前应根据矿井巷道条件、设备及定向钻进目的，首先确定钻场位置，进而确定钻孔布置方案，选择的钻场应符合安全规程的相关规定。

3）确定开孔点和终孔点

在掌握施钻区域煤岩层赋存信息的基础上，确定开孔点、终孔点坐标，计算开孔点与终孔点间的距离。

4）确定钻孔轨迹基本参数

（1）钻孔深度：钻孔轨迹设计时，钻孔深度是指钻孔的测点深度。应根据施工目的、设备能力、地层条件和工作环境等因素来确定钻孔深度。钻孔设计深度不应超过定向钻进设备最大钻进能力的 80%。

（2）钻孔方位角：设计钻孔方位时，应在保证安全施工的前提下尽量减少钻孔工作量和施工程序。为集束型钻孔群每个孔段设计方位角时须同时满足以下条件：

①钻孔轨迹能覆盖整个工作面，避免形成工作面瓦斯抽采盲区。

②满足钻孔合理间距的控制要求。

③开孔段方位设计应避免钻孔之间发生贯通；造斜孔段钻孔方位设计时必须满足方位角弯曲强度的要求。

（3）钻孔倾角：

①钻孔轨迹走向与煤层倾向基本一致时，应在满足倾角弯曲强度的前提下尽量使钻孔倾角随煤层倾角变化，使钻孔在煤层中延伸。

②钻孔轨迹走向与煤层倾向不一致时，钻孔倾角变化即为煤层倾角在钻孔轨迹方位上视倾角的变化。特别是在进行钻孔方位造斜时，钻孔方位角不断变化，钻孔倾角与煤层倾角存在一定差别，此时需要将煤层的真倾角转化为钻孔方位上的视倾角。

5）确定钻孔造斜点、稳斜点的位置

坑道定向钻孔造斜点和稳斜点为某段钻孔轨迹倾角和方位角变化的起点和终点。

6）分支孔的轨迹设计

（1）预留分支点的位置和造斜强度。

（2）分支孔轨迹参数，包括各孔段的倾角、方位角、深度、上下位移、左右位移及水平位移。

7）绘制定向钻孔轨迹水平投影图和剖面图

钻孔设计完成后，以孔深为横坐标、左右位移为纵坐标绘制出钻孔轨迹水平投影图；以孔深为横坐标、上下位移为纵坐标绘制出钻孔轨迹剖面图。

8）制定定向钻进工艺技术措施

根据定向钻孔设计轨迹、矿井施工条件、现场水文和地质情况，对钻进过程的重点环节、需要特别注意的地方及可能出现的问题进行说明和分析，制定合理的预防技术措施。

3. 坑道定向钻孔轨迹设计方法

坑道水平定向长钻孔轨迹设计可近似为曲线与直线的组合，以"直线—曲线—直线"的形式为主。在设计钻孔轨迹时可以近似地将直线段定性为二维设计，曲线段为三维设计，但在实际钻孔设计过程中可根据定向钻孔控制方法将钻孔轨迹设计分为平面设计和剖面设计两种二维设计。目前，常用的钻孔设计方法为绘图法和计算法。

1）绘图法

绘图表示法相当于机械制图中的视图表示法，在国内广泛使用。它包括水平投影和垂直投影两张图。水平投影即俯视图，纵轴是左右位移，横轴是水平位移；垂直投影图即侧视图，其投影选在水平方位线所在的铅垂平面上，纵轴是上下位移，横轴是水平位移。绘图法生成的设计轨迹有利于施钻，从设计图中可以预测钻孔轨迹的空间状态，指导钻孔的延伸方向。

（1）平面设计（水平投影）。钻孔平面设计主要体现在钻孔方位上的变化，反映钻孔的左右位移。当钻孔轨迹的方位角不变时在平面上的投影就是一条直线；当钻孔轨迹的方位角变化时，在平面的投影就是一条曲线。如果钻孔轨迹为"直线—曲线—直线"形式，设计钻孔平面轨迹时，首先确定开孔点方位及终孔点方位，而曲线段设计是将开孔方位过渡为终孔方位的过程。目前钻孔平面上曲线设计多为圆弧线，在设计过程中首先确定钻孔方位造斜曲率，根据方位造斜曲率计算圆弧线的弧长和半径，利用半径画出相应圆弧并与直线段轨迹相切，轨迹设计示意图如图 16 – 25 所示，计算公式如式（16 – 1）和（16 – 2）：

$$K = \frac{\alpha}{l} \tag{16-1}$$

$$R = \frac{180l}{\pi\alpha} \tag{16-2}$$

式中：K 为钻孔方位造斜曲率，(°)/m；α 为钻孔方位变化的角度，(°)，$\alpha = \alpha_2 - \alpha_1$；$\alpha_1$ 为钻孔开孔方位角度，(°)；α_2 为钻孔终孔方位角度，(°)；R 为钻孔曲线段曲率半径，m；l 为钻孔曲线变化长度，m。

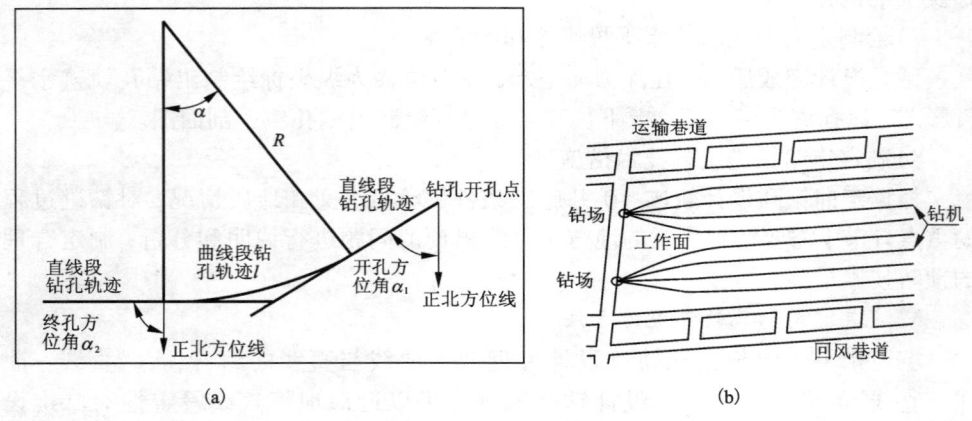

图 16 – 25　钻孔轨迹平面设计图

(a)钻孔轨迹曲率半径求解示意图　(b)工作面钻孔轨迹设计平面图

（2）剖面设计。钻孔剖面设计依据地层的起伏变化情况，主要体现在钻孔倾角方向的变化，反映钻孔上下位移。考虑到矿山开采方式和提供的煤层地质资料不尽相同，钻孔倾角可按两种方法设计。

①地质资料较详尽。国内大多数矿山利用定向钻进技术在已形成的采掘工作面上进行水平长钻孔施工，在形成采掘工作面时已开掘出工作面运输顺槽、回风顺槽和切眼连巷，因此就可以明确工作面的地层标高和地质构造。依据这些资料即可运用三角函数关系计算出设计钻孔各孔段的倾角。由于实际钻孔设计轨迹不可能和运输顺槽或回风顺槽重合，钻孔轨迹往往与揭露的顺槽有一定的距离，在设计钻孔轨迹时要根据工作面的走向将顺槽地层标高转化为钻孔轨迹处地层标

高,从而完成定向钻孔轨迹剖面的设计(图 16 – 26)。公式(16 – 3)和(16 – 4)可计算出钻孔轨迹倾角变化值和钻孔标高。

$$\theta = \arctan\left(\frac{H_2 - H_1}{L_1}\right) \qquad (16 - 3)$$

$$H_{钻孔} = H_{顺槽} + L \times \tan\beta \qquad (16 - 4)$$

式中:θ 为钻孔倾角,(°);H_1、H_2 为两测点地层标高,m;L_1 为两测点水平间距,m;$H_{钻孔}$、$H_{顺槽}$ 为钻孔测点和工作面顺槽对应点标高,m;L 为钻孔轨迹测点与工作面顺槽之间的水平距离,m;β 为工作面切眼(连巷)倾角,(°)。

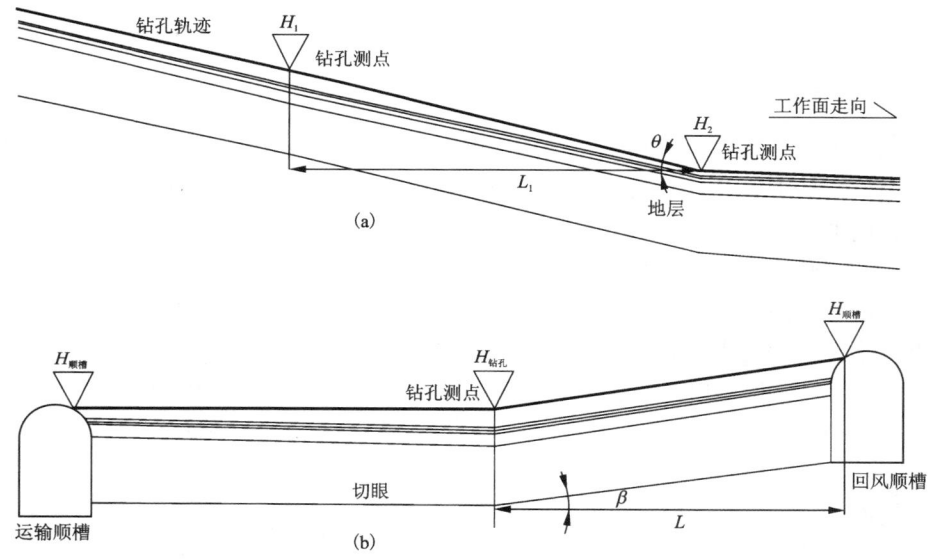

图 16 – 26　钻孔倾角计算图

(a)钻孔垂直剖面倾角计算示意图;(b)工作面切眼剖面钻孔测点标高计算示意图

②地质资料不详。矿井工作面在没有开掘出运输顺槽和回风顺槽的情况下,无法预知工作面各测点位置煤层顶底板标高,尤其是在地质构造变化较大,地层起伏变化情况很难掌握的区段,可根据井田平面图上工作面所在地层的等高线分布,粗略推出地层倾向和走向。在此种情况下进行钻孔轨迹设计时钻孔倾角可根据与钻孔设计轨迹相交的地层等高线值及等高线之间的距离,利用三角函数式近似推测出地层倾角,据此作出定向钻孔轨迹剖面的初步设计。

在初步设计了钻孔倾角,确定了钻孔剖面以后,在施钻中第一个钻孔必须按照一定的距离设计探顶(底)分支钻孔,根据探测的钻孔轨迹参数计算出钻孔实钻轨迹的位置及所钻地层的倾角,确定钻孔轨迹各测点煤层顶底板位置,从而对定向钻孔轨迹初步设计的剖面进行相应修订。与第一个勘探孔临近的其他钻孔可以直接利用已探明的地质资料进行钻孔轨迹剖面设计。

2）计算法

计算法相对绘图法较精确，公式可以编制程序输入计算机进行计算，使用较为方便，可适用于所有钻孔轨迹设计。根据钻孔轨迹的方位角、倾角和钻孔深度三个指标，可参照第 11 章利用均角全距法计算钻孔设计轨迹的 (X, Y, Z) 坐标。

计算设计轨迹坐标时规定钻孔孔口为相对坐标系的原点 O，钻孔开孔方位为 X 轴正方向，顺时针旋转 90°为 Y 轴正方向，垂直向上为 Z 轴正方向。$O-XYZ$ 构成左手直角坐标系，实钻轨迹在 $O-XYZ$ 坐标系内的 X 值为水平位移 (x)，Y 值为左右位移 (y)，Z 值为上下位移 (z)，相应的计算公式见本章第 16.5 节。

16.3.3 稳定组合钻具钻进工艺

稳定组合钻具钻进是在钻头后方十余米钻杆柱上设置数个支点（稳定器），借助重力作用使近水平状态下的钻杆产生挠曲变形，使钻头产生侧向切削力来改变钻孔方向的工艺方法。

1. 孔底稳定组合钻具的组成

孔底稳定组合钻具由钻头、稳定器和钻杆组成，主要分上仰、保直、下斜三种组合形式。稳定器外径接近或基本接近钻头外径，相当于支点。通过调整稳定器的数量、安放位置以及组合形式来调整钻具组合。在钻进过程中，利用稳定器间钻杆自身的重力、给进力、离心力及其弯曲所形成的挠曲变形对与其刚性连接的钻头产生作用，使钻孔轨迹上仰、基本保持原方向或下斜，以达到施工不同定向钻孔的目的。

稳定器又称为稳定接手，是稳定组合钻具的侧向支点。目前用于坑道钻探的钻杆稳定器有螺旋槽式稳定器和直槽式稳定器

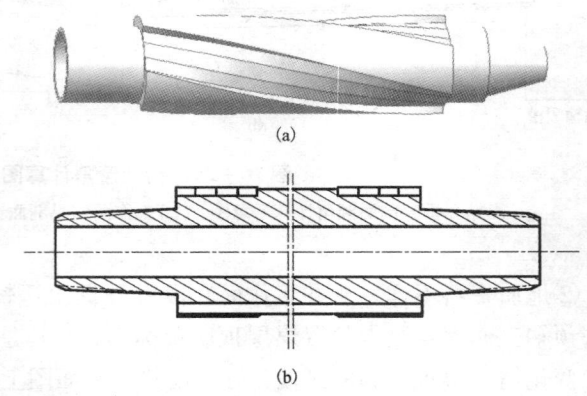

图 16 – 27 稳定器结构示意图

(a) 螺旋槽式稳定器；(b) 直槽式稳定器

两种形式，其结构示意如图 16 – 27 所示，规格和主要技术参数见表 16 – 5。

螺旋槽式稳定器有利于钻屑排出螺旋槽，即使钻屑块稍大也可排出，或经破碎后排出，较适合于岩石孔的施工；直槽式稳定器的骨架平行于钻杆体分布，其设计和加工简单，是各类定向钻孔施工中最常用的稳定器。

表16-5　稳定器的主要技术参数　　　　　　（单位：mm）

钻杆规格	公称口径	钻头规格	稳定器规格			用　途
			外径	内径	长度	
42	60	60	60	22	200	地质勘探孔
42	65	65	65			瓦斯抽放孔
42、50	76	76	76		250	地质勘探孔
50、73	95	95	95		300	瓦斯抽放孔
71	80	80	80	60	250	地质勘探孔

　　一般和钻头连接的稳定器直径接近或等于钻头外径，钻杆柱上连接的稳定器直径比前者小0.5 mm左右。对于普通的煤系地层，多使用表面淬火的螺旋槽式稳定器。稳定器两端可镶焊硬质合金切削齿，既可破碎孔壁掉块，也可以在钻头严重磨损后起到扩孔作用，保证稳定组合钻具的正常钻进和顺利起下钻具。稳定器严重磨损后可重新加工其外表面作为下一级稳定器使用。

　　2. 孔底稳定组合钻具的工作原理

　　稳定组合钻具根据其对钻孔倾角的影响，可分为使钻孔上仰、保直、下斜三种类型，其结构如图16-28所示。

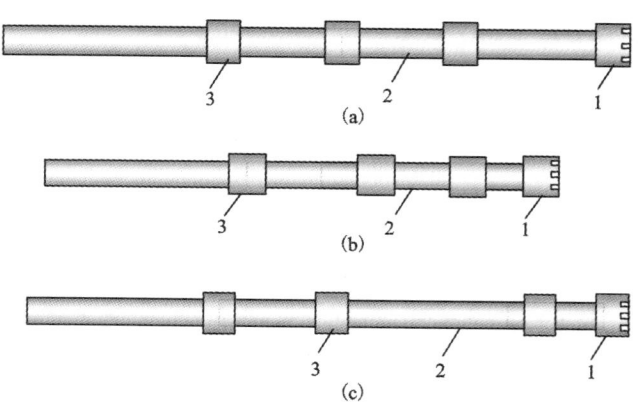

图16-28　稳定组合钻具结构示意图

1—钻头；2—钻杆；3—稳定器

　　1）上仰组合钻具［图16-28(a)］

　　钻进过程中，在近钻头稳定器的支撑作用下，钻杆自重使稳定器后方的钻杆向下弯曲，在钻压和离心力作用下弯曲加剧，促使钻头切削孔壁上侧岩石导致钻孔轨迹上仰。使用侧出刃较大的钻头时造斜效果加强。理论上讲，钻头正转切削孔壁上侧岩石时，钻孔在向上偏斜的同时，应有向左偏斜的趋势。但实际钻进中却呈现向右偏斜的趋势。其原因是钻进速度较快时，近水平孔中颗粒粗大的岩煤粉不易冲离孔底，堆积在钻头后方钻杆左侧形成较大的岩屑楔，钻进中在摩擦力作用下迫使钻杆向右上方偏移。岩屑楔对上仰孔起加大倾角弯曲强度的作用，对于下斜孔则起减少倾角弯曲强度的作用。

2）保直组合钻具［图 16 – 28（b）］

稳定器等间距布置于钻头后方各根钻杆之间，整个钻柱在钻孔中保持"满、刚、直"的效果。钻进过程中钻头不切削或很少切削孔壁，从而使钻孔轨迹沿原方向延伸。一般情况下，钻头后紧接第一个稳定器可产生强保直效果，而钻头后接一根长度 1～1.5 m 的短钻杆后再安装一个稳定器将产生弱保直效果。为了取得好的保直钻进效果应尽量使用侧出刃小或无侧出刃的钻头。

3）下斜组合钻具［图 16 – 28（c）］

在保直组合钻具的基础上，将第一个稳定器位置后移，拉大其与钻头间距，利用稳定器的支撑作用，减小整个钻具对钻头及与之连接钻具的束缚，增加其自由度，充分发挥第一个稳定器前方钻杆的自重作用，并作用于钻头使钻孔轨迹产生下斜趋势。为了加大下斜效果，在钻头后可连接细钻杆或加重钻杆，进一步增加钻头对下侧孔壁的切削力。

使用稳定组合钻具进行坑道定向钻进时，只能改变钻孔的倾角，不能改变钻孔方位。而且，保直或下斜的效果较好，而上仰的效果较差。

16.3.4　螺杆钻具钻进工艺

螺杆钻具是一种把液体的压力能转换为机械能的容积式正排量动力转换装置，主要由传动轴总成、万向轴总成、马达总成三大部分组成，如图 16 – 29 所示。

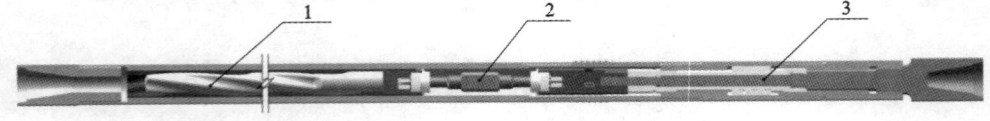

图 16 – 29　螺杆钻具的结构特征示意图

1—马达总成；2—万向轴总成；3—传动轴总成

采用螺杆钻具进行钻进，不需要钻杆旋转，泥浆泵输出冲洗液经旁通阀（或代用接头）进入螺杆马达，在马达进出口形成一定压差，推动马达的转子旋转，通过万向轴和传动轴将转速和扭矩传递给钻头，从而达到碎岩的目的。采用螺杆钻具钻进，减少了钻杆与孔壁的摩擦阻力，因而在较小动力损失情况下就能达到较大的钻进能力，达到较大的钻进深度。更为重要的是，由于钻头破碎岩石时钻杆柱不回转,弯外管在钻进中保证弯曲方向(工具面向角)不变,就可使钻孔按预定方向延伸。若需要改变钻进方向,只需要调整弯接头的方向,即可实施定向钻进。在坑道钻探中,多选用 0°~3°定向弯外管的 ϕ73 mm 螺杆钻具进行定向钻进。

1.螺杆钻具钻孔轨迹控制原理

根据设计钻孔的轨迹的参数,选择或调整螺杆钻具的弯外管度数,并调整好工具面向角(即安装角)Ω,使其弯头朝上,规定为 0°。当使用随钻测斜仪时,为避免磁场干扰,应在螺杆钻具后面分别连接下无磁钻杆、测斜仪(其外管也为无磁钻杆)、上无磁钻杆。在钻进过程中,根据钻孔轨迹与设计轨迹的偏差,通过调整工具面向角进行钻孔轨迹的控制,而不用起下钻变更钻具组合。

使用螺杆钻具进行近水平定向钻进时,必须熟悉工具面向角对钻孔倾角变化和方位控制的影响。工具面向角对倾角的影响,如图 16-30 所示,当工具面位于 I、IV 象限时,其效应是增斜的;当工具面位于 II、III 象限时,其效应为降斜的。若安装角 Ω=0°或 180°,则其效应是全力定向上仰或全力降斜。弯外管螺杆钻具工具面向角对钻孔方位角的影响,如图 16-31 所示,当工具面位于 I、II 象限时,其效应是增方位的;当工具面位于 III、IV 象限时,其效应为降方位的。若安装角 Ω=90°,则为全力增方位;若 Ω=-90°(即 270°),则为全力减方位。

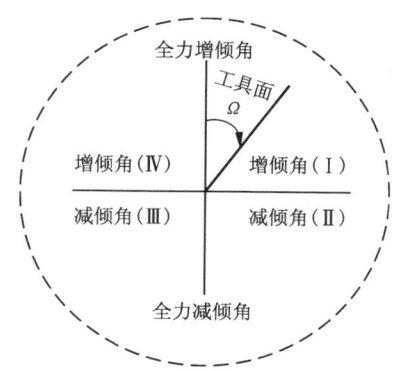

图 16-30 工具面向角对倾角的影响

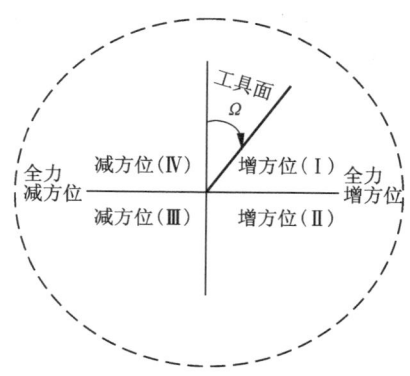

图 16-31 工具面向角对方位的影响

2.螺杆钻具定向钻进工艺流程

1)主钻孔工艺流程

螺杆钻具定向主孔钻进工艺流程见图 16-32。

2)定向分支孔工艺流程

(1)后退式开分支孔工艺。后退式开分支孔也称从内往外分支孔,即先完成主孔施工后,在起钻的同时进行分支孔施工。其工艺流程见图 16-33,n 为设计分支孔数,i 为 $\geq$1 的整数。

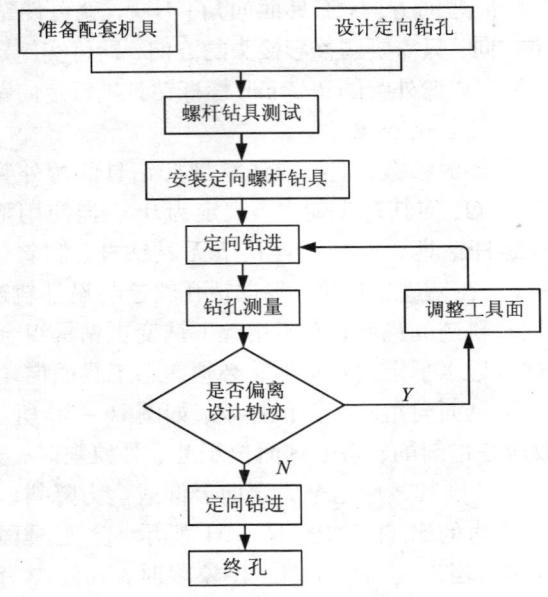

图 16-32 螺杆钻具定向钻进工艺流程

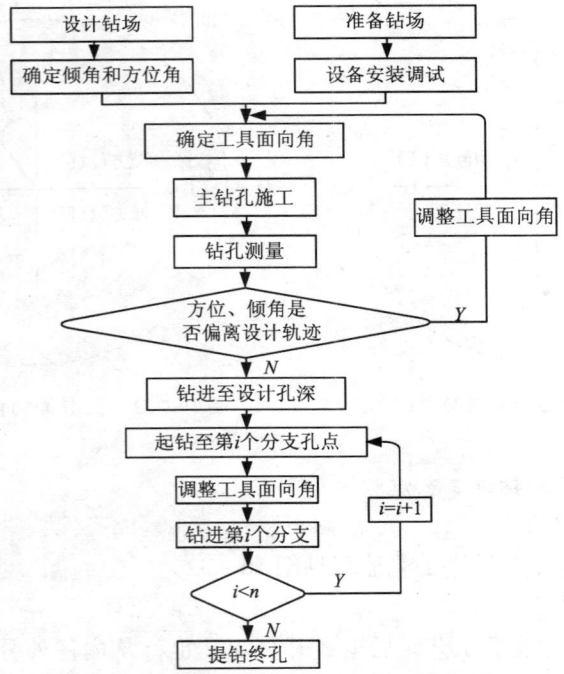

图 16-33 后退式开分支孔工艺流程

　　(2)前进式开分支孔工艺。前进式开分支孔也称从外向内开分支孔，即在主孔钻孔的同时进行分支孔施工。此种分支孔工艺主要用于探测地层产状、采空区等地质构造，为后续工作做前期准备，其工艺流程见图16-34。

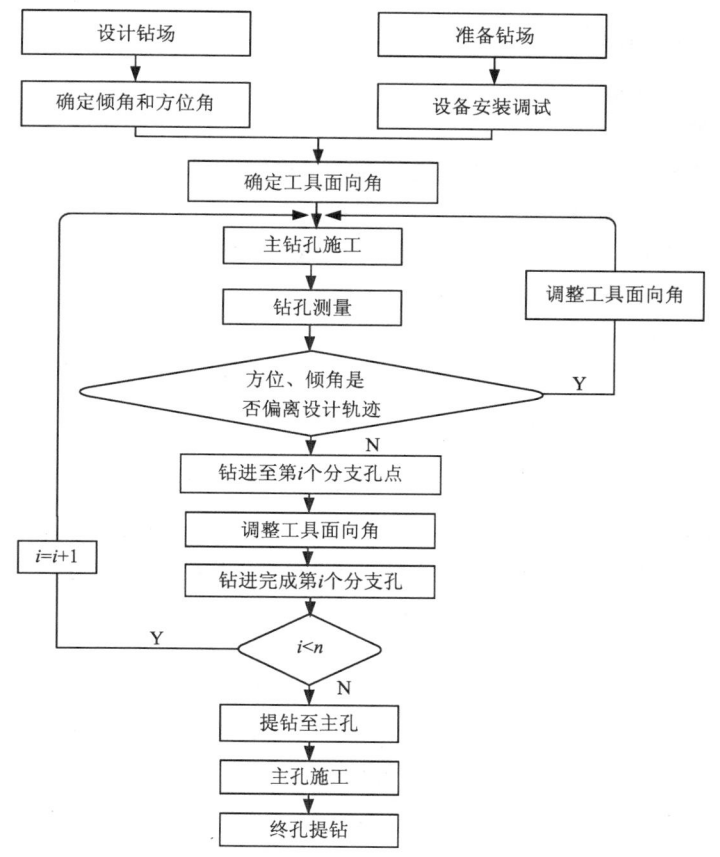

图 16-34　前进式开分支孔工艺流程

3.螺杆钻具钻进工艺参数

　　由螺杆钻具的工作特性可知，其钻进工艺参数主要是指螺杆的转速 n 和工作液的压力降 p。螺杆马达的进出口压力降与供给钻头的扭矩成正比，而扭矩又取决于钻压和岩石性质，所以通过调节给进钻压就可改变螺杆钻具的压力降，并通过泥浆泵压力表直观显示。

　　钻头的转速基本就是螺杆马达的转速，螺杆马达的转速与通过螺杆的流量成正比。泵量减去泥浆泵回水和孔内钻具丝扣泄漏流量就是通过螺杆的流量。正常钻进过程中，当回水阀关闭，钻杆密封较好时，泵量基本就是通过螺杆马达的流量，因此控制泵量就可以实现对钻头转速的控制。

在实际钻进过程中，只要控制泥浆泵的排量与泵压，就基本上控制了马达的输出扭矩和转速。在使用螺杆钻具进行钻进时，泥浆泵压力表可作为孔底工况的监视器，通过调节流量来进行转速调节，由压力变化来判断和显示孔内工况。

16.3.5　坑道钻探事故预防与处理

1. 常见钻孔事故种类

1）卡钻事故

（1）坍塌卡钻。所钻地层过于松软破碎，孔壁在外力扰动下失稳塌孔，导致坍塌卡钻。如果孔壁在失稳过程中同时伴有大量瓦斯、水、泥等向钻孔内涌出，则地应力急速释放，钻孔坍塌程度会更为严重，卡钻也更紧固。

（2）缩径卡钻。钻孔钻遇水敏性地层，孔壁遇水膨胀缩径，进而引起缩径卡钻。

（3）沉渣埋钻。钻孔钻进至破碎带或钻进速度过快，钻头切削下的岩屑颗粒较大时岩粉不能及时排出孔口而在局部孔段停滞堆积，造成局部沉渣埋钻。

2）钻杆事故

钻杆本身由于存在缺陷而导致强度不够，外载荷过大引起变形或折断、钻杆连接螺纹出现滑扣或脱扣等均可导致钻杆事故。

3）钻头事故

钻进过程中发生掉钻头或钻头切削齿脱落而导致的钻孔事故。

2. 预防钻孔事故的措施

（1）在进行钻孔设计前，应了解相关地质情况，如钻遇地层的松软程度、顶底板岩性、断层、破碎带、陷落柱及采空区等地质异常情况。

（2）钻具配套时应根据地层情况，确定合理的钻具组合。若地质条件复杂，应选用大水口的钻头和弯角较小的螺杆钻具。

（3）坑道定向钻进一般采用清水作冲洗液。必要时可在清水中加入可降解泥浆，在不影响钻孔用途的前提下，提高冲洗液的护壁和携粉能力。

（4）钻探技术操作规程是钻探经验的积累和教训的总结，必须严格执行。

（5）加强钻探工作人员责任意识，时刻注意各钻进设备的工作状态，记录和分析钻进过程中出现的设备异常工况，并采取措施消除。

（6）每天研究施工钻孔地层的情况，并将给进/起拔压力、泵压、钻机系统压力及钻速等参数与邻近钻孔对比，以便尽早发现事故苗头。如遇到地层不清楚的地方应采用探顶法施工，避免盲目钻进。

（7）钻进过程中如发现泥浆泵泵压或钻机给进/起拔力突变、孔口返渣颗粒过大、孔口不返水等现象时，应立即停钻分析原因，必要时可外撤钻具，在异常情况未解除之前不可盲目钻进。

（8）加强通缆钻杆的维护管理，定期检查磨损情况，并按其新旧程度分孔、分组合理使用,较差的钻杆应用于孔壁稳定的浅孔,而好的钻杆用于孔壁复杂的深孔。

(9)如各类钻杆直径单边磨损达 2 mm 或圆周均匀磨损达 3 mm、钻杆有裂纹、丝扣磨损严重或变形时,均不得下入孔内使用。

(10)施工采用现场交接班制度,钻孔内不间断循环水,保证钻具的安全。如不具备现场交接班条件,每班停钻前需将钻具提离孔底 9～12 m,并每隔半个小时开泵冲孔一次,时间 10 min 左右。

3. 钻孔事故处理原则

(1)孔内事故的相关情况要清楚。

①事故部位要清楚。事故发生后,要根据机上钻杆余尺或提出来的钻具,精确计算事故部位的孔深,据此确定打捞钻具的长度。

②事故源头要清楚。根据提出的钻具和其他有关的标志,弄清事故源头是钻具的哪一部分,口径多大,损坏变形的程度如何,以确定处理方法和打捞工具。

③孔内情况要清楚。弄清事故钻具的组成(规格、种类、数量),钻孔结构,孔内岩层性质,孔壁稳定程度,孔内岩粉多少,以及事故前的征兆和事故过程(如冲洗液循环情况、钻具回转阻力、钻具给进和起拔阻力、钻机和泥浆泵声音变化、操作者的感觉等),这些都是判断事故性质、确定处理方法及步骤的重要依据。

(2)弄清楚钻孔情况后,要认真分析事故性质及原因,并慎重制定处理方法和安全措施。处理方案一般要准备两套以上,当第一个方案处理无效时,可马上运用下一个方案处理。

(3)处理方案确定后,要抓紧时间,全力以赴,快而稳地及时排除。实践证明,一些钻孔事故开始简单,但是在处理过程中,因措施不够及时,拖延时间过长以至于恶化成复杂事故,甚至变成重大事故。反之,一些开始比较复杂的事故,由于处理方法得当,措施得力,时间抓得紧,很快就得到排除。

4. 钻孔事故常用处理方法

1)套铣打捞

套铣打捞主要用于处理卡钻事故。用口径大一级的套铣管材套在孔内事故钻具上,向卡钻部位扫孔钻进,以打通该孔段的阻塞,从而成功打捞出原钻具。套铣打捞方案实施示意图如图 16-35 所示。

2)强力起拔

用套铣打捞处理无效时,可进行强力起拔。强力起拔处理方法包括钻机强力起拔(可辅以瞬时回转)和液压千斤顶强力起拔。但强力起拔可能导致孔内钻具被拉断或扭断。这时,孔内残留的钻具可用正丝或反丝丝锥继续打捞处理。

3)公(母)锥打捞

用公(母)锥入孔打捞的方法及注意事项同第 15 章"孔内事故预防与处理"的相关内容。需注意坑道钻孔多为近水平孔的特点。

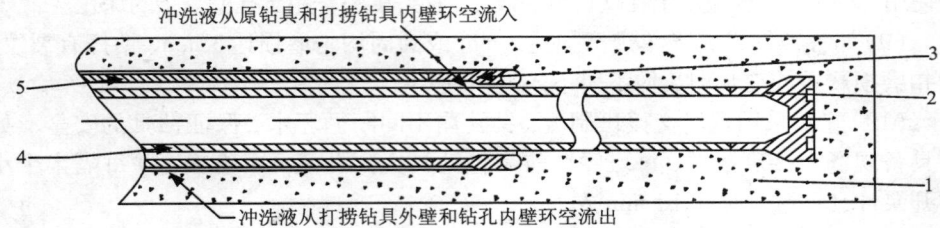

图 16 – 35　套铣打捞示意图

1—孔壁(煤层)；2—事故钻头；3—套铣打捞钻头；4—事故钻具；5—套铣打捞钻具

4)开巷道或煤层回采时取出孔底钻具

采用上述处理方法均不能奏效时，若孔内事故钻具距离巷道较近，可开小断面巷道到孔底位置，或在回采煤层到达事故位置时，取出孔内的钻具。

16.4　坑道绳索取心钻进工艺

坑道用绳索取心钻进的基本原理及要求同常规绳索取心钻进工艺。受场地条件及多数施工近水平或上仰孔的限制，坑道绳索取心钻进在钻具结构和内管总成的输送和打捞工艺方法上有其不同于地面绳索取心钻进的特点。

16.4.1　坑道绳索取心钻具结构特点

坑道用绳索取心钻具内外管总成如图 16 – 36 所示。它采用内管总成分段、张力弹簧与机械定位复合作用的弹卡定位等结构，解决了巷道空间狭小与内管总成长的矛盾，实现了弹卡的可靠定位。

钻具的几个主要功能部件如下：

1. 定位和悬挂机构

坑道绳索取心钻具采用的弹卡板式定位机构由弹卡挡头、张簧、弹卡、弹卡室组成(图 16 – 36)。当内管总成在钻杆内下放时，弹卡受到张簧的张力向外张开一定角度，但受钻杆内径限制，沿钻杆柱内壁向下滑动，一旦内管的弹卡到达外管中的弹卡室部位，弹卡在张簧的作用下贴附在弹卡室的内壁。由于弹卡挡头内径小于弹卡室内径，并具有两个伸出的拨叉，所以在钻进过程中，既可以防止内管向上窜动，又可带动内管总成轴承的上部与外管一起旋转，避免因相对运动造成弹卡和悬挂机构的磨损。

在水平孔钻进时，弹卡式定位机构弹卡受本身重力、振动等作用的影响，张簧容易收回。为了克服这个问题，坑道绳索取心钻具(图 16 – 36)采用张簧张开弹卡、机械定位的复合定位机构。下放钻具时，由于两片弹卡受压，且弹卡之间

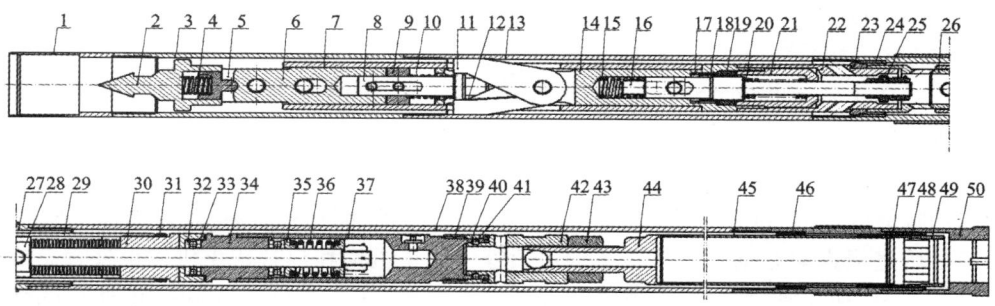

图 16 – 36　坑道用绳索取心钻具内外管总成

1—过渡接头；2—捞矛头；3—弹卡挡头；4、10、15、20、36、39—弹簧；5—弹簧顶套；6—捞矛座；7—回收管；8—小轴；9—垫块；11—弹卡；12—张簧；13—弹卡室；14—弹卡架；16—浮动轴；17—垫环；18—锁定张簧；19—定位环；21—弹簧座；22—进水管；23—悬挂环；24—座环；25—螺塞；26—出水管；27—扩孔器；28—轴；29—滑套；30—调节螺母；31—锁紧螺母；32—推力轴承；33—轴承罩；34—轴承座；35—弹簧座圈；37—弹簧套；38—外管；40—滑动锁套；41—定位钢球；42—连接轴；43—螺母；44—调节接头；45—内管；46—扶正环；47—卡簧挡圈；48—卡簧；49—卡簧座；50—钻头

的空腔有限，小轴无法进入弹卡空腔。张簧在下放过程中处于受压状态，钻具下放到位后，张簧使弹卡张开，小轴在弹簧作用下进入弹卡空腔内，保证钻进过程中弹卡始终处于张开状态，定位可靠。

此外，为了保证张簧不干涉小轴进入两片弹卡的空腔，将张簧装配在两片接触面上开槽的弹卡之间，弹卡的外形以及弹卡、张簧的装配分别见图 16 – 37、图 16 – 38。

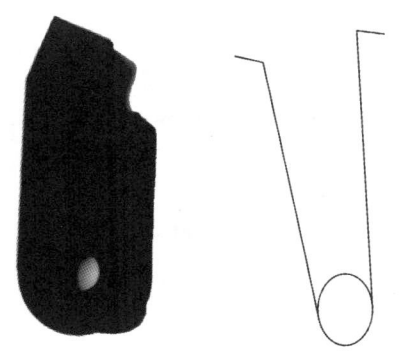

图 16 – 37　坑道用绳索取心钻具弹卡和张簧

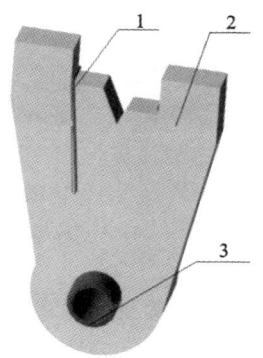

图 16 – 38　弹卡、张簧配合图

1—张簧；2—弹卡；3—弹性圆柱销

回收钻具时，首先将小轴提出弹卡空腔。捞矛座在打捞器的提拉力作用下，通过销子提拉小轴，使小轴克服弹簧的阻力退出弹卡空腔。然后捞矛座通过销子提拉回收管向上运动，回收管克服张簧的作用力向内压缩弹卡，弹卡向内回收，

失去定位作用。此时捞矛座通过回收管将提拉力传递给弹卡架，顺利提出内管总成(图16-39)。

座环式悬挂机构(参见图16-36)由内管总成中的悬挂环和外管总成中的座环组成。悬挂环的外径稍大于座环的内径(一般相差0.5~1 mm)，内管总成下放到外管总成的弹卡室位置时，悬挂环坐落在座环上，保证内管总成卡簧座的下端与钻头内台阶保持一定的间隙，防止损坏卡簧座和钻头，并保证内管的单动性能。

坑道绳索取心钻具的扶正机构包括外管扶正机构和内管扶正机构。外管总成设置了上下两个扩孔器，外径较钻头外径大0.5 mm，起到扩孔和扶正外管的作用。内管的扶正靠下扩孔器内装的扶正环，使内外管保持同轴，便于岩(矿)心进入卡簧座和内管。近水平孔钻进时内管受重力作用压住扶正环，使扶正环磨损严重，扶正环选用锡青铜材料制造可提高其耐磨性，同时适当加长其长度，减小工作时扶正环单位面积上承受的比压，延长其使用寿命。

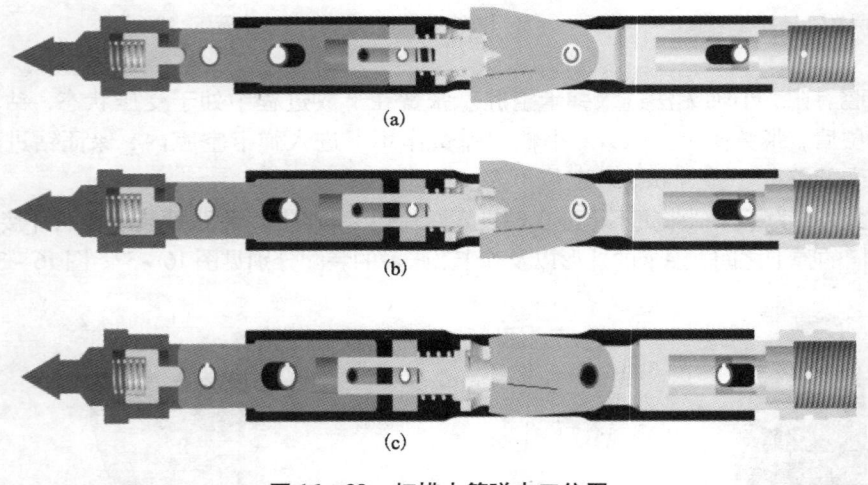

(a)

(b)

(c)

图16-39 打捞内管弹卡工位图

(a)、(b)拉出小轴使弹卡有缩回空间；(c)回收管使弹卡收回

2.快断式内管机构

坑道钻场的空间有限，钻机行程受限，相应的内管总成不能做得太长，否则无法提出孔口。内管总成的长度主要由上下两部分组成。上半部分由定位机构、悬挂机构、单动机构等组成，下半部分主要由内管和卡簧座组成。坑道用的内管为2~3 m，如果内管太短，将会增加打捞次数，降低钻进效率，也就失去了绳索取心的意义，同时也不利于孔壁的稳定。

内管为2 m时坑道用绳索取心钻具整体的长度为3.4 m，如果将内管总成整体捞出无论对钻机行程还是钻场空间提出的要求都很高,因此坑道绳索取心钻具采用内管分段式结构,以降低内管总成长度对钻机行程的依赖。

快断机构(图16-40)主要由弹簧套、弹簧、滑动锁套、定位钢球、连接轴等组成。钻进时,通过定位钢球卡住连接轴,以保证钻进工作状态时内管总成的整体性;提出内管时,松开滑动锁套即可快速提出内管上半部分,实现了内管的快速连接和断开。

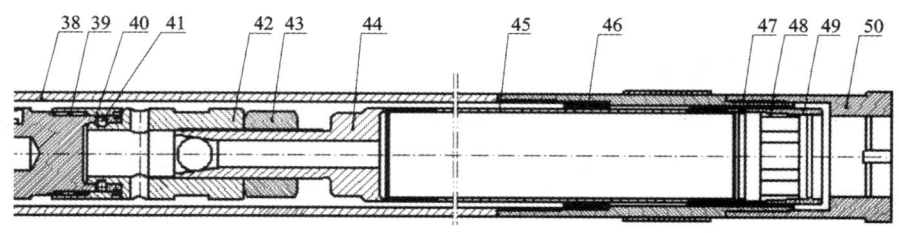

图 16 - 40　快断机构结构图

38—外管;39—弹簧;40—滑动锁套;41—定位钢球;42—连接轴;43—螺母;44—调节接头;45—内管;46—扶正环;47—卡簧挡圈;48—卡簧;49—卡簧座;50—钻头

具体实现方式为:下放钻具时,滑动锁套打开,连接轴插入弹簧套,滑动锁套在弹簧复位力作用下将定位钢球压入到连接轴上的卡槽内,即可将内管总成作为一个整体使用。打捞内管时,先将内管总成提出至连接轴露出孔口,人工打开滑动锁套,定位钢球从连接轴的卡槽内轻松脱出,即可先将内管总成上部分提出,再提出下半部分。

3. 捞矛头持心装置

用于垂直孔钻进的普通铰链式捞矛头的弹簧预紧力方向与重力方向一致,所以能保证捞矛头处于直立状态,便于打捞。但在水平孔钻进时,捞矛头的自重方向垂直于弹簧的预紧力方向,而且捞矛头的中心距销轴中心点越远,其向下"倒"的趋势越明显。若捞矛头下"倒"严重偏离钻杆中心,则可能会导致打捞失败。

为了防止在坑道近水平孔钻进过程中捞矛头下"倒",捞矛头上设计了持心装置(图16-41),可使捞矛头与外管空腔保持同心。捞矛头在 Y 轴方向外圆表面设有两个凸块,限制了捞矛头在 Y 轴方向的自由运动,防止在近水平孔钻进时捞矛头在自身重力作用下下"倒",同时又最大限度地保留了内外管之间的冲洗液通道。捞矛头与捞矛座侧向面的贴合限制了捞矛头在 Z 轴方向的自由运动,实现了捞矛头与捞矛座在 X 轴方向的自动同心。捞矛头与捞矛座通过弹性圆柱销连接在一起,可以围绕弹性圆柱销自由转动,便于岩心的捞取。

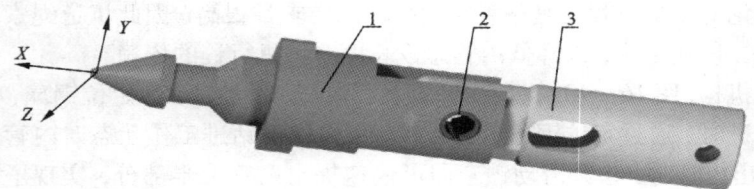

图 16 – 41　捞矛头持心装置

1—捞矛头；2—弹性圆柱销；3—捞矛座

16.4.2　坑道绳索取心钻进工艺特点

在坑道内施工倾角为 0°～50° 的下斜孔、近水平孔或者上仰孔时，绳索取心的内管总成和打捞器无法靠自重下放到孔底，必须用冲洗液通过泵送机构（水力输送器）将其输送到位。

坑道用绳索取心钻具泵送内管总成和打捞器（图 16 – 42）的工艺过程是首先将钢丝绳穿过连接在钻杆上的通缆式水接头（图 16 – 43），把钢丝绳连接在水力输送器（图 16 – 44）的绳卡套上，然后将水力输送器放入钻杆内腔，接水接头，开动泥浆泵，泥浆泵的压力水即可压送水力输送器到孔底。水力输送器前端放置内管总成或打捞器，就可将内管总成或打捞器送入孔底。输送内管总成时，水力输送器与内管总成直接接触，将内管总成送入孔底后单独提出水力输送器而将内管总成留在外管总成内。打捞内管总成时，水力输送器与打捞器采用螺纹连接，打捞器捞住内管后，在提出水力输送器的同时也捞出打捞器和内管总成，取出岩心。

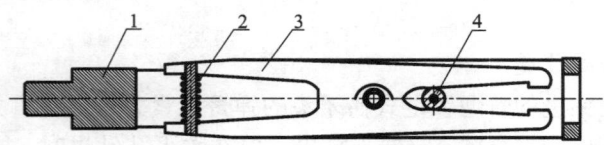

图 16 – 42　打捞器结构图

1—捞钩架；2—弹簧；3—打捞钩；4—定位销

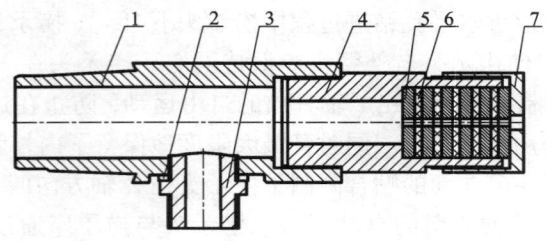

图 16 – 43　通缆式水接头

1—接头；2—密封垫；3—水接头；4—过渡接头；5—压块；6—橡胶垫；7—压帽

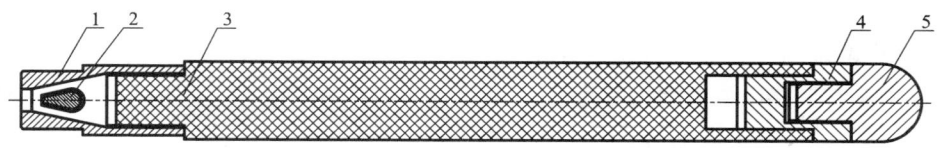

图 16 - 44　水力输送器结构图

1—绳卡套；2—绳卡心；3—连接轴；4—过渡接头；5—堵帽

16.5　坑道钻探钻孔轨迹测量与计算

16.5.1　钻孔轨迹测量

1. 钻孔的空间形态

坑道钻探和地面钻探的钻孔目的、布置形式有所不同。首先，钻孔除了有垂直孔和下斜孔外，还有水平孔和上仰孔，且施工地点都在坑道内，为了研究方便，一般都选择坑道内钻场为基本参照，建立以垂直轴向上为正方向的坐标系；其次，井下水平钻孔一般以钻孔轴线与水平面的夹角（倾角）作为衡量钻孔平直度的主要参数；此外，由于地面与井下在 X、Y 轴的正方向的取向上相同，而 Z 轴方向相反，这就导致其坐标系的螺旋法则不同。地面钻孔坐标系一般都以 Z 轴向下为正方向，坐标系符合右手螺旋法则，而井下坐标系则一般以 Z 轴向上为正方向，则坐标系符合左手螺旋法则。

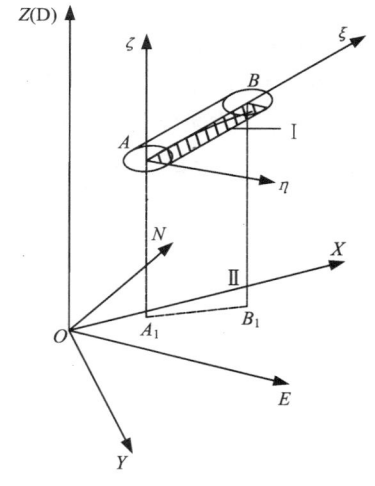

图 16 - 45　钻孔轨迹空间坐标系示意图

为了更直观地描述钻孔轨迹和便于研究分析，将地理坐标系、相对坐标系和钻具姿态坐标系建立在同一个空间坐标系中，如图 16 - 45 所示，A 点为钻孔轨迹上任意一点，A_1 点为 A 点在水平面上的投影，平面 I 为钻孔轨迹面（钻孔轴线与螺杆钻具工具面方向所构成的平面），平面 II 为钻孔走向面（垂直于钻场地平面且通过钻孔当前轴线的平面）。

在地理坐标系 $O - NED$ 中规定：

（1）N 轴和 E 轴分别指向北、东方向。

（2）D 轴垂直向上指向地面。

（3）符合左手螺旋法则，方位角取值为顺时针为正，范围 0°~360°。

在钻孔设计坐标系 $O-XYZ$ 中规定：

（1）X 轴为钻孔设计方位线在水平面上的投影，代表钻孔前进主方向，钻孔轨迹的左右位移以该方向为基准。

（2）Y 轴在水平面上与 X 轴垂直，左为负，右为正。

（3）Z 轴垂直向上指向地面，上为正，下为负。

（4）符合左手螺旋法则，方位角取值为顺时针为正，范围 $0°\sim360°$。

在钻具姿态坐标系 $A-\xi\eta\zeta$ 中规定：

（1）ξ 轴为钻具当前轴线指向轨迹前进的方向。

（2）η 轴在轨迹面内垂直于 ξ 轴，左为负，右为正。

（3）ζ 轴为轨迹面的法线方向，上为正，下为负。

（4）符合左手螺旋法则，工具面向角取值为顺时针为正，范围 $0°\sim360°$。

2. 钻孔的空间要素

在水平定向钻孔轨迹设计、测量和数据处理过程中，一般都以钻孔轨迹上的某一点（测点）为研究对象，测点所对应的孔深、倾角和方位角被称为是描述钻孔轨迹的三个基本要素。理论上，测量的数据只代表该点的空间位置，测点处的切线被称为钻孔当前轴线，可以用它来代表测点附近的一段钻孔轨迹，测量数据的处理和钻孔轨迹的绘制都是针对钻孔轴线进行的。

为了正确地描述钻孔轨迹，必须对钻孔轨迹上每个测点的三个基本要

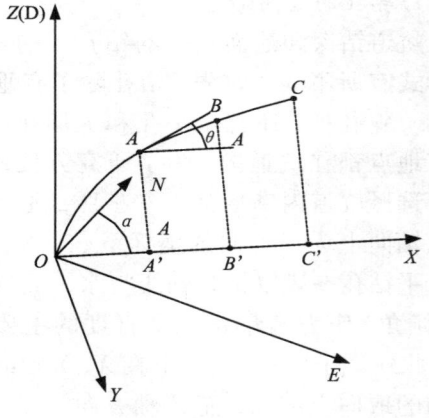

图 16-46　定向钻孔轨迹的基本要素

素进行精确测量。下面以地理坐标系为例说明钻孔轨迹的基本要素的定义，如图 16-46 所示。其中：A 为空间任意一点，"O" 代表开孔点，N 轴代表北向，E 轴代表东向，$Z(D)$ 轴垂直向上指向地面，路径 $OABC$ 为实际的钻孔轨迹，而 A'、B'、C' 分别为测点 A、B、C 在水平面的投影。具体各要素的规定如下：

钻孔孔深：指测量孔深，在近水平钻孔中一般是指孔口到测点的钻孔曲线实长，通常以钻杆长度来衡量，用 "L" 表示。

钻孔倾角：是指钻孔当前点的切线与水平面之间的夹角，以 "θ" 表示，上仰为正，下斜为负。

钻孔方位角：在过钻孔轴线上任一点的水平面内，以正北方向线为始边，顺时针旋转至该点钻孔方位线所转过的角度，称为该点的钻孔方位角，以 "α" 表示。根据正北向代表真北和磁北的不同，又可以分为真方位和磁方位，二者相差一个

磁偏角。若无特殊说明，以下所述北向均指磁北。

除上述三个基本参数外，描述钻孔轨迹空间位置的相关术语还有：

（1）开孔方位：钻孔轴线上开孔点方位。

（2）终孔方位：钻孔轴线上终孔点方位。

（3）钻孔主设计方位线：主孔设计轴线主延伸方向上的参考方位线。根据不同表示需要，可选择巷道走向、工作面走向、特定磁方位等作为钻孔主设计方位线。

（4）钻孔设计坐标系：以开孔点为坐标原点，钻孔主设计方位线延伸方向为 X 轴正方向，水平顺时针旋转 $90°$ 为 Y 轴正方向，竖直向上为 Z 轴正方向建立的坐标系。

（5）水平位移：钻孔设计坐标系内，定向钻孔轴线上任一测点的 X 轴坐标值，以"x"表示。

（6）左右位移：钻孔设计坐标系内，定向钻孔轴线上任一测点的 Y 轴坐标值，以"y"表示。正值为右偏，负值为左偏。实钻钻孔轨迹左右位移与设计钻孔轨迹左右位移的差值称为左右偏差。

（7）上下位移：钻孔设计坐标系内，定向钻孔轴线上任一测点的 Z 轴坐标值，以"z"表示。正值为上偏，负值为下偏。实钻钻孔轨迹上下位移与设计钻孔轨迹上下位移的差值称为上下偏差。

3. 钻孔轨迹测量仪器

1）ZJS-1 型钻孔监测系统测斜仪

ZJS-1 型钻孔测斜仪由测斜探管和测斜仪两部分组成。测斜探管由测角测向传感元件、多路开关、放大器、VFC 亚频转换器、采集单片机等组成；测斜仪也称同步机，由同步单片机、液晶显示器、触摸式小键盘等组成。探管中采集单片机按事先编好的程序定时采集测斜数据存储于 RAM 中，与探管同步工作的同步机记录测点的有效与无效，并完成测量结果的计算与显示。该系统分为有缆和无缆两种工作方式，适用于精度要求较高的矿山坑道钻孔施工中的多点测斜。该仪器的主要技术参数见表 16-6。

表 16-6　ZJS-1 型钻孔测斜仪技术性能参数

环境温度/℃	0 ~ +40
相对湿度/%	95
环境气体	可含有甲烷、煤尘、无腐蚀性的气体
环境气压/kPa	80 ~ 110
工作时间/h	8
存储容量/次	32 kB

续表 16 – 6

		范围	精度（均方差）
最佳测角范围/(°)	倾角	±60	±0.2
	方位角	0 ~ 360	±1.5
外形尺寸/mm	探管	$\phi42 \times 2500$	
	同步机	$300 \times 160 \times 240$	
质量/kg	探管	12	
	同步机	7.5	

2）YHD1 – 1000 型有线随钻测量系统

　　YHD1 – 1000 型随钻测量系统由孔口监视器、随钻测量探管和电池筒等组成，主要用于坑道定向钻孔施工过程中的随钻监测，可随钻测量钻孔倾角、方位角、螺杆钻具工具面向角等主要参数，同时可实现钻孔参数、轨迹的即时孔口显示，便于施钻人员随时了解钻孔施工情况，并及时调整工具面方向和工艺参数，使钻孔尽可能地按照设计的轨迹延伸。测量探管如图 16 – 47 所示，孔口采集数据仪器如图 16 – 48 所示，其主要技术参数见表 16 – 7。

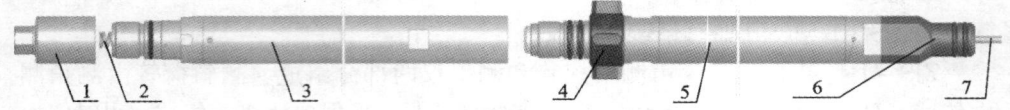

图 16 – 47　YHD1 – 1000 型有线随钻测量探管

1—测量短节；2—弹簧；3—电池；4、5—扶正环；6—螺钉；7—通信螺钉

图 16 – 48　YHD1 – 1000 型有线随钻测量监测仪器

　　由于该仪器要在井下使用，且需要满足螺杆钻具定向钻进的需要，因此其使用环境更恶劣，耐压能力和防爆能力也更强。

　　使用该系统时，测量探管要安装在专用的无磁测量外管中，利用随钻测量监测仪器上的测量软件通过中心通缆式钻杆发送开始测量命令，探管接收后，开始启动工作，并将测量的井下数据通过有线方式实时传送到孔口，孔口工作人员可根据测量结果对钻孔轨迹进行控制。测量完成后，通过中心通缆式钻杆发送停止测量命令，电池筒停止供电，探管停止工作。由于测量时才由电池给探管供电，因此一般充电一次可以使用 2 个月左右。

　　随着该系统的不断发展与完善，系统监测软件的更新，目前又开发出了 YHD1 –1000(A) 和 YHD2 –1000 型随钻测量系统，工作稳定性进一步提高，其主要技术参数见表 16 –8 和表 16 –9。

表 16 –7　YHD1 –1000 型有线随钻测量系统主要技术参数

	监视器	162 mm TFT 液晶平板显示器
	人机交互	触摸鼠标
孔口监视器	通信方式	串行通信
	工作参数	工作电压：5 V，工作电流：1.3 A
	外形尺寸(长×宽×高)/(mm×mm×mm)	320×220×80
	质量/kg	≤6
	电源	锂电池组：GL6S(或 LP188270)；开路电压：8 V；短路电流≤10 mA
	输出参数	输出电压：5 V，额定电流：1.5 A
孔口监视器电源	输出短路电流/A	≤2.8
	工作时间/h	≥8
	外形尺寸(长×宽×高)/(mm×mm×mm)	180×120×80
	质量/kg	小于 5
	探管/mm	ϕ41×1916 无磁黄铜
	电源	镍氢电池组：GREPOW NI –MH，开路电压：16 V，短路电流≤800 mA
随钻测量探管	电气参数	工作电压：11.2~14.8 V，工作电流：40~60 mA
	工作时间	2 个月左右
	耐水压力/MPa	12
送水器	接头外径/mm	77
	接头最小内径/mm	55

续表 16 – 7

钻杆	钻杆外径/mm	73	
	钻杆最小内径/mm	55	
	接头直径/mm	75	
测量性能	项目	测量范围	允许误差
	倾角/(°)	– 90 ~ 90	± 0.2
	方位角/(°)	0 ~ 360	± 1.5
	工具面向角/(°)	0 ~ 360	± 1.5
防爆形式		煤矿用本质安全型,防爆标志为 EXibI	
工作温度/℃		0 ~ 40	
贮存温度/℃		– 10 ~ 40	
测量孔深/m		≤ 1000	

表 16 – 8　YHD1 – 1000(A)型有线随钻测量系统主要技术参数

KJD31型计算机	显示器	15″高分辨率彩色液晶显示屏		
	人机交互	键盘		
	电源	127 V 交流电		
	防爆形式	矿用隔爆兼本安型,防爆标志为 ExdibI		
	工作温度/℃	0 ~ +40		
随钻测量探管	尺寸/mm	φ41 × 1916 无磁黄铜		
	电源	镍氢电池组:GREPOW NI – MH,开路电压:16 V,短路电流 ≤ 800 mA		
	测量性能	项目	测量范围	允许误差
		倾角/(°)	– 90 ~ +90	± 0.2
		方位角/(°)	0 ~ 360	± 1.5
		工具面向角/(°)	0 ~ 360	± 1.5
	防爆形式	矿用本质安全型,防爆标志为 EXibI		
	工作温度℃	0 ~ +40		

表 16 – 9　YHD2 – 1000 型有线随钻测量系统主要技术参数

计算机	显示器	12″高分辨率彩色液晶显示屏
	人机交互	键盘
	电源	127 V 交流电
	防爆形式	矿用隔爆兼本安型,防爆标志为 ExdibI
	工作温度/℃	0 ~ +40

续表 16 - 9

存储器	防爆形式	矿用本质安全型,防爆标志为 EXibI		
	工作温度/℃	0 ~ +40		
中继器	电源	镍氢充电电池,额定电容:2500 mAh,标称电压:7.2 V		
	防爆形式	矿用本质安全型,防爆标志为 EXibI		
	工作温度/℃	0 ~ +40		
探管	尺寸/mm	ϕ35 × 1200 无磁黄铜		
	电源	镍氢电池组:GREPOW NI - MH,开路电压:7.5 V,短路电流 ≤800 mA		
	测量性能	项目	测量范围	允许误差
		倾角/(°)	- 90 ~ +90	±0.2
		方位角/(°)	0 ~360	±1.5
		工具面向角/(°)	0 ~360	±1.5
	防爆形式	矿用本质安全型,防爆标志为 EXibI		
	工作温度/℃	0 ~ +40		

上述几种测量仪器具有防爆功能,均可用于煤矿井下具有瓦斯气体的环境,也可用于其他近水平定向钻进钻孔轨迹测量。其他测斜仪器,要用于煤矿井下必须经过国家相关部门的"MA"认证。

16.5.2　钻孔轨迹计算

钻孔轨迹计算是根据钻孔轨迹的空间要素,利用特定的计算方法,求出轨迹上每一点的空间坐标。

1. 钻孔倾角的转化关系

钻孔倾角主要体现在钻孔轨迹剖面设计上,其值的大小可根据矿区提供的地层资料计算得出。

钻孔倾角应根据所设计的定向钻孔轨迹的方位角与地质资料提供的地层走向之间的关系来确定。对于沿目的层钻孔,钻孔轨迹走向与目的层倾向一致时钻孔倾角变化即为目的层倾角变化;钻孔轨迹走向与目的层倾向有夹角时(方位差),钻孔倾角变化即为目的层倾角在钻孔轨迹方位上视倾角的变化。特别是钻孔在进行方位造斜时,钻孔方位角不断变化,此时需要将目的层的真倾角转化为钻孔方位上的视倾角,从而确定定向钻孔的倾角和控制点坐标等数据。钻孔真倾角和视倾角计算见式(16 - 5)。

$$\tan \theta_2 = \cos \omega \times \tan \theta_1 \qquad (16 - 5)$$

式中: θ_1 为真倾角,(°); θ_2 为视倾角,(°); ω 为真倾角与视倾角间的夹角,(°)。

2. 钻孔方位角的转化关系

目前坑道定向钻进采用的磁力测斜仪测得的井斜方位角是以地球磁北方向线为基准的，称为磁方位角。磁北方向线与真北方向线并不重合，两者之间有个夹角，称为磁偏角，所以此类仪器测得的井斜方位角需进行校正，换算成真方位角。其转化关系为：

$$\alpha_{真方位} = \alpha_{磁方位} + \lambda \tag{16-6}$$

式中：$\alpha_{真方位}$ 为经过方位校正后用于设计轨迹计算的方位角，(°)；$\alpha_{磁方位}$ 为测斜仪测得的钻孔方位角，(°)；λ 为磁偏角，东磁偏角为正值，西磁偏角为负值，(°)。

3. 钻孔上下位移

在钻孔设计过程中钻孔上下位移可以控制钻孔在垂直平面上的变化，同时可以作为钻孔实钻轨迹的控制依据，尤其在目的地层顶底板标高确定的情况下，钻孔上下位移是控制钻孔实钻轨迹最有效的指标。钻孔上下位移可通过采集的测点倾角及测点间的孔深关系利用公式(16-7)计算得出。

$$Z = \sum_{i=1}^{n} \Delta L_i \times \sin(\frac{\theta_{i-1} + \theta_i}{2}) \quad (i = 1, 2, \cdots, n) \tag{16-7}$$

式中：Z 为钻孔上下位移，m；ΔL_i 为钻进过程中相邻测点的间距，m；θ 为对应测点的钻孔倾角，(°)。

4. 钻孔水平位移

由于坑道定向钻孔的实钻轨迹为三维曲线形式，钻孔水平位移要比钻孔的实际孔深小，所以只能根据钻孔水平位移控制钻孔轨迹。钻孔水平位移可以根据采集的测点倾角、测点间的钻孔长度及方位角之间的关系利用公式(16-8)计算得出。

$$X = \sum_{i=1}^{n} \Delta L_i \times \cos(\frac{\theta_{i-1} + \theta_i}{2}) \times \cos(\frac{\alpha_{i-1} + \alpha_i}{2} - \alpha_0) \quad (i = 1, 2, \cdots, n)$$
$$\tag{16-8}$$

式中：X 为钻孔的水平位移，m；ΔL_i 为钻进过程中相邻测点的间距，m；θ_i 为对应测点的钻孔倾角，(°)；α_0 为设计钻孔用坐标系磁方位，(°)；α_i 为对应测点的钻孔磁方位角，(°)。

5. 钻孔左右位移

钻孔左右位移主要控制钻孔在水平面上相对于设计轨迹的偏移情况，是钻孔设计轨迹与实钻轨迹在矿井平面图上显示的重要指标。其计算公式如下：

$$Y = \sum_{i=1}^{n} \Delta L_i \times \cos(\frac{\theta_{i-1} + \theta_i}{2}) \times \sin(\frac{\alpha_{i-1} + \alpha_i}{2} - \alpha_0) \quad (i = 1, 2, \cdots, n)$$
$$\tag{16-9}$$

式中：Y 为钻孔的左右位移，m；ΔL_i 为钻进过程中相邻测点间距，m；θ_i 为对应测点的钻孔倾角，(°)；α_0 为设计钻孔用坐标系磁方位，(°)；α_i 为对应测点的钻孔磁方位角,(°)。

16.6　松软突出煤层钻进工艺

16.6.1　松软突出煤层的钻进特点

松软突出煤层是指煤层的硬度系数 $f<1$ 的煤层。根据煤层 f 系数的不同,松软突出煤层又分为:中松软突出煤层 $0.5<f\leqslant1$,次松软突出煤层 $0.3<f\leqslant0.5$,松软突出煤层 $0.2<f\leqslant0.3$,极松软突出煤层 $f\leqslant0.2$。松软突出煤层一般具有煤质松软、渗透性极差、瓦斯含量高、压力大等特点。在这样的煤层中钻进,容易发生喷孔、塌孔、埋钻等孔内事故,导致钻孔成孔深度浅、成孔率低、瓦斯抽采(放)效果差,防突和瓦斯抽采(放)成本高。

16.6.2　松软突出煤层钻进的排粉工艺

目前煤矿井下松软突出煤层瓦斯抽采(放)钻孔施工常用的排粉方法可分水力正循环钻进、螺旋钻进和中风压空气钻进。

1. 水力正循环钻进

在煤层钻进成孔过程中,传统的排粉工艺是用清水作为冲洗介质,以携带、排出钻屑,并起到冷却钻头的作用。根据钻进用水的供给条件的不同,清水钻进可分为静压水和动压水。该钻进方法有以下优点:

(1)煤矿井下供水系统完备,清水供应比较充足和便利。

(2)清水具有不可压缩性,在流动过程中流速与流量成正比,与过流断面成反比,水量容易控制,供水参数操作简单。

(3)清水相对于气体密度大,悬浮和携带钻屑的能力强,在煤层硬度系数 $f\geqslant1$ 的完整煤层中钻进,能够迅速地带走钻进产生的煤屑,孔底较干净,有效地降低了发生堵孔事故的概率。

基于上述原因,在煤层硬度系数 $f>1$ 的煤层中钻进,清水钻进优势明显,是该类煤层中主要的排粉方式。但是在松软突出煤层中,采用清水钻进存在以下问题:

(1)水的密度较大,煤矿井下系统静压水(或泥浆泵提供的动压水)的压力大,对孔壁的冲刷作用强,易发生钻孔坍塌,导致钻进过程中钻孔事故频繁。

(2)水对煤体有沾湿作用。松软突出煤层中裂隙、解理发育,使水通过裂隙、解理渗入到煤层(煤体)内部,不但降低了煤的胶结作用,还降低了煤层的整体强度,且水的表面张力加速了煤的解体。

(3)水封闭了瓦斯涌出通道,阻碍了瓦斯的释放,使得煤体中的瓦斯压力进一步提高,煤层的整体强度降低,钻孔孔壁承受的压力增大。加之钻孔轨迹大多是近水平孔，孔壁上的煤更容易在瓦斯的作用下破碎、抛出，导致喷孔事故。

鉴此，松软突出煤层采用清水钻进，只适合煤层硬度系数较高、成孔深度较浅的钻孔。

2. 螺旋钻进

螺旋钻进过程中，孔底产生的煤屑和螺旋钻杆刮削孔壁产生的煤屑在自重、相互间黏滞力及其与叶片的摩擦力作用下与螺旋叶片一起旋转，并向孔口输送，从而实现钻屑在叶片推动下挤压直线前进。实际上螺旋钻杆和钻孔之间组成了一个"螺旋运输机"，所不同的是螺旋叶片不是在金属管内而是在钻孔内回转，螺旋钻具在回转的同时还不断地前进即实现钻进。其优点为：

（1）由于螺旋钻杆能及时排出钻孔内煤粉，无重复破碎现象，而且能减少对煤壁的扰动，在软煤中钻进效率高。

（2）钻进过程中，螺旋钻进不需要冲洗介质，因而减少了配置和输送冲洗液的辅助工作，适合在井下无水或供水不足的情况下钻进，成孔率高。

（3）钻进辅助设备少，减少了搬迁、维修、保养等一系列工作，减少了工人的劳动强度，提高了钻进效率。

（4）由于螺旋钻具对孔壁扰动小，且由于螺旋钻杆叶片的阻挡作用，在松软突出煤层钻进过程中，可以减少钻孔喷孔现象的发生。

3. 中风压空气钻进

空气钻进是采用压缩空气作为冲洗介质，经钻杆内孔、钻头进入孔底，在钻杆柱与孔壁的环空间隙间形成高速气固混合流，钻屑以悬浮的方式被气流冲向孔口，从而实现排粉和冷却钻头。

在松软突出煤层中，空气钻进的主要优点有：

（1）相对于水力排粉而言，风压较小，防止了冲洗液压力过大对孔壁煤块的劈裂作用，对孔壁的破坏作用明显减小。

（2）由于压力风的密度和瓦斯的密度相差较小，不影响煤层中瓦斯的解析，孔壁煤层中的瓦斯能够自由快速地释放到冲洗介质（压力风）中，并且迅速地将增加的压力传递到孔外，一般不会引起瓦斯聚集和压力激增，从而不易诱发喷孔和对孔壁的破坏。

（3）与水力排粉相比，空气钻进的冲洗介质流量大，在压力的作用下，煤屑颗粒在水平钻孔内悬浮并随着气流跳跃式地向孔口运动，直至返出孔口。如果局部煤屑颗粒堆积较多，此处的风速势必增加，此时堆积的煤屑颗粒不仅会在风压压差的作用下前行，而且风速增加后的携渣能力大幅度增强，也会将煤屑颗粒迅速带走。

16.6.3 松软突出煤层空气钻进净化装置

空气钻进作为松软突出煤层钻进的有效方法之一，具有广阔的推广应用前景。但空气钻进尤其是中风压空气钻进,作业地点的煤尘不易控制。钻孔产生的煤粉在压力空气的作用下,经过长距离排粉过程更为破碎,含有破碎煤粉颗粒的含尘气体以较高速度从孔口喷出,造成孔口煤尘飞扬,施工现场的粉尘浓度甚至超过 500 mg/m^3,远远超过国家卫生标准的要求。如果不对钻孔产生的粉尘进行除尘处理,将会严重威胁工人的身体健康,并造成重大安全隐患。

松软煤层中空气钻进用除尘装置必须满足以下条件:

(1)煤矿井下巷道空间有限,钻孔密集、施工量大,设备搬迁频繁,要求除尘装置体积小、重量轻、安装简易、操作方便。

(2)钻进产生的粉尘颗粒分布较广,且不同性质煤层钻进产生的颗粒分布范围也不尽相同,一般在几微米至几毫米之间均有分布,故要求除尘装置除尘范围要大。

(3)煤矿井下的巷道空间相对封闭,不利于粉尘的扩散,要求除尘装置具有较高除尘效率。

煤矿井下松软煤层空气钻进除尘装置主要由孔口集尘器、排尘管和除尘器组成。孔口集尘器与孔口管配合收集钻孔产生的煤粉颗粒,煤粉颗粒在压力风的作用下顺着排尘管进入除尘器中。孔口除尘器主要分为水幕除尘器、多级无动力除尘器及动力除尘器等。其主要除尘原理分为惯性除尘、水浴除尘、文丘里除尘和旋风除尘等,针对不同粒径的煤粉颗粒进行分离。

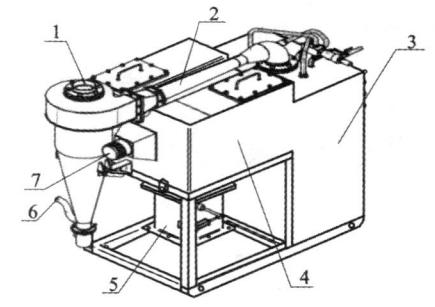

1. WDL - 20 型除尘器

WDL - 20 型除尘器(图16 - 49)由三级组成。第一级为惯性除尘,主要捕集钻孔产生的较大颗粒粉尘;第二级和第三级分别采用水浴除尘和文丘里除尘,主要处理钻孔产生的细小颗粒和呼吸性粉尘。该除尘器本身并无动力,带

图 16 - 49　WDL - 20 型除尘器
1—净气出口;2—文丘里除尘;3—水浴除尘;4—惯性除尘;5—卸灰口;6—排渣口;7—尘气入口

动除尘器工作的动力来源于中风压空气钻进返回孔口的残余风能。

WDL - 20 型孔口除尘器必须和集尘器配合使用,两者之间通过瓦斯抽采胶管相连,各设备在钻孔现场的布置如图 16 - 50 所示。

除尘器第一级下方设置有气动卸灰阀,翻板的起闭动作靠汽缸推拉来完成。汽缸活塞轴伸出时,卸灰阀关闭;汽缸活塞轴回缩时,卸灰阀打开,实现排渣。汽缸活塞动作通过机械换向旋钮控制(图 16 - 51)。

除尘器第二级水箱下部设置有水箱排渣球阀(图 16 - 52),打开后可以清理沉积在水箱内的污泥。第三级旋流器底部设置有旋流器排渣口(图 16 - 49)。

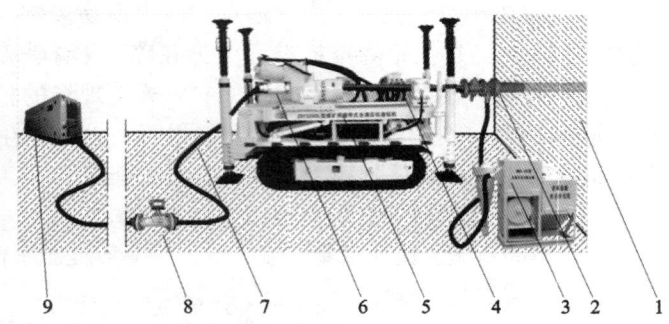

图 16 – 50   中风压空气钻进设备布置示意图

1—煤体；2—孔口集尘器；3—孔口除尘器；4—钻杆；5—钻机；6—送水器；7—风管；8—流量计；9—空压机

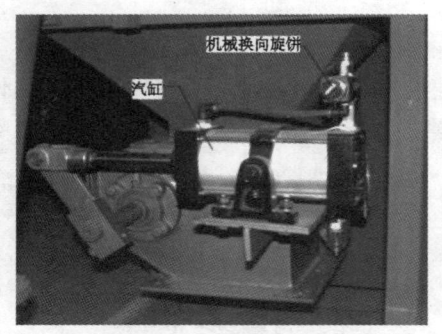

图 16 – 51   气动卸灰阀示意图

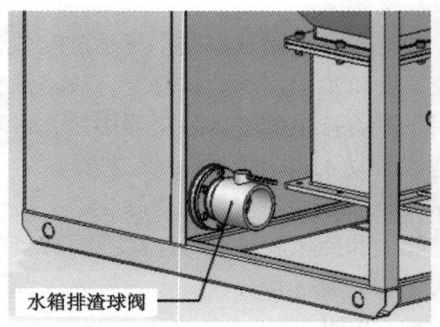

图 16 – 52   水箱排渣球阀

钻进前保证气动卸灰阀、水箱排渣球阀、旋流器排渣球阀均处于关闭状态。打开除尘器进水管截止阀向除尘器水箱中冲入足量的水。钻进时，保证除尘器入水口球阀为打开状态，可以根据现场情况调节水量大小，以保证除尘集尘效果。当停风时关闭进水球阀，以节省水源。

一般钻进 3 ~ 6 m 时，通过机械触动旋钮打开气动卸灰阀清理钻屑，但当遇到塌孔、排屑量增大等情况时，应增加排屑次数。正常钻进一个小班（8 h）后需要打开水箱排渣球阀和旋流器排渣球阀，清理箱内泥渣，检查并清洗水箱顶部和文氏管入口处的螺旋喷头，以保证除尘效果。

2. KCS – 11K 矿用孔口除尘器

KCS – 11K 矿用孔口除尘器主要适用于煤矿、金属矿山、隧道等工程中干式风排粉钻进成孔的粉尘治理，特别适用于含有甲烷气体爆炸危险性场所的钻孔粉尘治理。该除尘器采用水环真空泵为动力，使用环境不受瓦斯浓度的限制且负载能力强；集惯性、过滤、水浴、旋流等多种除尘原理于一体，除尘效率高；利用旋风分离脱水技术，脱水效率高；采用新型螺旋喷嘴喷雾，解决了普通除尘器喷嘴堵塞的难题。与湿式钻孔相比较，其耗水量小，避免了因耗水量大而使工作地点作业条件恶化的问题。其参数见表 16 – 10。

表 16 – 10　除尘器主要参数

项目名称	参数
处理风量/($m^3 \cdot min^{-1}$)	11
工作阻力/Pa	≤800
总粉尘除尘效率/%	≥99
呼吸性粉尘除尘效率/%	≥90
工作噪声/dB(A)	≤85
电机功率/kW	18.5
工作电压/V	380/660 或 660/1140
真空泵供水量/($L \cdot min^{-1}$)	30 ~ 40

3. KCS – 23QK 矿用气动水射流孔口除尘器

KCS – 23QK 矿用气动水射流孔口除尘器用于煤矿井下压风排粉钻孔施工时孔口除尘。该除尘器利用高压泵产生的高压水射流负压将钻孔粉尘吸入射流管，在射流管中与产生的水雾相结合排出，从而达到除尘、改善作业环境的目的。

该除尘器由集尘器、除尘管、泵站三部分组成。其中集尘器与除尘器管间采用瓦斯抽排胶管连接，除尘管与泵站间采用高压胶管连接。泵站主要由气动马达和高压泵组成，采用气动马达驱动高压泵，最大水压达 15 MPa，流量为 15 L/min。气动马达进气口与井下压风管路连接。泵站供水入口直接与井下静压水管路相连接，高压水出口与除尘管采用高压胶管连接。其参数见表 16 – 11。

表 16 – 11　KCS – 23QK 矿用气动水射流除尘器主要参数

项目名称	参数
马达额定气压/MPa	0.4
马达耗气量/($m^3 \cdot min^{-1}$)	1.0
总粉尘除尘效率/%	≥97
泵额定压力/MPa	15
额定处理风量/($m^3 \cdot min^{-1}$)	23
工作噪声/dB(A)	≤85

第 17 章　科学钻探

　　科学钻探是为地学研究目的而实施的钻探，它是通过钻孔获取岩心、岩屑、岩层中的流体(气体和液体)以及进行地球物理测井和在钻孔中安放仪器进行长期观测，来获取地下岩层中的各种地学信息，进行地学研究。只要是满足以上条件的钻探活动皆可称之为科学钻探，而不论其钻探的区域、钻孔的深浅和钻孔直径的大小。按照区域划分，可分为海洋科学钻探、大陆科学钻探(包括陆地钻探和湖泊钻探)和极地科学钻探。科学钻探的钻孔深度浅至数十米，深至数千米甚至上万米，世界上最深的科学钻孔(同时也是世界上最深的钻孔)是苏联完成的12262 m 深科拉超深钻。

　　地球为人类提供了资源、能源、生活的空间和生存的环境，但同时又给人类带来了地质灾害，如：地震、火山、泥石流等。人类为了本身生存的需要，迫切地希望了解地球。但迄今为止，人类对地球内部仍然所知甚少。长期以来，地球科学家们一直在运用地质、地球物理和地球化学等方法来探测与研究地球内部，但所获得的认识都是表面和间接的。科学钻探是唯一能获得地下深处真实信息和图像的地学研究方法，是人类解决所面临的资源、灾害、环境等重大地学问题不可或缺的重要手段，科学钻孔被誉为"伸入地壳的望远镜"。

　　科学钻探至少可以实现以下十个方面的地学研究目标：①了解地壳深部的过程、状态、结构、构造和成分，研究岩石圈动力学和演变；②查明地球物理界面和异常的本质，提高地球物理数据的解释精度——地球物理校正；③寻找深部矿产资源；④勘探与开发深部能源(常规碳氢化合物与非生物碳氢化合物和干热岩地热)；⑤开展地震和火山灾害预报监测；⑥勘探核废料和其他有害废料的储埋地点；⑦了解生物圈的性质和下界限；⑧研究地球的气候史以及全球气候和环境的变化；⑨研究陨石冲击和生物灭绝事件；⑩发展地质勘查技术，提高人类向地球深层空间探索奥秘的能力。

17.1 海洋科学钻探

17.1.1 海洋科学钻探发展简史

17.1.1.1 莫霍面钻探计划(Mohole Project)

世界上最早的科学钻探活动开始于海洋,第一个科学钻探计划是美国的"莫霍面钻探计划"。该计划于 20 世纪 50 年代末启动,钻探目的是要钻透莫霍面(地壳和地幔的界面),实现地学研究的重大突破。实施该计划采用了 CUSS1 号钻探船,第一口科学钻孔于 1961 年 3 月在地拉霍亚海岸附近施工,在水深 948 m 海底钻进了 315 m。由于实施该计划技术难度大且费用高昂,1966 年 8 月美国国会投票否决了对该计划的拨款预算,计划宣告终止。

"莫霍面钻探计划"虽然中途夭折,但其实施的意义重大,对于地球科学的发展起了不可估量的作用:一方面它开启了科学钻探的先河,宣告科学钻探作为一种新的地学研究方法开始得到应用;另一方面它证明了实施深海钻探获取洋底的沉积层和基岩样品在技术上是可行的。

17.1.1.2 深海钻探计划(DSDP)

1966 年 6 月,美国科学基金会(NSF)与斯克利浦斯海洋研究所签订合同,由科学基金会提供 1260 万美元,实施一项以揭示洋底上部地壳为目标的长期钻探计划,即"深海钻探计划"(Deep Sea Drilling Project,简称 DSDP),其做法是在世界各大洋施工数量较多但深度较浅的钻孔,广泛地采集沉积层样品和岩心。

该计划由地球深部取样海洋研究机构联合体(JOIDES)实施,由斯克利浦斯海洋研究所牵头,采用"格洛玛·挑战者号"科学钻探船。该计划起初由美国单独执行,后逐渐发展成有多国参加的国际性计划。"格洛玛·挑战者号"从 1968 年 8 月至 1983 年 11 月,在世界各大洋完成 96 个航次,航程 60 余万公里,在各大洋(北冰洋除外)624 个站位上钻孔 1092 口,取得了 9500 m 岩心。DSDP 的实施为验证大陆漂移和海底扩张以及创建板块构造学说,立下了丰功伟绩。科学家通过对洋底岩心的分析研究,在海洋的历史、古气候和古生物演化、海底火山喷发、沉积作用、海底矿产分布等研究方面,取得了重大科学成果。这对人们重新认识海洋、探讨地球的演化和重建中生代以来古海洋演变的模式,特别是对基础地质理论的发展,产生了深远的影响。

17.1.1.3 大洋钻探计划(ODP)

在 DSDP 进行到最后阶段时,学者们认为,有必要将深海和大洋的钻探继续下去,应该制定一项更长期的国际性大洋钻探计划,提出了新计划组织框架和优先研究的领域,"大洋钻探计划"(Ocean Drilling Program,简称 ODP)因此诞生。

ODP 从 1985 年 1 月开始实施，于 2002 年结束。

ODP 的学术领导机构是 JOIDES(地球深部取样海洋研究机构联合体)，具体的执行和实施(负责技术装备、钻头船管理、挑选上船学者、成果发表和储存管理部分岩心)机构是德克萨斯农工大学，哥伦比亚大学的拉蒙特—多尔蒂研究所负责测井工作。

参与该计划的最初有美国、德国、法国、日本、英国、加拿大、澳大利亚和代表 12 个国家的欧洲科学基金会，我国于 1998 年春天作为"参与成员"加入。ODP 每年的经费预算约为 4000 万美元，美国科学基金会是最大的出资机构，其他成员出资不一，其享有的权益(上船学者的人数和在各委员会和专题组中占的席位)与出资额成比例。

1985—1992 年间，"JOIDES Resolution"(JOIDES 决心号)钻探船，航行世界各大洋，钻探了 244 处洋壳，在 590 个钻孔中采取了 50 万个岩石样品，累计岩心长度 68 km。

深海钻探计划(DSDP)和大洋钻探计划(ODP)是 20 世纪地球科学规模最大、历时最久的国际合作研究计划，30 余年来在全球各大洋钻井 2889 口，取得的岩心长度超过 315 km。科学家通过研究，验证了大陆漂移和海底扩张假说以及板块构造理论；创立了古海洋学；揭示了洋壳结构和海底高原的形成；证实了气候演变的轨道周期和地球环境的突变事件；分析了汇聚大陆边缘深部流体的作用；发现了海底深部生物圈和天然气水合物，使地球科学取得了一次又一次重大突破。

17.1.1.4　综合大洋钻探计划(IODP)

大洋钻探计划(ODP)于 2003 年 10 月转入"综合大洋钻探计划(IODP)"。综合大洋钻探以"地球系统科学"思想为指导，计划打穿大洋壳，揭示地震机理；查明深部生物圈和天然气水合物；了解极端气候和快速气候变化的过程；为国际学术界构筑起新世纪地球系统科学研究的平台；同时为深海新资源勘探开发、环境预测和防震减灾等实际目标服务。IODP 的钻探范围将扩大到全球所有海区(包括陆架浅海和极地海区)，研究领域从地球科学扩大到生命科学，手段从钻探扩大到海底深部观测网和井下试验。美国、日本等国的投入有重大增加，IODP 年度总预算达到 1.6 亿美元，是 ODP 的 4 倍。

与 DSDP、ODP 仅仅依靠一艘钻探船的情况不同，综合大洋钻探计划的一个主要特点是将以多个钻探平台为主，除了"JOIDES 决心号"等非立管钻探船以外，日本斥资 5.4 亿美元建造的 50000 吨级立管钻探船"地球"号(Chikyu)也加盟到 IODP 计划中，一些能在海冰区和浅海区实施钻探的平台也加入了 IODP。

17.1.2　海洋钻探设备

17.1.2.1　ODP 钻探船

ODP 采用"JOIDES 决心号"钻探船。该船长 143 m、宽 21 m、排水量 18636 t,钻探能力为 9150 m,钻探最大水深能力为 8235 m,钻塔高出水线 61.5 m。它具有先进的动力定位系统和升沉补偿系统,可补偿船体随波起伏给取心钻进带来的不利影响,使钻探船在可在暴风巨浪条件下进行钻探作业。

钻机卷扬机的功率为 2058 kW,可提升 9150 m 长直径为 127 mm 的钻杆。采用电动式顶部驱动,其最大扭矩 55600N·m。钻机上配备了两台功率 1250 kW 的三缸泵。船上有 1400 m² 实验室,可供地质学各学科进行分析、测试和试验。随船携带了直径 127 mm 和 140 mm 钻杆共 9150 m。

ODP 钻进时没有安装孔口防喷器,因此不能在含石油和天然气的高压地层施工,在选择钻进地点时必须考虑这一点。另外,由于在钻探船与钻孔之间没有一个封闭的通道,无法实现泥浆循环,钻井泥浆从孔口直接排入海洋中。钻头多次进入钻孔时,需要依靠一个特殊的钻柱重返钻孔系统(重入锥)来完成。

17.1.2.2　IODP 钻探设备

2002 年 1 月 18 日,日本制造的大洋钻探船"地球"号在冈山县下水。该船长 210 m、宽 38 m、高 107 m,是一艘排水量 57500 t 的特大型"隔水管"钻探船(图 17 - 1)。

图 17 - 1　地球号钻探船

这艘钻探船最大的特色是具有泥浆循环和防喷设备,克服了"JOIDES 决心号"在此方面的弱点。它可在水深4000 m的海底钻进7000 m，在一个站位上可以连续工作6个月。借助于该钻探船，有望钻穿地壳、直达上地幔，实现几十年前莫霍面钻探计划的科学理想。

采用隔水管船（图17 -2）比常规的钻探船有以下几方面的好处：

（1）采用常规钻探船钻进时，由于没有泥浆循环的通道，故采用海水作为冲洗液。冲洗液冲洗钻头后，携带着岩屑直接排入洋中，因此不能使用泥浆，遇到复杂地层后无法采用泥浆措施来保护地层。而采用隔水管船可克服常规钻探船的缺点。

（2）采用立管和井口防喷器后，可在含石油的天然气高压地层钻进，而常规钻探船由于没有防喷设施，在选择打钻地点时都尽量避开含油、气地层。

（3）解决了海洋钻探钻头重入钻孔的难题，这一点对海洋深钻施工尤为重要，因为这种施工需要多次起下钻。

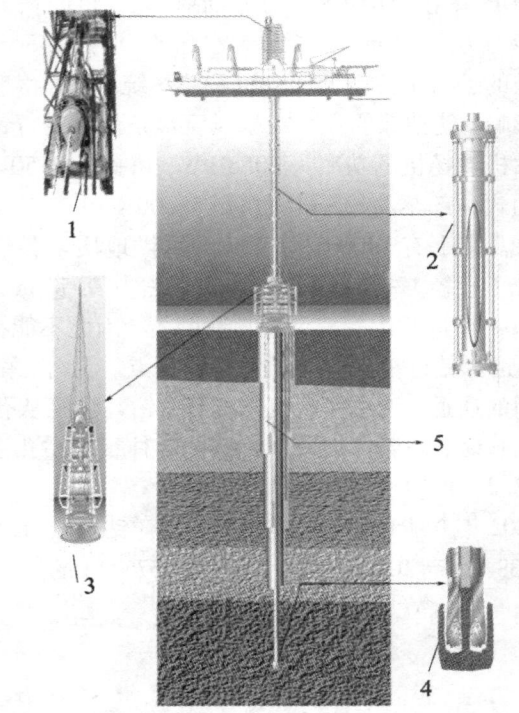

图17 -2　"地球"号隔水管钻探船的主要组成
1—顶驱；2—隔水管；3—防喷器；4—钻头；5—套管

（4）由于能建立泥浆循环，可以实现岩屑录井，对获取地学信息有利。

17.1.3　海洋钻探取心技术

17.1.3.1　海洋科学钻探采用的钻头

1. 牙轮钻头

海洋钻探遇到的地层十分复杂，有松软的沉积层和坚硬的基岩，软硬交替地层和破碎地层也经常遇到，因此采用牙轮钻头作为主要碎岩工具。牙轮钻头特点是对地层适应范围广、钻进效率高和寿命长，但牙轮钻头获取岩心直径较小。为保证岩心直径足够大，要求采用较大直径的钻头，ODP采用了直径251 mm（9⅞ in）的牙轮钻头。

采用不同的取心钻具时,要求采用不同的牙轮钻头,图 17 - 3 和图 17 - 4 分别表示了与活塞取心器(APC)和伸缩式取心管(XCB)配套以及与回转取心管(RCB)配套使用的牙轮钻头。

图 17 - 3　与活塞取心器和伸缩式
取心管配套使用的牙轮钻头

图 17 - 4　与回转取心管配套使用的牙轮钻头

2. 金刚石取心钻头

牙轮钻头虽然适应地层范围广,但取心质量和岩心采取率都较差。因此海洋取心钻进有时采用金刚石钻头。根据地层条件,可采用金刚石复合片钻头、表镶金刚石钻头和孕镶金刚石钻头。一般偏软和脆性岩层中采用复合片钻头;在坚硬岩层中采用孕镶金刚石钻头;岩层条件介于这两者之间时,采用表镶金刚石钻头。

17.1.3.2　ODP 绳索取心钻杆柱

海洋钻探一般深度较大,有时仅水深就有几千米。为了减少起下钻和钻头重入钻孔次数,DSDP 和 ODP 都采用了绳索取心方法,可显著节省施工时间。

ODP 钻进采用塔式绳索取心钻柱,可减轻钻柱重量,其设计钻深能力为 9150 m。整个钻杆柱由下部 6100 m 的 ϕ127 mm 钻杆和上部 3050 m 的 ϕ140 mm 钻杆组成。钻杆柱为内平、外加厚结构,内通径为 $4\frac{1}{8}$ in(105 mm),能适应于各种 ODP 取心、取样和测量器具。钻杆单根长度 9.65 m。钻杆柱主要技术参数见表 17 - 1。

表 17 - 1　ODP 绳索取心钻杆柱的技术参数

钻杆外径 /in	钻杆内径 /mm	钻杆体质量 /(kg · m^{-1})	带接头钻杆质量 /(kg · m^{-1})	钢级	抗拉强度 /t
5	108.6	29.04	32.91	S - 140	335
$5\frac{1}{2}$	114.3	39.72	47.50	S - 140	499

ODP 绳索取心钻杆每隔一年半到两年进行一次检查和修复。典型起钻速度为 550 m/h；下钻速度为 700 m/h。

17.1.3.3　海洋科学钻探的取心系统

自 1986 年开始执行"深海钻探计划"以来，海洋地壳取心钻探技术得到了持续的发展。针对不同的使用条件，研究和开发了一系列取心方法和工具。它们不仅能有效地用于大洋钻探，还可为大陆钻探所借鉴。

1. 超前式活塞取心器（APC）

超前式活塞取心器（图 17－5）专用在海洋沉积软层中取样。取心管端部有锋利的切入管鞋。在最大为 12.5 kN 水压作用下，取心管以 3～6 m/s 的速度钻进，超前钻头压入沉积层。然后，牙轮钻头回转钻进至取心管端部，打捞取心管。然后下入另一套取心管并重复以上过程。该方法取样深度已达到了洋底以下 300 m。由于取心管不回转并且超前钻头，因此排除了对样品的机械挠动和冲蚀，可获得高质量的样品。高

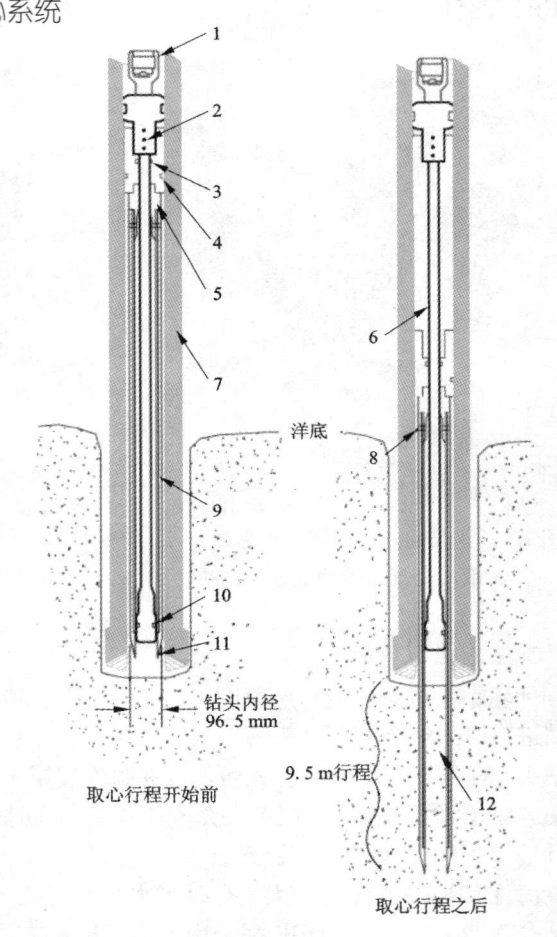

图 17－5　超前式活塞取心器（APC）

1—带定向的打捞头；2—剪销；3—内密封；4—外密封；5—快速释放机构；6—活塞杆；7—内径抛光的钻铤；8—Vents；9—塑料衬管；10—活塞头和密封；11—管鞋；12—岩心

速压入可有效地避免取样过程受船体升降运动的影响。取心管的长度为 9.5 m、外径为 96.5 mm，样品直径为 62 mm。系统中安放有磁性定向系统，用于确定样品的磁北方向，还可测量取样点的温度。取心器超前取心进尺 9.5 m 后，外部牙轮钻头跟进同样的长度，然后通过绳索打捞回收取心器，再下入空取心器，进入下一个循环。

2. 伸缩式取心器(XCB)

伸缩式取心器(图 17 - 6)用于软硬交变的地层。在软层中，岩心管在弹簧力作用下向前伸出，超前钻头一段距离(178 mm)，可避免钻头水口处喷出的高速液流冲蚀岩心。遇到硬岩后，岩心管遇到的阻力加大，弹簧被压缩，内管退缩至常规岩心管的取心钻进状态。取心管随钻头一起回转，其端部也有钻头，可切割直径为 60 mm 的岩心，钻头靠钻杆柱驱动。取心质量优于普通的回转取心钻进。岩心管长度为 9.5 m，该系统采用与超前式活塞取心器相同的孔底钻具组合。

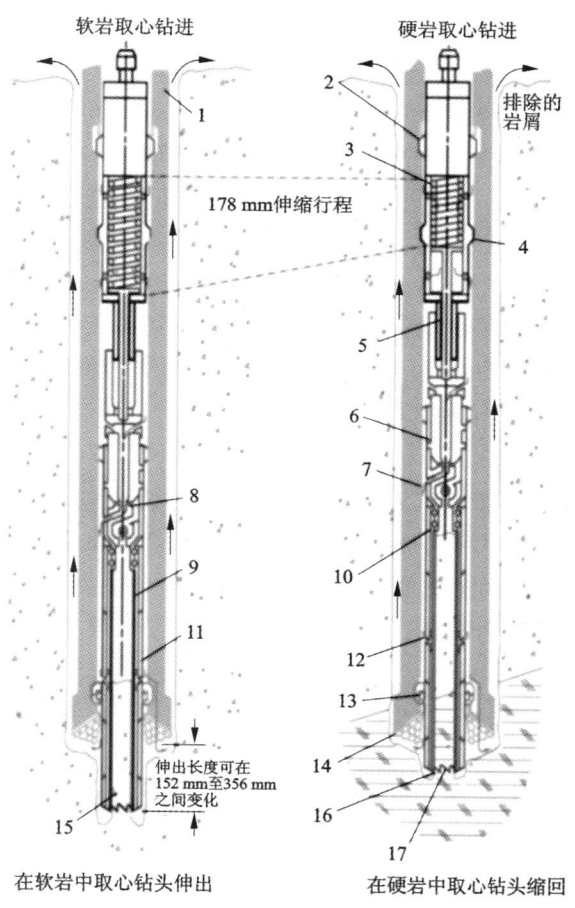

图 17 - 6　伸缩式取心管(XCB)

1—外管；2—弹卡；3—弹簧；4—悬挂台肩；5—芯轴；6—快速释放机构；7—冲洗液；8—文丘里管；9—不转动的岩心衬管；10—衬管轴承；11—可变通道接头；12—至取心钻头的冲洗液；13—钻头密封；14—牙轮钻头；15—岩心卡簧；16—循环喷嘴；17—取心钻头

3. 回转取心器(RCB)

回转取心器(图 17 - 7)用于中硬至硬的结晶沉积岩取心,由钻机动力驱动。采用四牙轮取心钻头,取心直径为 58.7 mm。采用单动双管,岩心管有效长度为 9.5 m。岩心管下端的卡簧接头内装有一个或两个岩心卡簧,可根据地层具体情况选用。这种取心器是大洋钻探取心系统中最牢固的。其机械钻速一般为 4 ~ 9.8 m/h,岩心采取率一般为 20% ~ 55%。不需要取心钻进时,可下入一个端部带切削具的中心塞,将取心牙轮钻头变成全面钻进钻头。

4. 金刚石取心器(ADCB)

金刚石取心器(图 17 - 8)在活塞取样器、伸缩式取心器和回转取心器使用效果不好的硬地层应用。该系统靠钻杆柱带动回转,采用 $6\frac{3}{4}$ in(171 mm)孔底钻具组合。其优点是:改善硬岩中的取心质量和岩心采取率(岩粉细、泵量小);改善钻孔稳定性(因为采用满眼钻具);改善电测井质量(孔壁平整度好,不容易损坏测井电极)。岩心管长度一般为 4.75 m,以减轻岩心堵塞,根据需要,也可将岩心管加长到 9.5 m。钻孔直径为 $7\frac{1}{4}$ in(184 mm),岩心直径为 83 mm。钻进时可根据地层情况,采用金刚石复合片钻头、表镶金刚石钻头或孕镶金刚石钻头。采用该系统钻进时,要求精确的钻压控制,因此需要采用主动式升沉补偿器。该系统不适合在软地层或卵砾石层中使用。

5. 压力取心器(PCS)

压力取心器主要用于采取天然气水合物样品,其结构如图 17 - 9 所示,它采用与活塞取样器、伸缩式取心管相同的孔底钻具组合。取心系统由钻杆驱动。内岩心管装满岩心后,通过绳索打捞器上提捞矛头,使球夹张开,钢球下落,封住泥浆循环通路,泥浆压力升高,上抬一个活塞,结果将取心内管拉入球阀以上的管内,并关闭球阀,使内管内的压力得以保持。该系统可使用的最大深度为 6500 m,可回收直径 43.2 mm、长度 0.99 m、最大原位压力为 700 kgf/cm^2 的岩心。该系统能防止岩心中的气体膨胀和液体漏失,可获得岩层原位状态的信息。岩心管被回收至地表后,送入专门的压力容器内,进行测试和评价。

6. 孔底马达驱动取心系统(MDCB)

孔底马达驱动取心系统用于软硬交替层、硬岩和破碎岩层。位于牙轮钻头内部的取心系统由孔底马达驱动,采用薄壁金刚石钻头,可在坚硬难钻的地层中获得高的钻进效率和好的取心效果。金刚石取心系统超前于牙轮钻头钻进一段距离后,用牙轮钻头再扩孔,内外钻进系统彼此独立。孔底动力头为级数 7:8 的螺杆马达,马达压降 8 MPa,排量 720 L/m,马达转速可达 410 r/min,功率为 96 HP。孔底马达取心系统的外径为 95 mm,岩心管长度为 4.5 m、岩心直径为 57 mm。

一个基于水压原理工作的给进器可提供内部金刚石取心钻进系统所需的钻压，通过更换不同流量喷嘴实现对钻压的控制。

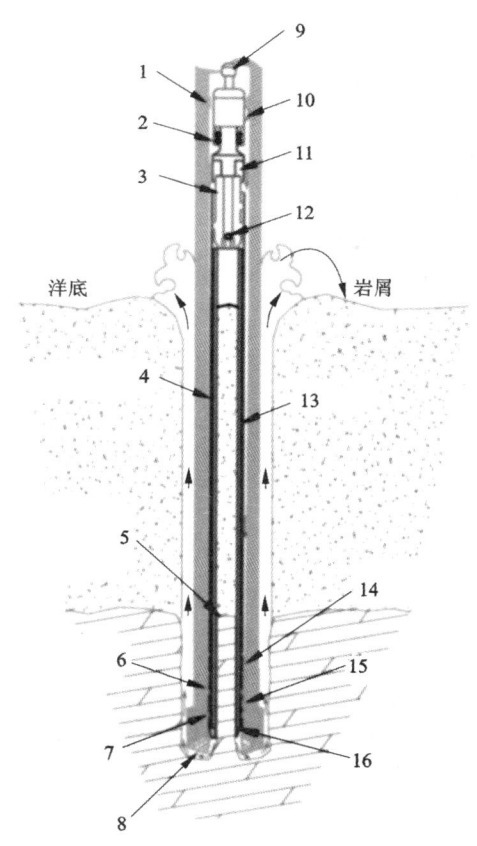

图 17 - 7　回转取心器（RCB）

1—可调的弹卡套；2—轴承组；3—快速释放机构；
4—不回转的内管；5—岩心尺寸：直径 62 mm、长度 9.5 m；
6—支承轴承；7—钻头密封；8—取心钻头（$9\frac{7}{8}$. O. D. X$2\frac{5}{16}$
in. I. D）；9—打捞头；10—弹卡；11—长度调节机构；12—
单向阀；13—岩心衬管；14—悬挂支承；15—浮阀；16—岩
心卡簧

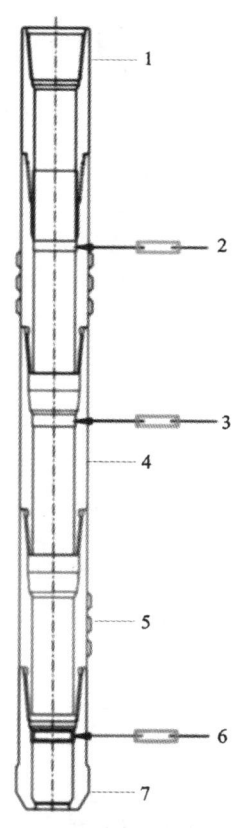

图 17 - 8　金刚石取心器（ADCB）

1—顶部接头；2—内管悬挂环；
3—内管扶正器；4—钻铤接头；
5—扶正器接头；6—内管扶正器；
7—金刚石钻头

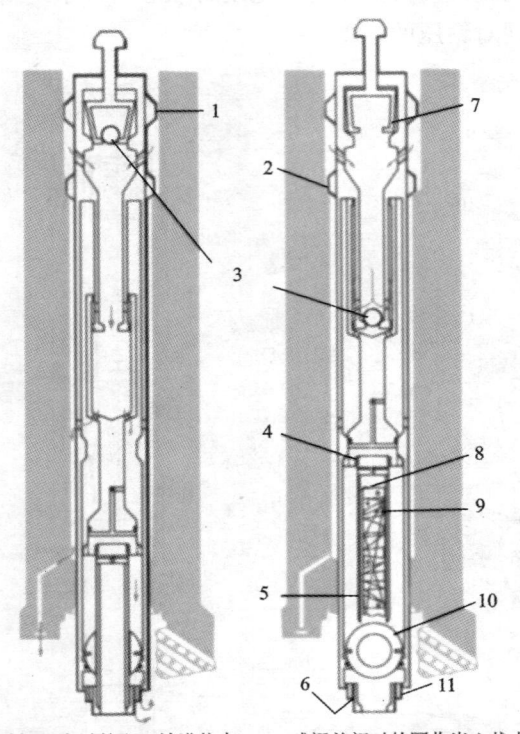

球阀开启时的取心钻进状态　　　球阀关闭时的回收岩心状态

图 17 – 9　ODP 压力取心器（PCS）

1—弹卡；2—悬挂台肩；3—钢球；4—轴承；5—卡簧；6—循环喷嘴；7—球夹；8—不转动的内管；
9—承压岩心（直径 42 mm、长度 864 mm、工作压力 70 MPa）；10—球阀；11—超前取心钻头

7. 金刚石取心钻进系统（ADCS）

金刚石取心钻进系统是地质钻探技术在大洋钻探中的应用。该系统的基本思路是，采用 $\phi89$ mm 地质钻探绳索取心钻杆在 $\phi140$ mm 的 ODP 钻柱（相当于套管）中钻进。$\phi89$ mm 钻杆由功率为 600 kW 的电动顶驱驱动，转速可在 $60 \sim 540$ r/min 之间调节。钻塔高度为 9.75 m。由于金刚石钻进需要精确控制钻压，在原来钻探船采取升沉补偿措施的基础上，专门配备了一台计算机控制的升沉补偿器。岩心管由长年公司 HQ – 3 钻具改进而成，岩心尺寸为 57 mm × 3 m。该系统是 ODP 取心钻探技术的新发展，其目的在于满足更深层位、更复杂地层的取心要求。该系统在 1800 m 水深条件下进行了试验，在洋底的熔岩层中钻进了 79 m，试验取得了成功。

17.2　大陆科学钻探

17.2.1　大陆科学钻探概况

17.2.1.1　早期大陆科学钻探

大陆地壳远比洋壳古老，隐藏有更多的地球奥秘，大陆还是人类直接居住、获取主要矿产与其他资源以及遭受地质灾害威胁最大的地方，因此人们迫切希望通过大陆科学钻探来更多和更深入地了解大陆。大陆科学钻探始于 20 世纪 70 年代，直到 1996 年 2 月国际大陆科学钻探计划正式成立之前，许多国家实施或参与了大陆科学钻探计划。

苏联制定了庞大的科学深钻计划，在一些主要的地震剖面的交点处，考虑布置 20 余个 7 ~ 12 km 的科学超深孔。1970 年开始钻进设计深度 15000 m 的科拉超深孔，至 1986 年达到 12262 m 孔深，成为当今世界最深的钻孔，并已成为世界第一个深部实验室（图 17 - 10）。苏联共实施了 11 个科学超深孔和深孔，除了科拉超深孔之外，其他的著名超深孔有萨阿特累超深孔、乌拉尔超深孔、克里沃罗格超深孔、第聂伯—顿涅茨克科学钻孔、秋明超深孔、迪尔劳兹深孔等。

图 17 - 10　科拉超深孔

KTB主孔(9101米)钻机

图 17 - 11　KTB 主孔

德国实施了举世闻名的"联邦德国大陆深钻计划（KTB）"，在华力西缝合带的结晶地块中先后钻了一个 4000 m 深孔（先导孔）和一个 9101 m 的超深孔（主孔），目的是研究地壳较深部位的物理、化学状态和过程，了解内陆地壳的结构、成分、动力学及其演变（图 17 - 11）。

美国实施了 10 多个科学钻探项目，钻孔深度都较浅，最深的只有 3997.45 m 的圣安德列斯断层科学钻探项目，其他已实施的科学钻探项目有索尔顿湖科学钻探项目、伊利火山链科学钻探项目、长谷地热勘探项目、瓦莱斯破火山口科学钻探项目、上地壳项目等。

1982 年，法国的科学家提出了 100 个需通过科学钻探解决的地学问题，从中选定了 12 个问题，计划实施科学钻探，已完成了 3 个，其钻孔深度分别为 900 m、1400 m 和 3500 m。

瑞典国家动力委员会在瑞典中部 Gravberg 地区的锡利扬陨石撞击构造，施工了一口 6950 m 深的科学探井，以寻找非生物成因的石油和天然气。

瑞典、瑞士和英国分别实施了以核废料储埋点勘察为目的的科学钻探，钻孔深度 1000～2000 m，最深的钻孔为 2500 m。加拿大等国均制定了大陆科学钻探计划，开展浅孔科学钻探工作。

日本制定了为期 10 年超深钻计划，拟在太平洋、菲律宾及亚洲板块结合带上打超深井。目前已施工了一些以火山和地震研究为目标的浅至中深科学钻孔。

17.2.1.2 国际大陆科学钻探计划（ICDP）

为了协调世界范围内的大陆科学钻探活动，减轻各国在实施该项活动时的成本和风险，实现成果共享，最终促进大陆科学钻探在地学研究中的推广应用，1996 年 2 月由德国、美国和中国发起成立了"国际大陆科学钻探计划（ICDP）"，其总部设在位于德国波茨坦的德国地学研究中心（GFZ）。ICDP 成立至今已 15 年，共有 24 个成员，包括德国、美国、中国、日本、墨西哥、波兰、加拿大、奥地利、冰岛、挪威、意大利、西班牙、瑞典、法国、以色列、捷克、南非、芬兰、新西兰、瑞士、印度和荷兰共 22 个国家，以及联合国教科文组织（UNESCO）和斯伦贝谢公司两个团体成员。

该计划从启动以来，已资助了数十个科学钻探项目（表 17 - 2），不断还有新的国家和团体加入或申请加入该计划。我国的"中国大别—苏鲁超高压变质带大陆科学钻探项目"、"青海湖科学钻探项目"和"白垩纪松辽盆地大陆科学钻探项目"先后被列为 ICDP 项目，得到了国际大陆科学钻探计划组织的资助。

ICDP 主要由理事会、执行委员会、科学顾问组和运作保障组组成。

（1）理事会（AOG，Assembly of Governors）负责制定政策并对财务和科学进行监督。每个成员国派一名代表担任理事。其主席经推举产生，任期 3 年，历任主席均由美国国家科学基金会地学部主任担任。我国由科技部派出人员（司长）担任理事。每年 10 月，ICDP 召开理事会会议，听取汇报和总结，计划下年度工作。

（2）执行委员会（EC，Executive Committee）由理事会授权管理 ICDP。EC 由 ICDP 各成员派一名代表组成。执委会主席对项目应实现的科学目标负有执行责任。EC 负责将科学顾问组审查、推荐的优选项目汇总为年度计划方案，并审核预算。执行委员会（EC）设置于德国波茨坦地学研究中心（GFZ），执委会主席由该中心主任艾默尔曼担任。我国由国土资源部（原地矿部）科技司派出一名人员担任 ICDP 执委会委员。ICDP 执委员每年 4 月召开年会，审查优选项目与预算。

（3）科学顾问组（SAG，Science Advisory Group）的任务是，对各国提出的项目建议进行审议，将具有科学上优先的项目推荐给执委会，作为列入 ICDP 长期和年度计划的考虑。SAG 由每个 ICDP 成员国派出 2 名地质学家组成，任期 3～5 年或更长。我国主要从中国地质科学院地质研究所、中国地质大学选择，经批准作为 SAG 成员。每年 4 月，SAG 成员参加 ICDP 会议，履行职责。

（4）运作保障组（OSG，Operational Support Group）的任务是为 ICDP 提供广泛的后勤保障，如为 EC 和 SAG 提供技术和科学联络，为钻探现场运作与管理提供科学和工程技术支撑等。

表 17-2　国际大陆科学钻探计划资助的科学钻探项目一览表

序号	项目名称	实施地点	科学目标	钻探施工情况
1	贝加尔湖科学钻探项目	俄罗斯贝加尔湖	研究全球气候变化和贝加尔湖沉积盆地的构造演化	施工了一系列取心钻孔，最深孔在湖底的深度达 600 m
2	切萨皮克湾撞击构造深钻项目	美国弗吉尼亚	研究陨石撞击的过程和产物以及对地下水资源、地层、海平面和气候的影响	施工 1770 m 深钻孔一口
3	希克苏鲁伯陨石坑科学钻探项目	墨西哥尤卡坦半岛	研究 6500 万年前发生在墨西哥尤卡坦半岛的陨石撞击事件（据说这次撞击导致了恐龙灭绝）	施工了一口 1800 m 深的连续取心钻孔
4	中国大陆科学钻探工程	中国江苏省东海县	研究大别—苏鲁超高压变质带的形成和折返机制	施工了一口 5158 m 深的连续取心钻孔
5	科林斯湾深部地球动力学实验室	希腊科林斯湾	通过在穿过活动断层的三个钻孔中安放仪器和观测，研究断层的力学特性以及流体对断层形态的影响	施工深度分别为 500 m、700 m 和 1000 m 各一口
6	夏威夷科学钻探	美国夏威夷	钻穿形成 Mauna Kea 火山的熔岩层，研究该火山形成的机制和火山深处的地下水的运动	设计孔深为 4500 m，全孔连续取心。1999 年开钻，钻到 3508 m 后由于孔内复杂问题施工停止
7	冰岛科学钻探	冰岛	研究通过钻探开采超临界状态（压力 221.2bar 和温度 374.15℃）的地热流体，改善地热能发电的经济性的可行性	设计孔深 4500 m，点取心，目前正在施工
8	博苏姆推湖科学钻探	加纳	研究陨石撞击构造、第四纪热带古气候以及陨石坑充填物微生物学	在西非地盾的结晶岩中一个直径 10.5 km 的陨石坑中施工一系列的浅钻
9	埃尔古古伊恩湖科学钻探	俄罗斯西伯利亚	研究冰、陆地与海洋之间的相互作用、北极气候系统以及北极与全球气候之间的关系	

续表 17 – 2

序号	项目名称	实施地点	科学目标	钻探施工情况
10	马拉维湖科学钻探	坦桑尼亚和莫桑比克	研究热带古气候、外延构造以及生物进化	在位于坦桑尼亚和莫桑比克的马拉维湖两个地点共采取 623 m 岩心
11	佩腾伊扎湖科学钻探	危地马拉	进行古地理、古气候和古生态史研究	施工了一系列 30～130 m 浅钻,共获取岩心 1320 m
12	青海湖科学钻探	中国青海湖	获取高精度的东亚古环境记录,研究区域的气候、生态和构造演变及其与其他区域和全球古气候变化的关系	在青海湖施工了 13 口取心浅钻,总进尺 547.9 m,最大孔深为 114.9 m。此外,还在湖边的陆地上施工了两口较深的钻孔,深度分别为 628.5 m 和 1108.9 m
13	的喀喀湖科学钻探	智利和玻利维亚	研究安第斯高原和亚马逊热带雨林的晚更新世事件的时间分布和性质	在位于智利和玻利维亚之间的的喀喀湖施工了 3 个钻孔,取得湖底沉积物岩心共 625 m
14	长谷地热勘探井	美国加利福尼亚	研究在一个正在扩张的岩浆房上部发生的地质过程	设计孔深 4 km,分阶段实施,1998 年 9 月完成第三阶段的施工,钻进到 2997 m
15	马里克 2002 天然气水合物科学钻探	加拿大马里克	了解天然气水合物的生产特性以及加拿大极地地区的气候对天然气水合物特性的影响	在加拿大马里克的永冻层中施工 3 口 1200 m 深井,其中一口是试验井,另外两口是观测井
16	Potrok Aike 火山湖科学钻探	阿根廷巴塔哥尼亚	研究 Potrok Aike 火山湖火山口的演化以及进行气候和环境的定量重建	施工深度 50～600 m 的一系列取心浅钻
17	库牢火山取心钻探项目	美国檀香山	研究火山作用	施工了一口 680 m 取心钻孔
18	圣安德列斯断层科学钻探项目	美国加利福尼亚	研究对板块变形和地震产生起控制作用的物理和化学过程,检验有关地震机制的理论,进行地震长期监测	施工了一口 3997.45 m 深的主孔,基本不取心,在主孔中施工了 4 口 250 m 深的连续取心分支孔,并建立孔底长期观测站
19	台湾车龙埔科学钻探	台湾车龙埔	调查 1999 年发生里氏 7.6 级 Chi – Chi 大地震后车龙铺断层的物理学状况	施工深度 1300 m 和 2000 m 钻孔各一口,皆为上部全面钻进、下部取心钻进
20	云仙科学钻探	日本	研究火山喷发机制和岩浆活动	共钻了 4 口孔,其深度分别为 750 m、350 m、1450 m 和 1800 m,主要采用点取心

17.2.1.3　中国大陆科学钻探工程项目

我国从 2001 年开始实施"中国大陆科学钻探工程",经历了 4 年时间,在江苏省东海县坚硬的结晶岩中施工了一口 5158 m 深的连续取心钻井("科钻一井"),目的是研究大别—苏鲁超高压变质带的折返机制。2005 年实施了青海湖科学钻探项目,采用 ICDP 的 GLD800 湖泊钻探取样系统,施工了一系列浅钻,该项目的目标是获取高精度的东亚古环境记录,研究区域的气候、生态和构造演变及其与其他区域和全球古气候变化的关系。2006—2007 年在大庆实施了"松科一井"项目,施工了深度分别为 1810 m 和 1915 m 的两口取心钻孔,以研究白垩纪地球表层系统重大地质事件与温室气候变化,设计深度超过 6000 m 的"松科二井"已完成设计。汶川特大地震发生之后,从 2008 年 10 月开始,我国组织实施了旨在研究地震机制和进行地震监测预报的"汶川地震断裂带大陆科学钻探",该项目计划施工 5 口科学钻孔,钻孔深度范围为 550 m 至 2200 m。

迄今为止,世界上已有不少国家实施过或正开展大陆科学钻探活动,各国在科学深钻实践中,根据本国钻探技术水平和科学深钻项目的具体情况,采取了不同的钻探技术体系。了解这些钻探技术体系的特点和优、缺点,对于未来科学钻探项目的设计具有重要意义。以下对几个典型的科学深钻项目及其钻探技术进行介绍。

17.2.2　科拉超深孔钻探技术

俄罗斯(苏联)是世界上最早和最大规模的进行科学钻探的国家之一。该国在结晶岩中施工了大量的取心科学深孔和超深孔。这些钻孔的施工,基本上都采用连续取心,并毫无例外地采用了统一的钻探技术体系(包括:钻探设备、钻进工艺方法和器具)以及钻孔结构和套管程序设计原则,形成了具有鲜明特色的俄罗斯(苏联)结晶岩科学深钻技术。现以科拉超深钻为例,来介绍苏联的科学深钻技术。

1.钻孔结构、套管程序和钻进施工程序

俄罗斯(苏联)在结晶岩中施工科学深孔和超深孔采用的钻孔结构、套管程序和钻进施工程序,遵循的设计原则是"超前孔裸眼钻进方法(Advance Open Borehole Method)"。采用该方法进行钻孔设计和施工的基本思路如下:设计时先不确定整个钻孔的钻孔结构和套管程序,而仅考虑钻孔的上部,一般仅确定第一层(有时到第二层)套管的深度,因为上部的地质和地球物理资料还是比较可信的。开孔、钻穿松散层并进入稳固的基岩后,下入孔口管并用水泥固结。在固定套管内下一层可回收的活动套管,然后以较小的直径,即能获得最佳技术经济指标的直径(一般是 $8\frac{1}{2}$ in)往下钻所谓的"超前孔"。如果遇到复杂情况必须下套管护孔时,将活动套管拔出,扩孔钻进穿过不稳定层,并下套管和固井,然后继续下一步的钻探施工。根据套管直径和钻孔深度情况，可能在新下的技术套管内再悬挂一层活动套管。

这种施工方法的特点是：钻孔结构和套管程序设计留有余地，可应付复杂情况。如果岩层稳定，可尽量采用裸眼和小尺寸钻头钻进。一则可保证较高的钻进效率；二则可简化孔身结构，减少下套管的数量，最终降低施工成本。苏联在结晶岩中施工的所有科学钻孔都采用了这种施工方法，施工实践充分地证实了该钻探技术的有效性。

2. 取心钻进工艺方法

科拉超深钻施工是连续取心钻进，采用 216 mm × 60 mm 牙轮钻头以及涡轮马达孔底驱动，通过提钻回收岩心。

涡轮钻输出转速高，须减速后才能用于驱动牙轮钻头。俄罗斯石油钻井研究院彼尔姆分所研制的行星减速器，通过调节其级数和减速比，可将输出转速控制在 30～300 r/min 之间。该所新研制的涡轮系统可耐温 350℃。涡轮钻使用时配有机械转速遥测系统，测出马达的回转速度后，以泥浆压力脉冲的方式将信息传至地表。

在科拉超深钻探中，苏联研制和采用了三种主要的取心钻具及其改进产品：КТД4С - 195 - 214/60 - 80 涡轮钻具、КДМ - 195 - 214/60 取心钻具和 МАГ - 195 - 214/60 水力输送岩心钻具。

3. 铝合金钻杆柱

钻杆柱是钻探施工中一个非常关键的技术环节，对于超深钻施工更是如此。钻杆柱在钻进中要承受自重、扭矩、振动、摩擦引起的附加阻力和温度等多项载荷的复合作用，工作条件十分恶劣。当钻孔超过某一深度后，单是钻杆柱的自重就会使钻杆柱发生破坏。目前最好的钢钻杆也只能用到 10000 m 的深度（表 17 - 3）。

表 17 - 3　不同钢级的钻杆可下入的孔深

钢级	D	E	P	S	V	U
最低屈服强度/Psi	55	75	105	135	150	170
可下入孔深/m	3444	4663	6523	8382	9327	10577

科拉超深钻的设计井深是 15000 m，采用钢钻杆柱不能满足施工要求。苏联在施工科学超深孔时广泛采用了铝合金钻杆柱，表 17 - 4 是几种超深孔施工常用的铝合金钻杆材料，它们具有不同的机械性能和耐温能力，施工时可分别用于不同的孔段。

尽管铝合金的强度比钢的要低，但铝合金的比重比钢要低得多，钢钻柱的重量为铝合金钻柱重量的 2.5 倍，铝合金钻柱中由于钻柱自重引起的应力比钢钻柱的小得多，因此铝合金钻柱显示出更大的钻深潜力。由于铝合金钻柱重量轻，这种钻柱还具有以下优点：

（1）对钻机负荷要求要小得多。设计深度 15000 m 的科拉超深孔钻机(铝合金钻杆)的大钩负荷为 500 t，而德国 12000 m 超深孔钻机(钢钻杆)的大钩负荷为 800 t。

（2）可加速起下钻过程。试验结果表明，采用铝合金钻柱比钢钻柱可节省 35% 起钻时间和 17% 下钻时间。

表 17－4　用于苏联超深孔钻进的铝合金材料

合金牌号	合金类型	屈服极限/MPa	耐温能力/℃
01953	Al－Zn－Mg－Cu	490	100
Д16T	Al－Cu－Mg	300	150
AK4－1	Al－Cu－Mg－Fe－Ni	280	200

4. 取心钻进施工技术、经济指标(表 17－5)

表 17－5　科拉超深孔的取心钻进技术、经济指标

孔段/m	取心回次	取心进尺/m	岩心长度/m	岩心采取率/%	回次进尺长度/m
0～4673	612	4186	2239	53	6.8
4673～7263	240	1844	410	22	7.7
7263～9008	144	1034	414	40	7.2
9008～11500	221	2172	637	29	9.8
合计	1217	9235	3700	40	7.6

17.2.3　联邦德国大陆深钻计划(KTB)

联邦德国大陆深钻计划(KTB)是德国第一个大规模地学研究计划。该计划的目的是，通过施工科学超深井获取地学信息，"进行关于地壳较深部位的物理、化学状态和过程的基础性调查和评价，以了解内陆地壳的结构、成分、动力学和演变"。该计划由德国联邦研究与技术部提供总计 5 亿马克的资助，执行时间为 1985—1994 年。项目的钻探施工包括两口钻孔，即 4000 m 深的 KTB 先导孔和 9101 m 深的 KTB 主孔。

1. "双孔方案"

所谓的"双孔方案"是科学深钻施工的一种新战略，即在钻深孔或超深孔之前，先在深孔或超深孔孔位附近钻一口直径相对较小、深度相对较浅的先导孔。后钻的深孔或超深孔称之为主孔。一般万米超深孔的先导孔深度为 3000～5000

m。主孔与先导孔的关系十分密切，其钻探和测井技术方案都要受先导孔施工的影响。按此战略施工万米超深孔，至少分为三个阶段：

第一阶段：在主孔附近，采用连续取心的方法，钻进深度为 3000～5000 m 的先导孔。在该孔中进行大量的测井。

第二阶段：钻进主孔的第一部分，即与先导孔深度相同的孔段，深度为 3000～5000 m。由于钻先导孔时已全孔取心并进行了大量测井，故主孔在此孔段基本不取心和仅进行少量的测井。此时，钻探技术的重点主要是垂孔钻进，就是把孔钻得尽量直，为超深孔段的顺利实施打下好的基础。全面钻进有利于采用垂直孔钻进技术。

第三阶段：从第二阶段达到的深度钻到主孔的终孔深度。

施工先导孔有以下一些好处：

（1）减少主孔取心钻进和测井的工作量和成本。因为钻先导孔时是连续取心并进行了大量测井，故可基本免除主孔此段的取心和测井。先导孔比主孔直径小很多，主孔此段的施工成本因此节省较多。

（2）验证预测的温度剖面，为主孔深度设计提供重要依据。

（3）提供有关复杂岩层，如漏失层、涌水层和破碎带以及地层压力梯度的信息，为主孔的钻探技术设计提供依据。

（4）检验和标定将用于主孔的钻进和测井的工具、仪器和方法。

（5）为以后钻孔间的地学实验提供基础。

德国实施的 KTB 计划（联邦德国大陆深钻计划）采用了"双孔方案"，其先导孔的深度为 4000 m，主孔深度为 9101 m。

2. KTB 先导孔钻进工艺方法

KTB 先导孔施工采用了一套所谓的"组合式"钻探技术，即在石油转盘钻机上加装一套高速回转的顶驱系统，并采用金刚石绳索取心钻进工艺方法。科学深孔和超深孔的终孔直径一般都较大（由于须采用石油测井仪器的缘故），现有的岩心钻探设备因其承载能力太低而不堪此重任，通常的解决方法是采用石油转盘钻机。石油钻机的转盘转速太低，不能满足金刚石钻进的要求，为此须在转盘钻机上加装一套高速回转的顶驱系统。KTB 先导孔施工采用了一套液压顶驱系统。先导孔取心钻进主要采用 $\phi152/94$ mm 孕镶金刚石取心钻头，采用 $\phi140$ mm 外平、内加厚绳索取心钻杆。

3. KTB 先导孔钻进施工技术、经济指标

KTB 先导孔取心钻进分别采用了牙轮钻头、表镶金刚石钻头和孕镶金刚石钻头，取得的技术经济指标见表 17-6。

表 17-6　KTB 先导孔钻进技术经济指标

指标 \ 钻头类型	牙轮取心钻头（φ270/101.6 mm）	金刚石取心钻头（φ152/94 mm）	
		表镶钻头	孕镶钻头
使用钻头个数	9	9	62
钻头寿命/m	42.5	36.5	47.9
机械钻速/(m·h⁻¹)	1.25	1.7	
取心回次长度/m	6.2	3.6	
岩心采取率/%	42.8	97	

注：钻进的岩石主要为片麻岩和角闪岩。

4. KTB 主孔取心钻进工艺方法

KTB 主孔距先导孔 200 m 远，其完钻深度为 9101 m。因为先导孔取心钻进到了接近 4000 m 深度，所以主孔 4000 m 以上未进行取心。主孔中采取"点取心"的方式取心钻进，从孔深 4138.2 m 到 8100 m 左右，总共完成了 40 个回次的取心工作，取心钻进总进尺 189.6 m，采取岩心总长 83.4 m。

在取心钻进中使用了下述取心钻具：

（1）14¾ in 牙轮钻头取心钻具：14¾ in × 4 in 取心牙轮钻头，11 m 长的取心双管，11¼ in 螺杆马达；

（2）14¾ in 超前式取心钻具；

（3）14¾ in 柔杆连接的矿山金刚石取心钻具；

（4）12¼ in 牙轮钻头取心钻具：12¼ in × 4 in 取心牙轮钻头，6.1 m 长的取心双管，9½ in 螺杆马达；

（5）12¼ in 大直径薄壁金刚石钻头取心钻具：12¼ in × 9¼ in 孕镶金刚石钻头取心钻头，6 m 长的取心双管，9½ in 螺杆马达。

5. KTB 主孔取心钻进的技术、经济指标

KTB 主孔取心钻进的技术经济指标见表 17-7。

表 17-7　KTB 主孔取心钻进技术经济指标

钻进阶段/in	取心钻进系统	取心回次数	取心进尺/m	岩心长度/m	岩心采取率/%	平均钻速/(m·h⁻¹)	平均钻头寿命/m
14¾ in	牙轮钻头取心钻具	20	140.7	54.79	38.9	0.87	20.1
	超前式取心钻具	4	0.5	0	0		
	柔杆连接的矿山金刚石取心钻具	1	1.9	0	0		

续表 17 - 7

钻进阶段/in	取心钻进系统	取心回次数	取心进尺/m	岩心长度/m	岩心采取率/%	平均钻速/(m·h⁻¹)	平均钻头寿命/m
	合 计	25	153.1	54.79	38.9		
12¼ in	牙轮钻头取心钻具	6	25	12.8	51.2	0.82	6.25
	大直径薄壁金刚石钻头取心钻具	8	21.5	15.83	73.6	0.42	5.38
	合 计	14	46.5	28.63	61.6		
8½ in	未进行取心钻进	0					
6½ in	标准金刚石钻头取心钻具	1	0	0	0		
	总 计	40	189.6	83.42	44		

17.2.4 美国卡洪山口科学钻孔

美国于 1986—1988 年在加州的圣安德列斯断层施工了一口 3510 m 的科学钻孔,目的是研究断层的热流和地应力之间的关系和断层动力学,并通过在钻孔中安放仪器进行地震监测。该项目的钻进施工分阶段实施,钻孔原设计终孔深度 5000 m,目前孔深 3510 m 是第二阶段的深度。钻进的岩层为砂岩、花岗闪长岩、花岗岩和片麻岩。

1. 钻探技术

项目的钻探承包商是 Parker 钻探公司。钻孔设计时,考虑到缺乏适用于 5000 m 深度和 6⅛ in 钻孔直径的金刚石绳索取心钻进系统和相应的钻探设备,所以采用了接近于石油钻井的钻探技术体系。采用 No.193 转盘钻机,主要是全面钻进,采用点取心,取心钻进比率仅为 5% 左右。为在硬岩中获得较好的钻进技术指标,取心钻进主要采用孕镶金刚石钻头,少量采用表镶金刚石钻头,并采用螺杆钻具和涡轮马达来驱动金刚石钻头。

2. 取心钻进技术经济指标

卡洪山口科学钻孔取心钻进获得的技术经济指标见表 17 - 8。

表 17 -8 卡洪山口科学钻孔取心钻进技术经济指标

钻头类型	回次数	岩石类型	取心段长/m	平均回次进尺/m	平均钻速/(m·h⁻¹)	平均岩心采取率/%
SS - 6	11	砂岩、花岗岩	39.2	3.56	3.56	76
SS - 8	3	花岗岩	8.7	2.9	0.49	95
IMP - 6	12	片麻岩、花岗岩	32.1	2.68	1.22	71

续表 17 - 8

钻头类型	回次数	岩石类型	取心段长/m	平均回次进尺/m	平均钻速/(m·h⁻¹)	平均岩心采取率/%
IMP – 8	8	花岗岩	26.2	3.28	0.88	94
合计	34		106.2	3.12	1.06	80.5

注：SS – 6—$6\frac{1}{2}$ × 4 in(165.1 × 101.6)表镶金刚石钻头；SS – 8—$8\frac{1}{2}$ × $5\frac{7}{8}$ in(215.9 × 149.2)表镶金刚石钻头；IMP – 6—$6\frac{1}{2}$ × 4 in(165.1 × 101.6)孕镶金刚石钻头；IMP – 8—$8\frac{1}{2}$ × $5\frac{7}{8}$ in(215.9 × 149.2)孕镶金刚石钻头。

3. 圣安德列斯断层科学钻探项目概况

卡洪山口项目结束之后，美国的地学界一直持续开展对圣安德列斯断层的研究，2003 年启动了圣安德列斯断层科学钻探（SAFOD）项目，通过施工深钻获取地学信息，研究对板块变形和地震产生起控制作用的物理和化学过程，检验有关地震机制的理论，进行地震长期监测。

该项目计划施工两口钻孔，包括一口 2500 m 的先导孔和一口穿越 3.2 km 深处的地震断层的主孔，在主孔中还要施工一组共 4 口长度分别为 250 m 的连续取心钻孔（图 17 – 12）。目前实际的实施情况是：完成了一口深度 2169.57 m 的先导孔和一口深度 3997.47 m 的主

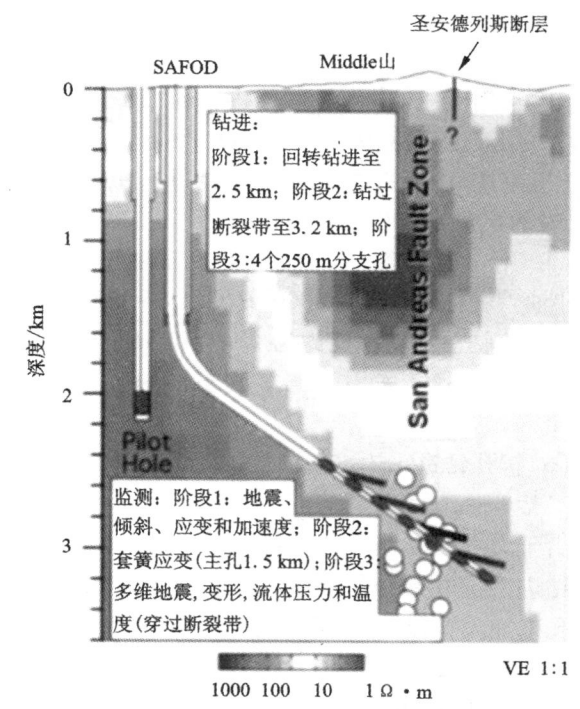

图 17 – 12　圣安德列斯断层科学钻探项目的钻探技术设计

孔。在主孔中通过开窗侧钻，施工了 2 口分支孔，其中的一口由于孔内事故而放弃，另外一口穿透了地震断裂带并进行了点取心。该项目钻探施工中取心很少，先导孔没取岩心，主孔及其分支孔钻进时进行了点取心，取心钻进总进尺 72.05 m，平均岩心采取率为 87%。

17.2.5　夏威夷科学钻探项目

夏威夷科学钻孔的设计孔深为 4500 m，要求全孔连续取心，取心钻进的钻孔直径为 $3\frac{7}{10}$ in(98 mm)。所钻的地层是火山喷出的玄武岩，岩层中气孔较多，属于相对比较好钻的岩层。地层比较破碎，要求下较多套管保护孔壁。地层的页理或片理不发育，各向同性好，钻进时不易产生孔斜。由于有地下水循环，岩层的地温梯度低(1000 m 先导孔的地温梯度为负值)，有利于钻进施工。

1. 取心钻进系统的特点

为完成以上条件下的钻探施工，采用了一种组合式的钻探技术，即在常规的石油转盘钻机上加上一套取心钻进系统，形成一套能在深孔和硬岩中进行取心钻进的钻探设备。其中，转盘钻机用于扩孔、下套管、固井和起下钻具，取心钻进系统用于取心。

组合式取心钻进系统是 DOSECC(地球陆壳钻进、观察和取样组织)专门为科学钻探中的深孔取心钻进研制的，该系统的主要特点如下：

(1)采用液压油缸给进，给进行程 7.6 m，加减压能力 112.5 t。

(2)用液压顶驱，转速 0～900 r/min。

(3)采用 2 台三缸柱塞泥浆泵进行取心钻进，最高泵压 140 kg/cm^2，350 r/min 时的泵量为 340 L/min。

(4)用一套特殊的绳索取心钻杆柱。钻杆柱由两部分组成，上部是 $3\frac{1}{2}$ in Hydril 油管管柱，下部是 6000 英尺(1829 m)Longyear 公司的 HMQ 绳索取心钻杆柱，该复合钻柱的钻深能力为 4 in(101 mm)钻孔直径 6000 m 深。

(5)取心钻进采用孕镶金刚石取心钻头，钻头内、外径分别为 61 mm 和 98 mm。

(6)扩孔钻进采用带导向的硬合金镶齿牙轮钻头。

2. 钻进施工程序

由于大直径取心钻进成本高、效率低，采用的钻进施工程序是：采用组合式取心钻进系统进行小直径取心钻进(全孔的取心钻进孔径统一为 98 mm)，然后通过扩孔来加大孔径。若需要扩孔的直径较大，可通过两次扩孔来完成。

钻孔施工按设计分为三个阶段：第一阶段从开钻到孔深 1800 m(6000 ft)；第二阶段从 1800 m(6000 ft)钻进到 3300 m(11000 ft)；第三阶段从 3300 m(11000 ft)钻进到终孔深度 4350 m(14500 ft)。现已完成第一和第二阶段的施工。

3. 取心和扩孔钻进技术经济指标

该项目的第一和第二阶段施工相当顺利，事故较少，钻进速度较高。以下是一些统计的钻进施工技术经济指标：$3\frac{17}{20}$ in 取心钻进的平均钻进速度(包括回收岩心)为 2.35 m/h，平均钻头寿命为 297 m；从 $3\frac{17}{20}$ in 扩到 $12\frac{1}{4}$ in 时的扩孔钻进速度平均为 2.22 m/h；从 $12\frac{1}{4}$ in 扩到 $17\frac{1}{2}$ in 时的扩孔钻进速度平均为 2.30 m/h。

该孔在第三阶段遇到孔内复杂问题后停止施工。

17.2.6　中国大陆科学钻探工程——科钻一井钻探技术

"中国大陆科学钻探工程(CCSD 科钻一井)"是"九五"国家重大科学工程项目,也是国际大陆科学钻探计划(ICDP)项目。该项目的目的是,在具有全球地学意义的大别—苏鲁超高压变质带东部(江苏省东海县),实施中国第一口 5000 m 科学深钻,利用从钻孔中获取的岩心及液、气态样品分析数据和信息以及原位测井数据,进行地学研究,达到研究超高压变质带的形成与折返机制为主的一系列地学目标。该项目由国土资源部组织实施,具体实施工作由设在中国地质调查局内的中国大陆科学钻探工程中心承担。中国大陆科学钻探工程项目的科钻一井于 2001 年 6 月 25 日开钻,2005 年 3 月 8 日钻达 5158 m 深度,圆满地完成了钻进任务,于 2005 年 4 月 18 日正式竣工。

　1. 科钻一井施工战略

中国大陆科学钻探工程中心根据科钻一井的施工要求和钻探技术难题,在广泛汲取各国科学钻探经验的基础上,创造性地将"组合式钻探技术"、"灵活的双孔方案"和"超前孔裸眼钻进方法"有机地结合起来,形成了一套独具中国特色的坚硬结晶岩取心深钻施工的技术体系,该技术体系对科钻一井成功实施起到关键性作用。

"组合式钻探技术"是石油钻井技术和地质岩心钻探技术的有机结合,即以石油钻井设备为平台,采用薄壁孕镶金刚石取心钻头为主的金刚石取心钻进工艺方

图 17 - 13　科钻一井井场

法,以高转速、低钻压、小泵量的钻进参数,实现坚硬岩石高效取心钻进。钻一井施工采用了国产的 ZJ70D 电动钻机(图 17 - 13)。

采用双孔方案的目的是减轻施工的风险,保证钻进施工成功。"灵活的双孔方案"是在德国 KTB 科学钻探项目中应用的双孔方案的基础上发展而成,它实质上是两种施工程序根据不同施工效果而灵活运用的一套整体方案。第一种程序是:先施工 2000 m 的先导孔,全井取心,然后在距先导孔 100 m 左右的地点施工 5000 m 主孔,主孔上部 2000 m 可不取心。第二种程序是:如果先导孔施工质量优良以及钻井结构不复杂,可以直接在先导孔基础上扩孔、下套管后进行主孔取心钻进,实现二孔合一。由于科钻一井先导孔井斜不大,井身结构不复杂,科钻

一井施工成功实现了"二孔合一"方案(图 17-14)。

2. 科钻一井取心钻进技术

由于国内从未实施过这样高难度的钻井工程,科钻一井施工时没有现存的取心钻探技术可用。为了解决这个问题,在施工前的准备阶段进行了大量技术研究与开发,在科钻一井施工中对多种取心钻进方法进行了对比试验,从中优选最佳的方法。在科钻一井中共试验过 8 种取心钻进方法,结果(表 17-9)表明,螺杆马达 - 液动锤 - 金刚石提钻取心钻进方法(图 17-15、图 17-16)效果最佳,科钻一井的取心钻进施工主要采用了该方法。

螺杆马达和液动锤都是靠泥浆驱动的井底动力钻具。螺杆马达驱动的特点是钻杆柱不回转,具有能减小功耗、降低钻具磨损和对孔壁的干扰、防止事故的优点。液动锤是一种具有冲击钻进功能的钻具,可以大幅度提高钻进效率和取心回次进尺长度,并具有减轻井斜的功效。这两种先进的井底动力钻具与金刚石取心钻具结合在一起后,

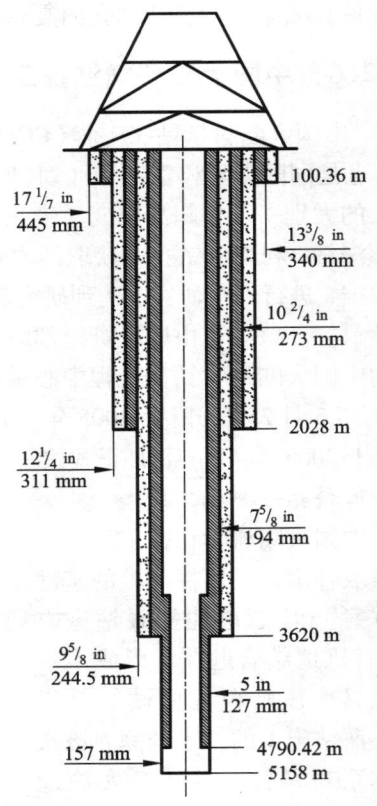

图 17-14　科钻一井的套管程序

形成了一种新型的、多优点的组合式取心钻进系统。与普通的取心钻进系统相比,机械钻速提高 50% ~ 100% ,取心回次进尺长度提高 1 倍以上,可减轻井斜,且施工安全性高,因此是一种高效、优质、安全和低成本的深井取心钻进系统。

表 17-9　CCSD 科钻一井取心钻进数据

取心钻进方法	钻进回次	进尺/m	回次长/m	机械钻速/(m·h⁻¹)	岩心采取率/%
转盘取心钻进	12	19.55	1.63	0.47	58.2
顶驱取心钻进	8	5.87	0.73	0.36	5.1
顶驱绳索取心钻进	5	7.62	1.52	0.63	13.8
顶驱液动锤绳索取心钻进	3	8.27	2.76	0.89	99.5
螺杆马达绳索取心钻进	8	6.72	0.84	0.33	71.9
螺杆马达取心钻进	398	908.36	2.28	0.74	88.2
螺杆马达液动锤取心钻进	640	4038.88	6.31	1.13	85.8
总　计	1074	4995.27	4.65	1.02	86.0

图 17 - 15　螺杆马达和液动锤

图 17 - 16　金刚石取心钻头

施工中采用的主要钻进规程参数如下：钻压：20 ~ 30 kN；转速：170 ~ 330 r/min；排量：8 ~ 12 L/s；泵压：随着井深和排量的增加而升高，在 4 ~ 16 MPa 范围内变化。

在井深 1634.38 m 以下，为了克服孔壁对钻具的摩阻，使钻压更有效地传递到钻头上，采用了"双回转"方式，即在螺杆马达回转的同时，转盘带动钻杆柱缓慢回转。不过转盘转速很低，仅为 12 r/min，因此不会对孔壁稳定带来不利影响。

3. 科钻一井扩孔钻进技术

科钻一井施工中进行了两次扩孔。第一次扩孔钻进是将井眼直径由 157 mm 扩大到 311 mm，扩孔井段为 101 m 至 2028 m，扩孔段长 1927 m。第二次扩孔钻进是将井眼直径由 157 mm 扩大到 245 mm，扩孔井段为 2028 m 至 3525.16 m，扩孔段长 1497.16 m。扩孔钻进的总长度为 3434.16 m。

在硬岩中进行如此长距离的扩孔钻进，在我国属首次，经验很少，难度相当大。主要技术难点是：

图 17 - 17　领眼式牙轮扩孔钻头

（1）钻进过程中，钻头跳动严重，导致钻头轴承和合金齿过早损坏，同时还造成钻杆柱中的其他部件过早损坏。

（2）由于岩石坚硬、研磨性强，钻头直径很快变小，导致新钻头下钻困难，需长时间划眼。

针对以上技术难点，主要采取了以下措施：

（1）通过采用金属密封轴承、最佳的合金齿齿形、钻头结构设计和材质优选以及加强钻头保径等措施优化钻头设计。

（2）采取减震措施将钻柱系统的震动降至最低，以保证钻进过程的平稳以及工具的长寿命。

（3）采用金刚石扩孔器，使钻孔直径在较长的时间范围内保持稳定。

两次扩孔皆采用导领眼式三牙轮扩孔钻头（图 17 – 17）。这种钻头的前部有一段直径 150 ~ 156 mm、长度 200 mm 的导向体。钻进时，导向体插入 ϕ157 mm 取心钻头钻成的小直径井眼内，可避免扩孔形成的大直径井眼偏离原来的井眼。扩孔钻进获得的钻进效果见表 17 – 10。

表 17 – 10   扩孔钻进技术指标

扩孔尺寸/mm	157/311	157/245
扩孔进尺/m	1927	1497
平均机械钻速/(m·h^{-1})	1.04	1.06
平均钻头寿命/m	56.8	51.62

4. 科钻一井井斜控制技术

科钻一井钻进遇到的岩石以片麻岩和榴辉岩为主，岩层产状较陡，且片麻岩各向异性显著，造斜性强，钻进时易发生井斜。科钻一井的井斜控制体现在两方面，即防斜和纠斜。

1）防斜技术

防斜即在钻进方法选取以及井底钻具组合和钻进参数设计时，考虑采取措施，抑制或减缓井斜。科钻一井施工的防斜措施包括：

（1）采用螺杆马达和液动锤井底驱动钻进。

（2）采用满眼的井底钻具组合。

（3）采用低钻压钻进，钻进钻压为 20 ~ 30 kN。

这些措施收到了很好的效果，2046 m 深的先导孔的最大井斜只有 4.1°。

2）侧钻纠斜技术

在坚硬岩石中侧钻纠斜难度很大。在科钻一井施工中通过反复尝试，摸索出了一种行之有效的小径造斜 + 导向扩孔硬岩侧钻方案，即采用较原钻井直径小的孕镶金刚石钻头以及弯外管/螺杆马达钻具和无线（或有线）随钻测量系统，侧钻出一个新的井眼，然后用导向式金刚石扩孔钻头将钻井扩大到原来的直径。

科钻一井中进行过两次侧钻：第一次侧钻的目的是纠斜，在 2749 m 处，采用 ϕ140 mm 小径钻头侧钻出新眼，然后用 ϕ157 mm 导向钻头扩孔。第二次侧钻的目的是绕障，在 3400 m 处，采用 ϕ216 mm 小径钻头（图 17 – 18）侧钻出新眼，然后用 ϕ245 mm 导向钻头（图 17 – 19）扩孔。两次侧钻都获得了成功。

图 17 – 18　ϕ216 mm 侧钻造斜钻头　　　　图 17 – 19　ϕ245 mm 侧钻用导向扩孔钻头

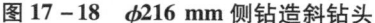

5. 科钻一井泥浆技术

科钻一井施工采用 LBM 钻井泥浆体系。LBM 增效粉由人工钠土和 LPA 聚合物两种组分构成。该冲洗液体系具有低黏、低切、低失水的特点，配制和维护简易，适合于 CCSD – 1 井的螺杆马达 + 液动锤的金刚石取心钻进工艺。取心钻进泥浆系统的主要性能参数如下：密度：$1.05 \sim 1.07 \ \text{g/cm}^3$；黏度：$285 \sim 32 \ \text{s}$；API 失水量：$105 \sim 12 \ \text{mL}$；初切力：$0.55 \sim 1.0 \ \text{Pa}$；终切力：$2.05 \sim 4.5 \ \text{Pa}$；Fann 黏度：$\theta \ 600：105 \sim 16$，$\theta \ 100：3.55 \sim 5.0$。

在泥浆中加入了润滑剂，以实现两方面的目的：一方面改善液动锤的阀和活塞的工作条件；另一方面延长液动锤和螺杆马达的使用寿命。润滑剂使用取得了良好的效果，液动锤的工作可靠性得到了明显改善，回次进尺长度最高达到了 9.5 m；同时，螺杆马达和泥浆泵部件的使用寿命也得到了提高。

施工中采取了严格的泥浆固相控制技术措施，现场采用了由振动筛、除沙器、除泥器和离心机组成的泥浆固相控制系统，泥浆含砂量保持在 0.03% 左右，对提高钻进效率、减轻钻具磨损、提高螺杆马达和液动锤使用寿命起到了很好的作用。

17.2.7　青海湖国际环境钻探项目

青海湖国际环境钻探项目是国际大陆钻探计划（ICDP）项目之一，也是中国环境科学钻探计划的重要组成部分。该项目由中科院地球环境研究所、中科院南京地理与湖泊研究所、中科院青海盐湖研究所等单位共同组织实施，美、德、日、澳、法、英、奥等十多国六十多名科学家共同参与的大型国际合作科钻项目（图 17 – 20）。

该项目租用美国著名的湖泊钻探公司（DOSECC）的 GLAD – 800 钻探系统在青海湖中钻取岩心（图 17 – 21）。钻探施工由美国 DOSECC 公司负责，青海省核工业局第一勘查大队协助，累计进尺 324 回次，共 547.855 m，取得岩心 323.255 m，整体岩心取心率为 59%。为了进行更好地对比和弥补湖上钻探取心的不足，青海省核工业局第一勘查大队在青海湖南岸二郎剑又进行了陆上钻探，2005 年 4 月 22 日至 9 月 11 日，进尺 1108 m，取心率达 90% 以上；2005 年 10 月底至 12 月初在二郎剑西侧 10 km 处的一郎剑采取了 648 m 岩心。

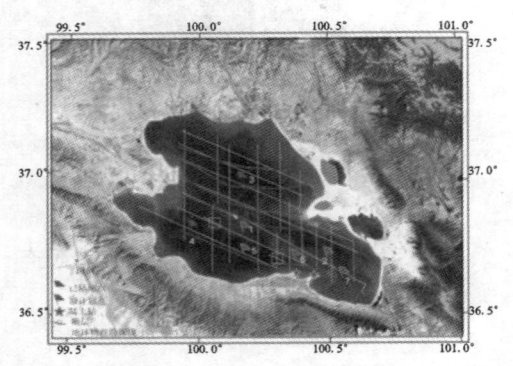

图 17 - 20　青海湖卫星照片及施工布置图　　　图 17 - 21　GLAD - 800 钻探船

17.2.8　中国白垩纪大陆科学钻探工程——松科一井项目概况

2006 年 8 月至 2007 年 10 月，我国在松辽盆地实施了"松科一井"科学钻探工程。"松科一井"是全球在陆地上实施的第一口陆相白垩纪科学钻探井，钻探的主要目的是探究距今 6500 万年至 1 亿 4 千万年期间，即在地质上称为白垩纪的时期内，地球温室气候的变化情况。目前，国际科学界已经在深海和陆地实施了几十口针对白垩纪的海相科学钻探工程。但是，针对陆相沉积的科学钻探仍是空白。作为世界上最大的白垩纪陆相含油气盆地，松辽盆地发育有完整白垩纪沉积记录，为陆相白垩系研究提供了理想的地质条件，已成为科学家们攻关的首选目标。

该项目采用"一井双孔"的方案。南北两井相距 200 多公里：北井，由国土资源部勘探技术研究所承担施工，钻井深度为 1810 m；南井，由大庆油田勘探分公司承担施工，钻井深度为 1915 m。两孔共取心 2485.89 m，岩心采取率达 96.46%，是目前为止所获取的国际上第一条最长而且连续的白垩系陆相沉积记录。针对岩心的全面研究工作正在开展并已取得初步成果。相关研究工作进展突出表现在通过厘米级样品的取样与分析，将传统地质学百万年的时间分辨率提高到万年尺度，预计其研究结果可为解决当今的全球变暖问题提供重要的参照。利用松科一井科学钻探工程的原始科学资料和研究成果，对岩心已经和在建的包括岩石地层、古生物、沉积相、古地磁、有机地化、旋回地层、地微生物等十大剖面系列，进行科学钻探成果的集成；初步研究在沉积学和有机地球化学、旋回地层学、松辽古湖泊温度变化、地微生物和古大气中 CO_2 浓度定量重建方面已取得重要进展。"松科一井"全部岩心剖切后，38% 将馆藏保存，其余将用于现阶段研究，并向全世界科学家开放。后续工程"松科二井"也已经被列入国际大陆钻探计划（ICDP）候选项目。

松科一井的取心钻进采取了四种取心方法，即常规取心方法、保形取心方法、定向取心方法和密闭取心方法。对不同的层段实施不同的取心方法：通过采用耐磨低阻、抗高温、易切割等特点的复合材料作保形衬筒，采用机械加压方式、隐蔽式岩心抓，防冲蚀、低口径的取心钻头，以及冷冻、保形取样等方法实现对易碎地层进行保形取心，不仅提高了取心率，还使岩心保持了地下原态；通过改进常规自锁式取心工具实现定向取心，使岩心归位准确，可在罗盘上读出裂缝、裂纹的发育方位，测定层理的倾角，读出地层的倾向；通过用泥浆稀释荧光羧化微球混合液替代密闭液进行密闭取心，增加示踪液与岩心的长时间、大面积接触，用以检验在整个取心过程中泥浆对岩心柱表层的影响深度，实现对地微生物样品的污染评价。另外，还采用了液压出心技术，即通过取心筒顶部接水管不断向取心筒中施加液压使筒内岩心从底部被顶出，以保证取出的岩心基本保持在取心筒内的原始状态，把出心过程对岩心造成的损害降到最低。

17.3　极地科学钻探

极地是地球上最后一块"净土"。它长年被冰雪覆盖，基本没有遭受人类活动的破坏。千万年来海洋季风把地尘、宇宙尘、火山灰、微生物、植物孢子等各种包体及氧、碳的同位素带到极地，在没有被污染的状态下冷藏于冰层之中，其覆盖层就是反映地球变迁历史的一个窗口。钻取完整的冰心将有助于打开这个"地球博物馆"的窗口，对研究冰川、古地理、古气候、地球物理学、地球化学、微生物学都具有不可替代的重要意义。半个多世纪以来，苏联（俄罗斯）、美国、法国、日本等国对南极进行了大量钻探取样和综合科学研究。

俄罗斯南极考察队于 2012 年 2 月 5 日在南极钻成了世界最深的 3769 m 深冰层钻孔，钻透南极冰层后触及冰层下存在约 2000 万年的巨大淡水湖——东方湖，其科学意义堪比登月。东方湖站的海拔高度 3300 m，冰面温度曾降至 $-89℃$，俄罗斯考察队在全球最寒冷的地方完成了防止湖水污染的高难度冰心钻探取样。近年来中国也在南极建立了"长城站"、"中山站"和"昆仑站"，已成为该领域的一支生力军。2012 年 1 月 14 日，中国第 28 次南极考察昆仑站在气温 $-38.7℃$、气压 57.6 kPa 的冰穹 A 地区，完成了 120 m 深的冰心钻探。我国南极考察队将通过数年努力，在海拔 4093 m 的南极冰盖最高点冰穹 A 地区钻取 3000 m 深的冰心。

17.3.1　冰层钻探方法分类和特点

冰层钻探主要使用承载电缆取心钻进和有杆螺旋取心钻进方法。其中，承载电缆取心钻进包括电力热熔钻进法、电动回转钻进法和电动螺旋钻进法。

冰层钻头应为切削型钻头。钻头上的切削具应尽量少(2～3个),以保证最大的冲洗通道;正循环钻进时,钻头外径应比钻具直径大5～6 mm,切削具可径向布置,也可使刃部朝外扭一个角度;因为冰的机械钻速非常高,为了及时排渣,可使用肋骨取心钻头。在反循环条件下,必须增大切削具的内出刃,并朝内扭一个角度。

钻进过程中破碎冰层并不难,主要难点是如何及时排除孔底冰渣,防止糊钻和缩径事故及获取高质量的冰心。因为孔底是负温度,所以传统冲洗液(泥浆、盐溶液和泡沫)在冰层钻探中无法使用。目前常用的冰层钻探低温液主要是以煤油和专用柴油为主的循环液体、乙醇水溶液、乙二醇水溶液和其他防冻剂。

煤油作为冲洗液的主要缺点是渗透性很高,尤其不能作为钻进万年雪层和有裂隙冰层的冲洗液。实践证明,即使把套管靴冻结在冰盘上,也不能完全隔开冰雪层并消除煤油在循环中的损耗。这不仅易造成孔内事故,而且会污染极地环境。因为煤油的密度(0.78 g/cm^3)明显小于海水的密度(1.03 g/cm^3),所以必须在以煤油为主的冲洗液中添加加重剂以建立孔内液柱压力,阻止冰川下面的海水升入孔内。这类低温液体已用于南极"东方站"钻进2200 m深的钻孔。

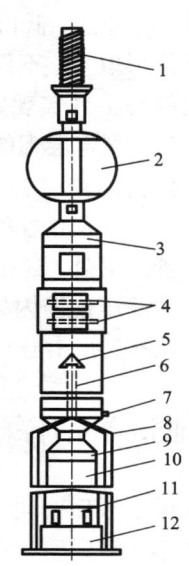

图17-22　俄罗斯的承载电缆电力热熔钻具

1—电缆;2—扶正器;3—电缆接头;4—涡轮泵;5—融水收集仓;7—放水阀;6、8—水管;9—异径接头;10—岩心管;11—岩心卡刀;12—钻头

乙醇水溶液主要用于电力热熔法钻进。但乙醇水溶液的平衡浓度较难掌握,当乙醇溶液中的水结成冰花时可能导致孔内事故。

冷压缩空气是有杆冰层钻探中不污染环境的有效清孔介质。由于冰的密度比岩石小得多,且孔内是负温度,所以很低的空气耗量就能满足排渣的需要。当空气耗量为1.5 m^3/min,最大压力为1.5 MPa时,用ϕ76 mm钻头可钻到500 m左右的深度。但是当钻孔由冰层钻入海水时,它不能阻止海水上升进入孔内。

17.3.2　承载电缆电力热熔钻具

承载电缆热熔法属于无循环介质的裸眼钻进方法。俄罗斯的承载电缆式热熔钻具(图17-22)居世界领先水平,用热熔法在南极和北冰洋群岛上所完成的全取心钻探工作量已超过万米。

该钻具总长 7.5 m，由钻头 12、岩心卡刀 11、岩心管 10、异径接头 9、水管 6 和 8、放水阀 7、融水收集仓 5、涡轮泵 4、电缆接头 3、扶正器 2 和电缆 1 组成。其钻头就是一个外径 178 mm、内径 130 mm，位于陶瓷绝缘体内的镍铬合金加热器，功率 3.5 kW。岩心管长 2 m，沿岩心管外壁的水管直通钻头底部，其上端与融水收集仓相连。融水收集仓上部是两级涡轮真空泵。当钻具提到地表后，通过异径接头上的放水阀排出水仓中的水。

17.3.3 承载电缆电动回转钻具

承载电缆电动回转钻进方法与热熔法相比具有机械钻速高、可以钻进冰层覆盖下岩石的优点。

17.3.3.1 美国承载电缆电动回转钻具

美国的 CRREL 型承载电缆电动回转钻具（参见表 17 – 11，图 17 – 23）由带集流环的铠装电缆接头 1、测斜仪 2、支撑机构 3、储液仓 4、电动机 5、离心泵 6、减速器 7、岩心管 8 和钻头 9 组成。支撑机构的滑轨在钻进过程中可沿孔壁自由滑行，同时承受钻进时孔底的反扭矩。储液仓用于向孔底输送浓缩乙醇。油浸式电机驱动离心泵的转子，并通过行星减速器带动岩心管回转。减速器的外壳允许有 0.46 m 的轴向位移，如果发生糊钻或需起钻提断岩心时可对岩心管上部进行冲击。岩心管为单动双管，使用硬质合金或金刚石镶嵌体钻头，钻头体内装有切槽式岩心卡簧。

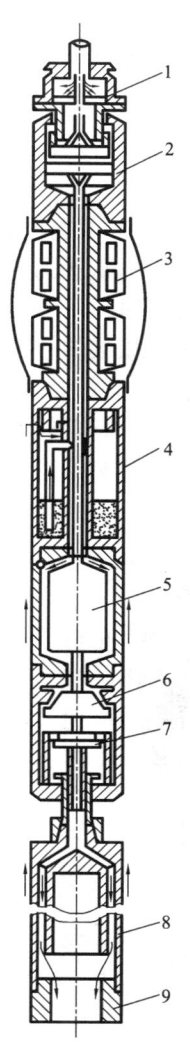

图 17 – 23 美国的承载电缆电动回转钻具

1—电缆接头；2—测斜仪；3—支撑机构；4—储液仓；5—电动机；6—离心泵；7—减速器；8—岩心管；9—钻头

在每个钻进回次之前要往钻具储液仓内灌注浓缩乙醇，其数量取决于一定孔深的温度和预计回次过程中将产生的冰渣体积。钻具在孔底开始钻进后，破碎下来的冰渣将溶于孔底循环的不冻结乙醇水溶液中，同时来自储液仓的浓乙醇补充循环液。每个回次之后，要把储液仓中已稀释的乙醇溶液提至地表。剩在孔底的乙醇由于还处于平衡浓度，所以不会溶蚀孔壁。为了避免孔身缩径，要往孔内注入乙醇液体。这样每钻进 1 m 要消耗乙醇 11

L。当停止钻进时，由于电动机和泵仍在工作，所以使岩心根部形成缩颈状。

17.3.3.2　丹麦承载电缆电动回转钻具

丹麦的 ISTUK 型电动回转钻具的特点是利用蓄电池作为蓄能器储存来自电缆的电能。这样就不必按最大钻进用电量来设计承载电缆，只须按平均用电值来考虑。因为每钻进一个回次的平均时间为 6 min 左右，而在 3500 m 孔深条件下升降钻具的平均时间为 1 h。所以可以使用直径 6.4 mm 的四芯承载铠装电缆。该钻具及其地面控制台都应用了单片机，从而可简化钻进过程的控制，并提高钻具的工作可靠性。

该钻具(表 17 – 11、图 17 –24)下部是回转部分，包括带卡心装置的钻头 10，岩心管 9，三个串联安装的冰渣采集泵 7，三根往上输送冰渣的管道 8。上部是不回转部分，包括承受电缆的反扭矩系统 1，密封室 2 和与承载电缆相连的集流环，在密封室的下部装有电动机和减速器。在钻头体上(图 17 –25)安装了 3 个切削具，3 个供冰渣上返的通道，3 个卡取岩心的刀口和 6 个簧片。切削刃角 45°，后角 5°。

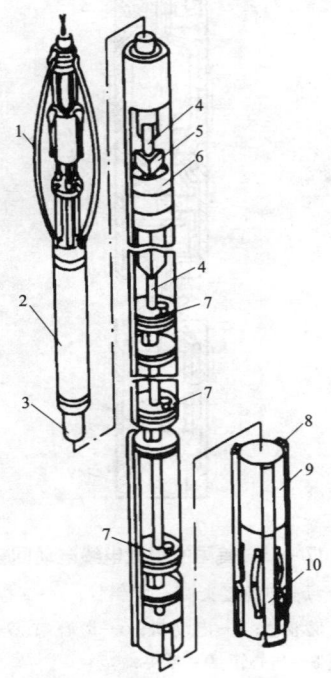

图 17 – 24　丹麦的 ISTUK 型电动取心钻具

1—抗反扭矩系统；2—密封室；3—心轴；4—轴；5—三棱柱；6—联轴节；7—冰渣采集泵；8—管道；9—岩心管；10—钻头

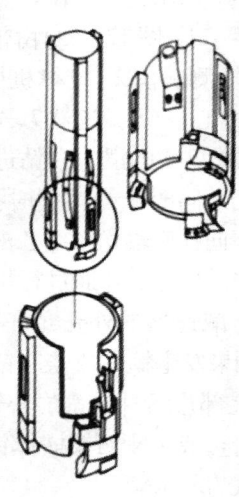

图 17 – 25　ISTUK 钻具的钻头

谐波减速器可把 6000 r/min 的转速降为 37.5 r/min，经过轴 4、三棱柱 5 和联轴节 6 向钻头传递回转动力。安装在岩心管上部的三个活塞泵由芯轴 3 驱动，当芯轴转 234 圈时，三个泵体相对活塞位移 936 mm（在一个回次中）。电缆固定在可滑动锁接头上，锁接头的最大位移量为 100 mm（必要时可起冲击作用）。钻进时要往孔内注入航空煤油和高氯化乙烯混合液（可用于 −50℃条件下）。泵活塞的纵向运动使泵室中形成负压，冰渣与注入液的混合物在负压作用下沿管道被吸入泵腔，冰渣经过滤器排除。每周要换两次过滤器。

17.3.3.3 俄罗斯承载电缆电动回转钻具

俄罗斯分析了上述三种钻具的共同不足——孔内排渣的速度取决于钻头转速，冰渣容易积聚在孔底而使钻进过程复杂化，而且这些钻具只能钻进冰层，不能钻进冰下岩石。研制了改进型电动钻具。该钻具（表 17－11，图 17－26）的取心总成包括：带有卡岩心元件 20 的 φ112 mm 钻头，φ108 mm 岩心管 19（单管或双管），冰渣收集筒。收集筒由外管 14、异径接头 18、可以拆下的外壳 17、钻有孔眼的内管 16、过滤器 15 组成。取心总成与驱动部分相连。驱动部分包括：减速器 13，轴套 12，空芯轴 10；空芯轴由电动机 11 驱动。在电动机上端有泵室 9 和泵 8，传动部件上装有扭矩传感器 7，它与支撑机构 6 相连。在支撑机构上方固定有冲击器 5。电器仓 3 固定在冲锤 4 下部，其中有与电缆接头 2 相连的回转集流环，承载电缆 1 的铠壳固定在电缆接头上。

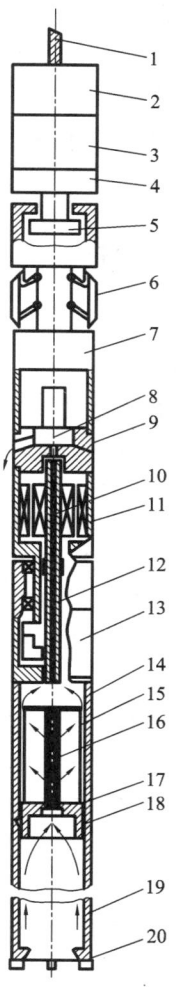

图 17－26 俄罗斯的承载电缆电动回转钻具

1—承载电缆；2—电缆接头；3—电器仓；4—冲锤；
5—冲击器；6—支撑机构；7—扭矩传感器；8—泵；9—泵室；
10—空芯轴；11—电动机；12—轴套；13—减速器；14—外管；
15—过滤器；16—内管；17—外壳；18—异径接头；
19—φ108 mm岩心管（单管或双管）；20—φ112 mm钻头

　　钻具的工作程序是，电机空芯轴通过行星减速器带动取心总成。钻进中产生的冰渣被岩心管内、外管环隙中预先注入的液流带走，进入冰渣收集筒的内管16，经过其孔眼落入网式过滤器并积聚于此。注入液穿过网式过滤器，在泵的抽吸作用下沿着减速器传动轴和电动机转子轴的中心通道进入管外空间。支撑机构6上的冰刀形撑杆与孔壁接触，承受钻具的反扭矩。该钻具中的冲击器5用于折断岩心和排除冰渣糊钻事故。

　　该钻具动力部分相互独立，即使在卡取岩心过程中岩心管停止回转，或冰渣卡住钻头、岩心管的条件下，也能继续冲洗孔底，从而有助于避免冰渣在孔底聚集，提高了钻探过程的可靠性。不必用专门的工序来定期净化孔内的注入液，从而节约了成孔时间。

　　该钻具在钻压 200 N、转速 230 r/min、泵量 30～40 L/min 的条件下机械钻速 20～30 m/h，回次进尺 1.3～1.45 m，地表维护钻具的时间 6～10 min。

表 17-11　承载电缆电动回转钻具的技术特性

参数	美国[1]	丹麦[2]	法国[3]	俄罗斯[4]
长度/m	26.5	11.5	8.0	9.0
质量/kg	1200	180	—	120
切削具外径/mm	115.6	129.5	143	112
切削具内径/mm	114.3	102.3	115	87
电动机功率/kW	12.8	0.6	3.7	2.2
电动机转速/(r·min⁻¹)	3600	6000	2800	2800
电源/V	200～380（三相）	直流48.5V（12A）	380（三相）	220（三相）
减速器类型	行星式	谐波式	行星式	行星式
减速比	16	160	27	12
泵的类型	离心式	活塞式	离心式	叶轮式
岩心管外径/mm	146	—	121	108
岩心管内径/mm	—	104	118	98
岩心管长度/m	6.5	2.95	—	1.5
钻头转速/(r·min⁻¹)	225	37.5	105	230
最大回次长度/m	6	2.75	2.0	1.5
平均回次长度/m	4～6	2.2	—	1.2
机械钻速/(m·h⁻¹)	10	20	20～40	30

　　注释：1. 美国军队寒冷地区科学研究实验室；2. 哥本哈根大学地球物理—同位素实验室；3. 国家科学研究中心冰川与地球物理实验室；4. 圣彼得堡国立矿业大学南极研究所。

17.3.4　承载电缆电动螺旋钻具

17.3.4.1　冰岛电动螺旋钻具

冰岛的钻具（表 17 – 12，图17 –27）包括：双头螺旋内管 10，外管 9 和2 m 长的传动轴 7。内管的螺距逐渐由下部的 200 mm 增至上部的 260 mm。内管下端装有二个可卸式切削具 12 和二个卡取岩心的刀口 11。在取心器内镶有三个功率各为 1 kW 的电加热器 8。取心器上部设有冰刀形支撑机构 6，动力 – 减速部件装在支撑机构上面。4 为潜水电机，5 是取自飞机发动机的减速器。导向部件 3 中装有测斜仪，其上是承载电缆 1 及电缆接头 2。

该钻具工作时，电动机 4 通过减速器和传动轴带动内管回转。被切削下来的冰渣沿着螺旋上升，进入传动轴与不回转外管之间的冰渣收集仓。每个回次结束后在地表通过外管的小窗口清理冰渣收集仓。当钻具在孔内被冰渣卡住时，可接通电热器 8 把其间的冰渣化成水。

17.3.4.2　美国 CRREL 型电动螺旋钻具

美国的 CRREL 型螺旋钻具（表 17 –12，图17 –28）在岩心内管 7 的下端接有环形钻头 9，钻头上装有可卸式切削具 10。内管的外表面有双头螺旋槽，槽中黏有聚乙烯螺旋肋条 1。其螺距由下至上逐渐变大。在内管的上部开有窗口，并装有冰渣刮板 2，以保证冰渣进入岩心内管。为了易于排除孔底的冰渣，把外管 8 下端加工成缺口形。电动机 4 通过减速器 5 和摩擦联轴节 6 驱动钻具。支撑机构由三个类似于扶正器的弹簧片 3 组成。

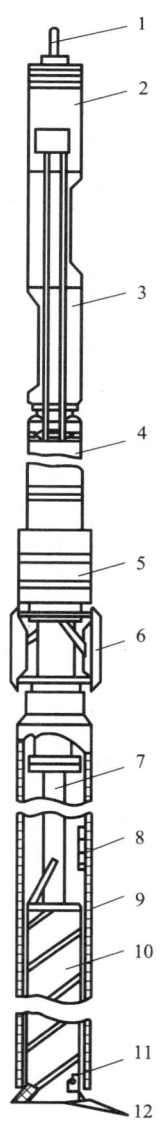

图 17 – 27　冰岛的电动螺旋钻具

1—承载电缆；2—电缆接头；3—导向部件；4—潜水电机；5—取自飞机发动机的减速器；6—冰刀形支撑机构；7—传动轴；8—电加热器；9—外管；10—双头螺旋内管；11—卡取岩心的刀口；12—可卸式切削具

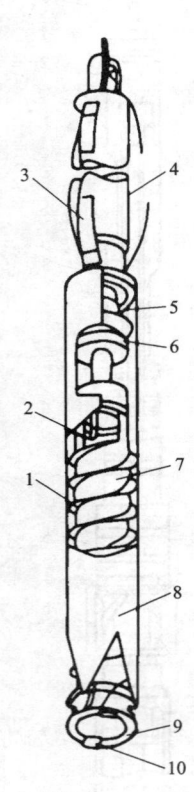

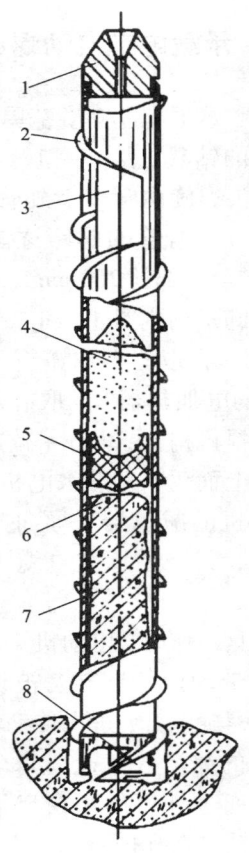

图 17-28　美国的 CRREL 型电动螺旋钻具

1—螺旋肋条；2—冰渣刮板；3—弹簧片；

4—电动机；5—减速器；6—摩擦联轴节；

7—岩心内管；8—外管；9—环形钻头；

10—可卸式切削具

图 17-29　俄罗斯的有杆螺旋取心钻具

1—异径接头；2—左旋的冰渣刮板；

3—冰渣收集窗；4—冰渣；5—可移动活塞；

6—岩心；7—岩心管；8—钻头

17.3.5　有杆螺旋钻具

冰层实际上总是被厚 1~100 m 甚至更厚的雪层覆盖着。钻进这种地层的复杂性在于雪的渗透性非常高，孔内不可能形成闭式循环。低温液体和压缩空气会沿孔壁和孔底的孔隙漏光，造成冰渣聚集并被压实，从而形成冰渣糊钻或卡钻事故。此外，渗透到离钻孔很远处的低温液体会污染自然环境。在这种情况下使用对生态环境完全无害的螺旋取心钻具最有效。俄罗斯的有杆螺旋取心钻具如图 17-29 所示。

表 17 - 12　承载电缆电动螺旋钻具的技术特性

参数	冰岛[1]	美国[2]	瑞士[3]	丹麦[4]	日本[5]	法国[6]	澳大利亚[7]
长度/m	6	3.6		3.5	2.3	4.2	2.8
质量/kg	100	65	50	300*	65	120	—
切削具外径/mm	120	142	114.5	104	146	143	143
切削具外径/mm	90	100	75	78	105	100	100
电机功率/kW	1.4	1.1	0.5	—	1.0	1.1	0.8
转速/(r·min⁻¹)	2800	3450	3600	6000	10000	2800	
	380V	220V	220V	160V8A	200V	380V	
电源	三相	三相	三相	双电机	单相	三相	
减速器类型	行星	行星	行星	行星	谐波	行星	行星
减速比	18;67	34	40	80	100	27	6
外管 外径/mm	—	140	113	101.6	139.8	140	
内径/mm	—	132		97.6	136.6	136	
长度/m	4.0	2.5		2.65	1.5		1.8
内管 外径/mm	—	108	80	85	114.3	108	
内径/mm	—	100		81	110.1	104	
长度/m	2.0	2.5	2.0	2.35	1.5	2.3	1.0
钻头转速/(r·min⁻¹)	150	100	90	75	40~150	105	35~130
回次长度/m 最大	2.0	2.5	—	1.2	—	2.3	1.0
平均	0.75	—	0.8	1.0	0.5	0.8	
机械钻速/(m·h⁻¹)	14	60	36	30	45	—	

注: 1.雷克雅未克大学科学学院; 2.美国军队工程兵寒冷地区科学研究实验室; 3.伯尔尼大学物理学院; 4.哥本哈根大学地球物理—同位素实验室(*带辅助设备在内); 5.日本北海道大学低温研究所; 6.国家科学研究中心冰川与地球物理实验室; 7.科学研究管理局南极处。

俄罗斯研制的有杆螺旋钻具成功地用于南极友谊站,它克服了承载电缆螺旋钻具中孔壁支撑机构可能引起电缆回转和冰渣与岩心混在一起的缺点。该钻具由与钻杆相连的异径接头1、岩心管7和钻头8组成。岩心管外表面上有双头右螺旋,螺旋宽 12~16 mm,螺距 80 mm。螺旋一直延伸到岩心管上端的冰渣收集窗3,冰渣可通过该窗口进入管内。收集窗上面装有一个左旋的冰渣刮板2,阻止冰渣上升时超过冰渣收集窗。岩心管内部空间被可移

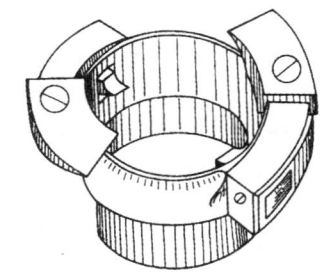

图 17 -30　与有杆螺旋钻具配套的钻头

动的活塞5分成上下两部分,上部为钻出的冰渣4,下部为岩心6。与该钻具配套的钻头如图 17 -30 所示。

当钻机转速为 208 r/min 时,该钻具可保证机械钻速达 40 m/h。岩心采取率 100%,回次进尺 1 m。螺旋钻具的工作效率在很大程度上取决于冰渣与螺旋表面的摩擦系数和冰渣是否黏附在螺旋上。在螺旋表面涂覆 0.3~0.5 mm 厚的聚合物对降低冰渣与螺旋的摩擦系数,防止冰渣黏附在螺旋表面有明显效果。

第 18 章　其他钻探方法与技术

本章主要介绍水域地质钻探、砂矿钻探、水力反循环连续取样钻探、地源热泵钻探、声频振动钻探、热熔钻探、激光钻探、金刚石优化钻进技术等特种钻探方法和技术。

18.1　水域地质钻探

水域地质钻探是指在江、河、湖、海岸和近海对水下地层进行地质钻探。水域地质钻探主要应用于水域水文地质与工程地质勘查、水域环境调查、水域矿产资源勘探和开采、水域岩土工程施工、水域综合科学考察等。

水域地质钻探的钻探设备和工艺与陆地使用的并无大的差异，但由于水上作业的特殊要求，使其具有如下特点：①多借助于能浮于水面的特殊钻探设施和辅助设施，如小型钻探船、自升式钻探平台、浮动式钻探平台、沉没式海底取心钻机等。不同的水域钻探设施适应的水深环境如下：小型钻探平台，10～100 m；小型水上单体、双体钻探船，10～100 m；沉没式海底取心钻机；30～300 m。②浮动钻探设施必须具有在水上锚泊定位系统，锚泊一次要能完成至少一个或几个钻孔。③深水作业要用特殊设计的专用取样设备。④绝大多数钻孔都比较浅，一般不大于30 m，最深100～200 m。⑤要特别注意管材的防腐。⑥工程排污要达到相关的水质控制标准。⑦要配备专门的水上救生设施。⑧水域钻探施工要得到相关海事部门的批准。

18.1.1　水域钻探平台及其安装固定

1. 平台的种类、选择

水域钻探平台的合理选择一般是根据不同水域、不同工程类型、不同施工要求，按照经济、简便、适用、安全的原则，并综合考虑各种影响因素（包括水深、潮汐、风浪、水流速度等）而选择的。不同的钻探平台形式必须采用相应的锚固系统。平台有以下几种形式：

（1）水中人工陆地：在条件允许的情况下，在水中填筑人工岛屿，或采用围堰隔离、导流，使水底地面露出。

（2）与陆地相连的固定式钻探平台：采用悬吊式平台、栈桥、钢索吊桥等形式，在水面上构筑与陆地相连通的稳固施工平台。

（3）水中固定式钻探平台：把底座或支腿固定在水底，在其上架设平台。有木桩或木架简易平台、大型钢结构平台、可根据水深情况调整高度的自升式平台。

（4）拖航式移动钻探平台：漂浮于水面、自身没有航行动力的平台，迁移时需由拖轮牵引。有竹栈、木排、组合浮筒、单体或拼接的驳船、专门的大型浮动平台等。

（5）自航式钻探平台：利用具有自航能力的机动船做平台，可以是单船或双船。

2. 平台的安装固定

浮动式钻探平台：用作锚缆的钢索至少应有 6 倍的安全系数。在驳船和平底船上钻进时，为了增大钻探设备的稳定性，船上应适当增加荷载（不允许采用注入液来作为荷载）。

固定式钻探平台：应以一定的高度布置在水面上方，这个高度至少要比可能出现的波浪高出 0.5 m。对于支腿式固定平台，平台的高与长（宽）之比应不小于1:1。如采用管桩支腿，则应以桩组（不少于 5 根桩）方式打到水底，桩与桩之间应牢固连接起来。

海上构筑固定式平台要考虑潮汐，特别是天文大潮的影响。

冰上钻进：在钻进作业前和过程中，应定期检查场地和通往场地道路的冰层厚度，如果冰处于滑动（断裂）阶段或者丧失其强度，则禁止冰上作业。

3. 水域钻探施工程序

由于水域环境的特殊性，钻探工程应包含以下基本程序：①施工区环境调查；②掌握工程类型和各项施工技术要求；③施工设备和交通、运输等辅助设备选择；④确定水上钻探平台，并就地建造或拖航到位；⑤钻探平台定位；⑥安装隔水管与孔口装置；⑦钻进施工、取心（样）、原位测试等；⑧撤离搬迁。

4. 水域钻进工艺

与陆地钻进相比，水域钻进工艺主要有如下不同：①孔口测量与锚泊定位。②隔水管系统。③再入设备：当采用无隔水管钻进时，可以通过再入装备重新确定水底的孔位，并重新导入钻孔装置至孔内。④升沉补偿措施。⑤护壁与冲洗液：为简化场地设施，在条件允许时尽量采用清水钻进或小泵量不回收冲洗液。在复杂条件、施工周期长的情况下，必须用优质冲洗液结合套管护壁，并回收冲洗液循环使用。为防止水域污染，对冲洗液的制备、循环、净化、排放等都要严格规定。在海域、盐湖等水域施工时，还要相应采用海水、饱和盐水、抗盐侵等冲洗液。⑥原位记录：水位波动直接影响机上余尺丈量的准确性。必须通过设立固定标尺、观测水位变化等进行数据校正。⑦事故预防：水域钻探施工发生事故的概率大，排除困难。因此，水域钻探事故必须以预防为主，在设计、安装、操作等各个环节遵守规程要求，不允许留下事故隐患。

18.1.2　水域地质钻探设备及其安装

1. 水域地质钻探设备的选择

水上钻探装备选择原则基本上与陆地钻探相同，由工程类型、施工方法、钻孔深度、口径等因素决定。但对于水域钻探来说，应更注重设备的高效、强力、可靠及良好的拆装、运移性能。选择钻塔(架)时，既要考虑地质钻探提下钻频繁所要求的钻塔高度，又要顾及钻探平台在水上的稳定性问题。

2. 水域地质钻探设备的安装

一般水域地质钻探的平台面积都比较小，因此，钻探设备和冲洗液循环系统的布置要紧凑，管材等物资的摆放应合理占用平台面积，同时要考虑操作方便、工作安全和荷载平衡。一般把钻机安放在平台中央或双体船的两船之间，这样可保证水上平台负荷的对称平衡。当单体船不便改装成中心打孔时，可采用悬臂方式从船的前、后或侧弦外伸，使钻机置于船体之外，再从布局上保持船的整体平衡。

钻塔(架)应安装在牢固的底座上，钻机和动力机下面应垫上基台枕木，孔口要配备排放冲洗液的专用装置，其排放距离不小于20 m。使用千斤顶作业时，千斤顶下面要垫上结实的枕木。

18.1.3　水域地质取样技术

水域地质取样技术包括水底浅层取样技术(取样深度一般小于10 m)和钻探取心技术。水底表层地质取样主要采用工作于水底的取样器(又称采泥器)在给定位置进行一次性取样。水域钻探取心与陆地钻探取心一样，需采用专门钻机和取心器。

18.1.3.1　水底表层地质取样

水底表层地质取样方法可分为：柱状取样器、拖曳式取样器、抓斗式取样器和深潜取样器。根据柱状取样器的基本特征，可以按照下述四个方面对它们进行分类(图18-1)：①与浮动装置的连接方式；②控制的方式；③取样器贯入海底地层时，管内发生过程的类型；④钻进能量的类型。这四个方面既影响取样的深度、时间、样品质量、从孔内提升取样管的方法，也影响在取样点按什么要求抛锚固定船只和浮动装置等问题。

1. 非可控式水底柱状取样器的主要技术参数

目前，普遍采用的非可控式水底取样器主要有直通式冲击取样器[图18-2(a)]、活塞式冲击取样器[图18-2(b)]、压入式取样器[图18-2(c)]和吸入式取样器[图18-2(d)]。压入式取样器按提供压入能量形式又分为静水压力式、燃料气压式和爆炸气压式。

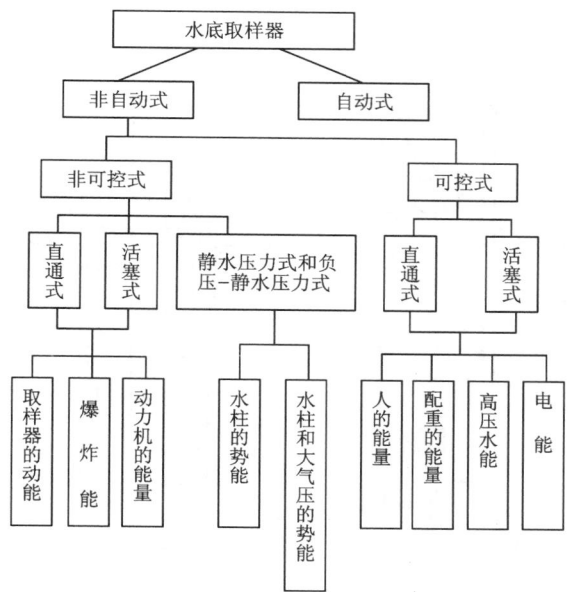

图 18 - 1　水底取样器的分类

冲击式水底取样器的综合参数见表 18 - 1，常用的压入式取样器的技术参数见表 18 - 2，俄罗斯常用的吸入式取样器基本参数见表 18 - 3。

表 18 - 1　冲击式海底取样器的技术参数

参　数	冲击式直通取样器	冲击式活塞取样器
取样管长度/m	8 ~ 12	30 ~ 40
取样管直径/mm	50 ~ 180	50 ~ 180
取样器质量/kg	1500 ~ 2000	3000 ~ 6000

表 18 - 2　常用压入式取样器的技术参数

参　数	BR 型	RD 型	NG - 1 型	TARC - W
海水深/m	<1500	<100	<350	<300
钻孔深/m	2.7	4.00	1.65	2.50
管径/mm	38	90	57	100
能量来源	静水	气压	气压	气压
质量/kg	—	250	510	150

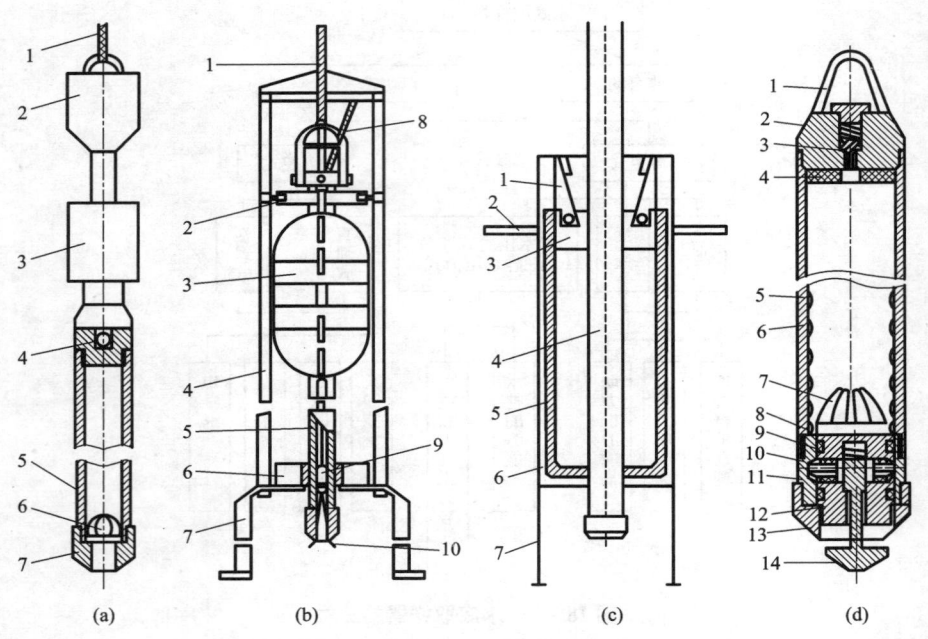

图 18－2　非可控式水底柱状取样器

　　（a）直通式冲击取样器：1—钢丝绳；2—稳定器，3—配重，4—球阀，5—取样管，6—爪簧，7—切削型管靴；（b）活塞式冲击取样器：1—船上绞车钢丝绳，2—可移动的横梁，3—配重，4—框架，5—取样管，6—中心配重，7—支承爪，8—活塞引绳，9—活塞，10—细金属丝；（c）压入式取样器：1—弹卡，2—法兰盘，3—活塞，4—取样管，5—工作筒，6—导向筒，7—支架；（d）吸入式取样器：1—提环，2—顶盖，3—止逆阀，4—缓冲垫，5—聚乙烯衬管，6—取样管，7—爪簧，8—弹性环，9—橡胶圈，10—定位销，11—接头，12—活塞，13—切削型管靴，14—支承脚

表 18－3　吸入式取样器的技术参数

参　　数	ВГП－6	ГГТ－49	ГСП－1	ГСП－2	ГСП－3
海水深/m	100	6000	200	3000	1000
钻孔深/m	2	34	3	10	10
取样管直径/mm	152	72	146	127	127
质量/kg	60	1000	500	250	600

　　2.控制式水底柱状取样器的主要技术参数

　　由于非可控式取样器主要用于疏松的弱胶结性地层，而且对钻入土层中的深度无法控制。因此研制了一系列可控式水底取样器。可控式水底取样器可分成远距离控制的压入式取样器、冲击打入式取样器、回转式取样器和浮球式水底取样

器四大类。冲击打入式取样器又分为气动冲击式[图 18 – 3(a)]、水力冲击式[图
18 – 3(b)]和机械振动式[图 18 – 3(c)]，俄罗斯水力冲击式取样器的基本参数
见表 18 – 4，俄罗斯带振动机构的冲击式取样器的基本参数见表18 – 5。

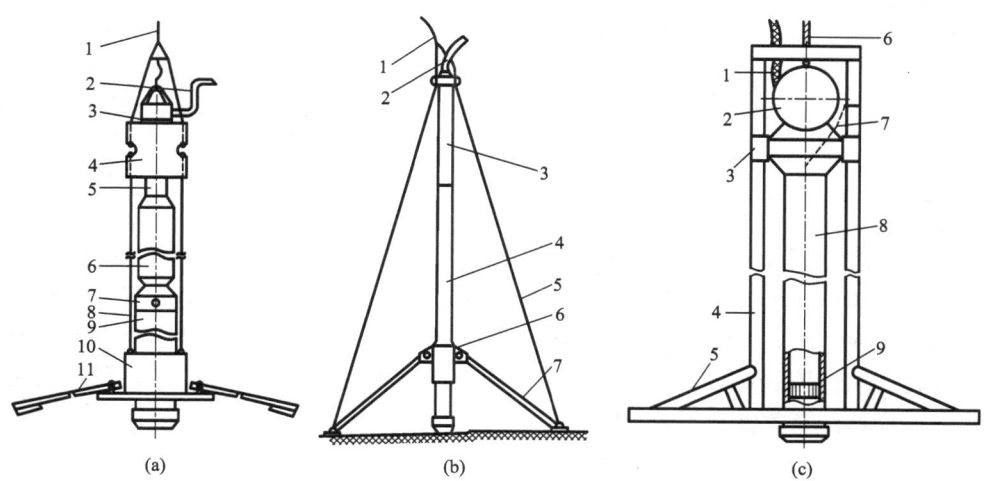

图 18 – 3　控制式水底柱状取样器

（a）MΠ – 1 型气动冲击式取样器：1—钢丝绳，2—输气软管，3—限位器，4—滑动配重，5—钻杆，
6—气动冲击器，7—接头，8—钢丝绳，9—取样管，10—导向管，11—可卸式支脚；（b）УГВΠ – 130/8 型
水力冲击式取样器：1—钢丝绳，2—压力软管，3—水力冲击器，4—取样管，5—绳索，6—滑动短接，
7—支脚；（c）ВПΓΤ – 56 型振动式取样器：1—电缆，2—装于密封外壳中的振动器，3—滑座，4—导向
管，5—支架，6—钢丝绳，7—活塞引绳，8—取样管，9—活塞

表 18 – 4　水力冲击式取样器的技术参数

参　　数	ΠУВБ – 150	УГВΠ – 150	ΠГВУ – 150M	УГВΠ – 130/8	КМО – 3
海水深/m	100	100	50	50	30
钻孔深度/m	4	6	6	8	6
钻孔直径/mm	150	150	150	130	219
岩心直径/mm	125	112	112	90	100
泵量/(L·min⁻¹)	200 ~ 300	200 ~ 300	250 ~ 300	200 ~ 250	—
冲击器新需泵压/MPa	2.2 ~ 3.0	2.5 ~ 3.0	2.5 ~ 3.0	2.5 ~ 3.0	—
质量/kg	300	500	600	375	350

表 18 – 5　带振动机构的取样器技术参数

参　数	ВПТ – 59	ПТГУ	ВБ – 7	ПОБУ – 200/6	ПБУ – 100/4
海水深/m	500	50	50	200	100
钻孔深度/m	4.5	4.0	6.0	6.0	4.0
钻孔直径/mm	70	146	168	146	146
振动机构类型	振动器	振动器	无簧振动锤	振动锤	振动器 + 回转器，转速为 40 r/min
功率/kW	2.8	1.4 ×2	7.5	7.0	3.0 + 2.2
质量/kg	300	200	1000	1200	700

　　要钻取硬地层和致密的沉积岩层，必须采用回转的方法。水底回转式取样器可分成远距离遥控取样器、自动化取样器和水下微型取样器三大类。国外远距离控制的水底回转式取样器的技术参数见表 18 – 6。表 18 – 7 是几种国外自动化海底回转式取样器的参数，水下微型取样器的基本参数见表 18 – 8，P 系列浮球式水底取样器的有关参数见表 18 – 9。

表 18 – 6　远距离控制的水底回转式取样器的技术特性

参　数	TMC – 1	LOKHId 公司	MDC – 200	AOL	MD – 500H
海水深/m	50	100	200	360	500
钻孔深度/m	3.2	2.6	10.0	4.3	6.0
钻孔直径/mm	63.5	63.5			56.0
岩心直径/mm	—	42.9	86.0	30.5	44.0
转速/(r · min⁻¹)	300	100	160	300	377
孔底钻压/kN	10.00	2.50	5.00	6.35	5.00
泵　量/(L·min⁻¹)			28		28
回转器类型			动力头回转器		
功　率/kW			15.0	5.9	9.0
质　量/kg	1500	463	10000	1500	3300

表 18 – 7　自动化水底回转式取样器的技术特征

参　数	MAK	ROKDRILMak	PKBP	MD – 300RT
海水深/m	360 – 1800	360 – 3600	200	300
钻孔深度/m	1.65	1.75	0.26	1.00
岩心直径/mm	30.0	25.4	12.7	36.0
质量/kg	900	1360	160	1000

表 18 - 8   水下微型取样器的技术特征

参　数	ELBIN	ST - 1	CONSUB	APTYC
海水深/m	1800	1000	600	600
钻孔深度/m	100	280	130	180
岩心直径/mm	19	—	11	21

表 18 - 9   P 系列浮球式水底取样器的有关参数

参　数	P - 1	P - 2A	P - 4	P - 6
激振力/kN	6.3	13.5	15.7	24.7
振动频率/Hz	1 ~ 130	180	57	57
电源	AC110V, 50 ~ 60Hz 或 KDC12V	230V,60Hz,10A	230V,60Hz,14A	230V,60Hz,18A
水深/m	500	500	500	500
钻孔直径/mm	102	102	102	102 或 141
底盘质量/kg	66	70	110	125
整机质量/kg	410	430(不包括变频器 20 kg 或 5 kW 便携式发电机 72 kg)	500(不包括8 kW便携式发电机 95 kg)	520(不包括10 kW发电机的质量)
取心管长度/m 取心管直径/mm	4.5/76 3.0/102	16.0/76 4.5/102	10.0/76 6.0/102 4.5/152	10.0/102 6.0/141

18.1.3.2　水域钻探取心

陆上取心工具一般都能用于水域(特别是浅水区)钻探取心。但是,由于水底一般有较厚松软沉积层,同时为了提高深水钻进与取心效率,尽量缩短施工周期,必须采用高效的钻具组合(包括取心工具和岩心定向装置)。

18.2　砂矿钻探

《砂矿(金属矿产)地质勘查规范(DZ/T0208—2002)》根据砂矿的形成条件和堆积物的成因将其划分为:残积砂矿、坡积砂矿、洪积砂矿、冲积砂矿、冰川砂矿、冰水砂矿、风成砂矿和人工堆积砂矿。按产出的地貌部位不同将其划分为:河床砂矿、河漫砂矿、阶地砂矿、支谷砂矿、岩溶充填砂矿。

该规范还规定:贵金属砂矿钻探采样长度泥砂层不得大于 1 m,在接近砂矿层或在砂矿层内时,采样长度为 0.2 ~ 0.6 m,当已证实泥砂层不含矿时,可不取样;砂锡矿、稀有金属矿和稀土砂矿,采样长度 0.3 ~ 1.0 m,当靠近风化基岩或难以钻进时,可缩小采样长度。

砂矿砂样采取率:矿层平均采取率必须达到 80% ~ 150% 。非矿层(包括基岩)平均采取率一般不得低于 75% 。单样采取率一般应在 80% ~ 150% 以内,全孔单样采取率的合格率应达到 80% 以上。某些黏性强和易松散地层的采取率应有所差别,前者应少于后者。

砂矿钻孔结构的设计,除应充分考虑地质条件、孔深、取样方式、护壁措施、设备类型及地质要求等几个相互联系的因素外,一般宜用"一径到底"的结构方案。钻孔直径的选择,应以满足地层中 80% 以上的岩(矿)心样品能顺利地进入套管为原则,具体应按套管内径和砾石直径(指砂样中的最大砾石直径)之比值大于 3 来选择。要求穿过矿层及钻入基岩的终孔直径应分别不小于 110 mm 和 90 mm。对深孔可采用多级口径结构,但同一矿层应尽量采用同一口径钻进。

18.2.1　砂矿钻进方法

砂矿钻进方法较多,它与钻孔结构、钻探设备、工艺、取样方法、取样工具、取样工艺等密切相关。砂矿钻进方法有四种基本类型:冲击钻进法、回转钻进法、冲击回转钻进法、振动或振动回转钻进法。

(1)冲击钻进法:包括钢丝绳吊锤冲击套管钻进,钢绳抽筒钻头、劈刀、冲击钻头等冲击钻进,大口径抓斗冲击钻进。

(2)回转钻进法:主要指无循环冲洗液的慢速回转钻进法(即干钻),也包括有循环冲洗介质的回转钻进法(如空气/水力反循环连续取样回转钻进),以及无泵反循环钻进法等。

(3)冲击回转钻进法:包括潜孔锤钻进、牙轮钻头钻进、钢丝绳冲击和回转复合钻进等。

(4)振动或振动冲击回转钻进:振动钻进是利用一定频率的振动(机械振动或声频振动等)力和压力使钻头切入土层或软岩,从而加深钻孔。振动回转钻进则是振动力、回转力和压力三者结合在一起使钻头切入土层或软岩。

这四种钻进方法的适用范围见表 18 – 10。

实践证明,冲击钻进是砂矿最基本的钻进方法。但只靠单一的施工方法,往往达不到最佳效果。目前,以冲击回转或振动回转复合钻进方法的钻进效果最佳。

表 18 – 10　各类砂矿钻进方法的适用范围

钻进方法	适用范围及钻孔结构参数
冲击钻进	第四纪地层、松软腐殖土、耕土、黏土、砂质黏土层、含泥量高的小卵石层、砂层、粒径较小的砂砾石层 适宜孔深:10 ~ 30 m;常用口径:130, 150 mm

续表 18 - 10

钻进方法	适用范围及钻孔结构参数
冲击回转钻进	砾石含量较多的或中等粒径的卵砾石层、风化基岩、砂砾石层、碎石层、硬砂层、松散破碎层、永冻层 适宜孔深：10~30 m；常用口径：130，150，325 mm
回转钻进	塑性大的黏土层、硬质黏土层、坚硬岩层、基岩、巨砾、永冻层、含泥质的砂砾石层、坚硬砂岩、海滨砂矿 适宜孔深：10~30 m；常用口径：130，150，168，219 mm
振动或振动冲击回转钻进	粒径 50 mm 左右的砂砾层、松散砂层、砂土层、黏土层、海滨砂矿等 适宜孔深：1~30 m；常用口径：130，150 mm

18.2.2　砂矿取样方法和取样工具

砂矿取样工具的选择主要应考虑取样方法、地层条件及设备能力等因素。表 18 - 11 列举了各种取样方法及其适用范围以及相配合的取样工具。

表 18 - 11　砂矿取样方法、工具及其适用范围

取样方法	取样工具	适 用 地 层
抽汲	提砂筒抽筒钻头	除去未破碎的大砾石，坚硬岩层，基岩以外的松散地层，含水层，淤泥，泥浆及孔内积水等
回转	钻斗	细 - 粗砂层，松散破碎层，含小砾石的砂砾层
	单管或双管钻具	有一定胶结性地层，含水砂砾层，坚硬地层，黏土层，巨砾，永冻层，基岩及能进行"拔管"取样地层
	勺形钻，螺旋钻	胶结性较好的地表覆盖层，黏土层，砂质黏土层，含水砾石的黏土层等
打入	单管或半合管钻具，抓取取样器等	胶结性比较好的地表覆盖层，砂质黏土层，含水砾石的黏土层，砂层及能进行"拔管"取样的地层，滨海沉积层
	筒口锹	不含水或含水很少的地表腐殖土层，黏土层，含少量砂砾的黏土层
抓取	抓斗	含有直径在 100~300 mm 的卵砾石，砾石地层，砂层，黏土层
反循环	双壁钻管	松散的碎石层，砂层，含小砾石的砂砾层，砂质，黏土层，经破碎后的砾石，卵砾石等

18.2.3　砂矿钻进工艺

钻进工艺的选择主要应根据地层条件来进行。不同的钻进方法的钻进工艺参数见表 18 - 12。根据钻进中有无套管护壁，以及套管护壁与取样深度之间的相对位置等具体的施工程序，通常将钻进工艺分为四种基本类型：套管超前钻进工艺、平管钻进工艺、跟管钻进工艺、无套管钻进工艺。

表 18 – 12　不同钻进方法的钻进工艺参数

钻进方法	主 要 钻 进 工 艺 参 数
冲击钻进	（1）钢绳吊锤冲击钻，130 ~ 150 mm 口径时，锤质量 100 ~ 150 kg，行程 1 ~ 4 m，冲击次数 15 ~ 25 次/min。325 mm 口径时，锤质量 400 kg，行程 500 ~ 1000 mm，冲击次数 15 ~ 20 次/min （2）采用抽筒钻头钢绳冲击钻时，行程 0.5 ~ 1.0 m，冲击次数 15 ~ 25 次/min
冲击回转钻进	（1）冲击行程、冲击次数等技术参数与冲击钻进的工艺参数相同 （2）转速一般在 2 ~ 10 r/min，扭矩在 4 ~ 20 kN·m （3）潜孔锤钻进工艺参数请参阅其他有关规程
回转钻进	（1）一般回转钻进转速不得大于 125 r/min（以 40 r/min 左右为宜），扭矩在 4 ~ 10 kN·m范围，钻压 300 ~ 600 kg （2）采用无泵反循环钻进，转速为 100 ~ 200 r/min，压力 1.5 ~ 4 kN，提动频率 8 ~ 25 次/min，提动高度 50 ~ 100 mm （3）采用小径合金钻具在套管下部进行回转钻进，转速在 100 r/min 左右，压力 200 ~ 400 kN。钻进前孔内适当灌注清水，钻进时，适当提动钻具 （4）当采用钢粒钻具在套管下回转钻进时，转速在 100 r/min 左右，压力 3 ~ 6 kN，第一次投砂量为 3 ~ 5 kN，以后补给一般 1 ~ 2 kN。钻进时系采用干钻，不得使用循环冲洗液
振动或振动回转钻进	（1）振动频率：1000 ~ 2500 次/min；（2）激振力：15 ~ 50 kN；（3）偏心力矩：7 ~ 15 N·m；（4）回转转速：40 r/min 左右

18.2.4　砂矿钻机及工具

目前我国主要使用的砂矿钻机及性能见表 18 – 13。

砂矿钻探还应根据钻进方法、地层条件、钻孔深度和结构尺寸等选配钻进工具，见表 18 – 14。

表 18 – 13　目前我国主要使用的砂矿钻机及性能

钻机型号	钻进功能	钻孔直径/mm	钻进深度/m	动力机功率及装载方式	钻塔类型及高度/m
SH30 – 2 工程钻	冲击回转	开孔 142 终孔 110	30	15 马力,拖载	四脚塔,6
GJD – 2 工程钻	冲击回转振动	150 130 110	15 30 50	12 马力,拖载	桅杆,6.25
HJ – 1A 砂钻	冲击回转	130	30	12 马力,拖载	钻架,6.5
SZ – 130	冲击回转	130	15	12 马力,拖载	三角架,5
SZC – 130/ SZT – 130 砂钻	冲击回转	134	25	12 马力, 自行/拖载	桅杆,6.5
SZC – 150/ SZT – 150 砂钻	振动/振动回转 冲击/冲击回转 回转	154	15 ~ 20 30 30	36 马力, 自行/拖载	桅杆,6.5

续表 18 - 13

钻机型号	钻进功能	钻孔直径 /mm	钻进深度 /m	动力机功率 及装载方式	钻塔类型及 高度/m
SZC - 168/ SZT - 168 砂钻	冲击 回转	174 225	30 15	75 马力, 自行/拖载	桅杆,6.7
SZC - 219/ SZT - 219 砂钻	回转 冲击	172 或 224	30	75 马力, 自行/拖载	桅杆,6.7
SZC - 325/ SZT - 325 砂钻	冲击 回转	335	30	75 马力, 自行/拖载	桅杆,7.2

表 18 - 14　砂矿钻探钻进工具选配表

钻进工具	钻进方法			
	冲击	冲击回转	回转	振动或振动回转
套管	√	√	√	√
套管鞋	√	√	√	√
勺形钻			√	
螺旋钻			√	
单、双层岩心管,双壁钻杆	√		√	√
硬质合金钻头			√	√
钢粒钻头			√	
牙轮钻头			√	
潜孔锤	√	√		
筒口锹	√			
冲击钻头	√	√		
提筒钻头	√	√		

18.3　水力反循环连续取心钻进

18.3.1　水力反循环连续取心钻进原理

　　如图 18 - 4 所示,水力反循环连续取心钻进过程中,冲洗液通过水泵 6 经由高压输送胶管、双通道水龙头 4、双壁钻杆的内外管之间的环隙到达孔底,在冷却钻头的同时绝大部分的冲洗液从钻头上部的喷射孔和钻头底唇面携带钻头刻取的钻屑及岩心进入双壁钻杆内管 3 中心通道上返至双通道水龙头中心和水龙头的鹅颈管、排心软管到达地表集液箱。随着钻进的不断进行和冲洗液的连续循环,钻头所产生的钻屑和岩心也会不断地被冲洗液携带至地表岩心回收槽。

　　该钻进技术获取岩心过程同传统的普通提钻取心和绳索取心不同，无须停止钻进和提出孔内钻具即可获得所需岩心，因此，具有钻进效率高、钻进中连续取心、纯钻时间长、"实时"取样并可随时观察地层变化情况等优点。荷兰、苏联、德国、澳大利亚等国自 20 世纪 70 年代起就开展了该技术的研究，并在松软第四系非固结地层中广泛应用。我国"七五"期间也开展了该技术的研究，并针对中硬以上固结地层中钻进研发了水力反循环连续取心钻进用液动贯通式冲击器。水力反循环连续取心钻探技术较适合覆盖层地质填图、地球化学调查、环境保护取样钻探、较完整的基岩层地质勘探取心钻进及海底砂矿勘探等。

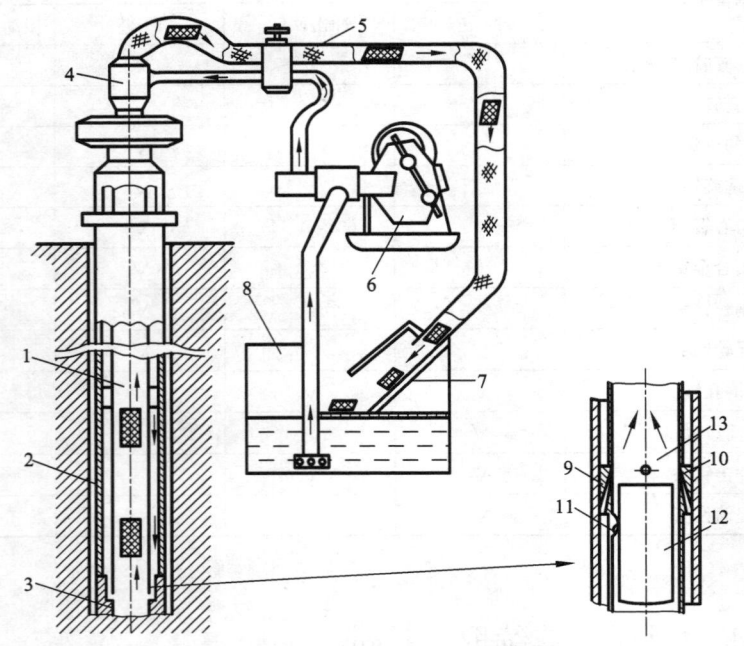

图 18 - 4　水力反循环连续取心钻进的原理示意图

1—钻头；2—双壁钻柱外管；3—双壁钻柱内管；4—双通道水龙头；5—排心软管；6—水泵；7—岩心回收槽；8—集液箱；9—喷射器；10—喷嘴；11—卡断器；12—岩心；13—负压区

18.3.2　水力反循环连续取心钻进配套设备

　　水力反循环连续取心钻进所需要的设备同其他常规地质岩心钻探所需的设备基本一致，主要包括钻机、钻塔、水泵、双通道水龙头、双壁钻杆、孔底钻具、特殊唇面取心钻头、地表岩心接收装置等。

1. 钻机

目前地质岩心钻探使用的机械立轴钻机和动力头钻机都可以用于水力反循环连续取心钻进工艺。但对于立轴钻机，由于钻进过程中须配备主动钻杆才能满足向钻具和钻头传送动力的要求，而水力反循环连续取心钻进的整个钻杆柱都是双壁钻杆，所以，对于立轴钻机的通孔直径必须足够大才能使主动钻杆同双壁钻杆具有相同径向尺寸要求。对于动力头钻机，虽然无须配备主动钻杆，但要求动力头必须设计成双通道或有足够大的通径。由于相同规格的双壁钻杆的重量要比单壁钻杆重一些，所以，在钻进相同深度和相同孔径的情况下，水力反循环连续取心钻进对钻机的提升、回转能力比其他钻进方法对钻机的能力要求大一些，因此，所消耗的动力也比常规取心钻进大。国外多数采用动力头钻机，中国既采用过大通孔立轴钻机，也使用过专门的全液压动力头钻机。1983 年勘探技术研究所曾研制出水力反循环连续取心钻机 FXD - 300，该钻机采用车载形式全液压驱动和控制方式，其钻进能力 300 m，并在第四系覆盖地层及煤系地层进行取心钻进。

2. 钻塔

采用立轴钻机进行水力反循环连续取心钻探，需要配备钻塔。一般岩心钻机配备的钻塔都可以满足水力反循环连续取心施工要求。钻塔的承载能力和高度视钻进需要而定。对于动力头钻机，无须配备专门的钻塔。

3. 水泵

由于水力反循环连续取心钻进过程中岩心是依靠冲洗液的压力和动力从孔底携带到地表的，因此，冲洗液的上返速度要比常规取心钻探高，冲洗液的流量大、循环压力较高。具体技术参数取决于双壁钻杆内管内径、钻孔深度等。

4. 双壁钻杆

双壁钻杆由单独的双管段组成，管段中用定心肋骨将内管固定在外管内，以防止内管轴向窜动。外管传递转矩和轴向压力，内管只作为输送岩心的通道。双壁钻杆的外钻杆采用螺纹连接，内钻杆一般采用插接连接，并通过 O 形圈实现钻杆之间的密封。也有内外钻杆采用双螺纹连接的，这种方式要求轴向加工精度较高，内外螺纹必须具有相同螺距。由于水力反循环连续取心钻进过程中冲洗液循环压力较高，所以钻杆的各连接处要求足够的密封性能，确保连接处不泄漏。

5. 双通道水龙头

水力反循环连续取心钻进的双通道水龙头既要保证将冲洗液可靠地输送到孔底，又要为输送岩心提供良好的通道。因此结构上要比常规水龙头复杂得多。双通道水龙头的技术关键是旋转密封问题，要在保证密封的前提下，具有较好的单动性和岩心输送性能。

6. 孔底钻具

水力反循环连续取心孔底钻具比较简单，主要包括：孔底钻头上部内外短节、岩心卡断器、孔底喷射接头等，如图 18 - 5 所示。岩心卡断器有楔面式、卡块式和滚球式等结构，卡断器与卡断器座一般是动配合，在岩心形成一定长度后，使其受到一个径向力而切断。孔底钻具对于实现反循环、使冲洗液按比例分流、岩心按所期望的长度卡断、岩心和岩屑较好地进入内管中心并被携带到地表至关重要。

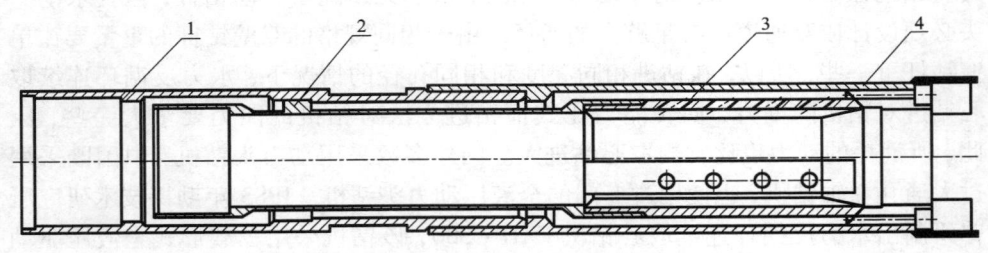

图 18 - 5　孔底钻具结构示意图

1—外上短节；2—内上短节；3—喷射接头；4—取心钻头

7. 钻头

水力反循环连续取心钻头底唇面一般都设计成反螺旋结构（图 18 - 6），便于大部分冲洗液经过双壁钻杆中心通道上返至地表。随着钻头旋转，冲洗液被迫进入钻头的内部，同时将岩屑带入钻头中间的喷射接头内部。由于水力反循环连续取心钻进工艺的特殊性，相同钻进孔径的情况下，钻头的壁厚要比常规钻头厚一些。钻头切削具有硬质合金、金刚石复合片、孕镶或表镶金刚石等结构形式。

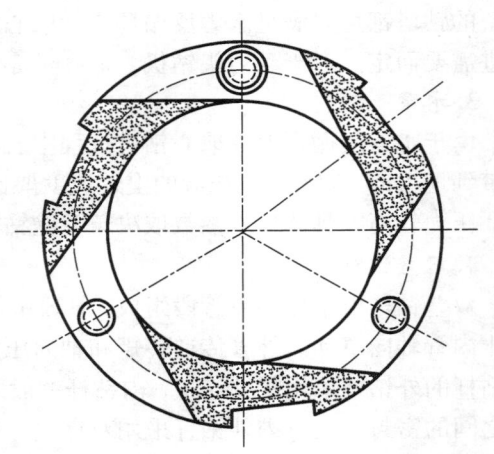

图 18 - 6　反螺旋唇面取心钻头唇面接头

8. 地表岩心接收装置

地表岩心接收装置由岩心回收槽、岩粉收集器、集液槽、托架、筛网、岩心和岩粉回收槽等组成。岩心接收装置的主要功能就是当岩心和岩粉被冲洗液携带到地表后准确地按顺序摆放。

18.3.3　水力反循环连续取心钻进规程参数

水力反循环连续取心钻进的主要工艺参数包括钻压、转速、冲洗液量及上返速度、岩心卡断长度、回次进尺等。

1. 钻压

由于水力反循环连续取心钻进的钻头壁厚比常规钻头要厚一些，在与常规孔径相同的情况下，钻压要适当增加。

2. 转速

对于金刚石钻头，由于碎岩主要靠高速磨削，所以，在完整基岩中采用金刚石钻头时，在钻机及其他条件允许的前提下，一般尽可能地提高转速。在覆盖层地层中采用硬质合金钻头钻进时，由于钻进进尺较快，为了防止形成螺旋孔壁，转速也应尽可能提高。

3. 冲洗液量及上返速度

块状或柱状岩心随冲洗液上返速度的不同表现为静止、悬浮或被冲洗液携带沿钻杆内管上升三种状态，这三种状态的存在与转化取决于冲洗液的特性（密度、黏度）、流动参数（流量、流速和压力梯度）和岩心的性状（形状、大小和密度等）。通常在冲洗液特性固定的条件下，冲洗液的流速（上返速度 V_L）是影响岩屑运动状态的主要因素。当 V_L 较低时，岩心在孔底处于静止状态，此时水力输送过程尚未发生，随着 V_L 的增大，岩心可悬浮于冲洗液中，但不随冲洗液流动，此时的上返速度被称之为悬浮流速（V_P，为岩心由静止向输送状态转换的临界值），当 V_L 超过 V_P（$V_L > V_P$）时，岩心随冲洗液一齐上升流动。然而，岩心上升速度 V_C 始终低于 V_L，两速度的差值称为滑移速度 S，其表示岩心相对于冲洗液的"滞留"效应，其程度可用下式表示：

$$K = \frac{V_C - S}{V} \tag{18-1}$$

K 越大（趋近 1），则表示 V_C 越接近 V_L，岩心"滞留"程度低，岩心堵塞的概率小。因此，水力反循环连续取心钻进过程中要求冲洗液有足够的上返速度 V_L，且 V_C 越接近 V_L 越好，一般要求内管冲洗液上返速度要超过 2 m/s。显然，上返速度 V_L 并非越高越好，而是要对 K 进行优化选择，以实现在确保正常水力输岩的前提下，采用较小的水力参数（流量、流速），从而减小冲洗液的压力损失，达到减少动力消耗及增大钻进深度的目的。

冲洗液的上返速度 V_L 按下式计算：

$$V_L = \frac{Q}{A} \tag{18-2}$$

式中：V_L 为上返速度，m/s；Q 为上返液流量，m³/s；A 为内管内圆截面积，m²。

研究表明：

（1）岩心直径、岩屑颗粒大小对 K 有影响，如图 18 - 7 所示。

当管径比 $B > 0.5$ 时（$B = d/D$，d 为岩心直径，D 为内管内径），K 随 B 增大而增大，V_L 越大，K 趋近 1；当管径比 $B < 0.5$ 时，K 随 B 增大而减小，V_L 越大，K 趋近 1。

（2）一般认为，K 大于 0.7（即处于 I - I′ 以上区域）时，都能较稳定地输送岩心。

（3）I - I′ 与横坐标轴之间的区域称为过渡区，当 K 处于 0.4 左右时，对于直径较小的块状或柱状岩块（B 为 0.5 左右），将完全不能输送。当块（柱）状岩块与颗粒同时存在时，则由于两者间滑移速度相差太大而形成堵塞，但对于松散状的直径小于 10 mm 的颗粒，只要 V_L 足够大，仍可保持稳定输送。因此，对于过渡区下限部分的水力参数，除钻进均质松散颗粒地层外，其他条件不宜采用。

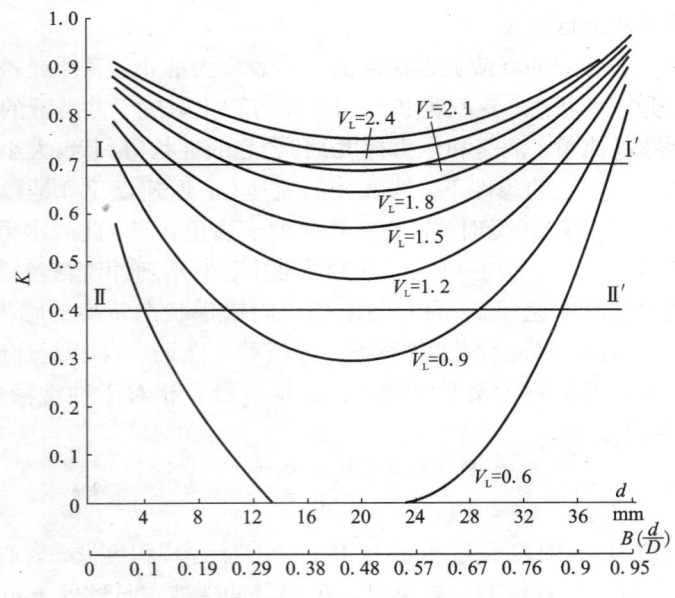

图 18 - 7　管径比 B 与 K 的关系

4. 循环系统压力

水力反循环连续取心钻进循环系统压力的确定非常复杂，计算时只能参考水力学管道流动及流体力学环空流动阻力损失计算方法进行估算。要考虑的因素主要包括：钻孔深度、水泵排量、从水泵流出时所经的高压胶管、双通道水龙头、双壁钻杆内外管环隙、内管中心上升、排心软管达到地表岩心接收装置的沿程阻力损失、水龙头隔水滑套、钻杆内管接头过流断面变化、孔底喷射接头进水眼等局部压力损失及岩心直径及长度等。

5. 岩心卡断长度

理论上讲，在冲洗液能够携带岩心上升的前提下，应尽可能地增加岩心卡断长度，这样可以减少岩心卡断所产生的碎屑量，从而降低上升过程中岩屑堵心的概率。岩心的卡断长度取决于地表双通道水龙头鹅颈管的曲率半径，岩心越长，鹅颈管的曲率半径需越大。对于完整地层，岩心卡段长度一般设定为 100 mm。

6. 回次进尺

在不发生岩心堵塞的情况下，一个回次进尺就是一个钻杆立根长度。

18.3.4　岩心堵塞预防和解堵

岩心堵塞是水力反循环连续取心钻进需重点解决的技术问题。在坚硬地层中为了减少岩心堵塞的概率，钻进过程中不要随意提动钻具，保证双壁钻杆内管密封处无泄漏，尽可能增加岩心卡断长度，鹅颈管的曲率半径要尽可能大一些。一旦发生岩心堵塞，解决堵塞的办法有两种：一是通过在钻杆上连接一个正反转换接头，将反循环变成正循环，将堵塞的岩心向下推，如果岩心在内管里堵得不是太紧，靠冲洗液向下的压力一般可以解除堵塞；二是在地表卸开双壁钻杆，利用绳索绞车在内管中间下入"冲锤"，靠"冲锤"快速下放的冲击力解除堵在内管里的岩心。

18.4　地源热泵钻探

地源热泵（Ground Source Heat Pump 简称 GSHP）技术是开采浅层地热能最有效的方法。地源热泵是指以地球表层的浅层地温能为冷热源，实现建筑物环境温度调控及热水供应的热泵系统。地源热泵一般由三个子系统组成：室外地能换热系统、水源热泵机组和室内末端系统。室外地能换热系统是地源热泵的基础，以水为载热介质与浅层地能进行热交换。

如图 18 -8 所示，地源热泵装置主要由四部分组成，即：压缩机、冷凝器、调节阀、蒸发器。

供暖时：工作介质在蒸发器中蒸发，吸收地下水中的热量，使地下水温度降低，降温后泵入地下与地层热交换，升温后抽出循环。工作介质蒸发后变成气体，由压缩机压缩，再经过冷凝器还原成液体，经与空调水热交换后，放出热量，使空调水升温，给建筑物内供暖。工作介质变成液体，由调节阀调压调量后进入蒸发器，再蒸发，如此循环，进行能量交换。

制冷时：工作过程正好相反，只是将冷凝器连接到地下水管线上，工作介质放热给地下水，将蒸发器连接到空调水上，由工作介质吸收空调水的热量。

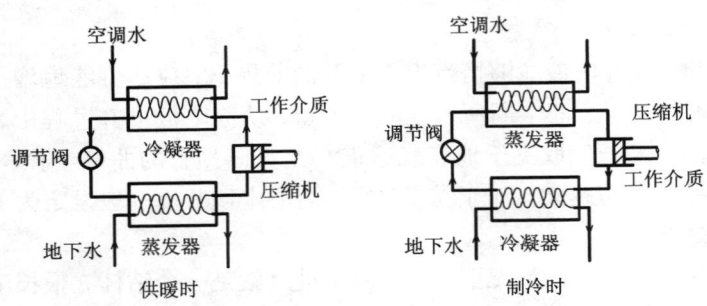

图 18 - 8　地源热泵供暖／制冷工作示意图

18.4.1　地源热泵系统构成

地源热泵系统主要可分为两大部分，如图 18 - 9 所示，右边为地上部分，左边为地下部分。地上部分又包括室内热交换回路 1 和热泵回路 2 以及可选择的热水供应回路 4。它既可以与传统的锅炉采暖系统相协调，也可以与中央空调系统相一致。国际地源热泵组织推荐的室内的热传导回路有两类：风机盘管散热器和地板式散热器。热泵 2 是地源热泵的心脏，按其压缩机类型可分为容积式和速度式两类。地下部分也称为地下耦合系统或地下热交换器，经过 20 余年的发展，目前比较流行的有三种：开式循环系统，闭式循环系统，混合循环系统。地下部分是地源热泵工作性能的关键，决定着地源热泵系统的供暖／制冷效率。

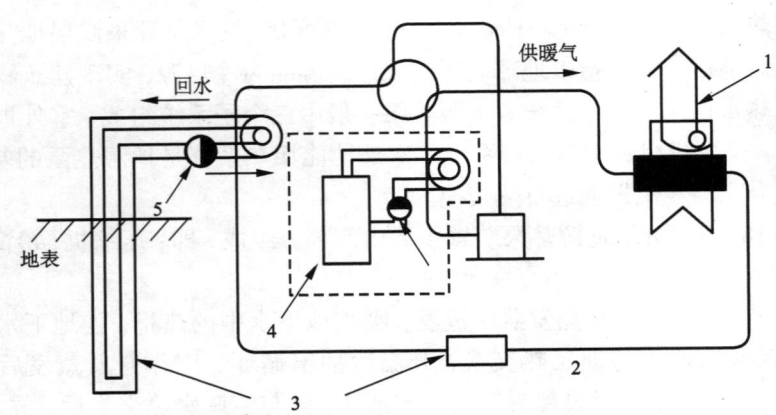

图 18 - 9　地源热泵系统组成图

1—室内热交换回路；2—热泵回路；3—地下回路膨胀装置；4—热水供应回路；5—供水泵

根据取热来源不同，地源热泵可分为地埋管地源热泵系统、地下水地源热泵系统和地表水地源热泵系统。目前，国内外主要研究和应用的地源热泵系统主要是地埋管地源热泵系统和地下水地源热泵系统。

地埋管地源热泵系统也称土壤源热泵系统，它以水（或加有防冻液的水）作为冷热量载体，水在埋于土壤内部的换热管道与热泵机组间循环流动，实现机组与大地土壤之间的热量交换，不需抽取地下水。地埋管地源热泵系统总体上有水平埋管、垂直埋管、沟渠集水器式螺旋埋管、桩埋管四种形式。钻孔是垂直埋管换热器施工中最基础、最重要的工序。从国内外工程实践来看，浅埋管采用串联方式［图 18 – 10（a）］居多；中、深埋管采用并联方式［图 18 – 10（b）］居多。

地下水地源热泵系统须建造抽水井，将地下水抽出，通过板式换热器或直接将水送到热泵机组，经提取热量或释放热量后，由回灌井回灌地下。地下水地源热泵系统的地下换热器有同井回灌系统［图 18 – 11（a）］和异井回灌系统［图 18 – 11（b）］两种。同井回灌系统在地下水位以上用钢套作为护套，直径和孔径一致；地下水位以下为自然孔洞，不加任何固井设施。典型孔径为 150 mm，孔深 450 m。异井回灌系统的抽水井和回灌井分别是两口井，两井之间保持距离一般为 50 m，回灌区直径为 100 m，抽水井和回灌井可定期交换用。

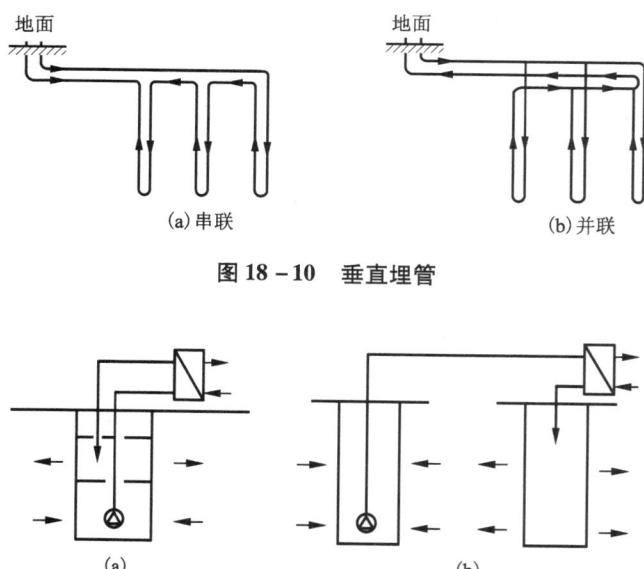

图 18 – 10　垂直埋管

图 18 – 11　地下水地源热泵系统的地下换热器

从上面的介绍可以看出，钻探技术在地源热泵施工中的应用主要包括三个方面：地源热泵系统工程勘查、垂直埋管和地下水地源热泵。钻孔成本低廉、作业效率高、成孔(井)质量好、环境友好的钻孔设备及工艺是地源热泵钻探技术的主要发展方向。

18.4.2　地源热泵系统工程勘察

地源热泵系统的方案选择、工程设计和工程施工必须以工程场地状况调查、水文地质工程地质勘查、当地气候条件、现有技术条件和经济指标等资料为依据，才能保证系统长期稳定地运营。

地源热泵系统工程勘察包括下列内容：①岩土层的结构；②岩土体热物性；③岩土体温度；④地下水的静水位、水温、水质及分布；⑤地下水径流方向、速度；⑥冻土层厚度。对于水平地埋管系统，可采用槽探、坑探或钎探进行地质勘测，勘测深度一般超过埋管深度 1 m。对于垂直地埋管系统和地下水系统，采用钻探进行地质勘测，钻孔深度应至少比设计最深的热交换器深 5 m。勘查工作完成后，需对勘查孔做换热率测试。

地下水换热系统水文地质勘查包括下面内容：①地下水类型；②含水层岩性、分布、埋深及厚度；③含水层的富水性和渗透性；④地下水的径流方向、速度和水力坡度；⑤地下水温度及其分布；⑥地下水水质；⑦地下水水位动态变化。地下水换热系统勘查时的水文分析试验应包括下列内容：抽水试验、回灌试验、出水水温测量、取分层水样并化验分析分层水质、水流方向试验和渗透系数计算。

18.4.3　垂直埋管钻探技术

地下换热器形式分为单 U 形、双 U 形、1 + 2 型和套管型四种(图 18 - 12)。U 形地下换热器是目前常用的换热器，包括单 U 和双 U 形。U 形管管径一般在 50 mm 以内，钻孔深度一般为 20 ~ 200 m 左右，换热指标一般在 20 ~ 50 W/m(孔深)左右。虽然双 U 形换热器比单 U 形换热器每冷吨需要更多的管道，但是，因少钻井而节省的费用完全可以补偿管道数量加倍导致的费用增加。具体的单位管长换热量要根据大地的岩土热物理性能和水文地质状况等决定。由于 U 形管自身进出管之间温度场相互影响，存在较严重的热短路，对换热效果影响较大。

垂直埋管换热器通常采用的是 U 形方式，按其埋管深度可分为浅层(< 30 m)、中层(30 ~ 100 m)和深层(> 100 m)三种。地埋管钻孔与岩心钻探、工程地质勘查孔相比有其特殊性，不需取心(样)，孔径多为 100 ~ 200 mm，钻孔深度多为 50 ~ 200 m，着重解决的是不同地质条件下的高效钻进工艺，并考虑施工过程的环保问题。

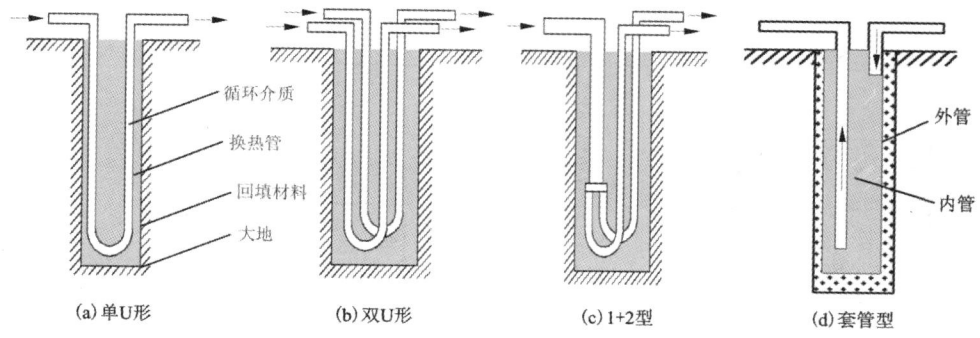

| (a)单U形 | (b)双U形 | (c)1+2型 | (d)套管型 |

图 18 – 12 地下换热器形式示意图

垂直埋管换热器施工流程通常为：施工前准备—钻孔—下管—灌浆封井—换热器安装及管道连接。孔径略大于 U 形管与灌浆管的组件尺寸，根据需要，一般钻头的直径为 100～150 mm，钻进深度可达到 150～200 m。钻孔总长度由建筑的供热面积大小、负荷的性质以及地层及回填材料的导热性能决定，对于大中型工程应通过设计计算确定，地层的导热性能最好通过实地测量。施工区地层土质比较好时可以采用裸孔钻进。如果是砂砾石地层，孔壁容易坍塌，还需要下套管护壁。

垂直埋管换热系统设计计算可按如下方法进行。

1. 竖直地埋管换热器的热阻计算

（1）传热介质与 U 形管内壁的对流换热热阻：

$$R_f = \frac{1}{\pi d_i \alpha_w} \qquad (18-3)$$

式中：R_f 为传热介质与 U 形管内壁对流换热热阻，$(m \cdot K)/W$；d_i 为 U 形管内径，m；α_w 为传热介质与 U 形管内壁的对流换热系数，$W/(m^2 \cdot K)$，可参考表 18 – 15 取值。

（2）U 形管的管壁热阻：

$$R_{pe} = \frac{1}{2\pi\lambda_p} \ln\left(\frac{d_e}{d_e - (d_0 - d_i)}\right) \qquad (18-4)$$

$$d_e = \sqrt{n} d_0$$

式中：R_{pe} 为 U 形管的管壁热阻，$(m \cdot K)/W$；λ_p 为 U 形管导热系数，$W/(m \cdot K)$，可按如下：UPVC（0.16），PB（0.22），PP – R（0.24），PEX（0.41），ABS（0.26），铝塑复合管（0.45），塑复铜管（视塑复材料定），PE（0.49）；d_0 为 U 形管外径，m；d_e 为 U 形管的当量直径，m，对单 U 形管，$n=2$，对双 U 形管，$n=4$。

表18-15　不同流体不同管径下的阻力及换热性能表

管径/mm	项目	0.3 m³/h(0.087 L/s)			0.7 m³/h(0.19 L/s)			1.0 m³/h(0.28 L/s)			1.35 m³/h(0.38 L/s)			1.7 m³/h(0.47 L/s)			2 m³/h(0.56 L/s)		
		水 5℃	20%$CaCl_2$ -5℃	20%乙二醇 -5℃	水 5℃	20%$CaCl_2$ -5℃	20%乙二醇 -5℃	水 5℃	20%$CaCl_2$ -5℃	20%乙二醇 -5℃	水 5℃	20%$CaCl_2$ -5℃	20%乙二醇 -5℃	水 5℃	20%$CaCl_2$ -5℃	20%乙二醇 -5℃	水 5℃	20%$CaCl_2$ -5℃	20%乙二醇 -5℃
$\phi25\times2.3$ ($d_i=20.4$) 3/4"	$v/(\text{m·s}^{-1})$	0.26			0.59			0.85			1.15			1.44			1.70		
	R_e	3424	1615	1394	7923	3738	3227	11415	5358	4649	15444	7286	6290	193.39	9122	7876	22830	10770	9293
	$\alpha_w/[\text{w·(m}^3\text{·K)}^{-1}]$	725	365	286	2112	1072	902	2946	1756	1522	3751	2439	2201	4192	3042	2570	5128	3473	3270
	$h_f/\text{kPa(100m)}$	6.6	9.5	8.5	28.6	41.1	36.7	54.3	77.9	74.5	92.1	132.3	118.2	136.5	196.1	175.2	182.6	262.1	234.2
$\phi32\times2.9$ ($d_i=26.2$) 1"	$v/(\text{m·s}^{-1})$							0.52			0.70			0.88			1.03		
	R_e				6209	2929	2528	8969	4231	3653	12073	5695	4917	15718	7160	6181	17765	8381	7235
	$\alpha_w/[\text{w·(m}^3\text{·K)}^{-1}]$				1267	543	510	1852	978	865	2397	1428	1235	2878	1831	1647	3265	2167	1999
	$h_f/\text{kPa(100m)}$				8.8	12.7	11.3	16.8	24.1	21.5	28.2	40.5	36.2	42.1	60.5	51.1	55.6	79.8	71.3
$\phi40\times3.7$ ($d_i=32.6$) 1/4"	$v/(\text{m·s}^{-1})$							0.33			0.45			0.57			0.67		
	R_e							7082	3341	2884	9657	4556	3933	12233	5771	4982	14379	6783	5856
	$\alpha_w/[\text{w·(m}^3\text{·K)}^{-1}]$							1183	550	456	1613	884	738	1949	1161	1004	2218	1381	1241
	$h_f/\text{kPa(100m)}$							5.8	8.3	7.4	9.9	14.2	12.7	15.0	21.5	19.3	20.0	28.6	25.6

注：R_e—雷诺数；V—流速；h_f—管路沿程阻力。

（3）钻孔灌浆回填材料的热阻：

$$R_b = \frac{1}{2\pi\lambda_b}\ln(\frac{d_b}{d_0}) \qquad (18-5)$$

式中：R_b 为钻孔灌浆回填材料的热阻，$m\cdot K/W$；λ_b 为灌浆材料的导热系数，$W/(m\cdot K)$，可参考表 18-16 选取；d_b 为钻孔的直径，m。

表 18-16　灌浆材料比及其导热系数

编号	水泥/kg	水泥/kg	石英砂/kg	膨润土/kg	超塑性剂/kg	水/L	热传导系数/$[W\cdot(m\cdot K)^{-1}]$
1	膨润土基		0	5		20	0.73
2			20	5		15	1.30
3			32	3		11	1.73
4	水泥基	8.5	31.6	0.2	0	8.2	1.26
5		8	31.5	0.2	0.5	4.8	1.67
6		8	31.6	0.2	0.6	3.6	0.31
7		8	24	0.2	0.5	3.6	2.77
8		10	20	0.2	0.4	4.5	2.65

注：编号 1~8 中的各项为不同灌浆材料的配比。

（4）地层热阻（从孔壁到无穷远处的热阻）：

对于单个钻孔：

$$R_s = \frac{1}{2\pi\lambda_s}I(\frac{r_b}{2\sqrt{\alpha\tau}})$$

$$I(u) = \frac{1}{2}\int_u^\infty \frac{e^{-5}}{s}ds \qquad (18-6)$$

对于多个钻孔：

$$R_s = \frac{1}{2\pi\lambda_s}[I(\frac{r_b}{2\sqrt{\alpha\tau}}) + \sum_{i=2}^N I(\frac{x_i}{2\sqrt{\alpha\tau}})] \qquad (18-7)$$

式中：R_s 为地层热阻，$(m\cdot K)/W$；I 为指数积分公式，即 $I(u)$；λ_s 为岩土体的平均导热系数，$W/(m\cdot K)$，可参考表 18-17 选取；α 为岩土体的热扩散率，m^2/s，可参考表 18-17 选取；r_b 为钻孔半径，m；τ 为运行时间，s；x_i 为第 i 个钻孔与所计算钻孔之间的距离，m。

（5）短期连续脉冲负荷引起的附加热阻：

$$R_{sp} = \frac{1}{2\pi\lambda_s}I(\frac{r_b}{2\sqrt{\alpha\tau_p}}) \qquad (18-8)$$

式中：R_{sp} 为短期连续脉冲负荷引起的附加热阻，$m \cdot K/W$；τ_p 为短期脉冲负荷连续运行的时间，h。

表 18 – 17　几种典型土壤和岩石的热物性

	导热系数 λ_s /$[W \cdot (m \cdot K)^{-1}]$	扩散率 α /$(10^{-6} m^2 \cdot s^{-1})$	密度 ρ /$(g \cdot cm^{-3})$	热容量 C /$[kJ \cdot (kg \cdot K)^{-3}]$
花岗岩	3.5	1.3	3.333	0.84
大理石	2.4	1.03	2.917	0.84
致密湿土	1.3	0.65	2.183	0.88
致密干土	0.9	0.52	2.083	0.84
轻质湿土	0.9	0.52	1.667	1.05
轻质干土	0.35	0.28	1.500	0.84

2. 竖直地埋管换热器的钻孔长度计算

(1)制冷工况下，竖直地埋管换热器的钻孔长度计算：

$$L_c = \frac{1000Q_c[R_f + R_{pe} + R_b + R_s \times F_c + R_{sp}(1 - F_c)]}{t_{max} - t_\infty} \cdot \frac{EER + 1}{EER}$$

$$F_c = T_{c1}/T_{c2} \qquad\qquad (18-9)$$

式中：L_c 为制冷工况下，竖直地埋管换热器所需钻孔的总长度，m；Q_c 为水源热泵机组的额定冷负荷，kW；EER 为水源热泵机组的制冷能效比；t_{max} 为制冷工况下，竖直地埋管换热器中传热介质的设计平均温度，通常取 37℃；t_∞ 为埋管区域岩体的初始温度，℃；F_c 为制冷运行份额；T_{c1} 为一个制冷季中水源热泵的运行小时数，当运行时间取一个月时，T_{c1} 为最热月份水源热泵的运行小时数；T_{c2} 为一个制冷季中的小时数，当运行时间取一个月时，T_{c2} 为最热月份的小时数。

(2)供热工况下，竖直地埋管换热器的钻孔长度计算：

$$L_h = \frac{1000Q_h[R_f + R_{pe} + R_b + R_s \times F_c + R_{sp}(1 - F_h)]}{t_\infty - t_{min}} \cdot \frac{COP + 1}{COP}$$

$$F_h = T_{h1}/T_{h2} \qquad\qquad (18-10)$$

式中：L_h 为制热工况下，竖直地埋管换热器所需钻孔的总长度，m；Q_h 为水源热泵机组的额定热负荷，kW；COP 为水源热泵机组的供热性能系数；t_{min} 为供热工况下，竖直地埋管换热器中传热介质的设计平均温度，通常取 $-2 \sim 5$℃；t_∞ 为埋管区域岩体的初始温度，℃；F_h 为供热运行份额；T_{h1} 为一个供热季中水源热泵的运行小时数，当运行时间取一个月时，T_{h1} 为最冷月份水源热泵的运行小时数；T_{h2} 为一个制冷季中的小时数，当运行时间取一个月时，T_{h2} 为最冷月份的小时数。

3. 地埋管的压力损失计算

(1)地埋管的断面面积 A：

$$A = \frac{\pi}{4} \times d_j^2 \qquad\qquad (18-11)$$

式中：A 为地埋管的断面面积，m²；d_j 为地埋管的内径，m。

（2）管内流体的流速 V：

$$V = \frac{G}{3600 \times A} \qquad (18-12)$$

式中：V 为管内流体的流速，m/s；G 为管内流体的流量，m³/h。

（3）管内流体的雷诺数 R_e，R_e 应大于 2300 以确保紊流流动：

$$R_e = \frac{\rho V d_j}{\mu} \qquad (18-13)$$

式中：R_e 为管内流体的雷诺数，也可参考表 18-14 选取；ρ 为管内流体的密度，kg/m³；μ 为管内流体的动力黏度，N·s/m²。

（4）管段沿程阻力 P_y：

$$P_d = 0.158 \times \rho^{0.75} \times \mu^{0.25} \times d_j^{-1.25} \times V^{1.75}$$
$$P_y = P_d \times L \qquad (18-14)$$

式中：P_y 为计算管段的沿程阻力，Pa；P_d 为计算管段单位管长的沿程阻力，Pa/m；L 为计算管段的管长，m。

（5）计算管段的局部阻力 P_j：

$$P_j = P_d \times L_j \qquad (18-15)$$

式中：P_j 为计算管段的局部阻力，Pa；L_j 为计算管段管件的当量长度，m，可按表 18-18 计算。

表 18-18　管件的当量长度

名义管径		弯头的当量长度/m				T 形三通的当量长度/m			
		90°标准型	90°长半径型	45°标准型	180°标准型	旁流三通	直流三通	直流三通后缩小 1/4	直流三通后缩小 1/2
³/₈″	DN10	0.4	0.3	0.2	0.7	0.8	0.3	0.4	0.4
¹/₂″	DN12	0.5	0.3	0.2	0.8	0.9	0.3	0.4	0.5
³/₄″	DN20	0.6	0.4	0.3	1.0	1.2	0.4	0.6	0.6
1″	DN25	0.8	0.5	0.4	1.3	1.5	0.5	0.7	0.8
1¼″	DN32	1.0	0.7	0.5	1.7	2.1	0.7	0.8	1.0
1½″	DN40	1.2	0.8	0.6	1.9	2.4	0.8	1.1	1.2
2″	DN50	1.5	1.0	0.8	2.5	3.1	1.0	1.4	1.5
2½″	DN63	1.8	1.3	1.0	3.1	3.7	1.3	1.7	1.8
3″	DN75	2.3	1.5	1.2	3.7	4.6	1.5	2.1	2.3
3½″	DN90	2.7	1.8	1.4	4.6	5.5	1.8	2.4	2.7
4″	DN110	3.1	2.0	1.6	5.2	6.4	2.0	2.7	3.1
5″	DN125	4.0	2.5	2.0	6.4	7.6	2.5	3.7	4.0
6″	DN160	4.9	3.1	2.4	7.6	9.2	3.1	4.3	4.9
7″	DN200	6.1	4.0	3.1	10.1	12.2	4.0	5.5	6.1

（6）计算管段的总阻力 P_z :

$$P_z = P_y + P_j \qquad (18 - 16)$$

式中： P_z 为计算管段的总阻力，Pa； P_y 为计算管段的沿程阻力，Pa； P_j 为计算管段的局部阻力，Pa。

地源热泵钻机基本上是由以下几种机型演变而来：①小型全液压车装水井钻机；②履带式全液压锚杆钻机；③小型转盘式水井钻机等。表 18 - 19 为目前用于地源热泵地埋管施工的几种代表机型。

表 18 - 19　地源热泵地埋管施工钻机代表机型

钻机型号	钻孔深度/m	钻孔直径/mm	钻杆规格/mm	回转转速/(r·min⁻¹)	回转扭矩/N·m	给进行程/mm	主要作业方法	动力配置/kW	传动方式	转载方式	生产厂家
YGL - 100R	150	150 ~ 250	89,17	37 ~ 168	6000	3500	①②	柴油机75 电动机37	全液压	履带	无锡金帆
MDL - 80D	80	100 ~ 220	89,102,114,	12 ~ 105	4200	3400	①②	电动机55	全液压	履带	无锡探矿
SDL400	213	105 ~ 305	76,89,	0 ~ 100	5400	3600	①②	柴油机59 电动机30	全液压	履带	宣化正远
DZ - 200	200	150		120	4900	3700	①②	柴油机93	全液压	履带	山东探矿
TH - 10	213	152 ~ 254	89	0 ~ 150	3400	3600	①②	柴油机97	全液压	汽车装	阿特拉斯
RB - 150	200	300	50,60,73	22 ~ 151	3700		②	机械转盘		撬装	勘探所

注：①空气潜孔锤冲击回转钻进；②常规回转钻进，泥浆循环排液。

下管工序是工程的关键。下管的深度决定换热量的多少，因此必须保证下管的深度。下管前应将 U 形管与灌浆管捆绑在一起，在钻孔完毕后，立即进行下管施工。钻孔后孔洞内有大量积水，由于水的浮力影响，将对放管造成一定的困难；另外，泥沙沉积会减少孔洞的有效深度。为此，每钻完一个孔，应及时把 U 形管放入，并采取防止上浮的固定措施。在安装过程中，应注意保持套管的内外管同轴度和 U 形管进出水管的间距。对于 U 形管换热器，可采用专用的弹簧把 U 形管的两个支管撑开，以减小两支管间的热量回流。下管完毕后要保证 U 形管露出地面，以便于后续施工。

灌浆封井即回填工序。在回填之前应对埋管进行试压，确认无泄漏后方可进行回填。正确的回填要达到两个目的：一是要强化埋管与钻孔壁之间的传热，二是要实现密封的作用，避免地下含水层受到地表水等的污染。为了使热交换器具有更好的传热性，国外常选用特殊材料制成的专用灌注材料进行回填（一般情况下采用膨润土和细砂或水泥的混浆或其他专用灌浆材料），钻孔过程中产生的泥浆也是一种较好的回填材料。

回填物中不得有大粒径的颗粒（回填料要采用网孔不大于 15 mm×15 mm 的筛进行过筛）。回填时，要随着灌浆进程将灌浆管逐渐抽出，使混合浆自下而上回灌封井，确保回灌密实，无空腔，减少传热热阻。当上返泥浆密度与灌注材料的密度相等时，回填过程结束。系统安装完毕应进行清洗、排污，确认管内无杂质后，方可灌水。

18.4.4　地源热泵成井工艺

热源井（抽水井和回灌井总称）为地下水地源热泵换热系统，其设计应符合《供水管井技术规范》（GB50296）的规定，并包括下列内容：热源井抽水量和回灌量、水温和水质；热源井数量、井位分布及取水层位；井管配置及管道选用，抽灌设备选择；井身结构、填砾位置、滤料规格及止水材料；抽水试验及回灌试验要求及措施；井口装置及附属设施。一般为了保证回灌效果，抽水井与回灌井比例不小于 1:2。热源井的设计和施工方法可参考供水井。

热源井在成井后应及时洗井。洗井结束后应进行抽水和回灌试验。抽水试验应稳定延续 12 h，出水量不应小于设计值，降深不应大于 5 m；回灌试验应稳定延续 36 h 以上，回灌量应大于设计回灌量。

地下水地源热泵系统开发浅层地热的关键技术问题是钻井工程质量和地下水回灌问题。当钻井工程质量出现问题时，则造成地层堵塞、水量小、含砂量高等现象；在不了解区域水文地质条件情况下，由于钻井数量、井间距、深度设计不合理时，将会导致地下水回灌困难、热泵机组运行费用提高、甚至不能正常运行等问题。表 18-20 列出了回灌井堵塞的原因及其处理方法。

表 18-20　回灌井堵塞的原因及其处理方法

堵塞情况	成因	处理方法
悬浮物的堵塞	浑浊物被带入含水层，堵塞砂层的孔隙	(1)控制回灌水中悬浮物的含量 (2)运行中采用回扬技术

堵塞情况	成因	处理方法
气泡堵塞	空气被带入含水层 空气来源有: (1)回灌井水中可能夹带气泡 (2)水中的溶解性气体由于浓度、压力的变化而释放出来 (3)因生化反应而生成的气体	回扬
微生物的生长	回灌水中的微生物在适宜的条件下,在回灌井的周围迅速繁殖形成生物膜,堵塞过滤器孔隙	(1)除去水中的有机物 (2)进行预消毒杀死微生物
化学沉淀堵塞	水中的 Fe、Mn、Ca、Mg 离子与空气相接触所产生的化合物沉淀,堵塞滤网和砂层孔隙	(1)回扬 (2)酸化(HCl)处理 (3)水质监测
黏粒膨胀和扩散	水中的离子和含水层中黏土颗粒上的阳离子发生交换,导致黏性颗粒膨胀与扩散	注入 $CaCl_2$
砂层压密	砂层扰动压密,孔隙度减小,渗透能力降低	打新井

18.5 声频振动钻探

声频振动钻进技术是一种高效的第四纪地层钻进取样技术,使用一对或几对马达(液压马达或电机)分别驱动偏心轮做相反方向的旋转,由此在钻杆的轴向产生频率为 100~200 Hz 的高频激振力,引起钻杆共振并通过钻杆传递到钻头,实现快速贯入地层,以获取连续高质量无扰动的样品,该钻进技术已被广泛应用在环境钻探、岩土工程勘察、浅层矿产资源勘探、水资源勘探开发、浅层地源热泵钻孔以及其他领域。由于随着钻孔深度的增加,振动的能量损耗很大,故声频振动钻进技术的局限性主要是其应用的深度,如单纯采用振动的方法,一般用于不超过 300 m 的浅孔施工。

18.5.1 声频振动钻进原理

双驱动的声频振动钻进系统的基本原理是:两个沿声频振动器中心对称布置的偏心块分别高速旋转,两者运转方向相反,如图 18 – 13 所示。偏心块和偏心块旋转时产生的偏心力在水平方向和垂直方向的分力分别为:

$$F_{1h} = me\omega^2 \cos\theta$$

$$F_{1v} = me\omega^2 \sin\theta$$

$$F_{2h} = -me\omega^2 \cos\theta$$

$$F_{2v} = me\omega^2 \sin\theta$$

$$\theta = \omega t \qquad\qquad (18-17)$$

式中：F_{1h}、F_{1v} 分别为偏心块在水平方向的分力和垂直方向的分力；F_{2h}、F_{2v} 分别为偏心块在水平方向的分力和垂直方向的分力；m、e、ω 分别为偏心块的质量、偏心距、瞬时角速度。

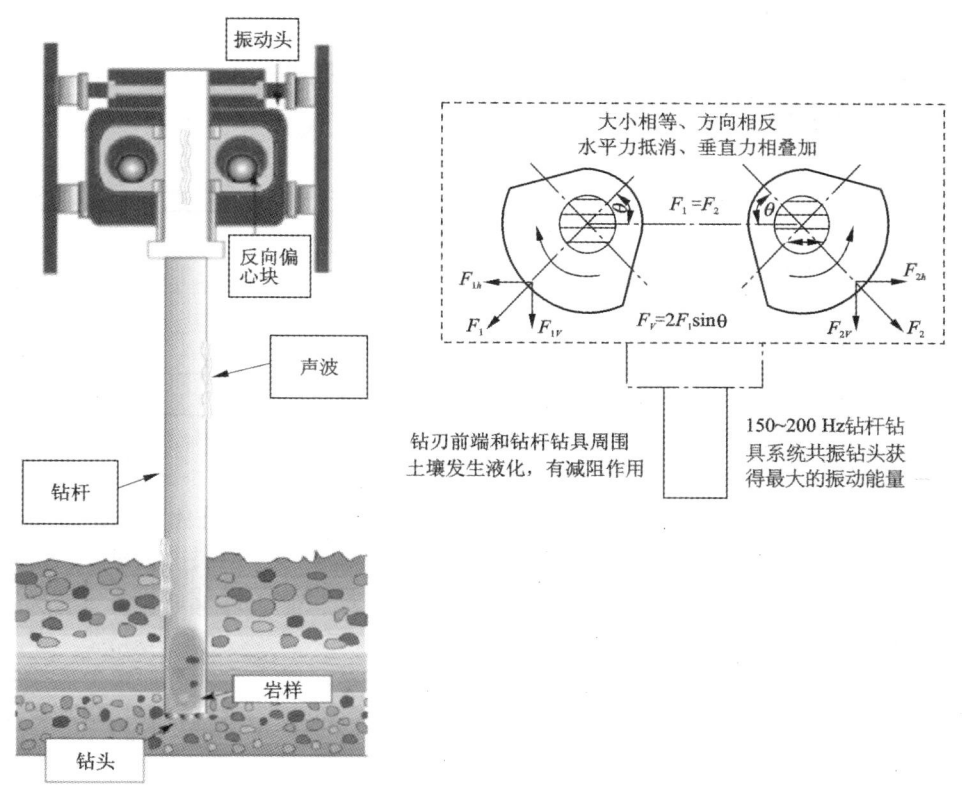

图 18－13　声频振动基本原理图

分别将两偏心块在水平方向和垂直方向上的分力进行叠加合成，则两个偏心块在水平方向上的分力相互抵消，而在垂直方向上便产生单自由度高频振动，振动频率为 $\omega/2\pi$，垂直方向产生的高频振动力合力为

$$F_v = 2me\omega^2\sin\theta \qquad (18-18)$$

受机械部件能力限制，偏芯轴高速旋转产生的机械振动的最大频率范围为 $150\sim200$ Hz，由于该频率处在人耳能听到的频率范围内，故称为声频振动钻进，或称声波振动钻进。

通过调整马达转速，使振动频率与钻杆的固有频率相一致，从而引起钻杆的共振，进而带动钻具及钻头振动，振动的能量传递到孔底；同时，钻具与钻头的高频振动引起钻具周围土壤以及钻头端部土壤的局部发生液化现象，减少了土壤与钻具之间的摩擦力以及钻头端部土壤的承载力，施加一定的钻压，钻头及钻具能够快速贯入地层。

18.5.2　声频振动钻进技术特点

（1）与绳索取心钻进、螺旋钻进、回转钻进等传统的钻进方法相比，其具有钻进效率高的优点，可以减少成孔时间，见表 18 – 21。

表 18 – 21　几种常用钻进方法的钻进效率对比

钻进方法	效率/(m·d^{-1})	取样方法	跟进筛管
中空螺旋钻进	5.5	半合管(1.5 m)	是
空气回转钻进	29	半合管(3 m)	否
钢绳冲击钻进	6	捞砂筒	否
声频钻进	49	连续	是

注：环境监测孔，直径为 50 mm，孔深为 18 m，8 h 工作制。

（2）声频振动钻进由于不需要泥浆、空气及其他循环液，避免了冲洗液对钻孔的冲蚀，有利于孔壁的稳定，因此，特别适合在松、散、软地层中钻进及获取连续的样品。另外由于没有泥浆的污染，样品的原状性得到了保证，可满足环境钻探对样品的苛刻要求。

（3）无泥浆循环钻进，适合干旱缺水地区的钻进取样工作，同时减少泥浆排放对环境的污染并节约处理钻进循环液的费用。施工过程中场地清洁，钻孔完工后清理工作简单迅速。

（4）声频振动钻进一般采用双管系统，根据地层条件不同，岩心管可以超前外套管一定距离，从而保证取得样品的原状性。外套管可以很好地保护孔壁，防止孔壁坍塌。在含有多个含水层的地层中钻进时，套管还可以起到隔离各个含水层的作用，避免各个地层和含水层之间的交叉污染，较适合环境钻探中对样品原状性要求较高的场合下使用。由于钻进头的振动作用，外层套管容易起拔。

（5）声频振动钻进技术可以在第四纪地层快速钻进。除了钻进土层外，在砂砾石层也可以取得很好的钻进取心效果。大多数声频振动钻进系统都采用模块化设计，如在硬岩层中钻进则可以将钻机改成用传统的金刚石绳索取心钻进或其他钻进方法。

18.5.3　国内外典型声频振动钻机

声频振动设备最关键的部分是声频振动头。从声频激振器驱动马达的个数划分，主要有双马达驱动的声频振动头与四马达驱动的声频振动头，两种形式的声频振动头其马达驱动的偏心块部分均为对称分布，反向运转，抵消横向力，而得到加强的垂直方向的分力进行钻进。国内外双马达驱动较四马达驱动的声频振动头更加普遍。液压马达驱动偏心块的声频振动钻机较电机驱动的声频振动钻机更加普遍。

按照声频振动钻深能力划分，声频振动钻机主要有 30 m、50 m、80 m、100 m、120 m、150 m 等几种主要规格，最大钻深达 300 m。钻孔孔径范围一般为 $\phi42$ mm ~ $\phi300$ mm，特殊工况下，孔径可更大。钻进方式主要有振动钻进、振动 + 回转钻进、振动 + 低速回转钻进等，所以，动力头的典型形式有：纯振动式动力头、回转 + 振动式动力头两种。

声频振动钻探设备具有如下特点：

（1）声频振动钻机一般采取模块化设计。声频振动钻机相关的底盘支撑系统、液压系统、起升系统、声频动力头等为均模块化设计，通过更换不同的部件，可实现不同地区、不同环境、不同地层条件钻探的需要，由此衍生出众多的钻机系列。

（2）声频振动钻机普遍采用全液压的动力头形式。全液压动力头钻机具有给进行程较长、启动和停止平稳、钻机的各项动作便于调控、容易实现自动化的特点，特别适用于环境钻探取样和地质勘查取样施工。声频振动主要依靠液压马达驱动偏心块而产生。为了将产生的振动与机架隔开，一般的动力头都配备了隔振机构，常用的隔振机构为空气弹簧。很多钻机为了方便装卸钻杆和钻具，动力头常采用可以绕枢轴转动 90° 的设计。为了使钻机能采用不同的工艺进行钻进，有很多钻机都配置了双动力头。一个是声频振动动力头，另一个是低速大扭矩动力头。根据不同的地层条件和环境采用不同形式的动力头和不同的钻进工艺。

（3）声频振动钻机的装载方式多种多样。为了解决不同地形、地貌条件下的设备、人员运输和工程施工，声频振动钻机采用多样化的装载设备，如履带式钻机、汽车装载式钻机、拖拉机装载钻机以及驳船装载钻机等，如图 18 - 14 所示。

（4）声频振动钻进系统的配套设备非常完善。国外大多数钻探承包公司都根据不同的使用条件和钻进工艺，配备了各种各样的取样钻具，如双管钻具、水锁钻具等。水锁钻具（AquaLock™）在第四纪松散沉积物中取样具有很高的取心率，并且可以在指定深度开始取样。

（5）声频振动钻机的自动化、智能化程度高。部分声频振动钻机都采用了自动化程度很高的一些装置，如 Boart Longyear 公司为其钻机配备了一套钻杆自动装卸系统，装卸钻杆全部采用自动化。由于钻机的集成化程度很高，大多钻机的操作按钮都很集中，很多钻机仅需要一人操作，钻工所需做的工作只是观察控制台面板，调整相应按钮即可。自动化与智能化控制技术也逐渐应用于声频振动钻

图 18 - 14　不同装载方式的钻机

（a）履带式声频钻机；（b）汽车装载式声频钻机；（c）拖拉机装载式声频钻机；（d）驳船装载钻机

机的高转速与载荷控制中，并取得了良好的应用效果。

国内外几种典型声频振动钻机的技术参数见表 18 - 22。

表 18 - 22　国内外典型声频振动钻机参数

型号	振动钻深/m	振动频率/Hz	激振力/kN	起拔力/kN	加压力/kN	总功率/kW	生产商
LS - 600	182	0 ~ 150	222	67.5	40.5	167	BOART LONGYEAR
Tsi - 150T	213	0 ~ 150	226	99	68	186	TERRASONIC
10C	—	0 ~ 150	100	55	55	108	AMS
S - PROBE - 150	—	0 ~ 66	38	107	46	26.2	SONIC DRILL CORPORATION
S27	30 ~ 60	0 ~ 150	89	—	—	103	USEECO
YSZ - 50	50	0 ~ 200	140	62	31	132	中国地质大学（北京）与煤田二局
SDR - 50	30	0 ~ 150	112	50	25	57	国土资源部探工所与中国地质大学（北京）

18.6 热熔钻进

18.6.1 热熔钻进原理

热熔钻进技术是通过热熔钻头所产生的高温(1200~1600℃)使井底钻头周围的岩石处于熔融状态,并在一定的钻压下进行挤密成孔的一种新的钻进方法。熔融态的岩石填充孔壁上的裂缝或孔隙,依附在孔壁上,冷却后形成玻璃质(陶瓷)套管。

目前,俄罗斯的热熔钻进技术处于世界领先水平。热熔钻进主要技术特点如下:①在钻进的同时加固孔壁,是一种无套管钻进护壁方法;②在传统钻进方法成孔后,采用铠装电缆将专用的热熔机具和低熔点陶瓷材料通过钻孔下入到破碎漏失地层部位,利用热熔钻进工艺在孔壁形成热熔(铸)套管来加固孔壁,防止钻孔漏失和坍塌,如图18-15所示;③由于钻进时没有泥浆循环,施工环境干净;④钻进时钻具不回转或慢速回转,主要钻进能量集中在孔底,减少了功率消耗;⑤在松软岩石中可以采用铠装

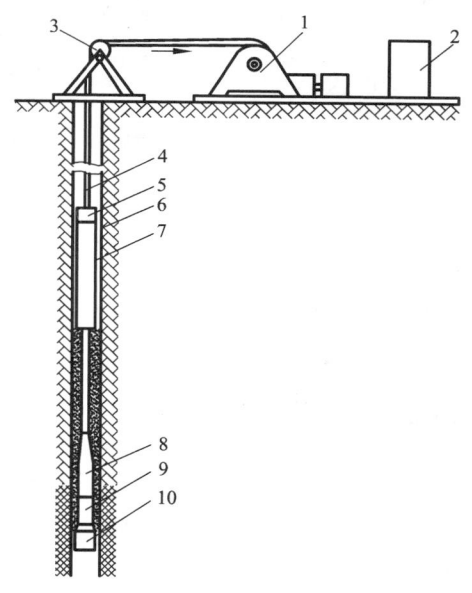

图 18-15 热熔套管固孔示意图

1—绞车;2—电源;3—滑轮;4—承载电缆;5—封堵;6—机械钻进方法完成的钻孔孔段;7—易熔胶结材料容器;8—岩石致密化作用的机构;9—高温热发生器;10—圆筒状硬壳形成装置

电缆代替钻杆柱,明显降低钻具升降时间和能量消耗;⑥由于消除了井内金属套管的屏蔽作用,提高了物探测井的正确性,增加了信息量。

接触式热熔钻进原理如图18-16(a)所示。钻头内部的发热元件通电后产生的高温热能通过辐射、对流和热传导等方式传递给钻头体和外围岩石,热能集中于孔底钻头周围使孔底岩石熔融,具有足够强度的钻头体在钻压(可以慢速回转)作用下将熔融的岩石挤压向孔壁,在钻头体后端(隔热环、冷却成型)部位开始冷却后形成致密的高强度的陶瓷质套管。图18-16(b)为高温钻头体照片,图18-16(c)为热熔钻进实验钻孔。

图 18－16　接触式热熔钻进原理图

1—陶瓷质套管；2—钻头体；3—熔融岩石；4—冷却成型；5—隔热环；6—地层

18.6.2　热熔钻进关键技术

1.耐高温抗氧化的热熔钻头体材料

热熔钻头材料在高温下应该具有足够的强度、硬度、抗氧化、抗腐蚀、导热好、耐磨损等优良性能。俄罗斯专家借鉴航空材料成果，以石墨材料为基础，通过渗硅等工艺提高基体的强度和硬度，取得了较好的效果。难熔金属及其合金、新型的金属或非金属复合材料可能是高温热熔钻头体材料的最好选择。

2.耐高温抗氧化的发热元件材料

美国和俄罗斯应用最多的高温发热元件是热解石墨，但在抗氧化性能、制备、安装、成本等方面还存在问题。今后应借鉴航空工业材料方面的先进成果，寻求新的热熔钻发热元件材料。如氧化锆、二硅化钼、铬酸镧等发热元件。

3.热熔钻头结构的优化设计

为便于钻进，热熔器前端形状一般为锥形（图 18－16a），过渡到后部圆柱形，以便于形成孔壁和起拔。

4.供电方式的设计

目前，采用电加热方式是最可行的方法。

5.热熔原理等理论方面的研究

热能的产生和传递规律，钻头体及其外围岩石中温度场的分布规律，熔融层的流动性能，冷却后的陶瓷套管的力学性能等直接影响热熔钻具设计和热熔钻进工艺选择。

6.钻进规程参数的优化

岩石性质不同，钻进中所需熔化温度、熔化凝固玻璃态物质及熔化速度都不同，所采用的钻进规程也应有所差异，以提高钻速，降低功耗。

18.6.3　热熔钻进试验

本节主要介绍俄罗斯圣彼得堡矿业学院钻探实验室对热熔钻进的试验方法和结果。

热熔钻头外径为 50 mm，最大功率为 50 kW，外壳的工作温度为 1830℃，质量为 2.72 kg，钻头结构及地表供电机构如图 18 - 17 所示。钻头外壳 8 由钼锂合金制成，加热装置 7 由热解石墨制成，利用由氮化硼制成的高温电绝缘装置 5 固定在钻头外壳内；为了增加散热率，钻头外壳内部置有石墨屏蔽 6；在加热装置和受热装置间充有惰性气体（氦气）；加热装置由一套石墨片组成，并用供电电极压向钻头壳体；沿着供电外管 1 和供电供气内管 12 通过高温供电装置（接头）3 向加热装置供给电流；通过用螺栓 10 固定在内、外供电管上的铜母线 11 从电源部分供给电流；电绝缘装置 14 是压紧内管的活动装置，用活动螺帽 13 固定；接通电流后，加热装置开始升温，并逐渐达到工作温度。

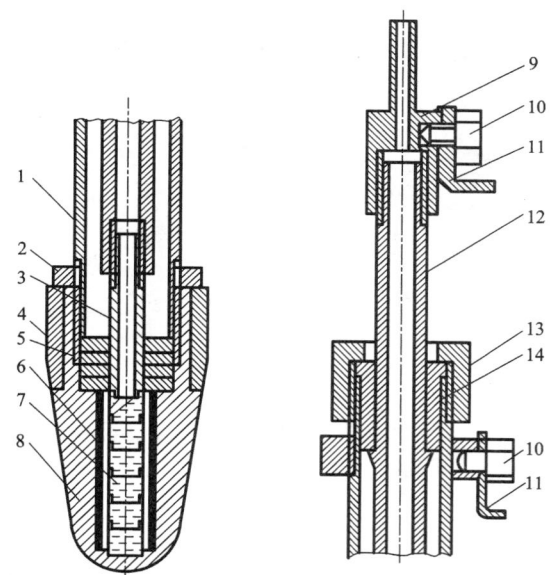

图 18 - 17　全面钻进用热熔钻头及地表供电机构示意图

1—承载供电外管；2—螺帽；3—接头；4—成型装置；5—高温电绝缘装置；6—石墨屏蔽；7—加热装置；8—外壳；9—接头；10—螺栓；11—铜母线；12—供电供气内管；13—活动螺帽；14—电绝缘装置

图 18 - 18 为钻压 4 kN 时钻进速度与热熔功率关系的实验结果；图 18 - 19 为热熔功率 5 kW 时钻进速度与钻压关系的实验结果；图 18 - 20 为热熔钻头实验前后的对比照片。

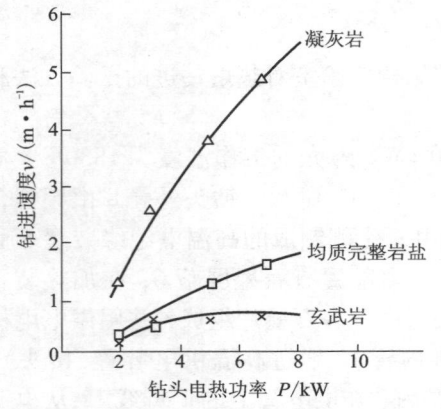

图18-18 钻压4 kN时钻速度
与热熔功率关系图

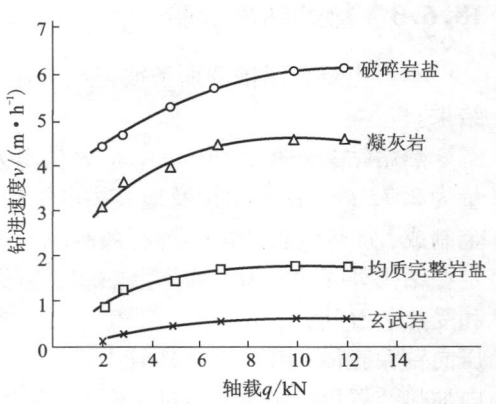

图18-19 热熔功率5 kW时钻进速度
与钻压关系图

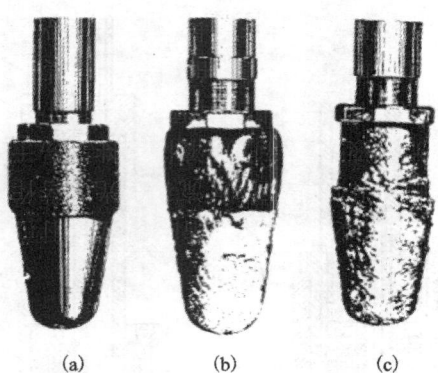

图18-20 钻头氧化磨损情况对比照片

(a)钻进开始前钻头;(b)钻进凝灰岩12 h后的钻头;(c)钻进凝灰岩20 h后的钻头

18.7 激光钻探

激光钻探是一种全新的快速钻进技术,又称激光钻进,从本质上讲,激光钻探就是利用强激光与岩石的相互作用。

18.7.1 激光钻进原理

它的基本原理是利用聚能激光束直接辐照岩石表面,使其局部骤然升温至高热熔化和气化状态,形成气液两相混合物,然后由高速辅助气流将混合物携走和排除,以便快速形成井眼,它是一种非机械接触式的物理破岩方法(图18-21)。

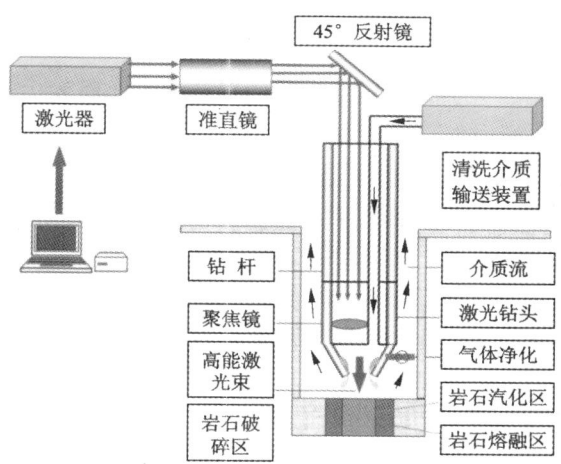

图 18 – 21　激光钻进原理图

　　为了增强热冲击的作用，还可以向要钻的部位喷射可膨胀的强力液体流，使要钻的材料成为细粒并喷出井口。液体射流和激光交替作用在要钻部位，形成脉冲式的激光束和液体射流。液体射流所用液体特性要易于将材料熔化与震碎，有助于孔壁的光滑。为使从井眼中排出的碎屑离开地面设备，在井口可安装转向器，喷出强液体射流。当从井眼喷出震碎的岩屑时使其改变方向吹离井口。

　　与传统钻进工艺相比，激光钻进主要具有以下优势：

　　(1)由于极高的能量，激光钻进更易穿透岩石，美国 Phillipse 公司的现场试验表明，激光钻进 10 h 的钻井深度，用传统钻进工艺需要 10 d 的时间才能完成。

　　(2)激光钻进过程中无须钻头、套管等传统钻进必需的设备，从而免去了下套管和起下钻柱的时间，大幅度节约了成本和时间。

　　(3)在钻进过程中，激光冲击岩石后会形成一层陶质层孔壁，这层孔壁可以有效地防止地层流体流入井中，即对井喷事故具有一定程度的预防作用，从而大大增加钻进的安全系数。

　　(4)激光器系统包括各种图像可视系统及井下传感器，可通过光纤电缆与地面进行通信，可以对整个钻进过程有更全面的把握与布局。

　　因此，综合钻井的安全、速度和成本三方面，激光钻进技术都大大地优于传统的钻进工艺。激光钻进是一项新技术，它可能会改变整个钻井概念，这为我国钻探技术战略上的跨越式发展提供了新的契机。

18.7.2　激光钻探发展趋势

　　目前国内外所有的研究都还只是局限于实验室验证阶段，从实验室到工业化还有很长的路要走。当前要研究解决的主要问题有以下几个方面：

1. 激光破岩机理的研究

激光钻进破岩时，由于激光具有较强的单色性，地面发生器产生激光后，经光纤束传输至井下，通过井下透镜组聚焦放大后，可形成功率密度极高的光束。大功率激光器发出的激光经过透镜会聚到一个圆形区域上，这个圆形区域只是井眼直径的很小一部分。岩石表面对激光具有反射、散射与吸收等作用，强大的热冲击可以使岩石被击成碎片。岩石吸收激光能量后形成的高温可使岩石熔融，岩石反射、散射的激光能量使得岩石的环境温度升高导致熔融的岩石蒸发而形成岩石气体，岩石气体在高压的作用下喷出地面。这一过程中存在复杂的质量、能量与动量的传递。此外，高能激光束在穿透表层和深层岩石时，岩心表面会有不同程度的高热灼伤斑痕、焦迹和微裂纹存在，这势必改变岩石原有的物性参数，故整个激光破岩过程是一个复杂的物理和化学过程。

在这个过程中，激光光斑区的岩石及周边的岩石基质要经历由固态向液态变化的过程。激光作用于岩石表面，当其功率较低时，大部分能量用于岩石热膨胀、产生裂缝以及矿物的分解，此时移除单位体积岩石所需要的能量（即比能值）较大。但随功率的增加，移除岩石的激光能量利用率也随之增加，此时比能值逐渐减小。在矿物开始熔化前的那一刻，比能值达到最小。功率继续增加后，由于热量在岩石中的扩散要比岩石从激光束中吸收能量容易得多，使岩石基质吸收的能量超过了扩散的能量，温度达到矿物熔点，岩石开始熔化，但由于激光作用于岩石能量损失的影响，比能值将会产生一个飞跃。因此，不同的激光能量和持续时间、间隔、方向性和距离，是可以选择的。根据岩石的组分及对其是否熔化、汽化、破碎或熔断，可以使用不同的激光形式。激光器的能量需要精确控制切削岩石，而不是熔化岩石，或者，能够按照期望的，在可控制的形态下熔化岩石。

因此，整个破岩过程需要研究激光、岩石、流体三者之间的相互作用关系，研究岩石在熔融、汽化和碎裂等过程中的晶粒微观组织变化和特征；辅助冷却气流的速度、方向和环绕形式对岩石破坏过程和微观晶格的影响；脉冲波形的能量密度、前峰后沿特性对岩石破岩速度、晶格相变过程、微观力学性能和物理特性的影响等问题，综合考虑岩石的能量吸收效率和能量转换规律得到最佳激光作用方式，尽量降低激光器功率密度，降低研制大功率激光器的成本，为后续的激光钻进工艺过程遇到的孔壁稳定性、排屑、钻具设计及工艺顺利实施提供相应的理论基础。

2. 激光钻进排屑问题

激光钻进中需要借助一定的介质流辅助排粉，该介质流虽然可以通过钻杆内通孔输送至井底，但介质流的特性是否能满足激光钻进排粉要求，介质流的类型、匹配的介质流的参数、介质流对激光熔融和粉碎岩石的影响、激光钻进中对钻杆的要求及其实现方式等尚需深入研究确定。

3. 激光钻进孔壁的稳定性问题

从理论上，产生井眼失稳的根本原因，在于井眼形成过程中井眼周围的应力场（包括化学力）发生了改变，引起孔壁应力集中，井内冲洗液柱压力未能与地层中的地应力建立起新的平衡。造成孔壁失稳有地质方面的原因、物理化学方面的原因和工艺方面的原因。地层的性质和地应力的存在是客观事实，不可改变。所以人们只能从工艺方面采取措施防止地层坍塌，如果对坍塌层的性质认识不清，工艺方面采取不当，将会导致坍塌的发生。在传统钻进工程中，防止地层坍塌最重要的因素是控制冲洗液的液柱压力。基于压力平衡理论，采取适当的冲洗液密度，形成适当的液柱压力，这是对付薄弱地层、破碎地层及应力相对集中的地层的有效措施。使用冲洗液，将它循环到井下，以冷却钻头和携带、清洗井眼岩屑，防止地下的其他流体渗入到井中。而对于激光钻进，在其钻井过程中还不能确定是否有太多的激光能量在汽化泥浆或流体时被消耗，同时许多激光器有能力以某种方式溶化岩石，在孔壁上产生一种陶瓷外皮用以巩固孔壁，因此，是否使用现有的冲洗液，如何使用冲洗液成为一个难题。

4. 激光钻进机具的研制

1）激光器的研制

激光器是激光钻进技术中要解决的关键技术之一，钻井用激光器的功率需要达兆瓦量级，据目前的研究，用于激光钻进的高能激光器有：

（1）氟化物，HF 与氟化重氢（DF）激光器，工作波长 $2.6 \sim 4.2 \ \mu m$ 之间，美国陆军中的红外化学激光器就是这种激光器，它首先被用来进行油藏的岩层试验。

（2）化学氧碘激光器，工作波长 $1.315 \ \mu m$，其准确性高，射程远，它可以消除在气井钻井中许多有关的井控侧钻与定向钻井等问题。

（3）CO_2 激光器，工作波长 $10.6 \ \mu m$，可工作于连续波或重复脉冲方式，平均功率为 1MW，脉冲工作方式下时，脉冲周期为 $1 \sim 30 \ \mu s$。

（4）CO 激光器，工作波长 $5 \sim 6 \ \mu m$，可工作于连续波或重复脉冲方式，平均功率为 200 kW，脉冲工作方式下时，脉冲周期为 $1 \sim 1000 \ \mu s$。

（5）自由电子激光器，由于它能调节激光辐射波长，故能使激光的反射、散射、吸收、黑体辐射及等离子屏蔽最优化。

（6）钕/钇，铝/石榴石激光器，工作波长 1.06 nm，用于工业的能量较小，只有 4 kW。

（7）氟化氪激光器，是一种原子激光器，工作波长 $0.248 \ \mu m$，最大功率为 10 kW，脉冲工作方式下时脉冲周期为 $0.1 \ \mu s$。

需根据实际工作情况，研制合适的激光器。

2）井底激光钻头的设计

激光钻进将激光束聚焦探头替代传统钻头碎岩切削具,激光束聚焦探头可以是一个集中的较大断面高能探头,形成全断面由中心向四周一定范围的岩石熔融、粉碎、蒸发,此时,借助于熔化材料的蒸发而产生强大的压力足以将破碎的材料升腾到地面而获取岩屑样品。也可以以小断面环切小部分岩石形成类似环状钻头碎岩一样,此时,将若干微小断面激光束探头布置在中空的钻头刚体环状面上,在微小激光束探头熔融、粉碎、蒸发岩石的同时,通过地面钻机和孔内钻杆的慢速旋转,获得全部环状面岩石熔融、粉碎、蒸发,并不断向深部延伸,中心部位未被熔融、粉碎的岩石形成岩心被保留并由岩心容纳装置卡取,通过提钻或其他方式输送至地表。钻井中岩屑的上返可以利用熔岩、蒸发产生的膨胀压力,当需要由地表输入流体或气体介质时,必须通过类似钻杆的机具向井底输送,并由钻杆与孔壁之间的环状间隙上返。

5. 激光钻进工艺参数的研究

传统的钻进工艺需要钻压、转速、冲洗介质等参数,激光钻进需要匹配哪些工艺参数、影响激光钻井熔融、破碎或汽化岩石以及激光钻井效率等因素尚需进行深入研究。

整个研究技术路线如图 18-22 所示。

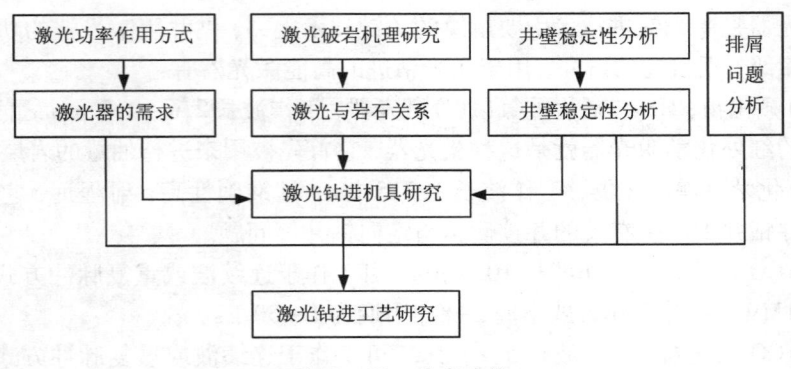

图 18-22 技术路线

18.8 金刚石优化钻进技术

金刚石钻探优化钻进技术,是指通过合理选择钻进规程参数(钻压、转速、流量)来达到相对更好的钻进效果的一种钻进方法。在地质钻探工程中,钻进效果可以根据钻探目的和具体施工条件,建立目标函数并确定约束条件,采用单个或多个钻探技术经济指标的组合来衡量。常用的目标函数有最大机械钻速、最大回次钻速、最低单位成本、最短施工周期、最高钻头寿命等。钻探过程最优化就是在一定约束条件下，合理选择并控制钻探规程参数（或若干参数的组合）使钻进指标达到最优值。它主要包括钻进信息采集、钻进过程数据处理、研制优化算法和实现最优控制四个方面的内容。

优化钻进离不开现代测控技术和计算数学的应用。现代测控技术在优化钻进中的应用主要是指通过各类传感器采集钻压、转速、钻速、冲洗液流量、压力、扭矩、功率、振动、温度等钻进参数以及冲洗液性能参数信息，汇集到可编程控制器（PLC）或微型计算机进行数据处理与显示，并根据优化控制和工况识别算法，实现对钻进过程（钻压、转速、冲洗液量等）的智能控制和特殊工况识别与报警。主要包括各类传感器、A/D 转换器、数据通信网络、可编程控制器（PLC）或微型计算机、人机界面、报警系统、控制执行机构等。测量仪器仪表（传感器）安装在地表设备上获得的参数称为地表参数，测量仪器仪表（传感器）安装在孔底近钻头处获得的参数称为孔底参数。计算数学在优化钻进中的应用主要是指优化钻进控制模型和工况识别算法的建立与实现，其中包括数据采样差分方程、PID 控制算法、神经网络辨识模型、回归分析、正交试验设计等。

18.8.1　钻进过程基本规律

1. 钻压

钻压的调节有一个合理范围（图 18 - 23），根据地层、钻头、钻速、钻杆柱、扭矩等条件确定钻压合理范围的过程是优化钻进内容之一。钻压过小，机械钻速低，在中硬以上地层极易造成钻头"抛光"；钻压过大，机械钻速高，但可能造成钻头严重磨损，甚至"烧钻"，还可能造成钻杆柱严重屈曲或断裂，发生孔内事故。

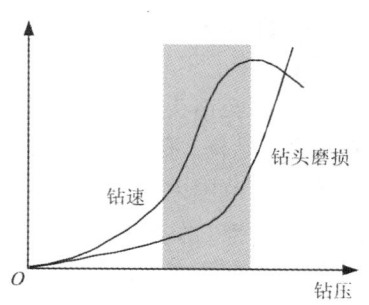

图 18 - 23　钻压的合理范围

在理想条件下，可以根据地层和钻头初步确定钻压合理范围：

$$F = pA = p\left[\frac{\pi(D^2 - d^2)}{4} - nw\left(\frac{(D-d)}{2}\right) - mab\right] \qquad (18-19)$$

式中：F 为钻压，N；p 为单位面积钻压或称比压，MPa；A 为钻头唇面有效面积，即钻头唇面与岩石接触面积，mm^2；D 为钻头外径，mm；d 为钻头内径，mm；n 为主水口数量，个；m 为副水口数量，个；w 为主水口宽度，mm；a 为副水口长度，mm；b 为副水口宽度，mm。

根据岩石性质并结合钻头厂家的推荐来合理选择比压值（表 18 - 23）。

表 18 −23　孕镶金刚石钻头推荐比压

岩石性质	比压/MPa
中硬 ~ 硬	5 ~ 7
硬	7 ~ 9
硬 ~ 坚硬	9 ~ 10

注：国外金刚石钻头生产企业推荐的比压范围一般是 9 ~ 15 MPa。

上述推荐的比压是指孔底钻头所需的理论上的静压力，实际钻进过程中，钻压是通过细长转动的钻杆柱传递到孔底钻头上，钻头上的实际钻压将在很大范围内波动。司钻人员必须根据具体条件和所能获得的主要钻进指标参数（如钻速、扭矩、振动状况等）及时调节钻压。

随着钻孔深度的增加，钻孔弯曲，钻柱屈曲，钻柱高速旋转的离心力、冲洗液循环压力升高都可能造成钻头上的实际钻压减少，应适当加大钻压；同时，当孔内工况趋于复杂（孔壁稳定性问题、振动规程加剧等），又要求应适当减小钻压。钻压调整还要考虑所使用的钻杆性能以及地层变化、地层完整程度等因素。

根据机械钻速和回转扭矩（或功率）的变化来调整钻压是一种有效方法：在合理范围内，机械钻速和回转扭矩应随着钻压的增减而增减。

2. 转速

孕镶金刚石钻头主要以磨削方式破碎岩石，因此，为了获得较高的机械钻速，在设备、钻杆、孔壁稳定性、冲洗液润滑性能等许可条件下，应尽可能采用高转速。在很宽范围内机械钻速与转速成正比增加，而钻头的磨损则比较复杂，转速太高由于摩擦、发热等可能会加快钻头磨损。但是，对于坚硬致密的"打滑"地层，过高的转速可能造成钻头"抛光"，特别是钻压偏低的情况下更易出现钻头"抛光"现象。

转速的优化应避开设备和钻杆的共振频率区，保证设备和钻杆能平稳运转，同时应综合考虑设备能力、钻杆能力、孔内条件和泥浆润滑状况等其因素。

通常情况下，孕镶金刚石钻头推荐线速度为 1.5 ~ 3 m/s（国外推荐 2.4 ~ 4 m/s）。计算公式为：

$$n = \frac{60000}{\pi D} V \qquad (18 - 20)$$

式中：n 为转速，r/min；D 为钻头直径，mm；V 为线速度，m/s。

图 18 −24 所示为孕镶金刚石钻头的合理转速范围示意图（钻头外径线速度为 1.5 ~ 3 m/s）。

3. 冲洗液流量

通常情况下，冲洗液流量要满足充分冷却钻头、清除孔底岩粉并携带岩粉至

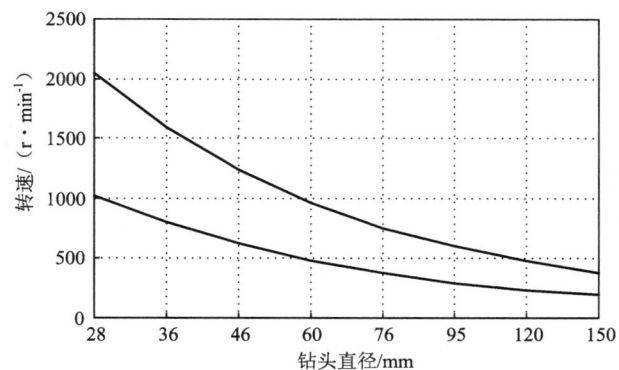

图 18 - 24　孕镶金刚石钻头的合理转速范围

地表的要求。

　　如果冲洗液流量过小，钻头冷却不好，岩粉堆积在孔底，会造成钻头微烧或烧钻事故；如果冲洗液量过大，环状间隙较小，冲洗液流动阻力大，会抵消钻压、冲刷岩心和孔壁。

　　在"打滑地层"，可以通过适当减小冲洗液流量，使孔底保留少量的岩粉来加快钻头胎体的磨损，使钻头胎体中的金刚石出露，辅助控制钻头的唇面状态，减缓钻头"抛光"。如果钻头寿命太短或钻遇强研磨性地层、破碎地层时，可适当加大冲洗液流量。

　　在确认钻杆接头密封可靠的前提下，可以选取较小的流量。随着钻孔深度的增加，考虑到钻杆接头泄漏和孔壁漏失等因素，可适当加大冲洗液流量。

　　针对孕镶金刚石钻头钻进工艺，冲洗液流量可按下式计算：

$$Q = 6V_a A \qquad\qquad (18 - 21)$$

式中：Q 为冲洗液量，L/min；A 为钻孔与钻杆之间环状面积，cm²；V_a 为环状间隙上返流速，一般取 0.4 ~ 0.6 m/s。

　　通常冲洗液环状间隙上返速度为：金刚石普通双管钻进应为 0.3 ~ 0.8 m/s，绳索取心钻进应为 0.5 ~ 1.5 m/s。冲洗液流量通常要满足岩屑上返速度不小于 0.1 m/s。

　　4. 钻压、转速、流量的协调配合

　　钻压、转速和流量的相互配合决定了孕镶金刚石钻进的孔底过程和钻进效果。实际操作中应根据地层、设备、钻杆、润滑、孔内条件等合理匹配钻压、转速和流量。通常情况下，在坚硬致密弱研磨性地层中，适当增加钻压可以提高机械钻速，有利于钻头锐化，但是由于钻杆柱屈曲等原因，应适当降低转速和冲洗液流量；在中硬研磨性地层中，适当降低钻压而提高转速可显著提高钻进速度，同时为了充分冲洗孔底和冷却钻头应适当增大冲洗液流量。在设备、钻杆、润滑、孔内条件都比较良好时，可以采用"高钻压、高转速"钻进工艺（但需小于临界温度规程——钻压与转速的乘积小于某一临界值）。

5. 孔底过程

孔底过程特指孕镶金刚石钻头在回转钻进过程中钻头胎体、金刚石切削刃、岩石、岩屑、冲洗液之间的相互作用机制，如钻头碎岩机理、钻头唇面状态及钻头磨损机理、冲洗液流场、唇面冷却效果、唇面下岩屑状态、唇面温度变化以及振动参数等。

钻进过程中，钻头唇面与具有环形微沟槽的孔底岩石接触，接触面间充填着含有硬磨粒的岩屑和高速流动的冲洗液，在钻压和回转扭矩共同作用下产生相对运动：①钻头破碎岩石，实现有效钻进，产生新的岩屑；②岩石或岩屑磨损钻头胎体，使金刚石脱落和出露；③岩石磨损金刚石刃尖，使金刚石磨钝；④硬质矿物颗粒或微裂纹以及振动等因素致使金刚石碎裂；⑤冲洗液和岩屑冲刷钻头胎体，使金刚石脱落和出露；⑥摩擦生热，使金刚石碳化，使岩石产生微裂纹；⑦冲洗液冷却钻头与岩石，保护钻头，而使岩石微裂纹扩展；⑧冲洗液排除岩屑，防止重复破碎。

孕镶金刚石钻头唇面上出露的金刚石切削刃，在轴向压力和周向剪力的作用下切入岩石，以微切削碎岩方式为主，高硬度而锋利的金刚石切削刃形成的微切槽可以贯穿硬质矿物颗粒，适合钻进坚硬、致密、脆性的岩石。虽然每粒金刚石形成的切槽深度和宽度都很小，但是由于切削刃数量众多，而且切削次数多（高转速），因此，宏观上表现出较高的机械速度。

通过优化钻进规程参数可以改善钻进孔底过程，从而达到优化钻进目的。合理的钻压、转速和冲洗液流量匹配，可以获得较高机械钻速，保证金刚石切入深度，产生颗粒和数量适中的岩屑，取得良好的钻头冷却效果，维持良好的钻头唇面状态和合理的钻进回转扭矩。

临界温度规程——当钻压和转速的乘积超过某一临界值时，由于高速摩擦、润滑条件突变（切削刃由湿式润滑转变为干式润滑）等原因使得钻头唇面温度急剧上升，造成钻头磨损加剧，甚至可能造成"烧钻"等严重后果。因此，钻压与转速的乘积应小于这一临界值。苏联曾用孕镶人造金刚石（粒度为 $200 \sim 400\ \mu m$）钻头在花岗岩中进行了钻进试验，获得了胎体温度与钻压转速乘积的函数关系，当钻压转速乘积达到某一临界值时，胎体温度急增，由 $100 \sim 200℃$ 的常规温度而升达 $600 \sim 700℃$ 的高温。

振动规程——钻进过程中钻具的振动是不可避免的，强烈的钻具振动可能损坏钻具、危害孔壁安全，还会使钻进功率消耗急剧增加。但是，在"打滑"地层中钻进时，孔底钻具的适当振动对钻头唇面"锐化"是有利的因素，振动可以加速被磨钝的金刚石的脱落或破碎进程，液动冲击回转钻进方法在硬岩钻进中可以大幅度提高机械钻速就是利用了这一原理。

6. 钻头唇面状态及其磨损规律

孕镶金刚石钻头唇面状态在钻进过程中是随时变化的，保持金刚石切削刃的适度出露和锋利是有效碎岩的关键因素之一。因此，采取相应的技术措施来保持良好的钻头唇面状态也是优化钻进技术的重要内容。

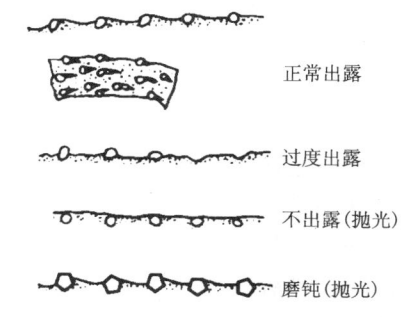

正常出露

过度出露

不出露(抛光)

磨钝(抛光)

图 18 - 25　孕镶金刚石钻头唇面状态示意图

正常工况下，钻头唇面状态应该遵循"钝化—锐化—再钝化—再锐化"的循环过程。钝化过程是已出露的金刚石磨钝和新的金刚石不能及时出露的过程，锐化过程是已磨钝的金刚石碎裂、脱落和新的金刚石及时出露的过程。图 18 - 25 为孕镶金刚石钻头唇面金刚石出露状态示意图。

7. 钻头唇面状态对孔底过程的影响

孕镶金刚石钻头唇面状态除了受钻头本身性能和地层性能影响外，还受钻压、转速、冲洗状况、振动规程等影响。钻压在一定程度上控制钻头的磨钝和锐化过程。钻压太低，钻进效率低，金刚石被磨钝后，难于脱落或破碎，新的金刚石难于出露，最终使钻头抛光失去继续钻进能力。钻压太大，钻头过度磨损，缩短钻头寿命；钻进扭矩加大，使钻杆承受过大负荷，严重时造成断钻事故等。

18.8.2　优化钻进典型模式

1. 最大钻速优化钻进模式

最大钻速优化钻进模式是石油钻井领域提出并开展了大量研究应用工作的优化钻进方法，建立了多种钻速方程(与钻压、转速、钻头磨损、水力参数、岩性、泥浆性能等密切相关)和约束条件，利用解析或数值方法求得钻速最大时的各变量的最优解。

与石油钻井领域相比，国内外对孕镶金刚石钻进时钻速方程的研究工作较少。根据孕镶金刚石钻头钻进原理，其钻速主要受钻压、转速、钻头和地层的影响，而水力学参数、泥浆性能以及钻头牙齿的磨损等因素对钻速的影响相对较小。一般认为当钻压超过门槛钻压(实现体积破碎的最小钻压)后，钻速随钻压呈近似线性增加；在非强塑性地层中钻速随转速呈近似线性关系。

目标函数：

$$v = e^A W^B n^C Q^D \qquad (18 - 22)$$

约束条件：W 为钻压，$W_{min} < W < W_{max}$；n 为转速，$n_{min} < n < n_{max}$；Q 为泵量，$Q_{min} < Q < Q_{max}$；A 为与钻头形式有关的常数，试验获得；B、C、D 为规程常数，由试验获得。

2. 定切入量(恒速钻进)优化钻进模式

切入量控制就是通过控制钻头每转切入岩石的深度来达到优化钻进目的一种优化钻进方法。即目标函数：

$$h = \frac{1000}{60} \frac{v}{n} = 常数 \qquad (18-23)$$

约束条件：h 为每转切入深度，mm，$h_{min} < h < h_{max}$；n 为转速，r/min，$n_{min} < n < n_{max}$；v 为机械钻速，m/h。

通常在一定转速条件下，为了维持恒定的每转切入深度，钻压将持续稳定缓慢增加，直至达到钻头"锐化"时，钻压降低到较低水平，而后开始下一个循环过程，如图 18-26 所示。如果切入量过小，产生的岩粉量少，钻压持续快速增加，并不会出现"锐化"点，钻头将出现打滑现象，钻头很快失去钻进能力；如果切入量过大，钻速快，产生的岩粉量大，钻头唇面比压

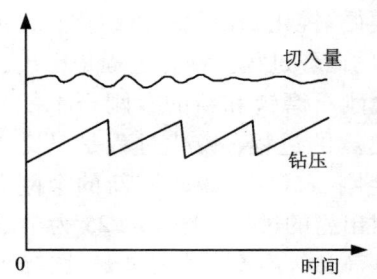

图 18-26　定切入量钻进原理示意图

较大，钻头胎体磨损快，金刚石过早脱落或破碎；钻头磨损加剧，工作寿命短。

定切入量钻进模式可以有效控制孕镶金刚石钻头唇面状态，防止钻头抛光和过度磨损，使钻头唇面上的金刚石适时出露并始终保持较锋利状态，从而实现较高的机械钻速和较长的钻头寿命，达到优化钻进的目的。

在合理的转速和流量条件下，钻头每转切入量主要由钻压来控制。根据大量实验数据，我国目前常用的孕镶金刚石钻头推荐的每转切入量为 0.08 ~ 0.12 （mm/r）。在转速一定的情况下，定切入量钻进就是现场常用的恒速钻进模式，司钻人员可以根据钻机挡位(转速 n)换算成机械钻速 $V = (0.008 ~ 0.012) \times n$(cm/min)，并作为调节钻压的依据，如图 18-27 所示。

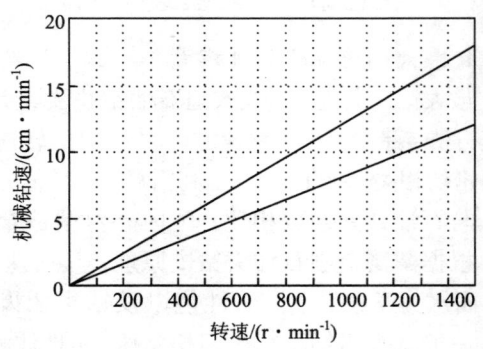

图 18-27　机械钻速与转速关系图

(每转切入量为 0.08 ~ 0.12 mm)

　　钻压、转速、流量的调节范围应控制在规程允许范围内，同时注意观察钻机回转扭矩、泵压等变化趋势。

　　国际上著名的金刚石钻头制造企业或钻探服务企业推荐采用 RPI（转数/英寸）钻进模式，或称为切入因子 IP（cm）模式，该模式与定切入量钻进模式的基本原理是一致的。推荐的优化范围是 200 ~ 250RPI，为 80 ~ 100RPC（r/cm），换算成定切入量模式为 0.1 ~ 0.125（mm/r）。

　　定切入量钻进模式以孔底过程（钻头唇面）优化为基础，在中浅孔条件下，由于钻柱较短，高转速有利于提高钻进效率；钻机输出的能量能有效传递到钻头上，钻柱 – 孔壁所消耗的能量则相对较小，所以定切入量钻进方法比较适用于中浅孔钻进模式下应用。同时，最好配备计算机数据采集与控制系统，可以实时进行优化钻进模式；在不具备条件时，利用秒表和进尺换算切入深度，并通过手动调节钻压也可以初步实现定切入量钻进模式。

　　3. 功率/钻速优化钻进模式

　　该方法将钻柱 – 孔壁环节作为主要对象，结合钻头 – 岩石之间相互作用机理，从能量传递角度进行优化钻进。与切入量控制方法不同，它不仅可以用于浅孔，也适于较深钻孔。深孔条件下，钻柱 – 孔壁对能量传递将起到关键作用。钻进过程中能量传递主要通过钻柱 – 孔壁环节实现，受到孔深、孔斜、地层条件、钻压 P、转速 n、冲洗液和地层条件等多种因素的影响。其中有些因素是客观上存在的，是不可改变的，而且在钻进过程中可能会发生变化，如孔深、孔斜、地层条件等。而钻压、转速和冲洗液是可控因素。因此，优化钻进就是通过钻压、转速和冲洗液的调整，使其适应其他条件的变化，达到能量传递效率最高的一种途径。

　　在钻头 – 岩石相互作用方面的研究结果表明，在合理的规程范围内，碎岩功率与钻压和转速的乘积（$P \times n$）成正比。钻进速度与钻压的关系是在门槛钻压和最大允许钻压之间，钻进速度与钻压成正比。当钻压小于门槛钻压时，钻速极低；当钻压大于最大允许钻压时，钻进速度增加不明显或略有降低，而此时的功率消耗和钻头磨损急剧增加。在一定的转速范围内，钻进速度基本上与转速成正比。

　　在一定的钻孔深度下，机械钻速和钻进消耗功率是两个十分重要的指标。因此，提出了功率/钻速的概念，是钻进过程中机械钻速与消耗功率的比值，即：

$$V_N = \frac{V}{N} \qquad\qquad (18 - 24)$$

式中：V_N 为功率钻速，m/（kW·h）；V 为机械钻速，m/h；N 为消耗功率，kW。

　　深孔条件下，功率/钻速是实现优化钻进的一个很好的优化目标。从公式中可以看出，V_N 实质上是单位能量消耗下完成的钻进深度。如果在钻进过程中能

够使 V_N 达到最大，则说明了系统传递能量的效率最高，即钻柱－孔壁、钻头－岩石等各环节处于最佳状态，从而实现了优化钻进的目的。

除此之外，其他因素如孔深、冲洗液、孔壁状况、孔斜和地层等影响因素都包含在功率/钻速 V_N 之中。因此，功率/钻速 V_N 达到最大是深孔条件下的一个最好的优化指标。该方法不仅适合于金刚石钻进，也适合于所有的深孔钻进条件。

功率/钻速控制方法的实现有以下两条途径：

(1)通过大量实验研究，找出 V_N 与一些主要因素间(钻进规程、孔深、岩石性质等)比较确定的数学关系。再根据钻孔具体条件进行适当修正，可比较直接达到优化钻进目标。但其难度非常之大，只有在积累大量钻孔数据基础上才有可能实现。

(2)在钻进过程中动态寻找最佳钻进规程参数，使 V_N 达到最大。例如适当增大或减小钻进规程后，根据 V_N 变化趋势即可判断出当前钻进规程是否达到最优。该种方法比较灵活，适应范围宽，便于实现。

此外，通过功率钻速可以及时发现孔内的异常工况。例如由于卡钻、埋钻、烧钻或冲洗液循环系统故障等造成的钻进扭矩的急剧增大，会引起钻进功率消耗的急剧增加；由于岩心堵塞、钻头抛光或钻柱折断等造成的钻速大幅度降低，等等。

4. 最低单位成本优化钻进模式

选择钻进成本函数作为目标函数，即：

$$C = \frac{C_B + C_R(T_T + t)}{Y} \qquad (18-25)$$

式中：C 为进尺成本，元/m；C_B 为钻头成本，元/只；C_R 为钻机作业费，元/h；T_T 为起下钻接单根时间，h；t 为钻头的工作时间，h；Y 为该钻头取得的进尺，m。

最优化准则为综合成本最低。其指导思想是：钻进中各种技术措施的组合，只要能取得最低的钻进成本，则这种措施便是最合理的技术措施。从上式可以看出，如欲取得最低的钻进成本，在钻头成本和钻机作业费不变的条件下，必须尽可能取得较多的进尺，但同时又花费较少的工时，即在尽可能少的时间内，打更多的进尺。因此，钻进成本目标函数包含了进尺高和钻速快的内容。

18.8.3　优化钻进参数监测与控制系统

优化钻进的参数监测与控制系统框架示意图如图 18－28 所示。

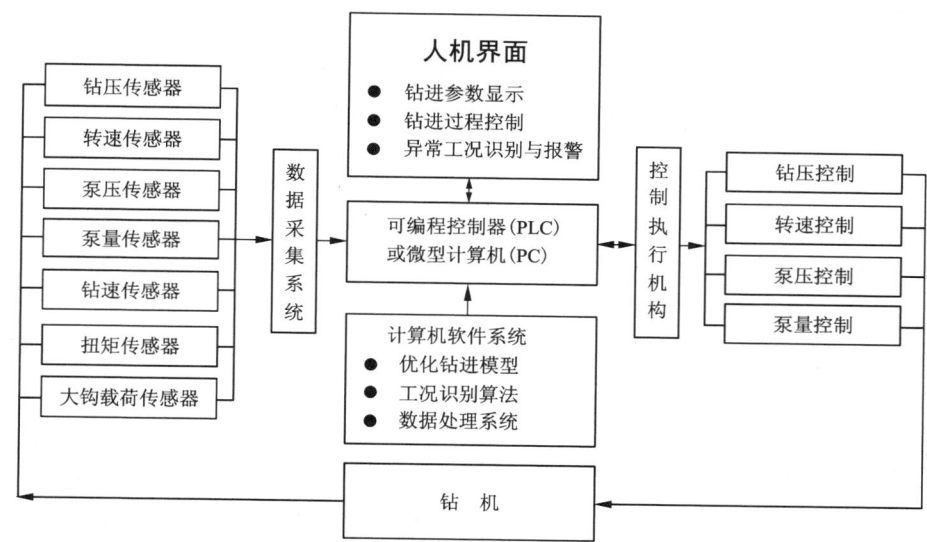

图 18 – 28　优化钻进的参数监测与控制系统框架示意图

第 19 章　钻探工程管理

钻探工程管理主要内容包括钻探工程设计、钻探施工过程管理、质量管理、成本管理、健康安全环保管理、招投标及合同管理、资料与信息化管理等。

19.1　钻探工程设计

钻探工程设计是指导钻探施工作业的依据，内容应全面、系统、严谨，可操作性强，并根据生产过程中的实际情况进行修正、补充和完善。

19.1.1　设计依据

(1)施工项目任务书或施工合同；
(2)项目地质设计；
(3)工程的技术要求；
(4)钻探施工的有关规范、规程和标准；
(5)现场踏勘资料、施工装备、组织管理和施工技术水平等。

19.1.2　设计步骤

(1)研读施工任务书或合同书，查阅施工区域地质资料及了解以往钻探施工情况。
(2)组织现场踏勘，了解施工区域地理位置、自然气候、地形地貌、水源水质、交通状况、物资供应、工区选址、青苗赔偿、当地民风民俗、宗教信仰等。
(3)编写矿区钻探工程设计，确定钻孔施工布置、施工顺序，提出供水、供电、道路的设计方案，编写施工组织计划等。
(4)组织编写代表性钻孔和600 m以上的深钻孔的单孔钻探施工设计。
(5)钻探施工设计完成后，组织相关部门和专家进行汇审，提出修改意见；修改工作完成后报批，由责任人签字。

19.1.3　矿区钻探工程设计

矿区钻探工程设计书包括封面封底部分和主体部分，具体编写格式及要求如下：

1. 封面封底部分

其要素包括：

(1)封面；

(2)次页；

(3)设计单位审核意见；

(4)甲方审核意见；

(5)主管部门审核意见；

(6)设计项目目录；

(7)封底。

2. 主体部分

其要素包括：

1)前言

说明项目名称、工作性质、目的、任务、工程期限及施工要求等。

2)工程概况

(1)地理和自然条件：施工区域地理位置、标高、地形地貌、气候、森林植被、河流等。

(2)区域地质情况：简述岩石类型及主要矿物成分及结构、地层构造、产状、断裂带情况、水文地质情况、含水及漏失层位；施工矿区岩石的主要物理机械性质及可钻性、研磨性分类，岩层倾角、硬度、节理裂隙发育程度、破碎程度及其他可能给钻进带来的影响等。

(3)工程部署：勘探线布置、设计钻孔数量、总工作量、钻孔分布、钻孔类型、钻孔倾角，钻孔最大深度、平均孔深、穿矿口径、终孔直径、施工顺序等。

(4)钻探技术要求：必须执行的规范、规程、标准，以及其他指导性文件。

(5)其他特殊要求。

3. 施工条件

(1)气候条件；

(2)交通通信条件；

(3)水源条件；

(4)物资供应条件；

(5)施工环境条件；

(6)电力条件。

4. 工区建设设计方案

钻探施工一般是在无人区或人员稀少区域进行，工区建设主要解决施工过程中的办公、生活、物资供应、机修加工、设备材料保管等生产管理问题。

1)工区选址原则

（1）安全原则：安全保卫条件、防洪防雷、环境保护等。

（2）就近原则：从工区到各施工区路程总和最小，距重点施工区路程最近。

（3）方便原则：物资采购、供应、保管，设备维修、交通和通信便利。

（4）经济原则：可充分利用现场和周边资源，如水、电、道路、场地。

2）工区规划

按照生产、生活需要，规划出道路、供水、供电、钻探现场、生活区建设等设施，并绘制平面图。

5．编制施工计划

（1）按勘探线及矿段，说明工程间距、钻孔布置情况和施工顺序，可附图。

（2）按钻孔性质（勘探孔、普查孔、水文孔）列表说明各类钻孔数及工作量，见表 19 – 1。

（3）列出钻孔设计孔深、开孔角度、穿矿口径、平均岩石可钻性级别，见表 19 – 2。

表 19 – 1　矿区钻孔设计工作量汇总表

矿区名称：

设计孔深 /m	普查孔		勘探孔		水文孔		……		合计	
	钻孔数	工作量	钻孔数	工作量	钻孔数	工作量	钻孔数	工作量	钻孔数	工作量
	个	m	个	m	个	m	个	m	个	m
0 ~ 100										
101 ~ 300										
301 ~ 600										
601 ~ 1000										
……										
合计										

表 19 – 2　钻孔设计一览表

矿区名称：

序号	孔号	设计孔深/m	设计角度/（°）		穿矿口径 /mm	平均岩石可钻性级别	备注
			倾角	方位角			
1							
2							

说　　明

1．备注栏内注明对钻孔的特殊要求，如电测、专门水文试验工作等；

2．平均岩石级别计算公式：

$$平均岩石级别 = \frac{各级岩石级别与岩层厚度乘积之和}{各类岩层厚度的和}$$

6. 供水设计

根据施工区域水源条件以及施工用水量、钻孔标高、钻孔分布情况，确定供水方法、供水设备、蓄水池位置、供水线路、水管规格和数量。

7. 供电设计

如使用电力驱动，计算出单台钻机需配发电机组的功率、电缆容量和数量、确定发电机组安装位置和线路布置方案。如使用工业电网用电，须考虑用电总量、布线距离、架设线路和方法、变压器配置及安装位置。

8. 编制设备材料计划

根据施工作业安排，确定设备名称、型号、数量和进场时间、顺序。确定集中采购和在施工所在地采购的材料名称、数量和采购时间。

9. 制定施工人员组织和管理结构

根据钻探施工任务书或施工合同，确定人员编制，建立组织管理机构，健全工作岗位责任制度和管理措施。

19.1.4　单孔钻探工程设计

1. 钻孔结构设计

1) 钻孔结构设计一般要求

(1) 在满足地质设计要求的前提下，尽可能采用较小口径的钻孔结构；条件允许时采用裸眼钻进。

(2) 尽量简化钻孔结构，尽可能少换径。

(3) 浅孔或中深孔上部较复杂的地层孔段采用套管护壁，一般情况下尽量少用或不用套管护壁。

(4) 深孔、超深孔、复杂地质条件的钻孔需采用多级钻孔口径，且应适当加大口径级差。

2) 钻孔结构设计步骤

(1) 根据地质设计要求确定相应的穿矿口径和终孔直径。

(2) 根据地层条件、钻孔设计深度、钻进方法、护壁措施及设备能力因素，合理确定开孔直径、换径次数和深度，阐明选择钻孔结构的依据。

(3) 确定套管的规格、数量、下入的深度及程序。

(4) 编制钻孔施工设计指示书，绘制地质柱状图和钻孔结构图。可参照"钻孔施工设计指示书"，见表 19-3。

2. 钻探设备选择

根据施工区域自然条件、地层条件、钻孔深度、钻孔倾角、钻进方法确定钻探设备类型。包括钻机、泥浆泵、动力机、钻塔、扭管机、泥浆搅拌机、泥浆净化设备和照明发电机的规格及数量，注明主要设备的性能和参数。

表 19 - 3　钻孔施工设计指示书

矿区名称：
孔　　号：

序号	地质情况						钻探工程设计										主要技术措施
	累计孔深/m	岩层厚度/m	岩石名称	地层与岩性描述	地质柱状图	钻孔结构图	岩石可钻性级别	钻进方法	主要钻进参数			冲洗液	主要质量指标			
									转速/(r·min⁻¹)	钻压/kN	泵量/(L·min⁻¹)		岩矿心采取率/%	顶角/(°)	方位角/(°)	
1																
2																
3																
4																
5																
6																

3. 钻进方法和钻具组合选择

(1)按照岩石可钻性选择合理的钻进方法。一般 5 级以下岩石选用硬质合金钻进方法，6 级以上岩石应以金刚石钻进方法为主；金刚石复合片及聚晶金刚石钻进适用于 4~7 级、部分 8 级岩石；坚硬致密打滑岩层宜采用冲击回转钻进方法。

(2)中深孔、深孔钻探，宜采用金刚石绳索取心钻进、液动马达及液动潜孔锤绳索取心钻进方法。

(3)根据地层和钻进方法选择单管、双管、绳索取心或三合管等钻具，确定钻头类型和规格。

(4)按口径分段确定钻进方法并说明依据，确定钻头类型、钻具组合及钻进技术参数，确定分层钻进技术要求和措施。

4. 规程参数确定

钻进技术参数包括钻压、转速、泵量。主要根据采用的钻进方法、钻探设备的能力、地层条件、岩石性质、完整程度、钻头类型、结构确定。不同的钻进方法、钻孔结构、钻具组合采用不同的钻进技术参数。合理选择钻进技术参数是保证钻孔质量的关键。

5. 冲洗液类型和护壁堵漏措施选择

1)确定冲洗液类型和护壁堵漏措施选择的一般原则

(1)钻进完整、孔壁稳定的浅孔地层，可采用清水做冲洗液。

(2)钻进斜孔、定向孔和深孔应加入润滑剂。

(3)钻进完整、轻微水敏性地层时，应采用低固相或无固相冲洗夜。

(4)钻进蚀变严重、水敏性强的岩层，应在冲洗液中加入适量的防塌抑制剂。

(5)钻进岩盐等水溶性地层，应选用饱和盐水等强抑制性冲洗液。

(6)钻进中地层发生漏失或涌水，应根据压力平衡钻进技术，采用低密度冲洗液(如泡沫泥浆等)或加重泥浆。

2)单孔施工设计冲洗液类型和护壁堵漏选择步骤

(1)不同地层选用的冲洗液类型和性能，说明依据。

(2)冲洗液的配制、性能调整的方法；膨润土、添加剂和润滑剂用量计划。

(3)护壁堵漏措施。

(4)冲洗液循环和固控系统设计。

6. 钻孔质量要求及保证措施

1)工程质量指标

根据地质设计确定钻孔六项质量指标的具体要求。

2)质量保证措施

(1)取心方法，取心工具的配备、使用和操作。

(2)测斜仪器选择，易斜地层的防斜、纠斜措施。

（3）封孔设计，包括封填孔段、架桥或封孔材料和灌注方法、检验方法等。

（4）保证质量的具体技术措施，薄弱环节技术攻关方案。

7. 孔内事故预防与处理措施

根据矿区以往施工经验，对主要孔内事故提出预防与处理措施。

8. 安全技术措施

防寒、防火、防洪、防滑坡、防雷电等自然灾害和突发事件处理预案；钻探操作安全技术要求和措施；卫生防疫、环境保护的要求和措施等。

9. 成本预算

根据岩石可钻性、定额、钻进方法及岩层复杂程度计算台时，做出成本预算。

19.2　生产管理

19.2.1　生产作业计划

1. 编制生产作业计划的要求

（1）保证生产过程的连续性；

（2）保证生产过程的均衡性；

（3）根据施工进度及时对矿区设计中确定的施工计划做出调整。

2. 确定作业组织

根据工作量大小、钻孔分布情况、确定不同的生产作业组织形式。

（1）项目部：组织多个机台作业的形式。

（2）机台：单机台作业的形式。钻探生产的特点是连续作业，中途不得间断。为适应这个特点，机台的班组有三班制、四班制等。

3. 生产作业计划编制步骤

（1）按勘探线及矿段，说明钻孔布置情况及施工顺序。

（2）按钻孔性质（普查孔、勘探孔、水文孔）、深度、设计开孔角度，列表说明各类钻孔数及工作量。"钻孔分类表"见表 19 - 4。

表 19 - 4　钻孔分类表

设计孔深/m　　钻孔个数	钻孔倾角						水文孔	备注
	60°	70°	75°	80°	85°	90°		
0 ~ 300								
301 ~ 600								
601 ~ 1000								
工作量								

（3）根据岩石可钻性分级，根据不同深度、不同动力类型、不同钻进方法的劳动定额，根据安装、拆卸、运输定额，根据封孔、起拔套管时间定额，制定机台的月计划工作量、台月效率等主要技术经济指标，台月费用和钻机开动数，编制"项目生产作业计划表"（表19-5）。

（4）按合同工期要求，根据钻机开动数、台月进尺及设计工作量，安排钻探施工进度。

（5）以项目生产作业计划为基础，编制"＿＿月份机台生产作业计划"（表19-6）。

表19-5 项目生产作业计划表

时间（季度）	工作量/m	开动台月数	开动钻机数	备 注
一季度				
二季度				
三季度				
四季度				

表19-6 ＿＿月份机台生产作业计划

机台号	孔号	设计孔深/m	月初预计孔深/m	计划工作量/m	岩心采取率/%	矿心采取率/%	生产作业时间						单位成本
							合计	钻探总台时	台月时间		其他工作时间		
									纯钻时间	辅助时间	水文地质实验	终孔后起拔套管	
甲	乙	1	2	3	4	5	6	7	8	9	10	11	12

4. 生产作业计划的实施

（1）组织项目部各个部门认真研究生产作业计划，把作业计划落实到各个生产部门。

（2）各个生产部门制定出保证生产计划实施的具体办法和措施。

（3）加强生产调度工作。

（4）严格执行各项技术责任制和岗位责任制。

19.2.2 施工现场管理

1. 施工现场作业准备

（1）钻孔准备：测量放线，确定孔位，三通一平（三通指水、电、路要通；一平指机台场地要平整）。

（2）设备安装准备：机台设备安装、调试、验收。

（3）材料准备：现场施工材料、工器具配备到位。

（4）技术准备：技术交底（包括地质技术要求、施工方案、安全技术措施等）、开孔通知书、设备安装验收等生产技术文件；班报表、岩心标牌、测斜记录表、孔深测量与校验记录表、简易水文观测记录表等准备。

2. 施工管理规定

（1）根据"钻孔施工设计指示书"、"钻孔定位和机械安装通知书"（表19－7），搬迁和安装设备。

表 19－7　钻孔定位和机械安装通知书

矿区

批准人（签名）：

_____机：

按照地质设计于勘探线

其坐标 X 　　　Y 　　　H 　　　布置了　号钻孔，设计要求深度　m，方位角　，倾角　°其他要求：

_____

_____

_____

_____。

接通知后可即行定位和进行机械安装。

地质员：　　　　　　　　　　　　　　探矿组长：

水文地质组长：　　　　　　　　　　　测量组长：

年　　月　　日

（2）钻探设备安装完毕，会同地质、测量、机台、安全技术、安装等方面人员逐项验收，验收合格后，签发"检查验收开孔通知书"（表19－8）。

表 19 - 8　检查验收开孔通知书

矿区

批准人(签名):

_____机:

按照地质设计于勘探线

其坐标 *X*　　　　*Y*　　　　*H*　　　　布置了　号钻孔,设计钻孔深度　m,方位角　　,

倾角　°。其他要求:

_____

_____

_____

_____

_____

_____。

经检查验收合格,准予开孔。

地质员:　　　　　　　　　　　　　　　探矿组长:

水文地质组长:　　　　　　　　　　　　测量组长:

　　　　　　　　　　　　　　　　　　　年　　月　　日

(3)按照钻探工程施工设计要求,精心组织实施与管理。

(4)要改变钻孔设计须由设计部门填写"钻孔地质技术设计变更通知书"(表 19 - 9),机台必须按要求严格执行。

表 19 - 9　钻孔地质技术设计变更通知书

矿区

_____机:

你机施工的　　号钻孔,原设计孔深　　m,现需要增加(减少)　　m,变更后孔深为　　m。其他要求:

_____

_____

_____

_____

_____。

地质员:　　　　　　　　　　　　　　　探矿组长:

水文地质组长:　　　　　　　　　　　　测量组长:

　　　　　　　　　　　　　　　　　　　年　　月　　日

（5）如果矿心采取率未达到设计要求需补采矿心时，由设计、技术、监理部门填写"补采矿心通知书"（见表 19 – 10），机台必须按要求严格执行。

表 19 – 10　补采矿心通知书

矿区

_____机：

你机施工的　　号钻孔，需从　m 至　m 补采岩（矿）心，立即（终孔后）进行。

补采原因：

_____

_____

终孔后的要求（存在问题及处理意见）：

_____

_____

_____

_____　。

地质员：　　　　　　　　　　　　　　　探矿组长：

水文地质组长：　　　　　　　　　　　　测量组长：

　　　　　　　　　　　　　　　　　　　　　　年　　月　　日

（6）钻孔达到地质设计目的，由设计、技术、监理部门下达"钻孔终孔通知书"（表 19 – 11）、"钻孔封孔设计和封孔记录表"（表 19 – 12），机台必须按要求严格执行。

表 19 – 11　钻孔终孔通知书

矿区

批准人（签名）：

_____机：

经研究决定你施工的　　号孔，于孔深　m 处终孔。

终孔原因：

_____

_____　。

终孔后的要求（存在问题及处理意见）：

_____

_____

_____　。

地质员：　　　　　　　　　　　　　　　探矿组长：

水文地质组长：　　　　　　　　　　　　测量组长：

　　　　　　　　　　　　　　　　　　　　年　　月　　日

表 19 – 12　钻孔封孔设计与封孔记录表

矿区：　　　　　　　　　孔号：　　　　　　　　　机号：

封孔要求				实际封孔情况				备注
孔深/m	柱状图	封孔位置	地质简述及封孔要求	封孔位置	木塞位置直径及长度	封孔材料用量及配方	封孔方法	

地质员：　　　　　　　　　　　　填表人：

水文地质组长：　　　　　　　　　机长：

技术负责：　　　　　　　　　　　探矿技术员：

　　　　　　　　　　　　　　　　　　　　年　　月　　日

（7）终孔后，整理钻孔技术资料，移交技术管理部门。

3. 工区材料管理

材料接收、入库、建账、核查、保管、发放领用、盘库清查、材料信息反馈、计划调整等。所有进场设备必须进行编码登记造册，登记设备基本性能参数，标注设备运转情况，备注维修记录等。

4. 管理制度

1）设备安装验收制度

钻探设备安装完毕，必须经过地质、测量、探矿、安全技术、机械、安装、机台等方面人员组成的验收小组对安装质量逐项验收，验收合格后，填写"检查验收开孔通知书"（表 19 – 8）后方可开钻。

2）机台班前班后会制度

（1）班前会：提前到现场了解上一班生产情况，根据上一班的施工情况进行"三定"（定生产任务、定技术措施、定安全生产措施）。

（2）班后会：交班后进行"三查"（查任务完成情况、查技术措施及岗位责任制执行情况、查安全及操作规程等执行情况），并总结本班工作。

3）交接班制度

为使班与班之间互通情况，密切配合，达到均衡生产，必须按岗位分工进行对口交接。

各岗位交接班内容

(1)接班：班长了解孔内情况，设备运转情况及安全情况。记录员主要交接原始记录报表和有关数据，包括下入孔内的钻杆数，孔深情况，机上余尺，岩矿层钻进情况等；动力岗主要检查设备运转，油料消耗以及现场使用工器具等，保证机场内清洁。泥浆工主要交接泥浆泵及泥浆配置和循环以及泥浆材料消耗情况。

(2)交班：交班之前遵照上一班为下一班、白班为夜班创造条件的原则，必须清洁机场，擦洗设备，整理钻具和工器具等，加注好各种油料，班报表书写整齐，使一切工作处于最佳状态。

4)岗位责任制度

岗位分工应根据机台所采用的钻进方法、钻机和动力机类型等确定。除机长岗和材料员岗以外，现场一般实行四岗制：班长岗、记录员岗、动力机岗、水泵泥浆岗。千米以上(包括千米)的钻机可分设水泵岗和泥浆岗，采用五岗制。岗位设置由施工单位根据工程规模、采用设备等情况自行制定。

(1)岗位责任制是指钻探施工过程中，各岗位按照"三定"方案确定的职责、职能，将每个岗位的职责、任务、目标要求等内容具体化，并落实相应责任制度。岗位责任制是钻探生产的最基本制度。

(2)制定岗位责任制应遵循的原则：因事设岗，职责相称；权责一致，责任分明；任务清楚，要求明确；责任到人，便于考核。

19.3 钻探工程质量管理

钻探工程质量管理贯穿于地质设计、钻探施工、终孔验收、成果提交的全过程。

19.3.1 钻探工程质量指标

1.岩(矿)心采取率要求

(1)根据设计部门或合同要求，可全孔取心、部分孔段取心或全孔不取心。在固体矿产勘探取心孔段中，一般平均岩心采取率应达到70%以上，矿心采取率应达到80%以上。有特殊要求时，按设计书或合同的规定执行。

(2)取心孔段的岩(矿)心采取率按以下公式计算：

$$岩(矿)心采取率 = [岩(矿)心长度/取岩(矿)心进尺长度] \times 100\% \quad (19-1)$$

进尺和岩(矿)心长度，指在固体岩(矿)层中的实际进尺和取出的岩(矿)心长度；除设计要求外，不包括废矿坑、空洞、表面覆盖物、浮土层、流砂层的进尺及取出物。

(3)机台负责做好以下工作：清洗岩心，自上而下按顺序装箱(松软、破碎、粉状或易溶的岩(矿)心应装入塑料袋中),按规定编写岩心编号、放好岩心隔板并妥善保管。

2.钻孔弯曲与测量间距

机台应及时、定点测量钻孔的顶角及方位角,并将测量结果填入报表和专用记录表(表 19 – 13),设计部门应及时通过公式计算,确定和掌握钻孔轴线形态及其空间位置。

表 19 – 13 钻孔弯曲度测量结果表

孔号:　　　　　机号:　　　　　开孔方位角:　　　　　倾角:

时间	弯曲度测量					备注
	测量次序	测量孔深/m	方位角/(°)	倾角/(°)	测量方法	

填表人:　　　　　　　　　　　　　机长:

年　　月　　日

(1)通常情况下,在直孔施工中每 100 m 顶角偏斜不应超过 2°,在斜孔施工中每 100 m 顶角偏斜不应超过 3°。

(2)有特殊需要时,按设计书或合同的要求执行。设计或实测钻孔顶角小于或等于 3°时,每钻进 100 m 测一次顶角(不测方位角),顶角大于 3°时,根据地质要求每钻进 50 m 测一次顶角和方位角。定向和易斜钻孔,应适当缩短测量间距。

3.孔深误差测量与校正

(1)下列情况应校正孔深:

①钻进深度达 100 m 及其倍数时;

②进出矿层时(矿层厚度小于 5 m 时,只测量一次);

③经地质编录人员确认的重要构造位置及划分地质时代的层位;

④下套管前和终孔后。

（2）孔深误差率小于千分之一时可不修正报表；孔深误差率大于千分之一时需修正报表。

（3）孔深误差率按下列公式计算：

孔深误差率 ＝［（校正前的孔深 － 校正后的孔深）/校正后的孔深］×1000‰

$$(19-2)$$

将孔深测量数据记入"钻孔孔深检查登记表"（表 19 – 14）。

表 19 –14　钻孔孔深检查登记表

孔号：　　　　　　　机号：　　　　　　　设计孔深：　　　　　m

时间	孔深检查				备注
	检查次序	钻进记录孔深/m	丈量孔深/m	误差/m	

填表人：　　　　　　　　　　　　　机长：

　　　　　　　　　　　　　　　　　　　　　　　年　　　月　　　日

4.简易水文观测

（1）使用清水或无固相冲洗液的钻孔中，每班至少观测水位 1 ~ 2 回次。每观测回次中，提钻后、下钻前各测量一次水位，间隔时间应大于 5 min。每个钻进回次应根据水源箱水位、泥浆池液位变化和补充冲洗液量计算冲洗液消耗量。

（2）钻进中遇到涌水、漏失、涌砂、掉块、坍塌、扩径、缩径、逸气、裂隙、溶洞和钻柱坠落等异常现象时，及时记录其深度。在地下水自流钻孔中，根据水文地质要求接高孔口管或安装测试装置测量水头高度、涌水量和水温。

5.原始班报表

各机台班组应指定专人在现场及时填写"钻探原始班报表"（表 19 – 15）、"钻孔简易水文观测记录表"（表 19 – 16）、交接班记录表等原始报表，做到真实、齐全、准确、清楚、整洁。

表 19 – 15　钻探原始班报表

项目名称：　　　　　　施工矿区：　　　　钻孔号：

机高　m　钻杆根数　　　钻柱总长　m　　　钻杆长度　m　　钻具长度 m

机台号：　　年　月　日　班　　时至　　日　　时

工作时间			工作内容	机上余尺/m	进尺及岩(矿)心长度					岩石名称	残留岩心/m	钻头编号	扩孔器编号	钻进技术参数			备注
自	至	计			自	至	进尺/m	岩矿心长度/m	块数/回次					压力/kN	转速/(r·min⁻¹)	泵量/L	
1	2	3	4	5	6	7	8	9	10	11	12	13	14	15	16	17	18

机长：　　　　　班长：　　　　　　地质员：　　　　　　记录员：

表 19－16　钻孔简易水文观测登记表

_____矿区_____号孔_____号机

孔深 /m	水位 /m	冲洗液 消耗量 /L	漏失位置 /m	突然 漏失量 /L	涌水位置 /m	水头高度 /m	其他

填表人：　　　　　　　　　　　　　　　　　机长：

年　　月　　日

6. 封孔

(1)临近终孔时，施工管理部门根据地质部门提供的实际钻孔柱状图和封孔要求，编写封孔设计，机台负责具体实施；机台必须按封孔设计的要求严格执行。

(2)封孔后，在孔口中心处设立水泥标志桩（用水泥固定）；机长将钻孔封孔设计和封孔记录送交设计部门和施工管理部门存档；根据设计书的要求，需要对封孔质量进行验证时，进行透孔取样。

19.3.2　钻探工程质量技术措施

1. 提高岩(矿)心采取率的技术措施

(1)根据施工矿区地质条件、岩矿层的物理机械性质，正确选择取心器具、钻进技术参数和冲洗液类型。

(2)下钻前应对取心器具性能进行全面检查，取心器具应单动灵活，水路畅通，钻头出刃锋利、各种间隙配合合理，使用后应检查、清洗、注油。

(3)任何情况下，回次进尺长度不得超过岩心管有效容纳长度，禁止使用已弯曲的钻具。

(4)钻进取心困难的岩矿层时，适当控制钻压、泵量、转速，并限制回次进尺时间和进尺长度。

2. 钻孔弯曲预防措施

(1)坚持开孔检查验收制度，确保设备安装质量。

(2)开孔时应选用锋利钻头，随孔深加长岩心管，直到正常长度。回次结束前，钻头切削具已磨钝时，严禁加压强行钻进。

(3)选择合理的钻孔结构与级配，在保证冲洗液畅通及孔内安全的情况下，尽量选择满眼钻进，力求简化钻孔结构，地层条件允许时，换径后可一径终孔。

(4)换径时，采用外导向钻具，其长度不短于 5 m。

(5)在倾角较大岩层、破碎带、软硬互层、溶洞或纵向节理发育的岩层中钻进时，合理控制钻压、转速、泵量。

(6)在易斜岩层地区施工，根据地层、见矿深度等条件合理设计开孔倾角和方位角。已掌握钻孔弯曲规律的矿区应设计定向孔。

3. 简易水文观测

(1)严格按照设计要求，及时观测水位及其他应测项目。

(2)水位观测的基准点应一致，读数准确。

(3)禁止随意割、接水文测绳。

4. 孔深误差控制措施

(1)机台使用的铁尺应保持两端平齐，刻度准确、清晰，并注意经常校正。

(2)丈量机上余尺时应停止立轴回转，基准点应一致，准确读取，及时记录。

（3）使用钢卷尺丈量下入孔内的钻具长度，任何情况下禁止估算。

（4）校正孔深丈量钻具长度时使用钢卷尺，丈量结果逐根记录在班报表上。

（5）处理孔内事故后，必须及时校正孔深。

5．原始记录

（1）记录员必须在现场及时、认真填写各项原始数据，禁止下班后追记、补记。

（2）机长、班长和记录员及时校对原始记录，发现错误及时修正。

6．封孔质量

（1）钻孔终孔后，机台必须严格按照封孔设计进行封孔。一般采用水泥封孔，使用合格的封孔材料，如水泥标号在32.5以上，严禁使用过期失效、受潮结块的水泥。

（2）根据所封钻孔的实际情况确定封孔方法。如泵送、导管或注送器；准确计算出所需封孔材料的数量，备足封孔所需材料。

（3）使用泥浆做冲洗液的钻孔，根据情况使用清水自下而上冲洗封闭孔段孔壁泥皮。

（4）需要分段封孔时，选择合适的架桥材料做隔离塞，并将其牢固在预定的孔深部位。钻具下端水泥浆出口处与隔离塞上端面的距离应控制在0.5 m以内。

（5）严格按照配比配制封孔水泥浆，水灰比一般为0.5；根据所用水泥品种、灌注量、气温情况等适当调整水灰比。

（6）封孔注浆过程不应中断，封闭长度在5 m以内禁止提动钻具，长孔段、大剂量灌注水泥浆时，可采用边灌注边提升钻具的方法，控制钻具下端不提出水泥浆液面，以保证水泥浆灌注的连续性。

（7）水泥浆灌注完毕后，将钻具提出水泥浆面10~15 m，再用清水清洗钻具，水泵等。

（8）每一封闭层段应在设计封孔层段顶部采取砂浆样，并装入砂浆样盒保存备查，封孔作业凡未达到设计要求时，均应补封。

19.4　钻探工程成本管理

19.4.1　成本构成

钻探工程成本由直接成本和间接成本两部分构成。

1．直接成本

（1）踏勘及招投标费用；

（2）进出场费用；

（3）外部施工费（修路费、地盘费等）；

（4）外部赔偿费（青苗、林木、草场等）；

（5）临建费；

（6）人员工资、奖金；

（7）材料费，包括：钻杆、电缆、闸箱等摊销费，各种套管、钻具、钻头、扩孔器、冲洗液、护壁堵漏材料、各种油料和工器具等消耗材料费用；

（8）冬季施工费；

（9）封孔费；

（10）设备折旧费；

（11）设备维理费；

（12）水电费；

（13）交通运输费；

（14）通信费；

（15）伙食费；

（16）劳保及安保费；

（17）差旅费；

（18）业务费；

（19）其他。

2．间接成本

（1）管理费；

（2）税金。

19.4.2　成本管理内容

1．施工成本预测

在施工前对项目成本进行估算，在满足业主要求的前提下，选择成本低、效益好的最佳成本方案，并在施工过程中，针对薄弱环节，加强成本控制，克服盲目性，提高预见性。

2．施工成本计划

以货币形式编制项目在计划期内的各项生产费用、成本水平、成本降低率以及为降低成本所采用的主要措施和规划方案。

3．成本控制

在施工过程中，对影响施工项目成本的各种因素加强管理，及时反馈各项费用是否符合标准，计算实际成本和计划成本的差异并进行分析、总结，将施工中实际发生的各种消耗、支出严格控制在成本计划范围内。施工成本控制分为：事先控制、事中控制（过程控制）和事后控制。

4. 成本核算

对施工费用进行归集，计算出施工费用的实际发生额，并根据成本核算对象，采用适当的方法，计算出所施工项目的总成本和单位成本。

5. 成本分析

利用项目的成本核算资料，与计划成本、预算成本以及类似施工项目的实际成本等进行对比评价、总结；了解成本的变动情况，分析主要技术经济指标对成本的影响，系统地研究成本变动原因，检查成本计划的合理性，深入揭示成本变动规律，以便有效地进行成本管理。

成本分析的基本方法包括比较法、因素分析法、差额计算法、比率法。

6. 成本考核

施工项目竣工后，对施工项目成本形成中的各责任者，按施工项目成本目标责任制的有关规定，将成本的实际指标与计划、定额、预算进行对比考核，评定施工项目成本计划的完成情况和责任者的业绩；依据业绩给予相应的奖励或处罚。

19.4.3 成本控制方法

1. 事前控制方法

(1) 正确估算投标报价时的成本；

(2) 精心编制施工设计方案；

(3) 进行目标成本预算。

2. 事中控制方法

(1) 合理控制各种费用及材料价格：

① 严格控制外包项目（如修路、修地盘等）、外部赔偿费等费用，不超预算；

② 控制材料费用；

③ 控制好价格和质量的关系。

(2) 合理配备供应材料：做好物资供应计划，控制好数量，掌握好物资进场时间及批次；消耗性通用材料应在当地就近解决。

(3) 人工费用的控制：合理配备与施工要求相适应的项目经理、技术人员、各类管理人员、钻探技术工人及辅助工人的数量。

(4) 安全、质量控制：安全、质量事故会带来高额的成本。因此必须开展全员安全、质量教育，认真执行各项操作规程和规章制度，制定严格的奖罚制度，提高全员安全、质量意识，确保安全质量无事故。为大型设备的运输、搬迁购买保险，实现风险转移。

(5) 做好设备保养和维修工作。按期保养和维修各类设备，提高生产效率，降低施工过程中设备故障率，避免浪费时间，加大维修费用。

3. 事后控制方法

工程竣工后，财务部门应及时编制工程竣工财务决算，对实际发生成本进行汇总和分类，计算出施工费用的实际发生额，施工项目的总成本和单位成本，并与相应预算成本进行比较分析，对照预算成本，检验各项费用是否在预算范围内，对成本形成过程和影响成本的因素进行分析，查找原因，总结经验教训，对项目部进行奖惩。

19.5　HSE 管理

HSE(Health，Safety，Environment)即健康、安全、环境。HSE 管理体系突出预防为主、领导承诺、全员参与、持续改进的科学管理理念。

19.5.1　健康管理

健康管理是钻探工程管理的重要环节，是现代企业以人为本管理理念的具体体现。

(1)钻探项目部必须按照国家和当地政府的劳动法规和标准，为员工配备相应的劳动防护用品。

(2)设立医务所，配备所需医疗设备、器械、药品等。负责疾病诊治和急救。单机作业机台应配医药箱并依据施工地域、季节和作业特点，配备相应的急救药品。

(3)员工必须定期进行健康检查，在疾病预防、饮食卫生等方面建立卫生保健制度，并认真执行。

(4)注意工区环境卫生，定时清理垃圾，宿舍内经常消毒，保持干净整洁，制定防鼠，防蚊，防蝇措施。

(5)餐厅、厨房必须保持干净、整洁，餐具必须消毒，不得食用不明和变质食物。饮用水源必须经过水质化验，符合饮用水标准后，方可饮用。不得随便饮用不明水源。禁止采摘不明野果、蘑菇、野菜等食用，以免造成人员中毒。

(6)保持个人卫生，经常洗澡换衣，防止流行病发生。

(7)制定防暑、防寒措施。

19.5.2　安全管理

安全生产管理的目标是减少和控制危害、事故，尽量避免生产过程中由于事故所造成的人身伤害、财产损失、环境污染以及其他损失。

安全生产管理的基本对象是企业的员工，涉及企业中的所有人员、设备设施、物料、环境、财务和信息等各个方面。

安全生产管理的内容包括：安全生产管理机构和安全生产管理人员、安全生产责任制、安全生产管理规章制度、安全生产策划、安全培训教育、安全检查和安全生产档案。

1. 安全生产管理机构及人员配置

(1)从事金属与非金属矿产资源地质勘探活动的企事业单位应依法取得地质勘查资质、安全生产许可证。

(2)专职安全生产管理人员中应当按照规定配备注册安全工程师。

(3)项目部全体人员必须购买商业人身意外保险。

2. 建立安全生产责任制

建立各级人员安全生产责任制度，明确安全责任；其主要负责人对本单位的安全生产工作全面负责；项目经理是施工项目安全管理第一责任人。

3. 健全安全生产制度和操作规程

(1)明确单位主要负责人、分管负责人、安全生产管理人员和职能部门、岗位的安全生产责任制度。

(2)岗位作业安全规程和工种操作规程。

(3)现场安全生产检查制度。

(4)安全生产教育培训制度。

(5)重大危险源检测监控制度。

(6)安全投入保障制度。

(7)事故隐患排查治理制度。

(8)事故信息报告、应急预案管理和演练制度。

(9)劳动防护用品、野外救生用品和野外特殊生活用品配备使用制度。

(10)安全生产考核和奖惩制度。

(11)其他必须建立的安全生产制度。

4. 安全生产教育培训

(1)主要负责人和安全生产管理人员必须具备与本单位所从事的生产经营活动相应的安全生产知识和管理能力。

(2)对从业人员进行三级安全生产教育和培训，保证从业人员具备必要的安全生产知识，熟悉有关的安全生产规章制度和安全操作规程，掌握本岗位的安全操作技能。未经安全生产教育和培训合格的从业人员禁止上岗作业。

(3)采用新工艺、新技术、新材料或使用新设备，必须了解、掌握其安全技术特性，采取有效的安全防护措施，并对从业人员进行专门的安全教育和培训。

(4)特种作业人员必须经专门的安全技术培训并考核合格，取得特种作业操作证后，方可上岗作业，并按时换证和年检。

5. 安全生产检查

安全检查是发现不安全行为和不安全状态的重要途径。是消除事故隐患，落实整改措施，防止事故伤害，改善劳动条件的重要手段，是企业 HSE 管理工作的一项重要内容。

6. 安全管理措施

1）钻探机场地基的修筑

钻探机场应平整、坚固、稳定、适用。周围应有排水系统。在山谷、河沟、地势低洼地带雨季施工时，机场地基应修筑拦水坝或修建防洪设施。

2）钻探设备安装、拆卸、搬迁

安装、拆卸钻塔一般属高空作业，必须严格按操作规程进行，塔上塔下不得同时作业，拆卸钻塔应从上而下逐层拆卸，安装、拆卸钻塔应铺设工作塔板，塔板厚度和长度应符合安全要求。起、放钻塔，钻塔外边缘与输电线路边缘之间距离，应符合《施工现场临时用电安全技术规范》的规定。设备搬迁时，严禁抛掷、滚放器材、工具等。易散落物品，应捆绑牢固，妥善保管。

3）升降钻具等操作

在钻进与升降钻具过程中，各种机械设备、升降系统都处在运转中，操作人员极易造成伤亡。钻进过程中，注意防止胶管缠绕钻杆，应设防缠绕及水龙头防坠装置。钻进中不得用人扶持水龙头及胶管。孔口操作人员必须站在钻具起落范围以外；摘挂提引器时，不得用手扶提引器底部并防止回绳碰打。扩孔、扫孔阻力过大时，不准强行开动钻机，扫脱落岩心或钻进不正常孔段时，必须由熟练钻工操作。

4）钢丝绳检查

升降机卷筒与钢丝绳应连接牢固，钢丝绳采用编结固接时，编结部分的长度不得小于钢丝直径的 20 倍，并不应小于 300 mm，其编结部分应捆扎细钢丝。当采用绳卡固接时，与钢丝直径匹配的绳卡规格、数量应符合《建筑机械使用安全技术规程》的规定。

5）孔内事故处理

处理孔内事故时劳动强度大，设备负荷大，孔内情况多变以及人员精神紧张等原因，极易引发人身事故。禁止同时使用升降机、千斤顶或吊锤起拔孔内事故钻具。禁止超负荷强行起拔孔内事故钻具；使用千斤顶回杆时，禁止使用升降机提吊被顶起的事故钻具；人工返钻具，搬杆回转范围内严禁站人；禁止使用链钳、管钳等工具返事故钻具。

6）机场安全防护设施

钻探工程中所使用的钻机、钻塔、动力机、发电机、水泵等都设置有安全防护设施，在减少和预防人身伤亡事故方面起着关键作用。

(1)必须使用防坠式活动工作台，使用前要检查平衡配重是否合适，防坠装置、制动装置和挂绳等是否安全可靠，塔上作业必须配戴安全带。现场施工人员及进入现场的其他工作人员必须穿工作鞋、戴安全帽；禁止非工作人员进入施工现场。

（2）钻塔必须安装避雷针，避雷针与钻塔，应使用高压瓷瓶间隔，与钻塔绝缘良好。避雷针、引下线和接地体的连接必须严密可靠，接地电阻应小于 15 Ω。如难以达到时，可采用降阻剂。

（3）施工现场临时用电设备在 5 台及以上或设备总容量在 50 kW 及以上的，应编制用电组织设计。必须履行"编制、审核、批准"程序，由电气工程技术人员组织编制。用电设备在 5 台以下或设备总容量在 50 kW 以下的，应制定安全用电措施和电气防火措施。

（4）配电线路。

电缆中必须包含全部工作心线和用作保护零线或保护线的心线。需要三相四线制配电的电缆线路必须采用五心电缆。电缆线路应采用埋地或架空敷设，严禁沿地面明设，并应避免机械损伤和介质腐蚀。埋地电缆路径应设方位标志。室内配线必须采用绝缘导线或电缆。室内配线应根据配线类型采用瓷瓶、瓷夹、塑料夹、嵌绝缘槽、穿管或钢索敷设。

（5）配电箱与开关箱。

每台用电设备必须有各自专用的开关箱，严禁用同一个开关箱直接控制 2 台及 2 台以上用电设备（含插座）。动力配电箱与照明配电箱宜分别设置。当合并设置为同一配电箱时，动力和照明应分路配电；动力开关箱与照明开关箱必须分设。配电箱、开关箱应采用冷轧钢板或阻燃绝缘材料制作，应装设端正、牢固，并有防潮、防雨、防晒措施；箱内的电器（含插座）应先安装在金属或非木质阻燃绝缘电器安装板上，然后方可整体紧固在配电箱、开关箱箱体内。金属电器安装板与金属箱体应做电气连接。

（6）照明。

钻塔、有导电灰尘、比较潮湿或灯具离地面高度低于 2.5 m 等场所的照明，电源电压不应大于 36 V；潮湿和易触及带电体场所的照明，电源电压不得大于 24 V。必须使用安全隔离变压器。应备有应急照明灯，以便在突然停电时使用；照明灯具的金属外壳必须与 PE 线（接地线）相连接，照明开关箱内必须装设隔离开关、短路与过载保护电器和漏电保护器；室外 200 V 灯具距地面不得低于 3 m；室内 200 V 灯具距地面不得低于 2.5 m；机场应有足够的照明，必须使用防水灯具，照明灯泡应距离塔布表面 300 mm 以上；聚光灯、碘钨灯等高热灯具与易燃物距离不宜小于 500 mm，且不得直接照射易燃物。达不到规定安全距离时，应采取隔热措施。

（7）钻探机场防火防寒。

①机场必须备有足够数量的消防器材（如灭火器、水桶、砂箱、铁锹、斧头、

钩杆、扫把等），不准挪作他用；

②机台建立防火组织，制定防火措施。作业人员应掌握相应灭火技术和方法，以及灭火器材的使用；

③机场内严禁使用明火照明，作业时禁止吸烟，不准随意乱丢烟蒂，作业人员撤离现场时，必须彻底熄灭火源；

④机场内取暖火炉、烟筒或柴油机排气管，不得直接与场房、塔衣、地板等易燃物品接触，须保持适当安全距离和进行有效隔热防护。烟筒与排气管应从顺风一侧伸出场房外 0.5 m 以上，安好隔热板和防火罩，并要经常清除烟灰和积灰；

⑤在林区、草原地区施工时，必须遵守当地有关防火规定，建设符合要求的防火场、防火道等。机台所用油料、物资材料等要摆放在防火场内；

⑥机场内存放的油料，应装桶加盖，妥善保管，严禁靠近火源。不准明火直接加热机油，及烘烤柴油机油底壳；

⑦油料着火时，应用灭火器和砂土扑灭，严禁用水扑救；电气着火时，先切断电源后，再进行扑救；

⑧寒冷季节施工，机房必须围盖严密，应有防寒保温措施和取暖设施；

⑨寒冷季节施工主供水管路必须用保温材料包扎埋好。及时清除场房内外的冰、雪，场地周围应采取防滑措施。

（8）机场防风防洪。

大风天气，应停止钻探作业。防风工作的重点主要是野外的钻探机场和各种电力、电信线路以及修筑在山坡地的帐篷、宿舍、仓库等简易建筑物，应做好以下工作：

①卸下塔衣、场房帐篷，使整个钻机机场的承受面积减少；

②钻杆下入孔内安全位置，用提引器吊住钻杆，并卡上冲击把手，以降低钻塔重心；

③检查钻塔绷绳及地锚牢固程度。对机房采用压顶、支护、绳索护栏等方法加固机房；

④切断电源，关闭并盖好机电设备；

⑤封盖好孔口。

暴雨、洪水季节，在河滩、山沟、凹谷等低洼地带施工时，应加高地基，修筑防洪设施；易滑坡、崩塌、泥石流易发生地带施工，应采取防范措施。

19.5.3　环境保护管理

1. 钻探工程对环境的影响

一般钻探工程施工过程包括：施工准备（钻探机场地基的修筑、修路等）→设备进场（钻探设备安装）→正常施工（升降钻具与钻进）→施工完毕撤场（设备拆卸、搬迁）。对环境的污染和影响贯穿整个施工过程。

（1）施工前期，因修筑钻机施工场地，破坏植被及周围环境。

（2）泥浆池、泥浆槽，排废池占用大面积土地，造成植被、土壤污染。

（3）排放废弃泥浆的影响。泥浆中的各种金属和非金属离子如：Cu^{2+}、Ba^{2+}、Mg^{2+}、Fe^{3+}、Ag^+、Ca^{2+}、Hg^+、Na^+、K^+、NH_4^+等及各种有机物和有机添加剂，浸入附近农田、灌溉渠道、河流，污染环境和农作物。

（4）动力机械用的各种油料会对环境造成污染。

（5）施工过程中所用的各种浆液、废渣、生活垃圾污染环境。

（6）撤离施工现场时遗留下的各种垃圾污染环境。

2. 环境保护基本措施

1）基本规定

（1）钻探施工设计中应有处理固体废物、废水、废油等污染环境的有效措施，并在施工作业中认真组织实施。

（2）施工现场应建立环境保护管理体系，责任落实到人，并保证有效运行。

（3）对施工现场防治扬尘、噪声、水污染及环境保护管理工作进行检查。

（4）定期对职工进行环保法规和环保技术知识培训考核。

2）环境保护管理措施

（1）施工现场存放的油料和化学溶剂等物品应设有专门的库房，必须对库房地面进行防渗漏处理，储存和使用要采取措施，防止油料泄漏，废弃的油料和化学溶剂应集中处理，不得随意倾倒，污染土壤水体。

（2）废水、废浆不得直接排入农田或林地，应集中到废浆液池中，进行无害固化处理。

施工现场食堂，应设置简易有效的剩物及隔油池，专人负责定期清理，防止污染。

（3）施工现场设置的临时厕所化粪池应做防渗处理。

（4）食堂、盥洗室、淋浴间的下水不得污染土地水体。

（5）施工现场的柴油发电机等强噪声设备应搭设封闭式机棚等降低噪声措施，并尽可能设置在远离居住区的一侧，以降低噪声污染。

（6）施工中应减少施工固体废弃物的产生。工程结束后，对施工中产生的固体废弃物必须全部清除。

（7）工程开工前，应组织对工程项目所在地区的土壤环境现状进行调查，制定科学的保护或恢复措施，防止施工过程中造成土壤侵蚀、退化，减少施工活动对土壤环境的破坏和污染。

（8）在河湖或居民区附近禁止使用铁铬木素磺酸盐、红矾等污染环境化学处理剂，被岩屑、泥浆、油料污染的土地，应妥善置换或还原。

（9）施工中涉及受保护的古树、名木时，工程开工前，应由发包方提供政府主管部门批准的文件，未经批准，不得施工。

（10）施工单位在施工过程中一旦发现文物，应立即停止施工，保护现场并通报文物管理部门。

（11）对于因施工而破坏的植被、造成的裸土，必须及时采取有效措施，以避免土壤侵蚀、流失。如采取覆盖砂石、种植速生草种等措施。施工结束后，被破坏的原有植被场地必须恢复或进行合理绿化。

（12）禁止猎杀野生动物。

19.6　招投标和合同管理

19.6.1　招标要点

1. 招标方式

工程项目招标方式一般分为公开招标、邀请招标、两阶段招标和议标四种形式。钻探工程招标常用的是公开招标、议标和邀请招标三种方式。

2. 公开投标一般流程

投标人报名→资格审查→确认资格→获取招标文件→现场踏勘→答疑→提交投标文书→开标→评标→确定中标人→通知中标结果→订立合同。

3. 合同类型

钻探工程合同按支付方式一般可分为：总价合同、单价合同、成本加酬金合同三种类型。

4. 资格审查

（1）对投标人的资格审查分为资格预审和资格后审两种。采用资格预审的，招标人编制资格预审文件，在资格预审文件中明确资格预审的条件、标准和方法。采用资格后审的，招标人则在招标文件中明确对投标人资格要求的条件、标准和方法。

（2）资格预审文件一般应包括资格预审公告、资格预审须知、资格预审评审办法、附件等主要内容。

（3）招标人在规定的时间内按照资格预审文件中规定的标准和方法确定出合格的投标申请人名单，并向其发出资格预审合格通知书，并告知获取招标文件的时间、地点和方法。投标人收到资格预审合格通知书后，应以书面形式确认，并在规定的时间领取招标文件。同时，招标人也应向资格预审不合格的投标申请人告之资格预审结果。资格预审不合格的投标申请人不得参与投标。

5. 招标文件

招标文件主要内容包括：投标须知、合同条款、合同格式文件、技术标准和要求、图纸、评标办法、工程量清单、投标文件格式等。

6.投标文件

投标文件由商务标和技术标两部分组成。

1)商务标主要包括内容

(1)申请人致函；

(2)组织机构和法律地位；

(3)法定代表人授权委托书；

(4)投标报价；

(5)企业组织机构人员情况；

(6)拟派项目经理(技术负责人)工作履历表；拟投入本项目经理部人员构成情况；

(7)近年财务状况表及近五年业绩；

(8)拟投入本项目施工的钻探工程设备一览表；

(9)资质证书及企业通过的认证管理体系；

(10)承诺书。

2)技术标文件

技术标文件是招标人评价投标人是否有能力保质、保量、按工期要求完成招标内容的重要依据。主要包括钻探施工设计、项目施工组织、进度计划及质量、安全保证措施等。

19.6.2 投标书商务报价

投标书商务报价的合规性和准确性将直接影响到中标与否和中标后的成本利润计划的实现。

1.商务报价组成

投标报价为投标人在投标文件中提出的各项支付金额的总和，主要包括以下费用：

(1)分部分项工程的施工费用；

(2)所有措施项目费用，包括施工场区及临时设施、施工道路、拆迁及扰民补偿、青苗林木补偿、环保、水电供应以及安全文明施工费用等；

(3)企业管理费、利润；

(4)招标人给定的暂列金额、暂估价；

(5)按招标人给定的暂定数量报出的计日工费用；

(6)各种税费、规费、保险费等；

(7)合同约定的风险范围以内的合同期内市场人工、材料和工程设备、施工机械设备等各种价格波动造成的施工成本变化；

（8）合同期内，基于投标人自身判断的各种可能存在或发生合同约定风险范围内的风险费用；

（9）为符合或满足招标人在合同文件中约定的全部责任和义务所需发生的任何费用；

（10）与各类材料和工程设备施工就位和安装固定相关的装、运、卸车、现场搬运、安装固定的所有费用；

（11）为实施和完成工程所必需的或为克服工程移交前的任何困难可能发生的所有附属工程费用。

2. 商务报价编制依据

（1）招标人提供的招标文件及答疑澄清文件；

（2）招标人提供的设计图纸及有关的技术说明书等；

（3）施工现场条件与投标施工组织设计；

（4）国家、行业或相关部门颁布的现行的预算定额及与之配套执行的费用定额；

（5）施工项目所在地的材料供应方式、采购地点和市场价格；

（6）投标人企业内部定额；

（7）其他与投标报价有关的各项政策、规定及调整系数；

（8）合同条件中约定的其他不可预见费用及风险费用。

3. 商务报价编制方法

常用的商务报价编制方法有两种：一种是工料单价法；另一种是综合单价法。

1）工料单价法编制投标报价的主要步骤

（1）根据招标文件的要求，选择预算定额、费用定额；

（2）根据图纸及说明计算（复核）工程量；

（3）按分部分项工程量所对应的预算定额子目计算工程直接费，按费用定额子目计算措施费、间接费、利润、税金等；

（4）汇总合计总报价。

2）综合单价法编制投标报价的主要步骤

（1）根据企业定额或参照预算定额及人工、机械、材料的市场价格确定分部分项工程量清单的各项综合单价；

（2）以给定的各分部分项工程量及综合单价计算工程费用；

（3）按照招标文件、合同条件、工程技术条件和施工组织设计等要求，结合企业自身情况，确定其他措施费用报价；

（4）汇总工程量清单报价和措施费用报价形成总报价。

19.6.3　投标注意事项

（1）投标人应严格按照招标文件的要求编制投标文件。投标文件应当对招标文件提出的实质性要求和条件做出响应。"实质性要求和条件"是指招标文件中有关招标项目的承包方式与报价格式、项目质量与工期要求、技术规范与合同主要条款等，这些内容投标人必须严格按招标文件规定填报，不得对招标文件进行修改，不得回避或遗漏招标文件中提出的问题，不得提出任何附带条件。

（2）严格遵守招标文件中规定的招标各阶段的时间要求，包括购买招标文件、现场踏勘、提交答疑文件、投标截止和开标的时间要求，按时完成相应的投标工作。

（3）编制投标文件时必须使用招标文件规定的投标文件标准格式。全部投标报价文件必须完全按照招标文件的规定格式编制，不允许有任何改动。如有遗漏即被视为放弃该项要求或其价格已包含在其他价格中。重要的项目或数字（如工期、质量等级、价格等）未填写的，将被作为无效或作废的投标文件处理。

（4）施工组织设计必须满足招标文件及其技术规范和质量标准的要求。如果招标文件对施工组织设计的编写内容及格式有要求的，应严格按规定执行。

（5）投标文件正本一份，副本按招标文件的要求提供并标明"投标文件正本"和"投标文件副本"字样。所有投标文件应按招标文件的规定编号、打印、装帧，并由投标人的法定代表人（或委托代理人）签字、盖章。按招标文件的规定对投标文件进行包装密封，避免因包装密封不合格造成废标。

（6）在编制投标文件中要认真对待招标文件中规定的各项废标条件，避免被判为无效标、废标而前功尽弃。

19.6.4　钻探工程合同主要内容

（1）合同协议书；
（2）中标通知书；
（3）招标文件；
（4）补充招标文件和招标答疑文件；
（5）投标书及其附录；
（6）承包人递交并为发包人所接受的澄清文件或承诺函件；
（7）合同通用条款；
（8）合同专用条款；
（9）工程建设项目廉政责任书；
（10）工程规范和技术要求；
（11）合同图纸；
（12）经承包人标价或填写并为发包人所接受的投标价格文件；

（13）其他已纳入合同文件的具有合同约束力的信函、备忘录、纪要、书面往来等文件。

19.7　境外钻探工程注意事项

19.7.1　了解工程所在地政策

（1）通过国家相关部门详细了解工程所在国的社会形态、安全形势、宗教信仰等资料；了解项目所在国的环保、税务、劳务用工、工伤赔偿、交通、海关等法律法规。以便对海外工程风险进行综合评估。

（2）通过我国驻外使领馆经商处对工程所在国的各种法律法规进行了解，特别是矿业方面的法律法规。认真研究和掌握相关的法律知识。

（3）了解我国关于境外地质找矿有关法律法规、政策。

（4）进行现场踏勘和相关内容考察。

19.7.2　境外施工应具备的条件

1. 一般纳税人资格

2. 对外承包工程资格

3. 申请对外承包工程资格

（1）中央企业和中央管理的其他单位（以下称中央单位）应当向国务院商务主管部门提出申请，中央单位以外的单位应当向所在地省、自治区、直辖市人民政府商务主管部门提出申请。

（2）申请对外承包工程资格应具备的条件如下：

①具备法人资格；

②具有开展对外承包工程相适应的资金、专业技术人员及管理人员；

③具有对外承包工程相适应的安全资格；

④具有保障工程质量和安全生产的规章制度，最近 2 年内没有发生重大工程质量问题和较大事故以上的生产安全事故；

⑤有良好的商业信誉，最近 3 年内没有重大违约行为和重大违法经营记录。

19.7.3　境外工程物资供应

1. 根据现场踏勘情况以及工作区域的地形和地质条件编写钻探工程施工设计

2. 根据钻探工程施工设计编制设备材料计划

（1）材料计划：制定在国内采购设备材料计划、境外材料计划。由于境外物资供应以及物价等因素，应尽可能地在国内采购，且计划材料数量应大些，一般应比常规多 15% ~ 20%。

（2）订货和采购。

3.商检

由国内运往境外的设备物资，根据国家《出口商品检验目录》要求进行检验的商品必须进行商检。禁止出口的商品须在项目所在地采购。

4.报关

工程所需的设备材料自行报关或通过中介机构办理。

5.运输

根据运输价格、风险、时间等因素，选择空运、海运或陆运，优先考虑海运。

6.清关

根据所在地对设备材料清关的规定提供相关的材料。自行清关和委托当地中介机构进行。

7.出口退税

出口货物退（免）税，简称出口退税，是指对出口货物退还其在国内生产和流通环节实际缴纳的产品税、增值税、营业税和特别消费税。及时取得出口退税对于提高企业的效益，减轻资金压力有着重要意义。

1）出口退税应具备的资格

（1）一般纳税人资格，只有取得一般纳税人资格才能接受供应商的增值税专用发票；

（2）对外承包工程资格；

（3）还需在单位所在地国税机关办理出口货物（免）税、电子口岸入网认定手续。

2）退税所需资料

（1）增值税发票；

（2）出口货物报关单；

（3）出口收汇核销单；

（4）出口货物商业发票、提货单、装箱单等；

（5）企业根据以上凭证录入"外贸企业出口退税申报系统"软件后所生成的申报资料的文本及电子数据；

（6）对外承包工程合同。

19.7.4 境外工程人员和资金管理

1.境外工程人员管理

1）人员组织原则

境外施工人员包括国内派遣人员和境外聘用人员。对于施工人员组织应根据以下原则：

（1）国内派遣人员必须是业务水平高、政治素质好、热爱祖国、遵纪守法、身体健康的人员。

（2）境外聘用人员待遇须按工程所在国家和地区的有关法律法规执行。

2）人员基本资料准备

（1）办理护照。

（2）办理入境签证、工作许可，以及所需要的个人材料，如指纹公证、学历公证、职称公证等；

（3）体检及防疫。

（4）购买商业保险。

2.境外工程资金管理

境外资金使用坚持安全与效益原则，实行统一预算、统一调度的管理方式，严禁资金体外循环。国内母公司财务部门是公司海外资金的管理中心，各下属子公司或项目财务为母公司财务部的直属下级机构。

1）资金预算管理

（1）资金使用计划：按月或季度编制项目资金使用计划，列出使用资金的明细项目、使用资金额度。

（2）资金回收计划：按月或季度编制各项收款计划与资金支出计划相互参照，促进款项的及时回收。

2）使用审批

对日常生产经营所需的资金，按照规定程序严格审批、拨付。建立资金月报表制度，每月按规定时间上报公司财务负责人、主管领导。

3）项目费用归集核算

（1）以资金使用部门（项目）为核算主体，分别归集核算资金支出的明细情况。

（2）按统一的项目核算科目、报表体系、核算要求按月进行现场核算、账表合并。

4）财务检查

由母公司财务部定期组织对境外项目的现场财务检查，核查项目资金状况及报表、账套、凭证等财务档案、资料，对项目运营、项目核算、资金管理工作的整体状况提出检查整改意见，为公司管理决策提供参考。

5）专项审计核查

按照年度工作计划，公司审计部门对境外项目资金运用情况进行专项审计，审计的主要内容包括资金的使用管理情况、项目核算的合规性、资金使用效率的基本评价及项目实施过程中面临的工作困难等，编写专项审计报告，经总经理办公会议审定后落实整改事项。

19.8　技术档案管理

19.8.1　立档基本要求

(1)建立钻探工程施工技术档案管理制度和工作机制,设立专(兼)职人员进行立档、归档、保管。

(2)以项目或施工区(矿区)为单位立档,非连续工作的地区可按工作阶段立档。

(3)收集、整理钻探工程施工技术档案应从项目施工准备开始,直至工程竣工交付使用阶段。

(4)及时收集、整理各类技术文件、资料、记录,保证档案材料及时、完整、准确、系统、安全。

19.8.2　立档注意事项

(1)技术文件材料要选用优质打印纸打印并装订成册。

(2)电子文档应形成一份内容相同的纸质文档一并归档。

(3)磁带、照片、胶片、音像、实物等形式的档案材料应附文字说明。

(4)立卷、封面要有档案编号、工程名称、施工起止日期,立卷人和审查人姓名、归档日期等。

(5)建立档案总账和明细表,应同时建立电子文档。

(6)严禁涂改和伪造原始记录。

19.8.3　档案种类

1.施工区域技术文件

(1)地质设计;

(2)合同书;

(3)工区施工技术设计;

(4)补充设计;

(5)施工作业计划;

(6)施工技术总结、竣工报告;

(7)科学技术试验及专题研究成果;

(8)科技信息资料。

2. 钻孔技术文件

(1)钻孔施工设计指示书;

(2)钻孔定位和机械安装通知书;

(3)钻孔检查验收开孔通知书;

(4)钻孔见矿预告通知书;

(5)钻孔地质技术设计变更通知书;

(6)补采矿心通知书;

(7)钻孔弯曲度测量记录表;

(8)孔深验证记录表;

(9)钻孔简易水文观测记录表;

(10)孔内事故登记表;

(11)重大钻探事故报告表;

(12)钻孔终孔通知书;

(13)钻孔封孔设计和封孔记录表;

(14)钻孔孔内遗留物登记表;

(15)钻孔质量验收报告;

(16)岩(矿)心验收单;

(17)钻探原始班报表;

(18)原始班报报表移交清单;

(19)钻探技术经济指标综合表。

3. 报表及技术统计资料

(1)年、月生产统计报表(工作量、台月数、台月效率、时间利用率、完工钻孔数、验收钻孔数、报废钻孔数、平均小时效率和单位成本等);

(2)岩石分类统计表;

(3)工程质量统计表;

(4)金刚石钻头、扩孔器使用情况统计表;

(5)主要材料消耗统计表;

(6)成本核算情况统计表。

4. 钻探施工技术总结

项目或施工区(矿区)钻探工程竣工后,项目或施工区(矿区)钻探技术负责人应及时编制钻探工程施工技术总结,经项目负责人审核报施工单位技术负责人审批签字后归档。钻探工程施工技术总结提纲可参考《地质岩心钻探规程》(DZ/T0227—2010)附录 B 的内容编写。

附　录

附录1　物理量单位符号

量的名称	单位名称	单位符号
长度	米	m
质量	千克(公斤)	kg
时间	秒	s
电流	安[培]	A
热力学温度	开[尔文]	K
物质的量	摩[尔]	mol
发光强度	坎[德拉]	cd

附表2　国际单位制的辅助单位

量的名称	单位名称	单位符号
平面角	弧度	rad
立体角	球面度	sr

附表3　国际单位制中具有专门名称的导出单位

量的名称	单位名称	单位符号	其他表示示例
频率	赫[兹]	Hz	s^{-1}
力；重力	牛[顿]	N	$kg \cdot m/s^2$
压力，压强；应力	帕[斯卡]	Pa	N/m^2
能量；功；热	焦[耳]	J	$N \cdot m$
功率；辐射通量	瓦[特]	W	J/s
电荷量	库[仑]	C	$A \cdot s$
电位；电压；电动势	伏[特]	V	W/A
电容	法[拉]	F	C/V

续附表 3

量的名称	单位名称	单位符号	其他表示示例
电阻	欧[姆]	Ω	V/A
电导	西[门子]	S	A/V
磁通量	韦[伯]	Wb	V·s
磁通量密度,磁感应强度	特[斯拉]	T	Wb/m^2
电感	亨[利]	H	Wb/A
摄氏温度	摄氏度	℃	
光通量	流[明]	lm	cd·sr
光照度	勒[克斯]	lx	lm/m^2
放射性活度	贝可[勒尔]	Bq	s^{-1}
吸收剂量	戈[瑞]	Gy	J/kg
剂量当量	希[沃特]	Sv	J/kg

附表 4　国家选定的非国际单位制单位

量的名称	单位名称	单位符号	换算关系和说明
时间	分 [小]时 天(日)	min h d	1 min = 60 s 1 h = 60 min = 3600 s 1 d = 24 h = 86400 s
平面角	[角]秒 [角]分 度	(″) (′) (°)	$1'' = (\pi/648000)$ rad $1' = 60'' = (\pi/10800)$ rad $1° = 60' = (\pi/180)$ rad
旋转速度	转每分	r/min	1 r/min $= (1/60)\,s^{-1}$
长度	海里	n mile	1n mile = 1852 m (只用于航程)
速度	节	kn	1 kn = 1 n mile/h = (1852/3600) m/s (只用于航行)
质量	吨 原子质量单位	t u	$1\ t = 10^3$ kg $1\ u \approx 1.6605402 \times 10^{-27}$ kg
体积	升	L,(l)	$1\ L = 1\ dm^3 = 10^{-3}\ m^3$
能	电子伏	eV	$1\ eV \approx 1.60217733 \times 10^{-19}$ J
级差	分贝	dB	
线密度	特[克斯]	tex	1 tex = 1 g/km

附表 5　用于构成十进倍数和分数单位的词头

所表示的因数	词头名称	词头符号
10^{24}	尧[它]	Y
10^{21}	泽[它]	Z
10^{18}	艾[可萨]	E
10^{15}	拍[它]	P
10^{12}	太[拉]	T
10^9	吉[咖]	G
10^6	兆	M
10^3	千	k
10^2	百	h
10^1	十	da
10^{-1}	分	d
10^{-2}	厘	c
10^{-3}	毫	m
10^{-6}	微	μ
10^{-9}	纳[诺]	n
10^{-12}	皮[可]	p
10^{-15}	飞[母托]	f
10^{-18}	阿[托]	a
10^{-21}	仄[普托]	z
10^{-24}	幺[科托]	y

附录 2　单位换算表

附表 6　长度（Length）

	km（千米）	m（米）	cm（厘米）	mm（毫米）	ft（英尺）	in（英寸）
1 km（千米）	1	1.00×10^3	1.00×10^5	1.00×10^6	3.280840×10^3	3.937010×10^4
1 m（米）	1.00×10^{-3}	1	1.00×10^2	1.00×10^3	3.280840	3.937010×10^1
1 cm（厘米）	1.00×10^{-5}	1.00×10^{-2}	1	1.00×10^1	3.280840×10^{-2}	3.937010×10^{-1}
1 mm（毫米）	1.00×10^{-6}	1.00×10^{-3}	1.00×10^{-1}	1	3.280840×10^{-3}	3.937010×10^{-2}
1 ft（英尺）	3.048×10^{-4}	3.048×10^{-1}	3.048×10^1	3.048×10^2	1	12
1 in（英寸）	2.54×10^{-5}	2.54×10^{-2}	2.54	2.54×10^1	8.333333×10^{-2}	1

注：1 km = 0.621371 mi（英里），1 mi（英里）= 1.609344 km = 5280 ft。

附表 7　面积（Area）

	m^2（平方米）	cm^2（平方厘米）	mm^2（平方毫米）	ft^2（平方英尺）	in^2（平方英寸）
1 m^2（平方米）	1	1.00×10^4	1.00×10^6	1.076391×10^1	1.550003×10^3
1 cm^2（平方厘米）	1.00×10^{-4}	1	1.00×10^2	1.076391×10^{-3}	1.550003×10^{-1}
1 mm^2（平方毫米）	1.00×10^{-6}	1.00×10^{-2}	1	1.076391×10^{-5}	1.550003×10^{-3}
1 ft^2（平方英尺）	9.290304×10^{-2}	9.290304×10^2	9.290304×10^4	1	144
1 in^2（平方英寸）	6.451600×10^{-4}	6.451600	6.451600×10^2	6.944444×10^{-3}	1

注：1 $mile^2$（平方英里）＝ 2.589988 km^2 ＝ 6.4 acre（英亩），1 km^2 ＝ 0.386102 $mile^2$ ＝ 247.1054 acre。

附表 8　体积、容积（Volume）

	m^3（立方米）	cm^3（立方厘米）	L（升）	ft^3（立方英尺）	in^3（立方英寸）	bbl（桶）	USgal（美加仑）
1 m^3（立方米）	1	1.00×10^6	1.00×10^3	3.531466×10^1	6.102376×10^4	6.289811	2.64172×10^2
1 cm^3（立方厘米）	1.00×10^{-6}	1	1.00×10^{-3}	3.531466×10^{-5}	6.102376×10^{-2}	6.289811×10^{-6}	2.64172×10^{-4}
1 L（升）	1.00×10^{-3}	1.00×10^3	1	3.531466×10^{-2}	6.102376×10^1	6.289811×10^{-3}	2.64172×10^{-1}
1 ft^3（立方英尺）	2.831685×10^{-2}	2.831685×10^4	2.831685×10^1	1	1728	1.781076×10^{-1}	7.48052
1 in^3（立方英寸）	1.638710×10^{-5}	1.638710×10^1	1.638710×10^{-2}	5.787037×10^{-4}	1	1.030715×10^{-4}	4.329004×10^{-3}
1 bbl（桶）	1.589873×10^{-1}	1.589873×10^5	1.589873×10^2	5.61447	9.701794×10^3	1	42
1 USgal（美加仑）	3.785412×10^{-3}	3.785412×10^3	3.785412	1.336805×10^{-1}	2.310001×10^2	2.380952×10^{-2}	1

附表 9　压力（Pressure）

	MPa（兆帕）	atm（标准大气压）	at（工程大气压）	psi（磅每平方英寸）	bar（巴）	mmHg(0℃)（毫米汞柱）
1 MPa（兆帕）	1	9.86923	1.019716×10^1	1.450377×10^2	1.00×10^1	7.500617×10^3
1 atm（标准大气压）	1.01325×10^{-1}	1	1.033227	1.46959×10^1	1.01325	7.60×10^2
1 at（工程大气压）	9.80665×10^{-2}	9.678411×10^{-1}	1	1.422334×10^1	9.80665×10^{-1}	7.355588×10^2
1 psi（磅每平方英寸）	6.894757×10^{-3}	6.80460×10^{-2}	7.030695×10^{-2}	1	6.894757×10^{-2}	5.17148×10^1
1 bar（巴）	0.1	9.86923×10^{-1}	1.019716	1.450377×10^1	1	7.50062×10^2
1 mmHg(0℃)（毫米汞柱）	1.33322×10^{-4}	1.315789×10^{-3}	1.359506×10^{-3}	1.93367×10^{-2}	1.33322×10^{-3}	1

注：1 at ＝ 1 kgf/cm^2。

附表 10　温度（Temperature）

	℃（摄氏度）	K（开尔文）	℉（华氏度）	°R（兰氏度）
t 摄氏度（t℃）	t	$t + 273.15$	$9t/5 + 32$	$9t/5 + 491.67$
T 开[尔文]（TK）	$T - 273.15$	T	$9T/5 - 459.67$	$9T/5$
f 华氏度（foF）	$5(f-32)/9$	$5(f+459.67)/9$	f	$f + 459.67$
R 兰氏度（roR）	$5R/9 - 273.15$	$5R/9$	$R - 459.67$	R

附表 11　质量（Mass）

	g（克）	kg（千克）	t（吨）	lb（磅）
1 g（克）	1	1.00×10^{-3}	1.00×10^{-6}	2.204623×10^{-3}
1 kg（千克）	1.00×10^{3}	1	1.00×10^{-3}	2.204623
1 t（吨）	1.00×10^{6}	1.00×10^{3}	1	2.204623×10^{3}
1 lb（磅）	4.535923×10^{2}	4.535923×10^{-1}	4.535923×10^{-4}	1

附表 12　密度（Density）

	kg/m³（千克每立方米）	g/cm³（克每立方厘米）	lb/ft³（磅每立方英尺）	lb/USgal（磅每美加仑）	lb/bbl（磅每桶）
1 kg/m³（千克每立方米）	1	1.00×10^{-3}	6.242797×10^{-2}	8.345406×10^{-3}	3.505071×10^{-1}
1 g/cm³（克每立方厘米）	1.00×10^{3}	1	6.242797×10^{1}	8.345406	3.505071×10^{2}
1 lb/ft³（磅每立方英尺）	1.601846×10^{1}	1.601846×10^{-2}	1	1.336805×10^{-1}	5.614583
1 lb/USgal（磅每美加仑）	1.198264×10^{2}	1.198264×10^{-1}	7.480520	1	4.194000×10^{1}
1 lb/bbl（磅每桶）	2.853010	2.853010×10^{-3}	1.781076×10^{-1}	2.380952×10^{-2}	1

附表 13　渗透率（Permeability）

	μm²（平方微米）	D（达西）	mD（毫达西）
1 μm²（平方微米）	1	1.01325	1.01325×10^{3}
1 D（达西）	9.86923×10^{-1}	1	1.00×10^{3}
1 mD（毫达西）	9.86923×10^{-4}	1.00×10^{-3}	1

附表 14　黏度（Viscosity）

	mPa·s（毫帕·秒）	cP（厘泊）	P（泊）
1 mPa·s（毫帕·秒）	1	1	0.01
1 cP（厘泊）	1	1	0.01
1 P（泊）	100	100	1

附表 15　功率（Power）

	Btu/h（Btu/小时）	尺磅/s（尺磅/秒）	HP（马力）	cal/s（卡/秒）	kW（千瓦）	W（瓦）
1 Btu/h（Btu/小时）	1	0.2161	3.929×10^{-4}	7.000×10^{-2}	2.930×10^{-4}	0.293071
1 尺磅/s（尺磅/秒）	4.628	1	1.818×10^{-3}	0.3239	1.356×10^{-3}	1.356
1 HP（马力）	2545	550	1	178.2	0.7457	745.7
1 cal/s（卡/秒）	14.29	3.087	5.613×10^{-3}	1	4.186×10^{-3}	4.1868
1 kW（千瓦）	3413	737.6	1.341	238.9	1	1000
1 W（瓦）	3.413	0.7376	1.341×10^{-3}	0.2389	0.001	1

注：Btu 为英热量单位，1 Btu = 252 cal。

附表 16　质量流量（Mass Flow）

单位	吨/时（t/h）	千克(公斤)/时(kg/h)	千克(公斤)/分(kg/min)	千克(公斤)/秒(kg/s)	英吨/时（UKton/h）	磅时（lb/h）	磅/分（lb/min）	磅/秒（lb/s）
1 t/h	1	10^3	16.6667	0.277778	0.984207	2204.62	36.7437	0.612394
1 kg/h	10^{-3}	1	0.0166667	2.77778×10^{-4}	9.84207×10^{-4}	2.20462	0.0367437	6.12395×10^{-4}
1 kg/min	0.06	60	1	0.0166667	0.0590524	132.277	2.20462	0.0367437
1 kg/s	3.6	3600	60	1	3.54315	7936.63	132.277	2.20462
1 UKton/h	1.01605	1016.05	16.9342	0.282236	1	2240	37.3333	0.622223
1 lb/h	4.53592×10^{-4}	0.453592	0.00755987	1.25998×10^{-4}	4.46429×10^{-4}	1	0.0166667	2.77778×10^{-4}
1 lb/min	0.0272155	27.2155	0.453592	0.00755987	0.0267857	60	1	0.0166667
1 lb/s	1.63293	1632.93	27.2155	0.453592	1.60714	3600	60	1

附表 17　体积流量（Volume Flow）

单位	L/min（升/分）	m³/h（立方米/时）	ft³/h（立方英尺/时）	UKgal/min（英加仑/分）	USgal/min（美加仑/分）	USbbl/d（美桶/天）
1 L/min	1	0.06	2.1189	0.21997	0.264188	9.057
1 m³/h	16.667	1	35.314	3.667	4.403	151
1 ft³/h	0.4719	0.028317	1	0.1038	0.1247	4.2746
1 UKgal/min	4.546	0.02727	9.6325	1	1.20032	41.1
1 USgal/min	3.785	0.2273	8.0208	0.8326	1	34.28
1 USbbl/d	0.1104	0.00624	0.23394	0.02428	0.02917	1

附表 18　力（Force）

单位	N[牛(顿)]	kgf(千克力)	lbf(磅力)	dyn(达因)
1 N[牛(顿)]	1	0.102	0.225	10^5
1 kgf(千克力)	9.8	1	2.21	9.8×10^5
1 lbf(磅力)	4.45	0.454	1	4.45×10^5
1 dyn(达因)	10^{-5}	1.02×10^{-6}	2.225×10^{-6}	1

附表 19　热功（Heat Work）

单位	J(焦耳)	kcal(千卡)	kgf·m (千克力·米)	kW·h (千瓦小时)	HP·h (公制马力小时)
1 J(焦耳)	1	2.389×10^{-4}	0.10204	2.778×10^{-7}	3.777×10^{-7}
1 kcal(千卡)	4186.75	1	427.216	1.227×10^{-3}	1.58×10^{-3}
1 kgf·m (千克力·米)	9.80665	2.342×10^{-3}	1	2.724×10^{-6}	3.704×10^{-6}
1 kW·h (千瓦小时)	3.6×10^6	860.04	3.67×10^5	1	1.36
1 HP·h (公制马力小时)	2.648×10^6	632.61	2.703×10^5	0.7356	1
1 UKHP·h (英制马力小时)	2.68452×10^6	641.33	2.739×10^5	0.7458	1.014
1 ft·lbf(英尺磅力)	1.35582	3.24×10^{-4}	0.1383	3.766×10^{-7}	5.12×10^{-7}
1 Btu(英热单位)	1055.06	0.252	107.658	3.1×10^{-4}	3.981×10^{-4}

附表 20　扭力/力矩（Moment）

单位	国际			公制			英制		
	mN·m	cN·m	N·m	ozf·in	lbf·in	lbf·ft	gf·cm	kgf·cm	kgf·m
1 mN·m	1	0.1	0.001	0.142	0.0008	0.0007	10.2	0.01	0.0001
1 cN·m	10	1	0.010	1.416	0.008	0.007	102	0.102	0.001
1 N·m	1000	100	1	141.6	8.851	0.738	10197	10.2	0.102
1 ozf·in	7.062	0.706	0.007	1	0.0625	0.005	72	0.072	0.0007
1 lbf·in	113	113	0.113	16	1	0.083	1152.1	1.152	0.0115
1 lbf·ft	1356	1356	1.356	192	12	1	13826	13.83	0.138
1 gf·cm	0.098	0.098	0.0001	0.014	0.0009	0.00007	1	0.001	0.00001
1 kgf·cm	98.07	98.07	0.098	13.89	0.868	0.072	1000	1	0.01
1 kgf·m	9807	9807	9.807	1389	86.8	7.233	100000	100	1

附录3　地层年代表与地质年代表

附表 21　中国年代地层表、地质代号、构造运动、特征化石一览表

界	系		统	代号	同位素年龄(Ma)	构造运动(幕)		地质事件	岩浆活动	色谱	特征化石
新生界 Cz	第四系	Qh	全新统	Q₄	0.01	喜马拉雅运动(晚)	喜马拉雅阶段	联合古陆解体阶段	γ₆	淡黄	人类
		Qp	上更新统	Q₃							
			中更新统	Q₂							
			下更新统	Q₁	2.60						
	新近系 N		上新统	N₂	5.3					鲜黄	马、象
			中新统	N₁	23.3						
	古近系 E		渐新统	E₃	32	喜马拉雅运动(早)				老黄	三趾马
			始新统	E₂	56.5						
			古新统	E₁	65	燕山运动(晚)					
中生界 Mz	白垩系 K		上白垩统	K₂			燕山阶段		γ₅³	鲜绿	霸王龙、翼龙
			下白垩统	K₁	137						
	侏罗系 J		上侏罗统	J₃		燕山运动(中)			γ₅²	鲜绿(天蓝)	马门溪龙、鱼龙、始祖鸟
			中侏罗统	J₂							
			下侏罗统	J₁	205	燕山运动(早)					
	三叠系 T		上三叠统	T₃		印支运动(晚)	印支海西阶段		γ₅¹	绛紫	蛇菊石
			中三叠统	T₂							
			下三叠统	T₁	250						
上古生界 Pz₂	二叠系 P		上二叠统	P₃		印支运动(早)		联合古陆形成阶段	γ₄³	淡棕	新希瓦格鏟
			中二叠统	P₂							
			下二叠统	P₁	295	伊宁运动			γ₄²	灰	小纺锤鏟、贵州珊瑚
	石炭系 C		上石炭统	C₂							
			下石炭统	C₁	354	天山运动					
	泥盆系 D		上泥盆统	D₃					γ₄¹	咖啡	鱼类、沟鳞鱼
			中泥盆统	D₂							
			下泥盆统	D₁	410	广西(祁连)运动					
下古生界 Pz₁	志留系 S		顶志留统	S₄			加里东阶段		γ₃³	果绿	正笔石类、王冠虫
			上志留统	S₃							
			中志留统	S₂							
			下志留统	S₁	438	古浪运动			γ₃²	蓝绿	网格笔石、中华震旦角石
	奥陶系 O		上奥陶统	O₃							
			中奥陶统	O₂							
			下奥陶统	O₁	490	兴凯运动			γ₃¹	暗绿	三叶虫
	寒武系 Є		上寒武统	Є₃							
			中寒武统	Є₂							
			下寒武统	Є₁	543	晋宁运动(晚)				绛棕	
新元古界 Pt₃	震旦系 Z		上震旦统	Z₂			吕梁晋宁阶段	板块形成阶段	γ₂³	绛棕	硬壳动物、叠层石、藻类
			下震旦统	Z₁	680						
	南华系 Nh		上南华统	Nh₂						棕红(浅)	
			下南华统	Nh₁	800						
	青白口系 Qb		上青白口统	Qb₂							
			下青白口统	Qb₁	1000	晋宁运动(早)					
中元古界 Pt₂	蓟县系 Jx		上蓟县统	Jx₂					γ₂²	棕红(深)	
			下蓟县统	Jx₁	1400						
	长城系 Ch		上长城统	Ch₂							
			下长城统	Ch₁	1800						原核生物、绿藻
古元古界 Pt₁	滹沱系			Ht	2500	吕梁(中条)运动			γ₂¹		
新太古界 Ar₃					2800	五台运动	五台阜平阶段	陆核形成阶段	γ₁	桃红(浅)	
中太古界 Ar₂					3200						
古太古界 Ar₁					3600	阜平运动					
始太古界 Ar₀											

附录4　化学元素周期表

附表22　元素周期表

图例说明（钨 W，原子序数 74）：
- 密度/(g/cm³)：19.35
- 熔点/℃：3410
- 沸点/℃：5660
- 元素符号：钨 W　Tungsten
- 相对原子质量：183.84(1)
- 晶体结构／原子半径/pm：① 137

① 体心立方　② 密排六方　③ 面心立方　④ 金刚石型　⑤ 简单立方　★ 四方／★ 斜方

族 周期	I_A	II_A	III_B	IV_B	V_B	VI_B	VII_B	VIII_B			I_B	II_B	III_A	IV_A	V_A	VI_A	VII_A	0
1	氢 H																	氦 He
2	锂 Li	铍 Be											硼 B	碳 C	氮 N	氧 O	氟 F	氖 Ne
3	钠 Na	镁 Mg											铝 Al	硅 Si	磷 P	硫 S	氯 Cl	氩 Ar
4	钾 K	钙 Ca	钪 Sc	钛 Ti	钒 V	铬 Cr	锰 Mn	铁 Fe	钴 Co	镍 Ni	铜 Cu	锌 Zn	镓 Ga	锗 Ge	砷 As	硒 Se	溴 Br	氪 Kr
5	铷 Rb	锶 Sr	钇 Y	锆 Zr	铌 Nb	钼 Mo	锝 Tc	钌 Ru	铑 Rh	钯 Pd	银 Ag	镉 Cd	铟 In	锡 Sn	锑 Sb	碲 Te	碘 I	氙 Xe
6	铯 Cs	钡 Ba	镧系元素 57-71	铪 Hf	钽 Ta	钨 W	铼 Re	锇 Os	铱 Ir	铂 Pt	金 Au	汞 Hg	铊 Tl	铅 Pb	铋 Bi	钋 Po	砹 At	氡 Rn
7	钫 Fr	镭 Ra	锕系元素 89-103	鑪 Rf	𨧀 Db	𨭎 Sg	𨨏 Bh	𨭆 Hs	䥑 Mt	Uun	Uuu	Uub		Uuq		Uuh		Uuo

镧系 LANTHANIDE：镧 La、铈 Ce、镨 Pr、钕 Nd、钷 Pm、钐 Sm、铕 Eu、钆 Gd、铽 Tb、镝 Dy、钬 Ho、铒 Er、铥 Tm、镱 Yb、镥 Lu

锕系 ACTINIDE：锕 Ac、钍 Th、镤 Pa、铀 U、镎 Np、钚 Pu、镅 Am、锔 Cm、锫 Bk、锎 Cf、锿 Es、镄 Fm、钔 Md、锘 No、铹 Lr

附录5 常用几何体计算公式

图 形	尺寸符号	体积(V),底面积(F) 表面积(S),侧表面积(S_1)
立方体	a—边长 d—对角线 S—表面积 S_1—侧表面积 G—重心	$V = a^3$ $S = 6a^2$ $S_1 = 4a^2$
长方形(棱柱)	a,b,h—边长 O—底面对角线的交点 G—重心	$V = a \cdot b \cdot h$ $S = 2(a \cdot b + a \cdot h + b \cdot h)$ $S_1 = 2h(a+b)$ $d = \sqrt{a^2 + b^2 + h^2}$
三棱柱	a,b,h—边长 h—高 F—底面积 O—底面中线的交点 G—重心	$V = F \cdot h$ $S = (a+b+c) \cdot h + 2F$
斜线直圆柱	h_1—最小高度 h_2—最大高度 r—底面半径 G—重心	$V = \pi r^2 \cdot \dfrac{h_1 + h_2}{2}$ $S = \pi r(h_1 + h_2) + \pi r^2 \cdot \left(1 + \dfrac{1}{\cos\alpha}\right)$ $S_1 = \pi r(h_1 + h_2)$
直圆锥	r—底面半径 h—高 l—母线长 G—重心	$V = \dfrac{1}{3}\pi r^2 h$ $S_1 = \pi r \sqrt{r^2 + h^2} = \pi r l$ $l = \sqrt{r^2 + h^2}$ $S = S_1 + \pi r^2$

续附表 23

图　形	尺寸符号	体积(V)，底面积(F) 表面积(S)，侧表面积(S_1)
圆台	R,r—底面半径 h—高 l—母线 G—重心	$V=\dfrac{\pi h}{3}\cdot(R^2+r^2+Rr)$ $S_1=\pi l(R+r)$ $l=\sqrt{(R-r)^2+h^2}$ $S=S_1+\pi(R^2+r^2)$
球	r—半径 d—直径 O—球心	$V=\dfrac{4}{3}\pi r^3=\dfrac{\pi d^3}{6}=0.5236d^3$ $S=4\pi r^2=\pi d^2$
球扇形（球楔）	r—球半径 d—弓形底圆直径 h—弓形高	$V=\dfrac{2}{3}\pi r^2 h=2.0944r^2 h$ $S=\dfrac{\pi r}{2}(4h+d)=1.57r(4h+d)$
球缺	h—球缺的高 r—球缺半径 d—平切圆直径 $S_{模}$—曲面面积 S—球缺表面积 G—重心	$V=\pi h^2(r-\dfrac{h}{3})$ $S_{模}=2\pi rh=\pi(\dfrac{d^2}{4}+h^2)$ $S=\pi h(4r-h)$ $d^2=4h(2r-h)$
圆环体（胎）	R—圆环体平均半径 D—圆环体平均直径 d—圆环体截面直径 r—圆环体截面半径	$V=2\pi r^2 R\cdot r^2=\dfrac{1}{4}\pi^2 Dd^2$ $S=4\pi r^2 Rr=\pi^2 Dd=39.478Rr$
交叉圆柱体	r—圆柱半径 l_1,l—圆柱长 G—重心	$V=\pi r^2(l+l_1-\dfrac{2r}{3})$
梯形体	a,b—下底边长 a_1,b_1—上底边长 h—上、下底边距离(高)	$V=\dfrac{h}{6}[(2a+b_1)b+(2a_1+a)b_1]$ $=\dfrac{h}{6}[ab+(a+a_1)(b+b_1)+a_1 b_1]$

附表 24　常用几何图形面积公式

图　形	尺寸符号	面积(F)
正方形	a—边长 b—对角线	$F = a^2$ $a = \sqrt{F} = 0.77d$ $d = 1.414a = 1.414\sqrt{F}$
长方形	a—短边 b—长边 d—对角线	$F = a \cdot b$ $d = \sqrt{a^2 + b^2}$
三角形	h—高 l—$\frac{1}{2}$周长 a,b,c—对应角 A,B,C 的边长	$F = \dfrac{bh}{2} = \dfrac{1}{2}ab\sin C$ $l = \dfrac{a+b+c}{2}$
平行四边形	a,b—棱边 h—对边间的距离	$F = b \cdot h = a \cdot b\sin\alpha = \dfrac{AC \cdot BD}{2}\sin\beta$
任意四边形	d_1,d_2—对角线 α—对角线夹角	$F = \dfrac{d_2}{2}(h_1+h_2) = \dfrac{d_1 d_2}{2}\sin\alpha$
正多边形	r—内切圆半径 R—外切圆半径 $a = 2\sqrt{R^2-r^2}$ α—$180°/n$(n 为边数) p—周长 $= an$	$F = \dfrac{n}{2}R^2\sin2\alpha = \dfrac{pr}{2}$
菱形	d_1,d_2—对角线 a—边 α—角	$F = a^2\sin\alpha = \dfrac{d_1 d_2}{2}$
梯形	$CE = AB$ $AF = CD$ $a = CD$(上底边) $b = AB$(下底边) h—高	$F = \dfrac{a+b}{2} \cdot h$

续附表 24

图　形		尺寸符号	面积(F)
圆形		r—半径 d—直径 p—圆周长	$F = \pi r^2 = \dfrac{1}{4}\pi d^2 = 0.785 d^2 = 0.07958 p^2$ $p = \pi d$
椭圆形		a,b—主轴	$F = (\pi/4)a \cdot b$
扇形		r—半径 s—弧长 α—弧 s 的对应中心角	$F = \dfrac{1}{2}r \cdot s = \dfrac{\alpha}{360}\pi r^2$ $s = \dfrac{\alpha\pi}{180}r$
弓形		r—半径 s—弧长 α—中心角 b—弦长 h—高	$F = \dfrac{1}{2}r^2\left(\dfrac{\alpha\pi}{180} - \sin\pi\right) - \dfrac{1}{2}\left[r(s - b) + bh\right]$ $s = r \cdot \alpha \cdot \dfrac{\pi}{180} = 0.0175 r \cdot \pi$ $h = r - \sqrt{r^2 - \dfrac{1}{4}\pi^2}$
圆环形		R—外半径 r—内半径 D—外直径 d—内直径 t—环宽 D_{pj}—平均直径	$F = \pi(R^2 - r^2) = \dfrac{\pi}{4}(D^2 - d^2) = \pi \cdot D_{pj} \cdot t$
部分圆环		R—外半径 r—内半径 D—外直径 d—内直径 t—环宽 R_{pj}—圆环平均直径	$F = \dfrac{\alpha\pi}{360}(R^2 - r^2) = \dfrac{\alpha\pi}{180}R_{pj} \cdot t$
新月形		L—两个圆心间的距离 r—半径	$F = r^2\left(\pi - \dfrac{\pi}{180} + \sin\alpha\right) = r^2 \cdot p$ $p = \pi - \dfrac{\pi}{180}\alpha + \sin\alpha$

续附表 24

图　形	尺寸符号	面积(F)
抛物线形	b—底边 h—高 l—曲线长 S—ΔABC 的面积	$l = \sqrt{b^2 + 1.3333h^2}$ $F = \dfrac{2}{3}b \cdot h = \dfrac{4}{3} \cdot S$
等多边形	a—边长 K_i—系数 i 指多边形的边数	$F = K \cdot a^2$ 三边形 $K_3 = 0.433$ 四边形 $K_4 = 1.000$ 五边形 $K_5 = 1.720$ 六边形 $K_6 = 2.598$ 七边形 $K_7 = 3.614$ 八边形 $K_8 = 4.828$ 九边形 $K_9 = 6.182$ 十边形 $K_{10} = 7.694$

附录6　常用材料密度表

附表 25　常用材料密度表

材料名称	密度/(g·cm^{-3})	材料名称	密度/(g·cm^{-3})
空气(20℃)	0.0012	聚苯乙烯	0.91 ~ 1.07
软木	0.1 ~ 0.4	聚乙烯	0.92 ~ 0.95
泡沫塑料	0.2	纯橡胶	0.93
泥煤	0.29 ~ 0.5	水(4℃)	1
工业用毛毡	0.3	石棉板	1 ~ 1.3
木炭	0.3 ~ 0.5	ABS 树脂	1.02 ~ 1.08
焦炭	0.36 ~ 0.53	尼龙 1010	1.04 ~ 1.15
烟煤粉	0.4 ~ 0.7	聚苯醚	1.06 ~ 1.07
木材	0.4 ~ 0.75	生石灰(块)	1.1
皮革	0.4 ~ 1.2	尼龙 6/66	1.13 ~ 1.15
石墨(粉)	0.45	有机玻璃	1.18 ~ 1.19

续附表 25

材料名称	密度/(g·cm⁻³)	材料名称	密度/(g·cm⁻³)
石棉线	0.45 ~ 0.55	盐酸	1.2
熟石灰(粉)	0.5	生石灰(粉)	1.2
胶合板	0.56	水泥(粉)	1.2
褐煤	0.6 ~ 0.8	电石	1.2
高炉渣	0.6 ~ 1	熟石灰	1.2
干煤灰	0.64 ~ 0.72	电木	1.2 ~ 1.4
汽油	0.66 ~ 0.75	石灰石(中小块)	1.2 ~ 1.5
煤灰	0.7	白云石(块)	1.2 ~ 2
无烟煤	0.7 ~ 1.0	褐铁矿	1.2 ~ 2.1
锌烟尘	0.7 ~ 1.5	聚砜	1.24
黏土(块)	0.7 ~ 1.5	纤维纸板/纤维板	1.3 ~ 1.4
煤油	0.78 ~ 0.82	胶木/胶木板	1.3 ~ 1.4
酒精	0.8	酚醛层压板	1.3 ~ 1.45
烟煤	0.8 ~ 1	锌精矿	1.3 ~ 1.7
橡胶夹布传动带	0.8 ~ 1.2	工业橡胶	1.3 ~ 1.8
造型砂	0.8 ~ 1.3	铜精矿	1.3 ~ 1.8
石油(原油)	0.82	铅锌精矿	1.3 ~ 2.4
无烟煤粉	0.84 ~ 0.89	碎石	1.32 ~ 2
竹材	0.9	聚氯乙烯	1.35 ~ 1.4
石蜡	0.9	赛璐珞	1.35 ~ 1.4
软钢纸板	0.9	细砂(干)	1.4 ~ 1.65
机油	0.9	粗砂(干)	1.4 ~ 1.9
聚丙烯	0.9 ~ 0.91	玻璃钢	1.4 ~ 2.1
沥青	0.9 ~ 1.5	聚甲醛	1.41 ~ 1.43
电玉	1.45 ~ 1.55	砾石	1.5 ~ 1.9
橡胶石棉板	1.5 ~ 2	陶瓷	2.3 ~ 2.45
硝酸	1.54	石灰石	2.4 ~ 2.6
平胶板	1.6 ~ 1.8	实验器皿玻璃	2.45
平炉渣	1.6 ~ 1.85	平板玻璃	2.5
石灰石(大块)	1.6 ~ 2.0	磁铁矿	2.5 ~ 3.5
黏土砖	1.7	镁铬质耐火砖	2.6
锰矿	1.7 ~ 1.9	大理石	2.6 ~ 2.7

续附表 25

材料名称	密度/(g·cm⁻³)	材料名称	密度/(g·cm⁻³)
铁烧结块	1.7~2.0	工业用铝/铸铝合金	2.7
铜矿	1.7~2.1	铝镍合金	2.7
镁	1.74	云母	2.7~3.1
镁合金	1.74~1.81	碳化硅	3.1
磷酸	1.78	角闪石石棉	3.2~3.3
硫酸(87%)	1.8	金刚石	3.5~3.6
碎白云石	1.8~1.9	普通刚玉	3.85~3.9
硅质耐火砖	1.8~1.9	白刚玉	3.9
褐铁矿	1.8~2.1	金刚砂	4
细砂(湿)	1.8~2.1	锌铝合金	6.3~6.9
混凝土	1.8~2.45	灰铸铁	7
砌砖	1.9~2.3	轧锌	7.1
铅精矿	1.9~2.4	锡	7.29
银	10.5	可锻铸铁	7.3
铅/铅板	11.37	锌板	7.3
汞	13.55	锡基轴承合金	7.34~7.75
硬质合金(钨钴)	14.4~14.9	无锡青铜	7.5~8.2
金	19.32	白口铸铁	7.55
石棉布制动带	2	硅钢片	7.55~7.8
石墨	2~2.2	铸钢	7.8
赤铁矿	2.0~2.8	碳钢	7.85
黏土耐火砖	2.1	钢材	7.85
镁砂粉	2.1~2.2	工业纯铁	7.87
聚四氟乙烯	2.1~2.3	合金钢/镍铬钢	7.9
硅藻土	2.2	不锈钢	7.9
石英玻璃	2.2	高速钢(含钨9%~18%)	8.3~8.7
石膏	2.2~2.4	黄铜	8.4~8.85
纤维蛇纹石石棉	2.2~2.4	铸造黄铜	8.62
镁砂(块)	2.2~2.5	锡青铜	8.7~8.9
高铬质耐火砖	2.2~2.5	镍铜合金	8.8
碳化钙(电石)	2.22	轧制磷青铜	8.8
耐高温玻璃	2.23	冷拉青铜	8.8
纯铜(紫铜)	8.9	锡基轴承合金	9.33~10.68
镍	8.9	硬质合金(钨钴钛)	9.5~12.4
花岗岩	2.6~3.0		

附录7　常用钻探英文词语缩写

附表26　工程

中 文 词 义	英 文 词	缩 写
A		
美国石油地质家学会	American Association of Petroleum Geologists	AAPG
（井）报废	abandoned	abnd, abd
平均深度	average depth	ad
美国地质学会	American Geological Institute	AGI
井斜方位角	hole azimuth	AH
碱性的，含碱的	alkaline	ALK
美国天然气学会	American Natural Gas Association	ANGA
环空速度	annular velocity	AN vel
美国石油学会	American Petroleum Institute	API
美国石油学会的重度标准	American Petroleum Institute gravity	API
API失水	API fluid loss	API FL
API标准	API standard	API STD
API单位	API unit	
环空压力降	annular pressure drop	APD
海拔高度	above sea level	ASL
大气压力	atmospheric pressure	at
方位，方位角	azimuth	AZ
B		
气压表（计）	barometer	BAR
桶	barrel	bbl
背景值（气）	background gas	BGG
防喷器	blow out preventer	BOP
井底钻具组合	bottom hole assembly	BHA
井眼补偿	bore hole compensation	BHC
井底阻流器	bottom hole choke	BHC
井底压裂压力	bottom hole fracturing pressure	BHFP
井底压力	bottom hole pressure	BHP, bhp

续附表 26

中　文　词　义	英　文　词	缩　写
井底流动压力	bottom – hole pressure flow	bhpf
井底关井压力	bottom – hole pressure shut in	bhpsi
井眼情况	borehole status	BHS
井底温度	bottom – hole temperature	BHT
（水泥）胶结指数	bond index	BI
钻头位置	bit position	BIT
泥线以下	below mud line	BML
回压，反压	back pressure	BP
桥塞	bridge plug	BP
C		
固井声波测井图	cement bond log	CBL
黏土束缚水	clay – bound water	CBW
临界压缩比	critical compression ratio	CCR
校正深度	corrected depth	CD
计算机控制钻井	computerized drilling control	CDC
压实泥岩声波时差	compacted delta T shall	CDTS
连续钻速测井法	continuous drilling rate	CDR
循环	circulate	CIRC
关井井口压力	casing head pressure	CHP
水泥	cement	CMT
压缩空气	compressed air	COMPA, comp a
套管压力	casing pressure	CP, cp
交会图（版）	cross plot	CP, cp
压力中心	center of pressure	CP, cp
厘泊	centipoise	CP, cp
（色谱）组合峰	composite peak	CP, cp
恒压	constant pressure	CP, cp
计算机处理解释	computer – processed interpretation	CPI
套管	casing	CSG
电缆速度	cable speed	CS
套管尺寸	casing size	CS

续附表 26

中 文 词 义	英 文 词	缩 写
套管鞋	casing shoe	CS
循环水泵	circulating water pump	CWP
D		
干井和放弃井	dry and abandoned	DaA
钻铤	drill collar	dc
正常 d 指数	normal calculated d – exponent	DCN
钻头磨损校正的 d 指数	d – exponent corrected by bit – wear	DCS
钻铤柱	drill collar stem	DCS
偏差(井斜)	deviation	Dev
华氏温度(单位 F)	Degree °F	DEGF
钻台	drill floor	df
"D" 指数	"D" EXponent	"D" EXponent
密度	density	den
直径	diameter	dia, diam
钻杆	drill pipe	DP
最大倾斜角	maximum dip angle	DMAX
钻井泥浆表面活性剂	drilling mud surfactant	DMS
双密封	dual seal	DS
中途测试, 钻杆测试	drill stem test	DST
(多次注水泥)分配阀, 压力调节阀	distribution valve	DV
E		
当量泥浆比重	equivalent mud weight	E. M. W
等效循环密度	equivalent circulating density	E. C. D
岩心有效孔隙度	effective core porosity	ECP
造斜结束点	end of kick – off	EKO
紧急事件(事故), 危险	emergency	emerg
等于	equal	e. q
机房	engine room	ER
估计, 估价	estimated	est
外加厚	external upset end	EUE

续附表 26

中 文 词 义	英 文 词	缩 写
F		
最终的恢复压力	final build – up pressure	FBP
最终压力恢复曲线斜率	final build – up slope	FBS
泥饼	filter cake	FC
地层因素	formation factor	
破裂压力梯度	fracture gradient	FG
贯眼，全井眼	full hole	FH
（泥浆）失水量	fluid loss	fl
降失水剂	fluid loss additive	FLA
泥浆出口温度	flowline temperature	FLT
流体压力梯度	fluid pressure gradient	FPG
断裂，破裂	fracture	frag
生产井	field well	FW
G		
气侵	gas cut	GC
气体校正系数	gas coefficient	GC
气侵泥浆	gas cut mud	GCM
气体检测	gas detection	GD
加仑	gallon	gal
气液比	gas liquid ratio	GLR
油气接触面	gas oil contact	GOC
气油比	gas/oil ratio	GOR
加仑/分	gallon per minute	gpm
加仑/天	gallon per day	gpd
毛重，总重	gross weight	gr wt
梯度	gradient	grad
胶凝强度，静切力	gel strength	gs
不透气，气密的	gastight	GT
H		
头，顶，水头，压头，源头	head	HD, hd

续附表 26

中　文　词　义	英　文　词	缩　写
大桶(= 52.5 英加仑，63 美加仑)	hogshead	HD, hd
重燃油	heavy fuel oil	HFO
静液压力梯度	hydrostatic gradient	HG
高气油比	high gas oil ratio	hgor
扩眼器	hole opener	HO
泥饼厚度	thickness of mud cake	HMC
马力	horse power	HP, hp
加重钻杆	high – wall drill pipe	HWDP
I		
内径	inside diameter	ID, id
指示流量计	indicating flow meter	IFM
初(起)始产量	initial production	IP
井底流压与产量的关系	inflow – performance relationship	IPR
内加厚	internal upset ends	IUE
J		
打捞失败而报废	junked and abandoned	JaA
接头	joints	JTS
K		
方钻杆	kelly	
L		
循环液漏失，井漏	lost circulation	LC
位置，井位	location	LOC
纵坐标值(线)	line ordinate	LORD
地层泄漏试验	leak – off test	LOT
循环液漏失(不返出井口)	lost returns	LR
堵漏材料	lost circulation material	Lcm
液面控制阀	liquid level control valve	LLCV
下部隔水管组合	lower marine riser package	LMRP
斜率线、斜率、坡度	line slope	LSLO
液化天然气	liquefied natural gas	LNG

续附表 26

中　文　词　义	英　文　词	缩　写
尾(衬)管	liner	Lnr
液体、流体、液体的、流态的	liquid	Lq
轻型钻杆	light weight drill pipe	LWDP
低失水量泥浆	low water loss cement	LWL cement
润滑剂	lubricant	Lube
M		
最大允许地表压力(压井时)	maximum allowed surface pressure	MASP
量测井深	measured depth	MD, md
滤液	mud filtrate	MF
地层重复测试仪	multiple formation testing	MFT
泥线悬挂器	mud line suspender	MLS
管汇压力	manifold pressure	MP, mp
平均储层压力	mean reservoir pressure	MRP
平均水平面	mean sea level	MSL
测试深度	measured test depth	MTD
泥浆性能	mud property	MUP
泥浆相对密度	mud weight	M. W.
随钻测量(井)	measurement while drilling	MWD.
入口泥浆相对密度	mud weight in	MWI.
出口泥浆相对密度	mud weight out	MWO.
N		
新钻头	new bit	NB
天然气，液体，凝析油	natural gas liquid	NGLS
正常压力和温度	normal pressure and temperature	NPT
核磁测井	nuclear magnetic logging	NML
不加厚	non－upset	Nu
无可见孔隙	no visible porosity	N. V. P
O		
海上钻井平台	offshore drilling platform	ODP
井内油	oil in hole	OIH

续附表 26

中 文 词 义	英 文 词	缩 写
脱机系统	off-line system	OFLS
联机系统	on-line system	OLS
无用，报废	out of use	OOU
老油井	old well	OW
P		
渗透率	permeability	perm. k
打水泥塞弃井	plug and abandoned	PA
回堵井深	plug back depth	PBD
压力控制器	pressure controller	PC
泵马力	pump horse power	PHP
孔隙度下限	porosity lower limit	PLI
从井内提出，起钻	pull out of hole	POOH
压力完整性试验	pressure integral test	PIT
产量比	productive ratio	PR
光杆负荷	polished rod load	PRL
压力安全阀	pressure safety valve	PSV
塑性黏度	plastic viscosity	PV
塑性黏度—屈服值比	plastic viscosity to yield point	PV/YV
压力—体积—温度关系	pressure – volume – temperature relationship	P – V – T relation
(地层)破裂压力	fracture pressure	Pf
正常压力	normal pressure	Ph
颗粒间压力	grain pressure	Pg
上覆岩层压力，地静压力	overburden pressure	Po
孔隙压力(地层)	pressure pressure	Pp
泵压	pump pressure	Pp
Q		
快速换装闸板型防喷器	quick ram change	QRC
R		
转盘	rotary table	rt
重复地层测试器	repeat formation tester	RFT

续附表 26

中　文　词　义	英　文　词	缩　写
地层颗粒密度	formation grain density	RHGF
额定马力	rated horsepower	rhp
下入井内，下钻	run into hole	RIH
方补心	rotary kelly bushing	RKB
油藏边界测定	reservoir limit test	RLT
泥浆电阻率	resistivity mud	RM
泥浆滤液电阻率	mud filtrate resistivity	RMF
泥浆滤液视电阻率	apparent mud filtrate resistivity	RMFA
等效的泥浆滤液电阻率	equivalent RMF	RMFE
出口泥浆电阻率	resistivity mud out	Rout
钻进速度	rate of penetration	ROP
遥控作业车	remote operation vehicle	ROV
岩层压力	rock pressure	RP，rp
转盘标高	rotary table elevation	RTE
起下（钻）作业	round trip operation	RTO
可收回的（试井处理挤水泥）封隔器	retrievable – test – treat – squeeze packer	RTTS packer
地层水电阻率	formation – water resistivity	RW
地层水视电阻率	apparent formation – water resistivity	RWA
束缚水电阻率	bound water resistivity	RWB
等效的地层水电阻率	equivalent RW	RWE
自由水电阻率	free water resistivity	RWF
冲洗带电阻率	resistivity of flushed zone	RXO
侵入带中水的电阻率	resistivity of the water in the invaded	RZ
S		
饱和度	saturation	sat
围岩电阻率	shoulder bed resistivity	SBR
含气饱和度	gas saturation	Sg
残余油饱和度	saturation of the residual oil	sor

续附表 26

中 文 词 义	英 文 词	缩 写
关井套管压力	shut in casing pressure	SICP
关井立管压力	shut in drill – pipe Pressure	SIDPP
泥岩自然电位基线	sp shale Base line	SPSH
关井井底压力	shut – in bottom hole pressure	SIBHP
关井压力	shut – in pressure	SIP
标准管径	standard pipe size	SPS
斜距	slant range	S/R
盐水	salt water	S. W.
开关，跳键位	switch	SW
含水饱和度	water saturation	Sw
抽吸压力	swab pressure	SWa
视含水饱和度	apparent water saturation	Swb
束缚水饱和度	bound water saturation	SwE
有效含水饱和度	effective water saturation	SwF
自由水饱和度	free water saturation	SwT
总含水饱和度	total water saturation	extr
冲洗带视含水饱和度	apparent water saturation of flushed zone	Sax
冲洗带含水饱和度	water saturation of flushed zone	Sxo
水下测试井口装置	subsea test tree	SSTT
侧钻	sidetrack	ST
短程起下钻	short trip	ST
立根	stand	STD
孔壁取心	side wall core	SWC
口袋	sack	SX
T		
总深度	total depth	TD
暂时弃井	temporary abandoned	TA
临时导向基座	temporary guide base	TGB
全气，气全量	total gas	TG
起下钻气	trip gas	TG
水泥顶面（水泥返高）	top of cement	toc

续附表 26

中　文　词　义	英　文　词	缩　写
垂直时矩曲线，时深曲线	tim – depth chart	T – D chart
油管压力，油压	tubing pressure	TP
总生产时间	total production time	TPT
起下钻，活动钻具	tripping	Tr
痕迹，痕量，记录道	trace	Tr
电视监视器	TV monitor	TVm
泥浆总体积	total volume of mud	Tvol
垂向井深，垂深	true vertical depth	TVD
U		
通用导向架	utility guide frame	UGF
W		
大钩负荷	weight on hook	WOH
油水比	water/oil ratio	WOR
工作压力	working pressure	WP
防水的	water – proof	WP
冲洗残余物，冲积物	washed residue	W. R
地层水视矿化度	apparent formation – water salinity	Wsa
风化的	weathered	wthd
水的矿化度	water salinity	WS
含水饱和度	water saturation	WS
地震测井	well side seismic service	WSS
波状的，起伏的	wavy	wvy
含蜡的	waxy	wxy
失水	water loss	WL
壁厚	wall thickness	WT
钻压	weight on bit	WOB
（水泥）候凝	waiting on cement	WOC
X		
加重，超重	extra heavy	XH
大小头短接	X – over	XO
特加重	double extra heavy	XXH
X 轴，X 坐标轴	X axis	XAXI

续附表 26

中 文 词 义	英 文 词	缩 写
Y		
Y 轴，Y 坐标轴	Y axis	YAXI
屈服点	yield point	YP
屈服强度	yield strength	Ys
屈服值	yield value	YV
Z		
零，0 挡刻度	zero	Z
区，层，带	zone	Z
晶带，地带	zone	Zn

附表 27　测井

中 文 词 义	英 文 词	缩 写
感应聚焦测井	dual induction focused Log	DIFL
双感应球形聚焦测井	dual induction spherically focused log	DISFL
深感应电阻率测井	resistivity induction log deep	RILD
中感应电阻率测井	resistivity induction log medium	RILM
浅感应电阻率测井	resistivity induction log shallow	RILS
浅聚焦电阻率测井	resistivity focused log shallow	RFLS
双侧向测井	dual laterolog	DLL
深测向测井	laterolog deep	LLD
浅测向测井	laterolog shallow	LLS
微球形聚焦测井	micro – spherically focused log	MSFL
微侧向测井	micro – laterolog	mLL
微电极测井	micro – log	mL
井眼补偿声波测井	bore hole compensated sonic log	BHCS
自然伽玛测井	Gamma ray log	GR
长源距声波测井	long spaced sonic log	LSS
井径测井	galiper log	CAL
补偿中子测井	compensated neutron log	CNL
自然伽玛能谱测井	natural gamma – ray spectro – scopy Log	NGS
地层补偿密度测井	formation compensated density log	CDL
岩性密度测井	lithology density log	LDL

续附表 27

中 文 词 义	英 文 词	缩 写
重复地层测试	repeat formation test	RFT
多次地层测试	multiple formation test	MFT
孔壁中子孔隙度测井	sidewall neutron porosity log	SNP
孔壁中子测井	sidewall neutron log	SWN
电磁波传播测井	electromagnetic propagation tool	EPT
地震测井	well seismic tool	WST
垂直地震剖面	vertical seismic profile	VSP
变密度测井	variable density log	VDL
水泥胶结测井	cement bond iog	CBL
扇形水泥胶结测井	segment bond tool	SBT
水泥评价测井	cement evaluation tool	CET
高分辨率地层倾角测井	hight resolution dipmeter tool	HDT
声波全波列	sonic wave form	SWF
孔壁取心	sidewall core tool	SCT
套管接箍位置测井	casing collar log	CCL
自然电位测井	spontaneous potential	SP
电测井	electric log	EL
中子寿命测井	neutron lifetime log	NLL
核磁测井	nuclear magnetism log	NmL
碳/氧比测井	carbon/oxygen ratio log	C/O
裂缝识别测井	fracture identification log	FIL
热中子衰减测井	thermal neutron decay time log	TDT
伽玛 – 中子测井	Gamma – ray – neutron	GRN
井温测井	temperature log	TEMP
地层倾角测井	stratigraphy dipmeter	SHDT
薄层电阻率测井	thin – bed resistivity logging	TBRT
数字阵列声波测井	digital array acoustilog	DAC
多极阵列声波测井	multipole array acoustilog	MAC
井周成像,井周声波成像测井	circumferential borehole imaging log	CBIL
高分辨率感应测井	high resolution induction log	HDIL
储层特征仪	reservoir characteristic instrument	RCI

续附表 27

中 文 词 义	英 文 词	缩 写
井周声波测井	circumferential acoustilog	CAC
声波波列测井	acoustic signature log	ASI
微(短源距)声波测井	micro(short spaced) acoustilog	ACM
密度测井	density log	den
常规中子测井	conventional neutron log	CN
自然伽玛跟踪取心器	sample taker – gamma ray	ST – G
聚焦测井	resistivity focused log	RFOC
过油管井径仪	through – tubing caliper	TTC
可动油图	movable oil polt	MOP
感应电测仪(曲线)	induction electrolog	IEL
感应球形聚焦	induction spherically focused	ISF
双相位感应	dual phase induction	DPI
深电磁波传播测井	deep electromagnetic propagation	DPT
地层微扫描器	formation microscanner	FMS
油基泥浆倾角仪	oil base mud dipmeter	OBDT
偏差(移)倾角仪	deviation with dipmeter	CDR
裸眼几何偏差(形状)测井	bore hole geometry and deviation	BGT
陀螺(测斜)连续导向下井仪	gyro continuous guidance	GCT
核磁共振测井	nuclear magnetic resonance(imaging log)	NMR, NmL, MRIL
双源中子	dual Energy neutron	DNL
铝黏土(块)测井	aluminium clay log	ACL
地化测井	geochemical loging	GLT
阵列声波	array sonic(acoustilog)	AS(AAC)
井下电视	borehole televiewer	BHTV
水泥胶结变密度	cement bond variable density	CBL – VD
套管厚度检测类型 A	casing thickness detection type – A	ETT – A
多频电磁测厚	multifrequency electromagnetic thickness	METT
多臂井径仪	multifinger caliper	MFC
超声波套管井径仪	ultrasonic casing caliper	UCC
深度检测	depth determination	DD
导向仪	steering tool	SIT

续附表 27

中 文 词 义	英 文 词	缩　写
管式聚能(喷射)切割器	tubular goods jet cutter (tubing puncher)	TGC(TP)
化学切割器	chemical cutter	CHC
泥浆电阻和温度	mud resistivity and temperature	AMS
微电极井径测井	minilog – caliper log	mL
邻近侧向 – 微电极井径测井	proximity minilog – caliper log	PmL
微侧向井径测井	micro laterlog – caliper log	mLL
介电测井	dielectric log	DEL
超声波地层倾角测井图	ultrasonic diplog	USP
用户仪器测井服务	customer Instrument service	CIS
卡点测定仪,自由点指示仪	free – point Indic.	FPIT
倒开点	back off point	BOT

附表 28　冲洗液综合录井

中 文 词 义	英 文 词	缩　写
烃的平衡值	balance hydrocarbons	BH
烃的特性值	character hydrocarbons	CH
泥浆电导率,冲洗液电导率	conductivity	CON
入口泥浆电导率,入口冲洗液电导率	conductivity in	CON IN
出口泥浆电导率,出口冲洗液电导率	conductivity out	CON OUT
乙烷	ethane	C2
出口流量,出口排量	flow out	FLW OUT
(根据泵冲数计算的)入口流量	flow pumps	FLWPUMPS
地层压力	formation pressure	FP
(地层)破裂压力	fracture pressure	pfrac
异丁烷	isopropyl butane	iC4
甲烷	methane	C1
泥浆比重,冲洗液密度	mud weight	MW
入口泥浆比重,入口冲洗液密度	mud weight in	MW IN
出口泥浆比重,出口冲洗液密度	mud weight out	MW OUT
正丁烷	normal butane	nC4
丙烷	propane	C3

续附表 28

中　文　词　义	英　文　词	缩　写
定量荧光仪	quantitative fluorescence technique	QFT
钻时（min/m）	rate of penetration（minutes per meter）	ROP
钻进速度，钻速（m/h）	rate of penetration（meters per hour）	ROP
瞬时钻时（min/m）	rate of penetration instant（minutes per meter）	ROP ins
瞬时钻进速度，瞬时钻速（m/h）	rate of penetration（meters per hour）	ROP ins
泥浆电阻率，冲洗液电阻率	resistivity	RES
入口泥浆电阻率，入口冲洗液电阻率	resistivity in	RES IN
出口泥浆电阻率，出口冲洗液电阻率	resistivity out	RES OUT
钻盘转速（r/min）	rotary per minute	RPM
泵压，立管压力	stand pipe pressure	SPP
泵冲，冲程/分	strokes per minute	SPM
泥浆温度	temperature	TMP
入口泥浆温度，入口冲洗液温度	temperature in	TMP IN
出口泥浆温度，出口冲洗液温度	temperature out	TMP OUT
扭矩	torque	TRQ, TQ
总深度	total depth	TD, Tot Dpth
垂深，垂直深度	total vertical depth	TVD Dpth, Vert Dpth
全量，总烃，气全量	total gas	TG
钻压	weight on bit	WOB
悬重，大钩负荷	weight on hook	WOH
套管压力，井口压力	well head pressure	WHP
烃的湿度值	wetness hydrocarbons	WH

附录8　标志名称和图形

附表29　标志名称和图形及其含义

序号	标志名称	标志图形	含义	备注/示例
1	易碎物品		运输包装件内装易碎品，因此搬运时应小心轻放	应标在包装件所有四个侧面的左上角处。 使用图例：
2	禁用手钩		搬运运输包装件时禁用手钩	
3	向上		表明运输包装件的正确位置是竖直向上	应标在与标志1相同的位置上，当标志1和标志3同时使用时，标志3应更接近包装箱角。 使用示例： (a)　　　(b) (c)
4	怕晒		表明运输包装件不能直接照晒	

续附表29

序号	标志名称	标志图形	含义	备注/示例
5	怕辐射		包装物品一旦受辐射便会完全变质或损坏	
6	怕雨		包装件怕雨淋	
7	重心		表明一个单元货物的重心	应尽可能标在包装件所有六个面的重心位置上，否则至少应标在包装件四个侧、端面的重心位置上。 使用示例： 本标志应标在实际的重心位置上
8	禁止翻滚		不能翻滚运输包装	
9	此面禁用手推车		搬运货物时此面禁放手推车	
10	禁用叉车		不能用升降叉车搬运的包装件	

续附表 29

序号	标志名称	标志图形	含义	备注/示例
11	由此夹起		表明装运货物时夹钳放置的位置	（1）只能用于可夹持的包装件 （2）标志应标在包装件的两个相对面上，以确保作业时标志在叉车司机的视线范围内
12	此处不能卡夹		表明装卸货物时此处不能用夹钳夹持	
13	堆码重量极限	...Kg$_{max}$	表明该运输包装件所能承受的最大重量极限	
14	堆码层数极限	n	相同包装的最大堆码层数，n 表示层数极限	
15	禁止堆码		该包装件不能堆码并且其上也不能放置其他负载	
16	由此吊起		起吊货物时挂链条的位置	至少贴在包装件的两个相对面上
17	温度极限		表明运输包装件应该保持的温度极限	...Cnin ...Cnin (a) ...Cnin ...Cmin (b)

附录9　标准型材规格表

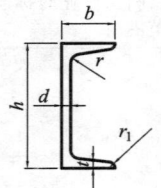

热轧槽钢（GB/T 707—1988）

h——高度

b——腿宽度

d——腰厚度

t——平均腿厚度

r——内圆弧半径

r_1——腿内圆弧半径

附表30　热轧槽钢标准型材规格表

型号	尺　寸/mm						截面面积 /cm²	理论质量 /(kg·m⁻¹)
	h	b	d	t	r	r_1		
5	50	37	4.5	7.0	7.0	3.5	6.928	5.438
6.3	63	40	4.8	7.5	7.5	3.8	8.451	6.634
8	80	43	5.0	8.0	8.0	4.0	10.248	8.045
10	100	48	5.3	8.5	8.5	4.2	12.748	10.007
12	120	53	5.5	9.0	9.0	4.5	15.362	12.059
12.6	126	53	5.5	9.0	9.0	4.5	15.692	12.318
14a	140	58	6.0	9.5	9.5	4.8	18.516	14.535
14b	140	60	8.0	9.5	9.5	4.8	21.316	16.733
16a	160	63	6.5	10.0	10.0	5.0	21.962	17.240
16	160	65	8.5	10.0	10.0	5.0	25.162	19.752
18a	180	68	7.0	10.5	10.5	5.2	25.699	20.174
18	180	70	9.0	10.5	10.5	5.2	29.299	23.000
20a	200	73	7.0	11.0	11.0	5.5	28.837	22.637
20	200	75	9.0	11.0	11.0	5.5	32.831	25.777
22a	220	77	7.0	11.5	11.5	5.8	31.846	24.999
22	220	79	9.0	11.5	11.5	5.8	36.246	28.453
25a	250	78	7.0	12.0	12.0	6.0	34.917	27.410
25b	250	80	9.0	12.0	12.0	6.0	39.917	31.335
25c	250	82	11.0	12.0	12.0	6.0	44.917	35.260
28a	280	82	7.5	12.5	12.5	6.2	40.034	31.427

续附表 30

型号	尺　寸/mm						截面面积 /cm²	理论质量 /(kg·m⁻¹)
	h	b	d	t	r	r_1		
28b	280	84	9.5	12.5	12.5	6.2	45.634	35.823
28c	280	86	11.5	12.5	12.5	6.2	51.234	40.219
32a	320	88	8.0	14.0	14.0	7.0	48.513	38.083
32b	320	90	10.0	14.0	14.0	7.0	54.913	43.107
32c	320	92	12.0	14.0	14.0	7.0	61.313	48.131
36a	360	96	9.0	16.0	16.0	8.0	60.910	47.814
36b	360	98	11.0	16.0	16.0	8.0	68.110	53.466
36c	360	100	13.0	16.0	16.0	8.0	75.310	59.118
40a	400	100	10.5	18.0	18.0	9.0	75.068	58.928
40b	400	102	12.5	18.0	18.0	9.0	83.068	65.208
40c	400	104	14.5	18.0	18.0	9.0	91.068	71.488
*6.5	65	40	4.3	7.5	7.5	3.8	8.547	6.709
*12	120	53	5.5	9.0	9.0	4.5	15.362	12.059
*24a	240	78	7.0	12.0	12.0	6.0	34.217	26.860
*24b	240	80	9.0	12.0	12.0	6.0	39.017	30.628
*24c	240	82	11.0	12.0	12.0	6.0	43.817	34.396
*27a	270	82	7.5	12.5	12.5	6.2	39.284	30.838

注：1. 带 * 号者须经供需双方协议才可供应。

　　2. 槽钢的通常长度：型号 5~8，长度为 5~12 m；型号 8~18，长度为 5~19 m；型号 18~40，长度为 6~19 m。

　　3. 轧制钢号，通常为碳素结构钢。

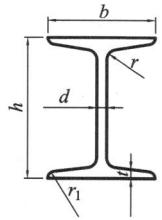

热轧工字钢(GB/T 706—1988)

h——高度

b——腿宽度

d——腰厚度

t——平均腿厚度

r——内圆弧半径

r_1——腿内圆弧半径

附表 31(a)　　热轧工字钢标准型材规格表

型号	尺　寸/mm						截面面积/cm²	理论质量/(kg·m⁻¹)
	h	b	d	t	r	r_1		
10	100	68	4.5	7.6	6.5	3.3	14.345	11.261
12.6	126	74	5.0	8.4	7.0	3.5	18.118	14.223
14	140	80	5.5	9.1	7.5	3.8	21.516	16.890
16	160	88	6.0	9.9	8.0	4.0	26.131	20.513
18	180	94	6.5	10.7	8.5	4.3	30.756	24.143
20a	200	100	7.0	11.4	9.0	4.5	35.578	27.929
20b	200	102	9.0	11.4	9.0	4.5	39.578	31.069
22a	220	110	7.5	12.3	9.5	4.8	42.128	33.070
22b	220	112	9.5	12.3	9.5	4.8	46.528	36.524
25a	250	116	8.0	13.0	10.0	5.0	48.541	38.105
25b	250	118	10.0	13.0	10.0	5.0	53.541	42.030

附表 31(b)　　热轧工字钢标准型材规格表

型号	尺　寸/mm						截面面积/cm²	理论质量/(kg·m⁻¹)
	h	b	d	t	r	r_1		
28a	280	122	8.5	13.7	10.5	5.3	55.404	43.492
28b	280	124	10.5	13.7	10.5	5.3	61.004	47.888
32a	320	130	9.5	15.0	11.5	5.8	67.156	52.717
32b	320	132	11.5	15.0	11.5	5.8	73.556	57.741
32c	320	134	13.5	15.0	11.5	5.8	79.956	62.765
36a	360	136	10.0	15.8	12.0	6.0	76.480	60.037
36b	360	138	12.0	15.8	12.0	6.0	83.680	65.689
36c	360	140	14.0	15.8	12.0	6.0	90.880	71.341
40a	400	142	10.5	16.5	12.5	6.3	86.112	67.598
40b	400	144	12.5	16.5	12.5	6.3	94.112	73.878
40c	400	146	14.0	16.5	12.5	6.3	102.112	80.158
45a	450	150	11.5	18.0	13.5	6.8	102.446	80.420
45b	450	152	13.5	18.0	13.5	6.8	111.446	87.485
45c	450	154	15.5	18.0	13.5	6.8	120.446	94.550
50a	500	158	12.0	20.0	14.0	7.0	119.304	93.654
50b	500	160	14.0	20.0	14.0	7.0	129.304	101.504

续附表 31(b)

型号	尺寸/mm						截面面积 /cm²	理论质量 /(kg·m⁻¹)
	h	b	d	t	r	r_1		
50c	500	162	16.0	20.0	14.0	7.0	139.304	109.354
56a	560	166	12.5	21.0	14.5	7.3	135.435	106.316
56b	560	168	14.5	21.0	14.5	7.3	146.635	115.108
56c	560	170	16.5	21.0	14.5	7.3	157.835	123.900

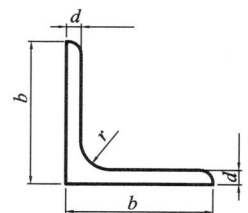

热轧等边角钢(GB/T 9787—1988)

b——边宽度

d——边厚度

r——内圆弧半径

附表 32(a)　热轧等边角钢标准型材规格表

型号	尺寸/mm			截面面积 /cm²	理论质量 /(kg·m⁻¹)	外表面积 /(m²·m⁻¹)
	b	d	r			
2	20	3	3.5	1.132	0.889	0.078
		4		1.459	1.145	0.077
2.5	25	3		1.432	1.124	0.098
		4		1.859	1.459	0.097
3.0	30	3	4.5	1.749	1.373	0.117
		4		2.276	1.786	0.117
3.6	36	3		2.109	1.656	0.141
		4		2.756	2.163	0.141
		5		3.382	2.654	0.141
4	40	3	5	2.359	1.852	0.157
		4		3.086	2.422	0.157
		5		3.791	2.976	0.156
4.5	45	3	5	2.659	2.088	0.177
		4		3.486	2.736	0.177
		5		4.292	3.369	0.176
		6		5.076	3.985	0.176

附表 32(b)　热轧等边角钢标准型材规格表

型号	尺寸/mm			截面面积 /cm²	理论质量 /(kg·m⁻¹)	外表面积 /(m²·m⁻¹)
	b	d	r			
5	50	3	5.5	2.971	2.332	0.197
		4		3.897	3.059	0.197
		5		4.803	3.770	0.196
		6		5.688	4.465	0.196
5.6	56	3	6	3.343	2.624	0.221
		4		4.390	3.446	0.220
		5		5.415	4.521	0.220
		8		8.367	6.568	0.219

附表 32(c)　热轧等边角钢标准型材规格表

型号	尺寸/mm			截面面积 /cm²	理论质量 /(kg·m⁻¹)	外表面积 /(m²·m⁻¹)
	b	d	r			
6.3	63	4	7	4.978	3.907	0.248
		5		6.143	1.822	0.248
		6		7.288	5.721	0.247
		8		9.515	7.469	0.247
		10		11.657	9.151	0.246
7	70	4	8	5.570	4.372	0.275
		5		6.875	5.397	0.275
		6		8.160	6.406	0.275
		7		9.424	7.398	0.275
		8		10.667	8.373	0.274
7.5	75	5	9	7.367	5.818	0.295
		6		8.797	6.905	0.294
		7		10.160	7.976	0.294
		8		11.503	9.030	0.294
		10		14.126	11.089	0.293
8	80	5		7.912	6.211	0.315
		6		9.397	7.376	0.314
		7		10.860	8.525	0.314

附表 32（d）　热轧等边角钢标准型材规格表

型号	尺寸/mm			截面面积 /cm²	理论质量 /(kg·m⁻¹)	外表面积 /(m²·m⁻¹)
	b	d	r			
9	90	6	10	10.637	8.350	0.354
		7		12.301	9.656	0.354
		8		13.944	10.946	0.353
		10		17.167	13.476	0.353
		12		20.306	15.940	0.352

附录 10　国内外常用钢钢号对照表

附表 33　国内外常用钢钢号对照表

钢号	中国 GB	苏联 ГОСТ	美国 ASTM	英国 BS	日本 JIS	法国 NF	德国 DIN
优质碳素结构钢	08F	08КП	1006	040A04	S09CK		C10
	08	08	1008	045M10	S9CK		C10
	10F		1010	040A10		XC10	
	10	10	1010,1012	045M10	S10C	XC10	C10,CK10
	15	15	1015	095M15	S15C	XC12	C15,CK15
	20	20	1020	050A20	S20C	XC18	C22,CK22
	25	25	1025		S25C		CK25
	30	30	1030	060A30	S30C	XC32	
	35	35	1035	060A35	S35C	XC38TS	C35,CK35
	40	40	1040	080A40	S40C	XC38H1	
	45	45	1045	080M46	S45C	XC45	C45,CK45
	50	50	1050	060A52	S50C	XC48TS	CK53
	55	55	1055	070M55	S55C	XC55	
	60	60	1060	080A62	S58C	XC55	C60,CK60
	15Mn	15Г	1016,1115	080A17	SB46	XC12	14Mn4

续附表 33

钢号	中国 GB	苏联 ГОСТ	美国 ASTM	英国 BS	日本 JIS	法国 NF	德国 DIN
优质碳素结构钢	20Mn	20Г	1021,1022	080A20		XC18	
	30Mn	30Г	1030,1033	080A32	S30C	XC32	
	40Mn	40Г	1036,1040	080A40	S40C	40M5	40Mn4
	45Mn	45Г	1043,1045	080A47	S45C		
	50Mn	50Г	1050,1052	030A52	S53C	XC48	
				080M50			
合金结构钢	20Mn2	20Г2	1320,1321	150M19	SMn420		20Mn5
	30Mn2	30Г2	1330	150M28	SMn433H	32M5	30Mn5
	35Mn2	35Г2	1335	150M36	SMn438(H)	35M5	36Mn5
	40Mn2	40Г2	1340		SMn443	40M5	
	45Mn2	45Г2	1345		SMn443		46Mn7
	50Mn2	50Г2				~55M5	
	20MnV						20MnV6
	35SiMn	35СГ		En46			37MnSi5
	42SiMn	35СГ		En46			46MnSi4
	40B		TS14B35				
	45B		50B46H				
	40MnB		50B40				
	45MnB		50B44				
	15Cr	15X	5115	523M15	SCr415(H)	12C3	15Cr3
	20Cr	20X	5120	527A19	SCr420H	18C3	20Cr4
	30Cr	30X	5130	530A30	SCr430		28Cr4
	35Cr	35X	5132	530A36	SCr430(H)	32C4	34Cr4
	40Cr	40X	5140	520M40	SCr440	42C4	41Cr4

续附表 33

钢号	中国 GB	苏联 ГОСТ	美国 ASTM	英国 BS	日本 JIS	法国 NF	德国 DIN
	45Cr	45X	5145,5147	534A99	SCr445	45C4	
	38CrSi	38XC					
	12CrMo	12XM		620C$_R$B		12CD4	13CrMo44
	15CrMo	15XM	A−387CrB	1653	STC42	12CD4	16CrMo44
					STT42		
					STB42		
	20CrMo	20XM	4119, 4118	CDS12	SCT42	18CD4	20CrMo44
				CDS110	STT42		
					STB42		
	25CrMo		4125	En20A		25CD4	25CrMo4
	30CrMo	30XM	4130	1717COS110	SCM420	30CD4	
	42CrMo		4140	708A42		42CD4	42CrMo4
				708M40			
	35CrMo	35XM	4135	708A37	SCM3	35CD4	34CrMo4
高速工具钢	12CrMoV	12XMφ					
	12Cr1 MoV	12X1Mφ					13CrMoV42
	25Cr2 Mo1VA	25X2 M1φA					
	20CrV	20Xφ	6120				22CrV4
	40CrV	40XφA	6140				42CrV6
	50CrVA	50XφA	6150	735A30	SUP10	50CV4	50CrV4
	15CrMn	15XГ,18XГ					
	20CrMn	20XГCA	5152	527A60	SUP9		
	30Cr MnSiA	30XГCA					
	40CrNi	40XH	3140H	640M40	SNC236		40NiCr6
	20Cr Ni3A	20XH3A	3316			20NC11	20NiCr14
	30Cr Ni3A	30XH3A	3325	653M31	SNC631H		28NiCr10
			3330		SNC631		
	20Mn MoB		80B20				
	38Cr MoAlA	38XMIOA		905M39	SACM645	40CAD6.12	41CrAlMo07
	40Cr NiMoA	40XHMA	4340	871M40	SNCM439		40NiCrMo22

续附表 33

钢号	中国 GB	苏联 ГОСТ	美国 ASTM	英国 BS	日本 JIS	法国 NF	德国 DIN
弹簧钢	60	60	1060	080A62	S58C	XC55	C60
	85	85	C1085	080A86	SUP3		
			1084				
	65Mn	65Г	1566				
	55Si2Mn	55C2Г	9255	250A53	SUP6	55S6	55Si7
	60Si2MnA	60C2ГА	9260	250A61	SUP7	61S7	65Si7
			9260H				
	50CrVA	50ХФА	6150	735A50	SUP10	50CV4	50CrV4
滚动轴承钢	GCr9	ШХ9	E51100		SUJ1	100C5	105Cr4
			51100				
	GCr9SiMn				SUJ3		
	GCr15	ШХ15	E52100	534A99	SUJ2	100C6	100Cr6
			52100				
	GCr15SiMn	ШХ15СГ					100CrMn6
易切削钢	Y12	A12	C1109		SUM12		
	Y15		B1113	220M07	SUM22		10S20
	Y20	A20	C1120		SUM32	20F2	22S20
	Y30	A30	C1130		SUM42		35S20
	Y40Mn	A40Г	C1144	225M36		45MF2	40S20
耐磨钢	ZGMn13	116Г13Ю			SCMnH11	Z120M12	X120Mn12
碳素工具钢	T7	y7	W1 - 7		SK7,SK6		C70W1
	T8	y8			SK6, SK5		
	T8A	y8A	W1 - 0.8C			1104Y$_1$75	C80W1
	T8Mn	y8Г			SK5		
	T10	y10	W1 - 1.0C	D1	SK3		
	T12	y12	W1 - 1.2C	D1	SK2	Y2 120	C125W
	T12A	y12A	W1 - 1.2C			XC 120	C125W2
	T13	y13			SK1	Y2 140	C135W

续附表 33

钢号 中国 GB	苏联 ГОСТ	美国 ASTM	英国 BS	日本 JIS	法国 NF	德国 DIN
8MnSi						C75W3
9SiCr	9XC		BH21			90CrSi5
Cr2	X	L3				100Cr6
Cr06	13X	W5		SKS8		140Cr3
9Cr2	9X	L				100Cr6
W	B1	F1	BF1	SK21		120W4
Cr12	X12	D3	BD3	SKD1	Z200C12	X210Cr12
Cr12MoV	X12M	D2	BD2	SKD11	Z200C12	X165CrMoV46
9Mn2V	9Г2ф	02			80M80	90MnV8
9CrWMn	9XBГ	01		SKS3	80M8	
CrWMn	XBГ	07		SKS31	105WC13	105WCr6
3Cr2W8V	3X2B8ф	H21	BH21	SKD5	X30WC9V	X30WCrV93
5CrMnMo	5XГM			SKT5		40CrMnMo7
5CrNiMo	5XHM	L6		SKT4	55NCDV7	55NiCrMoV6
4Cr5Mo SiV	4X5MфC	H11	BH11	SKD61	Z38CDV5	X38CrMoV51
4CrW2Si	4XB2C			SKS41	40WCDS 35－12	35WCrV7
5CrW2Si	5XB2C	S1	BSi			45WCrV7
W18Cr4V	P18	T1	BT1	SKH2	Z80WCV 18－04－01	S18－0－1
W6Mo5 Cr4V2	P6M3	N2	BM2	SKH9	Z85WDCV 06－05－ 04－02	S6－5－2
W18Cr4 VCo5	P18K5ф2	T4	BT4	SKH3	Z80WKCV 18－05－ 04－01	S18－1 －2－5
W2Mo9Cr 4VCo8		M42	BM42		Z110 DKCWV 09－08－04 －02－01	S2－10 －1－8

合金工具钢 (rows from 8MnSi through 5CrW2Si)

高速工具钢 (rows from W18Cr4V through W2Mo9Cr4VCo8)

续附表 33

钢号	中国 GB	苏联 ГОСТ	美国 ASTM	英国 BS	日本 JIS	法国 NF	德国 DIN
不锈钢	1Cr18Ni9	12X18H9	302	302S25	SUS302	Z10CN18.09	X12CrNi188
			S30200				
	Y1Cr18Ni9		303	303S21	SUS303	Z10CNF18.09	X12CrNiS188
			S30300				
	0Cr19Ni9	08X18H10	304	304S15	SUS304	Z6CN18.09	X5CrNi189
			S30400				
	00Cr19Ni11	03X18H11	304L	304S12	SUS304L	Z2CN18.09	X2CrNi189
			S30403				
	0Cr18Ni11Ti	08X18H10T	321	321S12	SUS321	Z6CNT18.10	X10CrNiTi189
			S32100	321S20			
	0Cr13Al		405	405S17	SUS405	Z6CA13	X7CrAl13
			S40500				
	1Cr17	12X17	430	430S15	SUS430	Z8C17	X8Cr17
			S43000				
	1Cr13	12X13	410	410S21	SUS410	Z12C13	X10Cr13
			S41000				
	2Cr13	20X13	420	420S37	SUS420J1	Z20C13	X20Cr13
			S42000				
	3Cr13	30X13		420S45	SUS420J2		
	7Cr17		440A		SUS440A		
			S44002				
	0Cr17Ni7Al	09X17H7Ю	631		SUS631	Z8CNA17.7	X7CrNiAl177
			S17700				

续附表 33

钢号	中国 GB	苏联 ГОСТ	美国 ASTM	英国 BS	日本 JIS	法国 NF	德国 DIN
耐热钢	2Cr23 Ni13	20X23 H12	309	309S24	SUH309	Z15CN 24.13	
			S30900				
	2Cr25 Ni21	20X25 H20C2	310	310S24	SUH310	Z12CN 25.20	CrNi2520
			S31000				
	0Cr25 Ni20		310S		SUS310S		
			S31008				
	0Cr17 Ni12Mo2	08X17 H13M2T	316	316S16	SUS316	Z6CND 17.12	X5CrNi Mo1810
			S31600				
	0Cr18Ni 11Nb	08X18 H12E	347	347S17	SUS347	Z6CNNb 18.10	X10CrNi Nb189
			S34700				
	1Cr13Mo				SUS410J1		
	1Cr17 Ni2	14X17H2	431	431S29	SUS431	Z15CN 16 – 02	X22Cr Ni17
			S43100				
	0Cr17 Ni7Al	09X17 H7Ю	631		SUS631	Z8CNA 17.7	X7CrNiA l177
			S17700				

附录 11　国内外常用铝及铝合金牌号对照表

附表 34　国内外常用铝及铝合金牌号对照表

类别	中国 GB	美国 ASTM	英国 BS	日本 JIS	法国 NF	德国 DIN	苏联 ГОСТ
工业纯铝	1A99	1199				A199.99R	A99
	1A97					A199.98R	A97
	1A95						A95
	1A80		1080(1A)	1080	1080A	A199.90	A8
	1A50	1050	1050(1B)	1050	1050A	A199.50	A5

续附表 34

类别	中国 GB	美国 ASTM	英国 BS	日本 JIS	法国 NF	德国 DIN	苏联 ГОСТ
防锈铝	5A02	5052	NS4	5052	5052	AlMg2.5	Amg
	5A03		NS5				AMg3
	5A05	5056	NB6	5056		AlMg5	AMg5V
	5A30	5456	NG61	5556	5957		
硬铝	2A01	2036		2117	2117	AlCu2.5Mg0.5	D18
	2A11		HF15	2017	2017S	AlCuMg1	D1
	2A12	2124		2024	2024	AlCuMg2	D16AVTV
	2B16	2319					
锻铝	2A80			2N01			AK4
	2A90	2218		2018			AK2
	2A14	2014		2014	2014	AlCuSiMn	AK8·
超硬铝	7A09	7175		7075	7075	AlZnMgCu1.5	V95P
铸造铝合金	ZAlSi7Mn	356.2	LM25	AC4C		G – AlSi7Mg	
	ZAlSi12	413.2	LM6	AC3A	A – S12 – Y4	G – Al12	AL2
	ZAlSi5 Cu1Mg	355.2					AL5
	ZAlSi2 Cu2Mg1	413.0		AC8A		G – Al12(Cu)	
	ZAlCu5Mn						AL19
	ZAlCu5 MnCdVA	201.0					
	ZAlMg10	520.2	LM10		AG11	G – AlMg10	AL8
	ZAlMg5Si					G – AlMg5Si	AL13

附录 12　常用钢丝绳技术规格

钢丝绳的表示方法：

常用的钢丝绳有 $6 \times 19 + 1$，$6 \times 37 + 1$ 等两种。上述表示钢丝绳规格的三组数字代表三种含义，第一组数字 6 代表钢丝绳由 6 股钢丝组成，若为 8 股，则第一组数字就应是 8；第二组数字 19 或 37 代表钢丝绳每股有 19 或 37 根钢丝拧成；

第三组数字 1 代表钢丝绳中有 1 根油浸剑麻或棉纱纤维的绳芯。

如有的表示方法为：$6 \times 19 + 1 - 170 - \phi 24 - 560$，其前三组数字代表的含义与上述相同，第四组数字 170 代表这根钢丝绳的钢丝必须保证 $1\ mm^2$ 的抗拉强度不小于 1.7 kN；第五组数字 $\phi 24$ 表示该钢丝绳的直径为 24 mm；第六组数字 560 表示该钢丝绳的长度为 560 m。

附表 35　$6 \times 19 + 1$ 钢丝绳技术参数（GB1102—72）

直径/mm		钢丝总断面积 /mm	参考质量 /(kg·100 m)$^{-1}$	钢丝绳公称抗拉强度/(kg·mm^{-2})				
钢丝绳	钢丝			140	155	170	185	200
				钢丝破断拉力总和（kgf≥）				
6.2	0.4	14.32	13.53	2000	2210	2430	2640	2860
7.7	0.5	22.37	21.14	3130	3460	3800	4130	4470
9.3	0.6	32.22	30.45	4510	4990	5470	5960	6440
11.0	0.7	43.85	41.44	6130	6790	7450	8110	8770
12.5	0.8	57.27	54.12	8010	8870	9730	10550	11450
14.0	0.9	72.49	68.50	10100	11200	12300	13400	14450
15.5	1.0	89.49	84.57	12500	13850	15200	16550	17850
17.0	1.1	108.28	102.3	15150	16750	18400	20000	21650
18.5	1.2	128.87	121.8	18000	19950	21900	23800	25750
20.0	1.3	151.24	142.9	21150	23400	25700	27950	30200
21.5	1.4	175.40	165.8	24550	27150	29800	32400	35050
23.0	1.5	201.35	190.3	28150	31200	34200	37200	40250
24.5	1.6	229.09	216.5	32050	35500	38900	42350	45800
26.0	1.7	258.63	244.4	36200	40050	43950	47800	51700

注：换算系数 $K = 0.85$；1 kgf＝9.80665 N。

附表 36　$6 \times 37 + 1$ 钢丝绳技术参数（GB1102—72）

直径/mm		钢丝总断面积 /mm	参考质量 /(kg·100 m)$^{-1}$	钢丝绳公称抗拉强度/(kg·mm^{-2})				
钢丝绳	钢丝			140	155	170	185	200
				钢丝破断拉力总和（kgf≥）				
8.7	0.4	27.88	26.21	3900	4320	4730	5150	5570
11.0	0.5	43.57	40.96	6090	6750	7400	8060	8710
13.0	0.6	62.74	58.98	8780	9720	10650	11600	12500
15.0	0.7	85.39	80.27	11950	13200	14500	15750	17050
17.5	0.8	111.53	104.8	15600	17250	18950	20600	22300
19.5	0.9	141.16	132.7	19750	21850	23950	26100	28200
21.5	1.0	174.27	163.8	24350	27000	26900	32200	34850
24.	1.1	210.87	198.2	29500	32650	35800	39000	42150
26.0	1.2	250.95	235.9	35100	38850	42650	46400	50150

注：换算系数 $K = 0.82$。

参 考 文 献

[1] 刘广志.中国钻探科学技术史(第1版)[M].北京：地质出版社,1998

[2] 周国荣.中国钻探发展简史(第1版)[M].北京：地质出版社,1982

[3] 赵国隆,刘广志.中国勘探工程技术发展史集(第1版)[M].北京：中国物价出版社,2003

[4] Соловьев Н В и др. Бурение разведочных скважин. Москва: Высшая школа, 2007(梭罗维耶夫 Н В 等 钻探技术.莫斯科：高校出版社,2007)

[5] 李世忠.钻探工艺学[M].北京：地质出版社,1992

[6] 汤凤林等.岩心钻探学[M].武汉：中国地质大学出版社,2009

[7] 刘广志.金刚石钻探手册[M].北京：地质出版社,1999

[8] 鄢泰宁.岩土钻掘工程学[M].武汉：中国地质大学出版社,2001

[9] А И 斯彼瓦克等.钻井岩石破碎学[M].吴光琳等译.北京：地质出版社,1983

[10] И С Афанасьев и др. СПРАВОЯНИК по бурению геологоразведочных скважин. Санкт – Петербург(И С 阿发纳耶夫等.地质钻探手册.圣彼得堡出版社,2000)

[11] А Г Калинин и др. РАЗВЕДОЧНОЕ БУРЕНИЕ. НЕДРА. 2000(А Г 加里宁等.勘探钻进.矿业出版社,2000)

[12] Н В Соловьев и др. БУРЕНИЕ РАЗВЕДОЧНЫХ СКВАЖИН. Высшая школа, 2007(Н В 梭罗维耶夫等.勘探孔钻进.高校出版社,2007)

[13] 王建学,万建仓,沈慧.钻井工程[M].北京：石油工业出版社,2009

[14] 赵金洲,张桂林.钻井工程技术手册[M].北京：中国石化出版社,2011

[15] 苏义脑.螺杆钻具研究及应用[M].北京：石油工业出版社,2001

[16] 王达,张伟,张晓西等.中国大陆科学钻探工程科钻一井钻探工程技术[M].北京：科学出版社,2007

[17] 汤凤林,А Г 加里宁,段隆臣.岩心钻探学[M].武汉：中国地质大学出版社,2009

[18] Tiraspoiski W. Hydraulic Downhole Drilling motors[M]. Gulf Publishing Co. (Tiraspoiski W. 海湾出版有限公司)

[19] William C Lyons Ph D. Standard Handbook of Petroleum and Natural Gas Engineering[M]. 2004, Gulf Professional Publishing. (William C Lyons. 石油和天然气技术工程手册.海湾职业出版社,2004)

[20] 王扶志,张志强,宋小军.地质工程钻探工艺与技术[M].长沙：中南大学出版社,2008

[21] 吴翔,杨凯华,蒋国盛.定向钻进原理与应用[M].武汉：中国地质大学出版社,2006

[22] 赵国隆,刘广志,李常茂.勘探工程技术[M].上海：上海科学技术出版社,2003

[23] 赵运兴等.煤田钻探技术手册[M].北京：煤炭工业出版社,1989

[24] 金希华.非金属钻探技术[M].北京：地质出版社,1995

[25] Ф А 沙姆舍夫等.钻探工艺与技术[M].北京：地质出版社,1988

[26] 武汉地质学院等.钻探工艺学[M].北京：地质出版社,1980

[27] 云南地质技工学校等.钻探工艺[M].北京：地质出版社,1985

[28] 郭绍什.钻探手册[M].武汉：中国地质大学出版社,1993

[29] 长春地质学校，昆明地质学校.钻探工程[M].北京：地质出版社，1979

[30] 屠厚泽，俞承城，张希浩等.钻探工程学[M].武汉：中国地质大学出版社，1988

[31] 刘玉芝.油气井射孔孔壁取心技术手册[M].北京：石油工业出版社，2004

[32] 肖圣泗等.钻孔弯曲与测量[M].北京：地质出版社，1989

[33] 江天寿，周铁芳等.受控定向钻探技术[M].北京：地质出版社，1994

[34] 徐克里，王生.钻探工程[M].北京：地质出版社，2008

[35] 姜明和，陈师逊，张海秋.固体矿产资源勘查钻探工艺学（中册）[M].济南：山东科学技术出版社，2009

[36] 魏孔明.钻探工程[M].北京：煤炭工业出版社，2006

[37] 王斌.定向钻井测量仪器[M].北京：石油工业出版社，1988

[38] 秦永元.惯性导航[M].北京：科学出版社，2006

[39] David H Titterton, John L Weston.捷联惯性导航技术[M].张天光等译.北京：国防工业出版社，2007

[40] 李锋.航天惯性器件设计工艺性[M].北京：中国宇航出版社，2008

[41] 吴光琳.定向钻进工艺原理[M].成都：成都科技大学出版社，1991

[42] 《钻井手册（甲方）》编写组，钻井手册（甲方）下册[M].北京：石油工业出版社，1990

[43] 苏义脑.水平井井眼轨迹控制[M].北京：石油工业出版社，2000

[44] 王达.中国大陆科学钻探工程钻探技术论文选集[C].北京：地质出版社，2007

[45] 王家宏.中国水平井应用实例分析[M].北京：石油工业出版社，2003

[46] 刘景伊，周全兴等.钻井工具使用手册[M].北京：科学出版社，1990

[47] 王清江等.定向钻井技术[M].北京：石油工业出版社，2010

[48] 索忠伟，王生.钻孔冲洗与护壁堵漏[M].北京：地质出版社，2009

[49] 徐同台，刘玉杰，申威.钻井工程防漏堵漏技术[M].北京：石油工业出版社，1998

[50] 鄢捷年.冲洗液工艺学[M].北京：石油大学出版社，2001

[51] 黄汉仁，杨坤鹏，罗平亚.泥浆工艺原理[M].北京：石油工业出版社，1981

[52] 张克勤，陈乐亮.冲洗液[M].北京：石油工业出版社，1988

[53] 赵忠举，王同良.冲洗液译文集[R].中国石油天然气总公司情报研究所，1990

[54] 乌效鸣，胡郁乐，贺冰新等.冲洗液与岩土工程浆液[M].武汉：中国地质大学出版社，2002

[55] 蒋国盛，王达，汤凤林.天然气水合物的勘探与开发[M].武汉：中国地质大学出版社，2002

[56] 吴隆杰，杨凤霞.冲洗液处理剂胶体化学原理[M].成都：成都科技大学出版社，1992

[57] 中国煤田地质总局.煤田钻探工程（第五分册）——冲洗液[M].北京：煤炭工业出版社，1994

[58] 徐同台，赵忠举.21世纪初国外冲洗液和完井液技术[M].北京：石油工业出版社，2004

[59] 孙焕引，刘亚元.冲洗液[M].北京：石油工业出版社，2008

[60] 周金葵.冲洗液工艺技术[M].北京：石油工业出版社，2009

[61] 龚伟安.冲洗液固相控制技术与设备[M].北京：石油工业出版社，1995

[62] 胡郁乐，张绍和.钻探事故预防与处理知识问答[M].长沙：中南大学出版社，2010

[63] 王年友.岩心钻探孔内事故处理工具手册[M].长沙：中南大学出版社，2011

[64] 覃家海.地质勘探安全规程读本[M].北京：煤炭工业出版社，2005

[65] 张惠.岩土钻凿设备[M].北京：人民交通出版社，2009

[66] 韩广德等.中国煤炭工业钻探工程学[M].北京：煤炭工业出版社，2000

[67] 孙荣军.煤矿井下随钻测量技术及钻孔轨迹数据处理方法研究[D].西安：中煤科工集团西安研究院，2009

[68] 金性春等.大洋钻探与中国地球科学(第1版)[M].上海：同济大学出版社,1995

[69] 臧广州.钻井勘探工程事故防范技术规程与作业监督及事故应急处理[M].北京：中国科技文化出版社,2005

[70] 石智军等.煤矿井下瓦斯抽采钻孔施工新技术[M].北京：煤炭工业出版社,2008

[71] E A 科兹洛夫斯基,张组培.科拉超深井(下)(第1版)[M].北京：地质出版社,1989

[72] H E Бобин 等著,鄢泰宁等译.冰层机械钻探技术[M].武汉：中国地质大学出版社,1998

[73] T A Inglis. Petroleum Engineering and Development Studies. Vol. 2：Directional Drilling[M]. Graham & Trotman Inc, 1987

[74] 地质、水文、石油钻探管材手册[M].北京：地质出版社,1975

参考标准规范文献：

[1] DZ/T 0227—2010 地质岩心钻探规程

[2] ISO8866—1991 金刚石回转取心钻探钻具设备 – C 系列

[3] ISO10098—1992 金刚石绳索取心钻探钻具设备 – CSSK 系列

[4] ISO10097—1—1999 金刚石绳索取心钻探钻具设备 – A 系列

[5] ISO3551—1—1992 金刚石回转取心钻探钻具设备 – A 系列

[6] GB/T 17950—1997 金刚石岩心钻探钻具设备

[7] JB/T 10041—2008 超硬材料金刚石或立方氮化硼/硬质合金复合片品种、尺寸

[8] JB/T 6084—2007 钻探工具用三角形金刚石聚晶

[9] JB/T 3233—1999 钻探用人造金刚石烧结体

[10] JB/T 10985—2010 人造金刚石或立方氮化硼抗压强度测定方法

[11] JB/T 3235—1999 人造金刚石烧结体磨耗比测定方法

[12] JB/T 10646—2006 超硬材料 金刚石热冲击韧性测定方法

[13] GB/T 9809—88 水文水井钻探用套管、岩心管、取粉管螺纹

[14] DZ 1.5—86 地质岩心钻探管材螺纹检测方法

[15] DZ/T 0107—1994 水文水井钻探用钻杆

[16] MT/T 521—2006 煤矿坑道钻探用常规钻杆

[17] GB/T 9253.1—1999 石油钻杆接头螺纹

[18] API 5D—2001 钻杆规范(第5版)

[19] SY/T 5383—2010 螺杆钻具

[20] SY/T 5401—1991 涡轮钻具

[21] SY/T 5447—2000 螺杆钻具使用、维修和管理

[22] SY/T 6600—2004 承荷探测电缆

[23] DZ/T 0054—93 定向钻进技术规范